BKI OBJEKTDATEN

Kosten abgerechneter Bestandsbauten

A12
Altbau

BKI Objektdaten:
Kosten abgerechneter Bestandsbauten
A12 Altbau
Erweiterungen, Umbauten, Modernisierungen, Instandsetzungen

BKI Baukosteninformationszentrum (Hrsg.)
Stuttgart: BKI, 2024

Mitarbeit:
Hannes Spielbauer (Geschäftsführer)
Brigitte Lechler (Prokuristin)
Dokumentation: Catrin Baumeister, Anna Bertling, Heike Elsäßer,
Sabine Egenberger, Foroogh Hemmati, Irmgard Schauer,
Sibylle Vogelmann, Tanja Vogt
Produktmanagement: Martin Mösl, Annette Dyckmans
Jeannette Sturm

Layout, Satz:
Marvin Bisceglie
Hans-Peter Freund
Thomas Fütterer

Fachliche Begleitung:
Beirat Baukosteninformationszentrum
Stephan Weber (Vorsitzender)
Markus Lehrmann (stellv. Vorsitzender)
Prof. Dr. Bert Bielefeld
Markus Fehrs
Andrea Geister-Herbolzheimer
Prof. Dr. Wolfdietrich Kalusche
Martin Müller
Markus Weise

Seelbergstraße 4
70372 Stuttgart
Kundenbetreuung: 0711 954 854-0
Telefax: 0711 954 854-54
Baukosten-Hotline: 0711 954 854-41
info@bki.de
www.bki.de

Titelabbildungen:
Ganztagsschule, Erweiterung (4100-0173); Arch.: Architekten_FSB, Bremen; Foto: THILO MÜLLER FOTODESIGN
Wohngebäude, Modernisierung (6100-1427); Arch.: Holst Becker architekten, Hamburg; Foto: Peter Fobe
Feuerwehrgerätehaus, Erweiterung (7600-0091); Arch.: J. P. Hofacker, Crailsheim + D. Kohler, Boxberg; Foto: Wolfram Hahr

Vorwort

Die Planung der Baukosten bedeutet eine wesentliche Architekt*innenleistung mit gleicher Relevanz wie die räumliche, gestalterische oder konstruktive Planung. Kostenermittlungen in den verschiedenen Planungsphasen erfüllen eine Aufgabe mit besonderer Wichtigkeit, da Sie als Grundlage für weitergehende Leistungen, wie Kostenvergleiche, Kostenkontrolle und Kostensteuerung dienen.

Kostenermittlungen sind meist nur so gut wie die angewendeten Daten und Methoden. Das Baukosteninformationszentrum BKI wurde 1996 von den Architektenkammern aller Bundesländer gegründet, um aktuelle Daten bereitzustellen und zielführende Methoden zu entwickeln und zu vermitteln.

Wertvolle Erfahrungswerte liegen in Form von abgerechneten Bauleistungen oder Kostenfeststellungen in den Architekturbüros vor. Oft fehlt die Zeit, diese qualifiziert zu dokumentieren, um sie für Folgeprojekte zu nutzen oder für andere Architekt*innen nutzbar zu machen. Diese Dienstleistung erbringt BKI und unterstützt damit sowohl die Datenlieferanten als auch die Nutzer der BKI Datenbanken.

Die neu erhobenen Objekte veröffentlicht BKI kontinuierlich in der Fachbuchreihe BKI OBJEKTDATEN und aktualisiert auf diese Weise die BKI Baukostendatenbanken. Alle in diesem Buch veröffentlichten Objekte sind nach aktueller DIN 276 dokumentiert. BKI berücksichtigt bei der Veröffentlichung der Objekte im Bestand, die Möglichkeit die Kennwerte nach Abbrechen, Herstellen und Wiederherstellen zu trennen um dadurch exaktere Kostenermittlungen zu ermöglichen. Die Reihe „BKI OBJEKTDATEN" mit den objektbezogenen Kostenkennwerten und die Reihe „BKI BAUKOSTEN" mit statistisch ermittelten Kostenkennwerten sind aufeinander abgestimmt und ergänzen sich zu einem Expert*innen-System der Kostenplanung.

Das vorliegende Fachbuch ist der zwölfte Band der Fachbuchreihe „BKI OBJEKTDATEN Altbau" und umfasst 73 Objekte. Diese gliedern sich in Erweiterungen, Umbauten, Modernisierungen und Instandsetzungen. In den BKI Baukostendatenbanken stehen nun insgesamt über 800 Altbau-Objekte zur Verfügung.

Der Dank des BKI gilt allen Architekt*innen, die Daten und Unterlagen zur Verfügung stellen. Sie profitieren von der Dokumentationsarbeit durch BKI und unterstützen zugleich den eigenen Berufsstand. Das Ergebnis sind fundierte und anschauliche Dokumentationen, die sich sehr gut zur Kostenermittlung von vergleichbaren Folgeobjekten und zu Akquisitionszwecken eignen.

Zur Pflege der Baukostendatenbanken sucht BKI weitere Objekte aus allen Bundesländern. Bewerbungsbögen zur Projektdokumentation für Hochbauprojekte und Freianlagen stellt BKI im Internet unter www.bki.de/objekt-veroeffentlichen.html zur Verfügung. Interessierte erhalten auch gerne persönlich Informationen über alle Möglichkeiten zur Veröffentlichung realisierter Projekte, die damit verbundene Vergütung und weitere Vorteile.

Besonderer Dank gilt abschließend dem BKI-Beirat, der mit seinem Expert*innenwissen aus der Architekturpraxis, den Architekten- und Ingenieurkammern, Normausschüssen und Universitäten zur Entstehung der BKI-Fachinformationen beiträgt.

Wir wünschen allen Anwender*innen der Fachbuchreihe „BKI OBJEKTDATEN" viel Erfolg in allen Phasen der Kostenplanung und vor allem eine große Übereinstimmung zwischen geplanten und realisierten Baukosten im Sinne zufriedener Bauherr*innen. Anregungen und Kritik zur Verbesserung der BKI-Fachbücher sind uns jederzeit willkommen.

Hannes Spielbauer - Geschäftsführer
Brigitte Lechler - Prokuristin

Baukosteninformationszentrum
Deutscher Architektenkammern GmbH
Stuttgart, im Januar 2024

Inhalt			Seite

Benutzerhinweise

Kosten abgerechneter Objekte

Kostenkennwerte für Kostengruppen der 3. Ebene nach DIN 276

Aufgrund der großen Datenmenge werden die Daten der 3. Ebene DIN 276 nur online zur Verfügung gestellt. Erläuterungen dazu siehe Seite 40-41.

Anhang

Einführung

In der Fachbuchreihe „BKI OBJEKTDATEN" werden für Kostenermittlungszwecke und Wirtschaftlichkeitsvergleiche realisierte und vollständig abgerechnete Bauwerke aus allen Bundesländern veröffentlicht.
Jährlich erscheinen mehrere Bände mit den im Laufe eines Jahres neu erhobenen Objekten der BKI Baukostendatenbanken. Innerhalb dieser Reihe werden die einzelnen Bände je nach Baumaßnahme unterschieden in Neubau, Altbau, Innenräume und Freianlagen.

Die Kostenkennwerte der Objekte dienen dazu, die Kosten von Bauprojekten im Vergleich mit den Kosten bereits realisierter Objekte zu ermitteln bzw. Kostenermittlungen mit büroeigenen Daten oder den Daten Dritter zu überprüfen, solange Kostenanschläge auf der Grundlage von Ausschreibungsergebnissen noch nicht vorliegen.

Dieser Vergleich wird erleichtert durch die eingesetzte „Normierung der Kostenkennwerte auf Bundesniveau". Durch Übernahme der BKI Regionalfaktoren in die Datenbanken ist es möglich, die Objekte hinsichtlich des Bauortes zu bewerten. BKI rechnet so, als ob das Objekt nicht am Bauort, sondern in einer mit dem Bundesdurchschnitt identischen Region gebaut worden wäre. Diese regionale Normierung vereinfacht die Bewertung der Kostenkennwerte für den Anwender erheblich.

Unterstützt werden Kostenermittlungen nach DIN 276 in den frühen, für die Kostenentwicklung eines Projektes aber entscheidenden Planungsphasen.

Dabei finden für überschlägige Kostenermittlungen z. B. das Aufstellen eines Kostenrahmens oder für Plausibilitätsprüfungen die groben Kostenkennwerte im Teil „Kosten abgerechneter Objekte" dieses Buchs Anwendung. Für differenziertere Kostenermittlungen auf der Ebene der Bauelemente bieten sich die Kosteninformationen aus dem Download an.

Darüber hinaus enthält das Buch Planungskennwerte, die Wirtschaftlichkeitsprüfungen anhand von Flächenvergleichen ermöglichen.

Die BKI Baukostendatenbanken selbst umfassen einen wesentlich größeren Bestand an Altbau-Objekten. Den aktuellen Stand aller verfügbaren Objektdokumentationen erhalten Sie über die Software „BKI Kostenplaner".

Die große Anzahl der neu dokumentierten Objekte hat BKI veranlasst, einen Teil der Kostendaten (3. Ebene) als Datei online zur Verfügung zu stellen.

Folgende Daten sind im Download enthalten:
- die Kostendaten der 3. Ebene aller neu dokumentierten Objekte - sortiert nach Objektnummern
- die Zusammenstellung der Kostenkennwerte der 3. Ebene nach DIN 276 - sortiert nach Kostengruppen.

Den Download-Link und die Beispielseiten finden Sie im Kapitel „Erläuterungen" auf den Seiten 40-41.

Benutzerhinweise

1. Definitionen

Kostenkennwerte sind Werte, die das Verhältnis von Kosten bestimmter Kostengruppen nach DIN 276:2018-12 zu bestimmten Bezugseinheiten nach 277-1:2016-01 darstellen.

Planungskennwerte im Sinne dieser Veröffentlichung sind Werte, die das Verhältnis bestimmter Flächen und Rauminhalte zur Nutzungsfläche (NUF) und Brutto-Grundfläche (BGF) darstellen, angegeben als Prozentsätze oder als Faktoren.

HOAI § 2 Begriffsbestimmungen (Auszug)

Im Sinne dieser Verordnung gelten folgende Begriffsbestimmungen:

1. Objekte sind Gebäude, Innenräume, Freianlagen, Ingenieurbauwerke, Verkehrsanlagen. Objekte sind auch Tragwerke und Anlagen der Technischen Ausrüstung.
2. Neubauten und Neuanlagen sind Objekte, die neu errichtet oder neu hergestellt werden.
3. Wiederaufbauten sind Objekte, bei denen die zerstörten Teile auf noch vorhandenen Bau- oder Anlagenteilen wiederhergestellt werden. Wiederaufbauten gelten als Neubauten, sofern eine neue Planung erforderlich ist.
4. Erweiterungsbauten sind Ergänzungen eines vorhandenen Objekts.
5. Umbauten sind Umgestaltungen eines vorhandenen Objekts mit wesentlichen Eingriffen in Konstruktion oder Bestand.
6. Modernisierungen sind bauliche Maßnahmen zur nachhaltigen Erhöhung des Gebrauchswertes eines Objekts, soweit diese Maßnahmen nicht unter Absatz 4, 5 oder 7 fallen.
7. Instandsetzungen sind Maßnahmen zur Wiederherstellung des zum bestimmungsgemäßen Gebrauch geeigneten Zustands (Soll-Zustand) eines Objekts, soweit diese Maßnahmen nicht unter Absatz 3 fallen.

2. Kostenstand und Umsatzsteuer

Kostenstand aller Kennwerte ist das 3. Quartal 2023. Alle Kostendaten enthalten die Umsatzsteuer. Maßgeblich für die Fortschreibung ist der Baupreisindex für Wohnungsbau des Statistischen Bundesamts insgesamt, inkl. Umsatzsteuer.

Den vierteljährlich erscheinenden aktuellen Index können Sie im Internet beim Statistischen Bundesamt oder unter www.bki.de/baupreisindex abrufen.

Die Umrechnung von Kostendaten dieses Buchs wird durch ein Beispiel erläutert:
Ein Kostenkennwert von 500 €/m² BGF mit dem Kostenstand 3. Quartal 2023 soll auf den Kostenstand 4. Quartal 2015 umgerechnet werden. Verwendet wird die Indexreihe mit dem Basisjahr 2015=100.

Index 3. Quartal 2023 (2015=100) = 160,6
Index 4. Quartal 2015 (2015=100) = 100,4

$$\frac{500\ €/m^2\ BGF \times 100{,}4}{160{,}6} = 312{,}57\ €/m^2\ BGF$$

3. Blatt-Typ Objektübersicht: Kostenkennwerte

Die jeder Objektdokumentation vorangestellten Kostenkennwerte €/m³ BRI, €/m² BGF und €/m² NUF beziehen sich auf die Kosten des Bauwerks (DIN 276: Summe KG 300+400). Als 4. Kostenkennwert wird, sofern verfügbar, ein Kennwert für die Nutzeinheit (NE) oder alternativ für eine ausgewählte Grobelementfläche angegeben.

4. Datengrundlage

Grundlage der Tabellen sind die uns zur Verfügung gestellten Unterlagen von abgerechneten Bauwerken. Die Daten wurden mit größtmöglicher Sorgfalt daraus erhoben. Die vorliegenden Kosten- und Planungskennwerte dienen als Orientierungswerte für Projekte vergleichbarer Art. Sie sind dem Verwendungszweck entsprechend anzupassen unter Berücksichtigung der projektspezifisch unterschiedlichen Kosteneinflussgrößen. Für die Richtigkeit der im Rahmen einer Kostenermittlung eingesetzten Werte kann der Herausgeber keine Haftung übernehmen.

Beim Altbau (Bauen im Bestand) werden u. U. nur die Mengen des von der Maßnahme betroffenen Teils des Bauwerks erfasst, z. B. nur die Mengen des Anbaus an das Bauwerk oder nur die Mengen der Aufstockung. Genaueres wird jeweils in den Zeichnungen und Beschreibungen des Objekts angegeben.

5. Kosteneinflüsse

Kosteneinflussgrößen sind beim Bauen im Bestand – Altbau – von besonderer Bedeutung, da umwelt-, standort-, nutzer- und besonders herstellungs- sowie objektbedingte Faktoren eine erhebliche Relevanz aufweisen. Aus diesen Gründen ist eine genaue Anpassung der Kosten- und Planungskennwerte an die projektspezifisch unterschiedlichen Kosteneinflussgrößen erforderlich (s. dazu BKI Handbuch Kostenplanung im Hochbau Stgt. 2021).

Die in der Reihe „BKI Baukosten" angebotenen Kostenkennwerte sind dafür nur bedingt geeignet, da sie Mittelwerte, gebildet auf der Grundlage verschiedener Objekte, darstellen. Das vorliegende Buch „BKI Objektdaten Altbau" bietet hingegen die Möglichkeit, einen Kostenwert durch eine Analyse der entsprechenden Eigenschaften des Objekts genau zu bewerten. Eine projektspezifische Anpassung bzw. die Auswahl eines Kostenkennwerts ist damit besser möglich.

6. Normierung der Daten

Grundlage der BKI Regionalfaktoren, die auch der Normierung der Baukosten der dokumentierten Objekte auf Bundesniveau zu Grunde liegen, sind Daten aus der amtlichen Bautätigkeitsstatistik der statistischen Landesämter. Zu allen deutschen Land- und Stadtkreisen sind Angaben aus der Bautätigkeitsstatistik der statistischen Landesämter zum Bauvolumen (m^3 BRI) und Angaben zu den veranschlagten Baukosten (in €) erhältlich. Diese Informationen stammen aus statistischen Meldebögen, die mit jedem Bauantrag vom Antragsteller abzugeben sind. Während die Angaben zum Brutto-Rauminhalt als sehr verlässlich eingestuft werden können, da in diesem Bereich kaum Änderungen während der Bauzeit zu erwarten sind, müssen die Angaben zu den Baukosten als Prognosen eingestuft werden. Schließlich stehen die Baukosten beim Einreichen des Bauantrags noch nicht fest.
Es ist jedoch davon auszugehen, dass durch die Vielzahl der Datensätze und gleiche Vorgehensweise bei der Baukostennennung brauchbare Durchschnittswerte entstehen. Zusätzlich wurden von BKI Verfahren entwickelt, um die Daten auf Plausibilität zu prüfen. Aus den Kosten- und Mengenangaben lassen sich durchschnittliche Herstellungskosten von Bauwerken pro Brutto-Rauminhalt und Land- oder Stadtkreis berechnen. Diese Berechnungen hat BKI durchgeführt und aus den Ergebnissen einen bundesdeutschen Mittelwert gebildet. Anhand des Mittelwerts lassen sich die einzelnen Land- und Stadtkreise prozentual einordnen (diese Prozentwerte wurden die Grundlage der BKI Deutschlandkarte mit „Regionalfaktoren für Deutschland ").

Anhand dieser Daten lässt sich jedes Objekt den BKI Datenbanken normieren, d.h. so berechnen, als ob es nicht an seinem speziellen Bauort gebaut worden wäre, sondern an einem Bauort, der bezüglich seines Regionalfaktors genau dem Bundesdurchschnitt entspricht. Für den Anwender bedeutet die regionale Normierung der Daten auf einen Bundesdurchschnitt, dass einzelne Kostenkennwerte oder das Ergebnis einer Kostenermittlung mit dem Regionalfaktor des Standorts des geplanten Objekts zu multiplizieren ist. Die landkreisbezogenen Regionalfaktoren finden sich im Anhang des Buchs.

7. Urheberrechte

Alle Objektinformationen sind urheberrechtlich geschützt. Dies gilt auch für die daraus abgeleiteten Auswertungen (Statistiken). Die Urheberrechte liegen bei den jeweiligen Büros, Personen bzw. beim BKI. Es ist ausschließlich eine Anwendung der Daten im Rahmen der praktischen Kostenplanung im Hochbau zugelassen. Die Nutzung der Objektinformationen für einen anderen als den Vertragszweck ist nicht zulässig. Dies gilt auch für die daraus abgeleiteten Auswertungen (Statistiken). Eine Vervielfältigung des Werks oder von Teilen daraus außer für den Vertragszweck ist nur mit ausdrücklicher Genehmigung des Herausgebers gestattet. Auch eine Übersetzung oder Bearbeitung, insbesondere eine Übertragung des Werks oder Teilen daraus in elektronische Systeme, ist nur mit ausdrücklicher Genehmigung des Herausgebers gestattet.

Fotopräsentation der Objekte

Fotopräsentation der Objekte

1200-0001 Gerichtsgebäude - Eingangsbereich Seite 54
Modernisierung
FRANKE Architektur I Innenarchitektur
Düren

1200-0002 Gerichtsgebäude - Gerichtssaal Seite 66
Modernisierung
FRANKE Architektur I Innenarchitektur
Düren

1300-0247 Bürogebäude Seite 78
Modernisierung
KISSERARCHITEKTUR Dipl.-Ing. Architekt
Gordon Kisser, Isernhagen

1300-0250 Verwaltungsgebäude, Fassadensanierung
Modernisierung Seite 90
Holst Becker Architekten
Hamburg

1300-0290 Bürogebäude (16 AP) Seite 48
Erweiterung
Steinke + Zils Architekten und Partner mbB
Marl

1300-0297 Verwaltungsgebäude, Fassadensan. (110 AP)
Modernisierung Seite 1
Kim Nalleweg Architekten
Berlin

Fotopräsentation der Objekte

© Steffen Junghans

2200-0053 Seminarräume (343 AP) Seite 110
Umbau
⌂ Eßmann | Gärtner | Nieper Architekten GbR
Leipzig

© web licht fotografie

3100-0023 Dermatologische Praxis (8 AP) Seite 146
Umbau
⌂ Claudius Markworth Architektur
Berlin

© k. A.

3100-0026 Kinderarztpraxis Seite 158
Umbau
⌂ KAPALAARCHITEKTUR Carsten Kapala
Herne

© CARSTEN KAPALA

3100-0030 Gemeinschaftspraxis Seite 170
Umbau
⌂ KAPALAARCHITEKTUR Carsten Kapala
Herne

© IPROconsult GmbH

3200-0033 Krankenhaus, Aufstockung Bettenhaus (48 B)
Erweiterung Seite 124
⌂ IPROconsult GmbH
Dresden

© Edgar Zippel

3300-0016 Psychiatrisches Therapiezentrum (22 Betten)
Erweiterung Seite 132
⌂ Büro Legiehn Architektur GmbH
Potsdam

Fotopräsentation der Objekte

3400-0025 Altenpflegeheim (49 Betten) Seite 138
Erweiterung
reichardt + partner architekten
Hamburg

4100-0173 Ganztagsschule (9 Klassen, 225 Schüler)
Erweiterung Seite 182
Architekten_FSB
Bremen

4100-0194 Schule (12 Klassen, 336 Schüler) Seite 198
Erweiterung
Bosse Westphal Schäffer Architekten
Winsen/Luhe

4100-0210 Gesamtschule (16 Klassen, 352 Schüler)
Erweiterung Seite 214
Entwurf: K. Bartels, Hamburg / Planung+Ausführung:
SCHNEIDER+SENDELBACH ARCH., Braunschweig

4100-0214 Grundschule mit Mensa (420 Schüler)
Erweiterung Seite 220
Zaeske Architekten BDA Partnerschaftsgesell. mbB
Wiesbaden

4100-0226 Grundschule (8 Klassen, 224 Schüler)
Erweiterung Seite 226
bharchitektengesellschaft mbH
München

Fotopräsentation der Objekte

4100-0228 Ganztagesschule (15 Kl, 309 Schüler), Mensa
Erweiterung Seite 232

⌂ HHS Planer + Architekten AG
Kassel

4100-0232 Schulmensa (54 Sitzplätze), Betreuungsräume
Erweiterung Seite 240

⌂ schmitt roggel architekten PartGmbB
Fulda

4100-0234 Grundschule (6 Klassen, 142 Schüler)
Erweiterung Seite 246

⌂ ELZ Architekten BDA
Potsdam

4100-0236 Grundschule (6 Klassen), Hort (180 Schüler)
Erweiterung Seite 252

⌂ Gelderner Bau Gesellschaft mbH
Geldern

4400-0315 Kindertagesstätte (70 Kinder) Seite 258
Umbau

⌂ sehw architektur GmbH
Berlin

5100-0122 Sporthalle (Zweifeldhalle) Seite 298
Modernisierung

⌂ LPH1-9 Pahl + Weber-Pahl Architekten BDA,
Darmstadt und KM architekten bda, Kassel

Fotopräsentation der Objekte

5100-0129 Sporthalle (Einfeldhalle) Seite 276
Erweiterung
⌂ ARGE R.B.Z. AB Raum und Bau GmbH + AGZ Zimmermann GmbH, Dresden

5100-0132 Sporthalle - Sozialtrakt Innenbereich
Modernisierung Seite 316
⌂ TSSB architekten.ingenieure
Berlin

5100-0138 Sporthalle - Sozialtrakt Gebäudehülle
Modernisierung Seite 330
⌂ TSSB architekten.ingenieure
Berlin

5100-0139 Sporthalle - Halleninnenraum u. Gebäudehülle
Modernisierung Seite 344
⌂ TSSB architekten.ingenieure
Berlin

5200-0012 Sportbadhalle Seite 282
Erweiterung
⌂ Architekten Contor Voigt
Itzehoe

6100-1267 Mehrfamilienhaus (4 WE), Dachausbau
Umbau Seite 444
⌂ BraungeBrandt Planungsstudio
Wiesbaden

Fotopräsentation der Objekte

6100-1297 Einfamilienhaus Seite 572
Modernisierung
Holst Becker Architekten holstbecker.de
Hamburg

6100-1305 Einfamilienhaus Seite 588
Modernisierung
Mannott + Mannott Dipl. Ingenieure, Architekten
Hamburg

6100-1368 Einfamilienhaus Seite 456
Umbau
HGA Henning Grahn Architektur GmbH
Mainz

6100-1378 Einfamilienhaus, Garage Seite 604
Modernisierung
güldenzopf rohrberg architektur + design
Hamburg

6100-1379 Wohn- und Geschäftshaus (1 WE) Seite 358
Erweiterung
BAUatelier Deutscher
Dresden

6100-1384 Mehrfamilienhaus (3 WE) Seite 466
Umbau
bromsky Architekten Liebscher Streb PartGmbH
Berlin

Fotopräsentation der Objekte

6100-1393 Doppelhaushälfte (1 WE), Büro (2 AP)
Modernisierung Seite 620
Bialon ADK
Kirchheim unter Teck

6100-1394 Wohn- und Geschäftshaus (21 WE) Seite 482
Umbau
AFS - Architekturbüro Frank Sieber
Ranis

6100-1402 Mehrfamilienhaus (15 WE) Seite 708
Instandsetzung
Mannott + Mannott Dipl. Ingenieure, Architekten
Hamburg

6100-1427 Wohngebäude, Fassadensanierung Seite 634
Modernisierung
Holst Becker Architekten
Hamburg

6100-1428 Eigentumswohnung Seite 644
Modernisierung
Mannott + Mannott Dipl. Ingenieure, Architekten
Hamburg

6100-1431 Gründerzeitgebäude, Aufstockung (2 WE)
Erweiterung Seite 376
Ostermann Architekten
Hamburg

6100-1434 Gästewohnung Seite 498
Umbau
PROWALD ideen - lösungen - architektur
Hillesheim

6100-1443 Einfamilienhaus Seite 510
Umbau
Märkplan GmbH
Brandenburg

6100-1457 Mehrfamilienhaus (11 WE) Seite 526
Umbau
Märkplan GmbH
Brandenburg an der Havel

6100-1465 Dachgeschosswohnung Seite 656
Modernisierung
Dipl.-Ing. Christoph Wieacker Architekt BDA
Köln

6100-1500 Mehrfamilienhaus (16 WE) Seite 720
Instandsetzung
Ostermann Architekten
Hamburg

6100-1501 Mehrfamilienhaus, Aufstockung (2 WE)
Erweiterung Seite 392
Ostermann Architekten
Hamburg

Fotopräsentation der Objekte

6100-1502 Mehrfamilienhaus, Schwammsanierung
Instandsetzung Seite 740
Ostermann Architekten
Hamburg

6100-1579 Mehrfamilienhaus, Balkonanlage
Modernisierung Seite 663
BraungeBrandt Planungsstudio
Wiesbaden

6200-0074 Wohnunterkunft (23 WE) Seite 542
Umbau
Plan-R-Architektenbüro Joachim Reinig
Hamburg

6200-0092 Tagespflege (12 Plätze) Seite 558
Umbau
mayerwittig Architekten und Stadtplaner GbR
Cottbus

6200-0098 Studentenwohnheim (213 WE) Seite 678
Modernisierung
Prof. Rollmann + Partner Architekten PartGmbB
Homburg

6500-0048 Schulmensa (130 Schüler) Seite 406
Erweiterung
Bosse Westphal Schäffer Architekten
Winsen/Luhe

Fotopräsentation der Objekte

6500-0051 Berufsschule, Neubau Caféteria (100 Sitzplätze) Modernisierung — Seite 692

⌂ westform architekten
Alsdorf

6500-0054 Casino (176 Sitzplätze) — Seite 422
Erweiterung

⌂ Bünemann & Collegen GmbH
Hannover

6600-0032 Hotel — Seite 428
Erweiterung

⌂ architekturbüro bielke und struve partgmbb
Eutin

7200-0090 Markthalle — Seite 788
Modernisierung

⌂ LPH1-4 ABJ. Architekten GmbH und LPH5-9 pbr
Planungsbüro Rohling AG, Hamburg

7300-0103 Lkw-Werkstatt (4 AP) — Seite 752
Erweiterung

⌂ planerzirkel consulting architects GmbH
Hildesheim

7600-0078 Flughafenfeuerwehr (8 Fahrzeuge) — Seite 758
Erweiterung

⌂ Gössler Kinz Kerber Schippmann Architekten
PartG mbB, Hamburg

7600-0091 Feuerwehrgerätehaus Seite 776
Erweiterung
Stadt Crailsheim, LPH1-4, 8-9 Architekt J. P. Hofacker, Crailsheim und LPH5-7 Architekt D. Kohler, Boxberg

7700-0093 Fahrzeughalle, Lager (6 STP) Seite 782
Erweiterung
Christoph Echelmeyer
Geldern

9100-0147 Schloss Seite 922
Instandsetzung
pmp Projekt GmbH
Hamburg

9100-0157 Bibliothek, Möblierung Seite 860
Modernisierung
FRANKE Architektur I Innenarchitektur
Düren

9100-0158 Bibliothek Seite 870
Modernisierung
FRANKE Architektur I Innenarchitektur
Düren

9100-0167 Mehrgenerationenhaus Seite 804
Erweiterung
k.A.

Fotopräsentation der Objekte

9100-0168 Schauspielhaus, Zweitspielstätte Seite 828
Umbau
⌂ Eßmann I Gärtner I Nieper Architekten GbR
Leipzig

9100-0169 Klosteranlage, Wissenschafts- u. Studierzentrum
Modernisierung Seite 882
⌂ IPROconsult GmbH
Dresden

9100-0170 Kirche Seite 904
Modernisierung
⌂ Architekturbüro Müntinga und Puy
Bad Arolsen

9100-0188 Kirche Seite 936
Instandsetzung
⌂ Klaiber + Oettle Architekten und Ingenieure
Schwäbisch Gmünd

9100-0189 Veranstaltungssaal (110 Sitzplätze) Seite 916
Modernisierung
⌂ Heske Hochgürtel Lohse Architekten PartGmbB
Lübeck

9100-0200 Gemeindehaus (748 Sitzplätze) Seite 844
Umbau
⌂ Plan-R-Architektenbüro Joachim Reinig
Hamburg

© Michael Moser

9100-0209 Probensaal Staatskapelle Erweiterung Seite 820

pbr Planungsbüro Rohling AG
Jena

Erläuterungen

(1) 6100-1379
Wohn- und
Geschäftshaus (1 WE)

Objektübersicht

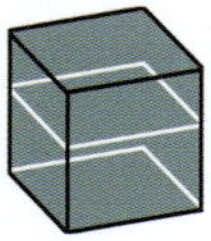

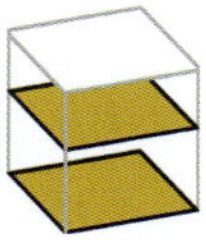

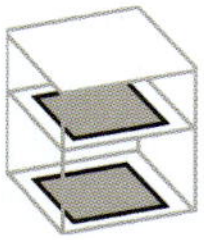

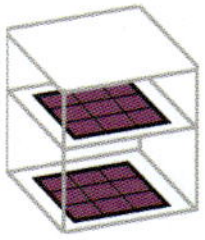

(2) Erweiterung

BRI 557 €/m³ | BGF 1.627 €/m² | NUF 2.606 €/m² | NE 4.705 €/NE

NE: Wohnfläche

(3) **Objekt:**

a) Kennwerte: 3. Ebene DIN 276
b) BRI: 2.225 m³
BGF: 762 m²
NUF: 476 m²
c) Bauzeit: 65 Wochen
d) Bauende: 2014
e) Standard: Durchschnitt
f) Bundesland: Sachsen
Kreis: Dresden, Stadt

(4) **Architekt*in:**

BAUatelier Deutscher
Karl-Roth-Straße 2
01309 Dresden

(5)

vorher

nachher

(6)

1 © **BKI** Baukosteninformationszentrum Kostenstand: 3. Quartal 2023, Bundesdurchschnitt, **inkl. 19% MwSt.**

Erläuterungen nebenstehender Tabellen und Abbildungen

Alle Kostenkennwerte enthalten die Mehrwertsteuer. Kostenstand: 3. Quartal 2023.
Kosten und Kostenkennwerte umgerechnet auf den Bundesdurchschnitt.

Objektübersicht

①
BKI-Objektnummer und -bezeichnung.

②
Kostenkennwerte für Bauwerkskosten (Kostengruppe 300+400 nach DIN 276) bezogen auf:

- BRI: Brutto-Rauminhalt (DIN 277)
- BGF: Brutto-Grundfläche (DIN 277)
- NUF: Nutzungsfläche (DIN 277)
- NE: Nutzeinheiten (z. B. Betten bei Heimen, Stellplätze bei Garagen)
  Wohnfläche nach der Wohnflächenverordnung WoFlV, nur bei Wohngebäuden

③
a) „Kennwerte" gibt die Kostengliederungstiefe nach DIN 276 an. Die BKI Objekte sind unterschiedlich detailliert dokumentiert: Eine Kurzdokumentation enthält Kosteninformationen bis zur 1. Ebene DIN 276, eine Grobdokumentation bis zur 2. Ebene DIN 276 und eine Langdokumentation bis zur 3. Ebene (teilweise darüber hinaus bis zu den Ausführungsarten einzelner Kostengruppen).
b) Angaben zu BRI, BGF und NUF
c) Angaben zur Bauzeit
d) Angaben zum Bauende
e) Angaben zum Standard
f) Angaben zum Kreis, Bundesland

④
Planendes und/oder ausführendes Architektur- oder Planungsbüro, sowie teilweise Angaben zum/zur Bauherr*in.

⑤
Abbildungen des Objekts

⑥
Anzeige des Kostenstandes

(1)

(2)

6100-1379
Wohn- und
Geschäftshaus (1 WE)

Erweiterung

Objektbeschreibung

Allgemeine Objektinformationen

Die Herausforderung bestand darin, das 1933 errichtete und 1966 ab dem Sockelgeschoss erneuerte Gebäude in ein zeitgemäßes innerstädtisches Wohn- und Geschäftshaus umzubauen. Aus dem Sattel- wurde ein Flachdach. Dadurch entstand im Dachgeschoss ein Vollgeschoss als separate Büroeinheit. Durch den südseitigen Rücksprung entstand eine großzügige teilüberdachte Dachterrasse. Aufschiebbare Fensterfronten lassen auf der Südseite Licht herein und verbinden so den Innen- und Außenraum. Großzügigkeit entstand weiterhin durch das Zusammenlegen von zwei Etagen- zu einer Maisonettewohnung.

Nutzung

1 Untergeschoss
Technik, Abstellräume, Werkstatt, WC

1 Erdgeschoss
Wohnen, Kochen, Musik, HWR, WC, Terrasse

1 Obergeschoss
Kinder, Schlafen, Arbeiten, Gast, Bäder

1 Dachgeschoss
Büros, Teeküche, WC, Terrasse

Nutzeinheiten

Arbeitsplätze: 4
Bürofläche: 112 m^2
Wohneinheiten: 1
Wohnfläche: 263 m^2

Grundstück

Bauraum: Freier Bauraum
Neigung: Ebenes Gelände
Bodenklasse: BK 1 bis BK 4

Markt

Hauptvergabezeit: 3. Quartal 2013
Baubeginn: 3. Quartal 2013
Bauende: 4. Quartal 2014
Konjunkturelle Gesamtlage: Durchschnitt
Regionaler Baumarkt: über Durchschnitt

Baubestand

Baujahr: 1933/1966
Bauzustand: mittel
Aufwand: hoch
Grundrissänderungen: umfangreiche
Tragwerkseingriffe: umfangreiche
Nutzungsänderung: ja
Nutzung während der Bauzeit: nein

Baukonstruktion

Die Außenwände der Hauptetagen bestehen aus Ziegelmauerwerk. Die Decken aus Stahlbeton. Das bestehende Satteldach wurde abgebrochen und durch ein Flachdach mit Bitumenabdichtung ersetzt. Eine Holzwangentreppe verbindet die Wohnungsstockwerke. Die Fassade wurde mit 14cm Mineralwolle gedämmt. Im Kontrast zum mineralischen Putz stehen die hellen Lärchenholzfenster mit Schiebeelementen und Außenwandflächen mit hinterlüfteten Holzwerkstoffplatten. Die Fensterflächen können durch putzbündige Schiebeläden geschlossen werden.

Technische Anlagen

Durch den Einbau einer Wärmepumpe mit Eisspeicher kombiniert mit Solar-Luft-Absorbern auf dem Dach entstand ein Energieeffizienzhaus ~34%. Die Lüftungsanlage mit Wärmerückgewinnung unterstützt diesen Ansatz. Dabei wird die Zuluft durch ihre Lage unterm Estrich passiv temperiert.

Sonstiges

Wegen des großen Baumbestandes und der farbenfreudigen Nachbarfassaden wurde ein graubrauner Putz gewählt, welcher Zurückhaltung im Straßenraum übt und Wärme absorbiert.

Energetische Kennwerte

Gesetzliche Grundlage: EnEV 2013
Gebäudenutzfläche: 408,50 m^2
Gebäudevolumen: 1.408,50 m^3
A/Ve-Verhältnis (Kompaktheit): 0,52 m^{-1}
Hüllfläche des beheizten Volumens: 736,00 m^2
Spez. Transmissionswärmeverlust: 0,43 W/(m^2·K)
Spez. Jahresprimärenergiebedarf: 46,60 kWh/(m^2·a)
Jahresheizwärmebedarf: 48,27 kWh/a
Anlagen-Aufwandszahl: 0,77

3 © **BKI** Baukosteninformationszentrum Kostenstand: 3. Quartal 2023, Bundesdurchschnitt, **inkl. 19% MwSt.**

Erläuterungen nebenstehender Tabellen und Abbildungen

Alle Kostenkennwerte enthalten die Mehrwertsteuer. Kostenstand: 3. Quartal 2023.
Kosten und Kostenkennwerte umgerechnet auf den Bundesdurchschnitt

Objektbeschreibung

①
Objektbeschreibung mit:
- Allgemeine Objektinformationen
- Angaben zur Nutzung
- Nutzeinheiten
- Grundstück
- Markt
- Baukonstruktion
- Technische Anlagen
- Sonstiges

②
Energetische Kennwerte:
Die Angaben stammen aus dem Energieausweis (EnEV bzw. GEG), bzw. der Energiebedarfsberechnung oder aus dem Passivhaus-Projektierungspaket (PHPP). Die Werte unterscheiden sich aufgrund unterschiedlicher Rechenverfahren. Die Zielsetzung bundesweit vergleichbarer Ergebnisse bedingt bei der EnEV bundesweit einheitliche Klimadaten und weitere einheitliche Randbedingungen. Das PHPP Verfahren verfolgt das Ziel, den späteren Energieverbrauch möglichst genau zu prognostizieren. Es berücksichtigt daher individuelle Klimadaten und Randbedingungen und bezieht mehr energetisch wirksame Faktoren mit ein.

Energetische Angaben zu Außenbauteilen

Kellerdecke

U-Wert: 0,20 W/(m2·K)

Gesamtdicke: 38,50 cm	d [cm]	l [W/(m·K)]
Parkett	2,00	0,200
Heizestrich	6,50	1,400
Dämmung EPS	1,00	0,035
Dämmung PUR	2,00	0,024
Stahlbeton	16,00	1,150
Dämmung PS	10,00	0,030
Innenputz	1,00	0,870

Außenwand Bestand

(1) **U-Wert: 0,18 W/(m2·K)**

Gesamtdicke: 54,50 cm	d [cm]	l [W/(m·K)]
Innenputz	1,50	0,870
Ziegel	36,50	0,680
Putz	1,50	0,870
Dämmung MW	14,00	0,030
(2) Außenputz	1,00	0,870

Außenwand

U-Wert: 0,20 W/(m2·K)

Gesamtdicke: 34,00 cm	d [cm]	l [W/(m·K)]
Innenputz	1,50	0,870
Kalksandstein	17,50	0,790
Dämmung MW	14,00	0,030
Außenputz	1,00	0,870

Dachterrasse

U-Wert: 0,20 W/(m2·K)

Gesamtdicke: 34,23 cm	d [cm]	l [W/(m·K)]
Stahlbeton	20,00	2,500
Dampfsperre	0,03	0,200
Dämmung EPS	14,00	0,030
Bitumenbahn	0,20	0,170

Schrägdach

U-Wert: 0,14 W/(m2·K)

Gesamtdicke: 32,00 cm	d [cm]	l [W/(m·K)]
(3) Dämmung	26,00	0,035
Holz	26,00	0,130
Dämmung	6,00	0,047

Erläuterungen nebenstehender Tabellen und Abbildungen

Energetische Angaben zu Außenbauteilen

①
Angabe des U-Werts und der Gesamtdicke des Bauteils. Es werden meist nur die wärmetechnisch wirksamen Schichten dargestellt und berücksichtigt. Es werden nicht immer alle Außenbauteile aufgeführt, sondern die für eine Beurteilung der energetischen Qualität des Objekts wesentlichen.
Die Berechnung erfolgt auf der Grundlage der DIN EN ISO 6946. Die U-Werte können von Berechnungen der Datenlieferanten aus verschiedenen Gründen leicht abweichen:

- Die DIN 6946 wurde auch für die Objekte aus Österreich herangezogen, die originär abweichend berechnet wurden.
- Falls nur Angaben zu Schichten und Schichtdicken vorlagen, jedoch keine Lambda-Werte, wurden für die verwendeten Materialien übliche Lambda-Werte von BKI eingesetzt.
- Es gibt leichte Abweichungen bei der Berechnung des U-Werts im PHPP Verfahren und bei Berechnungen die auf Finiten Elementen beruhen.

②
Schichtenfolge der Materialien der Außenbauteile, mit Angabe der Schichtdicke und des Lambda-Werts

③
Kennzeichnung inhomogener Schichten

6100-1379
Wohn- und
Geschäftshaus (1 WE)

Planungskennwerte für Flächen und Rauminhalte nach DIN 277

(1)

Flächen des Grundstücks		Menge Einheit	% an GF
BF	Bebaute Fläche	213,00 m²	26,0
UF	Unbebaute Fläche	607,00 m²	74,0
GF	Grundstücksfläche	820,00 m²	100,0

Erweiterung

(2)

Grundflächen des Bauwerks		Menge Einheit	% an NUF	% an BGF
NUF	Nutzungsfläche	475,85 m²	100,0	62,4
TF	Technikfläche	18,78 m²	3,9	2,5
VF	Verkehrsfläche	131,29 m²	27,6	17,2
NRF	Netto-Raumfläche	625,92 m²	131,5	82,1
KGF	Konstruktions-Grundfläche	136,24 m²	28,6	17,9
BGF	Brutto-Grundfläche	762,16 m²	160,2	100,0

(3)

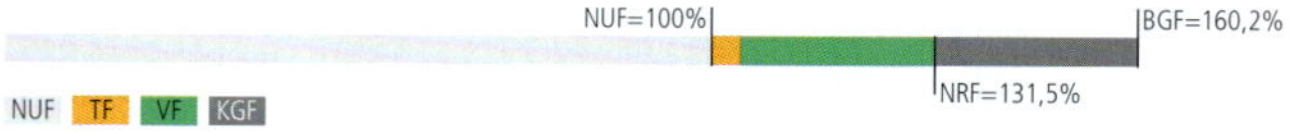

(4)

Brutto-Rauminhalt des Bauwerks		Menge Einheit	BRI/NUF (m)	BRI/BGF (m)
BRI	Brutto-Rauminhalt	2.225,36 m³	4,68	2,92

(5)

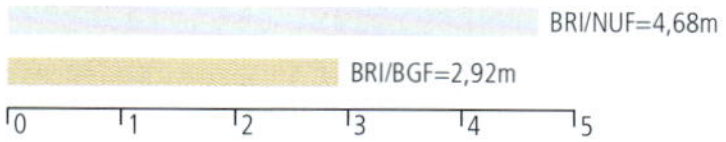

(6)

Lufttechnisch behandelte Flächen	Menge Einheit	% an NUF	% an BGF
Entlüftete Fläche	–	–	–
Be- und entlüftete Fläche	–	–	–
Teilklimatisierte Fläche	–	–	–
Klimatisierte Fläche	–	–	–

(7)

KG	Kostengruppen (2. Ebene)	Menge Einheit	Menge/NUF	Menge/BGF
310	Baugrube / Erdbau	66,68 m³ BGI	0,14	0,09
320	Gründung, Unterbau	115,68 m² GRF	0,24	0,15
330	Außenwände/Vertikale Baukonstruktionen, außen	636,04 m² AWF	1,34	0,84
340	Innenwände/Vertikale Baukonstruktionen, innen	287,20 m² IWF	0,60	0,38
350	Decken/Horizontale Baukonstruktionen	323,31 m² DEF	0,68	0,42
360	Dächer	187,36 m² DAF	0,39	0,25

5 © **BKI** Baukosteninformationszentrum Kostenstand: 3. Quartal 2023, Bundesdurchschnitt, **inkl. 19% MwSt.**

Erläuterungen nebenstehender Planungskennwerte- und Baukostentabellen

Alle Kostenkennwerte enthalten die Mehrwertsteuer. Kostenstand: 3. Quartal 2023.
Kosten und Kostenkennwerte umgerechnet auf den Bundesdurchschnitt.

Planungskennwerte für Flächen und Rauminhalte DIN 277

In Ergänzung der Kostenkennwerttabellen werden für jedes Objekt Planungskennwerte angegeben, die zur Überprüfung der Vergleichbarkeit des Objekts mit der geplanten Baumaßnahme dienen.
Ein Planungskennwert im Sinne dieser Veröffentlichung ist ein Wert, der das Verhältnis bestimmter Flächen und Rauminhalte zur Nutzungsfläche (NUF) und Brutto-Grundfläche (BGF) darstellt, angegeben als Prozentwert oder als Faktor (Mengenverhältnis).

①
Bebaute und unbebaute Flächen des Grundstücks sowie deren Verhältnis in Prozent zur Grundstücksfläche (GF).

②
Grundflächen im Verhältnis zur Nutzungsfläche (NUF = 100%) und Brutto-Grundfläche (BGF = 100%) in Prozent.

③
Grafische Darstellung der Grundflächen im Verhältnis zur Nutzungsfläche (NUF = 100%)

④
Verhältnis von Brutto-Rauminhalt (BRI) zur Nutzungsfläche (NUF) und Brutto-Grundfläche (BGF), (BRI / BGF = mittlere Geschosshöhe), angegeben als Faktor (in Meter).

⑤
Grafische Darstellung der Verhältnisse Brutto-Rauminhalt (BRI) zur Nutzungsfläche (NUF = 100%) und Brutto-Grundfläche (BGF); (BRI / BGF = mittlere Geschosshöhe), angegeben als Faktor (in Meter).

⑥
Verhältnis von lufttechnisch behandelten Flächen (nach BKI), Nutzungsfläche (NUF) und Brutto-Grundfläche (BGF) in Prozent.

⑦
Verhältnis der Mengen dieser Kostengruppen nach DIN 276 („Grobelemente") zur Nutzungsfläche (NUF) und Brutto-Grundfläche (BGF), angegeben als Faktor. Wenn aus der Grundlagenermittlung die Nutzungs- oder Brutto-Grundfläche für ein Projekt bekannt ist, ein Vorentwurf als Grundlage für Mengenermittlungen aber noch nicht vorliegt, so können mit diesen Faktoren die Grobelementmengen überschlägig ermittelt werden.

6100-1379
Wohn- und
Geschäftshaus (1 WE)

Erweiterung

Kostenkennwerte für die Kostengruppen der 1.Ebene DIN 276

	KG	Kostengruppen (1.Ebene)	Einheit	Kosten €	€/Einheit	€/m²BGF	€/m³BRI	%300+400
	100	Grundstück	m²GF	–	–	–	–	–
	200	Vorbereitende Maßnahmen	m²GF	5.253	6,41	6,89	2,36	0,4
①	300	Bauwerk – Baukonstruktionen	m²BGF	963.612	1.264,32	1.264,32	433,01	77,7
	400	Bauwerk – Technische Anlagen	m²BGF	276.232	362,43	362,43	124,13	22,3
		Bauwerk 300+400	**m²BGF**	**1.239.844**	**1.626,75**	**1.626,75**	**557,14**	**100,0**
	500	Außenanlagen und Freiflächen	m²AF	179.689	296,03	235,76	80,75	14,5
	600	Ausstattung und Kunstwerke	m²BGF	2.034	2,67	2,67	0,91	0,2
	700	Baunebenkosten	m²BGF	–	–	–	–	–
	800	Finanzierung	m²BGF	–	–	–	–	–

	KG	Kostengruppe	Menge Einheit	Kosten €	€/Einheit	%
②	200	**Vorbereitende Maßnahmen**	820,00 m²GF	5.253	**6,41**	0,4
		• Abbrechen (Kosten: 56,2%) Abbruch von Hofmauer, Schacht ausbauen, Wurzelstöcke roden; Entsorgung, Deponiegebühren		2.953		
③		• Herstellen (Kosten: 43,8%) Oberbodenabtrag; Stromanschluss, Verkehrserschließung		2.300		
	3+4	**Bauwerk**				**100,0**
	300	**Bauwerk – Baukonstruktionen**	762,16 m²BGF	963.612	**1.264,32**	77,7
		• Abbrechen (Kosten: 10,2%) Abbruch von Beton-Bodenplatte, Fundamenten; Mauerwerk, Holzfenstern, Garagentoren, Eingangstüren, Putz, Eingangsvorbau; Sturzauflager, Trockenbauwänden, Türen, Wandfliesen, Installationsschächten; Holzbalkendecke, Stb-Decken, Parkett, PVC-Belägen, Bodenfliesen, Teppich, Holzböden; Holzdachkonstruktion, Dachfenstern, Ziegeln, Dämmung; Dachentwässerung, Blitzschutz; Kücheneinbau; Entsorgung, Deponiegebühren		98.116		

6100-1379
Wohn- und
Geschäftshaus (1 WE)

Erweiterung

Kostenkennwerte für die Kostengruppen der 2.Ebene DIN 276

	KG	Kostengruppe	Menge Einheit	Kosten €	€/Einheit	%
	200	**Vorbereitende Maßnahmen**				**100,0**
④	210	**Herrichten**	820,00 m²GF	4.453	**5,43**	84,8
③		• Abbrechen (Kosten: 66,3%) Abbruch von Mauerwerk (18m), Mauerwerks-, Betonreste im Boden (4m³), Schacht ausbauen (1St) * Wurzelstöcke roden (psch); Entsorgung, Deponiegebühren	820,00 m²GF	2.953	**3,60**	
		• Herstellen (Kosten: 33,7%) Oberboden abtragen, d=30cm, verfüllen (81m²), entsorgen (18m²)	820,00 m²GF	1.500	**1,83**	
	220	**Öffentliche Erschließung**	820,00 m²GF	800	**0,98**	15,2
		• Herstellen (Kosten: 100,0%) Stromanschluss (psch) * Verkehrserschließung, Beschilderungen (psch)	820,00 m²GF	800	**0,98**	
	300	**Bauwerk – Baukonstruktionen**				**100,0**
	310	**Baugrube / Erdbau**	66,68 m³BGI	21.486	**322,22**	2,2
		• Herstellen (Kosten: 100,0%) Bodenaushub im Gebäude, d bis 50cm, entsorgen (57m³), d=20cm (10m³), Frostschutzschicht, d=20cm (19m³), Kies, Liefermaterial (32m³), Ausschachtung Streifenfundamente, entsorgen (11m³), Rohrgraben, d bis 50cm, verfüllen (3m)	66,68 m³BGI	21.486	**322,22**	
	320	**Gründung, Unterbau**	115,68 m²GRF	49.001	**423,59**	5,1
		• Abbrechen (Kosten: 16,2%) Abbruch von Beton-Bodenplatte (124m²), Stb-Fundamenten (8St), Teilabbruch von Streifenfundamenten (126m) * Abdichtungen (53m²); Entsorgung, Deponiegebühren	123,56 m²GRF	7.932	**64,20**	
		• Wiederherstellen (Kosten: 8,1%) Fundamentbeschädigungen ausbessern (243m)	–	3.960	–	

Erläuterung nebenstehender Baukostentabelle

Alle Kostenkennwerte enthalten die Mehrwertsteuer. Kostenstand: 3. Quartal 2023
Kosten und Kostenkennwerte umgerechnet auf den Bundesdurchschnitt

Kostenkennwerte für die Kostengruppen der 1. und 2. Ebene DIN 276

①
Kostenübersicht, Kostenkennwerte in €/Einheit, €/m^2 BGF und €/m^3 BRI für die Kostengruppen der 1. Ebene DIN 276. Anteil der jeweiligen Kostengruppe in Prozent an den Bauwerkskosten (Spalte: % 300+400). Die Bezugseinheiten der Kostenkennwerte entsprechen der DIN 277: 2021-08 bzw. der DIN 276:2018-12 Mengen und Bezugseinheiten.

②
Codierung und Bezeichnung der Ausführung zur Kostengruppe entsprechend der 1. Ebene nach DIN 276

③
Abgerechnete Leistungen zu dokumentierten Objekten mit BKI Objektnummer, Beschreibung, Menge, Einheit, Kosten, Kostenkennwert bezogen auf die Kostengruppeneinheit oder alternativ bezogen auf die übergeordnete Einheit.

Bei den Mengen handelt es sich um ausgeführte Mengen. Bei Altbauten wird zusätzlich eine Unterteilung in Abbrechen, Herstellen und Wiederherstellen vorgenommen. Für alle drei Kategorien werden Kosten, Mengen und Kostenkennwerte separat ermittelt. Für die Menge der Gesamtleistung wird der Mengenanteil aus Herstellen und Wiederherstellen addiert, nicht jedoch der Mengenanteil aus Abbruch.

④
Codierung und Bezeichnung der Ausführung zur Kostengruppe entsprechend der 2. Ebene nach DIN 276

6100-1379
Wohn- und
Geschäftshaus (1 WE)

Erweiterung

Kostenkennwerte für die Kostengruppen 300 der 2. und 3. Ebene DIN 276 (Übersicht)

(1)

(2)

KG	Kostengruppe	Menge Einheit	€/Einheit	Kosten €	% an 3+4
300	**Bauwerk – Baukonstruktionen**	**762,16 m²BGF**	**1.264,32**	**963.611,73**	**77,7**
310	**Baugrube / Erdbau**	**66,68 m³BGI**	**322,22**	**21.485,95**	**1,7**
311	Herstellung	66,68 m³BGI	322,22	21.485,95	1,7
312	Umschließung	–	–	–	–
313	Wasserhaltung	–	–	–	–
314	Vortrieb	–	–	–	–
319	Sonstiges zur KG 310	–	–	–	–
320	**Gründung, Unterbau**	**115,68 m²GRF**	**423,59**	**49.001,31**	**4,0**
321	Baugrundverbesserung	–	–	–	–
322	Flachgründungen und Bodenplatten	115,68 m²	155,14	17.946,45	1,4
323	Tiefgründungen	–	–	–	–
324	Gründungsbeläge	79,86 m²	186,25	14.874,17	1,2
325	Abdichtungen und Bekleidungen	46,58 m²	347,37	16.180,67	1,3
326	Dränagen	–	–	–	–
329	Sonstiges zur KG 320	–	–	–	–
330	**Außenwände/Vert. Baukonstrukt., außen**	**636,04 m²AWF**	**628,73**	**399.899,35**	**32,3**
331	Tragende Außenwände	273,32 m²	368,92	100.833,02	8,1
332	Nichttragende Außenwände	15,95 m²	176,98	2.822,79	0,2
333	Außenstützen	34,60 m	207,75	7.188,02	0,6
334	Außenwandöffnungen	144,04 m²	1.002,38	144.382,81	11,6
335	Außenwandbekleidungen, außen	492,00 m²	203,03	99.889,38	8,1
336	Außenwandbekleidungen, innen	189,60 m²	77,33	14.662,16	1,2
337	Element. Außenwandkonstruktionen	–	–	–	–
338	Lichtschutz zur KG 330	106,04 m²	272,02	28.845,09	2,3
339	Sonstiges zur KG 330	636,04 m²AWF	2,01	1.276,05	0,1
340	**Innenwände/Vert. Baukonstrukt., innen**	**287,20 m²IWF**	**448,25**	**128.738,34**	**10,4**
341	Tragende Innenwände	82,10 m²	475,46	39.035,34	3,1
342	Nichttragende Innenwände	143,43 m²	121,77	17.465,38	1,4
343	Innenstützen	12,94 m	266,39	3.447,14	0,3
344	Innenwandöffnungen	39,06 m²	876,59	34.239,45	2,8
345	Innenwandbekleidungen	496,28 m²	69,62	34.551,04	2,8
346	Elementierte Innenwandkonstruktionen	–	–	–	–
347	Lichtschutz zur KG 340	–	–	–	–
349	Sonstiges zur KG 340	–	–	–	–
350	**Decken/Horizontale Baukonstruktionen**	**323,31 m²DEF**	**603,25**	**195.036,64**	**15,7**
351	Deckenkonstruktionen	168,96 m²	470,52	79.498,51	6,4
352	Deckenöffnungen	–	–	–	–
353	Deckenbeläge	323,33 m²	279,49	90.366,97	7,3
354	Deckenbekleidungen	275,45 m²	49,32	13.584,18	1,1
355	Elementierte Deckenkonstruktionen	–	–	–	–
359	Sonstiges zur KG 350	323,31 m²DEF	35,84	11.586,97	0,9
360	**Dächer**	**187,36 m²DAF**	**632,10**	**118.430,06**	**9,6**
361	Dachkonstruktionen	169,55 m²	220,31	37.354,00	3,0
362	Dachöffnungen	0,64 m²	3.164,90	2.025,54	0,2
363	Dachbeläge	186,72 m²	379,69	70.895,06	5,7
364	Dachbekleidungen	11,25 m²	34,96	393,31	< 0,1
365	Elementierte Dachkonstruktionen	–	–	–	–
366	Lichtschutz zur KG 360	–	–	–	–
369	Sonstiges zur KG 360	187,36 m²DAF	41,43	7.762,18	0,6
370	**Infrastrukturanlagen**	**–**	**–**	**–**	**–**
380	**Baukonstruktive Einbauten**	**762,16 m²BGF**	**0,51**	**386,83**	**< 0,1**
390	**Sonst. Maßnahmen für Baukonstrukt.**	**762,16 m²BGF**	**66,43**	**50.633,23**	**4,1**

Kostenstand: 3. Quartal 2023, Bundesdurchschnitt, **inkl. 19% MwSt.**

Erläuterung nebenstehender Baukostentabelle

Alle Kostenkennwerte enthalten die Mehrwertsteuer. Kostenstand: 3. Quartal 2023
Kosten und Kostenkennwerte umgerechnet auf den Bundesdurchschnitt

Kostenkennwerte für Kostengruppen der 2. und 3. Ebene DIN 276 (Übersicht)

①
Codierung und Bezeichnung der Kostengruppe entsprechend der 2. und 3. Ebene nach DIN 276

②
Abgerechneten Leistungen mit Menge, Einheit, Kostenkennwert in Euro pro Einheit, Kosten in Euro und prozentueler Anteil an den Kostengruppen 300 und 400 DIN 276

6100-1379
Wohn- und
Geschäftshaus (1 WE)

Erweiterung

Kostenkennwerte für Leistungsbereiche nach STLB (Kosten des Bauwerks nach DIN 276)

①

②

LB	Leistungsbereiche	Kosten €	€/m² BGF	€/m³ BRI	% an 3+4
000	Sicherheits-, Baustelleneinrichtungen inkl. 001	44.227	58,00	19,90	3,6
002	Erdarbeiten	24.874	32,60	11,20	2,0
006	Spezialtiefbauarbeiten inkl. 005	–	–	–	–
009	Entwässerungskanalarbeiten inkl. 011	145	0,19	0,07	< 0,1
010	Drän- und Versickerarbeiten	–	–	–	–
012	Mauerarbeiten	91.883	120,60	41,30	7,4
	Wiederherstellen	24.678	32,40	11,10	2,0
	Herstellen	67.205	88,20	30,20	5,4
013	Betonarbeiten	80.539	105,70	36,20	6,5
014	Natur-, Betonwerksteinarbeiten	3.601	4,70	1,60	0,3
	Wiederherstellen	641	0,84	0,29	< 0,1
	Herstellen	2.960	3,90	1,30	0,2
016	Zimmer- und Holzbauarbeiten	–	–	–	–
017	Stahlbauarbeiten	12.559	16,50	5,60	1,0
018	Abdichtungsarbeiten	37.907	49,70	17,00	3,1
	Wiederherstellen	15.191	19,90	6,80	1,2
	Herstellen	22.715	29,80	10,20	1,8
019	Kampfmittelräumarbeiten	–	–	–	–
020	Dachdeckungsarbeiten	3.480	4,60	1,60	0,3
021	Dachabdichtungsarbeiten	70.435	92,40	31,70	5,7
022	Klempnerarbeiten	7.317	9,60	3,30	0,6
	Rohbau	**376.967**	**494,60**	**169,40**	**30,4**
	Wiederherstellen	40.510	53,20	18,20	3,3
	Herstellen	336.456	441,50	151,20	27,1
023	Putz- und Stuckarbeiten, Wärmedämmsysteme	116.350	152,70	52,30	9,4
	Wiederherstellen	1.832	2,40	0,82	0,1
	Herstellen	114.518	150,30	51,50	9,2
024	Fliesen- und Plattenarbeiten	22.638	29,70	10,20	1,8
	Wiederherstellen	48	0,06	0,02	< 0,1
	Herstellen	22.591	29,60	10,20	1,8
025	Estricharbeiten	20.101	26,40	9,00	1,6
026	Fenster, Außentüren inkl. 029, 032	139.010	182,40	62,50	11,2
027	Tischlerarbeiten	46.238	60,70	20,80	3,7
028	Parkettarbeiten, Holzpflasterarbeiten	–	–	–	–
030	Rollladenarbeiten	20.970	27,50	9,40	1,7
031	Metallbauarbeiten inkl. 035	25.543	33,50	11,50	2,1

6100-1379
Wohn- und
Geschäftshaus (1 WE)

Erweiterung

③

LB	Leistungsbereiche	Kosten €	€/m² BGF	€/m³ BRI	% an 3+4
049	Feuerlöschanlagen, Feuerlöschgeräte	–	–	–	–
050	Blitzschutz- und Erdungsanlagen	6.162	8,10	2,80	0,5
053	Niederspannungsanlagen inkl. 052, 054	47.343	62,10	21,30	3,8
055	Sicherheits- u. Ersatzstromversorgungsanl.	–	–	–	–
057	Gebäudesystemtechnik	–	–	–	–
058	Leuchten und Lampen inkl. 059	718	0,94	0,32	< 0,1
060	Sprechanlagen, elektroakust. Anlagen inkl. 064	7.148	9,40	3,20	0,6
061	Kommunikationsnetze inkl. 063	8.426	11,10	3,80	0,7
069	Aufzüge	–	–	–	–
070	Gebäudeautomation	–	–	–	–
075	Raumlufttechnische Anlagen inkl. 078	35.107	46,10	15,80	2,8
	Gebäudetechnik	**263.388**	**345,60**	**118,40**	**21,2**
084	Abbruch, Rückbau, Schadstoffsanierung	104.145	136,60	46,80	8,4
	Abbrechen	104.145	136,60	46,80	8,4
	Abbrucharbeiten	**104.145**	**136,60**	**46,80**	**8,4**
	Abbrechen	104.145	136,60	46,80	8,4
	Sonstige Leistungsbereiche	**3.673**	**4,80**	**1,70**	**0,3**

Erläuterung nebenstehender Baukostentabelle

Alle Kostenkennwerte enthalten die Mehrwertsteuer. Kostenstand: 3. Quartal 2023
Kosten und Kostenkennwerte umgerechnet auf den Bundesdurchschnitt

Kostenkennwerte für Leistungsbereiche nach STLB

①
LB-Nummer nach Standardleistungsbuch (STLB).
Bezeichnung des Leistungsbereichs (zum Teil abgekürzt).

Kostenkennwerte für Bauwerkskosten (Kostengruppe 300+400 nach DIN 276) je Leistungsbereich in €/m^2 Brutto-Grundfläche (BGF nach DIN 277).
Anteil der jeweiligen Leistungsbereiche in Prozent an den Bauwerkskosten (100%).

②
Kostenkennwerte und Prozentanteile für „Leistungsbereichspakete" als Zusammenfassung bestimmter Leistungsbereiche. Leistungsbereiche mit relativ geringem Kostenanteil wurden in Einzelfällen mit anderen Leistungsbereichen zusammengefasst.
Beispiel:
LB 000 Baustelleneinrichtung zusammengefasst mit
LB 001 Gerüstarbeiten (Angabe: inkl. 001)

③
Ergänzende, den STLB-Leistungsbereichen nicht zuzuordnende Leistungsbereiche, zusammengefasst mit den LB-Nr. 008, 033, 051.

(1) (2) (3)

6100-1379
Wohn- und
Geschäftshaus (1 WE)

Erweiterung

Kostenkennwerte für die Kostengruppen der 3.Ebene DIN 276

KG	Kostengruppe	Menge Einheit	Kosten €	€/Einheit	%
210	**Herrichten**				**100,0**
212	**Abbruchmaßnahmen**	820,00 m² GF	2.613	**3,19**	58,7
	• Abbrechen (Kosten: 100,0%) Abbruch von Mauerwerk mit Fundament, h=130cm, b=36cm (18m), Mauerwerks-, Betonreste im Boden (4m³), vorhandenen Schacht ausbauen (1St); Entsorgung, Deponiegebühren	820,00 m² GF	2.613	**3,19**	
214	**Herrichten der Geländeoberfläche**	820,00 m² GF	1.840	**2,24**	41,3
	• Abbrechen (Kosten: 18,5%) Wurzelstöcke roden, entsorgen (psch)	820,00 m² GF	340	**0,41**	
	• Herstellen (Kosten: 81,5%) Oberboden abtragen, d=30cm, lagern, verfüllen, Planum (81m²), entsorgen (18m²)	820,00 m² GF	1.500	**1,83**	
220	**Öffentliche Erschließung**				**100,0**
225	**Stromversorgung**	820,00 m² GF	108	**0,13**	13,5
	• Herstellen (Kosten: 100,0%) Stromanschluss (psch)	820,00 m² GF	108	**0,13**	
227	**Verkehrserschließung**	820,00 m² GF	692	**0,84**	86,5
	• Herstellen (Kosten: 100,0%) Verkehrserschließung, Beschilderungen (psch)	820,00 m² GF	692	**0,84**	
310	**Baugrube / Erdbau**				**100,0**
311	**Herstellung**	66,68 m³ BGI	21.486	**322,22**	100,0
	• Herstellen (Kosten: 100,0%) Bodenaushub im Gebäude BK 3-5, d bis 50cm, Handaushub, entsorgen, Planum (57m³), d=20cm	66,68 m³ BGI	21.486	**322,22**	

330
Außenwände/
Vertikale
Baukonstruktionen,
außen

KG	Kostengruppe	Menge Einheit	Kosten €	€/Einheit	€/m² BGF
	6100-1379 Wohn- und Geschäftshaus (1 WE)				
	• Abbrechen (Kosten: 41,0%) Abbruch von Mauerwerk, d=36,5cm, einschl. Putz (113m²), d=50cm (78m²); Entsorgung, Deponiegebühren	191,51 m²	41.326	**215,79**	54,22
	• Wiederherstellen (Kosten: 24,9%) Sandsteinmauerwerk versetzen (56m²), reinigen (48m²), Beschädigungen reparieren (2m²), Horizontalsperre in Ziegelmauerwerk, d bis 45cm einbauen (45m)	105,67 m²	25.098	**237,52**	32,93
	• Herstellen (Kosten: 34,1%) KS-Mauerwerk, d=17,5-24cm (144m²), Betonfüllstein, d=30cm (24m²), Fensterstürze (12St), Wandanker, Flachstahl 120x10mm, l=1,50m (1St), Hauseinführungen (2St), Kernbohrungen (36cm)	167,65 m²	34.409	**205,24**	45,15
	6100-1384 Mehrfamilienhaus (3 WE)				
	• Abbrechen (Kosten: 1,5%) Abbruch von Sockelmauerwerk, d=25x45cm (18m²), Taubenstall (psch); Entsorgung, Deponiegebühren	17,50 m²	1.951	**111,51**	3,18
	• Wiederherstellen (Kosten: 61,0%) Ziegelmauerwerk reinigen, lose Fugen entfernen, mit Zementmörtel auffüllen (130m²), horizontal (68m), Horizontalsperre in Ziegelmauerwerk, Sägeverfahren, d=13-52cm, einbauen (62m²), Risse mit Beton verfüllen (24m), Dickbeschichtung auftragen (173m²), loses Mauerwerk aufnehmen, als Sichtmauerwerk, d=11,5cm, aufmauern, innenseitig schalen, bewehren, ausbetonieren (9m²)	243,99 m²	80.887	**331,52**	131,68
	• Herstellen (Kosten: 37,5%) Ziegelmauerwerk (32m²), Stahlträger U240 (psch), Mauerwerksöffnungen herstellen	100,64 m²	49.692	**493,76**	80,90

Ergänzende Daten (online verfügbar)

Erläuterung nebenstehender Baukostentabelle

Alle Kostenkennwerte enthalten die Mehrwertsteuer. Kostenstand 3. Quartal 2023.
Kosten und Kostenkennwerte umgerechnet auf den Bundesdurchschnitt.

Kostenkennwerte für die Kostengruppen 200-600 der 3. Ebene nach DIN 276

①
Codierung und Bezeichnung der Ausführung zur Kostengruppe entsprechend der 2. und 3. Ebene nach DIN 276

Sortierung nach Objekten

②
Abgerechnete Leistungen zu den dokumentierten Objekten mit Beschreibung, Menge, Einheit, Kosten, Kostenkennwert bezogen auf die Kostengruppeneinheit oder alternativ bezogen auf die übergeordnete Einheit.

Sortierung nach Kostengruppen

③
Abgerechnete Leistungen zu dokumentierten Objekten mit BKI Objektnummer, Beschreibung, Menge, Einheit, Kosten, Kostenkennwert bezogen auf die Kostengruppeneinheit oder alternativ bezogen auf die übergeordnete Einheit.

Bei den Mengen handelt es sich um ausgeführte Mengen.

Hinweis:
Aufgrund der großen Datenmenge werden die Daten der 3. Ebene DIN 276 nur online zur Verfügung gestellt. Bitte rufen Sie den folgenden Download-Link auf, um das BKI Dokument herunterzuladen: ***www.bki.de/bki_a12_ergaenzung***

Nach dem Download erhalten Sie die Datei **BKI_A12_Ergaenzungslieferung** mit zusätzlichen Inhalten:
- die Kostendaten der 3. Ebene aller neu dokumentierten Objekte - sortiert nach Objektnummern
- die Zusammenstellung der Kostenkennwerte der 3. Ebene nach DIN 276 - sortiert nach Kostengruppen.

Bitte beachten Sie, dass das BKI Dokument an den Kauf des Buches gebunden ist.

Hilfe und Support:
Bei technischen Fragen zum Download wenden Sie sich direkt an unsere IT-Hotline:
Telefon: 0711 954 854-43
hotline-it@bki.de

Gliederung in Leistungsbereiche nach STLB-Bau

Als Beispiel für eine ausführungsorientierte Ergänzung der Kostengliederung werden im Folgenden die Leistungsbereiche des Standardleistungsbuchs für das Bauwesen in einer Übersicht dargestellt.

000 Sicherheitseinrichtungen, Baustelleneinrichtung
001 Gerüstarbeiten
002 Erdarbeiten
003 Landschaftsbauarbeiten
004 Landschaftsbauarbeiten, Pflanzen
005 Brunnenbauarbeiten und Aufschlussbohrungen
006 Spezialtiefbauarbeiten
007 Untertagebauarbeiten
008 Wasserhaltungsarbeiten
009 Entwässerungskanalarbeiten
010 Drän- und Versickerungsarbeiten
011 Abscheider- und Kleinkläranlagen
012 Mauerarbeiten
013 Betonarbeiten
014 Natur-, Betonwerksteinarbeiten
016 Zimmer- und Holzbauarbeiten
017 Stahlbauarbeiten
018 Abdichtungsarbeiten
019 Kampfmittelräumarbeiten
020 Dachdeckungsarbeiten
021 Dachabdichtungsarbeiten
022 Klempnerarbeiten
023 Putz- und Stuckarbeiten, Wärmedämmsysteme
024 Fliesen- und Plattenarbeiten
025 Estricharbeiten
026 Fenster, Außentüren
027 Tischlerarbeiten
028 Parkettarbeiten, Holzpflasterarbeiten
029 Beschlagarbeiten
030 Rollladenarbeiten
031 Metallbauarbeiten
032 Verglasungsarbeiten
033 Baureinigungsarbeiten
034 Maler- und Lackierarbeiten, Beschichtungen
035 Korrosionsschutzarbeiten an Stahlbauten
036 Bodenbelagsarbeiten
037 Tapezierarbeiten
038 Vorgehängte hinterlüftete Fassaden
039 Trockenbauarbeiten
040 Wärmeversorgungsanlagen - Betriebseinrichtungen
041 Wärmeversorgungsanlagen - Leitungen, Armaturen, Heizflächen
042 Gas- und Wasseranlagen - Leitungen und Armaturen
043 Druckrohrleitungen für Gas, Wasser und Abwasser
044 Abwasseranlagen - Leitung, Abläufe, Armaturen
045 Gas-, Wasser- und Entwässerungsanlagen - Ausstattung, Elemente, Fertigbäder
046 Gas-, Wasser- und Entwässerungsanlagen - Betriebseinrichtungen
047 Dämm- und Brandschutzarbeiten an technischen Anlagen
049 Feuerlöschanlagen, Feuerlöschgeräte
050 Blitzschutz- und Erdungsanlagen, Überspannungsschutz
051 Kabelleitungstiefbauarbeiten
052 Mittelspannungsanlagen
053 Niederspannungsanlagen - Kabel/Leitungen, Verlegesysteme, Installationsgeräte
054 Niederspannungsanlagen - Verteilersysteme und Einbaugeräte
055 Sicherheits- und Ersatzstromversorgungsanlagen
057 Gebäudesystemtechnik
058 Leuchten und Lampen
059 Sicherheitsbeleuchtungsanlagen
060 Sprech-, Ruf-, Antennenempfangs-, Uhren- und elektroakustische Anlagen
061 Kommunikations- und Übertragungsnetze
062 Kommunikationsanlagen
063 Gefahrenmeldeanlagen
064 Zutrittskontroll-, Zeiterfassungssysteme
069 Aufzüge
070 Gebäudeautomation
075 Raumlufttechnische Anlagen
078 Kälteanlagen für raumlufttechnische Anlagen
080 Straßen, Wege, Plätze
081 Betonerhaltungsarbeiten
082 Bekämpfender Holzschutz
084 Abbruch-, Rückbau- und Schadstoffsanierungsarbeiten
085 Rohrvortriebsarbeiten
087 Abfallentsorgung, Verwertung und Beseitigung
090 Baulogistik
091 Stundenlohnarbeiten
096 Bauarbeiten an Bahnübergängen
097 Bauarbeiten an Gleisen und Weichen
098 Witterungsschutzmaßnahmen

Abkürzungsverzeichnis

Abkürzung	Bezeichnung
a	Jahr (lat. annus)
AF	Außenanlagenfläche
Alu	Aluminium
AP	Arbeitsplätze
APP	Appartement
AWF	Außenwandfläche
BGF	Brutto-Grundfläche (Summe der Regelfall (R)- und Sonderfall (S)-Flächen nach DIN 277)
BGI	Baugrubeninhalt
BHKW	Blockheizkraftwerk
bis	oberer Grenzwert des Streubereichs um einen Mittelwert
BK	Bodenklasse
BRI	Brutto-Rauminhalt (Summe der Regelfall (R)- und Sonderfall (S)-Rauminhalte nach DIN 277)
BRI/BGF (m)	Verhältnis von Brutto-Rauminhalt zur Brutto-Grundfläche angegeben in Meter
BRI/NUF (m)	Verhältnis von Brutto-Rauminhalt zur Nutzungsfläche angegeben in Meter
BSH	Brettschichtholz
CO_2	Kohlendioxid
d	Dicke
DN	Durchmesser Nennmaß
DAF	Dachfläche
DEF	Deckenfläche
DHH	Doppelhaushälfte
DIN 276	Kosten im Bauwesen (DIN 276:2018-12)
DIN 277	Grundflächen und Rauminhalte im Hochbau (DIN 277:2021-08)
EDV	elektronische Datenverarbeitung
EFH	Einfamilienhaus
EG	Erdgeschoss
ELW	Einliegerwohnung
EnEV	Energieeinsparverordnung
EPS	Expandierter Polystyrol-Hartschaum
ESG	Einscheiben-Sicherheitsglas
ETW	Etagenwohnung
EVA	Ethylenvinylacetatcopolymer
FBH	Fußbodenheizung
Fläche/BGF (%)	Anteil der angegebenen Fläche zur Brutto-Grundfläche in Prozent
Fläche/NUF (%)	Anteil der angegebenen Fläche zur Nutzungsfläche in Prozent
€/Einheit	Spaltenbezeichnung für Mittelwerte zu den Kosten bezogen auf eine Einheit der Bezugsgröße
€/m² BGF	Spaltenbezeichnung für Mittelwerte zu den Kosten bezogen auf Brutto-Grundfläche
GF	Grundstücksfläche
GK	Gipskarton
GRF	Gründungsfläche
HF	Holzfaser
Hlz	Hochlochziegel
HPL	Laminatbeschichtung im Hochdruckpressverfahren (eng. High Pressure Laminate)
HT	Hochtemperatur-Abflussrohr
HW	Holzwolle
inkl.	einschließlich
IWF	Innenwandfläche
KFZ	Kraftfahrzeug
KG	Kanalgrund(rohr)
kg	Kilogramm
KITA	Kindertagesstätte

Abkürzungsverzeichnis (Fortsetzung)

Abkürzung	Bezeichnung
KG	Kostengruppe
KGF	Konstruktions-Grundfläche (Summe der Regelfall (R)- und Sonderfall (S)-Flächen nach DIN 277)
KS	Kalksandstein
KVH	Konstruktionsvollholz
kW	Kilowatt
KWK	Kraftwärmekopplung
LB	Leistungsbereich
MDF	mitteldichte Faserplatte (Spanplatte)
Menge/BGF	Menge der genannten Kostengruppen-Bezugsgröße bezogen auf die Menge der Brutto-Grundfläche
Menge/NUF	Menge der genannten Kostengruppen-Bezugsgröße bezogen auf die Menge der Nutzungsfläche
MW	Mineralwolle
MwSt.	Mehrwertsteuer
NE	Nutzeinheit
NUF	Nutzungsfläche (Summe der Regelfall (R)- und Sonderfall (S)-Flächen nach DIN 277)
NRF	Netto-Raumfläche (Summe der Regelfall (R)- und Sonderfall (S)-Flächen nach DIN 277)
Obj.-Nr.	Nummer des Objekts in den BKI Baukostendatenbanken
OSB	Grobspanplatten (engl. oriented strand board)
PA	Polyamid
PE	Polyethyen
PHPP	Passivhaus-Projektierungspaket
PIR	Polyisocyanurate
PP	Polypropylen
PS	Polystyrol
PU/PUR	Polyurethan
PV	Photovoltaik
PVC	Polyvinylchlorid
restl.	restlich
RH	Reihenhaus
sonst.	Sonstige
STLB	Standardleistungsbuch
St	Stück
STP	Stellplatz
TF	Technikfläche (Summe der Regelfall (R)- und Sonderfall (S)-Flächen nach DIN 277)
TG	Tiefgarage
UK	Unterkonstruktion
UP	Unterputz
Uw	U-Wert Fenster (engl. window)
VF	Verkehrsfläche (Summe der Regelfall (R)- und Sonderfall (S)-Flächen nach DIN 277)
VIP	Vakuumisolationspaneel
VSG	Verbund-Sicherheitsglas
von	unterer Grenzwert des Streubereichs um einen Mittelwert
WDVS	Wärmedämmverbundsystem
WE	Wohneinheit
WFL	Wohnfläche
WLG	Wärmeleitgruppe
WU	wasserundurchlässig (Betonqualität)
XPS	Extrudierter Polystyrol-Hartschaum
Ø	Mittelwert
300+400	Zusammenfassung der Kostengruppen Bauwerk-Baukonstruktionen und Bauwerk-Technische Anlagen
% an 300+400	Kostenanteil der jeweiligen Kostengruppe an den Kosten des Bauwerks
% an 300	Kostenanteil der jeweiligen Kostengruppe an der Kostengruppe Bauwerk-Baukonstruktion
% an 400	Kostenanteil der jeweiligen Kostengruppe an der Kostengruppe Bauwerk-Technische Anlagen

Kosten abgerechneter Objekte

Büro- und Verwaltungsgebäude

1

- 1100 Parlamentsgebäude
- • 1200 Gerichtsgebäude
- • 1300 Bürogebäude

1300-0290
Bürogebäude
(16 AP)

Erweiterung

Objektübersicht

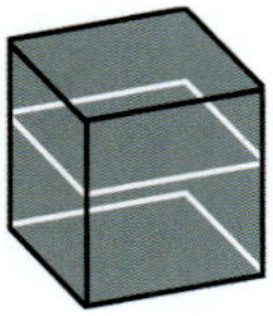
BRI 732 €/m³

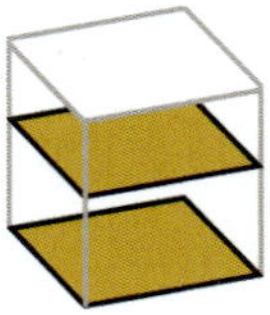
BGF 2.271 €/m²

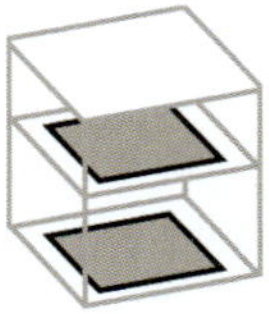
NUF 3.982 €/m²

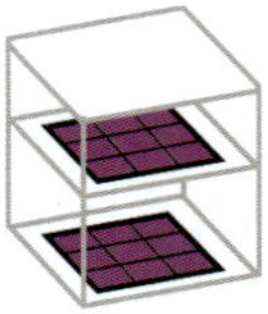
NE 38.323 €/NE
NE: Arbeitsplätze

Objekt:
Kennwerte: 1.Ebene DIN 276
BRI: 838 m³
BGF: 270 m²
NUF: 154 m²
Bauzeit: 48 Wochen
Bauende: 2020
Standard: unter Durchschnitt
Bundesland: Nordrhein-Westfalen
Kreis: Recklinghausen

Architekt*in:
Steinke + Zils Architekten
und Partner mbB
Karl-Breuing-Straße 2
45770 Marl

Bauherr*in:
Möller Pharma
GmbH & Co. KG
Forststraße 7
45659 Recklinghausen

© Steinke + Zils

© Steinke + Zils

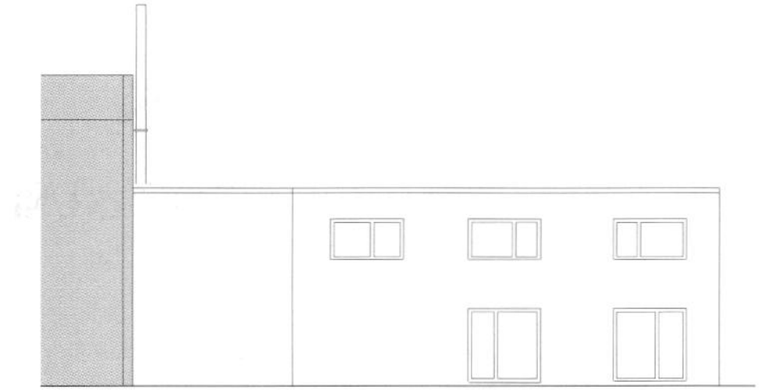

Ansicht Ost

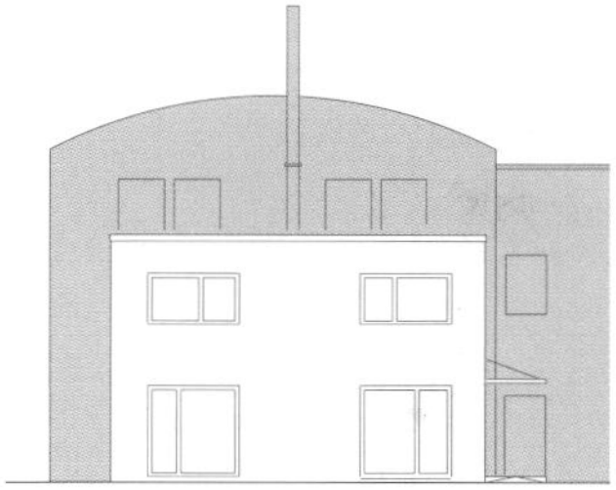

Ansicht Nord

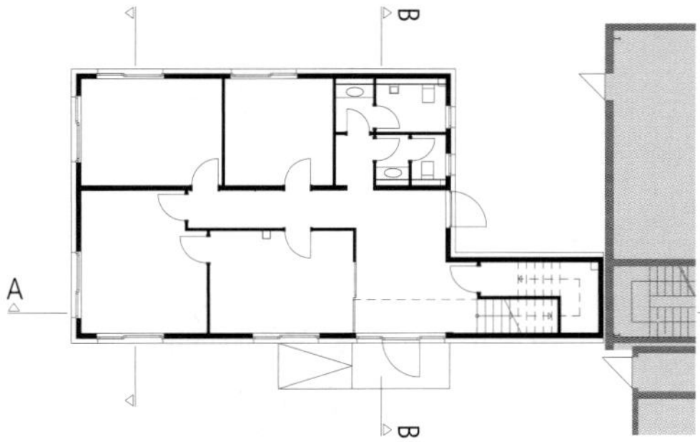

Erdgeschoss

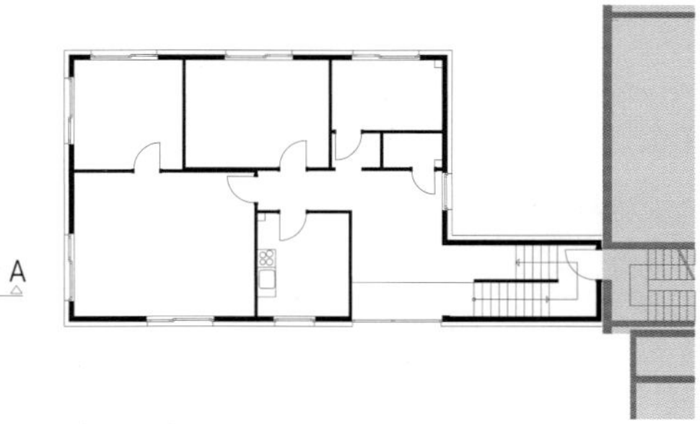

Obergeschoss

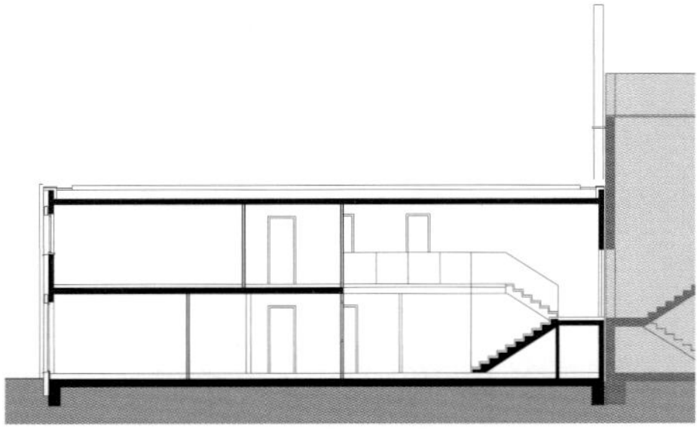

Schnitt A-A

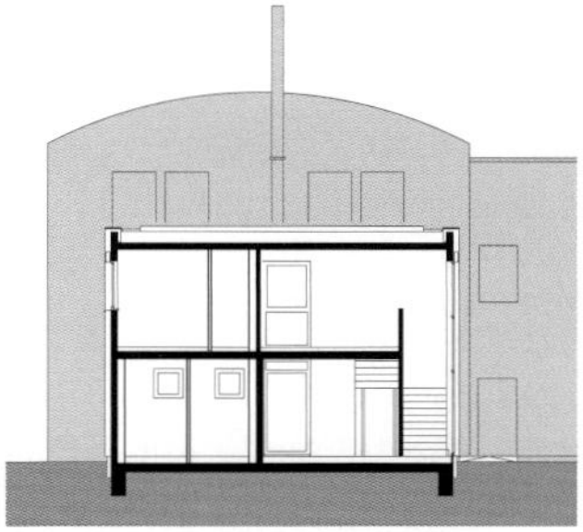

Schnitt B-B

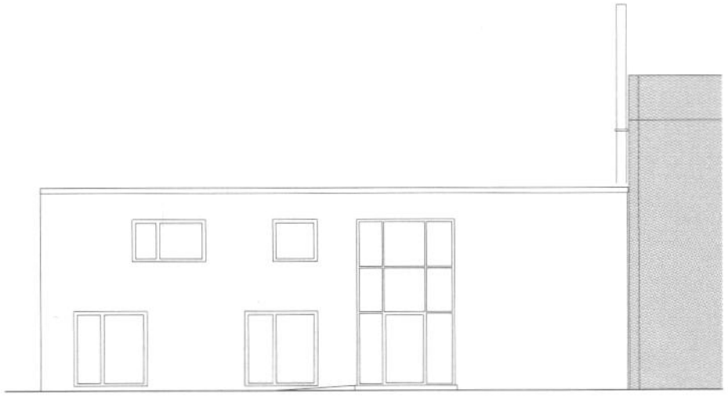

Ansicht West

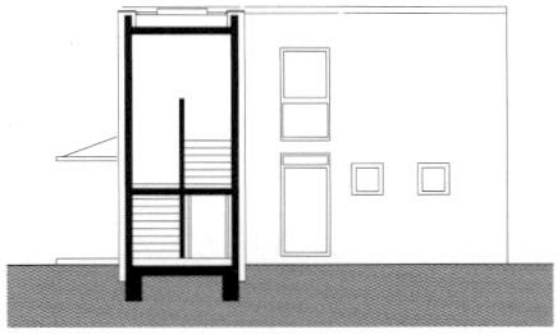

Ansicht Süd

1300-0290
Bürogebäude
(16 AP)

Erweiterung

Objektbeschreibung

Allgemeine Objektinformationen

Der zweigeschossige Büroanbau dient der Erweiterung der Büro- und Verwaltungseinheit mit direkter Anbindung an die Labor- und Produktionsstätten.

Nutzung

1 Erdgeschoss
Empfang, Büroräume, WCs

1 Obergeschoss
Büroräume, Besprechungsraum, Putzmittelraum, Teeküche

Nutzeinheiten

Arbeitsplätze: 16
Bürofläche: 115 m²

Grundstück

Bauraum: Freier Bauraum
Neigung: Ebenes Gelände
Bodenklasse: BK 3 bis BK 5

Markt

Hauptvergabezeit: 2. Quartal 2019
Baubeginn: 2. Quartal 2019
Bauende: 2. Quartal 2020
Konjunkturelle Gesamtlage: Durchschnitt
Regionaler Baumarkt: über Durchschnitt

Baubestand

Baujahr: 1999
Bauzustand: mittel
Aufwand: niedrig
Grundrissänderungen: wenige
Tragwerkseingriffe: wenige
Nutzungsänderung: nein

Baukonstruktion

Der nicht unterkellerte Anbau gründet auf einer Betonbodenplatte. Das Gebäude ist aus Kalksandsteinmauerwerk errichtet und mit einem Wärmedämmverbundsystem bekleidet. Es kamen Kunststofffenster mit Dreifachverglasung zum Einbau. Die Raffstoreanlagen sind im Wandaufbau integriert. Innen sind die nichttragende Wände in Leichtbauweise hergestellt und mit Gipskarton bekleidet. Weißlacktüren mit Stahlzargen verbinden die Räume. Die Decke, Treppe und das Flachdach bestehen aus Stahlbeton. Als Bodenbeläge dienen Feinsteinzeug und Vinyl. Das Flachdach wurde mit einer extensiven Begrünung ausgeführt.

Technische Anlagen

Die Energieversorgung erfolgt über die Bestandsgebäude, die Wärmeübergabe findet über Wärmetauscher statt. Mittels Heizkörper wird die Wärme in den Räumen verteilt. Ein Lüftungsgerät mit Wärmerückgewinnung wurde im Erweiterungsbau untergebracht. Für den Serverraum wurde eine Monosplitanlage eingebaut. Das gesamte Gebäude ist mit energiesparender LED-Beleuchtung ausgestattet.

Planungskennwerte für Flächen und Rauminhalte nach DIN 277

Flächen des Grundstücks		Menge Einheit	% an GF
BF	Bebaute Fläche	135,25 m^2	–
UF	Unbebaute Fläche	–	–
GF	Grundstücksfläche	–	–

Grundflächen des Bauwerks		Menge Einheit	% an NUF	% an BGF
NUF	Nutzungsfläche	154,00 m^2	100,0	57,0
TF	Technikfläche	–	–	–
VF	Verkehrsfläche	57,00 m^2	37,0	21,1
NRF	Netto-Raumfläche	211,00 m^2	137,0	78,1
KGF	Konstruktions-Grundfläche	59,00 m^2	38,3	21,9
BGF	Brutto-Grundfläche	270,00 m^2	175,3	100,0

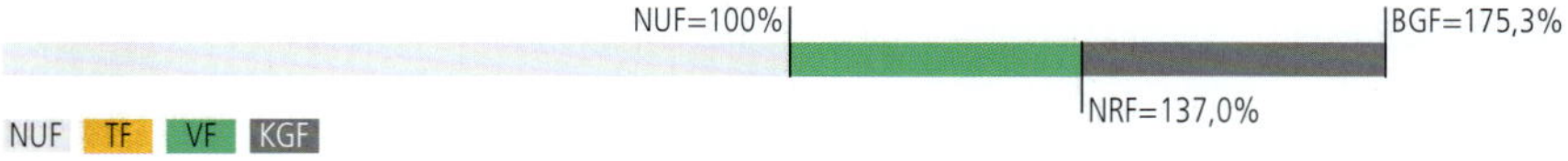

Brutto-Rauminhalt des Bauwerks		Menge Einheit	BRI/NUF (m)	BRI/BGF (m)
BRI	Brutto-Rauminhalt	837,87 m^3	5,44	3,10

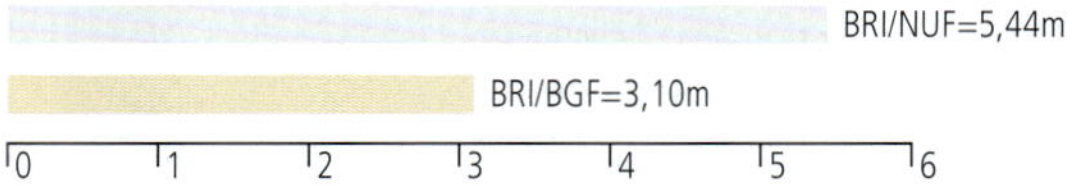

1300-0290
Bürogebäude
(16 AP)

Erweiterung

Kostenkennwerte für die Kostengruppen der 1. Ebene DIN 276

KG	Kostengruppen (1. Ebene)	Einheit	Kosten €	€/Einheit	€/m² BGF	€/m³ BRI	% 300+400
100	Grundstück	m² GF	–	–	–	–	–
200	Vorbereitende Maßnahmen	m² GF	18.988	–	70,32	22,66	3,1
300	Bauwerk – Baukonstruktionen	m² BGF	465.184	1.722,90	1.722,90	555,20	75,9
400	Bauwerk – Technische Anlagen	m² BGF	147.983	548,09	548,09	176,62	24,1
	Bauwerk 300+400	**m² BGF**	**613.167**	**2.270,99**	**2.270,99**	**731,82**	**100,0**
500	Außenanlagen und Freiflächen	m² AF	15.792	–	58,49	18,85	2,6
600	Ausstattung und Kunstwerke	m² BGF	–	–	–	–	–
700	Baunebenkosten	m² BGF	–	–	–	–	–
800	Finanzierung	m² BGF	–	–	–	–	–

KG	Kostengruppe	Menge Einheit	Kosten €	€/Einheit	%
200	**Vorbereitende Maßnahmen**	–	18.988	–	3,1

- Herstellen
  Versorgungsleitungen vom Bestandsgebäude mit Erdarbeiten

KG	Kostengruppe	Menge Einheit	Kosten €	€/Einheit	%
3+4	**Bauwerk**				**100,0**
300	**Bauwerk – Baukonstruktionen**	270,00 m² BGF	465.184	**1.722,90**	75,9

- Abbrechen
  Abbruch vom Mauerwerk für Türöffnung, Verbindung Treppenhaus; Entsorgung, Deponiegebühren
- Herstellen
  Stb-Bodenplatten; KS-Mauerwerk, Kunststofffenster, Dreifachverglasung, WDVS, Raffstores; KS-Mauerwerk, GK-Wände, Holztüren, Stahlzargen, Putz, Beschichtung; Stb-Decken, Stb-Treppen, Estrich, Feinsteinzeug, Vinyl, Beschichtung; Stb-Flachdach, extensive Begrünung, Dachentwässerung

KG	Kostengruppe	Menge Einheit	Kosten €	€/Einheit	%
400	**Bauwerk – Technische Anlagen**	270,00 m² BGF	147.983	**548,09**	24,1

- Herstellen
  Gebäudeentwässerung, Kalt- und Warmwasserleitungen, Sanitärobjekte; Wärmeversorgung vom Bestandsgebäude, Wärmeübergabe über Wärmetauscher, Heizkörper; Lüftungsanlage mit Wärmerückgewinnung, Monosplitanlage für Serverraum; Elektroinstallation, LED-Beleuchtung; Medientechnik

KG	Kostengruppe	Menge Einheit	Kosten €	€/Einheit	%
500	**Außenanlagen und Freiflächen**	–	15.792	–	2,6

- Herstellen
  Betonpflaster am Eingangsbereich und Rampe

1200-0001
Gerichtsgebäude
Eingangsbereich

Modernisierung

Objektübersicht

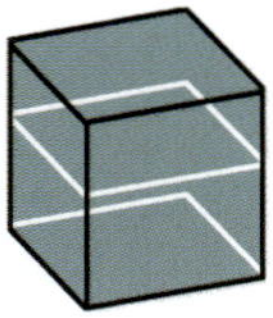
BRI 366 €/m³

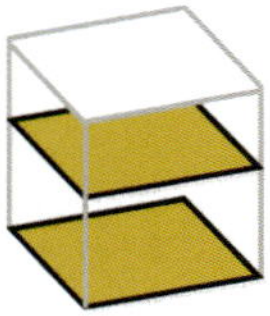
BGF 2.445 €/m²

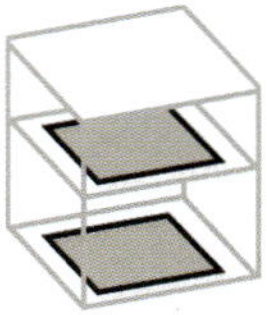
NUF 18.289 €/m²

Objekt:
Kennwerte: 3. Ebene DIN 276
BRI: 914 m³
BGF: 137 m²
NUF: 18 m²
Bauzeit: 18 Wochen
Bauende: 2017
Standard: über Durchschnitt
Bundesland: Nordrhein-Westfalen
Kreis: Köln, Stadt

Architekt*in:
FRANKE
Architektur I Innenarchitektur
Oberstraße 135
52349 Düren

Bauherr*in:
Oberlandesgericht Köln

vorher

nachher

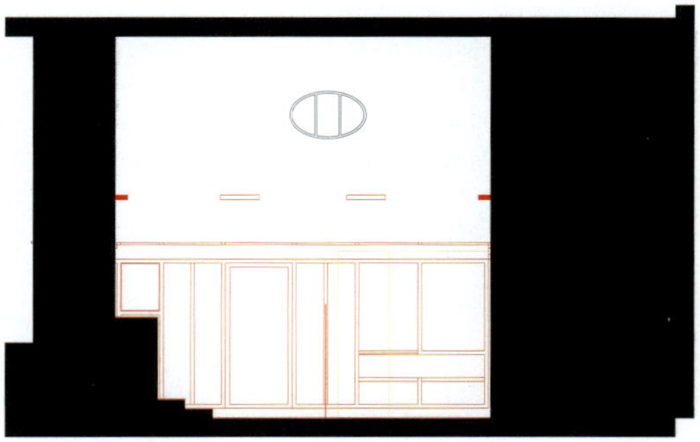

Schnitt A-A, Ansicht

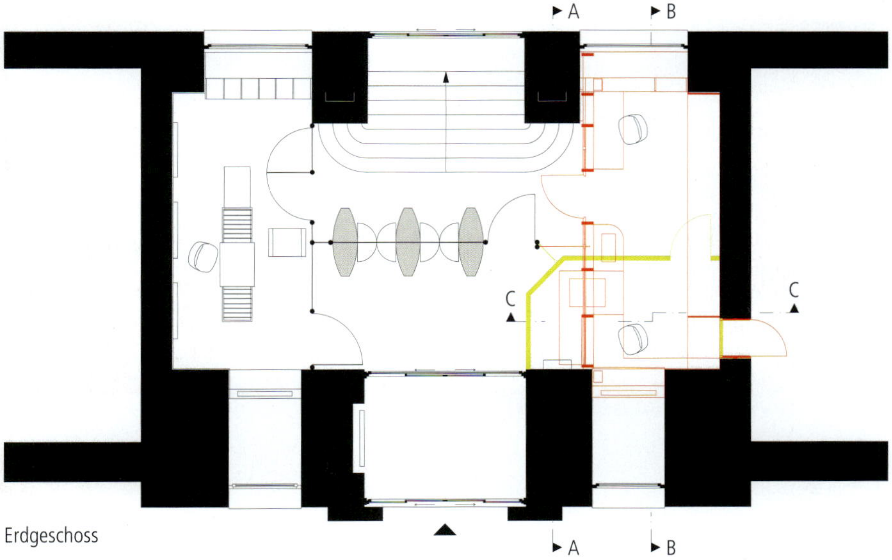

Erdgeschoss

Schnitt B-B

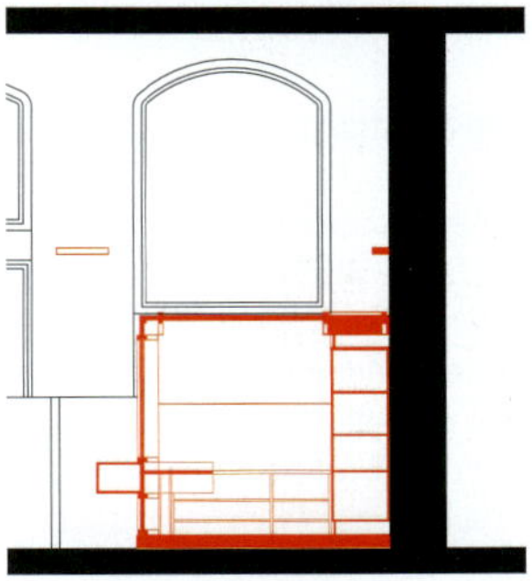

Schnitt C-C

1200-0001
Gerichtsgebäude
Eingangsbereich

Modernisierung

Objektbeschreibung

Allgemeine Objektinformationen

Die in die Jahre gekommene Pförtnerloge in der Eingangshalle des Oberlandesgerichts wurde erneuert und durch eine zeitgemäße Neukonstruktion ersetzt. Wichtig war hierbei, dass sich das neue Objekt in Farb- und Materialwahl in das historische Gebäude einfügt. Ebenso wurden im gesamten Eingangsbereich die Wand- und Deckenflächen gestrichen.

Nutzung

1 Erdgeschoss
Eingangsbereich/Schleuse

Nutzeinheiten

Arbeitsplätze: 4

Grundstück

Bauraum: Beengter Bauraum

Markt

Hauptvergabezeit: 1. Quartal 2017
Baubeginn: 2. Quartal 2017
Bauende: 3. Quartal 2017
Konjunkturelle Gesamtlage: Durchschnitt
Regionaler Baumarkt: über Durchschnitt

Baubestand

Baujahr: 1911
Bauzustand: gut
Aufwand: hoch
Grundrissänderungen: wenige
Tragwerkseingriffe: wenige
Nutzungsänderung: nein
Nutzung während der Bauzeit: ja

Baukonstruktion

Der Sicherheitsaspekt war ein wichtiges Thema und Voraussetzung für die Wahl der Materialien. Es wurde eine Pfosten-Riegel-Konstruktion mit durchschusshemmenden Stahlverstärkungen und ebensolcher Verglasung gewählt. Die vorgefertigten Elemente wurden vor Ort montiert, wobei es im Rahmen des Denkmalschutzes wichtig war, dass die vorhandene Struktur von Fliesen und Fensterbänken erhalten bliebt.

Technische Anlagen

Die technische Ausrüstung ist hochmodern. Alle Steuerungen für Schleuse, Eingangshalle und Überwachung der Nebeneingänge mussten hier zusammengeführt werden. Eine Lüftungsanlage mit Wärmerückgewinnung und ein Klimagerät sorgen für den Luftaustausch und angenehme Temperaturen.

Planungskennwerte für Flächen und Rauminhalte nach DIN 277

Flächen des Grundstücks		Menge Einheit	% an GF
BF	Bebaute Fläche	–	–
UF	Unbebaute Fläche	–	–
GF	Grundstücksfläche	–	–

Grundflächen des Bauwerks		Menge Einheit	% an NUF	% an BGF
NUF	Nutzungsfläche	18,30 m²	100,0	13,4
TF	Technikfläche	–	–	–
VF	Verkehrsfläche	57,76 m²	315,6	42,2
NRF	Netto-Raumfläche	76,06 m²	415,6	55,6
KGF	Konstruktions-Grundfläche	60,81 m²	332,3	44,4
BGF	Brutto-Grundfläche	136,87 m²	747,9	100,0

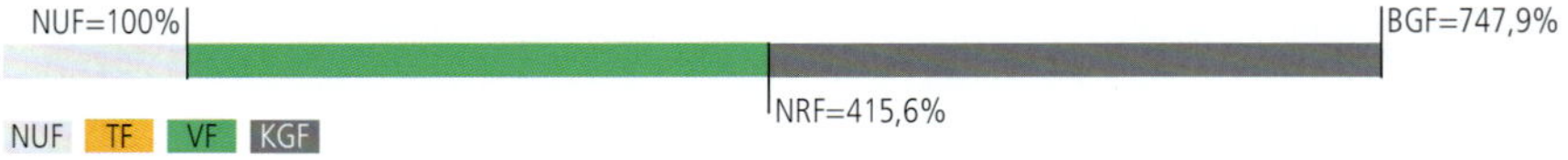

Brutto-Rauminhalt des Bauwerks		Menge Einheit	BRI/NUF (m)	BRI/BGF (m)
BRI	Brutto-Rauminhalt	914,28 m³	49,96	6,68

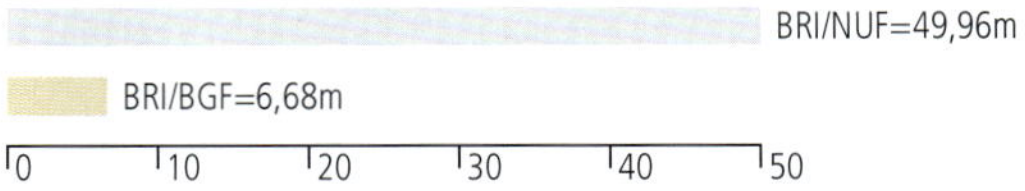

Lufttechnisch behandelte Flächen	Menge Einheit	% an NUF	% an BGF
Entlüftete Fläche	–	–	–
Be- und entlüftete Fläche	–	–	–
Teilklimatisierte Fläche	–	–	–
Klimatisierte Fläche	–	–	–

KG	Kostengruppen (2. Ebene)	Menge Einheit	Menge/NUF	Menge/BGF
310	Baugrube / Erdbau	–	–	–
320	Gründung, Unterbau	–	–	–
330	Außenwände/Vertikale Baukonstruktionen, außen	95,47 m² AWF	5,22	0,70
340	Innenwände/Vertikale Baukonstruktionen, innen	160,66 m² IWF	8,78	1,17
350	Decken/Horizontale Baukonstruktionen	76,06 m² DEF	4,16	0,56
360	Dächer	–	–	–

Modernisierung

Kostenkennwerte für die Kostengruppen der 1. Ebene DIN 276

KG	Kostengruppen (1. Ebene)	Einheit	Kosten €	€/Einheit	€/m² BGF	€/m³ BRI	% 300+400
100	Grundstück	m² GF	–	–	–	–	–
200	Vorbereitende Maßnahmen	m² GF	–	–	–	–	–
300	Bauwerk – Baukonstruktionen	m² BGF	235.924	1.723,71	1.723,71	258,04	70,5
400	Bauwerk – Technische Anlagen	m² BGF	98.760	721,56	721,56	108,02	29,5
	Bauwerk 300+400	**m² BGF**	**334.684**	**2.445,27**	**2.445,27**	**366,06**	**100,0**
500	Außenanlagen und Freiflächen	m² AF	–	–	–	–	–
600	Ausstattung und Kunstwerke	m² BGF	–	–	–	–	–
700	Baunebenkosten	m² BGF	–	–	–	–	–
800	Finanzierung	m² BGF	–	–	–	–	–

KG	Kostengruppe	Menge Einheit	Kosten €	€/Einheit	%
3+4	**Bauwerk**				**100,0**
300	**Bauwerk – Baukonstruktionen**	136,87 m² BGF	235.924	**1.723,71**	70,5

- Abbrechen (Kosten: 2,3%) — 5.465
  Abbruch von Pförtnerloge, Podestboden, Büromöbeln; Entsorgung, Deponiegebühren
- Wiederherstellen (Kosten: 0,7%) — 1.575
  Historische Fensterelemente aufarbeiten, lackieren
- Herstellen (Kosten: 97,0%) — 228.884
  Dispersionsbeschichtung; Podestboden, Parkett; Einbauschränke, Schiebemulde, Schließfächer, Schreibtische, Pförtnerloge, durchschusshemmende Verglasungen

KG	Kostengruppe	Menge Einheit	Kosten €	€/Einheit	%
400	**Bauwerk – Technische Anlagen**	136,87 m² BGF	98.760	**721,56**	29,5

- Abbrechen (Kosten: 0,9%) — 877
  Abbruch von Heizungsrohren, Heizkörpern, Elektroinstallation, Beleuchtung; Entsorgung, Deponiegebühren
- Wiederherstellen (Kosten: 3,5%) — 3.474
  Einbaugeräte demontieren, prüfen, Wiedereinbau in Bedien- und Steuertableau
- Herstellen (Kosten: 95,6%) — 94.410
  Heizungsrohre, Heizkörper; Zu- und Abluftgerät, Lüftungsleitungen, Klimagerät; Elektroinstallation, Beleuchtung, Sprechanlage EDV-Verkabelung; Provisorium

Kostenkennwerte für die Kostengruppen der 2.Ebene DIN 276

KG	Kostengruppe	Menge Einheit	Kosten €	€/Einheit	%
300	**Bauwerk – Baukonstruktionen**				**100,0**
330	**Außenwände/Vert. Baukonstrukt., außen**	95,47 m^2 AWF	5.515	**57,76**	2,3
	• Wiederherstellen (Kosten: 28,6%) Historische Fensterelemente aufarbeiten, lackieren (16h)	23,47 m^2 AWF	1.575	**67,10**	
	• Herstellen (Kosten: 71,4%) Dispersionsbeschichtung (72m²)	72,00 m^2 AWF	3.940	**54,72**	
340	**Innenwände/Vert. Baukonstrukt., innen**	160,66 m^2 IWF	10.263	**63,88**	4,4
	• Herstellen (Kosten: 100,0%) Dispersionsbeschichtung (161m²)	160,66 m^2 IWF	10.263	**63,88**	
350	**Decken/Horizontale Baukonstruktionen**	76,06 m^2 DEF	16.770	**220,48**	7,1
	• Herstellen (Kosten: 100,0%) Podestboden: Unterkonstruktion, Dämmung, OSB-Platte, Trittschalldämmung, Fertigparkett (24m²) * Dispersionsbeschichtung (76m²)	76,06 m^2 DEF	16.770	**220,48**	
380	**Baukonstruktive Einbauten**	136,87 m^2 BGF	181.528	**1.326,28**	76,9
	• Herstellen (Kosten: 100,0%) Holz-Einbauschrankelement, fünfteilig, Schranktüren (1St), Schiebemulde mit Durchschusshemmung (1St), Holz-Schließfach-Schrankelement, 24 Schließfächer (1St), Schreibtische, Oberfläche HPL, Eckausführung (2St), Holzregal, vierteilig (1St), Installationswand (1St) * Pförtnerloge: Alu-Pfosten-Riegel-Elemente, 14-teilig, durchschusshemmende Verglasungen/Paneelfüllungen (21m²), Stahl-Türelement, Drehtür einflüglig, Seitenteile feststehend (5m²), Stahl-Glasabtrennungen (2m²)	136,87 m^2 BGF	181.528	**1.326,28**	
390	**Sonst. Maßnahmen für Baukonstrukt.**	136,87 m^2 BGF	21.849	**159,63**	9,3
	• Abbrechen (Kosten: 25,0%) Abbruch von Pförtnerloge (1St), Podestboden (9m²), Büromöbeln (16h) * Sicht-/Staubschutzwände errichten, nach Abbrucharbeiten entsorgen (16m²); Entsorgung, Deponiegebühren	136,87 m^2 BGF	5.465	**39,93**	
	• Herstellen (Kosten: 75,0%) Baustelleneinrichtungen (psch) * Rollgerüst (1St) * Vlies/Schutzfolie (200m²), Baureinigung (psch)	136,87 m^2 BGF	16.384	**119,70**	
400	**Bauwerk – Technische Anlagen**				**100,0**
420	**Wärmeversorgungsanlagen**	136,87 m^2 BGF	8.695	**63,52**	8,8
	• Herstellen (Kosten: 100,0%) Kupferrohre DN15 (1m) * Heizkörper (3St)	136,87 m^2 BGF	8.695	**63,52**	
430	**Raumlufttechnische Anlagen**	136,87 m^2 BGF	35.332	**258,14**	35,8
	• Herstellen (Kosten: 100,0%) Zu- und Abluftgerät 450m³/h, WRG (1St), Wickelfalzrohre DN100-150 (42m), Schalldämpfer (4St), Brandschutzklappen (4St), Lüftungsgitter (2St), Wetterschutzgitter (2St), Kanalrauchmelder (1St) * Split-Klimagerät (1St), Kondensator 3kW (1St), Kältemittelleitungen (psch), Kondensatleitungen DN22 (25m)	136,87 m^2 BGF	35.332	**258,14**	

KG	Kostengruppe	Menge Einheit	Kosten €	€/Einheit	%
440	**Elektrische Anlagen**	136,87 m²BGF	20.518	**149,91**	20,3
	• Herstellen (Kosten: 100,0%) Mantelleitungen (268m), Steckdosen (16St), Schalter (2St) * LED-Pendelleuchte (1St), LED-Wandleuchten (8St)	136,87 m²BGF	20.518	**149,91**	
450	**Kommunikationstechnische Anlagen**	136,87 m²BGF	27.742	**202,69**	28,1
	• Wiederherstellen (Kosten: 12,5%) Einbaugeräte demontieren, prüfen, Wiedereinbau in Bedien- und Steuertableau (9St)	136,87 m²BGF	3.474	**25,38**	
	• Herstellen (Kosten: 87,5%) Sprechanlage (1St), Steuereinheit (1St), Mikrofon (1St), Lautsprecher (1St) * Bedien- und Steuertableau (1St) * Datenkabel (93m), Datenanschlussdosen (6St)	136,87 m²BGF	24.269	**177,31**	
490	**Sonst. Maßnahmen für techn. Anlagen**	136,87 m²BGF	6.474	**47,30**	6,6
	• Abbrechen (Kosten: 13,5%) Abbruch von Heizungsrohren (25m), Heizkörpern (3St), Kabel (55m), Leuchten (9St); Entsorgung, Deponiegebühren	136,87 m²BGF	877	**6,41**	
	• Herstellen (Kosten: 86,5%) Provisorische Pförtneranlage (1St)	136,87 m²BGF	5.597	**40,89**	

Kostenkennwerte für die Kostengruppen 300 der 2. und 3. Ebene DIN 276 (Übersicht)

KG	Kostengruppe	Menge Einheit	€/Einheit	Kosten €	% an 3+4
300	**Bauwerk – Baukonstruktionen**	**136,87 m² BGF**	**1.723,71**	**235.923,97**	**70,5**
310	**Baugrube / Erdbau**	**–**	**–**	**–**	**–**
311	Herstellung	–	–	–	–
312	Umschließung	–	–	–	–
313	Wasserhaltung	–	–	–	–
314	Vortrieb	–	–	–	–
319	Sonstiges zur KG 310	–	–	–	–
320	**Gründung, Unterbau**	**–**	**–**	**–**	**–**
321	Baugrundverbesserung	–	–	–	–
322	Flachgründungen und Bodenplatten	–	–	–	–
323	Tiefgründungen	–	–	–	–
324	Gründungsbeläge	–	–	–	–
325	Abdichtungen und Bekleidungen	–	–	–	–
326	Dränagen	–	–	–	–
329	Sonstiges zur KG 320	–	–	–	–
330	**Außenwände/Vert. Baukonstrukt., außen**	**95,47 m² AWF**	**57,76**	**5.514,81**	**1,6**
331	Tragende Außenwände	–	–	–	–
332	Nichttragende Außenwände	–	–	–	–
333	Außenstützen	–	–	–	–
334	Außenwandöffnungen	23,47 m²	67,10	1.574,79	0,5
335	Außenwandbekleidungen, außen	–	–	–	–
336	Außenwandbekleidungen, innen	72,00 m²	54,72	3.940,02	1,2
337	Element. Außenwandkonstruktionen	–	–	–	–
338	Lichtschutz zur KG 330	–	–	–	–
339	Sonstiges zur KG 330	–	–	–	–
340	**Innenwände/Vert. Baukonstrukt., innen**	**160,66 m² IWF**	**63,88**	**10.262,89**	**3,1**
341	Tragende Innenwände	–	–	–	–
342	Nichttragende Innenwände	–	–	–	–
343	Innenstützen	–	–	–	–
344	Innenwandöffnungen	–	–	–	–
345	Innenwandbekleidungen	160,66 m²	63,88	10.262,89	3,1
346	Elementierte Innenwandkonstruktionen	–	–	–	–
347	Lichtschutz zur KG 340	–	–	–	–
349	Sonstiges zur KG 340	–	–	–	–
350	**Decken/Horizontale Baukonstruktionen**	**76,06 m² DEF**	**220,48**	**16.769,52**	**5,0**
351	Deckenkonstruktionen	–	–	–	–
352	Deckenöffnungen	–	–	–	–
353	Deckenbeläge	24,00 m²	531,28	12.750,65	3,8
354	Deckenbekleidungen	76,06 m²	52,84	4.018,86	1,2
355	Elementierte Deckenkonstruktionen	–	–	–	–
359	Sonstiges zur KG 350	–	–	–	–
360	**Dächer**	**–**	**–**	**–**	**–**
361	Dachkonstruktionen	–	–	–	–
362	Dachöffnungen	–	–	–	–
363	Dachbeläge	–	–	–	–
364	Dachbekleidungen	–	–	–	–
365	Elementierte Dachkonstruktionen	–	–	–	–
366	Lichtschutz zur KG 360	–	–	–	–
369	Sonstiges zur KG 360	–	–	–	–
370	**Infrastrukturanlagen**	**–**	**–**	**–**	**–**
380	**Baukonstruktive Einbauten**	**136,87 m² BGF**	**1.326,28**	**181.527,80**	**54,2**
390	**Sonst. Maßnahmen für Baukonstrukt.**	**136,87 m² BGF**	**159,63**	**21.848,95**	**6,5**

1200-0001
Gerichtsgebäude
Eingangsbereich

Modernisierung

Kostenkennwerte für die Kostengruppen 400 der 2. und 3. Ebene DIN 276 (Übersicht)

KG	Kostengruppe	Menge Einheit	€/Einheit	Kosten €	% an 3+4
400	**Bauwerk – Technische Anlagen**	**136,87 m²BGF**	**721,56**	**98.760,43**	**29,5**
410	**Abwasser-, Wasser-, Gasanlagen**	**–**	**–**	**–**	**–**
411	Abwasseranlagen	–	–	–	–
412	Wasseranlagen	–	–	–	–
413	Gasanlagen	–	–	–	–
419	Sonstiges zur KG 410	–	–	–	–
420	**Wärmeversorgungsanlagen**	**136,87 m²BGF**	**63,52**	**8.694,64**	**2,6**
421	Wärmeerzeugungsanlagen	–	–	–	–
422	Wärmeverteilnetze	136,87 m²BGF	19,47	2.664,45	0,8
423	Raumheizflächen	136,87 m²BGF	44,06	6.030,21	1,8
424	Verkehrsheizflächen	–	–	–	–
429	Sonstiges zur KG 420	–	–	–	–
430	**Raumlufttechnische Anlagen**	**136,87 m²BGF**	**258,14**	**35.331,65**	**10,6**
431	Lüftungsanlagen	136,87 m²BGF	182,26	24.945,97	7,5
432	Teilklimaanlagen	–	–	–	–
433	Klimaanlagen	–	–	–	–
434	Kälteanlagen	136,87 m²BGF	75,88	10.385,68	3,1
439	Sonstiges zur KG 430	–	–	–	–
440	**Elektrische Anlagen**	**136,87 m²BGF**	**149,91**	**20.518,09**	**6,1**
441	Hoch- und Mittelspannungsanlagen	–	–	–	–
442	Eigenstromversorgungsanlagen	–	–	–	–
443	Niederspannungsschaltanlagen	–	–	–	–
444	Niederspannungsinstallationsanlagen	136,87 m²BGF	68,83	9.421,26	2,8
445	Beleuchtungsanlagen	136,87 m²BGF	81,08	11.096,83	3,3
446	Blitzschutz- und Erdungsanlagen	–	–	–	–
447	Fahrleitungssysteme	–	–	–	–
449	Sonstiges zur KG 440	–	–	–	–
450	**Kommunikationstechnische Anlagen**	**136,87 m²BGF**	**202,69**	**27.742,34**	**8,3**
451	Telekommunikationsanlagen	–	–	–	–
452	Such- und Signalanlagen	136,87 m²BGF	88,16	12.066,88	3,6
453	Zeitdienstanlagen	–	–	–	–
454	Elektroakustische Anlagen	–	–	–	–
455	Audiovisuelle Medien- u. Antennenanl.	–	–	–	–
456	Gefahrenmelde- und Alarmanlagen	136,87 m²BGF	108,57	14.860,11	4,4
457	Datenübertragungsnetze	136,87 m²BGF	5,96	815,35	0,2
458	Verkehrsbeeinflussungsanlagen	–	–	–	–
459	Sonstiges zur KG 450	–	–	–	–
460	**Förderanlagen**	**–**	**–**	**–**	**–**
461	Aufzugsanlagen	–	–	–	–
462	Fahrtreppen, Fahrsteige	–	–	–	–
463	Befahranlagen	–	–	–	–
464	Transportanlagen	–	–	–	–
465	Krananlagen	–	–	–	–
466	Hydraulikanlagen	–	–	–	–
469	Sonstiges zur KG 460	–	–	–	–
470	**Nutzungsspez. u. verfahrenstechn. Anl.**	**–**	**–**	**–**	**–**
480	**Gebäude- und Anlagenautomation**	**–**	**–**	**–**	**–**
490	**Sonst. Maßnahmen für techn. Anlagen**	**136,87 m²BGF**	**47,30**	**6.473,72**	**1,9**

Kostenkennwerte für Leistungsbereiche nach STLB (Kosten des Bauwerks nach DIN 276)

LB	Leistungsbereiche	Kosten €	€/m² BGF	€/m³ BRI	% an 3+4
000	Sicherheits-, Baustelleneinrichtungen inkl. 001	2.583	18,90	2,80	0,8
002	Erdarbeiten	12.817	93,60	14,00	3,8
006	Spezialtiefbauarbeiten inkl. 005	–	–	–	–
009	Entwässerungskanalarbeiten inkl. 011	–	–	–	–
010	Drän- und Versickerarbeiten	–	–	–	–
012	Mauerarbeiten	–	–	–	–
013	Betonarbeiten	–	–	–	–
014	Natur-, Betonwerksteinarbeiten	–	–	–	–
016	Zimmer- und Holzbauarbeiten	–	–	–	–
017	Stahlbauarbeiten	–	–	–	–
018	Abdichtungsarbeiten	–	–	–	–
019	Kampfmittelräumarbeiten	–	–	–	–
020	Dachdeckungsarbeiten	–	–	–	–
021	Dachabdichtungsarbeiten	–	–	–	–
022	Klempnerarbeiten	–	–	–	–
	Rohbau	**15.400**	**112,50**	**16,80**	**4,6**
023	Putz- und Stuckarbeiten, Wärmedämmsysteme	–	–	–	–
024	Fliesen- und Plattenarbeiten	2.461	18,00	2,70	0,7
025	Estricharbeiten	–	–	–	–
026	Fenster, Außentüren inkl. 029, 032	146.758	1.072,20	160,50	43,8
027	Tischlerarbeiten	34.769	254,00	38,00	10,4
028	Parkettarbeiten, Holzpflasterarbeiten	–	–	–	–
030	Rollladenarbeiten	–	–	–	–
031	Metallbauarbeiten inkl. 035	–	–	–	–
034	Maler- und Lackiererarbeiten inkl. 037	20.722	151,40	22,70	6,2
	Wiederherstellen	1.575	11,50	1,70	0,5
	Herstellen	19.147	139,90	20,90	5,7
036	Bodenbelagarbeiten	10.290	75,20	11,30	3,1
038	Vorgehängte hinterlüftete Fassaden	–	–	–	–
039	Trockenbauarbeiten	–	–	–	–
	Ausbau	**215.001**	**1.570,80**	**235,20**	**64,2**
	Wiederherstellen	1.575	11,50	1,70	0,5
	Herstellen	213.426	1.559,30	233,40	63,8
040	Wärmeversorgungsanl. - Betriebseinr. inkl. 041	8.695	63,50	9,50	2,6
042	Gas- und Wasserinstallation, Leitungen inkl. 043	–	–	–	–
044	Abwasseranlagen - Leitungen	–	–	–	–
045	GWE-Einrichtungsgegenstände inkl. 046	–	–	–	–
047	Dämmarbeiten an betriebstechnischen Anlagen	537	3,90	0,59	0,2
049	Feuerlöschanlagen, Feuerlöschgeräte	–	–	–	–
050	Blitzschutz- und Erdungsanlagen	–	–	–	–
053	Niederspannungsanlagen inkl. 052, 054	9.479	69,30	10,40	2,8
055	Sicherheits- u. Ersatzstromversorgungsanl.	–	–	–	–
057	Gebäudesystemtechnik	–	–	–	–
058	Leuchten und Lampen inkl. 059	11.097	81,10	12,10	3,3
060	Sprechanlagen, elektroakust. Anlagen inkl. 064	4.417	32,30	4,80	1,3
061	Kommunikationsnetze inkl. 063	28.922	211,30	31,60	8,6
	Wiederherstellen	3.474	25,40	3,80	1,0
	Herstellen	25.448	185,90	27,80	7,6
069	Aufzüge	–	–	–	–

LB	Leistungsbereiche	Kosten €	€/m² BGF	€/m³ BRI	% an 3+4
070	Gebäudeautomation	–	–	–	–
075	Raumlufttechnische Anlagen inkl. 078	34.794	254,20	38,10	10,4
	Gebäudetechnik	**97.941**	**715,60**	**107,10**	**29,3**
	Wiederherstellen	3.474	25,40	3,80	1,0
	Herstellen	94.468	690,20	103,30	28,2
084	Abbruch, Rückbau, Schadstoffsanierung	6.342	46,30	6,90	1,9
	Abbrechen	6.342	46,30	6,90	1,9
	Abbrucharbeiten	**6.342**	**46,30**	**6,90**	**1,9**
	Abbrechen	6.342	46,30	6,90	1,9
	Sonstige Leistungsbereiche	**–**	**–**	**–**	**–**

Modernisierung

1200-0002
Gerichtsgebäude
Gerichtssaal

Modernisierung

Objektübersicht

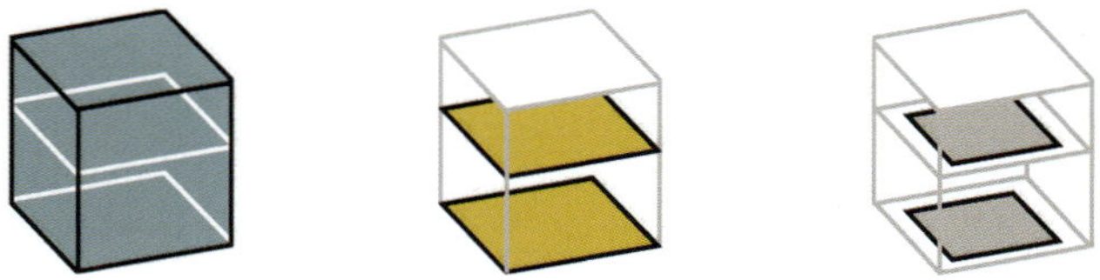

BRI 344 €/m³ BGF 1.314 €/m² NUF 1.910 €/m²

Objekt:
Kennwerte: 3. Ebene DIN 276
BRI: 500 m³
BGF: 131 m²
NUF: 90 m²
Bauzeit: 18 Wochen
Bauende: 2017
Standard: Durchschnitt
Bundesland: Nordrhein-Westfalen
Kreis: Köln, Stadt

Architekt*in:
FRANKE
Architektur I Innenarchitektur
Oberstraße 135
52349 Düren

Bauherr*in:
Oberlandesgericht Köln

vorher

nachher

Modernisierung

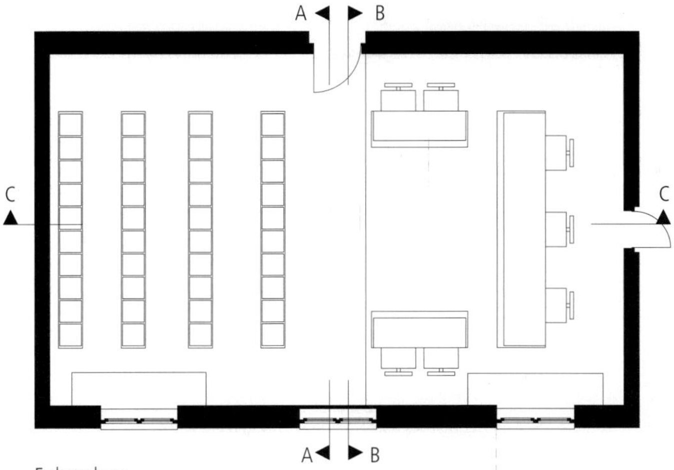

Erdgeschoss

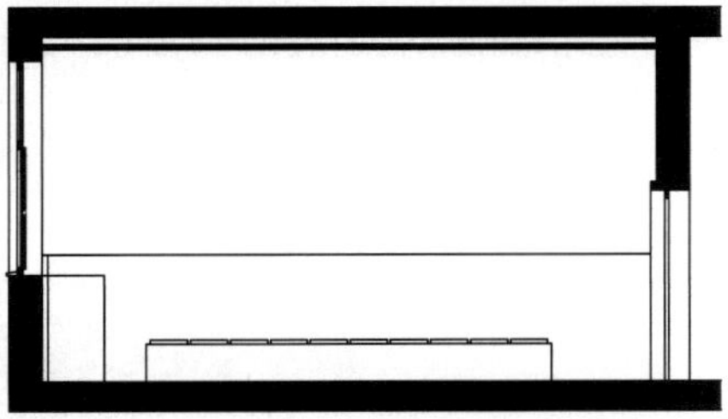

Schnitt A-A

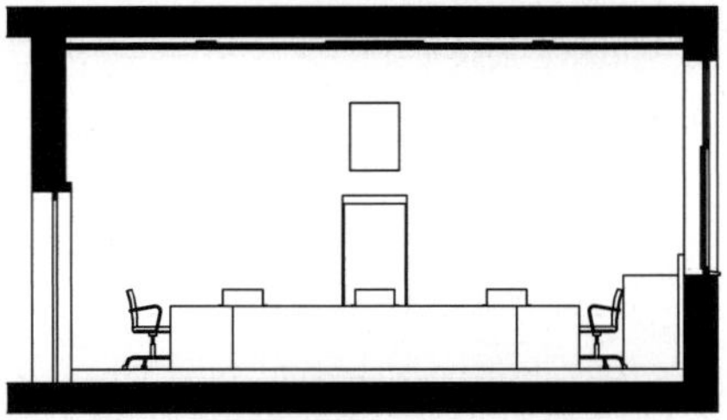

Schnitt B-B

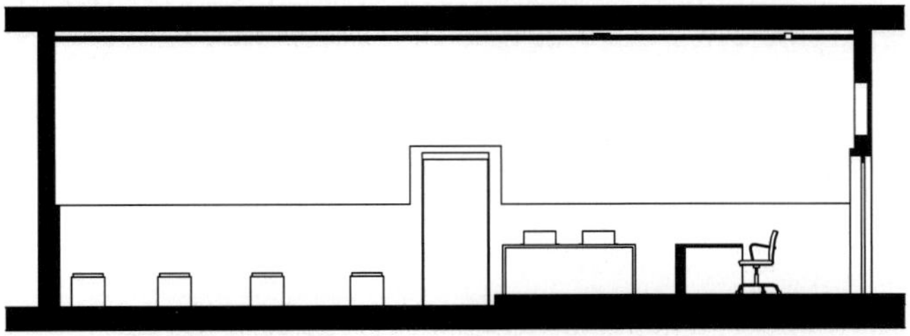

Schnitt C-C

Objektbeschreibung

Allgemeine Objektinformationen

Der Schifffahrtssaal war seit langem sanierungsbedürftig. Verschiedene Maßnahmen waren erforderlich, um die Substanz zu sichern und den historischen Gerichtssaal in die Zukunft zu führen.

Nutzung

1 Obergeschoss
Gerichtssaal

Markt

Hauptvergabezeit: 3.Quartal 2016
Baubeginn: 4.Quartal 2016
Bauende: 1.Quartal 2017
Konjunkturelle Gesamtlage: Durchschnitt
Regionaler Baumarkt: Durchschnitt

Baubestand

Baujahr: 1911
Bauzustand: gut
Aufwand: mittel
Grundrissänderungen: keine
Tragwerkseingriffe: keine
Nutzungsänderung: nein
Nutzung während der Bauzeit: ja

Baukonstruktion

Der bestehende PVC-Boden wurde unter Berücksichtigung der gutachterlichen Vorgaben entsorgt und der von Rissen durchzogene Estrich nach einem besonderen Verfahren saniert. Hier bestand die Gefahr einer Beschädigung der darunter liegenden Stuckdecke durch Stemmarbeiten bzw. Erschütterungen beim Estrichabbruch. Anschließend wurde ein neuer Parkett verlegt und die Holz-Intarsienarbeit im Bodenbelag eingearbeitet. Die historischen Wandvertäfelungen wurde ebenfalls restauriert. Der neue Richterpult und die Beteiligtentische wurden mit dem Raumbild gestalterisch kombiniert. Nach dem Abbruch der vorhandenen Mineralfaserrasterdecke kam eine neue Akustikdecke zum Einbau.

Technische Anlagen

Nach der Überarbeitung der vorhandenen Elektroinstallation und der Demontage der bestehenden Beleuchtung erfolgte eine Erneuerung der kompletten Raumbeleuchtung. Der Bereich des Richterpults und der Beteiligtentische erhielt eine neue EDV-Verkabelung, sowie LED-Lichtbänder im Sockelbereich.

Planungskennwerte für Flächen und Rauminhalte nach DIN 277

Flächen des Grundstücks		Menge Einheit	% an GF
BF	Bebaute Fläche	–	–
UF	Unbebaute Fläche	–	–
GF	Grundstücksfläche	–	–

Grundflächen des Bauwerks		Menge Einheit	% an NUF	% an BGF
NUF	Nutzungsfläche	89,97 m²	100,0	68,8
TF	Technikfläche	–	–	–
VF	Verkehrsfläche	–	–	–
NRF	Netto-Raumfläche	89,97 m²	100,0	68,8
KGF	Konstruktions-Grundfläche	40,78 m²	45,3	31,2
BGF	Brutto-Grundfläche	130,75 m²	145,3	100,0

Brutto-Rauminhalt des Bauwerks		Menge Einheit	BRI/NUF (m)	BRI/BGF (m)
BRI	Brutto-Rauminhalt	500,05 m³	5,56	3,82

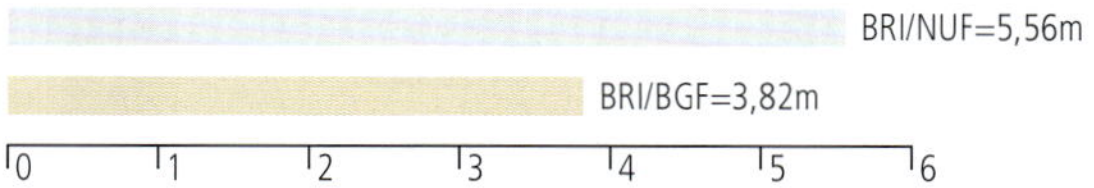

Lufttechnisch behandelte Flächen	Menge Einheit	% an NUF	% an BGF
Entlüftete Fläche	–	–	–
Be- und entlüftete Fläche	–	–	–
Teilklimatisierte Fläche	–	–	–
Klimatisierte Fläche	–	–	–

KG	Kostengruppen (2. Ebene)	Menge Einheit	Menge/NUF	Menge/BGF
310	Baugrube / Erdbau	–	–	–
320	Gründung, Unterbau	–	–	–
330	Außenwände/Vertikale Baukonstruktionen, außen	60,00 m² AWF	0,67	0,46
340	Innenwände/Vertikale Baukonstruktionen, innen	122,24 m² IWF	1,36	0,94
350	Decken/Horizontale Baukonstruktionen	91,00 m² DEF	1,01	0,70
360	Dächer	–	–	–

1200-0002
Gerichtsgebäude
Gerichtssaal

Modernisierung

Kostenkennwerte für die Kostengruppen der 1. Ebene DIN 276

KG	Kostengruppen (1. Ebene)	Einheit	Kosten €	€/Einheit	€/m² BGF	€/m³ BRI	% 300+400
100	Grundstück	m² GF	–	–	–	–	–
200	Vorbereitende Maßnahmen	m² GF	–	–	–	–	–
300	Bauwerk – Baukonstruktionen	m² BGF	124.136	949,41	949,41	248,25	72,2
400	Bauwerk – Technische Anlagen	m² BGF	47.713	364,92	364,92	95,42	27,8
	Bauwerk 300+400	**m² BGF**	**171.849**	**1.314,33**	**1.314,33**	**343,66**	**100,0**
500	Außenanlagen und Freiflächen	m² AF	–	–	–	–	–
600	Ausstattung und Kunstwerke	m² BGF	949	7,26	7,26	1,90	0,6
700	Baunebenkosten	m² BGF	–	–	–	–	–
800	Finanzierung	m² BGF	–	–	–	–	–

KG	Kostengruppe	Menge Einheit	Kosten €	€/Einheit	%
3+4	**Bauwerk**				**100,0**
300	**Bauwerk – Baukonstruktionen**	130,75 m² BGF	124.136	**949,41**	72,2
	• Abbrechen (Kosten: 12,6%) Abbruch von Tapeten; PVC-Bodenbelag; Abhangdecke; Gerichtssaaltisch; Entsorgung, Deponiegebühren		15.597		
	• Wiederherstellen (Kosten: 10,7%) Historische Wandvertäfelung aufarbeiten, ausbessern; Eingangstür aufarbeiten, patinieren		13.288		
	• Herstellen (Kosten: 76,7%) Malervlies, Beschichtung; Parkett, Fußbodenintarsien, Akustikdecke; Richterpult, Beteiligtentische		95.251		
400	**Bauwerk – Technische Anlagen**	130,75 m² BGF	47.713	**364,92**	27,8
	• Abbrechen (Kosten: 3,7%) Abbruch von Deckenbeleuchtung; Brandmelder; Entsorgung, Deponiegebühren		1.745		
	• Herstellen (Kosten: 96,3%) Elektroinstallation, Beleuchtung; Datenleitung, Brandmelder, EDV-Verkabelung		45.968		
600	**Ausstattung und Kunstwerke**	130,75 m² BGF	949	**7,26**	0,6
	• Wiederherstellen (Kosten: 100,0%) Anker versetzen		949		

Kostenkennwerte für die Kostengruppen der 2.Ebene DIN 276

KG	Kostengruppe	Menge Einheit	Kosten €	€/Einheit	%
300	**Bauwerk – Baukonstruktionen**				**100,0**
330	**Außenwände/Vert. Baukonstrukt., außen**	60,00 m² AWF	6.683	**111,38**	5,4
	• Abbrechen (Kosten: 6,6%) Abbruch von Tapeten (37m²); Entsorgung, Deponiegebühren	37,00 m² AWF	444	**11,99**	
	• Wiederherstellen (Kosten: 55,1%) Historische Wandvertäfelung aufarbeiten, Fehlstellen ausbessern (23m²)	23,00 m² AWF	3.680	**159,99**	
	• Herstellen (Kosten: 38,3%) Spachtelung, Malervlies, Silikonharz-Beschichtung (37m²)	37,00 m² AWF	2.559	**69,17**	
340	**Innenwände/Vert. Baukonstrukt., innen**	122,24 m² IWF	15.508	**126,86**	12,5
	• Abbrechen (Kosten: 5,6%) Abbruch von Tapeten (73m²); Entsorgung, Deponiegebühren	73,00 m² IWF	875	**11,99**	
	• Wiederherstellen (Kosten: 62,0%) Eingangstür aufarbeiten, patinieren, furnierte Sperrholzplatte aufbringen (2m²) * Historische Wandvertäfelung aufarbeiten, Fehlstellen ausbessern (47m²)	49,24 m² IWF	9.609	**195,14**	
	• Herstellen (Kosten: 32,4%) Spachtelung, Malervlies, Silikonharz-Beschichtung (73m²)	73,00 m² IWF	5.024	**68,82**	
350	**Decken/Horizontale Baukonstruktionen**	91,00 m² DEF	73.397	**806,57**	59,1
	• Abbrechen (Kosten: 17,4%) Abbruch von PVC-Bodenbelag (91m²) * Abbruch von Abhangdecke (90m²); Entsorgung, Deponiegebühren	91,10 m² DEF	12.779	**140,28**	
	• Herstellen (Kosten: 82,6%) Stabparkett (91m²), Podest (1St), Fußbodenintarsien (8m) * Akustikdecke (90m²)	91,00 m² DEF	60.618	**666,13**	
380	**Baukonstruktive Einbauten**	130,75 m² BGF	24.908	**190,50**	20,1
	• Abbrechen (Kosten: 6,0%) Abbruch von Gerichtssaaltisch (psch); Entsorgung, Deponiegebühren	130,75 m² BGF	1.499	**11,46**	
	• Herstellen (Kosten: 94,0%) Richterpult (1St), Beteiligtentische (2St)	130,75 m² BGF	23.409	**179,04**	
390	**Sonst. Maßnahmen für Baukonstrukt.**	130,75 m² BGF	3.640	**27,84**	2,9
	• Herstellen (Kosten: 100,0%) Vlies/Schutzfolie (25m²)	130,75 m² BGF	3.640	**27,84**	
400	**Bauwerk – Technische Anlagen**				**100,0**
440	**Elektrische Anlagen**	130,75 m² BGF	40.581	**310,37**	85,1
	• Abbrechen (Kosten: 2,2%) Abbruch von Deckenbeleuchtung (psch)Formstücke, Rohrdämmung	130,75 m² BGF	899	**6,88**	
	• Herstellen (Kosten: 97,8%) Mantelleitungen (325m), Steckdosen (16St), Schalter (1St) * Deckeneinbauleuchten (22St), LED-Lichtbänder (12m)	130,75 m² BGF	39.682	**303,50**	

Modernisierung

KG	Kostengruppe	Menge Einheit	Kosten €	€/Einheit	%
450	**Kommunikationstechnische Anlagen**	130,75 m²BGF	7.132	**54,55**	14,9
	• Abbrechen (Kosten: 11,9%) Abbruch von Brandmelder (5h); Entsorgung, Deponiegebühren	130,75 m²BGF	846	**6,47**	
	• Herstellen (Kosten: 88,1%) Fernmeldekabel (90m) * Montage von Brandmelder (3h) * Datenkabel (179m), Datenanschlussdosen Cat6 (4St), Switch, 4-Port (1St), Patch Panel Cat6 (1St)	130,75 m²BGF	6.286	**48,08**	
600	**Ausstattung und Kunstwerke**				**100,0**
610	**Allgemeine Ausstattung**	130,75 m²BGF	949	**7,26**	100,0
	• Wiederherstellen (Kosten: 100,0%) Anker demontieren, an anderer Stelle wieder montieren (1St)	130,75 m²BGF	949	**7,26**	

Kostenkennwerte für die Kostengruppen 300 der 2. und 3. Ebene DIN 276 (Übersicht)

KG	Kostengruppe	Menge Einheit	€/Einheit	Kosten €	% an 3+4
300	**Bauwerk – Baukonstruktionen**	**130,75 m² BGF**	**949,41**	**124.135,92**	**72,2**
310	**Baugrube / Erdbau**	**–**	**–**	**–**	**–**
311	Herstellung	–	–	–	–
312	Umschließung	–	–	–	–
313	Wasserhaltung	–	–	–	–
314	Vortrieb	–	–	–	–
319	Sonstiges zur KG 310	–	–	–	–
320	**Gründung, Unterbau**	**–**	**–**	**–**	**–**
321	Baugrundverbesserung	–	–	–	–
322	Flachgründungen und Bodenplatten	–	–	–	–
323	Tiefgründungen	–	–	–	–
324	Gründungsbeläge	–	–	–	–
325	Abdichtungen und Bekleidungen	–	–	–	–
326	Dränagen	–	–	–	–
329	Sonstiges zur KG 320	–	–	–	–
330	**Außenwände/Vert. Baukonstrukt., außen**	**60,00 m² AWF**	**111,38**	**6.682,69**	**3,9**
331	Tragende Außenwände	–	–	–	–
332	Nichttragende Außenwände	–	–	–	–
333	Außenstützen	–	–	–	–
334	Außenwandöffnungen	–	–	–	–
335	Außenwandbekleidungen, außen	–	–	–	–
336	Außenwandbekleidungen, innen	60,00 m²	111,38	6.682,69	3,9
337	Element. Außenwandkonstruktionen	–	–	–	–
338	Lichtschutz zur KG 330	–	–	–	–
339	Sonstiges zur KG 330	–	–	–	–
340	**Innenwände/Vert. Baukonstrukt., innen**	**122,24 m² IWF**	**126,86**	**15.507,57**	**9,0**
341	Tragende Innenwände	–	–	–	–
342	Nichttragende Innenwände	–	–	–	–
343	Innenstützen	–	–	–	–
344	Innenwandöffnungen	2,24 m²	1.355,94	3.037,31	1,8
345	Innenwandbekleidungen	120,00 m²	103,92	12.470,25	7,3
346	Elementierte Innenwandkonstruktionen	–	–	–	–
347	Lichtschutz zur KG 340	–	–	–	–
349	Sonstiges zur KG 340	–	–	–	–
350	**Decken/Horizontale Baukonstruktionen**	**91,00 m² DEF**	**806,57**	**73.397,44**	**42,7**
351	Deckenkonstruktionen	–	–	–	–
352	Deckenöffnungen	–	–	–	–
353	Deckenbeläge	91,00 m²	369,77	33.649,43	19,6
354	Deckenbekleidungen	90,00 m²	441,64	39.748,01	23,1
355	Elementierte Deckenkonstruktionen	–	–	–	–
359	Sonstiges zur KG 350	–	–	–	–
360	**Dächer**	**–**	**–**	**–**	**–**
361	Dachkonstruktionen	–	–	–	–
362	Dachöffnungen	–	–	–	–
363	Dachbeläge	–	–	–	–
364	Dachbekleidungen	–	–	–	–
365	Elementierte Dachkonstruktionen	–	–	–	–
366	Lichtschutz zur KG 360	–	–	–	–
369	Sonstiges zur KG 360	–	–	–	–
370	**Infrastrukturanlagen**	**–**	**–**	**–**	**–**
380	**Baukonstruktive Einbauten**	**130,75 m² BGF**	**190,50**	**24.907,96**	**14,5**
390	**Sonst. Maßnahmen für Baukonstrukt.**	**130,75 m² BGF**	**27,84**	**3.640,27**	**2,1**

1200-0002
Gerichtsgebäude
Gerichtssaal

Modernisierung

Kostenkennwerte für die Kostengruppen 400 der 2. und 3. Ebene DIN 276 (Übersicht)

KG	Kostengruppe	Menge Einheit	€/Einheit	Kosten €	% an 3+4
400	**Bauwerk – Technische Anlagen**	**130,75 m² BGF**	**364,92**	**47.713,36**	**27,8**
410	**Abwasser-, Wasser-, Gasanlagen**	**–**	**–**	**–**	**–**
411	Abwasseranlagen	–	–	–	–
412	Wasseranlagen	–	–	–	–
413	Gasanlagen	–	–	–	–
419	Sonstiges zur KG 410	–	–	–	–
420	**Wärmeversorgungsanlagen**	**–**	**–**	**–**	**–**
421	Wärmeerzeugungsanlagen	–	–	–	–
422	Wärmeverteilnetze	–	–	–	–
423	Raumheizflächen	–	–	–	–
424	Verkehrsheizflächen	–	–	–	–
429	Sonstiges zur KG 420	–	–	–	–
430	**Raumlufttechnische Anlagen**	**–**	**–**	**–**	**–**
431	Lüftungsanlagen	–	–	–	–
432	Teilklimaanlagen	–	–	–	–
433	Klimaanlagen	–	–	–	–
434	Kälteanlagen	–	–	–	–
439	Sonstiges zur KG 430	–	–	–	–
440	**Elektrische Anlagen**	**130,75 m² BGF**	**310,37**	**40.581,20**	**23,6**
441	Hoch- und Mittelspannungsanlagen	–	–	–	–
442	Eigenstromversorgungsanlagen	–	–	–	–
443	Niederspannungsschaltanlagen	–	–	–	–
444	Niederspannungsinstallationsanlagen	130,75 m² BGF	102,46	13.396,35	7,8
445	Beleuchtungsanlagen	130,75 m² BGF	207,91	27.184,88	15,8
446	Blitzschutz- und Erdungsanlagen	–	–	–	–
447	Fahrleitungssysteme	–	–	–	–
449	Sonstiges zur KG 440	–	–	–	–
450	**Kommunikationstechnische Anlagen**	**130,75 m² BGF**	**54,55**	**7.132,14**	**4,2**
451	Telekommunikationsanlagen	130,75 m² BGF	30,97	4.049,97	2,4
452	Such- und Signalanlagen	–	–	–	–
453	Zeitdienstanlagen	–	–	–	–
454	Elektroakustische Anlagen	–	–	–	–
455	Audiovisuelle Medien- u. Antennenanl.	–	–	–	–
456	Gefahrenmelde- und Alarmanlagen	130,75 m² BGF	10,07	1.316,23	0,8
457	Datenübertragungsnetze	130,75 m² BGF	13,51	1.765,94	1,0
458	Verkehrsbeeinflussungsanlagen	–	–	–	–
459	Sonstiges zur KG 450	–	–	–	–
460	**Förderanlagen**	**–**	**–**	**–**	**–**
461	Aufzugsanlagen	–	–	–	–
462	Fahrtreppen, Fahrsteige	–	–	–	–
463	Befahranlagen	–	–	–	–
464	Transportanlagen	–	–	–	–
465	Krananlagen	–	–	–	–
466	Hydraulikanlagen	–	–	–	–
469	Sonstiges zur KG 460	–	–	–	–
470	**Nutzungsspez. u. verfahrenstechn. Anl.**	**–**	**–**	**–**	**–**
480	**Gebäude- und Anlagenautomation**	**–**	**–**	**–**	**–**
490	**Sonst. Maßnahmen für techn. Anlagen**	**–**	**–**	**–**	**–**

Kostenkennwerte für Leistungsbereiche nach STLB (Kosten des Bauwerks nach DIN 276)

LB	Leistungsbereiche	Kosten €	€/m² BGF	€/m³ BRI	% an 3+4
000	Sicherheits-, Baustelleneinrichtungen inkl. 001	–	–	–	–
002	Erdarbeiten	–	–	–	–
006	Spezialtiefbauarbeiten inkl. 005	–	–	–	–
009	Entwässerungskanalarbeiten inkl. 011	–	–	–	–
010	Drän- und Versickerarbeiten	–	–	–	–
012	Mauerarbeiten	–	–	–	–
013	Betonarbeiten	–	–	–	–
014	Natur-, Betonwerksteinarbeiten	–	–	–	–
016	Zimmer- und Holzbauarbeiten	–	–	–	–
017	Stahlbauarbeiten	–	–	–	–
018	Abdichtungsarbeiten	–	–	–	–
019	Kampfmittelräumarbeiten	–	–	–	–
020	Dachdeckungsarbeiten	–	–	–	–
021	Dachabdichtungsarbeiten	–	–	–	–
022	Klempnerarbeiten	–	–	–	–
	Rohbau	**–**	**–**	**–**	**–**
023	Putz- und Stuckarbeiten, Wärmedämmsysteme	–	–	–	–
024	Fliesen- und Plattenarbeiten	–	–	–	–
025	Estricharbeiten	18.886	144,40	37,80	11,0
026	Fenster, Außentüren inkl. 029, 032	–	–	–	–
027	Tischlerarbeiten	37.043	283,30	74,10	21,6
	Wiederherstellen	13.288	101,60	26,60	7,7
	Herstellen	23.754	181,70	47,50	13,8
028	Parkettarbeiten, Holzpflasterarbeiten	7.449	57,00	14,90	4,3
030	Rollladenarbeiten	–	–	–	–
031	Metallbauarbeiten inkl. 035	–	–	–	–
034	Maler- und Lackiererarbeiten inkl. 037	7.773	59,40	15,50	4,5
036	Bodenbelagarbeiten	–	–	–	–
038	Vorgehängte hinterlüftete Fassaden	–	–	–	–
039	Trockenbauarbeiten	37.388	286,00	74,80	21,8
	Ausbau	**108.539**	**830,10**	**217,10**	**63,2**
	Wiederherstellen	13.288	101,60	26,60	7,7
	Herstellen	95.251	728,50	190,50	55,4
040	Wärmeversorgungsanl. - Betriebseinr. inkl. 041	–	–	–	–
042	Gas- und Wasserinstallation, Leitungen inkl. 043	–	–	–	–
044	Abwasseranlagen - Leitungen	–	–	–	–
045	GWE-Einrichtungsgegenstände inkl. 046	–	–	–	–
047	Dämmarbeiten an betriebstechnischen Anlagen	–	–	–	–
049	Feuerlöschanlagen, Feuerlöschgeräte	–	–	–	–
050	Blitzschutz- und Erdungsanlagen	–	–	–	–
053	Niederspannungsanlagen inkl. 052, 054	13.964	106,80	27,90	8,1
055	Sicherheits- u. Ersatzstromversorgungsanl.	–	–	–	–
057	Gebäudesystemtechnik	–	–	–	–
058	Leuchten und Lampen inkl. 059	26.286	201,00	52,60	15,3
060	Sprechanlagen, elektroakust. Anlagen inkl. 064	–	–	–	–
061	Kommunikationsnetze inkl. 063	5.718	43,70	11,40	3,3
069	Aufzüge	–	–	–	–
070	Gebäudeautomation	–	–	–	–
075	Raumlufttechnische Anlagen inkl. 078	–	–	–	–
	Gebäudetechnik	**45.968**	**351,60**	**91,90**	**26,7**

1200-0002
Gerichtsgebäude
Gerichtssaal

LB	Leistungsbereiche	Kosten €	€/m²BGF	€/m³BRI	% an 3+4
084	Abbruch, Rückbau, Schadstoffsanierung	17.342	132,60	34,70	10,1
	Abbrechen	17.342	132,60	34,70	10,1
	Abbrucharbeiten	**17.342**	**132,60**	**34,70**	**10,1**
	Abbrechen	17.342	132,60	34,70	10,1
	Sonstige Leistungsbereiche	**–**	**–**	**–**	**–**

Modernisierung

1300-0247
Bürogebäude

Modernisierung

Objektübersicht

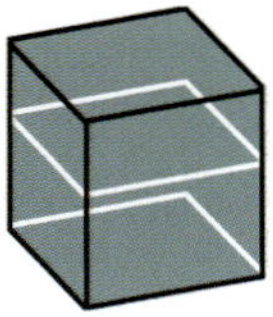

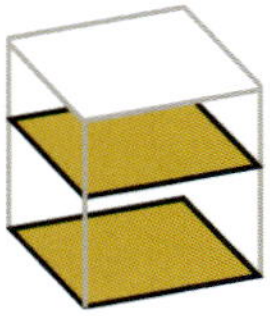

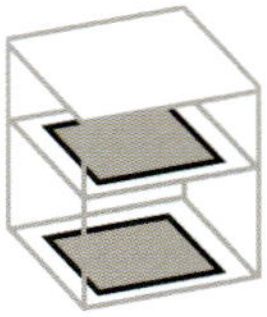

BRI 347 €/m³ BGF 1.213 €/m² NUF 1.610 €/m²

Objekt:
Kennwerte: 3.Ebene DIN 276
BRI: 7.735 m³
BGF: 2.210 m²
NUF: 1.665 m²
Bauzeit: 43 Wochen
Bauende: 2016
Standard: über Durchschnitt
Bundesland: Niedersachsen
Kreis: Hannover, Region

Architekt*in:
KISSERARCHITEKTUR
Dipl.-Ing. Architekt
Gordon Kisser
Trennenmoor 1
30916 Isernhagen

vorher

nachher

Modernisierung

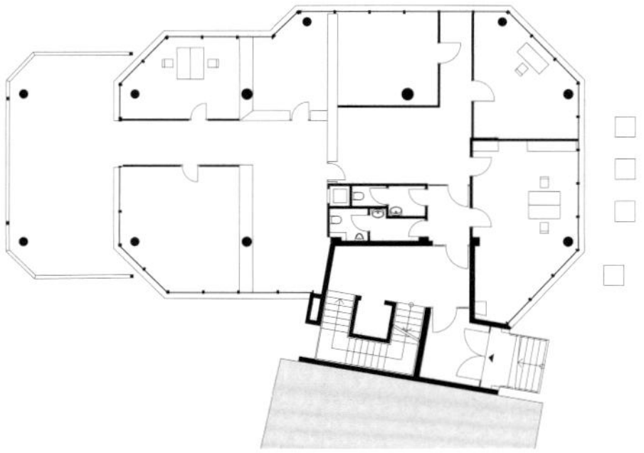

Erdgeschoss

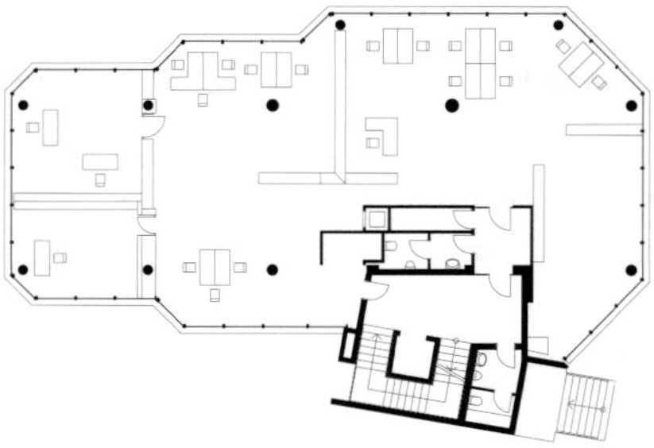

1. Obergeschoss

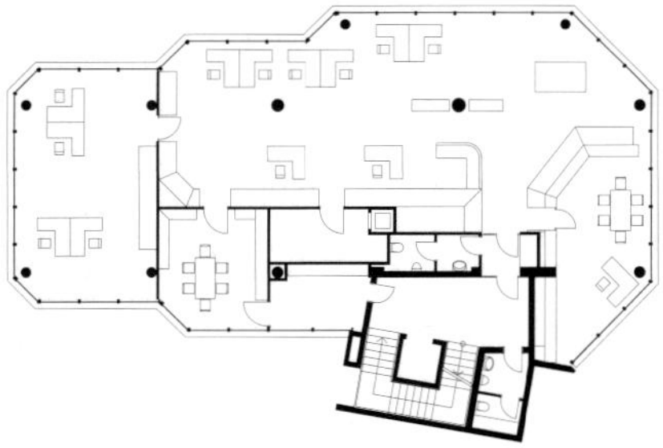

2. Obergeschoss

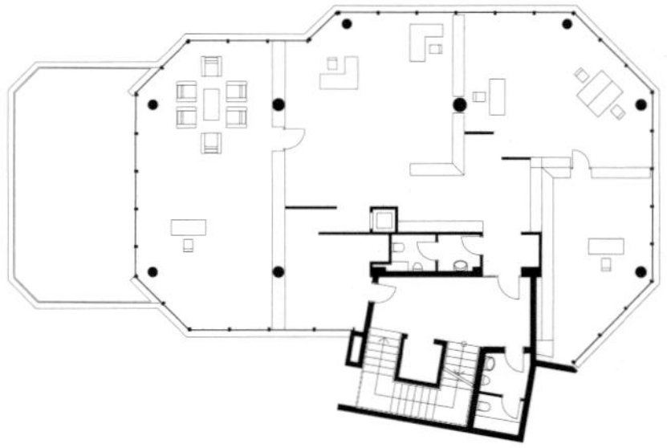

3. Obergeschoss

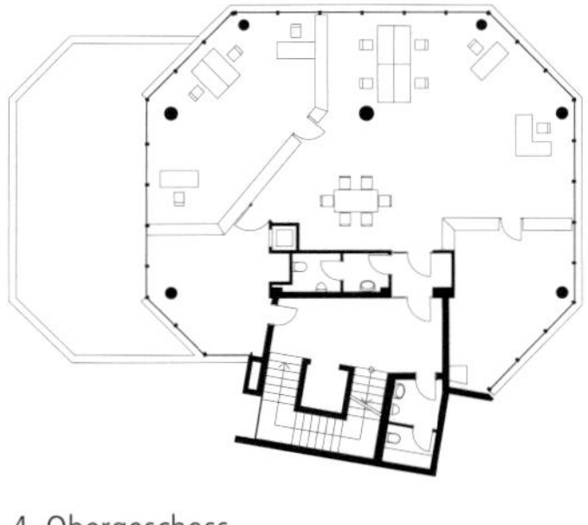

4. Obergeschoss

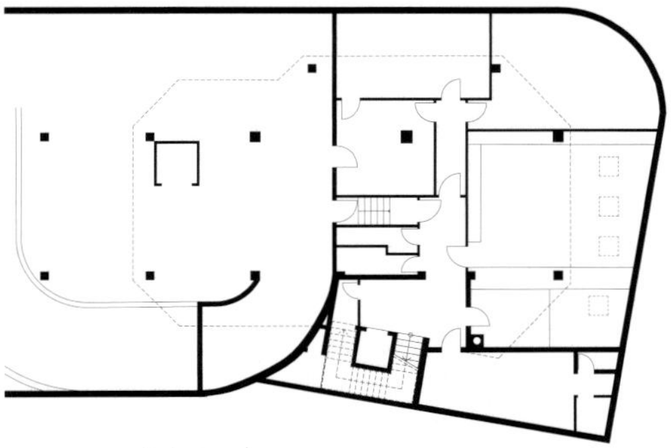

Untergeschoss

Objektbeschreibung

Allgemeine Objektinformationen

Das fünfgeschossige Bürogebäude mit Tiefgarage und Vollunterkellerung aus den siebziger Jahren wurde energetisch und gestalterisch modernisiert. Die Sanierung erfolgte im laufenden Geschäftsbetrieb. Durch ein technisch fein abgestimmtes Konzept wurde im vorgegebenen Zeit- und Kostenrahmen zunächst die Fassade erneuert. Anschließend folgte die Sanierung der Büroetagen, sodass dem Bauherrn nach Abschluss der Modernisierungsarbeiten ein Gebäude für einen neuen Lebenszyklus zur Verfügung stand.

Nutzung

1 Untergeschoss
Tiefgarage, Lager

1 Erdgeschoss
Büros, Lager, Sanitärräume, Flur/Anlieferung

5 Obergeschosse
Büros, Sanitärräume, Teeküche, Abstellräume

Nutzeinheiten

Bürofläche: 1.165 m^2
Lagerfläche: 200 m^2

Grundstück

Bauraum: Beengter Bauraum
Neigung: Ebenes Gelände
Bodenklasse: BK 4

Markt

Hauptvergabezeit: 4. Quartal 2015
Baubeginn: 1. Quartal 2016
Bauende: 4. Quartal 2016
Konjunkturelle Gesamtlage: über Durchschnitt
Regionaler Baumarkt: über Durchschnitt

Baubestand

Baujahr: 1970
Bauzustand: gut
Aufwand: mittel
Grundrissänderungen: einige
Tragwerkseingriffe: einige
Nutzungsänderung: nein
Nutzung während der Bauzeit: ja

Baukonstruktion

Das Gebäude erhielt eine neue Fassadenkonstruktion. Die Dachterrassen des dritten und vierten Obergeschosses wurden komplett erneuert. In Keller und Tiefgarage sind vorhandene Leckagen mittels neuer Abdichtungen saniert worden.

Technische Anlagen

Die Wärmeerzeugung erfolgt über eine Pelletkessel-Kaskadenanlage.

Energetische Kennwerte

Gesetzliche Grundlage: EnEV 2013
Gebäudenutzfläche: 1.268,00 m^2
Spez. Jahresprimärenergiebedarf: 50,00 kWh/($m^2 \cdot a$)

Planungskennwerte für Flächen und Rauminhalte nach DIN 277

Flächen des Grundstücks		Menge Einheit	% an GF
BF	Bebaute Fläche	630,00 m²	100,0
UF	Unbebaute Fläche	–	–
GF	Grundstücksfläche	630,00 m²	100,0

Grundflächen des Bauwerks		Menge Einheit	% an NUF	% an BGF
NUF	Nutzungsfläche	1.665,00 m²	100,0	75,3
TF	Technikfläche	60,00 m²	3,6	2,7
VF	Verkehrsfläche	260,00 m²	15,6	11,8
NRF	Netto-Raumfläche	1.985,00 m²	119,2	89,8
KGF	Konstruktions-Grundfläche	225,00 m²	13,5	10,2
BGF	Brutto-Grundfläche	2.210,00 m²	132,7	100,0

Brutto-Rauminhalt des Bauwerks		Menge Einheit	BRI/NUF (m)	BRI/BGF (m)
BRI	Brutto-Rauminhalt	7.735,00 m³	4,65	3,50

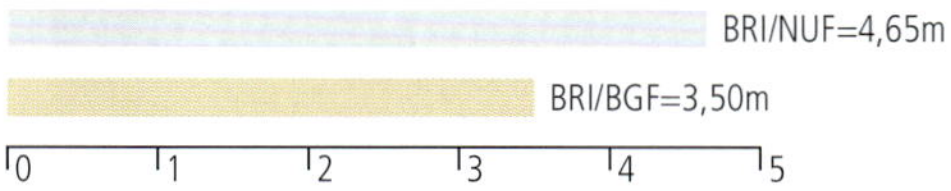

Lufttechnisch behandelte Flächen	Menge Einheit	% an NUF	% an BGF
Entlüftete Fläche	–	–	–
Be- und entlüftete Fläche	–	–	–
Teilklimatisierte Fläche	–	–	–
Klimatisierte Fläche	–	–	–

KG	Kostengruppen (2. Ebene)	Menge Einheit	Menge/NUF	Menge/BGF
310	Baugrube / Erdbau	–	–	–
320	Gründung, Unterbau	90,00 m² GRF	0,05	0,04
330	Außenwände/Vertikale Baukonstruktionen, außen	1.215,25 m² AWF	0,73	0,55
340	Innenwände/Vertikale Baukonstruktionen, innen	–	–	–
350	Decken/Horizontale Baukonstruktionen	1.188,60 m² DEF	0,71	0,54
360	Dächer	283,60 m² DAF	0,17	0,13

Kostenkennwerte für die Kostengruppen der 1. Ebene DIN 276

KG	Kostengruppen (1. Ebene)	Einheit	Kosten €	€/Einheit	€/m² BGF	€/m³ BRI	% 300+400
100	Grundstück	m² GF	–	–	–	–	–
200	Vorbereitende Maßnahmen	m² GF	–	–	–	–	–
300	Bauwerk – Baukonstruktionen	m² BGF	2.338.926	1.058,34	1.058,34	302,38	87,2
400	Bauwerk – Technische Anlagen	m² BGF	341.856	154,69	154,69	44,20	12,8
	Bauwerk 300+400	**m² BGF**	**2.680.783**	**1.213,02**	**1.213,02**	**346,58**	**100,0**
500	Außenanlagen und Freiflächen	m² AF	30.457	–	13,78	3,94	1,1
600	Ausstattung und Kunstwerke	m² BGF	10.210	4,62	4,62	1,32	0,4
700	Baunebenkosten	m² BGF	–	–	–	–	–
800	Finanzierung	m² BGF	–	–	–	–	–

KG	Kostengruppe	Menge Einheit	Kosten €	€/Einheit	%
3+4	**Bauwerk**				**100,0**
300	**Bauwerk – Baukonstruktionen**	2.210,00 m² BGF	2.338.926	**1.058,34**	87,2

- Abbrechen (Kosten: 9,3%) — 217.629
  Abbruch von Alu-Fensterelementen, abgehängten Decken, Balkonblechbekleidungen; Entsorgung, Deponiegebühren
- Wiederherstellen (Kosten: 0,3%) — 6.283
  schadhafte Dachabdichtung entfernen, Dämmung, Dachentwässerung erneuern
- Herstellen (Kosten: 90,4%) — 2.115.014
  WDVS, Alu-Pfosten-Riegel-Fassaden; Textilbeläge, PVC-Beläge, Alu-Paneeldecken, Akustikdecken; Dämmung, Abdichtung, Betonplatten, Dachentwässerung

KG	Kostengruppe	Menge Einheit	Kosten €	€/Einheit	%
400	**Bauwerk – Technische Anlagen**	2.210,00 m² BGF	341.856	**154,69**	12,8

- Abbrechen (Kosten: 2,7%) — 9.114
  Abbruch von Jalousieschaltern; Datenkabeln, Datenanschlussdosen; Entsorgung, Deponiegebühren
- Herstellen (Kosten: 97,3%) — 332.742
  Pelletkessel; Elektroinstallation, Beleuchtung, Erdung; Sprechanlage, EDV-Verkabelung

KG	Kostengruppe	Menge Einheit	Kosten €	€/Einheit	%
500	**Außenanlagen und Freiflächen**	–	30.457	–	1,1

- Herstellen (Kosten: 100,0%) — 30.457
  Metalltreppe; Elektroinstallation, Beleuchtung; Pflanzkübelbekleidung

KG	Kostengruppe	Menge Einheit	Kosten €	€/Einheit	%
600	**Ausstattung und Kunstwerke**	2.210,00 m² BGF	10.210	**4,62**	0,4

- Herstellen (Kosten: 100,0%) — 10.210
  Metallskulpturen

Kostenkennwerte für die Kostengruppen der 2.Ebene DIN 276

KG	Kostengruppe	Menge Einheit	Kosten €	€/Einheit	%
300	**Bauwerk – Baukonstruktionen**				**100,0**
320	**Gründung, Unterbau**	90,00 m² GRF	6.184	**68,71**	0,3
	• Herstellen (Kosten: 100,0%) Textilbeläge (45m²), PVC-Beläge (45m²)	90,00 m² GRF	6.184	**68,71**	
330	**Außenwände/Vert. Baukonstrukt., außen**	1.215,25 m² AWF	1.743.149	**1.434,40**	74,5
	• Abbrechen (Kosten: 5,0%) Abbruch von Alu-Fensterelementen (535m²); Entsorgung, Deponiegebühren	535,00 m² AWF	86.703	**162,06**	
	• Herstellen (Kosten: 95,0%) WDVS, Mineralwolldämmung, d=200mm (60m²), EPS-Dämmung, d=120-150mm (52m²), Kratzputz (94m²) * Alu-Pfosten-Riegel-Fassaden, Alu-Fenster-/Türelemente, Dreifachverglasung, Color-Glas-paneele, Alu-Lamellenraffstores, (1.105m²), Fassaden-Ablastkonstruktion, außen Stahlwinkel (53m), innen Winkelkonstruktionen (503m), Alu-Blechbekleidungen (16m²)	1.215,25 m² AWF	1.656.446	**1.363,05**	
340	**Innenwände/Vert. Baukonstrukt., innen**	–	7.141	**–**	0,3
	• Herstellen (Kosten: 100,0%) Kernbohrungen DN60-150 (psch), Wanddurchbrüche (132St)	–	7.141	**–**	
350	**Decken/Horizontale Baukonstruktionen**	1.188,60 m² DEF	401.201	**337,54**	17,2
	• Abbrechen (Kosten: 32,6%) Abbruch von abgehängten Decken (psch) * Abbruch von Balkonblechbekleidungen (psch); Entsorgung, Deponiegebühren	–	130.926	**–**	
	• Herstellen (Kosten: 67,4%) Kernbohrungen DN60-150 (psch) * Textilbeläge (628m²), PVC-Beläge (155m²) * Alu-Paneeldecken, abgehängt (1.100m²) Akustikdecken (89m²)	1.188,60 m² DEF	270.274	**227,39**	
360	**Dächer**	283,60 m² DAF	101.163	**356,71**	4,3
	• Wiederherstellen (Kosten: 6,2%) Schadhafte Bitumendachabdichtung mit Wärmedämmung demontieren, durch Dampfsperre, Styropordämmung, d=150mm ersetzen (83m²), Dachabläufe DN100 erneuern (2St)	83,19 m² DAF	6.283	**75,53**	
	• Herstellen (Kosten: 93,8%) Dampfsperre, EPS-Wärmedämmung, d=120mm, Bitumenabdichtung, Granulatplatte, d=6mm (200m²), Stelzlager (425St), Betonplatten (166m²), Basaltsplitt 16/32mm (5t), Basaltschotter (3t), Basaltbrocken (3St), Fassadenrinnen (11m), Notüberläufe (2St) * Geländerpfosten mit Handlauf, Beschichtung (psch)	200,41 m² DAF	94.880	**473,43**	
390	**Sonst. Maßnahmen für Baukonstrukt.**	2.210,00 m² BGF	80.088	**36,24**	3,4
	• Herstellen (Kosten: 100,0%) Baustelleneinrichtung (psch) * Fassadengerüst (36m²) * Schutzabdeckungen (psch), Baureinigung (psch)	2.210,00 m² BGF	80.088	**36,24**	

Modernisierung

KG	Kostengruppe	Menge Einheit	Kosten €	€/Einheit	%
400	**Bauwerk – Technische Anlagen**				**100,0**
420	**Wärmeversorgungsanlagen**	2.210,00 m² BGF	100.758	**45,59**	29,5
	• Herstellen (Kosten: 100,0%) Pelletkessel-Kaskadenanlage 76kW, zweifach, Saugzuggebläse, Warmwasserspeicher, Umwälzpumpen, Strangregulierventile, Förderschläuche, Steuerung (1St)	2.210,00 m² BGF	100.758	**45,59**	
440	**Elektrische Anlagen**	2.210,00 m² BGF	175.399	**79,37**	51,3
	• Abbrechen (Kosten: 0,4%) Abbruch von Jalousieschaltern (44St); Entsorgung, Deponiegebühren	2.210,00 m² BGF	656	**0,30**	
	• Herstellen (Kosten: 99,6%) Mantelleitungen (3.538m), LS-Schalter (15St), FI-Schalter (2St), Jalousietaster (44St), Präsenzmelder (47St), Steckdosen (56St), Schalter/Taster (29St), Herdanschlussdose (1St), Bodentanks (26St) * LED-Aufbauleuchten (134St), LED-Einlegeleuchten (12St), LED-Anbauleuchten (2St), LED-Feuchtraumleuchte (1St) * Potenzialausgleichsschienen (2St)	2.210,00 m² BGF	174.743	**79,07**	
450	**Kommunikationstechnische Anlagen**	2.210,00 m² BGF	65.700	**29,73**	19,2
	• Abbrechen (Kosten: 12,9%) Abbruch von Datenkabeln (2.910m), Datendosen (81St); Entsorgung, Deponiegebühren	2.210,00 m² BGF	8.458	**3,83**	
	• Herstellen (Kosten: 87,1%) Gegensprechanlage, Einbautürlautsprecher, Transponder-Lese-Modul (1St), Innenstation (5St), Transponder-Schlüssel (6St), Installationskabel (1.230m) * Netzwerkschränke (5St), Datenkabel (3.102m), Patchpanel (11St), Patchkabel (174St), Datenanschlussdosen (98St)	2.210,00 m² BGF	57.242	**25,90**	
500	**Außenanlagen und Freiflächen**				**100,0**
540	**Baukonstruktionen**	–	6.627	–	21,8
	• Herstellen (Kosten: 100,0%) Metalltreppe, beidseitiges Geländer (psch)	–	6.627	–	
550	**Technische Anlagen**	–	17.306	–	56,8
	• Herstellen (Kosten: 100,0%) Mantelleitungen (273m), Dämmerungsschalter (1St), Schaltuhr (1St), Beleuchtung (psch)	–	17.306	–	
560	**Einbauten Außenanlagen u. Freiflächen**	–	6.524	–	21,4
	• Herstellen (Kosten: 100,0%) Pflanzkübelbekleidung, Granitplatten (psch)	–	6.524	–	
600	**Ausstattung und Kunstwerke**				**100,0**
640	**Künstlerische Ausstattung**	2.210,00 m² BGF	10.210	**4,62**	100,0
	• Herstellen (Kosten: 100,0%) Metallskulpturen (psch)	2.210,00 m² BGF	10.210	**4,62**	

Kostenkennwerte für die Kostengruppen 300 der 2. und 3. Ebene DIN 276 (Übersicht)

KG	Kostengruppe	Menge Einheit	€/Einheit	Kosten €	% an 3+4
300	**Bauwerk – Baukonstruktionen**	**2.210,00 m² BGF**	**1.058,34**	**2.338.926,33**	**87,2**
310	**Baugrube / Erdbau**	**–**	**–**	**–**	**–**
311	Herstellung	–	–	–	–
312	Umschließung	–	–	–	–
313	Wasserhaltung	–	–	–	–
314	Vortrieb	–	–	–	–
319	Sonstiges zur KG 310	–	–	–	–
320	**Gründung, Unterbau**	**90,00 m² GRF**	**68,71**	**6.184,24**	**0,2**
321	Baugrundverbesserung	–	–	–	–
322	Flachgründungen und Bodenplatten	–	–	–	–
323	Tiefgründungen	–	–	–	–
324	Gründungsbeläge	90,00 m²	68,71	6.184,24	0,2
325	Abdichtungen und Bekleidungen	–	–	–	–
326	Dränagen	–	–	–	–
329	Sonstiges zur KG 320	–	–	–	–
330	**Außenwände/Vert. Baukonstrukt., außen**	**1.215,25 m² AWF**	**1.434,40**	**1.743.149,35**	**65,0**
331	Tragende Außenwände	–	–	–	–
332	Nichttragende Außenwände	–	–	–	–
333	Außenstützen	–	–	–	–
334	Außenwandöffnungen	–	–	–	–
335	Außenwandbekleidungen, außen	94,62 m²	254,20	24.052,52	0,9
336	Außenwandbekleidungen, innen	–	–	–	–
337	Element. Außenwandkonstruktionen	1.120,63 m²	1.534,04	1.719.096,82	64,1
338	Lichtschutz zur KG 330	–	–	–	–
339	Sonstiges zur KG 330	–	–	–	–
340	**Innenwände/Vert. Baukonstrukt., innen**	**–**	**–**	**7.141,13**	**0,3**
341	Tragende Innenwände	–	–	7.141,13	0,3
342	Nichttragende Innenwände	–	–	–	–
343	Innenstützen	–	–	–	–
344	Innenwandöffnungen	–	–	–	–
345	Innenwandbekleidungen	–	–	–	–
346	Elementierte Innenwandkonstruktionen	–	–	–	–
347	Lichtschutz zur KG 340	–	–	–	–
349	Sonstiges zur KG 340	–	–	–	–
350	**Decken/Horizontale Baukonstruktionen**	**1.188,60 m² DEF**	**337,54**	**401.200,78**	**15,0**
351	Deckenkonstruktionen	–	–	4.348,54	0,2
352	Deckenöffnungen	–	–	–	–
353	Deckenbeläge	783,10 m²	122,19	95.683,58	3,6
354	Deckenbekleidungen	1.188,60 m²	246,54	293.040,25	10,9
355	Elementierte Deckenkonstruktionen	–	–	–	–
359	Sonstiges zur KG 350	1.188,60 m² DEF	6,84	8.128,39	0,3
360	**Dächer**	**283,60 m² DAF**	**356,71**	**101.163,07**	**3,8**
361	Dachkonstruktionen	–	–	–	–
362	Dachöffnungen	–	–	–	–
363	Dachbeläge	283,60 m²	299,31	84.884,41	3,2
364	Dachbekleidungen	–	–	–	–
365	Elementierte Dachkonstruktionen	–	–	–	–
366	Lichtschutz zur KG 360	–	–	–	–
369	Sonstiges zur KG 360	283,60 m² DAF	57,40	16.278,66	0,6
370	**Infrastrukturanlagen**	**–**	**–**	**–**	**–**
380	**Baukonstruktive Einbauten**	**–**	**–**	**–**	**–**
390	**Sonst. Maßnahmen für Baukonstrukt.**	**2.210,00 m² BGF**	**36,24**	**80.087,77**	**3,0**

Kostenkennwerte für die Kostengruppen 400 der 2. und 3.Ebene DIN 276 (Übersicht)

KG	Kostengruppe	Menge Einheit	€/Einheit	Kosten €	% an 3+4
400	**Bauwerk – Technische Anlagen**	**2.210,00 m²BGF**	**154,69**	**341.856,41**	**12,8**
410	**Abwasser-, Wasser-, Gasanlagen**	**–**	**–**	**–**	**–**
411	Abwasseranlagen	–	–	–	–
412	Wasseranlagen	–	–	–	–
413	Gasanlagen	–	–	–	–
419	Sonstiges zur KG 410	–	–	–	–
420	**Wärmeversorgungsanlagen**	**2.210,00 m²BGF**	**45,59**	**100.757,83**	**3,8**
421	Wärmeerzeugungsanlagen	2.210,00 m²BGF	45,59	100.757,83	3,8
422	Wärmeverteilnetze	–	–	–	–
423	Raumheizflächen	–	–	–	–
424	Verkehrsheizflächen	–	–	–	–
429	Sonstiges zur KG 420	–	–	–	–
430	**Raumlufttechnische Anlagen**	**–**	**–**	**–**	**–**
431	Lüftungsanlagen	–	–	–	–
432	Teilklimaanlagen	–	–	–	–
433	Klimaanlagen	–	–	–	–
434	Kälteanlagen	–	–	–	–
439	Sonstiges zur KG 430	–	–	–	–
440	**Elektrische Anlagen**	**2.210,00 m²BGF**	**79,37**	**175.398,71**	**6,5**
441	Hoch- und Mittelspannungsanlagen	–	–	–	–
442	Eigenstromversorgungsanlagen	–	–	–	–
443	Niederspannungsschaltanlagen	–	–	–	–
444	Niederspannungsinstallationsanlagen	2.210,00 m²BGF	36,98	81.729,54	3,0
445	Beleuchtungsanlagen	2.210,00 m²BGF	42,33	93.548,30	3,5
446	Blitzschutz- und Erdungsanlagen	2.210,00 m²BGF	0,05	120,87	< 0,1
447	Fahrleitungssysteme	–	–	–	–
449	Sonstiges zur KG 440	–	–	–	–
450	**Kommunikationstechnische Anlagen**	**2.210,00 m²BGF**	**29,73**	**65.699,85**	**2,5**
451	Telekommunikationsanlagen	–	–	–	–
452	Such- und Signalanlagen	2.210,00 m²BGF	7,00	15.480,34	0,6
453	Zeitdienstanlagen	–	–	–	–
454	Elektroakustische Anlagen	–	–	–	–
455	Audiovisuelle Medien- u. Antennenanl.	–	–	–	–
456	Gefahrenmelde- und Alarmanlagen	–	–	–	–
457	Datenübertragungsnetze	2.210,00 m²BGF	22,72	50.219,51	1,9
458	Verkehrsbeeinflussungsanlagen	–	–	–	–
459	Sonstiges zur KG 450	–	–	–	–
460	**Förderanlagen**	**–**	**–**	**–**	**–**
461	Aufzugsanlagen	–	–	–	–
462	Fahrtreppen, Fahrsteige	–	–	–	–
463	Befahranlagen	–	–	–	–
464	Transportanlagen	–	–	–	–
465	Krananlagen	–	–	–	–
466	Hydraulikanlagen	–	–	–	–
469	Sonstiges zur KG 460	–	–	–	–
470	**Nutzungsspez. u. verfahrenstechn. Anl.**	**–**	**–**	**–**	**–**
480	**Gebäude- und Anlagenautomation**	**–**	**–**	**–**	**–**
490	**Sonst. Maßnahmen für techn. Anlagen**	**–**	**–**	**–**	**–**

Kostenkennwerte für Leistungsbereiche nach STLB (Kosten des Bauwerks nach DIN 276)

LB	Leistungsbereiche	Kosten €	€/m² BGF	€/m³ BRI	% an 3+4
000	Sicherheits-, Baustelleneinrichtungen inkl. 001	80.088	36,20	10,40	3,0
002	Erdarbeiten	–	–	–	–
006	Spezialtiefbauarbeiten inkl. 005	–	–	–	–
009	Entwässerungskanalarbeiten inkl. 011	–	–	–	–
010	Drän- und Versickerarbeiten	–	–	–	–
012	Mauerarbeiten	–	–	–	–
013	Betonarbeiten	11.490	5,20	1,50	0,4
014	Natur-, Betonwerksteinarbeiten	–	–	–	–
016	Zimmer- und Holzbauarbeiten	–	–	–	–
017	Stahlbauarbeiten	–	–	–	–
018	Abdichtungsarbeiten	–	–	–	–
019	Kampfmittelräumarbeiten	–	–	–	–
020	Dachdeckungsarbeiten	–	–	–	–
021	Dachabdichtungsarbeiten	59.410	26,90	7,70	2,2
	Wiederherstellen	5.370	2,40	0,69	0,2
	Herstellen	54.040	24,50	7,00	2,0
022	Klempnerarbeiten	5.500	2,50	0,71	0,2
	Wiederherstellen	913	0,41	0,12	< 0,1
	Herstellen	4.587	2,10	0,59	0,2
	Rohbau	**156.488**	**70,80**	**20,20**	**5,8**
	Wiederherstellen	6.283	2,80	0,81	0,2
	Herstellen	150.205	68,00	19,40	5,6
023	Putz- und Stuckarbeiten, Wärmedämmsysteme	24.053	10,90	3,10	0,9
024	Fliesen- und Plattenarbeiten	19.249	8,70	2,50	0,7
025	Estricharbeiten	–	–	–	–
026	Fenster, Außentüren inkl. 029, 032	3.658	1,70	0,47	0,1
027	Tischlerarbeiten	–	–	–	–
028	Parkettarbeiten, Holzpflasterarbeiten	–	–	–	–
030	Rollladenarbeiten	–	–	–	–
031	Metallbauarbeiten inkl. 035	1.645.740	744,70	212,80	61,4
034	Maler- und Lackiererarbeiten inkl. 037	–	–	–	–
036	Bodenbelagarbeiten	101.868	46,10	13,20	3,8
038	Vorgehängte hinterlüftete Fassaden	–	–	–	–
039	Trockenbauarbeiten	170.242	77,00	22,00	6,4
	Ausbau	**1.964.809**	**889,10**	**254,00**	**73,3**
040	Wärmeversorgungsanl. - Betriebseinr. inkl. 041	100.758	45,60	13,00	3,8
042	Gas- und Wasserinstallation, Leitungen inkl. 043	–	–	–	–
044	Abwasseranlagen - Leitungen	–	–	–	–
045	GWE-Einrichtungsgegenstände inkl. 046	–	–	–	–
047	Dämmarbeiten an betriebstechnischen Anlagen	–	–	–	–
049	Feuerlöschanlagen, Feuerlöschgeräte	–	–	–	–
050	Blitzschutz- und Erdungsanlagen	121	0,05	0,02	< 0,1
053	Niederspannungsanlagen inkl. 052, 054	81.074	36,70	10,50	3,0
055	Sicherheits- u. Ersatzstromversorgungsanl.	–	–	–	–
057	Gebäudesystemtechnik	–	–	–	–
058	Leuchten und Lampen inkl. 059	93.548	42,30	12,10	3,5
060	Sprechanlagen, elektroakust. Anlagen inkl. 064	15.480	7,00	2,00	0,6
061	Kommunikationsnetze inkl. 063	41.762	18,90	5,40	1,6
069	Aufzüge	–	–	–	–
070	Gebäudeautomation	–	–	–	–

1300-0247
Bürogebäude

LB	Leistungsbereiche	Kosten €	€/m² BGF	€/m³ BRI	% an 3+4
075	Raumlufttechnische Anlagen inkl. 078	–	–	–	–
	Gebäudetechnik	**332.742**	**150,60**	**43,00**	**12,4**
084	Abbruch, Rückbau, Schadstoffsanierung	226.743	102,60	29,30	8,5
	Abbrechen	226.743	102,60	29,30	8,5
	Abbrucharbeiten	**226.743**	**102,60**	**29,30**	**8,5**
	Abbrechen	226.743	102,60	29,30	8,5

Modernisierung

	Sonstige Leistungsbereiche	**–**	**–**	**–**	**–**

1300-0250
Verwaltungsgebäude
Fassadensanierung

Modernisierung

Objektübersicht

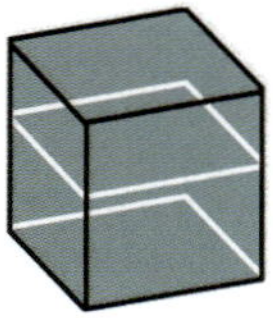

BRI 43 €/m³

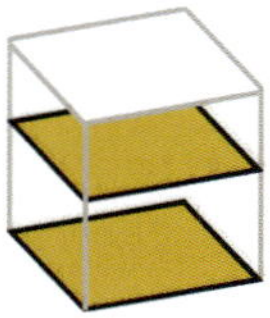

BGF 143 €/m²

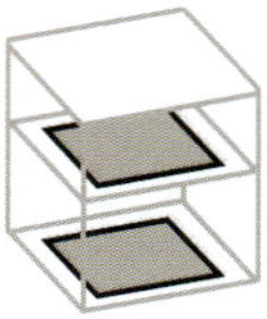

NUF 273 €/m²

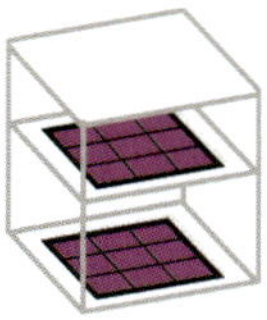

NE 2.736 €/NE

NE: Arbeitsplätze

Objekt:
Kennwerte: 3. Ebene DIN 276
BRI: 31.801 m³
BGF: 9.580 m²
NUF: 5.027 m²
Bauzeit: 96 Wochen
Bauende: 2017
Standard: über Durchschnitt
Bundesland: Hamburg
Kreis: Hamburg, Stadt

Architekt*in:
Holst Becker Architekten
Himmelstraße 2
22299 Hamburg

Bauherr*in:
Bayernfonds
Immobilienverwaltungs
Gmbh+Co.
Innere Wiener Straße 17
81667 München

Modernisierung

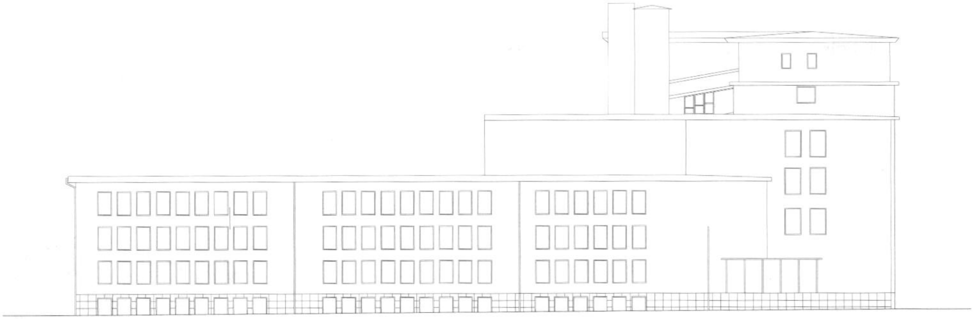

Ansicht Nord-Ost

Ansicht Nord-West

Ansicht Süd-Ost Innenhof

Ansicht Süd-West

1300-0250
Verwaltungsgebäude
Fassadensanierung

Modernisierung

Objektbeschreibung

Allgemeine Objektinformationen

Das Verwaltungsgebäude stammt aus dem Jahr 1923. Um das äußere Erscheinungsbild des Bauwerks wiederherzustellen, ist die Fassade saniert worden.

Nutzung

1 Untergeschoss
Kellerräume

1 Erdgeschoss
Büros

5 Obergeschosse
Büros

Nutzeinheiten

Arbeitsplätze: 502

Grundstück

Bauraum: Freier Bauraum
Neigung: Ebenes Gelände
Bodenklasse: BK 3

Markt

Hauptvergabezeit: 2. Quartal 2015
Baubeginn: 1. Quartal 2015
Bauende: 1. Quartal 2017
Konjunkturelle Gesamtlage: über Durchschnitt
Regionaler Baumarkt: über Durchschnitt

Baubestand

Baujahr: 1923
Bauzustand: mittel
Aufwand: mittel
Grundrissänderungen: wenige
Tragwerkseingriffe: wenige
Nutzungsänderung: nein
Nutzung während der Bauzeit: ja

Baukonstruktion

Nach dem Abbruch schadhafter Fassadenelemente, der Taubenabwehr und der Entwässerung erfolgte zunächst die Sanierung des Tragwerks. Hierzu gehörte die Beseitigung von Schäden an Stahlträgern, Mauerwerk und Beton sowie das Verschließen von Rissen in der Fassade. Anschließend wurden Stuck und Putz überarbeitet. Es kamen neue Gesimsabdeckungen zum Einbau und die gesamte Fassade erhielt eine neue Beschichtung. Sämtliche Fenstergitter, Holzfenster und Türen wurden ausgebessert und neu lackiert. Neue Regenrinnen wurden eingebaut und die Fallrohre sind neu beschichtet worden. Abschließend wurden Metallbuchstaben und Wappen montiert. Die Fassade wurde mit einer neuen Beleuchtung ausgestattet.

Technische Anlagen

Für die Beleuchtung der Fassaden, Balkone und Hausnummern wurden neue Elektroleitungen verlegt.

Sonstiges

Die Kosten wurden für die Bauabschnitte A-C erfasst.

Planungskennwerte für Flächen und Rauminhalte nach DIN 277

Flächen des Grundstücks		Menge Einheit	% an GF
BF	Bebaute Fläche	–	–
UF	Unbebaute Fläche	–	–
GF	Grundstücksfläche	–	–

Grundflächen des Bauwerks		Menge Einheit	% an NUF	% an BGF
NUF	Nutzungsfläche	5.027,47 m²	100,0	52,5
TF	Technikfläche	447,50 m²	8,9	4,7
VF	Verkehrsfläche	2.264,88 m²	45,1	23,6
NRF	Netto-Raumfläche	7.739,85 m²	154,0	80,8
KGF	Konstruktions-Grundfläche	1.839,75 m²	36,6	19,2
BGF	Brutto-Grundfläche	9.579,60 m²	190,5	100,0

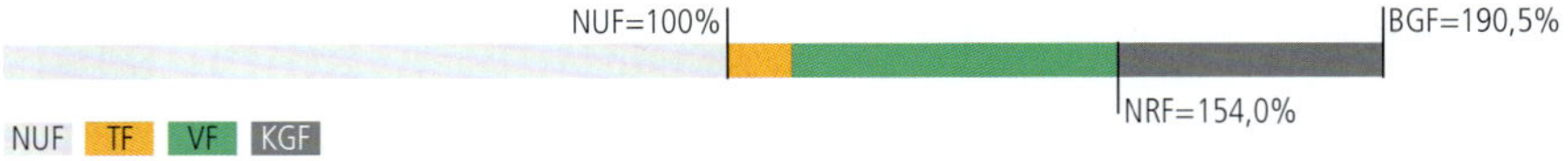

Brutto-Rauminhalt des Bauwerks		Menge Einheit	BRI/NUF (m)	BRI/BGF (m)
BRI	Brutto-Rauminhalt	31.800,70 m³	6,33	3,32

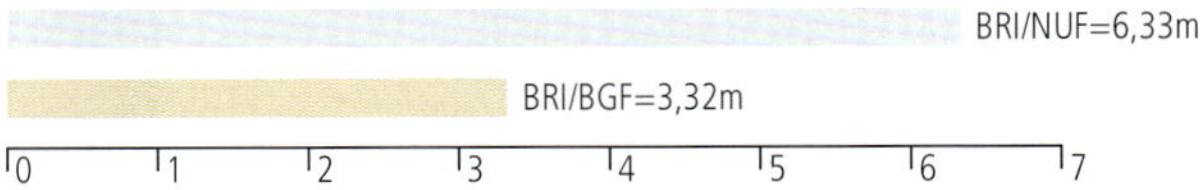

Lufttechnisch behandelte Flächen	Menge Einheit	% an NUF	% an BGF
Entlüftete Fläche	–	–	–
Be- und entlüftete Fläche	–	–	–
Teilklimatisierte Fläche	–	–	–
Klimatisierte Fläche	–	–	–

KG	Kostengruppen (2. Ebene)	Menge Einheit	Menge/NUF	Menge/BGF
310	Baugrube / Erdbau	–	–	–
320	Gründung, Unterbau	–	–	–
330	Außenwände/Vertikale Baukonstruktionen, außen	4.376,01 m² AWF	0,87	0,46
340	Innenwände/Vertikale Baukonstruktionen, innen	–	–	–
350	Decken/Horizontale Baukonstruktionen	–	–	–
360	Dächer	–	–	–

1300-0250
Verwaltungsgebäude
Fassadensanierung

Modernisierung

Kostenkennwerte für die Kostengruppen der 1. Ebene DIN 276

KG	Kostengruppen (1. Ebene)	Einheit	Kosten €	€/Einheit	€/m² BGF	€/m³ BRI	% 300+400
100	Grundstück	m² GF	–	–	–	–	–
200	Vorbereitende Maßnahmen	m² GF	–	–	–	–	–
300	Bauwerk – Baukonstruktionen	m² BGF	1.350.750	141,00	141,00	42,48	98,4
400	Bauwerk – Technische Anlagen	m² BGF	22.587	2,36	2,36	0,71	1,6
	Bauwerk 300+400	**m² BGF**	**1.373.337**	**143,36**	**143,36**	**43,19**	**100,0**
500	Außenanlagen und Freiflächen	m² AF	17.416	–	1,82	0,55	1,3
600	Ausstattung und Kunstwerke	m² BGF	5.451	0,57	0,57	0,17	0,4
700	Baunebenkosten	m² BGF	–	–	–	–	–
800	Finanzierung	m² BGF	–	–	–	–	–

KG	Kostengruppe	Menge Einheit	Kosten €	€/Einheit	%
3+4	**Bauwerk**				**100,0**
300	**Bauwerk – Baukonstruktionen**	9.579,60 m² BGF	1.350.750	**141,00**	98,4

- Abbrechen (Kosten: 3,0%) 40.522
  Abbruch von Sohlbankgesimsen, Eisenteilen, Gesimsabdeckungen; Taubenabwehrleisten; Entsorgung, Deponiegebühren, Demontage und Lagern von Regenfallrohren, von Fahnenstangen

- Wiederherstellen (Kosten: 54,5%) 736.353
  Fassadenfläche hochdruckreinigen, Altbeschichtungen entfernen, neutralisieren, Auffangrinnen für Strahlwasser, Neutralisationsanlagen, Mauerwerk sanieren, Putz entfernen, Mauerwerk austauschen, verfugen, Holzfenster, Holztraufen lackieren, Verglasungen erneuern, Gesimse ausbessern, ersetzen, Fenstergitter aufarbeiten; Balkonträger reinigen, beschichten, Gesimsabdeckungen, Dachrinnen, Regenfallrohre entrosten, beschichten

- Herstellen (Kosten: 42,5%) 573.875
  Sohlbankgesimse betonieren, Metallabdeckungen, Fassadenfläche prüfen, Putz, Beschichtung, Gesimsabdeckungen, Einhausung für Klimagerät; Dachentwässerung, Taubenabwehr

KG	Kostengruppe	Menge Einheit	Kosten €	€/Einheit	%
400	**Bauwerk – Technische Anlagen**	9.579,60 m² BGF	22.587	**2,36**	1,6

- Wiederherstellen (Kosten: 73,9%) 16.695
  Demontieren, reinigen, montieren von Fassadenbeleuchtungen, von Langfeldleuchten, Ergänzung der Blitzschutzanlage, Beschichtung

- Herstellen (Kosten: 26,1%) 5.892
  Elektroverkabelung für Beleuchtung Außenfassade

KG	Kostengruppe	Menge Einheit	Kosten €	€/Einheit	%
500	**Außenanlagen und Freiflächen**	–	17.416	–	1,3

- Abbrechen (Kosten: 2,8%) 486
  Roden von Sträuchern; Entsorgung, Deponiegebühren

- Wiederherstellen (Kosten: 97,2%) 16.930
  Rampe, schadhaften Beton entfernen, Bewehrung entrosten, beschichten, nachprofilieren, Gartenmauer reinigen; Bodenaustausch, Buchsbaumhecke umsetzen

KG	Kostengruppe	Menge Einheit	Kosten €	€/Einheit	%
600	**Ausstattung und Kunstwerke**	9.579,60 m²BGF	5.451	**0,57**	0,4
	• Wiederherstellen (Kosten: 96,8%) demontieren, lagern, wieder montieren von Metallbuchstaben an Fassade, von Wappen, von Glas-Infokasten, von Infotafel		5.278		
	• Herstellen (Kosten: 3,2%) Plane mit Folienbuchstaben		172		

1300-0250
Verwaltungsgebäude
Fassadensanierung

Modernisierung

Kostenkennwerte für die Kostengruppen der 2. Ebene DIN 276

KG	Kostengruppe	Menge Einheit	Kosten €	€/Einheit	%
300	**Bauwerk – Baukonstruktionen**				**100,0**
330	**Außenwände/Vert. Baukonstrukt., außen**	4.376,01 m² AWF	1.016.844	**232,37**	75,3
	• Abbrechen (Kosten: 1,2%) Abbruch von Sohlbankgesimsen (33St) * Abbruch von Eisenteilen (1.297St), Gesimsabdeckungen (89m); Entsorgung, Deponiegebühren	–	11.900	–	
	• Wiederherstellen (Kosten: 66,3%) Schadstellen im Mauerwerk sanieren (433m), Mauerwerk austauschen (199m), verfugen (93m²) * Holzfenster lackieren (925m²), Holztraufe lackieren (284m), Verglasungen erneuern (psch), Sturzgesimse statisch sanieren (psch) * , Fassadenflächen hochdruckreinigen (3.315m²), neutralisieren (2.906m²), Auffangrinnen für Strahlwasser (283m), Neutralisationsanlagen (psch), losen Putz abschlagen, verputzen (402m²), WDVS ausbessern (psch), Gesimse ausbessern, ersetzen (133m), Ösen entrosten, lackieren (112St) * Fenstergitter entrosten, Beschichtungen entfernen, lackieren (11m)	1.327,09 m² AWF	674.082	**507,94**	
	• Herstellen (Kosten: 32,5%) Sohlbankgesimse betonieren (33St), Metallabdeckungen (205m) * Fassadenfläche prüfen, Beschädigungen markieren (3.096m²), Armierung, Glattputz (2.994m²), Silikonharzbeschichtung (3.049m²), Gesimsabdeckungen (89m), Kappleisten (72m) * Einhausung für Klimagerät (psch)	3.048,92 m² AWF	330.862	**108,52**	
360	**Dächer**	–	125.350	–	9,3
	• Abbrechen (Kosten: 22,8%) Demontage und Lagern von Regenfallrohren (141m), Abbruch von Wandanschlüssen (70m) * Demontage und Lagern von Fahnenstangen (2St), Abbruch von Taubenabwehrleisten (1.210m); Entsorgung, Deponiegebühren	–	28.621	–	
	• Wiederherstellen (Kosten: 49,7%) Balkonträger reinigen, entrosten, beschichten (138m) * Dachflächen kontrollieren (36h), Gesimsabdeckungen, Dachrinnen entrosten, Beschichtungen entfernen, lackieren (508m), an Regenfallrohren (248m), Dachvorsprung, schadhafte Holzbekleidung ersetzen (psch)	–	62.271	–	
	• Herstellen (Kosten: 27,5%) Balkenköpfe bekleiden (psch) * Regenfallrohre, Lagermaterial (134m), Wandanschlussschienen (139m) * Taubenabwehrleisten (248m)	–	34.458	–	
390	**Sonst. Maßnahmen für Baukonstrukt.**	9.579,60 m² BGF	208.556	**21,77**	15,4
	• Herstellen (Kosten: 100,0%) Baustelleneinrichtungen (psch), Bauwasser (2St), Baustrom (psch), Bauaufzüge (6St), Verkehrssicherung (psch) * Fassadengerüst (3.209m²), Treppentürme (2St), Konsolverbreiterungen (8.426m²), Folienabhängungen (17.617m²), Kopfabdeckungen (277m), Gerüstbrücken (11St), Fußgängertunnel (445m) * Schutzabdeckungen für Dachflächen (215m²), Folienabdeckungen (1.715m²), Grobreinigung (psch), Bauendreinigung (psch) * Provisorische Dachentwässerung (40m)	9.579,60 m² BGF	208.556	**21,77**	

Modernisierung

KG	Kostengruppe	Menge Einheit	Kosten €	€/Einheit	%
400	**Bauwerk – Technische Anlagen**				**100,0**
440	**Elektrische Anlagen**	9.579,60 m² BGF	22.587	**2,36**	100,0
	• Wiederherstellen (Kosten: 73,9%) Demontieren, reinigen, montieren von Fassadenbeleuchtungen (27St), von Langfeldleuchten (psch) * Ergänzung der Blitzschutzanlage (40h), Beschichtung (5St)	9.579,60 m² BGF	16.695	**1,74**	
	• Herstellen (Kosten: 26,1%) Elektroverkabelung für Beleuchtung Außenfassade (psch)	9.579,60 m² BGF	5.892	**0,62**	
500	**Außenanlagen und Freiflächen**				**100,0**
540	**Baukonstruktionen**	–	13.252	–	76,1
	• Wiederherstellen (Kosten: 100,0%) Rampe, schadhaften Beton entfernen, Bewehrung entrosten, beschichten, nachprofilieren (30m), Gartenmauer reinigen (psch)	–	13.252	–	
570	**Vegetationsflächen**	–	4.164	–	23,9
	• Abbrechen (Kosten: 11,7%) Roden von Sträuchern (2St); Entsorgung, Deponiegebühren	–	486	–	
	• Wiederherstellen (Kosten: 88,3%) Bodenaustausch, d=25cm (30m²) * Buchsbaumhecke umsetzen (25m)	30,00 m² PSF	3.678	**122,61**	
600	**Ausstattung und Kunstwerke**				**100,0**
690	**Sonstige Ausstattung**	9.579,60 m² BGF	5.451	**0,57**	100,0
	• Wiederherstellen (Kosten: 96,8%) demontieren, lagern, wieder montieren von Metallbuchstaben an Fassade, 350x350x40mm (33St), von Wappen (2St), von Glas-Infokasten 1.500x1.000x50mm (1St), von Infotafel 400x400mm (1St)	9.579,60 m² BGF	5.278	**0,55**	
	• Herstellen (Kosten: 3,2%) Plane mit Folienbuchstaben 2.400x800mm (1St)	9.579,60 m² BGF	172	**0,02**	

Kostenkennwerte für die Kostengruppen 300 der 2. und 3.Ebene DIN 276 (Übersicht)

KG	Kostengruppe	Menge Einheit	€/Einheit	Kosten €	% an 3+4
300	**Bauwerk – Baukonstruktionen**	**9.579,60 m² BGF**	**141,00**	**1.350.749,76**	**98,4**
310	**Baugrube / Erdbau**	**–**	**–**	**–**	**–**
311	Herstellung	–	–	–	–
312	Umschließung	–	–	–	–
313	Wasserhaltung	–	–	–	–
314	Vortrieb	–	–	–	–
319	Sonstiges zur KG 310	–	–	–	–
320	**Gründung, Unterbau**	**–**	**–**	**–**	**–**
321	Baugrundverbesserung	–	–	–	–
322	Flachgründungen und Bodenplatten	–	–	–	–
323	Tiefgründungen	–	–	–	–
324	Gründungsbeläge	–	–	–	–
325	Abdichtungen und Bekleidungen	–	–	–	–
326	Dränagen	–	–	–	–
329	Sonstiges zur KG 320	–	–	–	–
330	**Außenwände/Vert. Baukonstrukt., außen**	**4.376,01 m² AWF**	**232,37**	**1.016.844,18**	**74,0**
331	Tragende Außenwände	92,99 m²	1.482,09	137.820,01	10,0
332	Nichttragende Außenwände	–	–	–	–
333	Außenstützen	–	–	–	–
334	Außenwandöffnungen	925,32 m²	93,10	86.144,97	6,3
335	Außenwandbekleidungen, außen	3.450,69 m²	229,25	791.068,80	57,6
336	Außenwandbekleidungen, innen	–	–	–	–
337	Element. Außenwandkonstruktionen	–	–	–	–
338	Lichtschutz zur KG 330	–	–	–	–
339	Sonstiges zur KG 330	4.376,01 m² AWF	0,41	1.810,37	0,1
340	**Innenwände/Vert. Baukonstrukt., innen**	**–**	**–**	**–**	**–**
341	Tragende Innenwände	–	–	–	–
342	Nichttragende Innenwände	–	–	–	–
343	Innenstützen	–	–	–	–
344	Innenwandöffnungen	–	–	–	–
345	Innenwandbekleidungen	–	–	–	–
346	Elementierte Innenwandkonstruktionen	–	–	–	–
347	Lichtschutz zur KG 340	–	–	–	–
349	Sonstiges zur KG 340	–	–	–	–
350	**Decken/Horizontale Baukonstruktionen**	**–**	**–**	**–**	**–**
351	Deckenkonstruktionen	–	–	–	–
352	Deckenöffnungen	–	–	–	–
353	Deckenbeläge	–	–	–	–
354	Deckenbekleidungen	–	–	–	–
355	Elementierte Deckenkonstruktionen	–	–	–	–
359	Sonstiges zur KG 350	–	–	–	–
360	**Dächer**	**–**	**–**	**125.349,54**	**9,1**
361	Dachkonstruktionen	–	–	48.979,63	3,6
362	Dachöffnungen	–	–	–	–
363	Dachbeläge	–	–	47.798,05	3,5
364	Dachbekleidungen	–	–	–	–
365	Elementierte Dachkonstruktionen	–	–	–	–
366	Lichtschutz zur KG 360	–	–	–	–
369	Sonstiges zur KG 360	–	–	28.571,86	2,1
370	**Infrastrukturanlagen**	**–**	**–**	**–**	**–**
380	**Baukonstruktive Einbauten**	**–**	**–**	**–**	**–**
390	**Sonst. Maßnahmen für Baukonstrukt.**	**9.579,60 m² BGF**	**21,77**	**208.556,05**	**15,2**

Kostenkennwerte für die Kostengruppen 400 der 2. und 3. Ebene DIN 276 (Übersicht)

KG	Kostengruppe	Menge Einheit	€/Einheit	Kosten €	% an 3+4
400	**Bauwerk – Technische Anlagen**	**9.579,60 m²BGF**	**2,36**	**22.587,23**	**1,6**
410	**Abwasser-, Wasser-, Gasanlagen**	**–**	**–**	**–**	**–**
411	Abwasseranlagen	–	–	–	–
412	Wasseranlagen	–	–	–	–
413	Gasanlagen	–	–	–	–
419	Sonstiges zur KG 410	–	–	–	–
420	**Wärmeversorgungsanlagen**	**–**	**–**	**–**	**–**
421	Wärmeerzeugungsanlagen	–	–	–	–
422	Wärmeverteilnetze	–	–	–	–
423	Raumheizflächen	–	–	–	–
424	Verkehrsheizflächen	–	–	–	–
429	Sonstiges zur KG 420	–	–	–	–
430	**Raumlufttechnische Anlagen**	**–**	**–**	**–**	**–**
431	Lüftungsanlagen	–	–	–	–
432	Teilklimaanlagen	–	–	–	–
433	Klimaanlagen	–	–	–	–
434	Kälteanlagen	–	–	–	–
439	Sonstiges zur KG 430	–	–	–	–
440	**Elektrische Anlagen**	**9.579,60 m²BGF**	**2,36**	**22.587,23**	**1,6**
441	Hoch- und Mittelspannungsanlagen	–	–	–	–
442	Eigenstromversorgungsanlagen	–	–	–	–
443	Niederspannungsschaltanlagen	–	–	–	–
444	Niederspannungsinstallationsanlagen	9.579,60 m²BGF	0,62	5.891,91	0,4
445	Beleuchtungsanlagen	9.579,60 m²BGF	1,33	12.705,74	0,9
446	Blitzschutz- und Erdungsanlagen	9.579,60 m²BGF	0,42	3.989,58	0,3
447	Fahrleitungssysteme	–	–	–	–
449	Sonstiges zur KG 440	–	–	–	–
450	**Kommunikationstechnische Anlagen**	**–**	**–**	**–**	**–**
451	Telekommunikationsanlagen	–	–	–	–
452	Such- und Signalanlagen	–	–	–	–
453	Zeitdienstanlagen	–	–	–	–
454	Elektroakustische Anlagen	–	–	–	–
455	Audiovisuelle Medien- u. Antennenanl.	–	–	–	–
456	Gefahrenmelde- und Alarmanlagen	–	–	–	–
457	Datenübertragungsnetze	–	–	–	–
458	Verkehrsbeeinflussungsanlagen	–	–	–	–
459	Sonstiges zur KG 450	–	–	–	–
460	**Förderanlagen**	**–**	**–**	**–**	**–**
461	Aufzugsanlagen	–	–	–	–
462	Fahrtreppen, Fahrsteige	–	–	–	–
463	Befahranlagen	–	–	–	–
464	Transportanlagen	–	–	–	–
465	Krananlagen	–	–	–	–
466	Hydraulikanlagen	–	–	–	–
469	Sonstiges zur KG 460	–	–	–	–
470	**Nutzungsspez. u. verfahrenstechn. Anl.**	**–**	**–**	**–**	**–**
480	**Gebäude- und Anlagenautomation**	**–**	**–**	**–**	**–**
490	**Sonst. Maßnahmen für techn. Anlagen**	**–**	**–**	**–**	**–**

Kostenkennwerte für Leistungsbereiche nach STLB (Kosten des Bauwerks nach DIN 276)

LB	Leistungsbereiche	Kosten €	€/m² BGF	€/m³ BRI	% an 3+4
000	Sicherheits-, Baustelleneinrichtungen inkl. 001	192.657	20,10	6,10	14,0
002	Erdarbeiten	–	–	–	–
006	Spezialtiefbauarbeiten inkl. 005	–	–	–	–
009	Entwässerungskanalarbeiten inkl. 011	–	–	–	–
010	Drän- und Versickerarbeiten	–	–	–	–
012	Mauerarbeiten	204.989	21,40	6,40	14,9
	Wiederherstellen	204.136	21,30	6,40	14,9
	Herstellen	853	0,09	0,03	< 0,1
013	Betonarbeiten	38.627	4,00	1,20	2,8
	Wiederherstellen	34.718	3,60	1,10	2,5
	Herstellen	3.909	0,41	0,12	0,3
014	Natur-, Betonwerksteinarbeiten	–	–	–	–
016	Zimmer- und Holzbauarbeiten	–	–	–	–
017	Stahlbauarbeiten	–	–	–	–
018	Abdichtungsarbeiten	–	–	–	–
019	Kampfmittelräumarbeiten	–	–	–	–
020	Dachdeckungsarbeiten	36.517	3,80	1,10	2,7
	Wiederherstellen	3.002	0,31	0,09	0,2
	Herstellen	33.515	3,50	1,10	2,4
021	Dachabdichtungsarbeiten	–	–	–	–
022	Klempnerarbeiten	37.232	3,90	1,20	2,7
	Rohbau	**510.022**	**53,20**	**16,00**	**37,1**
	Wiederherstellen	241.856	25,20	7,60	17,5
	Herstellen	268.166	28,00	8,40	19,5
023	Putz- und Stuckarbeiten, Wärmedämmsysteme	727.268	75,90	22,90	53,0
	Wiederherstellen	438.265	45,70	13,80	31,9
	Herstellen	289.003	30,20	9,10	21,0
024	Fliesen- und Plattenarbeiten	–	–	–	–
025	Estricharbeiten	–	–	–	–
026	Fenster, Außentüren inkl. 029, 032	489	0,05	0,02	< 0,1
	Wiederherstellen	489	0,05	0,02	< 0,1
027	Tischlerarbeiten	954	0,10	0,03	< 0,1
	Wiederherstellen	550	0,06	0,02	< 0,1
	Herstellen	404	0,04	0,01	< 0,1
028	Parkettarbeiten, Holzpflasterarbeiten	–	–	–	–
030	Rollladenarbeiten	–	–	–	–
031	Metallbauarbeiten inkl. 035	–	–	–	–
034	Maler- und Lackiererarbeiten inkl. 037	55.561	5,80	1,70	4,0
	Wiederherstellen	55.561	5,80	1,70	4,0
036	Bodenbelagarbeiten	–	–	–	–
038	Vorgehängte hinterlüftete Fassaden	–	–	–	–
039	Trockenbauarbeiten	1.353	0,14	0,04	< 0,1
	Ausbau	**785.624**	**82,00**	**24,70**	**57,2**
	Wiederherstellen	494.865	51,70	15,60	36,0
	Herstellen	290.759	30,40	9,10	21,2
040	Wärmeversorgungsanl. - Betriebseinr. inkl. 041	–	–	–	–
042	Gas- und Wasserinstallation, Leitungen inkl. 043	–	–	–	–
044	Abwasseranlagen - Leitungen	–	–	–	–
045	GWE-Einrichtungsgegenstände inkl. 046	–	–	–	–
047	Dämmarbeiten an betriebstechnischen Anlagen	–	–	–	–

LB	Leistungsbereiche	Kosten €	€/m² BGF	€/m³ BRI	% an 3+4
049	Feuerlöschanlagen, Feuerlöschgeräte	–	–	–	–
050	Blitzschutz- und Erdungsanlagen	3.622	0,38	0,11	0,3
	Wiederherstellen	3.622	0,38	0,11	0,3
053	Niederspannungsanlagen inkl. 052, 054	5.892	0,62	0,19	0,4
055	Sicherheits- u. Ersatzstromversorgungsanl.	–	–	–	–
057	Gebäudesystemtechnik	–	–	–	–
058	Leuchten und Lampen inkl. 059	12.706	1,30	0,40	0,9
	Wiederherstellen	12.706	1,30	0,40	0,9
060	Sprechanlagen, elektroakust. Anlagen inkl. 064	–	–	–	–
061	Kommunikationsnetze inkl. 063	–	–	–	–
069	Aufzüge	–	–	–	–
070	Gebäudeautomation	–	–	–	–
075	Raumlufttechnische Anlagen inkl. 078	–	–	–	–
	Gebäudetechnik	**22.219**	**2,30**	**0,70**	**1,6**
	Wiederherstellen	16.327	1,70	0,51	1,2
	Herstellen	5.892	0,62	0,19	0,4
084	Abbruch, Rückbau, Schadstoffsanierung	40.522	4,20	1,30	3,0
	Abbrechen	40.522	4,20	1,30	3,0
	Abbrucharbeiten	**40.522**	**4,20**	**1,30**	**3,0**
	Abbrechen	40.522	4,20	1,30	3,0
	Sonstige Leistungsbereiche	**14.950**	**1,60**	**0,47**	**1,1**

1300-0297
Verwaltungsgebäude
Fassadensanierung
(110 AP)

Modernisierung

Objektübersicht

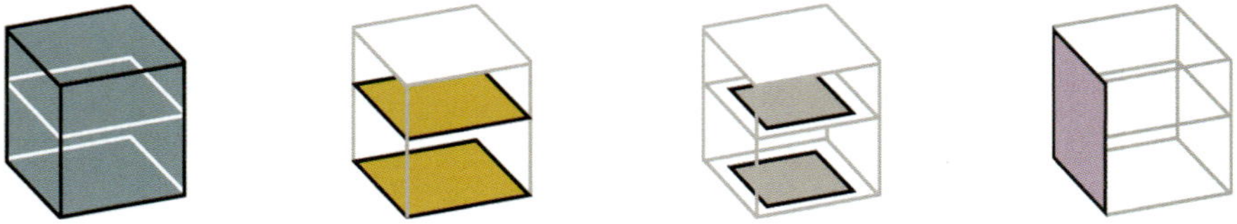

BRI 146 €/m³ | BGF 531 €/m² | NUF 925 €/m² | AWF 1.227 €/m²

Objekt:
Kennwerte: 1.Ebene DIN 276
BRI: 84.525 m³
BGF: 23.295 m²
NUF: 13.380 m²
AWF: 10.084 m²
Bauzeit: 161 Wochen
Bauende: 2022
Standard: über Durchschnitt
Bundesland: Berlin
Kreis: Berlin, Stadt

Architekt*in:
Kim Nalleweg Architekten
Pariser Straße 44
10707 Berlin

© Kim Nalleweg Architekten

Ansicht Nord

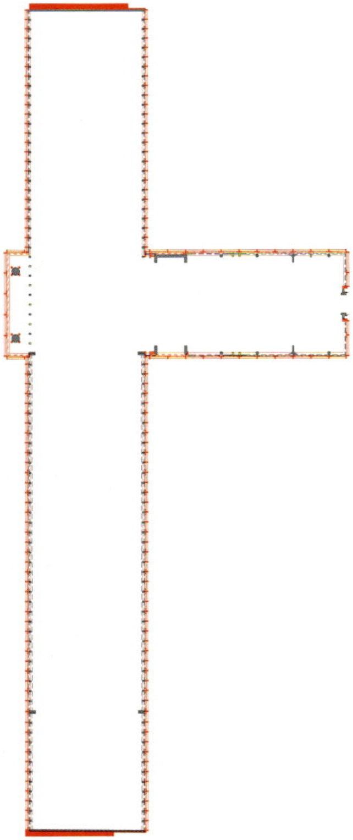

2. Obergeschoss

Ansicht Ost

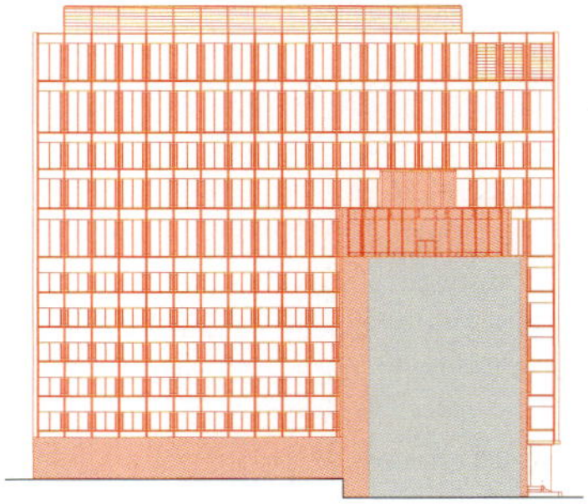

Ansicht West

Ansicht Süd

1300-0297
Verwaltungsgebäude
Fassadensanierung
(110 AP)

Modernisierung

Objektbeschreibung

Allgemeine Objektinformationen

Das Verwaltungsgebäude besteht aus mehreren Gebäuden unterschiedlichen Alters und wurde zum Rohbau rückgebaut und erweitert. Die dokumentierte Maßnahme umfasst lediglich die Fassadensanierung aller oberirdisch liegender Geschosse. Als in sich geschlossenes baukonstruktives System wird die Fassade vor den bestehenden Rohbau gehängt. Durch die Sanierung erhält das Gebäude wieder ein einheitliches, zeitgemäßes Erscheinungsbild.

Nutzung

2 Untergeschosse
Tiefgarage, Technikräume, Fahrradabstellraum, Müllraum, Lagerräume, WC-Anlagen, Flure, Treppenhäuser

1 Erdgeschoss
Eingangsfoyer, Caféteria, Büroräume, Konferenzräume, WCs

10 Obergeschosse
Büroräume, Konferenzräume, WCs, Nebenräume

1 Dachgeschoss
Technikanlagen, Einhausung

Grundstück

Neigung: Ebenes Gelände

Markt

Hauptvergabezeit: 1.Quartal 2019
Baubeginn: 1.Quartal 2019
Bauende: 2.Quartal 2022
Konjunkturelle Gesamtlage: über Durchschnitt
Regionaler Baumarkt: über Durchschnitt

Baubestand

Baujahr: 1917
Bauzustand: mittel
Aufwand: mittel
Grundrissänderungen: umfangreiche
Tragwerkseingriffe: umfangreiche
Nutzungsänderung: nein
Nutzung während der Bauzeit: nein

Baukonstruktion

Der in Stahlbeton-Skelettbauweise errichtete Gebäudekomplex erhielt eine neue Pfosten-Riegelfassade. Standardisierte Konsolen, die punktuell am Massivbau befestigt sind, tragen die Vertikal-Profile, die wiederum die Lasten der horizontalen Riegel-Profile aufnehmen. Die Ausfachung erfolgt mit einer großzügigen feststehenden Zwei-Scheiben-Isolierverglasung sowie mit Lüftungsklappen zur zusätzlichen Belüftung und Entrauchung der Innenräume. Für das Pfosten-Riegel Band aus Verglasung und Profilen ergibt sich ein U-Wert von 1,2-1,4 W/m²K. Die Brüstungsbereiche sind mit mindestens 200mm Mineralwolle gedämmt. Die Bekleidung erfolgt durch geschliffene Faserzement-Werksteinplatten mit blauem Zuschlag, die mittels Horizontal-Traversen an der Pfosten-Riegel-Konstruktion angehängt werden. In den Zwischenräumen wird ein Aluraffstore-Sonnenschutz integriert. Die Raffstore sind mit 80mm randgebördelten Aluminium-Lamellen ausgestattet. Sie werden von bündig in die Lisenen integrierten seitlichen Führungsschienen geführt. Der vertikale Brandüberschlag von maximal einem Meter ist über die bestehenden Stahlbetonbrüstungen gewährleistet.

Technische Anlagen

Der Ausbau der technische Anlagen ist nicht Bestandteil dieser Dokumentation.

Sonstiges

Der Ausbau der Innenräume für die Nutzung als Büro- und Konferenzfläche ist nicht Bestandteil dieser Dokumentation. Zur Ermittlung der Kennwerte wurden nur die Flächen der oberirdischen Geschosse herangezogen. Die Kosten beziehen sich ausschließlich auf die tragenden und vorgehängten Teile der Fassadenkonstruktion.

Energetische Kennwerte

Gesetzliche Grundlage: EnEV 2013
Gebäudenutzfläche: 22.741,60 m²
Hüllfläche des beheizten Volumens: 16.583,80 m²
Spez. Transmissionswärmeverlust: 0,75 W/(m²·K)
Mittlerer U-Wert (opake Bauteile): 0,19 W/(m²·K)
Mittlerer U-Wert (transparente Bauteile): 1,40 W/(m²·K)
Mittlerer U-Wert (Vorhangfassade): 1,40 W/(m²·K)
Spez. Jahresprimärenergiebedarf: 100,17 kWh/(m²·a)

Energetische Angaben zu Außenbauteilen

Bodenplatte

U-Wert: 0,40 W/(m2·K)

Gesamtdicke: 32,55 cm	d[cm]	l[W/(m·K)]
Estrich	6,00	1,400
PE-Folie	0,05	0,200
Trittschalldämmung	2,00	0,045
Dämmung	6,00	0,035
Abdichtung	0,50	0,170
Stahlbeton	18,00	2,300

Außenwand gegen Erdreich

U-Wert: 0,29 W/(m2·K)

Gesamtdicke: 37,00 cm	d[cm]	l[W/(m·K)]
Stahlbeton	25,00	2,300
Dämmung	12,00	0,038

Decke Durchfahrt

U-Wert: 0,24 W/(m2·K)

Gesamtdicke: 36,05 cm	d[cm]	l[W/(m·K)]
Estrich	6,00	1,400
PE-Folie	0,05	0,200
Trittschalldämmung	2,00	0,045
Stahlbeton	16,00	2,300
Dämmung	12,00	0,035

Außenwand

U-Wert: 0,16 W/(m2·K)

Gesamtdicke: 37,50 cm	d[cm]	l[W/(m·K)]
Mauerwerk	17,50	0,990
Dämmung	20,00	0,035

Decke gegen Außenluft unten

U-Wert: 0,21 W/(m2·K)

Gesamtdicke: 38,55 cm	d[cm]	l[W/(m·K)]
Estrich	6,00	1,400
PE-Folie	0,05	0,200
Trittschalldämmung	2,00	0,045
Stahlbeton	16,00	2,300
Dämmung	14,00	0,035
Außenputz	0,50	1,000

Dach

U-Wert: 0,14 W/(m2·K)

Gesamtdicke: 40,60 cm	d[cm]	l[W/(m·K)]
Stahlbeton	16,00	2,300
Dampfsperre	0,10	0,170
Dämmung	14,00	0,035
Dämmung	10,00	0,035
Abdichtung	0,50	0,170

1300-0297
Verwaltungsgebäude
Fassadensanierung
(110 AP)

Modernisierung

Planungskennwerte für Flächen und Rauminhalte nach DIN 277

Flächen des Grundstücks		Menge Einheit	% an GF
BF	Bebaute Fläche	1.711,04 m²	20,3
UF	Unbebaute Fläche	6.709,96 m²	79,7
GF	Grundstücksfläche	8.421,00 m²	100,0

Grundflächen des Bauwerks		Menge Einheit	% an NUF	% an BGF
NUF	Nutzungsfläche	13.379,74 m²	100,0	57,4
TF	Technikfläche	693,00 m²	5,2	3,0
VF	Verkehrsfläche	5.360,00 m²	40,1	23,0
NRF	Netto-Raumfläche	19.432,74 m²	145,2	83,4
KGF	Konstruktions-Grundfläche	3.862,26 m²	28,9	16,6
BGF	Brutto-Grundfläche	23.295,00 m²	174,1	100,0

Brutto-Rauminhalt des Bauwerks		Menge Einheit	BRI/NUF (m)	BRI/BGF (m)
BRI	Brutto-Rauminhalt	84.524,50 m³	6,32	3,63

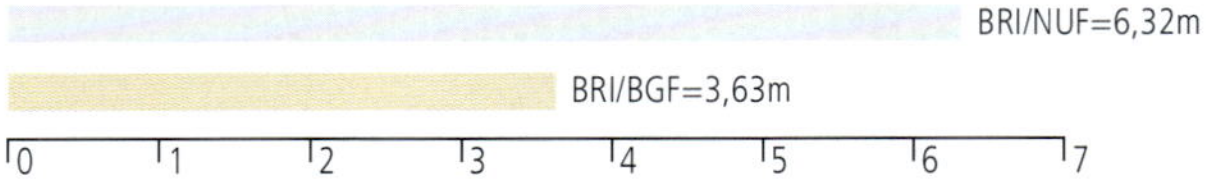

Kostenkennwerte für die Kostengruppen der 1.Ebene DIN 276

KG	Kostengruppen (1.Ebene)	Einheit	Kosten €	€/Einheit	€/m² BGF	€/m³ BRI	% 300+400
100	Grundstück	m² GF	–	–	–	–	–
200	Vorbereitende Maßnahmen	m² GF	–	–	–	–	–
300	Bauwerk – Baukonstruktionen	m² BGF	12.373.813	531,18	531,18	146,39	100,0
400	Bauwerk – Technische Anlagen	m² BGF	–	–	–	–	–
	Bauwerk 300+400	**m² BGF**	**12.373.813**	**531,18**	**531,18**	**146,39**	**100,0**
500	Außenanlagen und Freiflächen	m² AF	–	–	–	–	–
600	Ausstattung und Kunstwerke	m² BGF	–	–	–	–	–
700	Baunebenkosten	m² BGF	–	–	–	–	–
800	Finanzierung	m² BGF	–	–	–	–	–

KG	Kostengruppe	Menge Einheit	Kosten €	€/Einheit	%
3+4	**Bauwerk**				**100,0**
300	**Bauwerk – Baukonstruktionen**	23.295,00 m² BGF	12.373.813	**531,18**	100,0

- Herstellen
  Pfosten-Riegel-Fassaden, Ug=1,4W/m²K, Rasterbreite=1,42m, Profil=50mm, zweifache Isolierverglasung VSG, DK, Festverglasungen, Lüftungsklappen, Alu-Lisenenprofile, Alu-Paneele, d=100mm, Lamellenfenster, Trommeldrehtüre, Motorantrieb, Rolltoranlage 500x400cm, Motorantrieb, Brüstungen: Mineralwolldämmung, d=200mm, Faserzement-Betonwerkstein, geschliffen, Alu-Raffstore, unsichtbar, Alulamellen, Motorsteuerung

Gebäude für Forschung und Lehre

2

2200-0053
Seminarräume
(343 AP)

Objektübersicht

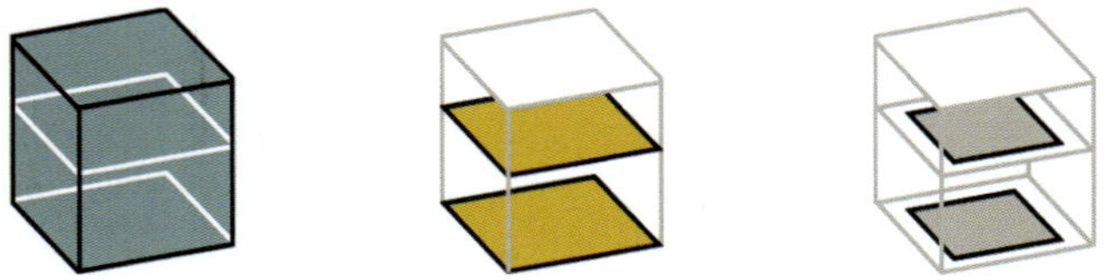

Umbau

BRI 245 €/m³ | BGF 817 €/m² | NUF 1.123 €/m²

Objekt:
Kennwerte: 3. Ebene DIN 276
BRI: 7.445 m³
BGF: 2.237 m²
NUF: 1.626 m²
Bauzeit: 61 Wochen
Bauende: 2017
Standard: Durchschnitt
Bundesland: Sachsen
Kreis: Leipzig, Stadt

Architekt*in:
Eßmann | Gärtner | Nieper
Architekten GbR
Gabelsbergerstraße 1a
04317 Leipzig

Bauherr*in:
Staatsbetrieb Sächsisches
Immobilien- und
Baumanagement
Tieckstraße 2
04275 Leipzig

© Steffen Junghans

© Steffen Junghans

Umbau

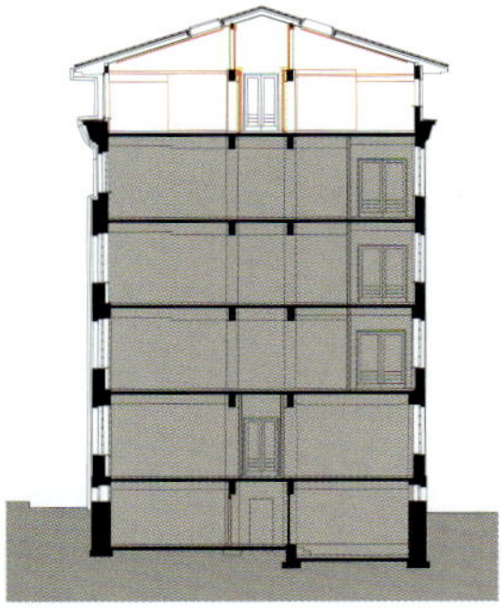

Schnitt

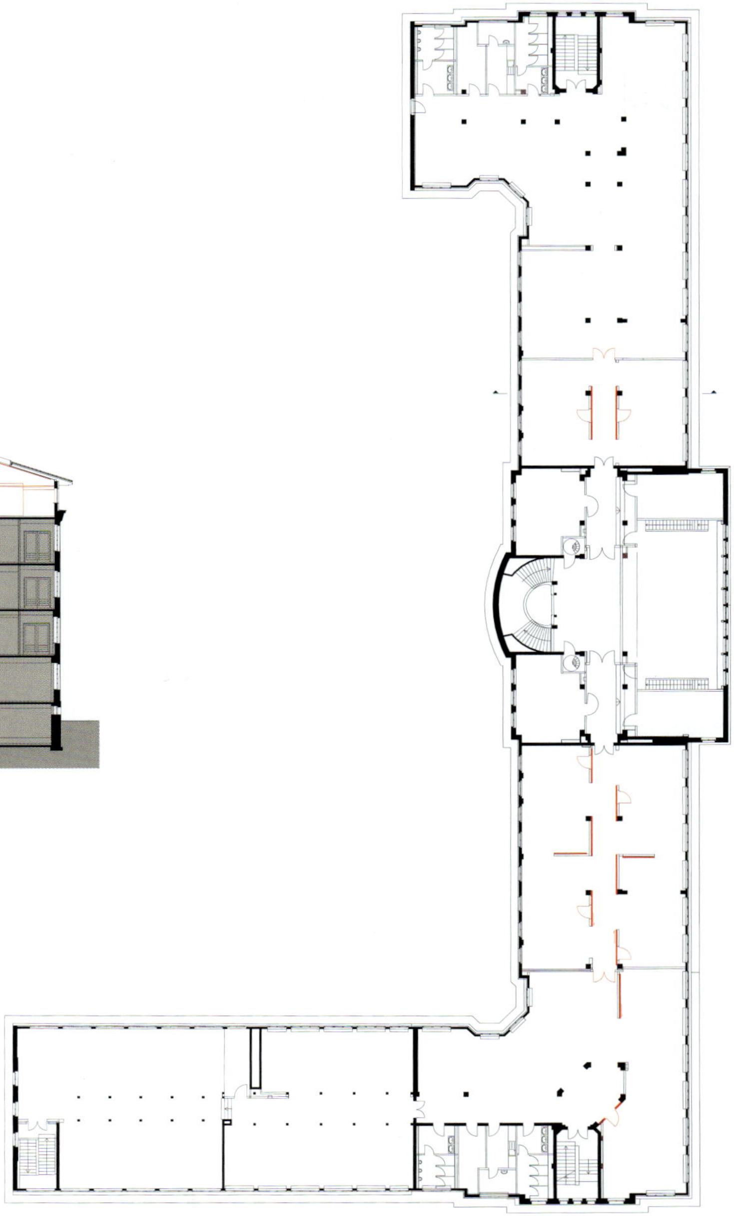

4. Obergeschoss

2200-0053
Seminarräume
(343 AP)

Umbau

Objektbeschreibung

Allgemeine Objektinformationen

Der Altbau wurde 1927 als Verwaltungsgebäude errichtet. Seit dem Jahr 2000 wird das sanierte und umgebaute Gebäude von verschiedenen Studiengängen genutzt. Diese Baumaßnahme umfasst den Umbau des Dachgeschosses (4.OG). Die Neugestaltung des Geschosses erfolgt für die konzentrierte Unterbringung der Atelier- und Seminarräume des Studiengangs Architektur an einem Standort. Alle Seminar- und Präsentationsräume sind flexibel nutzbar sowie zueinander öffenbar und ermöglichen so große Flexibilität.

Nutzung

1 Dachgeschoss
Seminar-, Präsentationsräume, Sanitärräume

Nutzeinheiten

Arbeitsplätze: 343

Markt

Hauptvergabezeit: 1.Quartal 2016
Baubeginn: 1.Quartal 2016
Bauende: 1.Quartal 2017
Konjunkturelle Gesamtlage: über Durchschnitt
Regionaler Baumarkt: über Durchschnitt

Baubestand

Baujahr: 1927
Bauzustand: gut
Aufwand: mittel
Grundrissänderungen: umfangreiche
Tragwerkseingriffe: wenige
Nutzungsänderung: nein
Nutzung während der Bauzeit: ja

Baukonstruktion

Das historische Traggerüst der Dachkonstruktion aus Stahlbetonstützen, Unterzügen und hölzernen Dachpfosten wurde freigelegt. An den Dachschrägen kamen Schallabsorber zum Einbau. Sämtliche Wände und Decken erhielten einen weißen Anstrich. Breite Stahlschiebetore verbinden die Räume. Die Fußböden sind mit schwarzem Linoleumbelag ausgestattet. Die festverglasten Dachfenster wurden durch öffenbare Dachflächenfenster ersetzt. Eine feste Lamellenkonstruktion sorgt für effektiven Sonnenschutz.

Technische Anlagen

Auf dem Dach wurden neue Rauch- und Wärmeabzugsanlagen installiert. Es wurde eine Brandmeldeanlage eingebaut. Die Elektroinstallation und Beleuchtung wurde erneuert und ermöglicht eine offene, flexible Nutzung der Räume mit kreativen Arbeitsplätzen. Die Heizung wurde überprüft und teilweise wurden Heizkörper ausgewechselt.

Sonstiges

Das Gebäude ist der Gebäudeklasse 5 zuzurechnen sowie als Sonderbau und Versammlungsstätte einzuordnen. Das Brandschutzkonzept wurde entsprechend der offenen Nutzung geändert.

Planungskennwerte für Flächen und Rauminhalte nach DIN 277

Flächen des Grundstücks		Menge Einheit	% an GF
BF	Bebaute Fläche	–	–
UF	Unbebaute Fläche	–	–
GF	Grundstücksfläche	–	–

Grundflächen des Bauwerks		Menge Einheit	% an NUF	% an BGF
NUF	Nutzungsfläche	1.626,22 m²	100,0	72,7
TF	Technikfläche	21,86 m²	1,3	1,0
VF	Verkehrsfläche	235,24 m²	14,5	10,5
NRF	Netto-Raumfläche	1.883,32 m²	115,8	84,2
KGF	Konstruktions-Grundfläche	353,37 m²	21,7	15,8
BGF	Brutto-Grundfläche	2.236,69 m²	137,5	100,0

Brutto-Rauminhalt des Bauwerks		Menge Einheit	BRI/NUF (m)	BRI/BGF (m)
BRI	Brutto-Rauminhalt	7.445,00 m³	4,58	3,33

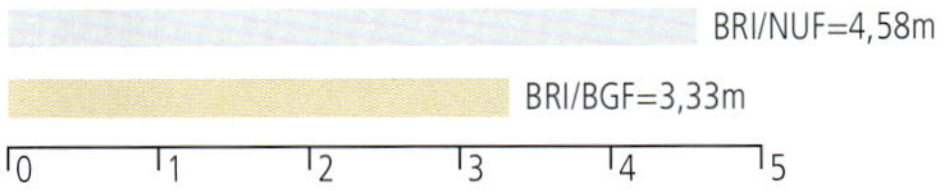

Lufttechnisch behandelte Flächen	Menge Einheit	% an NUF	% an BGF
Entlüftete Fläche	–	–	–
Be- und entlüftete Fläche	–	–	–
Teilklimatisierte Fläche	–	–	–
Klimatisierte Fläche	–	–	–

KG	Kostengruppen (2. Ebene)	Menge Einheit	Menge/NUF	Menge/BGF
310	Baugrube / Erdbau	–	–	–
320	Gründung, Unterbau	–	–	–
330	Außenwände/Vertikale Baukonstruktionen, außen	1.107,65 m² AWF	0,68	0,50
340	Innenwände/Vertikale Baukonstruktionen, innen	1.561,23 m² IWF	0,96	0,70
350	Decken/Horizontale Baukonstruktionen	1.381,72 m² DEF	0,85	0,62
360	Dächer	1.916,37 m² DAF	1,18	0,86

2200-0053
Seminarräume
(343 AP)

Umbau

Kostenkennwerte für die Kostengruppen der 1. Ebene DIN 276

KG	Kostengruppen (1. Ebene)	Einheit	Kosten €	€/Einheit	€/m² BGF	€/m³ BRI	% 300+400
100	Grundstück	m² GF	–	–	–	–	–
200	Vorbereitende Maßnahmen	m² GF	–	–	–	–	–
300	Bauwerk – Baukonstruktionen	m² BGF	996.321	445,44	445,44	133,82	54,5
400	Bauwerk – Technische Anlagen	m² BGF	830.139	371,15	371,15	111,50	45,5
	Bauwerk 300+400	**m² BGF**	**1.826.460**	**816,59**	**816,59**	**245,33**	**100,0**
500	Außenanlagen und Freiflächen	m² AF	–	–	–	–	–
600	Ausstattung und Kunstwerke	m² BGF	830	0,37	0,37	0,11	< 0,1
700	Baunebenkosten	m² BGF	–	–	–	–	–
800	Finanzierung	m² BGF	–	–	–	–	–

KG	Kostengruppe	Menge Einheit	Kosten €	€/Einheit	%
3+4	**Bauwerk**				**100,0**
300	**Bauwerk – Baukonstruktionen**	2.236,69 m² BGF	996.321	**445,44**	54,5

- Abbrechen (Kosten: 6,4%) — 63.745
  Abbruch von Wandputz, Beschichtung; GK-Wänden, doppelt beplankt, Holztüren, GK-Verkofferungen, Innenwandputz, Tapeten, Beschichtung; Linoleumböden, Textilbelägen, Holzsockel, Zementestrich; Akustik-Lochplatten, GK-Platten, Holzwolle-Leichtbauplatten; Entsorgung, Deponiegebühren

- Wiederherstellen (Kosten: 6,2%) — 61.788
  Innenfensterbänke ausbauen, kürzen, Alu-Fensterelemente, dreiteilig, einbauen, Wandputzstreifen ausbessern, Holzzargen austauschen, reparieren; Altputz ausbessern; Estrichrisse sanieren, Innenputz auf Unterzügen ausbessern; Wartung von Dachflächenfenstern, Reparatur Beschläge, Innenputz ausbessern, Rissstellen reparieren

- Herstellen (Kosten: 87,4%) — 870.788
  Kalk-Zementputz, Glasfaserarmierung, Beschichtung; GK-Wände, Schiebetorelemente, Brandschutztüren, Vollspan-Holztüren; Fleckspachtelung, Beschichtung; Linoleum; Beschichtung, Austausch Festverglasungen durch Öffnungsflügel; Lamellen-Sonnenschutzgitter über Dachfenster; Fenster als RWA-Anlage, schallabsorbierende Akustikpaneele an Dachschrägen

KG	Kostengruppe	Menge Einheit	Kosten €	€/Einheit	%
400	**Bauwerk – Technische Anlagen**	2.236,69 m² BGF	830.139	**371,15**	45,5

- Abbrechen (Kosten: 7,1%) — 58.632
  Abbruch von Abwasserrohren; Trinkwasserleitungen, Sanitärobjekten; Heizungsrohren, Heizkörpern; Kälteleitungen; Elektroinstallationen, Beleuchtung; Entsorgung, Deponiegebühren

- Wiederherstellen (Kosten: 1,4%) — 11.424
  Heizkörper demontieren, lagern, einbauen; Bodentanks instand setzen, Elektroinstallationskanal neu verkabeln

- Herstellen (Kosten: 91,6%) — 760.083
  Gebäudeentwässerung, Kalt- und Warmwasserleitungen; Heizleitungen, Heizkörper; Elektroinstallation, Beleuchtung, Blitzschutz; Brandmeldeanlage, Zutrittskontrollanlage, Rauchmeldeanlage, Datenverkabelung

KG	Kostengruppe	Menge Einheit	Kosten €	€/Einheit	%
600	**Ausstattung und Kunstwerke**	2.236,69 m² BGF	830	**0,37**	< 0,1

- Abbrechen (Kosten: 100,0%) — 830
  Abbruch von Lamellenvorhängen; Entsorgung, Deponiegebühren

Kostenkennwerte für die Kostengruppen der 2.Ebene DIN 276

KG	Kostengruppe	Menge Einheit	Kosten €	€/Einheit	%
300	**Bauwerk – Baukonstruktionen**				**100,0**
330	**Außenwände/Vert. Baukonstrukt., außen**	1.107,65 m² AWF	24.162	**21,81**	2,4
	• Abbrechen (Kosten: 2,5%) Abbruch von Wandputz, Beschichtung (43m²); Entsorgung, Deponiegebühren	42,72 m² AWF	599	**14,01**	
	• Wiederherstellen (Kosten: 52,8%) Holzfensterbänke, innen, HPL-beschichtet ausbauen, kürzen, wieder einbauen (40St), Alu-Fensterelemente, dreiteilig, wieder einbauen (9m²) * Wandputzstreifen, h=15cm nach Abbruch Sockelleisten ausbessern, verputzen (284m)	–	12.747	**–**	
	• Herstellen (Kosten: 44,8%) Fensterbank, innen (14m) * Kalkzementputz, Glasfaserarmierung (55m²), Beschichtung (575m²), an Laibungen, t=35-50cm (1.060m)	1.098,61 m² AWF	10.816	**9,85**	
340	**Innenwände/Vert. Baukonstrukt., innen**	1.561,23 m² IWF	328.717	**210,55**	33,0
	• Abbrechen (Kosten: 11,7%) Abbruch von GK-Wänden, d bis 15cm, doppelt beplankt, Beschichtung (1.374m²) * Holztüren (125m²) * GK-Verkofferungen, d=4cm, doppelt beplankt (61m²), Wandputz, Tapeten, Beschichtung (93m²), Trennschnitt (324m); Entsorgung, Deponiegebühren	1.499,12 m² IWF	38.349	**25,58**	
	• Wiederherstellen (Kosten: 7,9%) Holzzargen austauschen (4St), Holzzargen reparieren (2St) * Altputz ausbessern, d=20mm, Oberflächen glätten, spachteln (262m²), Schlitze schließen (75m)	144,05 m² IWF	25.840	**179,38**	
	• Herstellen (Kosten: 80,5%) GK-Wände, d=15cm (217m²) * Schiebetorelemente, Stahlblechbekleidung, EPS-Dämmung, d=60mm, Oberfläche kaltgewalzt, blank (88m²), Brandschutztüren T30-RS, zweiflüglig (10m²), Holztüren, Blockzargen (22m²), Fluchttürsicherungen, elektrisch (3St), Magnetkontakte (10St) * GK-Vorsatzschalen (56m²), GK-Verkofferung Stützen, d=60cm (7m), Laibungen, d bis 25cm (76m), Fleckspachtelung (728m²), Beschichtung (2.101m²), an Stützen (96m), Glasfasertapete (119m²)	1.548,33 m² IWF	264.528	**170,85**	
350	**Decken/Horizontale Baukonstruktionen**	1.381,72 m² DEF	161.362	**116,78**	16,2
	• Abbrechen (Kosten: 9,8%) Abbruch von Linoleum, Textilbelägen (1.374m²), Ausgleichsspachtel (230m²), Holzsockel (965m), Zementestrich in Streifen (9m²); Entsorgung, Deponiegebühren	1.374,23 m² DEF	15.893	**11,56**	
	• Wiederherstellen (Kosten: 5,2%) Estrichrisse sanieren (4m) * Innenputz auf Unterzügen ausbessern, dreiseitig, Abwicklung bis 1,40m (103m)	131,80 m² DEF	8.318	**63,11**	
	• Herstellen (Kosten: 85,0%) Deckendurchbrüche schließen (2St) * EPS-Dämmung (450m), Kunstharzestrich in Streifen (296m), Untergründe spachteln, anschleifen, Linoleum (1.382m²), Alu-Sockelleisten (537m) * Deckenschlitze schließen (380m)	1.381,72 m² DEF	137.151	**99,26**	

KG	Kostengruppe	Menge Einheit	Kosten €	€/Einheit	%
360	**Dächer**	1.916,37 m²DAF	380.291	**198,44**	38,2
	• Abbrechen (Kosten: 2,0%) Abbruch von Akustik-Lochplatten (96m²), GK-Platten an Dachschräge (131m²), Holzwolle-Leichtbauplatten (35m²); Entsorgung, Deponiegebühren	261,35 m²DAF	7.596	**29,07**	
	• Wiederherstellen (Kosten: 3,5%) Wartung von Dachflächenfenstern (67m²), Reparatur Beschläge (psch) * Innenputz ausbessern (17m²), Risse schließen (79St), Deckenputz ergänzen nach Abbruch der Wände (37m), Einzelputzschäden bis 400cm² (79St)	84,34 m²DAF	13.473	**159,74**	
	• Herstellen (Kosten: 94,5%) Alu-Öffnungsflügel, ESG (27St), Nachrüstung Spindelantriebe (29St), Flügelsicherungen (9St), Motorantriebe (2St) * Beschichtung (1.703m²), GK-Bekleidung Holzpfetten (152m), schallabsorbierende Akustikpaneele an Dachschrägen (378m²), Wachslasur an Holzbalken (128m²) * Lamellen-Sonnenschutzgitter, außenliegend, Alu-Lamellen 45° (21m²), Unterkonstruktion 40x40x4mm (24St) * Treppe für Fensterausstiege (2St)	1.849,03 m²DAF	359.222	**194,28**	
380	**Baukonstruktive Einbauten**	2.236,69 m²BGF	2.322	**1,04**	0,2
	• Abbrechen (Kosten: 16,6%) Abbruch von Türschildern (16St); Entsorgung, Deponiegebühren	2.236,69 m²BGF	385	**0,17**	
	• Wiederherstellen (Kosten: 60,8%) Wegweiser neu beschriften (24St)	2.236,69 m²BGF	1.411	**0,63**	
	• Herstellen (Kosten: 22,7%) Flucht- und Rettungspläne (4St)	2.236,69 m²BGF	527	**0,24**	
390	**Sonst. Maßnahmen für Baukonstrukt.**	2.236,69 m²BGF	99.468	**44,47**	10,0
	• Abbrechen (Kosten: 0,9%) Schutzabdeckung der Böden mit Malervlies entsorgen (92m²), Abbau Staubschutzwand (47m²); Entsorgung, Deponiegebühren	2.236,69 m²BGF	924	**0,41**	
	• Herstellen (Kosten: 99,1%) Baustelleneinrichtung (3St), Bauzaun (67m), Einrichten einer Halteverbotszone, Warnleuchte, Barke (1St), Bautür (1St) * Raumgerüst (328m³), Rollgerüst (psch), Absturzsicherung (45m), Materialaufzüge (2St), Arbeitsbühnen (2St) * Bauschuttentsorgung (15m³); Deponiegebühren * Absturzsicherung (20m), Schutzabdeckungen (1.561m²), Baureinigung (3.803m²)	2.236,69 m²BGF	98.544	**44,06**	
400	**Bauwerk – Technische Anlagen**				**100,0**
410	**Abwasser-, Wasser-, Gasanlagen**	2.236,69 m²BGF	24.530	**10,97**	3,0
	• Abbrechen (Kosten: 7,9%) Abbruch von SML-Rohren (15m), HT-Rohren (5m) * Kupferrohren (71m), Waschtischen (18St); Entsorgung, Deponiegebühren	2.236,69 m²BGF	1.945	**0,87**	
	• Herstellen (Kosten: 92,1%) Gussrohre (16St), HT-Rohre (16m), Beschichtung Rohre (65m) * Edelstahlrohre (11m), Beschichtung Rohre (26m)	2.236,69 m²BGF	22.584	**10,10**	

KG	Kostengruppe	Menge Einheit	Kosten €	€/Einheit	%
420	**Wärmeversorgungsanlagen**	2.236,69 m²BGF	32.775	**14,65**	3,9
	• Abbrechen (Kosten: 5,3%) Abbruch von Heizleitungen, Heizkreise entleeren, absperren (3St) * Heizungskonvektoren (2St), Flachheizkörpern (4St); Entsorgung, Deponiegebühren	2.236,69 m²BGF	1.736	**0,78**	
	• Wiederherstellen (Kosten: 14,9%) Stahl-Heizkörper demontieren, lagern, einbauen (71St), Flachheizkörper demontieren, lagern, Anschlussdichtungen erneuern, einbauen (71St)	2.236,69 m²BGF	4.891	**2,19**	
	• Herstellen (Kosten: 79,8%) Heizleitungen (89m), Dichtheitsprüfung (3St) * Konvektoren, h=28cm, l=1,80-2,00m (5St), Monoplan-Heizkörper (1St), Thermostatköpfe, Messelemente (71St), Heizkörperverschraubungen (59St)	2.236,69 m²BGF	26.148	**11,69**	
430	**Raumlufttechnische Anlagen**	2.236,69 m²BGF	2.902	**1,30**	0,3
	• Abbrechen (Kosten: 100,0%) Abbruch von Kälteleitungen, Absaugung Kältemittel (1St); Entsorgung, Deponiegebühren	2.236,69 m²BGF	2.902	**1,30**	
440	**Elektrische Anlagen**	2.236,69 m²BGF	564.110	**252,21**	68,0
	• Abbrechen (Kosten: 9,2%) Abbruch von Kabeln (14.113m), Datenkabeln (1.887m), UP-Installationen (692St), Stromschienensystemen (152m), LCN-Busgeräte (101St) * Demontage Sicherheitsbeleuchtung, lagern (3St), Abbruch von Pendelleuchten (252St), Wandanbauleuchten (34St); Entsorgung, Deponiegebühren	2.236,69 m²BGF	52.049	**23,27**	
	• Herstellen (Kosten: 90,8%) Stromkreisumschaltungen (4St), MSE/USV Notstrom-Batterien (7St), 3-Phasenüberwachung (2St) * Verteiler (12St), Lasttrennschalter (15St), FI-Schutzschalter (78St), LS-Schalter (194St), Sensormodule (10St), Mantelleitungen (14.401m), Schutzrohre (779m), Steckdosen (179St), Versorgungseinheiten, Balancer (103St), Taster (89St), Tastenumsetzer (28St), Relaisbausteine (24St), Sensormodule (38St) * Deckenleuchten (233St), Sicherheitsleuchten (31St), Rettungszeichenleuchten (17St) * Mantelleitungen (335m), Erdungsanschlüsse	2.236,69 m²BGF	512.061	**228,94**	
450	**Kommunikationstechnische Anlagen**	2.236,69 m²BGF	190.147	**85,01**	22,9
	• Wiederherstellen (Kosten: 3,4%) Bodentanks instand setzen, bestücken mit RJ45-Modulen (30St), Anschlussdosen 6A (15St), Elektroinstallationskanal neu verkabeln (57m)	2.236,69 m²BGF	6.532	**2,92**	
	• Herstellen (Kosten: 96,6%) LCN-Module (44St) * RWA-Zentralen (3St), Brandmeldekabel (2.005m), Brandmeldemodul (1St), Multisensormelder (59St), Rauchmelder (2St), optisch (17St), Handmelder (10St), Ringbus-Module (5St), Sirenen (20St), Smart Relais (3St), Feuerwehr-Laufkarten (34St), Digitale Schließzylinder (4St) * Datenkabel (15.110m), RJ45-Module (770St)	2.236,69 m²BGF	183.614	**82,09**	
490	**Sonst. Maßnahmen für techn. Anlagen**	2.236,69 m²BGF	15.676	**7,01**	1,9
	• Herstellen (Kosten: 100,0%) Baustrom bereitstellen, Endverteilerschrank (1St), LS-Schalter (4St), Elektroleitungen (670m), Baubeleuchtung (44St), Rettungszeichenleuchten (4St) * Rollgerüste (5St)	2.236,69 m²BGF	15.676	**7,01**	

Umbau

KG	Kostengruppe	Menge Einheit	Kosten €	€/Einheit	%
600	**Ausstattung und Kunstwerke**				**100,0**
610	**Allgemeine Ausstattung**	2.236,69 m² BGF	830	**0,37**	100,0
	• Abbrechen (Kosten: 100,0%) Abbruch von Lamellenvorhängen (43St); Entsorgung, Deponiegebühren	2.236,69 m² BGF	830	**0,37**	

Kostenkennwerte für die Kostengruppen 300 der 2. und 3. Ebene DIN 276 (Übersicht)

KG	Kostengruppe	Menge Einheit	€/Einheit	Kosten €	% an 3+4
300	**Bauwerk – Baukonstruktionen**	**2.236,69 m² BGF**	**445,44**	**996.321,19**	**54,5**
310	**Baugrube / Erdbau**	**–**	**–**	**–**	**–**
311	Herstellung	–	–	–	–
312	Umschließung	–	–	–	–
313	Wasserhaltung	–	–	–	–
314	Vortrieb	–	–	–	–
319	Sonstiges zur KG 310	–	–	–	–
320	**Gründung, Unterbau**	**–**	**–**	**–**	**–**
321	Baugrundverbesserung	–	–	–	–
322	Flachgründungen und Bodenplatten	–	–	–	–
323	Tiefgründungen	–	–	–	–
324	Gründungsbeläge	–	–	–	–
325	Abdichtungen und Bekleidungen	–	–	–	–
326	Dränagen	–	–	–	–
329	Sonstiges zur KG 320	–	–	–	–
330	**Außenwände/Vert. Baukonstrukt., außen**	**1.107,65 m² AWF**	**21,81**	**24.161,67**	**1,3**
331	Tragende Außenwände	–	–	–	–
332	Nichttragende Außenwände	–	–	–	–
333	Außenstützen	–	–	–	–
334	Außenwandöffnungen	12,90 m²	870,83	11.233,71	0,6
335	Außenwandbekleidungen, außen	–	–	–	–
336	Außenwandbekleidungen, innen	1.094,75 m²	11,81	12.927,97	0,7
337	Element. Außenwandkonstruktionen	–	–	–	–
338	Lichtschutz zur KG 330	–	–	–	–
339	Sonstiges zur KG 330	–	–	–	–
340	**Innenwände/Vert. Baukonstrukt., innen**	**1.561,23 m² IWF**	**210,55**	**328.716,63**	**18,0**
341	Tragende Innenwände	–	–	–	–
342	Nichttragende Innenwände	216,91 m²	231,69	50.254,97	2,8
343	Innenstützen	–	–	–	–
344	Innenwandöffnungen	133,83 m²	1.394,75	186.658,80	10,2
345	Innenwandbekleidungen	2.854,80 m²	32,16	91.802,89	5,0
346	Elementierte Innenwandkonstruktionen	–	–	–	–
347	Lichtschutz zur KG 340	–	–	–	–
349	Sonstiges zur KG 340	–	–	–	–
350	**Decken/Horizontale Baukonstruktionen**	**1.381,72 m² DEF**	**116,78**	**161.361,66**	**8,8**
351	Deckenkonstruktionen	–	–	–	–
352	Deckenöffnungen	–	–	609,59	< 0,1
353	Deckenbeläge	1.381,72 m²	103,38	142.838,67	7,8
354	Deckenbekleidungen	509,80 m²	35,14	17.913,43	1,0
355	Elementierte Deckenkonstruktionen	–	–	–	–
359	Sonstiges zur KG 350	–	–	–	–
360	**Dächer**	**1.916,37 m² DAF**	**198,44**	**380.291,10**	**20,8**
361	Dachkonstruktionen	–	–	–	–
362	Dachöffnungen	85,49 m²	2.843,17	243.062,60	13,3
363	Dachbeläge	–	–	–	–
364	Dachbekleidungen	1.830,88 m²	57,16	104.652,59	5,7
365	Elementierte Dachkonstruktionen	–	–	–	–
366	Lichtschutz zur KG 360	21,12 m²	1.441,06	30.435,23	1,7
369	Sonstiges zur KG 360	1.916,37 m² DAF	1,12	2.140,68	0,1
370	**Infrastrukturanlagen**	**–**	**–**	**–**	**–**
380	**Baukonstruktive Einbauten**	**2.236,69 m² BGF**	**1,04**	**2.322,34**	**0,1**
390	**Sonst. Maßnahmen für Baukonstrukt.**	**2.236,69 m² BGF**	**44,47**	**99.467,78**	**5,4**

Umbau

Kostenkennwerte für die Kostengruppen 400 der 2. und 3. Ebene DIN 276 (Übersicht)

KG	Kostengruppe	Menge Einheit	€/Einheit	Kosten €	% an 3+4
400	**Bauwerk – Technische Anlagen**	**2.236,69 m²BGF**	**371,15**	**830.138,74**	**45,5**
410	**Abwasser-, Wasser-, Gasanlagen**	**2.236,69 m²BGF**	**10,97**	**24.529,59**	**1,3**
411	Abwasseranlagen	2.236,69 m²BGF	1,92	4.304,69	0,2
412	Wasseranlagen	2.236,69 m²BGF	9,04	20.224,87	1,1
413	Gasanlagen	–	–	–	–
419	Sonstiges zur KG 410	–	–	–	–
420	**Wärmeversorgungsanlagen**	**2.236,69 m²BGF**	**14,65**	**32.774,96**	**1,8**
421	Wärmeerzeugungsanlagen	–	–	–	–
422	Wärmeverteilnetze	2.236,69 m²BGF	3,68	8.227,40	0,5
423	Raumheizflächen	2.236,69 m²BGF	10,97	24.547,55	1,3
424	Verkehrsheizflächen	–	–	–	–
429	Sonstiges zur KG 420	–	–	–	–
430	**Raumlufttechnische Anlagen**	**2.236,69 m²BGF**	**1,30**	**2.901,85**	**0,2**
431	Lüftungsanlagen	–	–	–	–
432	Teilklimaanlagen	–	–	–	–
433	Klimaanlagen	–	–	–	–
434	Kälteanlagen	2.236,69 m²BGF	1,30	2.901,85	0,2
439	Sonstiges zur KG 430	–	–	–	–
440	**Elektrische Anlagen**	**2.236,69 m²BGF**	**252,21**	**564.110,10**	**30,9**
441	Hoch- und Mittelspannungsanlagen	–	–	–	–
442	Eigenstromversorgungsanlagen	2.236,69 m²BGF	4,37	9.767,39	0,5
443	Niederspannungsschaltanlagen	–	–	–	–
444	Niederspannungsinstallationsanlagen	2.236,69 m²BGF	158,57	354.672,10	19,4
445	Beleuchtungsanlagen	2.236,69 m²BGF	87,51	195.730,85	10,7
446	Blitzschutz- und Erdungsanlagen	2.236,69 m²BGF	1,76	3.939,76	0,2
447	Fahrleitungssysteme	–	–	–	–
449	Sonstiges zur KG 440	–	–	–	–
450	**Kommunikationstechnische Anlagen**	**2.236,69 m²BGF**	**85,01**	**190.146,65**	**10,4**
451	Telekommunikationsanlagen	–	–	–	–
452	Such- und Signalanlagen	–	–	–	–
453	Zeitdienstanlagen	–	–	–	–
454	Elektroakustische Anlagen	–	–	–	–
455	Audiovisuelle Medien- u. Antennenanl.	2.236,69 m²BGF	2,38	5.328,25	0,3
456	Gefahrenmelde- und Alarmanlagen	2.236,69 m²BGF	53,80	120.325,15	6,6
457	Datenübertragungsnetze	2.236,69 m²BGF	28,83	64.493,25	3,5
458	Verkehrsbeeinflussungsanlagen	–	–	–	–
459	Sonstiges zur KG 450	–	–	–	–
460	**Förderanlagen**	**–**	**–**	**–**	**–**
461	Aufzugsanlagen	–	–	–	–
462	Fahrtreppen, Fahrsteige	–	–	–	–
463	Befahranlagen	–	–	–	–
464	Transportanlagen	–	–	–	–
465	Krananlagen	–	–	–	–
466	Hydraulikanlagen	–	–	–	–
469	Sonstiges zur KG 460	–	–	–	–
470	**Nutzungsspez. u. verfahrenstechn. Anl.**	**–**	**–**	**–**	**–**
480	**Gebäude- und Anlagenautomation**	**–**	**–**	**–**	**–**
490	**Sonst. Maßnahmen für techn. Anlagen**	**2.236,69 m²BGF**	**7,01**	**15.675,62**	**0,9**

Kostenkennwerte für Leistungsbereiche nach STLB (Kosten des Bauwerks nach DIN 276)

LB	Leistungsbereiche	Kosten €	€/m²BGF	€/m³BRI	% an 3+4
000	Sicherheits-, Baustelleneinrichtungen inkl. 001	91.911	41,10	12,30	5,0
002	Erdarbeiten	–	–	–	–
006	Spezialtiefbauarbeiten inkl. 005	–	–	–	–
009	Entwässerungskanalarbeiten inkl. 011	–	–	–	–
010	Drän- und Versickerarbeiten	–	–	–	–
012	Mauerarbeiten	–	–	–	–
013	Betonarbeiten	–	–	–	–
014	Natur-, Betonwerksteinarbeiten	–	–	–	–
016	Zimmer- und Holzbauarbeiten	–	–	–	–
017	Stahlbauarbeiten	–	–	–	–
018	Abdichtungsarbeiten	–	–	–	–
019	Kampfmittelräumarbeiten	–	–	–	–
020	Dachdeckungsarbeiten	–	–	–	–
021	Dachabdichtungsarbeiten	–	–	–	–
022	Klempnerarbeiten	–	–	–	–
	Rohbau	**91.911**	**41,10**	**12,30**	**5,0**
023	Putz- und Stuckarbeiten, Wärmedämmsysteme	55.908	25,00	7,50	3,1
	Wiederherstellen	33.614	15,00	4,50	1,8
	Herstellen	22.294	10,00	3,00	1,2
024	Fliesen- und Plattenarbeiten	–	–	–	–
025	Estricharbeiten	–	–	–	–
026	Fenster, Außentüren inkl. 029, 032	9.659	4,30	1,30	0,5
	Wiederherstellen	1.411	0,63	0,19	< 0,1
	Herstellen	8.248	3,70	1,10	0,5
027	Tischlerarbeiten	110.615	49,50	14,90	6,1
	Wiederherstellen	14.699	6,60	2,00	0,8
	Herstellen	95.916	42,90	12,90	5,3
028	Parkettarbeiten, Holzpflasterarbeiten	–	–	–	–
030	Rollladenarbeiten	30.435	13,60	4,10	1,7
031	Metallbauarbeiten inkl. 035	323.622	144,70	43,50	17,7
	Wiederherstellen	11.650	5,20	1,60	0,6
	Herstellen	311.973	139,50	41,90	17,1
034	Maler- und Lackiererarbeiten inkl. 037	58.596	26,20	7,90	3,2
036	Bodenbelagarbeiten	130.715	58,40	17,60	7,2
	Wiederherstellen	61	0,03	< 0,01	< 0,1
	Herstellen	130.654	58,40	17,50	7,2
038	Vorgehängte hinterlüftete Fassaden	–	–	–	–
039	Trockenbauarbeiten	123.122	55,00	16,50	6,7
	Wiederherstellen	354	0,16	0,05	< 0,1
	Herstellen	122.769	54,90	16,50	6,7
	Ausbau	**842.673**	**376,80**	**113,20**	**46,1**
	Wiederherstellen	61.788	27,60	8,30	3,4
	Herstellen	780.885	349,10	104,90	42,8
040	Wärmeversorgungsanl. - Betriebseinr. inkl. 041	26.727	11,90	3,60	1,5
	Wiederherstellen	4.891	2,20	0,66	0,3
	Herstellen	21.836	9,80	2,90	1,2
042	Gas- und Wasserinstallation, Leitungen inkl. 043	22.150	9,90	3,00	1,2
044	Abwasseranlagen - Leitungen	2.704	1,20	0,36	0,1
045	GWE-Einrichtungsgegenstände inkl. 046	–	–	–	–
047	Dämmarbeiten an betriebstechnischen Anlagen	6.339	2,80	0,85	0,3

2200-0053
Seminarräume
(343 AP)

Umbau

LB	Leistungsbereiche	Kosten €	€/m2 BGF	€/m3 BRI	% an 3+4
049	Feuerlöschanlagen, Feuerlöschgeräte	–	–	–	–
050	Blitzschutz- und Erdungsanlagen	2.473	1,10	0,33	0,1
053	Niederspannungsanlagen inkl. 052, 054	364.591	163,00	49,00	20,0
055	Sicherheits- u. Ersatzstromversorgungsanl.	–	–	–	–
057	Gebäudesystemtechnik	–	–	–	–
058	Leuchten und Lampen inkl. 059	184.024	82,30	24,70	10,1
060	Sprechanlagen, elektroakust. Anlagen inkl. 064	5.328	2,40	0,72	0,3
061	Kommunikationsnetze inkl. 063	132.997	59,50	17,90	7,3
	Wiederherstellen	6.532	2,90	0,88	0,4
	Herstellen	126.465	56,50	17,00	6,9
069	Aufzüge	–	–	–	–
070	Gebäudeautomation	–	–	–	–
075	Raumlufttechnische Anlagen inkl. 078	–	–	–	–
	Gebäudetechnik	**747.334**	**334,10**	**100,40**	**40,9**
	Wiederherstellen	11.424	5,10	1,50	0,6
	Herstellen	735.910	329,00	98,80	40,3
084	Abbruch, Rückbau, Schadstoffsanierung	122.377	54,70	16,40	6,7
	Abbrechen	122.377	54,70	16,40	6,7
	Abbrucharbeiten	**122.377**	**54,70**	**16,40**	**6,7**
	Abbrechen	122.377	54,70	16,40	6,7
	Sonstige Leistungsbereiche	**22.166**	**9,90**	**3,00**	**1,2**

Gebäude des Gesundheitswesens

3

- • 3100 Gebäude für Untersuchung und Behandlung
- • 3200 Krankenhäuser, Universitätskliniken
- • 3300 Sonderkrankenhäuser
- • 3400 Pflegeheime
- 3500 Gebäude für Rehabilitation
- 3600 Gebäude für Erholung
- 3700 Gebäude für Kur, Genesung

3200-0033
Krankenhaus
Aufstockung
Bettenhaus
(48 Betten)

Erweiterung

Objektübersicht

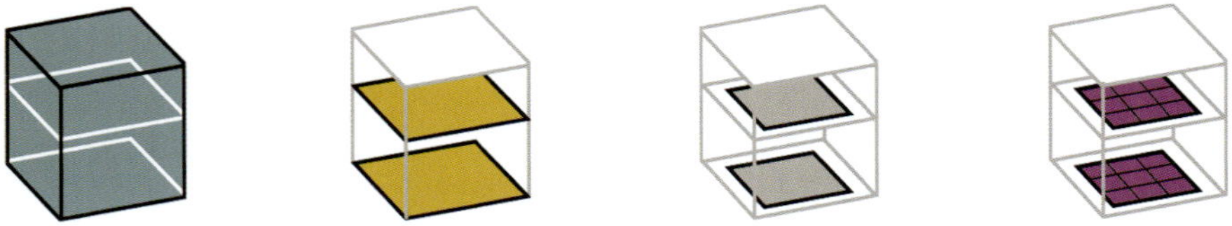

BRI 1.284 €/m³ | BGF 4.437 €/m² | NUF 7.692 €/m² | NE 192.618 €/NE

NE: Betten

Objekt:
Kennwerte: 1. Ebene DIN 276
BRI: 7.200 m³
BGF: 2.084 m²
NUF: 1.202 m²
Bauzeit: 92 Wochen
Bauende: 2020
Standard: Durchschnitt
Bundesland: Sachsen
Kreis: Meißen

Architekt*in:
IPROconsult GmbH
Schnorrstraße 70
01069 Dresden

Bauherr*in:
Elblandkliniken
Stiftung & Co. KG
Nassauweg 7
01662 Meißen

Zeichnungen

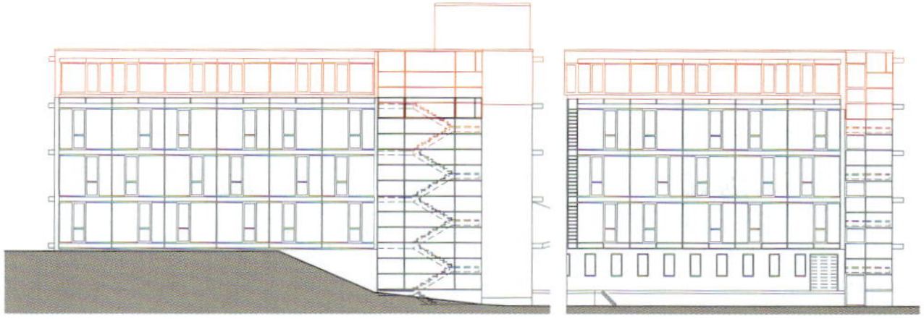

Ansicht Nord

4. Obergeschoss

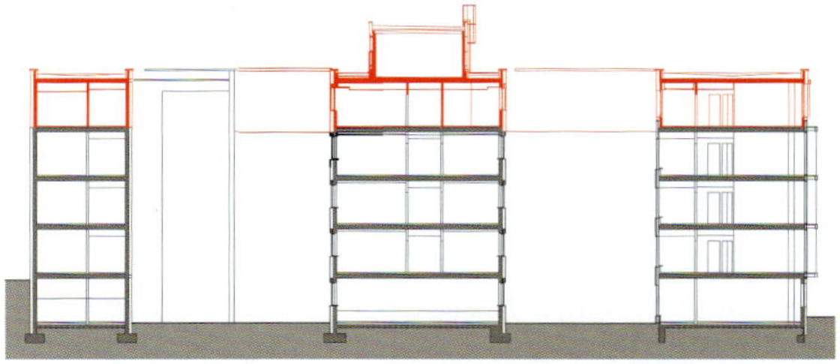

Schnitt A-A

Ansicht Süd

Ansicht Ost

3200-0033
Krankenhaus
Aufstockung
Bettenhaus
(48 Betten)

Erweiterung

Objektbeschreibung

Allgemeine Objektinformationen

Zur kapazitätsmäßigen Erweiterung des Bettenhauses eines Klinikums wurde eine Aufstockung um eine Ebene realisiert. Das Gebäude war von der ursprünglichen Konstruktion bereits dafür vorgesehen. Die Aufstockung erfolgte im Wesentlichen mit der konstruktiven Übernahme der darunterliegenden Ebene. Die Erweiterung wurde unter laufenden Betrieb durchgeführt.

Nutzung

1 Untergeschoss
Ebene 0: Bestand

1 Erdgeschoss
Ebene 1: Bestand

2 Obergeschosse
Ebene 2+3: Bestand
Ebene 4: Krankenzimmer für 48 Betten, Arztzimmer, Tagesklinik, Therapieraum, Bettenaufbereitung, Aufenthaltsräume, Personalräume, Küche, Gästezimmer, Teeküche, Sanitärräume, Geräteräume, Abstell- und Lagerräume, Technikräume

Nutzeinheiten

Betten: 48

Markt

Hauptvergabezeit: 2.Quartal 2018
Baubeginn: 2.Quartal 2018
Bauende: 1.Quartal 2020
Konjunkturelle Gesamtlage: Durchschnitt
Regionaler Baumarkt: Durchschnitt

Baubestand

Baujahr: 2000
Bauzustand: mittel
Aufwand: mittel
Grundrissänderungen: einige
Tragwerkseingriffe: wenige
Nutzungsänderung: nein
Nutzung während der Bauzeit: ja

Baukonstruktion

Die tragenden Bauteile bestehen aus Stahlbetonstützen und -wandscheiben. Als Decken sind punktgestützte Stahlbetondecken vorhanden. Der Innenausbau erfolgte mit Leichtbauwänden aus Gipskarton. In den Räumen und Erschließungsflächen sind Unterdecken eingebaut. Das Gebäude hat drei allseitig umschlossene Innenhöfe. Eines der Treppenhäuser führt bereits bis in die neue Ebene. Die Fassadengestaltung ergibt weiterhin ein einheitlich geführtes Bild, der etagenweise Versatz der Fensterflügel wird beibehalten.

Technische Anlagen

Die Patientenzimmer verfügen über eine Betonkernaktivierung in den Decken zum Heizen und Kühlen, die Badzellen sind mit Planhygiene-Heizflächen ausgestattet, über Tellerventile kann die Abluft fortgeführt werden. Die bestehenden Lüftungszentrale wurde auf dem Bestandsdach demontiert und auf dem neuen Dach wieder aufgebaut. Eine Abluftanlage ist neu installiert. Die Aufstockung ist an die bestehende Lüftungsanlage, Umluftklimageräte, Kühlwasser- und Klima-Kaltwassersystem angeschlossen. Die EDV wurde in das vorhandene Netzwerk integriert. Patientenrufanlage, Uhrenanlage, Antennenanlage und Brandmeldeanlage sowie die Feuerlöschanlagen wurden erweitert. Ein neues Versorgungssystem für medizinische Gase ist installiert. Die beiden vorhandenen Aufzüge führen bereits bis in die neue Ebene.

Energetische Kennwerte

Gesetzliche Grundlage: EnEV 2013
Gebäudenutzfläche: 1.925,00 m^2
Gebäudevolumen: 7.026,00 m^3
A/Ve-Verhältnis (Kompaktheit): 0,41 m^{-1}
Hüllfläche des beheizten Volumens: 2.882,00 m^2
Mittlerer U-Wert (opake Bauteile): 0,21 $W/(m^2 \cdot K)$
Mittlerer U-Wert (transparente Bauteile): 1,30 $W/(m^2 \cdot K)$
Spez. Jahresprimärenergiebedarf: 261,10 $kWh/(m^2 \cdot a)$
Spez. Jahresendenergiebedarf: 262,74 $kWh/(m^2 \cdot a)$
CO_2-Emissionen: 73,84 $kg/(m^2 \cdot a)$

Energetische Angaben zu Außenbauteilen

Außenwand

U-Wert: 0,21 W/(m²·K)

Gesamtdicke: 40,00 cm	d[cm]	l[W/(m·K)]
Stahlbeton	24,00	2,100
Dämmung MW	16,00	0,035

Dach

U-Wert: 0,15 W/(m²·K)

Gesamtdicke: 55,00 cm	d[cm]	l[W/(m·K)]
Stahlbeton	30,00	2,100
Dämmung MW	25,00	0,040

3200-0033
Krankenhaus
Aufstockung
Bettenhaus
(48 Betten)

Erweiterung

Planungskennwerte für Flächen und Rauminhalte nach DIN 277

Flächen des Grundstücks		Menge Einheit	% an GF
BF	Bebaute Fläche	–	–
UF	Unbebaute Fläche	–	–
GF	Grundstücksfläche	–	–

Grundflächen des Bauwerks		Menge Einheit	% an NUF	% an BGF
NUF	Nutzungsfläche	1.202,00 m²	100,0	57,7
TF	Technikfläche	98,00 m²	8,2	4,7
VF	Verkehrsfläche	446,00 m²	37,1	21,4
NRF	Netto-Raumfläche	1.746,00 m²	145,3	83,8
KGF	Konstruktions-Grundfläche	338,00 m²	28,1	16,2
BGF	Brutto-Grundfläche	2.084,00 m²	173,4	100,0

Brutto-Rauminhalt des Bauwerks		Menge Einheit	BRI/NUF (m)	BRI/BGF (m)
BRI	Brutto-Rauminhalt	7.200,00 m³	5,99	3,46

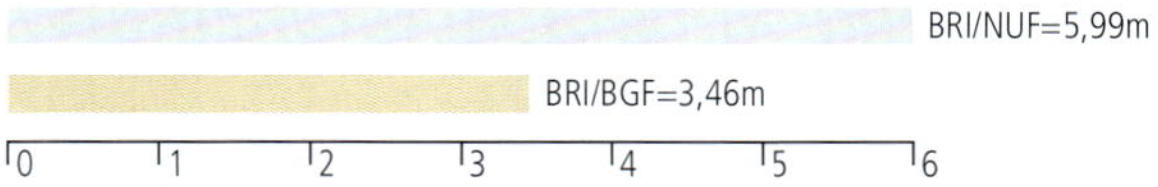

Kostenkennwerte für die Kostengruppen der 1.Ebene DIN 276

KG	Kostengruppen (1.Ebene)	Einheit	Kosten €	€/Einheit	€/m² BGF	€/m³ BRI	% 300+400
100	Grundstück	m² GF	–	–	–	–	–
200	Vorbereitende Maßnahmen	m² GF	–	–	–	–	–
300	Bauwerk – Baukonstruktionen	m² BGF	5.816.849	2.791,19	2.791,19	807,90	62,9
400	Bauwerk – Technische Anlagen	m² BGF	3.428.825	1.645,31	1.645,31	476,23	37,1
	Bauwerk 300+400	**m² BGF**	**9.245.673**	**4.436,50**	**4.436,50**	**1.284,12**	**100,0**
500	Außenanlagen und Freiflächen	m² AF	–	–	–	–	–
600	Ausstattung und Kunstwerke	m² BGF	–	–	–	–	–
700	Baunebenkosten	m² BGF	–	–	–	–	–
800	Finanzierung	m² BGF	–	–	–	–	–

KG	Kostengruppe	Menge Einheit	Kosten €	€/Einheit	%
3+4	**Bauwerk**				**100,0**
300	**Bauwerk – Baukonstruktionen**	2.084,00 m² BGF	5.816.849	**2.791,19**	62,9

- Abbrechen
  Abbruch der Stb-Decke über den beiden Treppenhäusern; Rückbau des bestehenden Gefälledachs mit Wärmedämmung, Dachentwässerung, Dachbelag; Entsorgung, Deponiegebühren

- Wiederherstellen
  Demontage der obersten Paneele der bestehenden Pfosten-Riegelfassade, Herstellen des Pfostenanschlusses an die neue, fortgeführte Fassade, Anschluss von bestehendem WDVS an das neue WDVS, Rückbau von Sichtschutzüberdachung in Teilbereichen zur Errichtung des Fassadengerüsts auf einer Breite von 1,00m, Lamellen zurückbauen und später wieder montieren; Demontage von ca. 40 Einzelsekuranten, Kiesschüttung, Gehwegplatten, Stahlrohrgeländer, lagern, wieder einbauen

- Herstellen
  Stb-Außenwände, Pfosten-Riegelfassade mit Zweischeiben-Isolierverglasung als Sonnenschutzglas, absturzsicher, innen VSG, Stahltragkonstruktion für Lüfterzentrale auf dem Dach, Stahltür, WDVS 160mm, Stahl-Sandwichpaneele, Glasvliesgewebe, Beschichtung, Alulamellen-Raffstoreanlagen mit Motorantrieb und Steuerung, Stahl-Laufstege für Fassadenreinigung, Erweiterung schienengebundenes Fassadenbefahrungssystem; Stb-Innenwände, GK-Metallständerwände, Stb-Innenstützen, teilw. Sichtbeton, HPL-Holztüren, Alu-Rohrrahmentüren, Glasfasertapete, Beschichtungen, Wandfliesen, mobile Raumtrennwand, Rammschutz, Handläufe; Stb-Decke, Stb-Treppen, Trittschalldämmung, Zementestrich, Linoleumbelag, Bodenfliesen, Natursteinbelag, GK-Unterdecken, Langfeldplatten, Beschichtung; Stb-Flachdach, Stb-Attika, Stahlrahmenkonstruktion Lüfterzentrale, Gefälledämmung, Dachabdichtung, Stahltrapez-Profilbleche, Attikaabdeckung Titanzink, Innenentwässerung, Sekuranten; Einbaumöbel, Lagerhaltungssysteme, Teeküche, Küche; Erweiterung der vorh. Generalschließanlage auf alle neuen Türen

KG	Kostengruppe	Menge Einheit	Kosten €	€/Einheit	%
400	**Bauwerk – Technische Anlagen**	2.084,00 m² BGF	3.428.825	**1.645,31**	37,1

- Abbrechen
  Rückbau Sammellüftung, bereichsweise Rückbau der Entwässerungsleitungen; Rückbau der Lüftungszentrale auf Bestandsdach, Demontage Abluftgerät; Rückbau Blitzschutzanlage

- Wiederherstellen
  Demontage der bestehenden Sammellüftung, Leitungsenden vertikal verlängern und über neues Dach führen, Fallleitungen verlängern

- Herstellen
  Gebäudeentwässerung bis Bestandsebene, Kalt- und Warmwasserleitungen ab Bestandsebene, Sanitärobjekte; Nahwärmeanschluss, Heizkreis, Betonkernaktivierung mit PE-Rohren in Betondecke zum Heizen und Kühlen, Umformstation, Röhrenradiatoren, Planhygiene-Heizflächen; Abluftanlage, Errichtung der bestehenden Lüftungszentrale, Anschluss an bestehende Lüftungsanlage, Umluftklimageräte, Kühlwasser- und Klima-Kaltwassersystem; Elektroinstallation, Anschluss an Bestand, Beleuchtungsanlage, Blitzschutzanlage; Festnetzanschlüsse, Integration in vorhandenes Netzwerk, Erweiterung Patientenrufanlage, Uhrenanlage, Antennenanlage und Brandmeldeanlage, Erweiterung Feuerlöschanlagen um drei Entnahmeeinrichtungen, EDV-Verteiler, Datenkabel, Datendosen, LWL-Anbindung an Bestand; Versorgungssystem medizinische Gase, Reinigungs- und Desinfektionsautomaten mit Steckbeckenspüler und Fäkalienausguss, Desinfektionsmittel-Zumischgerät; Automation und Regelungen für neue Abluftanlage, Betonkernaktivierung und Heizkreise, Schaltschränke, Aufschaltung auf bestehende Managementebene

3300-0016
Psychiatrisches
Therapiezentrum
(22 Betten)

Erweiterung

Objektübersicht

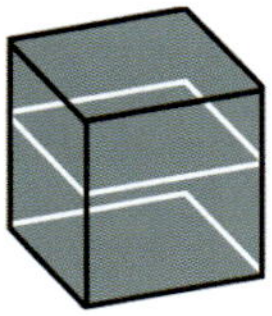
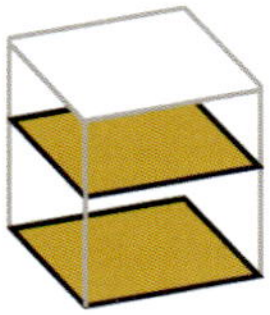
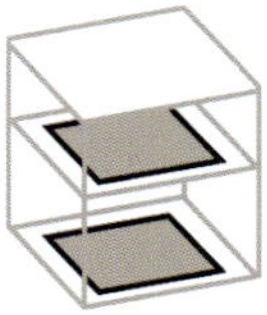
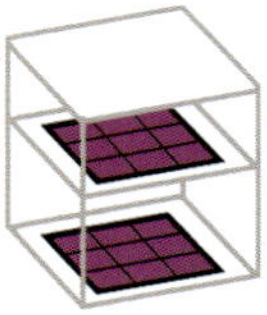

BRI 992 €/m³ | BGF 3.635 €/m² | NUF 6.446 €/m² | NE 450.457 €/NE

NE: Betten

Objekt:
Kennwerte: 1.Ebene DIN 276
BRI: 9.991 m³
BGF: 2.727 m²
NUF: 1.537 m²
Bauzeit: 122 Wochen
Bauende: 2020
Standard: Durchschnitt
Bundesland: Brandenburg
Kreis: Märkisch-Oderland

Architekt*in:
Büro Legiehn
Architektur GmbH
Menzelstraße 12a
14467 Potsdam

Bauherr*in:
Krankenhaus Rüdersdorf
GmbH

© Edgar Zippel

© Edgar Zippel

© Edgar Zippel

© Edgar Zippel

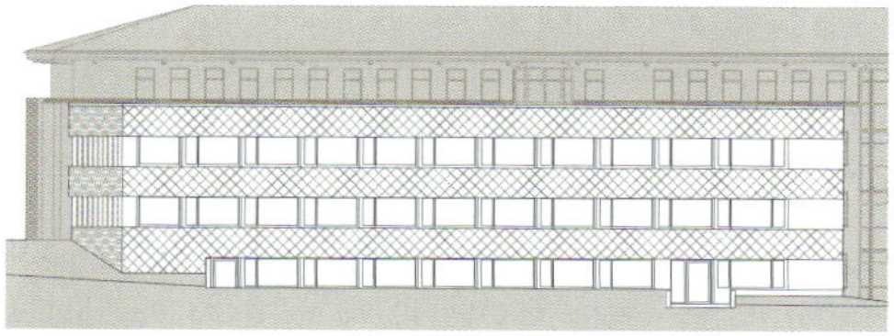

Ansicht Süd

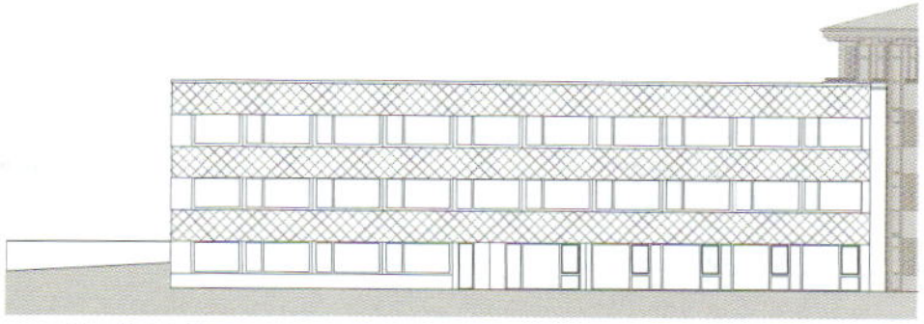

Ansicht Ost

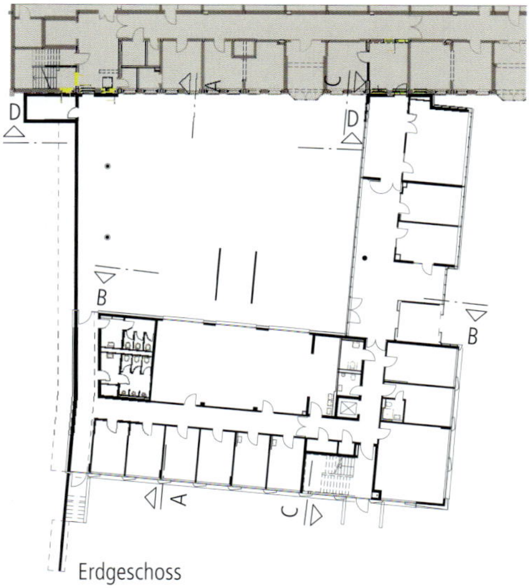

Erdgeschoss

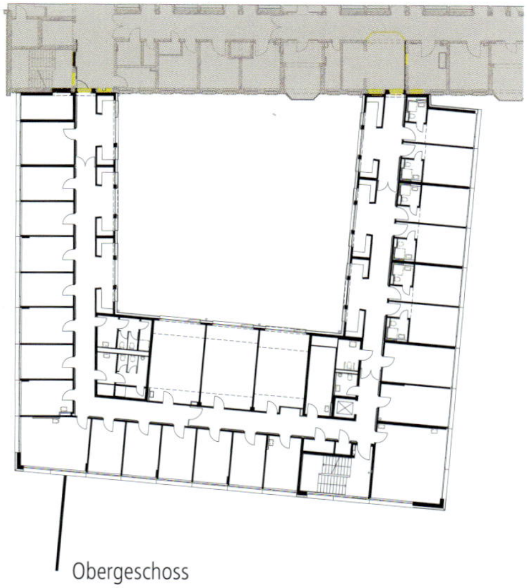

Obergeschoss

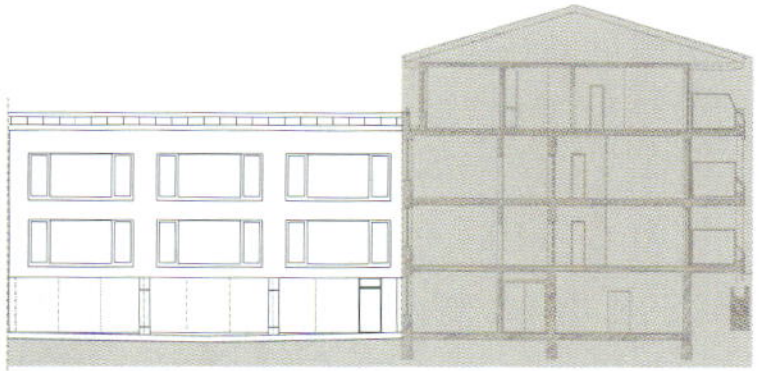

Schnitt A-A

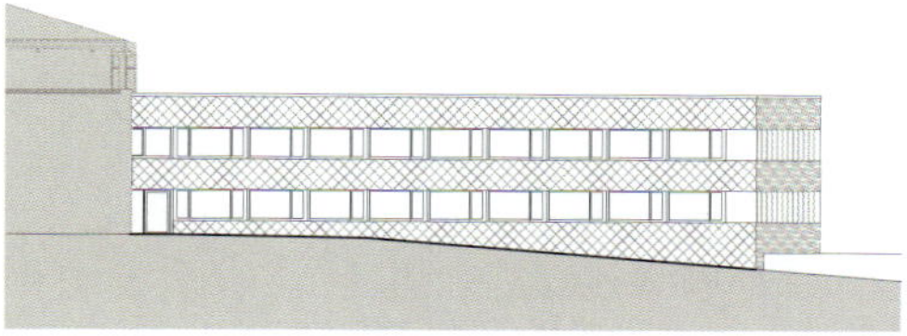

Ansicht West

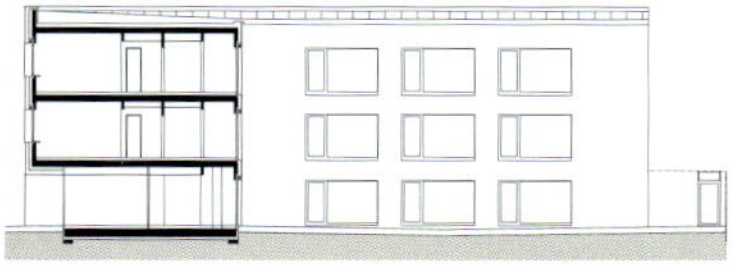

Schnitt B-B

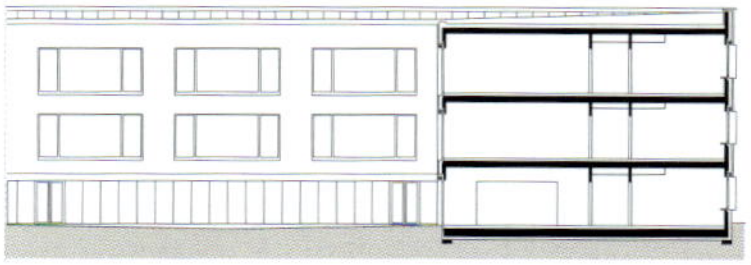

Schnitt C-C

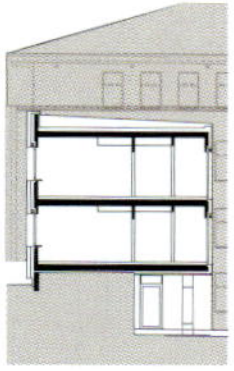

Schnitt D-D

3300-0016
Psychiatrisches
Therapiezentrum
(22 Betten)

Erweiterung

Objektbeschreibung

Allgemeine Objektinformationen

Ein bestehendes Psychiatriegebäude wurde um einen dreigeschossigen Neubau erweitert. Das Haus ergänzt neben einigen Bettenzimmern insbesondere das therapeutische Raumangebot. Der u-förmige Baukörper bildet mit dem Bestandsgebäude einen neuen Innenhof aus, der zu therapeutischen Zwecken genutzt wird.

Nutzung

1 Erdgeschoss
Anmeldung, Ambulanz, Krisenintervention

2 Obergeschosse
Psychotherapie, Akuttagesklinik, Kinder- und Jugendpsychiatrie, Arztdienst und Leitungsbereich

Nutzeinheiten

Betten: 22

Grundstück

Bauraum: Freier Bauraum
Neigung: Geneigtes Gelände
Bodenklasse: BK 1 bis BK 3

Besonderer Kosteneinfluss Grundstück
Umfangreiche Erdarbeiten auf Grund von Änderung der topografischen Situation. Im Zuge der Erdarbeiten wurden Altfundamente des Vorgängerbaus gefunden, die abgebrochen werden mussten.

Markt

Hauptvergabezeit: 4.Quartal 2017
Baubeginn: 4.Quartal 2017
Bauende: 1.Quartal 2020
Konjunkturelle Gesamtlage: unter Durchschnitt
Regionaler Baumarkt: unter Durchschnitt

Baukonstruktion

Der Neubau ist als Stahlbetonskelettbau errichtet. Die Fassade zum Innenhof ist mit einem WDVS bekleidet, die Außenfassade besteht aus einer vorgehängten, hinterlüfteten Metallfassade mit rautenförmigen Aluschindeln. Die Fenster sind als Kunststofffenster ausgeführt. Die zurückgesetzten Fensterbänder werden durch geschlossene Lüftungsflügel unterbrochen, die hinter einer abgekanteten Haut aus Streckmetall liegen. Als Verschattung dienen außenliegende Lammellenraffstore-Anlagen. Das Dach wurde mit einer Zinkblechdeckung versehen, die Dachentwässerung erfolgt zur Innenhofseite hin.

Technische Anlagen

Für die Wärme- und Warmwasserversorgung wird die Erweiterung an das Blockheizkraftwerk des Bestandsgebäudes angeschlossen. Die Wärme wird konventionell über Heizflächen in den Räumen verteilt. Teilbereiche sind mit mechanischer Lüftung ausgestattet. Für die barrierefreie Erschließung steht ein Personenaufzug zur Verfügung.

Energetische Kennwerte

Gesetzliche Grundlage: EnEV 2013
Gebäudenutzfläche: 2.278,00 m^2
Gebäudevolumen: 8.010,00 m^3
A/Ve-Verhältnis (Kompaktheit): 0,44 m^{-1}
Hüllfläche des beheizten Volumens: 3.546,00 m^2
Mittlerer U-Wert (opake Bauteile): 0,21 W/(m^2·K)
Mittlerer U-Wert (transparente Bauteile): 0,90 W/(m^2·K)
Spez. Jahresprimärenergiebedarf: 126,74 kWh/(m^2·a)
Spez. Jahresendenergiebedarf: 80,15 kWh/(m^2·a)
CO_2-Emissionen: 42,35 kg/(m^2·a)

Energetische Angaben zu Außenbauteilen

Bodenplatte

U-Wert: 0,24 W/(m²·K)

Gesamtdicke: 80,90 cm	d [cm]	l [W/(m·K)]
Bodenbelag	0,50	0,170
Estrich	7,00	1,400
Trittschalldämmung	2,00	0,040
Dämmung	11,00	0,035
Abdichtung	0,40	0,170
Stahlbeton	60,00	2,100

Außenwand gegen Erdreich

U-Wert: 0,21 W/(m²·K)

Gesamtdicke: 37,52 cm	d [cm]	l [W/(m·K)]
Innenputz	1,50	0,700
Stahlbeton	20,00	2,100
Abdichtung	0,02	0,170
Dämmung XPS	16,00	0,035

Außenwand hinterlüftet

U-Wert: 0,20 W/(m²·K)

Gesamtdicke: 37,50 cm	d [cm]	l [W/(m·K)]
Innenputz	1,50	0,700
Stahlbeton	20,00	2,100
Dämmung	16,00	0,035

Decke gegen Außenluft unten

U-Wert: 0,15 W/(m²·K)

Gesamtdicke: 61,00 cm	d [cm]	l [W/(m·K)]
Bodenbelag	0,50	0,170
Estrich	6,50	1,400
Trittschalldämmung	2,00	0,045
Dämmung	4,00	0,035
Stahlbeton	32,00	2,100
Dämmung	16,00	0,035

Decke gegen kalten Dachraum

U-Wert: 0,19 W/(m²·K)

Gesamtdicke: 52,00 cm	d [cm]	l [W/(m·K)]
Stahlbeton	32,00	2,100
Dämmung	20,00	0,040

3300-0016
Psychiatrisches
Therapiezentrum
(22 Betten)

Erweiterung

Planungskennwerte für Flächen und Rauminhalte nach DIN 277

Flächen des Grundstücks		Menge Einheit	% an GF
BF	Bebaute Fläche	1.002,00 m²	12.6
UF	Unbebaute Fläche	6.948,00 m²	87.4
GF	Grundstücksfläche	7.950,00 m²	100.0

Grundflächen des Bauwerks		Menge Einheit	% an NUF	% an BGF
NUF	Nutzungsfläche	1.537,39 m²	100,0	56,4
TF	Technikfläche	29,46 m²	1,9	1,1
VF	Verkehrsfläche	689,04 m²	44,8	25,3
NRF	Netto-Raumfläche	2.255,89 m²	146,7	82,7
KGF	Konstruktions-Grundfläche	470,61 m²	30,6	17,3
BGF	Brutto-Grundfläche	2.726,50 m²	177,3	100,0

Brutto-Rauminhalt des Bauwerks		Menge Einheit	BRI/NUF (m)	BRI/BGF (m)
BRI	Brutto-Rauminhalt	9.991,40 m³	6,50	3,67

Kostenkennwerte für die Kostengruppen der 1.Ebene DIN 276

KG	Kostengruppen (1.Ebene)	Einheit	Kosten €	€/Einheit	€/m² BGF	€/m³ BRI	% 300+400
100	Grundstück	m² GF	–	–	–	–	–
200	Vorbereitende Maßnahmen	m² GF	–	–	–	–	–
300	Bauwerk – Baukonstruktionen	m² BGF	7.505.125	2.752,66	2.752,66	751,16	75,7
400	Bauwerk – Technische Anlagen	m² BGF	2.404.938	882,06	882,06	240,70	24,3
	Bauwerk 300+400	**m² BGF**	**9.910.063**	**3.634,72**	**3.634,72**	**991,86**	**100,0**
500	Außenanlagen und Freiflächen	m² AF	–	–	–	–	–
600	Ausstattung und Kunstwerke	m² BGF	–	–	–	–	–
700	Baunebenkosten	m² BGF	–	–	–	–	–
800	Finanzierung	m² BGF	–	–	–	–	–

KG	Kostengruppe	Menge Einheit	Kosten €	€/Einheit	%
3+4	**Bauwerk**				**100,0**
300	**Bauwerk – Baukonstruktionen**	2.726,50 m² BGF	7.505.125	**2.752,66**	75,7

- Abbrechen
  Abbruch von Altfundamenten; Entsorgung, Deponiegebühren

- Herstellen
  Erdarbeiten, Geländemodellierung; Stb-Fundamentplatte, Stb-Punktfundamente, Abdichtung, Wärmedämmung, Trittschalldämmung, Zementestrich, PVC-Belag, Bodenfliesen, Sauberkeitsschicht, Perimeterdämmung; Stb-Skelettkonstruktion, Stb-Wände, Stb-Stützen, Kunststofffenster mit Dreifach-Sonnenschutzverglasung, Uw=0,9W/m²K, Pfosten-Riegelfassade, Außenfassade Aluminiumschindeln, Innenputz, Beschichtung, Wandfliesen, Lamellenraffstore-Anlagen; GK-Wände, F30-Trockenbauwände, Innentüren, Innenputz, Beschichtung, Wandfliesen, Holzhandläufe; Stb-Decken, Stb-Treppen, Wärmedämmung, Trittschalldämmung, Zementestrich, PVC-Belag, Bodenfliesen, abgehängte GK-Decken in Teilbereichen; Stb-Flachdach, Abdichtung, Dämmung, belüfteter Dachraum, Schrägdachaufbau mit 5-8% Gefälle, Zinkblecheindeckung, Dachentwässerung

KG	Kostengruppe	Menge Einheit	Kosten €	€/Einheit	%
400	**Bauwerk – Technische Anlagen**	2.726,50 m² BGF	2.404.938	**882,06**	24,3

- Herstellen
  Gebäudeentwässerung, Kalt- und Warmwasserleitungen, Sanitärobjekte; Nahwärmeanschluss an BHKW für Heizung und Warmwasserbereitung, statische Heizkörper; Teilbereiche mit mechanischer Lüftung; Elektroinstallation, LED-Beleuchtung, Blitzschutzanlage; Lichtrufanlage, EDV-Verkabelung; Personenaufzug; Gebäudeautomation, MSR

3400-0025
Altenpflegeheim
(49 Betten)

Objektübersicht

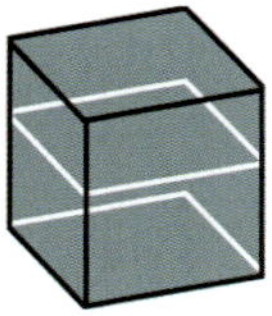
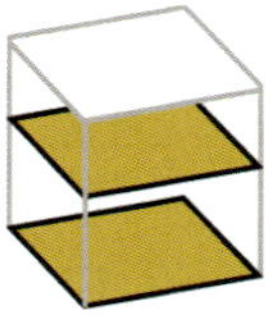
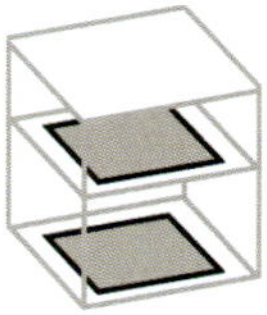
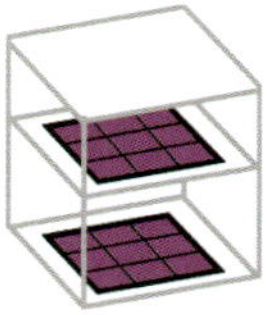

Erweiterung

BRI 1.071 €/m³ | BGF 3.715 €/m² | NUF 6.070 €/m² | NE 173.824 €/NE

NE: Betten

Objekt:
Kennwerte: 1. Ebene DIN 276
BRI: 7.952 m³
BGF: 2.293 m²
NUF: 1.403 m²
Bauzeit: 56 Wochen
Bauende: 2019
Standard: Durchschnitt
Bundesland: Schleswig-Holstein
Kreis: Rendsburg-Eckernförde

Architekt*in:
reichardt + partner
architekten
Elbchaussee 93
22763 Hamburg

Bauherr*in:
Altenwohn- und Pflegeheim
Osdorf GbR

Ansicht Nord-West

Ansicht Nord-Ost

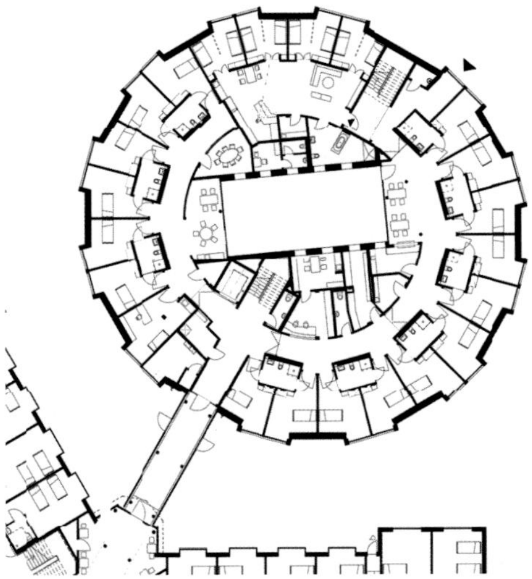

Erdgeschoss

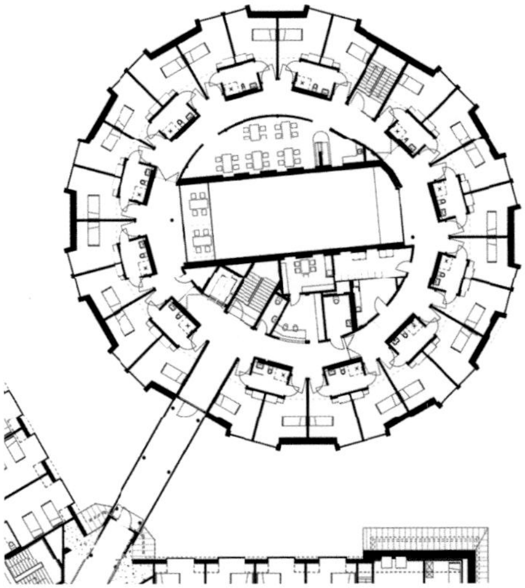

Obergeschoss

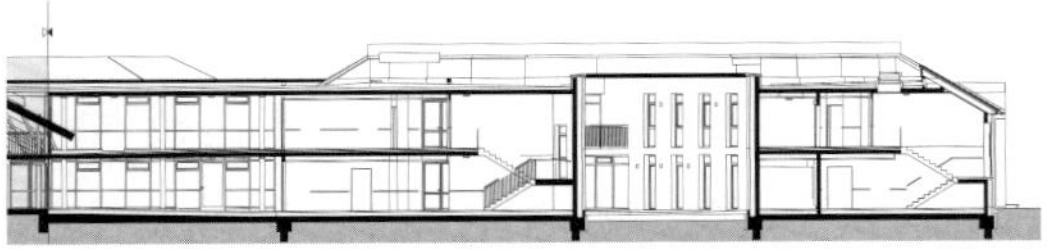

Schnitt 1

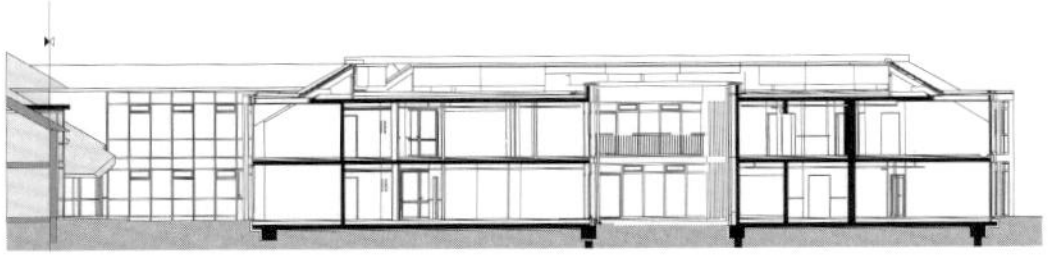

Schnitt 2

Ansicht Süd

Ansicht West

3400-0025
Altenpflegeheim
(49 Betten)

Erweiterung

Objektbeschreibung

Allgemeine Objektinformationen

Die seit 1994 bestehende Altenwohnanlage mit gerontopsychatrischem Schwerpunkt wurde um einen zweigeschossigen Anbau mit 49 Betten erweitert. Der kreisförmig gestaltete Neubau ist über einen verglasten Flur mit dem bestehenden Altenpflegeheim verbunden.

Nutzung

1 Erdgeschoss
Einzelzimmer, Doppelzimmer, Bäder, Tagesräume, Gemeinschaftsflächen, Besprechungsraum, Untersuchungsraum, Leitstellen, Hausanschlussräume, Pflegebad, Personalraum, Ausgabeküche, Lagerräume, Sanitärräume, Innenhof

1 Obergeschoss
Gerontopsychatrische Einzelzimmer, Bäder, Tagesraum, Leitstelle, Hausanschlussraum, Ausgabeküche, Lagerräume, Sanitärräume, Balkone

Nutzeinheiten

Betten: 49

Grundstück

Bauraum: Freier Bauraum
Neigung: Ebenes Gelände
Bodenklasse: BK 1 bis BK 3

Markt

Hauptvergabezeit: 1.Quartal 2018
Baubeginn: 2.Quartal 2018
Bauende: 2.Quartal 2019
Konjunkturelle Gesamtlage: Durchschnitt
Regionaler Baumarkt: unter Durchschnitt

Baubestand

Baujahr: 1994
Bauzustand: mittel
Aufwand: mittel
Grundrissänderungen: wenige
Tragwerkseingriffe: wenige
Nutzungsänderung: nein
Nutzung während der Bauzeit: ja

Baukonstruktion

Der nicht unterkellerte Baukörper wurde als Massivbau mit Stahlbetondecken, -stützen und -wandscheiben errichtet. Wegen Torflinsen im Baugrund war eine Pfahlgründung erforderlich. Die hochwärmegedämmte Fassade aus Verblendmauerwerk passt sich optisch an das bestehende Altenpflegeheim an. Kunststofffenster gliedern die Fassade. Die Pfosten-Riegelkonstruktionen bestehen aus Holz-Aluelementen. Dach und Erker sind in Holzständerbauweise konstruiert. Der Innenausbau erfolgte in Trockenbauweise. Das Flachdach wurde als Gründach ausgebildet und hat eine bituminöse Abdichtung erhalten.

Technische Anlagen

Ein neues Blockheizkraftwerk versorgt beide Gebäudeteile mit Wärme und Strom. Standkonvektoren dienen zur Raumbeheizung. Eine dezentrale Be- und Entlüftung der Bewohnerzimmer und Sanitärbereiche sorgt für eine angemessene Luftqualität. Es wurde eine neue Brandmeldeanlage für den Neu- und Altbau installiert. Weiter kam eine Schwesternrufanlage mit Anbindung an die DECT-Telefonanlage zum Einbau. Sämtliche Räume sind mit energiesparenden LED-Leuchten ausgestattet.

Sonstiges

In den Kosten sind auch die Umbauarbeiten im Bestand für die Verlegung des Treppenhauses und die Anbindung an den Altbau enthalten.

Energetische Kennwerte

Gesetzliche Grundlage: EnEV 2013
Gebäudenutzfläche: 2.022,30 m^2
Gebäudevolumen: 6.319,80 m^3
A/Ve-Verhältnis (Kompaktheit): 0,57 m^{-1}
Hüllfläche des beheizten Volumens: 3.572,70 m^2
Spez. Transmissionswärmeverlust: 0,28 $W/(m^2 \cdot K)$
Spez. Jahresprimärenergiebedarf: 22,67 $kWh/(m^2 \cdot a)$
Anlagen-Aufwandszahl: 0,52

Energetische Angaben zu Außenbauteilen

Bodenplatte

U-Wert: 0,18 W/(m²·K)

Gesamtdicke: 46,03 cm	d[cm]	l[W/(m·K)]
Estrich	6,00	1,400
PE-Folie	0,03	0,330
Dämmung	18,00	0,035
Stahlbeton	22,00	2,000

Außenwand

U-Wert: 0,15 W/(m²·K)

Gesamtdicke: 51,50 cm	d[cm]	l[W/(m·K)]
Stahlbeton	20,00	2,000
Dämmung	20,00	0,032
Ziegel	11,50	0,680

Außenwand Erker

U-Wert: 0,15 W/(m²·K)

Gesamtdicke: 68,50 cm	d[cm]	l[W/(m·K)]
GK-Platte	0,10	0,250
Dämmung	4,00	0,035
Holz	4,00	0,130
Dampfbremse	0,50	0,100
OSB-Platte	1,90	0,130
Dämmung	16,00	0,035
Holz	16,00	0,130
Holzfaserplatte	10,00	0,040

Dach Erker

U-Wert: 0,12 W/(m²·K)

Gesamtdicke: 41,00 cm	d[cm]	l[W/(m·K)]
GK-Platte	1,25	0,250
Holz	4,00	0,130
Luftschicht	4,00	0,313
Folie	1,10	0,330
Dämmung	24,00	0,032
Holz	24,00	0,130
Holz	2,40	0,130
Dampfsperre	0,10	1,000
Dämmung	8,00	0,035
Kunststoffbahn	0,15	0,100

Schrägdach

U-Wert: 0,14 W/(m²·K)

Gesamtdicke: 32,00 cm	d[cm]	l[W/(m·K)]
Dämmung	26,00	0,035
Holz	26,00	0,130
Dämmung	6,00	0,047

3400-0025
Altenpflegeheim
(49 Betten)

Planungskennwerte für Flächen und Rauminhalte nach DIN 277

Flächen des Grundstücks		Menge Einheit	% an GF
BF	Bebaute Fläche	3.701,10 m²	17,4
UF	Unbebaute Fläche	17.597,90 m²	82,6
GF	Grundstücksfläche	21.299,00 m²	100,0

Erweiterung

Grundflächen des Bauwerks		Menge Einheit	% an NUF	% an BGF
NUF	Nutzungsfläche	1.403,11 m²	100,0	61,2
TF	Technikfläche	30,21 m²	2,2	1,3
VF	Verkehrsfläche	556,89 m²	39,7	24,3
NRF	Netto-Raumfläche	1.990,21 m²	141,8	86,8
KGF	Konstruktions-Grundfläche	302,57 m²	21,6	13,2
BGF	Brutto-Grundfläche	2.292,78 m²	163,4	100,0

Brutto-Rauminhalt des Bauwerks		Menge Einheit	BRI/NUF (m)	BRI/BGF (m)
BRI	Brutto-Rauminhalt	7.952,09 m³	5,67	3,47

Kostenkennwerte für die Kostengruppen der 1.Ebene DIN 276

KG	Kostengruppen (1. Ebene)	Einheit	Kosten €	€/Einheit	€/m² BGF	€/m³ BRI	% 300+400
100	Grundstück	m² GF	–	–	–	–	–
200	Vorbereitende Maßnahmen	m² GF	261.307	12,27	113,97	32,86	3,1
300	Bauwerk – Baukonstruktionen	m² BGF	5.546.081	2.418,93	2.418,93	697,44	65,1
400	Bauwerk – Technische Anlagen	m² BGF	2.971.318	1.295,95	1.295,95	373,65	34,9
	Bauwerk 300+400	**m² BGF**	**8.517.399**	**3.714,88**	**3.714,88**	**1.071,09**	**100,0**
500	Außenanlagen und Freiflächen	m² AF	375.805	184,22	163,91	47,26	4,4
600	Ausstattung und Kunstwerke	m² BGF	414.758	180,90	180,90	52,16	4,9
700	Baunebenkosten	m² BGF	–	–	–	–	–
800	Finanzierung	m² BGF	–	–	–	–	–

KG	Kostengruppe	Menge Einheit	Kosten €	€/Einheit	%
200	**Vorbereitende Maßnahmen**	21.299,00 m² GF	261.307	**12,27**	3,1

- Herstellen
  Erschließungskosten

KG	Kostengruppe	Menge Einheit	Kosten €	€/Einheit	%
3+4	**Bauwerk**				**100,0**
300	**Bauwerk – Baukonstruktionen**	2.292,78 m² BGF	5.546.081	**2.418,93**	65,1

- Abbrechen
  Abbruch von Treppenhaus, Teilabbruch von Außenwand, Dach des Bestands zur Anbindung des Neubaus

- Herstellen
  Baugrubenaushub; Stb-Fundamente, Stb-Bodenplatte, Pfahlgründung, Abdichtung, Kiesfilterschicht, Dämmung; Stb-Wände, Mauerwerk, Alu-Holz-Pfosten-Riegel-Fassade, Kunststofffenster, Dreifachverglasung, Sonnenschutzverglasung, Wärmedämmung, Ziegelfassade, Zinkblech-Bekleidung, Geländer; Innenmauerwerk, Stb-Wände, GK-Wände, Stb-Stützen, Wandfliesen, Geländer, Handläufe; Stb-Decken, Stb-Treppen, Estrich, Vinylbelag, Linoleum, Bodenfliesen, abgehängte GK-Decken, abgehängte Schallschutzdecken, Treppengeländer; Stb-Dach, Holzbalkendach, Dachfenster, Dämmung, Abdichtung, extensive Dachbegrünung, außenliegende Dachentwässerung, Einbauschränke; Schließanlage, Beschilderung, Fluchtwegpläne

KG	Kostengruppe	Menge Einheit	Kosten €	€/Einheit	%
400	**Bauwerk – Technische Anlagen**	2.292,78 m² BGF	2.971.318	**1.295,95**	34,9

- Abbrechen
  Abbruch von Heizung, Entsorgung, Deponiegebühren

- Herstellen
  Gebäudeentwässerung, Kalt- und Warmwasserleitungen, Sanitärobjekte; Blockheizkraftwerk für Bestands- und Neubau, Standkonvektoren; dezentrale Be- und Entlüftung mit WRG, RWA-Anlage; Elektroinstallation, LED-Beleuchtung, Sicherheitsleuchten; Schwesternrufanlage mit Anbindung an DECT-Telefonanlage, Datenübertragungsanlage, Brandmeldeanlage, Rufanlage; Personenaufzug; Feuerlöscher

KG	Kostengruppe	Menge Einheit	Kosten €	€/Einheit	%
500	**Außenanlagen und Freiflächen**	2.040,00 m² AF	375.805	**184,22**	4,4

- Herstellen
  Bodenarbeiten; Wege, Terrasse, Innenhof, Stellplätze, Rasenstein-Feuerwehrzufahrt; Holzzaun; Oberbodenauftrag, Bäume, Gehölze, Rasen

KG	Kostengruppe	Menge Einheit	Kosten €	€/Einheit	%
600	**Ausstattung und Kunstwerke**	2.292,78 m²BGF	414.758	**180,90**	4,[illegible]

- Herstellen
  Loses Mobiliar, 55 Pflegebetten, Nachttische, Garderobenschrankeinbauten, Pantrys

3100-0023
Dermatologische
Praxis (8 AP)

Umbau

Objektübersicht

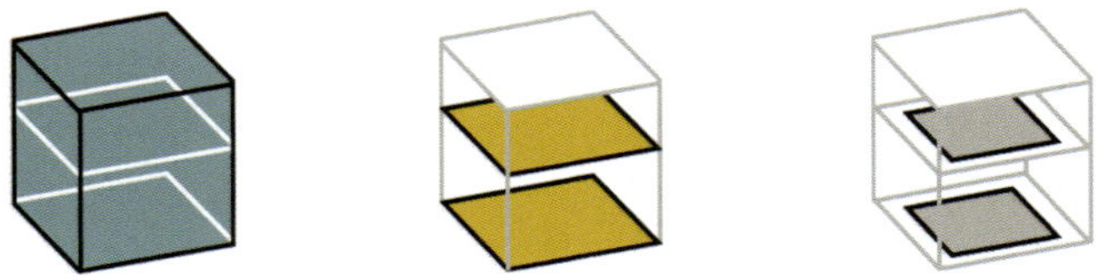

BRI 238 €/m³ BGF 664 €/m² NUF 823 €/m²

Objekt:
Kennwerte: 3. Ebene DIN 276
BRI: 1.677 m³
BGF: 601 m²
NUF: 485 m²
Bauzeit: 4 Wochen
Bauende: 2015
Standard: Durchschnitt
Bundesland: Berlin
Kreis: Berlin, Stadt

Architekt*in:
Claudius Markworth
Architektur
Mehringdamm 89
10965 Berlin

Bauherr*in:
Dr. med. Christian Kors
Schönstraße 5-7
13086 Berlin

© C. Markworth

© C. Markworth

vorher

© web licht fotografie

© web licht fotografie

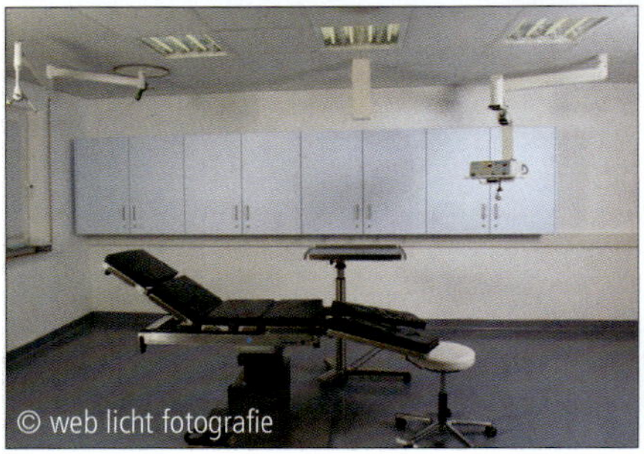
© web licht fotografie

© web licht fotografie

nachher

Umbau

Grundriss

Objektbeschreibung

Allgemeine Objektinformationen

Die Räume der Arztpraxis befinden sich im dritten Obergeschoss eines Ärzte- und Wohnhauses. Nach mehreren Jahren Leerstand sollte die Nutzungseinheit in eine Dermatologische Praxis umgebaut werden. Das Konzept für die neue Praxis funktioniert mit minimalen Eingriffen in die Substanz, so dass der Umbau ressourcenschonend unter Verwendung vorhandener Elemente durchgeführt werden konnte. Im Kreuzungspunkt aller Wege und Blickachsen befindet sich in einem elliptischen Zylinder die Schaltzentrale. In diesem Schnittpunkt versorgen die MitarbeiterInnen die Patienten diskret mit allen erforderlichen Informationen. Gleichzeitig dient der himmelblaue Empfangstresen als Orientierungspunkt in der weitläufigen Praxis. Von hier führt ein Farbleitsystem, das auf den Imagefarben der Praxis und des Kosmetikinstituts basiert, zu den unterschiedlichen Bereichen: Beratung, Eingriff und Kosmetik. In den eigens für die Praxis entworfenen Möbeln tauchen die Farben des Leitsystems wieder auf.

Nutzung

1 Obergeschoss
Empfang, Wartebereich, Büros, Arztzimmer, Behandlungsräume, Proktologie, Eingriffsraum, Studie/Monitoring, Labor, Laser, Sterilisation, Instrumentenaufbereitung, Beratung, Kosmetik, Personalraum, Teeküche, Umkleideräume, Sanitärräume, Aktenlager, Putzmittel, Technik

Nutzeinheiten

Arbeitsplätze: 8

Markt

Hauptvergabezeit: 1. Quartal 2015
Baubeginn: 1. Quartal 2015
Bauende: 2. Quartal 2015
Konjunkturelle Gesamtlage: Durchschnitt
Regionaler Baumarkt: über Durchschnitt

Baubestand

Baujahr: 2002
Bauzustand: mittel
Aufwand: hoch
Grundrissänderungen: wenige
Tragwerkseingriffe: keine
Nutzungsänderung: ja
Nutzung während der Bauzeit: nein

Baukonstruktion

Das Ärztehaus wurde als Massivbau errichtet. Die Außenwände sind gemauert und mit einem Wärmedämmverbundsystem bekleidet. Sämtliche tragende Wände und Stützen bestehen aus Stahlbeton, die Trennwände zwischen den Nutzungseinheiten sind in Mauerwerk ausgeführt; nicht tragende Innenwände wurden aus Gipskarton hergestellt. Alle Decken bestehen aus Stahlbeton. Darunter befindliche Unterdecken sind ebenfalls aus Gipskarton oder als Raster-Abhangdecken gefertigt.

Technische Anlagen

Die vorhandene Gasheizung und die Warmwasserbereitung werden zentral gesteuert. Die Belüftung der Räume erfolgt, auch für innenliegende Nebenräume, mechanisch.

Sonstiges

Die Praxis wird über zwei bestehende Aufzüge barrierefrei erschlossen.

Planungskennwerte für Flächen und Rauminhalte nach DIN 277

Flächen des Grundstücks		Menge Einheit	% an GF
BF	Bebaute Fläche	–	–
UF	Unbebaute Fläche	–	–
GF	Grundstücksfläche	–	–

Grundflächen des Bauwerks		Menge Einheit	% an NUF	% an BGF
NUF	Nutzungsfläche	484,91 m^2	100,0	80,7
TF	Technikfläche	–	–	–
VF	Verkehrsfläche	64,97 m^2	13,4	10,8
NRF	Netto-Raumfläche	549,88 m^2	113,4	91,5
KGF	Konstruktions-Grundfläche	51,22 m^2	10,6	8,5
BGF	Brutto-Grundfläche	601,10 m^2	124,0	100,0

Brutto-Rauminhalt des Bauwerks		Menge Einheit	BRI/NUF (m)	BRI/BGF (m)
BRI	Brutto-Rauminhalt	1.677,07 m^3	3,46	2,79

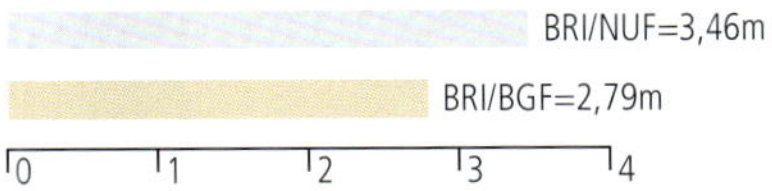

Lufttechnisch behandelte Flächen	Menge Einheit	% an NUF	% an BGF
Entlüftete Fläche	–	–	–
Be- und entlüftete Fläche	–	–	–
Teilklimatisierte Fläche	–	–	–
Klimatisierte Fläche	–	–	–

KG	Kostengruppen (2. Ebene)	Menge Einheit	Menge/NUF	Menge/BGF
310	Baugrube / Erdbau	–	–	–
320	Gründung, Unterbau	–	–	–
330	Außenwände/Vertikale Baukonstruktionen, außen	1,34 m^2 AWF	< 0,01	< 0,01
340	Innenwände/Vertikale Baukonstruktionen, innen	765,95 m^2 IWF	1,58	1,27
350	Decken/Horizontale Baukonstruktionen	540,00 m^2 DEF	1,11	0,90
360	Dächer	–	–	–

Kostenkennwerte für die Kostengruppen der 1. Ebene DIN 276

KG	Kostengruppen (1. Ebene)	Einheit	Kosten €	€/Einheit	€/m² BGF	€/m³ BRI	% 300+400
100	Grundstück	m² GF	–	–	–	–	–
200	Vorbereitende Maßnahmen	m² GF	–	–	–	–	–
300	Bauwerk – Baukonstruktionen	m² BGF	319.287	531,17	531,17	190,38	80,0
400	Bauwerk – Technische Anlagen	m² BGF	80.011	133,11	133,11	47,71	20,0
	Bauwerk 300+400	**m² BGF**	**399.298**	**664,28**	**664,28**	**238,09**	**100,0**
500	Außenanlagen und Freiflächen	m² AF	–	–	–	–	–
600	Ausstattung und Kunstwerke	m² BGF	44.229	73,58	73,58	26,37	11,1
700	Baunebenkosten	m² BGF	–	–	–	–	–
800	Finanzierung	m² BGF	–	–	–	–	–

KG	Kostengruppe	Menge Einheit	Kosten €	€/Einheit	%
3+4	**Bauwerk**				**100,0**
300	**Bauwerk – Baukonstruktionen**	601,10 m² BGF	319.287	**531,17**	80,0

- Abbrechen (Kosten: 5,8%) — 18.596
  Abbruch von Mauerwerk; Mineralfaserdecken; Trockenbauwänden, GK-Decken, Türen, Teppich, Linoleum, Einbaumöbeln; Entsorgung, Deponiegebühren

- Wiederherstellen (Kosten: 2,1%) — 6.620
  Bestandstüren kürzen, auf Gangbarkeit prüfen, Bänder teilweise ersetzen; Estrichrisse und Fugen mit Folie, Dämmung und Schnellestrich schließen; Schließen von Leuchtenausschnitten in GK-Decken

- Herstellen (Kosten: 92,1%) — 294.071
  Festverglasung F30, Fensterbank, Anarbeiten Putzflächen und WDVS im Laibungsbereich; Stahlträger für neue Maueröffnung einsetzen, ausmauern, GK-Wände, Schließen von Türöffnungen, Holztüren, Stahlzargen, Acrylatbeschichtung, Wechselkabinen; Vinylbelag, GK-Decken, Dispersionsbeschichtung; Empfangstresen mit deckenhoher Umbauung in Form einer Ellipse, Einbaumöbel, Teeküchen, Garderoben; Flucht- und Rettungswegeplan

KG	Kostengruppe	Menge Einheit	Kosten €	€/Einheit	%
400	**Bauwerk – Technische Anlagen**	601,10 m² BGF	80.011	**133,11**	20,0

- Abbrechen (Kosten: 7,8%) — 6.268
  Abbruch von Bodenanschluss, Wasseranschluss; Lüfterkasten, Lüftungsgeräten, Elektroinstallationen; Entsorgung, Deponiegebühren

- Wiederherstellen (Kosten: 1,5%) — 1.169
  Vorhandene Kalt- und Warmwasserinstallationen prüfen

- Herstellen (Kosten: 90,7%) — 72.575
  Hebeanlage, Abwasserrohre, Kaltwasserleitungen, Sanitärobjekte, Durchlauferhitzer, Untertischboiler; Tellerventil, Enddeckel, nach Rückbauarbeiten; Elektroinstallation, Beleuchtung; Brandmeldeanlage, Netzwerkanschlüsse überprüfen, neu patchen; Feuerlöscher

KG	Kostengruppe	Menge Einheit	Kosten €	€/Einheit	%
600	**Ausstattung und Kunstwerke**	601,10 m² BGF	44.229	**73,58**	11,1

- Wiederherstellen (Kosten: 8,5%) — 3.764
  Halterungen für Seifenspender

- Herstellen (Kosten: 91,5%) — 40.465
  Stapelstühle (30St), Lounge Chairs (3St), Drehstühle (4St), Flügeltürenschrank (1St), Schreibtische (4St), Rollcontainer (4St), Beistelltisch (4St), Low Tables (2St)

Kostenkennwerte für die Kostengruppen der 2.Ebene DIN 276

KG	Kostengruppe	Menge Einheit	Kosten €	€/Einheit	%
300	**Bauwerk – Baukonstruktionen**				**100,0**
330	**Außenwände/Vert. Baukonstrukt., außen**	1,34 m² AWF	4.707	**3.512,83**	1,5
	• Abbrechen (Kosten: 7,5%) Abbruch von Mauerwerk für Fenstereinbau, entsorgen (1m²)	0,50 m² AWF	354	**708,89**	
	• Herstellen (Kosten: 92,5%) Festverglasung F30 (1m²), Fensterbank außen, Naturstein (1St) * Anarbeiten der Putzflächen und des WDVS im Laibungsbereich (1m²), Alu-Abschlussblech WDVS (1St) * Anarbeiten Putzflächen und WDVS im Laibungsbereich (1m²)	1,34 m² AWF	4.353	**3.248,31**	
340	**Innenwände/Vert. Baukonstrukt., innen**	765,95 m² IWF	51.780	**67,60**	16,2
	• Abbrechen (Kosten: 0,3%) Abbruch von Mauerwerk für Türöffnung (2m²)	2,00 m² IWF	163	**81,49**	
	• Wiederherstellen (Kosten: 5,7%) Stahlumfassungszargen grundieren, beschichten (36St), Bestandstüren kürzen, auf Gangbarkeit prüfen, Dichtungen wieder einsetzen, Bänder teilweise ersetzen (psch)	64,04 m² IWF	2.967	**46,34**	
	• Herstellen (Kosten: 94,0%) Stahlträger für neue Maueröffnung einsetzen, ausmauern, mit Putzträger ummanteln (3St) * GK-Wände (9m²), Schließen von Türöffnungen, GK-Beplankung (6m²) * Holztüren, HPL, Stahlzargen (4St), Profildoppelzylinder für elektromechanisches Schließsystem (4St) * Reinacrylatbeschichtung (1.340m²), Untergrund glätten, Q3 (201m²) * Trennwände für Wechselkabinen, vier Türen (14m²), Dreier-Kabinenanlage, Vorhänge (10m²)	701,91 m² IWF	48.649	**69,31**	
350	**Decken/Horizontale Baukonstruktionen**	540,00 m² DEF	78.247	**144,90**	24,5
	• Abbrechen (Kosten: 5,6%) Abbruch von Mineralfaserdecke (298m²); Entsorgung, Deponiegebühren	298,17 m² DEF	4.384	**14,70**	
	• Wiederherstellen (Kosten: 4,7%) Estrichrisse und Fugen mit Folie, Dämmung und Schnellestrich schließen (39m); Schließen von Leuchtenausschnitten in GK-Decken (50St)	449,85 m² DEF	3.652	**8,12**	
	• Herstellen (Kosten: 89,7%) Unterboden spachteln, Vinylbelag (450m²), Holzsockel (340m) * GK-Decken (312m²), Dispersionsbeschichtung (540m²), Leuchtenausschnitte (50St)	540,00 m² DEF	70.211	**130,02**	

KG	Kostengruppe	Menge Einheit	Kosten €	€/Einheit	%
380	**Baukonstruktive Einbauten**	601,10 m²BGF	161.468	**268,62**	50,5
	• Herstellen (Kosten: 100,0%)	601,10 m²BGF	161.468	**268,62**	
	Empfangstresenanlage mit deckenhoher Umbauung in Form einer Ellipse, innenseitig mit an Wandkontur angepassten Schreibtischen und Schubunterschränken, Fächerregalen, Außenmaß der Gesamtanlage lxbxh 750x360x279cm, gebogene Wandsegmente aus rückseitig geschlitzter MDF, Oberfläche lackiert, Möbel aus Dekorplatten, melaminharzbeschichtet (1St), Einbaumöbel mit Oberfläche HPL: Teeküchen, b=230cm (2St), Schiebetüranlage, dreiflüglig (1St), Schiebetürenschrank (1St), Akten-Hochschrankmodule (12St), Prospektmodule (8St), Hochschränke (8St), Unterschränke (17St), Hängeschränke (30St), Garderobenschränke (4St), Garderoben mit Zeitschriftenregal, Stange, Hutablage, Spiegel (2St), Tresenkorpus, zwei Drehtüren (1St), Druckerschrank (2St), PC-Schrank (1St), Aufsatzschrank (1St), Regale (3St), Sideboard (1St), Tischplatten (5St), Schreibtisch-/Arbeits-/Waschtischplatten (7St), WT-Unterschränke (4St), Glasvitrinen als Würfel, LED-Beleuchtung, herausnehmbare Acrylglasscheibe (4St) * Flucht- und Rettungswegeplan A3, Alu-Klapprahmen (1St)				
390	**Sonst. Maßnahmen für Baukonstrukt.**	601,10 m²BGF	23.085	**38,40**	7,2
	• Abbrechen (Kosten: 59,3%)	601,10 m²BGF	13.695	**22,78**	
	Abbruch von Trockenbauwänden, GK-Decken, Türen, Teppich, Linoleum, Einbaumöbeln (psch); Entsorgung, Deponiegebühren				
	• Herstellen (Kosten: 40,7%)	601,10 m²BGF	9.390	**15,62**	
	Baustelleneinrichtung (1St), Schließanlage während der Bauzeit (1St), Baustromverteiler (1St) * Laden und Entsorgen von Sperrmüll (psch) * Bauteilschutz mit Rohfilzpappe (450m²), Malerfilz (8m²), Presspappe (8m²), Baureinigungen (psch)				
400	**Bauwerk – Technische Anlagen**				**100,0**
410	**Abwasser-, Wasser-, Gasanlagen**	601,10 m²BGF	15.031	**25,01**	18,8
	• Abbrechen (Kosten: 2,3%)	601,10 m²BGF	346	**0,57**	
	Abbruch von Bodenanschluss (1St), Wasseranschluss (1St); Entsorgung, Deponiegebühren				
	• Wiederherstellen (Kosten: 7,8%)	601,10 m²BGF	1.169	**1,94**	
	Vorhandene Kalt- und Warmwasserleitungen und Installationen prüfen (psch)				
	• Herstellen (Kosten: 89,9%)	601,10 m²BGF	13.517	**22,49**	
	Hebeanlage (1St), HT-Rohre (psch) * Mehrschichtverbundrohre DN16-25, Rohrdämmung (72m), Durchlauferhitzer (4St), Untertischboiler (3St), Aufsatzwaschtisch (1St), Einbauwaschtische (4St), Ausgussbecken (1St), Urinal (1St), Waschbecken demontieren, umsetzen, Wasseranschlüsse verlegen (1St), Anschluss Küchenzeile legen (1St) * Montageelement (1St)				
430	**Raumlufttechnische Anlagen**	601,10 m²BGF	4.538	**7,55**	5,7
	• Abbrechen (Kosten: 87,0%)	601,10 m²BGF	3.949	**6,57**	
	Abbruch von Lüfterkasten und Lüftungsleitungen (1St), Lüftungsgeräten (psch); Entsorgung, Deponiegebühren				
	• Herstellen (Kosten: 13,0%)	601,10 m²BGF	589	**0,98**	
	Tellerventil (1St), Wickelfalz Enddeckel, nach Rückbauarbeiten Lüfterkasten (8St)				

KG	Kostengruppe	Menge Einheit	Kosten €	€/Einheit	%
440	**Elektrische Anlagen**	601,10 m²BGF	47.371	**78,81**	59,2
	• Abbrechen (Kosten: 4,2%) Abbruch von Installationen, Leitungsrückbau, Umverlegungen (psch); Entsorgung, Deponiegebühren	601,10 m²BGF	1.973	**3,28**	
	• Herstellen (Kosten: 95,8%) Elektroinstallation mit Neuverlegung von Leitungen, Setzen von neuen Schaltern, Steckdosen und Netzwerkanschlüssen, Umbau von Lichtschaltungen, Einbau Überspannungsschutz in Unterverteilungen (psch) * Leuchten versetzen (50St), Deckenaufbaustrahler (14St), Pendelleuchten (3St), Rettungszeichenleuchten (10St), Einbaudownlights (2St)	601,10 m²BGF	45.398	**75,52**	
450	**Kommunikationstechnische Anlagen**	601,10 m²BGF	12.354	**20,55**	15,4
	• Herstellen (Kosten: 100,0%) Funkkoppler (2St), Funk-Rauchmelder mit integriertem Alarmgeber (6St), Funksockel (3St), Fernmeldekabel (30m), Netz- und Auslösegerät (1St), optischer Rauchmelder (1St), Druckknopfmelder Funk (1St) * fehlerbehaftete Netzwerkanschlüsse überprüfen, neu patchen (35St)	601,10 m²BGF	12.354	**20,55**	
470	**Nutzungsspez. u. verfahrenstechn. Anl.**	601,10 m²BGF	717	**1,19**	0,9
	• Herstellen (Kosten: 100,0%) Bio-Schaum-Aufladefeuerlöscher (3St)	601,10 m²BGF	717	**1,19**	
600	**Ausstattung und Kunstwerke**				**100,0**
610	**Allgemeine Ausstattung**	601,10 m²BGF	44.229	**73,58**	100,0
	• Wiederherstellen (Kosten: 8,5%) Halterungen für bauseitige Seifenspender, Edelstahl, Wandbefestigung (2St)	601,10 m²BGF	3.764	**6,26**	
	• Herstellen (Kosten: 91,5%) Stapelstühle, Sitzschalen, Untergestell pulverbeschichtet (30St), Lounge Chairs (3St), Drehstühle (4St), Flügeltürenschrank, Metall (1St), Schreibtische 80x160cm (4St), Rollcontainer 8 HE (4St), Beistelltisch (4St), Low Tables (2St)	601,10 m²BGF	40.465	**67,32**	

3100-0023
Dermatologische
Praxis (8 AP)

Umbau

Kostenkennwerte für die Kostengruppen 300 der 2. und 3. Ebene DIN 276 (Übersicht)

KG	Kostengruppe	Menge Einheit	€/Einheit	Kosten €	% an 3+4
300	**Bauwerk – Baukonstruktionen**	**601,10 m² BGF**	**531,17**	**319.287,03**	**80,0**
310	**Baugrube / Erdbau**	**–**	**–**	**–**	**–**
311	Herstellung	–	–	–	–
312	Umschließung	–	–	–	–
313	Wasserhaltung	–	–	–	–
314	Vortrieb	–	–	–	–
319	Sonstiges zur KG 310	–	–	–	–
320	**Gründung, Unterbau**	**–**	**–**	**–**	**–**
321	Baugrundverbesserung	–	–	–	–
322	Flachgründungen und Bodenplatten	–	–	–	–
323	Tiefgründungen	–	–	–	–
324	Gründungsbeläge	–	–	–	–
325	Abdichtungen und Bekleidungen	–	–	–	–
326	Dränagen	–	–	–	–
329	Sonstiges zur KG 320	–	–	–	–
330	**Außenwände/Vert. Baukonstrukt., außen**	**1,34 m² AWF**	**3.512,83**	**4.707,19**	**1,2**
331	Tragende Außenwände	–	–	354,45	< 0,1
332	Nichttragende Außenwände	–	–	–	–
333	Außenstützen	–	–	–	–
334	Außenwandöffnungen	1,34 m²	2.838,63	3.803,77	1,0
335	Außenwandbekleidungen, außen	1,34 m²	256,76	344,06	< 0,1
336	Außenwandbekleidungen, innen	1,34 m²	152,92	204,91	< 0,1
337	Element. Außenwandkonstruktionen	–	–	–	–
338	Lichtschutz zur KG 330	–	–	–	–
339	Sonstiges zur KG 330	–	–	–	–
340	**Innenwände/Vert. Baukonstrukt., innen**	**765,95 m² IWF**	**67,60**	**51.779,62**	**13,0**
341	Tragende Innenwände	5,33 m²	237,93	1.268,19	0,3
342	Nichttragende Innenwände	15,04 m²	311,75	4.688,69	1,2
343	Innenstützen	–	–	–	–
344	Innenwandöffnungen	71,86 m²	190,50	13.689,21	3,4
345	Innenwandbekleidungen	1.340,00 m²	19,62	26.284,88	6,6
346	Elementierte Innenwandkonstruktionen	24,09 m²	242,78	5.848,68	1,5
347	Lichtschutz zur KG 340	–	–	–	–
349	Sonstiges zur KG 340	–	–	–	–
350	**Decken/Horizontale Baukonstruktionen**	**540,00 m² DEF**	**144,90**	**78.247,49**	**19,6**
351	Deckenkonstruktionen	–	–	–	–
352	Deckenöffnungen	–	–	–	–
353	Deckenbeläge	449,85 m²	87,20	39.224,81	9,8
354	Deckenbekleidungen	540,00 m²	72,26	39.022,68	9,8
355	Elementierte Deckenkonstruktionen	–	–	–	–
359	Sonstiges zur KG 350	–	–	–	–
360	**Dächer**	**–**	**–**	**–**	**–**
361	Dachkonstruktionen	–	–	–	–
362	Dachöffnungen	–	–	–	–
363	Dachbeläge	–	–	–	–
364	Dachbekleidungen	–	–	–	–
365	Elementierte Dachkonstruktionen	–	–	–	–
366	Lichtschutz zur KG 360	–	–	–	–
369	Sonstiges zur KG 360	–	–	–	–
370	**Infrastrukturanlagen**	**–**	**–**	**–**	**–**
380	**Baukonstruktive Einbauten**	**601,10 m² BGF**	**268,62**	**161.467,60**	**40,4**
390	**Sonst. Maßnahmen für Baukonstrukt.**	**601,10 m² BGF**	**38,40**	**23.085,12**	**5,8**

Kostenkennwerte für die Kostengruppen 400 der 2. und 3.Ebene DIN 276 (Übersicht)

KG	Kostengruppe	Menge Einheit	€/Einheit	Kosten €	% an 3+4
400	**Bauwerk – Technische Anlagen**	**601,10 m² BGF**	**133,11**	**80.011,24**	**20,0**
410	**Abwasser-, Wasser-, Gasanlagen**	**601,10 m² BGF**	**25,01**	**15.030,78**	**3,8**
411	Abwasseranlagen	601,10 m² BGF	1,53	922,27	0,2
412	Wasseranlagen	601,10 m² BGF	22,77	13.688,42	3,4
413	Gasanlagen	–	–	–	–
419	Sonstiges zur KG 410	601,10 m² BGF	0,70	420,09	0,1
420	**Wärmeversorgungsanlagen**	**–**	**–**	**–**	**–**
421	Wärmeerzeugungsanlagen	–	–	–	–
422	Wärmeverteilnetze	–	–	–	–
423	Raumheizflächen	–	–	–	–
424	Verkehrsheizflächen	–	–	–	–
429	Sonstiges zur KG 420	–	–	–	–
430	**Raumlufttechnische Anlagen**	**601,10 m² BGF**	**7,55**	**4.538,18**	**1,1**
431	Lüftungsanlagen	601,10 m² BGF	7,55	4.538,18	1,1
432	Teilklimaanlagen	–	–	–	–
433	Klimaanlagen	–	–	–	–
434	Kälteanlagen	–	–	–	–
439	Sonstiges zur KG 430	–	–	–	–
440	**Elektrische Anlagen**	**601,10 m² BGF**	**78,81**	**47.371,38**	**11,9**
441	Hoch- und Mittelspannungsanlagen	–	–	–	–
442	Eigenstromversorgungsanlagen	–	–	–	–
443	Niederspannungsschaltanlagen	–	–	–	–
444	Niederspannungsinstallationsanlagen	601,10 m² BGF	43,02	25.856,58	6,5
445	Beleuchtungsanlagen	601,10 m² BGF	35,79	21.514,80	5,4
446	Blitzschutz- und Erdungsanlagen	–	–	–	–
447	Fahrleitungssysteme	–	–	–	–
449	Sonstiges zur KG 440	–	–	–	–
450	**Kommunikationstechnische Anlagen**	**601,10 m² BGF**	**20,55**	**12.353,52**	**3,1**
451	Telekommunikationsanlagen	–	–	–	–
452	Such- und Signalanlagen	–	–	–	–
453	Zeitdienstanlagen	–	–	–	–
454	Elektroakustische Anlagen	–	–	–	–
455	Audiovisuelle Medien- u. Antennenanl.	–	–	–	–
456	Gefahrenmelde- und Alarmanlagen	601,10 m² BGF	18,21	10.946,73	2,7
457	Datenübertragungsnetze	601,10 m² BGF	2,34	1.406,78	0,4
458	Verkehrsbeeinflussungsanlagen	–	–	–	–
459	Sonstiges zur KG 450	–	–	–	–
460	**Förderanlagen**	**–**	**–**	**–**	**–**
461	Aufzugsanlagen	–	–	–	–
462	Fahrtreppen, Fahrsteige	–	–	–	–
463	Befahranlagen	–	–	–	–
464	Transportanlagen	–	–	–	–
465	Krananlagen	–	–	–	–
466	Hydraulikanlagen	–	–	–	–
469	Sonstiges zur KG 460	–	–	–	–
470	**Nutzungsspez. u. verfahrenstechn. Anl.**	**601,10 m² BGF**	**1,19**	**717,38**	**0,2**
480	**Gebäude- und Anlagenautomation**	**–**	**–**	**–**	**–**
490	**Sonst. Maßnahmen für techn. Anlagen**	**–**	**–**	**–**	**–**

3100-0023
Dermatologische
Praxis (8 AP)

Umbau

Kostenkennwerte für Leistungsbereiche nach STLB (Kosten des Bauwerks nach DIN 276)

LB	Leistungsbereiche	Kosten €	€/m² BGF	€/m³ BRI	% an 3+4
000	Sicherheits-, Baustelleneinrichtungen inkl. 001	1.161	1,90	0,69	0,3
002	Erdarbeiten	–	–	–	–
006	Spezialtiefbauarbeiten inkl. 005	–	–	–	–
009	Entwässerungskanalarbeiten inkl. 011	–	–	–	–
010	Drän- und Versickerarbeiten	–	–	–	–
012	Mauerarbeiten	2.529	4,20	1,50	0,6
013	Betonarbeiten	–	–	–	–
014	Natur-, Betonwerksteinarbeiten	–	–	–	–
016	Zimmer- und Holzbauarbeiten	–	–	–	–
017	Stahlbauarbeiten	–	–	–	–
018	Abdichtungsarbeiten	–	–	–	–
019	Kampfmittelräumarbeiten	–	–	–	–
020	Dachdeckungsarbeiten	–	–	–	–
021	Dachabdichtungsarbeiten	–	–	–	–
022	Klempnerarbeiten	191	0,32	0,11	< 0,1
	Rohbau	**3.880**	**6,50**	**2,30**	**1,0**
023	Putz- und Stuckarbeiten, Wärmedämmsysteme	–	–	–	–
024	Fliesen- und Plattenarbeiten	–	–	–	–
025	Estricharbeiten	2.698	4,50	1,60	0,7
	Wiederherstellen	2.698	4,50	1,60	0,7
026	Fenster, Außentüren inkl. 029, 032	9.321	15,50	5,60	2,3
027	Tischlerarbeiten	121.300	201,80	72,30	30,4
	Wiederherstellen	1.283	2,10	0,77	0,3
	Herstellen	120.017	199,70	71,60	30,1
028	Parkettarbeiten, Holzpflasterarbeiten	–	–	–	–
030	Rollladenarbeiten	–	–	–	–
031	Metallbauarbeiten inkl. 035	–	–	–	–
034	Maler- und Lackiererarbeiten inkl. 037	33.984	56,50	20,30	8,5
	Wiederherstellen	1.684	2,80	1,00	0,4
	Herstellen	32.299	53,70	19,30	8,1
036	Bodenbelagarbeiten	38.245	63,60	22,80	9,6
038	Vorgehängte hinterlüftete Fassaden	–	–	–	–
039	Trockenbauarbeiten	37.452	62,30	22,30	9,4
	Wiederherstellen	955	1,60	0,57	0,2
	Herstellen	36.498	60,70	21,80	9,1
	Ausbau	**243.000**	**404,30**	**144,90**	**60,9**
	Wiederherstellen	6.620	11,00	3,90	1,7
	Herstellen	236.380	393,20	140,90	59,2
040	Wärmeversorgungsanl. - Betriebseinr. inkl. 041	–	–	–	–
042	Gas- und Wasserinstallation, Leitungen inkl. 043	5.294	8,80	3,20	1,3
044	Abwasseranlagen - Leitungen	120	0,20	0,07	< 0,1
045	GWE-Einrichtungsgegenstände inkl. 046	9.141	15,20	5,50	2,3
	Wiederherstellen	1.169	1,90	0,70	0,3
	Herstellen	7.972	13,30	4,80	2,0
047	Dämmarbeiten an betriebstechnischen Anlagen	131	0,22	0,08	< 0,1
049	Feuerlöschanlagen, Feuerlöschgeräte	717	1,20	0,43	0,2
050	Blitzschutz- und Erdungsanlagen	–	–	–	–
053	Niederspannungsanlagen inkl. 052, 054	23.692	39,40	14,10	5,9
055	Sicherheits- u. Ersatzstromversorgungsanl.	–	–	–	–
057	Gebäudesystemtechnik	–	–	–	–

LB	Leistungsbereiche	Kosten €	€/m2 BGF	€/m3 BRI	% an 3+4
058	Leuchten und Lampen inkl. 059	21.515	35,80	12,80	5,4
060	Sprechanlagen, elektroakust. Anlagen inkl. 064	–	–	–	–
061	Kommunikationsnetze inkl. 063	12.354	20,60	7,40	3,1
069	Aufzüge	–	–	–	–
070	Gebäudeautomation	–	–	–	–
075	Raumlufttechnische Anlagen inkl. 078	255	0,42	0,15	< 0,1
	Gebäudetechnik	**73.218**	**121,80**	**43,70**	**18,3**
	Wiederherstellen	1.169	1,90	0,70	0,3
	Herstellen	72.050	119,90	43,00	18,0
084	Abbruch, Rückbau, Schadstoffsanierung	24.864	41,40	14,80	6,2
	Abbrechen	24.864	41,40	14,80	6,2
	Abbrucharbeiten	**24.864**	**41,40**	**14,80**	**6,2**
	Abbrechen	24.864	41,40	14,80	6,2
	Sonstige Leistungsbereiche	**54.336**	**90,40**	**32,40**	**13,6**

3100-0026
Kinderarztpraxis

Objektübersicht

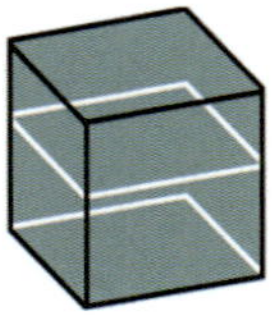

BRI 735 €/m³

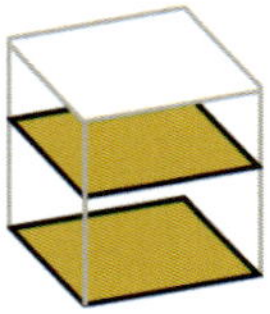

BGF 1.995 €/m²

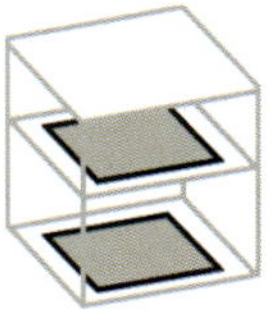

NUF 2.730 €/m²

Umbau

Objekt:
Kennwerte: 3. Ebene DIN 276
BRI: 691 m³
BGF: 254 m²
NUF: 186 m²
Bauzeit: 26 Wochen
Bauende: 2016
Standard: über Durchschnitt
Bundesland: Nordrhein-Westfalen
Kreis: Herne, Stadt

Architekt*in:
KAPALAARCHITEKTUR
Carsten Kapala
Westring 303
44629 Herne

vorher

nachher

Umbau

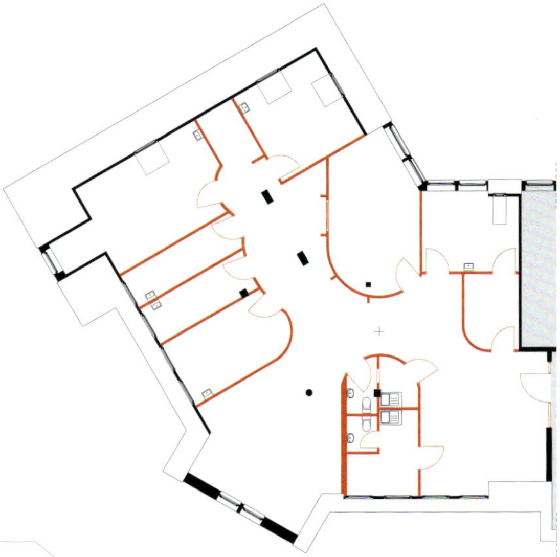

Dachgeschoss

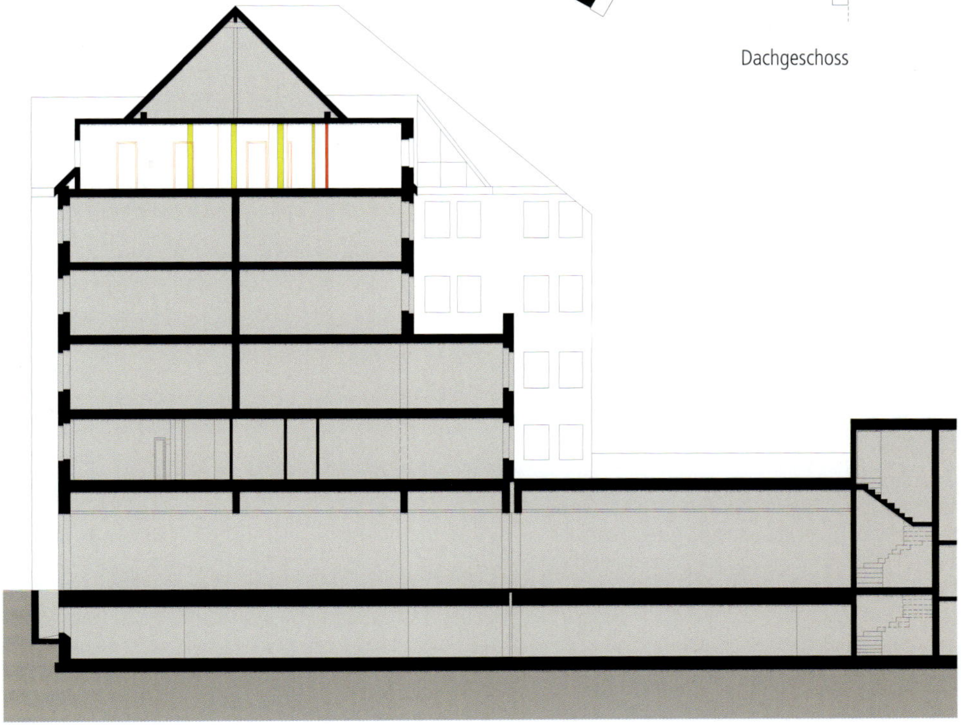

Schnitt

Umbau

Objektbeschreibung

Allgemeine Objektinformationen

Das Dachgeschoss eines sechsstöckigen Gebäudes wurde von einer ehemaligen Steuerkanzlei in eine Kinderarztpraxis umgebaut. Durch den Einsatz abgestimmter Baumaterialien konnte der Wunsch der Bauherren nach einer hellen, freundlich wirkenden Praxis realisiert werden. Zusammengehörige Farben nach RAL, eine wie ein Himmel wirkenden Decke und gebogene Wände aus Gipskarton sowie hochwertiges Linoleum als Fußboden prägen den Entwurf. Der Praxiseingang wurde mit einer großen verglasten Eingangstür aus Aluminium einladend neu gestaltet.

Nutzung

1 Dachgeschoss
Anmeldung, Warteräume, Behandlungsräume, Sozialraum, Labor, Wickelraum für hypersensible Kinder, WCs, Flure

Markt

Hauptvergabezeit: 3. Quartal 2015
Baubeginn: 4. Quartal 2015
Bauende: 2. Quartal 2016
Konjunkturelle Gesamtlage: Durchschnitt
Regionaler Baumarkt: über Durchschnitt

Baubestand

Baujahr: 1985
Bauzustand: mittel
Aufwand: mittel
Grundrissänderungen: umfangreiche
Tragwerkseingriffe: wenige
Nutzungsänderung: ja
Nutzung während der Bauzeit: nein

Baukonstruktion

Das Geschoss ist bauseitig komplett entkernt worden. Der Entwurf musste an tragende Stahlstützen, die in den Bestandsunterlagen nicht dokumentiert waren, angepasst werden. Die Dachdämmung und die Fenster wurden komplett erneuert und dem Energiestandard der gültigen EnEV angepasst.

Technische Anlagen

Um dem Wärme- und Kälteempfinden der Patienten zu genügen, sind alle Aufenthaltsräume mit bauseitigen Klimageräten ausgestattet, eine zusätzliche Heizung wurde eingebaut. Kombinierte Zu- und Abluftgeräte sorgen für eine optimierte Belüftung innenliegender Räume. Die vorhandene haustechnische Infrastruktur wurde übernommen. Ungültige Brandschutzdetails mussten den aktuellen Bestimmungen entsprechend verändert werden.

Sonstiges

Die Kinderarztpraxis ist über zwei vorhandene Aufzüge barrierefrei erreichbar.

Planungskennwerte für Flächen und Rauminhalte nach DIN 277

Flächen des Grundstücks		Menge Einheit	% an GF
BF	Bebaute Fläche	–	–
UF	Unbebaute Fläche	–	–
GF	Grundstücksfläche	–	–

Grundflächen des Bauwerks		Menge Einheit	% an NUF	% an BGF
NUF	Nutzungsfläche	185,96 m²	100,0	73,1
TF	Technikfläche	–	–	–
VF	Verkehrsfläche	56,59 m²	30,4	22,2
NRF	Netto-Raumfläche	242,55 m²	130,4	95,3
KGF	Konstruktions-Grundfläche	11,94 m²	6,4	4,7
BGF	Brutto-Grundfläche	254,49 m²	136,9	100,0

Brutto-Rauminhalt des Bauwerks		Menge Einheit	BRI/NUF (m)	BRI/BGF (m)
BRI	Brutto-Rauminhalt	690,56 m³	3,71	2,71

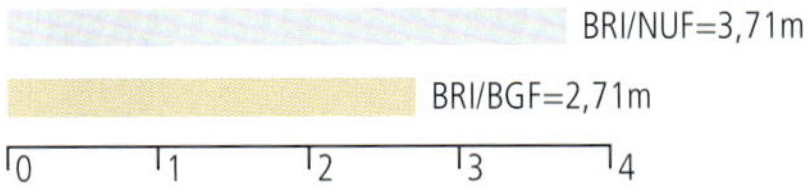

Lufttechnisch behandelte Flächen	Menge Einheit	% an NUF	% an BGF
Entlüftete Fläche	–	–	–
Be- und entlüftete Fläche	–	–	–
Teilklimatisierte Fläche	–	–	–
Klimatisierte Fläche	–	–	–

KG	Kostengruppen (2. Ebene)	Menge Einheit	Menge/NUF	Menge/BGF
310	Baugrube / Erdbau	–	–	–
320	Gründung, Unterbau	–	–	–
330	Außenwände/Vertikale Baukonstruktionen, außen	44,11 m² AWF	0,24	0,17
340	Innenwände/Vertikale Baukonstruktionen, innen	338,11 m² IWF	1,82	1,33
350	Decken/Horizontale Baukonstruktionen	257,84 m² DEF	1,39	1,01
360	Dächer	233,99 m² DAF	1,26	0,92

Umbau

Kostenkennwerte für die Kostengruppen der 1. Ebene DIN 276

KG	Kostengruppen (1. Ebene)	Einheit	Kosten €	€/Einheit	€/m² BGF	€/m³ BRI	% 300+400
100	Grundstück	m² GF	–	–	–	–	–
200	Vorbereitende Maßnahmen	m² GF	–	–	–	–	–
300	Bauwerk – Baukonstruktionen	m² BGF	347.334	1.364,82	1.364,82	502,97	68,4
400	Bauwerk – Technische Anlagen	m² BGF	160.324	629,98	629,98	232,16	31,6
	Bauwerk 300+400	**m² BGF**	**507.658**	**1.994,80**	**1.994,80**	**735,14**	**100,0**
500	Außenanlagen und Freiflächen	m² AF	–	–	–	–	–
600	Ausstattung und Kunstwerke	m² BGF	–	–	–	–	–
700	Baunebenkosten	m² BGF	–	–	–	–	–
800	Finanzierung	m² BGF	–	–	–	–	–

KG	Kostengruppe	Menge Einheit	Kosten €	€/Einheit	%
3+4	**Bauwerk**				**100,0**
300	**Bauwerk – Baukonstruktionen**	254,49 m² BGF	347.334	**1.364,82**	68,4

- Abbrechen (Kosten: 3,8%) 13.328
  Abbruch von Fenstern; Innenwand, Porenbetonwand, Türanlagen; Textilbelägen, Bodenfliesen; Dachflächenfenstern; Entsorgung, Deponiegebühren

- Herstellen (Kosten: 96,2%) 334.006
  Kunststofffenster, GK-Bekleidung; GK-Wände, Alu-Glas-Türelement, Holztüren, Glastüren, Glasgewebe, Beschichtungen, Wandfliesen, GK-Verkofferungen, Trockenputz; Zwischenbalkendämmung, Stahlträger, Estrichschlitze verschließen, Estrichfugen vergießen, Linoleum, PVC-Belag, Bodenfliesen, GKF-Decke, GK-Unterdecke, GK-Verkofferungen, Beschichtung; Zwischensparrendämmung, Dachflächenfenster, GK-Bekleidungen, Dachkonsolenausbau, Laufstege, Arbeitsroste

KG	Kostengruppe	Menge Einheit	Kosten €	€/Einheit	%
400	**Bauwerk – Technische Anlagen**	254,49 m² BGF	160.324	**629,98**	31,6

- Abbrechen (Kosten: 0,7%) 1.106
  Abbruch von Sanitärinstallationen Bad, Küche und WC; Heizkörperanschlüssen, Vor- und Rücklaufleitungen; Entsorgung, Deponiegebühren

- Wiederherstellen (Kosten: 1,8%) 2.960
  Heizkörper lackieren

- Herstellen (Kosten: 97,5%) 156.258
  Abwasserrohre für Sanitärobjekte und bauseitige Waschtische und Klimageräte, Abwasserrohre umverlegen, Fallrohr-Entlüftungsanlage, Kalt-und Warmwasserleitungen, Anschlüsse für bauseitige Möbel-Waschtischanlagen, Wasserleitungen umverlegen; Heizungsleitungen, Heizkörper, Anschlussleitungen umverlegen; Abluftanlage; Elektroinstallation, Beleuchtung, Erdung; Umbau Telefonübergabepunkt, Video-Gegensprechanlage, Einbaulautsprecher, Antennenanschlüsse, EDV-Anlage

Umbau

Kostenkennwerte für die Kostengruppen der 2. Ebene DIN 276

KG	Kostengruppe	Menge Einheit	Kosten €	€/Einheit	%
300	**Bauwerk – Baukonstruktionen**				**100,0**
330	**Außenwände/Vert. Baukonstrukt., außen**	44,11 m² AWF	29.931	**678,55**	8,6
	• Abbrechen (Kosten: 8,1%) Abbruch von Fenstern (38m²), Fensterbänken (15m); Entsorgung, Deponiegebühren	37,61 m² AWF	2.426	**64,51**	
	• Herstellen (Kosten: 91,9%) Kunststofffenster (18m²), mit Brüstungsverglasung (19m²), Fensterbänke innen (18m), außen (12m) * Glasgewebe, Beschichtung (7m²), GK-Bekleidung an Fenstern (13St)	44,11 m² AWF	27.504	**623,54**	
340	**Innenwände/Vert. Baukonstrukt., innen**	338,11 m² IWF	133.375	**394,47**	38,4
	• Abbrechen (Kosten: 7,2%) Abbruch von Innenwand, d=24cm, für Türöffnung, Betonsägearbeiten (7m²) * Porenbeton-Drempelwand (1St) * Türanlagen T30 (4m²); Entsorgung, Deponiegebühren	–	9.626	–	
	• Herstellen (Kosten: 92,8%) GK-Wände, d=10-15cm (246m²) * Alu-Glas-Türelement T30 (7m²), Holztüren (23m²), Glastüren (4m²), Innenverglasung (1m²), Stahlzargen lackieren (14St) * Glasgewebe, Beschichtung (588m²), Wandfliesen (17m²), GK-Verkofferungen (37m), F90 (48m), F90-Bekleidungen (1St), Trockenputz (12m²), Revisionsklappen (9St)	338,11 m² IWF	123.749	**366,00**	
350	**Decken/Horizontale Baukonstruktionen**	257,84 m² DEF	103.468	**401,29**	29,8
	• Abbrechen (Kosten: 1,1%) Abbruch von Textilbelägen (65m²), Bodenfliesen (15m²); Entsorgung, Deponiegebühren	80,00 m² DEF	1.109	**13,86**	
	• Herstellen (Kosten: 98,9%) Glaswolle-Zwischenbalkendämmung, d=160mm (160m²), Stahlträger 2xIPE 240 (1St) * Estrichschlitze mit Beton verschließen (91m), Estrichfugen, Estrichklammern einlegen, mit Epoxidharz vergießen (115m²), Linoleum (152m²), PVC-Belag (102m²), Bodenfliesen (4m²) * GKF-Decke F90 (163m²), GK-Unterdecke (160m²), F90-Bekleidung (1St), GK-Verkofferungen (46m), Beschichtung (228m²)	257,84 m² DEF	102.360	**396,99**	
360	**Dächer**	233,99 m² DAF	69.178	**295,65**	19,9
	• Abbrechen (Kosten: 0,2%) Abbruch von Dachflächenfenstern (5m²); Entsorgung, Deponiegebühren	4,68 m² DAF	167	**35,70**	
	• Herstellen (Kosten: 99,8%) Glaswolle-Zwischensparrendämmung, d=160mm (229m²) * Dachflächenfenster (5m²) * Dachdeckung aufnehmen, lagern, beidecken (4St) * Dampfsperre, GK-Bekleidung (205m²), F90-Bekleidung Stahlträger (17m), GK-Laibungen Dachflächenfenster (4St), Glasgewebe, Beschichtung (228m²), Fassadenplatten, außen (3m²) * Dachkonsolenausbau für bauseitige Geräte: Aluguss-Laufsteg (2St), Arbeitsroste, Alu-Laufrost, Haltebügel (6m), Sicherheitsgeschirr, Sicherheitsdachhaken (1St)	233,99 m² DAF	69.011	**294,93**	
390	**Sonst. Maßnahmen für Baukonstrukt.**	254,49 m² BGF	11.382	**44,72**	3,3
	• Herstellen (Kosten: 100,0%) Baustelleneinrichtung (1St), Verkehrssicherung (1St), Autokran (3h) * Arbeitsgerüste, als Doppelturm auf dem Dach (54m²), als Versorgungsturm (1St), Hubsteiger (8h) * Bodenbeläge schützen, Abdeckvlies (228m²), Bauzwischenreinigung (1St), Bauendreinigung (1St)	254,49 m² BGF	11.382	**44,72**	

Umbau

KG	Kostengruppe	Menge Einheit	Kosten €	€/Einheit	%
400	**Bauwerk – Technische Anlagen**				**100,0**
410	**Abwasser-, Wasser-, Gasanlagen**	254,49 m²BGF	45.310	**178,04**	28,3
	• Abbrechen (Kosten: 2,1%)	254,49 m²BGF	932	**3,66**	
	Abbruch von Sanitärinstallationen Bad, Küche und WC (psch); Entsorgung Deponiegebühren				
	• Herstellen (Kosten: 97,9%)	254,49 m²BGF	44.378	**174,38**	
	HT-Abwasserrohre für WC- und Waschtischanlagen (2St), für bauseitige Waschtischanlagen (7St), für bauseitige Klimageräte (10St), HT-Abwasserrohre, demontieren, umverlegen (2St), Abwasserrohr zurückbauen, neu verlegen, Automatik-Fallrohr-Entlüftungsanlage (1St) * Rohre für Waschtischanlagen (2St), für WC-Anlagen (2St), für Teeküche und Labor, Sterilisationsgeräteanschluss (2St), Anschlüsse für bauseitige Möbel-Waschtischanlagen (7St), Rohre demontieren, umverlegen (5St) * Montageelemente für WCs, Waschbecken (6St)				
420	**Wärmeversorgungsanlagen**	254,49 m²BGF	15.002	**58,95**	9,4
	• Abbrechen (Kosten: 1,2%)	254,49 m²BGF	174	**0,68**	
	Abbruch von Heizkörperanschlüssen, Vor- und Rücklaufleitungen (1St); Entsorgung, Deponiegebühren				
	• Wiederherstellen (Kosten: 19,7%)	254,49 m²BGF	2.960	**11,63**	
	Bauseitige Heizkörper, Beschichtung prüfen, Schadstellen entrosten, Flächen anschleifen, säubern, Heizkörper lackieren (17St), Heizkörper wieder montieren (15St)				
	• Herstellen (Kosten: 79,1%)	254,49 m²BGF	11.868	**46,63**	
	Heizungsanlagen-Messeinrichtungen umverlegen, Vor- und Rücklaufleitungen, Revisionsöffnungen einbauen (2St) * Heizungsleitungen, Leitungen neu befüllen (3St), Brandschutzbandage * Plattenheizkörper, Thermostate (5St), Heizungsleitungen demontieren, umverlegen, neue Heizkörper liefern, montieren (3St)				
430	**Raumlufttechnische Anlagen**	254,49 m²BGF	6.039	**23,73**	3,8
	• Herstellen (Kosten: 100,0%)	254,49 m²BGF	6.039	**23,73**	
	Rohrventilatoren (2St), Aluflexrohre (12m), Abluftventile (4St), Einbauventilatoren (2St), Entlüftungs-Deckenanschlüsse, Rohrsystem, Deckenventile (4St), Brandschutzklappen F90 (4St)				
440	**Elektrische Anlagen**	254,49 m²BGF	72.190	**283,67**	45,0
	• Herstellen (Kosten: 100,0%)	254,49 m²BGF	72.190	**283,67**	
	Zähleranlage (1St), Unterverteileranlage (1St), für bauseitige Klimageräte, Unterverteiler erweitern, Steigleitung verstärken (1St), Mantelleitungen (80m), Kabelkanäle (20m), Schalter, Taster (38St), Steckdosen (78St), Jalousiesteuerung (1St), Handsender (3St), Jalousieschalter (3St), Rollladenschalter (3St), Bewegungsmelder (2St), Brandschutzschotts (8St) * LED-Einbaustrahler (25St), LED-Akzentleuchten (42St), Arbeitsplatzbeleuchtung (3St), LED-Downlights (8St), LED-Flutlichtstrahler (5St) * Erdungsanlage (1St)				
450	**Kommunikationstechnische Anlagen**	254,49 m²BGF	21.782	**85,59**	13,6
	• Herstellen (Kosten: 100,0%)	254,49 m²BGF	21.782	**85,59**	
	Umbau des Telefonübergabepunktes, Leitungsverlängerungen (1St), Fernmeldeleitungen (59m) * Video-Gegensprechanlage: Türstation, Farbkamera, Lautsprecher (1St), Video-Wohnungsstationen (3St), bauseitige Anlage demontieren, neue Anlage auf Bussystem umverdrahten (1St) * Einbaulautsprecher (1St) * Koaxialkabel (42m), Antennenanschlussdose (1St) * Verteilerschrank 19" (1St), Datenkabel Cat7 (118m), Datendosen RJ45 (16St)				

Kostenkennwerte für die Kostengruppen 300 der 2. und 3. Ebene DIN 276 (Übersicht)

KG	Kostengruppe	Menge Einheit	€/Einheit	Kosten €	% an 3+4
300	**Bauwerk – Baukonstruktionen**	**254,49 m² BGF**	**1.364,82**	**347.334,05**	**68,4**
310	**Baugrube / Erdbau**	**–**	**–**	**–**	**–**
311	Herstellung	–	–	–	–
312	Umschließung	–	–	–	–
313	Wasserhaltung	–	–	–	–
314	Vortrieb	–	–	–	–
319	Sonstiges zur KG 310	–	–	–	–
320	**Gründung, Unterbau**	**–**	**–**	**–**	**–**
321	Baugrundverbesserung	–	–	–	–
322	Flachgründungen und Bodenplatten	–	–	–	–
323	Tiefgründungen	–	–	–	–
324	Gründungsbeläge	–	–	–	–
325	Abdichtungen und Bekleidungen	–	–	–	–
326	Dränagen	–	–	–	–
329	Sonstiges zur KG 320	–	–	–	–
330	**Außenwände/Vert. Baukonstrukt., außen**	**44,11 m² AWF**	**678,55**	**29.930,73**	**5,9**
331	Tragende Außenwände	–	–	–	–
332	Nichttragende Außenwände	–	–	–	–
333	Außenstützen	–	–	–	–
334	Außenwandöffnungen	37,61 m²	678,84	25.531,33	5,0
335	Außenwandbekleidungen, außen	–	–	–	–
336	Außenwandbekleidungen, innen	6,50 m²	676,83	4.399,38	0,9
337	Element. Außenwandkonstruktionen	–	–	–	–
338	Lichtschutz zur KG 330	–	–	–	–
339	Sonstiges zur KG 330	–	–	–	–
340	**Innenwände/Vert. Baukonstrukt., innen**	**338,11 m² IWF**	**394,47**	**133.374,87**	**26,3**
341	Tragende Innenwände	–	–	8.128,91	1,6
342	Nichttragende Innenwände	245,83 m²	175,76	43.206,84	8,5
343	Innenstützen	–	–	–	–
344	Innenwandöffnungen	35,96 m²	942,78	33.902,26	6,7
345	Innenwandbekleidungen	604,30 m²	79,66	48.136,85	9,5
346	Elementierte Innenwandkonstruktionen	–	–	–	–
347	Lichtschutz zur KG 340	–	–	–	–
349	Sonstiges zur KG 340	–	–	–	–
350	**Decken/Horizontale Baukonstruktionen**	**257,84 m² DEF**	**401,29**	**103.468,49**	**20,4**
351	Deckenkonstruktionen	159,63 m²	64,06	10.226,66	2,0
352	Deckenöffnungen	–	–	–	–
353	Deckenbeläge	257,84 m²	148,36	38.252,79	7,5
354	Deckenbekleidungen	162,93 m²	337,50	54.989,04	10,8
355	Elementierte Deckenkonstruktionen	–	–	–	–
359	Sonstiges zur KG 350	–	–	–	–
360	**Dächer**	**233,99 m² DAF**	**295,65**	**69.178,08**	**13,6**
361	Dachkonstruktionen	229,31 m²	37,75	8.655,43	1,7
362	Dachöffnungen	4,68 m²	1.700,02	7.956,08	1,6
363	Dachbeläge	–	–	869,80	0,2
364	Dachbekleidungen	231,20 m²	182,17	42.117,78	8,3
365	Elementierte Dachkonstruktionen	–	–	–	–
366	Lichtschutz zur KG 360	–	–	–	–
369	Sonstiges zur KG 360	233,99 m² DAF	40,94	9.578,96	1,9
370	**Infrastrukturanlagen**	**–**	**–**	**–**	**–**
380	**Baukonstruktive Einbauten**	**–**	**–**	**–**	**–**
390	**Sonst. Maßnahmen für Baukonstrukt.**	**254,49 m² BGF**	**44,72**	**11.381,89**	**2,2**

Kostenkennwerte für die Kostengruppen 400 der 2. und 3. Ebene DIN 276 (Übersicht)

KG	Kostengruppe	Menge Einheit	€/Einheit	Kosten €	% an 3+4
400	**Bauwerk – Technische Anlagen**	**254,49 m² BGF**	**629,98**	**160.323,52**	**31,6**
410	**Abwasser-, Wasser-, Gasanlagen**	**254,49 m² BGF**	**178,04**	**45.309,80**	**8,9**
411	Abwasseranlagen	254,49 m² BGF	54,75	13.934,54	2,7
412	Wasseranlagen	254,49 m² BGF	111,89	28.475,87	5,6
413	Gasanlagen	–	–	–	–
419	Sonstiges zur KG 410	254,49 m² BGF	11,39	2.899,39	0,6
420	**Wärmeversorgungsanlagen**	**254,49 m² BGF**	**58,95**	**15.001,93**	**3,0**
421	Wärmeerzeugungsanlagen	254,49 m² BGF	8,76	2.228,79	0,4
422	Wärmeverteilnetze	254,49 m² BGF	4,11	1.047,05	0,2
423	Raumheizflächen	254,49 m² BGF	46,08	11.726,11	2,3
424	Verkehrsheizflächen	–	–	–	–
429	Sonstiges zur KG 420	–	–	–	–
430	**Raumlufttechnische Anlagen**	**254,49 m² BGF**	**23,73**	**6.039,16**	**1,2**
431	Lüftungsanlagen	254,49 m² BGF	23,73	6.039,16	1,2
432	Teilklimaanlagen	–	–	–	–
433	Klimaanlagen	–	–	–	–
434	Kälteanlagen	–	–	–	–
439	Sonstiges zur KG 430	–	–	–	–
440	**Elektrische Anlagen**	**254,49 m² BGF**	**283,67**	**72.190,38**	**14,2**
441	Hoch- und Mittelspannungsanlagen	–	–	–	–
442	Eigenstromversorgungsanlagen	–	–	–	–
443	Niederspannungsschaltanlagen	–	–	–	–
444	Niederspannungsinstallationsanlagen	254,49 m² BGF	212,20	54.003,21	10,6
445	Beleuchtungsanlagen	254,49 m² BGF	67,21	17.103,37	3,4
446	Blitzschutz- und Erdungsanlagen	254,49 m² BGF	4,26	1.083,80	0,2
447	Fahrleitungssysteme	–	–	–	–
449	Sonstiges zur KG 440	–	–	–	–
450	**Kommunikationstechnische Anlagen**	**254,49 m² BGF**	**85,59**	**21.782,28**	**4,3**
451	Telekommunikationsanlagen	254,49 m² BGF	4,92	1.252,51	0,2
452	Such- und Signalanlagen	254,49 m² BGF	50,15	12.763,00	2,5
453	Zeitdienstanlagen	–	–	–	–
454	Elektroakustische Anlagen	254,49 m² BGF	0,41	105,36	< 0,1
455	Audiovisuelle Medien- u. Antennenanl.	254,49 m² BGF	0,87	220,48	< 0,1
456	Gefahrenmelde- und Alarmanlagen	–	–	–	–
457	Datenübertragungsnetze	254,49 m² BGF	29,24	7.440,92	1,5
458	Verkehrsbeeinflussungsanlagen	–	–	–	–
459	Sonstiges zur KG 450	–	–	–	–
460	**Förderanlagen**	**–**	**–**	**–**	**–**
461	Aufzugsanlagen	–	–	–	–
462	Fahrtreppen, Fahrsteige	–	–	–	–
463	Befahranlagen	–	–	–	–
464	Transportanlagen	–	–	–	–
465	Krananlagen	–	–	–	–
466	Hydraulikanlagen	–	–	–	–
469	Sonstiges zur KG 460	–	–	–	–
470	**Nutzungsspez. u. verfahrenstechn. Anl.**	**–**	**–**	**–**	**–**
480	**Gebäude- und Anlagenautomation**	**–**	**–**	**–**	**–**
490	**Sonst. Maßnahmen für techn. Anlagen**	**–**	**–**	**–**	**–**

Kostenkennwerte für Leistungsbereiche nach STLB (Kosten des Bauwerks nach DIN 276)

LB	Leistungsbereiche	Kosten €	€/m² BGF	€/m³ BRI	% an 3+4
000	Sicherheits-, Baustelleneinrichtungen inkl. 001	9.014	35,40	13,10	1,8
002	Erdarbeiten	–	–	–	–
006	Spezialtiefbauarbeiten inkl. 005	–	–	–	–
009	Entwässerungskanalarbeiten inkl. 011	–	–	–	–
010	Drän- und Versickerarbeiten	–	–	–	–
012	Mauerarbeiten	–	–	–	–
013	Betonarbeiten	796	3,10	1,20	0,2
014	Natur-, Betonwerksteinarbeiten	–	–	–	–
016	Zimmer- und Holzbauarbeiten	8.580	33,70	12,40	1,7
017	Stahlbauarbeiten	3.956	15,50	5,70	0,8
018	Abdichtungsarbeiten	–	–	–	–
019	Kampfmittelräumarbeiten	–	–	–	–
020	Dachdeckungsarbeiten	11.239	44,20	16,30	2,2
021	Dachabdichtungsarbeiten	–	–	–	–
022	Klempnerarbeiten	3.645	14,30	5,30	0,7
	Rohbau	**37.229**	**146,30**	**53,90**	**7,3**
023	Putz- und Stuckarbeiten, Wärmedämmsysteme	954	3,70	1,40	0,2
024	Fliesen- und Plattenarbeiten	4.974	19,50	7,20	1,0
025	Estricharbeiten	2.677	10,50	3,90	0,5
026	Fenster, Außentüren inkl. 029, 032	16.747	65,80	24,30	3,3
027	Tischlerarbeiten	–	–	–	–
028	Parkettarbeiten, Holzpflasterarbeiten	–	–	–	–
030	Rollladenarbeiten	–	–	–	–
031	Metallbauarbeiten inkl. 035	15.255	59,90	22,10	3,0
034	Maler- und Lackiererarbeiten inkl. 037	36.869	144,90	53,40	7,3
	Wiederherstellen	1.271	5,00	1,80	0,3
	Herstellen	35.598	139,90	51,50	7,0
036	Bodenbelagarbeiten	33.413	131,30	48,40	6,6
038	Vorgehängte hinterlüftete Fassaden	–	–	–	–
039	Trockenbauarbeiten	185.563	729,20	268,70	36,6
	Ausbau	**296.450**	**1.164,90**	**429,30**	**58,4**
	Wiederherstellen	1.271	5,00	1,80	0,3
	Herstellen	295.180	1.159,90	427,40	58,1
040	Wärmeversorgungsanl. - Betriebseinr. inkl. 041	13.218	51,90	19,10	2,6
	Wiederherstellen	1.689	6,60	2,40	0,3
	Herstellen	11.529	45,30	16,70	2,3
042	Gas- und Wasserinstallation, Leitungen inkl. 043	24.482	96,20	35,50	4,8
044	Abwasseranlagen - Leitungen	13.482	53,00	19,50	2,7
045	GWE-Einrichtungsgegenstände inkl. 046	5.623	22,10	8,10	1,1
047	Dämmarbeiten an betriebstechnischen Anlagen	2.580	10,10	3,70	0,5
049	Feuerlöschanlagen, Feuerlöschgeräte	–	–	–	–
050	Blitzschutz- und Erdungsanlagen	1.084	4,30	1,60	0,2
053	Niederspannungsanlagen inkl. 052, 054	52.553	206,50	76,10	10,4
055	Sicherheits- u. Ersatzstromversorgungsanl.	–	–	–	–
057	Gebäudesystemtechnik	–	–	–	–
058	Leuchten und Lampen inkl. 059	17.103	67,20	24,80	3,4
060	Sprechanlagen, elektroakust. Anlagen inkl. 064	13.304	52,30	19,30	2,6
061	Kommunikationsnetze inkl. 063	8.478	33,30	12,30	1,7
069	Aufzüge	–	–	–	–

LB	Leistungsbereiche	Kosten €	€/m² BGF	€/m³ BRI	% an 3+4
070	Gebäudeautomation	–	–	–	–
075	Raumlufttechnische Anlagen inkl. 078	6.039	23,70	8,70	1,2
	Gebäudetechnik	**157.947**	**620,60**	**228,70**	**31,1**
	Wiederherstellen	1.689	6,60	2,40	0,3
	Herstellen	156.258	614,00	226,30	30,8
084	Abbruch, Rückbau, Schadstoffsanierung	14.434	56,70	20,90	2,8
	Abbrechen	14.434	56,70	20,90	2,8
Umbau	**Abbrucharbeiten**	**14.434**	**56,70**	**20,90**	**2,8**
	Abbrechen	14.434	56,70	20,90	2,8
	Sonstige Leistungsbereiche	**1.597**	**6,30**	**2,30**	**0,3**

3100-0030
Gemeinschafts-
praxis

Umbau

Objektübersicht

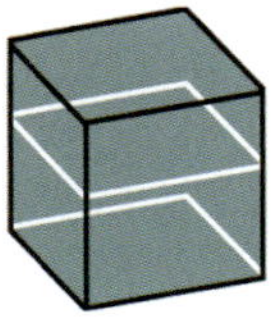

BRI 468 €/m³

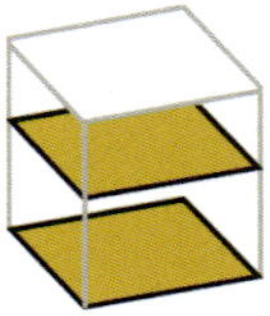

BGF 1.404 €/m²

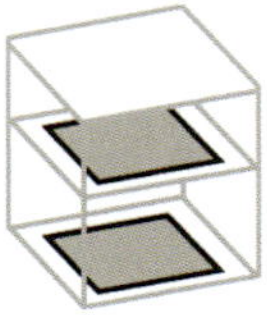

NUF 2.733 €/m²

Objekt:
Kennwerte: 3. Ebene DIN 276
BRI: 941 m³
BGF: 314 m²
NUF: 161 m²
Bauzeit: 26 Wochen
Bauende: 2015
Standard: über Durchschnitt
Bundesland: Nordrhein-Westfalen
Kreis: Herne, Stadt

Architekt*in:
KAPALAARCHITEKTUR
Carsten Kapala
Westring 303
44629 Herne

Bauherr*in:
Heinrich Beestermöller
Mont-Cenis-Straße 38
44623 Herne

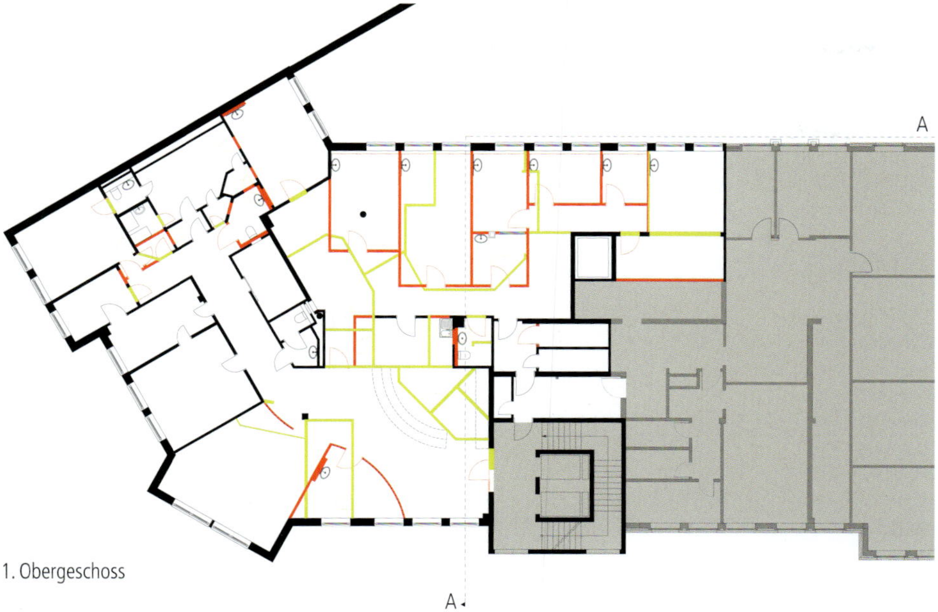

1. Obergeschoss

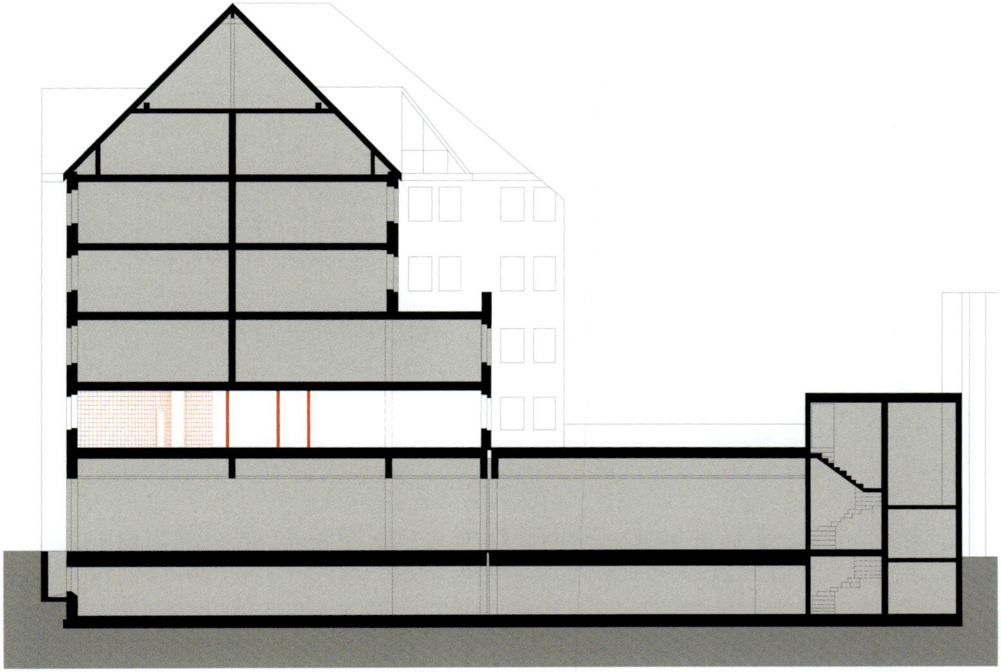

Schnitt A-A

3100-0030
Gemeinschafts-
praxis

Umbau

Objektbeschreibung

Allgemeine Objektinformationen

Die Arztpraxis im ersten Obergeschoss eines innerstädtischen sechsstöckigen Gebäudes wurde umgebaut und erweitert. Die vormals als urologische Praxis genutzten Räumlichkeiten sind in eine helle und freundlich wirkende Gemeinschaftspraxis umgestaltet worden. Durch den Einsatz gezielt aufeinander abgestimmter Baumaterialien sollte eine Sogwirkung für neue Patienten erzeugt werden.

Nutzung

1 Obergeschoss
Behandlungszimmer, Behandlungskabinen, Anmeldung, Warteraum, Labor, Röntgenraum, Fußraum, Sozialraum, WCs

Nutzeinheiten

Stellplätze: 10

Markt

Hauptvergabezeit: 4. Quartal 2014
Baubeginn: 4. Quartal 2014
Bauende: 2. Quartal 2015
Konjunkturelle Gesamtlage: über Durchschnitt
Regionaler Baumarkt: über Durchschnitt

Baubestand

Baujahr: 2014
Bauzustand: mittel
Aufwand: hoch
Grundrissänderungen: umfangreiche
Tragwerkseingriffe: wenige
Nutzungsänderung: ja
Nutzung während der Bauzeit: ja

Baukonstruktion

Das Geschoss wurde vollständig entkernt. Der Entwurf musste an tragende Stahlbetonstützen angepasst werden. Eine große verglaste Eingangstür aus Aluminium wirkt einladend auf die Patienten. Der Empfangsbereich wurde mit einem gebogenen Tresen neu gestaltet. Aus Gründen der Wirtschaftlichkeit wurde besonderes Augenmerk auf den Bestandsschutz gelegt und nach Möglichkeit vorhandene Wände erhalten und renoviert. Zusammengehörige Farben nach RAL eine Spiegeldecke und gebogene Wände aus Glasbaustein sowie hochwertiger Granit als Fußboden prägen die Räumlichkeiten.

Technische Anlagen

Die vorhandene haustechnische Infrastruktur wurde übernommen. Alle Aufenthaltsräume sind mit zusätzlichen Heizkörpern ausgeführt, um dem Wärme- und Kälteempfinden der Patienten zu genügen. Kombinierte Zu- und Abluftgeräte wurden in die innenliegenden Räume eingebaut. Ungültige Brandschutzdetails wurden, den aktuellen Bestimmungen entsprechend, verändert.

Planungskennwerte für Flächen und Rauminhalte nach DIN 277

Flächen des Grundstücks		Menge Einheit	% an GF
BF	Bebaute Fläche	–	–
UF	Unbebaute Fläche	–	–
GF	Grundstücksfläche	–	–

Grundflächen des Bauwerks		Menge Einheit	% an NUF	% an BGF
NUF	Nutzungsfläche	161,22 m²	100,0	51,4
TF	Technikfläche	3,49 m²	2,2	1,1
VF	Verkehrsfläche	120,50 m²	74,7	38,4
NRF	Netto-Raumfläche	285,21 m²	176,9	90,9
KGF	Konstruktions-Grundfläche	28,54 m²	17,7	9,1
BGF	Brutto-Grundfläche	313,75 m²	194,6	100,0

Brutto-Rauminhalt des Bauwerks		Menge Einheit	BRI/NUF (m)	BRI/BGF (m)
BRI	Brutto-Rauminhalt	941,19 m³	5,84	3,00

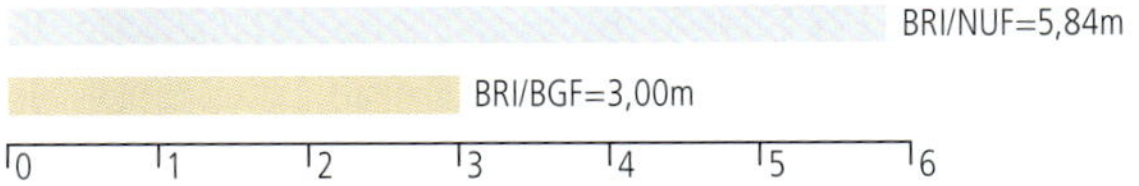

Lufttechnisch behandelte Flächen	Menge Einheit	% an NUF	% an BGF
Entlüftete Fläche	–	–	–
Be- und entlüftete Fläche	–	–	–
Teilklimatisierte Fläche	–	–	–
Klimatisierte Fläche	–	–	–

KG	Kostengruppen (2. Ebene)	Menge Einheit	Menge/NUF	Menge/BGF
310	Baugrube / Erdbau	–	–	–
320	Gründung, Unterbau	–	–	–
330	Außenwände/Vertikale Baukonstruktionen, außen	–	–	–
340	Innenwände/Vertikale Baukonstruktionen, innen	452,48 m² IWF	2,81	1,44
350	Decken/Horizontale Baukonstruktionen	293,00 m² DEF	1,82	0,93
360	Dächer	–	–	–

Kostenkennwerte für die Kostengruppen der 1. Ebene DIN 276

KG	Kostengruppen (1. Ebene)	Einheit	Kosten €	€/Einheit	€/m² BGF	€/m³ BRI	% 300+400
100	Grundstück	m² GF	–	–	–	–	–
200	Vorbereitende Maßnahmen	m² GF	–	–	–	–	–
300	Bauwerk – Baukonstruktionen	m² BGF	309.111	985,21	985,21	328,43	70,2
400	Bauwerk – Technische Anlagen	m² BGF	131.499	419,12	419,12	139,72	29,8
	Bauwerk 300+400	**m² BGF**	**440.610**	**1.404,34**	**1.404,34**	**468,14**	**100,0**
500	Außenanlagen und Freiflächen	m² AF	–	–	–	–	–
600	Ausstattung und Kunstwerke	m² BGF	–	–	–	–	–
700	Baunebenkosten	m² BGF	–	–	–	–	–
800	Finanzierung	m² BGF	–	–	–	–	–

KG	Kostengruppe	Menge Einheit	Kosten €	€/Einheit	%
3+4	**Bauwerk**				**100,0**
300	**Bauwerk – Baukonstruktionen**	313,75 m² BGF	309.111	**985,21**	70,2

- Abbrechen (Kosten: 7,5%) — 23.130
  Abbruch von Betonwänden, Metallständerwänden, Türen, Wandfliesen; Bodenbelägen; Entsorgung, Deponiegebühren

- Wiederherstellen (Kosten: 0,3%) — 931
  Stahlbauteile prüfen, ausbessern, beschichten

- Herstellen (Kosten: 92,2%) — 285.050
  Stahlträger, GK-Wände, Glasbausteinwände, Glas-Eingangselement, Türen, Vlies, Wandfliesen, GK-Vorsatzschalen; Estrichfugen schließen, Granitfliesen, Vinyl, Bodenfliesen, Alu-Paneeldecken

KG	Kostengruppe	Menge Einheit	Kosten €	€/Einheit	%
400	**Bauwerk – Technische Anlagen**	313,75 m² BGF	131.499	**419,12**	29,8

- Abbrechen (Kosten: 2,7%) — 3.594
  Abbruch von Sanitärobjekten; Heizkörpern, Abwasserleitungen; Elektroinstallationen (psch); Entsorgung, Deponiegebühren

- Wiederherstellen (Kosten: 16,8%) — 22.077
  Umverlegen von Abwasserleitungen, von Kalt- und Warmwasserleitungen; von Heizungsanlagen, Heizungsleitungen, Heizkörper prüfen, ausbessern, beschichten; Umbau vom Telefonübergabepunkt

- Herstellen (Kosten: 80,5%) — 105.828
  Gebäudeentwässerung, Sanitärobjekte; Heizkörper; Entlüftungsanlagen; Elektroinstallation, Beleuchtung, Erdung; Datenverkabelung

Kostenkennwerte für die Kostengruppen der 2.Ebene DIN 276

KG	Kostengruppe	Menge Einheit	Kosten €	€/Einheit	%
300	**Bauwerk – Baukonstruktionen**				**100,0**
330	**Außenwände/Vert. Baukonstrukt., außen**	–	4.153	–	1,3
	• Herstellen (Kosten: 100,0%) GK-Bekleidung an Laibungen (13St)	–	4.153	–	
340	**Innenwände/Vert. Baukonstrukt., innen**	452,48 m² IWF	184.618	**408,01**	59,7
	• Abbrechen (Kosten: 10,4%) Abbruch von Betonwänden (13m²) * Metallständerwänden, Dämmung (69m²) * Türen, Stahlzargen (14m²), Türanlage (4m²) * F90 Bekleidung (50m), Wandfliesen (8m²); Entsorgung, Deponiegebühren	99,69 m² IWF	19.215	**192,75**	
	• Wiederherstellen (Kosten: 0,5%) Grundierung an Stahlbauteilen prüfen, ausbessern, Grund- und Schlussbeschichtung (14St)	–	931	–	
	• Herstellen (Kosten: 89,1%) Stahlträger IPE 240, l=3,20m (2St) * GK-Metallständerwände F90 (285m²), Glasbausteinwände (30m²) * Glas-Eingangselement, fünfteilig, Drehflügel, Festverglasungen (7m²), Zimmertüren (20m²), Glastüren (4m²) * Spachtelung, Glasvlies (822m²), Wandfliesen (23m²), GK-Vorsatzschalen (8m²), GK-Verkofferungen (79m)	452,48 m² IWF	164.473	**363,49**	
350	**Decken/Horizontale Baukonstruktionen**	293,00 m² DEF	113.752	**388,23**	36,8
	• Abbrechen (Kosten: 3,4%) Abbruch von Laminatböden (112m²), Teppichböden (65m²), Bodenfliesen (7m²); Entsorgung, Deponiegebühren	119,12 m² DEF	3.915	**32,87**	
	• Herstellen (Kosten: 96,6%) Estrichfugen schließen (115m²), Spachtelung (285m²), Granitfliesen (151m²), Vinyl (135m²), Bodenfliesen (6m²) * Alu-Paneeldecken (293m²)	293,00 m² DEF	109.836	**374,87**	
390	**Sonst. Maßnahmen für Baukonstrukt.**	313,75 m² BGF	6.588	**21,00**	2,1
	• Herstellen (Kosten: 100,0%) Baustrom (1St), Bauwasser (1St) * Container für Bauschutt (2St) * Schutzabdeckungen (345m²), für Heizkörper (7St), für Treppenhaus (psch), für Aufzug (psch), Reinigungen (2St)	313,75 m² BGF	6.588	**21,00**	
400	**Bauwerk – Technische Anlagen**				**100,0**
410	**Abwasser-, Wasser-, Gasanlagen**	313,75 m² BGF	48.263	**153,83**	36,7
	• Abbrechen (Kosten: 3,6%) Abbruch von Sanitärobjekten, Rohrleitungen (psch); Entsorgung, Deponiegebühren	313,75 m² BGF	1.725	**5,50**	
	• Wiederherstellen (Kosten: 23,5%) Umverlegen von Abwasserleitungen DN100, Brandschotts (psch) * von Kalt- und Warmwasserleitungen, Zähler, Brandschotts (psch)	313,75 m² BGF	11.353	**36,19**	
	• Herstellen (Kosten: 72,9%) Sifonanschlüsse an Abwasserrohrsystem (10St), Abwasseranschlüsse (10St), Rohrentlüftungen, Brandschotts (4St) * Kalt- und Warmwasseranschlüsse (12St), Waschtische (2St), WCs (2St) * Montageelemente (6St)	313,75 m² BGF	35.184	**112,14**	

KG	Kostengruppe	Menge Einheit	Kosten €	€/Einheit	%
420	**Wärmeversorgungsanlagen**	313,75 m²BGF	15.477	**49,33**	11,8
	• Abbrechen (Kosten: 6,5%) Ausbauen und lagern von Heizkörpern (7St), Abbruch von Rohrleitungen (psch); Entsorgung, Deponiegebühren	313,75 m²BGF	1.004	**3,20**	
	• Wiederherstellen (Kosten: 62,6%) Heizungsanlagen umverlegen (psch) * Beschichtung an Heizkörpern prüfen, ausbessern, Grund- und Schlussbeschichtung (17St), Heizungsleitungen umverlegen, neue Heizkörper montieren (6St)	313,75 m²BGF	9.688	**30,88**	
	• Herstellen (Kosten: 30,9%) Vor- und Rücklaufleitungen, Rohrnetz befüllen (psch) * Plattenheizkörper (3St), lagernd, montieren (15St)	313,75 m²BGF	4.784	**15,25**	
430	**Raumlufttechnische Anlagen**	313,75 m²BGF	3.200	**10,20**	2,4
	• Herstellen (Kosten: 100,0%) Entlüftungsanlagen, Rohrventilator, Flexrohr, Luftdurchlässe (2St), Einbauventilatoren (2St)	313,75 m²BGF	3.200	**10,20**	
440	**Elektrische Anlagen**	313,75 m²BGF	55.849	**178,01**	42,5
	• Abbrechen (Kosten: 1,5%) Abbruch von Unterverteilern, Elektroinstallationen (psch); Entsorgung, Deponiegebühren	313,75 m²BGF	865	**2,76**	
	• Herstellen (Kosten: 98,5%) Zähleranlage, Hauptzähler (1St), Unterverteiler (1St), Verstärker (1St), Mantelleitungen, Schalter, Steckdosen (psch) * LED-Deckeneinbaustrahler (85St), LED-Akzentleuchten (42St), LED-Arbeitsplatzbeleuchtung (3St) * Erdungsanlage, Potenzialausgleichsschiene (1St), Türzargenerdungen (14St)	313,75 m²BGF	54.985	**175,25**	
450	**Kommunikationstechnische Anlagen**	313,75 m²BGF	7.974	**25,41**	6,1
	• Wiederherstellen (Kosten: 13,0%) Umbau vom Telefonübergabepunkt zum Technikraum (1St)	313,75 m²BGF	1.036	**3,30**	
	• Herstellen (Kosten: 87,0%) EDV-Unterverteilschrank (1St), 24-Port Panel Cat6 (2St), Modul-Trägerplatten (16St), Moduleinsätze (64St), EDV-Anschlussdosen (16St)	313,75 m²BGF	6.938	**22,11**	
490	**Sonst. Maßnahmen für techn. Anlagen**	313,75 m²BGF	736	**2,35**	0,6
	• Herstellen (Kosten: 100,0%) Provisorien für vorhandene Medienleitungen, Sprechanlagenleitungen, Klingel- und Türöffnerinstallationen, Telefonleitungen, TV-Leitungen	313,75 m²BGF	736	**2,35**	

Kostenkennwerte für die Kostengruppen 300 der 2. und 3. Ebene DIN 276 (Übersicht)

KG	Kostengruppe	Menge Einheit	€/Einheit	Kosten €	% an 3+4
300	**Bauwerk – Baukonstruktionen**	**313,75 m² BGF**	**985,21**	**309.110,95**	**70,2**
310	**Baugrube / Erdbau**	**–**	**–**	**–**	**–**
311	Herstellung	–	–	–	–
312	Umschließung	–	–	–	–
313	Wasserhaltung	–	–	–	–
314	Vortrieb	–	–	–	–
319	Sonstiges zur KG 310	–	–	–	–
320	**Gründung, Unterbau**	**–**	**–**	**–**	**–**
321	Baugrundverbesserung	–	–	–	–
322	Flachgründungen und Bodenplatten	–	–	–	–
323	Tiefgründungen	–	–	–	–
324	Gründungsbeläge	–	–	–	–
325	Abdichtungen und Bekleidungen	–	–	–	–
326	Dränagen	–	–	–	–
329	Sonstiges zur KG 320	–	–	–	–
330	**Außenwände/Vert. Baukonstrukt., außen**	**–**	**–**	**4.153,17**	**0,9**
331	Tragende Außenwände	–	–	–	–
332	Nichttragende Außenwände	–	–	–	–
333	Außenstützen	–	–	–	–
334	Außenwandöffnungen	–	–	4.153,17	0,9
335	Außenwandbekleidungen, außen	–	–	–	–
336	Außenwandbekleidungen, innen	–	–	–	–
337	Element. Außenwandkonstruktionen	–	–	–	–
338	Lichtschutz zur KG 330	–	–	–	–
339	Sonstiges zur KG 330	–	–	–	–
340	**Innenwände/Vert. Baukonstrukt., innen**	**452,48 m² IWF**	**408,01**	**184.618,50**	**41,9**
341	Tragende Innenwände	–	–	12.644,02	2,9
342	Nichttragende Innenwände	315,40 m²	236,53	74.601,26	16,9
343	Innenstützen	–	–	–	–
344	Innenwandöffnungen	30,23 m²	1.155,07	34.917,82	7,9
345	Innenwandbekleidungen	844,50 m²	73,96	62.455,38	14,2
346	Elementierte Innenwandkonstruktionen	–	–	–	–
347	Lichtschutz zur KG 340	–	–	–	–
349	Sonstiges zur KG 340	–	–	–	–
350	**Decken/Horizontale Baukonstruktionen**	**293,00 m² DEF**	**388,23**	**113.751,50**	**25,8**
351	Deckenkonstruktionen	–	–	–	–
352	Deckenöffnungen	–	–	–	–
353	Deckenbeläge	292,42 m²	218,57	63.914,58	14,5
354	Deckenbekleidungen	293,00 m²	170,09	49.836,93	11,3
355	Elementierte Deckenkonstruktionen	–	–	–	–
359	Sonstiges zur KG 350	–	–	–	–
360	**Dächer**	**–**	**–**	**–**	**–**
361	Dachkonstruktionen	–	–	–	–
362	Dachöffnungen	–	–	–	–
363	Dachbeläge	–	–	–	–
364	Dachbekleidungen	–	–	–	–
365	Elementierte Dachkonstruktionen	–	–	–	–
366	Lichtschutz zur KG 360	–	–	–	–
369	Sonstiges zur KG 360	–	–	–	–
370	**Infrastrukturanlagen**	**–**	**–**	**–**	**–**
380	**Baukonstruktive Einbauten**	**–**	**–**	**–**	**–**
390	**Sonst. Maßnahmen für Baukonstrukt.**	**313,75 m² BGF**	**21,00**	**6.587,79**	**1,5**

Kostenkennwerte für die Kostengruppen 400 der 2. und 3.Ebene DIN 276 (Übersicht)

KG	Kostengruppe	Menge Einheit	€/Einheit	Kosten €	% an 3+4
400	**Bauwerk – Technische Anlagen**	**313,75 m²BGF**	**419,12**	**131.499,23**	**29,8**
410	**Abwasser-, Wasser-, Gasanlagen**	**313,75 m²BGF**	**153,83**	**48.263,07**	**11,0**
411	Abwasseranlagen	313,75 m²BGF	58,29	18.287,30	4,2
412	Wasseranlagen	313,75 m²BGF	86,31	27.079,62	6,1
413	Gasanlagen	–	–	–	–
419	Sonstiges zur KG 410	313,75 m²BGF	9,23	2.896,15	0,7
420	**Wärmeversorgungsanlagen**	**313,75 m²BGF**	**49,33**	**15.476,87**	**3,5**
421	Wärmeerzeugungsanlagen	313,75 m²BGF	7,10	2.226,32	0,5
422	Wärmeverteilnetze	313,75 m²BGF	2,25	707,16	0,2
423	Raumheizflächen	313,75 m²BGF	39,98	12.543,41	2,8
424	Verkehrsheizflächen	–	–	–	–
429	Sonstiges zur KG 420	–	–	–	–
430	**Raumlufttechnische Anlagen**	**313,75 m²BGF**	**10,20**	**3.199,88**	**0,7**
431	Lüftungsanlagen	313,75 m²BGF	10,20	3.199,88	0,7
432	Teilklimaanlagen	–	–	–	–
433	Klimaanlagen	–	–	–	–
434	Kälteanlagen	–	–	–	–
439	Sonstiges zur KG 430	–	–	–	–
440	**Elektrische Anlagen**	**313,75 m²BGF**	**178,01**	**55.849,50**	**12,7**
441	Hoch- und Mittelspannungsanlagen	–	–	–	–
442	Eigenstromversorgungsanlagen	–	–	–	–
443	Niederspannungsschaltanlagen	–	–	–	–
444	Niederspannungsinstallationsanlagen	313,75 m²BGF	130,20	40.848,86	9,3
445	Beleuchtungsanlagen	313,75 m²BGF	44,36	13.918,03	3,2
446	Blitzschutz- und Erdungsanlagen	313,75 m²BGF	3,45	1.082,58	0,2
447	Fahrleitungssysteme	–	–	–	–
449	Sonstiges zur KG 440	–	–	–	–
450	**Kommunikationstechnische Anlagen**	**313,75 m²BGF**	**25,41**	**7.973,59**	**1,8**
451	Telekommunikationsanlagen	313,75 m²BGF	3,30	1.035,75	0,2
452	Such- und Signalanlagen	–	–	–	–
453	Zeitdienstanlagen	–	–	–	–
454	Elektroakustische Anlagen	–	–	–	–
455	Audiovisuelle Medien- u. Antennenanl.	–	–	–	–
456	Gefahrenmelde- und Alarmanlagen	–	–	–	–
457	Datenübertragungsnetze	313,75 m²BGF	22,11	6.937,86	1,6
458	Verkehrsbeeinflussungsanlagen	–	–	–	–
459	Sonstiges zur KG 450	–	–	–	–
460	**Förderanlagen**	**–**	**–**	**–**	**–**
461	Aufzugsanlagen	–	–	–	–
462	Fahrtreppen, Fahrsteige	–	–	–	–
463	Befahranlagen	–	–	–	–
464	Transportanlagen	–	–	–	–
465	Krananlagen	–	–	–	–
466	Hydraulikanlagen	–	–	–	–
469	Sonstiges zur KG 460	–	–	–	–
470	**Nutzungsspez. u. verfahrenstechn. Anl.**	**–**	**–**	**–**	**–**
480	**Gebäude- und Anlagenautomation**	**–**	**–**	**–**	**–**
490	**Sonst. Maßnahmen für techn. Anlagen**	**313,75 m²BGF**	**2,35**	**736,31**	**0,2**

Kostenkennwerte für Leistungsbereiche nach STLB (Kosten des Bauwerks nach DIN 276)

LB	Leistungsbereiche	Kosten €	€/m² BGF	€/m³ BRI	% an 3+4
000	Sicherheits-, Baustelleneinrichtungen inkl. 001	4.233	13,50	4,50	1,0
002	Erdarbeiten	–	–	–	–
006	Spezialtiefbauarbeiten inkl. 005	–	–	–	–
009	Entwässerungskanalarbeiten inkl. 011	–	–	–	–
010	Drän- und Versickerarbeiten	–	–	–	–
012	Mauerarbeiten	358	1,10	0,38	< 0,1
013	Betonarbeiten	–	–	–	–
014	Natur-, Betonwerksteinarbeiten	–	–	–	–
016	Zimmer- und Holzbauarbeiten	15.237	48,60	16,20	3,5
017	Stahlbauarbeiten	–	–	–	–
018	Abdichtungsarbeiten	–	–	–	–
019	Kampfmittelräumarbeiten	–	–	–	–
020	Dachdeckungsarbeiten	–	–	–	–
021	Dachabdichtungsarbeiten	–	–	–	–
022	Klempnerarbeiten	–	–	–	–
	Rohbau	**19.829**	**63,20**	**21,10**	**4,5**
023	Putz- und Stuckarbeiten, Wärmedämmsysteme	739	2,40	0,79	0,2
024	Fliesen- und Plattenarbeiten	59.320	189,10	63,00	13,5
025	Estricharbeiten	4.545	14,50	4,80	1,0
026	Fenster, Außentüren inkl. 029, 032	–	–	–	–
027	Tischlerarbeiten	17.077	54,40	18,10	3,9
028	Parkettarbeiten, Holzpflasterarbeiten	–	–	–	–
030	Rollladenarbeiten	–	–	–	–
031	Metallbauarbeiten inkl. 035	52.222	166,40	55,50	11,9
034	Maler- und Lackiererarbeiten inkl. 037	36.764	117,20	39,10	8,3
	Wiederherstellen	2.200	7,00	2,30	0,5
	Herstellen	34.565	110,20	36,70	7,8
036	Bodenbelagarbeiten	–	–	–	–
038	Vorgehängte hinterlüftete Fassaden	–	–	–	–
039	Trockenbauarbeiten	95.294	303,70	101,20	21,6
	Ausbau	**265.962**	**847,70**	**282,60**	**60,4**
	Wiederherstellen	2.200	7,00	2,30	0,5
	Herstellen	263.762	840,70	280,20	59,9
040	Wärmeversorgungsanl. - Betriebseinr. inkl. 041	13.204	42,10	14,00	3,0
	Wiederherstellen	8.419	26,80	8,90	1,9
	Herstellen	4.784	15,20	5,10	1,1
042	Gas- und Wasserinstallation, Leitungen inkl. 043	16.539	52,70	17,60	3,8
	Wiederherstellen	5.530	17,60	5,90	1,3
	Herstellen	11.009	35,10	11,70	2,5
044	Abwasseranlagen - Leitungen	18.287	58,30	19,40	4,2
	Wiederherstellen	5.823	18,60	6,20	1,3
	Herstellen	12.464	39,70	13,20	2,8
045	GWE-Einrichtungsgegenstände inkl. 046	11.711	37,30	12,40	2,7
047	Dämmarbeiten an betriebstechnischen Anlagen	–	–	–	–
049	Feuerlöschanlagen, Feuerlöschgeräte	–	–	–	–
050	Blitzschutz- und Erdungsanlagen	1.083	3,50	1,20	0,2
053	Niederspannungsanlagen inkl. 052, 054	40.720	129,80	43,30	9,2
055	Sicherheits- u. Ersatzstromversorgungsanl.	–	–	–	–
057	Gebäudesystemtechnik	–	–	–	–
058	Leuchten und Lampen inkl. 059	13.918	44,40	14,80	3,2

3100-0030
Gemeinschafts-
praxis

Umbau

LB	Leistungsbereiche	Kosten €	€/m² BGF	€/m³ BRI	% an 3+4
060	Sprechanlagen, elektroakust. Anlagen inkl. 064	232	0,74	0,25	<0,1
061	Kommunikationsnetze inkl. 063	3.929	12,50	4,20	0,9
	Wiederherstellen	1.036	3,30	1,10	0,2
	Herstellen	2.893	9,20	3,10	0,7
069	Aufzüge	–	–	–	–
070	Gebäudeautomation	–	–	–	–
075	Raumlufttechnische Anlagen inkl. 078	3.200	10,20	3,40	0,7
	Gebäudetechnik	**122.823**	**391,50**	**130,50**	**27,9**
	Wiederherstellen	20.808	66,30	22,10	4,7
	Herstellen	102.015	325,10	108,40	23,2
084	Abbruch, Rückbau, Schadstoffsanierung	26.724	85,20	28,40	6,1
	Abbrechen	26.724	85,20	28,40	6,1
	Abbrucharbeiten	**26.724**	**85,20**	**28,40**	**6,1**
	Abbrechen	26.724	85,20	28,40	6,1
	Sonstige Leistungsbereiche	**5.272**	**16,80**	**5,60**	**1,2**

Schulen und Kindergärten

4

4100-0173
Ganztagsschule
(9 Klassen)
(225 Schüler)

Erweiterung

Objektübersicht

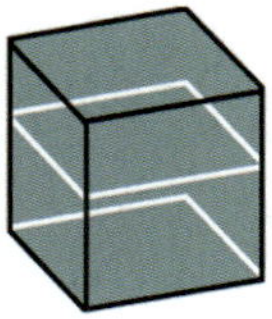

BRI 481 €/m³

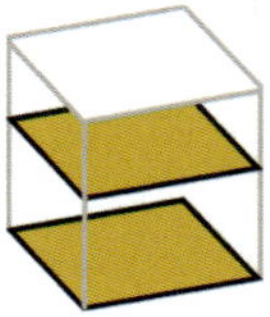

BGF 1.984 €/m²

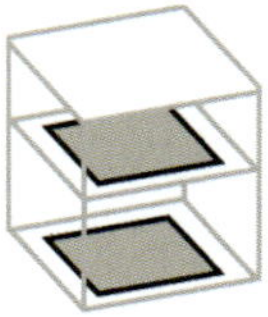

NUF 3.853 €/m²

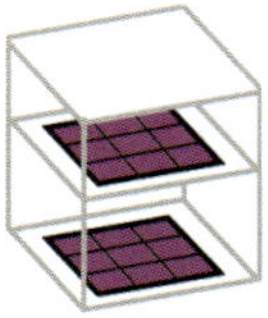

NE 16.405 €/NE
NE: Schüler

Objekt:
Kennwerte: 3. Ebene DIN 276
BRI: 7.669 m³
BGF: 1.861 m²
NUF: 958 m²
Bauzeit: 65 Wochen
Bauende: 2015
Standard: über Durchschnitt
Bundesland: Bremen
Kreis: Bremen, Stadt

Architekt*in:
Architekten_FSB
Am Wall 162
28195 Bremen

Bauherr*in:
Immobilien Bremen AöR
Theodor-Heuss-Allee 14
28215 Bremen

Erweiterung

Ansicht Nord

Eingangsgeschoss

Erdgeschoss

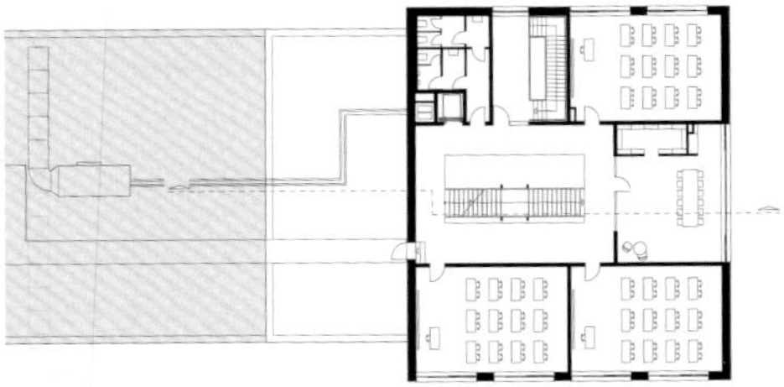

Obergeschoss

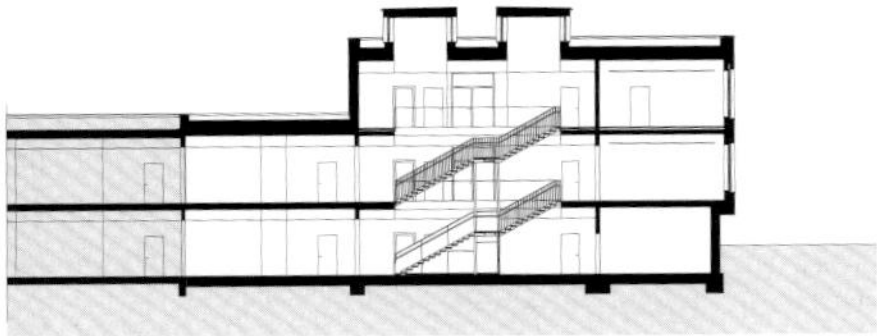

Schnitt A-A

Ansicht Süd

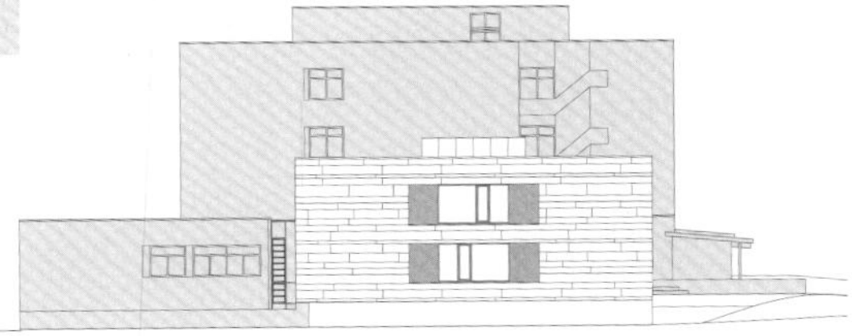

Ansicht Ost

4100-0173
Ganztagsschule
(9 Klassen)
(225 Schüler)

Erweiterung

Objektbeschreibung

Allgemeine Objektinformationen

Durch die Einführung einer Oberstufe benötigte die Ganztagesschule weitere Klassenzimmer. Der dreigeschossige Erweiterungsbau umfasst neun Klassenzimmer, zwei Differenzierungsräume, einen multifunktionalen PC-Arbeitsraum und ein Lehrerzimmer.

Nutzung

1 Untergeschoss
zwei Klassenräume, Foyer, WCs, Treppenhaus, Lager, Technik

1 Erdgeschoss
vier Klassenräume, drei Gruppenräume, Foyer, WCs, Treppenhaus, Flur

1 Obergeschoss
drei Klassenräume, Lehrerzimmer, Foyer, WCs, Treppenhaus

Nutzeinheiten

Klassen: 9
Schüler: 225

Grundstück

Bauraum: Freier Bauraum
Neigung: Geneigtes Gelände
Bodenklasse: BK 1 bis BK 3

Markt

Hauptvergabezeit: 4. Quartal 2013
Baubeginn: 4. Quartal 2013
Bauende: 1. Quartal 2015
Konjunkturelle Gesamtlage: über Durchschnitt
Regionaler Baumarkt: über Durchschnitt

Baubestand

Bauzustand: mittel
Aufwand: niedrig
Grundrissänderungen: keine
Tragwerkseingriffe: keine
Nutzungsänderung: nein
Nutzung während der Bauzeit: ja

Baukonstruktion

Der Erweiterungsbau gründet flach auf einer Stahlbetonbodenplatte und ist in Massivbauweise mit Flachdach errichtet worden. Nur die Dachaufbauten wurden in Holzbauweise erstellt. Die beiden oberen Geschosse kragen aus. In den Klassenräumen kamen Passivhausfenster aus Holz und Aluminium in Form von Pfostenriegelfassadensystemen zum Einbau, die jeweils einen motorisch zu öffnenden Flügel zur Nachtauskühlung erhielten. Die vorgehängte Fassade aus Zink ist in Großrautentechnik im wilden Verband ausgeführt und setzt damit die Fassadengestaltung des bestehenden zweigeschossigen Gebäudeteils fort.

Technische Anlagen

Der Anbau ist an die vorhandene Wärmeerzeugung und Lüftungsanlage der Ganztagesschule angeschlossen. Zur Entlüftung unerwünschter Wärme im Sommer wurde ein Nachtlüftungssystem eingebaut, das über elektrisch zu öffnende Fenster funktioniert. Die Raumtemperaturregelung erfolgt mittels elektronischer Raumfühler. Zum Abzug der warmen Luft wurden in die beiden Aufbauten auf dem Flachdach ebenfalls Lüftungsflügel eingebaut. Der Einbruchschutz wird durch außenliegende Lochgitter gewährleistet. Eine Sonnenschutzanlage auf der Süd- und Ostseite trägt zusätzlich zur Temperierung der Räume bei. In jedem Klassenraum wurden EDV-Anschlüsse installiert.

Sonstiges

Durch den Einbau einer Aufzugsanlage werden alle im Erdgeschoss und Obergeschoss gelegenen Räume der Ganztagesschule barrierefrei erschlossen.

Planungskennwerte für Flächen und Rauminhalte nach DIN 277

Flächen des Grundstücks		Menge Einheit	% an GF
BF	Bebaute Fläche	–	–
UF	Unbebaute Fläche	–	–
GF	Grundstücksfläche	–	–

Grundflächen des Bauwerks		Menge Einheit	% an NUF	% an BGF
NUF	Nutzungsfläche	958,00 m²	100,0	51,5
TF	Technikfläche	27,50 m²	2,9	1,5
VF	Verkehrsfläche	435,50 m²	45,5	23,4
NRF	Netto-Raumfläche	1.421,00 m²	148,3	76,4
KGF	Konstruktions-Grundfläche	439,58 m²	45,9	23,6
BGF	Brutto-Grundfläche	1.860,58 m²	194,2	100,0

Brutto-Rauminhalt des Bauwerks		Menge Einheit	BRI/NUF (m)	BRI/BGF (m)
BRI	Brutto-Rauminhalt	7.669,45 m³	8,01	4,12

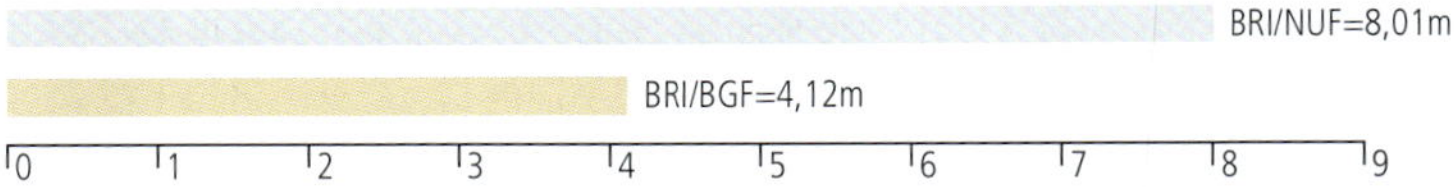

Lufttechnisch behandelte Flächen	Menge Einheit	% an NUF	% an BGF
Entlüftete Fläche	–	–	–
Be- und entlüftete Fläche	–	–	–
Teilklimatisierte Fläche	–	–	–
Klimatisierte Fläche	–	–	–

KG	Kostengruppen (2. Ebene)	Menge Einheit	Menge/NUF	Menge/BGF
310	Baugrube / Erdbau	3.196,06 m³ BGI	3,34	1,72
320	Gründung, Unterbau	593,57 m² GRF	0,62	0,32
330	Außenwände/Vertikale Baukonstruktionen, außen	1.272,55 m² AWF	1,33	0,68
340	Innenwände/Vertikale Baukonstruktionen, innen	2.391,08 m² IWF	2,50	1,29
350	Decken/Horizontale Baukonstruktionen	1.089,60 m² DEF	1,14	0,59
360	Dächer	837,40 m² DAF	0,87	0,45

4100-0173
Ganztagsschule
(9 Klassen)
(225 Schüler)

Erweiterung

Kostenkennwerte für die Kostengruppen der 1. Ebene DIN 276

KG	Kostengruppen (1. Ebene)	Einheit	Kosten €	€/Einheit	€/m² BGF	€/m³ BRI	% 300+400
100	Grundstück	m² GF	–	–	–	–	–
200	Vorbereitende Maßnahmen	m² GF	2.828	–	1,52	0,37	< 0,1
300	Bauwerk – Baukonstruktionen	m² BGF	2.936.746	1.578,40	1.578,40	382,91	79,6
400	Bauwerk – Technische Anlagen	m² BGF	754.288	405,40	405,40	98,35	20,4
	Bauwerk 300+400	**m² BGF**	**3.691.034**	**1.983,81**	**1.983,81**	**481,26**	**100,0**
500	Außenanlagen und Freiflächen	m² AF	50.632	–	27,21	6,60	1,4
600	Ausstattung und Kunstwerke	m² BGF	20.854	11,21	11,21	2,72	0,6
700	Baunebenkosten	m² BGF	–	–	–	–	–
800	Finanzierung	m² BGF	–	–	–	–	–

KG	Kostengruppe	Menge Einheit	Kosten €	€/Einheit	%
200	**Vorbereitende Maßnahmen**	–	2.828	–	< 0,1
	• Abbrechen (Kosten: 87,7%) Roden von Bewuchs, Fällen von Bäumen; Entsorgung, Deponiegebühren		2.481		
	• Herstellen (Kosten: 12,3%) Sicherung von Wasserleitungen		348		
3+4	**Bauwerk**				**100,0**
300	**Bauwerk – Baukonstruktionen**	1.860,58 m² BGF	2.936.746	**1.578,40**	79,6
	• Abbrechen (Kosten: 0,4%) Abbruch von Stahlprofiltoren, Zink-Fassadenplatten mit Unterkonstruktion, Fensterelementen, Attiken; Entsorgung, Deponiegebühren		11.828		
	• Wiederherstellen (Kosten: 0,2%) Lose Farbreste entfernen, neu beschichten, Gehwegplatten, aufnehmen, reinigen, verlegen, Akustikdeckenplatten, demontieren, wieder einlegen		4.497		
	• Herstellen (Kosten: 99,4%) Erdarbeiten; Stb-Bodenplatten, Stb-Fundamente, EPS-Dämmung, Zementestrich, Betonwerkstein, Epoxidharzbeschichtung, Linoleum, Bodenfliesen; Stb-Wände, KS-Mauerwerk, Stb-Stützen, Alu-Fenster, Zink-Fassadenbekleidung, Gipsputz, Wandfliesen, Alu-Pfostenriegelelemente, Holz-Alu-fassadenelemente, Außenraffstore; GK-Wände, Holztüren, Alutüren, Gipsputz, Beschichtung, Wandfliesen, Pinnwände, Glastrennwände, WC-Trennwände; Stb-Elementdecken, Spannbetondecken, Stb-Treppen, EPS-Dämmung, Zementestrich, Linoleum, Betonwerkstein, Bodenfliesen, GK-Decken, Rasterdecken, Stahlwangentreppen, Treppengeländer; Stb-Flachdächer, Spannbetondach, Holzflachdach, Lichtkuppeln, Attikaabdeckungen, Dachentwässerung, GK-Decken, Steigleiteranlage, Laufsteg		2.920.421		

KG	Kostengruppe	Menge Einheit	Kosten €	€/Einheit	%
400	**Bauwerk – Technische Anlagen**	1.860,58 m2BGF	754.288	**405,40**	20,4
	• Abbrechen (Kosten: < 0,1%) Stilllegen von Heizungsanlage; Abbruch von Lüftungskanälen, Installationsgeräten, Demontage von Leuchten; Entsorgung, Deponiegebühren		534		
	• Wiederherstellen (Kosten: 1,8%) Demontage von Lüftungskanälen, Montage an neuem Standort, Inbetriebnahme, Neuprogrammierung Lüftungsgerät nach Erweiterung		13.323		
	• Herstellen (Kosten: 98,2%) Entwässerungsleitungen; Sanitärinstallation, Sanitärobjekte; Heizungsrohre, Heizkörper; Lüftungsleitungen, Rechteckkanäle, Abluftgitter; Ergänzung Elektroinstallation, Beleuchtung; Blitzschutzerweiterung		740.431		
500	**Außenanlagen und Freiflächen**	–	50.632	–	1,4
	• Abbrechen (Kosten: 11,2%) Abbruch von Einzelfundamenten; Entsorgung, Deponiegebühren		5.665		
	• Herstellen (Kosten: 88,8%) Entwässerungsmulde; Streifenfundamente, Einzelfundament; Granitpflaster; Stb-Winkelstützwände; Eingangstreppe; Kontrollschächte		44.968		
600	**Ausstattung und Kunstwerke**	1.860,58 m2BGF	20.854	**11,21**	0,6
	• Herstellen (Kosten: 100,0%) Vorhänge, Sanitärausstattung		20.854		

Kostenkennwerte für die Kostengruppen der 2. Ebene DIN 276

KG	Kostengruppe	Menge Einheit	Kosten €	€/Einheit	%
200	**Vorbereitende Maßnahmen**				**100,0**
210	**Herrichten**	–	2.828	–	100,0
	• Abbrechen (Kosten: 87,7%)	–	2.481	–	
	Roden von Bewuchs, Gehölzen (128m²), Fällen von Bäumen (6St); Entsorgung, Deponiegebühren				
	• Herstellen (Kosten: 12,3%)	–	348	–	
	Sicherung von Wasserleitungen (26m)				
300	**Bauwerk – Baukonstruktionen**				**100,0**
310	**Baugrube / Erdbau**	3.196,06 m³ BGI	117.543	**36,78**	4,0
	• Herstellen (Kosten: 100,0%)	3.196,06 m³ BGI	117.543	**36,78**	
	Baugrubenaushub, entsorgen (2.952m²), Fundamentaushub, entsorgen (105m³), Füllsand (1.568m³), Rohrgrabenaushub, verfüllen (125m), für Schächte (72m³)				
320	**Gründung, Unterbau**	593,57 m² GRF	199.225	**335,64**	6,8
	• Herstellen (Kosten: 100,0%)	593,57 m² GRF	199.225	**335,64**	
	Baugrundverbesserung, Füllsand (23m³), Boden verdichten (925m²) * Stb-Bodenplatte, WU (125m³), Stb-Fundamente (80m³) * Bitumenabdichtung (544m²), EPS-Dämmung (534m²), Zementestrich (497m²) * Betonwerkstein (200m²), Epoxidharzbeschichtung (151m²), Linoleum (132m²), Bodenfliesen (24m²) * Sauberkeitsschicht (198m²), Noppenbahn (490m²), XPS-Perimeterdämmung (462m²), senkrecht an Fundamenten (124m²)				
330	**Außenwände/Vert. Baukonstrukt., außen**	1.272,55 m² AWF	997.802	**784,10**	34,0
	• Abbrechen (Kosten: 1,2%)	163,60 m² AWF	11.567	**70,70**	
	Abbruch von Stahlprofiltoren, lagern (psch) * Zink-Fassadenplatten mit Unterkonstruktion, Dämmung, Verschalung (160m²), Fensterelementen (2St); Entsorgung, Deponiegebühren				
	• Wiederherstellen (Kosten: < 0,1%)	110,50 m² AWF	926	**8,38**	
	Lose Farbreste entfernen, Neubeschichtung mit Fassadenfarbe (6m²) * lose Anstrichflächen entfernen, spachteln, grundieren, Neubeschichtung (87m²)				
	• Herstellen (Kosten: 98,7%)	1.266,41 m² AWF	985.309	**778,03**	
	Stb-Wände (48m³), Stb-Stürze (23m³), KS-Mauerwerk (258m²), Holzrahmenwände KVH, Mineralwolldämmung, OSB-Platten (38m²) * Stb-Aufkantungen (74m²) * Stb-Stützen (21m) * Alu-Fensterelemente, VSG (47m²) * Vollholzschalung, Mineralwolldämmung, Zink-Fassadenbekleidung (718m²), Abdichtung, XPS-Perimeterdämmung, Sockelputz, Beschichtung (120m²) * Aluprofile, Laibungen (551m) * Gipsputz, Beschichtung (489m²), Kalkzementputz (65m²), Wandfliesen (21m²) * Alu-Pfostenriegelelemente, VSG (41m²), Holz-Aluelemente (243m²), Lochblech-Lüftungsflügel (24m²), Absturzsicherungen (35St) * Außenraffstoreanlagen (143m²)				

KG	Kostengruppe	Menge Einheit	Kosten €	€/Einheit	%
340	**Innenwände/Vert. Baukonstrukt., innen**	2.391,08 m² IWF	423.255	**177,01**	14,4
	• Wiederherstellen (Kosten: 0,2%) Lose Farbreste entfernen, spachteln, Dispersionsbeschichtung (100m²)	50,15 m² IWF	730	**14,56**	
	• Herstellen (Kosten: 99,8%) Stb-Wände (26m³), KS-Mauerwerk (1.012m²) * GK-Wände (47m²) * Stb-Stützen (54m) * Holztüren (55m²), Schiebetüre (2m²), Alu-Türelemente (36m²) * Gipsputz, Beschichtung (1.373m²), Kalkzementputz (455m²), KS-Vormauerungen (238m²), GK-Bekleidungen (76m²), Wandfliesen (146m²), MDF-Platten (107m²), GK-Akustikplatten, Akustikvlies (86m²), Pinnwände (77m²) * Glastrennwand (14m²), WC-Trennwände (13m²)	2.340,94 m² IWF	422.525	**180,49**	
350	**Decken/Horizontale Baukonstruktionen**	1.089,60 m² DEF	590.121	**541,59**	20,1
	• Wiederherstellen (Kosten: 0,3%) Akustikdeckenplatten demontieren, lagern, wieder einlegen (62m²), Rasterdeckenfelder demontieren, lagern, wieder einlegen (59m²)	121,00 m² DEF	1.700	**14,05**	
	• Herstellen (Kosten: 99,7%) Stb-Elementdecken (844m²), Spannbetondecken (145m²), Stb-Treppen, zwei Podeste (22m²), Stb-Stürze (15m), Stb-Unterzüge (35m), Stahlwangentreppen (2St) * EPS-Dämmung (893m²), Zementestrich (930m²), Linoleum (646m²), Betonwerkstein (244m²), Winkelstufen (60m), Bodenfliesen (47m²) * GK-Decken, Beschichtung (626m²), als Brandschutzdecke (24m²), Akustikdecken (44m²), Rasterdecken (58m²), GK-Treppenbekleidung (psch), Beschichtung (840m²) * Stahlwangentreppe (13m²) * Treppengeländer (181m²), Handlauf (198m)	1.024,54 m² DEF	588.421	**574,33**	
360	**Dächer**	837,40 m² DAF	447.764	**534,71**	15,2
	• Abbrechen (Kosten: < 0,1%) Abbruch von Attiken, OSB-Platten, Zinkblech (19m); Entsorgung, Deponiegebühren	11,60 m² DAF	261	**22,52**	
	• Wiederherstellen (Kosten: 0,3%) Gehwegplatten aufnehmen, reinigen, wieder verlegen (3m²) * Akustikdeckenplatten demontieren, lagern, wieder einlegen (63m²)	62,50 m² DAF	1.140	**18,24**	
	• Herstellen (Kosten: 99,7%) Stb-Flachdächer (454m²), Spannbetondächer (145m²), Stb-Unterzüge (102m), Holzflachdach (6m³), Dämmung, OSB-Platten, Abdichtung (74m²) * Lichtkuppel, RWA (1St) * Mineralwolldämmung (559m²), senkrecht (133m²), Bitumenabdichtung (636m²), senkrecht (198m²), Attikaabdeckungen (106m), Wandanschlussbleche (126m), Dachrinnen (19m), Attikaabläufe (5St), Fallrohre (37m) * GK-Decken (606m²), Rasterdecke (20m²) * Steigleiteranlage (1St), Geländer (78m), Laufsteg (37m)	834,46 m² DAF	446.363	**534,91**	
390	**Sonst. Maßnahmen für Baukonstrukt.**	1.860,58 m² BGF	161.036	**86,55**	5,5
	• Herstellen (Kosten: 100,0%) Baustelleneinrichtung, (psch), Baustraße, Freiflächen wieder herstellen (549m²), Bauzaun (196m), Tor (1St), Bauschild (1St), Baustellen-WC (1St), Beleuchtung, Baustrom, Bauwasser, Bautreppe (1St) * Fassadengerüst (1.646m²), Raumgerüst (1.037m³) * Schuttentsorgung (7m³) * Absturzsicherungen (198m), Schutzfolien (558m²), Staubschutzwand (18m²), Raumentfeuchter (15St), Heizgeräte (2St), Baureinigung (1.765m²)	1.860,58 m² BGF	161.036	**86,55**	

KG	Kostengruppe	Menge Einheit	Kosten €	€/Einheit	%
400	**Bauwerk – Technische Anlagen**				**100,0**
410	**Abwasser-, Wasser-, Gasanlagen**	1.860,58 m² BGF	62.336	**33,50**	8,3
	• Herstellen (Kosten: 100,0%)	1.860,58 m² BGF	62.336	**33,50**	
	KG-Rohre (133m), PP-Rohre (96m), Reinigungsrohre (2St) * Kupferrohre (219m), Spülleitungsanlagen (2St), Waschtische (6St), WCs (12St), Urinale, Spülautomatik (5St), WC-Stützklappgriff (1St), Spülenanschlüsse (2St), Warmwasserspeicher (2St), Durchlauferhitzer (1St) * Montageelemente (13St)				
420	**Wärmeversorgungsanlagen**	1.860,58 m² BGF	32.506	**17,47**	4,3
	• Abbrechen (Kosten: 0,6%)	1.860,58 m² BGF	182	**0,10**	
	Heizungsanlage stilllegen (1St)				
	• Herstellen (Kosten: 99,4%)	1.860,58 m² BGF	32.324	**17,37**	
	Kupferrohre (280m), Bohrungen (16St) * Ventilheizkörper (14m²), Röhrenradiatoren (5m²)				
430	**Raumlufttechnische Anlagen**	1.860,58 m² BGF	191.147	**102,74**	25,3
	• Abbrechen (Kosten: 0,1%)	1.860,58 m² BGF	245	**0,13**	
	Abbruch von Lüftungskanälen (15m²); Entsorgung, Deponiegebühren, Kulissenschalldämpfer (2St), lagern				
	• Wiederherstellen (Kosten: 1,5%)	1.860,58 m² BGF	2.833	**1,52**	
	Demontage von Lüftungskanälen, Montage an neuem Standort (15m), Inbetriebnahme, Neuprogrammierung des Lüftungsgerätes nach Erweiterung (1St)				
	• Herstellen (Kosten: 98,4%)	1.860,58 m² BGF	188.069	**101,08**	
	Rechteckkanäle (350m²), Wickelfalzrohre (609m), Steuereinheit Brandschutzklappen, Anzeigedisplay (1St), Kulissenschalldämpfer (2St), Volumenstromregler (31St), Rohrschalldämpfer (33St), Brandschutzklappen (7St), Luftdurchlässe (74St), Rauchschutzklappen (4St), Dachdurchführung (1St)				
440	**Elektrische Anlagen**	1.860,58 m² BGF	235.662	**126,66**	31,2
	• Abbrechen (Kosten: < 0,1%)	1.860,58 m² BGF	108	**0,06**	
	Abbruch von Installationsgeräten (13St) * Demontage von Leuchten (7St); Entsorgung, Deponiegebühren				
	• Wiederherstellen (Kosten: 4,5%)	1.860,58 m² BGF	10.490	**5,64**	
	Beleuchtung demontieren, neu installieren, Piktogramme versetzen (psch)				
	• Herstellen (Kosten: 95,5%)	1.860,58 m² BGF	225.064	**120,96**	
	Verteilerfeld (1St), Zähler (1St), Verteiler (5St), Hauptbedienstellen (4St), Anschaltmodul (1St), optischer Rauchmelder (1St), LS-Schalter (99St), Lasttrennschalter (2St), FI-Schalter (21St), Trennrelais (17St), Mantelleitungen (13.205m), Steckdosen (178St), Schalter/Taster (5St) * Anbauleuchten (124St), Einbauleuchten (90St), Rettungszeichenleuchten (11St) * Fundamenterder (252m), Anschlussfahnen (8St), Fangleitungen (394m), Fangstangen (19St)				
450	**Kommunikationstechnische Anlagen**	1.860,58 m² BGF	124.984	**67,17**	16,6
	• Herstellen (Kosten: 100,0%)	1.860,58 m² BGF	124.984	**67,17**	
	Deckenlautsprecher für ELA-Anlage (34St), Verteiler (4St), Datenkabel (893m) * Brandmeldeanlage (1St), LCD-Bedienteil (1St), ISDN-Übertragungsgerät (1St), Handmelder (5St), Multisensormelder (86St), Antriebe für RWAs (psch), Installationsleitungen (1.518m), WC-Zugtaster, Rufleuchte, Anzeigeeinheit (1St), Steuergeräte, Rettungswegzentrale (3St), Türterminals, Module (3St)				

KG	Kostengruppe	Menge Einheit	Kosten €	€/Einheit	%
480	**Gebäude- und Anlagenautomation**	1.860,58 m²BGF	102.761	**55,23**	13,6
	• Herstellen (Kosten: 100,0%) KNX-Controller (1St), Controlpanel (1St), Visualisierung der Beleuchtung (1St), KNX-Wetterzentrale (1St), Lüftungs-BUS-Zentrale (1St), KNX-Jalousieaktoren (4St), KNX-Binärausgänge (2St), KNX-Präsenzmelder (34St), KNX-Spannungsversorgungen (4St), Analogaktoren (5St), Koppler (3St), Bedienelemente (16St), KNX-Schnittstellen (16St), KNX-Taster-Ankopplungen (4St) * Netzwerkschrank (1St), Patchpanel, Verteilerfelder (7St), Datenkabel Cat7 (4.480m), Datenanschlussdosen (60St)	1.860,58 m²BGF	102.761	**55,23**	
490	**Sonst. Maßnahmen für techn. Anlagen**	1.860,58 m²BGF	4.892	**2,63**	0,6
	• Herstellen (Kosten: 100,0%) Baubeleuchtung (psch), Baustromverteiler, versetzen, warten (11St)	1.860,58 m²BGF	4.892	**2,63**	
500	**Außenanlagen und Freiflächen**				**100,0**
510	**Erdbau**	467,00 m³EBR	1.234	**2,64**	2,4
	• Herstellen (Kosten: 100,0%) Entwässerungsmulde (psch)	467,00 m³EBR	1.234	**2,64**	
520	**Gründung, Unterbau**	–	2.532	–	5,0
	• Abbrechen (Kosten: 15,4%) Abbruch von Einzelfundamenten (20St); Entsorgung, Deponiegebühren	–	390	–	
	• Herstellen (Kosten: 84,6%) Streifenfundament (3m³), Fundament 40x80x140cm (1St), Fundamentbalken (1St)	–	2.142	–	
530	**Oberbau, Deckschichten**	507,05 m²BFF	3.982	**7,85**	7,9
	• Abbrechen (Kosten: 81,3%) Abbruch von Granitpflaster mit Unterbau (469m²); Entsorgung, Deponiegebühren, lagern (38m²)	507,05 m²BFF	3.237	**6,38**	
	• Herstellen (Kosten: 18,7%) Granitpflaster (2m²), anarbeiten an Bestand (3m)	1,80 m²BFF	745	**413,77**	
540	**Baukonstruktionen**	–	36.159	–	71,4
	• Abbrechen (Kosten: 2,6%) Abbruch von Zäunen (54m) * Stb-Winkelstützen (3m) * Basaltpalisaden (39St); Entsorgung, Deponiegebühren	–	926	–	
	• Herstellen (Kosten: 97,4%) Stb-Winkelstützwände (29m³), Eingangstreppe, Podest, drei Blockstufen, b=4,20m (psch)	–	35.233	–	
550	**Technische Anlagen**	–	5.614	–	11,1
	• Herstellen (Kosten: 100,0%) Kontrollschächte (5St)	–	5.614	–	
560	**Einbauten Außenanlagen u. Freiflächen**	–	1.112	–	2,2
	• Abbrechen (Kosten: 100,0%) Abbruch von Fahrradständern (psch); Entsorgung, Deponiegebühren	–	1.112	–	

KG	Kostengruppe	Menge Einheit	Kosten €	€/Einheit	%
600	**Ausstattung und Kunstwerke**				**100,0**
610	**Allgemeine Ausstattung**	1.860,58 m²BGF	20.854	**11,21**	100,0
	• Herstellen (Kosten: 100,0%) Vorhänge als Blendschutz (326m²), Vorhangschienen (125m), WC-Papierhalter (8St), WC-Bürstengarnituren (9St)	1.860,58 m²BGF	20.854	**11,21**	

Kostenkennwerte für die Kostengruppen 300 der 2. und 3. Ebene DIN 276 (Übersicht)

KG	Kostengruppe	Menge Einheit	€/Einheit	Kosten €	% an 3+4
300	**Bauwerk – Baukonstruktionen**	**1.860,58 m² BGF**	**1.578,40**	**2.936.745,70**	**79,6**
310	**Baugrube / Erdbau**	**3.196,06 m³ BGI**	**36,78**	**117.543,07**	**3,2**
311	Herstellung	3.196,06 m³ BGI	36,78	117.543,07	3,2
312	Umschließung	–	–	–	–
313	Wasserhaltung	–	–	–	–
314	Vortrieb	–	–	–	–
319	Sonstiges zur KG 310	–	–	–	–
320	**Gründung, Unterbau**	**593,57 m² GRF**	**335,64**	**199.225,48**	**5,4**
321	Baugrundverbesserung	924,93 m²	1,82	1.686,55	< 0,1
322	Flachgründungen und Bodenplatten	593,57 m²	132,44	78.614,69	2,1
323	Tiefgründungen	–	–	–	–
324	Gründungsbeläge	497,28 m²	175,11	87.076,78	2,4
325	Abdichtungen und Bekleidungen	592,95 m²	53,71	31.847,45	0,9
326	Dränagen	–	–	–	–
329	Sonstiges zur KG 320	–	–	–	–
330	**Außenwände/Vert. Baukonstrukt., außen**	**1.272,55 m² AWF**	**784,10**	**997.801,57**	**27,0**
331	Tragende Außenwände	594,64 m²	177,59	105.599,48	2,9
332	Nichttragende Außenwände	73,89 m²	185,99	13.742,68	0,4
333	Außenstützen	20,92 m	326,52	6.830,84	0,2
334	Außenwandöffnungen	46,85 m²	1.863,51	87.305,43	2,4
335	Außenwandbekleidungen, außen	941,30 m²	409,76	385.707,83	10,4
336	Außenwandbekleidungen, innen	677,60 m²	35,78	24.245,07	0,7
337	Element. Außenwandkonstruktionen	284,40 m²	1.166,73	331.817,37	9,0
338	Lichtschutz zur KG 330	143,40 m²	296,74	42.552,85	1,2
339	Sonstiges zur KG 330	–	–	–	–
340	**Innenwände/Vert. Baukonstrukt., innen**	**2.391,08 m² IWF**	**177,01**	**423.254,69**	**11,5**
341	Tragende Innenwände	1.013,18 m²	121,04	122.635,66	3,3
342	Nichttragende Innenwände	157,67 m²	101,21	15.958,23	0,4
343	Innenstützen	54,30 m	283,81	15.410,67	0,4
344	Innenwandöffnungen	92,81 m²	963,53	89.425,34	2,4
345	Innenwandbekleidungen	4.541,00 m²	30,74	139.592,27	3,8
346	Elementierte Innenwandkonstruktionen	27,77 m²	1.448,78	40.232,51	1,1
347	Lichtschutz zur KG 340	–	–	–	–
349	Sonstiges zur KG 340	–	–	–	–
350	**Decken/Horizontale Baukonstruktionen**	**1.089,60 m² DEF**	**541,59**	**590.121,14**	**16,0**
351	Deckenkonstruktionen	1.009,94 m²	229,02	231.299,25	6,3
352	Deckenöffnungen	–	–	–	–
353	Deckenbeläge	1.011,34 m²	154,88	156.641,34	4,2
354	Deckenbekleidungen	1.076,40 m²	92,75	99.841,23	2,7
355	Elementierte Deckenkonstruktionen	13,20 m²	1.494,39	19.725,91	0,5
359	Sonstiges zur KG 350	1.089,60 m² DEF	75,82	82.613,40	2,2
360	**Dächer**	**837,40 m² DAF**	**534,71**	**447.763,79**	**12,1**
361	Dachkonstruktionen	598,88 m²	211,43	126.623,89	3,4
362	Dachöffnungen	0,30 m²	5.151,53	1.545,46	< 0,1
363	Dachbeläge	837,10 m²	273,97	229.338,15	6,2
364	Dachbekleidungen	644,40 m²	81,30	52.389,42	1,4
365	Elementierte Dachkonstruktionen	–	–	–	–
366	Lichtschutz zur KG 360	–	–	–	–
369	Sonstiges zur KG 360	837,40 m² DAF	45,22	37.866,88	1,0
370	**Infrastrukturanlagen**	**–**	**–**	**–**	**–**
380	**Baukonstruktive Einbauten**	**–**	**–**	**–**	**–**
390	**Sonst. Maßnahmen für Baukonstrukt.**	**1.860,58 m² BGF**	**86,55**	**161.035,97**	**4,4**

4100-0173
Ganztagsschule
(9 Klassen)
(225 Schüler)

Erweiterung

Kostenkennwerte für die Kostengruppen 400 der 2. und 3. Ebene DIN 276 (Übersicht)

KG	Kostengruppe	Menge Einheit	€/Einheit	Kosten €	% an 3+4
400	**Bauwerk – Technische Anlagen**	**1.860,58 m² BGF**	**405,40**	**754.288,18**	**20,4**
410	**Abwasser-, Wasser-, Gasanlagen**	**1.860,58 m² BGF**	**33,50**	**62.336,09**	**1,7**
411	Abwasseranlagen	1.860,58 m² BGF	13,23	24.618,04	0,7
412	Wasseranlagen	1.860,58 m² BGF	19,84	36.918,89	1,0
413	Gasanlagen	–	–	–	–
419	Sonstiges zur KG 410	1.860,58 m² BGF	0,43	799,19	< 0,1
420	**Wärmeversorgungsanlagen**	**1.860,58 m² BGF**	**17,47**	**32.505,86**	**0,9**
421	Wärmeerzeugungsanlagen	1.860,58 m² BGF	0,10	181,53	< 0,1
422	Wärmeverteilnetze	1.860,58 m² BGF	8,63	16.061,66	0,4
423	Raumheizflächen	1.860,58 m² BGF	8,74	16.262,67	0,4
424	Verkehrsheizflächen	–	–	–	–
429	Sonstiges zur KG 420	–	–	–	–
430	**Raumlufttechnische Anlagen**	**1.860,58 m² BGF**	**102,74**	**191.147,23**	**5,2**
431	Lüftungsanlagen	1.860,58 m² BGF	102,74	191.147,23	5,2
432	Teilklimaanlagen	–	–	–	–
433	Klimaanlagen	–	–	–	–
434	Kälteanlagen	–	–	–	–
439	Sonstiges zur KG 430	–	–	–	–
440	**Elektrische Anlagen**	**1.860,58 m² BGF**	**126,66**	**235.662,36**	**6,4**
441	Hoch- und Mittelspannungsanlagen	–	–	–	–
442	Eigenstromversorgungsanlagen	–	–	–	–
443	Niederspannungsschaltanlagen	–	–	–	–
444	Niederspannungsinstallationsanlagen	1.860,58 m² BGF	75,79	141.017,62	3,8
445	Beleuchtungsanlagen	1.860,58 m² BGF	44,90	83.531,93	2,3
446	Blitzschutz- und Erdungsanlagen	1.860,58 m² BGF	5,97	11.112,79	0,3
447	Fahrleitungssysteme	–	–	–	–
449	Sonstiges zur KG 440	–	–	–	–
450	**Kommunikationstechnische Anlagen**	**1.860,58 m² BGF**	**67,17**	**124.983,54**	**3,4**
451	Telekommunikationsanlagen	–	–	–	–
452	Such- und Signalanlagen	–	–	–	–
453	Zeitdienstanlagen	–	–	–	–
454	Elektroakustische Anlagen	1.860,58 m² BGF	4,27	7.938,35	0,2
455	Audiovisuelle Medien- u. Antennenanl.	–	–	–	–
456	Gefahrenmelde- und Alarmanlagen	1.860,58 m² BGF	62,91	117.045,19	3,2
457	Datenübertragungsnetze	–	–	–	–
458	Verkehrsbeeinflussungsanlagen	–	–	–	–
459	Sonstiges zur KG 450	–	–	–	–
460	**Förderanlagen**	**–**	**–**	**–**	**–**
461	Aufzugsanlagen	–	–	–	–
462	Fahrtreppen, Fahrsteige	–	–	–	–
463	Befahranlagen	–	–	–	–
464	Transportanlagen	–	–	–	–
465	Krananlagen	–	–	–	–
466	Hydraulikanlagen	–	–	–	–
469	Sonstiges zur KG 460	–	–	–	–
470	**Nutzungsspez. u. verfahrenstechn. Anl.**	**–**	**–**	**–**	**–**
480	**Gebäude- und Anlagenautomation**	**1.860,58 m² BGF**	**55,23**	**102.761,02**	**2,8**
490	**Sonst. Maßnahmen für techn. Anlagen**	**1.860,58 m² BGF**	**2,63**	**4.892,12**	**0,1**

Kostenstand: 3. Quartal 2023, Bundesdurchschnitt, **inkl. 19% MwSt.**

Kostenkennwerte für Leistungsbereiche nach STLB (Kosten des Bauwerks nach DIN 276)

LB	Leistungsbereiche	Kosten €	€/m² BGF	€/m³ BRI	% an 3+4
000	Sicherheits-, Baustelleneinrichtungen inkl. 001	140.034	75,30	18,30	3,8
002	Erdarbeiten	113.305	60,90	14,80	3,1
006	Spezialtiefbauarbeiten inkl. 005	–	–	–	–
009	Entwässerungskanalarbeiten inkl. 011	12.288	6,60	1,60	0,3
010	Drän- und Versickerarbeiten	–	–	–	–
012	Mauerarbeiten	155.324	83,50	20,30	4,2
013	Betonarbeiten	573.192	308,10	74,70	15,5
014	Natur-, Betonwerksteinarbeiten	96.201	51,70	12,50	2,6
016	Zimmer- und Holzbauarbeiten	57.151	30,70	7,50	1,5
017	Stahlbauarbeiten	39.444	21,20	5,10	1,1
018	Abdichtungsarbeiten	27.313	14,70	3,60	0,7
019	Kampfmittelräumarbeiten	–	–	–	–
020	Dachdeckungsarbeiten	–	–	–	–
021	Dachabdichtungsarbeiten	169.754	91,20	22,10	4,6
	Wiederherstellen	435	0,23	0,06	< 0,1
	Herstellen	169.319	91,00	22,10	4,6
022	Klempnerarbeiten	421.634	226,60	55,00	11,4
	Rohbau	**1.805.640**	**970,50**	**235,40**	**48,9**
	Wiederherstellen	435	0,23	0,06	< 0,1
	Herstellen	1.805.204	970,20	235,40	48,9
023	Putz- und Stuckarbeiten, Wärmedämmsysteme	81.746	43,90	10,70	2,2
024	Fliesen- und Plattenarbeiten	30.582	16,40	4,00	0,8
025	Estricharbeiten	60.733	32,60	7,90	1,6
026	Fenster, Außentüren inkl. 029, 032	310.891	167,10	40,50	8,4
027	Tischlerarbeiten	96.631	51,90	12,60	2,6
028	Parkettarbeiten, Holzpflasterarbeiten	–	–	–	–
030	Rollladenarbeiten	46.521	25,00	6,10	1,3
031	Metallbauarbeiten inkl. 035	241.476	129,80	31,50	6,5
034	Maler- und Lackiererarbeiten inkl. 037	77.784	41,80	10,10	2,1
	Wiederherstellen	1.656	0,89	0,22	< 0,1
	Herstellen	76.128	40,90	9,90	2,1
036	Bodenbelagarbeiten	46.234	24,80	6,00	1,3
038	Vorgehängte hinterlüftete Fassaden	–	–	–	–
039	Trockenbauarbeiten	132.523	71,20	17,30	3,6
	Wiederherstellen	1.403	0,75	0,18	< 0,1
	Herstellen	131.120	70,50	17,10	3,6
	Ausbau	**1.125.121**	**604,70**	**146,70**	**30,5**
	Wiederherstellen	3.059	1,60	0,40	< 0,1
	Herstellen	1.122.061	603,10	146,30	30,4
040	Wärmeversorgungsanl. - Betriebseinr. inkl. 041	25.471	13,70	3,30	0,7
042	Gas- und Wasserinstallation, Leitungen inkl. 043	10.522	5,70	1,40	0,3
044	Abwasseranlagen - Leitungen	7.261	3,90	0,95	0,2
045	GWE-Einrichtungsgegenstände inkl. 046	32.134	17,30	4,20	0,9
047	Dämmarbeiten an betriebstechnischen Anlagen	68.527	36,80	8,90	1,9
049	Feuerlöschanlagen, Feuerlöschgeräte	–	–	–	–
050	Blitzschutz- und Erdungsanlagen	11.012	5,90	1,40	0,3
053	Niederspannungsanlagen inkl. 052, 054	206.040	110,70	26,90	5,6
	Wiederherstellen	1.002	0,54	0,13	< 0,1
	Herstellen	205.038	110,20	26,70	5,6
055	Sicherheits- u. Ersatzstromversorgungsanl.	–	–	–	–

Erweiterung

LB	Leistungsbereiche	Kosten €	€/m² BGF	€/m³ BRI	% an 3–4
057	Gebäudesystemtechnik	–	–	–	–
058	Leuchten und Lampen inkl. 059	83.452	44,90	10,90	2,3
	Wiederherstellen	10.490	5,60	1,40	0,3
	Herstellen	72.962	39,20	9,50	2,0
060	Sprechanlagen, elektroakust. Anlagen inkl. 064	8.039	4,30	1,00	0,2
061	Kommunikationsnetze inkl. 063	78.050	41,90	10,20	2,1
069	Aufzüge	–	–	–	–
070	Gebäudeautomation	66.287	35,60	8,60	1,8
075	Raumlufttechnische Anlagen inkl. 078	138.163	74,30	18,00	3,7
	Wiederherstellen	2.833	1,50	0,37	<0,1
	Herstellen	135.330	72,70	17,60	3,7
	Gebäudetechnik	**734.958**	**395,00**	**95,80**	**19,9**
	Wiederherstellen	14.325	7,70	1,90	0,4
	Herstellen	720.633	387,30	94,00	19,5
084	Abbruch, Rückbau, Schadstoffsanierung	12.362	6,60	1,60	0,3
	Abbrechen	12.362	6,60	1,60	0,3
	Abbrucharbeiten	**12.362**	**6,60**	**1,60**	**0,3**
	Abbrechen	12.362	6,60	1,60	0,3
	Sonstige Leistungsbereiche	**12.954**	**7,00**	**1,70**	**0,4**

4100-0194
Schule
(12 Klassen)
(336 Schüler)

Erweiterung

Objektübersicht

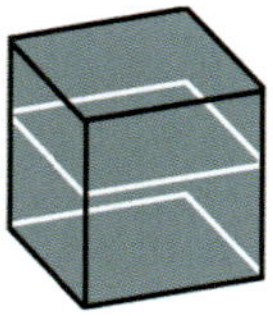

BRI 528 €/m³

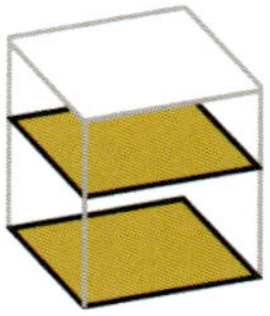

BGF 2.048 €/m²

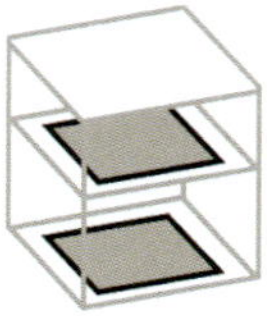

NUF 3.060 €/m²

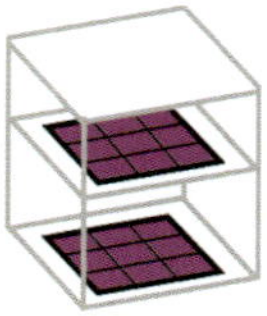

NE 10.840 €/NE

NE: Schüler

Objekt:
Kennwerte: 3. Ebene DIN 276
BRI: 6.899 m³
BGF: 1.778 m²
NUF: 1.190 m²
Bauzeit: 83 Wochen
Bauende: 2017
Standard: über Durchschnitt
Bundesland: Niedersachsen
Kreis: Harburg

Architekt*in:
Bosse Westphal Schäffer
Architekten
Löhnfeld 26
21423 Winsen/Luhe

Bauherr*in:
Stadt Winsen/Luhe
Der Bürgermeister
21423 Winsen/Luhe

Ansicht Nord

Ansicht Ost

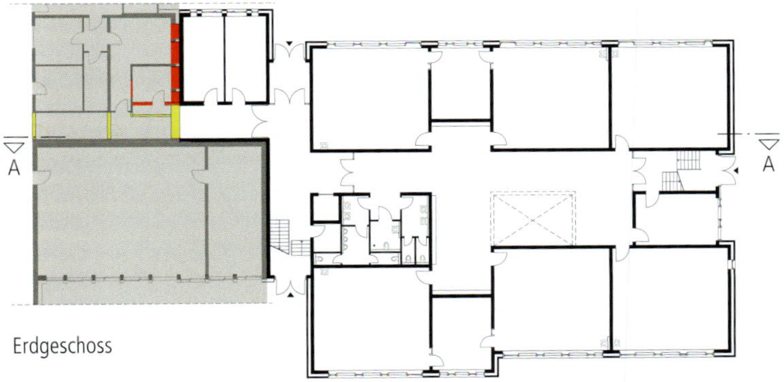

Erdgeschoss

Erweiterung

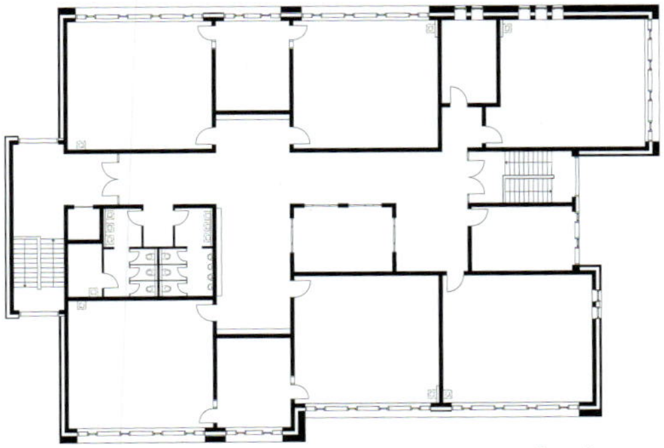

Obergeschoss

Erweiterung

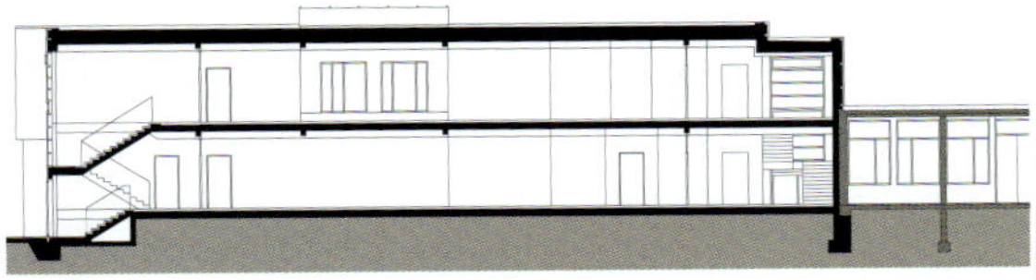

Schnitt A-A

Ansicht Süd

Objektbeschreibung

Allgemeine Objektinformationen

Der Neubau erweitert das bestehende Schulgebäude und bietet Platz für 336 Schüler. Auf zwei Geschossen verteilen sich insgesamt zwölf Klassenräume und fünf Gruppenräume um einen zentralen, durch eine große Dachverglasung belichteten Multifunktionsraum. Dieser ermöglicht den Schülern eine Nutzung als Aufenthaltsbereich, aber auch als Lern- und Kommunikationszone.

Nutzung

1 Erdgeschoss
Erweiterung: Klassenräume, Multifunktionsbereich, Gruppenräume, WCs, Windfang, Verwaltungsräume
Bestand: Umbauten Eingang/Flur, Putzmittel, Lagerraum

1 Obergeschoss
Erweiterung: Klassenräume, Gruppenräume, WCs
Bestand: -

Nutzeinheiten

Klassen: 12
Schüler: 336

Grundstück

Bauraum: Freier Bauraum
Neigung: Ebenes Gelände
Bodenklasse: BK 1 bis BK 4

Markt

Hauptvergabezeit: 1. Quartal 2016
Baubeginn: 3. Quartal 2015
Bauende: 2. Quartal 2017
Konjunkturelle Gesamtlage: über Durchschnitt
Regionaler Baumarkt: unter Durchschnitt

Baubestand

Baujahr: 1971
Bauzustand: mittel
Aufwand: hoch
Grundrissänderungen: umfangreiche
Tragwerkseingriffe: wenige
Nutzungsänderung: nein
Nutzung während der Bauzeit: ja

Baukonstruktion

Das Gebäude ist in Massivbauweise errichtet. Die Fassaden im Erdgeschoss sind mit Vormauerziegeln bekleidet, im Obergeschoss wurden HPL-Platten vorgehängt. Die großflächigen Tür- und Fensterbänder sind in einer Pfosten-Riegelkonstruktion ausgeführt. Die Innenwände sind in Kalksandstein errichtet. Die innere Erschließung erfolgt über zwei Treppenhäuser sowie einen Aufzug. Die Böden sind mit Industrieparkett, in den Sanitärräumen mit Fliesen belegt. Die Decken wurden mit Akustikdecken abgehängt. Das Stahlbeton-Flachdach ist über der Gefälledämmung mit Kunststoff abgedichtet. Ein Glasdach belichtet die innenliegenden Flurbereiche.

Technische Anlagen

Die Schulerweiterung wird mit einer Gastherme beheizt. Die Wärmeverteilung erfolgt über eine Fußbodenheizung. Eine Lüftungsanlage mit Wärmerückgewinnung versorgt die Räume mit Frischluft. Es wurde ein Aufzug, eine Blitzschutzanlage und eine Brandmeldeanlage eingebaut.

Sonstiges

Im Zuge der Schulerweiterung wurde auch ein Mensagebäude für das Schulzentrums erbaut. Diese Baumaßnahme wurde mit der Objektnummer 6500-0048 dokumentiert.

Energetische Kennwerte

Gesetzliche Grundlage: EnEV 2013
Gebäudenutzfläche: 1.954,94 m^2
Gebäudevolumen: 6.109,20 m^3
Hüllfläche des beheizten Volumens: 2.736,77 m^2
Mittlerer U-Wert (opake Bauteile): 0,16 W/(m^2·K)
Mittlerer U-Wert (transparente Bauteile): 1,00 W/(m^2·K)
Mittlerer U-Wert (Glasdächer, etc.): 1,00 W/(m^2·K)
Jahresprimärenergie: 78.473,00 kWh/a
Spez. Jahresprimärenergiebedarf: 54,09 kWh/(m^2·a)
Jahresendenergiebedarf: 81.713,00 kWh/a
Spez. Jahresendenergiebedarf: 56,32 kWh/(m^2·a)

Energetische Angaben zu Außenbauteilen

Bodenplatte

U-Wert: 0,23 W/(m²·K)

Gesamtdicke: 40,26 cm	d [cm]	l [W/(m·K)]
Estrich	6,00	1,400
PE-Folie	0,06	0,300
Dämmung	14,00	0,035
Bitumenbahn	0,20	0,170
Stahlbeton	20,00	2,500

Außenwand

U-Wert: 0,18 W/(m²·K)

Gesamtdicke: 44,00 cm	d [cm]	l [W/(m·K)]
Innenputz	1,00	0,700
Stahlbeton	24,00	2,500
Dämmung	18,00	0,035
Außenputz	1,00	0,700

Decke gegen Außenluft unten

U-Wert: 0,16 W/(m²·K)

Gesamtdicke: 50,06 cm	d [cm]	l [W/(m·K)]
Estrich	6,00	1,400
Dämmung	6,00	0,035
PE-Folie	0,06	0,300
Stahlbeton	24,00	2,500
Dämmung	14,00	0,035

Dach

U-Wert: 0,17 W/(m²·K)

Gesamtdicke: 46,50 cm	d [cm]	l [W/(m·K)]
Innenputz	1,50	0,700
Stahlbeton	24,00	2,500
Dämmung	20,00	0,035
Bitumenbahn	1,00	0,170

4100-0194
Schule
(12 Klassen)
(336 Schüler)

Planungskennwerte für Flächen und Rauminhalte nach DIN 277

Flächen des Grundstücks		Menge Einheit	% an GF
BF	Bebaute Fläche	4.671,41 m²	22,9
UF	Unbebaute Fläche	15.687,32 m²	77,1
GF	Grundstücksfläche	20.358,73 m²	100,0

Erweiterung

Grundflächen des Bauwerks		Menge Einheit	% an NUF	% an BGF
NUF	Nutzungsfläche	1.190,14 m²	100,0	65,9
TF	Technikfläche	4,04 m²	0,3	0,2
VF	Verkehrsfläche	295,79 m²	24,9	16,6
NRF	Netto-Raumfläche	1.489,97 m²	125,2	83,8
KGF	Konstruktions-Grundfläche	288,41 m²	24,2	16,2
BGF	Brutto-Grundfläche	1.778,38 m²	149,4	100,0

Brutto-Rauminhalt des Bauwerks		Menge Einheit	BRI/NUF (m)	BRI/BGF (m)
BRI	Brutto-Rauminhalt	6.898,81 m³	5,80	3,88

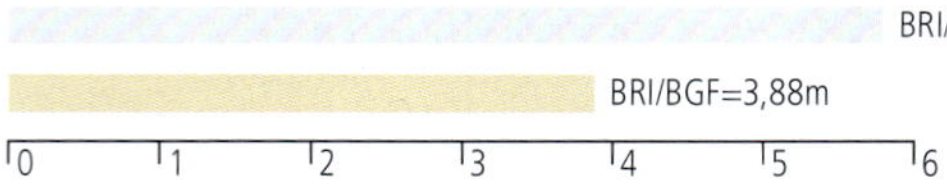

Lufttechnisch behandelte Flächen	Menge Einheit	% an NUF	% an BGF
Entlüftete Fläche	–	–	–
Be- und entlüftete Fläche	–	–	–
Teilklimatisierte Fläche	–	–	–
Klimatisierte Fläche	–	–	–

KG	Kostengruppen (2. Ebene)	Menge Einheit	Menge/NUF	Menge/BGF
310	Baugrube / Erdbau	66,95 m³ BGI	0,06	0,04
320	Gründung, Unterbau	876,84 m² GRF	0,74	0,49
330	Außenwände/Vertikale Baukonstruktionen, außen	1.198,73 m² AWF	1,01	0,67
340	Innenwände/Vertikale Baukonstruktionen, innen	1.393,72 m² IWF	1,17	0,78
350	Decken/Horizontale Baukonstruktionen	852,41 m² DEF	0,72	0,48
360	Dächer	928,93 m² DAF	0,78	0,52

Kostenkennwerte für die Kostengruppen der 1.Ebene DIN 276

KG	Kostengruppen (1.Ebene)	Einheit	Kosten €	€/Einheit	€/m² BGF	€/m³ BRI	% 300+400
100	Grundstück	m² GF	–	–	–	–	–
200	Vorbereitende Maßnahmen	m² GF	22.336	1,10	12,56	3,24	0,6
300	Bauwerk – Baukonstruktionen	m² BGF	2.617.021	1.471,58	1.471,58	379,34	71,9
400	Bauwerk – Technische Anlagen	m² BGF	1.025.151	576,45	576,45	148,60	28,1
	Bauwerk 300+400	**m² BGF**	**3.642.172**	**2.048,03**	**2.048,03**	**527,94**	**100,0**
500	Außenanlagen und Freiflächen	m² AF	–	–	–	–	–
600	Ausstattung und Kunstwerke	m² BGF	9.907	5,57	5,57	1,44	0,3
700	Baunebenkosten	m² BGF	–	–	–	–	–
800	Finanzierung	m² BGF	–	–	–	–	–

KG	Kostengruppe	Menge Einheit	Kosten €	€/Einheit	%
200	**Vorbereitende Maßnahmen**	20.358,73 m² GF	22.336	**1,10**	0,6

- Abbrechen (Kosten: 86,3%) 19.278
  Baumstubben, Wurzelballen abräumen; Entsorgung, Deponiegebühren

- Herstellen (Kosten: 13,7%) 3.058
  Oberboden abtragen, laden, lagern

KG	Kostengruppe	Menge Einheit	Kosten €	€/Einheit	%
3+4	**Bauwerk**				**100,0**
300	**Bauwerk – Baukonstruktionen**	1.778,38 m² BGF	2.617.021	**1.471,58**	71,9

- Abbrechen (Kosten: 0,4%) 10.079
  Abbruch von Betonfundament; von Innenwänden; von Innentüren mit Stahlzargen; von Wandputz; von Einbauschränken; Entsorgung, Deponiegebühren

- Wiederherstellen (Kosten: 0,1%) 3.027
  Alufenster ausbauen, wieder einbauen, Fensterbänke unterfüttern, beiputzen; Festverglasung ausbauen, säubern, neu verglasen, einsetzen

- Herstellen (Kosten: 99,5%) 2.603.915
  Oberbodenarbeiten, Bodenaustausch; Stb-Fundamente, Stb-Bodenplatte, Bitumenabdichtung, EPS-Dämmung, Heizestrich, Eichenparkett, Betonwerkstein, Bodenfliesen; KS-Mauerwerk, Stb-Wände, Stb-Stützen, Mineralwolldämmung, HPL-Außenwandbekleidung, Verblendmauerwerk, Alu-Bekleidung, Kalk-Zementputz, Beschichtung; Alu-Holz-Pfosten-Riegelfassade, Alu-Pfosten-Riegelfassade, Außenraffstores, Senkrechtmarkisen; KS-Mauerwerk, Stb-Wände, Stahlträger; Holztüren, Stahltüren, Kalk-Zementputz, Fliesen, WC-Trennwände; Stb-Elementdecken, Stb-Treppen, Heizestrich, Eichenparkett, Bodenfliesen; Akustikdecken; Treppengeländer; Stb-Flachdach, Stahlvordächer, Glasvordach; Lichtkuppel, Gefälledämmung, EPDM-Abdichtung, Rollkiesschüttung, Attikaabdeckungen, Dachentwässerung, Akustikdecken, Alu-Lichtdach-Konstruktion

4100-0194
Schule
(12 Klassen)
(336 Schüler)

Erweiterung

KG	Kostengruppe	Menge Einheit	Kosten €	€/Einheit	%
400	**Bauwerk – Technische Anlagen**	1.778,38 m²BGF	1.025.151	**576,45**	[illegible]8,1
	• Abbrechen (Kosten: 0,5%) Abbruch von Rohrleitungen; von Elektroinstallationen; Entsorgung, Deponiegebühren		4.995		
	• Wiederherstellen (Kosten: 0,4%) Demontage und Montage von Heizkörpern		3.739		
	• Herstellen (Kosten: 99,1%) Gebäudeentwässerung, Kalt- und Warmwasserleitungen, Sanitärobjekte; Gas-Brennwertkessel, Fußbodenheizung, Heizkörper; Zu- und Abluftgeräte, Lüftungskanäle; Elektroinstallation, Beleuchtung; Lautsprecheranlagen, Notrufanlage, Netzwerkverkabelung; Personenaufzug; Gebäudeautomation		1.016.416		
600	**Ausstattung und Kunstwerke**	1.778,38 m²BGF	9.907	**5,57**	0,3
	• Herstellen (Kosten: 100,0%) Wandspiegel, Sanitärausstattung, Handtrockner		9.907		

Kostenkennwerte für die Kostengruppen der 2.Ebene DIN 276

KG	Kostengruppe	Menge Einheit	Kosten €	€/Einheit	%
200	**Vorbereitende Maßnahmen**				**100,0**
210	**Herrichten**	20.358,73 m² GF	22.336	**1,10**	100,0
	• Abbrechen (Kosten: 86,3%) Baumstubben, Wurzelballen abräumen (4t); Entsorgung, Deponiegebühren	20.358,73 m² GF	19.278	**0,95**	
	• Herstellen (Kosten: 13,7%) Oberboden abtragen, d=30cm, laden, 500m fördern, lagern (158m³)	20.358,73 m² GF	3.058	**0,15**	
300	**Bauwerk – Baukonstruktionen**				**100,0**
310	**Baugrube / Erdbau**	66,95 m³ BGI	8.441	**126,08**	0,3
	• Herstellen (Kosten: 100,0%) Rohrgrabenaushub, t bis 1,00m, lagern, verfüllen (38m), in Handarbeit (62m), Kopflöcher, t bis 1,20m (2St), Verdichtungsnachweis (16St), Feinplanum (772m²), Füllsand liefern (36m³)	66,95 m³ BGI	8.441	**126,08**	
320	**Gründung, Unterbau**	876,84 m² GRF	296.077	**337,66**	11,3
	• Abbrechen (Kosten: 0,9%) Abbruch von Betonfundament (psch); Entsorgung, Deponiegebühren	–	2.665	–	
	• Herstellen (Kosten: 99,1%) Auffüllung Mineralgemisch, d=50cm (951m³), Ortbeton, d=25-50cm (36m³) * Fundamentaushub (109m³), Streifenfundamente, b=0,40-1,00m (81m³), Stb-Fundamentplatten, d=20-24cm (877m²) * Bitumenabdichtung (773m²), EPS-Dämmung, d=100mm (414m²), d=30mm (789m²), Heizestrich (751m²), Eichenparkett (637m²), Betonwerkstein (141m²), Bodenfliesen (26m²), Holzsockel (412m), Sockelfliesen (45m), Sauberlaufmatte (3St) * Sauberkeitsschicht, Magerbeton, d=5cm (865m²), Perimeterdämmung, d=60-100mm (252m²)	876,84 m² GRF	293.412	**334,62**	
330	**Außenwände/Vert. Baukonstrukt., außen**	1.198,73 m² AWF	936.409	**781,17**	35,8
	• Wiederherstellen (Kosten: 0,2%) Alufenster ausbauen, lagern, wieder einbauen (6m²), Fensterbänke unterfüttern, beiputzen (4m)	5,82 m² AWF	1.844	**316,83**	
	• Herstellen (Kosten: 99,8%) KS-Mauerwerk, d=24cm (224m²), Stb-Wände, d=24-28cm (134m²) * Stb-Brüstung, d=24cm (94m²) * Stb-Stützen, D=20cm (37m), 24x55-130cm (106m) * Mineralwolldämmung, d=220-240mm (309m²), HPL-Außenwandbekleidung (400m²), als Laibungsplatten (136m), Mineralwolldämmung, d=180mm, Verblendmauerwerk, d=11,5cm (226m²), Mineralwolldämmung, d=160mm, Alu-Bekleidung (48m²), Alu-Fensterbänke (75m), Holzschwerter, Brüstungen (221St) * Kalk-Zementputz (326m²), Beschichtung (358m²) * Alu-Holz-Pfosten-Riegelfassade (284m²), Alu-Pfosten-Riegelfassade (92m²) * Außenraffstores, Motorantrieb (151m²), Senkrechtmarkisen (4St)	1.192,91 m² AWF	934.565	**783,43**	

4100-0194
Schule
(12 Klassen)
(336 Schüler)

Erweiterung

KG	Kostengruppe	Menge Einheit	Kosten €	€/Einheit	%
340	**Innenwände/Vert. Baukonstrukt., innen**	1.393,72 m² IWF	409.007	**293,46**	15,6
	• Abbrechen (Kosten: 1,5%) Abbruch von Innenwänden bis d=30cm (17m²) * von Innentüren, Stahlzargen (4m²); von Wandputz (47m²); Entsorgung, Deponiegebühren	27,36 m² IWF	6.322	**231,07**	
	• Wiederherstellen (Kosten: 0,3%) Festverglasung ausbauen, säubern, neu verglasen, wieder einsetzen, abdichten (psch)	–	1.183	**–**	
	• Herstellen (Kosten: 98,2%) KS-Mauerwerk, d=17-24cm (1.011m²), Stb-Wände, d=24cm (87m²), Stb-Stürze b=24cm (13St), Stahlträger HEA140 (3m) * KS-Mauerwerk, d=11,5cm (157m²) * Holztüren, Vollspanplatte, d=48mm (81m²) mit Seiten-Festverglasung (25m²), Stahltüren T60 RS-2 (6m²), Alu-Türelement, zweiflüglig (8m²), Obentürschließer (4St) * Kalk-Zementputz (2.176m²), Vorsatzschalen (230m²), Laibungsbekleidung, d=18-70cm (38m), Fliesen (50m²), Beschichtung (2.152m²) * WC-Trennwände, h=2,00m (18m²), Schamwand (1St)	1.393,72 m² IWF	401.502	**288,08**	
350	**Decken/Horizontale Baukonstruktionen**	852,41 m² DEF	382.537	**448,77**	14,5
	• Herstellen (Kosten: 100,0%) Stb-Elementdecken, d=20-26cm (831m²), Stb-Treppen, b=1,40m, 11Stg (1St), 7Stg (1St), 5Stg (1St), Stb-Podest, d=20cm (9m²), Stb-Unterzüge, b=24cm (88m) * EPS-Dämmung, d=80mm (658m²), Heizestrich, d=70mm (474m²), Schnellestrich (80m²), Winkelstufen Betonwerkstein, b=1,40m (56St), Podestbelag (2St), Eichenparkett (637m²), Korkfugen (69m), Holzsockel (412m), Bodenfliesen (47m²), Fliesensockel (65m), Trennschienen Edelstahl (39m) * Akustikdecken, Quadratlochung, (629m²), Fries (455m), Multiplex-Deckenverstärkung (80St), Beschichtung (622m²) * Treppengeländer, Stahlblech (36m²), Eiche-Handlauf (80m)	852,41 m² DEF	382.537	**448,77**	
360	**Dächer**	928,93 m² DAF	439.675	**473,31**	16,8
	• Herstellen (Kosten: 100,0%) Stb-Flachdach, d=24cm (785m²), Stb-Unterzüge (100m), Stb-Aufkantungen (53m), Stahlvordächer (2St), Glasvordach, VSG (1St) * Lichtkuppel (1St) * Bitumenabdichtung, Gefälledämmung, d i.M 230mm (804m²), PIR-Dämmung, h bis 55cm (61m), EPDM-Abdichtung (905m²), Rollkiesschüttung, d=50mm (99m²), Alu-Attikaabdeckungen (262m), Holzschwerter Attiken (87St), Wasserspeier (8St), Attikaabläufe (8St), Dunstrohre DN70-150 (7St), Regenrohre DN70-100 (73m) * Akustikdecke (801m²), Fries (455m), Beschichtung (887m²) * Alu-Lichtdach-Konstruktion (1St) * Absturzsicherungen (23St)	928,93 m² DAF	439.675	**473,31**	
380	**Baukonstruktive Einbauten**	1.778,38 m² BGF	4.062	**2,28**	0,2
	• Abbrechen (Kosten: 26,9%) Abbruch von Einbauschränken (20m²); Entsorgung, Deponiegebühren	1.778,38 m² BGF	1.092	**0,61**	
	• Herstellen (Kosten: 73,1%) Türschilder (30St), Symbolschilder (5St)	1.778,38 m² BGF	2.969	**1,67**	

KG	Kostengruppe	Menge Einheit	Kosten €	€/Einheit	%
390	**Sonst. Maßnahmen für Baukonstrukt.**	1.778,38 m²BGF	140.813	**79,18**	5,4
	• Herstellen (Kosten: 100,0%)	1.778,38 m²BGF	140.813	**79,18**	
	Baustelleneinrichtungen (10St), Baukran (1St), Bauzaun, h=2,00m (175m), Toranlagen (2St), Absturzsicherungen Baugrube (55m), Baustromverteiler (6St), Baubeleuchtung (psch), Baustellen-WC (1St), Baustraße (72t) * Fassadengerüst (1.246m²), Schutznetze (123m²), Fußgängertunnel (13m) * Bauschutt (59m³); Entsorgung, Deponiegebühren * Staubschutzwände (57m²), Folienabdeckungen Fenster (404m²), Abdeckungen Böden (458m²), Bautrocknung (405d), Baureinigung (psch)				
400	**Bauwerk – Technische Anlagen**				**100,0**
410	**Abwasser-, Wasser-, Gasanlagen**	1.778,38 m²BGF	86.503	**48,64**	8,4
	• Herstellen (Kosten: 100,0%)	1.778,38 m²BGF	86.503	**48,64**	
	KG-Rohre DN100-300 (119m), HT-Rohre DN50-100 (36m), Kontrollschächte DN1.000, t=1,10m (2St) * Kupferrohre DN15-42 (192m), Wand-Tiefspül-WCs, WC-Sitze (10St), barrierefrei (1St), Stützklappgriffe (2St), Urinale (7St), Waschtische, Armaturen (22St), Ausgussbecken (1St), Hygienespülung (1St), Warmwasserspeicher, 10l (1St), Durchlauferhitzer (1St), Brausethermostat (1St) * Montageelemente (38St)				
420	**Wärmeversorgungsanlagen**	1.778,38 m²BGF	161.073	**90,57**	15,7
	• Abbrechen (Kosten: 1,2%)	1.778,38 m²BGF	1.916	**1,08**	
	Abbruch von Rohrleitungen DN15-50 (121m); Entsorgung, Deponiegebühren				
	• Wiederherstellen (Kosten: 2,3%)	1.778,38 m²BGF	3.739	**2,10**	
	Demontage und Montage von Heizkörpern (1St), Stahlglieder-Heizkörper (3St)				
	• Herstellen (Kosten: 96,5%)	1.778,38 m²BGF	155.418	**87,39**	
	Gasbrennwertkessel 48kW (1St) * Stahlrohre DN15-50 (313m), PE-Fernwärmeleitung DN50 (16m), Kabelschutzrohr DN110 (50m), Umwälzpumpen (2St), Kugelhähne (12St), Ventile (psch), Brandschotts (16St) * Fußbodenheizung (1.267m²), Verteiler (7St), Erweiterungsmodule, Steuermodule (7St), Raumfühler (28St), Plattenheizkörper (2St)				
430	**Raumlufttechnische Anlagen**	1.778,38 m²BGF	315.768	**177,56**	30,8
	• Herstellen (Kosten: 100,0%)	1.778,38 m²BGF	315.768	**177,56**	
	Zu- und Abluftgeräte, wetterfest, Steuerungen, Regler, Ventilatoren, Zubehör (2St), Lüftungskanäle, Formstücke, Dämmung (960m²), Wickelfalzrohre DN100-160 (50m), Telefonie-Schalldämpfer (9St), Volumenstromregler (56St), Sensoren (20St), Brandschotts (16St), Lüftungsgitter (106St)				
440	**Elektrische Anlagen**	1.778,38 m²BGF	322.127	**181,13**	31,4
	• Abbrechen (Kosten: 1,0%)	1.778,38 m²BGF	3.080	**1,73**	
	Abbruch von Schaltschrank (1St), Feldgeräten, Verkabelungen (6St); Entsorgung, Deponiegebühren				
	• Herstellen (Kosten: 99,0%)	1.778,38 m²BGF	319.047	**179,40**	
	Schaltschrank, bestückt (1St), Standverteiler (2St), Hauptschalter (2St), Abzweigkästen (91St), Sicherungsautomaten (64St), FI/LS-Schalter (63St), Überspannungsableiter (2St), NH-Trenner (2St), Netzüberwachungsrelais (8St), Motorsteuereinheiten (5St), Mantelleitungen (11.464m), Kanal/Leerrohre (532m), Steckdosen (251St), Schalter, Taster (121St), Präsenzmelder (53St) * Deckeneinbauleuchten (300St), Wannenleuchten (28St), Strahler (30St), Lichtmasten, Aufsatzleuchten (5St), Erweiterung der SiBe-Zentrale (psch), Rettungsweg-Leuchten (32St), Notbeleuchtung (30St) * Erdungsanschlüsse (56St), Potenzialausgleich (1St), Potenzialausgleichsschienen (4St), Mantelleitungen (510m)				

KG	Kostengruppe	Menge Einheit	Kosten €	€/Einheit	%
450	**Kommunikationstechnische Anlagen**	1.778,38 m² BGF	52.762	**29,67**	5,1
	• Herstellen (Kosten: 100,0%) Deckeneinbaulautsprecher (36St), Lautsprechermast (1St) * Lautstärkeregler (2St), Cinch-Stecker (12St), HDMI-Mantelleitung (180m), Anschlussblende (24St), Blindblende (12St) * Hardware für Gebäudemanagement (1St), Basis-GLT-Update (2St), Internetmodem (1St), Rufanlage für barrierefreies WC (1St) * Zentraler Verteilerschrank (1St), LWL Patchfeld 19" (6St), Audio Cinch-Anschlüsse (36St), RJ45 Dosen (39St), Patchkabel 2xRJ45 (12St), Datenanschlussdosen (8St), Daten-Installationskabel (2.630m)	1.778,38 m² BGF	52.762	**29,67**	
460	**Förderanlagen**	1.778,38 m² BGF	49.595	**27,89**	4,8
	• Herstellen (Kosten: 100,0%) Personenaufzug, Tragkraft 630kg, zwei Haltestellen (1St)	1.778,38 m² BGF	49.595	**27,89**	
480	**Gebäude- und Anlagenautomation**	1.778,38 m² BGF	34.895	**19,62**	3,4
	• Herstellen (Kosten: 100,0%) Automationsstationen mit Bedienfeld (2St), Transformatoren (3St), Prozessschnittstelle (1St), Ein- Ausgabemodule (2St), Messwertgeber (23St), MS-Fühlertasche (12St), Dreiwegeventile (10St), Temperaturwächter (3St), Überspannungsschutz (2St), Netzgeräte (2St), Koppelrelais (10St), Switch-Port (1St)	1.778,38 m² BGF	34.895	**19,62**	
490	**Sonst. Maßnahmen für techn. Anlagen**	1.778,38 m² BGF	2.428	**1,37**	0,2
	• Herstellen (Kosten: 100,0%) Provisorische Wasserspeier (4St), provisorische Fallrohre (63m)	1.778,38 m² BGF	2.428	**1,37**	
600	**Ausstattung und Kunstwerke**				**100,0**
610	**Allgemeine Ausstattung**	1.778,38 m² BGF	9.907	**5,57**	100,0
	• Herstellen (Kosten: 100,0%) Wandspiegel 1,20x1,40-2,20m (7St), Bürstengarnituren (12St), Papierrollen (10St), Seifenspender, Papierspender, Müllbehälter (23St), Handtrockner (4St)	1.778,38 m² BGF	9.907	**5,57**	

Kostenkennwerte für die Kostengruppen 300 der 2. und 3. Ebene DIN 276 (Übersicht)

KG	Kostengruppe	Menge Einheit	€/Einheit	Kosten €	% an 3+4
300	**Bauwerk – Baukonstruktionen**	**1.778,38 m² BGF**	**1.471,58**	**2.617.021,47**	**71,9**
310	**Baugrube / Erdbau**	**66,95 m³ BGI**	**126,08**	**8.441,38**	**0,2**
311	Herstellung	66,95 m³ BGI	126,08	8.441,38	0,2
312	Umschließung	–	–	–	–
313	Wasserhaltung	–	–	–	–
314	Vortrieb	–	–	–	–
319	Sonstiges zur KG 310	–	–	–	–
320	**Gründung, Unterbau**	**876,84 m² GRF**	**337,66**	**296.076,99**	**8,1**
321	Baugrundverbesserung	488,31 m²	64,90	31.689,19	0,9
322	Flachgründungen und Bodenplatten	876,84 m²	115,20	101.011,09	2,8
323	Tiefgründungen	–	–	–	–
324	Gründungsbeläge	814,71 m²	169,26	137.894,23	3,8
325	Abdichtungen und Bekleidungen	1.032,18 m²	24,69	25.482,49	0,7
326	Dränagen	–	–	–	–
329	Sonstiges zur KG 320	–	–	–	–
330	**Außenwände/Vert. Baukonstrukt., außen**	**1.198,73 m² AWF**	**781,17**	**936.409,15**	**25,7**
331	Tragende Außenwände	359,94 m²	201,61	72.569,28	2,0
332	Nichttragende Außenwände	94,35 m²	102,77	9.696,29	0,3
333	Außenstützen	143,13 m	188,12	26.925,49	0,7
334	Außenwandöffnungen	54,72 m²	1.220,11	66.764,58	1,8
335	Außenwandbekleidungen, außen	767,74 m²	378,22	290.370,96	8,0
336	Außenwandbekleidungen, innen	358,00 m²	81,16	29.056,35	0,8
337	Element. Außenwandkonstruktionen	376,28 m²	1.093,52	411.469,35	11,3
338	Lichtschutz zur KG 330	154,84 m²	190,89	29.556,85	0,8
339	Sonstiges zur KG 330	–	–	–	–
340	**Innenwände/Vert. Baukonstrukt., innen**	**1.393,72 m² IWF**	**293,46**	**409.007,39**	**11,2**
341	Tragende Innenwände	1.098,25 m²	116,79	128.259,48	3,5
342	Nichttragende Innenwände	156,89 m²	130,52	20.478,04	0,6
343	Innenstützen	–	–	–	–
344	Innenwandöffnungen	120,26 m²	886,90	106.658,21	2,9
345	Innenwandbekleidungen	2.332,78 m²	63,97	149.216,56	4,1
346	Elementierte Innenwandkonstruktionen	18,32 m²	239,91	4.395,12	0,1
347	Lichtschutz zur KG 340	–	–	–	–
349	Sonstiges zur KG 340	–	–	–	–
350	**Decken/Horizontale Baukonstruktionen**	**852,41 m² DEF**	**448,77**	**382.536,72**	**10,5**
351	Deckenkonstruktionen	852,41 m²	175,14	149.290,05	4,1
352	Deckenöffnungen	–	–	–	–
353	Deckenbeläge	705,00 m²	159,66	112.560,16	3,1
354	Deckenbekleidungen	628,61 m²	100,07	62.905,22	1,7
355	Elementierte Deckenkonstruktionen	–	–	–	–
359	Sonstiges zur KG 350	852,41 m² DEF	67,79	57.781,29	1,6
360	**Dächer**	**928,93 m² DAF**	**473,31**	**439.675,03**	**12,1**
361	Dachkonstruktionen	784,73 m²	184,14	144.499,28	4,0
362	Dachöffnungen	1,44 m²	1.533,83	2.208,72	< 0,1
363	Dachbeläge	904,76 m²	193,12	174.729,38	4,8
364	Dachbekleidungen	886,81 m²	84,35	74.804,72	2,1
365	Elementierte Dachkonstruktionen	22,73 m²	1.276,68	29.019,02	0,8
366	Lichtschutz zur KG 360	–	–	–	–
369	Sonstiges zur KG 360	928,93 m² DAF	15,52	14.413,94	0,4
370	**Infrastrukturanlagen**	**–**	**–**	**–**	**–**
380	**Baukonstruktive Einbauten**	**1.778,38 m² BGF**	**2,28**	**4.061,91**	**0,1**
390	**Sonst. Maßnahmen für Baukonstrukt.**	**1.778,38 m² BGF**	**79,18**	**140.812,91**	**3,9**

Kostenstand: 3. Quartal 2023, Bundesdurchschnitt, **inkl. 19% MwSt.**

4100-0194
Schule
(12 Klassen)
(336 Schüler)

Erweiterung

Kostenkennwerte für die Kostengruppen 400 der 2. und 3.Ebene DIN 276 (Übersicht)

KG	Kostengruppe	Menge Einheit	€/Einheit	Kosten €	% an 3+4
400	**Bauwerk – Technische Anlagen**	**1.778,38 m²BGF**	**576,45**	**1.025.150,71**	**28,1**
410	**Abwasser-, Wasser-, Gasanlagen**	**1.778,38 m²BGF**	**48,64**	**86.503,01**	**2,4**
411	Abwasseranlagen	1.778,38 m²BGF	15,18	26.987,23	0,7
412	Wasseranlagen	1.778,38 m²BGF	29,50	52.456,67	1,4
413	Gasanlagen	–	–	–	–
419	Sonstiges zur KG 410	1.778,38 m²BGF	3,97	7.059,10	0,2
420	**Wärmeversorgungsanlagen**	**1.778,38 m²BGF**	**90,57**	**161.073,10**	**4,4**
421	Wärmeerzeugungsanlagen	1.778,38 m²BGF	24,39	43.382,59	1,2
422	Wärmeverteilnetze	1.778,38 m²BGF	27,69	49.247,51	1,4
423	Raumheizflächen	1.778,38 m²BGF	38,49	68.443,02	1,9
424	Verkehrsheizflächen	–	–	–	–
429	Sonstiges zur KG 420	–	–	–	–
430	**Raumlufttechnische Anlagen**	**1.778,38 m²BGF**	**177,56**	**315.768,25**	**8,7**
431	Lüftungsanlagen	1.778,38 m²BGF	177,56	315.768,25	8,7
432	Teilklimaanlagen	–	–	–	–
433	Klimaanlagen	–	–	–	–
434	Kälteanlagen	–	–	–	–
439	Sonstiges zur KG 430	–	–	–	–
440	**Elektrische Anlagen**	**1.778,38 m²BGF**	**181,13**	**322.126,51**	**8,8**
441	Hoch- und Mittelspannungsanlagen	–	–	–	–
442	Eigenstromversorgungsanlagen	–	–	–	–
443	Niederspannungsschaltanlagen	–	–	–	–
444	Niederspannungsinstallationsanlagen	1.778,38 m²BGF	93,77	166.754,20	4,6
445	Beleuchtungsanlagen	1.778,38 m²BGF	85,62	152.265,08	4,2
446	Blitzschutz- und Erdungsanlagen	1.778,38 m²BGF	1,75	3.107,23	< 0,1
447	Fahrleitungssysteme	–	–	–	–
449	Sonstiges zur KG 440	–	–	–	–
450	**Kommunikationstechnische Anlagen**	**1.778,38 m²BGF**	**29,67**	**52.762,04**	**1,4**
451	Telekommunikationsanlagen	–	–	–	–
452	Such- und Signalanlagen	–	–	–	–
453	Zeitdienstanlagen	–	–	–	–
454	Elektroakustische Anlagen	1.778,38 m²BGF	1,96	3.479,40	< 0,1
455	Audiovisuelle Medien- u. Antennenanl.	1.778,38 m²BGF	3,17	5.640,72	0,2
456	Gefahrenmelde- und Alarmanlagen	1.778,38 m²BGF	9,43	16.768,54	0,5
457	Datenübertragungsnetze	1.778,38 m²BGF	15,11	26.873,38	0,7
458	Verkehrsbeeinflussungsanlagen	–	–	–	–
459	Sonstiges zur KG 450	–	–	–	–
460	**Förderanlagen**	**1.778,38 m²BGF**	**27,89**	**49.594,62**	**1,4**
461	Aufzugsanlagen	1.778,38 m²BGF	27,89	49.594,62	1,4
462	Fahrtreppen, Fahrsteige	–	–	–	–
463	Befahranlagen	–	–	–	–
464	Transportanlagen	–	–	–	–
465	Krananlagen	–	–	–	–
466	Hydraulikanlagen	–	–	–	–
469	Sonstiges zur KG 460	–	–	–	–
470	**Nutzungsspez. u. verfahrenstechn. Anl.**	**–**	**–**	**–**	**–**
480	**Gebäude- und Anlagenautomation**	**1.778,38 m²BGF**	**19,62**	**34.895,31**	**1,0**
490	**Sonst. Maßnahmen für techn. Anlagen**	**1.778,38 m²BGF**	**1,37**	**2.427,89**	**< 0,1**

4100-0194
Schule
(12 Klassen)
(336 Schüler)

Erweiterung

Kostenkennwerte für Leistungsbereiche nach STLB (Kosten des Bauwerks nach DIN 276)

LB	Leistungsbereiche	Kosten €	€/m² BGF	€/m³ BRI	% an 3+4
000	Sicherheits-, Baustelleneinrichtungen inkl. 001	125.870	70,80	18,20	3,5
002	Erdarbeiten	48.260	27,10	7,00	1,3
006	Spezialtiefbauarbeiten inkl. 005	–	–	–	–
009	Entwässerungskanalarbeiten inkl. 011	12.667	7,10	1,80	0,3
010	Drän- und Versickerarbeiten	–	–	–	–
012	Mauerarbeiten	224.571	126,30	32,60	6,2
	Wiederherstellen	97	0,05	0,01	< 0,1
	Herstellen	224.475	126,20	32,50	6,2
013	Betonarbeiten	506.486	284,80	73,40	13,9
014	Natur-, Betonwerksteinarbeiten	48.437	27,20	7,00	1,3
016	Zimmer- und Holzbauarbeiten	195.579	110,00	28,30	5,4
017	Stahlbauarbeiten	61.238	34,40	8,90	1,7
018	Abdichtungsarbeiten	18.684	10,50	2,70	0,5
019	Kampfmittelräumarbeiten	–	–	–	–
020	Dachdeckungsarbeiten	–	–	–	–
021	Dachabdichtungsarbeiten	116.014	65,20	16,80	3,2
022	Klempnerarbeiten	60.580	34,10	8,80	1,7
	Rohbau	**1.418.386**	**797,60**	**205,60**	**38,9**
	Wiederherstellen	97	0,05	0,01	< 0,1
	Herstellen	1.418.290	797,50	205,60	38,9
023	Putz- und Stuckarbeiten, Wärmedämmsysteme	74.101	41,70	10,70	2,0
024	Fliesen- und Plattenarbeiten	16.823	9,50	2,40	0,5
025	Estricharbeiten	45.421	25,50	6,60	1,2
026	Fenster, Außentüren inkl. 029, 032	296.106	166,50	42,90	8,1
027	Tischlerarbeiten	110.457	62,10	16,00	3,0
	Wiederherstellen	1.183	0,67	0,17	< 0,1
	Herstellen	109.274	61,40	15,80	3,0
028	Parkettarbeiten, Holzpflasterarbeiten	126.514	71,10	18,30	3,5
030	Rollladenarbeiten	29.557	16,60	4,30	0,8
031	Metallbauarbeiten inkl. 035	250.808	141,00	36,40	6,9
	Wiederherstellen	1.747	0,98	0,25	< 0,1
	Herstellen	249.060	140,00	36,10	6,8
034	Maler- und Lackiererarbeiten inkl. 037	48.033	27,00	7,00	1,3
036	Bodenbelagarbeiten	4.714	2,70	0,68	0,1
038	Vorgehängte hinterlüftete Fassaden	28.180	15,80	4,10	0,8
039	Trockenbauarbeiten	149.001	83,80	21,60	4,1
	Ausbau	**1.179.714**	**663,40**	**171,00**	**32,4**
	Wiederherstellen	2.931	1,60	0,42	< 0,1
	Herstellen	1.176.783	661,70	170,60	32,3
040	Wärmeversorgungsanl. - Betriebseinr. inkl. 041	153.204	86,10	22,20	4,2
	Wiederherstellen	3.739	2,10	0,54	0,1
	Herstellen	149.465	84,00	21,70	4,1
042	Gas- und Wasserinstallation, Leitungen inkl. 043	50.000	28,10	7,20	1,4
044	Abwasseranlagen - Leitungen	9.514	5,30	1,40	0,3
045	GWE-Einrichtungsgegenstände inkl. 046	14.329	8,10	2,10	0,4
047	Dämmarbeiten an betriebstechnischen Anlagen	26.466	14,90	3,80	0,7
049	Feuerlöschanlagen, Feuerlöschgeräte	–	–	–	–
050	Blitzschutz- und Erdungsanlagen	3.107	1,70	0,45	< 0,1
053	Niederspannungsanlagen inkl. 052, 054	167.698	94,30	24,30	4,6
055	Sicherheits- u. Ersatzstromversorgungsanl.	–	–	–	–

LB	Leistungsbereiche	Kosten €	€/m² BGF	€/m³ BRI	% an 3+4
057	Gebäudesystemtechnik	–	–	–	–
058	Leuchten und Lampen inkl. 059	148.735	83,60	21,60	4,1
060	Sprechanlagen, elektroakust. Anlagen inkl. 064	7.787	4,40	1,10	0,2
061	Kommunikationsnetze inkl. 063	36.644	20,60	5,30	1,0
069	Aufzüge	–	–	–	–
070	Gebäudeautomation	34.895	19,60	5,10	1,0
075	Raumlufttechnische Anlagen inkl. 078	362.963	204,10	52,60	10,0
	Gebäudetechnik	**1.015.344**	**570,90**	**147,20**	**27,9**
	Wiederherstellen	3.739	2,10	0,54	0,1
	Herstellen	1.011.604	568,80	146,60	27,8
084	Abbruch, Rückbau, Schadstoffsanierung	15.074	8,50	2,20	0,4
	Abbrechen	15.074	8,50	2,20	0,4
	Abbrucharbeiten	**15.074**	**8,50**	**2,20**	**0,4**
	Abbrechen	15.074	8,50	2,20	0,4
	Sonstige Leistungsbereiche	**13.654**	**7,70**	**2,00**	**0,4**

4100-0210
Gesamtschule
(16 Klassen)
(352 Schüler)

Erweiterung

Objektübersicht

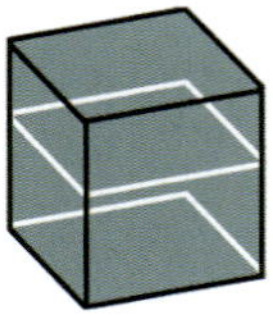

BRI 660 €/m^3

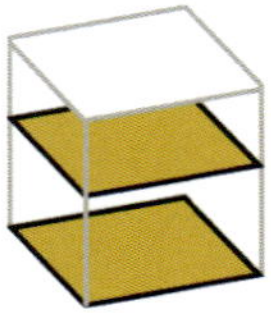

BGF 3.590 €/m^2

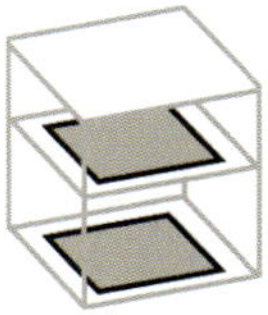

NUF 7.431 €/m^2

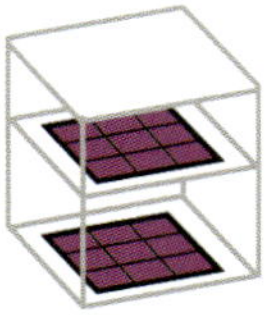

NE 70.913 €/NE
NE: Schüler

Objekt:
Kennwerte: 1. Ebene DIN 276
BRI: 37.826 m^3
BGF: 6.954 m^2
NUF: 3.359 m^2
Bauzeit: 135 Wochen
Bauende: 2016
Standard: über Durchschnitt
Bundesland: Niedersachsen
Kreis: Wolfsburg, Stadt

Architekt*in:
Entwurf:
Kirstin Bartels
Architektin und
Schulbauberaterin
Eschelsweg 4
22767 Hamburg

Planung + Bauausführung:
SCHNEIDER + SENDELBACH
ARCHITEKTENGES. mbH
Breite Straße 15
38100 Braunschweig

Bauherr*in:
Stadt Wolfsburg
Porschestraße 49
38440 Wolfsburg

Garten- und Landschafts-architekt*in:
Lohaus Carl Köhlmos
Lister Meile 33
30161 Hannover

© Uwe Brodmann Fotografie

© Uwe Brodmann Fotografie

© Uwe Brodmann Fotografie

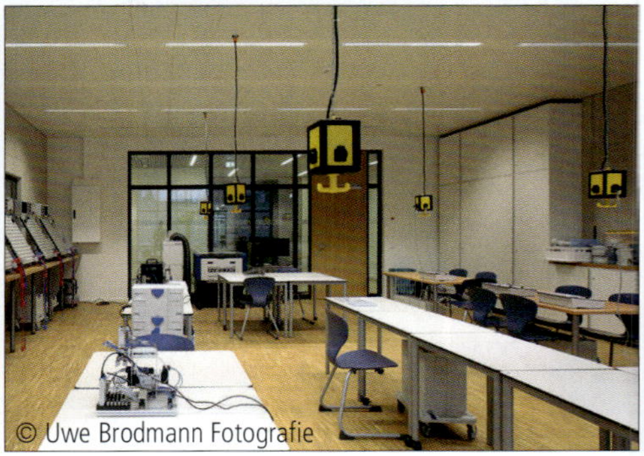
© Uwe Brodmann Fotografie

Ansicht West

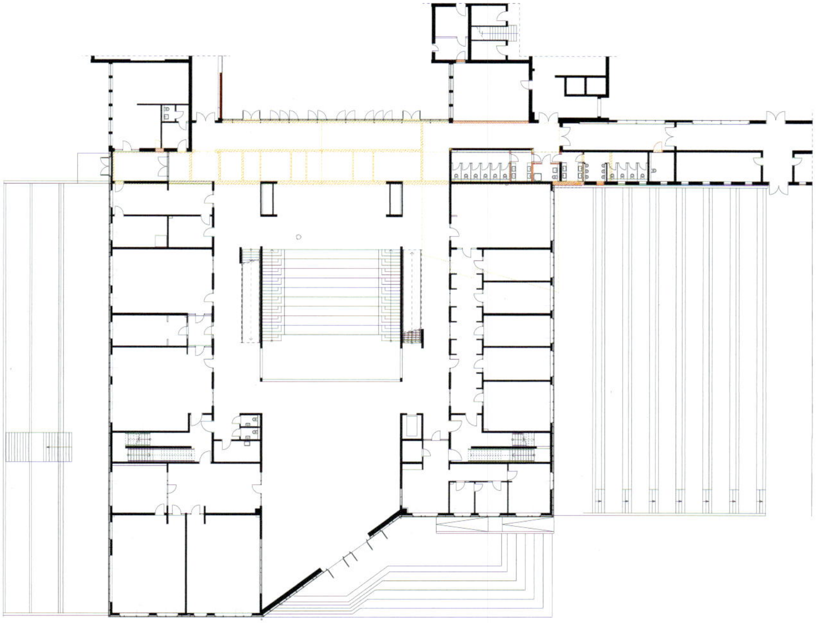

Erdgeschoss

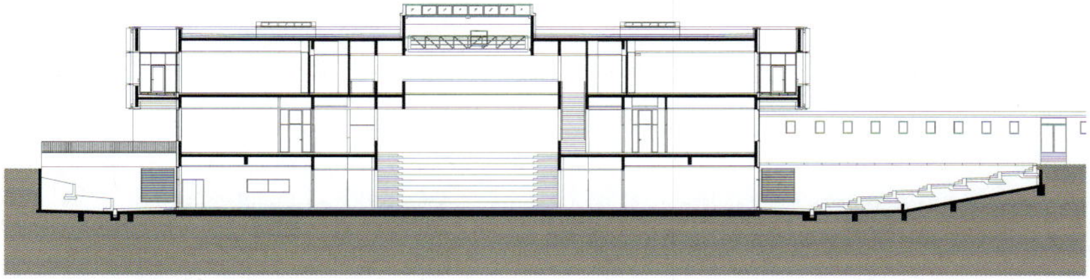

Schnitt

Ansicht Nord

4100-0210
Gesamtschule
(16 Klassen)
(352 Schüler)

Erweiterung

Objektbeschreibung

Allgemeine Objektinformationen

Die Erweiterung für die SEK I setzt die kammartige Struktur des Bestandes fort. Ein dreistöckiger offener Raum, der alle Stockwerke vertikal verbindet, dient als Hauptversammlungsort. Gleichzeitig öffnet sich das Gebäude horizontal: Großzügige Glasflächen und Eingänge schaffen fließende Übergänge von Innen zur Stadt, zum Schulhof und zu einem angrenzenden Park. Die Innenraumgestaltung ist reduziert auf ruhige und harmonierende Materialien, wie Glas, Beton und Holz.

Nutzung

1 Untergeschoss
Fachräume, Veranstaltungsbereich mit Bühne, Technik

1 Erdgeschoss
Foyer, Fachräume, Lehrerbereich, Verwaltung, Übergang zum Bestand

1 Obergeschoss
Vier Jahrgangscluster mit Selbstlernbereich, Terrasse und Teamraum/Auditorium/Leselounge (Galerie)

Nutzeinheiten

Klassen: 16
Schüler: 352

Grundstück

Bauraum: Beengter Bauraum
Neigung: Ebenes Gelände
Bodenklasse: BK 3 bis BK 5

Markt

Hauptvergabezeit: 4.Quartal 2013
Baubeginn: 1.Quartal 2014
Bauende: 3.Quartal 2016
Konjunkturelle Gesamtlage: Durchschnitt
Regionaler Baumarkt: über Durchschnitt

Baubestand

Baujahr: 1955
Bauzustand: gut
Aufwand: mittel
Grundrissänderungen: keine
Tragwerkseingriffe: wenige

Baukonstruktion

Das Gebäude ist als Stahlbetonkonstruktion in Sichtbeton mit massiven Stahlbetondecken und Wärmedämmverbundsystem konzipiert. Das UG ist als "Weiße Wanne" ausgebildet. Die Fassade im OG besteht aus WDSV mit umlaufender Metalllamellen-Bekleidung. Eine bewegliche, lichtdurchlässige Streckmetallrahmenkonstruktion dient als Sonnenschutz. Die Glastrennwände mit Dreifachverglasung sind in Alurahmen eingefasst. Kombiniert werden diese mit massiven Holztüren und Glastüren mit Alurahmen. Ein Großteil der Stahlbetontreppe des Auditoriums verfügt über holzbekleidete Sitzstufen. Im öffentlichen Bereich sind die Böden mit Designestrich und Parkett belegt. Das Stahlbetonflachdach ist gedämmt und mit extensiver Begrünung versehen. Über dem Foyer wurde ein Sheddach errichtet.

Technische Anlagen

Der Neubau wird an das vorhandene Heizungssystem der Schule angeschlossen. Die Beheizung der Klassenräume erfolgt über Heizpaneele in den Systemdecken sowie über vorgewärmte Zuluft. Über eine Lüftungszentrale im UG wird die Belüftung der Schule gesteuert. Das Gebäude ist mit einfacher technischer Grundausstattung wie Lautsprechern und Scheinwerfern ausgestattet. Ein Personen- und Lastenaufzug und eine Befahranlage zur Reinigung des Scheddachs wurden eingebaut.

Sonstiges

Die geschosshohe Unterfangung des Technikkanals unter der Magistrale bildet den räumlichen Abschluss des westlichen Tiefhofs der Außenanlagen.

Energetische Kennwerte

Gesetzliche Grundlage: EnEV 2013
Gebäudenutzfläche: 6.226,00 m^2
Gebäudevolumen: 24.819,00 m^3
A/Ve-Verhältnis (Kompaktheit): 0,37 m^{-1}
Hüllfläche des beheizten Volumens: 9.194,00 m^2
Spez. Transmissionswärmeverlust: 0,36 W/(m^2·K)
Mittlerer U-Wert (opake Bauteile): 0,17 W/(m^2·K)
Mittlerer U-Wert (transparente Bauteile): 1,30 W/(m^2·K)
Mittlerer U-Wert (Glasdächer, etc.): 2,40 W/(m^2·K)
Spez. Jahresprimärenergiebedarf: 80,81 kWh/(m^2·a)
Spez. Jahresendenergiebedarf: 78,24 kWh/(m^2·a)
CO_2-Emissionen: 22,81 kg/(m^2·a)

Planungskennwerte für Flächen und Rauminhalte nach DIN 277

Flächen des Grundstücks		Menge Einheit	% an GF
BF	Bebaute Fläche	5.596,00 m²	60,0
UF	Unbebaute Fläche	3.728,00 m²	40,0
GF	Grundstücksfläche	9.324,00 m²	100,0

Grundflächen des Bauwerks		Menge Einheit	% an NUF	% an BGF
NUF	Nutzungsfläche	3.359,00 m²	100,0	48,3
TF	Technikfläche	352,00 m²	10,5	5,1
VF	Verkehrsfläche	2.284,00 m²	68,0	32,8
NRF	Netto-Raumfläche	5.995,00 m²	178,5	86,2
KGF	Konstruktions-Grundfläche	959,00 m²	28,6	13,8
BGF	Brutto-Grundfläche	6.954,00 m²	207,0	100,0

Brutto-Rauminhalt des Bauwerks		Menge Einheit	BRI/NUF (m)	BRI/BGF (m)
BRI	Brutto-Rauminhalt	37.826,00 m³	11,26	5,44

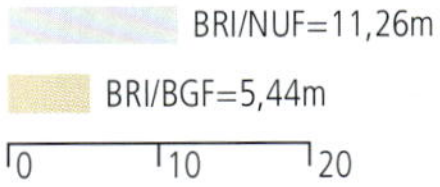

4100-0210
Gesamtschule
(16 Klassen)
(352 Schüler)

Erweiterung

Kostenkennwerte für die Kostengruppen der 1. Ebene DIN 276

KG	Kostengruppen (1. Ebene)	Einheit	Kosten €	€/Einheit	€/m² BGF	€/m³ BRI	% 300+400
100	Grundstück	m² GF	–	–	–	–	–
200	Vorbereitende Maßnahmen	m² GF	209.409	22,46	30,11	5,54	0,8
300	Bauwerk – Baukonstruktionen	m² BGF	20.229.768	2.909,08	2.909,08	534,81	81,0
400	Bauwerk – Technische Anlagen	m² BGF	4.731.645	680,42	680,42	125,09	19,0
	Bauwerk 300+400	**m² BGF**	**24.961.413**	**3.589,50**	**3.589,50**	**659,90**	**100,0**
500	Außenanlagen und Freiflächen	m² AF	2.173.662	583,06	312,58	57,46	8,7
600	Ausstattung und Kunstwerke	m² BGF	–	–	–	–	–
700	Baunebenkosten	m² BGF	–	–	–	–	–
800	Finanzierung	m² BGF	–	–	–	–	–

KG	Kostengruppe	Menge Einheit	Kosten €	€/Einheit	%
200	**Vorbereitende Maßnahmen**	9.324,00 m² GF	209.409	**22,46**	0,8

- Abbrechen
  Abbruch von Bestandsgebäude, Asphaltbelag, Bäume fällen; Entsorgung, Deponiegebühren

- Herstellen
  Versorgungsleitungen inkl. Heizung im vorh. Technikkanal ergänzen

KG	Kostengruppe	Menge Einheit	Kosten €	€/Einheit	%
3+4	**Bauwerk**				**100,0**
300	**Bauwerk – Baukonstruktionen**	6.954,00 m² BGF	20.229.768	**2.909,08**	81,0

- Herstellen
  Bohrpfahlwand als Baugrubenumschließung; Unterfangung Bestand, Stb-Bodenplatte, WU-Beton, Weiße Wanne, Abdichtung, Zementestrich, Bodenfliesen, Parkett, Kautschuk, Perimeterdämmung; Stb-Wände, WU-Beton, Alu-Pfosten-Riegelfassade, WDVS, farbige Lamellenfassade, bewegliche Streckmetall-Rahmenkonstruktion als Sonnenschutz; Stb-Innenwände, Sichtbeton, KS-Mauerwerk, GK-Wände, Glastrennwände, Holz-Glas-Elementwände, Dreifachverglasung, Glastüren, Alu-Rohrrahmentüren, Holztüren, Wandbekleidung, Wandbeschichtung; Stb-Decken, Stb-Treppen mit Holzbelag, Sitzstufen, Designestrich, Kautschuk, Parkett, Bodenfliesen, gerillte Eichenbohlen-Balkonbeläge, abgehängte Akustikdecken, Holzhandläufe; Stb-Flachdach, Oberlicht, Dämmung, Abdichtung, extensive Dachbegrünung, Sheddach als Stahl-Glas-Konstruktion, Dachentwässerung; Einbaumöbel

KG	Kostengruppe	Menge Einheit	Kosten €	€/Einheit	%
400	**Bauwerk – Technische Anlagen**	6.954,00 m² BGF	4.731.645	**680,42**	19,0

- Herstellen
  Gebäudeentwässerung, Kalt- und Warmwasserleitungen, Sanitärobjekte, Hebeanlage; Anbindung an vorh. Heizungssystem Bestand, Plattenheizkörper; Lüftungsanlage; Elektroinstallation, Beleuchtung; Lautsprecheranlage; Personen- und Lastenaufzug; Befahranlage zur Reinigung des Sheddachs

KG	Kostengruppe	Menge Einheit	Kosten €	€/Einheit	%
500	**Außenanlagen und Freiflächen**	3.728,00 m² AF	2.173.662	**583,06**	8,7

- Herstellen
  Befestigte Flächen Wege, Terrassen; Erschließung des Haupteingangs über eine Treppenanlage aus Ortbeton, Freibereiche im UG, teilweise terrassiert, mit Betonwinkelstützen, die als Sitzstufen dienen

4100-0214
Grundschule
Mensa
(420 Schüler)

Erweiterung

Objektübersicht

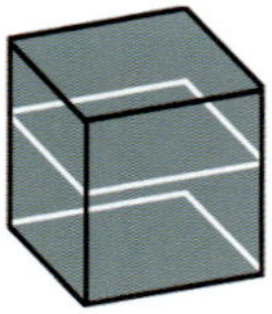
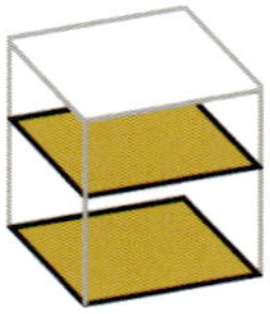
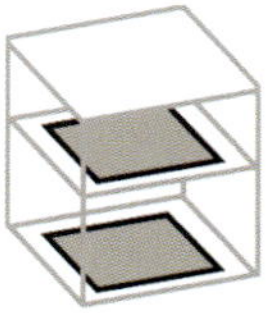
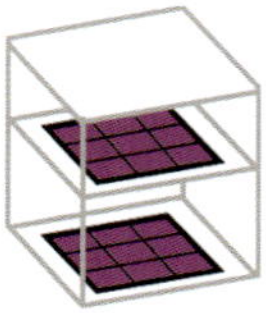

BRI 800€/m³ | **BGF** 3.633€/m² | **NUF** 5.974€/m² | **NE** 28.914€/NE

NE: Schüler

Objekt:
Kennwerte: 1. Ebene DIN 276
BRI: 10.842 m³
BGF: 2.388 m²
NUF: 1.452 m²
Bauzeit: 91 Wochen
Bauende: 2020
Standard: Durchschnitt
Bundesland: Hessen
Kreis: Main-Taunus-Kreis

Architekt*in:
Zaeske Architekten BDA
Partnerschaftsgesellschaft
mbB
Daimlerstraße 35
65197 Wiesbaden

Bauherr*in:
Main-Taunus-Kreis
Hochbau- und Liegen-
schaftsamt
Mainzer Landstraße 500
65795 Hattersheim

© Zaeske Architekten BDA

© Zaeske Architekten BDA

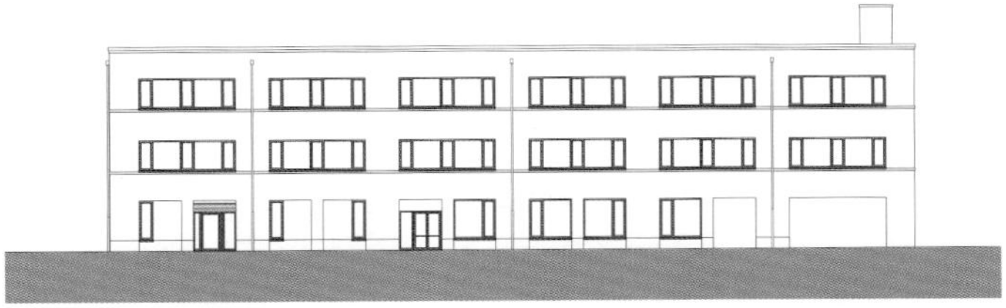

Ansicht Nord-Ost

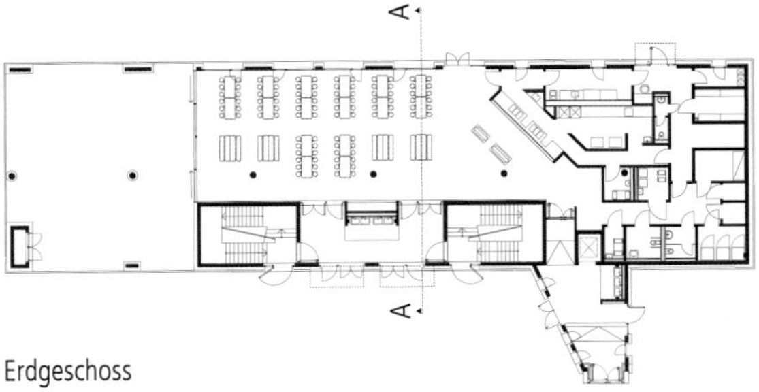

Erdgeschoss

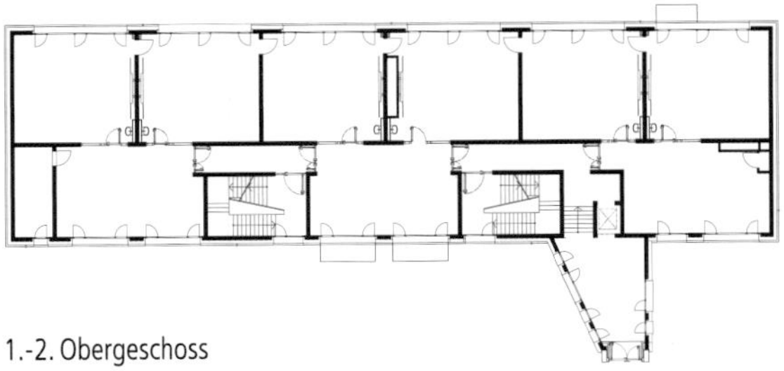

1.-2. Obergeschoss

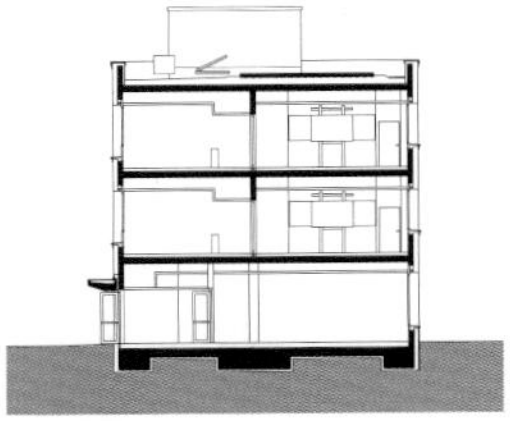

Schnitt A-A

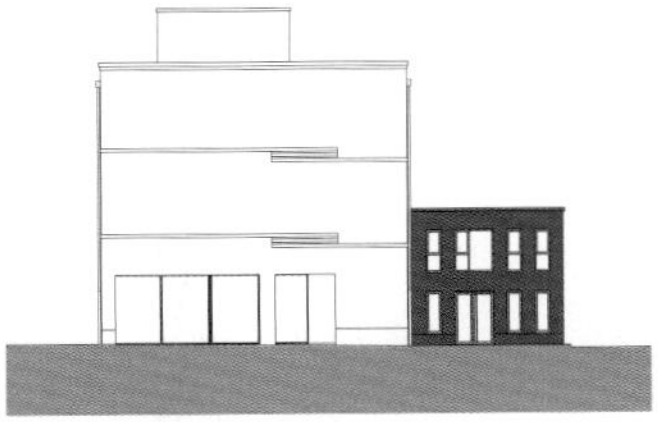

Ansicht Nord-West

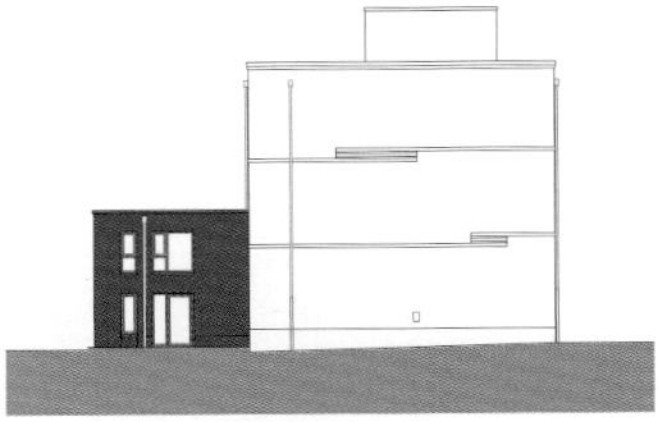

Ansicht Süd-Ost

Ansicht Süd-West

4100-0214
Grundschule
Mensa
(420 Schüler)

Erweiterung

Objektbeschreibung

Allgemeine Objektinformationen

Die Grundschule wurde erweitert, um zusätzliche Klassenräume zu schaffen und dadurch die fehlenden Kapazitäten aufzubessern. Außerdem wurde das Ganztagsangebot für die Schülerinnen und Schüler durch eine Mensa im Neubau attraktiver gestaltet.

Nutzung

1 Erdgeschoss
Mensa, Ausgabeküche, Spülküche, Waschbereiche, Umkleideraum, Büro, Putzmittelräume, WCs, Lager, EDV-Raum, Technikräume, Terrasse

2 Obergeschosse
Klassenräume, Gruppenräume mit Garderoben, Abstellraum, Technikraum

Nutzeinheiten

Klassen: 12
Schüler: 300

Grundstück

Bauraum: Beengter Bauraum
Neigung: Ebenes Gelände
Bodenklasse: BK 4

Markt

Hauptvergabezeit: 3. Quartal 2018
Baubeginn: 3. Quartal 2018
Bauende: 2. Quartal 2020
Konjunkturelle Gesamtlage: über Durchschnitt
Regionaler Baumarkt: über Durchschnitt

Baukonstruktion

Konstruiert wurde der Neubau in Massivbauweise. Die Wände wurden überwiegend aus Stahlbeton und Mauerwerk hergestellt und mit einem Wärmedämmverbundsystem bekleidet. Es kamen Alufenster zum Einbau, die durch einen außenliegenden Sonnenschutz verdunkelt werden können. Das Flachdach erhielt eine Bitumenabdichtung. Die Böden sind mit Fliesen oder Vinylböden belegt. Die GK-Decken wurden abgehängt um Installationen zu ermöglichen.

Technische Anlagen

Die Schule ist mit einem Nahwärmeanschluss an das Blockheizkraftwerk der benachbarten Schule angeschlossen. Außerdem wurde eine Photovoltaikanlage eingebaut und für die Lüftungsanlage ist eine Wärmerückgewinnung umgesetzt worden. Zur Energieeinsparung sind die Flure mit Präsenzmeldern und die WC-Bereiche mit Bewegungsmeldern versehen. Im gesamten Gebäude wurden die Leuchten mit LED-Technik ausgestattet.

Energetische Angaben zu Außenbauteilen

Bodenplatte

U-Wert: 0,30 W/(m²·K)

Gesamtdicke: 52,00 cm	d [cm]	l [W/(m·K)]
Stahlbeton	40,00	2,100
Dämmung	12,00	0,040

Außenwand gegen Erdreich

U-Wert: 0,30 W/(m²·K)

Gesamtdicke: 37,50 cm	d [cm]	l [W/(m·K)]
Stahlbeton	25,00	2,100
Bitumenbahn	0,50	0,170
Dämmung	12,00	0,039

Außenwand

U-Wert: 0,23 W/(m²·K)

Gesamtdicke: 35,50 cm	d [cm]	l [W/(m·K)]
Innenputz	1,50	0,550
Stahlbeton	20,00	2,100
Dämmung	14,00	0,035

Decke gegen Außenluft unten

U-Wert: 0,22 W/(m²·K)

Gesamtdicke: 50,04 cm	d [cm]	l [W/(m·K)]
Estrich	5,00	1,400
PE-Folie	0,02	0,300
Trittschalldämmung	3,00	0,040
PE-Folie	0,02	0,300
Stahlbeton	28,00	2,100
Dämmung	14,00	0,040

Dach

U-Wert: 0,19 W/(m²·K)

Gesamtdicke: 40,78 cm	d [cm]	l [W/(m·K)]
Innenputz	0,50	0,550
Stahlbeton	20,00	2,100
Bitumenbahn	0,25	0,170
Dämmung	20,00	0,040
PE-Folie	0,03	0,200

4100-0214
Grundschule
Mensa
(420 Schüler)

Erweiterung

Planungskennwerte für Flächen und Rauminhalte nach DIN 277

Flächen des Grundstücks		Menge Einheit	% an GF
BF	Bebaute Fläche	824,43 m²	8,2
UF	Unbebaute Fläche	9.237,57 m²	91,8
GF	Grundstücksfläche	10.062,00 m²	100,0

Grundflächen des Bauwerks		Menge Einheit	% an NUF	% an BGF
NUF	Nutzungsfläche	1.451,89 m²	100,0	60,8
TF	Technikfläche	9,71 m²	0,7	0,4
VF	Verkehrsfläche	403,91 m²	27,8	16,9
NRF	Netto-Raumfläche	1.865,51 m²	128,5	78,1
KGF	Konstruktions-Grundfläche	522,11 m²	36,0	21,9
BGF	Brutto-Grundfläche	2.387,62 m²	164,4	100,0

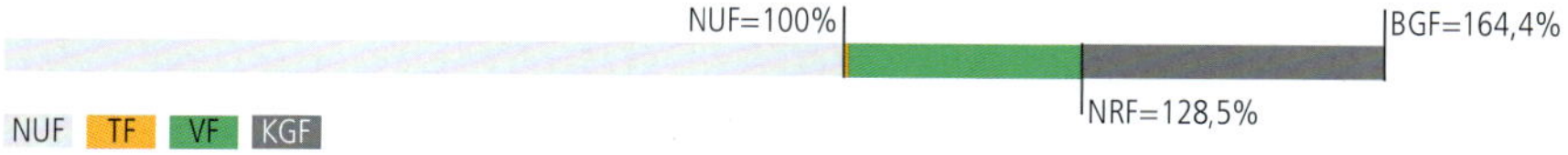

Brutto-Rauminhalt des Bauwerks		Menge Einheit	BRI/NUF (m)	BRI/BGF (m)
BRI	Brutto-Rauminhalt	10.842,17 m³	7,47	4,54

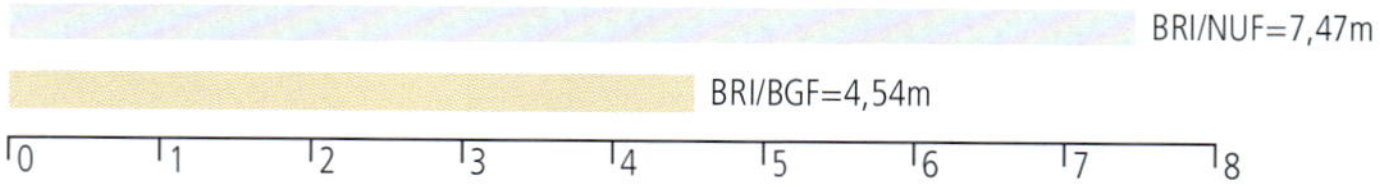

Kostenkennwerte für die Kostengruppen der 1.Ebene DIN 276

KG	Kostengruppen (1.Ebene)	Einheit	Kosten €	€/Einheit	€/m² BGF	€/m³ BRI	% 300+400
100	Grundstück	m² GF	–	–	–	–	–
200	Vorbereitende Maßnahmen	m² GF	–	–	–	–	–
300	Bauwerk – Baukonstruktionen	m² BGF	5.999.912	2.512,93	2.512,93	553,39	69,2
400	Bauwerk – Technische Anlagen	m² BGF	2.674.247	1.120,05	1.120,05	246,65	30,8
	Bauwerk 300+400	**m² BGF**	**8.674.159**	**3.632,97**	**3.632,97**	**800,04**	**100,0**
500	Außenanlagen und Freiflächen	m² AF	–	–	–	–	–
600	Ausstattung und Kunstwerke	m² BGF	–	–	–	–	–
700	Baunebenkosten	m² BGF	–	–	–	–	–
800	Finanzierung	m² BGF	–	–	–	–	–

KG	Kostengruppe	Menge Einheit	Kosten €	€/Einheit	%
3+4	**Bauwerk**				**100,0**
300	**Bauwerk – Baukonstruktionen**	2.387,62 m² BGF	5.999.912	**2.512,93**	69,2

- Herstellen
  Baugrubenaushub; Bodenaustausch 25m³, Stb-Fundamente, Stb-Bodenplatte, WU-Beton, Estrich, Acrylharzboden, Vinylbelag, Bodenfliesen, Abdichtung, Sauberkeitsschicht, Dämmung; Stb-Wände, teilw. WU-Beton, Aluminium-Fenster, WDVS, teilw. außenliegender Sonnenschutz; Innenmauerwerk, Stb-Wände, GK-Wände, Stb-Stützen, Wandfliesen, WC-Trennwände, Rolltor; Stb-Decken, Stb-Treppen, Estrich, Vinylbelag, Bodenfliesen, abgehängte GK-Decken, Schallschutzdecken, Stahl-Treppengeländer; Stb-Flachdach, Dachausstieg, Oberlichter, Dämmung, Abdichtung, Attika, Kies, innenliegende Entwässerung, abgehängte GK-Decken, Schallschutzdecken

KG	Kostengruppe	Menge Einheit	Kosten €	€/Einheit	%
400	**Bauwerk – Technische Anlagen**	2.387,62 m² BGF	2.674.247	**1.120,05**	30,8

- Herstellen
  Gebäudeentwässerung, Kalt- und Warmwasserleitungen, Sanitärobjekte; Nahwärmeversorgung an das Blockheizkraftwerk der Bestandsschule, Heizwände; kontrollierte Be- und Entlüftung mit Wärmerückgewinnung, RWA-Anlagen; Elektroinstallation, PV-Anlage (277m²), LED-Beleuchtung, Sicherheitsbeleuchtung, Präsenzmelder in Fluren und WCs; Netzwerkverkabelung, HDMI-Verkabelung digitale Tafeln, Sprachalarmierungsanlage, Brandmeldeanlage, Notruftelefone, Gegensprechanlage; Personenaufzug; Großküche, Feuerlöscher

4100-0226
Grundschule
(8 Klassen)
(224 Schüler)

Erweiterung

Objektübersicht

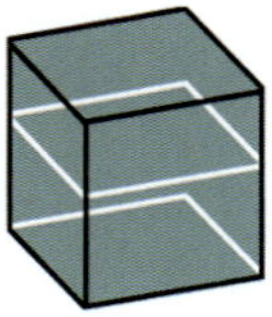

BRI 759 €/m³

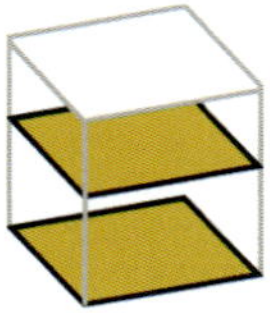

BGF 3.511 €/m²

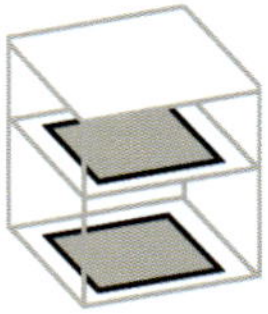

NUF 5.764 €/m²

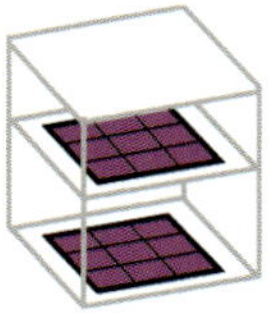

NE 63.585 €/NE

NE: Schüler

Objekt:
Kennwerte: 1.Ebene DIN 276
BRI: 18.754 m³
BGF: 4.057 m²
NUF: 2.471 m²
Bauzeit: 122 Wochen
Bauende: 2021
Standard: über Durchschnitt
Bundesland: Bayern
Kreis: Fürstenfeldbruck

Architekt*in:
bharchitektengesellschaft mbH
Zielstattstraße 11
81379 München

Bauherr*in:
Stadt Olching
Amt für Bauen und Stadtentwicklung
Rebhuhnstraße 18
82140 Olching

© bharchitekten

© Xaver Lockau

© Xaver Lockau

© Xaver Lockau

© Xaver Lockau

© Xaver Lockau

Zeichnungen

Ansicht Nord

Ansicht West

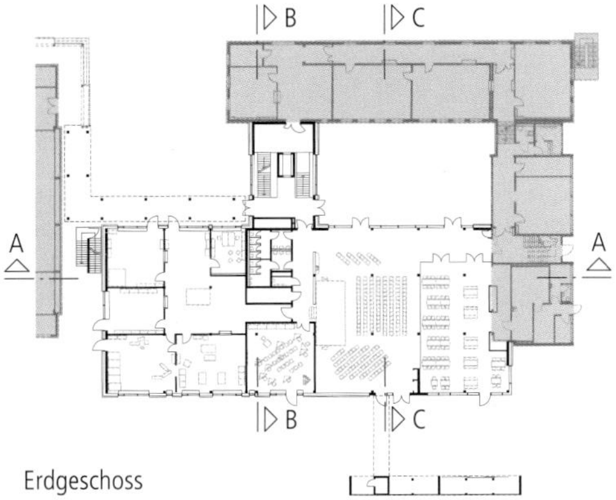

Erdgeschoss

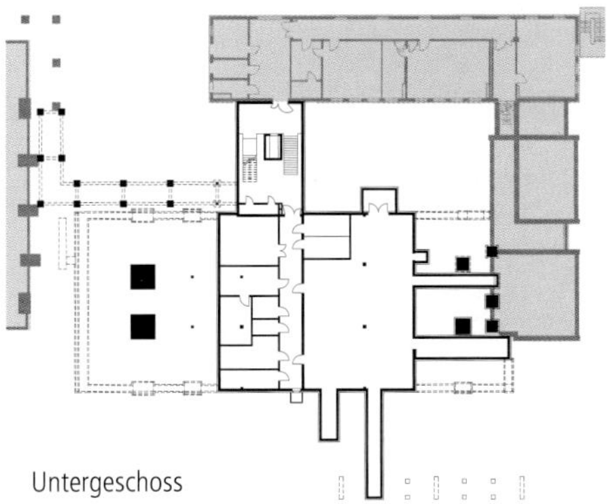

Untergeschoss

1. Obergeschoss

2. Obergeschoss

Ansicht Süd

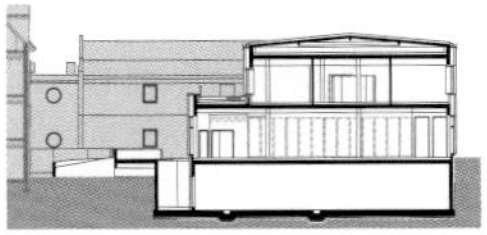

Schnitt C-C

Schnitt A-A

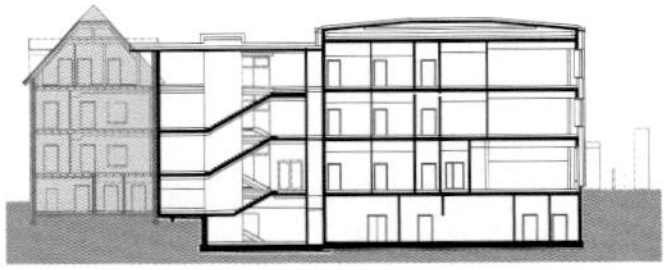

Schnitt B-B

4100-0226
Grundschule
(8 Klassen)
(224 Schüler)

Erweiterung

Objektbeschreibung

Allgemeine Objektinformationen

Die Grundschule wurde zum offenen Ganztagsbetrieb um eine Aula mit Mensa und zwei Cluster mit je vier Klassen erweitert. Die Schulverwaltung bekam neue Räumlichkeiten. Jetzt können 16 Klassen mit insgesamt 433 Schüler unterrichtet werden. Hierfür wurde ein räumlich flexibler, interaktiver Lernort auf Basis eines pädagogischen Raumfunktionsbuches mit modernster Medienausstattung geschaffen.

Nutzung

1 Untergeschoss
Bestand: Werkräume (3St), Hausmeister, Schülerküche
Erweiterung: Technikräume, Stuhllager, Lager, Flure

1 Erdgeschoss
Bestand: Klassenräume, Küche, Kühllager, Bibliothek, Jugendsozialarbeit, Garderobe, Multifunktionszone
Erweiterung: Aula, Garderobe, Spülküche, Mensa, Räume für offene Ganztagsschule (5St), Musikraum, WCs, Lager, Flure

2 Obergeschosse
Bestand: Klassenräume, Besprechungsräume, Flure, WCs, Garderobe, Multifunktionszone
Erweiterung: Klassenräume, Multifunktionszonen, Lehrerzimmer, Psychologie, Erste Hilfe, Verwaltung, WCs, Terrasse

Nutzeinheiten

Klassen: 8
Schüler: 224

Grundstück

Bauraum: Beengter Bauraum
Neigung: Ebenes Gelände
Bodenklasse: BK 3 bis BK 4

Besonderer Kosteneinfluss Grundstück
Gründung auf gewachsenem Kies, Keller im Grundwasserbereich; Wasserhaltung erforderlich, Spezialtiefbau

Markt

Hauptvergabezeit: 2. Quartal 2019
Baubeginn: 2. Quartal 2019
Bauende: 3. Quartal 2021
Konjunkturelle Gesamtlage: über Durchschnitt
Regionaler Baumarkt: Durchschnitt

Baubestand

Baujahr: 1964
Bauzustand: schlecht
Aufwand: hoch
Grundrissänderungen: einige
Tragwerkseingriffe: umfangreiche
Nutzungsänderung: nein
Nutzung während der Bauzeit: nein

Baukonstruktion

Die Gründung des Gebäudes erfolgt auf einer Bodenplatte. Das UG ist in WU-Beton ausgeführt, die folgenden Geschosse sind in Stahlbetonskelettbau mit Flachdecken erstellt. Der Aufzug und der WC-Kern sind in Stahlbeton gegossen und bilden die aussteifenden Wände. Die Raumtrennwände sind in Trockenbau erstellt. Die Decken sind mit GK-Akustikdecken bekleidet. Das flachgeneigte Dach mit Holzdachstuhl ist mit einer Metalleindeckung aus Profilblechen versehen. Die Fassade wurde mit einer hochgedämmten Holzrahmenkonstruktion in Elementbauweise geschlossen. Die Holz-Alufenster erhielten Raffstores. Die Böden sind mit Kautschuk belegt, in den Sanitäranlagen sind Bodenfliesen verlegt.

Technische Anlagen

Das Gebäude ist an ein Fernwärmenetz angeschlossen, die Verteilung in der Aula und Mensa erfolgt über Fußbodenheizung, in den anderen Räumen über Heizkörper. Eine im UG installierte Lüftungszentrale versorgt den Neubau mit Frischluft, mit elektrischem Verdichter können die Klassenzimmer im Sommer gekühlt werden. Es wurde eine Gebäudeautomation installiert, sowie eine Brandmeldeanlage und eine Zutrittskontrolle. Die Beleuchtung erfolgt über HCL-Steuerung. Interaktive Monitore sowie WLAN stehen zur Verfügung.

Sonstiges

Durch ein differenziertes Farbkonzept wird die Orientierung erleichtert. Hochwertige, flexible Ausstattung nach pädagogischen Vorgaben wurde eingebaut. Große Lesefenster schaffen Sichtverbindungen zu den Multifunktionsflächen, den sogenannten Marktplätzen. Das Treppenhaus in Splitlevel-Bauweise verbindet den Altbau mit dem Neubau. Ein Aufzug macht das Gebäude barrierefrei.

Planungskennwerte für Flächen und Rauminhalte nach DIN 277

Flächen des Grundstücks		Menge Einheit	% an GF
BF	Bebaute Fläche	1.296,00 m²	10,9
UF	Unbebaute Fläche	–	–
GF	Grundstücksfläche	11.934,00 m²	100,0

Grundflächen des Bauwerks		Menge Einheit	% an NUF	% an BGF
NUF	Nutzungsfläche	2.471,00 m²	100,0	60,9
TF	Technikfläche	382,00 m²	15,5	9,4
VF	Verkehrsfläche	629,00 m²	25,5	15,5
NRF	Netto-Raumfläche	3.482,00 m²	140,9	85,8
KGF	Konstruktions-Grundfläche	575,00 m²	23,3	14,2
BGF	Brutto-Grundfläche	4.057,00 m²	164,2	100,0

Brutto-Rauminhalt des Bauwerks		Menge Einheit	BRI/NUF (m)	BRI/BGF (m)
BRI	Brutto-Rauminhalt	18.754,00 m³	7,59	4,62

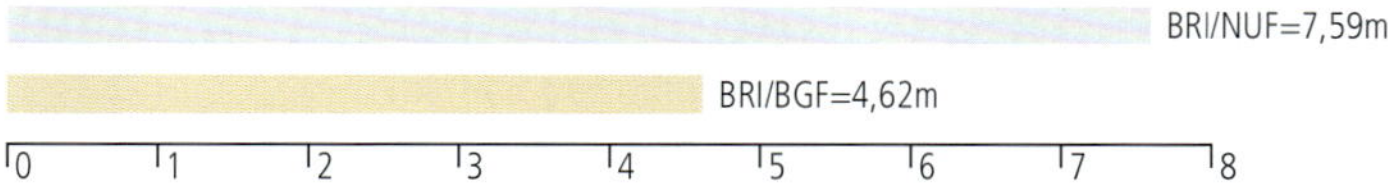

Kostenkennwerte für die Kostengruppen der 1. Ebene DIN 276

KG	Kostengruppen (1. Ebene)	Einheit	Kosten €	€/Einheit	€/m² BGF	€/m³ BRI	% 300+400
100	Grundstück	m² GF	–	–	–	–	–
200	Vorbereitende Maßnahmen	m² GF	–	–	–	–	–
300	Bauwerk – Baukonstruktionen	m² BGF	9.692.177	2.389,00	2.389,00	516,81	68,0
400	Bauwerk – Technische Anlagen	m² BGF	4.550.959	1.121,75	1.121,75	242,67	32,0
	Bauwerk 300+400	**m² BGF**	**14.243.136**	**3.510,76**	**3.510,76**	**759,47**	**100,0**
500	Außenanlagen und Freiflächen	m² AF	1.041.884	192,94	256,81	55,56	7,3
600	Ausstattung und Kunstwerke	m² BGF	502.058	123,75	123,75	26,77	3,5
700	Baunebenkosten	m² BGF	–	–	–	–	–
800	Finanzierung	m² BGF	–	–	–	–	–

KG	Kostengruppe	Menge Einheit	Kosten €	€/Einheit	%
3+4	**Bauwerk**				**100,0**
300	**Bauwerk – Baukonstruktionen**	4.057,00 m² BGF	9.692.177	**2.389,00**	68,0

- Herstellen
  Baugrubenaushub, Wasserhaltung, Unterfangung; Stb-Fundamente, Stb-Bodenplatte WU, Tiefgründungen; Abdichtung, Dämmung, Estrich, Beschichtung, Kautschukbeläge; Stb-Wände WU, Stb-Stützen, Holz-Alufenster, Dreifachverglasung, Lesefenster, Holzelementfassade, doppelte GK-Bekleidung, Beschichtung, Treppenhaus: Pfosten-Riegelfassade, Raffstores; GK-Wände, doppelt beplankt, Stb-Innenstützen, Holztüren, Verglasungen, Beschichtung, Wandfliesen, WC-Trennwände; Stb-Flachdecken, Stb-Treppen Ortbeton, Heizestrich, Kautschukdämmung, Bodenfliesen; Stb-Flachdach, Holz-Walmdach, Dämmung, industriell vorgefertigtes Aluprofildach, Dachentwässerung, abgehängte Akustikdecken; Teeküchen, Trinkwasserstationen für Schüler (Kühlschrank, Waschbecken); Einbauten für pädagogisches Konzept

KG	Kostengruppe	Menge Einheit	Kosten €	€/Einheit	%
400	**Bauwerk – Technische Anlagen**	4.057,00 m² BGF	4.550.959	**1.121,75**	32,0

- Herstellen
  Gebäudeentwässerung, Kalt- und Warmwasserleitungen, Sanitärobjekte; Fernwärme, Heizungsrohre, Fußbodenheizung, Heizkörper; Be- und Entlüftung mit Wärmerückgewinnung; Elektroinstallation, LED-Beleuchtung, Tageslichtsteuerung, RWA-Anlage; digitale Tafeln, digitale Arbeitsplätze, Tablets für Schüler, Musikanlage; Anlieferküche; Personenaufzug

KG	Kostengruppe	Menge Einheit	Kosten €	€/Einheit	%
500	**Außenanlagen und Freiflächen**	5.400,00 m² AF	1.041.884	**192,94**	7,3

- Herstellen
  Geländeentwässerung, Rigolen; Pflasterung Schulhof; Sitzbänke, Sitzkreise; Pflanzflächen

KG	Kostengruppe	Menge Einheit	Kosten €	€/Einheit	%
600	**Ausstattung und Kunstwerke**	4.057,00 m² BGF	502.058	**123,75**	3,5

- Herstellen
  Möblierung, flexibles Mobiliar für pädagogisches Konzept, Whiteboards, Pinnwände, mobile Themenwägen

4100-0228
Ganztagsschule
(15 Klassen)
(309 Schüler)
Mensa
(140 Sitzplätze)

Erweiterung

Objektübersicht

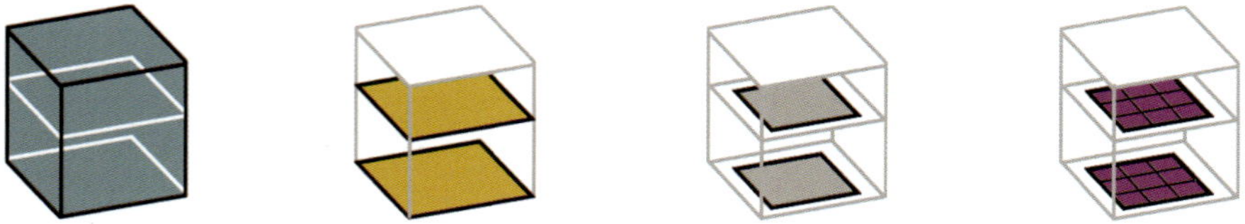

BRI 829 €/m³ | **BGF** 3.575 €/m² | **NUF** 5.846 €/m² | **NE** 22.416 €/NE

NE: Schüler

Objekt:
Kennwerte: 1.Ebene DIN 276
BRI: 8.356 m³
BGF: 1.938 m²
NUF: 1.185 m²
Bauzeit: 135 Wochen
Bauende: 2022
Standard: Durchschnitt
Bundesland: Hessen
Kreis: Kassel, Stadt

Architekt*in:
HHS Planer + Architekten AG
Habichtswalder Straße 19
34119 Kassel

Bauherr*in:
Stadt Kassel
Amt für Hochbau und
Gebäudebewirtschaftung
34112 Kassel

© Constantin Meyer Fotografie

© HHS Planer + Architekten

© HHS Planer + Architekten

Zeichnungen

4100-0228
Ganztagsschule
(15 Klassen)
(309 Schüler)
Mensa
(140 Sitzplätze)

Erweiterung

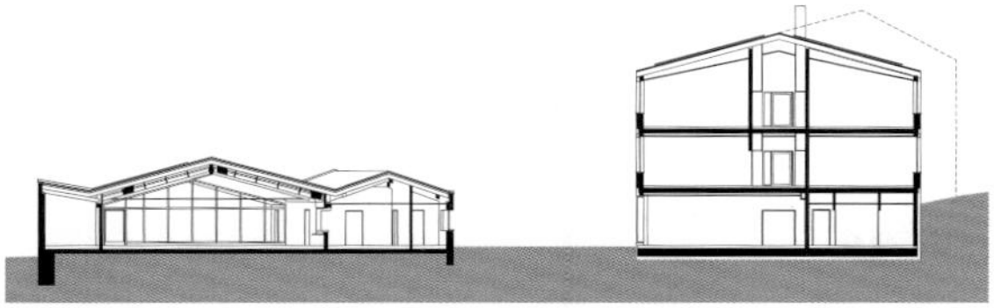
Schnitt A-A

Ansicht Nord

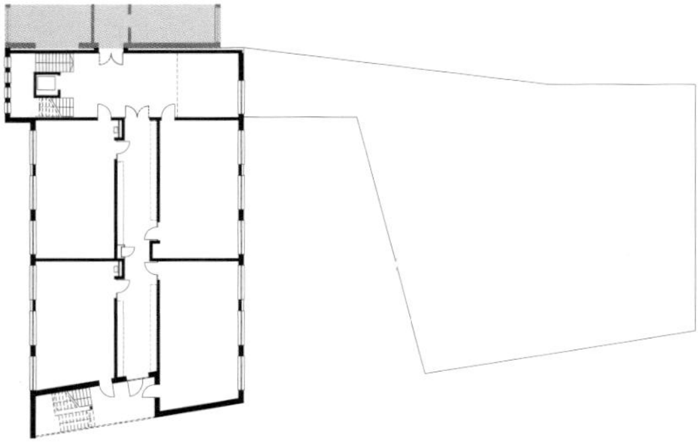
2. Obergeschoss

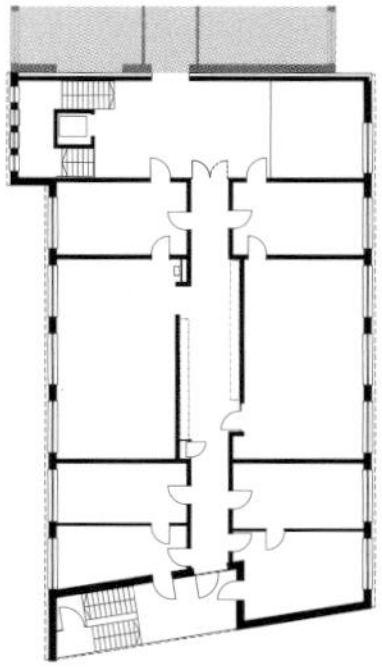
1. Obergeschoss

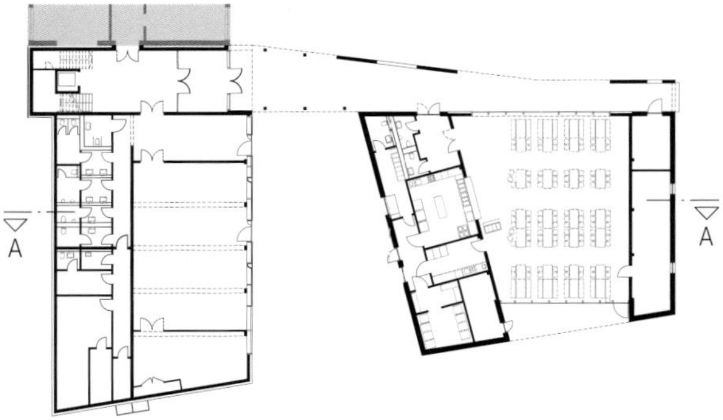

Erdgeschoss

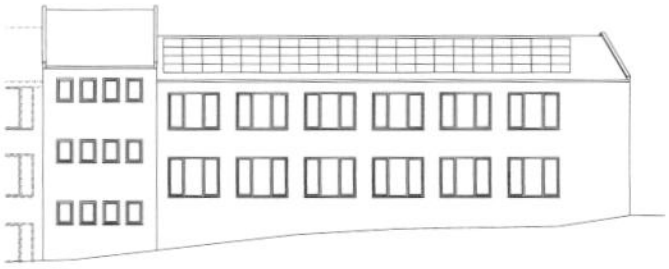
Ansicht West

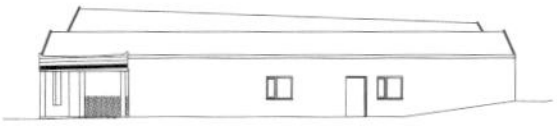
Ansicht West

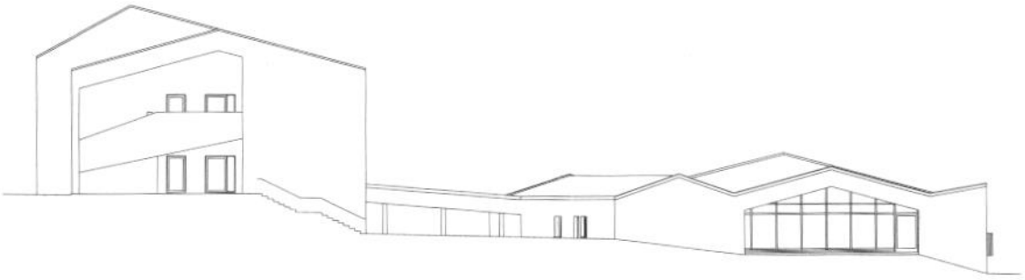
Ansicht Süd

Ansicht Ost

4100-0228
Ganztagsschule
(15 Klassen)
(309 Schüler)
Mensa
(140 Sitzplätze)

Erweiterung

Objektbeschreibung

Allgemeine Objektinformationen

Die bestehende Grundschule aus den 1950er Jahren mit Ergänzung aus den 1990er Jahren wurde um einen Neubau, bestehend aus zwei Baukörpern für Ganztagsbetreuung und Verwaltung ergänzt. Hofseitig wurde eine Mensa vorgelagert. Spielflächen fließen zwischen den Gebäuden hindurch.

Nutzung

1 Erdgeschoss
Schulerweiterung: Bewegungsraum, Lager, Anmeldung, Technikräume, Personalräume, Sanitärräume, Windfang, Treppenhaus, Flur
Mensagebäude: Mensa, Aufwärmküche, Spülküche, Laubengänge, Stuhllager, Lagerräume, Technikräume, Personalräume, Sanitärräume, Windfang, Flur

1 Obergeschoss
Klassenräume, Treppenhäuser, Flur

1 Dachgeschoss
Klassenraum, Leseraum, Büroräume, Personal- und Besprechungsraum, Differenzierungsräume, Treppenhäuser, Flur, Luftraum

Nutzeinheiten

Klassen: 15
Schüler: 309
Sitzplätze: 140

Grundstück

Bauraum: Freier Bauraum
Neigung: Hanglage
Bodenklasse: BK 1 bis BK 7

Besonderer Kosteneinfluss Grundstück
Südlich des Ganztagsbaus steht ein erhaltenswerter Baum, der besondere Baumschutzmaßnahmen erforderte.

Markt

Hauptvergabezeit: 2. Quartal 2019
Baubeginn: 3. Quartal 2019
Bauende: 1. Quartal 2022
Konjunkturelle Gesamtlage: über Durchschnitt
Regionaler Baumarkt: über Durchschnitt

Baubestand

Baujahr: 1955
Bauzustand: mittel
Aufwand: niedrig
Grundrissänderungen: wenige
Tragwerkseingriffe: keine
Nutzungsänderung: nein
Nutzung während der Bauzeit: ja

Baukonstruktion

Die Erweiterungen sind als Mauerwerksbau mit Stb-Bodenplatte und -geschossdecken ausgeführt. Die Dächer wurden als Holzbalkendach realisiert. Die Kräfte des großen, mittigen Holzdachs der Mensa werden durch unterspannte Stahlseile aufgenommen. Das gefaltete Gründach wurde mit innen sichtbarer Holzkonstruktion ausgeführt und geht in einen Arkadengang über, der an den Ganztagsanbau anschließt.

Technische Anlagen

Fernwärme und eine PV-Anlage versorgen das Gebäude mit Wärme und Strom. Ein Aufzug sichert die barrierefreie Erschließung. Räume im Ganztagsanbau werden über Fenster gelüftet, während die Mensa über eine maschinelle Lüftungsanlage verfügt.

Sonstiges

Die energetischen Kennwerte beziehen sich auf die Schulerweiterung. Die Kosten der PV-Anlage sind nicht in dieser Dokumentation enthalten, da diese von einer Stiftung übernommen wurden.

Energetische Kennwerte

Gesetzliche Grundlage: EnEV 2013
Gebäudenutzfläche: 1.287,00 m^2
Gebäudevolumen: 5.763,00 m^3
Hüllfläche des beheizten Volumens: 2.093,00 m^2
Mittlerer U-Wert (opake Bauteile): 0,16 W/(m^2·K)
Mittlerer U-Wert (transparente Bauteile): 1,11 W/(m^2·K)
Spez. Jahresprimärenergiebedarf: 70,85 kWh/(m^2·a)

Energetische Angaben zu Außenbauteilen

Bodenplatte (Schule)

U-Wert: 0,21 W/(m²·K)

Gesamtdicke: 80,22 cm	d[cm]	l[W/(m·K)]
Estrich	6,00	1,400
Dämmung PS	8,00	0,035
Abdichtung	0,20	0,170
Stahlbeton	50,00	2,300
PP-Folie	0,02	0,330
Dämmung XPS	8,00	0,040
Sauberkeitsschicht	8,00	2,000

Außenwand Stahlbeton (Schule)

U-Wert: 0,22 W/(m²·K)

Gesamtdicke: 43,30 cm	d[cm]	l[W/(m·K)]
Stahlbeton	25,00	2,300
Abdichtung	0,30	0,170
Dämmung XPS	17,00	0,040
Außenputz	1,00	1,000

Decke gegen Außenluft oben (Schule)

U-Wert: 0,31 W/(m²·K)

Gesamtdicke: 46,30 cm	d[cm]	l[W/(m·K)]
Stahlbeton	30,00	2,300
Abdichtung	0,30	0,170
Dämmung EPS	10,00	0,035
Estrich	6,00	1,400

Außenwand Ziegel (Schule)

U-Wert: 0,16 W/(m²·K)

Gesamtdicke: 44,50 cm	d[cm]	l[W/(m·K)]
Innenputz	1,00	1,000
Dämmziegel	42,50	0,070
Außenputz	1,00	1,000

Dach (Schule)

U-Wert: 0,17 W/(m²·K)

Gesamtdicke: 28,03 cm	d[cm]	l[W/(m·K)]
Dampfbremse	0,03	0,330
Dämmung MW	28,00	0,035
Holz	28,00	0,130

Bodenplatte (Mensa)

U-Wert: 0,26 W/(m²·K)

Gesamtdicke: 48,10 cm	d[cm]	l[W/(m·K)]
Estrich	6,00	1,400
Dämmung PS	12,00	0,035
Abdichtung	0,10	0,170
Stahlbeton	30,00	2,300

Außenwand Stahlbeton (Mensa)

U-Wert: 0,30 W/(m²·K)

Gesamtdicke: 38,00 cm	d[cm]	l[W/(m·K)]
Innenputz	1,00	1,000
Stahlbeton	24,00	2,300
Dämmung MW	12,00	0,040
Außenputz	1,00	1,000

Außenwand Ziegel (Mensa)

U-Wert: 0,16 W/(m²·K)

Gesamtdicke: 44,50 cm	d[cm]	l[W/(m·K)]
Innenputz	1,00	1,000
Dämmziegel	42,50	0,070
Außenputz	1,00	1,000

Dach (Mensa)

U-Wert: 0,19 W/(m²·K)

Gesamtdicke: 22,23 cm	d[cm]	l[W/(m·K)]
Holz	2,00	0,130
Dampfbremse	0,03	0,330
Dämmung MW	20,00	0,040
Abdichtung	0,20	0,200

4100-0228
Ganztagsschule
(15 Klassen)
(309 Schüler)
Mensa
(140 Sitzplätze)

Erweiterung

Planungskennwerte für Flächen und Rauminhalte nach DIN 277

Flächen des Grundstücks		Menge Einheit	% an GF
BF	Bebaute Fläche	2.250,66 m²	21,3
UF	Unbebaute Fläche	8.315,34 m²	78,7
GF	Grundstücksfläche	10.566,00 m²	100,0

Grundflächen des Bauwerks		Menge Einheit	% an NUF	% an BGF
NUF	Nutzungsfläche	1.184,86 m²	100,0	61,2
TF	Technikfläche	79,00 m²	6,7	4,1
VF	Verkehrsfläche	417,97 m²	35,3	21,6
NRF	Netto-Raumfläche	1.681,83 m²	141,9	86,8
KGF	Konstruktions-Grundfläche	255,75 m²	21,6	13,2
BGF	Brutto-Grundfläche	1.937,58 m²	163,5	100,0

Brutto-Rauminhalt des Bauwerks		Menge Einheit	BRI/NUF (m)	BRI/BGF (m)
BRI	Brutto-Rauminhalt	8.356,11 m³	7,05	4,31

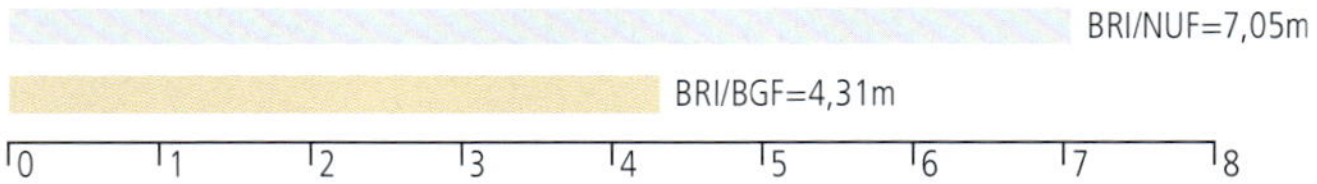

Kostenkennwerte für die Kostengruppen der 1.Ebene DIN 276

KG	Kostengruppen (1.Ebene)	Einheit	Kosten €	€/Einheit	€/m² BGF	€/m³ BRI	% 300+400
100	Grundstück	m² GF	–	–	–	–	–
200	Vorbereitende Maßnahmen	m² GF	–	–	–	–	–
300	Bauwerk – Baukonstruktionen	m² BGF	5.168.762	2.667,64	2.667,64	618,56	74,6
400	Bauwerk – Technische Anlagen	m² BGF	1.757.891	907,26	907,26	210,37	25,4
	Bauwerk 300+400	**m² BGF**	**6.926.653**	**3.574,90**	**3.574,90**	**828,93**	**100,0**
500	Außenanlagen und Freiflächen	m² AF	497.742	279,01	256,89	59,57	7,2
600	Ausstattung und Kunstwerke	m² BGF	–	–	–	–	–
700	Baunebenkosten	m² BGF	–	–	–	–	–
800	Finanzierung	m² BGF	–	–	–	–	–

KG	Kostengruppe	Menge Einheit	Kosten €	€/Einheit	%
3+4	**Bauwerk**				**100,0**
300	**Bauwerk – Baukonstruktionen**	1.937,58 m² BGF	5.168.762	**2.667,64**	74,6

- Abbrechen
  Abbruch von Fassadenelement, Stahl-Fluchttreppe; Entsorgung, Deponiegebühren
- Wiederherstellen
  Anarbeiten von Putz, Beschichtungen, Bodenbelägen und abgehängten Decken
- Herstellen
  Baugrubenaushub; Bodenaustausch, Stb-Fundamentplatte, Stb-Fundamente, Stb-Bodenplatte, Estrich, Linoleum, Lamellenparkett, Bodenfliesen, PU-Beschichtung, Abdichtung, Kiestragschichten, Perimeterdämmung; zellulosegefülltes Ziegelmauerwerk (monolithisch), Stb-Stützen, Holz-Alu-Pfosten-Riegelfassade, Holz-Alufenster, teilw. Sonnenschutzverglasung, mineralische Putzfassade; Innenmauerwerk, Stb-Wände, GK-Wände, Stb-Stützen, Holzrahmen-Innentüren, Wandfliesen; Stb-Decken, Stb-FT-Treppen, Estrich, Linoleum, Lamellenparkett, Bodenfliesen, PU-Beschichtung, abgehängte GK-Decken, Holzwolle-Schallschutzdecken, Treppengeländer; sichtbares Holzbalkendach (Mensa), Holzbalkendach, Dämmung, Betondachsteine, extensive Dachbegrünung, Entwässerung, abgehängte GK-Decken, Schallschutzdecken

KG	Kostengruppe	Menge Einheit	Kosten €	€/Einheit	%
400	**Bauwerk – Technische Anlagen**	1.937,58 m² BGF	1.757.891	**907,26**	25,4

- Herstellen
  Anschluss an Bestandsleitungen, Gebäudeentwässerung, Kalt- und Warmwasserleitungen, Sanitärobjekte; Nahwärmeanschluss, Erweiterung der bestehenden Fernwärmeversorgung, Plattenheizkörper; kontrollierte Be- und Entlüftung mit WRG (Mensa, WCs), RWA-Anlage; Elektroinstallation, Beleuchtung, Sicherheitsleuchten; elektroakustische Anlagen, Telekommunikationsanlage, Erweiterung der Brandmeldeanlage; Personenaufzug

KG	Kostengruppe	Menge Einheit	Kosten €	€/Einheit	%
500	**Außenanlagen und Freiflächen**	1.783,94 m²AF	497.742	**279,01**	7,2

- Abbrechen
  Abbruch von Asphaltflächen, Außenleuchte; Entsorgung, Deponiegebühren, Versetzen und Zwischenlagern von Findlingen, Spielgeräten
- Wiederherstellen
  Wiedereinbau von Spielgeräten
- Herstellen
  Oberbodenarbeiten, Bodenarbeiten, Erdbaumaßnahmen; asphaltierter Schulhof, Wege, Spielplatzflächen; Treppen, Sitzstufen; Oberbodenauftrag, Gehölze, Stauden, Bäume, Rasen

4100-0232
Schulmensa
(54 Sitzplätze)
Betreuungsräume

Erweiterung

Objektübersicht

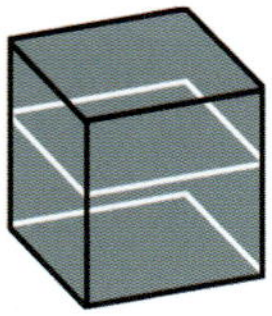

BRI 967 €/m³

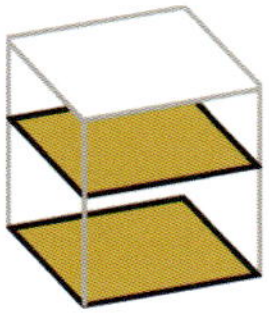

BGF 3.652 €/m²

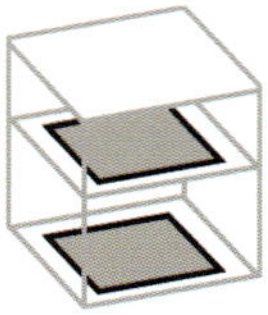

NUF 4.472 €/m²

Objekt:
Kennwerte: 1.Ebene DIN 276
BRI: 1.086 m³
BGF: 287 m²
NUF: 235 m²
Bauzeit: 35 Wochen
Bauende: 2021
Standard: Durchschnitt
Bundesland: Hessen
Kreis: Fulda

Architekt*in:
schmitt roggel
architekten PartGmbB
Friedensstraße 16
36043 Fulda

Bauherr*in:
Landkreis Fulda
Wörthstraße 15
36037 Fulda

© Christian Tech

© Christian Tech

© Christian Tech

© Christian Tech

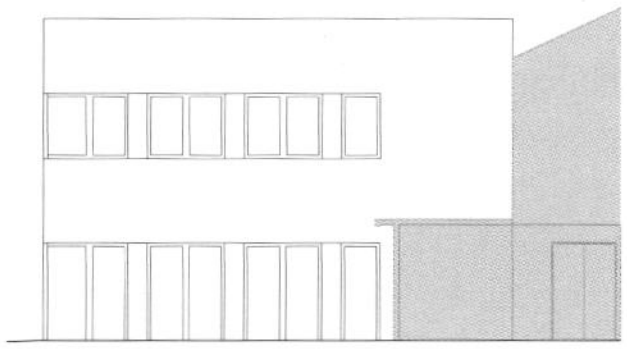
Ansicht Nord-Ost

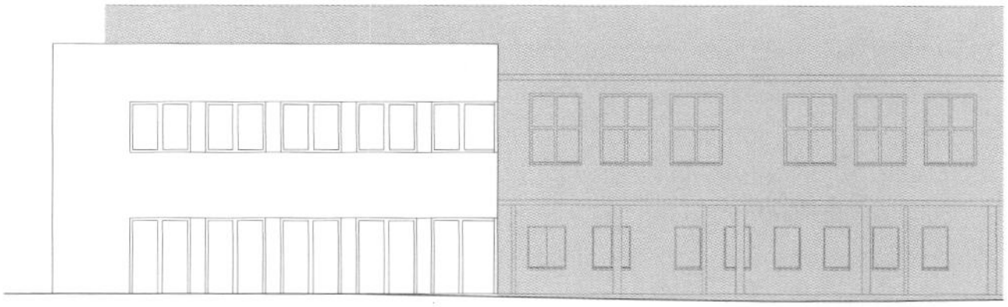
Ansicht Süd-Ost

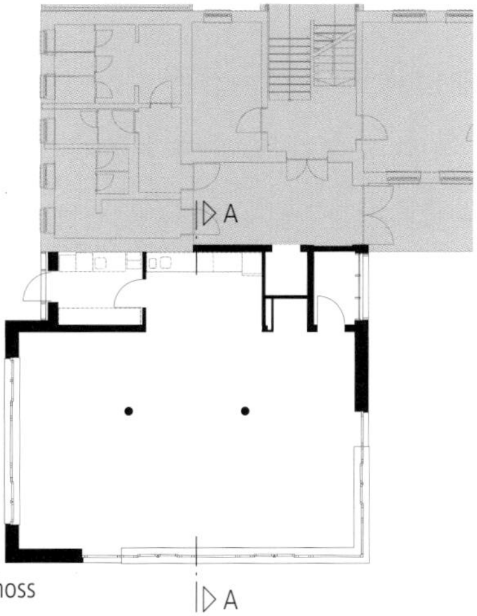

Erdgeschoss

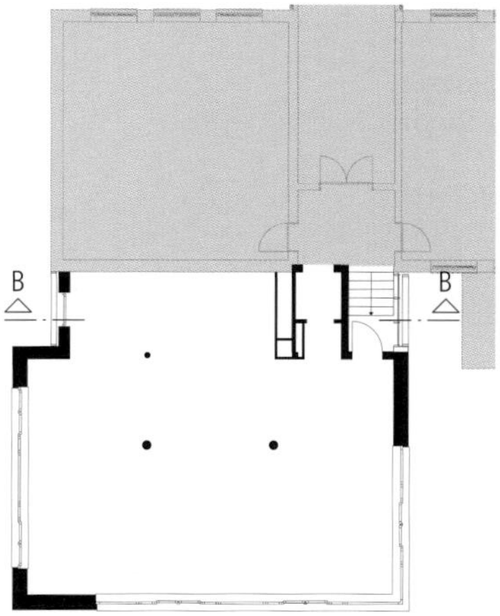

Obergeschoss

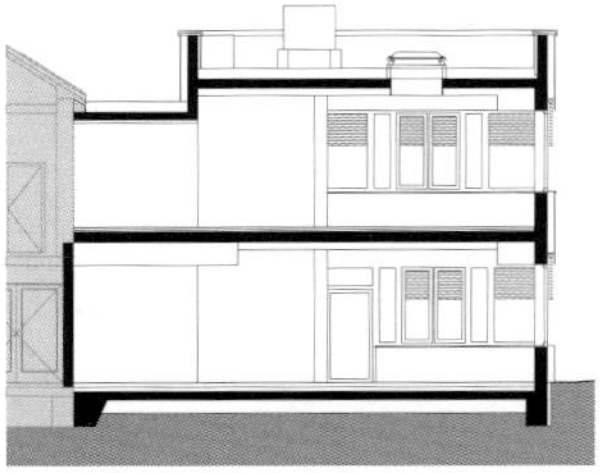
Schnitt A-A

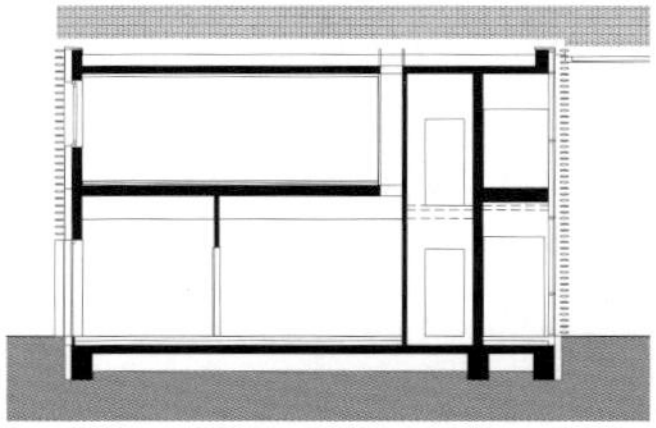
Schnitt B-B

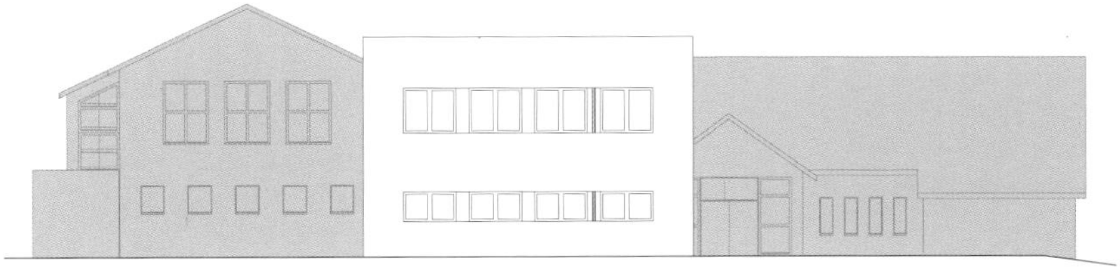
Ansicht Süd-West

Objektbeschreibung

Allgemeine Objektinformationen

Die Grundschule benötigte für die Nachmittagsbetreuung der Schüler zusätzliche Räume und auch eine Mensa. Zu diesem Zweck wurde ein bestehender eingeschossiger Anbau rückgebaut und an dessen Stelle ein zweigeschossiger Neubau errichtet. Zudem wurde ein Aufzug eingebaut. Ein weiteres Treppenhaus wurde nicht notwendig. Der Übergang zwischen alt und neu wurde gestalterisch über einen Verbindungsbau gelöst.

Nutzung

1 Erdgeschoss
Mensa, Spülküche, Zubereitungsraum

1 Obergeschoss
Betreuungsraum

Nutzeinheiten

Klassen: 4
Schüler: 80
Sitzplätze: 54

Grundstück

Bauraum: Beengter Bauraum
Neigung: Ebenes Gelände
Bodenklasse: BK 3 bis BK 5

Markt

Hauptvergabezeit: 1. Quartal 2020
Baubeginn: 2. Quartal 2021
Bauende: 4. Quartal 2021
Konjunkturelle Gesamtlage: über Durchschnitt
Regionaler Baumarkt: unter Durchschnitt

Baubestand

Baujahr: 1956
Bauzustand: mittel
Aufwand: mittel
Grundrissänderungen: wenige
Tragwerkseingriffe: wenige
Nutzungsänderung: nein
Nutzung während der Bauzeit: ja

Baukonstruktion

Das Gebäude ist in Mauerwerk mit WDVS errichtet. Die Decken sind als Stb-Decken mit Stb-Stützen ausgebildet, um einen möglichst offenen Grundriss zu ermöglichen. Der Verbindungsbau ist in der Geschosshöhe im 2.OG etwas reduziert, um den Anschluss an das Satteldach zu erleichtern sowie die Verschneidung der Dächer zu vermeiden. Die Fensterbänder sind mit farbigen Glasfeldern durchsetzt, die das Stützenraster sichtbar machen und als Kunststoffelemente ausgeführt. Das Flachdach ist als Warmdach ausgebildet und bekiest.

Technische Anlagen

Der Neubau wurde an die bestehende Ölheizung der Schule angeschlossen. Aufgrund der zeitlich sehr begrenzten Nutzungsdauer am Tag wurden Wandheizkörper als Wärmeverteiler gewählt. Im Zuge des Anbaus wurde eine Lüftungsanlage installiert, die in einem nächsten Bauabschnitt auch den Altbau mit versorgen wird. Die Anlage befindet sich auf dem Flachdach des Anbau.

Energetische Angaben zu Außenbauteilen

Bodenplatte

U-Wert: 0,26 W/(m²·K)

Gesamtdicke: 40,03 cm	d [cm]	l [W/(m·K)]
Linoleum	0,50	0,170
Estrich	6,50	1,400
Trittschalldämmung	3,00	0,035
Dämmung XPS	9,00	0,035
PE-Folie	0,01	0,330
Bitumenbahn	1,00	0,170
Stahlbeton	20,00	2,500
PE-Folie	0,02	0,330

Außenwand

U-Wert: 0,12 W/(m²·K)

Gesamtdicke: 50,00 cm	d [cm]	l [W/(m·K)]
Innenputz	1,00	0,700
Ziegel	30,00	0,090
Dämmung PS	18,00	0,035
Außenputz	1,00	0,700

Dach

U-Wert: 0,18 W/(m²·K)

Gesamtdicke: 42,12 cm	d [cm]	l [W/(m·K)]
Stahlbeton	18,00	2,500
Bitumenbahn	0,50	0,170
Dämmung XPS	16,00	0,035
Dämmung XPS	2,00	0,035
Bitumenbahn	0,02	0,170
Gummi/Kunststoff	0,60	0,100
Kiesschüttung	5,00	0,700

4100-0232
Schulmensa
(54 Sitzplätze)
Betreuungsräume

Erweiterung

Planungskennwerte für Flächen und Rauminhalte nach DIN 277

Flächen des Grundstücks		Menge Einheit	% an GF
BF	Bebaute Fläche	1.122,16 m²	30,6
UF	Unbebaute Fläche	2.542,27 m²	69,4
GF	Grundstücksfläche	3.664,43 m²	100,0

Grundflächen des Bauwerks		Menge Einheit	% an NUF	% an BGF
NUF	Nutzungsfläche	234,72 m²	100,0	81,7
TF	Technikfläche	–	–	–
VF	Verkehrsfläche	12,80 m²	5,5	4,5
NRF	Netto-Raumfläche	247,52 m²	105,5	86,1
KGF	Konstruktions-Grundfläche	39,94 m²	17,0	13,9
BGF	Brutto-Grundfläche	287,46 m²	122,5	100,0

Brutto-Rauminhalt des Bauwerks		Menge Einheit	BRI/NUF (m)	BRI/BGF (m)
BRI	Brutto-Rauminhalt	1.085,88 m³	4,63	3,78

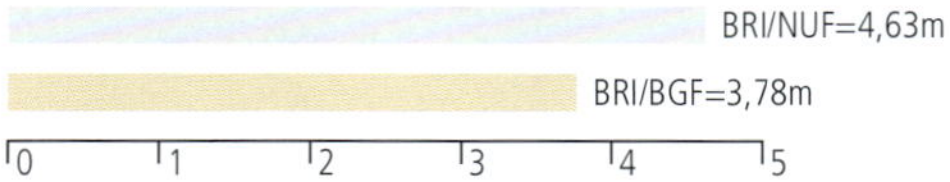

Kostenkennwerte für die Kostengruppen der 1. Ebene DIN 276

KG	Kostengruppen (1. Ebene)	Einheit	Kosten €	€/Einheit	€/m² BGF	€/m³ BRI	% 300+400
100	Grundstück	m² GF	–	–	–	–	–
200	Vorbereitende Maßnahmen	m² GF	–	–	–	–	–
300	Bauwerk – Baukonstruktionen	m² BGF	555.926	1.933,93	1.933,93	511,96	53,0
400	Bauwerk – Technische Anlagen	m² BGF	493.745	1.717,61	1.717,61	454,70	47,0
	Bauwerk 300+400	**m² BGF**	**1.049.672**	**3.651,54**	**3.651,54**	**966,66**	**100,0**
500	Außenanlagen und Freiflächen	m² AF	–	–	–	–	–
600	Ausstattung und Kunstwerke	m² BGF	–	–	–	–	–
700	Baunebenkosten	m² BGF	–	–	–	–	–
800	Finanzierung	m² BGF	–	–	–	–	–

KG	Kostengruppe	Menge Einheit	Kosten €	€/Einheit	%
3+4	**Bauwerk**				**100,0**
300	**Bauwerk – Baukonstruktionen**	287,46 m² BGF	555.926	**1.933,93**	53,0

- Abbrechen
  Öffnen der Fassade im Bereich der Verbindung zwischen Alt- und Neubau

- Herstellen
  Baugrubenaushub; Stb-Fundamente inkl. Anschluss an den Bestand, Stb-Bodenplatte, Estrich, Linoleum, Bodenfliesen, Abdichtung, Kiesfilterschicht, Perimeterdämmung; Mauerwerkswände, Stb-Stützen, Holzfenster, Alu-Pfosten-Riegelfassade, Holz-Alufenster, Dreifachverglasung, WDVS, teilw. Alu-Sonnenschutzlamellen; Innenmauerwerk, Stb-Wände, GK-Wände, Stb-Stützen, Einzug eines Stb-Unterzugs im Bestand, Wandfliesen; Stb-Decken inkl. Anschluss an den Bestand, Stb-Treppe mit 5 Stufen, Estrich, Linoleum, abgehängte Rasterdecken; Stb-Flachdach, Oberlicht als Dachausstieg, Dämmung, Abdichtung, Attika, Entwässerung, abgehängte Rasterdecke; Einbauküche

KG	Kostengruppe	Menge Einheit	Kosten €	€/Einheit	%
400	**Bauwerk – Technische Anlagen**	287,46 m² BGF	493.745	**1.717,61**	47,0

- Herstellen
  Gebäudeentwässerung, Kalt- und Warmwasserleitungen; Anschluss an die Bestands-Ölheizung, Plattenheizkörper; kontrollierte Be- und Entlüftung mit Wärmerückgewinnung, RWA-Anlage; Elektroinstallation, Beleuchtung, Blitzschutzanlage; Datenübertragungsanlage, elektroakustische Anlagen, Brandmeldeanlage; Personenaufzug

4100-0234
Grundschule
(6 Klassen)
(142 Schüler)

Erweiterung

Objektübersicht

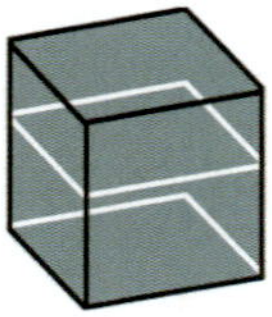

BRI 917 €/m³

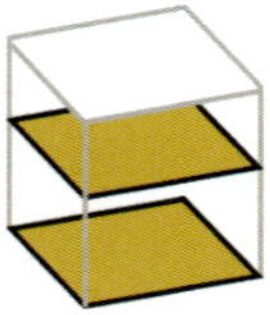

BGF 4.532 €/m²

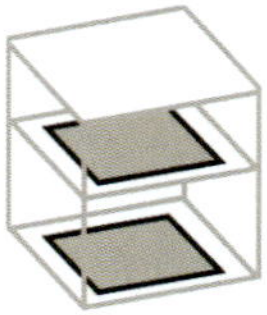

NUF 7.494 €/m²

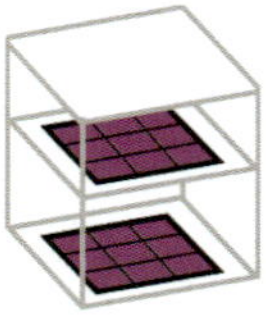

NE 46.564 €/NE

NE: Schüler

Objekt:
Kennwerte: 1. Ebene DIN 276
BRI: 7.211 m³
BGF: 1.459 m²
NUF: 882 m²
Bauzeit: 130 Wochen
Bauende: 2022
Standard: Durchschnitt
Bundesland: Brandenburg
Kreis: Prignitz

Architekt*in:
ELZ Architekten BDA
Behlertstraße 6b
14469 Potsdam

Bauherr*in:
Stadt Perleberg
Karl-Liebknecht-Straße 33
19348 Perleberg

Zeichnungen

4100-0234
Grundschule
(6 Klassen)
(142 Schüler)

Erweiterung

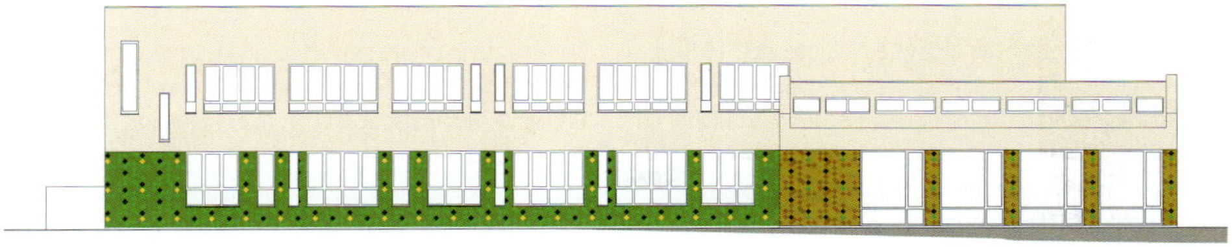

Ansicht Nord

Erdgeschoss

Bestand

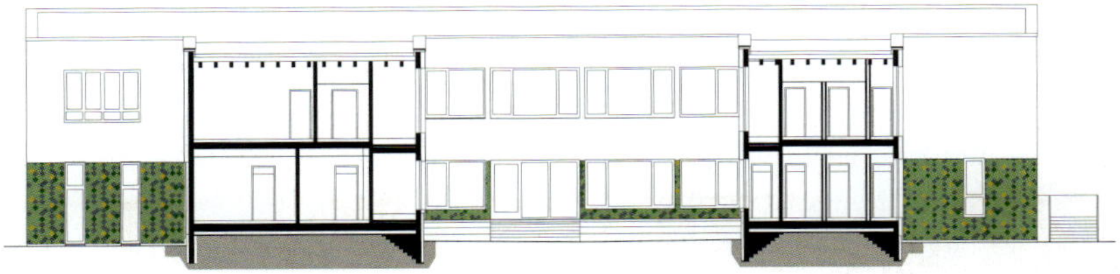

Schnitt A-A

Ansicht West

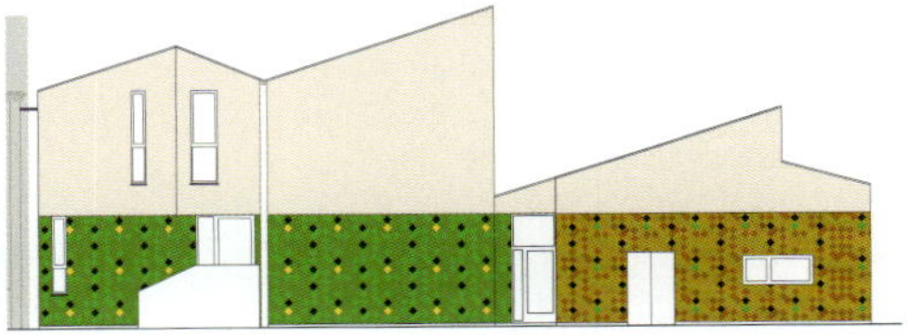

Ansicht Ost

4100-0234
Grundschule
(6 Klassen)
(142 Schüler)

Erweiterung

Objektbeschreibung

Allgemeine Objektinformationen

Die bestehende Grundschule, ein Systembau aus den 1970er Jahren, wurde um einen zweigeschossigen Riegel für Hort- und Grundschulnutzung und einem eingeschossigen Mehrzweckgebäude für Aula und Caféteria erweitert. Die Eingangsfassade liegt an einem neu gestalteten Stadtplatz. Die umgebende Nachkriegsbebauung umrahmt den offen gestaltete Grundriss des Erweiterungsbaus. Die mit farbigen Schindeln gestalteten EG-Fassaden bilden einen fließenden Übergang zu den Außenanlagen.

Nutzung

1 Erdgeschoss
Foyer, Mehrzweckraum, Sanitärräume, Küche, Lager, drei Horträume, Lehrmittel, Garderobe, Aufzug, Treppenhäuser

1 Obergeschoss
Drei Klassenräume, zwei Teilungsräume, Lehrmittel, Sanitärräume, Aufzug, Treppenhäuser

Nutzeinheiten

Klassen: 6
Schüler: 142

Grundstück

Bauraum: Beengter Bauraum
Neigung: Ebenes Gelände
Bodenklasse: BK 3 bis BK 4

Markt

Hauptvergabezeit: 2.Quartal 2020
Baubeginn: 2.Quartal 2020
Bauende: 4.Quartal 2022
Konjunkturelle Gesamtlage: über Durchschnitt
Regionaler Baumarkt: Durchschnitt

Baubestand

Baujahr: 1971
Bauzustand: gut
Aufwand: mittel
Grundrissänderungen: wenige
Tragwerkseingriffe: einige
Nutzungsänderung: nein
Nutzung während der Bauzeit: ja

Baukonstruktion

Der Baugrund erwies sich als nur eingeschränkt tragfähig. Für die Gründung musste der Boden einen Meter tief abgetragen und ein Gründungspolster hergestellt werden. Die Erdgeschossebenen sind auf bewehrten Fundamentplatten gegründet. Die Außenwände sind in KS-Mauerwerk ausgeführt. Einzelne Stahlbetonwände dienen der Aussteifung. Die Fassaden sind im EG mit bunten Aluschindeln bekleidet, im OG kam ein WDVS zum Einsatz. Die Geschossdecke ist in Stahlbeton hergestellt. Auf dem Heizestrich sind die Böden mit Linoleum oder Betonwerkstein bzw. Fliesen belegt. Der sichtbare Dachstuhl aus Holzbindern und Pfetten wurde mittels OSB-Schalung und Aufsparrendämmung gedeckt. Die Dächer sind begrünt. Die Aula wird über eine dreifachverglaste Stahl-Pfosten-Riegel-Fassade belichtet und belüftet.

Technische Anlagen

Die Wärmeerzeugung des Neubaus erfolgt über zwei Luft/Luft Wärmepumpen, Fußbodenheizungen verteilen die Wärme in den Räumen. Zusätzlich wurden Heizkörper in Foyer und Mehrzweckraum verbaut um trotz großem Luftvolumen ausreichend heizen zu können. Die Lüftung der Räume erfolgt durch eine effektive Querlüftung über die großzügigen Fenster. Zusätzlich sind CO_2-Ampeln eingebaut, die schlechte Luftqualität signalisieren und gekoppelte Lüftungspaneele automatisch öffnen. Durch den Einbau eines Personenaufzugs ist das Gebäude barrierefrei.

Energetische Kennwerte

Gesetzliche Grundlage: EnEV 2013
Gebäudenutzfläche: 1.251,00 m^2
Gebäudevolumen: 6.154,00 m^3
A/Ve-Verhältnis (Kompaktheit): 0,49 m^{-1}
Hüllfläche des beheizten Volumens: 3.042,00 m^2
Mittlerer U-Wert (opake Bauteile): 0,16 W/(m^2·K)
Mittlerer U-Wert (transparente Bauteile): 1,00 W/(m^2·K)
Mittlerer U-Wert (Vorhangfassade): 1,40 W/(m^2·K)
Mittlerer U-Wert (Glasdächer, etc.): 1,30 W/(m^2·K)
Spez. Jahresprimärenergiebedarf: 111,60 kWh/(m^2·a)
CO_2-Emissionen: 36,89 kg/(m^2·a)

Energetische Angaben zu Außenbauteilen

Bodenplatte

U-Wert: 0,17 W/(m²·K)

Gesamtdicke: 56,50 cm	d[cm]	l[W/(m·K)]
Estrich	6,50	1,400
Dämmung	3,00	0,035
Dämmung	3,00	0,035
Stahlbeton	30,00	2,100
Dämmung	14,00	0,038

Außenwand gegen Erdreich

U-Wert: 0,29 W/(m²·K)

Gesamtdicke: 39,00 cm	d[cm]	l[W/(m·K)]
Stahlbeton	25,00	2,100
Abdichtung	2,00	100.000,00
Dämmung	12,00	0,038

Außenwand hinterlüftet Aluverkleidung

U-Wert: 0,24 W/(m²·K)

Gesamtdicke: 37,50 cm	d[cm]	l[W/(m·K)]
Innenputz	1,50	1,000
Kalksandstein	24,00	1,100
Dämmung	12,00	0,032

Außenwand WDVS

U-Wert: 0,17 W/(m²·K)

Gesamtdicke: 45,50 cm	d[cm]	l[W/(m·K)]
Innenputz	1,50	1,000
Kalksandstein	24,00	1,100
Dämmung	20,00	0,036

Außenwand hinterlüftet

U-Wert: 0,26 W/(m²·K)

Gesamtdicke: 34,00 cm	d[cm]	l[W/(m·K)]
Holz	28,00	0,130
Dämmung	6,00	0,040

Decke gegen Außenluft unten

U-Wert: 0,11 W/(m²·K)

Gesamtdicke: 66,50 cm	d[cm]	l[W/(m·K)]
Estrich	6,50	1,400
Dämmung	3,00	0,035
Dämmung	3,00	0,035
Stahlbeton	30,00	2,100
Dämmung	24,00	0,035

Flachdach

U-Wert: 0,17 W/(m²·K)

Gesamtdicke: 45,00 cm	d[cm]	l[W/(m·K)]
Dämmung	20,00	0,035
Stahlbeton	25,00	2,100

Dach

U-Wert: 0,18 W/(m²·K)

Gesamtdicke: 21,45 cm	d[cm]	l[W/(m·K)]
Holz	3,00	0,130
Dampfsperre	0,05	1.000,000
Dämmung	18,40	0,035

4100-0234
Grundschule
(6 Klassen)
(142 Schüler)

Erweiterung

Planungskennwerte für Flächen und Rauminhalte nach DIN 277

Flächen des Grundstücks		Menge Einheit	% an GF
BF	Bebaute Fläche	845,00 m²	25,9
UF	Unbebaute Fläche	2.417,00 m²	74,1
GF	Grundstücksfläche	3.262,00 m²	100,0

Grundflächen des Bauwerks		Menge Einheit	% an NUF	% an BGF
NUF	Nutzungsfläche	882,34 m²	100,0	60,5
TF	Technikfläche	34,52 m²	3,9	2,4
VF	Verkehrsfläche	352,53 m²	40,0	24,2
NRF	Netto-Raumfläche	1.269,39 m²	143,9	87,0
KGF	Konstruktions-Grundfläche	189,61 m²	21,5	13,0
BGF	Brutto-Grundfläche	1.459,00 m²	165,4	100,0

Brutto-Rauminhalt des Bauwerks		Menge Einheit	BRI/NUF (m)	BRI/BGF (m)
BRI	Brutto-Rauminhalt	7.210,55 m³	8,17	4,94

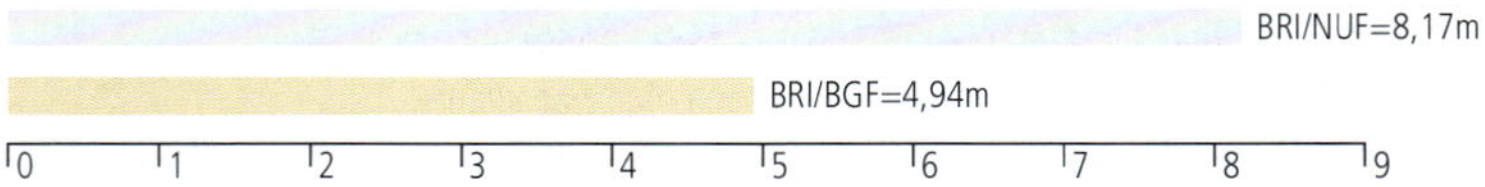

Kostenkennwerte für die Kostengruppen der 1.Ebene DIN 276

KG	Kostengruppen (1.Ebene)	Einheit	Kosten €	€/Einheit	€/m² BGF	€/m³ BRI	% 300+400
100	Grundstück	m² GF	–	–	–	–	–
200	Vorbereitende Maßnahmen	m² GF	–	–	–	–	–
300	Bauwerk – Baukonstruktionen	m² BGF	5.376.524	3.685,07	3.685,07	745,65	81,3
400	Bauwerk – Technische Anlagen	m² BGF	1.235.617	846,89	846,89	171,36	18,7
	Bauwerk 300+400	**m² BGF**	**6.612.141**	**4.531,97**	**4.531,97**	**917,01**	**100,0**
500	Außenanlagen und Freiflächen	m² AF	71.431	29,55	48,96	9,91	1,1
600	Ausstattung und Kunstwerke	m² BGF	505.666	346,58	346,58	70,13	7,6
700	Baunebenkosten	m² BGF	–	–	–	–	–
800	Finanzierung	m² BGF	–	–	–	–	–

KG	Kostengruppe	Menge Einheit	Kosten €	€/Einheit	%
3+4	**Bauwerk**				**100,0**
300	**Bauwerk – Baukonstruktionen**	1.459,00 m² BGF	5.376.524	**3.685,07**	81,3

- Herstellen
  Baugrubenaushub; Gründungspolster, Baugrundverbesserung, Betonrecycling, Stb-Fundamentplatte, Abdichtung, Dämmung, Heizestrich, Linoleum, Fliesen, Betonwerkstein, Magerbetonkeile; KS-Mauerwerk, Stb-Wände, Stb-Stützen, Holzfenster, Dreifachverglasung VSG, Außentüren Stahlrahmenprofile, WDVS, Dämmung, Aluminiumschindeln, Stahl-Pfosten-Riegel-Fassade, Raffstores; KS-Mauerwerk, GK-Wände, teilweise doppelt beplankt, Holzinnentüren, Stahlglasinnentüren, Holz-, Alu-Umfassungszargen, Wandfliesen, Beschichtung, WC-Trennwände; Stb-Decken, Stb-Treppen, Buchehandläufe; Holzbinder-Dachkonstruktion, Holzpfetten, Dachflächenfenster, Aufsparrendämmung, OSB-Schalung, Gründachaufbau, Akustikdecken, Beschichtung; Sekurantensystem

KG	Kostengruppe	Menge Einheit	Kosten €	€/Einheit	%
400	**Bauwerk – Technische Anlagen**	1.459,00 m² BGF	1.235.617	**846,89**	18,7

- Herstellen
  Gebäudeentwässerung, Kalt- und Warmwasserleitungen, Sanitärobjekte, Regenwasserrückhaltebecken; Luft-Luft-Wärmepumpe, Heizleitungen, Fußbodenheizung, Heizkörper; Lüftungsanlage innenliegende Räume; Elektroinstallation, Beleuchtung, Sicherheitsbeleuchtung, Blitzschutz; Erweiterung Hausalarmanlage, CO_2-Ampeln, Datenübertragungsanlage; Personenaufzug

KG	Kostengruppe	Menge Einheit	Kosten €	€/Einheit	%
500	**Außenanlagen und Freiflächen**	2.417,00 m² AF	71.431	**29,55**	1,1

- Herstellen
  Stb-Beton Außentreppen, Betonpflaster; Stahlgeländer; Fassadenrinnen

KG	Kostengruppe	Menge Einheit	Kosten €	€/Einheit	%
600	**Ausstattung und Kunstwerke**	1.459,00 m² BGF	505.666	**346,58**	7,6

- Herstellen
  Schulküchenmobiliar, Edelstahl-Ausgabeküche, Teeküche, Einbauschränke, Garderobenschränke, Einbausitzbänke, Schultische, Schulstühle

4100-0236
Grundschule
(6 Klassen)
(150 Schüler)
Hort (5 Gruppen)
(180 Schüler)

Erweiterung

Objektübersicht

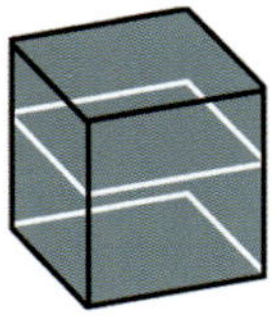

BRI 761 €/m³

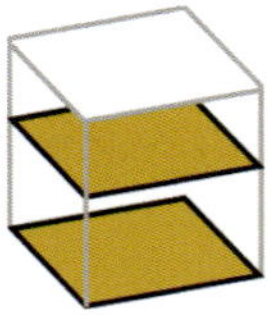

BGF 3.047 €/m²

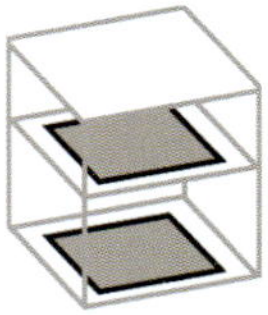

NUF 5.110 €/m²

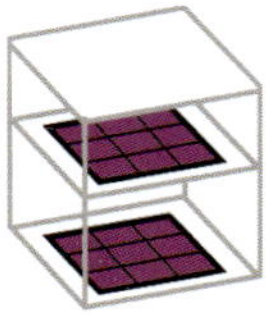

NE 21.088 €/NE

NE: Schüler

Objekt:
Kennwerte: 1.Ebene DIN 276
BRI: 9.150 m³
BGF: 2.284 m²
NUF: 1.362 m²
Bauzeit: 61 Wochen
Bauende: 2021
Standard: über Durchschnitt
Bundesland: Nordrhein-Westfalen
Kreis: Kleve

Architekt*in:
Gelderner Bau
Gesellschaft mbH
Ernst-C. Gerats
Jan Spickmann
Glockengasse 5
47608 Geldern

Bauherr*in:
Gelderner Bau
Gesellschaft mbH
Glockengasse 5
47608 Geldern

© Gelderner Bau GmbH

© Gelderner Bau GmbH

© Gelderner Bau GmbH

© Gelderner Bau GmbH

Ansicht Nord

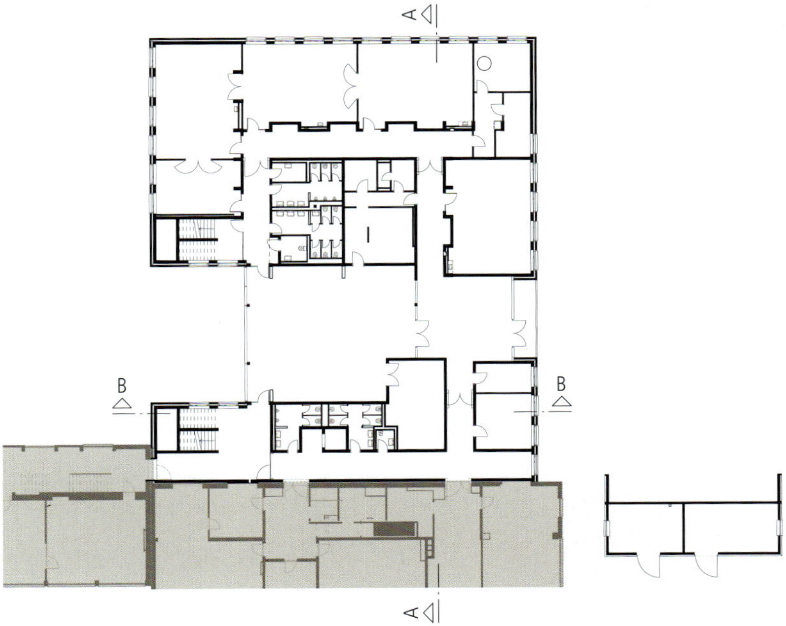

Erdgeschoss

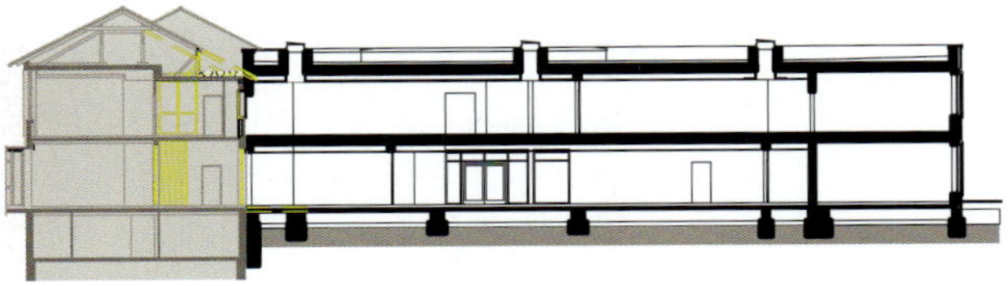

Schnitt A-A

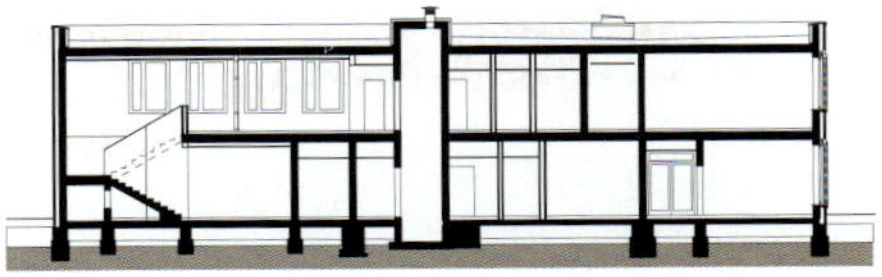

Schnitt B-B

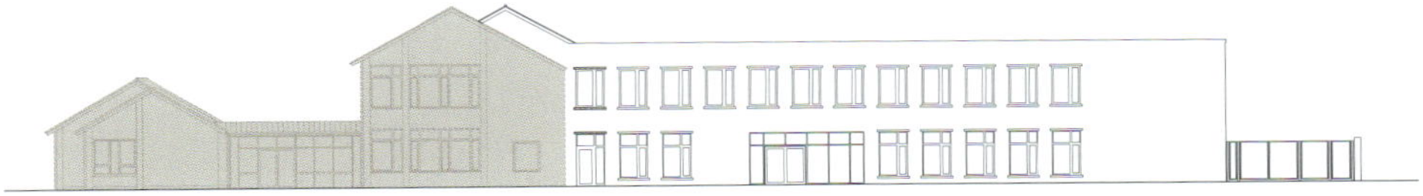

Ansicht Ost

4100-0236
Grundschule
(6 Klassen)
(150 Schüler)
Hort (5 Gruppen)
(180 Schüler)

Erweiterung

Objektbeschreibung

Allgemeine Objektinformationen

Die Grundschule soll zukünftig dreizügig geführt werden. Dafür wurde im Rahmen der Schulbauoffensive die Erweiterung und anschließende Sanierung geplant und realisiert. Bei der Erweiterung wurden sechs zusätzliche Klassenräume sowie fünf Räume für die Nachmittagsbetreuung angebaut. Insgesamt entstand Platz für 150 Schulkinder.

Nutzung

1 Erdgeschoss
offene Ganztagsbetreuung, Mensa, Küche, Sanitärräume

1 Obergeschoss
Klassenräume mit angeschlossenen Differenzierungsräumen, Bibliothek, Sanitärräume

Nutzeinheiten

Gruppen: 5
Klassen: 6
Schüler: 330

Grundstück

Bauraum: Freier Bauraum
Neigung: Ebenes Gelände

Markt

Hauptvergabezeit: 3. Quartal 2020
Baubeginn: 3. Quartal 2020
Bauende: 4. Quartal 2021
Konjunkturelle Gesamtlage: über Durchschnitt
Regionaler Baumarkt: unter Durchschnitt

Baubestand

Baujahr: 1954, 1961, 1996
Bauzustand: gut
Aufwand: mittel
Grundrissänderungen: einige
Tragwerkseingriffe: wenige
Nutzungsänderung: nein
Nutzung während der Bauzeit: ja

Baukonstruktion

Die nicht unterkellerte Erweiterung gründet auf Stb-Streifenfundamenten mit darüberliegender Stb-Bodenplatte. Sämtliche tragende Bauteile sind mit Stb-Fertigteilen errichtet worden, um eine schnelle Baufertigstellung zu erreichen. Die Stb-Elementdecken erhielten Linoleumbeläge in den Unterrichtsräumen und Feinsteinzeugbeläge auf den Verkehrsflächen. Die nichttragenden Innenwände wurden in Trockenbau ausgeführt. In den Sanitärräumen wurden die Böden und Wände mit Fliesen belegt. Die Türen wurden in Holz ausgeführt. Die Außenwände sind mit hinterlüfteten Klinkerfassaden bekleidet. Dreifachverglaste Alufenster wurden eingebaut. Sonnenschutzlamellen sorgen für die notwendige Verschattung. Das Stb-Flachdach wurde als Retentionsdach ausgeführt und begrünt.

Technische Anlagen

Der Erweiterungsneubau wird durch eine Luft-Wasser-Wärmepumpe beheizt. Die Fußbodenheizung verteilt die Wärme in den Räumen. Eine Lüftungsanlage versorgt die innenliegenden Räumen, sowie die Mensa und den Küchenbereich. Aufgeständerte Photovoltaikelemente auf dem Dach liefern Strom. Es wurde eine Brandmeldeanlage sowie Präsenzmelder mit integrierten CO_2-Meldern installiert. Ein Aufzug macht die Schule barrierefrei.

Sonstiges

Der Baukörper beruht auf einem 2,50m Raster. Der Einsatz von Stahlbetonfertigteilen und Elementdecken ermöglichte eine kurze Bauzeit von 14 Monaten.

Energetische Kennwerte

Gesetzliche Grundlage: EnEV 2013
Gebäudenutzfläche: 1.865,40 m²
Hüllfläche des beheizten Volumens: 1.984,80 m²
Spez. Jahresprimärenergiebedarf: 77,60 kWh/(m²·a)
Jahresendenergiebedarf: 144.851,00 kWh/a

Planungskennwerte für Flächen und Rauminhalte nach DIN 277

Flächen des Grundstücks		Menge Einheit	% an GF
BF	Bebaute Fläche	2.368,58 m²	27,0
UF	Unbebaute Fläche	6.410,42 m²	73,0
GF	Grundstücksfläche	8.779,00 m²	100,0

Grundflächen des Bauwerks		Menge Einheit	% an NUF	% an BGF
NUF	Nutzungsfläche	1.361,69 m²	100,0	59,6
TF	Technikfläche	9,28 m²	0,7	0,4
VF	Verkehrsfläche	532,46 m²	39,1	23,3
NRF	Netto-Raumfläche	1.903,43 m²	139,8	83,3
KGF	Konstruktions-Grundfläche	380,57 m²	27,9	16,7
BGF	Brutto-Grundfläche	2.284,00 m²	167,7	100,0

Brutto-Rauminhalt des Bauwerks		Menge Einheit	BRI/NUF (m)	BRI/BGF (m)
BRI	Brutto-Rauminhalt	9.150,26 m³	6,72	4,01

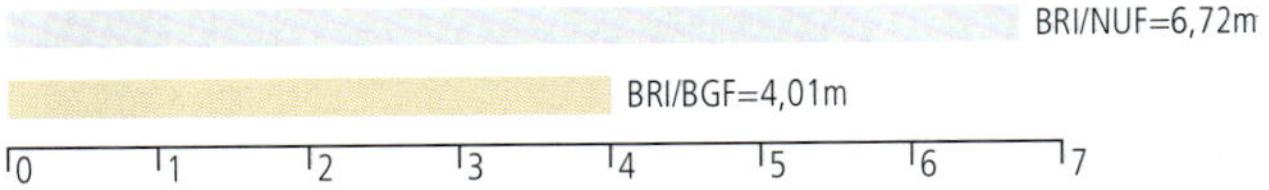

4100-0236
Grundschule
(6 Klassen)
(150 Schüler)
Hort (5 Gruppen)
(180 Schüler)

Erweiterung

Kostenkennwerte für die Kostengruppen der 1. Ebene DIN 276

KG	Kostengruppen (1. Ebene)	Einheit	Kosten €	€/Einheit	€/m² BGF	€/m³ BRI	% 300+400
100	Grundstück	m² GF	–	–	–	–	–
200	Vorbereitende Maßnahmen	m² GF	520.445	59,28	227,87	56,88	7,5
300	Bauwerk – Baukonstruktionen	m² BGF	4.888.525	2.140,33	2.140,33	534,25	70,2
400	Bauwerk – Technische Anlagen	m² BGF	2.070.388	906,47	906,47	226,27	29,8
	Bauwerk 300+400	**m² BGF**	**6.958.913**	**3.046,81**	**3.046,81**	**760,52**	**100,0**
500	Außenanlagen und Freiflächen	m² AF	754.201	167,27	330,21	82,42	10,8
600	Ausstattung und Kunstwerke	m² BGF	–	–	–	–	–
700	Baunebenkosten	m² BGF	–	–	–	–	–
800	Finanzierung	m² BGF	–	–	–	–	–

KG	Kostengruppe	Menge Einheit	Kosten €	€/Einheit	%
200	**Vorbereitende Maßnahmen**	8.779,00 m² GF	520.445	**59,28**	7,5

- Abbrechen
  Abbruch von Bestandsgebäude; Entsorgung, Deponiegebühren

- Herstellen
  Herrichten der Geländeoberfläche, Erdarbeiten; Fettabscheider

KG	Kostengruppe	Menge Einheit	Kosten €	€/Einheit	%
3+4	**Bauwerk**				**100,0**
300	**Bauwerk – Baukonstruktionen**	2.284,00 m² BGF	4.888.525	**2.140,33**	70,2

- Herstellen
  Bodenarbeiten; Stb-Streifenfundamente, Stb-Bodenplatte, Dämmung, Heizestrich, Bodenfliesen, Linoleum, Feinsteinzeug, Perimeterdämmung, Sauberkeitsschicht; Stb-Außenwände, Alufenster, dreifachverglast, Dämmung, Klinkerfassade, Sichtbetonoberflächen, Sonnenschutzlamellen; Stb-Innenwände, GK-Wände, Holztüren, Wandfliesen, Beschichtung; Stb-Decken, Stb-Fertigteiltreppen, Estrich, Linoleum, Feinsteinzeug, Bodenfliesen, abgehängte Metallrasterdecken, Akustikdecken, GK-Decken; Stb-Flachdach, Dämmung, Abdichtung, Retentionsdach, Begrünung, innenliegende Dachentwässerung, Akustikdecken

KG	Kostengruppe	Menge Einheit	Kosten €	€/Einheit	%
400	**Bauwerk – Technische Anlagen**	2.284,00 m² BGF	2.070.388	**906,47**	29,8

- Herstellen
  Gebäudeentwässerung, Kalt- und Warmwasserleitungen, Sanitärobjekte; Luft-Wasser-Wärmepumpe, Lüftungsanlage für Mensa, Küche; Photovoltaikanlage, Elektroinstallation, Beleuchtung, Blitzschutz; Brandmeldeanlage, Präsenzmelder mit integriertem CO_2-Meldern, KNX-Steuerung

KG	Kostengruppe	Menge Einheit	Kosten €	€/Einheit	%
500	**Außenanlagen und Freiflächen**	4.509,00 m² AF	754.201	**167,27**	10,8

- Herstellen
  Neugestaltung der Feuerwehrzufahrt; Neugestaltung Schulhof und Parkplätze

4400-0315
Kindertagesstätte
(70 Kinder)

Umbau

Objektübersicht

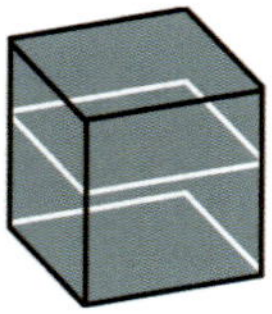

BRI 608 €/m³

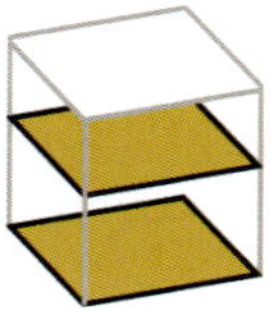

BGF 2.360 €/m²

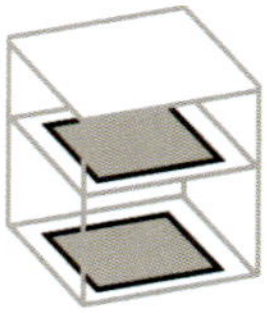

NUF 3.890 €/m²

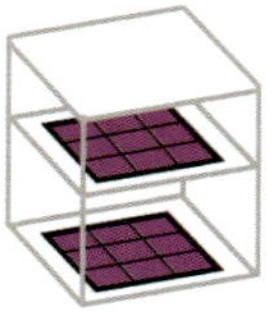

NE 31.283 €/NE

NE: Kinder

Objekt:
Kennwerte: 3.Ebene DIN 276
BRI: 3.604 m³
BGF: 928 m²
NUF: 563 m²
Bauzeit: 69 Wochen
Bauende: 2017
Standard: über Durchschnitt
Bundesland: Berlin
Kreis: Berlin, Stadt

Architekt*in:
sehw architektur GmbH
Alt-Moabit 73
10555 Berlin

Bauherr*in:
FRÖBEL Bildung und Erziehung gemeinnützige GmbH
Alexanderstraße 9
10178 Berlin

vorher

nachher

Umbau

Ansicht Nord

Ansicht Ost

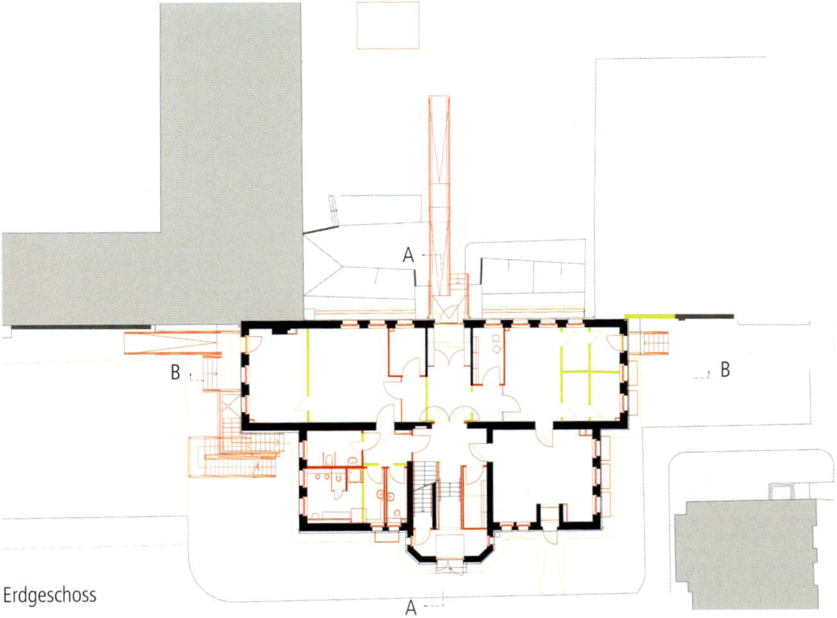

Erdgeschoss

Schnitt A-A

Schnitt B-B

Ansicht Süd

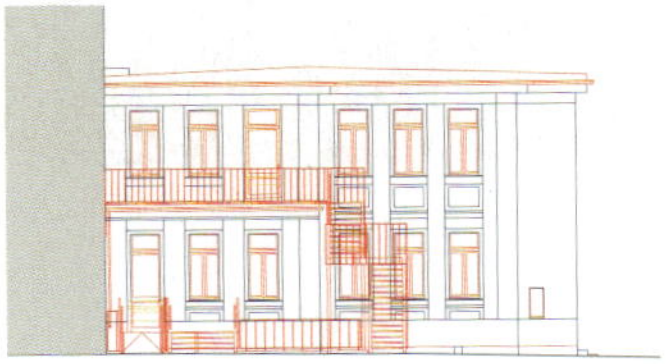

Ansicht West

4400-0315
Kindertagesstätte
(70 Kinder)

Umbau

Objektbeschreibung

Allgemeine Objektinformationen

Das ehemalige Charité-Gebäude wurde nach umfassenden Sanierungs- und Modernisierungsmaßnahmen in eine Kindertagesstätte für 70 Kinder umgenutzt. Es entstand um die Jahrhundertwende des 19./20. Jahrhunderts und liegt zentrumsnah im Innenhof eines dicht bebauten Stadtviertels. Der Hauptzugang erfolgt über eine vorgelagerte Rampe und eine Außentreppe. Alle pädagogischen Bereiche des Erdgeschosses öffnen sich zu den jeweils zugehörigen Freiflächen. Das Erd- sowie das Obergeschoss wurden als offenes Raumgefüge realisiert, das durch eingestellte Kuben zoniert wird. Die gut belichteten Räume des Untergeschosses werden als pädagogische Nutzfläche, Küche und Teambesprechungsraum genutzt.

Nutzung

1 Untergeschoss
Küche, Lager

1 Erdgeschoss
Pädagogische Nutzfläche, Verwaltung

1 Obergeschoss
Pädagogische Nutzfläche

Nutzeinheiten

Kinder: 70

Grundstück

Bauraum: Baulücke
Neigung: Ebenes Gelände
Bodenklasse: BK 3

Markt

Hauptvergabezeit: 1. Quartal 2016
Baubeginn: 1. Quartal 2016
Bauende: 2. Quartal 2017
Konjunkturelle Gesamtlage: über Durchschnitt
Regionaler Baumarkt: über Durchschnitt

Baubestand

Baujahr: 1916
Bauzustand: gut
Aufwand: mittel
Grundrissänderungen: wenige
Tragwerkseingriffe: wenige
Nutzungsänderung: ja
Nutzung während der Bauzeit: nein

Baukonstruktion

Das zweigeschossige Gebäude mit Souterrain ist ein traditioneller Mauerwerksbau mit Flachdach. Die Geschossdecken und die Dachdecke sind als Stahlsteindecken zwischen Stahlträgern ausgebildet. Die Rampen-Treppenkonstruktion am Haupteingang besteht aus Winkelstützenelementen als Stahlbetonfertigteil. Zwei weitere Außentreppen wurden als Stahlkonstruktionen errichtet. Eine neue Außentreppe aus Blockstufen in WU-Beton führt ins Untergeschoss. An den Fassaden wurden schadhafte Putzstellen ausgebessert und ein neuer Anstrich aufgebracht. Es kamen neue Kunststofffenster mit innenliegenden Rollos als Sonnenschutz zum Einbau. Sämtliche neue Innenwände wurden mittels Einbau von Trockenwänden hergestellt. Fast alle Decken sind zur Erzielung einer guten Raumakustik abgehängt ausgeführt. Die Wandflächen erhielten eine neue Beschichtung sowie Fliesen in den Sanitärräumen und der Küche. Im Untergeschoss wurde ein neuer Fußbodenaufbau mit Wärmedämmung eingebracht. Als Bodenbeläge wurden im gesamten Gebäude Linoleum und Fliesen eingebaut.

Technische Anlagen

Die Einspeisung der haustechnischen Anlagen erfolgt über das Gebäude der Charité. Die Installationen im Gebäude wurden komplett erneuert. Ein neues Wärmeverteilnetz sowie neue Raumheizflächen dienen der Wärmeversorgung der Kindertagesstätte. Zu- und Abluftanlagen für Küche und Sanitärräume wurden installiert. Gemäß Brandschutzkonzept ist das gesamte Gebäude mit Rauchmeldern ausgestattet.

Sonstiges

Die barrierefreie Nutzung der Kindertagesstätte ist aufgrund der Bestandssituation auf das Erdgeschoss beschränkt, da kein Personenaufzug vorhanden ist. Mittels Rampen sind der Hauptzugang und die Außenspielflächen barrierefrei erschlossen.

Energetische Angaben zu Außenbauteilen

Bodenplatte

U-Wert: 0,42 W/(m²·K)

Gesamtdicke: 29,70 cm	d[cm]	l[W/(m·K)]
Fliesen	2,00	1,000
Estrich	5,70	1,400
PE-Folie	0,50	0,350
Dämmung	7,00	0,035
Bitumenbahn	1,00	0,170
Estrich	3,50	1,400
Stahlbeton	10,00	2,100

Außenwand gegen Erdreich

U-Wert: 0,25 W/(m²·K)

Gesamtdicke: 64,70 cm	d[cm]	l[W/(m·K)]
Innenputz	2,00	0,580
Dichtungsschlämme	0,50	0,700
Ziegel	49,00	0,580
Außenputz	2,00	0,870
Bitumenbahn	1,00	0,170
Dämmung	10,00	0,035
PE-Folie	0,20	0,230

Dach Terrasse

U-Wert: 0,46 W/(m²·K)

Gesamtdicke: 47,00 cm	d[cm]	l[W/(m·K)]
Innenputz	2,00	0,580
Stahlsteindecke	27,00	0,580
Estrich	6,00	1,400
Dämmung	5,00	0,035
Estrich	7,00	1,400

Dach

U-Wert: 0,15 W/(m²·K)

Gesamtdicke: 60,70 cm	d[cm]	l[W/(m·K)]
Innenputz	2,00	0,580
Stahlsteindecke	27,00	1,400
Estrich	10,00	0,260
Dampfsperre	0,20	0,170
Dämmung	20,00	0,035
Bitumenbahn	1,50	0,170

4400-0315
Kindertagesstätte
(70 Kinder)

Umbau

Planungskennwerte für Flächen und Rauminhalte nach DIN 277

Flächen des Grundstücks		Menge Einheit	% an GF
BF	Bebaute Fläche	419,00 m²	45,1
UF	Unbebaute Fläche	511,00 m²	54,9
GF	Grundstücksfläche	930,00 m²	100,0

Grundflächen des Bauwerks		Menge Einheit	% an NUF	% an BGF
NUF	Nutzungsfläche	563,00 m²	100,0	60,7
TF	Technikfläche	38,00 m²	6,7	4,1
VF	Verkehrsfläche	148,00 m²	26,3	15,9
NRF	Netto-Raumfläche	749,00 m²	133,0	80,7
KGF	Konstruktions-Grundfläche	179,00 m²	31,8	19,3
BGF	Brutto-Grundfläche	928,00 m²	164,8	100,0

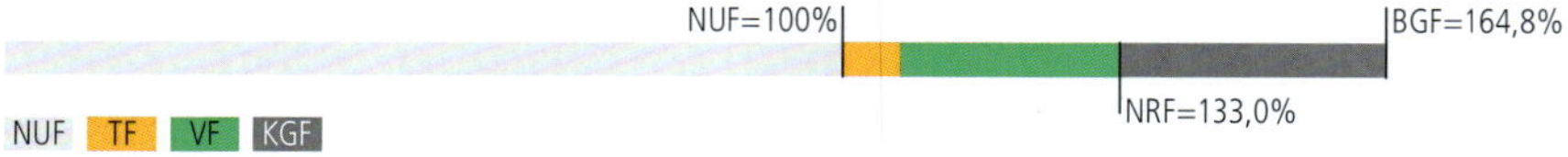

Brutto-Rauminhalt des Bauwerks		Menge Einheit	BRI/NUF (m)	BRI/BGF (m)
BRI	Brutto-Rauminhalt	3.604,00 m³	6,40	3,88

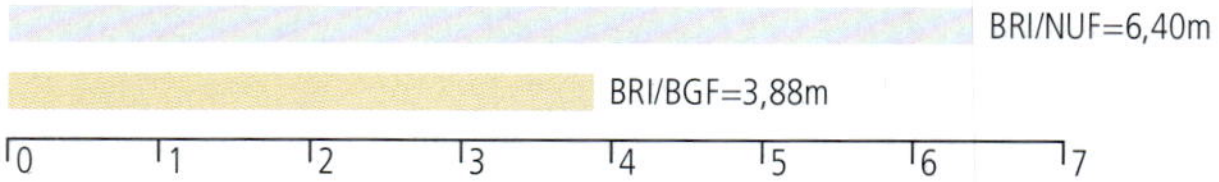

Lufttechnisch behandelte Flächen	Menge Einheit	% an NUF	% an BGF
Entlüftete Fläche	–	–	–
Be- und entlüftete Fläche	–	–	–
Teilklimatisierte Fläche	–	–	–
Klimatisierte Fläche	–	–	–

KG	Kostengruppen (2. Ebene)	Menge Einheit	Menge/NUF	Menge/BGF
310	Baugrube / Erdbau	437,48 m³ BGI	0,78	0,47
320	Gründung, Unterbau	244,37 m² GRF	0,43	0,26
330	Außenwände/Vertikale Baukonstruktionen, außen	879,40 m² AWF	1,56	0,95
340	Innenwände/Vertikale Baukonstruktionen, innen	519,66 m² IWF	0,92	0,56
350	Decken/Horizontale Baukonstruktionen	487,55 m² DEF	0,87	0,53
360	Dächer	360,86 m² DAF	0,64	0,39

Kostenstand: 3. Quartal 2023, Bundesdurchschnitt, **inkl. 19% MwSt.**

Kostenkennwerte für die Kostengruppen der 1. Ebene DIN 276

KG	Kostengruppen (1. Ebene)	Einheit	Kosten €	€/Einheit	€/m² BGF	€/m³ BRI	% 300+400
100	Grundstück	m² GF	–	–	–	–	–
200	Vorbereitende Maßnahmen	m² GF	28.431	30,57	30,64	7,89	1,3
300	Bauwerk – Baukonstruktionen	m² BGF	1.606.184	1.730,80	1.730,80	445,67	73,3
400	Bauwerk – Technische Anlagen	m² BGF	583.629	628,91	628,91	161,94	26,7
	Bauwerk 300+400	**m² BGF**	**2.189.813**	**2.359,71**	**2.359,71**	**607,61**	**100,0**
500	Außenanlagen und Freiflächen	m² AF	186.944	365,84	201,45	51,87	8,5
600	Ausstattung und Kunstwerke	m² BGF	–	–	–	–	–
700	Baunebenkosten	m² BGF	–	–	–	–	–
800	Finanzierung	m² BGF	–	–	–	–	–

KG	Kostengruppe	Menge Einheit	Kosten €	€/Einheit	%
200	**Vorbereitende Maßnahmen**	930,00 m² GF	28.431	**30,57**	1,3

- Abbrechen (Kosten: 14,4%) — 4.096
  Wurzelstöcke roden, Sträucher, Gehölz abräumen; Entsorgung, Deponiegebühren
- Herstellen (Kosten: 85,6%) — 24.335
  Suchgräben, Entsorgung von Aushubmaterial

KG	Kostengruppe	Menge Einheit	Kosten €	€/Einheit	%
3+4	**Bauwerk**				**100,0**
300	**Bauwerk – Baukonstruktionen**	928,00 m² BGF	1.606.184	**1.730,80**	73,3

- Abbrechen (Kosten: 6,2%) — 98.801
  Abbruch von Estrich, PVC-Belägen, Bodenfliesen; Mauerwerk, Holzfenstern, Putz, Jalousien, Lichtschächten, Stahlgeländern; Stahlträgern, Holztüren, Tapeten, Wandfliesen, WC-Trennwänden; teerhaltiger Abdichtung; Möbeln, Einrichtungsgegenständen; Entsorgung, Deponiegebühren
- Wiederherstellen (Kosten: 9,1%) — 145.775
  Estrich-Bruchstellen auffüllen; Horizontalsperren einbauen, Mauerwerk ertüchtigen, Bitumendickbeschichtung, Silikatbeschichtung; Setzstufen, Treppenwangen neu beschichten, Beton ausbessern, BU-Beschichtung; Dachabdichtung ausbessern
- Herstellen (Kosten: 84,8%) — 1.361.608
  Erdarbeiten; Fundamente, Bodenplatte, Abdichtung, Dämmung, Estrich, Bodenfliesen, Linoleum; Stb-Wände, Mauerwerk, Holzfenster, Kunststofffenster, Eingangstüren, Putz, Dämmung, Beschichtung, Wandfliesen, Stahlrampe, Stahltreppen; GK-Wände, Holztüren, Glas-Systemtrennwände; GK-Decken, Stahlgeländer; Abdichtung, Dämmung, Blechabdeckungen, Dachentwässerung; Deckenschienensystem

KG	Kostengruppe	Menge Einheit	Kosten €	€/Einheit	%
400	**Bauwerk – Technische Anlagen**	928,00 m² BGF	583.629	**628,91**	26,7
	• Abbrechen (Kosten: 5,0%) Abbruch von Abwasserrohren, Sanitärobjekten; Heizungsrohren, Heizkörpern, Schornsteinanlage; Elektroinstallation, Beleuchtung, Blitzschutz; Telefonanlage; Kleingüteraufzug, Liftanlage; Entsorgung, Deponiegebühren		29.040		
	• Wiederherstellen (Kosten: 0,2%) Pumpensumpf reinigen, abdichten		1.447		
	• Herstellen (Kosten: 94,8%) Gebäudeentwässerung, Hebeanlagen, Kalt- und Warmwasserleitungen, Sanitärobjekte; Verteiler, Heizungsrohre, Heizkörper; Lüftungsgeräte, Lüftungsleitungen; Elektroinstallation, Beleuchtung, Erdung; Telefonanlage, Sprechanlage, Brandmeldeanlage, Datenverkabelung; Lastenaufzug		553.142		
500	**Außenanlagen und Freiflächen**	511,00 m² AF	186.944	**365,84**	8,5
	• Abbrechen (Kosten: 2,9%) Abbruch von Betonplatte, Betonpflaster; Granitpflaster, Stahlgeländer, Pollern; Schmutzwasserschacht, Entwässerungsrohre; Entsorgung, Deponiegebühren		5.429		
	• Wiederherstellen (Kosten: 5,0%) Abwasserrohre ausfräsen, sanieren		9.393		
	• Herstellen (Kosten: 92,1%) Bodenarbeiten; Fundamente, Dränage; Rampe: Pflaster, Winkelstützwände, Stahlgeländer, Kinderwagenhaus; Gebäude-/Oberflächenentwässerung, Fettabscheider; Erdkabel, Beleuchtung		172.122		

Kostenkennwerte für die Kostengruppen der 2.Ebene DIN 276

KG	Kostengruppe	Menge Einheit	Kosten €	€/Einheit	%
200	**Vorbereitende Maßnahmen**				**100,0**
210	**Herrichten**	930,00 m² GF	28.431	**30,57**	100,0
	• Abbrechen (Kosten: 14,4%) Wurzelstöcke roden (8St), abräumen von Sträuchern, Gehölz (195m²); Entsorgung, Deponiegebühren	930,00 m² GF	4.096	**4,40**	
	• Herstellen (Kosten: 85,6%) Suchgrabenaushub, t bis 5,00m (9m²) * Entsorgung von Aushubmaterial Z1.1 (312t)	930,00 m² GF	24.335	**26,17**	
300	**Bauwerk – Baukonstruktionen**				**100,0**
310	**Baugrube / Erdbau**	437,48 m³ BGI	50.434	**115,28**	3,1
	• Herstellen (Kosten: 100,0%) Baugrubenaushub, t bis 4,00m (437m³), lagern, verfüllen (289m²), abfahren (50t) * Baugrubenverbau, h bis 3,00m (46m²)	437,48 m³ BGI	50.434	**115,28**	
320	**Gründung, Unterbau**	244,37 m² GRF	92.665	**379,20**	5,8
	• Abbrechen (Kosten: 5,2%) Abbruch von Zementestrich (17m²), PVC-Belägen (174m²), Betonsockel (68m), Fliesen (10m²), Fliesensockel (10m); Entsorgung, Deponiegebühren	184,26 m² GRF	4.790	**26,00**	
	• Wiederherstellen (Kosten: 0,7%) losen Estrich demontieren, Bruchstellen auffüllen (4m²)	3,69 m² GRF	664	**179,86**	
	• Herstellen (Kosten: 94,1%) Fundamentaushub, t bis 1,75m, entsorgen (5m³), Magerbeton C12/15, unbewehrt (22m³), Stb-Streifenfundamente C25/30 (4m²), Stb-Bodenplatte, d=30cm, WU (3m²), Kernbohrungen DN50-100 (2St) * Estrich, d=60-68mm (253m²), Bitumenabdichtung an Wänden (35m²), Epoxidharzabdichtung, Bodenfliesen (74m²), Linoleum, Versiegelung (133m²), Acrylat-Bodenbeschichtung (33m²)	240,68 m² GRF	87.211	**362,35**	

KG	Kostengruppe	Menge Einheit	Kosten €	€/Einheit	%
330	**Außenwände/Vert. Baukonstrukt., außen**	879,40 m² AWF	644.695	**733,11**	40,
	• Abbrechen (Kosten: 8,5%) Abbruch von Ziegelmauerwerk, d=25-60cm (91m²), Metall-/Holzeinbauteilen (psch) * Holzfenstern (186m²), Türen (14m²) * Abdichtung, Putz (233m²) * Kalkputz (303m²), Dispersionsbeschichtung (48m²) * Jalousien (69m²) * Lichtschächten (40m³), Stahlgeländern (13m); Entsorgung, Deponiegebühren	551,25 m² AWF	54.723	**99,27**	
	• Wiederherstellen (Kosten: 21,3%) Horizontalsperre in Ziegelmauerwerk (52m²), Bohrlochinjektionen (14m), Mauerwerk ertüchtigen (3m³), Risse mit Quellbeton ausfüllen (12m), Öffnungen ausmauern (6m²) * PUR-Harzabdichtung (33m²), Mauerwerk reinigen, Bitumendickbeschichtung (164m²), schadhafte Fugen, ausbessern (184m²), Silikatbeschichtung (699m²) * Mauerwerk reinigen (167m²), schadhafte Fugen ausbessern (183m²)	699,32 m² AWF	137.355	**196,41**	
	• Herstellen (Kosten: 70,2%) Stb-Wände, Sichtbeton (33m²), Ziegelmauerwerk (31m²), Injektionsanker (240St) * Holzattika (1m²) * Fenster (165m²), Türelemente (15m²) * Grundputz (183m²), EPS-Perimeterdämmung, d=100mm (164m²), Sockelputz (95m²) * Oberputz (158m²), GK-Vorsatzschalen (121m²), Vlies, Dispersionsbeschichtung (488m²), Acrylbeschichtung (30m²), Wandfliesen (38m²) * Innenrollos (95m²) * Stahlrampe (1St), Stahltreppen (3St), Stahlgeländer (54m), Handlauf (62m), Stb-FT-Blockstufen (17St), Lichtschächte (8St)	736,10 m² AWF	452.618	**614,89**	
340	**Innenwände/Vert. Baukonstrukt., innen**	519,66 m² IWF	398.598	**767,04**	24,8
	• Abbrechen (Kosten: 4,5%) Abbruch von Ziegelmauerwerk, d=15-50cm (23m²), Stahlträgern (30St), Metall-/Holzeinbauteilen (psch) * Ziegelmauerwerk, d=10-25cm (97m²) * Holztüren (62m²) * Tapeten (347m²), Wandfliesen (2m²) * WC-Trennwandanlage (14m²); Entsorgung, Deponiegebühren	251,10 m² IWF	17.844	**71,07**	
	• Herstellen (Kosten: 95,5%) Mauerwerksdurchbrüche (11m²), Stahlträger (61m) * GK-Wände, d=10-20cm (295m²), Installationswände, d=19-30cm (73m²), Waschinsel (8m²) * Holztüren (67m²), Stahltüren (25m²), Fingerklemmschutz (31St), Innenfenster (7m²) * Oberputz (236m²), GK-Vorsatzschalen (32m²), GK-Bekleidung (35m²), Vlies, Dispersionsbeschichtung (722m²), Acrylbeschichtung (189m²), Wandfliesen (159m²), Spiegel (6m²) * Glas-Systemtrennwände, Türelement (25m²), WC-Trennwände (12m²)	673,88 m² IWF	380.754	**565,02**	

KG	Kostengruppe	Menge Einheit	Kosten €	€/Einheit	%
350	**Decken/Horizontale Baukonstruktionen**	487,55 m2 DEF	204.639	**419,73**	12,7
	• Abbrechen (Kosten: 7,2%) Abbruch von Deckenscheibe (1m2), Betontreppenwange (1m) * Schlacke, d=18cm (13m2), teerhaltiger Abdichtung (41m2), Zementestrich (82m2), PVC-Belägen (481m2), Bodenfliesen (28m2) * Stahlgeländern (18m); Entsorgung, Deponiegebühren	509,65 m2 DEF	14.829	**29,10**	
	• Wiederherstellen (Kosten: 3,3%) Neu beschichten von Setzstufen (4m2), von Treppenwangen (8m) * schadhafte Betonstellen ausbessern (7St), Unebenheiten ausgleichen, PU-Beschichtung (3m2)	4,47 m2 DEF	6.835	**1.529,19**	
	• Herstellen (Kosten: 89,4%) U-Profile zur Deckenabfangung (3m2) * Estrichbeschichtung (417m2), Zementestrich, Trockenschüttung (27m2), Ausgleichsestrich (99m2), Hohlboden, zwei Stufen (3m2), Linoleum (415m2), Bodenfliesen (61m2), Sauberlaufzonen (8m2) * GK-Lochplattendecken (340m2), GK-Decken (117m2), GK-Verkofferungen (57m2), Dispersionsbeschichtung (438m2) * Treppenhaus-Stahlgeländer, Pfosten-Riegelkonstruktion, GK-Bekleidung (12m), Handläufe (57m), Balkon-Stahlgeländer (5m)	484,17 m2 DEF	182.975	**377,91**	
360	**Dächer**	360,86 m2 DAF	137.052	**379,79**	8,5
	• Abbrechen (Kosten: 4,1%) Abbruch von Dachaufbau, Abdichtung (2m2) * teerhaltiger Abdichtung (32m2), Attikaabdeckungen (15m) * Stahlgeländern (9m); Entsorgung, Deponiegebühren	33,12 m2 DAF	5.657	**170,80**	
	• Wiederherstellen (Kosten: 0,7%) Schadhafte Dachabdichtung ausbessern (10m2), Unebenheiten ausgleichen (5m2)	15,01 m2 DAF	921	**61,37**	
	• Herstellen (Kosten: 95,2%) Bitumenabdichtung, EPS-Dämmung (332m2), EPS-Gefälledämmung, Abdichtung, Terrassendielen (14m2), Blechabdeckungen (144m), Dachrinnen (85m), Fallrohre (51m) * GK-Lochplattendecken (205m2), GK-Decken (35m2), Dispersionsbeschichtung (340m2) * Terrassen-Stahlgeländer (8m), Absturzsicherungen (psch)	345,85 m2 DAF	130.474	**377,26**	
380	**Baukonstruktive Einbauten**	928,00 m2 BGF	3.879	**4,18**	0,2
	• Abbrechen (Kosten: 24,7%) Abbruch von Möbeln, Einrichtungsgegenständen (5m3); Entsorgung, Deponiegebühren	928,00 m2 BGF	958	**1,03**	
	• Herstellen (Kosten: 75,3%) Deckenschienensystem, T-Schienen, Schlitten (psch)	928,00 m2 BGF	2.921	**3,15**	
390	**Sonst. Maßnahmen für Baukonstrukt.**	928,00 m2 BGF	74.221	**79,98**	4,6
	• Herstellen (Kosten: 100,0%) Baustelleneinrichtung (psch), Bauzaun, Tor (227m), Sanitärcontainer (1St), Baustellen WC (1St), Zwei-Kammern-Schleuse, staubdichte Abschottung (psch) * Fassadengerüst (803m2), Raumgerüst (138m3), Arbeitsgerüst (23m2) * Schutzabdeckungen Böden (406m2), Holzabdeckungen für Lichtschächte (15m2), für Einbauten (12m2), für Terrassentür (8m2), Trocknungsgeräte (psch)	928,00 m2 BGF	74.221	**79,98**	

KG	Kostengruppe	Menge Einheit	Kosten €	€/Einheit	%
400	**Bauwerk – Technische Anlagen**				**100,**
410	**Abwasser-, Wasser-, Gasanlagen**	928,00 m² BGF	120.828	**130,20**	20,
	• Abbrechen (Kosten: 1,8%) Abbruch von Abwasserleitungen DN80-100 (64m), Tauchpumpe (1St) * Stahlrohren DN20-40 (57m), Warmwasserspeichern (5St), Waschtischen (4St), WCs (3St), Ausgussbecken (2St), Dusche (1St); Entsorgung, Deponiegebühren	928,00 m² BGF	2.141	**2,31**	
	• Wiederherstellen (Kosten: 1,2%) Pumpensumpf reinigen, abdichten (1m³)	928,00 m² BGF	1.447	**1,56**	
	• Herstellen (Kosten: 97,0%) Gussrohre DN50-100 (96m), PP-Rohre DN50-100 (80m), Stahlrohre DN35 (42m), Fäkalien-Hebeanlagen (2St), Abwasser-Hebeanlagen (2St) * Stahlrohre DN18-42 (315m), Thermostate (15St), Frischwasserbereiter (1St), Pufferspeicher 560l (1St), Tiefspül-WCs (12St), Stützklappgriffe (2St), Handwaschbecken (12St), Duschwannen (3St), Ausgussbecken (3St), Armaturen (25St), Außenarmaturen (2St) * Montageelemente (29St)	928,00 m² BGF	117.240	**126,34**	
420	**Wärmeversorgungsanlagen**	928,00 m² BGF	117.148	**126,24**	20,
	• Abbrechen (Kosten: 15,1%) Abbruch von Stahlrohren DN20-60 (454m) * Heizkörpern (64St) * Schornsteinanlage, Mauerwerk, d=25cm (17m³); Entsorgung, Deponiegebühren	928,00 m² BGF	17.718	**19,09**	
	• Herstellen (Kosten: 84,9%) Stahlrohre DN15-40 (654m), Heizungsverteiler (1St), Wärmemengenzähler (1St), Ausdehnungsgefäß (1St), Pumpen (3St), Differenzdruckregler (8St) * Heizkörper (54St)	928,00 m² BGF	99.430	**107,14**	
430	**Raumlufttechnische Anlagen**	928,00 m² BGF	83.494	**89,97**	14,3
	• Herstellen (Kosten: 100,0%) Zuluftgerät 1.000m³/h, wetterfest (1St), Fortluftgerät 1.000m³/h (1St), Einzelraumlüfter (2St), Schaltschränke (2St), Regelung (psch), Rechteckkanäle (66m²), Wickelfalzrohre (17m), Kulissenschalldämpfer (3St), Brandschutzklappe (1St), Fühler (3St), Strömungswächter (1St)	928,00 m² BGF	83.494	**89,97**	
440	**Elektrische Anlagen**	928,00 m² BGF	144.702	**155,93**	24,8
	• Abbrechen (Kosten: 2,3%) Abbruch von Installationsleitungen (275m), Installationskanälen (250m), Kabeltrassen (10m), Verteilern (2St) * Leuchten (60St) * Blitzschutz (250m²); Entsorgung, Deponiegebühren	928,00 m² BGF	3.368	**3,63**	
	• Herstellen (Kosten: 97,7%) Hauptverteiler (2St), Unterverteiler (3St), LS-Schalter (5St), FI-Schalter (2St), Mantelleitungen (4.814m), Installationskabel (920m), Schalter (97St), Steckdosen (155) * LED-Deckenleuchten (118St), Feuchtraumleuchten (24St), LED-Wandleuchten (7St), Rettungszeichenleuchten (25St), LED-Notleuchten (14St) * Ringerder (117m), Fundamenterder (psch), Potenzialausgleichsschienen (3St)	928,00 m² BGF	141.334	**152,30**	

KG	Kostengruppe	Menge Einheit	Kosten €	€/Einheit	%
450	**Kommunikationstechnische Anlagen**	928,00 m² BGF	50.038	**53,92**	8,6
	• Abbrechen (Kosten: 0,8%) Abbruch von Telefonanlage (psch); Entsorgung, Deponiegebühren	928,00 m² BGF	385	**0,42**	
	• Herstellen (Kosten: 99,2%) Telefonanlage (1St), Systemtelefone (12St), Fernmeldeleitungen (45m), Verteilerkasten (1St) * Gegensprechanlagen, Türstation, Klingeltaster (2St), Klingelanlage (1St), Ruf-Kompaktset (1St) * LCD-Monitor, Fernbedienung (1St) * Brandmeldeanlage (1St), Mehrfachsensormelder (34St), Handfeuermelder (10St), Kanalrauchmelder (1St) * Datenschrank (1St), Datenkabel Cat7 (844m), Patchkabel Cat6 (20St), Datenanschlussdosen (10St)	928,00 m² BGF	49.652	**53,50**	
460	**Förderanlagen**	928,00 m² BGF	49.666	**53,52**	8,5
	• Abbrechen (Kosten: 10,9%) Abbruch von Kleingüteraufzug (psch) * Liftanlage (1St); Entsorgung, Deponiegebühren	928,00 m² BGF	5.427	**5,85**	
	• Herstellen (Kosten: 89,1%) Lastenaufzug, vier Haltestellen, Förderhöhe 6,90m (1St)	928,00 m² BGF	44.239	**47,67**	
490	**Sonst. Maßnahmen für techn. Anlagen**	928,00 m² BGF	17.754	**19,13**	3,0
	• Herstellen (Kosten: 100,0%) Baustelleneinrichtung (psch), Baustromverteiler (5St), Baustellenbeleuchtung (5St), Bauwasser (psch), Begleitheizung (3m) * Bauheizung (1St)	928,00 m² BGF	17.754	**19,13**	
500	**Außenanlagen und Freiflächen**				**100,0**
510	**Erdbau**	223,70 m³ EBR	50.309	**224,89**	26,9
	• Herstellen (Kosten: 100,0%) Baugrubenaushub lösen, abfahren (104m³), lagern (51m³), Rohrgrabenaushub, lagern, verfüllen (68m³), Auffüllungen mit Liefermaterial (96m³), mit Lagermaterial (43m³)	223,70 m³ EBR	50.309	**224,89**	
520	**Gründung, Unterbau**	511,00 m² AF	11.763	**23,02**	6,3
	• Herstellen (Kosten: 100,0%) Geotextil (12m²), Dränschicht (6m²) * Fundamentaushub lösen, lagern, verfüllen (96m³), Sauberkeitsschicht, d=10cm (5m³), Fundamente, Magerbeton, unbewehrt (14m³)	511,00 m² AF	11.763	**23,02**	
530	**Oberbau, Deckschichten**	7,34 m² BFF	4.334	**590,40**	2,3
	• Abbrechen (Kosten: 59,5%) Abbruch von Betonplatte (2m³), Betonpflaster (44m²) * Betonbordsteinen (45m²); Entsorgung, Deponiegebühren	43,51 m² BFF	2.577	**59,24**	
	• Herstellen (Kosten: 40,5%) Traufstreifen, Kies, b=40cm (7m³)	7,34 m² BFF	1.756	**239,24**	

4400-0315
Kindertagesstätte
(70 Kinder)

Umbau

KG	Kostengruppe	Menge Einheit	Kosten €	€/Einheit	%
540	**Baukonstruktionen**	511,00 m² AF	76.156	**149,03**	40,7
	• Abbrechen (Kosten: 0,7%) Abbruch von Granitpflaster (38m²), Stahlgeländer (5m), Pollern mit Fundament (2St); Entsorgung, Deponiegebühren	511,00 m² AF	527	**1,03**	
	• Herstellen (Kosten: 99,3%) Rampe: Frostschutzschicht, d=20cm, Granitpflaster (19m²), FT-Blockstufen (1m²), Winkelstützwände, d=30cm, WU, Sichtbeton (16m³), Stahlgeländer, h=110cm (6m²), Handläufe (26m) * Kinderwagenhaus, Stahlkubus, Tür, Flachdach, Verblendlattung (1St)	511,00 m² AF	75.629	**148,00**	
550	**Technische Anlagen**	511,00 m² AF	43.718	**85,55**	23,4
	• Abbrechen (Kosten: 5,3%) Abbruch von Schmutzwasserschacht (1St), Schmutzwasserleitungen (2St); Entsorgung, Deponiegebühren	511,00 m² AF	2.324	**4,55**	
	• Wiederherstellen (Kosten: 21,5%) Abwasserrohr DN150 ausfräsen, sanieren (38m)	511,00 m² AF	9.393	**18,38**	
	• Herstellen (Kosten: 73,2%) PP-Rohre DN100-110 (63m), Stahlrohre (6m), Fettabscheider 200l (1St), Probeentnahmeschacht (1St), Bodenabläufe (4St) * Erdkabel (165m), LED-Wegeleuchten (4St)	511,00 m² AF	32.001	**62,62**	
590	**Sonst. Maßnahmen für Außenanlagen u. Freiflächen**	511,00 m² AF	664	**1,30**	0,4
	• Herstellen (Kosten: 100,0%) Baustelleneinrichtung (psch)	511,00 m² AF	664	**1,30**	

Kostenkennwerte für die Kostengruppen 300 der 2. und 3.Ebene DIN 276 (Übersicht)

KG	Kostengruppe	Menge Einheit	€/Einheit	Kosten €	% an 3+4
300	**Bauwerk – Baukonstruktionen**	**928,00 m² BGF**	**1.730,80**	**1.606.184,02**	**73,3**
310	**Baugrube / Erdbau**	**437,48 m³ BGI**	**115,28**	**50.433,80**	**2,3**
311	Herstellung	437,48 m³ BGI	110,05	48.144,29	2,2
312	Umschließung	45,51 m²	50,31	2.289,51	0,1
313	Wasserhaltung	–	–	–	–
314	Vortrieb	–	–	–	–
319	Sonstiges zur KG 310	–	–	–	–
320	**Gründung, Unterbau**	**244,37 m² GRF**	**379,20**	**92.664,54**	**4,2**
321	Baugrundverbesserung	–	–	–	–
322	Flachgründungen und Bodenplatten	7,16 m²	3.120,99	22.346,27	1,0
323	Tiefgründungen	–	–	–	–
324	Gründungsbeläge	244,37 m²	287,75	70.318,25	3,2
325	Abdichtungen und Bekleidungen	–	–	–	–
326	Dränagen	–	–	–	–
329	Sonstiges zur KG 320	–	–	–	–
330	**Außenwände/Vert. Baukonstrukt., außen**	**879,40 m² AWF**	**733,11**	**644.695,13**	**29,4**
331	Tragende Außenwände	121,50 m²	818,95	99.502,53	4,5
332	Nichttragende Außenwände	0,24 m²	546,80	131,23	< 0,1
333	Außenstützen	–	–	–	–
334	Außenwandöffnungen	180,08 m²	1.033,52	186.116,77	8,5
335	Außenwandbekleidungen, außen	699,32 m²	191,54	133.950,51	6,1
336	Außenwandbekleidungen, innen	556,02 m²	167,95	93.385,89	4,3
337	Element. Außenwandkonstruktionen	–	–	–	–
338	Lichtschutz zur KG 330	95,05 m²	143,46	13.636,30	0,6
339	Sonstiges zur KG 330	879,40 m² AWF	134,15	117.971,91	5,4
340	**Innenwände/Vert. Baukonstrukt., innen**	**519,66 m² IWF**	**767,04**	**398.598,34**	**18,2**
341	Tragende Innenwände	10,66 m²	3.293,61	35.109,92	1,6
342	Nichttragende Innenwände	372,95 m²	113,69	42.402,00	1,9
343	Innenstützen	–	–	–	–
344	Innenwandöffnungen	98,91 m²	1.444,71	142.896,41	6,5
345	Innenwandbekleidungen	1.075,67 m²	124,05	133.433,87	6,1
346	Elementierte Innenwandkonstruktionen	37,14 m²	1.205,07	44.756,13	2,0
347	Lichtschutz zur KG 340	–	–	–	–
349	Sonstiges zur KG 340	–	–	–	–
350	**Decken/Horizontale Baukonstruktionen**	**487,55 m² DEF**	**419,73**	**204.639,43**	**9,3**
351	Deckenkonstruktionen	6,50 m²	2.118,94	13.773,13	0,6
352	Deckenöffnungen	–	–	–	–
353	Deckenbeläge	487,55 m²	237,02	115.557,69	5,3
354	Deckenbekleidungen	457,25 m²	124,20	56.788,80	2,6
355	Elementierte Deckenkonstruktionen	–	–	–	–
359	Sonstiges zur KG 350	487,55 m² DEF	37,99	18.519,82	0,8
360	**Dächer**	**360,86 m² DAF**	**379,79**	**137.052,49**	**6,3**
361	Dachkonstruktionen	–	–	367,06	< 0,1
362	Dachöffnungen	–	–	–	–
363	Dachbeläge	360,86 m²	258,13	93.147,88	4,3
364	Dachbekleidungen	340,00 m²	88,24	30.001,87	1,4
365	Elementierte Dachkonstruktionen	–	–	–	–
366	Lichtschutz zur KG 360	–	–	–	–
369	Sonstiges zur KG 360	360,86 m² DAF	37,51	13.535,68	0,6
370	**Infrastrukturanlagen**	**–**	**–**	**–**	**–**
380	**Baukonstruktive Einbauten**	**928,00 m² BGF**	**4,18**	**3.879,26**	**0,2**
390	**Sonst. Maßnahmen für Baukonstrukt.**	**928,00 m² BGF**	**79,98**	**74.221,02**	**3,4**

Kostenkennwerte für die Kostengruppen 400 der 2. und 3. Ebene DIN 276 (Übersicht)

KG	Kostengruppe	Menge Einheit	€/Einheit	Kosten €	% an 3+4
400	**Bauwerk – Technische Anlagen**	**928,00 m² BGF**	**628,91**	**583.628,86**	**26,7**
410	**Abwasser-, Wasser-, Gasanlagen**	**928,00 m² BGF**	**130,20**	**120.827,94**	**5,5**
411	Abwasseranlagen	928,00 m² BGF	38,21	35.458,09	1,6
412	Wasseranlagen	928,00 m² BGF	84,40	78.319,03	3,6
413	Gasanlagen	–	–	–	–
419	Sonstiges zur KG 410	928,00 m² BGF	7,60	7.050,83	0,3
420	**Wärmeversorgungsanlagen**	**928,00 m² BGF**	**126,24**	**117.147,71**	**5,3**
421	Wärmeerzeugungsanlagen	–	–	–	–
422	Wärmeverteilnetze	928,00 m² BGF	73,96	68.635,64	3,1
423	Raumheizflächen	928,00 m² BGF	39,21	36.390,50	1,7
424	Verkehrsheizflächen	–	–	–	–
429	Sonstiges zur KG 420	928,00 m² BGF	13,06	12.121,60	0,6
430	**Raumlufttechnische Anlagen**	**928,00 m² BGF**	**89,97**	**83.493,83**	**3,8**
431	Lüftungsanlagen	928,00 m² BGF	89,97	83.493,83	3,8
432	Teilklimaanlagen	–	–	–	–
433	Klimaanlagen	–	–	–	–
434	Kälteanlagen	–	–	–	–
439	Sonstiges zur KG 430	–	–	–	–
440	**Elektrische Anlagen**	**928,00 m² BGF**	**155,93**	**144.702,08**	**6,6**
441	Hoch- und Mittelspannungsanlagen	–	–	–	–
442	Eigenstromversorgungsanlagen	–	–	–	–
443	Niederspannungsschaltanlagen	–	–	–	–
444	Niederspannungsinstallationsanlagen	928,00 m² BGF	82,06	76.150,45	3,5
445	Beleuchtungsanlagen	928,00 m² BGF	68,49	63.561,56	2,9
446	Blitzschutz- und Erdungsanlagen	928,00 m² BGF	5,38	4.990,07	0,2
447	Fahrleitungssysteme	–	–	–	–
449	Sonstiges zur KG 440	–	–	–	–
450	**Kommunikationstechnische Anlagen**	**928,00 m² BGF**	**53,92**	**50.037,50**	**2,3**
451	Telekommunikationsanlagen	928,00 m² BGF	12,21	11.326,67	0,5
452	Such- und Signalanlagen	928,00 m² BGF	6,64	6.157,82	0,3
453	Zeitdienstanlagen	–	–	–	–
454	Elektroakustische Anlagen	–	–	–	–
455	Audiovisuelle Medien- u. Antennenanl.	928,00 m² BGF	1,75	1.624,88	< 0,1
456	Gefahrenmelde- und Alarmanlagen	928,00 m² BGF	27,81	25.808,34	1,2
457	Datenübertragungsnetze	928,00 m² BGF	5,52	5.119,77	0,2
458	Verkehrsbeeinflussungsanlagen	–	–	–	–
459	Sonstiges zur KG 450	–	–	–	–
460	**Förderanlagen**	**928,00 m² BGF**	**53,52**	**49.665,57**	**2,3**
461	Aufzugsanlagen	928,00 m² BGF	53,37	49.524,37	2,3
462	Fahrtreppen, Fahrsteige	–	–	–	–
463	Befahranlagen	–	–	–	–
464	Transportanlagen	–	–	–	–
465	Krananlagen	–	–	–	–
466	Hydraulikanlagen	–	–	–	–
469	Sonstiges zur KG 460	928,00 m² BGF	0,15	141,19	< 0,1
470	**Nutzungsspez. u. verfahrenstechn. Anl.**	**–**	**–**	**–**	**–**
480	**Gebäude- und Anlagenautomation**	**–**	**–**	**–**	**–**
490	**Sonst. Maßnahmen für techn. Anlagen**	**928,00 m² BGF**	**19,13**	**17.754,25**	**0,8**

Kostenkennwerte für Leistungsbereiche nach STLB (Kosten des Bauwerks nach DIN 276)

LB	Leistungsbereiche	Kosten €	€/m² BGF	€/m³ BRI	% an 3+4
000	Sicherheits-, Baustelleneinrichtungen inkl. 001	84.552	91,10	23,50	3,9
002	Erdarbeiten	49.779	53,60	13,80	2,3
006	Spezialtiefbauarbeiten inkl. 005	–	–	–	–
009	Entwässerungskanalarbeiten inkl. 011	1.927	2,10	0,53	< 0,1
	Wiederherstellen	1.447	1,60	0,40	< 0,1
	Herstellen	480	0,52	0,13	< 0,1
010	Drän- und Versickerarbeiten	–	–	–	–
012	Mauerarbeiten	141.926	152,90	39,40	6,5
	Wiederherstellen	90.415	97,40	25,10	4,1
	Herstellen	51.511	55,50	14,30	2,4
013	Betonarbeiten	65.048	70,10	18,00	3,0
014	Natur-, Betonwerksteinarbeiten	–	–	–	–
016	Zimmer- und Holzbauarbeiten	–	–	–	–
017	Stahlbauarbeiten	9.479	10,20	2,60	0,4
018	Abdichtungsarbeiten	36.585	39,40	10,20	1,7
019	Kampfmittelräumarbeiten	–	–	–	–
020	Dachdeckungsarbeiten	43.387	46,80	12,00	2,0
021	Dachabdichtungsarbeiten	29.067	31,30	8,10	1,3
	Wiederherstellen	3.420	3,70	0,95	0,2
	Herstellen	25.647	27,60	7,10	1,2
022	Klempnerarbeiten	21.143	22,80	5,90	1,0
	Rohbau	**482.893**	**520,40**	**134,00**	**22,1**
	Wiederherstellen	95.282	102,70	26,40	4,4
	Herstellen	387.611	417,70	107,60	17,7
023	Putz- und Stuckarbeiten, Wärmedämmsysteme	148.865	160,40	41,30	6,8
	Wiederherstellen	46.940	50,60	13,00	2,1
	Herstellen	101.925	109,80	28,30	4,7
024	Fliesen- und Plattenarbeiten	58.926	63,50	16,40	2,7
025	Estricharbeiten	38.930	42,00	10,80	1,8
	Wiederherstellen	1.608	1,70	0,45	< 0,1
	Herstellen	37.322	40,20	10,40	1,7
026	Fenster, Außentüren inkl. 029, 032	234.645	252,80	65,10	10,7
027	Tischlerarbeiten	87.562	94,40	24,30	4,0
028	Parkettarbeiten, Holzpflasterarbeiten	–	–	–	–
030	Rollladenarbeiten	13.966	15,00	3,90	0,6
031	Metallbauarbeiten inkl. 035	156.021	168,10	43,30	7,1
034	Maler- und Lackiererarbeiten inkl. 037	91.560	98,70	25,40	4,2
	Wiederherstellen	2.729	2,90	0,76	0,1
	Herstellen	88.831	95,70	24,60	4,1
036	Bodenbelagarbeiten	67.695	72,90	18,80	3,1
	Wiederherstellen	664	0,72	0,18	< 0,1
	Herstellen	67.032	72,20	18,60	3,1
038	Vorgehängte hinterlüftete Fassaden	–	–	–	–
039	Trockenbauarbeiten	135.863	146,40	37,70	6,2
	Ausbau	**1.034.032**	**1.114,30**	**286,90**	**47,2**
	Wiederherstellen	51.940	56,00	14,40	2,4
	Herstellen	982.092	1.058,30	272,50	44,8
040	Wärmeversorgungsanl. - Betriebseinr. inkl. 041	86.844	93,60	24,10	4,0
042	Gas- und Wasserinstallation, Leitungen inkl. 043	45.287	48,80	12,60	2,1
044	Abwasseranlagen - Leitungen	18.447	19,90	5,10	0,8

4400-0315
Kindertagesstätte
(70 Kinder)

Umbau

LB	Leistungsbereiche	Kosten €	€/m² BGF	€/m³ BRI	% an 3+4
045	GWE-Einrichtungsgegenstände inkl. 046	43.297	46,70	12,00	2,0
047	Dämmarbeiten an betriebstechnischen Anlagen	28.382	30,60	7,90	1,3
049	Feuerlöschanlagen, Feuerlöschgeräte	1.167	1,30	0,32	< 0,1
050	Blitzschutz- und Erdungsanlagen	4.210	4,50	1,20	0,2
053	Niederspannungsanlagen inkl. 052, 054	73.556	79,30	20,40	3,4
055	Sicherheits- u. Ersatzstromversorgungsanl.	–	–	–	–
057	Gebäudesystemtechnik	–	–	–	–
058	Leuchten und Lampen inkl. 059	62.409	67,30	17,30	2,8
060	Sprechanlagen, elektroakust. Anlagen inkl. 064	6.158	6,60	1,70	0,3
061	Kommunikationsnetze inkl. 063	31.158	33,60	8,60	1,4
069	Aufzüge	44.239	47,70	12,30	2,0
070	Gebäudeautomation	–	–	–	–
075	Raumlufttechnische Anlagen inkl. 078	80.277	86,50	22,30	3,7
	Gebäudetechnik	**525.430**	**566,20**	**145,80**	**24,0**
084	Abbruch, Rückbau, Schadstoffsanierung	127.841	137,80	35,50	5,8
	Abbrechen	127.841	137,80	35,50	5,8
	Abbrucharbeiten	**127.841**	**137,80**	**35,50**	**5,8**
	Abbrechen	127.841	137,80	35,50	5,8
	Sonstige Leistungsbereiche	**19.617**	**21,10**	**5,40**	**0,9**

Sportbauten

5

- 5100 Hallen (ohne Schwimmhallen)
- 5200 Schwimmhallen

5300 Gebäude für Sportplatz und Freibadanlagen
5400 Sportplatzanlagen (Außenanlagen)
5500 Freibadanlagen (Außenanlagen)
5600 Sondersportanlagen

5100-0129
Sporthalle
(Einfeldhalle)

Erweiterung

Objektübersicht

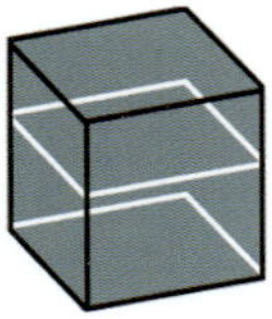

BRI 718 €/m³

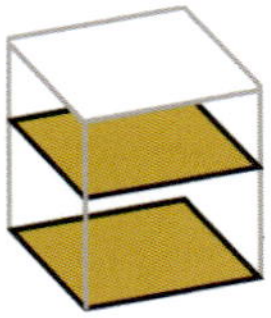

BGF 4.029 €/m²

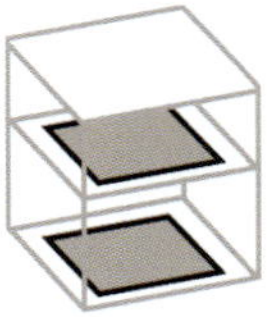

NUF 6.091 €/m²

Objekt:
Kennwerte: 1.Ebene DIN 276
BRI: 5.649 m³
BGF: 1.007 m²
NUF: 666 m²
Bauzeit: 78 Wochen
Bauende: 2018
Standard: Durchschnitt
Bundesland: Sachsen
Kreis: Dresden, Stadt

Architekt*in:
ARGE R.B.Z.
AB Raum und Bau GmbH +
AGZ Zimmermann GmbH
Wettiner Platz 10A
01067 Dresden

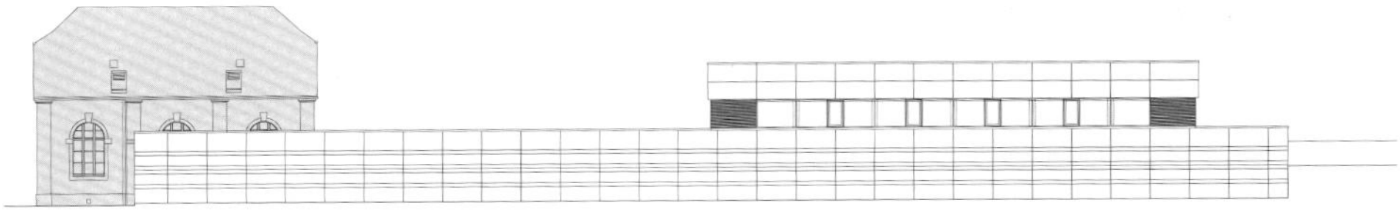

Ansicht Nord

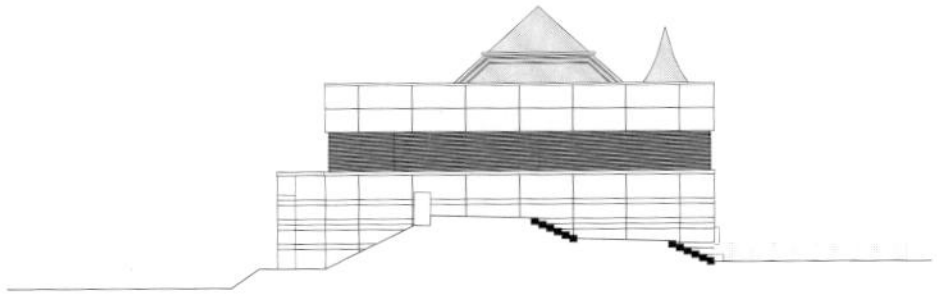

Ansicht West

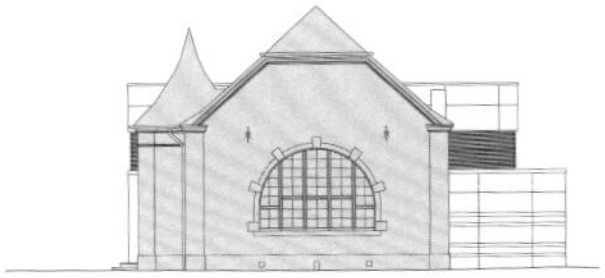

Ansicht Ost

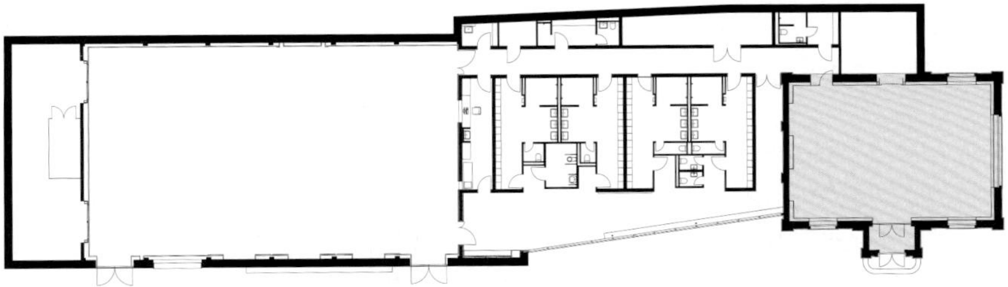

Erdgeschoss

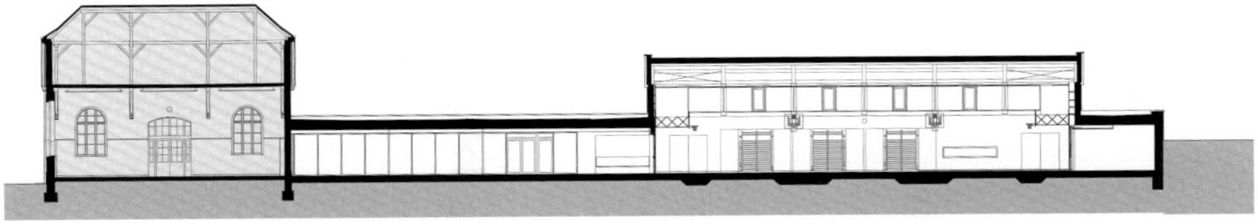

Längsschnitt

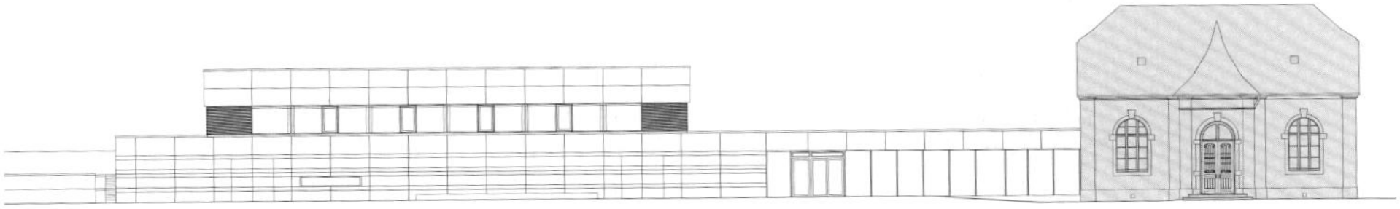

Ansicht Süd

Objektbeschreibung

Allgemeine Objektinformationen

Die Sporthallenerweiterung gliedert sich an die denkmalgeschützte Bestandssporthalle der Schule an. Sie wurde als Passivhaus realisiert. Für die Nutzung beider Sporthallen wurden im Neubau vier Schülerumkleiden integriert. Die Lehrerumkleiden sind den Hallen zugeordnet.

Nutzung

1 Erdgeschoss
Halle, ein Geräteraum pro Halle, Foyer mit Flur für Schwarz-Weiß-Trennung, Umkleiden, Duschen, WCs, Technik

Grundstück

Bauraum: Beengter Bauraum
Neigung: Ebenes Gelände
Bodenklasse: BK 3 bis BK 5

Markt

Hauptvergabezeit: 3. Quartal 2016
Baubeginn: 1. Quartal 2017
Bauende: 3. Quartal 2018
Konjunkturelle Gesamtlage: über Durchschnitt
Regionaler Baumarkt: Durchschnitt

Baubestand

Baujahr: 1902
Bauzustand: mittel
Aufwand: mittel
Grundrissänderungen: wenige
Tragwerkseingriffe: keine
Nutzungsänderung: nein
Nutzung während der Bauzeit: ja

Baukonstruktion

Das Gebäude wurde in Massivbauweise errichtet. Die Außenwände bestehen aus Stahlbetonfertigteilstützen, die mit Mauerwerk ausgemauert sind. Sie sind mit einer vorgehängten Fassade aus Faserzementplatten bekleidet. Der obere Teil der Halle ist in Holzbauweise ausgeführt. Teilweise wurden aussteifende Stahlbetonwände in Sichtbetonqualität eingebaut. Der Hallenkörper hat im oberen Bereich an den Längsseiten eine Pfosten-Riegelkonstruktion. Sonnenschutz erfolgt über Zip-Screen. Die Innenwände sind größtenteils massiv in Stahlbeton hergestellt oder als Trockenbauwände ausgeführt. Sie sind in Sichtbeton, gespachtelt, gefliest oder mit Prallwand ausgestattet. Die Gestaltung der Böden erfolgte im Sozialtrakt mit Feinsteinzeug, in den Technikräumen mit einer Beschichtung und in der Halle mit Doppelschwingboden und Linoleum. Das Flachdach über dem Sozialtrakt besteht aus Stahlbeton mit Oberlichtern in Kuppelform, das Hallendach wurde aus Brettschichtbindern mit Trapezblech hergestellt. Alle Dachflächen wurden extensiv begrünt.

Technische Anlagen

Das Gebäude wird mit Fernwärme versorgt. Es wurde eine Zu- und Abluftanlage mit Wärmerückgewinnung eingebaut. Die Fenster dienen als Öffnung zur Nachtauskühlung im Sommer. Die Luftdichtheit der Gebäudehülle wurde mit einem Blower-Door-Test geprüft. Durch den Einbau einer Gebäudeautomation erfolgt eine Senkung der Betriebskosten durch die Reduzierung des Energieverbrauchs. Alle Räume sind mit energiesparenden LED-Leuchten ausgestattet. Eine elektroakustische Anlage wurde installiert.

Sonstiges

Die neue Sporthalle ist an die Schule angebunden, somit konnte der Platzbedarf für Technikflächen reduziert werden.

Energetische Kennwerte

Gesetzliche Grundlage: EnEV 2013
Gebäudenutzfläche: 858,00 m^2
Gebäudevolumen: 5.562,00 m^3
A/Ve-Verhältnis (Kompaktheit): 0,52 m^{-1}
Hüllfläche des beheizten Volumens: 2.904,00 m^2
Mittlerer U-Wert (opake Bauteile): 0,12 $W/(m^2 \cdot K)$
Mittlerer U-Wert (transparente Bauteile): 0,80 $W/(m^2 \cdot K)$
Mittlerer U-Wert (Glasdächer, etc.): 1,51 $W/(m^2 \cdot K)$

Energetische Angaben zu Außenbauteilen

Bodenplatte (Halle)
U-Wert: 0,18 W/(m²·K)

Gesamtdicke: 56,02 cm	d[cm]	l[W/(m·K)]
Dämmung	12,00	0,035
Abdichtung	0,02	0,170
Stahlbeton	20,00	2,300
Glasschaum	24,00	0,120

Außenwand Kalksandstein hinterlüftet (Halle)
U-Wert: 0,12 W/(m²·K)

Gesamtdicke: 55,00 cm	d[cm]	l[W/(m·K)]
Innenputz	1,00	0,700
Kalksandstein	24,00	0,990
Dämmung	30,00	0,040

Außenwand (Halle)
U-Wert: 0,26 W/(m²·K)

Gesamtdicke: 38,00 cm	d[cm]	l[W/(m·K)]
Stahlbeton	24,00	2,300
Dämmung	14,00	0,040

Außenwand hinterlüftet (Halle)
U-Wert: 0,17 W/(m²·K)

Gesamtdicke: 32,00 cm	d[cm]	l[W/(m·K)]
OSB-Platte	2,00	0,130
Dämmung	30,00	0,040
Holz	30,00	0,130

Dach (Halle)
U-Wert: 0,13 W/(m²·K)

Gesamtdicke: 31,00 cm	d[cm]	l[W/(m·K)]
Dämmung	30,00	0,040
Abdichtung	1,00	0,170

Bodenplatte (Anbau)
U-Wert: 0,17 W/(m²·K)

Gesamtdicke: 64,00 cm	d[cm]	l[W/(m·K)]
Estrich	6,50	1,400
Dämmung	13,00	0,035
Abdichtung	0,50	0,170
Stahlbeton	20,00	2,300
Glasschaum	24,00	0,120

Außenwand Kalksandstein hinterlüftet (Anbau)
U-Wert: 0,12 W/(m²·K)

Gesamtdicke: 78,00 cm	d[cm]	l[W/(m·K)]
Innenputz	24,00	0,990
Kalksandstein	24,00	0,990
Dämmung	30,00	0,040

Außenwand hinterlüftet (Anbau)
U-Wert: 0,17 W/(m²·K)

Gesamtdicke: 32,00 cm	d[cm]	l[W/(m·K)]
OSB-Platte	2,00	0,130
Dämmung	30,00	0,040
Holz	30,00	0,130

Dach (Anbau)
U-Wert: 0,13 W/(m²·K)

Gesamtdicke: 56,50 cm	d[cm]	l[W/(m·K)]
Stahlbeton	25,00	2,300
Dämmung	30,00	0,040
Abdichtung	1,50	0,170

5100-0129
Sporthalle
(Einfeldhalle)

Planungskennwerte für Flächen und Rauminhalte nach DIN 277

Flächen des Grundstücks		Menge Einheit	% an GF
BF	Bebaute Fläche	1.910,00 m²	37,6
UF	Unbebaute Fläche	3.165,00 m²	62,4
GF	Grundstücksfläche	5.075,00 m²	100,0

Erweiterung

Grundflächen des Bauwerks		Menge Einheit	% an NUF	% an BGF
NUF	Nutzungsfläche	666,00 m²	100,0	66,1
TF	Technikfläche	45,00 m²	6,8	4,5
VF	Verkehrsfläche	149,00 m²	22,4	14,8
NRF	Netto-Raumfläche	860,00 m²	129,1	85,4
KGF	Konstruktions-Grundfläche	147,00 m²	22,1	14,6
BGF	Brutto-Grundfläche	1.007,00 m²	151,2	100,0

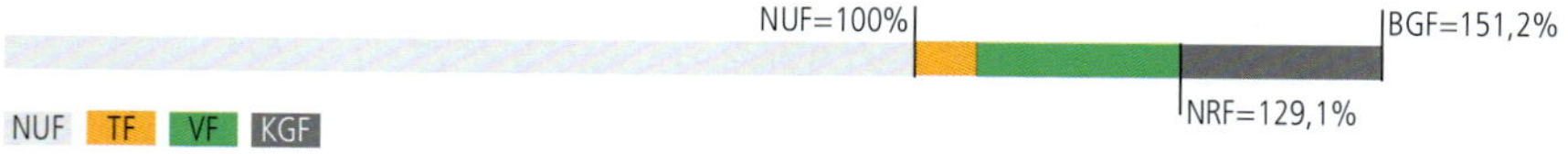

Brutto-Rauminhalt des Bauwerks		Menge Einheit	BRI/NUF (m)	BRI/BGF (m)
BRI	Brutto-Rauminhalt	5.649,00 m³	8,48	5,61

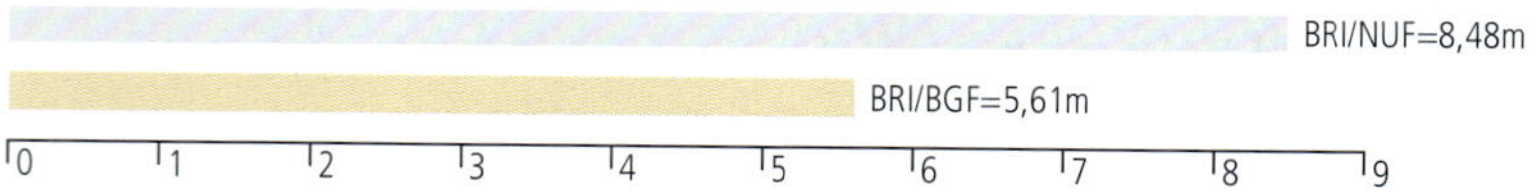

Kostenkennwerte für die Kostengruppen der 1.Ebene DIN 276

KG	Kostengruppen (1.Ebene)	Einheit	Kosten €	€/Einheit	€/m2 BGF	€/m3 BRI	% 300+400
100	Grundstück	m2 GF	–	–	–	–	–
200	Vorbereitende Maßnahmen	m2 GF	–	–	–	–	–
300	Bauwerk – Baukonstruktionen	m2 BGF	3.439.833	3.415,92	3.415,92	608,93	84,8
400	Bauwerk – Technische Anlagen	m2 BGF	616.915	612,63	612,63	109,21	15,2
	Bauwerk 300+400	**m2 BGF**	**4.056.748**	**4.028,55**	**4.028,55**	**718,14**	**100,0**
500	Außenanlagen und Freiflächen	m2 AF	16.222	–	16,11	2,87	0,4
600	Ausstattung und Kunstwerke	m2 BGF	–	–	–	–	–
700	Baunebenkosten	m2 BGF	–	–	–	–	–
800	Finanzierung	m2 BGF	–	–	–	–	–

KG	Kostengruppe	Menge Einheit	Kosten €	€/Einheit	%
3+4	**Bauwerk**				**100,0**
300	**Bauwerk – Baukonstruktionen**	1.007,00 m2 BGF	3.439.833	**3.415,92**	84,8

- Herstellen
  Baugrubenaushub; Stb-Fundamente, Stb-Bodenplatte, Doppelschwingboden mit Linoleum, Estrich, Beschichtung, Bodenfliesen, Abdichtung, Dämmung; Stb-Wände in Sichtbeton, im oberen Bereich Holzkonstruktion, Stb-Fertigteilstützen mit Ausmauerungen, Alu-Pfosten-Riegel-Fassade, Alufenster, Dreifachverglasung, Wärmedämmung, Faserzement-Vorhangfassade, Markisen; Stb-Innenwände, Sichtbeton, GK-Wände, Wandfliesen, Prallwand; Stb-Dach (Sozialtrakt), Brettschichtbinder-Holzdach (Halle), Stahl-Trapezblech, Oberlichter, Dämmung, Abdichtung, Attika, extensive Dachbegrünung, Entwässerung, abgehängte GK-Decke, abgehängte Schallschutzdecke; Sitzbänke

KG	Kostengruppe	Menge Einheit	Kosten €	€/Einheit	%
400	**Bauwerk – Technische Anlagen**	1.007,00 m2 BGF	616.915	**612,63**	15,2

- Herstellen
  Anschluss der Ver- und Entsorgungsleitungen an den Bestand, Gebäudeentwässerung, Kalt- und Warmwasserleitungen, Sanitärobjekte; Anschluss an die bestehende Fernwärmeversorgung, Radiatoren, Fußbodenheizung; kontrollierte Be- und Entlüftung mit Wärmerückgewinnung im Passivhausstandard; Anschluss an E-Anschluss des Bestands, Elektroinstallation, LED-Beleuchtung, Sicherheitsleuchten; Elektroakustische Anlage; KNX-Systemtechnik, MSR-Anlage inkl. Anbindung des Sonnenschutzes

KG	Kostengruppe	Menge Einheit	Kosten €	€/Einheit	%
500	**Außenanlagen und Freiflächen**	–	16.222	–	0,4

- Herstellen
  Rigole

5200-0012
Sportbadhalle

Objektübersicht

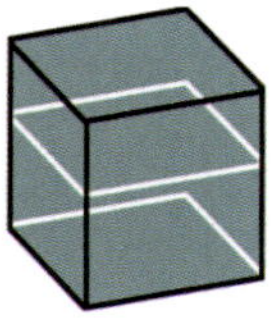
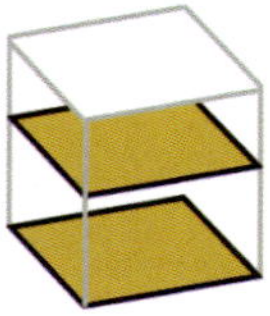
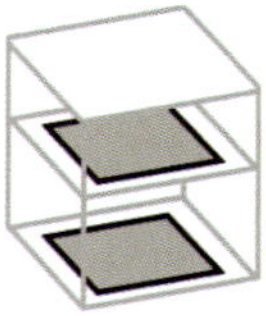

Erweiterung

BRI 994 €/m³ | BGF 5.884 €/m² | NUF 6.774 €/m²

Objekt:
Kennwerte: 3. Ebene DIN 276
BRI: 4.770 m³
BGF: 806 m²
NUF: 700 m²
Bauzeit: 61 Wochen
Bauende: 2015
Standard: Durchschnitt
Bundesland: Schleswig-Holstein
Kreis: Nordfriesland

Architekt*in:
Architekten Contor Voigt
Burg 7A
25524 Itzehoe

Bauherr*in:
Insel Sylt
Tourismus-Service GmbH
Strandstraße 35
25980 Sylt

vorher

Erweiterung

Ansicht Nord

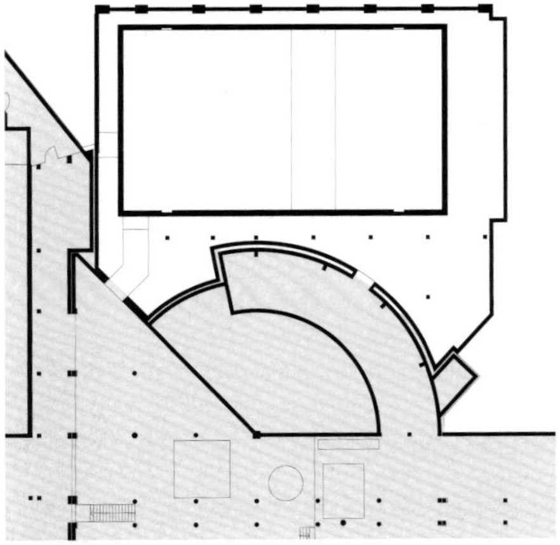

Untergeschoss

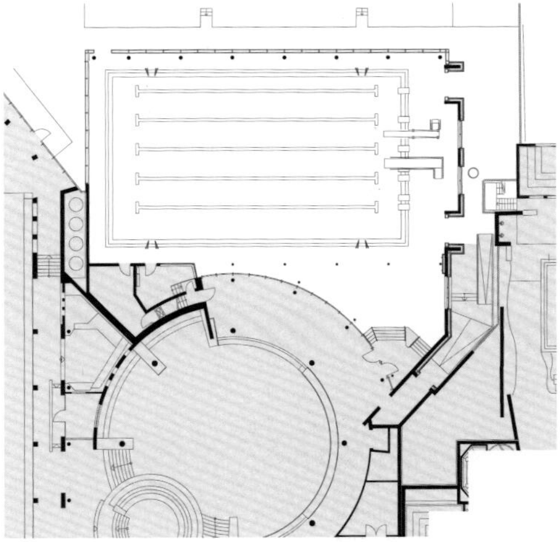

Erdgeschoss

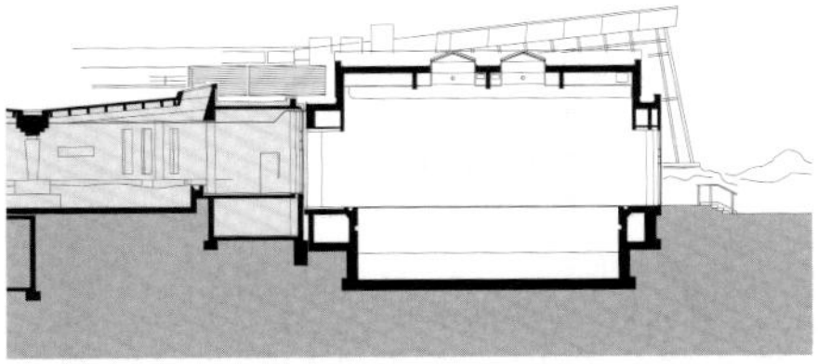

Querschnitt

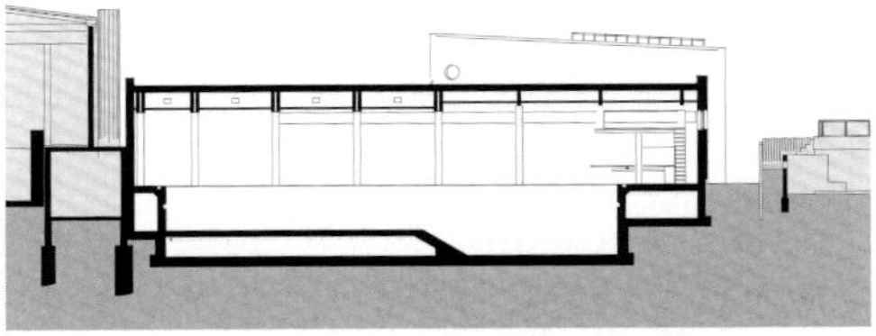

Längsschnitt

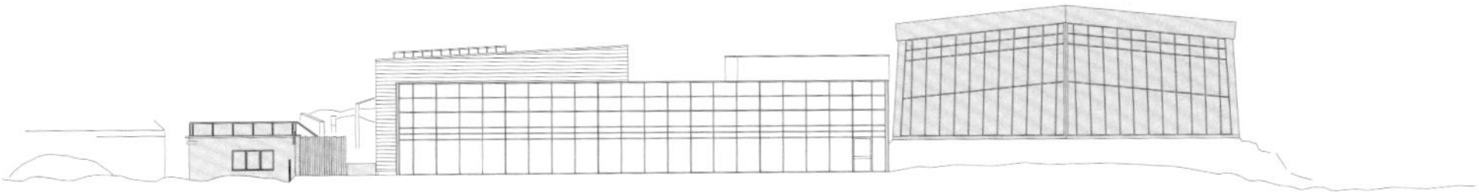

Ansicht West

Objektbeschreibung

Allgemeine Objektinformationen

Das sanierungsbedürftige Nichtschwimmer-Kunststoff-Außenbecken wird abgebrochen. An diese Stelle wird eine Schwimmer-Sportbadhalle mit einem 14x25m Sportbecken errichtet. Die Sportbadhalle integriert sich mit seiner unbehandelten Stülpschalung und der spiegelnden Pfostenriegelfassade in die Dünenlandschaft der Nordsee. Durch die großzügige Fassadengestaltung wird ein fließender Übergang von Innen nach Außen geschaffen. Das Pultdach des Sprungturms bricht durch die quadratische Kubatur der Halle. Einzelne Farbakzente setzen im Innenraum Orientierungspunkte.

Nutzung

1 Untergeschoss
Kriechkeller, Leitungsschächte

1 Erdgeschoss
Schwimmbereich, Schwimmmeisterbüro

Nutzeinheiten

Beckengröße: 350 m²

Grundstück

Bauraum: Freier Bauraum
Neigung: Ebenes Gelände
Bodenklasse: BK 1 bis BK 4

Markt

Hauptvergabezeit: 4. Quartal 2014
Baubeginn: 4. Quartal 2014
Bauende: 4. Quartal 2015
Konjunkturelle Gesamtlage: Durchschnitt
Regionaler Baumarkt: Durchschnitt

Baubestand

Baujahr: 1991
Bauzustand: mittel
Aufwand: mittel
Grundrissänderungen: wenige
Tragwerkseingriffe: wenige
Nutzungsänderung: nein
Nutzung während der Bauzeit: ja

Baukonstruktion

Der kubische Baukörper gründet auf einer Fundamentplatte aus wasserundurchlässigem Beton. Die Außenwände des Technikgeschosses sind ebenfalls aus WU-Beton hergestellt. Sämtliche geschlossene Wände im Erdgeschoss bestehen aus Stahlbeton und wechseln sich mit einer Pfosten-Riegel-Fassade aus Aluminium und Verbundsicherheitsglas ab. Für die weitere Fassadengestaltung kamen Fassadendämmplatten mit einer waagerechten Stülpschalung zum Einbau. Für die Dachkonstruktion wurden Brettschichtholzbinder und Stahlfachwerkträger gewählt. Den oberen Abschluss des Gebäudes bildet eine Trapezblecheindeckung mit Mineralfaserdämmung.

Technische Anlagen

Die Wärmeerzeugung erfolgt durch die vorhandene Fernwärmeübergabestation. Die benötigte Wärmeleistung ist geringer als die des abgängigen Außenbeckens. Das Beckenwasser wird über einen vorhandenen Plattentauscher weiter erwärmt. Eine Luftaufbereitungsanlage mit Doppelplattenwärmetauscher dient der Wärmerückgewinnung. Eine bestehende Filteranlage wird ebenfalls weiterverwendet.

Sonstiges

Die Sportbadhalle wird neben der öffentlichen Nutzung Vereinen und Schulen zur Verfügung gestellt. Die bestehende Eingangshalle, die Umkleiden, WC und Duschen des Freizeitbades werden auch für die Sportbeckenhalle genutzt.

Planungskennwerte für Flächen und Rauminhalte nach DIN 277

Flächen des Grundstücks		Menge Einheit	% an GF
BF	Bebaute Fläche	6.718,52 m²	40,1
UF	Unbebaute Fläche	10.026,48 m²	59,9
GF	Grundstücksfläche	16.745,00 m²	100,0

Grundflächen des Bauwerks		Menge Einheit	% an NUF	% an BGF
NUF	Nutzungsfläche	699,85 m²	100,0	86,9
TF	Technikfläche	36,15 m²	5,2	4,5
VF	Verkehrsfläche	11,90 m²	1,7	1,5
NRF	Netto-Raumfläche	747,90 m²	106,9	92,8
KGF	Konstruktions-Grundfläche	57,70 m²	8,2	7,2
BGF	Brutto-Grundfläche	805,60 m²	115,1	100,0

Brutto-Rauminhalt des Bauwerks		Menge Einheit	BRI/NUF (m)	BRI/BGF (m)
BRI	Brutto-Rauminhalt	4.770,21 m³	6,82	5,92

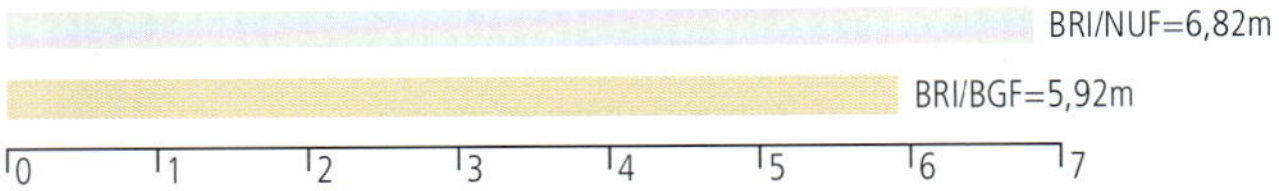

Lufttechnisch behandelte Flächen	Menge Einheit	% an NUF	% an BGF
Entlüftete Fläche	–	–	–
Be- und entlüftete Fläche	–	–	–
Teilklimatisierte Fläche	–	–	–
Klimatisierte Fläche	–	–	–

KG	Kostengruppen (2. Ebene)	Menge Einheit	Menge/NUF	Menge/BGF
310	Baugrube / Erdbau	5.250,28 m³ BGI	7,50	6,52
320	Gründung, Unterbau	1.116,36 m² GRF	1,60	1,39
330	Außenwände/Vertikale Baukonstruktionen, außen	1.266,27 m² AWF	1,81	1,57
340	Innenwände/Vertikale Baukonstruktionen, innen	120,58 m² IWF	0,17	0,15
350	Decken/Horizontale Baukonstruktionen	55,79 m² DEF	0,08	0,07
360	Dächer	793,23 m² DAF	1,13	0,99

Erweiterung

Kostenkennwerte für die Kostengruppen der 1. Ebene DIN 276

KG	Kostengruppen (1. Ebene)	Einheit	Kosten €	€/Einheit	€/m² BGF	€/m³ BRI	% 300+400
100	Grundstück	m² GF	–	–	–	–	–
200	Vorbereitende Maßnahmen	m² GF	–	–	–	–	–
300	Bauwerk – Baukonstruktionen	m² BGF	3.516.138	4.364,62	4.364,62	737,10	74,2
400	Bauwerk – Technische Anlagen	m² BGF	1.224.343	1.519,79	1.519,79	256,66	25,8
	Bauwerk 300+400	**m² BGF**	**4.740.480**	**5.884,41**	**5.884,41**	**993,77**	**100,0**
500	Außenanlagen und Freiflächen	m² AF	51.285	–	63,66	10,75	1,1
600	Ausstattung und Kunstwerke	m² BGF	2.224	2,76	2,76	0,47	< 0,1
700	Baunebenkosten	m² BGF	–	–	–	–	–
800	Finanzierung	m² BGF	–	–	–	–	–

KG	Kostengruppe	Menge Einheit	Kosten €	€/Einheit	%
3+4	**Bauwerk**				**100,0**
300	**Bauwerk – Baukonstruktionen**	805,60 m² BGF	3.516.138	**4.364,62**	74,2

- Abbrechen (Kosten: 1,1%) 40.041
  Durchbrüche in Außenwänden, Abbruch von Verglasungen in Pfosten-Riegel-Fassade, Fluchttür; Innentüren; Verglasung, Bitumenbahnen, Dämmung, Alu-Randeinfassung; Ausschwimmkanal, extensive Dachbegrünung, BSH-Pultdach, Stahlstützen, Alu-Pfosten-Riegel-Konstruktion, Stb-Wänden, Stb-Bodenplatte, WU-Beton, Stb-Treppe, WU-Aufschüttungen; Entsorgung, Deponiegebühren

- Wiederherstellen (Kosten: 0,4%) 14.316
  Abdichtung durch Injektionsverfahren mit Mikrofeinzement, Fugenblech; Blechbekleidung aufnehmen, lagern, wieder einbauen

- Herstellen (Kosten: 98,5%) 3.461.780
  Stb-Fundamentplatte, WU-Beton, Stb-Einzelfundamente, Stb-Aufkantungen, Estrich, Abdichtung, Bodenfliesen, Perimeterdämmung, Dränage, Pumpensumpf; Stb-Außenwände, WU-Beton, Beckenkopf, Alu-Außentüren, vorgehängte hinterlüftete Holzfassade, Dämmung, Stülpschalung, sibirische Lärche, WDVS, Oberputz, Beschichtung, Wandfliesen, Brandschutzbekleidung, Alu-Pfosten-Riegel-Fassade, Fensterfelder, Verbundpaneele; Porenbeton-Mauerwerk, Stahlstützen, Verguss, Ortbeton, Alutüren, Alufenster, Stahlblechtüren, Holztüren, Stahl-Steigleitern; Stb-Decke, WU-Beton, Stb-Fertigteiltreppen, Beschichtung, Geländer, Treppenhandlauf; BSH-Flachdach, BSH-Pultdach, Alu-Lichtdach, RWA-Elemente, Lichtkuppeln, Dachdeckung, Trapezblech, Beschichtung, Dämmung, Kunststoff-Dachabdichtung, Dachentwässerung, abgehängte Akustik-Decken, Oberlichtbekleidung, Beschichtung, Sekuranten

KG	Kostengruppe	Menge Einheit	Kosten €	€/Einheit	%
400	**Bauwerk – Technische Anlagen**	805,60 m² BGF	1.224.343	**1.519,79**	25,8
	• Abbrechen (Kosten: 0,3%) Abbruch von PE-Rohren, Schacht, Gussleitungen, Dämmung; Entsorgung, Deponiegebühren		3.118		
	• Wiederherstellen (Kosten: 3,3%) SW-Kanal, Rohre demontieren, lagern, wieder montieren; Instandsetzung von Schwimmbadtechnik im Bestand		40.347		
	• Herstellen (Kosten: 96,4%) Doppelpumpenanlagen, Tauchpumpen, Pumpensteuerung, Abwasserleitungen, Regenwasserleitungen, Rinnenabläufe, Zulauföffnungen, Bodenabläufe, Dachabläufe, Druckluft-Steuersystem, Druckrohre, Schwallwasserleitungen, Kupferrohre, Handwaschbecken; Umwälzpumpe, Tauchhülsen, Fußbodenheizung; Lüftungsanlage mit WRG, RWA-Zentralen; Zentralbatteriesystem, Elektroinstallation, LED-Beleuchtung, Rettungszeichenleuchten, Blitzschutz; Nebenuhr, elektroakustische Anlagen, Rauchansauganlage, Rauchmelder, Datenübertragungsnetze; Schrägaufzug; Sprunganlagen, Startsockel, Betriebs-Wasserapparatur, Chlorgas-Saugleitungen; Gebäude- und Anlagenautomation		1.180.878		
500	**Außenanlagen und Freiflächen**	–	51.285	–	1,1
	• Abbrechen (Kosten: 51,3%) Abbruch von Stb-Streifenfundamenten; Stb-Winkelstützwänden, Handlauf, Schwimmbad-Treppengeländer, Griffbögen, Außenbecken, Stb-Bodenplatte, Kunststoffbeschichtung, GFK-Wände mit Stahlträgerkonstruktion, Mehrschichtfilter, WU-Aufschüttungen; Entsorgung, Deponiegebühren		26.296		
	• Herstellen (Kosten: 48,7%) Holzpalisaden, Winkelstützwand, Betonblockstufen; Bodenarbeiten, Mutterboden, Quarzsand, Rollrasen		24.989		
600	**Ausstattung und Kunstwerke**	805,60 m² BGF	2.224	**2,76**	< 0,1
	• Herstellen (Kosten: 100,0%) Handscheinwerfer mit Notlichtfunktion, Ladestation, Kristallglasspiegel, Porzellanablage, Doppel-Handtuchhaken; Sockelbleche für Piktogramme, gravierte Resopal-Schilder für Notleuchten		2.224		

Erweiterung

Kostenkennwerte für die Kostengruppen der 2. Ebene DIN 276

KG	Kostengruppe	Menge Einheit	Kosten €	€/Einheit	%
300	**Bauwerk – Baukonstruktionen**				**100,0**
310	**Baugrube / Erdbau**	5.250,28 m³ BGI	186.388	**35,50**	5,3
	• Herstellen (Kosten: 100,0%) Boden, t=2,50-4,50m, lösen (5.250m³), entsorgen (4.091m³), lagern (490m³), d=20cm, lösen, laden, entsorgen (470m²), d=40-50cm, verdichten (500m³), Füllsand (739m³), Planum (1.000m²)	5.250,28 m³ BGI	186.388	**35,50**	
320	**Gründung, Unterbau**	1.116,36 m² GRF	789.208	**706,95**	22,4
	• Herstellen (Kosten: 100,0%) Stb-Fundamentplatte C30/37, WU-Beton, d=40cm (479m²), d=30cm (637m²), Stb-Einzelfundamente C30/37 (62m³), Stb-Aufkantungen C30/37 (9m³), Auffüllungen C16/20, unbewehrt (54m³), Magerbeton C12/15 (19m³), Verbauringe als Fundamentschalung (6St) * Sandstrahlung (689m²), Zementverbundestrich (381m²), Zementestrich (279m²), Abdichtung (639m²), Glasfaser (309m²), Bodenfliesen (658m²) * Sauberkeitsschicht C8/10, unbewehrt, d=5cm (58m²), PE-Folie (735m²), Perimeterdämmung (702m²) * Drängraben (83m³), PVC-Dränrohre DN200 (38m), Spül-Kontrollschächte DN400 (2St), Kunststoff-Pumpensumpf (1St)	1.116,36 m² GRF	789.208	**706,95**	
330	**Außenwände/Vert. Baukonstrukt., außen**	1.266,27 m² AWF	1.125.181	**888,58**	32,0
	• Abbrechen (Kosten: 1,3%) Durchbrüche in Außenwänden, d=30-35cm (12m²) * Abbruch von Verglasungen in Pfosten-Riegel-Fassade (12m²), Fluchttür mit Seiten- und Oberlicht (8m²); Entsorgung, Deponiegebühren	32,36 m² AWF	14.363	**443,84**	
	• Wiederherstellen (Kosten: 0,7%) Abdichtung durch Injektionsverfahren, Mikrofeinzement zur Auffüllung von Betonierfehlstellen, Verpressinjektion mit 2-K-Polyurethan (182m), Abdichtung mit Fugenblech (209m)	–	8.398	–	
	• Herstellen (Kosten: 98,0%) Stb-Außenwände C30/37, d=30cm (191m²), d=25cm (370m²), WU-Beton, d=40-45cm (184m²), Beckenkopf C30/37, WU-Beton (108m²), Gebäudetrennfuge, Mineralwolle, d=20mm (112m²) * Brüstung, Mauerwerk, d=17,5cm (9m²) * Alu-Außentüren (6m²) * vorgehängte, hinterlüftete Holzfassade, Dämmung WLS 032, Stülpschalung, sibirische Lärche (267m²), WDVS WLG 040, Oberputz, Beschichtung (54m²), Perimeterdämmung (362m²) * Oberputz (269m²), Beschichtung (244m²), Putz (230m²), Abdichtung (309m²), Wandfliesen (230m²), Brandschutzbekleidung F90 (46m²) * Alu-Pfosten-Riegel-Fassade, Fensterfelder, Verbundpaneele (387m²), Alu-Rahmentürelemente (20m²) * Lichtschachtabdeckungen (2St)	1.266,27 m² AWF	1.102.420	**870,60**	
340	**Innenwände/Vert. Baukonstrukt., innen**	120,58 m² IWF	103.709	**860,08**	2,9
	• Abbrechen (Kosten: 0,8%) Abbruch von Innentüren (4m²), Zargen; Entsorgung, Deponiegebühren	4,35 m² IWF	863	**198,43**	
	• Herstellen (Kosten: 99,2%) Porenbeton-Mauerwerk, d=11,5cm (4m²) * Stahlstützen, C5 Beschichtung, Verguss, Ortbeton C30/37 (66m) * Alutüren, VSG (5m²), T30-RS (2m²), Alufenster, VSG (6m²), Stahlblechtüren T90-RS (2m²), T30-RS (2m²), Luke T90 (1St), Holztüren, Stahlzargen (4m²), T30-RS (2m²), mit integriertem Rauchmelder (2m²) * Beschichtung (64m²), Duschvorsatzschale (7m²), Kalkzementputz (9m²), Wandfliesen (17m²) * Stahl-Steigleitern (2St)	120,58 m² IWF	102.846	**852,92**	

KG	Kostengruppe	Menge Einheit	Kosten €	€/Einheit	%
350	**Decken/Horizontale Baukonstruktionen**	55,79 m2 DEF	28.699	**514,41**	0,8
	• Herstellen (Kosten: 100,0%) Stb-Decke C30/37, WU-Beton, d=18cm (48m2), Stb-Fertigteiltreppen C30/37 (7m2) * Beschichtung (14m2) * Geländer (24m), Treppenhandlauf (5m)	55,79 m2 DEF	28.699	**514,41**	
360	**Dächer**	793,23 m2 DAF	949.675	**1.197,23**	27,0
	• Abbrechen (Kosten: 0,8%) Abbruch von Verglasung, Wärmeschutzglas (23m2) * Bitumenbahnen, zweilagig, Dämmung (36m2), Alu-Randeinfassung (22m); Entsorgung, Deponiegebühren	58,94 m2 DAF	7.827	**132,80**	
	• Wiederherstellen (Kosten: 0,6%) Blechbekleidung aufnehmen, lagern, wieder einbauen (8m2)	8,40 m2 DAF	5.918	**704,53**	
	• Herstellen (Kosten: 98,6%) BSH-Flachdach (494m2), BSH-Pultdach, Stahlfachwerkträger, C5 Beschichtung (220m2), Satteldach, Alu-Lichtdach-Konstruktion (35m2) * RWA-Elemente (26m2), RWA-Lamellenfenster (11m2), Lichtkuppeln (8m2) * Dachdeckung, Trapezblech, Beschichtung (697m2), Dampfsperrschicht, Dämmung WLG 040, Kunststoff-Dachabdichtung, Bitumenschweißbahn (713m2), Attika, Verbundblech (301m), Regenfallrohre (26m), Rinnenkästen (5St), Notüberläufe (16m) * abgehängte Akustik-Unterdecken, ballwurfsicher (545m2), Oberlichtbekleidung, Feuchtraumpaneele, Beschichtung (66m2) * Sekuranten (psch)	793,23 m2 DAF	935.930	**1.179,90**	
380	**Baukonstruktive Einbauten**	805,60 m2 BGF	2.230	**2,77**	< 0,1
	• Herstellen (Kosten: 100,0%) Rahmen für Werbetafel (1St)	805,60 m2 BGF	2.230	**2,77**	
390	**Sonst. Maßnahmen für Baukonstrukt.**	805,60 m2 BGF	331.048	**410,93**	9,4
	• Abbrechen (Kosten: 5,1%) Abbruch von Ausschwimmkanal, extensive Dachbegrünung, BSH-Pultdach, Stahlstützen, Alu-Pfosten-Riegel-Fassade, Stb-Wänden, Stb-Bodenplatte, WU-Beton, Stb-Treppe (232m3), WU-Aufschüttungen mit Kunststoffbeschichtung (1St); Entsorgung, Deponiegebühren	805,60 m2 BGF	16.988	**21,09**	
	• Herstellen (Kosten: 94,9%) Baustelleneinrichtung (psch), Unterkunftscontainer (2St), Recyclingschotter als Baustellen-Einrichtungsfläche (1.000m2), Mutterboden (280m2), Bauschilder (5St), Hinweisschilder (2St) * Fassadengerüst (581m2), Belagverbreiterung, b=70cm (43m), Witterungs- und Staubschutz (244m2), Schutzabdeckungen (101m2), Raumgerüst (664m2), Standgerüste, fahrbar (5St) * Stb-Unterfangung C30/37 (17m3), Schalung, Außenwand (5m2), Auffüllungen C16/20, unbewehrt (6m3) * Entsorgung von Bauschutt (227m3) * Grundreinigung (psch), Schutzvorrichtungen, Netz (685m2), Schutzabdeckungen (383m2)	805,60 m2 BGF	314.060	**389,85**	

Erweiterung

KG	Kostengruppe	Menge Einheit	Kosten €	€/Einheit	%
400	**Bauwerk – Technische Anlagen**				**100,0**
410	**Abwasser-, Wasser-, Gasanlagen**	805,60 m² BGF	224.079	**278,15**	18,3
	• Abbrechen (Kosten: 1,4%)	805,60 m² BGF	3.118	**3,87**	
	Abbruch von PE-Rohren (200m), Schacht (1St) * Gussleitungen DN100, Schalung, Dämmung (14h); Entsorgung, Deponiegebühren				
	• Wiederherstellen (Kosten: 2,6%)	805,60 m² BGF	5.808	**7,21**	
	SW-Kanal ausbauen, wieder einbauen (18m) * PVC-Rohre demontieren, lagern, wieder montieren (149m), Armaturen (10St)				
	• Herstellen (Kosten: 96,0%)	805,60 m² BGF	215.153	**267,07**	
	Doppelpumpenanlagen, Tauchpumpen, Pumpensteuerungen (2St), Rohrgräben (26m³), KG-Rohre DN125-200 (38m), HT-Abwasserleitungen DN70 (88m), PE-Regenwasserleitungen DN70-150 (373m), Revisionsschächte (3St), Schacht (1St), Rinnenabläufe DN100 (28St), Zulauföffnungen DN50 (45St), Bodenabläufe DN70-100 (8St), Dachabläufe DN100 (21St) * Druckluft-Steuersystem, PVC-Rohre DN15 (118St), PVC-Druckrohre DN50-250 (243m), Schwallwasserleitungen DN100-300 (140m), Kupferrohre DN15-20 (160m), Handwaschbecken (1St), Waschtischarmaturen (1St), Brausesets (2St)				
420	**Wärmeversorgungsanlagen**	805,60 m² BGF	33.523	**41,61**	2,7
	• Herstellen (Kosten: 100,0%)	805,60 m² BGF	33.523	**41,61**	
	Umwälzpumpe (1St), Tauchhülsen (6St), Heizungsrohre DN50 (141m), Anschlüsse an Lufterhitzer DN50 (6St), an Bestandsleitungen DN32-65 (2St), Vorschweißflansche (16St), Luftgefäße (4St), Flanschen-Ventile (4St), Flanschen-Schmutzfänger (1St), Manometer (4St)				
430	**Raumlufttechnische Anlagen**	805,60 m² BGF	216.312	**268,51**	17,7
	• Herstellen (Kosten: 100,0%)	805,60 m² BGF	216.312	**268,51**	
	Lüftungsanlage mit WRG (1St), Rechteckkanäle (130m²), Doppelwandkanäle (130m²), Rundrohre DN200-800 (208m), Wickelfalzrohre (50m), Deflektorhaube (1St), Ansaugbogen (1St), Regenkragen (2St), Durchführungen, Flachdach (9St), Außenwand (2St), Schlitzauslässe (14St), Rundrohrdurchlässe (2St), RWA-Zentralen (3St), RWA-Taster (3St), Lüftungstaster (3St)				
440	**Elektrische Anlagen**	805,60 m² BGF	327.520	**406,55**	26,8
	• Herstellen (Kosten: 100,0%)	805,60 m² BGF	327.520	**406,55**	
	Zentralbatteriesystem (1St), Fernmeldetableau (1St) * Unterverteiler (1St), Hauptschalter (1St), FI-Schalter (5St), LS-Schalter (3St), FI/LS-Schalter (4St), Sicherungen (15St), Spannungswächterrelais (14St), Überspannungsschutzgerät (1St), Erdkabel (211m), Mantelleitungen (3.918m), Betonkabel (81m), Niederspannungskabel (40m), Leerrohre (260m), Steckdosen (19St), CEE-Steckdosen (3St), Schalter (12St), Präsenzmelder (2St) * LED-Downlights (63St), LED-Schwimmbadscheinwerfer (18St), Flächenstrahler (3St), Leuchten (39St), Rettungszeichenleuchten (10St) * Rundstahl (373m), Mantelleitungen (504m), Flachstahl (494m), Alu-Leitungen (287m), Blitzableitungen (59m), Potenzialausgleichsschienen (7St)				

KG	Kostengruppe	Menge Einheit	Kosten €	€/Einheit	%
450	**Kommunikationstechnische Anlagen**	805,60 m2 BGF	132.200	**164,10**	10,8
	• Herstellen (Kosten: 100,0%) Nebenuhr (1St) * Lautsprecher (4St), 4-Kanal-Endverstärker (1St), Mischvorverstärker (2St), Fernsprechleitungen (264m), Funk-Mikrofon-Headset-Set (1St), UHF-Empfänger (1St), UHF-Antennen (2St), Koaxialkabel (20m), Mikrofon-Sprechstelle (1St) * Rauchansauganlagen (4St), Kanalrauchschalter (3St), Rauchansaugsystem ABS-Rohre (350m), Rauchmelder (32St), Multisensormelder (28St), Warntongeber (6St), Handmelder (5St), Installationskabel (1.159m) * Datenkabel Cat7 (808m), Fernmeldeleitungen (185m), Anschlusssteckdosen RJ45 (2St), RJ45-Stecker Cat6 (36St), Patchkabel Cat6 (36St)	805,60 m2 BGF	132.200	**164,10**	
460	**Förderanlagen**	805,60 m2 BGF	32.419	**40,24**	2,6
	• Herstellen (Kosten: 100,0%) Schrägaufzug für barrierefreien Zugang, Plattformgröße 0,90x1,00m, Tragfähigkeit 200kg, Seitenbefahrung (1St)	805,60 m2 BGF	32.419	**40,24**	
470	**Nutzungsspez. u. verfahrenstechn. Anl.**	805,60 m2 BGF	201.088	**249,61**	16,4
	• Wiederherstellen (Kosten: 17,2%) PVC-Rohre demontieren, PE-Rohre neu aufbauen (2St), Dichtungen (6St), Düsen austauschen (918St), Instandsetzung von Pumpe vor dem Wiedereinbau, neue Gleitringdichtungen (1St), Umwälzpumpen demontieren, lagern, wieder montieren, Monometer austauschen, Reparaturschalter, Mano-Vakuummeter (2St), elektronische Prüfung von Filtern (2St), Filterverrohrung demontieren, lagern, wieder montieren (2St), Gasdosiergerät umrüsten (1St), Druckerhöhungspumpe demontieren, lagern, mit Dichtung wieder montieren (1St)	805,60 m2 BGF	34.538	**42,87**	
	• Herstellen (Kosten: 82,8%) Plattform-Sprunganlage, h=3,00m (1St), Sprungbrettanlage, h=1,00m (1St), Sprungbrett, l=4,80m (1St), Sprungbrett-Walzenverstellung (1St), Startsockel, Haube und Zwischenstufe (5St), Betriebs-Wasserapparatur (1St), Chlorgas-Saugleitungen (20m), Sicherheitsschaltung (1St), Strömungswächter (1St), Dosierpumpen (2St), Druckluftwartungseinheit (1St), Mano-Vakuummeter (1St), Probeentnahmeventile (7St), Tauchtemperaturfühler (7St), Kunststoff-Statikmischer (1St), Messwasser-Entnahmepumpe (1St), Griffbögen (4St), Geländer (3St), Schwimmbadleinen 25m (4St), Rettungsringe (2St), Rettungsstangen (2St)	805,60 m2 BGF	166.549	**206,74**	
480	**Gebäude- und Anlagenautomation**	805,60 m2 BGF	43.720	**54,27**	3,6
	• Herstellen (Kosten: 100,0%) Kanalfühler (4St), Tauchtemperaturfühler (7St), Witterungsfühler (1St), Tauch- und Anlege-Frostschutzwächter (1St), Frostwächter (1St), Differenzdruckwächter (2St), Luftstromwächter (2St), Drehantriebe für Luftklappen (4St), Ventilantriebe (2St), Frequenzumrichter (2St) * Schaltschrank, Feldgeräte (1St) * DDC-Regel- und Steuersystem (1St) * Fernmeldeleitungen (373m), Steuerleitungen (163m), Datenkabel (68m), Leerrohre (22m) * Fernmeldeleitungen (866m), Leerrohre (84m)	805,60 m2 BGF	43.720	**54,27**	
490	**Sonst. Maßnahmen für techn. Anlagen**	805,60 m2 BGF	13.482	**16,74**	1,1
	• Herstellen (Kosten: 100,0%) Baustelleneinrichtung (psch) * Arbeitsgerüst, h=7,00m (1St), Montagegerüst mit Arbeitsbühne, h=2,00m (1St), Gerüstanlage für mobilen Betrieb, h=4,00m (1St)	805,60 m2 BGF	13.482	**16,74**	

Erweiterung

5200-0012
Sportbadhalle

Erweiterung

KG	Kostengruppe	Menge Einheit	Kosten €	€/Einheit	%
500	**Außenanlagen und Freiflächen**				**100,0**
510	**Erdbau**	8,77 m³ EBR	2.315	**263,93**	4,5
	• Herstellen (Kosten: 100,0%) Splittbett, d=5cm, Geotextil (9m³)	8,77 m³ EBR	2.315	**263,93**	
520	**Gründung, Unterbau**	–	1.131	–	2,2
	• Abbrechen (Kosten: 100,0%) Abbruch von Stb-Streifenfundamenten (7h); Entsorgung, Deponiegebühren	–	1.131	–	
540	**Baukonstruktionen**	–	32.060	–	62,[illegible]
	• Abbrechen (Kosten: 78,5%) Abbruch von Stb-Winkelstützwänden, d=30cm (67m²) * Handlauf (1St), Schwimmbad-Treppengeländer (1St), mit Seitenteil (1St), Griffbögen (4St) * Außenbecken, Stb-Bodenplatte, d=25cm, Kunststoffbeschichtung, GFK-Wände, h=1,35m, Mehrschichtfilter, WU-Aufschüttungen (306m²); Entsorgung, Deponiegebühren	–	25.165	–	
	• Herstellen (Kosten: 21,5%) Holzpalisaden, l=4,50m (490m²) * Winkelstützwand, h=80cm, Beton (1m²) * Betonblockstufen (3St)	–	6.895	–	
570	**Vegetationsflächen**	900,00 m² PSF	15.779	**17,53**	30,8
	• Herstellen (Kosten: 100,0%) Boden liefern (900m²), Oberboden (56m³), Quarzsand (250m³) * Rollrasen (280m²)	900,00 m² PSF	15.779	**17,53**	
600	**Ausstattung und Kunstwerke**				**100,0**
610	**Allgemeine Ausstattung**	805,60 m² BGF	1.060	**1,32**	47,7
	• Herstellen (Kosten: 100,0%) LED-Akku Handscheinwerfer mit Notlichtfunktion, Ladestation (1St), Kristallglasspiegel 60x50cm (1St), Porzellanablage 50cm (1St), Doppel-Handtuchhaken, Nylon (1St)	805,60 m² BGF	1.060	**1,32**	
690	**Sonstige Ausstattung**	805,60 m² BGF	1.164	**1,45**	52,3
	• Herstellen (Kosten: 100,0%) Sockelbleche für Piktogramme (3St), gravierte Resopal-Schilder, für Notleuchten (30St)	805,60 m² BGF	1.164	**1,45**	

Kostenkennwerte für die Kostengruppen 300 der 2. und 3. Ebene DIN 276 (Übersicht)

KG	Kostengruppe	Menge Einheit	€/Einheit	Kosten €	% an 3+4
300	**Bauwerk – Baukonstruktionen**	**805,60 m² BGF**	**4.364,62**	**3.516.137,63**	**74,2**
310	**Baugrube / Erdbau**	**5.250,28 m³ BGI**	**35,50**	**186.388,00**	**3,9**
311	Herstellung	5.250,28 m³ BGI	35,50	186.388,00	3,9
312	Umschließung	–	–	–	–
313	Wasserhaltung	–	–	–	–
314	Vortrieb	–	–	–	–
319	Sonstiges zur KG 310	–	–	–	–
320	**Gründung, Unterbau**	**1.116,36 m² GRF**	**706,95**	**789.208,43**	**16,6**
321	Baugrundverbesserung	–	–	–	–
322	Flachgründungen und Bodenplatten	1.116,36 m²	402,44	449.265,35	9,5
323	Tiefgründungen	–	–	–	–
324	Gründungsbeläge	658,45 m²	453,44	298.568,65	6,3
325	Abdichtungen und Bekleidungen	702,22 m²	42,63	29.933,52	0,6
326	Dränagen	1.116,36 m² GRF	10,25	11.440,90	0,2
329	Sonstiges zur KG 320	–	–	–	–
330	**Außenwände/Vert. Baukonstrukt., außen**	**1.266,27 m² AWF**	**888,58**	**1.125.180,96**	**23,7**
331	Tragende Außenwände	852,93 m²	559,03	476.815,70	10,1
332	Nichttragende Außenwände	9,27 m²	379,15	3.514,76	< 0,1
333	Außenstützen	–	–	–	–
334	Außenwandöffnungen	6,13 m²	1.410,23	8.644,70	0,2
335	Außenwandbekleidungen, außen	682,99 m²	175,86	120.112,77	2,5
336	Außenwandbekleidungen, innen	520,02 m²	367,41	191.060,80	4,0
337	Element. Außenwandkonstruktionen	407,21 m²	795,19	323.809,24	6,8
338	Lichtschutz zur KG 330	–	–	–	–
339	Sonstiges zur KG 330	1.266,27 m² AWF	0,97	1.222,98	< 0,1
340	**Innenwände/Vert. Baukonstrukt., innen**	**120,58 m² IWF**	**860,08**	**103.708,73**	**2,2**
341	Tragende Innenwände	–	–	–	–
342	Nichttragende Innenwände	4,18 m²	161,24	674,00	< 0,1
343	Innenstützen	66,40 m	887,11	58.904,38	1,2
344	Innenwandöffnungen	23,58 m²	1.305,90	30.793,10	0,6
345	Innenwandbekleidungen	97,00 m²	107,92	10.468,57	0,2
346	Elementierte Innenwandkonstruktionen	–	–	–	–
347	Lichtschutz zur KG 340	–	–	–	–
349	Sonstiges zur KG 340	120,58 m² IWF	23,79	2.868,67	< 0,1
350	**Decken/Horizontale Baukonstruktionen**	**55,79 m² DEF**	**514,41**	**28.698,76**	**0,6**
351	Deckenkonstruktionen	55,79 m²	430,43	24.013,74	0,5
352	Deckenöffnungen	–	–	–	–
353	Deckenbeläge	–	–	–	–
354	Deckenbekleidungen	14,15 m²	21,30	301,36	< 0,1
355	Elementierte Deckenkonstruktionen	–	–	–	–
359	Sonstiges zur KG 350	55,79 m² DEF	78,57	4.383,66	< 0,1
360	**Dächer**	**793,23 m² DAF**	**1.197,23**	**949.674,84**	**20,0**
361	Dachkonstruktionen	748,10 m²	442,34	330.914,39	7,0
362	Dachöffnungen	45,13 m²	2.386,88	107.719,71	2,3
363	Dachbeläge	721,70 m²	510,08	368.127,63	7,8
364	Dachbekleidungen	610,74 m²	224,42	137.061,22	2,9
365	Elementierte Dachkonstruktionen	–	–	–	–
366	Lichtschutz zur KG 360	–	–	–	–
369	Sonstiges zur KG 360	793,23 m² DAF	7,38	5.851,88	0,1
370	**Infrastrukturanlagen**	**–**	**–**	**–**	**–**
380	**Baukonstruktive Einbauten**	**805,60 m² BGF**	**2,77**	**2.229,75**	**< 0,1**
390	**Sonst. Maßnahmen für Baukonstrukt.**	**805,60 m² BGF**	**410,93**	**331.048,17**	**7,0**

Kostenkennwerte für die Kostengruppen 400 der 2. und 3.Ebene DIN 276 (Übersicht)

KG	Kostengruppe	Menge Einheit	€/Einheit	Kosten €	% an 3+4
400	**Bauwerk – Technische Anlagen**	**805,60 m² BGF**	**1.519,79**	**1.224.342,81**	**25,8**
410	**Abwasser-, Wasser-, Gasanlagen**	**805,60 m² BGF**	**278,15**	**224.079,01**	**4,7**
411	Abwasseranlagen	805,60 m² BGF	160,52	129.313,97	2,7
412	Wasseranlagen	805,60 m² BGF	117,63	94.765,04	2,0
413	Gasanlagen	–	–	–	–
419	Sonstiges zur KG 410	–	–	–	–
420	**Wärmeversorgungsanlagen**	**805,60 m² BGF**	**41,61**	**33.523,05**	**0,7**
421	Wärmeerzeugungsanlagen	–	–	–	–
422	Wärmeverteilnetze	805,60 m² BGF	41,61	33.523,05	0,7
423	Raumheizflächen	–	–	–	–
424	Verkehrsheizflächen	–	–	–	–
429	Sonstiges zur KG 420	–	–	–	–
430	**Raumlufttechnische Anlagen**	**805,60 m² BGF**	**268,51**	**216.312,13**	**4,5**
431	Lüftungsanlagen	805,60 m² BGF	268,51	216.312,13	4,5
432	Teilklimaanlagen	–	–	–	–
433	Klimaanlagen	–	–	–	–
434	Kälteanlagen	–	–	–	–
439	Sonstiges zur KG 430	–	–	–	–
440	**Elektrische Anlagen**	**805,60 m² BGF**	**406,55**	**327.520,49**	**6,9**
441	Hoch- und Mittelspannungsanlagen	–	–	–	–
442	Eigenstromversorgungsanlagen	805,60 m² BGF	31,14	25.085,70	0,5
443	Niederspannungsschaltanlagen	–	–	–	–
444	Niederspannungsinstallationsanlagen	805,60 m² BGF	136,95	110.324,06	2,3
445	Beleuchtungsanlagen	805,60 m² BGF	191,13	153.973,65	3,2
446	Blitzschutz- und Erdungsanlagen	805,60 m² BGF	47,34	38.137,08	0,8
447	Fahrleitungssysteme	–	–	–	–
449	Sonstiges zur KG 440	–	–	–	–
450	**Kommunikationstechnische Anlagen**	**805,60 m² BGF**	**164,10**	**132.199,53**	**2,8**
451	Telekommunikationsanlagen	–	–	–	–
452	Such- und Signalanlagen	–	–	–	–
453	Zeitdienstanlagen	805,60 m² BGF	1,98	1.595,68	<0,1
454	Elektroakustische Anlagen	805,60 m² BGF	28,80	23.201,84	0,5
455	Audiovisuelle Medien- u. Antennenanl.	–	–	–	–
456	Gefahrenmelde- und Alarmanlagen	805,60 m² BGF	127,42	102.652,96	2,2
457	Datenübertragungsnetze	805,60 m² BGF	5,90	4.749,05	0,1
458	Verkehrsbeeinflussungsanlagen	–	–	–	–
459	Sonstiges zur KG 450	–	–	–	–
460	**Förderanlagen**	**805,60 m² BGF**	**40,24**	**32.418,51**	**0,7**
461	Aufzugsanlagen	805,60 m² BGF	40,24	32.418,51	0,7
462	Fahrtreppen, Fahrsteige	–	–	–	–
463	Befahranlagen	–	–	–	–
464	Transportanlagen	–	–	–	–
465	Krananlagen	–	–	–	–
466	Hydraulikanlagen	–	–	–	–
469	Sonstiges zur KG 460	–	–	–	–
470	**Nutzungsspez. u. verfahrenstechn. Anl.**	**805,60 m² BGF**	**249,61**	**201.087,73**	**4,2**
480	**Gebäude- und Anlagenautomation**	**805,60 m² BGF**	**54,27**	**43.720,14**	**0,9**
490	**Sonst. Maßnahmen für techn. Anlagen**	**805,60 m² BGF**	**16,74**	**13.482,25**	**0,3**

Kostenkennwerte für Leistungsbereiche nach STLB (Kosten des Bauwerks nach DIN 276)

LB	Leistungsbereiche	Kosten €	€/m² BGF	€/m³ BRI	% an 3+4
000	Sicherheits-, Baustelleneinrichtungen inkl. 001	264.766	328,70	55,50	5,6
002	Erdarbeiten	223.918	278,00	46,90	4,7
006	Spezialtiefbauarbeiten inkl. 005	–	–	–	–
009	Entwässerungskanalarbeiten inkl. 011	26.113	32,40	5,50	0,6
	Wiederherstellen	3.587	4,50	0,75	< 0,1
	Herstellen	22.526	28,00	4,70	0,5
010	Drän- und Versickerarbeiten	242	0,30	0,05	< 0,1
012	Mauerarbeiten	15.722	19,50	3,30	0,3
013	Betonarbeiten	1.012.139	1.256,40	212,20	21,4
014	Natur-, Betonwerksteinarbeiten	–	–	–	–
016	Zimmer- und Holzbauarbeiten	281.460	349,40	59,00	5,9
017	Stahlbauarbeiten	–	–	–	–
018	Abdichtungsarbeiten	75.703	94,00	15,90	1,6
	Wiederherstellen	8.398	10,40	1,80	0,2
	Herstellen	67.304	83,50	14,10	1,4
019	Kampfmittelräumarbeiten	–	–	–	–
020	Dachdeckungsarbeiten	124.518	154,60	26,10	2,6
021	Dachabdichtungsarbeiten	244.083	303,00	51,20	5,1
022	Klempnerarbeiten	16.102	20,00	3,40	0,3
	Wiederherstellen	5.918	7,30	1,20	0,1
	Herstellen	10.184	12,60	2,10	0,2
	Rohbau	**2.284.765**	**2.836,10**	**479,00**	**48,2**
	Wiederherstellen	17.904	22,20	3,80	0,4
	Herstellen	2.266.862	2.813,90	475,20	47,8
023	Putz- und Stuckarbeiten, Wärmedämmsysteme	26.852	33,30	5,60	0,6
024	Fliesen- und Plattenarbeiten	337.923	419,50	70,80	7,1
025	Estricharbeiten	53.133	66,00	11,10	1,1
026	Fenster, Außentüren inkl. 029, 032	–	–	–	–
027	Tischlerarbeiten	9.022	11,20	1,90	0,2
028	Parkettarbeiten, Holzpflasterarbeiten	–	–	–	–
030	Rollladenarbeiten	–	–	–	–
031	Metallbauarbeiten inkl. 035	681.383	845,80	142,80	14,4
034	Maler- und Lackiererarbeiten inkl. 037	23.364	29,00	4,90	0,5
036	Bodenbelagarbeiten	–	–	–	–
038	Vorgehängte hinterlüftete Fassaden	75.849	94,20	15,90	1,6
039	Trockenbauarbeiten	142.421	176,80	29,90	3,0
	Ausbau	**1.349.945**	**1.675,70**	**283,00**	**28,5**
040	Wärmeversorgungsanl. - Betriebseinr. inkl. 041	22.459	27,90	4,70	0,5
042	Gas- und Wasserinstallation, Leitungen inkl. 043	81.833	101,60	17,20	1,7
	Wiederherstellen	2.221	2,80	0,47	< 0,1
	Herstellen	79.612	98,80	16,70	1,7
044	Abwasseranlagen - Leitungen	75.595	93,80	15,80	1,6
045	GWE-Einrichtungsgegenstände inkl. 046	99.489	123,50	20,90	2,1
	Wiederherstellen	34.538	42,90	7,20	0,7
	Herstellen	64.950	80,60	13,60	1,4
047	Dämmarbeiten an betriebstechnischen Anlagen	22.701	28,20	4,80	0,5
049	Feuerlöschanlagen, Feuerlöschgeräte	–	–	–	–
050	Blitzschutz- und Erdungsanlagen	38.137	47,30	8,00	0,8
053	Niederspannungsanlagen inkl. 052, 054	135.410	168,10	28,40	2,9
055	Sicherheits- u. Ersatzstromversorgungsanl.	–	–	–	–

5200-0012
Sportbadhalle

Erweiterung

LB	Leistungsbereiche	Kosten €	€/m² BGF	€/m³ BRI	% an 3+4
057	Gebäudesystemtechnik	–	–	–	–
058	Leuchten und Lampen inkl. 059	153.974	191,10	32,30	3,2
060	Sprechanlagen, elektroakust. Anlagen inkl. 064	24.798	30,80	5,20	0,5
061	Kommunikationsnetze inkl. 063	107.402	133,30	22,50	2,3
069	Aufzüge	32.418	40,20	6,80	0,7
070	Gebäudeautomation	43.720	54,30	9,20	0,9
075	Raumlufttechnische Anlagen inkl. 078	215.313	267,30	45,10	4,5
	Gebäudetechnik	**1.053.248**	**1.307,40**	**220,80**	**22,2**
	Wiederherstellen	36.759	45,60	7,70	0,8
	Herstellen	1.016.488	1.261,80	213,10	21,4
084	Abbruch, Rückbau, Schadstoffsanierung	43.159	53,60	9,00	0,9
	Abbrechen	43.159	53,60	9,00	0,9
	Abbrucharbeiten	**43.159**	**53,60**	**9,00**	**0,9**
	Abbrechen	43.159	53,60	9,00	0,9
	Sonstige Leistungsbereiche	**9.364**	**11,60**	**2,00**	**0,2**

5100-0122
Sporthalle
(Zweifeldhalle)

Modernisierung

Objektübersicht

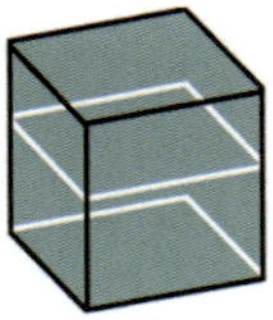

BRI 331 €/m³

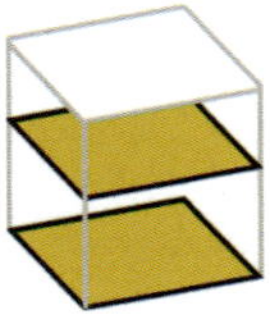

BGF 2.638 €/m²

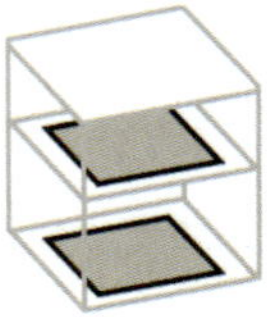

NUF 3.891 €/m²

Objekt:
Kennwerte: 3.Ebene DIN 276
BRI: 17.656 m³
BGF: 2.217 m²
NUF: 1.503 m²
Bauzeit: 109 Wochen
Bauende: 2016
Standard: Durchschnitt
Bundesland: Hessen
Kreis: Kassel

Architekt*in:
LPH 1-9
Pahl + Weber-Pahl
Architekten BDA
Spreestraße 3
64295 Darmstadt

und

KM architekten bda
Leipziger Straße 99
34123 Kassel

Bauherr*in:
Magistrat der Stadt Baunatal

nachher

nachher

vorher

vorher

Zeichnungen

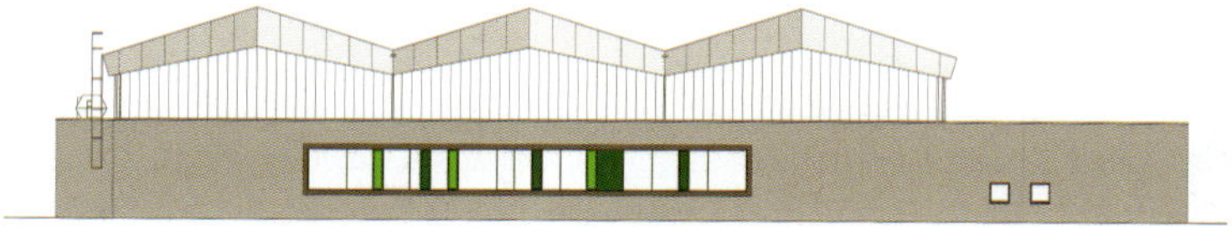

Ansicht Nord

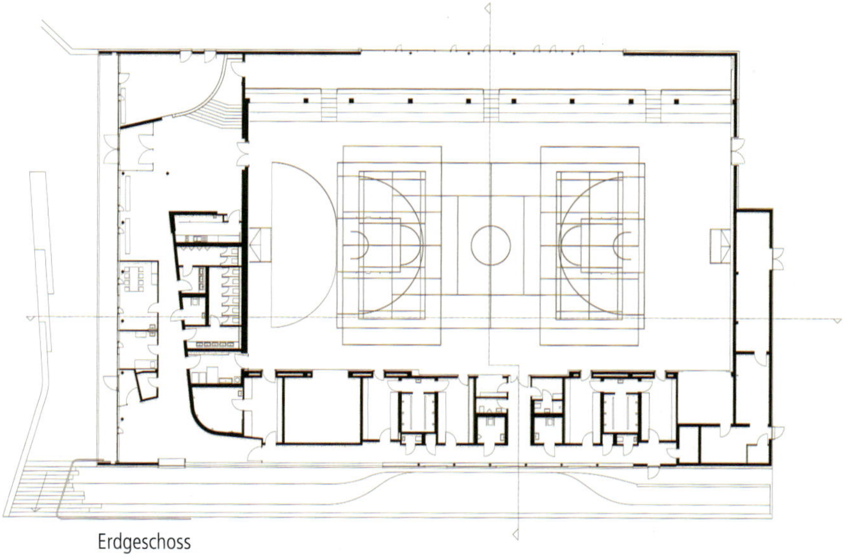

Erdgeschoss

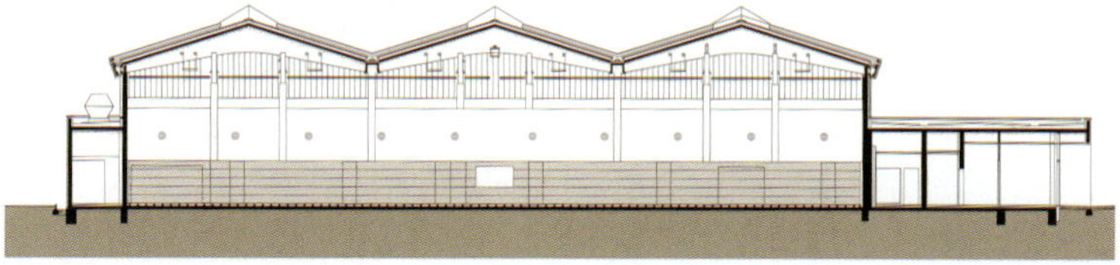

Längsschnitt

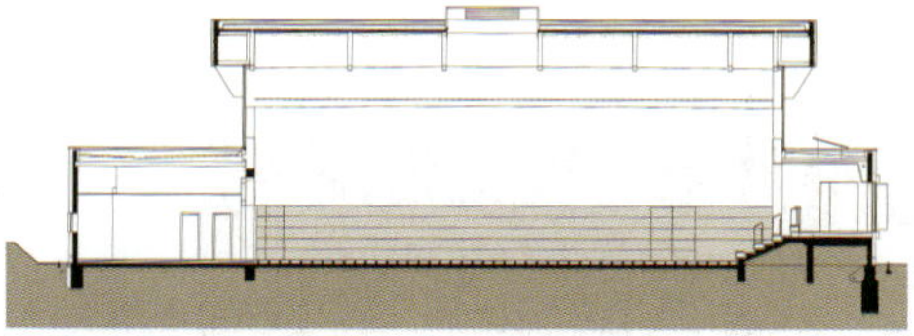

Querschnitt

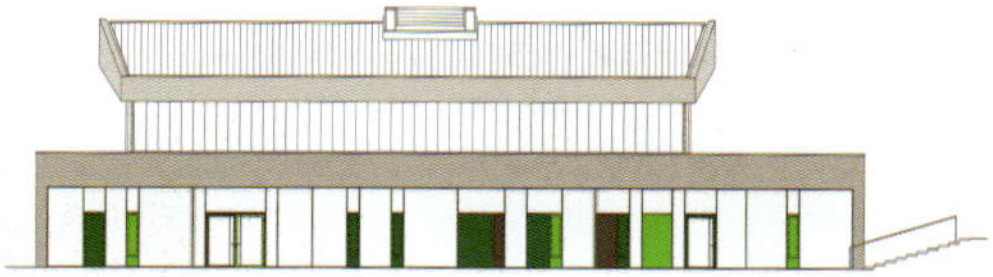

Ansicht West

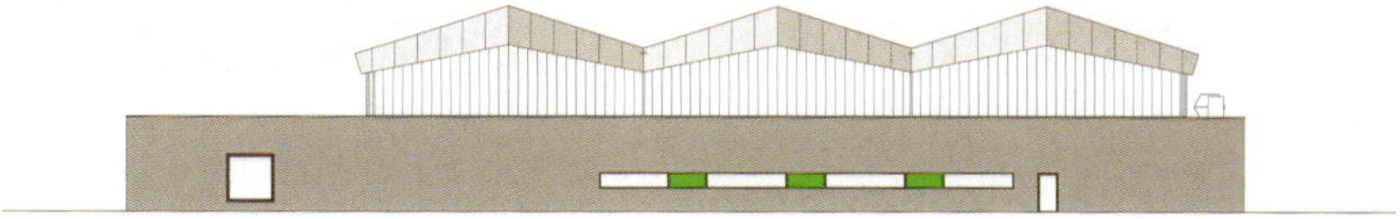

Ansicht Süd

Objektbeschreibung

Allgemeine Objektinformationen

Die Zweifeld-Sporthalle wurde baulich erweitert und komplett modernisiert. Der Umbau beinhaltet eine Neuordnung der Funktionsbereiche im Hinblick auf Barrierefreiheit und Akustik. Eine Cateringküche wurde integriert und der Tribünenbereich vergrößert. Die Baumaßnahme umfasst neben der energetischen Modernisierung der Gebäudehülle und dem Neubau der Funktionsbereiche auch die Erneuerung der Haustechnik unter dem Einsatz von Photovoltaik und dem Einbau einer Solarthermie. Das Relief der Außenwand sowie das Material- und Farbkonzept vermitteln zwischen dem urbanen Charakter des Gebäudes und dem umgebenden Landschaftsraum.

Nutzung

1 Erdgeschoss
Halle, Geräte, Tribüne, Eingang, Umkleiden, Duschen, WCs, Technik

Nutzeinheiten

Stellplätze: 7
Zuschauerplätze: 392

Grundstück

Bauraum: Freier Bauraum
Neigung: Ebenes Gelände
Bodenklasse: BK 2 bis BK 5

Markt

Hauptvergabezeit: 1. Quartal 2015
Baubeginn: 4. Quartal 2014
Bauende: 4. Quartal 2016
Konjunkturelle Gesamtlage: über Durchschnitt
Regionaler Baumarkt: unter Durchschnitt

Baubestand

Baujahr: 1987
Bauzustand: mittel
Aufwand: mittel
Grundrissänderungen: einige
Tragwerkseingriffe: wenige
Nutzungsänderung: nein
Nutzung während der Bauzeit: nein

Baukonstruktion

Die Bestandskonstruktion der Halle wurde modernisiert und beibehalten. Die Erweiterung umfasst die Funktionsräume und einen Galeriebereich mit Trapezblechdecke. Die Westseite der Sporthalle mit Haupteingang und Foyer hat eine vorgehängte Pfosten-Riegel-Fassade mit großflächigen Verglasungen, wohingegen sich die anschließenden Fassaden eher geschlossen zeigen. Oberlichtfenster dienen der Belichtung und Belüftung der Halle. Der Trainingsbereich ist mit einem Doppelschwingboden und Linoleumbelag ausgestattet. Im Sanitärbereich sind sämtliche Böden sowie die Wände raumhoch gefliest.

Technische Anlagen

Die Haustechnik wurde vollständig erneuert. Eine thermische Solaranlage auf dem Dach unterstützt die Wärmeversorgung der Sporthalle. Die Wärmeerzeugung erfolgt mittels einer Luft/Wasser-Gas-Absorptions-Wärmepumpe und einem Gas-Brennwertkessel. Das Sportfeld wird über große Deckenstrahlplatten beheizt. In übrigen Räumen wird die Wärme über eine Fußbodenheizung und Heizkörper verteilt. Die Be- und Entlüftung der Räume erfolgt über Lüftungsanlagen mit Wärmerückgewinnung. Das Energiekonzept wird durch eine Photovoltaikanlage abgerundet.

Sonstiges

Die Außenanlage zur dieser Sporthalle ist unter der Objektnummer 5100-0137 dokumentiert.

Energetische Kennwerte

Gesetzliche Grundlage: EnEV 2013
Gebäudenutzfläche: 2.163,10 m^2
Gebäudevolumen: 17.436,20 m^3
Hüllfläche des beheizten Volumens: 6.315,30 m^2
Spez. Transmissionswärmeverlust: 0,26 W/(m^2·K)
Mittlerer U-Wert (opake Bauteile): 0,19 W/(m^2·K)
Mittlerer U-Wert (transparente Bauteile): 1,19 W/(m^2·K)
Jahresprimärenergie: 388.184,68 kWh/a
Spez. Jahresprimärenergiebedarf: 179,48 kWh/(m^2·a)
Jahresendenergiebedarf: 302.721,70 kWh/a
Spez. Jahresendenergiebedarf: 139,95 kWh/(m^2·a)

Energetische Angaben zu Außenbauteilen

Bodenplatte Halle

U-Wert: 0,67 W/(m²·K)

Gesamtdicke: 22,00 cm	d [cm]	l [W/(m·K)]
Stahlbeton	16,00	2,300
Dämmung XPS	6,00	0,048

Bodenplatte Tribüne

U-Wert: 0,40 W/(m²·K)

Gesamtdicke: 24,00 cm	d [cm]	l [W/(m·K)]
Stahlbeton	16,00	2,300
Dämmung XPS	8,00	0,035

Bodenplatte Nebenräume

U-Wert: 0,42 W/(m²·K)

Gesamtdicke: 24,00 cm	d [cm]	l [W/(m·K)]
Stahlbeton	18,00	2,300
Dämmung PUR	6,00	0,028

Außenwand

U-Wert: 0,16 W/(m²·K)

Gesamtdicke: 48,00 cm	d [cm]	l [W/(m·K)]
Innenputz	1,50	1,000
Porenbeton	30,00	0,220
Dämmung XPS	16,00	0,035
Außenputz	0,50	0,700

Außenwand Bestand

U-Wert: 0,15 W/(m²·K)

Gesamtdicke: 42,00 cm	d [cm]	l [W/(m·K)]
Innenputz	1,50	1,000
Dämmziegel	24,00	0,120
Dämmung XPS	16,00	0,035
Außenputz	0,50	0,700

Außenwand mit reduzierter Dämmung Bestand

U-Wert: 0,26 W/(m²·K)

Gesamtdicke: 32,00 cm	d [cm]	l [W/(m·K)]
Innenputz	1,50	1,000
Dämmziegel	24,00	0,120
Dämmung XPS	6,00	0,035
Außenputz	0,50	0,700

Dach Halle

U-Wert: 0,28 W/(m²·K)

Gesamtdicke: 12,10 cm	d [cm]	l [W/(m·K)]
Stahl	0,10	17,000
Dämmung XPS	12,00	0,035

Dach Nebenräume

U-Wert: 0,13 W/(m²·K)

Gesamtdicke: 42,00 cm	d [cm]	l [W/(m·K)]
Stahlbeton	20,00	2,300
Dämmung XPS	22,00	0,030

Planungskennwerte für Flächen und Rauminhalte nach DIN 277

Flächen des Grundstücks		Menge Einheit	% an GF
BF	Bebaute Fläche	2.282,84 m²	56,6
UF	Unbebaute Fläche	1.752,16 m²	43,4
GF	Grundstücksfläche	4.035,00 m²	100,0

Modernisierung

Grundflächen des Bauwerks		Menge Einheit	% an NUF	% an BGF
NUF	Nutzungsfläche	1.503,21 m²	100,0	67,8
TF	Technikfläche	120,73 m²	8,0	5,4
VF	Verkehrsfläche	444,78 m²	29,6	20,1
NRF	Netto-Raumfläche	2.068,72 m²	137,6	93,3
KGF	Konstruktions-Grundfläche	148,29 m²	9,9	6,7
BGF	Brutto-Grundfläche	2.217,01 m²	147,5	100,0

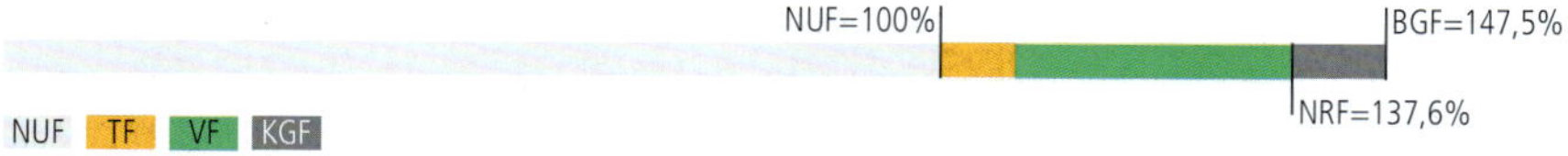

Brutto-Rauminhalt des Bauwerks		Menge Einheit	BRI/NUF (m)	BRI/BGF (m)
BRI	Brutto-Rauminhalt	17.656,36 m³	11,75	7,96

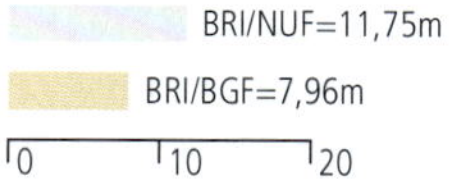

Lufttechnisch behandelte Flächen	Menge Einheit	% an NUF	% an BGF
Entlüftete Fläche	–	–	–
Be- und entlüftete Fläche	–	–	–
Teilklimatisierte Fläche	–	–	–
Klimatisierte Fläche	–	–	–

KG	Kostengruppen (2. Ebene)	Menge Einheit	Menge/NUF	Menge/BGF
310	Baugrube / Erdbau	564,81 m³ BGI	0,38	0,26
320	Gründung, Unterbau	2.770,66 m² GRF	1,84	1,25
330	Außenwände/Vertikale Baukonstruktionen, außen	1.809,66 m² AWF	1,20	0,82
340	Innenwände/Vertikale Baukonstruktionen, innen	1.699,63 m² IWF	1,13	0,77
350	Decken/Horizontale Baukonstruktionen	–	–	–
360	Dächer	2.853,24 m² DAF	1,90	1,29

Kostenkennwerte für die Kostengruppen der 1.Ebene DIN 276

KG	Kostengruppen (1.Ebene)	Einheit	Kosten €	€/Einheit	€/m² BGF	€/m³ BRI	% 300+400
100	Grundstück	m² GF	–	–	–	–	–
200	Vorbereitende Maßnahmen	m² GF	–	–	–	–	–
300	Bauwerk – Baukonstruktionen	m² BGF	4.328.514	1.952,41	1.952,41	245,15	74,0
400	Bauwerk – Technische Anlagen	m² BGF	1.520.658	685,91	685,91	86,13	26,0
	Bauwerk 300+400	**m² BGF**	**5.849.172**	**2.638,32**	**2.638,32**	**331,28**	**100,0**
500	Außenanlagen und Freiflächen	m² AF	418.665	238,94	188,84	23,71	7,2
600	Ausstattung und Kunstwerke	m² BGF	72.853	32,86	32,86	4,13	1,2
700	Baunebenkosten	m² BGF	–	–	–	–	–
800	Finanzierung	m² BGF	–	–	–	–	–

KG	Kostengruppe	Menge Einheit	Kosten €	€/Einheit	%
3+4	**Bauwerk**				**100,0**
300	**Bauwerk – Baukonstruktionen**	2.217,01 m² BGF	4.328.514	**1.952,41**	74,0

- Abbrechen (Kosten: 6,0%) 260.884
  Abbruch von Bodenplatten, Tribüne, Treppen, Doppelschwingboden, Bodenbelägen; Mauerwerk, Putz, Wandfliesen, Gasbetondielen, Holzwänden, GK-Beplankung, Brüstung, Alufassade, Blechpanelfüllungen, Vormauerschalen, Dämmung, Blechbekleidung, Beschichtung, Raffstores; Prallwänden, GK-Wand, Türen, Toren, Wandbekleidungen, Ziegel- und Gasbetonmauerwerk, WC-Trennwänden, Falttüren, Trennwänden; Stb-Decken; Trapezblechtragschale, Sparrendächern, Vordach, Lichtkuppeln, Dacheindeckung, Blechbekleidung, Flachdachabdichtung, Dachentwässerung, Rasterdeckenplatten, Glattkantbrettern, GK-Decken; Küche, Sportanlagen, Hallenvorhang; Entsorgung, Deponiegebühren

- Wiederherstellen (Kosten: 1,6%) 70.660
  Türflügel demontieren, Beschläge in neuen Türflügel umbauen, neue Türflügel einbauen, verglasen, Verschmutzungen entfernen, mit Universal-Desinfektionsmittel behandeln; Anstrich an Holzleimbindern, Windverbänden erneuern; konstruktive Änderung an Traverse, Sprossenwände abschleifen, stabilisieren

- Herstellen (Kosten: 92,3%) 3.996.970
  Bodenplatte, Tribüne, Podesttreppe, Doppelschwingboden, Linoleum, Estrich, Beschichtung, Bodenfliesen, Dränage, Geländer; Hlz-Mauerwerk, Stb-Hohlwände, Stb-Stützen, Fenster, Dämmung, Putz, Beschichtung, Blechbekleidung, Profilglasfassade, Pfosten-Riegel-Fassade, Raffstores; GK-Wände, Türen, Schwingtore, Putz, Beschichtungen, Prallwände, Wandfliesen, Trennvorhang, Windfangelement, WC-Trennwände; Stb-Elementdecken, Stb-Hohlplattendach, Dachöffnungen, Dämmung, Stahltrapezblech, Dachabdichtung, Dachentwässerung, Streckmetalldecken, GK-Decken, Akustikdecken, Zementbauplatten, Beschichtung; Küche, Bänke, Sportgeräte, Werbebanner; Schließanlage

KG	Kostengruppe	Menge Einheit	Kosten €	€/Einheit	%
400	**Bauwerk – Technische Anlagen**	2.217,01 m²BGF	1.520.658	**685,91**	26,0

- Abbrechen (Kosten: 1,5%) 23.333
  Abbruch von Gebäudeentwässerung, Kalt- und Warmwasserleitungen, Sanitärobjekten; Solarkollektoren, Warmwasserspeicher, Gas-Brennwertkessel, Pumpen, Ausdehnungsgefäß, Heizungsrohren, Heizungsverteiler, Heizkörpern, Edelstahlschornstein; Lüftungsgerät, Luftkanälen, Spiralfalzrohren, Kleinraumventilatoren; Elektroinstallation, Beleuchtung; Lautsprecher, Tragsysteme, Audioschrank, Spielstandsanzeige, Brandmeldeanlage; Entsorgung, Deponiegebühren

- Herstellen (Kosten: 98,5%) 1.497.325
  Gebäudeentwässerung, Kalt- und Warmwasserleitungen, Enthärtungsanlage, Hauswasserstation, Sanitärobjekte, Durchlauferhitzer, Gasanschluss; Solarthermieanlage, Vakuum-Röhrenkollektoren, Pufferspeicher, Luft/Wasser-Gas-Absorptions-Wärmepumpe, Gas-Brennwertkessel, Wasseraufbereitungsanlage, Deckenstrahlplatten, Fußbodenheizung, Heizkörper; Zu-/Abluftgeräte mit WRG; Zentralbatteriesystem, Batterie-Control-System, PV-Module, Niederspannungsstandverteiler, Elektroinstallation, Beleuchtung, Blitzschutz; Such- und Signalanlagen, elektroakustische Anlagen, Anzeigetafeln, Brandmeldeanlage, Datenübertragung; Feuerlöscher; Gebäudeautomation

KG	Kostengruppe	Menge Einheit	Kosten €	€/Einheit	%
500	**Außenanlagen und Freiflächen**	1.752,16 m²AF	418.665	**238,94**	7,2

- Abbrechen (Kosten: 8,7%) 36.262
  Abbruch von Betonfundamenten; Betonpflaster, Betonplatten, Betonbordsteinen, Schotter-Kies, Asphaltfläche, Parkplatzmarkierung; Müllplatzeinhausung, Stützmauern, Betonblockstufen, Handlauf; Betonschächten, Öltank, Mastleuchten; Mülleimern, Fahrradständern, Fahnenmast, Straßenschild; Bäume fällen, Wurzelstöcke, Bodendecker roden; Entsorgung, Deponiegebühren

- Wiederherstellen (Kosten: 3,7%) 15.395
  Kunststoffabdeckungen austauschen; Betonpflastersteine ausbauen, säubern, lagern, wieder verlegen, Betonunterbau abbrechen, entsorgen, Bordsteine versetzen; Straßenleuchten demontieren, lagern, wieder montieren; Pflege- und Verjüngungsschnitt, Kronenrückschnitte, Lichtraumprofile schneiden

- Herstellen (Kosten: 87,7%) 367.008
  Bodenarbeiten; Köcherfundamente; Bodenplatte, Dränleitungen; Pflaster, Bordsteine, Asphalt, Parkplatzmarkierung, Spritzschutzstreifen; Müllplatzeinhausung, Absturzgeländer, Stb-Wände, Betonmauerwinkel, Betonblockstufen; Oberflächenentwässerung, Erdkabel, Außenbeleuchtung; Sitzblöcke, Fahnenmasten, Mülleimer, Fahrradanlehnbügel, Hinweisschild; Oberbodenarbeiten, Pflanzgruben, Bäume, Sträucher, Wurzelschutzzaun, Rasenansaat

KG	Kostengruppe	Menge Einheit	Kosten €	€/Einheit	%
600	**Ausstattung und Kunstwerke**	2.217,01 m²BGF	72.853	**32,86**	1,2

- Abbrechen (Kosten: 1,4%) 984
  Abbruch von Garderobenleisten, Duschtrennwänden, Spiegeln, Lamellenvorhang, Gardinenlaufschienen, WC-Bürsten, WC-Papierhalter, Wandmülleimer, Abfallkörben, Papierspendern, Handtuchhaken, Desinfektionsspender, Seifenspender, Stützklappgriffen; Wandhalter für Turngeräte demontieren, einlagern; Fluchtwegeplänen, Glasrahmen; Entsorgung, Deponiegebühren

- Herstellen (Kosten: 98,6%) 71.869
  Schrankanlage, Flügeltürschränke, Tische, Stühle, Garderobenständer, Arztliege, Handtuchhaken, Seifen- und Desinfektionsspender, Abfallbehälter, WC-Papierhalter, WC-Ersatzrollenhalter, WC-Bürstengarnitur, Hygiene-Abfallbehälter, Handtuchspender; Turngeräte lackieren, Kassiertisch; Schilder

Kostenkennwerte für die Kostengruppen der 2.Ebene DIN 276

KG	Kostengruppe	Menge Einheit	Kosten €	€/Einheit	%
300	**Bauwerk – Baukonstruktionen**				**100,0**
310	**Baugrube / Erdbau**	564,81 m³BGI	27.548	**48,77**	0,6
	• Herstellen (Kosten: 100,0%) Bodenaushub im Gebäude als Stufengraben, laden, entsorgen (267m³), Rohrgrabenaushub BK 3-5 (102m), mit Basaltschotter verfüllen, verdichten (31m³), Planum (136m²)	564,81 m³BGI	27.548	**48,77**	
320	**Gründung, Unterbau**	2.770,66 m²GRF	755.845	**272,80**	17,5
	• Abbrechen (Kosten: 7,7%) Abbruch von Stb-Bodenplatte (36m²), Stb-Tribüne (25m²), Stb-Treppen, Stb-Podest, Kunststeinplatten (15m²), Stb-Einzel- und Streifenfundamenten (6m³) * PVC-Bodenbelag, Doppelschwingboden, Dämmung (1.049m²), Hartholzsockel (149m), Linoleum (193m²), Sauberlaufmatten (4m²), Entfernen von Altbeschichtung (60m²) * Geländer (40m), Rückenlehnen (40m), Absturzbögen (18St), Harfengeländer (3m); Entsorgung, Deponiegebühren	1.382,48 m²GRF	58.204	**42,10**	
	• Herstellen (Kosten: 92,3%) Stb-Fundamente (64m³), Stb-Bodenplatte (173m²), Stb-Hohlwände als Fundament für Tribüne, d=24cm, h=1,50m (64m²), Stb-Tribüne (34m²), Stb-Podesttreppe, Sichtbetonklasse 2 (12m²) * Dämmung, Doppelschwingboden, Linoleum (1.073m²), Spielfeldmarkierungen (927m), Bitumenvoranstrich (833m²), Dämmung (1.753m²), Estrich (1.668m²), Beschichtung (729m²), Bodenfliesen (66m²), Eingangsmatten (20m²), Betonwerksteinplatten (24m²) * Schotter-Splitt-Gemisch, Sauberkeitsschicht (136m²), Magerbeton (75m³) * Sickerpackung (50m³), Dränrohre (199m), Schächte (8St), Dränwasser-Pumpenschacht (1St) * Brüstungsgeländer (49m), Blechbekleidung (6m)	2.770,66 m²GRF	697.642	**251,80**	
330	**Außenwände/Vert. Baukonstrukt., außen**	1.809,66 m²AWF	915.343	**505,81**	21,1
	• Abbrechen (Kosten: 5,2%) Abbruch von Mauerwerk, Putz, Wandfliesen (370m²), Gasbetondielen (135m²), Holzwänden, GK-Beplankung (15m²) * Stb-Brüstung (33m²) * Alufassade mit Fenstern, Blechpanelfüllungen (229m²), Alufenstern, -türen (155m²) * Vormauerschalen (327m²), Dämmung (370m²), Blechbekleidung (59m²), Beschichtung mit Hochdruckreiniger entfernen, entsorgen (104m²) * Raffstores (109m²) * Handlauf (28m); Entsorgung, Deponiegebühren	1.469,22 m²AWF	47.891	**32,60**	
	• Wiederherstellen (Kosten: 0,8%) Türflügel demontieren, Beschläge in neuen Türflügel umbauen, neue Türflügel einbauen, verglasen, wieder einstellen (7m²) * Verschmutzungen entfernen, mit Universal-Desinfektionsmittel behandeln (104m²)	110,54 m²AWF	7.617	**68,91**	
	• Herstellen (Kosten: 93,9%) Hlz-Mauerwerk (402m²), Stb-Hohlwände (134m²) * Stb-Rundstützen (37m) * Alutüren (16m²), Alu-Fensterelemente (8m²), Fensterumrahmungen (138m) * Dämmung WLG 035 (1.030m²), Holzwolle WLG 035 (62m²), Putz, Beschichtung (979m²), Dämmung WLG 035 (45m²), Oberputz, Abdichtungsanstrich (83m²), Perimeterdämmung, Bitumendickbeschichtung (106m²) * Putz (286m²), Beschichtungen (919m²), Lichtvoute (44m) * Profilglasfassade, transluzente Dämmung (349m²), Alu-Pfosten-Riegel-Fassade, Glas-Paneelfelder (165m²), Alu-Fenster-RWA-System (53m²), Alu-Fensterelemente (20m²) * Raffstores (43m²) * Aufstiegsleiter (1St), Anlegeleiter (1St)	1.803,00 m²AWF	859.835	**476,89**	

KG	Kostengruppe	Menge Einheit	Kosten €	€/Einheit	%
340	**Innenwände/Vert. Baukonstrukt., innen**	1.699,63 m2 IWF	588.806	**346,43**	13,6
	• Abbrechen (Kosten: 6,9%)	1.425,73 m2 IWF	40.780	**28,60**	
	Abbruch von Mauerwerk, Putz, Wandfliesen (209m2) * Mauerwerk, Putz (683m2), Prallwänden (176m2), GK-Wand (13m2) * Holztüren (74m2), Stahltüren (47m2), Schwingtoren (20m2), Holzfenster (6m2) * Wandbekleidungen, Glattkantbretter (91m2), Furnierplatten (88m2), Vorwandabmauerungen aus Ziegel- und Gasbetonmauerwerk (64m2), Wandfliesen (25m2), GK-Verkofferungen (14m) * WC-Trennwänden (33m2), Falttüren (18m2), mobilen Trennwänden (13m2); Entsorgung, Deponiegebühren				
	• Herstellen (Kosten: 93,1%)	1.699,63 m2 IWF	548.026	**322,44**	
	Hlz-Mauerwerk (369m2) * Prallwand-Unterkonstruktion (233m2), GK-Metallständerwände (317m2), GK-Doppelständerwände (245m2), Hlz-Mauerwerk (65m2) * Stb-Stützen (16m) * Holztüren (96m2), Oberlichtverglasung (21m2), Schwingtore (17m2), Türelemente (11m2), Nischentüren (3m2), Stahlfenster (3m2) * Putz (732m2), Beschichtungen (1.198m2), Prallwandbelag (286m2), Ballabrollbretter (90m), Wandfliesen (805m2), Spiegelwandelement (8m2) * Stahlträger, Trennvorhang, zweischalig (207m2), Alu-Windfangelement (32m2), WC-Trennwände (73m2) * Handlauf (12m)				
350	**Decken/Horizontale Baukonstruktionen**	–	4.364	**–**	0,1
	• Abbrechen (Kosten: 100,0%)	150,00 m2 DEF	4.364	**29,09**	
	Abbruch von Stb-Decken (150m2), Unter- und Überzügen (3m3); Entsorgung, Deponiegebühren				
360	**Dächer**	2.853,24 m2 DAF	1.657.330	**580,86**	38,3
	• Abbrechen (Kosten: 6,4%)	2.690,93 m2 DAF	105.752	**39,30**	
	Abbruch von Trapezblechtragschale (996m2), Sparrendächern, Altholz Klasse A2 (991m2), Vordach, Dacheindeckung, Stahltrapezblech (15m2) * Lichtkuppeln (46m2), Dachkuppeln (21m2), Einschubtreppe (1m2) * Dacheindeckung, Alu, Dämmung, Dampfsperre (2.198m2), Ortgang- und Traufbekleidungen, Alu (226m2), Holz (149m2), Blechbekleidung, Dämmung (260m), Flachdachabdichtung, Dämmung (50m2), Regenrinnen, Rinnenheizung (101m), Fallrohren (40m), Standrohren (11St), Bodeneinläufen (2St) * KMF-haltigen Rasterdeckenplatten, Metall-UK (1.306m2), Nadelholz-Glattkantbrettern, Holz-UK (360m2), abgehängten GK-Decken (75m2); Entsorgung, Deponiegebühren				
	• Wiederherstellen (Kosten: 3,8%)	1.474,27 m2 DAF	62.381	**42,31**	
	Anstrich an Holzleimbindern entfernen, mit Dauerschutzlasur beschichten (1.474m2), Anstrich an Windverbänden entfernen, mit Epoxidharz-Primer grundieren, mit Alkydharzlack beschichten (182m)				
	• Herstellen (Kosten: 89,9%)	2.853,24 m2 DAF	1.489.197	**521,93**	
	Stb-Elementdecken (698m2), Stb-Hohlplattendach F90 (385m2) * Satteldachoberlichter (42m2), RWA-Lamellenlüfter (11m2), Lichtkuppeln (14m2) * Dämmung, Stahltrapezblech (1.372m2), Dachrandbekleidung, Verbundplatten, Alu/Kunststoff (332m2), Regenrinnen (242m), Bitumen-Dampfsperre, Dämmung, EVA-Dachabdichtung (1.082m2), Kies (907m2), Betonplatten (134m), Attikaabdichtung, Alubekleidung (189m), Dachabläufe (27St), Wasserspeier (14St) * Akustikplatten, Streckmetalldecken (1.073m2), GK-Decken (538m2), Akustikdecken (311m2), Zementbauplatten (102m2), Beschichtung (920m2) * Sekuranten (48St), Seilsystem (378m)				

KG	Kostengruppe	Menge Einheit	Kosten €	€/Einheit	%
380	**Baukonstruktive Einbauten**	2.217,01 m² BGF	156.368	**70,53**	3,6
	• Abbrechen (Kosten: 2,5%) Abbruch von Unter- und Oberschränken, Kühlschrank, Herd, Ofen, Spülmaschine (4m³), wandhängender Arbeitsplatte (4m) * Sportanlagen (40h), Tribüne-Sitzrosten (121m), Hallenvorhang (185m²), Rohrmotor (1St) * Schaukästen (2St); Entsorgung, Deponiegebühren	2.217,01 m² BGF	3.894	**1,76**	
	• Wiederherstellen (Kosten: 0,4%) Konstruktive Änderung an Traverse (1St), Sprossenwände abschleifen, stabilisieren (2St)	2.217,01 m² BGF	662	**0,30**	
	• Herstellen (Kosten: 97,1%) Theke (1St), Küche mit E-Geräten (1St), Umkleidebänke (11St), Garderobenhaken (435St), Waschtischplatten (11m), Wandwickeltisch (1St), Spiegelkonstruktionen (2St), Sitzbank (9m), Tischplatte (1St) * Tribünen-Sitzbretter (117m), Handballtore, elektrisch hochziehbar (2St), Sprossenwände (psch), Basketballkörbe, elektrisch hochziehbar (2St), Klettertaugerüst, vierfach (1St), Schaukelringanlage (1St) * Werbebanner Schienensystem (90m), Anzeigefläche, Magnethaftplatte (1St), Türbeschilderungen (4St)	2.217,01 m² BGF	151.813	**68,48**	
390	**Sonst. Maßnahmen für Baukonstrukt.**	2.217,01 m² BGF	222.909	**100,54**	5,1
	• Herstellen (Kosten: 100,0%) Baustelleneinrichtung (psch), Baustraße (988m²), Baustromverteiler (2St), Leitungen (280m), Bauzaun (193m), Bauzauntore (3St), Lager- (1St), Sanitär- (1St), Bürocontainer (1St), Baustellentür (1St), Bauschild (1St), Anbauleuchten (9St), Scheinwerfer (2St) * Arbeitsgerüst (3.638m²), Fangnetz (75m²), Dachfanggerüst (68m), Gerüstbrücken (54m), Gerüsttreppentürme (2St), Rollgerüste (6St) * Schwingboden mit PE-Folie abkleben (1.002m²), Unterdruckhaltegerät (1St), Personenschutz (psch), Reinigung (psch) * provisorische Dachentwässerung (psch), Notentwässerung (25m) * elektronische Zylinder mit Berechtigungsprüfung (12St), Transponder-Clips (50St)	2.217,01 m² BGF	222.909	**100,54**	
400	**Bauwerk – Technische Anlagen**				**100,0**
410	**Abwasser-, Wasser-, Gasanlagen**	2.217,01 m² BGF	228.909	**103,25**	15,1
	• Abbrechen (Kosten: 1,2%) Abbruch von Sanitärentlüftungen (20St), Regenwasserleitungen (104m), Bodenabläufen (10St), Ablaufrinnen (4St) * Waschtischen (32St), Stand-WCs (16St), Urinalen (5St), Spülbecken (1St), Armaturen (42St), Duschköpfen, Duscharmatur (16St); Entsorgung, Deponiegebühren	2.217,01 m² BGF	2.763	**1,25**	
	• Herstellen (Kosten: 98,8%) Abwasserrohre (688m), Anschlüsse an Kontrollschächte (18St), Entwässerungsrinnen (4St), Abläufe (4St), Bodenabläufe (6St) * Edelstahlrohre (392m), Metallverbundrohre (386m), Enthärtungsanlage (1St), Hauswasserstation (1St), Einbauwaschbecken (8St), Waschtische (6St), barrierefrei (3St), Handwaschbecken (3St), Durchlauferhitzer 3,5kW (5St), Kleinspeicher 5l (1St), Waschrinne (1St), Ausgussbecken (1St), Duschwanne (1St), Tiefspül-WCs (15St), Urinale, Spülautomatik (6St) * Gasanschluss, Gaszähler (psch), Gas-Absperr-Kugelhähne (3St), Kupferrohre (24m) * Montageelemente (28St)	2.217,01 m² BGF	226.147	**102,01**	

KG	Kostengruppe	Menge Einheit	Kosten €	€/Einheit	%
420	**Wärmeversorgungsanlagen**	2.217,01 m2 BGF	426.691	**192,46**	28,1
	• Abbrechen (Kosten: 3,2%) Abbruch von Solarkollektoren, Rohrleitungen (8St), Solaranlagen-Schrank (1St), Warmwasserspeicher (2St), Gas-Brennwertkessel, Umwälzpumpe (1St), Dreiwegeventile mit Motor, Pumpen (46St), Ausdehnungsgefäß (1St), Heizungsverteiler (1St) * Heizungsrohren (1.514m), Blechbekleidungen (39St), Heizungsverteiler (3St) * Plattenheizkörpern (14St), Kompakt-Fertigheizkörpern (4St), Röhrenheizkörper (1St) * Edelstahlschornstein (1St); Entsorgung, Deponiegebühren	2.217,01 m2 BGF	13.547	**6,11**	
	• Herstellen (Kosten: 96,8%) Solarthermieanlage, Vakuum-Röhrenkollektoren 1,70x1,25m (5St), Pufferspeicher (2St), Zweistrang-Solarstation (1St), Kompaktverteiler (1St), Frischwassermodul (1St), Luft/Wasser-Gas-Absorptions-Wärmepumpe (1St), Gas-Brennwertkessel (1St), Membran-Ausdehnungsgefäße (4St) * Hocheffizienzpumpen (2St), Umwälzpumpen (10St), Zirkulationspumpe (1St), Wasseraufbereitungsanlage (psch), Heizungsbefüllstation (1St), Metallverbundrohre (1.647m), Stahlrohre (1.515m) * Alu-Deckenstrahlplatten, b=0,90m, l=22,50m (6St), Alu-Laserflex Systemrohre (1.524m), Heizkreisverteiler (6St), Fußbodenheizung (160m2), Mehrschicht-Sicherheitsrohre (568m), Heizkörper (24St)	2.217,01 m2 BGF	413.145	**186,35**	
430	**Raumlufttechnische Anlagen**	2.217,01 m2 BGF	195.762	**88,30**	12,9
	• Abbrechen (Kosten: 0,9%) Abbruch von Lüftungsgerät (1St), Schaltschränken (2St), Luftkanälen (73m2), Spiralfalzrohren (3St), Deckenluftdurchlässen (12St), Kleinraumventilatoren (9St), Tellerventilen (5St), Wetterschutzgittern (4St), Jalousieklappen (2St); Entsorgung, Deponiegebühren	2.217,01 m2 BGF	1.703	**0,77**	
	• Herstellen (Kosten: 99,1%) Zu-/Abluftgeräte mit WRG, Volumenstrom 9.000m3/h (1St), 1.850m3/h (1St), Dach-Radialventilatoren (2St), Deflektorhaube (1St), Lüftungskanäle an Lichtkuppeln (7St), Volumenstromregler (18St), Lüftungskanäle (326m2), Formteile (211m2), Wickelfalzrohre (83m), Flexrohre (9m), Bimetall-Luftkanalthermometer (8St), Weitwurfdüsen (10St), UP-Lüftungsgeräte (8St), Decken-Impulsauslässe (5St), Deckenluftdurchlässe (4St), Tellerventile (20St)	2.217,01 m2 BGF	194.058	**87,53**	
440	**Elektrische Anlagen**	2.217,01 m2 BGF	418.023	**188,55**	27,5
	• Abbrechen (Kosten: 1,0%) Abbruch von Hauptverteilung (1St), Unterverteilungen (2St) * PVC-Rohren (144m), Kabelkanälen, PVC (117m), Stahlblech (17m), Kabelrinnen (109m) * Einbauleuchten (91St), Hallenstrahler (45St), Anbauleuchten (43St), Wandleuchten (18St), Rettungszeichenleuchten (12St), Pendelleuchten (6St), Ballschutzkörben (4St); Entsorgung, Deponiegebühren	2.217,01 m2 BGF	4.376	**1,97**	
	• Herstellen (Kosten: 99,0%) Zentralbatteriesystem (1St), Batterie-Control-System (1St), PV-Module (40St) * Niederspannungsstandverteiler (1St), Schaltschränke (2St), Zeitschaltuhr (1St), Überspannungsableiter (1St) * Steuergerät (1St), LS-Schalter (241St), FI-Schalter (33St), Mantelleitungen (18.692m), Sicherheitskabel (873m), Steckdosen (153St), Schalter/Taster (47St) * Deckenpendelleuchten (8St), Lichtbänder (2St), Einbau-Downlights (92St), Anbauleuchten (40St), Lichtleisten (37St), Sicherheitsleuchten (67St), Rettungszeichenleuchten (27St), Downlights (17St), Einbaustrahler (14St), Einbauleuchten (14St), Spiegelleuchten (9St), Außenbeleuchtung (4St) * Runddrähte (852m), Fundamenterder (92m)	2.217,01 m2 BGF	413.647	**186,58**	

KG	Kostengruppe	Menge Einheit	Kosten €	€/Einheit	%
450	**Kommunikationstechnische Anlagen**	2.217,01 m²BGF	67.546	**30,47**	4,4
	• Abbrechen (Kosten: 1,4%) Abbruch von Lautsprechern (21St), Tragsystemen (3St), Audioschrank (1St) * Spielstandsanzeige (1St) * Brandmeldezentrale, Handmeldern (10St), Blitzleuchte (1St), Sirenen (8St), Hauptmelder (1St), Feuerwehrschlüsseldepot (1St); Entsorgung, Deponiegebühren	2.217,01 m²BGF	945	**0,43**	
	• Herstellen (Kosten: 98,6%) Ruf-Sets (6St), Zugschnurtaster (3St), Kontrollanzeigen (2St), Installationsleitungen (800m) * Wanduhr, DCF-Funkempfänger (1St) * Serverschrank (1St), Vierkanalverstärker (1St), Steuereinheit für ELA-System (1St), Dreikanal Unterputz-Mixer (7St), Installationsleitungen (2.153m), Lautsprecher (51St), digitale Systemsprechstelle (1St) * elektronische Anzeigetafeln (2St), Installationsleitungen (1.000m) * Brandmeldeleitungen (460m), RWA-Zentrale (1St) * Datenkabel Cat7 (794m), Koaxialkabel (402m), Datendose Cat6 (2St), Datenanschlussdosen Cat6 (16St), TAE-Anschlussdose (1St)	2.217,01 m²BGF	66.602	**30,04**	
470	**Nutzungsspez. u. verfahrenstechn. Anl.**	2.217,01 m²BGF	747	**0,34**	< 0,1
	• Herstellen (Kosten: 100,0%) Schaumfeuerlöscher 6l (6St)	2.217,01 m²BGF	747	**0,34**	
480	**Gebäude- und Anlagenautomation**	2.217,01 m²BGF	145.896	**65,81**	9,6
	• Herstellen (Kosten: 100,0%) Automationsstationen (2St), Vorrangbedienebene (1St), KNX-Spannungsversorgung (3St), KNX-Koppler (2St), Jalousieaktoren (3St), DALI-Gateways (3St), Präsenzmelder (26St), Wetterzentrale (1St), Differenzdruckwächter (4St), Kanalrauchmelder (4St), Gateway-Modul (1St) * Standschränke (3St), Phasenlampen (6St), Phasenüberwachung (2St), Sicherheitstrafo (1St), Temperaturüberwachung (2St), Aufschaltungen für Stellbefehle (32St), für Messwerte (28St), Motorsteuerung (14St), Rauchmeldeüberwachung (4St), Überspannungsschutz (1St) * Busleitungen (534m)	2.217,01 m²BGF	145.896	**65,81**	
490	**Sonst. Maßnahmen für techn. Anlagen**	2.217,01 m²BGF	37.084	**16,73**	2,4
	• Herstellen (Kosten: 100,0%) Arbeitsbühnen (4St), Teleskopmastbühne (22d), Rollgerüste (3St) * Komfort-Lufterhitzer (4St), Winterbaubeheizung (psch), Reinigung von Heizkörpern (psch)	2.217,01 m²BGF	37.084	**16,73**	
500	**Außenanlagen und Freiflächen**				**100,0**
510	**Erdbau**	331,33 m³EBR	23.468	**70,83**	5,6
	• Herstellen (Kosten: 100,0%) Grubenverfüllung (136m³), Bodenaushub, laden, entsorgen (98m³), Kontrollschachtaushub (63m³), Rohrgrabenaushub (17m), lagern, wieder verfüllen (213m), Hinterfüllung, Schotterschicht (34m³)	331,33 m³EBR	23.468	**70,83**	
520	**Gründung, Unterbau**	1.752,16 m²AF	32.732	**18,68**	7,8
	• Abbrechen (Kosten: 1,0%) Abbruch von Betonfundamenten (5m³); Entsorgung, Deponiegebühren	1.752,16 m²AF	333	**0,19**	
	• Wiederherstellen (Kosten: 1,6%) Kunststoffabdeckungen für Dränkontrollschacht austauschen (3St)	1.752,16 m²AF	532	**0,30**	
	• Herstellen (Kosten: 97,4%) Fundamentaushub (238m³), Beton als Fundamentunterfütterung (25m³), Köcherfundamente (13St), Stb-Bodenplatte (3m²) * Dränage-Kontrollschächte, Aufsatzrohre (8St), Dränleitungen (9m)	1.752,16 m²AF	31.868	**18,19**	

KG	Kostengruppe	Menge Einheit	Kosten €	€/Einheit	%
530	**Oberbau, Deckschichten**	601,17 m²BFF	116.619	**193,99**	27,9
	• Abbrechen (Kosten: 14,3%)	513,00 m²BFF	16.704	**32,56**	
	Abbruch von Betonpflaster (302m²), Betonplatten (45m²), Betonbordsteinen, Betonfundamenten (94m), Schotter-Kies (184m³) * Asphaltfläche (61m²), Parkplatzmarkierung (33m); Entsorgung, Deponiegebühren				
	• Wiederherstellen (Kosten: 10,7%)	118,00 m²BFF	12.530	**106,19**	
	Betonpflastersteine ausbauen, säubern, lagern, wieder verlegen, Betonunterbau abbrechen, entsorgen (42m), Betonbordsteine, Betonfundament versetzen (62m), Rundbordsteine, Betonfundament versetzen (18m)				
	• Herstellen (Kosten: 74,9%)	601,17 m²BFF	87.384	**145,36**	
	Frostschutztragschicht FTS (36m³), Geogitter (54m²), Betonpflaster (118m²) * FTS (124m³), Geogitter (183m²), Betonpflaster (410m²), Bordsteine (101m), Bodenpuffer (7St) * FTS (22m³), Geogitter (32m²), Asphalttragschicht, Asphaltbeton (73m²), Parkplatzmarkierung (47m) * Spritzschutzstreifen (158m)				
540	**Baukonstruktionen**	1.752,16 m²AF	109.811	**62,67**	26,2
	• Abbrechen (Kosten: 1,8%)	1.752,16 m²AF	1.975	**1,13**	
	Abbruch von Müllplatzeinhausung (2m²) * Stützmauern, L-Steine (22m) * Betonblockstufen (38m), Stahl-Handlauf (15m); Entsorgung, Deponiegebühren				
	• Herstellen (Kosten: 98,2%)	1.752,16 m²AF	107.836	**61,54**	
	Müllplatzeinhausung, Doppelstabgitterzaun (33m²) * Absturzgeländer (19m²) * Stb-Wände (10St), Farbstreifen (20m), Betonmauerwinkel (48m), Betonmauerwinkel-Ecken (3St), Betonblockstufen (18m²), Absturzgeländer (16m), Handlauf (5m)				
550	**Technische Anlagen**	1.752,16 m²AF	38.169	**21,78**	9,1
	• Abbrechen (Kosten: 26,6%)	1.752,16 m²AF	10.139	**5,79**	
	Abbruch von Betonschächten (2St) * Öltank 22.000l (1St) * Mastleuchten (3St); Entsorgung, Deponiegebühren				
	• Wiederherstellen (Kosten: 2,0%)	1.752,16 m²AF	767	**0,44**	
	Straßenleuchten demontieren, lagern, wieder montieren (2St)				
	• Herstellen (Kosten: 71,4%)	1.752,16 m²AF	27.264	**15,56**	
	Schlitzrinnen (37m), Entwässerungsrinnen (3m), Einlaufkästen (6St), Abwasserrohre (13m), Ausgleichsringe (8St) * Leerrohre, Erdkabel (206m), Mastleuchten (3St), Bodeneinbauleuchten (3St)				
560	**Einbauten Außenanlagen u. Freiflächen**	1.752,16 m²AF	73.291	**41,83**	17,5
	• Abbrechen (Kosten: 1,0%)	1.752,16 m²AF	732	**0,42**	
	Abbruch von Betonfundamenten (7St), Mülleimern (2St), Fahrradständern (5m), Fahnenmast (1St) * Straßenschild (1St); Entsorgung, Deponiegebühren				
	• Herstellen (Kosten: 99,0%)	1.752,16 m²AF	72.559	**41,41**	
	Sitzblöcke, Beton, Farbstreifen an Längsseite (8St), Aufsatz-Sitzblöcke (4St), Fahnenmasten (3St), Mülleimer (3St), Fahrradanlehnbügel (6St) * Hinweisschild (1St)				

KG	Kostengruppe	Menge Einheit	Kosten €	€/Einheit	%
570	**Vegetationsflächen**	809,91 m² PSF	17.679	**21,83**	4,2
	• Abbrechen (Kosten: 36,1%) Bäume fällen (367m²), StU 31-50cm (2St), StU 15-30cm (5St), Wurzelstöcke roden (150cm), Bodendecker roden (20m²); Entsorgung, Deponiegebühren	386,50 m² PSF	6.380	**16,51**	
	• Wiederherstellen (Kosten: 8,9%) Pflege- und Verjüngungsschnitt (268m²), Kronenrückschnitte (3St), Lichtraumprofile schneiden (2St); anfallendes Ast- und Stammholz entsorgen	273,11 m² PSF	1.565	**5,73**	
	• Herstellen (Kosten: 55,1%) Oberboden liefern, auftragen (520m²), Pflanzgruben (14St), Vegetationsflächen lockern, Planum (10m²) * Laubbäume (14St), Baumverankerungen, Schrägpfähle (3St), Sträucher (84St), Wurzelschutzzaun (80m), Rindenmulch (10m²) * Rasenansaat (510m²)	536,80 m² PSF	9.734	**18,13**	
590	**Sonst. Maßnahmen für Außenanlagen u. Freiflächen**	1.752,16 m² AF	6.896	**3,94**	1,6
	• Herstellen (Kosten: 100,0%) Baustelleneinrichtung (psch), Baustellen-WC (1St), Bauzaun (54m)	1.752,16 m² AF	6.896	**3,94**	
600	**Ausstattung und Kunstwerke**				**100,0**
610	**Allgemeine Ausstattung**	2.217,01 m² BGF	57.253	**25,82**	78,6
	• Abbrechen (Kosten: 1,2%) Abbruch von Garderobenleisten (70m), Duschtrennwänden (3St), Spiegeln (42St), Lamellenvorhang (10m), Gardinenlaufschienen (10m), WC-Bürsten (17St), WC-Papierhalter (16St), Wandmülleimer (12St), Abfallkörben (10St), Papierspendern (10St), Handtuchhaken (33St), Desinfektionsspender (4St), Seifenspender (2St), Stützklappgriffen (2St); Entsorgung, Deponiegebühren	2.217,01 m² BGF	680	**0,31**	
	• Herstellen (Kosten: 98,8%) Schrankanlage (1St), Flügeltürschränke (3St), Klapptische (16St), Stapelstühle (36St), Garderobenständer (2St), Arztliege (1St), Handtuchhaken (25St), Seifenspender (16St), Desinfektionsspender (7St), Abfallbehälter (12St), Papier-Abwurfringe (2St), WC-Papierhalter (15St), WC-Ersatzrollenhalter (15St), WC-Bürstengarnitur (15St), Hygiene-Abfallbehälter (9St), Handtuchspender (12St)	2.217,01 m² BGF	56.572	**25,52**	
620	**Besondere Ausstattung**	2.217,01 m² BGF	15.547	**7,01**	21,3
	• Abbrechen (Kosten: 1,9%) Wandhalter für Turngeräte, massive Ausführung aus Stahl, demontieren, einlagern	2.217,01 m² BGF	301	**0,14**	
	• Herstellen (Kosten: 98,1%) Turngeräte lackieren (psch), Kassiertisch (psch)	2.217,01 m² BGF	15.245	**6,88**	
690	**Sonstige Ausstattung**	2.217,01 m² BGF	54	**0,02**	< 0,1
	• Abbrechen (Kosten: 4,3%) Abbruch von Fluchtwegeplänen, Glasrahmen 0,50x0,40m (5St); Entsorgung, Deponiegebühren	2.217,01 m² BGF	2	**< 0,01**	
	• Herstellen (Kosten: 95,7%) Schilder 15x15cm (6St)	2.217,01 m² BGF	51	**0,02**	

5100-0122
Sporthalle
(Zweifeldhalle)

Modernisierung

Kostenkennwerte für die Kostengruppen 300 der 2. und 3. Ebene DIN 276 (Übersicht)

KG	Kostengruppe	Menge Einheit	€/Einheit	Kosten €	% an 3+4
300	**Bauwerk – Baukonstruktionen**	**2.217,01 m² BGF**	**1.952,41**	**4.328.514,12**	**74,0**
310	**Baugrube / Erdbau**	**564,81 m³ BGI**	**48,77**	**27.547,60**	**0,5**
311	Herstellung	564,81 m³ BGI	48,77	27.547,60	0,5
312	Umschließung	–	–	–	–
313	Wasserhaltung	–	–	–	–
314	Vortrieb	–	–	–	–
319	Sonstiges zur KG 310	–	–	–	–
320	**Gründung, Unterbau**	**2.770,66 m² GRF**	**272,80**	**755.845,44**	**12,9**
321	Baugrundverbesserung	–	–	–	–
322	Flachgründungen und Bodenplatten	218,42 m²	623,51	136.186,97	2,3
323	Tiefgründungen	–	–	–	–
324	Gründungsbeläge	2.770,66 m²	172,52	478.004,60	8,2
325	Abdichtungen und Bekleidungen	136,10 m²	145,28	19.772,63	0,3
326	Dränagen	2.770,66 m² GRF	13,22	36.641,04	0,6
329	Sonstiges zur KG 320	2.770,66 m² GRF	30,77	85.240,20	1,5
330	**Außenwände/Vert. Baukonstrukt., außen**	**1.809,66 m² AWF**	**505,81**	**915.343,43**	**15,6**
331	Tragende Außenwände	536,00 m²	168,11	90.108,31	1,5
332	Nichttragende Außenwände	–	–	903,61	< 0,1
333	Außenstützen	37,28 m	121,45	4.527,50	< 0,1
334	Außenwandöffnungen	30,69 m²	2.763,74	84.819,05	1,5
335	Außenwandbekleidungen, außen	1.191,62 m²	255,98	305.030,72	5,2
336	Außenwandbekleidungen, innen	919,47 m²	51,78	47.613,09	0,8
337	Element. Außenwandkonstruktionen	587,35 m²	604,39	354.989,58	6,1
338	Lichtschutz zur KG 330	42,67 m²	434,55	18.542,45	0,3
339	Sonstiges zur KG 330	1.809,66 m² AWF	4,87	8.809,13	0,2
340	**Innenwände/Vert. Baukonstrukt., innen**	**1.699,63 m² IWF**	**346,43**	**588.805,95**	**10,1**
341	Tragende Innenwände	368,75 m²	109,61	40.417,40	0,7
342	Nichttragende Innenwände	858,74 m²	177,78	152.664,25	2,6
343	Innenstützen	16,00 m	162,58	2.601,27	< 0,1
344	Innenwandöffnungen	150,91 m²	911,94	137.620,90	2,4
345	Innenwandbekleidungen	2.296,34 m²	79,45	182.444,91	3,1
346	Elementierte Innenwandkonstruktionen	321,23 m²	218,44	70.168,02	1,2
347	Lichtschutz zur KG 340	–	–	–	–
349	Sonstiges zur KG 340	1.699,63 m² IWF	1,70	2.889,18	< 0,1
350	**Decken/Horizontale Baukonstruktionen**	**–**	**–**	**4.363,96**	**< 0,1**
351	Deckenkonstruktionen	–	–	4.363,96	< 0,1
352	Deckenöffnungen	–	–	–	–
353	Deckenbeläge	–	–	–	–
354	Deckenbekleidungen	–	–	–	–
355	Elementierte Deckenkonstruktionen	–	–	–	–
359	Sonstiges zur KG 350	–	–	–	–
360	**Dächer**	**2.853,24 m² DAF**	**580,86**	**1.657.330,27**	**28,3**
361	Dachkonstruktionen	1.082,14 m²	206,93	223.932,49	3,8
362	Dachöffnungen	67,11 m²	933,01	62.614,25	1,1
363	Dachbeläge	2.786,13 m²	246,69	687.316,17	11,8
364	Dachbekleidungen	2.023,85 m²	327,89	663.609,37	11,3
365	Elementierte Dachkonstruktionen	–	–	–	–
366	Lichtschutz zur KG 360	–	–	–	–
369	Sonstiges zur KG 360	2.853,24 m² DAF	6,96	19.858,00	0,3
370	**Infrastrukturanlagen**	**–**	**–**	**–**	**–**
380	**Baukonstruktive Einbauten**	**2.217,01 m² BGF**	**70,53**	**156.368,25**	**2,7**
390	**Sonst. Maßnahmen für Baukonstrukt.**	**2.217,01 m² BGF**	**100,54**	**222.909,23**	**3,8**

Kostenkennwerte für die Kostengruppen 400 der 2. und 3. Ebene DIN 276 (Übersicht)

KG	Kostengruppe	Menge Einheit	€/Einheit	Kosten €	% an 3+4
400	**Bauwerk – Technische Anlagen**	**2.217,01 m²BGF**	**685,91**	**1.520.658,30**	**26,0**
410	**Abwasser-, Wasser-, Gasanlagen**	**2.217,01 m²BGF**	**103,25**	**228.909,17**	**3,9**
411	Abwasseranlagen	2.217,01 m²BGF	39,01	86.478,56	1,5
412	Wasseranlagen	2.217,01 m²BGF	58,36	129.382,04	2,2
413	Gasanlagen	2.217,01 m²BGF	1,52	3.365,40	< 0,1
419	Sonstiges zur KG 410	2.217,01 m²BGF	4,37	9.683,17	0,2
420	**Wärmeversorgungsanlagen**	**2.217,01 m²BGF**	**192,46**	**426.691,17**	**7,3**
421	Wärmeerzeugungsanlagen	2.217,01 m²BGF	36,38	80.651,82	1,4
422	Wärmeverteilnetze	2.217,01 m²BGF	76,30	169.149,84	2,9
423	Raumheizflächen	2.217,01 m²BGF	79,57	176.414,13	3,0
424	Verkehrsheizflächen	–	–	–	–
429	Sonstiges zur KG 420	2.217,01 m²BGF	0,21	475,38	< 0,1
430	**Raumlufttechnische Anlagen**	**2.217,01 m²BGF**	**88,30**	**195.761,69**	**3,3**
431	Lüftungsanlagen	2.217,01 m²BGF	88,30	195.761,69	3,3
432	Teilklimaanlagen	–	–	–	–
433	Klimaanlagen	–	–	–	–
434	Kälteanlagen	–	–	–	–
439	Sonstiges zur KG 430	–	–	–	–
440	**Elektrische Anlagen**	**2.217,01 m²BGF**	**188,55**	**418.022,85**	**7,1**
441	Hoch- und Mittelspannungsanlagen	–	–	–	–
442	Eigenstromversorgungsanlagen	2.217,01 m²BGF	24,11	53.459,82	0,9
443	Niederspannungsschaltanlagen	2.217,01 m²BGF	9,01	19.972,35	0,3
444	Niederspannungsinstallationsanlagen	2.217,01 m²BGF	77,31	171.391,60	2,9
445	Beleuchtungsanlagen	2.217,01 m²BGF	67,51	149.661,30	2,6
446	Blitzschutz- und Erdungsanlagen	2.217,01 m²BGF	10,62	23.537,78	0,4
447	Fahrleitungssysteme	–	–	–	–
449	Sonstiges zur KG 440	–	–	–	–
450	**Kommunikationstechnische Anlagen**	**2.217,01 m²BGF**	**30,47**	**67.546,23**	**1,2**
451	Telekommunikationsanlagen	–	–	–	–
452	Such- und Signalanlagen	2.217,01 m²BGF	2,64	5.851,48	0,1
453	Zeitdienstanlagen	2.217,01 m²BGF	1,47	3.254,43	< 0,1
454	Elektroakustische Anlagen	2.217,01 m²BGF	14,76	32.723,81	0,6
455	Audiovisuelle Medien- u. Antennenanl.	2.217,01 m²BGF	5,13	11.378,32	0,2
456	Gefahrenmelde- und Alarmanlagen	2.217,01 m²BGF	4,04	8.964,89	0,2
457	Datenübertragungsnetze	2.217,01 m²BGF	2,42	5.373,28	< 0,1
458	Verkehrsbeeinflussungsanlagen	–	–	–	–
459	Sonstiges zur KG 450	–	–	–	–
460	**Förderanlagen**	**–**	**–**	**–**	**–**
461	Aufzugsanlagen	–	–	–	–
462	Fahrtreppen, Fahrsteige	–	–	–	–
463	Befahranlagen	–	–	–	–
464	Transportanlagen	–	–	–	–
465	Krananlagen	–	–	–	–
466	Hydraulikanlagen	–	–	–	–
469	Sonstiges zur KG 460	–	–	–	–
470	**Nutzungsspez. u. verfahrenstechn. Anl.**	**2.217,01 m²BGF**	**0,34**	**747,29**	**< 0,1**
480	**Gebäude- und Anlagenautomation**	**2.217,01 m²BGF**	**65,81**	**145.896,07**	**2,5**
490	**Sonst. Maßnahmen für techn. Anlagen**	**2.217,01 m²BGF**	**16,73**	**37.083,81**	**0,6**

5100-0122
Sporthalle
(Zweifeldhalle)

Modernisierung

Kostenkennwerte für Leistungsbereiche nach STLB (Kosten des Bauwerks nach DIN 276)

LB	Leistungsbereiche	Kosten €	€/m² BGF	€/m³ BRI	% an 3+4
000	Sicherheits-, Baustelleneinrichtungen inkl. 001	227.047	102,40	12,90	3,9
002	Erdarbeiten	44.694	20,20	2,50	0,8
006	Spezialtiefbauarbeiten inkl. 005	–	–	–	–
009	Entwässerungskanalarbeiten inkl. 011	23.071	10,40	1,30	0,4
010	Drän- und Versickerarbeiten	13.570	6,10	0,77	0,2
012	Mauerarbeiten	69.413	31,30	3,90	1,2
013	Betonarbeiten	361.088	162,90	20,50	6,2
014	Natur-, Betonwerksteinarbeiten	18.635	8,40	1,10	0,3
016	Zimmer- und Holzbauarbeiten	16.147	7,30	0,91	0,3
017	Stahlbauarbeiten	–	–	–	–
018	Abdichtungsarbeiten	51.809	23,40	2,90	0,9
019	Kampfmittelräumarbeiten	–	–	–	–
020	Dachdeckungsarbeiten	23.768	10,70	1,30	0,4
021	Dachabdichtungsarbeiten	264.482	119,30	15,00	4,5
022	Klempnerarbeiten	417.308	188,20	23,60	7,1
	Rohbau	**1.531.032**	**690,60**	**86,70**	**26,2**
023	Putz- und Stuckarbeiten, Wärmedämmsysteme	259.436	117,00	14,70	4,4
024	Fliesen- und Plattenarbeiten	85.161	38,40	4,80	1,5
025	Estricharbeiten	130.053	58,70	7,40	2,2
026	Fenster, Außentüren inkl. 029, 032	239.075	107,80	13,50	4,1
	Wiederherstellen	6.047	2,70	0,34	0,1
	Herstellen	233.028	105,10	13,20	4,0
027	Tischlerarbeiten	350.470	158,10	19,80	6,0
028	Parkettarbeiten, Holzpflasterarbeiten	–	–	–	–
030	Rollladenarbeiten	12.561	5,70	0,71	0,2
031	Metallbauarbeiten inkl. 035	798.653	360,20	45,20	13,7
	Wiederherstellen	662	0,30	0,04	< 0,1
	Herstellen	797.992	359,90	45,20	13,6
034	Maler- und Lackiererarbeiten inkl. 037	246.334	111,10	14,00	4,2
	Wiederherstellen	63.952	28,80	3,60	1,1
	Herstellen	182.383	82,30	10,30	3,1
036	Bodenbelagarbeiten	167.974	75,80	9,50	2,9
038	Vorgehängte hinterlüftete Fassaden	–	–	–	–
039	Trockenbauarbeiten	286.768	129,30	16,20	4,9
	Ausbau	**2.576.487**	**1.162,10**	**145,90**	**44,0**
	Wiederherstellen	70.660	31,90	4,00	1,2
	Herstellen	2.505.827	1.130,30	141,90	42,8
040	Wärmeversorgungsanl. - Betriebseinr. inkl. 041	377.274	170,20	21,40	6,5
042	Gas- und Wasserinstallation, Leitungen inkl. 043	49.335	22,30	2,80	0,8
044	Abwasseranlagen - Leitungen	79.058	35,70	4,50	1,4
045	GWE-Einrichtungsgegenstände inkl. 046	85.406	38,50	4,80	1,5
047	Dämmarbeiten an betriebstechnischen Anlagen	71.074	32,10	4,00	1,2
049	Feuerlöschanlagen, Feuerlöschgeräte	747	0,34	0,04	< 0,1
050	Blitzschutz- und Erdungsanlagen	23.538	10,60	1,30	0,4
053	Niederspannungsanlagen inkl. 052, 054	204.275	92,10	11,60	3,5
055	Sicherheits- u. Ersatzstromversorgungsanl.	17.358	7,80	0,98	0,3
057	Gebäudesystemtechnik	–	–	–	–
058	Leuchten und Lampen inkl. 059	149.147	67,30	8,40	2,5
060	Sprechanlagen, elektroakust. Anlagen inkl. 064	52.537	23,70	3,00	0,9
061	Kommunikationsnetze inkl. 063	14.064	6,30	0,80	0,2

LB	Leistungsbereiche	Kosten €	€/m² BGF	€/m³ BRI	% an 3+4
069	Aufzüge	–	–	–	–
070	Gebäudeautomation	145.896	65,80	8,30	2,5
075	Raumlufttechnische Anlagen inkl. 078	172.575	77,80	9,80	3,0
	Gebäudetechnik	**1.442.285**	**650,60**	**81,70**	**24,7**
084	Abbruch, Rückbau, Schadstoffsanierung	284.217	128,20	16,10	4,9
	Abbrechen	284.217	128,20	16,10	4,9
	Abbrucharbeiten	**284.217**	**128,20**	**16,10**	**4,9**
	Abbrechen	284.217	128,20	16,10	4,9
	Sonstige Leistungsbereiche	**15.152**	**6,80**	**0,86**	**0,3**

5100-0132
Sporthalle
(Zweifeldhalle)
Sozialtrakt
Innenbereich

Modernisierung

Objektübersicht

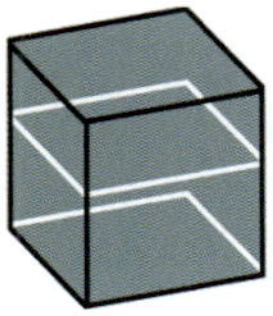

BRI 787 €/m³

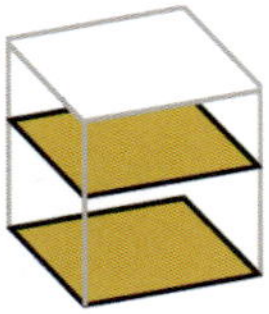

BGF 2.546 €/m²

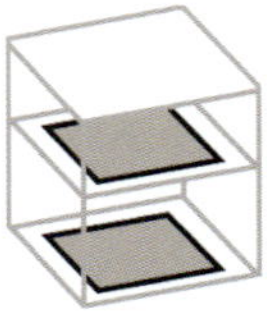

NUF 3.769 €/m²

Objekt:
Kennwerte: 3. Ebene DIN 276
BRI: 1.051 m³
BGF: 325 m²
NUF: 219 m²
Bauzeit: 26 Wochen
Bauende: 2017
Standard: Durchschnitt
Bundesland: Berlin
Kreis: Berlin, Stadt

Architekt*in:
TSSB
architekten.ingenieure
Invalidenstraße 124
10115 Berlin

Bauherr*in:
Bezirksamt
Steglitz-Zehlendorf
Kirchstraße 1/3
14163 Berlin

vorher © TSSB architekten.ingenieure

nachher © TSSB architekten.ingenieure

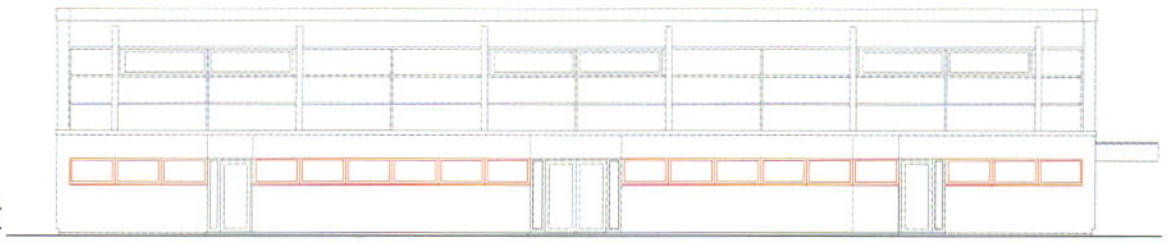

Ansicht Nord-West

Erdgeschoss

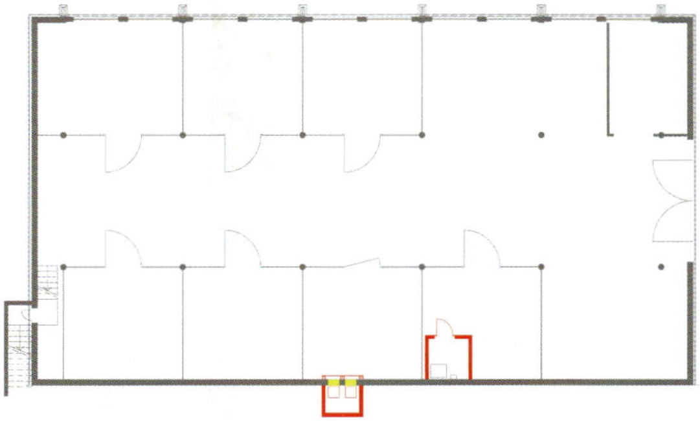

Untergeschoss

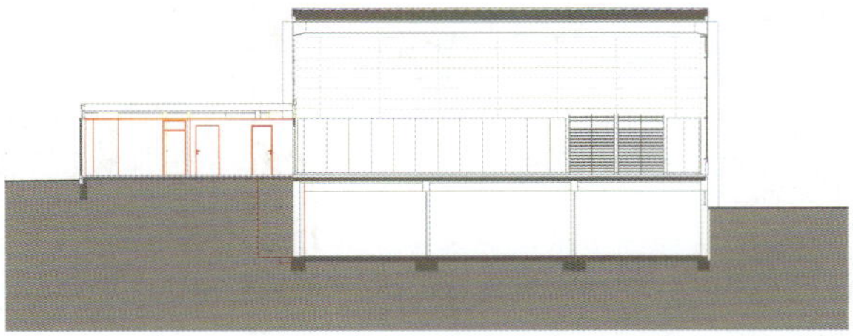

Schnitt A-A

5100-0132
Sporthalle
(Zweifeldhalle)
Sozialtrakt
Innenbereich

Modernisierung

Objektbeschreibung

Allgemeine Objektinformationen

Nach rund 50jähriger Nutzung wurde die Sporthalle in drei Bauabschnitten kernsaniert. In dieser Dokumentation handelt es sich um den ersten Bauabschnitt. Hier wurde der Innenbereich des Sozialtraktes modernisiert. Das Gebäude der Sporthalle wurde in Hallen-Stahl-Skelettbau mit Flachdach errichtet. Unterhalb der Halle befindet sich ein ehemaliges Parkgeschoss aus Stahlbeton in Ortbetonbauweise. Der angrenzende eingeschossige Anbau für den Sozialbereich ist nicht unterkellert.

Nutzung

1 Untergeschoss
Lagerräume, Technikräume, Installationsschacht

1 Erdgeschoss
Sporthalle, Umkleide- und Duschräume, WCs, Geräteräume, Flure, Eingang, Technikraum

Nutzeinheiten

Hallenfelder: 2
Gebäude: 1
Hallenfläche: 574 m²

Grundstück

Bauraum: Beengter Bauraum
Neigung: Ebenes Gelände
Bodenklasse: BK 1 bis BK 4

Markt

Hauptvergabezeit: 3. Quartal 2016
Baubeginn: 3. Quartal 2016
Bauende: 1. Quartal 2017
Konjunkturelle Gesamtlage: über Durchschnitt
Regionaler Baumarkt: über Durchschnitt

Baubestand

Baujahr: 1970
Bauzustand: mittel
Aufwand: mittel
Grundrissänderungen: wenige
Tragwerkseingriffe: wenige
Nutzungsänderung: nein
Nutzung während der Bauzeit: nein

Baukonstruktion

Die neu errichtete Stahlbeton-Schachtgrube an der Tiefgarage schafft Platz für die Lüftungsinstallationen. Die Raumaufteilung im Innenbereich des Sozialtraktes wurde zugunsten einer barrierefreien Nutzung geändert. Die bestehenden Stahltüren und Fenster wurden überarbeitet. Sämtliche sichtbaren Oberflächen der Böden und Wände wurden erneuert. In die neuen abgehängten Decken konnte die Lüftungs- und Beleuchtungsinstallation integriert werden. Die Fassade des Sozialtraktes erhielt eine Graffitischutzbeschichtung.

Technische Anlagen

Der Wärmeerzeuger blieb im Bestand, das Wärmeverteilnetz und die Heizflächen im Sozialtrakt wurden teilweise erneuert. Auch alle anderen haustechnischen Leitungen, mit Ausnahme der Grundleitungen, wurden neu installiert. Zudem wurde der Sozialtrakt mit einer Lüftungsanlage mit Be- und Entfeuchtung ausgestattet. Sämtliche Elektroinstallationen wurden erneuert.

Sonstiges

Die Bauabschnitte zwei und drei wurden in eigenständigen Objekten dokumentiert.

Objekt-Nr. 5100-0138 Modernisierung von Gebäudehülle des Sozialtraktes und Hallenfassade

Objekt-Nr. 5100-0139 Modernisierung von Gebäudehülle der Halle und Halleninnenraum

Planungskennwerte für Flächen und Rauminhalte nach DIN 277

Flächen des Grundstücks		Menge Einheit	% an GF
BF	Bebaute Fläche	965,36 m²	44,7
UF	Unbebaute Fläche	1.195,20 m²	55,3
GF	Grundstücksfläche	2.160,56 m²	100,0

Grundflächen des Bauwerks		Menge Einheit	% an NUF	% an BGF
NUF	Nutzungsfläche	219,43 m²	100,0	67,5
TF	Technikfläche	22,41 m²	10,2	6,9
VF	Verkehrsfläche	46,37 m²	21,1	14,3
NRF	Netto-Raumfläche	288,21 m²	131,3	88,7
KGF	Konstruktions-Grundfläche	36,67 m²	16,7	11,3
BGF	Brutto-Grundfläche	324,88 m²	148,1	100,0

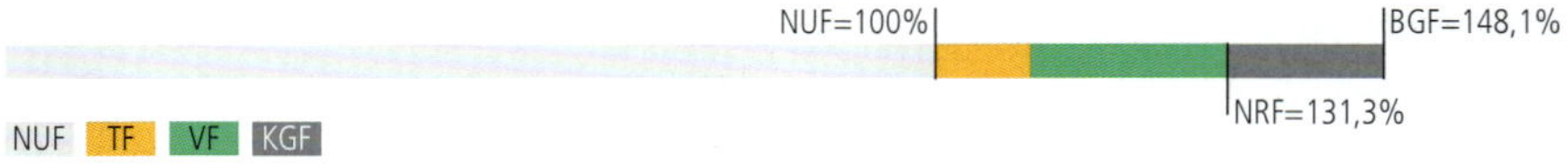

Brutto-Rauminhalt des Bauwerks		Menge Einheit	BRI/NUF (m)	BRI/BGF (m)
BRI	Brutto-Rauminhalt	1.050,83 m³	4,79	3,24

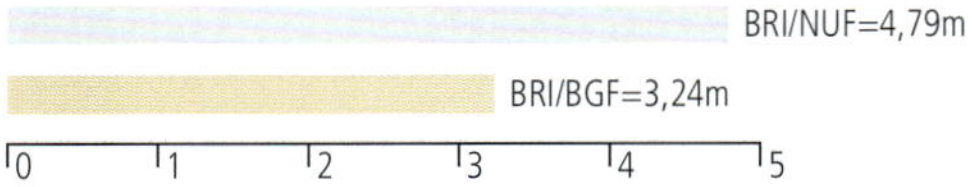

Lufttechnisch behandelte Flächen	Menge Einheit	% an NUF	% an BGF
Entlüftete Fläche	–	–	–
Be- und entlüftete Fläche	–	–	–
Teilklimatisierte Fläche	–	–	–
Klimatisierte Fläche	–	–	–

KG	Kostengruppen (2. Ebene)	Menge Einheit	Menge/NUF	Menge/BGF
310	Baugrube / Erdbau	20,84 m³ BGI	0,10	0,06
320	Gründung, Unterbau	312,44 m² GRF	1,42	0,96
330	Außenwände/Vertikale Baukonstruktionen, außen	223,99 m² AWF	1,02	0,69
340	Innenwände/Vertikale Baukonstruktionen, innen	322,47 m² IWF	1,47	0,99
350	Decken/Horizontale Baukonstruktionen	–	–	–
360	Dächer	185,27 m² DAF	0,84	0,57

Kostenkennwerte für die Kostengruppen der 1. Ebene DIN 276

KG	Kostengruppen (1. Ebene)	Einheit	Kosten €	€/Einheit	€/m² BGF	€/m³ BRI	% 300+400
100	Grundstück	m² GF	–	–	–	–	–
200	Vorbereitende Maßnahmen	m² GF	741	0,34	2,28	0,71	< 0,1
300	Bauwerk – Baukonstruktionen	m² BGF	375.292	1.155,17	1.155,17	357,14	45,4
400	Bauwerk – Technische Anlagen	m² BGF	451.849	1.390,82	1.390,82	429,99	54,6
	Bauwerk 300+400	**m² BGF**	**827.141**	**2.545,99**	**2.545,99**	**787,13**	**100,0**
500	Außenanlagen und Freiflächen	m² AF	25.581	25,58	78,74	24,34	3,1
600	Ausstattung und Kunstwerke	m² BGF	6.218	19,14	19,14	5,92	0,8
700	Baunebenkosten	m² BGF	–	–	–	–	–
800	Finanzierung	m² BGF	–	–	–	–	–

KG	Kostengruppe	Menge Einheit	Kosten €	€/Einheit	%
200	**Vorbereitende Maßnahmen**	2.160,56 m² GF	741	**0,34**	< 0,1

- Herstellen (Kosten: 100,0%) 741
  Suchschachtungen, Entsorgung von kontaminiertem Bauschutt; Deponiegebühren

KG	Kostengruppe	Menge Einheit	Kosten €	€/Einheit	%
3+4	**Bauwerk**				**100,0**
300	**Bauwerk – Baukonstruktionen**	324,88 m² BGF	375.292	**1.155,17**	45,4

- Abbrechen (Kosten: 14,8%) 55.721
  Abbruch von Stb-Bodenplatte, Estrich, Linoleum, Bodenfliesen; Stb-Fertigteilwänden, Holztrennwänden, Türen; abgehängten Decken; Entsorgung, Deponiegebühren

- Wiederherstellen (Kosten: 9,9%) 37.012
  Stb-Bodenfläche, Beschädigungen ausbessern, abdichten, Risse im Estrich schließen; Stb-Wände, Beschädigungen ausbessern, Stahlfensterflügel, /-rahmen, Stahltüren aufarbeiten, Stahlfenster ertüchtigen; Holztüren abschleifen, beschichten, Türdichtungen erneuern, Obentürschließer nachrüsten, Stoßbleche montieren; Trapezblech entrosten; Umkleidebänke überarbeiten

- Herstellen (Kosten: 75,3%) 282.559
  Erdarbeiten, Stahlverankerungen; Stb-Bodenplatte, Stb-Schachtgrube, Estrich, Bodenfliesen, Linoleum, Abdichtung, Sandfüllung, Schachtabdeckung; Stahlträger, Graffitischutzbeschichtung, Beschichtung, Wandfliesen; Mauerwerk, GK-Ständerwände, Stahlträger, Holztüren, Beschichtung; Dämmung, Abdichtung, GK-Decken, abgehängt; Sportgeräte

KG	Kostengruppe	Menge Einheit	Kosten €	€/Einheit	%
400	**Bauwerk – Technische Anlagen**	324,88 m² BGF	451.849	**1.390,82**	54,6

- Abbrechen (Kosten: 3,8%) 17.220
  Abbruch von Abwasserleitungen, Trinkwasserleitungen, Sanitärobjekten; Warmwasserspeicher, Heizleitungen, Heizkörpern; Elektroverteiler; Entsorgung, Deponiegebühren; Demontieren von Steuerzentrale

- Wiederherstellen (Kosten: 0,7%) 3.204
  Rohrbefestigungen erneuern, Anschluss an Heizleitungen herstellen

- Herstellen (Kosten: 95,5%) 431.425
  Gebäudeentwässerung, Kalt- und Warmwasserleitungen, Sanitärobjekte; Wassererwärmer, Speicher, Heizungsrohre, Heizkörper; Lüftungsanlage mit WRG, Be- und Entfeuchtung, Einzelraumlüfter; Notrufsystem, Elektroinstallation, Beleuchtung, Blitzschutz; Notruf, elektroakustische Anlage, Brandmeldezentrale; Feuerlöscher; Gebäudeautomation

KG	Kostengruppe	Menge Einheit	Kosten €	€/Einheit	%
500	**Außenanlagen und Freiflächen**	1.000,00 m² AF	25.581	**25,58**	3,1
	• Abbrechen (Kosten: 1,3%) Rodungsarbeiten; Deponiegebühren		331		
	• Herstellen (Kosten: 98,7%) Start-/Zwischengruben, Verdrängungsbohrung; Entsorgung von Grüngut, Schutzabdeckungen; Deponiegebühren		25.249		
600	**Ausstattung und Kunstwerke**	324,88 m² BGF	6.218	**19,14**	0,8
	• Herstellen (Kosten: 100,0%) Duschabtrennungen, Sanitärausstattungen		6.218		

5100-0132
Sporthalle
(Zweifeldhalle)
Sozialtrakt
Innenbereich

Modernisierung

Kostenkennwerte für die Kostengruppen der 2. Ebene DIN 276

KG	Kostengruppe	Menge Einheit	Kosten €	€/Einheit	%
200	**Vorbereitende Maßnahmen**				**100,0**
210	**Herrichten**	2.160,56 m² GF	741	**0,34**	100,0
	• Herstellen (Kosten: 100,0%) Suchschachtungen (4St) * Entsorgung von kontaminiertem Bauschutt (1t); Deponiegebühren	2.160,56 m² GF	741	**0,34**	
300	**Bauwerk – Baukonstruktionen**				**100,0**
310	**Baugrube / Erdbau**	20,84 m³ BGI	14.818	**711,05**	3,9
	• Herstellen (Kosten: 100,0%) Bodenaushub im Gebäude, t bis 180cm, Handaushub, lagern, verfüllen (15m³), Rohrgrabenaushub (6m³) * Baugrubenverbau (11m²), Stahlverankerungen (3St)	20,84 m³ BGI	14.818	**711,05**	
320	**Gründung, Unterbau**	312,44 m² GRF	70.893	**226,90**	18,9
	• Abbrechen (Kosten: 26,4%) Abbruch von Stb-Bodenplatte, d=15cm (18m²), Rohrgräben b bis 1,00m (16m) * Estrich (70m²), Linoleum (149m²), Bodenfliesen (47m²) * Schachtabdeckung (1m²); Entsorgung, Deponiegebühren	195,48 m² GRF	18.687	**95,59**	
	• Wiederherstellen (Kosten: 18,4%) Stb-Bodenfläche säubern, Beschädigungen ausbessern, Abdichtung (102m²) * Estrich abschleifen, Haftgrund aufbringen (121m²), Risse mit Epoxidharz schließen (26m)	121,14 m² GRF	13.011	**107,40**	
	• Herstellen (Kosten: 55,3%) Stb-Bodenplatte, d=15cm (25m²), Stb-Schachtgrube, d=30cm (3m²) * Zementestrich (76m²), EPS-Wärmedämmung (20m²), Abdichtung, Bodenfliesen (60m²), Linoleum (131m²), in Schacht: Bitumendickbeschichtung (11m²), Sandfüllung (3m³) * Sauberkeitsschicht (5m²) * Schachtabdeckung, Stb-Füllung (1m²)	191,30 m² GRF	39.196	**204,89**	
330	**Außenwände/Vert. Baukonstrukt., außen**	223,99 m² AWF	27.905	**124,58**	7,4
	• Wiederherstellen (Kosten: 21,3%) Stb-Wände, Beschädigungen ausbessern (6m²) * Entrosten, spachteln, beschichten von Stahlfensterflügel/-rahmen (24m²), von Stahltüren mit Zargen (23m²), Stahlfenster ertüchtigen (5m²), Glasoberlicht erneuern (1m²)	57,77 m² AWF	5.948	**102,96**	
	• Herstellen (Kosten: 78,7%) Aussteifungsträger U120 (50kg) * Graffitischutzbeschichtung (172m²) * Beschichtung (100m²), Abdichtung, Wandfliesen (11m²), Brandschutzbekleidung (10m²), Dämmung (psch)	172,38 m² AWF	21.957	**127,37**	

KG	Kostengruppe	Menge Einheit	Kosten €	€/Einheit	%
340	**Innenwände/Vert. Baukonstrukt., innen**	322,47 m² IWF	150.997	**468,25**	40,2
	• Abbrechen (Kosten: 19,8%) Abbruch von Stb-Fertigteilwänden, d=15-17,5cm (26m²), PCB-Fugen (284m) * Holztrennwänden (42m²) * Türen (30m²); Entsorgung, Deponiegebühren	97,98 m² IWF	29.894	**305,11**	
	• Wiederherstellen (Kosten: 5,2%) Holztüren mit Zargen abschleifen, beschichten (23m²), ertüchtigen (48m²), Türdichtungen (29m), Obentürschließer nachrüsten (5St), Drückergarnituren, Schlösser (4St), Stoßbleche, Edelstahl (16St)	70,72 m² IWF	7.852	**111,02**	
	• Herstellen (Kosten: 75,0%) KS-Mauerwerk, d=11,5cm (21m²) * Metallständerwände, d=10cm, Dämmung (80m²), Installationswände, d=32,5cm (13m²), Gasbeton-Mauerwerk, d=10cm, F90 (1m²) * Stabilisierungsträger HEA120 (150kg) * Holztüren (34m²) * GK-Vorsatzschalen (51m²), Beschichtung (296m²), Abdichtung (53m²), Wandfliesen (133m²), Kristallspiegel, fliesenbündig (6m²)	251,75 m² IWF	113.251	**449,86**	
360	**Dächer**	185,27 m² DAF	41.872	**226,00**	11,2
	• Abbrechen (Kosten: 17,1%) Abbruch von abgehängten Decken (255m²); Entsorgung, Deponiegebühren	255,44 m² DAF	7.140	**27,95**	
	• Wiederherstellen (Kosten: 1,8%) Trapezblech entrosten (psch)	–	770	**–**	
	• Herstellen (Kosten: 81,1%) EPS-Dämmung (9m²), Bitumenabdichtung (17m²), Strangentlüfter (7St) * GK-Decken, abgehängt, Dämmung (189m²), Beschichtung (185m²)	185,27 m² DAF	33.962	**183,31**	
380	**Baukonstruktive Einbauten**	324,88 m² BGF	15.908	**48,97**	4,2
	• Wiederherstellen (Kosten: 59,3%) Umkleidebänke überarbeiten (12St), gelagerte Umkleidebänke wieder einbauen (16St)	324,88 m² BGF	9.431	**29,03**	
	• Herstellen (Kosten: 40,7%) Sportgeräte (psch)	324,88 m² BGF	6.477	**19,94**	
390	**Sonst. Maßnahmen für Baukonstrukt.**	324,88 m² BGF	52.899	**162,83**	14,1
	• Herstellen (Kosten: 100,0%) Baustelleneinrichtungen (6St), Bauzaun (112m), Baustellen-WC (1St) * Rollgerüst (1St) * Unterfangung durch Stb-Wand, d bis 30cm, h=2,00m (2m³), Stabilisierung Lüftungsöffnungen als Stahlkonstruktion aus HEB160, U140 (500kg) * Entsorgung von Mauerwerk (1t), Container (2St), Schuttentsorgung (28m³) * Schutzabdeckungen (60m²), staubdichter Schutz (10St), Nebelgerät (1St), Schutzkleidung (psch), Gebäudereinigung (psch)	324,88 m² BGF	52.899	**162,83**	

KG	Kostengruppe	Menge Einheit	Kosten €	€/Einheit	%
400	**Bauwerk – Technische Anlagen**				**100,0**
410	**Abwasser-, Wasser-, Gasanlagen**	324,88 m² BGF	137.730	**423,94**	30,5
	• Abbrechen (Kosten: 6,5%) Abbruch von Abwasserleitungen DN50-100 (9m), Bodenabläufen (6St) * Trinkwasserleitungen DN15-65 (141m), Waschtischen (9St), Duschen (4St), WC´s (2St); Entsorgung, Deponiegebühren	324,88 m² BGF	8.900	**27,39**	
	• Herstellen (Kosten: 93,5%) PP-Rohre DN50-100 (83m), Anschlüsse an Grundleitungen (10St), Bodenabläufe DN100 (5St) * PE-Rohre DN12-32 (286m), Zirkulationspumpe (1St), Absperrventile (7St), Filteranlage (1St), Tiefspül-WCs (5St), Waschtische (11St), Duschwannen (2St), Ausgussbecken (2St), Duscharmaturen (14St) * Kupferrohr DN25 (6m), Gaszähler (1St) * Montageelemente (19St)	324,88 m² BGF	128.830	**396,55**	
420	**Wärmeversorgungsanlagen**	324,88 m² BGF	74.011	**227,81**	16,4
	• Abbrechen (Kosten: 10,3%) Abbruch von Warmwasserspeicher 750l (1St) * Heizleitungen DN15-32 (111m) * Heizkörpern (16St); Entsorgung, Deponiegebühren	324,88 m² BGF	7.613	**23,43**	
	• Wiederherstellen (Kosten: 4,3%) Rohrbefestigungen erneuern (62St), Anschlüsse an Heizleitungen herstellen (22St)	324,88 m² BGF	3.204	**9,86**	
	• Herstellen (Kosten: 85,4%) Wassererwärmer, Plattenwärmetauscher (1St), Warmwasserspeicher 368l (1St), Neutralisationsanlage (1St) * C-Strahlrohre (178m), Pumpen (3St), Anschlussgruppe (1St), Ausdehnungsgefäß 250l (1St) * Röhrenradiatoren (9St) * PP-Abgasleitung (3m), Dachdurchführung (1St)	324,88 m² BGF	63.194	**194,52**	
430	**Raumlufttechnische Anlagen**	324,88 m² BGF	84.683	**260,66**	18,7
	• Herstellen (Kosten: 100,0%) Zu- und Abluftanlage, Volumenstrom 3.000m³/h, Wärmerückgewinnung, Be- und Entfeuchtung (1St), Nacherhitzer (1St), Kanäle (283m²), Wickelfalzrohre (53m), Luftdurchlässe (40St), Einzelraumlüfter 80m³/h (1St)	324,88 m² BGF	84.683	**260,66**	
440	**Elektrische Anlagen**	324,88 m² BGF	74.616	**229,67**	16,5
	• Abbrechen (Kosten: 0,6%) Abbruch von Elektroverteiler (1St); Entsorgung, Deponiegebühren	324,88 m² BGF	453	**1,40**	
	• Herstellen (Kosten: 99,4%) Notrufsystem (1St), Notstrom-Akku (1St) * Zählerschrank (1St), Hauptschalter (1St), LS-Schalter (59St), FI-Schalter (2St), Mantelleitungen (1.776m), Präsenzmelder (17St), Steckdosen (20St), Schalter (8St) * LED-Lichtbänder (20m), LED-Anbauleuchten (33St), LED-Downlights (14St), Sicherheits-leuchten (7St), Rettungszeichenleuchten (6St) * Fangstangen (2St), Ableitungen (5St)	324,88 m² BGF	74.162	**228,28**	
450	**Kommunikationstechnische Anlagen**	324,88 m² BGF	54.604	**168,08**	12,1
	• Abbrechen (Kosten: 0,5%) Demontieren von Steuerzentrale, lagern (1St)	324,88 m² BGF	254	**0,78**	
	• Herstellen (Kosten: 99,5%) Fernmeldeleitungen (204m), Datenanschlussdosen (4St) * Installationskabel (143m), Notruf (1St), Notruftaster (4St) * Elektroakustische Anlage (1St), Audio-Schnittstellen (2St), Funkempfänger (1St), Wandlautsprecher (24St) * Brandmeldezentrale (1St), Brandmeldeleitungen (1.724m)	324,88 m² BGF	54.350	**167,29**	

KG	Kostengruppe	Menge Einheit	Kosten €	€/Einheit	%
470	**Nutzungsspez. u. verfahrenstechn. Anl.**	324,88 m2 BGF	334	**1,03**	< 0,1
	• Herstellen (Kosten: 100,0%) Feuerlöscher 11kg (1St)	324,88 m2 BGF	334	**1,03**	
480	**Gebäude- und Anlagenautomation**	324,88 m2 BGF	15.063	**46,37**	3,3
	• Herstellen (Kosten: 100,0%) Schaltschrank (1St), Hygienespülungen (1St), Rauchmelder (6St), Multisensormelder (3St), Infrarot-Präsenzmelder (2St), Raumfeuchtewächter (1St) * Installationsleitungen (185m), Systemkabel (125m)	324,88 m2 BGF	15.063	**46,37**	
490	**Sonst. Maßnahmen für techn. Anlagen**	324,88 m2 BGF	10.807	**33,27**	2,4
	• Herstellen (Kosten: 100,0%) Baustelleneinrichtung (psch), Bauwasser (psch), PE-Druckrohre (14m), Bauheizung (2St) * Entsorgung von Bauschutt (3t); Deponiegebühren	324,88 m2 BGF	10.807	**33,27**	
500	**Außenanlagen und Freiflächen**				**100,0**
510	**Erdbau**	–	20.541	**–**	80,3
	• Herstellen (Kosten: 100,0%) Start-/Zwischengruben (2St), Verdrängungsbohrung DN90 (132m)	–	20.541	**–**	
570	**Vegetationsflächen**	–	331	**–**	1,3
	• Abbrechen (Kosten: 100,0%) Roden von Sträuchern (12m2); Entsorgung, Deponiegebühren	12,00 m2 PSF	331	**27,62**	
590	**Sonst. Maßnahmen für Außenanlagen u. Freiflächen**	1.000,00 m2 AF	4.708	**4,71**	18,4
	• Herstellen (Kosten: 100,0%) Entsorgung von Grüngut (psch) * Schutzabdeckungen (300m2); Deponiegebühren	1.000,00 m2 AF	4.708	**4,71**	
600	**Ausstattung und Kunstwerke**				**100,0**
610	**Allgemeine Ausstattung**	324,88 m2 BGF	6.218	**19,14**	100,0
	• Herstellen (Kosten: 100,0%) Duschabtrennungen (2St), Papierhandtuchspender (11St), Papierkörbe (9St), Kristallspiegel (7St), WC-Bürstengarnituren (5St), WC-Papierhalter (4St), Reservepapierhalter (5St), Wandhaken (5St), Hygienebeutelhalter (3St), Hygienebehälter (3St), Porzellanablagen (2St)	324,88 m2 BGF	6.218	**19,14**	

5100-0132
Sporthalle
(Zweifeldhalle)
Sozialtrakt
Innenbereich

Modernisierung

Kostenkennwerte für die Kostengruppen 300 der 2. und 3. Ebene DIN 276 (Übersicht)

KG	Kostengruppe	Menge Einheit	€/Einheit	Kosten €	% an 3+4
300	**Bauwerk – Baukonstruktionen**	**324,88 m² BGF**	**1.155,17**	**375.291,87**	**45,4**
310	**Baugrube / Erdbau**	**20,84 m³ BGI**	**711,05**	**14.818,18**	**1,8**
311	Herstellung	20,84 m³ BGI	386,31	8.050,69	1,0
312	Umschließung	11,20 m²	604,24	6.767,52	0,8
313	Wasserhaltung	–	–	–	–
314	Vortrieb	–	–	–	–
319	Sonstiges zur KG 310	–	–	–	–
320	**Gründung, Unterbau**	**312,44 m² GRF**	**226,90**	**70.893,08**	**8,6**
321	Baugrundverbesserung	–	–	–	–
322	Flachgründungen und Bodenplatten	127,25 m²	239,01	30.413,67	3,7
323	Tiefgründungen	–	–	–	–
324	Gründungsbeläge	191,30 m²	201,89	38.621,14	4,7
325	Abdichtungen und Bekleidungen	4,50 m²	45,14	203,14	< 0,1
326	Dränagen	–	–	–	–
329	Sonstiges zur KG 320	312,44 m² GRF	5,30	1.655,15	0,2
330	**Außenwände/Vert. Baukonstrukt., außen**	**223,99 m² AWF**	**124,58**	**27.904,80**	**3,4**
331	Tragende Außenwände	–	–	13.274,71	1,6
332	Nichttragende Außenwände	–	–	–	–
333	Außenstützen	–	–	–	–
334	Außenwandöffnungen	51,61 m²	79,89	4.123,31	0,5
335	Außenwandbekleidungen, außen	172,38 m²	11,17	1.925,68	0,2
336	Außenwandbekleidungen, innen	121,00 m²	70,92	8.581,10	1,0
337	Element. Außenwandkonstruktionen	–	–	–	–
338	Lichtschutz zur KG 330	–	–	–	–
339	Sonstiges zur KG 330	–	–	–	–
340	**Innenwände/Vert. Baukonstrukt., innen**	**322,47 m² IWF**	**468,25**	**150.996,94**	**18,3**
341	Tragende Innenwände	21,02 m²	1.713,86	36.025,33	4,4
342	Nichttragende Innenwände	94,11 m²	271,64	25.563,69	3,1
343	Innenstützen	5,40 m	415,65	2.244,50	0,3
344	Innenwandöffnungen	104,74 m²	510,24	53.442,17	6,5
345	Innenwandbekleidungen	435,46 m²	77,44	33.721,23	4,1
346	Elementierte Innenwandkonstruktionen	–	–	–	–
347	Lichtschutz zur KG 340	–	–	–	–
349	Sonstiges zur KG 340	–	–	–	–
350	**Decken/Horizontale Baukonstruktionen**	**–**	**–**	**–**	**–**
351	Deckenkonstruktionen	–	–	–	–
352	Deckenöffnungen	–	–	–	–
353	Deckenbeläge	–	–	–	–
354	Deckenbekleidungen	–	–	–	–
355	Elementierte Deckenkonstruktionen	–	–	–	–
359	Sonstiges zur KG 350	–	–	–	–
360	**Dächer**	**185,27 m² DAF**	**226,00**	**41.871,77**	**5,1**
361	Dachkonstruktionen	–	–	–	–
362	Dachöffnungen	–	–	–	–
363	Dachbeläge	17,00 m²	501,71	8.529,09	1,0
364	Dachbekleidungen	185,27 m²	179,97	33.342,70	4,0
365	Elementierte Dachkonstruktionen	–	–	–	–
366	Lichtschutz zur KG 360	–	–	–	–
369	Sonstiges zur KG 360	–	–	–	–
370	**Infrastrukturanlagen**	**–**	**–**	**–**	**–**
380	**Baukonstruktive Einbauten**	**324,88 m² BGF**	**48,97**	**15.908,36**	**1,9**
390	**Sonst. Maßnahmen für Baukonstrukt.**	**324,88 m² BGF**	**162,83**	**52.898,71**	**6,4**

Kostenstand: 3. Quartal 2023, Bundesdurchschnitt, **inkl. 19% MwSt.**

Kostenkennwerte für die Kostengruppen 400 der 2. und 3. Ebene DIN 276 (Übersicht)

5100-0132
Sporthalle
(Zweifeldhalle)
Sozialtrakt
Innenbereich

Modernisierung

KG	Kostengruppe	Menge Einheit	€/Einheit	Kosten €	% an 3+4
400	**Bauwerk – Technische Anlagen**	**324,88 m²BGF**	**1.390,82**	**451.849,04**	**54,6**
410	**Abwasser-, Wasser-, Gasanlagen**	**324,88 m²BGF**	**423,94**	**137.730,16**	**16,7**
411	Abwasseranlagen	324,88 m²BGF	42,69	13.868,74	1,7
412	Wasseranlagen	324,88 m²BGF	355,15	115.382,26	13,9
413	Gasanlagen	324,88 m²BGF	9,18	2.984,00	0,4
419	Sonstiges zur KG 410	324,88 m²BGF	16,91	5.495,19	0,7
420	**Wärmeversorgungsanlagen**	**324,88 m²BGF**	**227,81**	**74.011,05**	**8,9**
421	Wärmeerzeugungsanlagen	324,88 m²BGF	55,14	17.912,50	2,2
422	Wärmeverteilnetze	324,88 m²BGF	129,89	42.197,47	5,1
423	Raumheizflächen	324,88 m²BGF	38,42	12.481,65	1,5
424	Verkehrsheizflächen	–	–	–	–
429	Sonstiges zur KG 420	324,88 m²BGF	4,37	1.419,43	0,2
430	**Raumlufttechnische Anlagen**	**324,88 m²BGF**	**260,66**	**84.683,34**	**10,2**
431	Lüftungsanlagen	–	–	–	–
432	Teilklimaanlagen	324,88 m²BGF	260,66	84.683,34	10,2
433	Klimaanlagen	–	–	–	–
434	Kälteanlagen	–	–	–	–
439	Sonstiges zur KG 430	–	–	–	–
440	**Elektrische Anlagen**	**324,88 m²BGF**	**229,67**	**74.615,77**	**9,0**
441	Hoch- und Mittelspannungsanlagen	–	–	–	–
442	Eigenstromversorgungsanlagen	324,88 m²BGF	5,48	1.780,65	0,2
443	Niederspannungsschaltanlagen	–	–	–	–
444	Niederspannungsinstallationsanlagen	324,88 m²BGF	156,01	50.684,08	6,1
445	Beleuchtungsanlagen	324,88 m²BGF	58,34	18.953,90	2,3
446	Blitzschutz- und Erdungsanlagen	324,88 m²BGF	9,84	3.197,13	0,4
447	Fahrleitungssysteme	–	–	–	–
449	Sonstiges zur KG 440	–	–	–	–
450	**Kommunikationstechnische Anlagen**	**324,88 m²BGF**	**168,08**	**54.604,31**	**6,6**
451	Telekommunikationsanlagen	324,88 m²BGF	7,57	2.459,55	0,3
452	Such- und Signalanlagen	324,88 m²BGF	5,88	1.910,19	0,2
453	Zeitdienstanlagen	–	–	–	–
454	Elektroakustische Anlagen	324,88 m²BGF	92,43	30.028,27	3,6
455	Audiovisuelle Medien- u. Antennenanl.	–	–	–	–
456	Gefahrenmelde- und Alarmanlagen	324,88 m²BGF	62,20	20.206,32	2,4
457	Datenübertragungsnetze	–	–	–	–
458	Verkehrsbeeinflussungsanlagen	–	–	–	–
459	Sonstiges zur KG 450	–	–	–	–
460	**Förderanlagen**	**–**	**–**	**–**	**–**
461	Aufzugsanlagen	–	–	–	–
462	Fahrtreppen, Fahrsteige	–	–	–	–
463	Befahranlagen	–	–	–	–
464	Transportanlagen	–	–	–	–
465	Krananlagen	–	–	–	–
466	Hydraulikanlagen	–	–	–	–
469	Sonstiges zur KG 460	–	–	–	–
470	**Nutzungsspez. u. verfahrenstechn. Anl.**	**324,88 m²BGF**	**1,03**	**333,72**	**< 0,1**
480	**Gebäude- und Anlagenautomation**	**324,88 m²BGF**	**46,37**	**15.063,28**	**1,8**
490	**Sonst. Maßnahmen für techn. Anlagen**	**324,88 m²BGF**	**33,27**	**10.807,39**	**1,3**

5100-0132
Sporthalle
(Zweifeldhalle)
Sozialtrakt
Innenbereich

Modernisierung

Kostenkennwerte für Leistungsbereiche nach STLB (Kosten des Bauwerks nach DIN 276)

LB	Leistungsbereiche	Kosten €	€/m² BGF	€/m³ BRI	% an 3+4
000	Sicherheits-, Baustelleneinrichtungen inkl. 001	38.949	119,90	37,10	4,7
002	Erdarbeiten	8.218	25,30	7,80	1,0
006	Spezialtiefbauarbeiten inkl. 005	–	–	–	–
009	Entwässerungskanalarbeiten inkl. 011	–	–	–	–
010	Drän- und Versickerarbeiten	–	–	–	–
012	Mauerarbeiten	12.438	38,30	11,80	1,5
013	Betonarbeiten	52.955	163,00	50,40	6,4
	Wiederherstellen	10.702	32,90	10,20	1,3
	Herstellen	42.253	130,10	40,20	5,1
014	Natur-, Betonwerksteinarbeiten	–	–	–	–
016	Zimmer- und Holzbauarbeiten	–	–	–	–
017	Stahlbauarbeiten	7.507	23,10	7,10	0,9
018	Abdichtungsarbeiten	2.899	8,90	2,80	0,4
019	Kampfmittelräumarbeiten	–	–	–	–
020	Dachdeckungsarbeiten	770	2,40	0,73	< 0,1
	Wiederherstellen	770	2,40	0,73	< 0,1
021	Dachabdichtungsarbeiten	5.362	16,50	5,10	0,6
022	Klempnerarbeiten	–	–	–	–
	Rohbau	**129.099**	**397,40**	**122,90**	**15,6**
	Wiederherstellen	11.472	35,30	10,90	1,4
	Herstellen	117.627	362,10	111,90	14,2
023	Putz- und Stuckarbeiten, Wärmedämmsysteme	–	–	–	–
024	Fliesen- und Plattenarbeiten	28.027	86,30	26,70	3,4
025	Estricharbeiten	7.371	22,70	7,00	0,9
	Wiederherstellen	4.133	12,70	3,90	0,5
	Herstellen	3.238	10,00	3,10	0,4
026	Fenster, Außentüren inkl. 029, 032	18.007	55,40	17,10	2,2
	Wiederherstellen	5.015	15,40	4,80	0,6
	Herstellen	12.992	40,00	12,40	1,6
027	Tischlerarbeiten	31.512	97,00	30,00	3,8
	Wiederherstellen	5.249	16,20	5,00	0,6
	Herstellen	26.263	80,80	25,00	3,2
028	Parkettarbeiten, Holzpflasterarbeiten	–	–	–	–
030	Rollladenarbeiten	–	–	–	–
031	Metallbauarbeiten inkl. 035	3.064	9,40	2,90	0,4
	Wiederherstellen	551	1,70	0,52	< 0,1
	Herstellen	2.514	7,70	2,40	0,3
034	Maler- und Lackiererarbeiten inkl. 037	25.214	77,60	24,00	3,0
	Wiederherstellen	10.592	32,60	10,10	1,3
	Herstellen	14.622	45,00	13,90	1,8
036	Bodenbelagarbeiten	8.522	26,20	8,10	1,0
038	Vorgehängte hinterlüftete Fassaden	–	–	–	–
039	Trockenbauarbeiten	64.399	198,20	61,30	7,8
	Ausbau	**186.117**	**572,90**	**177,10**	**22,5**
	Wiederherstellen	25.540	78,60	24,30	3,1
	Herstellen	160.577	494,30	152,80	19,4
040	Wärmeversorgungsanl. - Betriebseinr. inkl. 041	43.387	133,50	41,30	5,2
	Wiederherstellen	3.204	9,90	3,00	0,4
	Herstellen	40.183	123,70	38,20	4,9
042	Gas- und Wasserinstallation, Leitungen inkl. 043	64.843	199,60	61,70	7,8

LB	Leistungsbereiche	Kosten €	€/m² BGF	€/m³ BRI	% an 3+4
044	Abwasseranlagen - Leitungen	14.238	43,80	13,50	1,7
045	GWE-Einrichtungsgegenstände inkl. 046	63.794	196,40	60,70	7,7
047	Dämmarbeiten an betriebstechnischen Anlagen	11.666	35,90	11,10	1,4
049	Feuerlöschanlagen, Feuerlöschgeräte	334	1,00	0,32	< 0,1
050	Blitzschutz- und Erdungsanlagen	3.197	9,80	3,00	0,4
053	Niederspannungsanlagen inkl. 052, 054	48.462	149,20	46,10	5,9
055	Sicherheits- u. Ersatzstromversorgungsanl.	–	–	–	–
057	Gebäudesystemtechnik	15.063	46,40	14,30	1,8
058	Leuchten und Lampen inkl. 059	20.255	62,30	19,30	2,4
060	Sprechanlagen, elektroakust. Anlagen inkl. 064	31.938	98,30	30,40	3,9
061	Kommunikationsnetze inkl. 063	22.412	69,00	21,30	2,7
069	Aufzüge	–	–	–	–
070	Gebäudeautomation	–	–	–	–
075	Raumlufttechnische Anlagen inkl. 078	80.893	249,00	77,00	9,8
	Gebäudetechnik	**420.483**	**1.294,30**	**400,10**	**50,8**
	Wiederherstellen	3.204	9,90	3,00	0,4
	Herstellen	417.279	1.284,40	397,10	50,4
084	Abbruch, Rückbau, Schadstoffsanierung	72.941	224,50	69,40	8,8
	Abbrechen	72.941	224,50	69,40	8,8
	Abbrucharbeiten	**72.941**	**224,50**	**69,40**	**8,8**
	Abbrechen	72.941	224,50	69,40	8,8
	Sonstige Leistungsbereiche	**18.501**	**56,90**	**17,60**	**2,2**

5100-0138
Sporthalle
(Zweifeldhalle)
Sozialtrakt
Gebäudehülle

Modernisierung

Objektübersicht

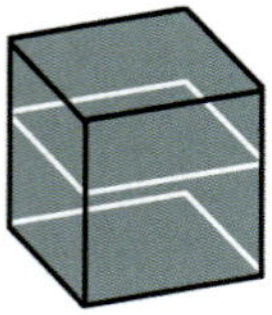

BRI 195 €/m³

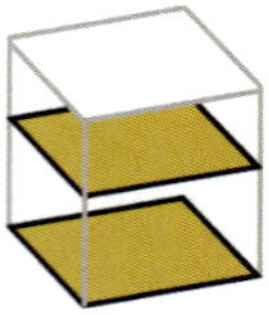

BGF 964 €/m²

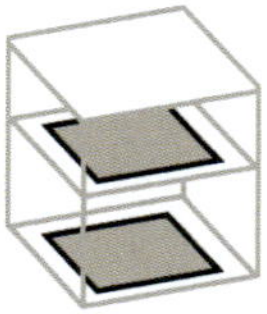

NUF 1.170 €/m²

Objekt:
Kennwerte: 3.Ebene DIN 276
BRI: 7.647 m³
BGF: 1.547 m²
NUF: 1.274 m²
Bauzeit: 100 Wochen
Bauende: 2019
Standard: Durchschnitt
Bundesland: Berlin
Kreis: Berlin, Stadt

Architekt*in:
TSSB
architekten.ingenieure
Invalidenstraße 124
10115 Berlin

Bauherr*in:
Bezirksamt
Steglitz-Zehlendorf
Kirchstraße 1/3
14163 Berlin

vorher

nachher

vorher

nachher

Ansicht Nord-West

Erdgeschoss

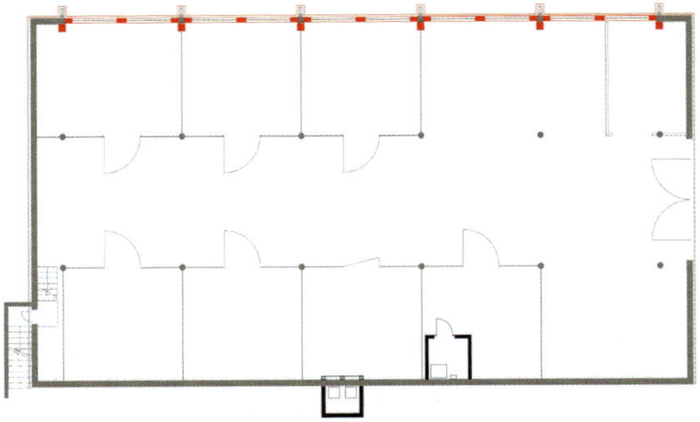

Untergeschoss

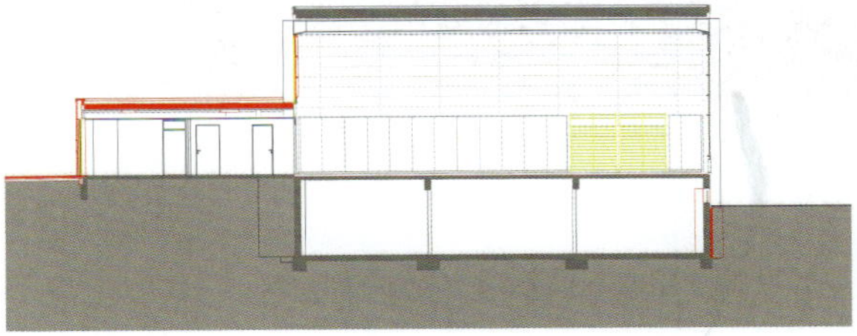

Schnitt A-A

5100-0138
Sporthalle
(Zweifeldhalle)
Sozialtrakt
Gebäudehülle

Modernisierung

Objektbeschreibung

Allgemeine Objektinformationen

Nach rund 50jähriger Nutzung wurde die Sporthalle in drei Bauabschnitten kernsaniert. In dieser Dokumentation handelt es sich um den zweiten Bauabschnitt. Hier wurde die Gebäudehülle des Sozialtraktes und die an das Dach angrenzende Hallenfassade modernisiert.

Nutzung

1 Untergeschoss
Lagerräume, Technikräume, Installationsschacht

1 Erdgeschoss
Sporthalle, Umkleide- und Duschräume, WCs, Geräteräume, Flure, Eingang, Technikraum

Nutzeinheiten

Hallenfelder: 2
Gebäude: 1
Hallenfläche: 574m^2

Grundstück

Bauraum: Beengter Bauraum
Neigung: Ebenes Gelände
Bodenklasse: BK 1 bis BK 4

Markt

Hauptvergabezeit: 3.Quartal 2017
Baubeginn: 3.Quartal 2017
Bauende: 3.Quartal 2019
Konjunkturelle Gesamtlage: über Durchschnitt
Regionaler Baumarkt: über Durchschnitt

Baubestand

Baujahr: 1970
Bauzustand: mittel
Aufwand: mittel
Grundrissänderungen: wenige
Tragwerkseingriffe: wenige
Nutzungsänderung: nein
Nutzung während der Bauzeit: nein

Baukonstruktion

Die neue Fassade des Sozialtraktes wurde aus einer vorgehängten hinterlüfteten Fassade und neuen Alu-Fenstern, sowie Türen, an einer eigenständigen Stahlkonstruktion errichtet. Die hofseitige Hallenfassaden wurde durch eine leichte Glasfaserfassade ersetzt. Die Dachbeläge des Sozialtraktes wurden erneuert und die bestehende Attika erhöht. Ebenso wurde die Dachentwässerung erneuert. Der Bodenbelag der Halle sowie der angrenzenden Geräteräume wurde demontiert.

Technische Anlagen

Teile der Grundleitungen wurden ausgetauscht. Die Elektroinstallation sowie der Blitzschutz wurden neu installiert.

Sonstiges

Die Bauabschnitte eins und drei wurden in eigenständigen Objekten dokumentiert.

Objekt-Nr. 5100-0132 Modernisierung von Innenbereich Sozialtrakt

Objekt-Nr. 5100-0139 Modernisierung von Gebäudehülle der Halle und Halleninnenraum

Planungskennwerte für Flächen und Rauminhalte nach DIN 277

Flächen des Grundstücks		Menge Einheit	% an GF
BF	Bebaute Fläche	965,36 m²	44,7
UF	Unbebaute Fläche	1.195,20 m²	55,3
GF	Grundstücksfläche	2.160,56 m²	100,0

Grundflächen des Bauwerks		Menge Einheit	% an NUF	% an BGF
NUF	Nutzungsfläche	1.274,23 m²	100,0	82,4
TF	Technikfläche	60,07 m²	4,7	3,9
VF	Verkehrsfläche	96,78 m²	7,6	6,3
NRF	Netto-Raumfläche	1.431,08 m²	112,3	92,5
KGF	Konstruktions-Grundfläche	115,53 m²	9,1	7,5
BGF	Brutto-Grundfläche	1.546,61 m²	121,4	100,0

Brutto-Rauminhalt des Bauwerks		Menge Einheit	BRI/NUF (m)	BRI/BGF (m)
BRI	Brutto-Rauminhalt	7.647,21 m³	6,00	4,94

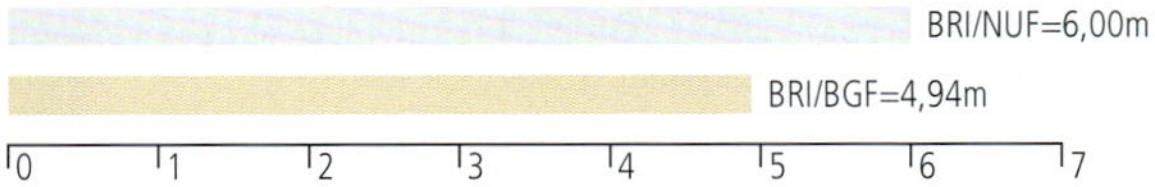

Lufttechnisch behandelte Flächen	Menge Einheit	% an NUF	% an BGF
Entlüftete Fläche	–	–	–
Be- und entlüftete Fläche	–	–	–
Teilklimatisierte Fläche	–	–	–
Klimatisierte Fläche	–	–	–

KG	Kostengruppen (2. Ebene)	Menge Einheit	Menge/NUF	Menge/BGF
310	Baugrube / Erdbau	128,04 m³ BGI	0,10	0,08
320	Gründung, Unterbau	156,98 m² GRF	0,12	0,10
330	Außenwände/Vertikale Baukonstruktionen, außen	485,41 m² AWF	0,38	0,31
340	Innenwände/Vertikale Baukonstruktionen, innen	230,82 m² IWF	0,18	0,15
350	Decken/Horizontale Baukonstruktionen	592,98 m² DEF	0,47	0,38
360	Dächer	301,76 m² DAF	0,24	0,20

5100-0138
Sporthalle
(Zweifeldhalle)
Sozialtrakt
Gebäudehülle

Modernisierung

Kostenkennwerte für die Kostengruppen der 1. Ebene DIN 276

KG	Kostengruppen (1. Ebene)	Einheit	Kosten €	€/Einheit	€/m² BGF	€/m³ BRI	% 300+400
100	Grundstück	m² GF	–	–	–	–	–
200	Vorbereitende Maßnahmen	m² GF	8.943	4,14	5,78	1,17	0,6
300	Bauwerk – Baukonstruktionen	m² BGF	1.435.579	928,21	928,21	187,73	96,3
400	Bauwerk – Technische Anlagen	m² BGF	54.969	35,54	35,54	7,19	3,7
	Bauwerk 300+400	**m² BGF**	**1.490.548**	**963,75**	**963,75**	**194,91**	**100,0**
500	Außenanlagen und Freiflächen	m² AF	29.137	29,14	18,84	3,81	2,0
600	Ausstattung und Kunstwerke	m² BGF	–	–	–	–	–
700	Baunebenkosten	m² BGF	–	–	–	–	–
800	Finanzierung	m² BGF	–	–	–	–	–

KG	Kostengruppe	Menge Einheit	Kosten €	€/Einheit	%
200	**Vorbereitende Maßnahmen**	2.160,56 m² GF	8.943	**4,14**	0,6
	• Herstellen (Kosten: 100,0%) Suchschachtungen		8.943		
3+4	**Bauwerk**				**100,0**
300	**Bauwerk – Baukonstruktionen**	1.546,61 m² BGF	1.435.579	**928,21**	96,3
	• Abbrechen (Kosten: 9,2%) Abbruch von Bodenbelag, Abdichtung, Dämmung, Linoleum-Sportboden; Beton-Schadstellen, Kunststoffverglasungen, Stahlfenstern, Stahltüren; Geräteraumtoren, Wandbekleidung; Abfräsen von Hallenboden; Lichtkuppeln, Dachabdichtung, Dachentwässerung, Alu-Paneeldecken, GK-Decken, Alu-Lamellendecken, Steigleiter; Sportgeräten; Entsorgung, Deponiegebühren		132.747		
	• Wiederherstellen (Kosten: 34,4%) Betonboden kugelstrahlen, ausbessern, Stahlbewehrung, Verankerungen; Betonflächen sandstrahlen, Korrosionsschutz, Beschichtung, Hohlraumstützen reinigen, konservieren, Korrosionsbeschichtung, Tor lackieren, Gesimselemente beschichten, Metallflächen beschichten, Trafohaus Graffiti überstreichen, GK-Wände ausbessern, Beschichtung, Abdeckungen reinigen, beschichten, Holzbekleidung lackieren, Stahl-Geländer, Leitern instandsetzen; Stahlzargen beschichten, Metallgitter lackieren; Hallenboden kugelstrahlen, Stahlbewehrung; Trapezblechdach entrosten, verzinken		493.673		
	• Herstellen (Kosten: 56,4%) Erdarbeiten; Abdichtung, Dämmung; Attika erhöhen, Mauerwerkspfeiler, Alu-Fenster, Alu-Türen, hinterlüftete Fassade, Stahlkonstruktion, Alu-Pfosten-Riegel-Fassade, Glasfaserpaneele, RWA-Fenster, Graffiti-Schutzbeschichtung; Lichtkuppeln, Trapezblechdach lackieren, Dachentwässerung; Wandhalterung für Kletteranlage		809.159		
400	**Bauwerk – Technische Anlagen**	1.546,61 m² BGF	54.969	**35,54**	3,7
	• Abbrechen (Kosten: 1,2%) Abbruch von Schornsteinkranz; Blitzschutz; Entsorgung, Deponiegebühren		660		
	• Wiederherstellen (Kosten: 31,7%) Heizungsrohre beschichten, Schornsteinabdeckung instandsetzen, Schornstein sandstrahlen, Korrosionsschutz, Beschichtung		17.404		
	• Herstellen (Kosten: 67,1%) Gebäudeentwässerung; Schornsteinkranz, Taubenschutz; Elektroinstallation, Blitzschutz		36.904		

KG	Kostengruppe	Menge Einheit	Kosten €	€/Einheit	%
500	**Außenanlagen und Freiflächen**	1.000,00 m² AF	29.137	**29,14**	2,0
	• Abbrechen (Kosten: 32,3%) Demontage und Abbruch von Betonpflaster; Stahlgeländern, Maschendrahtzaun; Abfallkörben, Sitzbank mit Betonfundamenten, Abräumen von Bewuchs; Entsorgung, Deponiegebühren		9.423		
	• Wiederherstellen (Kosten: 4,1%) Zaun anpassen		1.201		
	• Herstellen (Kosten: 63,5%) Freistehende Alu-Säule als Türöffner; Schutzabdeckungen		18.513		

5100-0138
Sporthalle
(Zweifeldhalle)
Sozialtrakt
Gebäudehülle

Modernisierung

Kostenkennwerte für die Kostengruppen der 2. Ebene DIN 276

KG	Kostengruppe	Menge Einheit	Kosten €	€/Einheit	%
200	**Vorbereitende Maßnahmen**				**100,0**
210	**Herrichten**	2.160,56 m^2 GF	8.943	**4,14**	100,0
	• Herstellen (Kosten: 100,0%) Suchschachtungen ausheben, lagern, verfüllen in Handarbeit (26m^3)	2.160,56 m^2 GF	8.943	**4,14**	
300	**Bauwerk – Baukonstruktionen**				**100,0**
310	**Baugrube / Erdbau**	128,04 m^3 BGI	25.423	**198,56**	1,8
	• Herstellen (Kosten: 100,0%) Freilegen von Kellerwänden, Aushub lagern, verfüllen (128m^3)	128,04 m^3 BGI	25.423	**198,56**	
320	**Gründung, Unterbau**	156,98 m^2 GRF	67.593	**430,58**	4,7
	• Abbrechen (Kosten: 3,9%) Abbruch von Bodenbelag, Bitumenabdichtung, Dämmung, Linoleum-Sportboden (76m^2); Entsorgung, Deponiegebühren	75,98 m^2 GRF	2.649	**34,87**	
	• Wiederherstellen (Kosten: 34,0%) Betonboden kugelstrahlen, Risse ausbessern, Mörtel auftragen, Stahlbewehrung, Verankerungen (76m^2) * Holzsockel schleifen, spachteln, lackieren (131m)	75,98 m^2 GRF	23.001	**302,73**	
	• Herstellen (Kosten: 62,1%) Freilegen von Fundamenten, Aushub lagern (13m^3), verfüllen, Liefermaterial (81m^3), Bitumendickbeschichtung, Perimeterdämmung, d=180mm (148m^2)	81,00 m^2 GRF	41.943	**517,81**	
330	**Außenwände/Vert. Baukonstrukt., außen**	485,41 m^2 AWF	620.110	**1.277,50**	43,2
	• Abbrechen (Kosten: 5,9%) Abbruch von Dämmung, Beton-Schadstellen abstemmen (39m^2) * Kunststoffverglasungen (100m^2), Stahlfenstern (25m^2), Fensterbänken (27m), Stahltüren (22m^2), Fenstergittern (6St) * Stb-Bodenplatte, unbewehrt (4m^3); Entsorgung, Deponiegebühren	184,75 m^2 AWF	36.820	**199,30**	
	• Wiederherstellen (Kosten: 28,2%) Betonflächen sandstrahlen, Korrosionsschutz aufbringen (120m^2) * Hohlraumstützen innenseitig, r einigen, Hohlraumkonservierung, Dichtigkeitstest (74m), außenseitig: Oberflächen sandstrahlen, Korrosionsbeschichtung (29m^2) * Tor entfetten, lackieren (15m^2), Gesimselemente beschichten (71m^2) * Bauteilfugen auskratzen, füllen (74m), Graffiti überstreichen (1St), Schadstellen schließen, Beschichtung (40m^2), Stahlstützen entrosten, lackieren (26m^2), Metallflächen schleifen, Beschichtung (36m^2), Trafohaus: isolieren, Graffiti überstreichen (21m^2) * Beschichtung entfernen, Beschädigungen ausbessern, Beschichtung (110m^2), Stahl-Blechabdeckungen reinigen, beschichten (16m^2), Holzbekleidung, Fehlstellen spachteln, lackieren (15m^2) * Stahl-Geländer, Leitern, reinigen, beschichten (psch)	227,33 m^2 AWF	174.904	**769,38**	
	• Herstellen (Kosten: 65,9%) Unterzug, Bewehrung, Mörtel (21m^2) * Attika, Holzbohlen, Bitumenabdichtung, Dämmung (15m^2) * Mauerwerkspfeiler (28m), Anschlussschienen (28St) * Alufenster (23m^2), Alutüren, Festelemente (15m^2), Haupteingang mit Öffnungstaster (7m^2) * hinterlüftete Fassade, Stahlkonstruktion (4t), Alu-Unterkonstruktion, Trennelemente, HPL-Platten (115m^2), Lüftungsprofile (97m) * Alu-Pfosten-Riegel-Fassade, Glasfaserpaneele, Kippflügel, Festverglasungen, RWA-Fenster (98m^2), Graffiti-Schutzbeschichtung (60m^2) * Steigleiter (1St)	258,08 m^2 AWF	408.386	**1.582,40**	

KG	Kostengruppe	Menge Einheit	Kosten €	€/Einheit	%
340	**Innenwände/Vert. Baukonstrukt., innen**	230,82 m² IWF	9.755	**42,26**	0,7
	• Abbrechen (Kosten: 59,2%) Abbruch von Geräteraumwand, Toren, Türen, Wandbekleidung (psch); Entsorgung, Deponiegebühren	67,46 m² IWF	5.777	**85,63**	
	• Wiederherstellen (Kosten: 40,8%) Stahltürzargen reinigen, beschichten (35m²) * Beschichtung entfernen, Beschädigungen ausbessern, Beschichtung (393m²) * Metallgitter reinigen, lackieren (psch)	230,82 m² IWF	3.978	**17,24**	
350	**Decken/Horizontale Baukonstruktionen**	592,98 m² DEF	326.309	**550,29**	22,7
	• Abbrechen (Kosten: 11,6%) Abfräsen von Hallenboden (593m²) * Abbruch von Hallenbodenbelag, Bitumenabdichtung, Dämmung, Linoleum-Sportboden (593m²); Entsorgung, Deponiegebühren	592,98 m² DEF	37.716	**63,60**	
	• Wiederherstellen (Kosten: 88,4%) Beton-Hallenboden kugelstrahlen, Risse ausbessern, Mörtel auftragen, Stahlbewehrung, Verankerungen (669m²)	592,98 m² DEF	288.593	**486,68**	
360	**Dächer**	301,76 m² DAF	174.037	**576,74**	12,1
	• Abbrechen (Kosten: 27,0%) Abbruch von Lichtkuppeln (3m²) * Dachaufbau: Dampfsperre, Dämmung, Bitumenabdichtung (330m²), Attikaabdeckungen (53m), Strangentlüftern (7St), Dachabläufen (4St) * Alu-Paneeldecken, Unterkonstruktion, Dämmung schadstoffbelastet (594m²), GK-Decken, aufliegende Dämmung lagern, Lüftungsabdeckungen demontieren und lagern (41m²), demontieren, reinigen und lagern von Alu-Lamellendecken, aufliegende Mineralwolldämmung schadstoffbelastet, entsorgen (35m²) * Steigleiter (1St); Entsorgung, Deponiegebühren	672,57 m² DAF	47.067	**69,98**	
	• Wiederherstellen (Kosten: 0,6%) Trapezblechdach, auf Korrosion prüfen, entrosten, verzinken (298m²)	298,32 m² DAF	982	**3,29**	
	• Herstellen (Kosten: 72,4%) Lichtkuppeln (6St) * Trapezblechdach lackieren (76m²), Bitumendampfsperre, EPS-Dämmung, Bitumenabdichtung, EPS-Gefälledämmung (298m²), Perliteschüttung (97m²), Sickendämmung (40m), Alu-Abdeckungen (53m), Dachabläufe (4St), Notüberläufe (4St) * GK-Decken, Dämmung Lagermaterial, abgehängt (44m²) * Absturzsicherungen (9St)	301,76 m² DAF	125.988	**417,51**	
380	**Baukonstruktive Einbauten**	1.546,61 m² BGF	2.824	**1,83**	0,2
	• Abbrechen (Kosten: 96,2%) Abbruch von Sportgeräten (psch); Entsorgung, Deponiegebühren	1.546,61 m² BGF	2.717	**1,76**	
	• Herstellen (Kosten: 3,8%) Wandhalterung für Kletteranlage (1St)	1.546,61 m² BGF	107	**0,07**	

KG	Kostengruppe	Menge Einheit	Kosten €	€/Einheit	%
390	**Sonst. Maßnahmen für Baukonstrukt.**	1.546,61 m² BGF	209.527	**135,48**	14,6
	• Wiederherstellen (Kosten: 1,1%) Eingangstür demontieren, lagern, Türrahmen schützen, wieder einbauen (psch)	1.546,61 m² BGF	2.216	**1,43**	
	• Herstellen (Kosten: 98,9%) Baustelleneinrichtungen (psch), Bauzaun (208m), Bauschild (psch), Gehwegüberfahrt (1St), Bautür (psch), Baustellen-WC (psch), Baustrom (1St) * Fassadengerüst (342m²), Dachfanggerüst (56m), Schutzdach (7m), Schutzabdeckungen (psch), Arbeitsbühne (psch), Rollgerüste (psch) * Entsorgung von Holz (17t), Bitumen (6t), Eisen (4t), Müll, Bauschutt (3t), Dämmung (2t) * Schwarz/Weißschleuse, Unterdruckhaltegerät, Sicherheitsausrüstungen, Sauger (psch), Schwarzbereich reinigen (psch), Schutzabdeckungen (658m²), Schutzeinhausung (67m²)	1.546,61 m² BGF	207.312	**134,04**	
400	**Bauwerk – Technische Anlagen**				**100,0**
410	**Abwasser-, Wasser-, Gasanlagen**	1.546,61 m² BGF	13.135	**8,49**	23,9
	• Herstellen (Kosten: 100,0%) Grundleitungen (psch), PE-Rohre DN125 (10m)	1.546,61 m² BGF	13.135	**8,49**	
420	**Wärmeversorgungsanlagen**	1.546,61 m² BGF	23.201	**15,00**	42,2
	• Abbrechen (Kosten: 2,3%) Abbruch von Schornsteinkranz (psch); Entsorgung, Deponiegebühren	1.546,61 m² BGF	523	**0,34**	
	• Wiederherstellen (Kosten: 75,0%) Heizungsrohre neu beschichten (50m) * Schornsteinabdeckung demontieren, lagen, montieren (psch), Schornstein sandstrahlen, Schadstellen ausbessern, Korrosionsschutz, Beschichtung (34m²)	1.546,61 m² BGF	17.404	**11,25**	
	• Herstellen (Kosten: 22,7%) Schornsteinkranz, Ringanker (psch), Abdeckung, Titan-Zinkblech (1St), Revisionsöffnung (1St)	1.546,61 m² BGF	5.273	**3,41**	
440	**Elektrische Anlagen**	1.546,61 m² BGF	18.633	**12,05**	33,9
	• Abbrechen (Kosten: 0,7%) Abbruch von Blitzschutz (psch); Entsorgung, Deponiegebühren	1.546,61 m² BGF	137	**0,09**	
	• Herstellen (Kosten: 99,3%) Elektroinstallation (psch) * Blitzschutz (psch)	1.546,61 m² BGF	18.496	**11,96**	
500	**Außenanlagen und Freiflächen**				**100,0**
530	**Oberbau, Deckschichten**	–	881	–	3,0
	• Abbrechen (Kosten: 100,0%) Demontage und Abbruch von Betonpflaster, teilweise lagern (20m²); Entsorgung, Deponiegebühren	20,37 m² BFF	881	**43,27**	
540	**Baukonstruktionen**	1.000,00 m² AF	2.203	**2,20**	7,6
	• Abbrechen (Kosten: 45,5%) Abbruch von Stahlgeländern (5m), von Maschendrahtzaun (3m), Demontage und Abbruch von Handlauf, teilweise lagern (1St); Entsorgung, Deponiegebühren	1.000,00 m² AF	1.003	**1,00**	
	• Wiederherstellen (Kosten: 54,5%) Zaun demontieren, anpassen und wieder einbauen (12h)	1.000,00 m² AF	1.201	**1,20**	

KG	Kostengruppe	Menge Einheit	Kosten €	€/Einheit	%
550	**Technische Anlagen**	1.000,00 m² AF	11.094	**11,09**	38,1
	• Herstellen (Kosten: 100,0%) Türöffner, Motorantrieb, freistehende Alu-Säule (1St)	1.000,00 m² AF	11.094	**11,09**	
560	**Einbauten Außenanlagen u. Freiflächen**	1.000,00 m² AF	1.233	**1,23**	4,2
	• Abbrechen (Kosten: 100,0%) Abbruch von Abfallkörben 35l, mit Betonfundament (2St), Demontage und lagern von Sitzbank mit Holzlattung, Betonfundament entsorgen (1St); Entsorgung, Deponiegebühren	1.000,00 m² AF	1.233	**1,23**	
570	**Vegetationsflächen**	–	6.307	**–**	21,6
	• Abbrechen (Kosten: 100,0%) Roden von Sträuchern, Wurzelstöcken (32St), Sträucher zurückschneiden (153m²); Entsorgung, Deponiegebühren	153,96 m² PSF	6.307	**40,96**	
590	**Sonst. Maßnahmen für Außenanlagen u. Freiflächen**	1.000,00 m² AF	7.419	**7,42**	25,5
	• Herstellen (Kosten: 100,0%) Schutzabdeckungen, Bohlen, Baggermatten für Gehweg (100m²), Folie, Bauholzplatten für Außenanlage (psch)	1.000,00 m² AF	7.419	**7,42**	

Kostenkennwerte für die Kostengruppen 300 der 2. und 3.Ebene DIN 276 (Übersicht)

KG	Kostengruppe	Menge Einheit	€/Einheit	Kosten €	% an 3+4
300	**Bauwerk – Baukonstruktionen**	**1.546,61 m² BGF**	**928,21**	**1.435.578,86**	**96,3**
310	**Baugrube / Erdbau**	**128,04 m³ BGI**	**198,56**	**25.423,36**	**1,7**
311	Herstellung	128,04 m³ BGI	198,56	25.423,36	1,7
312	Umschließung	–	–	–	–
313	Wasserhaltung	–	–	–	–
314	Vortrieb	–	–	–	–
319	Sonstiges zur KG 310	–	–	–	–
320	**Gründung, Unterbau**	**156,98 m² GRF**	**430,58**	**67.593,21**	**4,5**
321	Baugrundverbesserung	–	–	–	–
322	Flachgründungen und Bodenplatten	75,98 m²	363,46	27.615,49	1,9
323	Tiefgründungen	–	–	–	–
324	Gründungsbeläge	–	–	4.200,22	0,3
325	Abdichtungen und Bekleidungen	147,51 m²	242,54	35.777,49	2,4
326	Dränagen	–	–	–	–
329	Sonstiges zur KG 320	–	–	–	–
330	**Außenwände/Vert. Baukonstrukt., außen**	**485,41 m² AWF**	**1.277,50**	**620.109,85**	**41,6**
331	Tragende Außenwände	140,56 m²	477,43	67.108,15	4,5
332	Nichttragende Außenwände	15,32 m²	409,33	6.270,98	0,4
333	Außenstützen	101,85 m	1.036,40	105.557,21	7,1
334	Außenwandöffnungen	131,33 m²	960,36	126.123,45	8,5
335	Außenwandbekleidungen, außen	238,25 m²	870,02	207.282,42	13,9
336	Außenwandbekleidungen, innen	141,13 m²	15,23	2.148,72	0,1
337	Element. Außenwandkonstruktionen	98,01 m²	1.022,38	100.203,19	6,7
338	Lichtschutz zur KG 330	–	–	–	–
339	Sonstiges zur KG 330	485,41 m² AWF	11,16	5.415,76	0,4
340	**Innenwände/Vert. Baukonstrukt., innen**	**230,82 m² IWF**	**42,26**	**9.755,08**	**0,7**
341	Tragende Innenwände	–	–	–	–
342	Nichttragende Innenwände	–	–	–	–
343	Innenstützen	–	–	–	–
344	Innenwandöffnungen	34,50 m²	26,08	899,93	< 0,1
345	Innenwandbekleidungen	392,65 m²	5,97	2.342,34	0,2
346	Elementierte Innenwandkonstruktionen	–	–	5.776,89	0,4
347	Lichtschutz zur KG 340	–	–	–	–
349	Sonstiges zur KG 340	230,82 m² IWF	3,19	735,93	< 0,1
350	**Decken/Horizontale Baukonstruktionen**	**592,98 m² DEF**	**550,29**	**326.308,82**	**21,9**
351	Deckenkonstruktionen	592,98 m²	515,76	305.836,67	20,5
352	Deckenöffnungen	–	–	–	–
353	Deckenbeläge	–	–	20.472,17	1,4
354	Deckenbekleidungen	–	–	–	–
355	Elementierte Deckenkonstruktionen	–	–	–	–
359	Sonstiges zur KG 350	–	–	–	–
360	**Dächer**	**301,76 m² DAF**	**576,74**	**174.037,50**	**11,7**
361	Dachkonstruktionen	298,32 m²	3,29	982,20	< 0,1
362	Dachöffnungen	3,44 m²	3.476,19	11.958,10	0,8
363	Dachbeläge	298,32 m²	383,78	114.487,98	7,7
364	Dachbekleidungen	175,81 m²	253,22	44.519,14	3,0
365	Elementierte Dachkonstruktionen	–	–	–	–
366	Lichtschutz zur KG 360	–	–	–	–
369	Sonstiges zur KG 360	301,76 m² DAF	6,93	2.090,10	0,1
370	**Infrastrukturanlagen**	**–**	**–**	**–**	**–**
380	**Baukonstruktive Einbauten**	**1.546,61 m² BGF**	**1,83**	**2.823,97**	**0,2**
390	**Sonst. Maßnahmen für Baukonstrukt.**	**1.546,61 m² BGF**	**135,48**	**209.527,10**	**14,1**

Kostenkennwerte für die Kostengruppen 400 der 2. und 3. Ebene DIN 276 (Übersicht)

KG	Kostengruppe	Menge Einheit	€/Einheit	Kosten €	% an 3+4
400	**Bauwerk – Technische Anlagen**	**1.546,61 m²BGF**	**35,54**	**54.968,81**	**3,7**
410	**Abwasser-, Wasser-, Gasanlagen**	**1.546,61 m²BGF**	**8,49**	**13.135,27**	**0,9**
411	Abwasseranlagen	1.546,61 m²BGF	8,49	13.135,27	0,9
412	Wasseranlagen	–	–	–	–
413	Gasanlagen	–	–	–	–
419	Sonstiges zur KG 410	–	–	–	–
420	**Wärmeversorgungsanlagen**	**1.546,61 m²BGF**	**15,00**	**23.200,72**	**1,6**
421	Wärmeerzeugungsanlagen	–	–	–	–
422	Wärmeverteilnetze	1.546,61 m²BGF	0,19	298,27	< 0,1
423	Raumheizflächen	–	–	–	–
424	Verkehrsheizflächen	–	–	–	–
429	Sonstiges zur KG 420	1.546,61 m²BGF	14,81	22.902,47	1,5
430	**Raumlufttechnische Anlagen**	**–**	**–**	**–**	**–**
431	Lüftungsanlagen	–	–	–	–
432	Teilklimaanlagen	–	–	–	–
433	Klimaanlagen	–	–	–	–
434	Kälteanlagen	–	–	–	–
439	Sonstiges zur KG 430	–	–	–	–
440	**Elektrische Anlagen**	**1.546,61 m²BGF**	**12,05**	**18.632,82**	**1,3**
441	Hoch- und Mittelspannungsanlagen	–	–	–	–
442	Eigenstromversorgungsanlagen	–	–	–	–
443	Niederspannungsschaltanlagen	–	–	–	–
444	Niederspannungsinstallationsanlagen	1.546,61 m²BGF	10,50	16.232,97	1,1
445	Beleuchtungsanlagen	–	–	–	–
446	Blitzschutz- und Erdungsanlagen	1.546,61 m²BGF	1,55	2.399,85	0,2
447	Fahrleitungssysteme	–	–	–	–
449	Sonstiges zur KG 440	–	–	–	–
450	**Kommunikationstechnische Anlagen**	**–**	**–**	**–**	**–**
451	Telekommunikationsanlagen	–	–	–	–
452	Such- und Signalanlagen	–	–	–	–
453	Zeitdienstanlagen	–	–	–	–
454	Elektroakustische Anlagen	–	–	–	–
455	Audiovisuelle Medien- u. Antennenanl.	–	–	–	–
456	Gefahrenmelde- und Alarmanlagen	–	–	–	–
457	Datenübertragungsnetze	–	–	–	–
458	Verkehrsbeeinflussungsanlagen	–	–	–	–
459	Sonstiges zur KG 450	–	–	–	–
460	**Förderanlagen**	**–**	**–**	**–**	**–**
461	Aufzugsanlagen	–	–	–	–
462	Fahrtreppen, Fahrsteige	–	–	–	–
463	Befahranlagen	–	–	–	–
464	Transportanlagen	–	–	–	–
465	Krananlagen	–	–	–	–
466	Hydraulikanlagen	–	–	–	–
469	Sonstiges zur KG 460	–	–	–	–
470	**Nutzungsspez. u. verfahrenstechn. Anl.**	**–**	**–**	**–**	**–**
480	**Gebäude- und Anlagenautomation**	**–**	**–**	**–**	**–**
490	**Sonst. Maßnahmen für techn. Anlagen**	**–**	**–**	**–**	**–**

5100-0138
Sporthalle
(Zweifeldhalle)
Sozialtrakt
Gebäudehülle

Modernisierung

Kostenkennwerte für Leistungsbereiche nach STLB (Kosten des Bauwerks nach DIN 276)

LB	Leistungsbereiche	Kosten €	€/m² BGF	€/m³ BRI	% an 3+4
000	Sicherheits-, Baustelleneinrichtungen inkl. 001	132.485	85,70	17,30	8,9
002	Erdarbeiten	31.589	20,40	4,10	2,1
006	Spezialtiefbauarbeiten inkl. 005	–	–	–	–
009	Entwässerungskanalarbeiten inkl. 011	12.717	8,20	1,70	0,9
010	Drän- und Versickerarbeiten	–	–	–	–
012	Mauerarbeiten	82.109	53,10	10,70	5,5
	Wiederherstellen	16.168	10,50	2,10	1,1
	Herstellen	65.941	42,60	8,60	4,4
013	Betonarbeiten	429.480	277,70	56,20	28,8
	Wiederherstellen	429.480	277,70	56,20	28,8
014	Natur-, Betonwerksteinarbeiten	–	–	–	–
016	Zimmer- und Holzbauarbeiten	–	–	–	–
017	Stahlbauarbeiten	–	–	–	–
018	Abdichtungsarbeiten	35.778	23,10	4,70	2,4
019	Kampfmittelräumarbeiten	–	–	–	–
020	Dachdeckungsarbeiten	17.935	11,60	2,30	1,2
021	Dachabdichtungsarbeiten	86.979	56,20	11,40	5,8
	Wiederherstellen	511	0,33	0,07	< 0,1
	Herstellen	86.468	55,90	11,30	5,8
022	Klempnerarbeiten	16.513	10,70	2,20	1,1
	Rohbau	**845.584**	**546,70**	**110,60**	**56,7**
	Wiederherstellen	446.159	288,50	58,30	29,9
	Herstellen	399.425	258,30	52,20	26,8
023	Putz- und Stuckarbeiten, Wärmedämmsysteme	2.689	1,70	0,35	0,2
024	Fliesen- und Plattenarbeiten	–	–	–	–
025	Estricharbeiten	–	–	–	–
026	Fenster, Außentüren inkl. 029, 032	92.243	59,60	12,10	6,2
	Wiederherstellen	2.216	1,40	0,29	0,1
	Herstellen	90.028	58,20	11,80	6,0
027	Tischlerarbeiten	–	–	–	–
028	Parkettarbeiten, Holzpflasterarbeiten	–	–	–	–
030	Rollladenarbeiten	–	–	–	–
031	Metallbauarbeiten inkl. 035	32.695	21,10	4,30	2,2
	Wiederherstellen	30.126	19,50	3,90	2,0
	Herstellen	2.570	1,70	0,34	0,2
034	Maler- und Lackiererarbeiten inkl. 037	32.461	21,00	4,20	2,2
	Wiederherstellen	31.382	20,30	4,10	2,1
	Herstellen	1.079	0,70	0,14	< 0,1
036	Bodenbelagarbeiten	–	–	–	–
038	Vorgehängte hinterlüftete Fassaden	271.102	175,30	35,50	18,2
	Wiederherstellen	484	0,31	0,06	< 0,1
	Herstellen	270.619	175,00	35,40	18,2
039	Trockenbauarbeiten	20.829	13,50	2,70	1,4
	Ausbau	**452.020**	**292,30**	**59,10**	**30,3**
	Wiederherstellen	64.207	41,50	8,40	4,3
	Herstellen	387.813	250,80	50,70	26,0
040	Wärmeversorgungsanl. - Betriebseinr. inkl. 041	2.098	1,40	0,27	0,1
	Wiederherstellen	712	0,46	0,09	< 0,1
	Herstellen	1.386	0,90	0,18	< 0,1
042	Gas- und Wasserinstallation, Leitungen inkl. 043	–	–	–	–

LB	Leistungsbereiche	Kosten €	€/m² BGF	€/m³ BRI	% an 3+4
044	Abwasseranlagen - Leitungen	4.290	2,80	0,56	0,3
045	GWE-Einrichtungsgegenstände inkl. 046	–	–	–	–
047	Dämmarbeiten an betriebstechnischen Anlagen	–	–	–	–
049	Feuerlöschanlagen, Feuerlöschgeräte	–	–	–	–
050	Blitzschutz- und Erdungsanlagen	2.263	1,50	0,30	0,2
053	Niederspannungsanlagen inkl. 052, 054	16.233	10,50	2,10	1,1
055	Sicherheits- u. Ersatzstromversorgungsanl.	–	–	–	–
057	Gebäudesystemtechnik	–	–	–	–
058	Leuchten und Lampen inkl. 059	–	–	–	–
060	Sprechanlagen, elektroakust. Anlagen inkl. 064	–	–	–	–
061	Kommunikationsnetze inkl. 063	–	–	–	–
069	Aufzüge	–	–	–	–
070	Gebäudeautomation	–	–	–	–
075	Raumlufttechnische Anlagen inkl. 078	–	–	–	–
	Gebäudetechnik	**24.883**	**16,10**	**3,30**	**1,7**
	Wiederherstellen	712	0,46	0,09	< 0,1
	Herstellen	24.172	15,60	3,20	1,6
084	Abbruch, Rückbau, Schadstoffsanierung	133.407	86,30	17,40	9,0
	Abbrechen	133.407	86,30	17,40	9,0
	Abbrucharbeiten	**133.407**	**86,30**	**17,40**	**9,0**
	Abbrechen	133.407	86,30	17,40	9,0
	Sonstige Leistungsbereiche	**34.653**	**22,40**	**4,50**	**2,3**

5100-0139
Sporthalle
(Zweifeldhalle)
Halleninnenraum
u. Gebäudehülle

Modernisierung

Objektübersicht

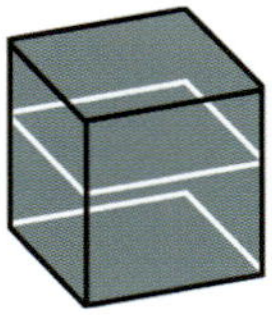

BRI 244 €/m^3

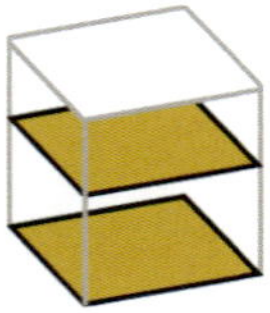

BGF 1.318 €/m^2

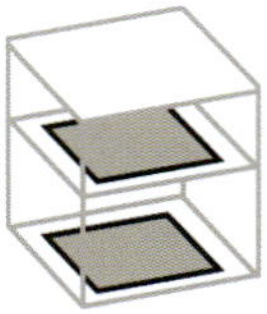

NUF 1.527 €/m^2

Objekt:
Kennwerte: 3. Ebene DIN 276
BRI: 6.596 m^3
BGF: 1.222 m^2
NUF: 1.055 m^2
Bauzeit: 43 Wochen
Bauende: 2019
Standard: Durchschnitt
Bundesland: Berlin
Kreis: Berlin, Stadt

Architekt*in:
TSSB
architekten.ingenieure
Invalidenstraße 124
10115 Berlin

Bauherr*in:
Bezirksamt
Steglitz-Zehlendorf
Kirchstraße 1/3
14163 Berlin

vorher

nachher

vorher

nachher

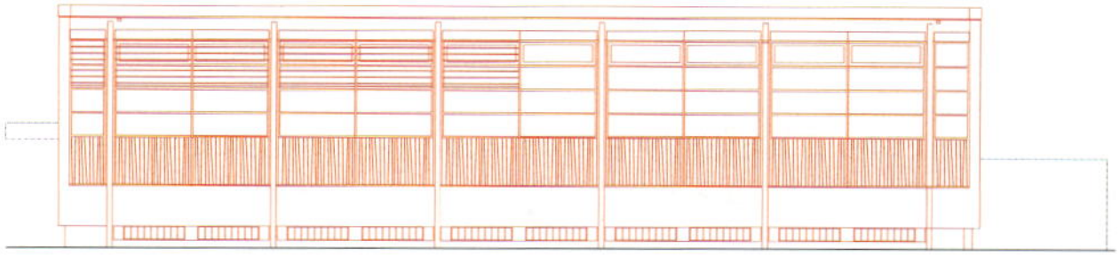

Ansicht Süd-Ost

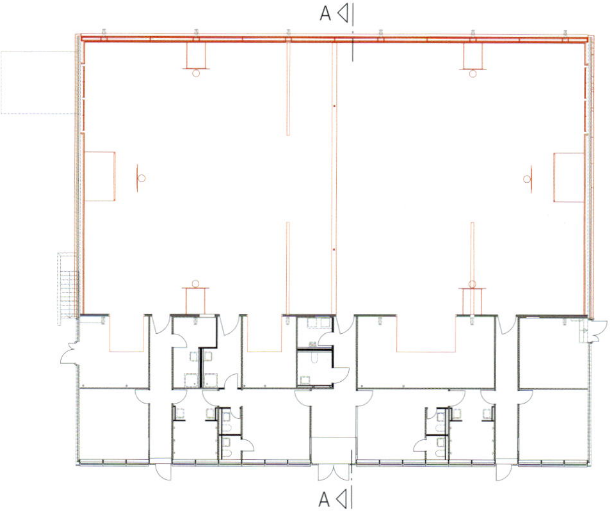

Erdgeschoss

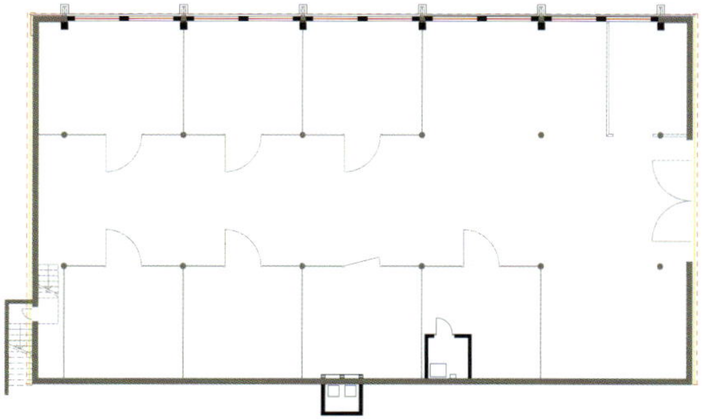

Untergeschoss

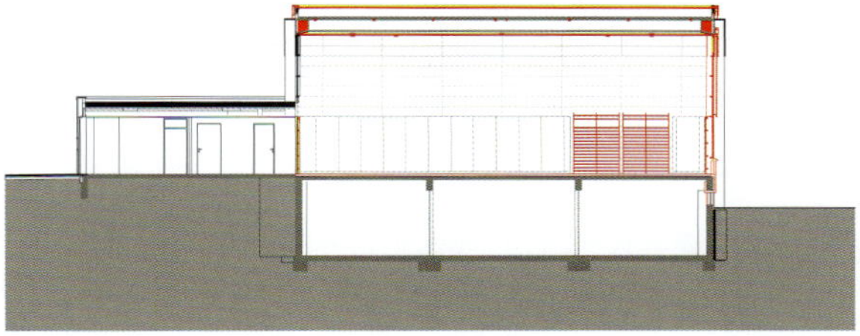

Schnitt A-A

5100-0139
Sporthalle
(Zweifeldhalle)
Halleninnenraum
u. Gebäudehülle

Modernisierung

Objektbeschreibung

Allgemeine Objektinformationen

Nach rund 50jähriger Nutzung wurde die Sporthalle in drei Bauabschnitten kernsaniert. In dieser Dokumentation handelt es sich um den dritten Bauabschnitt. Hier wurde die Gebäudehülle der Halle sowie der Halleninnenraum modernisiert.

Nutzung

1 Untergeschoss
Lagerräume, Technikräume, Installationsschacht

1 Erdgeschoss
Sporthalle, Umkleide- und Duschräume, WCs, Geräteräume, Flure, Eingang, Technikraum

Nutzeinheiten

Hallenfelder: 2
Gebäude: 1
Hallenfläche: 574 m²

Grundstück

Bauraum: Beengter Bauraum
Neigung: Ebenes Gelände
Bodenklasse: BK 1 bis BK 4

Markt

Hauptvergabezeit: 3. Quartal 2018
Baubeginn: 1. Quartal 2019
Bauende: 4. Quartal 2019
Konjunkturelle Gesamtlage: über Durchschnitt
Regionaler Baumarkt: über Durchschnitt

Baubestand

Baujahr: 1970
Bauzustand: mittel
Aufwand: mittel
Grundrissänderungen: wenige
Tragwerkseingriffe: wenige
Nutzungsänderung: nein
Nutzung während der Bauzeit: nein

Baukonstruktion

Es wurden umfangreiche Betonsanierungsmaßnahmen im Innen- und Außenbereich durchgeführt, sowie die Dämmung der erdberührten Sockelflächen erneuert. Weiter wurde das Wärmedämmverbundsystem an beiden Giebelwänden erneuert und die straßenseitige Fassade durch eine neue Alu-Pfosten-Riegel-Fassade ersetzt. Die neue Fassade erlaubt eine mechanische Lüftung mittels eingebauter Öffnungsflügel im oberen Bereich. In der Sporthalle und den Geräteräumen wurden ein flächenelastischer Sportboden und ein umlaufender Prallschutz mit vertikaler Holzbeplankung eingebaut. Sämtliche fest montierte Sportgeräte und der Trennvorhang wurden erneuert.

Technische Anlagen

Der Wärmeerzeuger blieb im Bestand. Die bestehende Heizung der Halle über Raumluft wurde zurück gebaut und durch eine neue Deckenstrahlheizung, als geschlossenes System, ersetzt. Sämtliche Elektroinstallationen wurden erneuert. Die in die Decke integrierten Lautsprecher werden zur Beschallung und Alarmierung genutzt. Alle elektrisch betriebenen Bauteile wie Sportgeräte, Fenster, Sonnenschutz, etc. können pro Hallenhälfte betrieben werden. Die Fenster schließen nach zwei Stunden automatisch.

Sonstiges

Die Bauabschnitte eins und zwei wurden in eigenständigen Objekten dokumentiert.

Objekt-Nr. 5100-0132 Modernisierung von Innenbereich Sozialtrakt

Objekt-Nr. 5100-0138 Modernisierung von Gebäudehülle des Sozialtraktes und Hallenfassade

Planungskennwerte für Flächen und Rauminhalte nach DIN 277

Flächen des Grundstücks		Menge Einheit	% an GF
BF	Bebaute Fläche	965,36 m^2	44,7
UF	Unbebaute Fläche	1.195,20 m^2	55,3
GF	Grundstücksfläche	2.160,56 m^2	100,0

Grundflächen des Bauwerks		Menge Einheit	% an NUF	% an BGF
NUF	Nutzungsfläche	1.054,80 m^2	100,0	86,3
TF	Technikfläche	37,66 m^2	3,6	3,1
VF	Verkehrsfläche	50,41 m^2	4,8	4,1
NRF	Netto-Raumfläche	1.142,87 m^2	108,3	93,5
KGF	Konstruktions-Grundfläche	78,85 m^2	7,5	6,5
BGF	Brutto-Grundfläche	1.221,72 m^2	115,8	100,0

Brutto-Rauminhalt des Bauwerks		Menge Einheit	BRI/NUF (m)	BRI/BGF (m)
BRI	Brutto-Rauminhalt	6.596,38 m^3	6,25	5,40

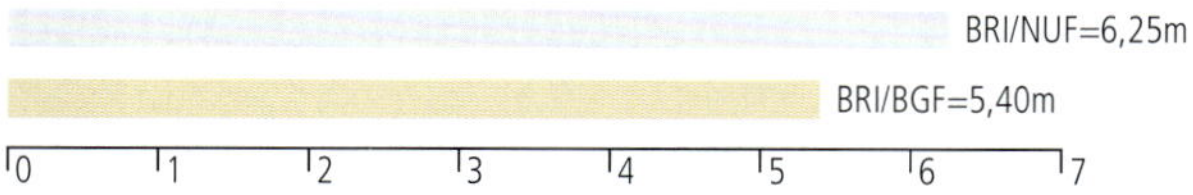

Lufttechnisch behandelte Flächen	Menge Einheit	% an NUF	% an BGF
Entlüftete Fläche	–	–	–
Be- und entlüftete Fläche	–	–	–
Teilklimatisierte Fläche	–	–	–
Klimatisierte Fläche	–	–	–

KG	Kostengruppen (2. Ebene)	Menge Einheit	Menge/NUF	Menge/BGF
310	Baugrube / Erdbau	–	–	–
320	Gründung, Unterbau	121,37 m^2 GRF	0,12	0,10
330	Außenwände/Vertikale Baukonstruktionen, außen	832,38 m^2 AWF	0,79	0,68
340	Innenwände/Vertikale Baukonstruktionen, innen	229,30 m^2 IWF	0,22	0,19
350	Decken/Horizontale Baukonstruktionen	597,67 m^2 DEF	0,57	0,49
360	Dächer	621,98 m^2 DAF	0,59	0,51

5100-0139
Sporthalle
(Zweifeldhalle)
Halleninnenraum
u. Gebäudehülle

Modernisierung

Kostenkennwerte für die Kostengruppen der 1. Ebene DIN 276

KG	Kostengruppen (1. Ebene)	Einheit	Kosten €	€/Einheit	€/m² BGF	€/m³ BRI	% 300+400
100	Grundstück	m² GF	–	–	–	–	–
200	Vorbereitende Maßnahmen	m² GF	–	–	–	–	–
300	Bauwerk – Baukonstruktionen	m² BGF	965.551	790,32	790,32	146,38	60,0
400	Bauwerk – Technische Anlagen	m² BGF	644.766	527,75	527,75	97,75	40,0
	Bauwerk 300+400	**m² BGF**	**1.610.317**	**1.318,07**	**1.318,07**	**244,12**	**100,0**
500	Außenanlagen und Freiflächen	m² AF	4.106	4,11	3,36	0,62	0,3
600	Ausstattung und Kunstwerke	m² BGF	–	–	–	–	–
700	Baunebenkosten	m² BGF	–	–	–	–	–
800	Finanzierung	m² BGF	–	–	–	–	–

KG	Kostengruppe	Menge Einheit	Kosten €	€/Einheit	%
3+4	**Bauwerk**				**100,0**
300	**Bauwerk – Baukonstruktionen**	1.221,72 m² BGF	965.551	**790,32**	60,0

- Abbrechen (Kosten: 3,5%) 34.025
  Abbruch von WDVS, Dämmstoff schadstoffbelastet, Blechbekleidung, Glasfaserkonstruktion; Trennvorhang; Attikaabdeckungen, Dachentwässerung; Sportgeräten; Entsorgung, Deponiegebühren
- Wiederherstellen (Kosten: 2,6%) 25.300
  Erneuern von Estrich, Linoleum; beschädigte Glasscheibe austauschen, Rostschutzbeschichtung Hallenträger, Stahl-Geländer kürzen
- Herstellen (Kosten: 93,9%) 906.226
  Attika erhöhen, WDVS, Prallwände, Akustiklamellen, Alu-Pfosten-Riegel-Fassade, Verglasungen, hinterlüftete Fassadenelemente, Stützen-/Trägerkonstruktion, Lamellenraffstores; Schwebetore, Holz/Glastüren, Stahlträger mit Trennvorhang; Sportboden; Abdichtung, Dachentwässerung; Sportgeräte

KG	Kostengruppe	Menge Einheit	Kosten €	€/Einheit	%
400	**Bauwerk – Technische Anlagen**	1.221,72 m² BGF	644.766	**527,75**	40,0

- Abbrechen (Kosten: 1,7%) 11.089
  Abbruch von Abwasserleitungen; Trinkwasserleitungen, Dämmung, schadstoffbelastet; Lüftungsanlage, Kanälen, Gittern, Brandschutzklappen, schadstoffbelastet; Elektroinstallationen, Blitzschutzanlage; Entsorgung, Deponiegebühren
- Wiederherstellen (Kosten: 1,8%) 11.631
  Kamerabefahrung; Reparatur von Akkus, Präsenzmeldern, LED-Wannenleuchte, Rettungszeichenleuchten
- Herstellen (Kosten: 96,5%) 622.046
  Gebäudeentwässerung, Sanitärobjekte; Regelgerät für Kesselanlage, Heizungsrohre, Heizpaneeldecke; Lüftungskanäle; Elektroinstallation, Beleuchtung, Blitzschutz; Elektroakustische Anlage, Brandmeldeleitungen, RWA-Fensteröffnungen, RWA-Lüfter, EDV-Verkabelung, Gebäudeautomation

KG	Kostengruppe	Menge Einheit	Kosten €	€/Einheit	%
500	**Außenanlagen und Freiflächen**	1.000,00 m² AF	4.106	**4,11**	0,3

- Abbrechen (Kosten: 100,0%) 4.106
  Abräumen von Bewuchs; Entsorgung, Deponiegebühren

Kostenkennwerte für die Kostengruppen der 2. Ebene DIN 276

KG	Kostengruppe	Menge Einheit	Kosten €	€/Einheit	%
300	**Bauwerk – Baukonstruktionen**				**100,0**
320	**Gründung, Unterbau**	121,37 m² GRF	22.549	**185,79**	2,3
	• Wiederherstellen (Kosten: 52,6%) Erneuern von beschädigtem Estrich, Linoleum (46m²), Bodenschwellen (2St)	46,37 m² GRF	11.858	**255,73**	
	• Herstellen (Kosten: 47,4%) Trockenschüttung, i.M. 10mm, Wärmedämmung, d=60mm, Sportboden, Versiegelung (75m²)	75,00 m² GRF	10.691	**142,54**	
330	**Außenwände/Vert. Baukonstrukt., außen**	832,38 m² AWF	507.501	**609,70**	52,6
	• Abbrechen (Kosten: 5,7%) Abbruch von WDVS, Dämmstoff schadstoffbelastet (255m²), Blechbekleidung, PUR-Dämmplatten (20m²) * Glasfaserkonstruktion (202m²); Entsorgung, Deponiegebühren	476,86 m² AWF	28.712	**60,21**	
	• Wiederherstellen (Kosten: 2,6%) Beschädigte Glasscheibe austauschen (1St) * Rostschutzbeschichtung Hallenträger (88m²) * Stahl-Geländer teilweise demontieren, lagern, kürzen (psch); Entsorgung, Deponiegebühren	87,75 m² AWF	13.442	**153,19**	
	• Herstellen (Kosten: 91,7%) Attika erhöhen, Holzbohlen, h=25cm (42m²) * Fenstergitter (10m²) * WDVS Dämmung (335m²), Oberputz, Beschichtung (335m²) * Prallwand-Unterkonstruktion (276m²), Akustikelemente, gelocht (150m²), Akustiklamellen (144m²), Wandschrank integriert (1St) * Alu-Pfosten-Riegel-Fassade, gedämmt (180m²), Festglasfelder (80m²), RWA-Oberlichter (24m²), Alu-Paneelfelder, Dämmung (64m²), HPL-Platten, hinterlüftet (52m²), Stützen-/Trägerkonstruktion (33m) * Alu-Lamellenraffstores (123m²)	744,63 m² AWF	465.346	**624,94**	
340	**Innenwände/Vert. Baukonstrukt., innen**	229,30 m² IWF	141.322	**616,32**	14,6
	• Abbrechen (Kosten: 1,4%) Abbruch von Trennvorhang (133m²); Entsorgung, Deponiegebühren	133,00 m² IWF	2.007	**15,09**	
	• Herstellen (Kosten: 98,6%) Stahl-Schwebetore, Oberfläche flächenelastisch, ballwurfsicher, Holzrahmen (26m²), als Stahlrahmen-Holztür (3m²), als Stahlrahmen-Glastüren (10m²), als Fensterelement (1m²), Akustikpaneelbekleidung (29m²) * Prallwand-Unterkonstruktion (70m²), Akustiklamellen (79m²), Wandschränke integriert (2St), Revisionstüren (2St), Glas-Magnet-Tafeln (2St) * Stahlträger Hallentrennwand, Kopfplatten, verschraubt, verschweißt (8St), mobiler Trennvorhang, Motorantrieb (150m²)	229,30 m² IWF	139.315	**607,57**	
350	**Decken/Horizontale Baukonstruktionen**	597,67 m² DEF	93.138	**155,83**	9,6
	• Herstellen (Kosten: 100,0%) Trockenschüttung, i.M. 10mm, Wärmedämmung, d=60mm, Sportboden, Versiegelung (598m²), Spielfeldmarkierungen (893m)	597,67 m² DEF	93.138	**155,83**	
360	**Dächer**	621,98 m² DAF	50.544	**81,26**	5,2
	• Abbrechen (Kosten: 2,7%) Abbruch von Attikaabdeckungen (105m), Regenrinnen (6m), Fallrohren (32m), Standrohren (4St); Entsorgung, Deponiegebühren	–	1.381	**–**	
	• Herstellen (Kosten: 97,3%) Vlies, Bitumenabdichtung (622m²), Attikaabdeckungen (105m), Dachabläufe (2St), Notüberläufe (2St), Regenrinne (6m), Fallrohre (32m), Standrohre (3St)	621,98 m² DAF	49.163	**79,04**	

KG	Kostengruppe	Menge Einheit	Kosten €	€/Einheit	%
380	**Baukonstruktive Einbauten**	1.221,72 m² BGF	48.709	**39,87**	5,0
	• Abbrechen (Kosten: 4,0%) Abbruch von Sportgeräten (psch); Entsorgung, Deponiegebühren	1.221,72 m² BGF	1.924	**1,58**	
	• Herstellen (Kosten: 96,0%) Sprossenwände (4St), Reckstangen (4St), Basketball-Anlagen (4St), Ringe-Anlagen (6St), Klettertau-Anlage (1St), Volleyballpfosten, Netze (psch), Handballtore, Netze (2St), Spielpfosten, fahrbar (2St), Bodenhülsen (7St)	1.221,72 m² BGF	46.784	**38,29**	
390	**Sonst. Maßnahmen für Baukonstrukt.**	1.221,72 m² BGF	101.789	**83,32**	10,5
	• Herstellen (Kosten: 100,0%) Baustelleneinrichtungen (5St), Bauschild (psch), Bauzaun (161m), Baubeleuchtung (24St), Baustellen-WC (1St) * Fassadengerüst (749m²), Treppenturm (19m), Rollgerüste (2St), Kleingüteraufzug (2St) * Schutzabdeckungen (21m²), Gebäudereinigung (psch), Verkehrssicherung (psch)	1.221,72 m² BGF	101.789	**83,32**	
400	**Bauwerk – Technische Anlagen**				**100,0**
410	**Abwasser-, Wasser-, Gasanlagen**	1.221,72 m² BGF	16.723	**13,69**	2,6
	• Abbrechen (Kosten: 6,9%) Abbruch von Entwässerungsleitungen DN50-100 (25m); Entsorgung, Deponiegebühren	1.221,72 m² BGF	1.159	**0,95**	
	• Wiederherstellen (Kosten: 55,6%) Kamerabefahrung wegen eines Wasserschadens (psch)	1.221,72 m² BGF	9.303	**7,61**	
	• Herstellen (Kosten: 37,4%) PP-Rohre DN100 (20m), Reinigungsöffnungen (3St), Kanalanschlüsse DN100 (7St) * WC-Sitze (psch)	1.221,72 m² BGF	6.262	**5,13**	
420	**Wärmeversorgungsanlagen**	1.221,72 m² BGF	463.082	**379,04**	71,8
	• Abbrechen (Kosten: 0,1%) Abbruch von Rohrleitungen DN40-65, Rohrdämmung, schadstoffbelastet (12m), Armaturen (2St); Entsorgung, Deponiegebühren	1.221,72 m² BGF	600	**0,49**	
	• Herstellen (Kosten: 99,9%) Regelgerät für bestehende Gas-Kesselanlage (1St), Funktionsmodule (2St), Temperaturfühler (1St), Elektroverkabelung (1St) * Stahlrohre DN15-32 (427m), Stellmotor (1St), Pumpe (1St), Thermometer (2St), Manometer (2St), Absperrventile DN32 (2St) * Heizpaneeldecke, gelocht (576m²), Dämmung (650m²), Temperaturfühler (2St), Volumenstromregler (2St)	1.221,72 m² BGF	462.482	**378,55**	
430	**Raumlufttechnische Anlagen**	1.221,72 m² BGF	10.519	**8,61**	1,6
	• Abbrechen (Kosten: 80,5%) Abbruch von Lüftungsanlage (1St), Lüftungskanälen (135m²), Lüftungsgittern (6St), Brandschutz-klappen, schadstoffbelastet (2St); Entsorgung, Deponiegebühren	1.221,72 m² BGF	8.473	**6,94**	
	• Herstellen (Kosten: 19,5%) Lüftungskanäle (psch)	1.221,72 m² BGF	2.047	**1,68**	

KG	Kostengruppe	Menge Einheit	Kosten €	€/Einheit	%
440	**Elektrische Anlagen**	1.221,72 m²BGF	98.065	**80,27**	15,2
	• Abbrechen (Kosten: 0,9%) Abbruch von Anschlussleitungen (150m), Elektroinstallationen (psch) * Blitzschutzanlage (psch); Entsorgung, Deponiegebühren	1.221,72 m²BGF	858	**0,70**	
	• Wiederherstellen (Kosten: 2,4%) Akkus reparieren (6St) * Präsenzmelder reparieren (2St) * LED-Wannenleuchte reparieren (1St), gelagerte Rettungszeichenleuchten montieren (9St)	1.221,72 m²BGF	2.328	**1,91**	
	• Herstellen (Kosten: 96,8%) Mantelleitungen (1.771m), Schalter/Taster/Steckdosen (23St) * LED-Einbauleuchten (24St) * Blitzschutz (psch), Ableiter (16St), Potenzialausgleichsschienen (3St)	1.221,72 m²BGF	94.879	**77,66**	
450	**Kommunikationstechnische Anlagen**	1.221,72 m²BGF	42.728	**34,97**	6,6
	• Herstellen (Kosten: 100,0%) Fernmeldeleitungen (457m) * Ballwurfgitter für Läutewerke (5St) * Lautsprecher (8St), Überwachungsmodule (4St), Verstärker (2St), Mikrofon (1St) * Ballwurfsichere Chronometer (3St) * Brandmeldeleitungen (284m), Mantelleitungen (20m), RWA-Fensteröffnungen, Kettenantrieb (12St), RWA-Lüftungszentrale, vier Lüftergruppen (1St) * Datenkabel (54m)	1.221,72 m²BGF	42.728	**34,97**	
480	**Gebäude- und Anlagenautomation**	1.221,72 m²BGF	12.253	**10,03**	1,9
	• Herstellen (Kosten: 100,0%) Verteiler (1St), Leitungsschutzschalter (12St), KNX-Spannungsversorgungen (2St) * Schlüsselschalter (14St), Tastensensoren (4St), Jalousieaktoren (8St), Bewegungsmelder (4St), Wetterstation (1St), Wetterzentrale, Beleuchtungsanlage (1St)	1.221,72 m²BGF	12.253	**10,03**	
490	**Sonst. Maßnahmen für techn. Anlagen**	1.221,72 m²BGF	1.396	**1,14**	0,2
	• Herstellen (Kosten: 100,0%) Container (1St), für Schadstoffe (1St) * Schutzabdeckungen (24m²)	1.221,72 m²BGF	1.396	**1,14**	
500	**Außenanlagen und Freiflächen**				**100,0**
570	**Vegetationsflächen**	–	4.106	–	100,0
	• Abbrechen (Kosten: 100,0%) Roden von Sträuchern (50m²), Fassadenbewuchs entfernen (psch); Entsorgung, Deponiegebühren	50,40 m²PSF	4.106	**81,47**	

Kostenkennwerte für die Kostengruppen 300 der 2. und 3. Ebene DIN 276 (Übersicht)

KG	Kostengruppe	Menge Einheit	€/Einheit	Kosten €	% an 3+4
300	**Bauwerk – Baukonstruktionen**	**1.221,72 m² BGF**	**790,32**	**965.551,27**	**60,0**
310	**Baugrube / Erdbau**	**–**	**–**	**–**	**–**
311	Herstellung	–	–	–	–
312	Umschließung	–	–	–	–
313	Wasserhaltung	–	–	–	–
314	Vortrieb	–	–	–	–
319	Sonstiges zur KG 310	–	–	–	–
320	**Gründung, Unterbau**	**121,37 m² GRF**	**185,79**	**22.548,90**	**1,4**
321	Baugrundverbesserung	–	–	–	–
322	Flachgründungen und Bodenplatten	–	–	–	–
323	Tiefgründungen	–	–	–	–
324	Gründungsbeläge	121,37 m²	185,79	22.548,90	1,4
325	Abdichtungen und Bekleidungen	–	–	–	–
326	Dränagen	–	–	–	–
329	Sonstiges zur KG 320	–	–	–	–
330	**Außenwände/Vert. Baukonstrukt., außen**	**832,38 m² AWF**	**609,70**	**507.500,99**	**31,5**
331	Tragende Außenwände	–	–	–	–
332	Nichttragende Außenwände	41,87 m²	362,44	15.175,30	0,9
333	Außenstützen	–	–	–	–
334	Außenwandöffnungen	10,22 m²	2.755,93	28.165,56	1,7
335	Außenwandbekleidungen, außen	422,48 m²	280,17	118.364,48	7,4
336	Außenwandbekleidungen, innen	294,06 m²	311,86	91.705,45	5,7
337	Element. Außenwandkonstruktionen	399,68 m²	578,72	231.301,50	14,4
338	Lichtschutz zur KG 330	123,04 m²	178,70	21.986,83	1,4
339	Sonstiges zur KG 330	832,38 m² AWF	0,96	801,84	< 0,1
340	**Innenwände/Vert. Baukonstrukt., innen**	**229,30 m² IWF**	**616,32**	**141.321,93**	**8,8**
341	Tragende Innenwände	–	–	–	–
342	Nichttragende Innenwände	–	–	–	–
343	Innenstützen	–	–	–	–
344	Innenwandöffnungen	40,27 m²	1.643,22	66.172,37	4,1
345	Innenwandbekleidungen	78,86 m²	492,49	38.837,41	2,4
346	Elementierte Innenwandkonstruktionen	149,60 m²	242,73	36.312,16	2,3
347	Lichtschutz zur KG 340	–	–	–	–
349	Sonstiges zur KG 340	–	–	–	–
350	**Decken/Horizontale Baukonstruktionen**	**597,67 m² DEF**	**155,83**	**93.137,70**	**5,8**
351	Deckenkonstruktionen	–	–	–	–
352	Deckenöffnungen	–	–	–	–
353	Deckenbeläge	597,67 m²	155,83	93.137,70	5,8
354	Deckenbekleidungen	–	–	–	–
355	Elementierte Deckenkonstruktionen	–	–	–	–
359	Sonstiges zur KG 350	–	–	–	–
360	**Dächer**	**621,98 m² DAF**	**81,26**	**50.544,36**	**3,1**
361	Dachkonstruktionen	–	–	–	–
362	Dachöffnungen	–	–	–	–
363	Dachbeläge	621,98 m²	81,26	50.544,36	3,1
364	Dachbekleidungen	–	–	–	–
365	Elementierte Dachkonstruktionen	–	–	–	–
366	Lichtschutz zur KG 360	–	–	–	–
369	Sonstiges zur KG 360	–	–	–	–
370	**Infrastrukturanlagen**	**–**	**–**	**–**	**–**
380	**Baukonstruktive Einbauten**	**1.221,72 m² BGF**	**39,87**	**48.708,53**	**3,0**
390	**Sonst. Maßnahmen für Baukonstrukt.**	**1.221,72 m² BGF**	**83,32**	**101.788,85**	**6,3**

Kostenkennwerte für die Kostengruppen 400 der 2. und 3. Ebene DIN 276 (Übersicht)

KG	Kostengruppe	Menge Einheit	€/Einheit	Kosten €	% an 3+4
400	**Bauwerk – Technische Anlagen**	**1.221,72 m² BGF**	**527,75**	**644.765,87**	**40,0**
410	**Abwasser-, Wasser-, Gasanlagen**	**1.221,72 m² BGF**	**13,69**	**16.723,29**	**1,0**
411	Abwasseranlagen	1.221,72 m² BGF	13,52	16.517,35	1,0
412	Wasseranlagen	1.221,72 m² BGF	0,17	205,94	< 0,1
413	Gasanlagen	–	–	–	–
419	Sonstiges zur KG 410	–	–	–	–
420	**Wärmeversorgungsanlagen**	**1.221,72 m² BGF**	**379,04**	**463.081,64**	**28,8**
421	Wärmeerzeugungsanlagen	1.221,72 m² BGF	5,04	6.160,14	0,4
422	Wärmeverteilnetze	1.221,72 m² BGF	105,28	128.625,83	8,0
423	Raumheizflächen	1.221,72 m² BGF	268,72	328.295,69	20,4
424	Verkehrsheizflächen	–	–	–	–
429	Sonstiges zur KG 420	–	–	–	–
430	**Raumlufttechnische Anlagen**	**1.221,72 m² BGF**	**8,61**	**10.519,34**	**0,7**
431	Lüftungsanlagen	–	–	–	–
432	Teilklimaanlagen	1.221,72 m² BGF	8,61	10.519,34	0,7
433	Klimaanlagen	–	–	–	–
434	Kälteanlagen	–	–	–	–
439	Sonstiges zur KG 430	–	–	–	–
440	**Elektrische Anlagen**	**1.221,72 m² BGF**	**80,27**	**98.064,57**	**6,1**
441	Hoch- und Mittelspannungsanlagen	–	–	–	–
442	Eigenstromversorgungsanlagen	1.221,72 m² BGF	0,74	900,89	< 0,1
443	Niederspannungsschaltanlagen	–	–	–	–
444	Niederspannungsinstallationsanlagen	1.221,72 m² BGF	31,40	38.357,07	2,4
445	Beleuchtungsanlagen	1.221,72 m² BGF	34,47	42.107,90	2,6
446	Blitzschutz- und Erdungsanlagen	1.221,72 m² BGF	13,67	16.698,71	1,0
447	Fahrleitungssysteme	–	–	–	–
449	Sonstiges zur KG 440	–	–	–	–
450	**Kommunikationstechnische Anlagen**	**1.221,72 m² BGF**	**34,97**	**42.727,98**	**2,7**
451	Telekommunikationsanlagen	1.221,72 m² BGF	1,83	2.230,79	0,1
452	Such- und Signalanlagen	1.221,72 m² BGF	0,43	531,34	< 0,1
453	Zeitdienstanlagen	–	–	–	–
454	Elektroakustische Anlagen	1.221,72 m² BGF	4,46	5.447,06	0,3
455	Audiovisuelle Medien- u. Antennenanl.	1.221,72 m² BGF	3,07	3.756,36	0,2
456	Gefahrenmelde- und Alarmanlagen	1.221,72 m² BGF	24,92	30.443,21	1,9
457	Datenübertragungsnetze	1.221,72 m² BGF	0,26	319,23	< 0,1
458	Verkehrsbeeinflussungsanlagen	–	–	–	–
459	Sonstiges zur KG 450	–	–	–	–
460	**Förderanlagen**	**–**	**–**	**–**	**–**
461	Aufzugsanlagen	–	–	–	–
462	Fahrtreppen, Fahrsteige	–	–	–	–
463	Befahranlagen	–	–	–	–
464	Transportanlagen	–	–	–	–
465	Krananlagen	–	–	–	–
466	Hydraulikanlagen	–	–	–	–
469	Sonstiges zur KG 460	–	–	–	–
470	**Nutzungsspez. u. verfahrenstechn. Anl.**	**–**	**–**	**–**	**–**
480	**Gebäude- und Anlagenautomation**	**1.221,72 m² BGF**	**10,03**	**12.253,03**	**0,8**
490	**Sonst. Maßnahmen für techn. Anlagen**	**1.221,72 m² BGF**	**1,14**	**1.396,01**	**< 0,1**

5100-0139
Sporthalle
(Zweifeldhalle)
Halleninnenraum
u. Gebäudehülle

Modernisierung

Kostenkennwerte für Leistungsbereiche nach STLB (Kosten des Bauwerks nach DIN 276)

LB	Leistungsbereiche	Kosten €	€/m² BGF	€/m³ BRI	% an 3+4
000	Sicherheits-, Baustelleneinrichtungen inkl. 001	78.273	64,10	11,90	4,9
002	Erdarbeiten	–	–	–	–
006	Spezialtiefbauarbeiten inkl. 005	–	–	–	–
009	Entwässerungskanalarbeiten inkl. 011	–	–	–	–
010	Drän- und Versickerarbeiten	–	–	–	–
012	Mauerarbeiten	1.159	0,95	0,18	< 0,1
013	Betonarbeiten	5.711	4,70	0,87	0,4
014	Natur-, Betonwerksteinarbeiten	–	–	–	–
016	Zimmer- und Holzbauarbeiten	188	0,15	0,03	< 0,1
017	Stahlbauarbeiten	–	–	–	–
018	Abdichtungsarbeiten	–	–	–	–
019	Kampfmittelräumarbeiten	–	–	–	–
020	Dachdeckungsarbeiten	–	–	–	–
021	Dachabdichtungsarbeiten	57.666	47,20	8,70	3,6
022	Klempnerarbeiten	6.672	5,50	1,00	0,4
	Rohbau	**149.669**	**122,50**	**22,70**	**9,3**
023	Putz- und Stuckarbeiten, Wärmedämmsysteme	85.149	69,70	12,90	5,3
024	Fliesen- und Plattenarbeiten	1.864	1,50	0,28	0,1
	Wiederherstellen	1.864	1,50	0,28	0,1
025	Estricharbeiten	–	–	–	–
026	Fenster, Außentüren inkl. 029, 032	8.670	7,10	1,30	0,5
027	Tischlerarbeiten	160.630	131,50	24,40	10,0
028	Parkettarbeiten, Holzpflasterarbeiten	–	–	–	–
030	Rollladenarbeiten	21.987	18,00	3,30	1,4
031	Metallbauarbeiten inkl. 035	292.566	239,50	44,40	18,2
	Wiederherstellen	7.813	6,40	1,20	0,5
	Herstellen	284.753	233,10	43,20	17,7
034	Maler- und Lackiererarbeiten inkl. 037	5.629	4,60	0,85	0,3
	Wiederherstellen	5.629	4,60	0,85	0,3
036	Bodenbelagarbeiten	113.856	93,20	17,30	7,1
	Wiederherstellen	9.994	8,20	1,50	0,6
	Herstellen	103.862	85,00	15,70	6,4
038	Vorgehängte hinterlüftete Fassaden	–	–	–	–
039	Trockenbauarbeiten	23.272	19,00	3,50	1,4
	Ausbau	**713.622**	**584,10**	**108,20**	**44,3**
	Wiederherstellen	25.301	20,70	3,80	1,6
	Herstellen	688.322	563,40	104,30	42,7
040	Wärmeversorgungsanl. - Betriebseinr. inkl. 041	453.114	370,90	68,70	28,1
042	Gas- und Wasserinstallation, Leitungen inkl. 043	–	–	–	–
044	Abwasseranlagen - Leitungen	14.655	12,00	2,20	0,9
	Wiederherstellen	9.303	7,60	1,40	0,6
	Herstellen	5.352	4,40	0,81	0,3
045	GWE-Einrichtungsgegenstände inkl. 046	206	0,17	0,03	< 0,1
047	Dämmarbeiten an betriebstechnischen Anlagen	8.912	7,30	1,40	0,6
049	Feuerlöschanlagen, Feuerlöschgeräte	–	–	–	–
050	Blitzschutz- und Erdungsanlagen	19.563	16,00	3,00	1,2
053	Niederspannungsanlagen inkl. 052, 054	64.685	52,90	9,80	4,0
	Wiederherstellen	353	0,29	0,05	< 0,1
	Herstellen	64.332	52,70	9,80	4,0

LB	Leistungsbereiche	Kosten €	€/m² BGF	€/m³ BRI	% an 3+4
055	Sicherheits- u. Ersatzstromversorgungsanl.	901	0,74	0,14	< 0,1
	Wiederherstellen	901	0,74	0,14	< 0,1
057	Gebäudesystemtechnik	12.253	10,00	1,90	0,8
058	Leuchten und Lampen inkl. 059	42.108	34,50	6,40	2,6
	Wiederherstellen	1.074	0,88	0,16	< 0,1
	Herstellen	41.034	33,60	6,20	2,5
060	Sprechanlagen, elektroakust. Anlagen inkl. 064	9.735	8,00	1,50	0,6
061	Kommunikationsnetze inkl. 063	3.760	3,10	0,57	0,2
069	Aufzüge	–	–	–	–
070	Gebäudeautomation	–	–	–	–
075	Raumlufttechnische Anlagen inkl. 078	2.047	1,70	0,31	0,1
	Gebäudetechnik	**631.938**	**517,30**	**95,80**	**39,2**
	Wiederherstellen	11.631	9,50	1,80	0,7
	Herstellen	620.308	507,70	94,00	38,5
084	Abbruch, Rückbau, Schadstoffsanierung	45.114	36,90	6,80	2,8
	Abbrechen	45.114	36,90	6,80	2,8
	Abbrucharbeiten	**45.114**	**36,90**	**6,80**	**2,8**
	Abbrechen	45.114	36,90	6,80	2,8
	Sonstige Leistungsbereiche	**69.973**	**57,30**	**10,60**	**4,3**

Wohngebäude

6

- 6100 Wohnhäuser
- 6200 Wohnheime
- 6300 Gemeinschaftsunterkünfte
- 6400 Betreuungseinrichtungen
- 6500 Verpflegungseinrichtungen
- 6600 Beherbergungsstätten

6100-1379
Wohn- und
Geschäftshaus
(1 WE)

Erweiterung

Objektübersicht

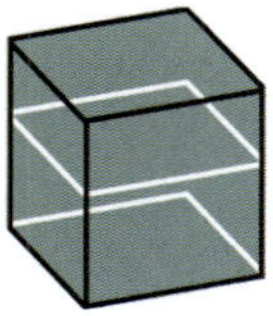

BRI **557 €/m³**

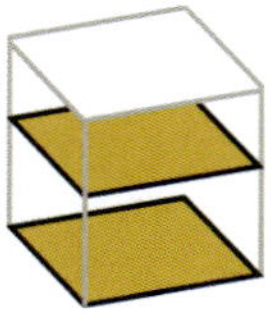

BGF **1.627 €/m²**

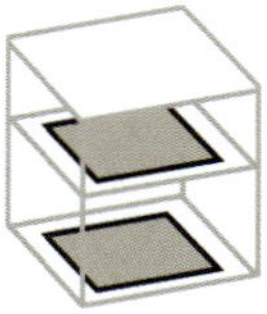

NUF **2.606 €/m²**

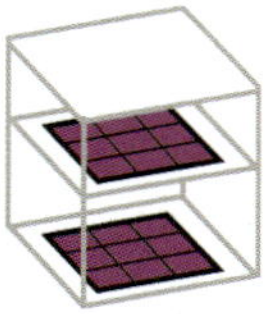

NE **4.705 €/NE**
NE: Wohnfläche

Objekt:
Kennwerte: 3.Ebene DIN 276
BRI: 2.225 m³
BGF: 762 m²
NUF: 476 m²
Bauzeit: 65 Wochen
Bauende: 2014
Standard: Durchschnitt
Bundesland: Sachsen
Kreis: Dresden, Stadt

Architekt*in:
BAUatelier Deutscher
Karl-Roth-Straße 2
01309 Dresden

vorher

nachher

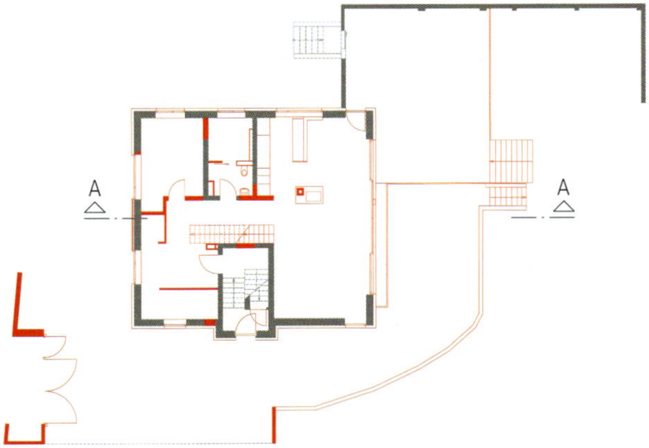

Erdgeschoss

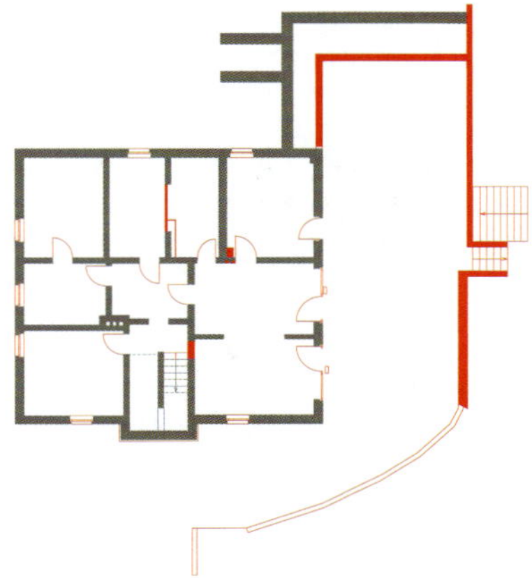

Untergeschoss

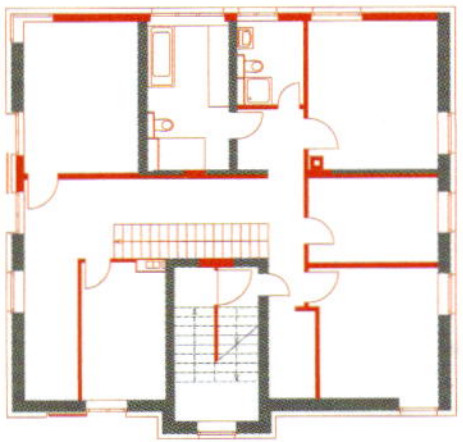

1. Obergeschoss

Dachgeschoss

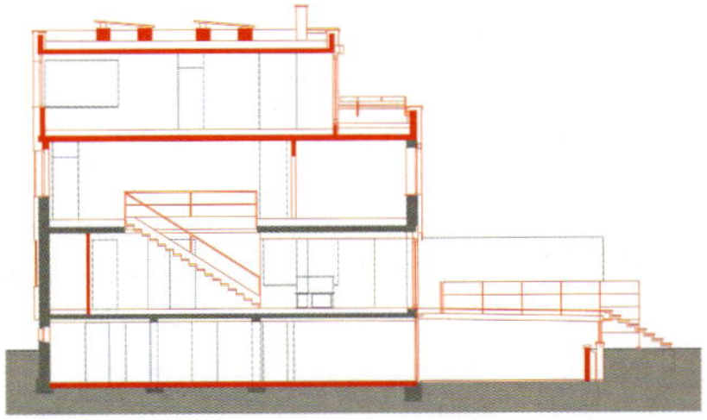

Schnitt A-A

Ansicht Süd

6100-1379
Wohn- und
Geschäftshaus
(1 WE)

Erweiterung

Objektbeschreibung

Allgemeine Objektinformationen

Die Herausforderung bestand darin, das 1933 errichtete und 1966 ab dem Sockelgeschoss erneuerte Gebäude in ein zeitgemäßes innerstädtisches Wohn- und Geschäftshaus umzubauen. Aus dem Sattel- wurde ein Flachdach. Dadurch entstand im Dachgeschoss ein Vollgeschoss als separate Büroeinheit. Durch den südseitigen Rücksprung entstand eine großzügige teilüberdachte Dachterrasse. Aufschiebbare Fensterfronten lassen auf der Südseite Licht herein und verbinden so den Innen- und Außenraum. Großzügigkeit entstand weiterhin durch das Zusammenlegen von zwei Etagen- zu einer Maisonettewohnung.

Nutzung

1 Untergeschoss
Technik, Abstellräume, Werkstatt, WC

1 Erdgeschoss
Wohnen, Kochen, Musik, HWR, WC, Terrasse

1 Obergeschoss
Kinder, Schlafen, Arbeiten, Gast, Bäder

1 Dachgeschoss
Büros, Teeküche, WC, Terrasse

Nutzeinheiten

Arbeitsplätze: 4
Bürofläche: 112 m²
Wohneinheiten: 1
Wohnfläche: 263 m²

Grundstück

Bauraum: Freier Bauraum
Neigung: Ebenes Gelände
Bodenklasse: BK 1 bis BK 4

Markt

Hauptvergabezeit: 3. Quartal 2013
Baubeginn: 3. Quartal 2013
Bauende: 4. Quartal 2014
Konjunkturelle Gesamtlage: Durchschnitt
Regionaler Baumarkt: über Durchschnitt

Baubestand

Baujahr: 1933/1966
Bauzustand: mittel
Aufwand: hoch
Grundrissänderungen: umfangreiche
Tragwerkseingriffe: umfangreiche
Nutzungsänderung: ja
Nutzung während der Bauzeit: nein

Baukonstruktion

Die Außenwände der Hauptetagen bestehen aus Ziegelmauerwerk. Die Decken aus Stahlbeton. Das bestehende Satteldach wurde abgebrochen und durch ein Flachdach mit Bitumenabdichtung ersetzt. Eine Holzwangentreppe verbindet die Wohnungsstockwerke. Die Fassade wurde mit 14cm Mineralwolle gedämmt. Im Kontrast zum mineralischen Putz stehen die hellen Lärchenholzfenster mit Schiebeelementen und Außenwandflächen mit hinterlüfteten Holzwerkstoffplatten. Die Fensterflächen können durch putzbündige Schiebeläden geschlossen werden.

Technische Anlagen

Durch den Einbau einer Wärmepumpe mit Eisspeicher kombiniert mit Solar-Luft-Absorbern auf dem Dach entstand ein Energieeffizienzhaus ~34%. Die Lüftungsanlage mit Wärmerückgewinnung unterstützt diesen Ansatz. Dabei wird die Zuluft durch ihre Lage unterm Estrich passiv temperiert.

Sonstiges

Wegen des großen Baumbestandes und der farbenfreudigen Nachbarfassaden wurde ein graubrauner Putz gewählt, welcher Zurückhaltung im Straßenraum übt und Wärme absorbiert.

Energetische Kennwerte

Gesetzliche Grundlage: EnEV 2013
Gebäudenutzfläche: 408,50 m²
Gebäudevolumen: 1.408,50 m³
A/Ve-Verhältnis (Kompaktheit): 0,52 m^{-1}
Hüllfläche des beheizten Volumens: 736,00 m²
Spez. Transmissionswärmeverlust: 0,43 W/(m²·K)
Spez. Jahresprimärenergiebedarf: 46,60 kWh/(m²·a)
Jahresheizwärmebedarf: 48,27 kWh/a
Anlagen-Aufwandszahl: 0,77

Energetische Angaben zu Außenbauteilen

Kellerdecke

U-Wert: 0,20 W/(m²·K)

Gesamtdicke: 38,50 cm	d [cm]	l [W/(m·K)]
Parkett	2,00	0,200
Heizestrich	6,50	1,400
Dämmung EPS	1,00	0,035
Dämmung PUR	2,00	0,024
Stahlbeton	16,00	1,150
Dämmung PS	10,00	0,030
Innenputz	1,00	0,870

Außenwand Bestand

U-Wert: 0,18 W/(m²·K)

Gesamtdicke: 54,50 cm	d [cm]	l [W/(m·K)]
Innenputz	1,50	0,870
Ziegel	36,50	0,680
Putz	1,50	0,870
Dämmung MW	14,00	0,030
Außenputz	1,00	0,870

Außenwand

U-Wert: 0,20 W/(m²·K)

Gesamtdicke: 34,00 cm	d [cm]	l [W/(m·K)]
Innenputz	1,50	0,870
Kalksandstein	17,50	0,790
Dämmung MW	14,00	0,030
Außenputz	1,00	0,870

Dachterrasse

U-Wert: 0,20 W/(m²·K)

Gesamtdicke: 34,23 cm	d [cm]	l [W/(m·K)]
Stahlbeton	20,00	2,500
Dampfsperre	0,03	0,200
Dämmung EPS	14,00	0,030
Bitumenbahn	0,20	0,170

Dach

U-Wert: 0,18 W/(m²·K)

Gesamtdicke: 39,23 cm	d [cm]	l [W/(m·K)]
Stahlbeton	16,00	2,500
Dampfsperre	0,03	0,200
Dämmung PS	18,00	0,035
Bitumenbahn	0,20	0,170
Kies	5,00	0,700

Planungskennwerte für Flächen und Rauminhalte nach DIN 277

Flächen des Grundstücks		Menge Einheit	% an GF
BF	Bebaute Fläche	213,00 m²	26,0
UF	Unbebaute Fläche	607,00 m²	74,0
GF	Grundstücksfläche	820,00 m²	100,0

Grundflächen des Bauwerks		Menge Einheit	% an NUF	% an BGF
NUF	Nutzungsfläche	475,85 m²	100,0	62,4
TF	Technikfläche	18,78 m²	3,9	2,5
VF	Verkehrsfläche	131,29 m²	27,6	17,2
NRF	Netto-Raumfläche	625,92 m²	131,5	82,1
KGF	Konstruktions-Grundfläche	136,24 m²	28,6	17,9
BGF	Brutto-Grundfläche	762,16 m²	160,2	100,0

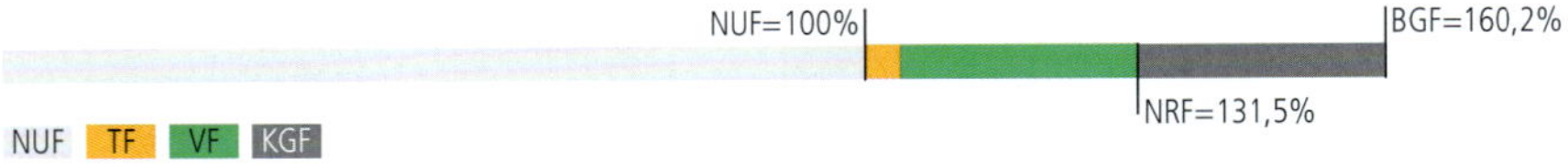

Brutto-Rauminhalt des Bauwerks		Menge Einheit	BRI/NUF (m)	BRI/BGF (m)
BRI	Brutto-Rauminhalt	2.225,36 m³	4,68	2,92

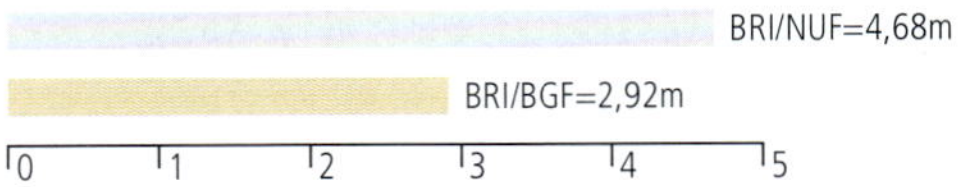

Lufttechnisch behandelte Flächen	Menge Einheit	% an NUF	% an BGF
Entlüftete Fläche	–	–	–
Be- und entlüftete Fläche	–	–	–
Teilklimatisierte Fläche	–	–	–
Klimatisierte Fläche	–	–	–

KG	Kostengruppen (2. Ebene)	Menge Einheit	Menge/NUF	Menge/BGF
310	Baugrube / Erdbau	66,68 m³ BGI	0,14	0,09
320	Gründung, Unterbau	115,68 m² GRF	0,24	0,15
330	Außenwände/Vertikale Baukonstruktionen, außen	636,04 m² AWF	1,34	0,84
340	Innenwände/Vertikale Baukonstruktionen, innen	287,20 m² IWF	0,60	0,38
350	Decken/Horizontale Baukonstruktionen	323,31 m² DEF	0,68	0,42
360	Dächer	187,36 m² DAF	0,39	0,25

Kostenkennwerte für die Kostengruppen der 1.Ebene DIN 276

KG	Kostengruppen (1.Ebene)	Einheit	Kosten €	€/Einheit	€/m² BGF	€/m³ BRI	% 300+400
100	Grundstück	m² GF	–	–	–	–	–
200	Vorbereitende Maßnahmen	m² GF	5.253	6,41	6,89	2,36	0,4
300	Bauwerk – Baukonstruktionen	m² BGF	963.612	1.264,32	1.264,32	433,01	77,7
400	Bauwerk – Technische Anlagen	m² BGF	276.232	362,43	362,43	124,13	22,3
	Bauwerk 300+400	**m² BGF**	**1.239.844**	**1.626,75**	**1.626,75**	**557,14**	**100,0**
500	Außenanlagen und Freiflächen	m² AF	179.689	296,03	235,76	80,75	14,5
600	Ausstattung und Kunstwerke	m² BGF	2.034	2,67	2,67	0,91	0,2
700	Baunebenkosten	m² BGF	–	–	–	–	–
800	Finanzierung	m² BGF	–	–	–	–	–

KG	Kostengruppe	Menge Einheit	Kosten €	€/Einheit	%
200	**Vorbereitende Maßnahmen**	820,00 m² GF	5.253	**6,41**	0,4

- Abbrechen (Kosten: 56,2%) 2.953
  Abbruch von Hofmauer, Schacht ausbauen, Wurzelstöcke roden; Entsorgung, Deponiegebühren

- Herstellen (Kosten: 43,8%) 2.300
  Oberbodenabtrag; Stromanschluss, Verkehrserschließung

KG	Kostengruppe	Menge Einheit	Kosten €	€/Einheit	%
3+4	**Bauwerk**				**100,0**
300	**Bauwerk – Baukonstruktionen**	762,16 m² BGF	963.612	**1.264,32**	77,7

- Abbrechen (Kosten: 10,2%) 98.116
  Abbruch von Beton-Bodenplatte, Fundamenten; Mauerwerk, Holzfenstern, Garagentoren, Eingangstüren, Putz, Eingangsvorbau; Sturzauflager, Trockenbauwänden, Türen, Wandfliesen, Installationsschächten; Holzbalkendecke, Stb-Decken, Parkett, PVC-Belägen, Bodenfliesen, Teppich, Holzböden; Holzdachkonstruktion, Dachfenstern, Ziegeln, Dämmung; Dachentwässerung, Blitzschutz; Kücheneinbau; Entsorgung, Deponiegebühren

- Wiederherstellen (Kosten: 4,4%) 42.818
  Fundamente ausbessern; Sandsteinmauerwerk versetzen, ausbessern, Putzschäden reparieren; Horizontalsperre in Ziegelmauerwerk einbauen; Mauerwerksausbrüche auffüllen; Terrazzobelag überarbeiten, Stahl-Treppenhausgeländer aufarbeiten, beschichten

- Herstellen (Kosten: 85,4%) 822.678
  Bodenplatte, Fundamente, Abdichtung, Dämmung, Bodenfliesen, Betonpflaster; Mauerwerk, Stützen, Holzfenster, Putz, Lamellenraffstores; GK-Wände, Holztüren, Wandfliesen, Beschichtung; Stb-Decke, Holzwangentreppe, Stahl-Steg, Estrich, Trittschalldämmung, Parkett, Linoleum, Natursteinplatten, Glasbrüstung; Stb-Flachdach, Aufbeton Trapezblechdach, Abdichtung, Dämmung, Kies, Dachentwässerung

KG	Kostengruppe	Menge Einheit	Kosten €	€/Einheit	%
400	**Bauwerk – Technische Anlagen**	762,16 m² BGF	276.232	**362,43**	22,3
	• Abbrechen (Kosten: 2,2%) Abbruch von Abwasserrohren, Trinkwasserrohren; Heizungsanlage, Heizungsrohren, Schornsteinen; Elektroinstallation; Entsorgung, Deponiegebühren		6.030		
	• Herstellen (Kosten: 97,8%) Gebäudeentwässerung, Kalt- und Warmwasserleitungen, Sanitärobjekte; Sole-Wasser-Wärmepumpe, Solar-Luft-Kollektoren, Heizungsrohre, Fußbodenheizung, Heizkörper, Schornstein; Lüftungsgerät, Kühleinheit, Bodenkanalsystem, Lüftungsleitungen; Elektroinstallation, Beleuchtung, Erdung; Sprechanlage, Antennenanlage, Datenverkabelung		270.203		
500	**Außenanlagen und Freiflächen**	607,00 m² AF	179.689	**296,03**	14,5
	• Abbrechen (Kosten: 0,6%) Abbruch von Betonplatten, Granitpflaster; Gebäude-/Oberflächenentwässerung; Teppichklopfgerüst; Entsorgung, Deponiegebühren		1.102		
	• Herstellen (Kosten: 99,4%) Bodenarbeiten, Fundamente; Sandsteinmauer, Toranlage, Stahltreppe; Gebäude-/Oberflächenentwässerung, Rigolen, Regenwasserspeicher, Eisspeicher, Erdkabel; Briefkastenanlage; Oberbodenarbeiten		178.587		
600	**Ausstattung und Kunstwerke**	762,16 m² BGF	2.034	**2,67**	0,2
	• Herstellen (Kosten: 100,0%) Spiegel, Duschabtrennung		2.034		

Kostenkennwerte für die Kostengruppen der 2.Ebene DIN 276

KG	Kostengruppe	Menge Einheit	Kosten €	€/Einheit	%
200	**Vorbereitende Maßnahmen**				**100,0**
210	**Herrichten**	820,00 m² GF	4.453	**5,43**	84,8
	• Abbrechen (Kosten: 66,3%) Abbruch von Mauerwerk (18m), Mauerwerks-, Betonreste im Boden (4m³), Schacht ausbauen (1St) * Wurzelstöcke roden (psch); Entsorgung, Deponiegebühren	820,00 m² GF	2.953	**3,60**	
	• Herstellen (Kosten: 33,7%) Oberboden abtragen, d=30cm, verfüllen (81m²), entsorgen (18m²)	820,00 m² GF	1.500	**1,83**	
220	**Öffentliche Erschließung**	820,00 m² GF	800	**0,98**	15,2
	• Herstellen (Kosten: 100,0%) Stromanschluss (psch) * Verkehrserschließung, Beschilderungen (psch)	820,00 m² GF	800	**0,98**	
300	**Bauwerk – Baukonstruktionen**				**100,0**
310	**Baugrube / Erdbau**	66,68 m³ BGI	21.486	**322,22**	2,2
	• Herstellen (Kosten: 100,0%) Bodenaushub im Gebäude, d bis 50cm, entsorgen (57m³), d=20cm (10m³), Frostschutzschicht, d=20cm (19m³), Kies, Liefermaterial (32m³), Ausschachtung Streifenfundamente, entsorgen (11m³), Rohrgraben, d bis 50cm, verfüllen (3m)	66,68 m³ BGI	21.486	**322,22**	
320	**Gründung, Unterbau**	115,68 m² GRF	49.001	**423,59**	5,1
	• Abbrechen (Kosten: 16,2%) Abbruch von Beton-Bodenplatte (124m²), Stb-Fundamenten (8St), Teilabbruch von Streifenfundamenten (126m) * Abdichtungen (53m²); Entsorgung, Deponiegebühren	123,56 m² GRF	7.932	**64,20**	
	• Wiederherstellen (Kosten: 8,1%) Fundamentbeschädigungen ausbessern (243m)	–	3.960	**–**	
	• Herstellen (Kosten: 75,7%) Magerbeton-Bodenplatte, d=10cm (116m²), Stb-Streifenfundamente (20m), Frostschürze (5m), Fundamente (2St) * Bitumenabdichtung (126m²), EPS-Wärmedämmung, d=50mm (106m²), Zementestrich, d=50mm (109m²), Estrichversiegelung (33m²), Bodenfliesen (4m²), Betonpflaster (42m²), Betonstufe (1St), Schachtabdeckungen (psch) * Bitumendickbeschichtung (47m²), Dichtungsschlämme (149m)	115,68 m² GRF	37.109	**320,79**	

KG	Kostengruppe	Menge Einheit	Kosten €	€/Einheit	%
330	**Außenwände/Vert. Baukonstrukt., außen**	636,04 m² AWF	399.899	**628,73**	41,5
	• Abbrechen (Kosten: 11,1%)	275,74 m² AWF	44.253	**160,49**	
	Abbruch von Mauerwerk, d=36,5-50cm (191m²) * Mauerwerk, d=30cm (1m²) * Holzfenstern (28St), Garagentoren (2St), Eingangstüren (3St), Fensterbänken (28St) * Putz (83m²) * Markise (psch) * Eingangsvorbau (psch); Entsorgung, Deponiegebühren				
	• Wiederherstellen (Kosten: 6,9%)	105,67 m² AWF	27.571	**260,92**	
	Sandsteinmauerwerk versetzen (56m²), reinigen, ausbessern (50m²), Horizontalsperre in Ziegelmauerwerk, d bis 45cm einbauen (45m) * Putzschäden abschlagen, reparieren (51m²) * Granitstufen beschneiden, versetzen (psch)				
	• Herstellen (Kosten: 82,0%)	595,04 m² AWF	328.075	**551,35**	
	KS-Mauerwerk, d=17,5-24cm (144m²), Betonfüllsteine, d=30cm (24m²) * Betonmauerwerk, d=30cm (16m²) * Stahlstützen, D=10-12cm (17m), Stb-Stützen 20x20cm (9m), Mauerwerksstütze 24x36cm (5m), Betonpfeiler 48x35cm (4m) * Holzfenster (140m²), Eingangstüren (5m²) * Bitumendickbeschichtung (50m²), Dämmung, d=80-160mm (405m²), Mineralputz (460m²), Silikatbeschichtung (445m²), Fassadenplatten (6m²) * Kalkzementputz (186m²), Dispersionsbeschichtung (190m²) * Lamellenraffstores (98m²), Schiebeläden (8m²) * Granit-Eingangsplatte (1St)				
340	**Innenwände/Vert. Baukonstrukt., innen**	287,20 m² IWF	128.738	**448,25**	13,4
	• Abbrechen (Kosten: 11,9%)	230,42 m² IWF	15.334	**66,55**	
	Abbruch von Mauerwerk, d=12-30cm (80m²), Sturzauflager (22St) * Mauerwerk-/Trockenbauwänden, d=10-24cm (103m²) * Holz-/Stahltüren (48m²) * Putz (171m²), Wandfliesen (61m²), Installationsschächten (17m²); Entsorgung, Deponiegebühren				
	• Wiederherstellen (Kosten: 8,4%)	–	10.810	–	
	Horizontalsperre in Ziegelmauerwerk einbauen (38m), Mauerwerksausbrüche an Laibungen auffüllen (69m), Schlitze schließen (46m)				
	• Herstellen (Kosten: 79,7%)	287,20 m² IWF	102.594	**357,22**	
	KS-Mauerwerk, d=14-17,5cm (82m²), Stahlstützen (150kg) * KS-Mauerwerk, d=10-24cm (30m²), GK-Wände, d=10-12,5cm (114m²) * Stahlstützen 50-60x50-60mm (7m), D=120mm (3m), Mauerwerksstütze 240x240mm (3m) * Holztüren (38m²) * Kalkzementputz (341m²), GK-Vorsatzschalen (47m²), Wandfliesen (30m²), Dispersionsbeschichtung (466m²)				

KG	Kostengruppe	Menge Einheit	Kosten €	€/Einheit	%
350	**Decken/Horizontale Baukonstruktionen**	323,31 m² DEF	195.037	**603,25**	20,2
	• Abbrechen (Kosten: 11,1%) Abbruch von Holzbalkendecken (107m²), Stb-Decke, d=18-25cm (11m²) * Parkett (151m²), PVC-Belägen (72m²), Bodenfliesen (70m²), Teppich (20m²), Holzboden (psch) * Holzwolle-Leichtbauplatten (117m²), Putz (16m²); Entsorgung, Deponiegebühren	312,49 m² DEF	21.644	**69,26**	
	• Wiederherstellen (Kosten: 0,2%) Terrazzobelag überarbeiten (2St) * Stahl-Treppenhausgeländer aufarbeiten, beschichten (12m)	–	476	–	
	• Herstellen (Kosten: 88,7%) Stb-Decken, d=20cm (164m²), Stahlträger (5St), Holzwangentreppe (5m²), Stahl-Steg, fünf Stahlträger, Gitterroste (5m²) * EPS-Trittschalldämmung, d=20-30mm (203m²), XPS-Dämmung, d=30mm (43m²), Trittschalldämmung, d=6mm (108m²), Heizestrich, d=65mm (310m²), Wärmedämm-Leichtestrich (312m²), Parkett (183m²), Linoleum (88m²), Bodenfliesen (19m²), Natursteinplatten (35m²) * Dämmplatten, d=40-100mm (113m²), GK-Decken (37m²), Dispersionsbeschichtung (128m²) * Stahlgeländer (14m), Treppengeländer (6m), ESG-Glasbrüstung (3m²)	323,31 m² DEF	172.916	**534,83**	
360	**Dächer**	187,36 m² DAF	118.430	**632,10**	12,3
	• Abbrechen (Kosten: 7,5%) Abbruch von Holzdachkonstruktion (170m²) * Dachfenstern (3St) * Lattung, Biberschwanzziegeln (180m²), Glaswolldämmung (2t), Asbestwellplatten, Trägern (psch), Dachentwässerung, Schneefanggittern, Blitzschutz (psch); Entsorgung, Deponiegebühren	180,27 m² DAF	8.893	**49,33**	
	• Herstellen (Kosten: 92,5%) Stb-Flachdach, Sichtbeton, d=16cm (119m²), Aufbeton auf Trapezblechdach, d=20cm (51m²) * Dachausstiegsluke (1m²), Ausstiegsleiter (1St) * Bitumenabdichtung (226m²), EPS-Gefälledämmung, d=160-500mm (153m²), XPS-Dämmung, d=30mm (29m²), Kies, d=50mm (119m²), Holzrahmen-Attika, EPS-Dämmung, OSB-Schalung (70m), Blechabdeckung (66m), Betonpflaster (3m²), Dachabläufe (4St), Notüberläufe (4St), Fallrohre (34m) * Dispersionsbeschichtung (11m²) * Stahlgeländer (11m²), Sekuranten (4St)	187,36 m² DAF	109.537	**584,64**	
380	**Baukonstruktive Einbauten**	762,16 m² BGF	387	**0,51**	< 0,1
	• Abbrechen (Kosten: 15,3%) Abbruch von Kücheneinbauten (psch); Entsorgung, Deponiegebühren	762,16 m² BGF	59	**0,08**	
	• Herstellen (Kosten: 84,7%) KG-Rohr DN300 als Wäscheabwurf (2m)	762,16 m² BGF	327	**0,43**	
390	**Sonst. Maßnahmen für Baukonstrukt.**	762,16 m² BGF	50.633	**66,43**	5,3
	• Herstellen (Kosten: 100,0%) Baustelleneinrichtungen (4St), Baukran (1St), Baustrom (psch), Lastverteilplatten (2St) * Fassadengerüst (560m²), Innengerüst (1St), Treppengerüst (1St) * Baustützen (psch) * Container für Bauschuttentsorgung (psch) * Witterungsschutz Treppenhaus (psch), Malervlies (362m²), Folien (332m²), Heizgerät (65Tage) * Provisorische Dachentwässerung (3St) * Schließanlagen-Zylinder (8St), Generalhauptschlüssel (3St)	762,16 m² BGF	50.633	**66,43**	

6100-1379
Wohn- und
Geschäftshaus
(1 WE)

Erweiterung

KG	Kostengruppe	Menge Einheit	Kosten €	€/Einheit	%
400	**Bauwerk – Technische Anlagen**				**100,0**
410	**Abwasser-, Wasser-, Gasanlagen**	762,16 m²BGF	53.261	**69,88**	19,3
	• Abbrechen (Kosten: 1,0%) Abbruch von Abwasserrohren (psch) * Trinkwasserrohren (psch); Entsorgung, Deponiegebühren	762,16 m²BGF	511	**0,67**	
	• Herstellen (Kosten: 99,0%) PP-Rohre DN50-100 (39m), HT-Rohre DN100 (4m), PE-Rohre DN32 (41m) * Edelstahlrohre DN12-32 (153m), Metallverbundrohre DN16-20 (108m), Wasserzähler (2St), Ausdehnungsgefäße (2St), Pumpen (2St), Tiefspül-WCs (5St), Waschtische (4St), Doppelwaschtisch (1St), Duschen (2St), Badewanne (1St), Armaturen (7St), Brausegarnituren (3St), Außenarmaturen (2St) * Kupferrohre DN18-22 (15m), Gassteckdose DN15 (1St) * Montageelemente (11St)	762,16 m²BGF	52.750	**69,21**	
420	**Wärmeversorgungsanlagen**	762,16 m²BGF	117.101	**153,64**	42,4
	• Abbrechen (Kosten: 4,5%) Abbruch von Heizungsanlage (psch) * Heizungsrohren (psch) * gemauerten Schornsteinen (39m); Entsorgung, Deponiegebühren	762,16 m²BGF	5.286	**6,94**	
	• Herstellen (Kosten: 95,5%) Eis-Energiespeicherheizung: Sole-Wasser-Wärmepumpe (1St), Solar-Luft-Kollektoren (9St), Steuerungseinheit (1St), PE-Druckrohre DN25 (18m), Umwälzpumpen (4St), Pufferspeicher (1St), Warmwasserspeicher (1St), Membran-Ausdehnungsgefäße (2St) * Stahlrohre DN15-35 (188m), Ausdehnungsgefäß (1St) * Fußbodenheizung (274m²), Heizkreisverteiler (4St), Heizkörper (3St) * Schornstein (11m)	762,16 m²BGF	111.814	**146,71**	
430	**Raumlufttechnische Anlagen**	762,16 m²BGF	35.841	**47,03**	13,0
	• Herstellen (Kosten: 100,0%) Lüftungsgerät, 300m³/h, Kühleinheit (1St), Einblasmodule, Bodenkanalsystem (12St), Ausblaskästen, Schlitzauslässe bodengleich (12St), Lüftungsleitungen (112m), Wickelfalzrohre DN100-180 (48m), Abluftventile DN100 (8St), Schalldämpfer (6St), Brandschutzklappen (6St)	762,16 m²BGF	35.841	**47,03**	
440	**Elektrische Anlagen**	762,16 m²BGF	54.455	**71,45**	19,7
	• Abbrechen (Kosten: 0,4%) Abbruch von Verteiler, Schaltern, Steckdosen, Zuleitungen (psch); Entsorgung, Deponiegebühren	762,16 m²BGF	232	**0,30**	
	• Herstellen (Kosten: 99,6%) Elektroinstallation (psch), Verkabelung für Solar-Luft-Kollektoren (50m), für Fußbodenheizung (psch) * LED-Deckeneinbauleuchten (7St) * Ringerder (63m), Tiefenerder (2St), Fangleitungen (47m), Ableiter (53m), Kreuzverbinder (44St)	762,16 m²BGF	54.223	**71,14**	
450	**Kommunikationstechnische Anlagen**	762,16 m²BGF	15.574	**20,43**	5,6
	• Herstellen (Kosten: 100,0%) Gegensprechanlage (1St) * Antennenanlage (1St), HDMI-Kabel (10m) * Rauchmelder (5St) * Datenkabelung (psch)	762,16 m²BGF	15.574	**20,43**	

KG	Kostengruppe	Menge Einheit	Kosten €	€/Einheit	%
500	**Außenanlagen und Freiflächen**				**100,0**
510	**Erdbau**	349,18 m³ EBR	25.142	**72,00**	14,0
	• Herstellen (Kosten: 100,0%) Oberbodenabtrag, entsorgen (45t), Baugrubenaushub Eisspeicher, t bis 3,60m, verfüllen (86m³), Erdaushub, aufnehmen, verfüllen (51m³), in Handarbeit (2m³), Rohrgrabenaushub BK 2-4, t=2,50m, aufnehmen, verfüllen (155m³), t=1,40m (51m³), in Handschachtung BK 4-5, t=1,50-2,50m (5m³) * Baugrubenverbau (98m²), Rohrgrabenverbau (104m²)	349,18 m³ EBR	25.142	**72,00**	
520	**Gründung, Unterbau**	607,00 m² AF	9.982	**16,45**	5,6
	• Herstellen (Kosten: 100,0%) Fundamentaushub (15m²), Einzelfundamente (1m²)	607,00 m² AF	9.982	**16,45**	
530	**Oberbau, Deckschichten**	162,60 m² BFF	36.896	**226,91**	20,5
	• Abbrechen (Kosten: 2,4%) Abbruch von Betonplatten, Granitpflaster, lagern (17m²), Betonschwelle; Entsorgung, Deponiegebühren	17,37 m² BFF	900	**51,83**	
	• Herstellen (Kosten: 97,6%) Frostschutzschicht, d bis 41cm (150m²), Granitpflaster (162m²) * Traufstreifen (39m), Granitbordsteine (57m)	162,60 m² BFF	35.995	**221,37**	
540	**Baukonstruktionen**	607,00 m² AF	27.754	**45,72**	15,4
	• Herstellen (Kosten: 100,0%) Sandsteinmauer, h=1,20m (25m²), Sichtflächen verfugen (27m²), Toranlage, b=4,10m, zweiflüglig, Motorantrieb (5m²), Gehtüre, b=1,30m (2m²), Funksender (3St) * Sandsteintreppe, b=1,20m, 6Stg, Betonfundament (psch), Sichtflächen Natursteinmauer verfugen (44m²), Gartentreppe, Stahlkonstruktion (psch)	607,00 m² AF	27.754	**45,72**	
550	**Technische Anlagen**	607,00 m² AF	64.546	**106,34**	35,9
	• Abbrechen (Kosten: 0,3%) Abbruch von Abwasserrohren (33m); Entsorgung, Deponiegebühren	607,00 m² AF	181	**0,30**	
	• Herstellen (Kosten: 99,7%) PVC-Rohre DN100 (65m), Rigolenfüllkörper 400l (12St), Tragschicht, d=15cm (5m²), Sand-Kies-Gemisch, d=10cm (14m²), Kontrollschacht DN400 (2St), PE-Filterschacht DN400 (1St), Regenwasserspeicher 5.000l (1St), Kastenrinne (5m), Hofabläufe (2St) * PE-Druckrohre DN25, erdverlegt (15m) * Eisspeicher, D=2,70m, 10.000l (2St), Verrohrungsbausatz (1St) * Lüftungsrohre DN250, erdverlegt (psch) * Kabelschutzrohre DN50 (psch), Elektroverkabelung im Gelände (11m)	607,00 m² AF	64.365	**106,04**	
560	**Einbauten Außenanlagen u. Freiflächen**	607,00 m² AF	2.447	**4,03**	1,4
	• Abbrechen (Kosten: 0,9%) Abbruch von Teppichklopfgerüst, Betonstützen, Stahlrohre (1St); Entsorgung, Deponiegebühren	607,00 m² AF	22	**0,04**	
	• Herstellen (Kosten: 99,1%) Edelstahl-Briefkastenanlage (1St)	607,00 m² AF	2.426	**4,00**	
570	**Vegetationsflächen**	74,57 m² PSF	3.042	**40,79**	1,7
	• Herstellen (Kosten: 100,0%) Oberboden liefern, andecken, d=30cm (75m²)	74,57 m² PSF	3.042	**40,79**	

Erweiterung

KG	Kostengruppe	Menge Einheit	Kosten €	€/Einheit	%
590	**Sonst. Maßnahmen für Außenanlagen u. Freiflächen**	607,00 m²AF	9.880	**16,28**	5,5
	• Herstellen (Kosten: 100,0%) Aufnehmen und Entsorgen von Erde (190m³)	607,00 m²AF	9.880	**16,28**	
600	**Ausstattung und Kunstwerke**				**100,0**
610	**Allgemeine Ausstattung**	762,16 m²BGF	2.034	**2,67**	100,0
	• Herstellen (Kosten: 100,0%) Spiegel 115x105cm (1St), 60x80cm (1St), Duschabtrennung 80x80cm, Eckausführung (1St)	762,16 m²BGF	2.034	**2,67**	

Kostenkennwerte für die Kostengruppen 300 der 2. und 3. Ebene DIN 276 (Übersicht)

KG	Kostengruppe	Menge Einheit	€/Einheit	Kosten €	% an 3+4
300	**Bauwerk – Baukonstruktionen**	**762,16 m² BGF**	**1.264,32**	**963.611,73**	**77,7**
310	**Baugrube / Erdbau**	**66,68 m³ BGI**	**322,22**	**21.485,95**	**1,7**
311	Herstellung	66,68 m³ BGI	322,22	21.485,95	1,7
312	Umschließung	–	–	–	–
313	Wasserhaltung	–	–	–	–
314	Vortrieb	–	–	–	–
319	Sonstiges zur KG 310	–	–	–	–
320	**Gründung, Unterbau**	**115,68 m² GRF**	**423,59**	**49.001,31**	**4,0**
321	Baugrundverbesserung	–	–	–	–
322	Flachgründungen und Bodenplatten	115,68 m²	155,14	17.946,45	1,4
323	Tiefgründungen	–	–	–	–
324	Gründungsbeläge	79,86 m²	186,25	14.874,17	1,2
325	Abdichtungen und Bekleidungen	46,58 m²	347,37	16.180,67	1,3
326	Dränagen	–	–	–	–
329	Sonstiges zur KG 320	–	–	–	–
330	**Außenwände/Vert. Baukonstrukt., außen**	**636,04 m² AWF**	**628,73**	**399.899,35**	**32,3**
331	Tragende Außenwände	273,32 m²	368,92	100.833,02	8,1
332	Nichttragende Außenwände	15,95 m²	176,98	2.822,79	0,2
333	Außenstützen	34,60 m	207,75	7.188,02	0,6
334	Außenwandöffnungen	144,04 m²	1.002,38	144.382,81	11,6
335	Außenwandbekleidungen, außen	492,00 m²	203,03	99.889,38	8,1
336	Außenwandbekleidungen, innen	189,60 m²	77,33	14.662,16	1,2
337	Element. Außenwandkonstruktionen	–	–	–	–
338	Lichtschutz zur KG 330	106,04 m²	272,02	28.845,09	2,3
339	Sonstiges zur KG 330	636,04 m² AWF	2,01	1.276,05	0,1
340	**Innenwände/Vert. Baukonstrukt., innen**	**287,20 m² IWF**	**448,25**	**128.738,34**	**10,4**
341	Tragende Innenwände	82,10 m²	475,46	39.035,34	3,1
342	Nichttragende Innenwände	143,43 m²	121,77	17.465,38	1,4
343	Innenstützen	12,94 m	266,39	3.447,14	0,3
344	Innenwandöffnungen	39,06 m²	876,59	34.239,45	2,8
345	Innenwandbekleidungen	496,28 m²	69,62	34.551,04	2,8
346	Elementierte Innenwandkonstruktionen	–	–	–	–
347	Lichtschutz zur KG 340	–	–	–	–
349	Sonstiges zur KG 340	–	–	–	–
350	**Decken/Horizontale Baukonstruktionen**	**323,31 m² DEF**	**603,25**	**195.036,64**	**15,7**
351	Deckenkonstruktionen	168,96 m²	470,52	79.498,51	6,4
352	Deckenöffnungen	–	–	–	–
353	Deckenbeläge	323,33 m²	279,49	90.366,97	7,3
354	Deckenbekleidungen	275,45 m²	49,32	13.584,18	1,1
355	Elementierte Deckenkonstruktionen	–	–	–	–
359	Sonstiges zur KG 350	323,31 m² DEF	35,84	11.586,97	0,9
360	**Dächer**	**187,36 m² DAF**	**632,10**	**118.430,06**	**9,6**
361	Dachkonstruktionen	169,55 m²	220,31	37.354,00	3,0
362	Dachöffnungen	0,64 m²	3.164,90	2.025,54	0,2
363	Dachbeläge	186,72 m²	379,69	70.895,06	5,7
364	Dachbekleidungen	11,25 m²	34,96	393,31	< 0,1
365	Elementierte Dachkonstruktionen	–	–	–	–
366	Lichtschutz zur KG 360	–	–	–	–
369	Sonstiges zur KG 360	187,36 m² DAF	41,43	7.762,18	0,6
370	**Infrastrukturanlagen**	**–**	**–**	**–**	**–**
380	**Baukonstruktive Einbauten**	**762,16 m² BGF**	**0,51**	**386,83**	**< 0,1**
390	**Sonst. Maßnahmen für Baukonstrukt.**	**762,16 m² BGF**	**66,43**	**50.633,23**	**4,1**

6100-1379
Wohn- und
Geschäftshaus
(1 WE)

Erweiterung

Kostenkennwerte für die Kostengruppen 400 der 2. und 3.Ebene DIN 276 (Übersicht)

KG	Kostengruppe	Menge Einheit	€/Einheit	Kosten €	% an 3+4
400	**Bauwerk – Technische Anlagen**	**762,16 m² BGF**	**362,43**	**276.232,22**	**22,3**
410	**Abwasser-, Wasser-, Gasanlagen**	**762,16 m² BGF**	**69,88**	**53.261,14**	**4,3**
411	Abwasseranlagen	762,16 m² BGF	7,60	5.788,91	0,5
412	Wasseranlagen	762,16 m² BGF	55,03	41.944,67	3,4
413	Gasanlagen	762,16 m² BGF	2,36	1.795,70	0,1
419	Sonstiges zur KG 410	762,16 m² BGF	4,90	3.731,87	0,3
420	**Wärmeversorgungsanlagen**	**762,16 m² BGF**	**153,64**	**117.100,56**	**9,4**
421	Wärmeerzeugungsanlagen	762,16 m² BGF	75,58	57.603,36	4,6
422	Wärmeverteilnetze	762,16 m² BGF	21,58	16.450,78	1,3
423	Raumheizflächen	762,16 m² BGF	41,08	31.305,79	2,5
424	Verkehrsheizflächen	–	–	–	–
429	Sonstiges zur KG 420	762,16 m² BGF	15,40	11.740,64	0,9
430	**Raumlufttechnische Anlagen**	**762,16 m² BGF**	**47,03**	**35.841,08**	**2,9**
431	Lüftungsanlagen	–	–	–	–
432	Teilklimaanlagen	762,16 m² BGF	47,03	35.841,08	2,9
433	Klimaanlagen	–	–	–	–
434	Kälteanlagen	–	–	–	–
439	Sonstiges zur KG 430	–	–	–	–
440	**Elektrische Anlagen**	**762,16 m² BGF**	**71,45**	**54.455,18**	**4,4**
441	Hoch- und Mittelspannungsanlagen	–	–	–	–
442	Eigenstromversorgungsanlagen	–	–	–	–
443	Niederspannungsschaltanlagen	–	–	–	–
444	Niederspannungsinstallationsanlagen	762,16 m² BGF	62,42	47.574,86	3,8
445	Beleuchtungsanlagen	762,16 m² BGF	0,94	718,48	< 0,1
446	Blitzschutz- und Erdungsanlagen	762,16 m² BGF	8,08	6.161,83	0,5
447	Fahrleitungssysteme	–	–	–	–
449	Sonstiges zur KG 440	–	–	–	–
450	**Kommunikationstechnische Anlagen**	**762,16 m² BGF**	**20,43**	**15.574,25**	**1,3**
451	Telekommunikationsanlagen	–	–	–	–
452	Such- und Signalanlagen	762,16 m² BGF	2,81	2.142,33	0,2
453	Zeitdienstanlagen	–	–	–	–
454	Elektroakustische Anlagen	–	–	–	–
455	Audiovisuelle Medien- u. Antennenanl.	762,16 m² BGF	6,70	5.109,74	0,4
456	Gefahrenmelde- und Alarmanlagen	762,16 m² BGF	4,09	3.117,14	0,3
457	Datenübertragungsnetze	762,16 m² BGF	6,83	5.205,05	0,4
458	Verkehrsbeeinflussungsanlagen	–	–	–	–
459	Sonstiges zur KG 450	–	–	–	–
460	**Förderanlagen**	**–**	**–**	**–**	**–**
461	Aufzugsanlagen	–	–	–	–
462	Fahrtreppen, Fahrsteige	–	–	–	–
463	Befahranlagen	–	–	–	–
464	Transportanlagen	–	–	–	–
465	Krananlagen	–	–	–	–
466	Hydraulikanlagen	–	–	–	–
469	Sonstiges zur KG 460	–	–	–	–
470	**Nutzungsspez. u. verfahrenstechn. Anl.**	**–**	**–**	**–**	**–**
480	**Gebäude- und Anlagenautomation**	**–**	**–**	**–**	**–**
490	**Sonst. Maßnahmen für techn. Anlagen**	**–**	**–**	**–**	**–**

Kostenkennwerte für Leistungsbereiche nach STLB (Kosten des Bauwerks nach DIN 276)

LB	Leistungsbereiche	Kosten €	€/m² BGF	€/m³ BRI	% an 3+4
000	Sicherheits-, Baustelleneinrichtungen inkl. 001	44.227	58,00	19,90	3,6
002	Erdarbeiten	24.874	32,60	11,20	2,0
006	Spezialtiefbauarbeiten inkl. 005	–	–	–	–
009	Entwässerungskanalarbeiten inkl. 011	145	0,19	0,07	< 0,1
010	Drän- und Versickerarbeiten	–	–	–	–
012	Mauerarbeiten	91.883	120,60	41,30	7,4
	Wiederherstellen	24.678	32,40	11,10	2,0
	Herstellen	67.205	88,20	30,20	5,4
013	Betonarbeiten	80.539	105,70	36,20	6,5
014	Natur-, Betonwerksteinarbeiten	3.601	4,70	1,60	0,3
	Wiederherstellen	641	0,84	0,29	< 0,1
	Herstellen	2.960	3,90	1,30	0,2
016	Zimmer- und Holzbauarbeiten	–	–	–	–
017	Stahlbauarbeiten	12.559	16,50	5,60	1,0
018	Abdichtungsarbeiten	37.907	49,70	17,00	3,1
	Wiederherstellen	15.191	19,90	6,80	1,2
	Herstellen	22.715	29,80	10,20	1,8
019	Kampfmittelräumarbeiten	–	–	–	–
020	Dachdeckungsarbeiten	3.480	4,60	1,60	0,3
021	Dachabdichtungsarbeiten	70.435	92,40	31,70	5,7
022	Klempnerarbeiten	7.317	9,60	3,30	0,6
	Rohbau	**376.967**	**494,60**	**169,40**	**30,4**
	Wiederherstellen	40.510	53,20	18,20	3,3
	Herstellen	336.456	441,50	151,20	27,1
023	Putz- und Stuckarbeiten, Wärmedämmsysteme	116.350	152,70	52,30	9,4
	Wiederherstellen	1.832	2,40	0,82	0,1
	Herstellen	114.518	150,30	51,50	9,2
024	Fliesen- und Plattenarbeiten	22.638	29,70	10,20	1,8
	Wiederherstellen	48	0,06	0,02	< 0,1
	Herstellen	22.591	29,60	10,20	1,8
025	Estricharbeiten	20.101	26,40	9,00	1,6
026	Fenster, Außentüren inkl. 029, 032	139.010	182,40	62,50	11,2
027	Tischlerarbeiten	46.238	60,70	20,80	3,7
028	Parkettarbeiten, Holzpflasterarbeiten	–	–	–	–
030	Rollladenarbeiten	20.970	27,50	9,40	1,7
031	Metallbauarbeiten inkl. 035	25.543	33,50	11,50	2,1
034	Maler- und Lackiererarbeiten inkl. 037	12.147	15,90	5,50	1,0
	Wiederherstellen	429	0,56	0,19	< 0,1
	Herstellen	11.719	15,40	5,30	0,9
036	Bodenbelagarbeiten	45.218	59,30	20,30	3,6
038	Vorgehängte hinterlüftete Fassaden	16.264	21,30	7,30	1,3
039	Trockenbauarbeiten	27.191	35,70	12,20	2,2
	Ausbau	**491.671**	**645,10**	**220,90**	**39,7**
	Wiederherstellen	2.308	3,00	1,00	0,2
	Herstellen	489.363	642,10	219,90	39,5
040	Wärmeversorgungsanl. - Betriebseinr. inkl. 041	102.381	134,30	46,00	8,3
042	Gas- und Wasserinstallation, Leitungen inkl. 043	1.796	2,40	0,81	0,1
044	Abwasseranlagen - Leitungen	5.766	7,60	2,60	0,5
045	GWE-Einrichtungsgegenstände inkl. 046	40.163	52,70	18,00	3,2
047	Dämmarbeiten an betriebstechnischen Anlagen	8.379	11,00	3,80	0,7

6100-1379
Wohn- und
Geschäftshaus
(1 WE)

Erweiterung

LB	Leistungsbereiche	Kosten €	€/m² BGF	€/m³ BRI	% an 3+4
049	Feuerlöschanlagen, Feuerlöschgeräte	–	–	–	–
050	Blitzschutz- und Erdungsanlagen	6.162	8,10	2,80	0,5
053	Niederspannungsanlagen inkl. 052, 054	47.343	62,10	21,30	3,8
055	Sicherheits- u. Ersatzstromversorgungsanl.	–	–	–	–
057	Gebäudesystemtechnik	–	–	–	–
058	Leuchten und Lampen inkl. 059	718	0,94	0,32	< 0,1
060	Sprechanlagen, elektroakust. Anlagen inkl. 064	7.148	9,40	3,20	0,6
061	Kommunikationsnetze inkl. 063	8.426	11,10	3,80	0,7
069	Aufzüge	–	–	–	–
070	Gebäudeautomation	–	–	–	–
075	Raumlufttechnische Anlagen inkl. 078	35.107	46,10	15,80	2,8
	Gebäudetechnik	**263.388**	**345,60**	**118,40**	**21,2**
084	Abbruch, Rückbau, Schadstoffsanierung	104.145	136,60	46,80	8,4
	Abbrechen	104.145	136,60	46,80	8,4
	Abbrucharbeiten	**104.145**	**136,60**	**46,80**	**8,4**
	Abbrechen	104.145	136,60	46,80	8,4
	Sonstige Leistungsbereiche	**3.673**	**4,80**	**1,70**	**0,3**

6100-1431
Gründerzeitgebäude
Aufstockung (2 WE)

Erweiterung

Objektübersicht

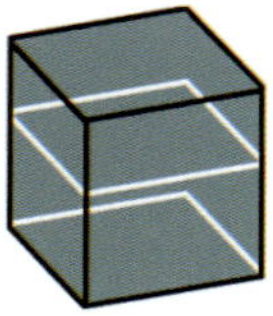
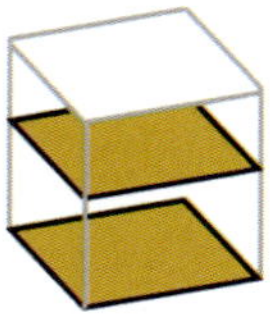
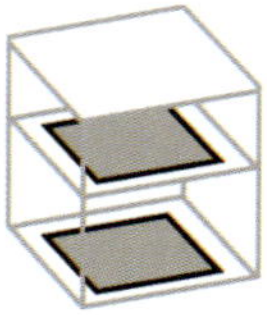
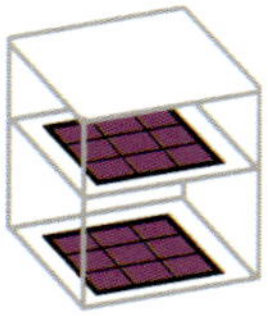

BRI 1.549 €/m³ | BGF 3.985 €/m² | NUF 5.862 €/m² | NE 6.032 €/NE

NE: Wohnfläche

Objekt:
Kennwerte: 3. Ebene DIN 276
BRI: 1.512 m³
BGF: 588 m²
NUF: 400 m²
Bauzeit: 30 Wochen
Bauende: 2016
Standard: Durchschnitt
Bundesland: Hamburg
Kreis: Hamburg, Stadt

Architekt*in:
Ostermann Architekten
Lange Reihe 101
20099 Hamburg

Erweiterung

1. Dachgeschoss

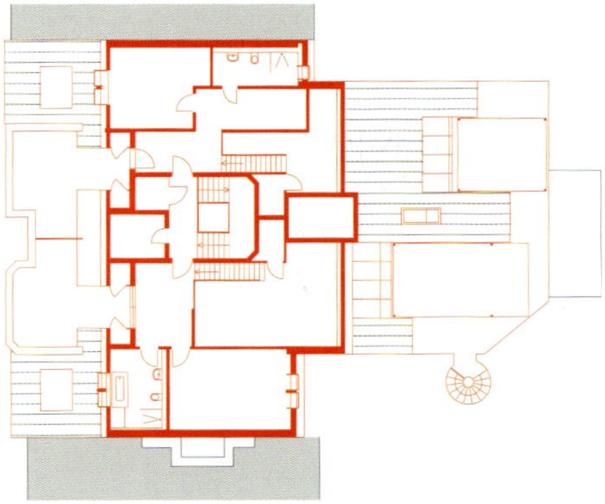

2. Dachgeschoss

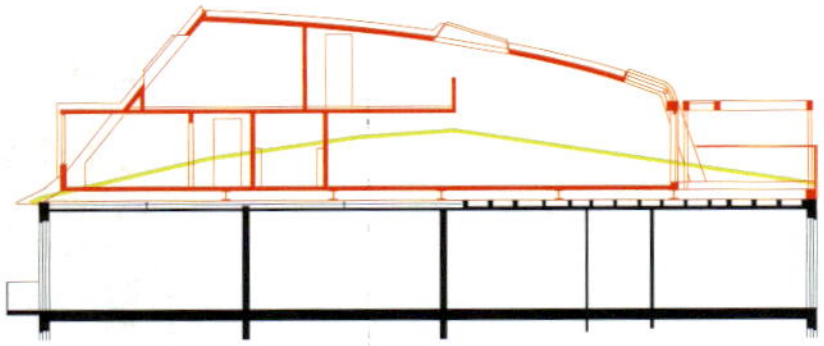

Schnitt A-A

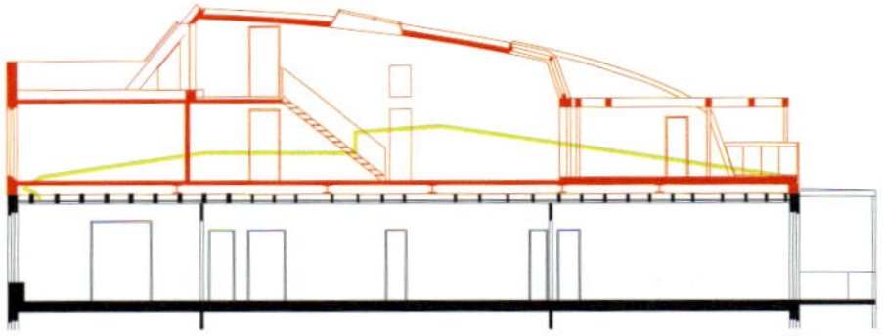

Schnitt B-B

Ansicht Nord-West

Objektbeschreibung

Allgemeine Objektinformationen

Das sechsgeschossige Mehrfamilienhaus aus dem Jahr 1911 wurde aufgestockt und um zwei Mezzaninwohnungen mit Dachterrassen erweitert. Die durch Kriegsschäden nicht mehr vorhandene ehemalige Gebäudehöhe wurde damit wieder hergestellt. Im Zuge der Aufstockung wurden zudem Sanierungen im Bestand durchgeführt: die gesamte Fassade sowie Installationen im Untergeschoss wurden erneuert.

Nutzung

2 Dachgeschosse
Zwei Maisonette-Wohnungen, Wohn-Esszimmer, Küchen, Schlafzimmer, Kinderzimmer, Flure, Bäder, WCs, Terrassen, Abstellräume, Treppen, Galerien, Aufzug

Nutzeinheiten

Wohneinheiten: 2
Wohnfläche: 388m^2

Grundstück

Neigung: Ebenes Gelände
Bodenklasse: BK 3

Markt

Hauptvergabezeit: 3. Quartal 2015
Baubeginn: 4. Quartal 2015
Bauende: 2. Quartal 2016
Konjunkturelle Gesamtlage: über Durchschnitt
Regionaler Baumarkt: über Durchschnitt

Baubestand

Baujahr: 1911
Bauzustand: gut
Aufwand: mittel
Grundrissänderungen: wenige
Tragwerkseingriffe: einige
Nutzungsänderung: nein
Nutzung während der Bauzeit: ja

Baukonstruktion

Nach dem Abbruch des bestehenden Daches wurde die oberste Geschossdecke ertüchtigt und mit einem Stahlträgerrost und einer Holzbalkenausfachung verstärkt. Die neuen Außenwände sind in Massivbauweise aus Hochlochziegelmauerwerk errichtet worden. Die Fassade wurde an den Bestand angepasst und mit Stuck und Putz gestaltet. Sämtliche Fenster haben Holzrahmen erhalten. Die Decken- und Dachkonstruktion wurde aus Brettstapel-Massivholzelementen hergestellt. Das Hauptdach ist mit Folie eingedeckt, das Steildach zur Straße mit Faserzementplatten und die Rückseite erhielt eine Metalldeckung. Mehrere Dachfenster belichten die Räume von oben. Für die Deckenbekleidung wurden Holzpaneele gewählt. Als Innenwände kamen Holzständer- und Gipskartonständerwände zur Ausführung. Stahltreppen mit Holzstufen verbinden die beiden Dachgeschossebenen. In den Wohnungen sind die Fußböden mit Holzdielen belegt.

Technische Anlagen

Die Wärmeversorgung der beiden neuen Wohnungen erfolgt über den bestehenden Fernwärmeanschluss. Warm- und Kaltwasser sowie die Versorgung mit Elektrizität werden ebenfalls über die bestehende Hausinstallation zur Verfügung gestellt. Jede Wohnung verfügt über eine zentrale Abluftanlage ohne WRG. Jeder Raum ist mit einem schallgedämmten Außenluftdurchlass ausgestattet, das in den Fensterlaibungen verbaut wurde und durch freie Zuluft das Raumklima in den Wohnräumen reguliert. Der vorhandene Aufzug wurde erneuert und um ein Geschoss erweitert.

Sonstiges

Die Bauausführung erfolgte unter einem Wetterschutzdach. Als zweiter Rettungsweg dient eine außenliegende Spindeltreppe aus Stahl in den Garten. Die angegebenen Flächen und BRI beziehen sich nur auf die beiden aufgestockten Geschosse.

Energetische Kennwerte

Gesetzliche Grundlage: EnEV 2013
Gebäudenutzfläche: 483,90 m^2
Gebäudevolumen: 1.512,20 m^3
A/Ve-Verhältnis (Kompaktheit): 0,44 m^{-1}
Hüllfläche des beheizten Volumens: 667,10 m^2
Spez. Transmissionswärmeverlust: 0,36 W/(m^2·K)
Spez. Jahresprimärenergiebedarf: 42,08 kWh/(m^2·a)
Anlagen-Aufwandszahl: 0,90

Energetische Angaben zu Außenbauteilen

Außenwand

U-Wert: 0,23 W/(m²·K)

Gesamtdicke: 39,80 cm	d [cm]	l [W/(m·K)]
Innenputz	1,50	1,000
Dämmziegel	36,50	0,090
Armierung	0,80	1,000
Außenputz	1,00	1,000

Dachterrasse

U-Wert: 0,15 W/(m²·K)

Gesamtdicke: 31,10 cm	d [cm]	l [W/(m·K)]
Holz	12,00	0,100
Dampfsperre	0,10	0,300
Dämmung	18,00	0,035
Abdichtung	0,50	0,170
Bautenschutzmatte	0,50	0,100

Dach Straße

U-Wert: 0,20 W/(m²·K)

Gesamtdicke: 27,12 cm	d [cm]	l [W/(m·K)]
GK-Platte	3,00	0,320
PP-Folie	0,10	0,300
Dämmung	24,00	0,032
Holz	24,00	0,180
PE-Folie	0,02	0,200

Dach Hof

U-Wert: 0,17 W/(m²·K)

Gesamtdicke: 28,60 cm	d [cm]	l [W/(m·K)]
Holz	10,00	0,100
Dampfsperre	0,10	0,300
Dämmung	18,00	0,037
Abdichtung	0,50	17,000

Erweiterung

Planungskennwerte für Flächen und Rauminhalte nach DIN 277

Flächen des Grundstücks		Menge Einheit	% an GF
BF	Bebaute Fläche	429,00 m²	47,9
UF	Unbebaute Fläche	467,00 m²	52,1
GF	Grundstücksfläche	896,00 m²	100,0

Grundflächen des Bauwerks		Menge Einheit	% an NUF	% an BGF
NUF	Nutzungsfläche	399,58 m²	100,0	68,0
TF	Technikfläche	5,20 m²	1,3	0,9
VF	Verkehrsfläche	70,55 m²	17,7	12,0
NRF	Netto-Raumfläche	475,33 m²	119,0	80,9
KGF	Konstruktions-Grundfläche	112,53 m²	28,2	19,1
BGF	Brutto-Grundfläche	587,86 m²	147,1	100,0

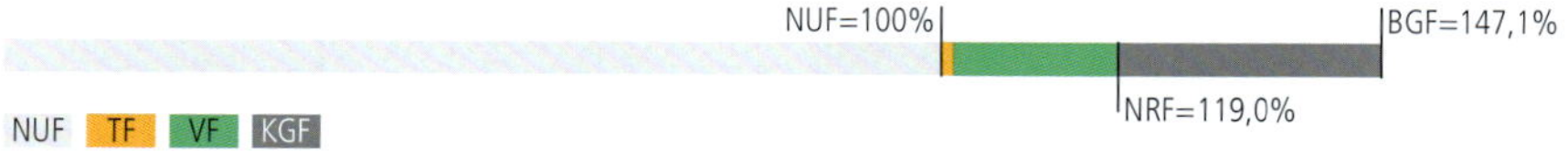

Brutto-Rauminhalt des Bauwerks		Menge Einheit	BRI/NUF (m)	BRI/BGF (m)
BRI	Brutto-Rauminhalt	1.512,00 m³	3,78	2,57

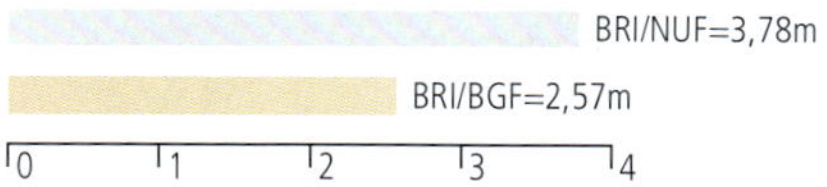

Lufttechnisch behandelte Flächen	Menge Einheit	% an NUF	% an BGF
Entlüftete Fläche	–	–	–
Be- und entlüftete Fläche	–	–	–
Teilklimatisierte Fläche	–	–	–
Klimatisierte Fläche	–	–	–

KG	Kostengruppen (2.Ebene)	Menge Einheit	Menge/NUF	Menge/BGF
310	Baugrube / Erdbau	–	–	–
320	Gründung, Unterbau	1,00 m² GRF	< 0,01	< 0,01
330	Außenwände/Vertikale Baukonstruktionen, außen	1.498,87 m² AWF	3,75	2,55
340	Innenwände/Vertikale Baukonstruktionen, innen	803,86 m² IWF	2,01	1,37
350	Decken/Horizontale Baukonstruktionen	519,70 m² DEF	1,30	0,88
360	Dächer	457,35 m² DAF	1,15	0,78

Kostenkennwerte für die Kostengruppen der 1.Ebene DIN 276

KG	Kostengruppen (1. Ebene)	Einheit	Kosten €	€/Einheit	€/m² BGF	€/m³ BRI	% 300+400
100	Grundstück	m² GF	–	–	–	–	–
200	Vorbereitende Maßnahmen	m² GF	–	–	–	–	–
300	Bauwerk – Baukonstruktionen	m² BGF	1.929.921	3.282,96	3.282,96	1.276,40	82,4
400	Bauwerk – Technische Anlagen	m² BGF	412.512	701,72	701,72	272,83	17,6
	Bauwerk 300+400	**m² BGF**	**2.342.433**	**3.984,68**	**3.984,68**	**1.549,23**	**100,0**
500	Außenanlagen und Freiflächen	m² AF	–	–	–	–	–
600	Ausstattung und Kunstwerke	m² BGF	12.902	21,95	21,95	8,53	0,6
700	Baunebenkosten	m² BGF	–	–	–	–	–
800	Finanzierung	m² BGF	–	–	–	–	–

KG	Kostengruppe	Menge Einheit	Kosten €	€/Einheit	%
3+4	**Bauwerk**				**100,0**
300	**Bauwerk – Baukonstruktionen**	587,86 m² BGF	1.929.921	**3.282,96**	82,4

- Abbrechen (Kosten: 3,6%) 70.315
  Abbruch von Fliesenbelägen; Dachgeschoss bis Decke über 4.OG (psch); Entsorgung, Deponiegebühren
- Wiederherstellen (Kosten: 2,8%) 54.791
  Mauerkrone instandsetzen, Fensterbänke beschichten, Fassadenflächen beschichten; Fahrstuhlschacht anpassen, Wandflächen überarbeiten, Altschichten entfernen, gesamte Fläche beschichten; Balkone instandsetzen, nicht tragfähige Farbreste entfernen, Flächen abdichten, Bodenablauf eindichten, Wandanschlüsse, Türanschlüsse herstellen, unterseitig Altanstriche entfernen, beschichten; Regenfallleitungen neu beschichten, Holzdecken neu lackieren
- Herstellen (Kosten: 93,5%) 1.804.815
  Hlz-Mauerwerk, Holzfachwerkwände, Brüstungen, Holzfenster, Außenputz, WDVS, Zierprofil in Frieshöhe, Innenputz, Wandfliesen, Vlies, Beschichtung, Holz-Alupfosten-Riegelfassade; KS-Mauerwerk, Holzständerwände, Holztüren, Stahltüren; Brettstapeldecken, Stahlträger als Tragkonstruktion Aufstockung; Dämmplatten, Gussasphaltestrich, Bodenfliesen, Parkett, Linoleum, Teppich, GK-Decken, Stahlwendeltreppe, Stahlwangentreppen, Glasgeländer; Holz-Sparrendach, Stahlpfetten, Dachfenster, Gefälledämmung, Abdichtung, Faserzementdeckung, Terrassenplatten, Doppelstehfalzdeckung, Dachverwahrungen, Dachentwässerung, Pergola, Lichtschachtgitter, Sekuranten, Deckenholzpaneele; Einbauküchen; Wetterschutzdach

KG	Kostengruppe	Menge Einheit	Kosten €	€/Einheit	%
400	**Bauwerk – Technische Anlagen**	587,86 m² BGF	412.512	**701,72**	17,6

- Abbrechen (Kosten: 0,3%) 1.372
  Abbruch von Warmwasserspeicher, 300l; Entsorgung, Deponiegebühren
- Wiederherstellen (Kosten: 6,2%) 25.379
  Austausch von Thermostatventile, von Strangregulierventilen; von Kleinraumventilator
- Herstellen (Kosten: 93,5%) 385.760
  Dachentwässerung; Warm- und Kaltwasserleitungen, Sanitärobjekte; Warmwasserspeicher, Plattenwärmetauscher, Heizleitungen, Flachheizkörper, elektrische Fußbodenheizung; Ventilatoren, Abluftelemente, Lüftungsleitungen; Elektroinstallationen, Beleuchtung; Erweiterung Sprechanlage, Klingelanlagen; Datenleitungen; Personenaufzug

KG	Kostengruppe	Menge Einheit	Kosten €	€/Einheit	%
600	**Ausstattung und Kunstwerke**	587,86 m² BGF	12.902	**21,95**	0,6
	• Herstellen (Kosten: 100,0%) Duschtrennwände		12.902		

Erweiterung

Kostenkennwerte für die Kostengruppen der 2.Ebene DIN 276

KG	Kostengruppe	Menge Einheit	Kosten €	€/Einheit	%
300	**Bauwerk – Baukonstruktionen**				**100,0**
320	**Gründung, Unterbau**	1,00 m² GRF	1.416	**1.416,38**	< 0,1
	• Herstellen (Kosten: 100,0%) Fundamentaushub, Stb-Fundament 1,00x1,00x0,80m (1m³)	1,00 m² GRF	1.416	**1.416,38**	
330	**Außenwände/Vert. Baukonstrukt., außen**	1.498,87 m² AWF	310.952	**207,46**	16,1
	• Wiederherstellen (Kosten: 11,3%) Mauerkrone für Ringbalken instandsetzen (122m) * Fensterbänke, t=25cm, lose Beschichtung entfernen, spachteln, beschichten (52m) * Fassadenfläche überarbeiten, lose Putzstellen entfernen, reinigen, beschichten (1.017m²), an Laibungen (479m), an Stirnseiten Balkone (52m), Sockelbeschichtung, farblich abgesetzt (24m²)	1.059,40 m² AWF	35.026	**33,06**	
	• Herstellen (Kosten: 88,7%) Hlz-Mauerwerk, d=36,5cm (198m²), Stb-Ringbalken (148m), Aufbeton, d=36,5cm (41m) * Holzfachwerkwand, d=24cm (24m²), h=90cm als Brüstung (27m) * Holzfenster (45m²), Holztüren (2St), Verbindungstüre zumauern (2m²) * Außenputz (180m²), Deckputz, Beschichtung (253m²), an Laibungen (75m), WDVS (55m²), Zierprofil in Frieshöhe montieren, beschichten (62m), Gebäudetrennfuge, Mineralwolldämmung (64m²) * Gipsputz (212m²), Kalkzementputz (31m²), Wandfliesen (13m²), Malervlies, Wandbeschichtung (245m²) * Alu-Holzpfosten-Riegelfassade (16m²) * Absturzsicherungen	439,47 m² AWF	275.925	**627,86**	
340	**Innenwände/Vert. Baukonstrukt., innen**	803,86 m² IWF	315.704	**392,73**	16,4
	• Wiederherstellen (Kosten: 2,1%) Fahrstuhlschacht anpassen (psch), Wandflächen überarbeiten, Altschichten entfernen, gesamte Fläche reinigen, neu beschichten (205m²)	102,71 m² IWF	6.568	**63,94**	
	• Herstellen (Kosten: 97,9%) Hlz-Mauerwerk, d=24cm (112m²), KS-Mauerwerk, d=24cm (107m²), Fachwerkwand BSH, OSB-Platten (30m²), Stb-Ringbalken (105m), Aufbeton, d=24cm (40m), Stb-Unterzug (14m) * Holzständerwände, d=11,5-25cm, beidseitig OSB, Mineralwolldämmung (264m²), als Wohnungstrennwand, d=28cm, beidseitig Gipsfaserplatten (36m²), GK-Wände (49m²) * Wohnungseingangstüren (8m²), Vollspan-Türen (30m²), Stahltüren (7m²) * Gipsputz (188m²), GK-Bekleidungen (427m²), Bekleidung mit Gipsfaserplatten (74m²), Malervlies, Wandbeschichtung (620m²), Wandfliesen (63m²)	701,15 m² IWF	309.136	**440,90**	

KG	Kostengruppe	Menge Einheit	Kosten €	€/Einheit	%
350	**Decken/Horizontale Baukonstruktionen**	519,70 m² DEF	419.944	**808,05**	21,8
	• Abbrechen (Kosten: 0,3%) Abbruch von Fliesenbelägen (9m²); Entsorgung, Deponiegebühren	9,00 m² DEF	1.133	**125,90**	
	• Wiederherstellen (Kosten: 2,8%) Balkone instandsetzen, nicht tragfähige Farbreste entfernen, Fläche abdichten, Bodenablauf eindichten, Wand-, Türanschlüsse herstellen (9m²) * unterseitig nicht tragfähige Altanstriche entfernen, spachteln, grundieren, beschichten (128m²)	136,41 m² DEF	11.603	**85,06**	
	• Herstellen (Kosten: 97,0%) Brettstapeldecken, d=10-12cm (356m²), Deckenbalken (861m), Trägerrost Stahlträger als Tragkonstruktion Aufstockung (psch), Mineralwolldämmung, Holzschalung (352m²), Schüttung (91m²) * Bodenklappen (2St) * ETS-Dämmplatten (345m²), Gussasphaltestrich, d=30mm (380m²), Bodenfliesen (83m²), Parkett (207m²), Linoleum (65m²), Teppich (90m²), Stufen (6St), Linoleum auf Trittstufen (76St) * GK-Decken (34m²), Beschichtung (205m²) * Stahlwendeltreppe, D=200cm, h=20,20m, 100 Gitterroststufen (1St), Stahlwangentreppen, 15 Stufen (3St), Holztreppe, 9 Stufen (1St) * Glasgeländer (22m), Stahl-Treppengeländer (42m), Pergola, Überdachung (4m²), Absturzsicherungen für DFF (2St), Lichtschachtgitter (1St)	511,03 m² DEF	407.209	**796,84**	
360	**Dächer**	457,35 m² DAF	416.993	**911,76**	21,6
	• Wiederherstellen (Kosten: 0,4%) Regenfallleitungen DN100, neu beschichten (54m), sichtbare Holzdecke schleifen, vorstreichen, weiß lackieren (16m²)	32,60 m² DAF	1.594	**48,90**	
	• Herstellen (Kosten: 99,6%) Holz-Sparrendach (133m²), Stahlpfetten (psch) * Dachflächenfenster (10St) * Mineralwoll-Gefälledämmung, Kunststoffabdichtung (309m²), Faserzementdeckung (88m²), Steinzeug-Terrassenbeläge (107m²), Doppelstehfalzdeckung (78m²), Ortgangbleche (95m), Kehlausbildung (33m), Blechabdeckungen (125m), Dachentlüfter (26St), Flachdachabläufe (4St), Entwässerungsrinnen (12m), Fallleitungen DN100 (83m), Kastendachrinnen (35m) * Brandschutzbekleidung an Stahlträgern (141m), Lasurbeschichtung (286m²), Deckenholzpaneele (111m²), Traufbekleidung (7m²) * Jalousetten für Dachflächenfenster (10St) * Sekuranten (psch)	444,66 m² DAF	415.399	**934,19**	
380	**Baukonstruktive Einbauten**	587,86 m² BGF	41.736	**71,00**	2,2
	• Herstellen (Kosten: 100,0%) Einbauküchen mit Schränken, Hängeschränken, Einbaugeräten, Arbeitsplatten (2St)	587,86 m² BGF	41.736	**71,00**	
390	**Sonst. Maßnahmen für Baukonstrukt.**	587,86 m² BGF	423.175	**719,86**	21,9
	• Abbrechen (Kosten: 16,3%) Abbruch von gesamtem Dachgeschoss mit Holzdachkonstruktion, Dachdeckung, Giebelwände bis Decke über 4.OG (psch); Entsorgung, Deponiegebühren	587,86 m² BGF	69.182	**117,68**	
	• Herstellen (Kosten: 83,7%) Baustelleneinrichtung (1St), Baukran, Kranaufstellplatz, Betonplatte (psch), Bauzaun (39m), Baustellen-WC (1St) * Fassadengerüst (1.715m²), Gerüstplane (872m²), Dachgerüstteile (32St), Modulgerüste (2St), Gitterträger (173m), Treppenturm (1St), Fußgängertunnel (26m), Hängegerüst (1St), Schutzplanen (3St), Rollgerüst (1St) * Entsorgung Bauschutt (2m³); Entsorgung, Deponiegebühren * Wetterschutzdach (520m²), Schutzabdeckungen (380m²), Baureinigung (psch)	587,86 m² BGF	353.993	**602,17**	

Erweiterung

KG	Kostengruppe	Menge Einheit	Kosten €	€/Einheit	%
400	**Bauwerk – Technische Anlagen**				**100,0**
410	**Abwasser-, Wasser-, Gasanlagen**	587,86 m²BGF	89.780	**152,72**	21,8
	• Herstellen (Kosten: 100,0%) PP-Rohre DN50-100 (170m), Brandschotts DN100 (25St), Entlüfter DN100 (4St), elektrische Rinnenheizung (psch) * Warmwasserspeicher, Plattenwärmetauscher, 300l (1St), Kupferrohre DN15-28 (105m), Mehrschichtverbundrohre DN16-25 (308m), Wasserzähler (4St), Brandschotts DN22-35 (32St), Waschtische (6St), Tiefspül-WCs (6St), Badewannen (2St), Duschwannen (2St), Regenbrausen (2St), Außenarmaturen (4St), Küchenanschlüsse (2St) * Montageelemente (20St)	587,86 m²BGF	89.780	**152,72**	
420	**Wärmeversorgungsanlagen**	587,86 m²BGF	89.894	**152,92**	21,8
	• Abbrechen (Kosten: 1,5%) Abbruch von Warmwasserspeicher, 300l; Entsorgung, Deponiegebühren	587,86 m²BGF	1.372	**2,33**	
	• Wiederherstellen (Kosten: 27,9%) Austausch von Thermostatventile (91St), von Strangregulierventilen, von Dämmschalen (28St), Entleeren der Heizleitungen (psch)	587,86 m²BGF	25.055	**42,62**	
	• Herstellen (Kosten: 70,6%) Kupferrohre DN12-22 (287m), Zirkulationspumpen (2St), Wasserzähler (1St) * Vertikalheizkörper (15St), Flachheizkörper (3St), Handtuchheizkörper (4St), elektrische Fußbodenheizung (1St), Heizkörperventile (22St)	587,86 m²BGF	63.467	**107,96**	
430	**Raumlufttechnische Anlagen**	587,86 m²BGF	24.842	**42,26**	6,0
	• Wiederherstellen (Kosten: 1,3%) Austausch von Kleinraumventilator (1St)	587,86 m²BGF	324	**0,55**	
	• Herstellen (Kosten: 98,7%) Lüfterelemente, bis 80m³/h, schallgedämmt (11St), Ventilatoren, Volumenstrom bis 250m³/h (2St), Wickelfalzrohre DN80-125 (35m), Schalldämpfer (6St), Deckenschotts (10St)	587,86 m²BGF	24.518	**41,71**	
440	**Elektrische Anlagen**	587,86 m²BGF	47.516	**80,83**	11,5
	• Herstellen (Kosten: 100,0%) Zählerschrank (1St), Unterverteilungen (2St), Mantelleitungen (351m), Leerrohre (329m), Schalter, Taster (92St), Steckdosen (109St), Geräteanschlüsse (16St) * Kompaktleuchtstofflampen, 18W (20St), Orientierungsleuchten (4St), Aufbaustrahler (11St), Anbauleuchten (28St) * Potenzialausgleichsschienen (4St)	587,86 m²BGF	47.516	**80,83**	
450	**Kommunikationstechnische Anlagen**	587,86 m²BGF	22.546	**38,35**	5,5
	• Herstellen (Kosten: 100,0%) Erweiterung Sprechanlage (1St), Klingelanlagen mit Taster (4St), Innensprechstellen (2St), Multimedia-Kleinverteiler (1St), Installationskabel (191m) * Antennensteckdosen (4St), Koaxialkabel (290m) * Datenanschlussdosen (19St), Patchfeld Cat7 (2St), Datenleitungen (785m)	587,86 m²BGF	22.546	**38,35**	
460	**Förderanlagen**	587,86 m²BGF	137.935	**234,64**	33,4
	• Herstellen (Kosten: 100,0%) Personenaufzug, Tragkraft 450kg, Förderhöhe fünf Geschosse (psch)	587,86 m²BGF	137.935	**234,64**	

6100-1431
Gründerzeitgebäude
Aufstockung (2 WE)

KG	Kostengruppe	Menge Einheit	Kosten €	€/Einheit	%
600	**Ausstattung und Kunstwerke**				**100,0**
610	**Allgemeine Ausstattung**	587,86 m2 BGF	12.902	**21,95**	100,0
	• Herstellen (Kosten: 100,0%) Glas-Duschabtrennungen (2St), für Badewannen, klappbar (2St), Gardinenschienen, einfach (10m), Kristallspiegel (9m2)	587,86 m2 BGF	12.902	**21,95**	

Erweiterung

Kostenkennwerte für die Kostengruppen 300 der 2. und 3. Ebene DIN 276 (Übersicht)

KG	Kostengruppe	Menge Einheit	€/Einheit	Kosten €	% an 3+4
300	**Bauwerk – Baukonstruktionen**	**587,86 m² BGF**	**3.282,96**	**1.929.920,88**	**82,4**
310	**Baugrube / Erdbau**	**–**	**–**	**–**	**–**
311	Herstellung	–	–	–	–
312	Umschließung	–	–	–	–
313	Wasserhaltung	–	–	–	–
314	Vortrieb	–	–	–	–
319	Sonstiges zur KG 310	–	–	–	–
320	**Gründung, Unterbau**	**1,00 m² GRF**	**1.416,38**	**1.416,38**	**< 0,1**
321	Baugrundverbesserung	–	–	–	–
322	Flachgründungen und Bodenplatten	1,00 m²	1.416,38	1.416,38	< 0,1
323	Tiefgründungen	–	–	–	–
324	Gründungsbeläge	–	–	–	–
325	Abdichtungen und Bekleidungen	–	–	–	–
326	Dränagen	–	–	–	–
329	Sonstiges zur KG 320	–	–	–	–
330	**Außenwände/Vert. Baukonstrukt., außen**	**1.498,87 m² AWF**	**207,46**	**310.951,69**	**13,3**
331	Tragende Außenwände	265,35 m²	346,81	92.025,80	3,9
332	Nichttragende Außenwände	48,01 m²	347,15	16.666,90	0,7
333	Außenstützen	–	–	–	–
334	Außenwandöffnungen	63,75 m²	797,92	50.867,18	2,2
335	Außenwandbekleidungen, außen	1.419,28 m²	65,81	93.409,79	4,0
336	Außenwandbekleidungen, innen	257,83 m²	88,71	22.872,92	1,0
337	Element. Außenwandkonstruktionen	15,84 m²	1.986,01	31.458,39	1,3
338	Lichtschutz zur KG 330	–	–	–	–
339	Sonstiges zur KG 330	1.498,87 m² AWF	2,44	3.650,70	0,2
340	**Innenwände/Vert. Baukonstrukt., innen**	**803,86 m² IWF**	**392,73**	**315.703,63**	**13,5**
341	Tragende Innenwände	291,74 m²	416,92	121.633,45	5,2
342	Nichttragende Innenwände	299,84 m²	195,09	58.494,59	2,5
343	Innenstützen	–	–	–	–
344	Innenwandöffnungen	45,75 m²	711,76	32.562,96	1,4
345	Innenwandbekleidungen	896,25 m²	114,94	103.012,62	4,4
346	Elementierte Innenwandkonstruktionen	–	–	–	–
347	Lichtschutz zur KG 340	–	–	–	–
349	Sonstiges zur KG 340	–	–	–	–
350	**Decken/Horizontale Baukonstruktionen**	**519,70 m² DEF**	**808,05**	**419.944,47**	**17,9**
351	Deckenkonstruktionen	388,74 m²	375,41	145.936,55	6,2
352	Deckenöffnungen	2,00 m²	651,07	1.302,15	< 0,1
353	Deckenbeläge	470,31 m²	257,33	121.024,99	5,2
354	Deckenbekleidungen	332,74 m²	36,98	12.305,51	0,5
355	Elementierte Deckenkonstruktionen	47,39 m²	2.155,91	102.168,41	4,4
359	Sonstiges zur KG 350	519,70 m² DEF	71,59	37.206,89	1,6
360	**Dächer**	**457,35 m² DAF**	**911,76**	**416.993,01**	**17,8**
361	Dachkonstruktionen	197,34 m²	579,33	114.324,26	4,9
362	Dachöffnungen	7,42 m²	7.251,10	53.803,13	2,3
363	Dachbeläge	439,71 m²	443,94	195.206,37	8,3
364	Dachbekleidungen	449,93 m²	57,41	25.831,70	1,1
365	Elementierte Dachkonstruktionen	–	–	–	–
366	Lichtschutz zur KG 360	7,00 m²	1.063,04	7.441,28	0,3
369	Sonstiges zur KG 360	457,35 m² DAF	44,57	20.386,24	0,9
370	**Infrastrukturanlagen**	**–**	**–**	**–**	**–**
380	**Baukonstruktive Einbauten**	**587,86 m² BGF**	**71,00**	**41.736,42**	**1,8**
390	**Sonst. Maßnahmen für Baukonstrukt.**	**587,86 m² BGF**	**719,86**	**423.175,28**	**18,1**

Erweiterung

Kostenkennwerte für die Kostengruppen 400 der 2. und 3. Ebene DIN 276 (Übersicht)

KG	Kostengruppe	Menge Einheit	€/Einheit	Kosten €	% an 3+4
400	**Bauwerk – Technische Anlagen**	**587,86 m² BGF**	**701,72**	**412.511,64**	**17,6**
410	**Abwasser-, Wasser-, Gasanlagen**	**587,86 m² BGF**	**152,72**	**89.779,76**	**3,8**
411	Abwasseranlagen	587,86 m² BGF	46,86	27.548,16	1,2
412	Wasseranlagen	587,86 m² BGF	93,50	54.965,41	2,3
413	Gasanlagen	–	–	–	–
419	Sonstiges zur KG 410	587,86 m² BGF	12,36	7.266,18	0,3
420	**Wärmeversorgungsanlagen**	**587,86 m² BGF**	**152,92**	**89.893,99**	**3,8**
421	Wärmeerzeugungsanlagen	587,86 m² BGF	2,33	1.372,12	< 0,1
422	Wärmeverteilnetze	587,86 m² BGF	46,27	27.197,64	1,2
423	Raumheizflächen	587,86 m² BGF	104,32	61.324,23	2,6
424	Verkehrsheizflächen	–	–	–	–
429	Sonstiges zur KG 420	–	–	–	–
430	**Raumlufttechnische Anlagen**	**587,86 m² BGF**	**42,26**	**24.841,56**	**1,1**
431	Lüftungsanlagen	587,86 m² BGF	42,26	24.841,56	1,1
432	Teilklimaanlagen	–	–	–	–
433	Klimaanlagen	–	–	–	–
434	Kälteanlagen	–	–	–	–
439	Sonstiges zur KG 430	–	–	–	–
440	**Elektrische Anlagen**	**587,86 m² BGF**	**80,83**	**47.515,58**	**2,0**
441	Hoch- und Mittelspannungsanlagen	–	–	–	–
442	Eigenstromversorgungsanlagen	–	–	–	–
443	Niederspannungsschaltanlagen	–	–	–	–
444	Niederspannungsinstallationsanlagen	587,86 m² BGF	69,01	40.570,37	1,7
445	Beleuchtungsanlagen	587,86 m² BGF	11,31	6.650,64	0,3
446	Blitzschutz- und Erdungsanlagen	587,86 m² BGF	0,50	294,59	< 0,1
447	Fahrleitungssysteme	–	–	–	–
449	Sonstiges zur KG 440	–	–	–	–
450	**Kommunikationstechnische Anlagen**	**587,86 m² BGF**	**38,35**	**22.545,78**	**1,0**
451	Telekommunikationsanlagen	–	–	–	–
452	Such- und Signalanlagen	587,86 m² BGF	18,02	10.594,44	0,5
453	Zeitdienstanlagen	–	–	–	–
454	Elektroakustische Anlagen	–	–	–	–
455	Audiovisuelle Medien- u. Antennenanl.	587,86 m² BGF	5,77	3.390,27	0,1
456	Gefahrenmelde- und Alarmanlagen	–	–	–	–
457	Datenübertragungsnetze	587,86 m² BGF	14,56	8.561,07	0,4
458	Verkehrsbeeinflussungsanlagen	–	–	–	–
459	Sonstiges zur KG 450	–	–	–	–
460	**Förderanlagen**	**587,86 m² BGF**	**234,64**	**137.934,98**	**5,9**
461	Aufzugsanlagen	587,86 m² BGF	234,64	137.934,98	5,9
462	Fahrtreppen, Fahrsteige	–	–	–	–
463	Befahranlagen	–	–	–	–
464	Transportanlagen	–	–	–	–
465	Krananlagen	–	–	–	–
466	Hydraulikanlagen	–	–	–	–
469	Sonstiges zur KG 460	–	–	–	–
470	**Nutzungsspez. u. verfahrenstechn. Anl.**	**–**	**–**	**–**	**–**
480	**Gebäude- und Anlagenautomation**	**–**	**–**	**–**	**–**
490	**Sonst. Maßnahmen für techn. Anlagen**	**–**	**–**	**–**	**–**

Kostenkennwerte für Leistungsbereiche nach STLB (Kosten des Bauwerks nach DIN 276)

LB	Leistungsbereiche	Kosten €	€/m² BGF	€/m³ BRI	% an 3+4
000	Sicherheits-, Baustelleneinrichtungen inkl. 001	345.764	588,20	228,70	14,8
002	Erdarbeiten	–	–	–	–
006	Spezialtiefbauarbeiten inkl. 005	–	–	–	–
009	Entwässerungskanalarbeiten inkl. 011	–	–	–	–
010	Drän- und Versickerarbeiten	–	–	–	–
012	Mauerarbeiten	93.948	159,80	62,10	4,0
	Wiederherstellen	1.736	3,00	1,10	< 0,1
	Herstellen	92.211	156,90	61,00	3,9
013	Betonarbeiten	92.322	157,00	61,10	3,9
	Wiederherstellen	3.233	5,50	2,10	0,1
	Herstellen	89.090	151,50	58,90	3,8
014	Natur-, Betonwerksteinarbeiten	–	–	–	–
016	Zimmer- und Holzbauarbeiten	331.012	563,10	218,90	14,1
017	Stahlbauarbeiten	154.832	263,40	102,40	6,6
018	Abdichtungsarbeiten	6.930	11,80	4,60	0,3
	Wiederherstellen	6.930	11,80	4,60	0,3
019	Kampfmittelräumarbeiten	–	–	–	–
020	Dachdeckungsarbeiten	–	–	–	–
021	Dachabdichtungsarbeiten	153.664	261,40	101,60	6,6
022	Klempnerarbeiten	–	–	–	–
	Rohbau	**1.178.473**	**2.004,70**	**779,40**	**50,3**
	Wiederherstellen	11.899	20,20	7,90	0,5
	Herstellen	1.166.574	1.984,40	771,50	49,8
023	Putz- und Stuckarbeiten, Wärmedämmsysteme	72.855	123,90	48,20	3,1
024	Fliesen- und Plattenarbeiten	22.887	38,90	15,10	1,0
025	Estricharbeiten	38.993	66,30	25,80	1,7
026	Fenster, Außentüren inkl. 029, 032	74.458	126,70	49,20	3,2
027	Tischlerarbeiten	74.177	126,20	49,10	3,2
	Wiederherstellen	2.156	3,70	1,40	< 0,1
	Herstellen	72.021	122,50	47,60	3,1
028	Parkettarbeiten, Holzpflasterarbeiten	34.835	59,30	23,00	1,5
030	Rollladenarbeiten	9.109	15,50	6,00	0,4
031	Metallbauarbeiten inkl. 035	155.332	264,20	102,70	6,6
034	Maler- und Lackiererarbeiten inkl. 037	87.595	149,00	57,90	3,7
	Wiederherstellen	40.331	68,60	26,70	1,7
	Herstellen	47.265	80,40	31,30	2,0
036	Bodenbelagarbeiten	17.366	29,50	11,50	0,7
038	Vorgehängte hinterlüftete Fassaden	–	–	–	–
039	Trockenbauarbeiten	87.398	148,70	57,80	3,7
	Wiederherstellen	405	0,69	0,27	< 0,1
	Herstellen	86.993	148,00	57,50	3,7
	Ausbau	**675.007**	**1.148,20**	**446,40**	**28,8**
	Wiederherstellen	42.892	73,00	28,40	1,8
	Herstellen	632.115	1.075,30	418,10	27,0
040	Wärmeversorgungsanl. - Betriebseinr. inkl. 041	77.356	131,60	51,20	3,3
	Wiederherstellen	23.988	40,80	15,90	1,0
	Herstellen	53.367	90,80	35,30	2,3
042	Gas- und Wasserinstallation, Leitungen inkl. 043	46.642	79,30	30,80	2,0
044	Abwasseranlagen - Leitungen	26.163	44,50	17,30	1,1
045	GWE-Einrichtungsgegenstände inkl. 046	16.091	27,40	10,60	0,7

LB	Leistungsbereiche	Kosten €	€/m² BGF	€/m³ BRI	% an 3+4
047	Dämmarbeiten an betriebstechnischen Anlagen	7.903	13,40	5,20	0,3
	Wiederherstellen	1.067	1,80	0,71	< 0,1
	Herstellen	6.837	11,60	4,50	0,3
049	Feuerlöschanlagen, Feuerlöschgeräte	–	–	–	–
050	Blitzschutz- und Erdungsanlagen	295	0,50	0,19	< 0,1
053	Niederspannungsanlagen inkl. 052, 054	45.863	78,00	30,30	2,0
055	Sicherheits- u. Ersatzstromversorgungsanl.	–	–	–	–
057	Gebäudesystemtechnik	–	–	–	–
058	Leuchten und Lampen inkl. 059	7.628	13,00	5,00	0,3
060	Sprechanlagen, elektroakust. Anlagen inkl. 064	288	0,49	0,19	< 0,1
061	Kommunikationsnetze inkl. 063	3.268	5,60	2,20	0,1
069	Aufzüge	137.935	234,60	91,20	5,9
070	Gebäudeautomation	–	–	–	–
075	Raumlufttechnische Anlagen inkl. 078	24.689	42,00	16,30	1,1
	Wiederherstellen	324	0,55	0,21	< 0,1
	Herstellen	24.365	41,40	16,10	1,0
	Gebäudetechnik	**394.121**	**670,40**	**260,70**	**16,8**
	Wiederherstellen	25.379	43,20	16,80	1,1
	Herstellen	368.741	627,30	243,90	15,7
084	Abbruch, Rückbau, Schadstoffsanierung	71.687	121,90	47,40	3,1
	Abbrechen	71.687	121,90	47,40	3,1
	Abbrucharbeiten	**71.687**	**121,90**	**47,40**	**3,1**
	Abbrechen	71.687	121,90	47,40	3,1
	Sonstige Leistungsbereiche	**23.145**	**39,40**	**15,30**	**1,0**

6100-1501
Mehrfamilienhaus
Aufstockung (2 WE)

Erweiterung

Objektübersicht

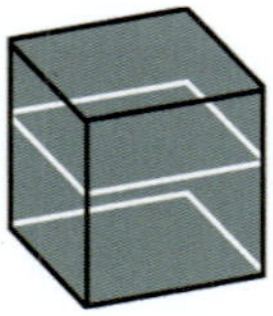
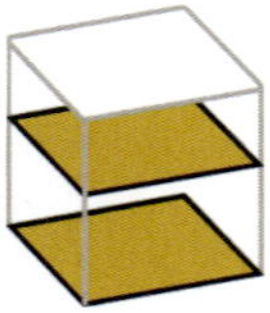
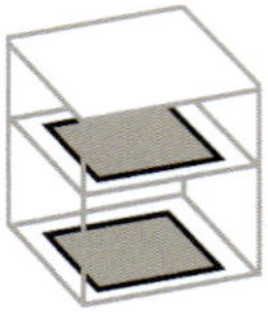
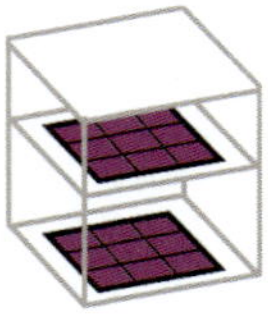

BRI 1.092 €/m³ | BGF 4.077 €/m² | NUF 5.406 €/m² | NE 6.222 €/NE

NE: Wohnfläche

Objekt:
Kennwerte: 3. Ebene DIN 276
BRI: 2.151 m³
BGF: 576 m²
NUF: 434 m²
Bauzeit: 56 Wochen
Bauende: 2019
Standard: über Durchschnitt
Bundesland: Hamburg
Kreis: Hamburg, Stadt

Architekt*in:
Ostermann Architekten
Lange Reihe 101
20099 Hamburg

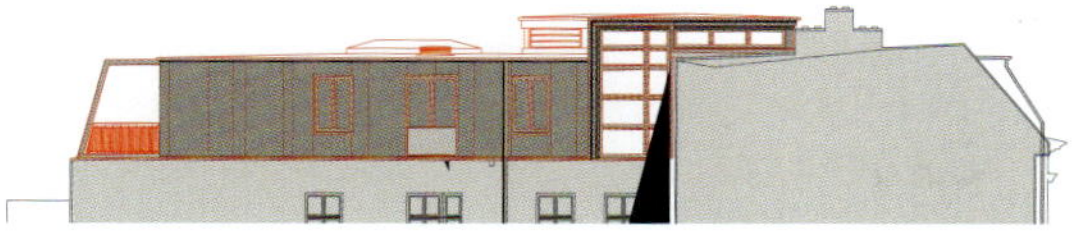

Ansicht Nord

Ansicht Ost

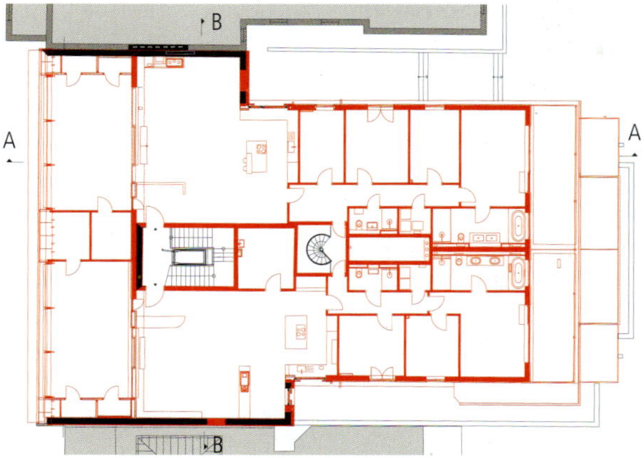

Dachgeschoss

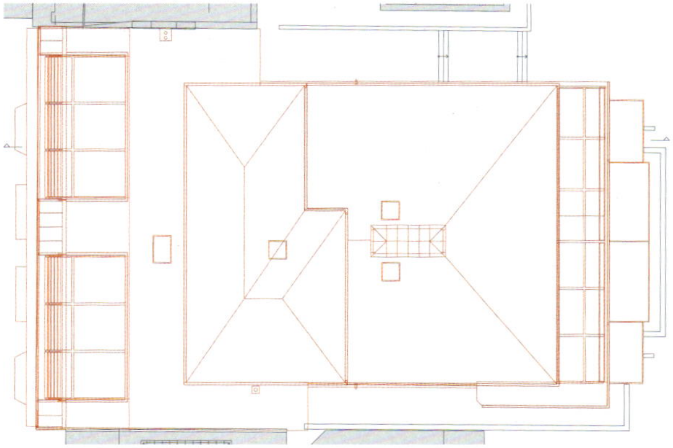

Dachaufsicht

Schnitt A-A

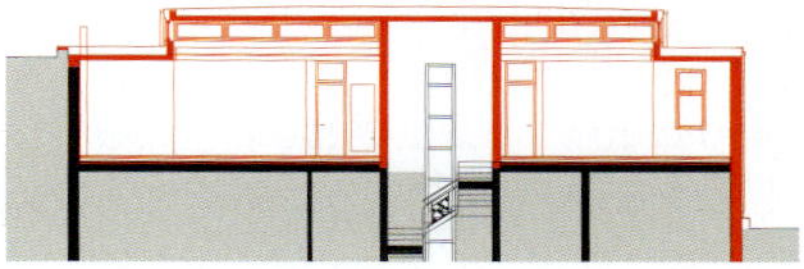

Schnitt B-B

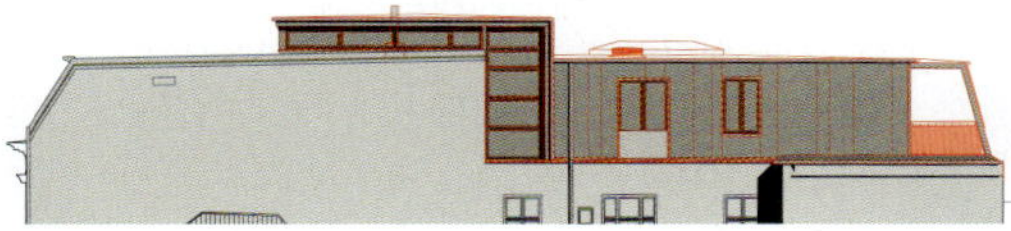

Ansicht Süd

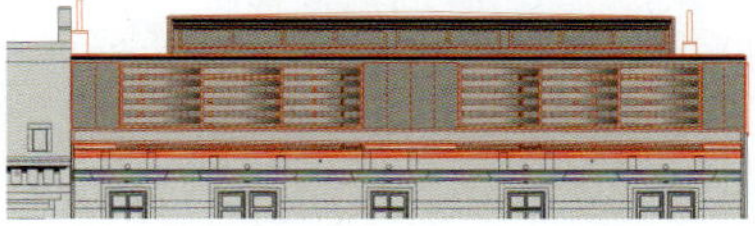

Ansicht West

6100-1501
Mehrfamilienhaus
Aufstockung (2 WE)

Erweiterung

Objektbeschreibung

Allgemeine Objektinformationen

Das Dach eines viergeschossigen Mehrfamilienhauses wurde im Zuge einer Komplettsanierung vollständig abgebrochen und neu aufgebaut. Unter Einhaltung der alten Firstlinie sind auf dem Bestandsgebäude zwei hochwertige Wohnungen mit Dachterrassen nach Osten und Westen entstanden. Als zweiten Rettungsweg wurden die Wohnungen an eine bestehende Stahl-Spindeltreppe im Lichthof angeschlossen.

Nutzung

1 Untergeschoss
Bestand: 2 Wohnungen, Fahrradkeller, Technikräume, Mieterabstellräume, 2 Garagen

1 Erdgeschoss
Bestand: 2 Wohnungen

3 Obergeschosse
Bestand: je 4 Wohnungen

1 Dachgeschoss
Neu 2 Wohnungen je: Wohnen/Essen/Kochen, Zimmer (2St), Ankleide, Bad, Dusche, Hauswirtschaftsraum, Dachterrassen (2St), Abstellraum

Nutzeinheiten

Gebäude: 1
Wohneinheiten: 2
Wohnfläche: 377 m²

Grundstück

Bauraum: Beengter Bauraum
Neigung: Ebenes Gelände
Bodenklasse: BK 1 bis BK 4

Markt

Hauptvergabezeit: 2. Quartal 2018
Baubeginn: 2. Quartal 2018
Bauende: 2. Quartal 2019
Konjunkturelle Gesamtlage: über Durchschnitt
Regionaler Baumarkt: über Durchschnitt

Baubestand

Baujahr: 1895
Bauzustand: schlecht
Aufwand: hoch
Grundrissänderungen: umfangreiche
Tragwerkseingriffe: umfangreiche
Nutzungsänderung: ja
Nutzung während der Bauzeit: nein

Baukonstruktion

Das neue Dachgeschoss ist in Holzrahmenbauweise ausgeführt. Die Decken bestehen aus Brettstapelelementen, auf denen eine Gefälledämmung verlegt wurde. Sämtliche Holzelemente wurden im Zimmermannsbetrieb vorgefertigt, so dass auf der Baustelle nur noch die Außenbekleidung montiert werden musste. Die Innenwände wurden vor Ort erstellt.

Technische Anlagen

Das Stadthaus war bereits an die Fernwärme angeschlossen. Für die neuen Dachgeschosswohnungen wurden im Lichthof neue Leitungen nach oben geführt. Es wurden Leerrohre für einen nachträglichen Einbau einer Klimaanlage vorgesehen. Die Bäder haben eine Abluftanlage erhalten. Die Wohnungen sind an den bestehenden Aufzug im Treppenauge angeschlossen.

Sonstiges

Die hohen Brandschutzauflagen konnten durch installierte Brandschutzvorhänge erfüllt werden.
Die Instandsetzung des Mehrfamilienhauses wurde getrennt abgerechnet und ist unter der BKI-Objektnummer 6100-1500 dokumentiert. Die Hausschwammsanierung ist unter der BKI-Objektnummer 6100-1502 dokumentiert.

Energetische Kennwerte

Gesetzliche Grundlage: EnEV 2013
Gebäudenutzfläche: 2.722,50 m²
Spez. Transmissionswärmeverlust: 0,66 W/(m²·K)
Jahresprimärenergie: 192.766,00 kWh/a
Spez. Jahresprimärenergiebedarf: 70,80 kWh/(m²·a)
Spez. Jahresendenergiebedarf: 122,10 kWh/(m²·a)
CO_2-Emissionen: 27,20 kg/(m²·a)
Anlagen-Aufwandszahl: 0,78

Energetische Angaben zu Außenbauteilen

Außenwand Brandwand

U-Wert: 0,42 W/(m²·K)

Gesamtdicke: 42,00 cm	d [cm]	l [W/(m·K)]
Innenputz	1,00	1,000
Ziegel	11,00	0,810
Luftschicht ruhend	11,00	0,556
Ziegel	11,00	0,810
Außenputz - Bestand	1,00	1,000
Dämmung	6,00	0,035
Ausgleichsdämmung	1,00	1,000

Außenwand Garten

U-Wert: 0,19 W/(m²·K)

Gesamtdicke: 52,00 cm	d [cm]	l [W/(m·K)]
Innenputz	1,00	1,000
Ziegel	33,00	0,810
Außenputz - Bestand	1,00	1,000
Dämmung	16,00	0,035
Außenputz	1,00	1,000

Außenwand hinterlüftet

U-Wert: 0,18 W/(m²·K)

Gesamtdicke: 27,75 cm	d [cm]	l [W/(m·K)]
GK-Platte	1,25	0,250
OSB-Platte	1,50	0,130
Dämmung	6,00	0,035
Holz	6,00	0,130
OSB-Platte	1,50	0,130
Dämmung	16,00	0,035
Holz	16,00	0,130
Holzfaserplatte	1,50	0,070

Dachterrasse

U-Wert: 0,13 W/(m²·K)

Gesamtdicke: 37,02 cm	d [cm]	l [W/(m·K)]
Holz	16,00	0,100
Aluminium	0,02	80,000
Dämmung	20,00	0,035
Bitumenbahn	1,00	0,170

Dach

U-Wert: 0,14 W/(m²·K)

Gesamtdicke: 37,52 cm	d [cm]	l [W/(m·K)]
Holz	16,00	0,100
Aluminium	0,02	80,000
Dämmung	10,00	0,040
Dämmung	10,00	0,037
Bitumenbahn	1,50	0,170

6100-1501
Mehrfamilienhaus
Aufstockung (2 WE)

Erweiterung

Planungskennwerte für Flächen und Rauminhalte nach DIN 277

Flächen des Grundstücks		Menge Einheit	% an GF
BF	Bebaute Fläche	630,00 m²	40,1
UF	Unbebaute Fläche	941,00 m²	59,9
GF	Grundstücksfläche	1.571,00 m²	100,0

Grundflächen des Bauwerks		Menge Einheit	% an NUF	% an BGF
NUF	Nutzungsfläche	434,47 m²	100,0	75,4
TF	Technikfläche	–	–	–
VF	Verkehrsfläche	42,10 m²	9,7	7,3
NRF	Netto-Raumfläche	476,57 m²	109,7	82,7
KGF	Konstruktions-Grundfläche	99,43 m²	22,9	17,3
BGF	Brutto-Grundfläche	576,00 m²	132,6	100,0

Brutto-Rauminhalt des Bauwerks		Menge Einheit	BRI/NUF (m)	BRI/BGF (m)
BRI	Brutto-Rauminhalt	2.151,30 m³	4,95	3,74

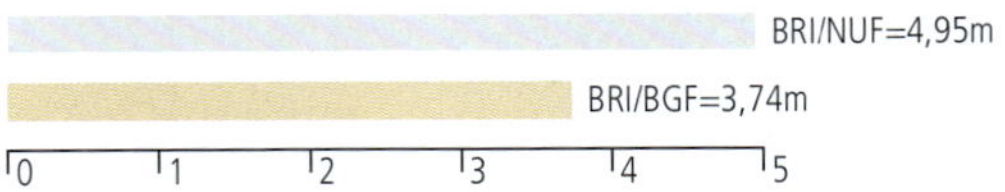

Lufttechnisch behandelte Flächen	Menge Einheit	% an NUF	% an BGF
Entlüftete Fläche	–	–	–
Be- und entlüftete Fläche	–	–	–
Teilklimatisierte Fläche	–	–	–
Klimatisierte Fläche	–	–	–

KG	Kostengruppen (2. Ebene)	Menge Einheit	Menge/NUF	Menge/BGF
310	Baugrube / Erdbau	–	–	–
320	Gründung, Unterbau	–	–	–
330	Außenwände/Vertikale Baukonstruktionen, außen	531,68 m² AWF	1,22	0,92
340	Innenwände/Vertikale Baukonstruktionen, innen	516,47 m² IWF	1,19	0,90
350	Decken/Horizontale Baukonstruktionen	584,75 m² DEF	1,35	1,02
360	Dächer	636,96 m² DAF	1,47	1,11

Kostenkennwerte für die Kostengruppen der 1.Ebene DIN 276

KG	Kostengruppen (1.Ebene)	Einheit	Kosten €	€/Einheit	€/m² BGF	€/m³ BRI	% 300+400
100	Grundstück	m² GF	–	–	–	–	–
200	Vorbereitende Maßnahmen	m² GF	907	0,58	1,57	0,42	< 0,1
300	Bauwerk – Baukonstruktionen	m² BGF	1.942.458	3.372,32	3.372,32	902,92	82,7
400	Bauwerk – Technische Anlagen	m² BGF	406.082	705,00	705,00	188,76	17,3
	Bauwerk 300+400	**m² BGF**	**2.348.541**	**4.077,33**	**4.077,33**	**1.091,68**	**100,0**
500	Außenanlagen und Freiflächen	m² AF	–	–	–	–	–
600	Ausstattung und Kunstwerke	m² BGF	7.679	13,33	13,33	3,57	0,3
700	Baunebenkosten	m² BGF	–	–	–	–	–
800	Finanzierung	m² BGF	–	–	–	–	–

KG	Kostengruppe	Menge Einheit	Kosten €	€/Einheit	%
200	**Vorbereitende Maßnahmen**	1.571,00 m² GF	907	**0,58**	< 0,1

- Herstellen (Kosten: 100,0%) 907
  Stromanschluss

KG	Kostengruppe	Menge Einheit	Kosten €	€/Einheit	%
3+4	**Bauwerk**				**100,0**
300	**Bauwerk – Baukonstruktionen**	576,00 m² BGF	1.942.458	**3.372,32**	82,7

- Abbrechen (Kosten: 5,0%) 96.680
  Abbruch von Mauerwerk, Wandputz; Holzständerwänden, GK-Vorsatzschalen, Feuerschutztüren; Hartfaserplatten mit Linoleum; Holzdachkonstruktion, Glasoberlichtern, Dachfenstern, Abdichtung, Dachschindeln, Blechabdeckungen, Dachentwässerung, Gipsfaserplatten, Strohputzdecke; Innenausbau, Einbaumöbeln, Sanitärobjekten, Boden- und Wandbelägen, GK-Wänden, Holztüren; Entsorgung, Deponiegebühren

- Wiederherstellen (Kosten: < 0,1%) 651
  Gesimse ausbessern

- Herstellen (Kosten: 95,0%) 1.845.127
  Holzrahmenwände, Mauerwerkswände, Holzstützen, Holz-Alufenster, Holztüren, Faserzementplatten, Tapeten, Beschichtung, Putz, Wandfliesen, Absturzsicherung; GK-Wände; BSH-Decken, Stb-Decke, Estrich, Holzdielenböden, Bodenfliesen; Brettstapeldach, Sparrendach, Steildach, Stahlpergola, Oberlichtband, Dachfenster, Dachausstieg, Faserzementplatten, Blechabdeckungen, Dachentwässerung, GK-Decken, Sonnenschutzsystem, Markisen, Stahlgeländer; Einbauküchen, Einbaumöbel, Brandschutzvorhänge

Erweiterung

KG	Kostengruppe	Menge Einheit	Kosten €	€/Einheit	%
400	**Bauwerk – Technische Anlagen**	576,00 m² BGF	406.082	**705,00**	17,3
	• Abbrechen (Kosten: 3,2%) Abbruch von Rohrleitungen, Sanitärobjekten; Schornstein-Mauerwerk; RWE-Anlage, Rauchmeldern; Entsorgung, Deponiegebühren		12.984		
	• Wiederherstellen (Kosten: 0,3%) Heizkörper demontieren, lagern, wieder montieren		1.042		
	• Herstellen (Kosten: 96,5%) Entwässerungsleitungen, Zähler, Kalt- und Warmwasserleitungen, Sanitärobjekte; Heizungsrohre, Heizkörper, Fußbodenheizung, Gas-Kaminanlagen, Abgas-Systeme; Einzelraumlüfter; Elektroinstallation, Beleuchtung, Erdung; Telefonanschluss, Antennenanschluss, Einbruchmeldeanlage, RWA-Anlage, Datenverkabelung		392.056		
600	**Ausstattung und Kunstwerke**	576,00 m² BGF	7.679	**13,33**	0,3
	• Herstellen (Kosten: 100,0%) Duschtrennwände, Glasborde		7.679		

Kostenkennwerte für die Kostengruppen der 2.Ebene DIN 276

KG	Kostengruppe	Menge Einheit	Kosten €	€/Einheit	%
200	**Vorbereitende Maßnahmen**				**100,0**
220	**Öffentliche Erschließung**	1.571,00 m² GF	907	**0,58**	100,0
	• Herstellen (Kosten: 100,0%) Stromanschluss (1St)	1.571,00 m² GF	907	**0,58**	
300	**Bauwerk – Baukonstruktionen**				**100,0**
330	**Außenwände/Vert. Baukonstrukt., außen**	531,68 m² AWF	336.437	**632,78**	17,3
	• Abbrechen (Kosten: 6,2%) Abbruch von Mauerwerk mit Belag (91m²), Stemmarbeiten (21m³) * Wandputz (93m²); Entsorgung, Deponiegebühren	183,54 m² AWF	20.740	**113,00**	
	• Wiederherstellen (Kosten: 0,2%) Gesimse säubern, Putz ausbessern (1St)	–	651	–	
	• Herstellen (Kosten: 93,6%) Holzrahmenwände, Dämmung, innen OSB-Schalung, außen DWD-Platten (302m²), Mauerwerk schließen (29m²), Stb-Ringbalken (32m), Trennwand Dachterrasse (6m²) * Holzrahmenwände, Dämmung (73m²) * Holzstützen (43m) * Holz-Alufenster (107m²), Lamellenfenster (3m²), Holztüren (12m²) * Faserzementplatten (369m²), Blechabdeckungen (160m) * Tapeten, Beschichtung (210m²), Kalkputz (50m²), Wandfliesen (4m²) * französische Balkone, verglast (3m²)	531,68 m² AWF	315.046	**592,55**	
340	**Innenwände/Vert. Baukonstrukt., innen**	516,47 m² IWF	243.274	**471,03**	12,5
	• Abbrechen (Kosten: 6,0%) Abbruch von Mauerwerk (7m²) * Mauerwerk (78m²), Holzständerwänden (102m²) * GK-Vorsatzschalen (1m²), Feuerschutztüren (2St); Entsorgung, Deponiegebühren	188,74 m² IWF	14.525	**76,96**	
	• Herstellen (Kosten: 94,0%) GK-Wände (82m²), Holzrahmenwände, Dämmung (32m²), KS-Mauerwerk (56m²) * Metallständerwände (300m²) * Stahlstützen (8m) * Holztüren (41m²), Eingangstüren (5m²) * Tapeten, Beschichtung (624m²), Kalkputz (164m²), Wandfliesen (53m²), GK-Vorsatzschalen (52m²), Dachlaterne: Zementfaserplatten, Unterkonstruktion gedämmt (20m)	516,47 m² IWF	228.749	**442,91**	
350	**Decken/Horizontale Baukonstruktionen**	584,75 m² DEF	225.596	**385,80**	11,6
	• Abbrechen (Kosten: 0,6%) Abbruch von Hartfaserplatten mit Linoleum (172m²); Entsorgung, Deponiegebühren	171,60 m² DEF	1.382	**8,05**	
	• Herstellen (Kosten: 99,4%) BSH-Decken (159m²), Stb-Decke (51m²), Stahlträger (121m) * Gefälledämmung, Abdichtung (140m²), Trittschalldämmung (122m²), Rinnen (32m), Dämmplatten, Estrich, Ausgleichsschüttung (304m²), Holzdielenböden (410m²), Holzpodeste (13m²), Bodenfliesen (40m²), Ausgleichsschüttung (14m²), Stahlplatten unter Kaminen (6m²)	584,75 m² DEF	224.214	**383,44**	

6100-1501
Mehrfamilienhaus
Aufstockung (2 WE)

Erweiterung

KG	Kostengruppe	Menge Einheit	Kosten €	€/Einheit	%
360	**Dächer**	636,96 m²DAF	599.540	**941,25**	30,9
	• Abbrechen (Kosten: 8,4%) Abbruch von Holzdachkonstruktion, Sparren, Pfetten (585m²) * Glasoberlichtern (42m²), Dachfenstern (14m²) * Abdichtung, schadstoffbelastet (425m²), Dachschindeln (215m²), Blechabdeckungen (99m), Dachrinnen (105m), Fallrohren (19m) * Gipsfaserplatten, Glaswolle (88m²), Strohputzdecke, Holzbekleidung (13m²); Entsorgung, Deponiegebühren	641,42 m²DAF	50.357	**78,51**	
	• Herstellen (Kosten: 91,6%) Brettstapeldach, unterseitig Sichtqualität (437m²), Sparrendach (12m²), Steildach (20m²), BSH-Überzüge (120m), Stahlpergola (155m²), Stahlträger (23m) * Oberlichtband, RWA-Öffnung (9m²), Dachflächenfenster (3m²), Dachausstieg (2m²) * Gefälledämmung, Abdichtung (448m²), Faserzementplatten (13m²), Blechabdeckungen (106m), Kastenrinnen (186m), Regenfallrohre (124m) * Holzlasur (162m²), GK-Bekleidung (12m²), GK-Decke (5m²), Beschichtung (81m²) * Sonnenschutzsystem: Alulamellen, horizontal (30m²), Markisen (129m²) * Stahlgeländer (20m), Sekuranten (psch), Edelstahlseile, Absturzsicherung (46m), Aluleiter (1St)	636,96 m²DAF	549.183	**862,19**	
380	**Baukonstruktive Einbauten**	576,00 m²BGF	261.401	**453,82**	13,5
	• Herstellen (Kosten: 100,0%) Einbauküchen (2St), Waschtischanlagen, Spiegelschränke (2St), Garderobe (1St), offene Regale (12St), Bücherregal (1St), Einbauschränke (2St), Küchenzeile (1St) * Brandschutzvorhänge (3St), Steuerungen (2St)	576,00 m²BGF	261.401	**453,82**	
390	**Sonst. Maßnahmen für Baukonstrukt.**	576,00 m²BGF	276.209	**479,53**	14,2
	• Abbrechen (Kosten: 3,5%) Abbruch von Einbaumöbeln, Sanitärobjekten, Boden- und Wandbelägen, GK-Wänden, Holztüren (psch); Entsorgung, Deponiegebühren	576,00 m²BGF	9.676	**16,80**	
	• Herstellen (Kosten: 96,5%) Baustelleneinrichtungen (2St), Kranfläche, Tragschicht (32m³), Baustrom (1St), Baubeleuchtung (14St), Baustellen-WCs (2St) * Arbeitsgerüst in Objekt-Nr. 6100-1500, Baukran (1St), Wetterschutzdach (800m²), Planen (590m²), Senkrechtaussteifungen (190m), Gerüstplattform (psch), Fußgängertunnel (30m), Innengerüste (psch) * Entsorgung von Müll (2m³) * Bodenabdeckungen (843m²), Schutzfolien (67m²), Staubschutztüren (33m²), Baureinigung (psch) * provisorisches Treppenhausgeländer (34m), provisorische Briefkastenanlage (1St)	576,00 m²BGF	266.533	**462,73**	
400	**Bauwerk – Technische Anlagen**				**100,0**
410	**Abwasser-, Wasser-, Gasanlagen**	576,00 m²BGF	96.861	**168,16**	23,9
	• Abbrechen (Kosten: 0,5%) Abbruch von Rohrleitungen (psch) * Sanitärobjekten (psch); Entsorgung, Deponiegebühren	576,00 m²BGF	487	**0,85**	
	• Herstellen (Kosten: 99,5%) PP-Rohre (47m), Anschlüsse an Bestandsleitungen (14St) * Wasserzähler (2St), Kupferrohre (373m), Waschtische (4St), Wand-Tiefspül-WCs (4St), Duschelemente mit Kopfbrausen (4St), Badewannen (2St), Außenzapfstellen (4St) * Gasanschlüsse für Kamine (2St) * Montageelemente (12St)	576,00 m²BGF	96.374	**167,32**	

KG	Kostengruppe	Menge Einheit	Kosten €	€/Einheit	%
420	**Wärmeversorgungsanlagen**	576,00 m² BGF	121.404	**210,77**	29,9
	• Abbrechen (Kosten: 9,3%) Abbruch von Schornstein-Mauerwerk (29m³); Entsorgung, Deponiegebühren	576,00 m² BGF	11.284	**19,59**	
	• Wiederherstellen (Kosten: 0,9%) Heizkörper demontieren, lagern, wieder montieren (20St)	576,00 m² BGF	1.042	**1,81**	
	• Herstellen (Kosten: 89,8%) Kupferrohre (384m), Strangregulierventile (4St), Anschlüsse an Bestandsleitungen (2St) * Heizkörper (25St), Fußbodenheizung, Heizmatten (16m²) * Gas-Kaminanlagen (2St), Luft-Abgas-Systeme (2St), Abdeckung Kaminanlage (1St)	576,00 m² BGF	109.078	**189,37**	
430	**Raumlufttechnische Anlagen**	576,00 m² BGF	8.023	**13,93**	2,0
	• Herstellen (Kosten: 100,0%) Einzelraumlüfter (7St), Wickelfalzrohre (22m), Rohrschalldämpfer (9St)	576,00 m² BGF	8.023	**13,93**	
440	**Elektrische Anlagen**	576,00 m² BGF	145.325	**252,30**	35,8
	• Herstellen (Kosten: 100,0%) Mantelleitungen (psch), Verteiler (2St), Schalter/Taster (98St), Steckdosen (198St), Jalousie-/Markiseschalter (14St), Dimmer (7St), Raumthermostate (4St), Durchlauferhitzer (1St), Anschlüsse für Küchengeräte (12St), für Lüfter (6St), für Klimageräte (6St) * LED-Deckenleuchten (66St), Wandleuchten (8St), LED-Lichtleisten (5St), Strahler (32St), Einbau-Downlights (2St), Stehleuchte (1St) * Potenzialausgleichsschienen (4St), Staberder (3St)	576,00 m² BGF	145.325	**252,30**	
450	**Kommunikationstechnische Anlagen**	576,00 m² BGF	34.469	**59,84**	8,5
	• Abbrechen (Kosten: 3,5%) Abbruch von RWE-Anlage, Rauchmeldern (22h); Entsorgung, Deponiegebühren	576,00 m² BGF	1.212	**2,11**	
	• Herstellen (Kosten: 96,5%) Telefonanschlussdosen (4St) * Antennenanschlussdosen (8St) * Einbruchmeldeanlagen (2St), Tastaturleser (2St), Sperrelemente (4St), Riegelkontakte (4St), Transponder (15St), Bewegungsmelder (4St), Rauch-Wärmeabzug (1St), Netzwerkinstallation für RWA-Anlage (psch), für Melder und Signalgeber (psch) * Netzwerkinstallation (psch), Datenanschlussdosen (9St)	576,00 m² BGF	33.256	**57,74**	
600	**Ausstattung und Kunstwerke**				**100,0**
610	**Allgemeine Ausstattung**	576,00 m² BGF	7.679	**13,33**	100,0
	• Herstellen (Kosten: 100,0%) Duschtrennwände (4St), Glasborde (12St)	576,00 m² BGF	7.679	**13,33**	

Erweiterung

Kostenkennwerte für die Kostengruppen 300 der 2. und 3.Ebene DIN 276 (Übersicht)

KG	Kostengruppe	Menge Einheit	€/Einheit	Kosten €	% an 3+4
300	**Bauwerk – Baukonstruktionen**	**576,00 m² BGF**	**3.372,32**	**1.942.458,15**	**82,7**
310	**Baugrube / Erdbau**	**–**	**–**	**–**	**–**
311	Herstellung	–	–	–	–
312	Umschließung	–	–	–	–
313	Wasserhaltung	–	–	–	–
314	Vortrieb	–	–	–	–
319	Sonstiges zur KG 310	–	–	–	–
320	**Gründung, Unterbau**	**–**	**–**	**–**	**–**
321	Baugrundverbesserung	–	–	–	–
322	Flachgründungen und Bodenplatten	–	–	–	–
323	Tiefgründungen	–	–	–	–
324	Gründungsbeläge	–	–	–	–
325	Abdichtungen und Bekleidungen	–	–	–	–
326	Dränagen	–	–	–	–
329	Sonstiges zur KG 320	–	–	–	–
330	**Außenwände/Vert. Baukonstrukt., außen**	**531,68 m² AWF**	**632,78**	**336.437,45**	**14,3**
331	Tragende Außenwände	337,33 m²	183,79	61.998,12	2,6
332	Nichttragende Außenwände	72,22 m²	119,52	8.631,81	0,4
333	Außenstützen	43,00 m	44,62	1.918,52	< 0,1
334	Außenwandöffnungen	122,13 m²	1.228,18	149.997,90	6,4
335	Außenwandbekleidungen, außen	368,98 m²	254,42	93.875,24	4,0
336	Außenwandbekleidungen, innen	264,36 m²	63,76	16.856,78	0,7
337	Element. Außenwandkonstruktionen	–	–	–	–
338	Lichtschutz zur KG 330	–	–	–	–
339	Sonstiges zur KG 330	531,68 m² AWF	5,94	3.159,06	0,1
340	**Innenwände/Vert. Baukonstrukt., innen**	**516,47 m² IWF**	**471,03**	**243.274,43**	**10,4**
341	Tragende Innenwände	169,97 m²	345,23	58.678,00	2,5
342	Nichttragende Innenwände	300,00 m²	177,08	53.124,74	2,3
343	Innenstützen	8,30 m	129,57	1.075,41	< 0,1
344	Innenwandöffnungen	46,50 m²	1.318,26	61.299,14	2,6
345	Innenwandbekleidungen	841,00 m²	82,16	69.097,13	2,9
346	Elementierte Innenwandkonstruktionen	–	–	–	–
347	Lichtschutz zur KG 340	–	–	–	–
349	Sonstiges zur KG 340	–	–	–	–
350	**Decken/Horizontale Baukonstruktionen**	**584,75 m² DEF**	**385,80**	**225.596,00**	**9,6**
351	Deckenkonstruktionen	209,75 m²	289,87	60.800,61	2,6
352	Deckenöffnungen	–	–	–	–
353	Deckenbeläge	584,75 m²	281,82	164.795,39	7,0
354	Deckenbekleidungen	–	–	–	–
355	Elementierte Deckenkonstruktionen	–	–	–	–
359	Sonstiges zur KG 350	–	–	–	–
360	**Dächer**	**636,96 m² DAF**	**941,25**	**599.539,88**	**25,5**
361	Dachkonstruktionen	623,90 m²	282,97	176.543,23	7,5
362	Dachöffnungen	13,06 m²	3.130,32	40.882,04	1,7
363	Dachbeläge	461,35 m²	494,84	228.294,24	9,7
364	Dachbekleidungen	242,49 m²	45,94	11.140,60	0,5
365	Elementierte Dachkonstruktionen	–	–	–	–
366	Lichtschutz zur KG 360	158,97 m²	737,34	117.215,65	5,0
369	Sonstiges zur KG 360	636,96 m² DAF	39,98	25.464,12	1,1
370	**Infrastrukturanlagen**	**–**	**–**	**–**	**–**
380	**Baukonstruktive Einbauten**	**576,00 m² BGF**	**453,82**	**261.401,34**	**11,1**
390	**Sonst. Maßnahmen für Baukonstrukt.**	**576,00 m² BGF**	**479,53**	**276.209,07**	**11,8**

Kostenkennwerte für die Kostengruppen 400 der 2. und 3. Ebene DIN 276 (Übersicht)

KG	Kostengruppe	Menge Einheit	€/Einheit	Kosten €	% an 3+4
400	**Bauwerk – Technische Anlagen**	**576,00 m² BGF**	**705,00**	**406.082,36**	**17,3**
410	**Abwasser-, Wasser-, Gasanlagen**	**576,00 m² BGF**	**168,16**	**96.861,44**	**4,1**
411	Abwasseranlagen	576,00 m² BGF	29,56	17.027,95	0,7
412	Wasseranlagen	576,00 m² BGF	131,79	75.909,67	3,2
413	Gasanlagen	576,00 m² BGF	0,89	513,92	< 0,1
419	Sonstiges zur KG 410	576,00 m² BGF	5,92	3.409,91	0,1
420	**Wärmeversorgungsanlagen**	**576,00 m² BGF**	**210,77**	**121.404,28**	**5,2**
421	Wärmeerzeugungsanlagen	–	–	–	–
422	Wärmeverteilnetze	576,00 m² BGF	36,76	21.171,22	0,9
423	Raumheizflächen	576,00 m² BGF	59,09	34.033,28	1,4
424	Verkehrsheizflächen	–	–	–	–
429	Sonstiges zur KG 420	576,00 m² BGF	114,93	66.199,78	2,8
430	**Raumlufttechnische Anlagen**	**576,00 m² BGF**	**13,93**	**8.022,94**	**0,3**
431	Lüftungsanlagen	576,00 m² BGF	13,93	8.022,94	0,3
432	Teilklimaanlagen	–	–	–	–
433	Klimaanlagen	–	–	–	–
434	Kälteanlagen	–	–	–	–
439	Sonstiges zur KG 430	–	–	–	–
440	**Elektrische Anlagen**	**576,00 m² BGF**	**252,30**	**145.324,85**	**6,2**
441	Hoch- und Mittelspannungsanlagen	–	–	–	–
442	Eigenstromversorgungsanlagen	–	–	–	–
443	Niederspannungsschaltanlagen	–	–	–	–
444	Niederspannungsinstallationsanlagen	576,00 m² BGF	123,70	71.252,48	3,0
445	Beleuchtungsanlagen	576,00 m² BGF	122,60	70.614,74	3,0
446	Blitzschutz- und Erdungsanlagen	576,00 m² BGF	6,00	3.457,60	0,1
447	Fahrleitungssysteme	–	–	–	–
449	Sonstiges zur KG 440	–	–	–	–
450	**Kommunikationstechnische Anlagen**	**576,00 m² BGF**	**59,84**	**34.468,84**	**1,5**
451	Telekommunikationsanlagen	576,00 m² BGF	1,00	577,00	< 0,1
452	Such- und Signalanlagen	–	–	–	–
453	Zeitdienstanlagen	–	–	–	–
454	Elektroakustische Anlagen	–	–	–	–
455	Audiovisuelle Medien- u. Antennenanl.	576,00 m² BGF	2,05	1.180,89	< 0,1
456	Gefahrenmelde- und Alarmanlagen	576,00 m² BGF	52,68	30.342,74	1,3
457	Datenübertragungsnetze	576,00 m² BGF	4,11	2.368,20	0,1
458	Verkehrsbeeinflussungsanlagen	–	–	–	–
459	Sonstiges zur KG 450	–	–	–	–
460	**Förderanlagen**	**–**	**–**	**–**	**–**
461	Aufzugsanlagen	–	–	–	–
462	Fahrtreppen, Fahrsteige	–	–	–	–
463	Befahranlagen	–	–	–	–
464	Transportanlagen	–	–	–	–
465	Krananlagen	–	–	–	–
466	Hydraulikanlagen	–	–	–	–
469	Sonstiges zur KG 460	–	–	–	–
470	**Nutzungsspez. u. verfahrenstechn. Anl.**	**–**	**–**	**–**	**–**
480	**Gebäude- und Anlagenautomation**	**–**	**–**	**–**	**–**
490	**Sonst. Maßnahmen für techn. Anlagen**	**–**	**–**	**–**	**–**

Kostenkennwerte für Leistungsbereiche nach STLB (Kosten des Bauwerks nach DIN 276)

LB	Leistungsbereiche	Kosten €	€/m² BGF	€/m³ BRI	% an 3+4
000	Sicherheits-, Baustelleneinrichtungen inkl. 001	247.178	429,10	114,90	10,5
002	Erdarbeiten	–	–	–	–
006	Spezialtiefbauarbeiten inkl. 005	345	0,60	0,16	< 0,1
009	Entwässerungskanalarbeiten inkl. 011	–	–	–	–
010	Drän- und Versickerarbeiten	–	–	–	–
012	Mauerarbeiten	19.828	34,40	9,20	0,8
013	Betonarbeiten	29.272	50,80	13,60	1,2
014	Natur-, Betonwerksteinarbeiten	–	–	–	–
016	Zimmer- und Holzbauarbeiten	187.023	324,70	86,90	8,0
017	Stahlbauarbeiten	100.023	173,70	46,50	4,3
018	Abdichtungsarbeiten	–	–	–	–
019	Kampfmittelräumarbeiten	–	–	–	–
020	Dachdeckungsarbeiten	–	–	–	–
021	Dachabdichtungsarbeiten	145.705	253,00	67,70	6,2
022	Klempnerarbeiten	98.409	170,80	45,70	4,2
	Rohbau	**827.784**	**1.437,10**	**384,80**	**35,2**
023	Putz- und Stuckarbeiten, Wärmedämmsysteme	12.428	21,60	5,80	0,5
	Wiederherstellen	651	1,10	0,30	< 0,1
	Herstellen	11.777	20,40	5,50	0,5
024	Fliesen- und Plattenarbeiten	122.739	213,10	57,10	5,2
025	Estricharbeiten	58.503	101,60	27,20	2,5
026	Fenster, Außentüren inkl. 029, 032	194.790	338,20	90,50	8,3
027	Tischlerarbeiten	274.540	476,60	127,60	11,7
028	Parkettarbeiten, Holzpflasterarbeiten	55.009	95,50	25,60	2,3
030	Rollladenarbeiten	117.216	203,50	54,50	5,0
031	Metallbauarbeiten inkl. 035	24.015	41,70	11,20	1,0
034	Maler- und Lackiererarbeiten inkl. 037	50.270	87,30	23,40	2,1
036	Bodenbelagarbeiten	964	1,70	0,45	< 0,1
038	Vorgehängte hinterlüftete Fassaden	–	–	–	–
039	Trockenbauarbeiten	61.509	106,80	28,60	2,6
	Ausbau	**971.983**	**1.687,50**	**451,80**	**41,4**
	Wiederherstellen	651	1,10	0,30	< 0,1
	Herstellen	971.332	1.686,30	451,50	41,4
040	Wärmeversorgungsanl. - Betriebseinr. inkl. 041	109.536	190,20	50,90	4,7
	Wiederherstellen	1.042	1,80	0,48	< 0,1
	Herstellen	108.494	188,40	50,40	4,6
042	Gas- und Wasserinstallation, Leitungen inkl. 043	22.911	39,80	10,60	1,0
044	Abwasseranlagen - Leitungen	20.828	36,20	9,70	0,9
045	GWE-Einrichtungsgegenstände inkl. 046	55.382	96,10	25,70	2,4
047	Dämmarbeiten an betriebstechnischen Anlagen	3.049	5,30	1,40	0,1
049	Feuerlöschanlagen, Feuerlöschgeräte	–	–	–	–
050	Blitzschutz- und Erdungsanlagen	837	1,50	0,39	< 0,1
053	Niederspannungsanlagen inkl. 052, 054	72.182	125,30	33,60	3,1
055	Sicherheits- u. Ersatzstromversorgungsanl.	–	–	–	–
057	Gebäudesystemtechnik	–	–	–	–
058	Leuchten und Lampen inkl. 059	70.615	122,60	32,80	3,0
060	Sprechanlagen, elektroakust. Anlagen inkl. 064	3.056	5,30	1,40	0,1
061	Kommunikationsnetze inkl. 063	67.060	116,40	31,20	2,9
069	Aufzüge	–	–	–	–

LB	Leistungsbereiche	Kosten €	€/m² BGF	€/m³ BRI	% an 3+4
070	Gebäudeautomation	–	–	–	–
075	Raumlufttechnische Anlagen inkl. 078	7.812	13,60	3,60	0,3
	Gebäudetechnik	**433.269**	**752,20**	**201,40**	**18,4**
	Wiederherstellen	1.042	1,80	0,48	< 0,1
	Herstellen	432.227	750,40	200,90	18,4
084	Abbruch, Rückbau, Schadstoffsanierung	109.665	190,40	51,00	4,7
	Abbrechen	109.665	190,40	51,00	4,7
	Abbrucharbeiten	**109.665**	**190,40**	**51,00**	**4,7**
	Abbrechen	109.665	190,40	51,00	4,7
	Sonstige Leistungsbereiche	**5.840**	**10,10**	**2,70**	**0,2**

6500-0048
Schulmensa
(168 Sitzplätze)

Erweiterung

Objektübersicht

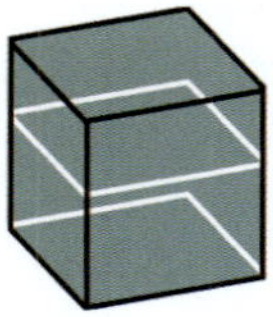

BRI 833 €/m³

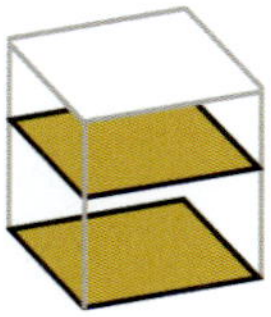

BGF 2.891 €/m²

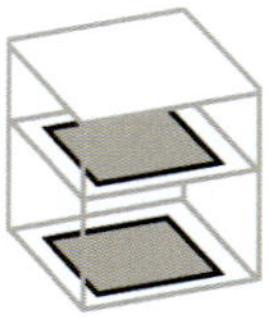

NUF 3.708 €/m²

Objekt:
Kennwerte: 3. Ebene DIN 276
BRI: 1.709 m³
BGF: 492 m²
NUF: 384 m²
Bauzeit: 83 Wochen
Bauende: 2017
Standard: über Durchschnitt
Bundesland: Niedersachsen
Kreis: Harburg

Architekt*in:
Bosse Westphal Schäffer
Architekten
Löhnfeld 26
21423 Winsen/Luhe

Bauherr*in:
Stadt Winsen/Luhe
Der Bürgermeister
21423 Winsen/Luhe

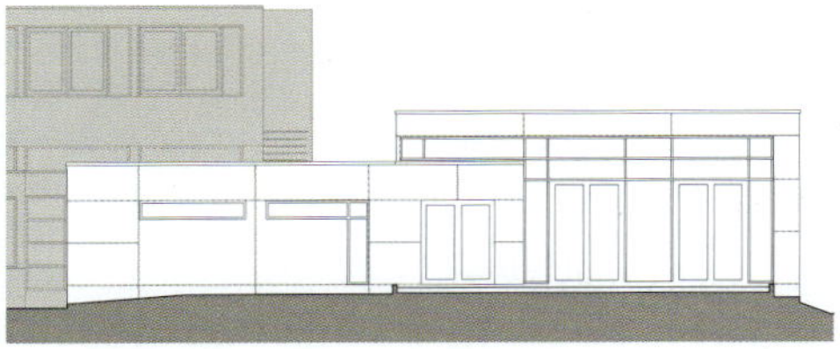

Ansicht West

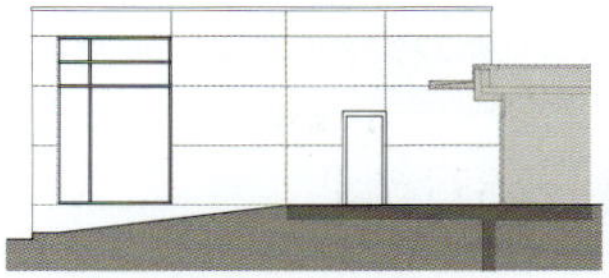

Ansicht Ost

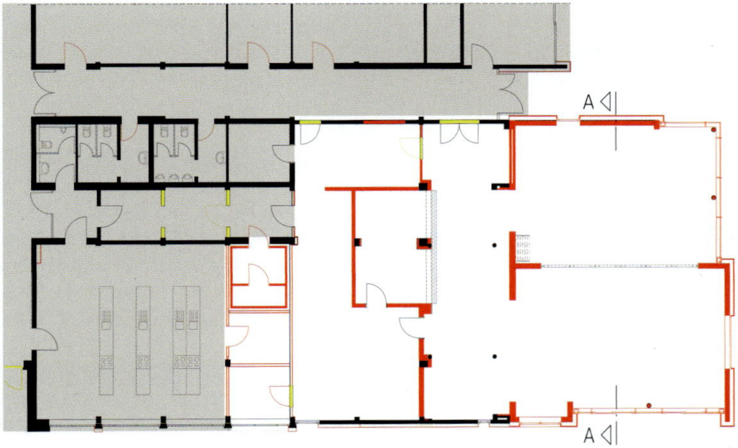

Erdgeschoss

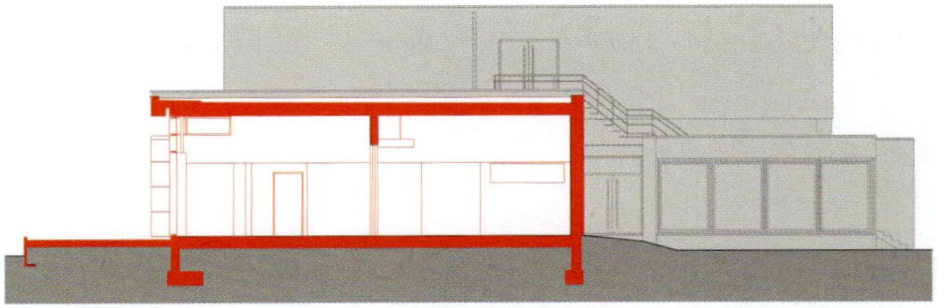

Schnitt A-A

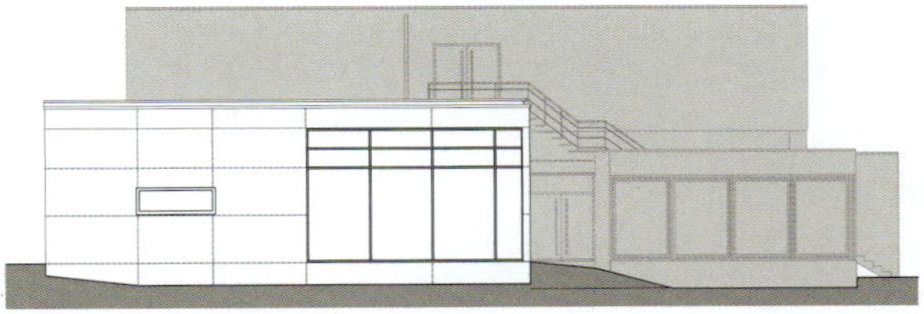

Ansicht Süd

6500-0048
Schulmensa
(168 Sitzplätze)

Erweiterung

Objektbeschreibung

Allgemeine Objektinformationen

Der eingeschossige Erweiterungsbau mit Mensa für eine Grund- und Oberschule wurde an die bestehende Schulküche angebaut. Im zweigeschossigen Bestandsgebäude wurden diverse Umbauarbeiten im EG zur Neuorganisation der Schul- und Produktionsküche durchgeführt.

Nutzung

1 Erdgeschoss
Erweiterungsbau: Eingangsbereich, Zugang zum Bestand, Speisesaal teilbar
Bestand: Schulküche, Sanitärräume, Umkleiden, Spülküche, Mensaküche, Essensausgabe

1 Obergeschoss
Erweiterungsbau: -
Bestand: ohne Baumaßnahmen

Nutzeinheiten

Sitzplätze: 168

Grundstück

Bauraum: Freier Bauraum
Neigung: Ebenes Gelände
Bodenklasse: BK 1 bis BK 4

Markt

Hauptvergabezeit: 2.Quartal 2015
Baubeginn: 3.Quartal 2015
Bauende: 2.Quartal 2017
Konjunkturelle Gesamtlage: über Durchschnitt
Regionaler Baumarkt: unter Durchschnitt

Baubestand

Baujahr: 1971
Bauzustand: mittel
Aufwand: hoch
Grundrissänderungen: umfangreiche
Tragwerkseingriffe: wenige
Nutzungsänderung: nein
Nutzung während der Bauzeit: ja

Baukonstruktion

Der massive Anbau gründet auf einer Stahlbetonfundamentplatte. Die Fassade ist als Vorhangfassade mit HPL Platten bekleidet und erhielt großflächige Tür- und Fensterbänder. Diese kamen als Holz-Alufenster in Pfosten-Riegelkonstruktion zur Ausführung und erhielten eine Raffstoreanlage als Sonnenschutz. Eine neue Kalksandsteinwand trennt die Mensaküche vom Ausgabe-bzw. Speiseraum. Der Boden ist mit Industrieparkett belegt. Das Stahlbeton-Flachdach erhielt über der Gefälledämmung eine Kunststoffabdichtung. Der große Speisesaal kann mit Hilfe einer Schiebewand unterteilt werden. Die Decke ist mit einer Akustikdecke abgehängt. Im zweigeschossigen Bestandsgebäude wurden lediglich die Bodenbeläge im EG teilweise erneuert sowie die Decken und Wände neu beschichtet.

Technische Anlagen

Die Mensa wird mit einer Gastherme beheizt. Eine Fußbodenheizung verteilt die Wärme im Gebäude. Eine Lüftungsanlage mit Wärmerückgewinnung versorgt die Küche und den Speisesaal mit Frischluft. Es wurde eine Blitzschutzanlage und eine Brandmeldeanlage eingebaut.

Sonstiges

Im Zuge des Mensaneubaus wurde auch das Schulgebäude um 12 Klassenräume für 336 Schüler erweitert. Diese Baumaßnahme wurde mit der Objektnummer 4100-0194 ebenfalls dokumentiert.

Energetische Kennwerte

Gesetzliche Grundlage: EnEV 2013
Gebäudenutzfläche: 216,62 m^2
Gebäudevolumen: 676,95 m^3
Hüllfläche des beheizten Volumens: 482,22 m^2
Spez. Transmissionswärmeverlust: 0,34 W/(m^2·K)
Mittlerer U-Wert (opake Bauteile): 0,17 W/(m^2·K)
Mittlerer U-Wert (transparente Bauteile): 1,00 W/(m^2·K)
Spez. Jahresprimärenergiebedarf: 99,58 kWh/(m^2·a)

Energetische Angaben zu Außenbauteilen

Bodenplatte

U-Wert: 0,31 W/(m²·K)

Gesamtdicke: 42,06 cm	d [cm]	l [W/(m·K)]
Estrich	8,00	1,400
PE-Folie	0,06	0,300
Dämmung	10,00	0,035
Stahlbeton	24,00	2,500

Außenwand

U-Wert: 0,18 W/(m²·K)

Gesamtdicke: 44,00 cm	d [cm]	l [W/(m·K)]
Innenputz	1,00	0,700
Stahlbeton	24,00	2,500
Dämmung	18,00	0,035
Außenputz	1,00	0,700

Dach

U-Wert: 0,17 W/(m²·K)

Gesamtdicke: 46,50 cm	d [cm]	l [W/(m·K)]
Innenputz	1,50	0,700
Stahlbeton	24,00	2,500
Dämmung	20,00	0,035
Bitumenbahn	1,00	0,170

Planungskennwerte für Flächen und Rauminhalte nach DIN 277

Flächen des Grundstücks		Menge Einheit	% an GF
BF	Bebaute Fläche	4.671,41 m²	22,9
UF	Unbebaute Fläche	15.687,32 m²	77,1
GF	Grundstücksfläche	20.358,73 m²	100,0

Grundflächen des Bauwerks		Menge Einheit	% an NUF	% an BGF
NUF	Nutzungsfläche	383,88 m²	100,0	78,0
TF	Technikfläche	8,01 m²	2,1	1,6
VF	Verkehrsfläche	25,98 m²	6,8	5,3
NRF	Netto-Raumfläche	417,87 m²	108,9	84,9
KGF	Konstruktions-Grundfläche	74,38 m²	19,4	15,1
BGF	Brutto-Grundfläche	492,25 m²	128,2	100,0

Brutto-Rauminhalt des Bauwerks		Menge Einheit	BRI/NUF (m)	BRI/BGF (m)
BRI	Brutto-Rauminhalt	1.709,15 m³	4,45	3,47

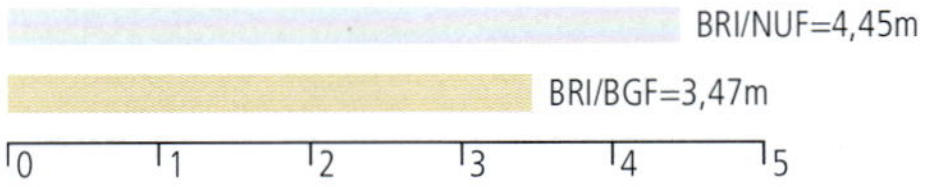

Lufttechnisch behandelte Flächen	Menge Einheit	% an NUF	% an BGF
Entlüftete Fläche	–	–	–
Be- und entlüftete Fläche	–	–	–
Teilklimatisierte Fläche	–	–	–
Klimatisierte Fläche	–	–	–

KG	Kostengruppen (2. Ebene)	Menge Einheit	Menge/NUF	Menge/BGF
310	Baugrube / Erdbau	138,85 m³ BGI	0,36	0,28
320	Gründung, Unterbau	369,00 m² GRF	0,96	0,75
330	Außenwände/Vertikale Baukonstruktionen, außen	260,89 m² AWF	0,68	0,53
340	Innenwände/Vertikale Baukonstruktionen, innen	409,36 m² IWF	1,07	0,83
350	Decken/Horizontale Baukonstruktionen	135,04 m² DEF	0,35	0,27
360	Dächer	228,74 m² DAF	0,60	0,47

Kostenkennwerte für die Kostengruppen der 1.Ebene DIN 276

KG	Kostengruppen (1.Ebene)	Einheit	Kosten €	€/Einheit	€/m² BGF	€/m³ BRI	% 300+400
100	Grundstück	m² GF	–	–	–	–	–
200	Vorbereitende Maßnahmen	m² GF	3.827	0,19	7,77	2,24	0,3
300	Bauwerk – Baukonstruktionen	m² BGF	691.032	1.403,82	1.403,82	404,31	48,6
400	Bauwerk – Technische Anlagen	m² BGF	732.301	1.487,66	1.487,66	428,46	51,4
	Bauwerk 300+400	**m² BGF**	**1.423.333**	**2.891,48**	**2.891,48**	**832,77**	**100,0**
500	Außenanlagen und Freiflächen	m² AF	3.364	0,21	6,83	1,97	0,2
600	Ausstattung und Kunstwerke	m² BGF	–	–	–	–	–
700	Baunebenkosten	m² BGF	–	–	–	–	–
800	Finanzierung	m² BGF	–	–	–	–	–

KG	Kostengruppe	Menge Einheit	Kosten €	€/Einheit	%
200	**Vorbereitende Maßnahmen**	20.358,73 m² GF	3.827	**0,19**	0,3
	• Abbrechen (Kosten: 78,3%) Geländeoberfläche abräumen, roden		2.996		
	• Herstellen (Kosten: 21,7%) Oberboden abtragen, lagern		831		
3+4	**Bauwerk**				**100,0**
300	**Bauwerk – Baukonstruktionen**	492,25 m² BGF	691.032	**1.403,82**	48,6
	• Abbrechen (Kosten: 3,9%) Abbruch von PVC-Belägen, Bodenfliesen, Klinkerplatten, Verbundestrich, Gussasphaltestrich; von Außenwänden für Türöffnungen, von Stahlzargen, von GK-Bekleidung, mit Fliesenbelag, Wandbeschichtung; von Kassettendecken; Entsorgung, Deponiegebühren		26.796		
	• Wiederherstellen (Kosten: 0,7%) WDVS am Anschluss zum Altbau ausbessern, Stahlstützen von Rost befreien		4.862		
	• Herstellen (Kosten: 95,4%) Oberbodenarbeiten; Stb-Fundamente, Stb-Bodenplatte, Abdichtung, Wärmedämmung, Heizestrich, Eichenparkett, Bodenfliesen, PVC-Beläge, Sauberlaufmatte; Stb-Wände, Stb-Stützen, Stahlstützen, Alu-Türen, Oberlichtverglasungen, vorgehängte HPL-Außenwandbekleidung, Faserzementplatten, Zementputz, Beschichtung, Holz-Alupfosten-Riegelfassade, Lamellenraffstores; KS-Mauerwerk, Porenbeton-Mauerwerk, Holztüren, Kalkzementputz, GK-Bekleidung, Faserzementplatten, Wandfliesen, mobile Trennwand; Akustikdecken, GK-Decken; Stb-Decken, Stb-Unterzüge, Gefälledämmung, EPDM-Abdichtung, Attikableche, Akustikdecken, Stahl-Plattform für Lüftungsgeräte		659.374		

6500-0048
Schulmensa
(168 Sitzplätze)

Erweiterung

KG	Kostengruppe	Menge Einheit	Kosten €	€/Einheit	%
400	**Bauwerk – Technische Anlagen**	492,25 m² BGF	732.301	**1.487,66**	51,4
	• Abbrechen (Kosten: 1,0%) Abbruch von Abwasserrohren, von Wasserrohren; von Gasheizkessel bis 500kW, Brenner, Ausdehnungsgefäß, Kesselkreispumpe, Anschlussleitungen, Abgasrohren, Heizungsleitungen; Elektroinstallationsgeräten, Kabeln, Leitungen, Anbauleuchten; Entsorgung, Deponiegebühren		7.505		
	• Wiederherstellen (Kosten: 1,0%) Heizungsanlage entleeren, nach Umbauarbeiten wieder befüllen; Demontage, wieder Anbringen von Heizkörpern; Demontage und Montage vorhandener Gehäuselautsprecher		7.084		
	• Herstellen (Kosten: 98,0%) Gebäudeentwässerung, Kalt- und Warmwasserleitungen, Wasseraufbereitungsanlage, Sanitärobjekte; BHKW 30kW, Fernwärmeleitungen, Pufferspeicher, Heizungsrohre, Fußbodenheizung; Zu- und Abluftanlage, Lüftungsleitungen; Elektroinstallation, Beleuchtung, Blitzschutz; Datenverkabelung; Deckenlift; Einrichtung Mensaküche		717.712		
500	**Außenanlagen und Freiflächen**	15.687,32 m² AF	3.364	**0,21**	0,2
	• Herstellen (Kosten: 100,0%) Bodenarbeiten; Oberflächenentwässerung		3.364		

Kostenkennwerte für die Kostengruppen der 2.Ebene DIN 276

KG	Kostengruppe	Menge Einheit	Kosten €	€/Einheit	%
200	**Vorbereitende Maßnahmen**				**100,0**
210	**Herrichten**	20.358,73 m²GF	3.827	**0,19**	100,0
	• Abbrechen (Kosten: 78,3%) Geländeoberfläche abräumen, roden (psch)	20.358,73 m²GF	2.996	**0,15**	
	• Herstellen (Kosten: 21,7%) Oberboden, d=30cm, abtragen, seitlich lagern (100m³), nichtbindiges Material liefern, mit Aushub mischen (29m³)	20.358,73 m²GF	831	**0,04**	
300	**Bauwerk – Baukonstruktionen**				**100,0**
310	**Baugrube / Erdbau**	138,85 m³BGI	7.371	**53,09**	1,1
	• Herstellen (Kosten: 100,0%) Baugrubenaushub, t=0,50m (139m³), Rohrgrabenaushub, t bis 1,25m, lagern, verfüllen (8m), Arbeitsräume verfüllen, Lagermaterial (127m³), Feinplanum (219m²)	138,85 m³BGI	7.371	**53,09**	
320	**Gründung, Unterbau**	369,00 m²GRF	127.044	**344,29**	18,4
	• Abbrechen (Kosten: 10,5%) Abbruch von PVC-Belägen (160m²), Bodenfliesen (90m²), Klinkerplatten (30m²), Verbundestrich, d=6-8cm (131m²), Gussasphaltestrich, d=5cm (70m²), Verbundestrich schneiden (15m); Entsorgung, Deponiegebühren	377,00 m²GRF	13.282	**35,23**	
	• Herstellen (Kosten: 89,5%) Baugrundverbesserung (142m³) * Fundamentaushub (16m³), Stb-Fundamente, t=0,50m (18m³), Stb-Bodenplatte, d=18cm (146m²) * Abdichtung (178m²), PUR-Wärmedämmung, d=100mm, Heizestrich, d=55mm (183m²), Eichenparkett (190m²), Schnellzementestrich, d=50mm, Bodenfliesen (90m²), PVC-Belag (86m²), Sauberlaufmatte (3m²) * Sauberkeitsschicht, Magerbeton, d=5cm (171m²)	369,00 m²GRF	113.762	**308,30**	
330	**Außenwände/Vert. Baukonstrukt., außen**	260,89 m²AWF	263.069	**1.008,35**	38,1
	• Abbrechen (Kosten: 2,5%) Abbruch von Außenwänden, d=17cm, für Türöffnungen (6m²), d=11,5cm (4m²); Entsorgung, Deponiegebühren	10,47 m²AWF	6.532	**623,84**	
	• Wiederherstellen (Kosten: 1,6%) WDVS, Anschluss an Altbau ausbessern (psch)	–	4.247	**–**	
	• Herstellen (Kosten: 95,9%) Stb-Wände, d=24cm (118m²) * Stb-Stützen (36m), Stahlstützen (3m) * Alu-Außentürelement, verglast (5m²), Oberlichtverglasung (1m²), Fensterbänke (6m) * Mineralwolldämmung, d=180mm (135m²), HPL-Außenwandbekleidung (152m²), als Laibungsplatten (41m), Lüftungsgitter (151m), Alu-Sickenprofil (130m), Attikaanschlussbalken (33m), XPS-Perimeterdämmung, d=160mm, h=60cm, Faserzementplatte (35m) * Zementputz, Silikatbeschichtung (111m²) * Holz-Alupfosten-Riegelfassade (80m²) * Lamellenraffstore, Motorantrieb (66m²), Alu-Einbaukästen (19m)	260,89 m²AWF	252.291	**967,04**	

KG	Kostengruppe	Menge Einheit	Kosten €	€/Einheit	%
340	**Innenwände/Vert. Baukonstrukt., innen**	409,36 m² IWF	114.325	**279,28**	16,5
	• Abbrechen (Kosten: 3,8%) Abbruch von Stahlzarge (1St) * von GK-Bekleidung (52m²), mit Fliesenbelag (40m²), Wandbeschichtung (10m²); Entsorgung, Deponiegebühren	55,00 m² IWF	4.313	**78,41**	
	• Wiederherstellen (Kosten: 0,5%) Stahlstützen von Rost befreien (4St)	–	616	**–**	
	• Herstellen (Kosten: 95,7%) KS-Mauerwerk, d=24cm (40m²) * Porenbeton-Mauerwerk, d=15cm (68m²), Öffnungen mit KS-Mauerwerk ausmauern, d=24cm (1St) * Holztüren, Stahlzarge (9m²), T30-RS (6m²), Türöffnungen, in Mauerwerk herstellen (8m²), in GK-Wand (2m²), Kunstharzbeschichtung auf Stahlzargen (13St) * Kalkzementputz (170m²), GK-Bekleidung, einlagig (74m²), zweilagig (56m²), Faserzementplatten (127m²), Wandfliesen (124m²), Silikatbeschichtung (511m²), Acrylbeschichtung (104m²), F30-Brandschutzbekleidung an Stahlstützen (11m) * Mobile Trennwand (23m²) * Alu-Rollladen, Motorantrieb (8m²)	409,36 m² IWF	109.397	**267,24**	
350	**Decken/Horizontale Baukonstruktionen**	135,04 m² DEF	18.870	**139,74**	2,7
	• Herstellen (Kosten: 100,0%) Kernbohrungen (12St) * Akustikdecken (91m²), GK-Decken (44m²)	135,04 m² DEF	18.870	**139,74**	
360	**Dächer**	228,74 m² DAF	123.570	**540,22**	17,9
	• Abbrechen (Kosten: 2,2%) Abbruch von Kassettendecken, einlagern (84m²), Metallprofile (84m²); Entsorgung, Deponiegebühren	84,00 m² DAF	2.669	**31,78**	
	• Herstellen (Kosten: 97,8%) Stb-Decken, d=16-24cm (142m²), Stb-Unterzüge (17m), Stb-Überzug (3m) * Bitumenabdichtung, PUR-Dämmung, d=100mm, EPS-Gefälledämmung, d=150mm i.M. (150m²), EPDM-Abdichtung (173m²), Alu-Attikableche, b=65mm (67m), Attikaanschluss an Bestand (11m), Wasserspeier (3St), Attikaabläufe (5St), Regenrohre DN70 (26m) * Akustikdecken, abgehängt (205m²), Silikatbeschichtung (229m²) * Stahl-Plattform für Lüftungsgeräte (1St), Absturzsicherungen (4St)	228,74 m² DAF	120.901	**528,55**	
390	**Sonst. Maßnahmen für Baukonstrukt.**	492,25 m² BGF	36.781	**74,72**	5,3
	• Herstellen (Kosten: 100,0%) Baustelleneinrichtungen (10St) * Fassadengerüst (211m²) * Entsorgen von Bauschutt (10m³); Entsorgung, Deponiegebühren * Staubschutzwände, OSB-Platten (39m²), Folienabdeckungen Fenster (90m²), Abdeckungen Böden (310m²)	492,25 m² BGF	36.781	**74,72**	
400	**Bauwerk – Technische Anlagen**				**100,0**
410	**Abwasser-, Wasser-, Gasanlagen**	492,25 m² BGF	77.974	**158,40**	10,6
	• Abbrechen (Kosten: 2,8%) Abbruch von Abwasserrohren (33m) * von Wasserrohren (43m); Entsorgung, Deponiegebühren	492,25 m² BGF	2.172	**4,41**	
	• Herstellen (Kosten: 97,2%) SML-Rohre DN70-100 (83m), HT-Rohre DN50-100 (52m), KG-Rohre (12m), Bodenabläufe DN100 (3St) * Kupferrohre DN15-42 (201m), Wasseraufbereitungsanlage (1St), Hygienespülung (1St), Durchlauferhitzer (1St), Waschtisch (1St), Ausgussbecken (1St), Brandschotts (44St), Eckventile (20St), Einhebelbatterie (1St) * Montageelemente (2St)	492,25 m² BGF	75.802	**153,99**	

KG	Kostengruppe	Menge Einheit	Kosten €	€/Einheit	%
420	**Wärmeversorgungsanlagen**	492,25 m² BGF	212.036	**430,75**	29,0
	• Abbrechen (Kosten: 2,4%) Abbruch von Gasheizkessel bis 500kW, Brenner, Ausdehnungsgefäß, Kesselkreispumpe, Anschlussleitungen (2St), Abgasrohre bis DN300 (14m) * von Heizungsrohren (7m), im Estrich (14m²); Entsorgung, Deponiegebühren	492,25 m² BGF	5.065	**10,29**	
	• Wiederherstellen (Kosten: 3,3%) Anlageteile entleeren, nach Umbauarbeiten wieder füllen (psch) * Demontage, wieder Anbringen von Heizkörpern (1St)	492,25 m² BGF	6.950	**14,12**	
	• Herstellen (Kosten: 94,3%) BHKW-System 30kW (1St), Pufferspeicher 500l (1St), Kontrolleinheit (1St), Schwingungsdämpfer (1St), Fernwärmeleitungen DN50 (22m) * C-Stahlrohre (psch), Magnetabscheider (5St), Druckausdehnungsgefäß (2St), Mikroblasenabscheider (5St), Umwälzpumpen (7St), Kugelhähne (54St), Thermometer (42St), Ventile (31St), Armaturen (8St) * Fußbodenheizung (375m²)	492,25 m² BGF	200.022	**406,34**	
430	**Raumlufttechnische Anlagen**	492,25 m² BGF	200.103	**406,51**	27,3
	• Herstellen (Kosten: 100,0%) Zu- und Abluftgeräte, wetterfest, Steuerungen, Regler, Ventilatoren, Zubehör (2St), Lüftungskanäle, Formstücke, Dämmung (78m²), Wickelfalzrohre DN100-150 (57m), Luftauslässe (28St), Sauerstoffaktivierungsmodul (1St), Kondensatleitungen (psch)	492,25 m² BGF	200.103	**406,51**	
440	**Elektrische Anlagen**	492,25 m² BGF	74.840	**152,04**	10,2
	• Abbrechen (Kosten: 0,4%) Abbruch von Installationsgeräten (20St), Kabeln, Leitungen (400m) * von Anbauleuchten (10St); Entsorgung, Deponiegebühren	492,25 m² BGF	268	**0,54**	
	• Herstellen (Kosten: 99,6%) Standverteiler (1St), Stromschienensystem (1St), Überspannungsableiter (1St), Präsenzmelder (5St), Not-Ausschalter (3St), FI-Schutzschalter (25St), Hauptschalter (1St), NH-Trenner (6St), Sicherungsautomaten (33St), Mantelleitungen (2.721m), Steckdosen (74St), Schalter, Taster (31St), Brandschotts (10St) * Feuchtraum-Wannenleuchten (17St), LED-Downlights (14St), Sicherheitsleuchten (4St), Einbauleuchten (4St), Pendelleuchten (5St) * Erdungsanschlüsse (14St), Potentialausgleichsschiene (1St), Mantelleitungen (172m)	492,25 m² BGF	74.572	**151,49**	
450	**Kommunikationstechnische Anlagen**	492,25 m² BGF	2.977	**6,05**	0,4
	• Wiederherstellen (Kosten: 4,5%) Demontage und Montage vorhandener Gehäuselautsprecher (3St)	492,25 m² BGF	134	**0,27**	
	• Herstellen (Kosten: 95,5%) Holz-Gehäuselautsprecher (2St) * Datenkabel (732m), Daten-Anschlussdosen Cat6 (3St), RJ45 (6St)	492,25 m² BGF	2.843	**5,78**	
460	**Förderanlagen**	492,25 m² BGF	1.350	**2,74**	0,2
	• Herstellen (Kosten: 100,0%) Deckenlift (1St)	492,25 m² BGF	1.350	**2,74**	

KG	Kostengruppe	Menge Einheit	Kosten €	€/Einheit	%
470	**Nutzungsspez. u. verfahrenstechn. Anl.**	492,25 m²BGF	163.020	**331,17**	22,3
	• Herstellen (Kosten: 100,0%) Kälteanlage für Kühlraum (1St), für Kühl-Tiefkühlzelle (1St), Konfiskalkühler (1St), Tiefkühlschrank (1St), Durchschiebespülmaschine, Ablauftisch, Ausgusskombination (1St), Geschirrspülmaschine (1St), Handwasch- und Ausgussbecken (1St), Elektro-Schnellkochkessel (1St), Kombidämpfer (1St), Multibräter (1St), Dunstabzugshauben (2St), Regalanlagen (2St), Arbeitstische (3St), Regalwägen (3St), Büffet-Inseln (2St), Speisenausgaben mit Hustenschutz (2St), Tablettrutschen (3St), Speisenausgabewagen (1St), Besteck-und Tablettwagen (1St), Abräumwägen (4St), Abfalleimer (3St) * Feuerlöscher (psch)	492,25 m²BGF	163.020	**331,17**	
500	**Außenanlagen und Freiflächen**				**100,0**
510	**Erdbau**	12,67 m³EBR	1.413	**111,54**	42,0
	• Herstellen (Kosten: 100,0%) Rohrgrabenaushub, t=1,50m (2m), Handschachtung, t=1,00m (33m)	12,67 m³EBR	1.413	**111,54**	
550	**Technische Anlagen**	15.687,32 m²AF	1.950	**0,12**	58,0
	• Herstellen (Kosten: 100,0%) KG-Rohre DN100 (34m), Anschluss an Bestand (3St), an Fallrohre (2St)	15.687,32 m²AF	1.950	**0,12**	

Kostenkennwerte für die Kostengruppen 300 der 2. und 3.Ebene DIN 276 (Übersicht)

6500-0048
Schulmensa
(168 Sitzplätze)

Erweiterung

KG	Kostengruppe	Menge Einheit	€/Einheit	Kosten €	% an 3+4
300	**Bauwerk – Baukonstruktionen**	**492,25 m² BGF**	**1.403,82**	**691.031,76**	**48,6**
310	**Baugrube / Erdbau**	**138,85 m³ BGI**	**53,09**	**7.371,28**	**0,5**
311	Herstellung	138,85 m³ BGI	53,09	7.371,28	0,5
312	Umschließung	–	–	–	–
313	Wasserhaltung	–	–	–	–
314	Vortrieb	–	–	–	–
319	Sonstiges zur KG 310	–	–	–	–
320	**Gründung, Unterbau**	**369,00 m² GRF**	**344,29**	**127.044,29**	**8,9**
321	Baugrundverbesserung	141,52 m²	12,77	1.806,52	0,1
322	Flachgründungen und Bodenplatten	145,57 m²	246,16	35.833,96	2,5
323	Tiefgründungen	–	–	–	–
324	Gründungsbeläge	369,00 m²	237,43	87.611,22	6,2
325	Abdichtungen und Bekleidungen	170,81 m²	10,49	1.792,60	0,1
326	Dränagen	–	–	–	–
329	Sonstiges zur KG 320	–	–	–	–
330	**Außenwände/Vert. Baukonstrukt., außen**	**260,89 m² AWF**	**1.008,35**	**263.069,25**	**18,5**
331	Tragende Außenwände	117,94 m²	219,58	25.896,92	1,8
332	Nichttragende Außenwände	–	–	–	–
333	Außenstützen	37,95 m	135,87	5.156,21	0,4
334	Außenwandöffnungen	8,19 m²	4.511,24	36.947,04	2,6
335	Außenwandbekleidungen, außen	172,48 m²	570,43	98.388,44	6,9
336	Außenwandbekleidungen, innen	111,14 m²	50,38	5.599,13	0,4
337	Element. Außenwandkonstruktionen	80,22 m²	1.006,53	80.743,68	5,7
338	Lichtschutz zur KG 330	65,60 m²	157,59	10.337,82	0,7
339	Sonstiges zur KG 330	–	–	–	–
340	**Innenwände/Vert. Baukonstrukt., innen**	**409,36 m² IWF**	**279,28**	**114.325,23**	**8,0**
341	Tragende Innenwände	40,00 m²	163,30	6.532,10	0,5
342	Nichttragende Innenwände	70,00 m²	207,80	14.545,67	1,0
343	Innenstützen	10,00 m	61,59	615,94	< 0,1
344	Innenwandöffnungen	17,33 m²	1.290,03	22.356,28	1,6
345	Innenwandbekleidungen	739,00 m²	75,76	55.983,15	3,9
346	Elementierte Innenwandkonstruktionen	22,53 m²	634,36	14.292,06	1,0
347	Lichtschutz zur KG 340	–	–	–	–
349	Sonstiges zur KG 340	–	–	–	–
350	**Decken/Horizontale Baukonstruktionen**	**135,04 m² DEF**	**139,74**	**18.870,31**	**1,3**
351	Deckenkonstruktionen	–	–	2.268,52	0,2
352	Deckenöffnungen	–	–	–	–
353	Deckenbeläge	–	–	–	–
354	Deckenbekleidungen	135,04 m²	122,94	16.601,77	1,2
355	Elementierte Deckenkonstruktionen	–	–	–	–
359	Sonstiges zur KG 350	–	–	–	–
360	**Dächer**	**228,74 m² DAF**	**540,22**	**123.570,16**	**8,7**
361	Dachkonstruktionen	141,92 m²	222,13	31.524,80	2,2
362	Dachöffnungen	–	–	–	–
363	Dachbeläge	172,67 m²	289,81	50.040,80	3,5
364	Dachbekleidungen	228,74 m²	105,28	24.081,19	1,7
365	Elementierte Dachkonstruktionen	–	–	–	–
366	Lichtschutz zur KG 360	–	–	–	–
369	Sonstiges zur KG 360	228,74 m² DAF	78,36	17.923,35	1,3
370	**Infrastrukturanlagen**	**–**	**–**	**–**	**–**
380	**Baukonstruktive Einbauten**	**–**	**–**	**–**	**–**
390	**Sonst. Maßnahmen für Baukonstrukt.**	**492,25 m² BGF**	**74,72**	**36.781,22**	**2,6**

Kostenkennwerte für die Kostengruppen 400 der 2. und 3. Ebene DIN 276 (Übersicht)

KG	Kostengruppe	Menge Einheit	€/Einheit	Kosten €	% an 3+4
400	**Bauwerk – Technische Anlagen**	**492,25 m² BGF**	**1.487,66**	**732.301,04**	**51,4**
410	**Abwasser-, Wasser-, Gasanlagen**	**492,25 m² BGF**	**158,40**	**77.974,16**	**5,5**
411	Abwasseranlagen	492,25 m² BGF	59,68	29.378,77	2,1
412	Wasseranlagen	492,25 m² BGF	96,64	47.569,61	3,3
413	Gasanlagen	–	–	–	–
419	Sonstiges zur KG 410	492,25 m² BGF	2,08	1.025,80	< 0,1
420	**Wärmeversorgungsanlagen**	**492,25 m² BGF**	**430,75**	**212.036,48**	**14,9**
421	Wärmeerzeugungsanlagen	492,25 m² BGF	164,13	80.794,36	5,7
422	Wärmeverteilnetze	492,25 m² BGF	227,59	112.031,85	7,9
423	Raumheizflächen	492,25 m² BGF	39,03	19.210,27	1,3
424	Verkehrsheizflächen	–	–	–	–
429	Sonstiges zur KG 420	–	–	–	–
430	**Raumlufttechnische Anlagen**	**492,25 m² BGF**	**406,51**	**200.103,36**	**14,1**
431	Lüftungsanlagen	492,25 m² BGF	406,51	200.103,36	14,1
432	Teilklimaanlagen	–	–	–	–
433	Klimaanlagen	–	–	–	–
434	Kälteanlagen	–	–	–	–
439	Sonstiges zur KG 430	–	–	–	–
440	**Elektrische Anlagen**	**492,25 m² BGF**	**152,04**	**74.840,11**	**5,3**
441	Hoch- und Mittelspannungsanlagen	–	–	–	–
442	Eigenstromversorgungsanlagen	–	–	–	–
443	Niederspannungsschaltanlagen	–	–	–	–
444	Niederspannungsinstallationsanlagen	492,25 m² BGF	93,59	46.068,56	3,2
445	Beleuchtungsanlagen	492,25 m² BGF	56,99	28.055,35	2,0
446	Blitzschutz- und Erdungsanlagen	492,25 m² BGF	1,45	716,19	< 0,1
447	Fahrleitungssysteme	–	–	–	–
449	Sonstiges zur KG 440	–	–	–	–
450	**Kommunikationstechnische Anlagen**	**492,25 m² BGF**	**6,05**	**2.977,24**	**0,2**
451	Telekommunikationsanlagen	–	–	–	–
452	Such- und Signalanlagen	–	–	–	–
453	Zeitdienstanlagen	–	–	–	–
454	Elektroakustische Anlagen	492,25 m² BGF	0,60	294,58	< 0,1
455	Audiovisuelle Medien- u. Antennenanl.	–	–	–	–
456	Gefahrenmelde- und Alarmanlagen	–	–	–	–
457	Datenübertragungsnetze	492,25 m² BGF	5,45	2.682,68	0,2
458	Verkehrsbeeinflussungsanlagen	–	–	–	–
459	Sonstiges zur KG 450	–	–	–	–
460	**Förderanlagen**	**492,25 m² BGF**	**2,74**	**1.350,18**	**< 0,1**
461	Aufzugsanlagen	–	–	–	–
462	Fahrtreppen, Fahrsteige	–	–	–	–
463	Befahranlagen	–	–	–	–
464	Transportanlagen	–	–	–	–
465	Krananlagen	492,25 m² BGF	2,74	1.350,18	< 0,1
466	Hydraulikanlagen	–	–	–	–
469	Sonstiges zur KG 460	–	–	–	–
470	**Nutzungsspez. u. verfahrenstechn. Anl.**	**492,25 m² BGF**	**331,17**	**163.019,51**	**11,5**
480	**Gebäude- und Anlagenautomation**	**–**	**–**	**–**	**–**
490	**Sonst. Maßnahmen für techn. Anlagen**	**–**	**–**	**–**	**–**

Kostenkennwerte für Leistungsbereiche nach STLB (Kosten des Bauwerks nach DIN 276)

LB	Leistungsbereiche	Kosten €	€/m² BGF	€/m³ BRI	% an 3+4
000	Sicherheits-, Baustelleneinrichtungen inkl. 001	33.479	68,00	19,60	2,4
002	Erdarbeiten	11.250	22,90	6,60	0,8
006	Spezialtiefbauarbeiten inkl. 005	–	–	–	–
009	Entwässerungskanalarbeiten inkl. 011	1.245	2,50	0,73	< 0,1
010	Drän- und Versickerarbeiten	–	–	–	–
012	Mauerarbeiten	32.070	65,10	18,80	2,3
013	Betonarbeiten	93.635	190,20	54,80	6,6
014	Natur-, Betonwerksteinarbeiten	–	–	–	–
016	Zimmer- und Holzbauarbeiten	84.196	171,00	49,30	5,9
017	Stahlbauarbeiten	32.486	66,00	19,00	2,3
018	Abdichtungsarbeiten	–	–	–	–
019	Kampfmittelräumarbeiten	–	–	–	–
020	Dachdeckungsarbeiten	1.160	2,40	0,68	< 0,1
021	Dachabdichtungsarbeiten	50.116	101,80	29,30	3,5
022	Klempnerarbeiten	–	–	–	–
	Rohbau	**339.637**	**690,00**	**198,70**	**23,9**
023	Putz- und Stuckarbeiten, Wärmedämmsysteme	19.158	38,90	11,20	1,3
	Wiederherstellen	4.247	8,60	2,50	0,3
	Herstellen	14.911	30,30	8,70	1,0
024	Fliesen- und Plattenarbeiten	39.733	80,70	23,20	2,8
025	Estricharbeiten	13.698	27,80	8,00	1,0
026	Fenster, Außentüren inkl. 029, 032	80.744	164,00	47,20	5,7
027	Tischlerarbeiten	26.145	53,10	15,30	1,8
028	Parkettarbeiten, Holzpflasterarbeiten	32.432	65,90	19,00	2,3
030	Rollladenarbeiten	13.284	27,00	7,80	0,9
031	Metallbauarbeiten inkl. 035	30.247	61,40	17,70	2,1
034	Maler- und Lackiererarbeiten inkl. 037	15.120	30,70	8,80	1,1
	Wiederherstellen	616	1,30	0,36	< 0,1
	Herstellen	14.504	29,50	8,50	1,0
036	Bodenbelagarbeiten	–	–	–	–
038	Vorgehängte hinterlüftete Fassaden	–	–	–	–
039	Trockenbauarbeiten	55.481	112,70	32,50	3,9
	Ausbau	**326.041**	**662,30**	**190,80**	**22,9**
	Wiederherstellen	4.862	9,90	2,80	0,3
	Herstellen	321.178	652,50	187,90	22,6
040	Wärmeversorgungsanl. - Betriebseinr. inkl. 041	191.375	388,80	112,00	13,4
	Wiederherstellen	6.950	14,10	4,10	0,5
	Herstellen	184.426	374,70	107,90	13,0
042	Gas- und Wasserinstallation, Leitungen inkl. 043	35.015	71,10	20,50	2,5
044	Abwasseranlagen - Leitungen	29.305	59,50	17,10	2,1
045	GWE-Einrichtungsgegenstände inkl. 046	2.391	4,90	1,40	0,2
047	Dämmarbeiten an betriebstechnischen Anlagen	21.594	43,90	12,60	1,5
049	Feuerlöschanlagen, Feuerlöschgeräte	1.301	2,60	0,76	< 0,1
050	Blitzschutz- und Erdungsanlagen	716	1,50	0,42	< 0,1
053	Niederspannungsanlagen inkl. 052, 054	46.983	95,40	27,50	3,3
055	Sicherheits- u. Ersatzstromversorgungsanl.	–	–	–	–
057	Gebäudesystemtechnik	–	–	–	–
058	Leuchten und Lampen inkl. 059	27.877	56,60	16,30	2,0

6500-0048
Schulmensa
(168 Sitzplätze)

Erweiterung

LB	Leistungsbereiche	Kosten €	€/m² BGF	€/m³ BRI	% an 3+4
060	Sprechanlagen, elektroakust. Anlagen inkl. 064	2.788	5,70	1,60	0,2
	Wiederherstellen	134	0,27	0,08	< 0,1
	Herstellen	2.654	5,40	1,60	0,2
061	Kommunikationsnetze inkl. 063	–	–	–	–
069	Aufzüge	–	–	–	–
070	Gebäudeautomation	–	–	–	–
075	Raumlufttechnische Anlagen inkl. 078	199.836	406,00	116,90	14,0
	Gebäudetechnik	**559.182**	**1.136,00**	**327,20**	**39,3**
	Wiederherstellen	7.084	14,40	4,10	0,5
	Herstellen	552.098	1.121,60	323,00	38,8
084	Abbruch, Rückbau, Schadstoffsanierung	34.301	69,70	20,10	2,4
	Abbrechen	34.301	69,70	20,10	2,4
	Abbrucharbeiten	**34.301**	**69,70**	**20,10**	**2,4**
	Abbrechen	34.301	69,70	20,10	2,4
	Sonstige Leistungsbereiche	**164.173**	**333,50**	**96,10**	**11,5**

6500-0054
Casino
(176 Sitzplätze)

Erweiterung

Objektübersicht

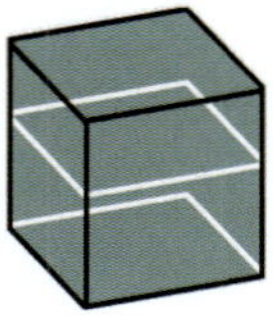

BRI 1.221 €/m³

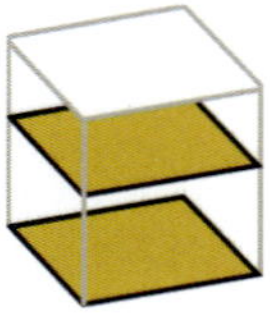

BGF 4.830 €/m²

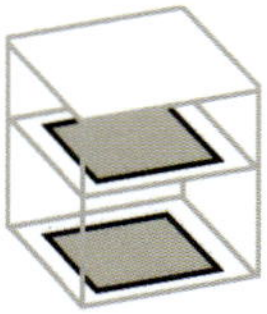

NUF 8.338 €/m²

Objekt:
Kennwerte: 1. Ebene DIN 276
BRI: 4.247 m³
BGF: 1.073 m²
NUF: 622 m²
Bauzeit: 61 Wochen
Bauende: 2018
Standard: Durchschnitt
Bundesland: Niedersachsen
Kreis: Hannover, Region

Architekt*in:
Bünemann & Collegen GmbH
Hohenzollernstraße 56
30161 Hannover

Bauherr*in:
Region Hannover
Hildesheimer Straße 20
30169 Hannover

© Bilderwerk-Hannover (Sören Deppe)

© Bünemann & Collegen

© Bilderwerk-Hannover (Sören Deppe)

© Bilderwerk-Hannover (Sören Deppe)

Erweiterung

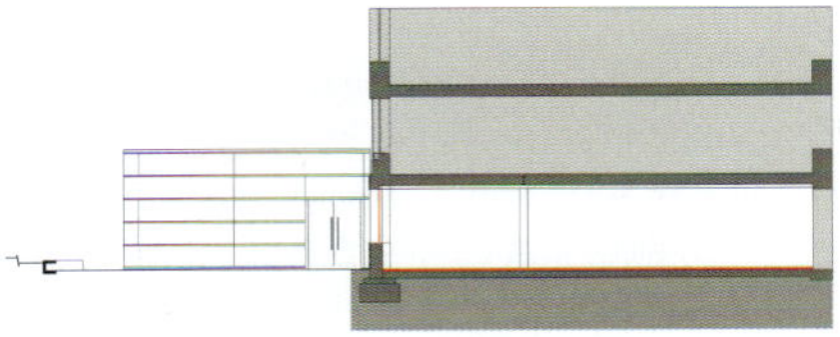

Ansicht Nord

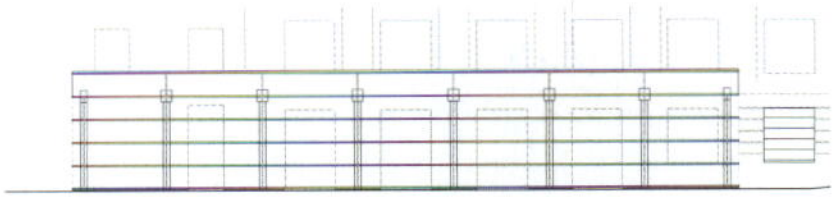

Ansicht Ost

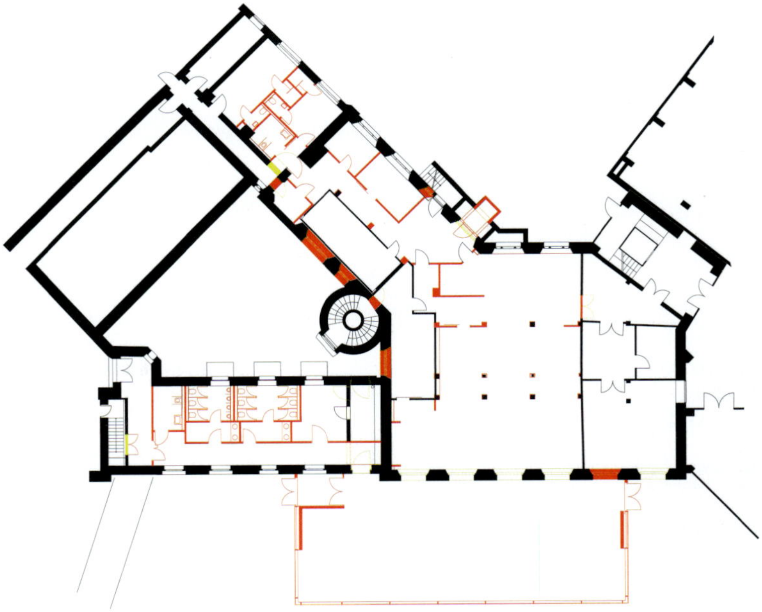

Erdgeschoss

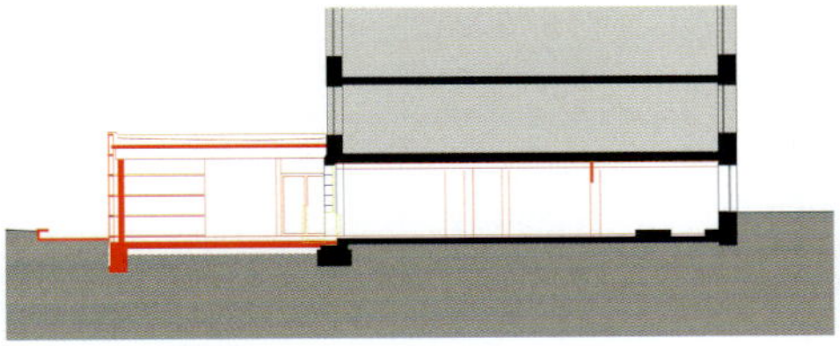

Schnitt 1

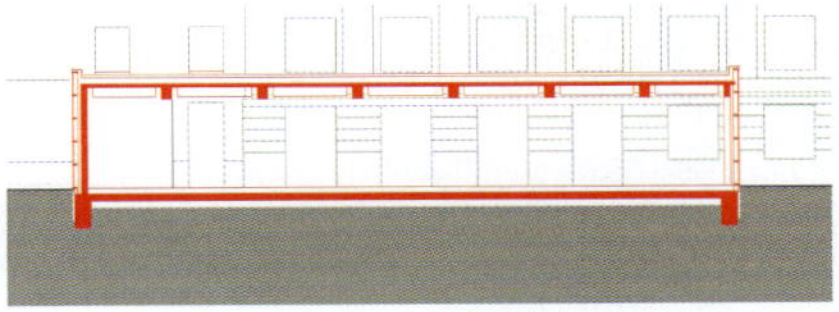

Schnitt 2

6500-0054
Casino
(176 Sitzplätze)

Erweiterung

Objektbeschreibung

Allgemeine Objektinformationen

Das Casino wurde im Souterrain auf ehemaligen Flächen einer Hausdruckerei errichtet. Ein gläserner Kubus schiebt sich aus der Bauflucht und erweitert den bestehenden Speiseraum. Davor liegt die Terrasse im grünen und lärmgeschützten Innenhof. Das Casino mit Vollküche und Nebenanlagen nimmt in der Materialwahl Bezug zur industriellen Vornutzung der Räumlichkeiten und bietet vielfältige Aufenthaltsmöglichkeiten.

Nutzung

1 Untergeschoss
Technikräume

1 Erdgeschoss
Speisesaal, Essensausgabe, Küche, Spülküche, Vorbereitung, Kombikühlzelle, Büro, Umkleideräume, WCs, Duschen, Lagerräume, Abstellräume, Müllraum, Technikräume

Nutzeinheiten

Sitzplätze: 176

Grundstück

Bauraum: Beengter Bauraum
Neigung: Ebenes Gelände
Bodenklasse: BK 1 bis BK 4

Markt

Hauptvergabezeit: 2. Quartal 2017
Baubeginn: 3. Quartal 2017
Bauende: 3. Quartal 2018
Konjunkturelle Gesamtlage: über Durchschnitt
Regionaler Baumarkt: über Durchschnitt

Baubestand

Baujahr: 1953, teilweise 1911
Bauzustand: mittel
Aufwand: mittel
Grundrissänderungen: umfangreiche
Tragwerkseingriffe: einige
Nutzungsänderung: ja
Nutzung während der Bauzeit: nein

Baukonstruktion

Der Bestandsbau besteht aus Mauerwerk mit Ziegeldecken und Stahlstützen. Hier erhielten Decken und Stützen eine Brandschutzbekleidung. Der neue Stb-Skelettbau gründet auf einer Stb-Fundamentplatte, die mit Heizestrich und Parkettbelag oder Bodenfliesen versehen ist. Stb-Wände sind teilweise in Sichtbeton ausgeführt. Das Gebäude wird dreiseitig von einer Pfosten-Riegelfassade umschlossen, die teils mit Sonnenschutzverglasung versehen ist. Zusätzlich schützt textiler Sonnenschutz vor Wärme. Als Innenwände kamen Mauerwerks-, Stahlbeton-, Trockenbauwände und WC-Trennwände zur Ausführung. Das Stb-Flachdach ist gedämmt und extensiv begrünt, die Raumseite ist mit geschlitzten Akustik-Deckenplatten bekleidet. Im Für die Innenausstattung wurden maßgenau Einbauküchen, Einbauschränke, Theken, Garderoben und Einbauregale ausgeführt.

Technische Anlagen

Für die Wärmeversorgung sorgt ein Nahwärmeanschluss aus dem Bestandsgebäude. Über Röhrenradiatoren im Bestand und Heiz-/Kühldeckenstrahlplatten im Neubau wird die Wärme in die Räume abgegeben. Es kam eine Lüftungsanlage im Küchen- und Gastraumbereich mit Kälteversorgung aus luftgekühlten Kaltwassersatz zur Spitzenlastkühlung und Wärmerückgewinnung zur Ausführung. Die Beleuchtung erfolgt über Vouten der Abhangdecke als Grundlicht und Einzelhängeleuchten als Stimmungslicht über den Sitzplätzen. Für die Großküche wurden küchentechnische Anlagen eingebaut. Die Zugangskontrolle ist über Chipkarten geregelt.

Sonstiges

Zur Materialanlieferung in der Küche wurde ein Hubtisch eingebaut, der gleichzeitig der barrierefreien Beförderung von beeinträchtigten Personen dient.

Energetische Angaben zu Außenbauteilen

Bodenplatte

U-Wert: 0,20 W/(m²·K)

Gesamtdicke: 40,02 cm	d[cm]	l[W/(m·K)]
Estrich	8,00	0,900
PE-Folie	0,02	0,200
Dämmung	14,00	0,030
Stahlbeton	18,00	2,500

Dach

U-Wert: 0,13 W/(m²·K)

Gesamtdicke: 37,60 cm	d[cm]	l[W/(m·K)]
Stahlbeton	15,00	2,500
Dampfsperre	0,40	0,170
Dämmung	22,00	0,030
Abdichtung	0,20	0,170

6500-0054
Casino
(176 Sitzplätze)

Planungskennwerte für Flächen und Rauminhalte nach DIN 277

Flächen des Grundstücks		Menge Einheit	% an GF
BF	Bebaute Fläche	979,15 m²	36,8
UF	Unbebaute Fläche	1.680,62 m²	63,2
GF	Grundstücksfläche	2.659,77 m²	100,0

Erweiterung

Grundflächen des Bauwerks		Menge Einheit	% an NUF	% an BGF
NUF	Nutzungsfläche	621,73 m²	100,0	57,9
TF	Technikfläche	122,66 m²	19,7	11,4
VF	Verkehrsfläche	111,95 m²	18,0	10,4
NRF	Netto-Raumfläche	856,34 m²	137,7	79,8
KGF	Konstruktions-Grundfläche	216,98 m²	34,9	20,2
BGF	Brutto-Grundfläche	1.073,32 m²	172,6	100,0

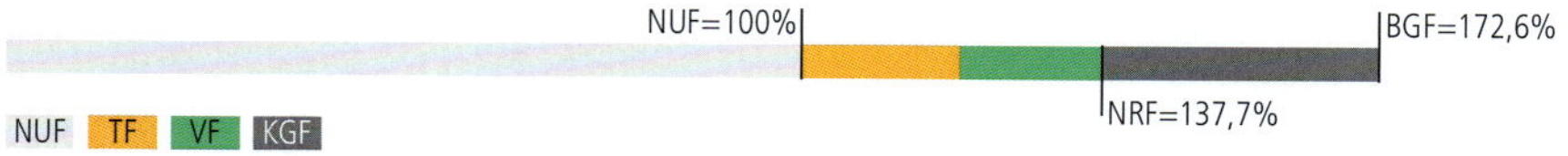

Brutto-Rauminhalt des Bauwerks		Menge Einheit	BRI/NUF (m)	BRI/BGF (m)
BRI	Brutto-Rauminhalt	4.247,14 m³	6,83	3,96

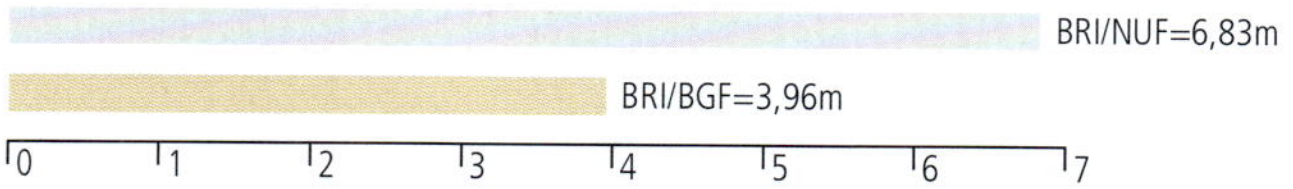

Erweiterung

Kostenkennwerte für die Kostengruppen der 1.Ebene DIN 276

KG	Kostengruppen (1.Ebene)	Einheit	Kosten €	€/Einheit	€/m² BGF	€/m³ BRI	% 300+400
100	Grundstück	m² GF	–	–	–	–	–
200	Vorbereitende Maßnahmen	m² GF	–	–	–	–	–
300	Bauwerk – Baukonstruktionen	m² BGF	2.099.614	1.956,19	1.956,19	494,36	40,5
400	Bauwerk – Technische Anlagen	m² BGF	3.084.124	2.873,44	2.873,44	726,17	59,5
	Bauwerk 300+400	**m² BGF**	**5.183.739**	**4.829,63**	**4.829,63**	**1.220,52**	**100,0**
500	Außenanlagen und Freiflächen	m² AF	676.438	2.077,96	630,23	159,27	13,0
600	Ausstattung und Kunstwerke	m² BGF	–	–	–	–	–
700	Baunebenkosten	m² BGF	–	–	–	–	–
800	Finanzierung	m² BGF	–	–	–	–	–

KG	Kostengruppe	Menge Einheit	Kosten €	€/Einheit	%
3+4	**Bauwerk**				**100,0**
300	**Bauwerk – Baukonstruktionen**	1.073,32 m² BGF	2.099.614	**1.956,19**	40,5

- Abbrechen
  Abbruch von Estrich, Bodenbelägen, asbesthaltiger Spachtelung; Fenstern, Mauerwerksbrüstungen, asbesthaltigem Putz; Mauerwerkswänden, Türdurchbrüchen; Stahlsteindecke für neue Rampe zwischen Alt- und Erweiterungsbau; Entsorgung, Deponiegebühren

- Herstellen
  Baugrubenaushub, Baugrubenverbau; Baugrundverbesserung, Stb-Fundamente, Stb-Bodenplatte, Estrich, Industrieparkett, Bodenfliesen, Abdichtung, Kiesfilterschicht, Dämmung; Stb-Wände in Sichtbeton, Schließen von Fensteröffnungen in Mauerwerk, Stb-Stützen, Holzfenster, Alu-Pfosten-Riegel-Fassade, teilw. Sonnenschutzverglasung, Dreifachverglasung, teilw. textiler Sonnenschutz; Innenmauerwerk, GK-Wände, Wandfliesen, Brandschutzbekleidung der bestehenden Stahlstützen, WC-Trennwände; Stb-Rampe, Estrich, Industrieparkett, Brandschutzbekleidung der bestehenden Stahlsteindecken, akustisch wirksame abgehängte GK-Decken; Stb-Dach, teilw. Sichtbeton, Dämmung, Abdichtung, Attika, extensive Dachbegrünung, Dachentwässerung; Einbauschränke, Garderoben, Einbauregale

KG	Kostengruppe	Menge Einheit	Kosten €	€/Einheit	%
400	**Bauwerk – Technische Anlagen**	1.073,32 m² BGF	3.084.124	**2.873,44**	59,5

- Abbrechen
  Abbruch von Heizkörpern; Entsorgung, Deponiegebühren

- Herstellen
  Gebäudeentwässerung, Kalt- und Warmwasserleitungen, Sanitärobjekte; Anschluss an vorh. Fernwärmeversorgung, Radiavektoren, Heiz-/Kühldeckenstrahlplatten (Neubau); Einzelraumlüfter, kontrollierte Be- und Entlüftung mit Wärmerückgewinnung, Kombikühl- und Tiefkühlzellen; Elektroinstallation, Beleuchtung, Sicherheitsleuchten; Datenübertragungsanlage, elektroakustische Anlagen, elektronische Zugangskontrolle mit Chipkarten, Brandmeldeanlage, Rauchmelder; barrierefreier Hubtisch, der gleichzeitig der Materialanlieferung der Küche dient; Großküche, Fettabscheider, Feuerlöscher

KG	Kostengruppe	Menge Einheit	Kosten €	€/Einheit	%
500	**Außenanlagen und Freiflächen**	325,53 m² AF	676.438	**2.077,96**	13,0

- Herstellen
  Bodenarbeiten; Wege, Terrassen; Winkelstützmauern, Rampe; Regenwasserrigolen, Außenbeleuchtung; Sitzbänke, Abfallbehälter, Orientierungssysteme; Oberbodenarbeiten, Stauden, Bäume, Rasen

6600-0032
Hotel

Erweiterung

Objektübersicht

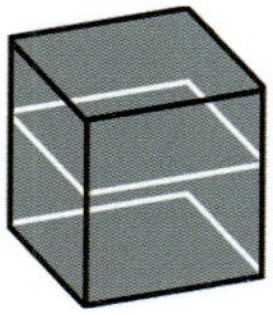

BRI 895 €/m³

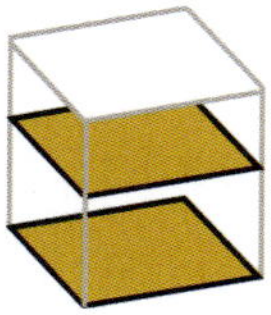

BGF 2.657 €/m²

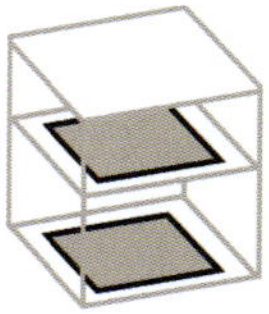

NUF 4.409 €/m²

Objekt:
Kennwerte: 3. Ebene DIN 276
BRI: 2.456 m³
BGF: 828 m²
NUF: 499 m²
Bauzeit: 52 Wochen
Bauende: 2016
Standard: Durchschnitt
Bundesland: Schleswig-Holstein
Kreis: Ostholstein

Architekt*in:
architekturbüro
bielke und struve partgmbb
Weidestraße 23
23701 Eutin

Bauherr*in:
Markus Schnoor
Am Ring 31
23746 Kellenhusen

vorher

nachher

nachher

Erweiterung

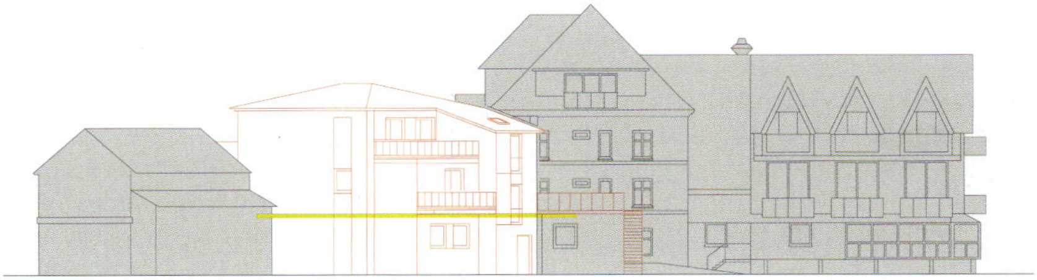

Ansicht Ost

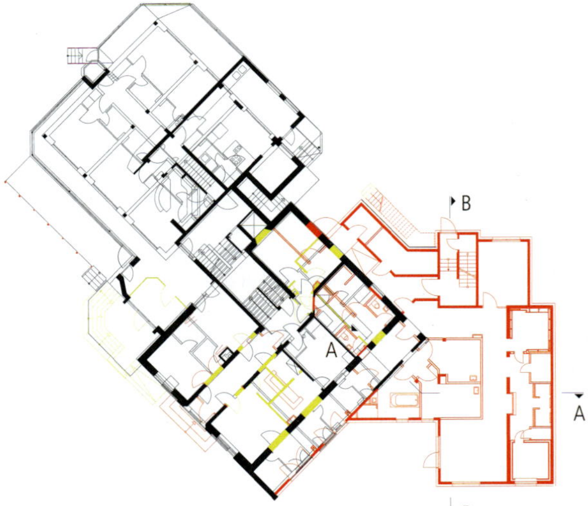

Erdgeschoss

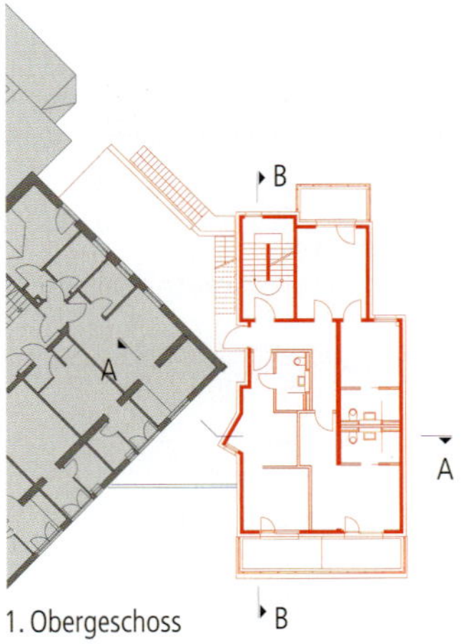

1. Obergeschoss

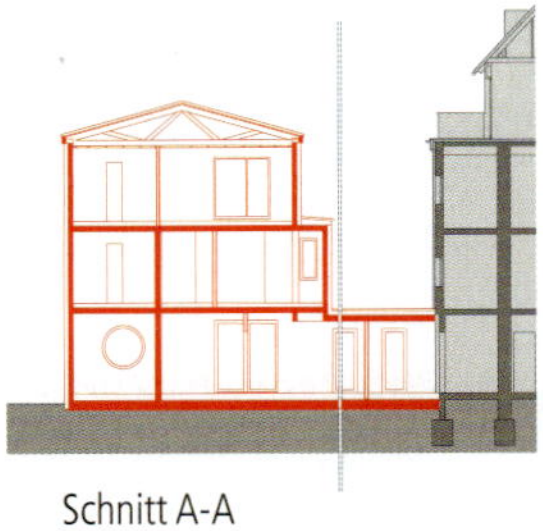

Schnitt A-A

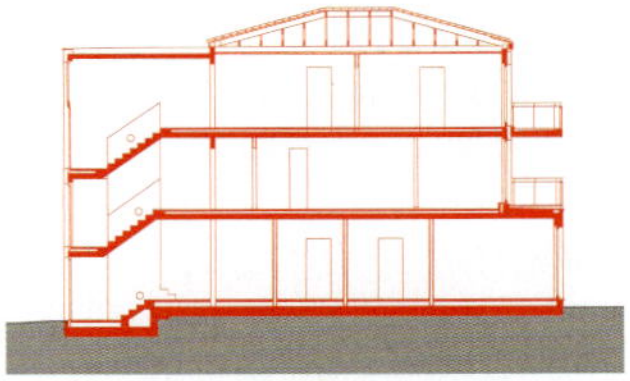

Schnitt B-B

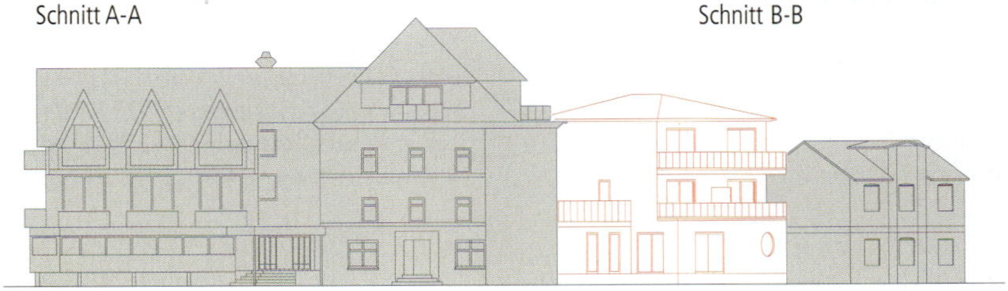

Ansicht West

Erweiterung

Objektbeschreibung

Allgemeine Objektinformationen

Für die optimierte Nutzung wurde ein an das Hotel angrenzendes Wohngebäude rückgebaut und der Anbau eines dreigeschossigen Hotelgebäudes realisiert. Im Zuge der Umbauarbeiten wurde das Erdgeschoss des angrenzenden Bestandsgebäudetrakts modernisiert und funktional angepasst.

Nutzung

1 Erdgeschoss
Anbau: Sauna, Sanarium, Abkühlraum, Ruheraum, SPA-Lounge, drei Behandlungsräume, Kofferlager, Technikräume, Putzmittelraum
Altbau: Rezeption, Lobby, Backoffice, Loungebereich, WC- und Duschanlagen, Aufzug

1 Obergeschoss
Anbau: zwei Hotelsuiten mit Balkon, ein Hotelzimmer mit Balkon

1 Dachgeschoss
Anbau: Hotelsuite mit Balkon, Hotelsuite mit Dachterrasse

Grundstück

Bauraum: Baulücke
Neigung: Ebenes Gelände
Bodenklasse: BK 3 bis BK 4

Markt

Hauptvergabezeit: 4. Quartal 2015
Baubeginn: 4. Quartal 2015
Bauende: 4. Quartal 2016
Konjunkturelle Gesamtlage: über Durchschnitt
Regionaler Baumarkt: unter Durchschnitt

Baubestand

Baujahr: 1928, Anbau 1983
Bauzustand: mittel
Aufwand: hoch
Grundrissänderungen: wenige
Tragwerkseingriffe: einige
Nutzungsänderung: nein
Nutzung während der Bauzeit: ja

Baukonstruktion

Der Abbruch umfasste einen eingeschossigen Flachdachbungalow in Massivbauweise sowie den Rückbau von Badanlagen und den Abbruch von Ziegelinnenwänden, Trockenbauwänden, Gipskartondecken, Fensterbrüstungen und Dielenfußböden. Für die Wiederherstellung wurden im Bestandsgebäude Holzdeckenkonstruktionen durch Stahlbauteile abgefangen und Abmauerungen an Fenster- und Türdurchbrüchen hergestellt. Zudem wurde eine Stahlbetonbodenplatte einschließlich Auffüllungen erneuert. Der Erweiterungsbau gründet auf Stahlbetonfundamenten. Die Gebäudekonstruktion wurde ebenfalls aus Stahlbeton erstellt. Die Fassade erhielt ein Wärmedämmverbundsystem und bodentiefe Kunststofffenster. Für die Balkone wurden Stahlbetonfertigteilelemente eingebaut. Die Walmdachkonstruktion aus Nagelplattenbindern ist mit Betondachsteinen eingedeckt. Als Innenwände kamen verputzte Kalksandsteinwände und Trockenbauwände zur Ausführung. Holzwerkstofftüren verbinden die Räume. Die Fußböden der Gästezimmer sind mit Parkett und PVC belegt, die öffentlichen Bereichen und die Bäder mit Fliesen. Balkone und Terrassen besitzen Beläge aus Bangkirai und Stahlgeländer als Absturzsicherung.

Technische Anlagen

Für die Beheizung des gesamten Gebäudes wurde die Gasheizung erneuert. Die Wärmeverteilung erfolgt mittels Fußbodenheizung und Heizkörpern. Im Wellnessbereich sorgt eine Be- und Entlüftungsanlage für einen angemessenen Luftwechsel. Eine Niederspannungsinstallationsanlage und eine Brandmeldeanlage wurden eingebaut. Das Bestandsgebäude erhielt einen Aufzug.

Sonstiges

Die BGF bezieht sich auf den neuen Anbau und das EG des Bestandsgebäudes.

Energetische Kennwerte

Gesetzliche Grundlage: EnEV 2013
Gebäudenutzfläche: 450,00 m^2
Hüllfläche des beheizten Volumens: 972,30 m^2
Spez. Transmissionswärmeverlust: 0,29 W/($m^2 \cdot K$)
Spez. Jahresprimärenergiebedarf: 241,50 kWh/($m^2 \cdot a$)
Spez. Jahresendenergiebedarf: 169,60 kWh/($m^2 \cdot a$)

Energetische Angaben zu Außenbauteilen

Bodenplatte

U-Wert: 0,22 W/(m²·K)

Gesamtdicke: 52,00 cm	d[cm]	l[W/(m·K)]
Estrich	7,00	1,400
Dämmung	3,00	0,045
Dämmung	12,00	0,035
Stahlbeton	30,00	2,100

Außenwand

U-Wert: 0,21 W/(m²·K)

Gesamtdicke: 33,50 cm	d[cm]	l[W/(m·K)]
Innenputz	1,50	0,870
Kalksandstein	17,50	1,100
Dämmung	14,00	0,032
Dämmputz	0,50	0,080

Decke gegen Außenluft oben

U-Wert: 0,20 W/(m²·K)

Gesamtdicke: 38,00 cm	d[cm]	l[W/(m·K)]
Stahlbeton	20,00	2,000
Dämmung	18,00	0,037

Dach

U-Wert: 0,17 W/(m²·K)

Gesamtdicke: 25,25 cm	d[cm]	l[W/(m·K)]
GK-Platte	1,25	0,250
Dämmung	4,00	0,035
Holz	4,00	0,130
Dämmung	20,00	0,035
Holz	20,00	0,130

Erweiterung

Planungskennwerte für Flächen und Rauminhalte nach DIN 277

Flächen des Grundstücks		Menge Einheit	% an GF
BF	Bebaute Fläche	738,62 m²	36,1
UF	Unbebaute Fläche	1.310,16 m²	63,9
GF	Grundstücksfläche	2.048,78 m²	100,0

Grundflächen des Bauwerks		Menge Einheit	% an NUF	% an BGF
NUF	Nutzungsfläche	498,60 m²	100,0	60,3
TF	Technikfläche	9,68 m²	1,9	1,2
VF	Verkehrsfläche	127,89 m²	25,6	15,5
NRF	Netto-Raumfläche	636,17 m²	127,6	76,9
KGF	Konstruktions-Grundfläche	191,36 m²	38,4	23,1
BGF	Brutto-Grundfläche	827,53 m²	166,0	100,0

Brutto-Rauminhalt des Bauwerks		Menge Einheit	BRI/NUF (m)	BRI/BGF (m)
BRI	Brutto-Rauminhalt	2.456,41 m³	4,93	2,97

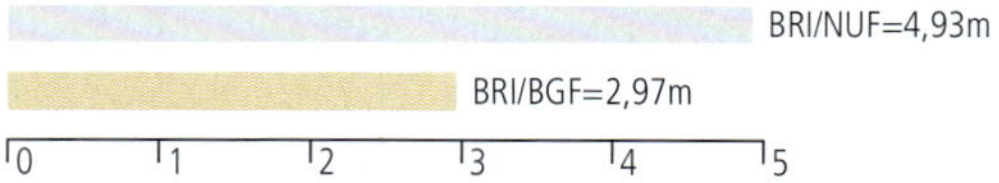

Lufttechnisch behandelte Flächen	Menge Einheit	% an NUF	% an BGF
Entlüftete Fläche	–	–	–
Be- und entlüftete Fläche	–	–	–
Teilklimatisierte Fläche	–	–	–
Klimatisierte Fläche	–	–	–

KG	Kostengruppen (2. Ebene)	Menge Einheit	Menge/NUF	Menge/BGF
310	Baugrube / Erdbau	422,91 m³ BGI	0,85	0,51
320	Gründung, Unterbau	324,04 m² GRF	0,65	0,39
330	Außenwände/Vertikale Baukonstruktionen, außen	588,45 m² AWF	1,18	0,71
340	Innenwände/Vertikale Baukonstruktionen, innen	741,55 m² IWF	1,49	0,90
350	Decken/Horizontale Baukonstruktionen	403,97 m² DEF	0,81	0,49
360	Dächer	204,76 m² DAF	0,41	0,25

Kostenkennwerte für die Kostengruppen der 1. Ebene DIN 276

KG	Kostengruppen (1. Ebene)	Einheit	Kosten €	€/Einheit	€/m² BGF	€/m³ BRI	% 300+400
100	Grundstück	m² GF	–	–	–	–	–
200	Vorbereitende Maßnahmen	m² GF	1.484	0,72	1,79	0,60	< 0,1
300	Bauwerk – Baukonstruktionen	m² BGF	1.347.895	1.628,82	1.628,82	548,73	61,3
400	Bauwerk – Technische Anlagen	m² BGF	850.585	1.027,86	1.027,86	346,27	38,7
	Bauwerk 300+400	**m² BGF**	**2.198.481**	**2.656,68**	**2.656,68**	**895,00**	**100,0**
500	Außenanlagen und Freiflächen	m² AF	–	–	–	–	–
600	Ausstattung und Kunstwerke	m² BGF	319.349	385,91	385,91	130,01	14,5
700	Baunebenkosten	m² BGF	–	–	–	–	–
800	Finanzierung	m² BGF	–	–	–	–	–

KG	Kostengruppe	Menge Einheit	Kosten €	€/Einheit	%
200	**Vorbereitende Maßnahmen**	2.048,78 m² GF	1.484	**0,72**	< 0,1

- Herstellen (Kosten: 100,0%) 1.484
  Suchschachtungen (psch)

KG	Kostengruppe	Menge Einheit	Kosten €	€/Einheit	%
3+4	**Bauwerk**				**100,0**
300	**Bauwerk – Baukonstruktionen**	827,53 m² BGF	1.347.895	**1.628,82**	61,3

- Abbrechen (Kosten: 3,2%) 42.702
  Abbruch von Doppelboden; Wand für Türöffnung, Eingangstür, Tapeten, Rampe an Außenwand; Mauerwerk, Fensterelement; Vordach; angebautem Flachdachbungalow, Massivbau; Entsorgung, Deponiegebühren

- Wiederherstellen (Kosten: 0,6%) 8.266
  Sockel unter altem Eingang mit KS-Steinen ausbessern, Schäden Bestandsmauerwerk ausbessern, Sohlbank wegen fehlender Abdichtung aufnehmen, anpassen, wieder einbauen, Laibung nach Abbrucharbeiten überarbeiten; defekte KS-Steine austauschen, alten Windfang, Einzelteile, ausbauen, Teile davon ändern, beschichten, in Türöffnung einbauen

- Herstellen (Kosten: 96,2%) 1.296.927
  Stb-Bodenplatte, Estrich, Bodenfliesen, Parkett, Bodenbeschichtung; KS-Mauerwerk, Stb-Ringbalken, Stb-Stützen, Kunststofffenster, Eingangstüren, Alu/Glastür, Stahltüren, WDVS, Balkontrennwand; KS-Mauerwerk, Stahlträger-Abfangungen einbauen, GK-Wände, Holztüren, Stahltüren, Innenputz, Beschichtung, Tapete, Wandfliesen; Stb-Elementdecke, FT-Balkonplatten, Stb-Treppen, Stahltreppen, Estrich, Bodenfliesen, Dämmung, Holzterrassen, GK-Decken, Geländer; Holzwalmdach, Stb-Flachdächer, Dachfenster, Betondachsteine, Dämmung, Dachabdichtung, Terrassenplatten, Terrassendielen, Dachentwässerung

Erweiterung

KG	Kostengruppe	Menge Einheit	Kosten €	€/Einheit	%
400	**Bauwerk – Technische Anlagen**	827,53 m²BGF	850.585	**1.027,86**	38,7
	• Abbrechen (Kosten: 2,1%) Abbruch von Leitungen, Armaturen; Heizungsanlage, Heizungsleitungen, Heizkörpern; RWA-Kanal: Entsorgung, Deponiegebühren		17.975		
	• Wiederherstellen (Kosten: < 0,1%) Defekte Abwasserleitung demontieren, durch Schallschutzrohr ersetzen, Kalt- und Warmwasserleitungen kappen; Heizkörper anschleifen, beschichten		644		
	• Herstellen (Kosten: 97,8%) Gebäudeentwässerung, Kalt- und Warmwasserleitungen, Sanitärobjekte; Sole-Wasser-Gas-Absorptionswärmepumpe, Gas-Brennwertkessel, Wasseraufbereitung, Gasanlagen, Warmwasserbereiter, Heizungsrohre, Heizungsleitungen ändern, Fußbodenheizung, Heizkörper; Lüftungsanlage mit WRG, Abluftanlage; Elektroinstallation, Brandmeldeanlage; Fernmelde-, informationstechnische Anlagen, RWA-Anlage; Personenaufzug		831.967		
600	**Ausstattung und Kunstwerke**	827,53 m²BGF	319.349	**385,91**	14,5
	• Wiederherstellen (Kosten: < 0,1%) Zersägtes Tischgestell wieder zusammenstellen, verschweißen (1St)		171		
	• Herstellen (Kosten: 99,9%) Ausstattungen		319.178		

Kostenkennwerte für die Kostengruppen der 2. Ebene DIN 276

KG	Kostengruppe	Menge Einheit	Kosten €	€/Einheit	%
200	**Vorbereitende Maßnahmen**				**100,0**
210	**Herrichten**	2.048,78 m^2 GF	1.484	**0,72**	100,0
	• Herstellen (Kosten: 100,0%) Suchschachtungen (psch)	2.048,78 m^2 GF	1.484	**0,72**	
300	**Bauwerk – Baukonstruktionen**				**100,0**
310	**Baugrube / Erdbau**	422,91 m^3 BGI	19.321	**45,69**	1,4
	• Herstellen (Kosten: 100,0%) Baugrubenaushub BK 3-4 (406m^3), von Hand (3m^3), Rohrgrabenaushub (15m^3), Füllboden liefern, verfüllen (14m^3)	422,91 m^3 BGI	19.321	**45,69**	
320	**Gründung, Unterbau**	324,04 m^2 GRF	167.163	**515,87**	12,4
	• Abbrechen (Kosten: 1,2%) Abbruch von Doppelboden, Holzbelag (30m^2); Entsorgung, Deponiegebühren	29,71 m^2 GRF	2.063	**69,45**	
	• Herstellen (Kosten: 98,8%) Kiessand (288m^3), verdichten (200m^2), Füllbeton (6m^3), Füllsand (5m^3) * Stb-Bodenplatte, d=14-30cm (284m^2), Stb-Fundamente (11m^3) * Bitumenbahnen (284m^2), EPS-Dämmung, d=120-180mm (175m^2), TSD (276m^2), Heizestrich (82m^2), Zementestrich (179m^2), Bodenfliesen (112m^2), Parkett (101m^2), Bodenbeschichtung (11m^2), PVC-Bodenplanken, bauseits (46m^2), Teppich, bauseits (52m^2) * EPS-Dämmung, d=140mm, Putz, vertikal (17m^2)	324,04 m^2 GRF	165.099	**509,50**	
330	**Außenwände/Vert. Baukonstrukt., außen**	588,45 m^2 AWF	315.066	**535,42**	23,4
	• Abbrechen (Kosten: 1,2%) Abbruch von Wand für Türöffnung (3m^2) * Eingangstür (5m^2) * Tapeten (51m^2) * Rampe entlang Außenwand, Handarbeit (4m^2); Entsorgung, Deponiegebühren	58,73 m^2 AWF	3.857	**65,68**	
	• Wiederherstellen (Kosten: 1,8%) Sockel unter altem Eingang, Sockelkante einschneiden, mit KS-Steinen ausbessern, Mörtel (psch), Schäden Bestandsmauerwerk, ausbessern (4h) * Sohlbank, Austritt, Granit, einbauen, wegen fehlender Abdichtung aufnehmen, anpassen, wieder einbauen (psch) * Laibung nach Abbrucharbeiten überarbeiten, mit Putz füllen, Dämmstoff ergänzen, armieren, Putz aufbringen, beschichten (psch)	–	5.825	**–**	
	• Herstellen (Kosten: 96,9%) KS-Mauerwerk (388m^2), Öffnung schließen (5m^2) * Stb-Stützen (11m) * Kunststoff-Fenster/-Türen (71m^2), Holzfenster (3m^2), Holz-Eingangstüren (8m^2), Alu-Glastür (3m^2), Stahltüren (4m^2), NA-Tür (3m^2) * Bitumenabdichtung (48m^2), Bitumenbahnen, EPS-Dämmung (9m^2), Sockeldämmung, Putz (47m^2), WDVS, d=140mm (450m^2), Beschichtung (497m^2) * Innenputz (289m^2), Putz spachteln, Q3, Beschichtung (340m^2), Wandfliesen (17m^2), F30-Bekleidung (9m) * Balkontrennwand (4m^2), Granitplatten (psch), Handläufe (2St)	588,45 m^2 AWF	305.383	**518,96**	

KG	Kostengruppe	Menge Einheit	Kosten €	€/Einheit	%
340	**Innenwände/Vert. Baukonstrukt., innen**	741,55 m² IWF	310.792	**419,11**	23,1
	• Abbrechen (Kosten: 0,9%) Abbruch von Mauerwerk, d=11,5cm, beidseitig verputzt, tapeziert, teilweise Fliesenbelag (13m²) * Fensterelement mit Ganzglastür, festverglasten Seitenteilen, Laibungen herrichten * Tapeten (182m²); Entsorgung, Deponiegebühren	109,68 m² IWF	2.796	**25,49**	
	• Wiederherstellen (Kosten: 0,8%) Defekte KS-Steine austauschen (25St) * vorhandenen alten Windfang, fünf Einzelteile, ausbauen, Teile davon ändern, neu verleimen, beschichten, mit einseitiger Blende in Türöffnung einbauen (2m²)	2,15 m² IWF	2.441	**1.135,21**	
	• Herstellen (Kosten: 98,3%) KS-Mauerwerk, d=17,5-24cm (187m²), Wandöffnung herstellen, Stahlträger-Abfangungen (15m²), Wandöffnungen vergrößern, Trägerabfangungen (9m²), Türöffnungen herstellen, HEA-Träger (7m²) * GK-Wände (351m²), KS-Mauerwerk (15m²) * Stb-Stützen (9m) * Holztüren (49m²), Stahltüren (6m²), Schiebetürblätter (8m²), Ganzglastür (2m²) * Kalkzementputz (151m²), Innenputz (664m²), Glattvlies (1.114m²), Beschichtung (1.226m²), Tapete (28m²), Wandfliesen (91m²) * Holzhandläufe (12m)	739,40 m² IWF	305.556	**413,25**	
350	**Decken/Horizontale Baukonstruktionen**	403,97 m² DEF	250.685	**620,55**	18,6
	• Herstellen (Kosten: 100,0%) Stb-Elementdecke, d=20cm (212m²), Stb-FT-Balkonplatten (22m²), Stb-Treppen (13m²), Stahltreppe (7m²), Bestand (6m²), Stahlpodest (2m²), Stb-Unterzüge (16m), HEB180 (4m), Stahlträger (5m) * EPS-Dämmung, d=60mm (192m²), TSD (192m²), Zementestrich (190m²), PVC-Planken, bauseits (139m²), Bodenfliesen (68m²), Bitumenbahn (23m²), PS-Gefälledämmung, d=i.M.160mm (17m²), Bitumenabdichtung (23m²), Holzterrassen (15m²) * GK-Decken (231m²), F90-Bekleidung (145m²), GK-Verkofferungen (32m²), Brandschutzbekleidung (13m), Glattvlies (344m²), Beschichtung (402m²) * Stahltreppe (2m²) * Balkon/Treppengeländer (29m²)	403,97 m² DEF	250.685	**620,55**	
360	**Dächer**	204,76 m² DAF	208.611	**1.018,81**	15,5
	• Abbrechen (Kosten: 1,8%) Abbruch von Vordach, Holz-Stahlkonstruktion, Blende, Bitumenabdichtung, Bekiesung (20m²); Entsorgung, Deponiegebühren	20,00 m² DAF	3.793	**189,66**	
	• Herstellen (Kosten: 98,2%) Holzwalmdach, Nagelplattenbinder, h=max. 1,45m (98m²), Mineralfaserdämmung, d=140-200mm (88m²), Stb-Elementflachdach (92m²), Stb-FT-Flachdach (6m²) * RWA, Dachfenster (1m²) * Dachschalung, Betondachsteine (104m²), Gefälledämmung, d=i.M.160-180mm (100m²), Bitumenabdichtung (126m²), Terrassenplatten (31m²), Rollkies (22m²), Bangkiraibohlen (33m²), Dachrinnen (88m), Regenfallrohre (40m), Attikaabdeckungen (11m) * GKF-Decke (82m²), GK-Decke (18m²), Glattvlies, Beschichtung (139m²), Traufkasten, Faserzementtafeln (45m) * Dachterrassengeländer (37m²)	204,76 m² DAF	204.818	**1.000,28**	

Erweiterung

KG	Kostengruppe	Menge Einheit	Kosten €	€/Einheit	%
390	**Sonst. Maßnahmen für Baukonstrukt.**	827,53 m²BGF	76.258	**92,15**	5,7
	• Abbrechen (Kosten: 39,6%) Abbruch von angebautem Flachdachbungalow, Massivbau (370m³), Schneidearbeiten in Anschlussbereichen, Wand, Dach, Bodenplatte (psch)	827,53 m²BGF	30.192	**36,48**	
	• Herstellen (Kosten: 60,4%) Baustelleneinrichtung (psch), Nebengewerke (2St), Bauzaun (49m), Baustellen-WC (1St) * Gerüstarbeiten (psch) * Abfangungen (psch) * bauseits beschädigte TSD, austauschen (61m²) * Baureinigung (psch), Staubschutz (6m²), Schutzfolien (82m²), Gasleitungen abdecken (14m), Kanten abkleben (550m), Kondensattrockner (42Tage) * Fallrohrschlauch (40m) * Schließanlage, mechanische Zylinder, Mechatronik bauseits (psch)	827,53 m²BGF	46.066	**55,67**	
400	**Bauwerk – Technische Anlagen**				**100,0**
410	**Abwasser-, Wasser-, Gasanlagen**	827,53 m²BGF	134.347	**162,35**	15,8
	• Abbrechen (Kosten: 1,8%) Abbruch von Abwasserleitungen (4h) * Wasserleitungen, Armaturen (24h); Entsorgung, Deponiegebühren	827,53 m²BGF	2.385	**2,88**	
	• Wiederherstellen (Kosten: 0,4%) Defekte Abwasserleitung demontieren, durch Schallschutzrohr ersetzen, Kalt- und Warmwasserleitungen kappen (5h)	827,53 m²BGF	475	**0,57**	
	• Herstellen (Kosten: 97,9%) KG-Rohre (67m), Kunststoffrohre (50m), Fallstrang auswechseln (3m), Bodenablauf (1St) * Hauptwasserleitung neu verlegen, Hauptwasseranschluss, Enthärtungsanlage umverlegen (34h), Hauswasserstation (1St), Wasserzähleranlage (4St), Mehrschicht-Verbundrohre (10m), Edelstahlrohre (360m), WC-Anlagen (7St), Waschtische (8St), Duschrinnen (14St) * Gasleitungen erneuern, Nebenzähler, thermische Sicherung, Strömungswächter (psch) * Montageelemente (18St)	827,53 m²BGF	131.487	**158,89**	
420	**Wärmeversorgungsanlagen**	827,53 m²BGF	340.363	**411,30**	40,0
	• Abbrechen (Kosten: 4,5%) Abbruch von Heizungsanlage (psch) * Heizungsleitungen, einfrieren, trennen (7h) * Heizkörpern, Leitungen abstopfen (9h); Entsorgung, Deponiegebühren	827,53 m²BGF	15.166	**18,33**	
	• Wiederherstellen (Kosten: < 0,1%) Heizkörper anschleifen, beschichten (2h)	827,53 m²BGF	169	**0,20**	
	• Herstellen (Kosten: 95,5%) Sole-Wasser-Gas-Absorptionswärmepumpe 25,2kW (1St), Gas-Brennwertkessel 36-179kW (1St), Regelung (psch), Abgasleitung (psch), Druckhaltung, Wasseraufbereitung (psch), Gasanlagen (psch), Warmwasserbereiter (psch) * Heizungsrohre (psch), bauseitige Heizungsrohre dämmen (psch), Heizkörperanschlüsse umverlegen (psch), Heizungsleitungen ändern (10h) * Fußbodenheizung (psch), Heizkörper (psch) * Ofenklappe (1St)	827,53 m²BGF	325.029	**392,77**	
430	**Raumlufttechnische Anlagen**	827,53 m²BGF	102.278	**123,59**	12,0
	• Herstellen (Kosten: 100,0%) Lüftungsanlage mit WRG, Volumenstrom 2.250m³/h, Luftdurchlässe, Einbauteile, Lüftungskanäle, Zubehör (1St), Abluftanlage: fünf Ventilatoren 60m³/h, fünf Zuluftautomaten DN160, Einbauteile, Lüftungskanäle, Zubehör (1St)	827,53 m²BGF	102.278	**123,59**	

Erweiterung

Erweiterung

KG	Kostengruppe	Menge Einheit	Kosten €	€/Einheit	%
440	**Elektrische Anlagen**	827,53 m²BGF	157.615	**190,46**	18,5
	• Herstellen (Kosten: 100,0%) Elektroinstallation, Brandmeldeanlage (psch)	827,53 m²BGF	157.615	**190,46**	
450	**Kommunikationstechnische Anlagen**	827,53 m²BGF	41.382	**50,01**	4,9
	• Abbrechen (Kosten: 1,0%) Abbruch von RWA-Kanal, asbesthaltig (1St); Entsorgung, Deponiegebühren	827,53 m²BGF	424	**0,51**	
	• Herstellen (Kosten: 99,0%) Fernmelde-, informationstechnische Anlagen (psch), RWA-Anlage (psch)	827,53 m²BGF	40.957	**49,49**	
460	**Förderanlagen**	827,53 m²BGF	73.338	**88,62**	8,6
	• Herstellen (Kosten: 100,0%) Personenaufzug, fünf Haltestellen (1St)	827,53 m²BGF	73.338	**88,62**	
490	**Sonst. Maßnahmen für techn. Anlagen**	827,53 m²BGF	1.264	**1,53**	0,1
	• Herstellen (Kosten: 100,0%) Baustelleneinrichtung (psch) * beschädigte Abwasserleitung austauschen (5h), Fallstrang auseinandersägen, Rohrbruch beseitigen (4h) * Wasseranschluss erneuern, provisorisch anschließen (3h)	827,53 m²BGF	1.264	**1,53**	
600	**Ausstattung und Kunstwerke**				**100,0**
610	**Allgemeine Ausstattung**	827,53 m²BGF	319.349	**385,91**	100,0
	• Wiederherstellen (Kosten: < 0,1%) Zersägtes Tischgestell wieder zusammenstellen, verschweißen (1St)	827,53 m²BGF	171	**0,21**	
	• Herstellen (Kosten: 99,9%) Ausstattungen (psch), WC-Bürstengarnitur (7St), WC-Papierhalter (7St), WC-Reservepapierhalter (5St), Duschablagen (4St)	827,53 m²BGF	319.178	**385,70**	

Kostenkennwerte für die Kostengruppen 300 der 2. und 3. Ebene DIN 276 (Übersicht)

KG	Kostengruppe	Menge Einheit	€/Einheit	Kosten €	% an 3+4
300	**Bauwerk – Baukonstruktionen**	**827,53 m² BGF**	**1.628,82**	**1.347.895,16**	**61,3**
310	**Baugrube / Erdbau**	**422,91 m³ BGI**	**45,69**	**19.321,46**	**0,9**
311	Herstellung	422,91 m³ BGI	45,69	19.321,46	0,9
312	Umschließung	–	–	–	–
313	Wasserhaltung	–	–	–	–
314	Vortrieb	–	–	–	–
319	Sonstiges zur KG 310	–	–	–	–
320	**Gründung, Unterbau**	**324,04 m² GRF**	**515,87**	**167.162,52**	**7,6**
321	Baugrundverbesserung	199,63 m²	75,41	15.053,54	0,7
322	Flachgründungen und Bodenplatten	283,98 m²	172,85	49.084,68	2,2
323	Tiefgründungen	–	–	–	–
324	Gründungsbeläge	324,04 m²	298,81	96.826,27	4,4
325	Abdichtungen und Bekleidungen	300,88 m²	20,60	6.198,03	0,3
326	Dränagen	–	–	–	–
329	Sonstiges zur KG 320	–	–	–	–
330	**Außenwände/Vert. Baukonstrukt., außen**	**588,45 m² AWF**	**535,42**	**315.065,75**	**14,3**
331	Tragende Außenwände	424,03 m²	169,02	71.670,83	3,3
332	Nichttragende Außenwände	–	–	–	–
333	Außenstützen	10,77 m	158,02	1.701,90	< 0,1
334	Außenwandöffnungen	91,16 m²	881,90	80.394,24	3,7
335	Außenwandbekleidungen, außen	497,29 m²	242,85	120.765,26	5,5
336	Außenwandbekleidungen, innen	356,66 m²	71,74	25.588,10	1,2
337	Element. Außenwandkonstruktionen	–	–	–	–
338	Lichtschutz zur KG 330	–	–	–	–
339	Sonstiges zur KG 330	588,45 m² AWF	25,40	14.945,42	0,7
340	**Innenwände/Vert. Baukonstrukt., innen**	**741,55 m² IWF**	**419,11**	**310.792,01**	**14,1**
341	Tragende Innenwände	219,77 m²	295,56	64.956,23	3,0
342	Nichttragende Innenwände	368,86 m²	172,53	63.640,76	2,9
343	Innenstützen	8,97 m	183,16	1.642,96	< 0,1
344	Innenwandöffnungen	68,94 m²	1.078,89	74.378,46	3,4
345	Innenwandbekleidungen	1.345,23 m²	76,38	102.753,18	4,7
346	Elementierte Innenwandkonstruktionen	–	–	–	–
347	Lichtschutz zur KG 340	–	–	–	–
349	Sonstiges zur KG 340	741,55 m² IWF	4,61	3.420,40	0,2
350	**Decken/Horizontale Baukonstruktionen**	**403,97 m² DEF**	**620,55**	**250.684,60**	**11,4**
351	Deckenkonstruktionen	261,90 m²	410,12	107.409,28	4,9
352	Deckenöffnungen	–	–	–	–
353	Deckenbeläge	222,25 m²	239,52	53.233,46	2,4
354	Deckenbekleidungen	402,34 m²	156,78	63.077,95	2,9
355	Elementierte Deckenkonstruktionen	1,63 m²	2.274,62	3.707,64	0,2
359	Sonstiges zur KG 350	403,97 m² DEF	57,57	23.256,26	1,1
360	**Dächer**	**204,76 m² DAF**	**1.018,81**	**208.610,99**	**9,5**
361	Dachkonstruktionen	193,22 m²	197,02	38.068,05	1,7
362	Dachöffnungen	1,37 m²	890,38	1.219,82	< 0,1
363	Dachbeläge	203,39 m²	489,11	99.479,50	4,5
364	Dachbekleidungen	140,49 m²	168,52	23.675,40	1,1
365	Elementierte Dachkonstruktionen	–	–	3.793,20	0,2
366	Lichtschutz zur KG 360	–	–	–	–
369	Sonstiges zur KG 360	204,76 m² DAF	206,95	42.375,05	1,9
370	**Infrastrukturanlagen**	**–**	**–**	**–**	**–**
380	**Baukonstruktive Einbauten**	**–**	**–**	**–**	**–**
390	**Sonst. Maßnahmen für Baukonstrukt.**	**827,53 m² BGF**	**92,15**	**76.257,81**	**3,5**

Erweiterung

Kostenkennwerte für die Kostengruppen 400 der 2. und 3. Ebene DIN 276 (Übersicht)

KG	Kostengruppe	Menge Einheit	€/Einheit	Kosten €	% an 3+4
400	**Bauwerk – Technische Anlagen**	**827,53 m² BGF**	**1.027,86**	**850.585,48**	**38,7**
410	**Abwasser-, Wasser-, Gasanlagen**	**827,53 m² BGF**	**162,35**	**134.346,63**	**6,1**
411	Abwasseranlagen	827,53 m² BGF	20,76	17.176,29	0,8
412	Wasseranlagen	827,53 m² BGF	123,44	102.149,71	4,6
413	Gasanlagen	827,53 m² BGF	5,01	4.145,76	0,2
419	Sonstiges zur KG 410	827,53 m² BGF	13,14	10.874,87	0,5
420	**Wärmeversorgungsanlagen**	**827,53 m² BGF**	**411,30**	**340.362,97**	**15,5**
421	Wärmeerzeugungsanlagen	827,53 m² BGF	277,87	229.946,14	10,5
422	Wärmeverteilnetze	827,53 m² BGF	77,65	64.255,96	2,9
423	Raumheizflächen	827,53 m² BGF	53,12	43.960,87	2,0
424	Verkehrsheizflächen	–	–	–	–
429	Sonstiges zur KG 420	827,53 m² BGF	2,66	2.200,00	0,1
430	**Raumlufttechnische Anlagen**	**827,53 m² BGF**	**123,59**	**102.277,62**	**4,7**
431	Lüftungsanlagen	–	–	–	–
432	Teilklimaanlagen	–	–	–	–
433	Klimaanlagen	–	–	–	–
434	Kälteanlagen	–	–	–	–
439	Sonstiges zur KG 430	–	–	–	–
440	**Elektrische Anlagen**	**827,53 m² BGF**	**190,46**	**157.614,57**	**7,2**
441	Hoch- und Mittelspannungsanlagen	–	–	–	–
442	Eigenstromversorgungsanlagen	–	–	–	–
443	Niederspannungsschaltanlagen	–	–	–	–
444	Niederspannungsinstallationsanlagen	–	–	–	–
445	Beleuchtungsanlagen	–	–	–	–
446	Blitzschutz- und Erdungsanlagen	–	–	–	–
447	Fahrleitungssysteme	–	–	–	–
449	Sonstiges zur KG 440	–	–	–	–
450	**Kommunikationstechnische Anlagen**	**827,53 m² BGF**	**50,01**	**41.381,64**	**1,9**
451	Telekommunikationsanlagen	–	–	–	–
452	Such- und Signalanlagen	–	–	–	–
453	Zeitdienstanlagen	–	–	–	–
454	Elektroakustische Anlagen	–	–	–	–
455	Audiovisuelle Medien- u. Antennenanl.	–	–	–	–
456	Gefahrenmelde- und Alarmanlagen	–	–	–	–
457	Datenübertragungsnetze	–	–	–	–
458	Verkehrsbeeinflussungsanlagen	–	–	–	–
459	Sonstiges zur KG 450	–	–	–	–
460	**Förderanlagen**	**827,53 m² BGF**	**88,62**	**73.337,91**	**3,3**
461	Aufzugsanlagen	827,53 m² BGF	88,62	73.337,91	3,3
462	Fahrtreppen, Fahrsteige	–	–	–	–
463	Befahranlagen	–	–	–	–
464	Transportanlagen	–	–	–	–
465	Krananlagen	–	–	–	–
466	Hydraulikanlagen	–	–	–	–
469	Sonstiges zur KG 460	–	–	–	–
470	**Nutzungsspez. u. verfahrenstechn. Anl.**	**–**	**–**	**–**	**–**
480	**Gebäude- und Anlagenautomation**	**–**	**–**	**–**	**–**
490	**Sonst. Maßnahmen für techn. Anlagen**	**827,53 m² BGF**	**1,53**	**1.264,13**	**< 0,1**

Kostenkennwerte für Leistungsbereiche nach STLB (Kosten des Bauwerks nach DIN 276)

LB	Leistungsbereiche	Kosten €	€/m² BGF	€/m³ BRI	% an 3+4
000	Sicherheits-, Baustelleneinrichtungen inkl. 001	31.270	37,80	12,70	1,4
002	Erdarbeiten	33.666	40,70	13,70	1,5
006	Spezialtiefbauarbeiten inkl. 005	–	–	–	–
009	Entwässerungskanalarbeiten inkl. 011	8.289	10,00	3,40	0,4
010	Drän- und Versickerarbeiten	–	–	–	–
012	Mauerarbeiten	78.209	94,50	31,80	3,6
	Wiederherstellen	2.477	3,00	1,00	0,1
	Herstellen	75.732	91,50	30,80	3,4
013	Betonarbeiten	231.996	280,30	94,40	10,6
	Wiederherstellen	1.430	1,70	0,58	< 0,1
	Herstellen	230.567	278,60	93,90	10,5
014	Natur-, Betonwerksteinarbeiten	7.646	9,20	3,10	0,3
	Wiederherstellen	874	1,10	0,36	< 0,1
	Herstellen	6.772	8,20	2,80	0,3
016	Zimmer- und Holzbauarbeiten	28.273	34,20	11,50	1,3
017	Stahlbauarbeiten	2.423	2,90	0,99	0,1
018	Abdichtungsarbeiten	14.410	17,40	5,90	0,7
019	Kampfmittelräumarbeiten	–	–	–	–
020	Dachdeckungsarbeiten	27.894	33,70	11,40	1,3
021	Dachabdichtungsarbeiten	54.299	65,60	22,10	2,5
022	Klempnerarbeiten	18.533	22,40	7,50	0,8
	Rohbau	**536.907**	**648,80**	**218,60**	**24,4**
	Wiederherstellen	4.780	5,80	1,90	0,2
	Herstellen	532.126	643,00	216,60	24,2
023	Putz- und Stuckarbeiten, Wärmedämmsysteme	147.074	177,70	59,90	6,7
	Wiederherstellen	1.461	1,80	0,59	< 0,1
	Herstellen	145.613	176,00	59,30	6,6
024	Fliesen- und Plattenarbeiten	84.861	102,50	34,50	3,9
025	Estricharbeiten	28.315	34,20	11,50	1,3
026	Fenster, Außentüren inkl. 029, 032	75.497	91,20	30,70	3,4
027	Tischlerarbeiten	68.693	83,00	28,00	3,1
	Wiederherstellen	2.025	2,40	0,82	< 0,1
	Herstellen	66.668	80,60	27,10	3,0
028	Parkettarbeiten, Holzpflasterarbeiten	23.333	28,20	9,50	1,1
030	Rollladenarbeiten	–	–	–	–
031	Metallbauarbeiten inkl. 035	112.462	135,90	45,80	5,1
034	Maler- und Lackiererarbeiten inkl. 037	85.509	103,30	34,80	3,9
	Wiederherstellen	169	0,20	0,07	< 0,1
	Herstellen	85.340	103,10	34,70	3,9
036	Bodenbelagarbeiten	13.942	16,80	5,70	0,6
038	Vorgehängte hinterlüftete Fassaden	–	–	–	–
039	Trockenbauarbeiten	138.901	167,90	56,50	6,3
	Ausbau	**778.586**	**940,90**	**317,00**	**35,4**
	Wiederherstellen	3.654	4,40	1,50	0,2
	Herstellen	774.932	936,40	315,50	35,2
040	Wärmeversorgungsanl. - Betriebseinr. inkl. 041	294.706	356,10	120,00	13,4
042	Gas- und Wasserinstallation, Leitungen inkl. 043	52.200	63,10	21,30	2,4
044	Abwasseranlagen - Leitungen	7.536	9,10	3,10	0,3
	Wiederherstellen	475	0,57	0,19	< 0,1
	Herstellen	7.061	8,50	2,90	0,3

6600-0032
Hotel

Erweiterung

LB	Leistungsbereiche	Kosten €	€/m² BGF	€/m³ BRI	% an 3+4
045	GWE-Einrichtungsgegenstände inkl. 046	70.908	85,70	28,90	3,2
047	Dämmarbeiten an betriebstechnischen Anlagen	19.627	23,70	8,00	0,9
049	Feuerlöschanlagen, Feuerlöschgeräte	–	–	–	–
050	Blitzschutz- und Erdungsanlagen	–	–	–	–
053	Niederspannungsanlagen inkl. 052, 054	177.494	214,50	72,30	8,1
055	Sicherheits- u. Ersatzstromversorgungsanl.	–	–	–	–
057	Gebäudesystemtechnik	–	–	–	–
058	Leuchten und Lampen inkl. 059	–	–	–	–
060	Sprechanlagen, elektroakust. Anlagen inkl. 064	–	–	–	–
061	Kommunikationsnetze inkl. 063	21.078	25,50	8,60	1,0
069	Aufzüge	73.338	88,60	29,90	3,3
070	Gebäudeautomation	–	–	–	–
075	Raumlufttechnische Anlagen inkl. 078	102.278	123,60	41,60	4,7
	Gebäudetechnik	**819.164**	**989,90**	**333,50**	**37,3**
	Wiederherstellen	475	0,57	0,19	< 0,1
	Herstellen	818.689	989,30	333,30	37,2
084	Abbruch, Rückbau, Schadstoffsanierung	60.676	73,30	24,70	2,8
	Abbrechen	60.676	73,30	24,70	2,8
	Abbrucharbeiten	**60.676**	**73,30**	**24,70**	**2,8**
	Abbrechen	60.676	73,30	24,70	2,8
	Sonstige Leistungsbereiche	**3.147**	**3,80**	**1,30**	**0,1**

6100-1267
Mehrfamilienhaus
(4 WE)
Dachausbau

Umbau

Objektübersicht

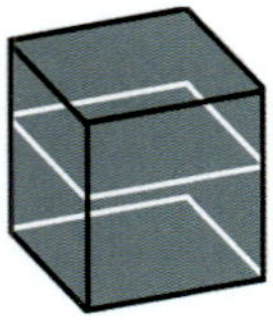

BRI 1.446 €/m³

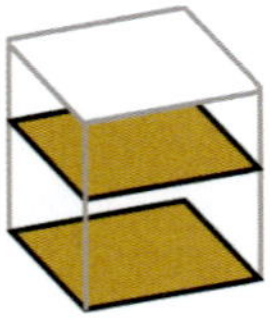

BGF 3.624 €/m²

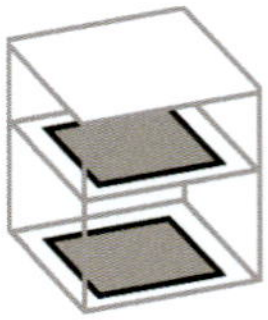

NUF 4.737 €/m²

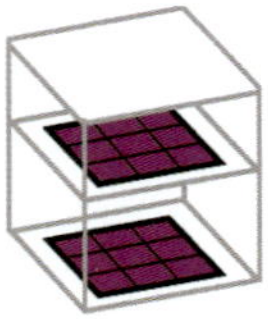

NE 6.573 €/NE

NE: Wohnfläche

Objekt:
Kennwerte: 3. Ebene DIN 276
BRI: 416 m³
BGF: 166 m²
NUF: 127 m²
Bauzeit: 30 Wochen
Bauende: 2015
Standard: Durchschnitt
Bundesland: Hessen
Kreis: Wiesbaden, Stadt

Architekt*in:
BraungeBrandt
Planungsstudio
Dotzheimer Straße 57
65197 Wiesbaden

Bauherr*in:
Hausverwaltung Rother GmbH
Bahnhofstraße 40
65185 Wiesbaden

vorher

nachher

nachher

Ansicht Nord-West

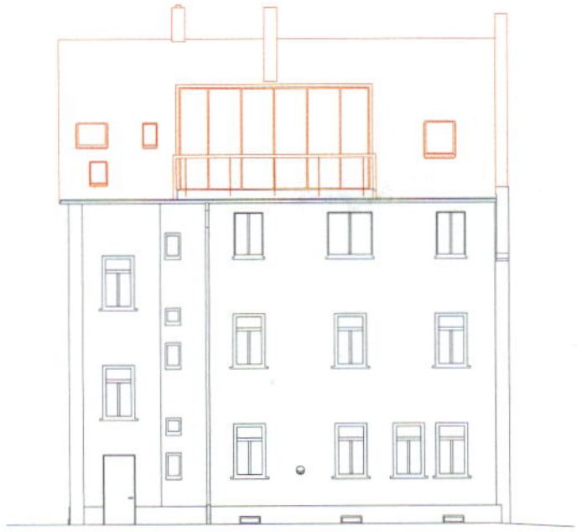

Ansicht Süd-West

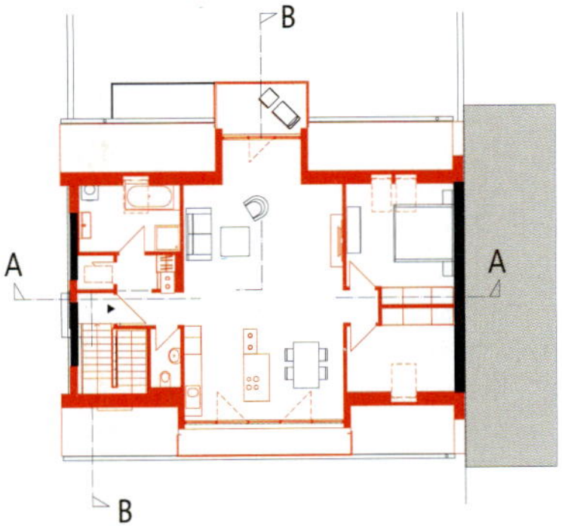

Dachgeschoss

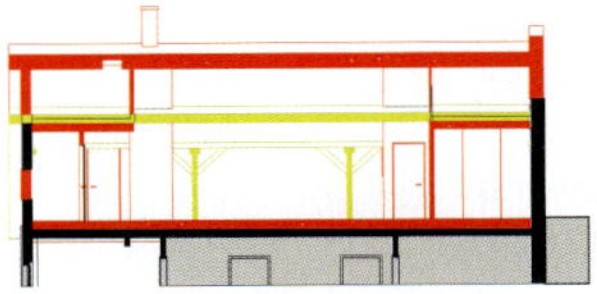

Schnitt A-A

Ansicht Nord-Ost

Schnitt B-B

6100-1267
Mehrfamilienhaus
(4 WE)
Dachausbau

Umbau

Objektbeschreibung

Allgemeine Objektinformationen

Der bestehende, nach Kriegseinwirkung nur provisorisch wieder hergestellte Dachstuhl sollte altersbedingt erneuert werden. Gleichzeitig wurde der ursprünglich ungenutzte Spitzboden in eine zusätzliche Wohneinheit mit Freisitz umgenutzt. Die Erschließung der zusätzlichen Wohneinheit erfolgt über die Erweiterung der bestehenden Treppenanlage. Durch die Erhöhung des Dachstuhls sowie das Einbringen einer zusätzlichen Deckenebene konnten wirtschaftlich sinnvolle Raumhöhen erreicht werden. In diesem Zuge konnte auch der in der Nachkriegszeit erstellte obere Abschluss des Vorbaus durch eine repräsentative Gaube mit vorgelagertem Balkon betont und architektonisch gestaltet werden. Die neu entstandene Wohnung präsentiert sich als großzügiges Loft mit zwei Balkonen. Raumhöhen bis zum Dachfirst und eine hochwertige Ausstattung unterstreichen die moderne Raumkonzeption.

Nutzung

1 Untergeschoss
Bestand: Keller

1 Erdgeschoss
Bestand: Wohnen

2 Obergeschosse
Bestand: Wohnen

1 Dachgeschoss
Neu: Küche/Essen/Wohnen, Schlafzimmer, Kinderzimmer, Bad, WC, Abstellraum, Flur, Dachterrassen (2St), Spitzboden

Nutzeinheiten

Wohnfläche: 92m²

Grundstück

Bauraum: Beengter Bauraum
Neigung: Ebenes Gelände
Bodenklasse: BK 3

Markt

Hauptvergabezeit: 3. Quartal 2014
Baubeginn: 3. Quartal 2014
Bauende: 2. Quartal 2015
Konjunkturelle Gesamtlage: über Durchschnitt
Regionaler Baumarkt: über Durchschnitt

Baubestand

Baujahr: 1892+1948
Bauzustand: mittel
Aufwand: hoch
Grundrissänderungen: umfangreiche
Tragwerkseingriffe: umfangreiche
Nutzungsänderung: ja
Nutzung während der Bauzeit: ja

Baukonstruktion

Die erhöhten Giebelflächen sowie die über Dach geführte Brandwand wurden mit Mauerwerk ergänzt, gedämmt und farblich dem Bestand angeglichen. Der bestehende flach geneigte Dachstuhl wurde abgetragen und durch eine neue Konstruktion mit einer steileren Dachneigung ersetzt. Form und Trauflinie des Dachs blieben nahezu unverändert. Die bestehende Decke zwischen dem zweiten Obergeschoss und dem Dachgeschoss wurde durch eine statisch notwendige Brettschichtholzkonstruktion ergänzt. Die beiden Dachgauben erhielten eine Stehfalzdeckung in vorbewittertem Blech.

Technische Anlagen

Die Wärmeerzeugung für die neue Wohneinheit erfolgt durch einen neuen Brennwertkessel. Die Trinkwasserversorgung und die Abwasserentsorgung werden über die bestehende Anlage geregelt. Im verbleibenden Spitzboden wurde ein Warmwasserspeicher installiert. Weiter sind brandschutztechnische Ertüchtigungen im Treppenhaus und bei der Hausinstallation durchgeführt geworden.

Sonstiges

Die Angaben von Flächen und Rauminhalten in dieser Dokumentation beziehen sich auf das Dachgeschoss. Die Kosten der Fassadenbeschichtung und der Balkonmodernisierung sind in einer separaten Dokumentation (Objekt 6100-1579) als eigenständige Maßnahme dokumentiert.

Planungskennwerte für Flächen und Rauminhalte nach DIN 277

Flächen des Grundstücks		Menge Einheit	% an GF
BF	Bebaute Fläche	360,00 m²	65,7
UF	Unbebaute Fläche	188,00 m²	34,3
GF	Grundstücksfläche	548,00 m²	100,0

Grundflächen des Bauwerks		Menge Einheit	% an NUF	% an BGF
NUF	Nutzungsfläche	127,00 m²	100,0	76,5
TF	Technikfläche	3,58 m²	2,8	2,2
VF	Verkehrsfläche	10,26 m²	8,1	6,2
NRF	Netto-Raumfläche	140,84 m²	110,9	84,8
KGF	Konstruktions-Grundfläche	25,16 m²	19,8	15,2
BGF	Brutto-Grundfläche	166,00 m²	130,7	100,0

Brutto-Rauminhalt des Bauwerks		Menge Einheit	BRI/NUF (m)	BRI/BGF (m)
BRI	Brutto-Rauminhalt	416,00 m³	3,28	2,51

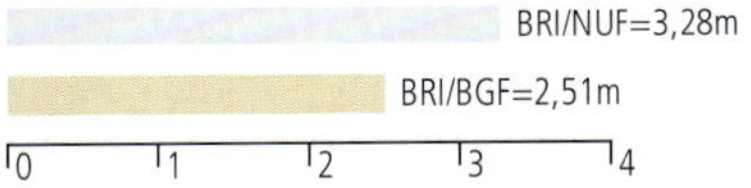

Lufttechnisch behandelte Flächen	Menge Einheit	% an NUF	% an BGF
Entlüftete Fläche	–	–	–
Be- und entlüftete Fläche	–	–	–
Teilklimatisierte Fläche	–	–	–
Klimatisierte Fläche	–	–	–

KG	Kostengruppen (2. Ebene)	Menge Einheit	Menge/NUF	Menge/BGF
310	Baugrube / Erdbau	–	–	–
320	Gründung, Unterbau	–	–	–
330	Außenwände/Vertikale Baukonstruktionen, außen	128,24 m² AWF	1,01	0,77
340	Innenwände/Vertikale Baukonstruktionen, innen	181,93 m² IWF	1,43	1,10
350	Decken/Horizontale Baukonstruktionen	176,89 m² DEF	1,39	1,07
360	Dächer	232,75 m² DAF	1,83	1,40

6100-1267
Mehrfamilienhaus
(4 WE)
Dachausbau

Umbau

Kostenkennwerte für die Kostengruppen der 1. Ebene DIN 276

KG	Kostengruppen (1. Ebene)	Einheit	Kosten €	€/Einheit	€/m² BGF	€/m³ BRI	% 300+400
100	Grundstück	m² GF	–	–	–	–	–
200	Vorbereitende Maßnahmen	m² GF	–	–	–	–	–
300	Bauwerk – Baukonstruktionen	m² BGF	519.661	3.130,49	3.130,49	1.249,19	86,4
400	Bauwerk – Technische Anlagen	m² BGF	81.991	493,92	493,92	197,09	13,6
	Bauwerk 300+400	**m² BGF**	**601.652**	**3.624,41**	**3.624,41**	**1.446,28**	**100,0**
500	Außenanlagen und Freiflächen	m² AF	1.023	5,44	6,17	2,46	0,2
600	Ausstattung und Kunstwerke	m² BGF	2.589	15,60	15,60	6,22	0,4
700	Baunebenkosten	m² BGF	–	–	–	–	–
800	Finanzierung	m² BGF	–	–	–	–	–

KG	Kostengruppe	Menge Einheit	Kosten €	€/Einheit	%
3+4	**Bauwerk**				**100,0**
300	**Bauwerk – Baukonstruktionen**	166,00 m² BGF	519.661	**3.130,49**	86,4
	• Abbrechen (Kosten: 5,7%) Abbruch von Mauerwerk, Pfettendach		29.487		
	• Wiederherstellen (Kosten: < 0,1%) Putz, Beschichtung		259		
	• Herstellen (Kosten: 94,3%) Mauerwerk, Holz-Gaubenwände, Holzfenster, WDVS, Außenputz, Stehfalzbekleidung, Wandfliesen, Tapete, Sonnenschutz; Holzständerwände, GK-Wände, Holztüren; Holzbalkendecke, Stahlträger, Stb-Decke, Holztreppe, Estrich, Landhausdielen, Bodenfliesen, Terrassendielen, GK-Decken, Geländer; Holz-Satteldach, Dachflächenfenster, Stehfalzdeckung, Dachentwässerung; Einbaumöbel		489.915		
400	**Bauwerk – Technische Anlagen**	166,00 m² BGF	81.991	**493,92**	13,6
	• Abbrechen (Kosten: 1,7%) Abbruch von Schornsteinmauerwerk		1.421		
	• Herstellen (Kosten: 98,3%) Gebäudeentwässerung, Kalt- und Warmwasserleitungen, Sanitärobjekte, Gasleitungen; Gas-Brennwertkessel, Heizungsrohre, Heizkörper, Schornsteinmauerwerk; Einzelraumlüfter; Elektroinstallation, Beleuchtung, Erdung; Telefonverkabelung, Sprechanlage, EDV-Verkabelung		80.570		
500	**Außenanlagen und Freiflächen**	188,00 m² AF	1.023	**5,44**	0,2
	• Herstellen (Kosten: 100,0%) Absperrpoller		1.023		
600	**Ausstattung und Kunstwerke**	166,00 m² BGF	2.589	**15,60**	0,4
	• Herstellen (Kosten: 100,0%) Duschkabine, Sanitärausstattung		2.589		

Umbau

Kostenkennwerte für die Kostengruppen der 2.Ebene DIN 276

KG	Kostengruppe	Menge Einheit	Kosten €	€/Einheit	%
300	**Bauwerk – Baukonstruktionen**				**100,0**
330	**Außenwände/Vert. Baukonstrukt., außen**	128,24 m² AWF	73.911	**576,35**	14,2
	• Abbrechen (Kosten: 9,3%) Abbruch von Mauerwerk (22m²)	22,40 m² AWF	6.860	**306,23**	
	• Wiederherstellen (Kosten: 0,4%) Ausgleichsputz (89m²), Oberputz, Silikatbeschichtung (32m²)	31,53 m² AWF	259	**8,22**	
	• Herstellen (Kosten: 90,4%) Mauerwerk, d=11,5-36,5cm (33m²) * Gaubenwände, KVH, Holzfaserplatten, Mineralwolldämmung, Rauspundschalung (22m²) * Holzfenster, (22m²), Holzgaubenfenster (3m²) * WDVS, d=100-160mm, Oberputz (71m²), Kratzputz (21m²), Stehfalzbekleidung, Gauben (38m) * GK-Beplankung, Dämmung, als Brandwand (10m²), GK-Bekleidung, Gauben (6m²), Wandfliesen (2m²), Vliestapete, Beschichtung (26m²) * Lamellenraffstores, Motorantrieb (13m²)	96,71 m² AWF	66.792	**690,64**	
340	**Innenwände/Vert. Baukonstrukt., innen**	181,93 m² IWF	58.856	**323,51**	11,3
	• Herstellen (Kosten: 100,0%) Holzständerwände, KVH, einseitig OSB-Bekleidung (66m²), Mauerwerk, d=11,5-20cm (24m²), Stahlträger (1St) * GK-Wände (77m²) * Holztüren (13m²), Abseitentür Spitzboden (1m²) * OSB-Bekleidung (49m²), GK-Vorsatzschalen (21m²), Trockenputz (20m²), Wandfliesen (13m²), Vliestapete, Dispersionsbeschichtung (148m²)	181,93 m² IWF	58.856	**323,51**	
350	**Decken/Horizontale Baukonstruktionen**	176,89 m² DEF	140.366	**793,52**	27,0
	• Herstellen (Kosten: 100,0%) Holzbalkendecke, d=14cm, Ausgleichsschüttung (138m²), Kehlbalkendecke, Dämmung (23m²), OSB-Deckenschalung, Bitumen-Notabdichtung (171m²), HEB-Stahlträger (23m), Stb-Decke, d=14cm (7m²), Holztreppe, Zwischenpodest (8m²) * Scherentreppe (1m²) * Trockenestrich (135m²), Landhausdielen (78m²), Bodenfliesen (26m²), Terrassendielen (13m²) * GK-Decke, Vliestapete, Beschichtung (13m²) * Balkongeländer, h=1,00m (15m), Treppenhaus Stahlgeländer (7m)	176,89 m² DEF	140.366	**793,52**	
360	**Dächer**	232,75 m² DAF	189.657	**814,85**	36,5
	• Abbrechen (Kosten: 11,9%) Abbruch von Pfettendach (191m²) * Dachfenstern (1m²) * Zinkdacheindeckung, Rauspundschalung (182m²); Entsorgung, Deponiegebühren	192,02 m² DAF	22.628	**117,84**	
	• Herstellen (Kosten: 88,1%) Holz-Satteldach, KVH (9m³), Zwischensparrendämmung, d=220mm, OSB-Schalung (194m²) * Dachflächenfenster (9m²) * Unterspannbahn (273m²), Faserzementdachdeckung (162m²), Stehfalzdeckung (62m²), Titanzink-Blechabdeckungen (158m), Dachentwässerung (87m) * GK-Decken (108m²), Vliestapete, Beschichtung (121m²), Holzbalkenlasur (22m²) * Lamellenraffstores (4m²) * Schneefanggitter (18m), Gitterroste (13St)	232,75 m² DAF	167.029	**717,63**	
380	**Baukonstruktive Einbauten**	166,00 m² BGF	677	**4,08**	0,1
	• Herstellen (Kosten: 100,0%) Waschtischunterschrank (1St)	166,00 m² BGF	677	**4,08**	

6100-1267
Mehrfamilienhaus
(4 WE)
Dachausbau

Umbau

KG	Kostengruppe	Menge Einheit	Kosten €	€/Einheit	%
390	**Sonst. Maßnahmen für Baukonstrukt.**	166,00 m² BGF	56.194	**338,52**	10,8
	• Herstellen (Kosten: 100,0%)	166,00 m² BGF	56.194	**338,52**	
	Baustelleneinrichtungen (psch), Bauzaun (33m) * Fassadengerüste (544m²), Treppenturm (11m), Modulgerüst (psch) * Schutzdach (148m²) * Baustellenabfälle (4t) * Schutzabdeckungen (63m²), Baureinigung (psch); Entsorgung, Deponiegebühren				
400	**Bauwerk – Technische Anlagen**				**100,0**
410	**Abwasser-, Wasser-, Gasanlagen**	166,00 m² BGF	30.484	**183,64**	37,2
	• Herstellen (Kosten: 100,0%)	166,00 m² BGF	30.484	**183,64**	
	SML-Rohre DN70-100 (25m) * PE-Rohre (psch), Wasserzähler (1St), Wand-Tiefspül-WC (1St), Handwaschbecken (1St), Waschtisch (1St), Badewanne (1St), Duschwanne (1St) * Gasrohre DN50-65 (psch), Gaszähler (psch) * Montageelemente (2St)				
420	**Wärmeversorgungsanlagen**	166,00 m² BGF	28.990	**174,64**	35,4
	• Abbrechen (Kosten: 4,9%)	166,00 m² BGF	1.421	**8,56**	
	Abbruch von Schornsteinmauerwerk (4m); Entsorgung, Deponiegebühren				
	• Herstellen (Kosten: 95,1%)	166,00 m² BGF	27.570	**166,08**	
	Gas-Brennwertkessel (1St) * PE-Rohre DN12-25 (154m) * Heizkörper (6St) * Schornsteinmauerwerk (3m), Zink-Schornsteinbekleidung, Zink (9m²)				
430	**Raumlufttechnische Anlagen**	166,00 m² BGF	1.136	**6,84**	1,4
	• Herstellen (Kosten: 100,0%)	166,00 m² BGF	1.136	**6,84**	
	Einzelraumlüfter (1St)				
440	**Elektrische Anlagen**	166,00 m² BGF	17.650	**106,32**	21,5
	• Herstellen (Kosten: 100,0%)	166,00 m² BGF	17.650	**106,32**	
	Verteiler (1St), Mantelleitungen (151m), Schalter/Taster (31St), Steckdosen (59St), Jalousieschalter (2St) * LED-Einbaustrahler (19St), Wand-/Deckenleuchten (8St), LED-Lichtband (psch) * Erdungsbandrohrschellen (15St), Potenzialausgleichsschiene (1St)				
450	**Kommunikationstechnische Anlagen**	166,00 m² BGF	3.731	**22,48**	4,6
	• Herstellen (Kosten: 100,0%)	166,00 m² BGF	3.731	**22,48**	
	Fernmeldekabel (77m) * Türsprechstelle (1St) * Koaxialkabel (30m), Antennenanschlussdosen (4St) * RWA-Anlage, Erweiterung, Anschluss an Bestand (psch), Brandmeldekabel (41m), Rauchwarnmelder (4St) * Datenkabel (60m), Datenanschlussdosen Cat6 (3St)				
500	**Außenanlagen und Freiflächen**				**100,0**
560	**Einbauten Außenanlagen u. Freiflächen**	188,00 m² AF	1.023	**5,44**	100,0
	• Herstellen (Kosten: 100,0%)	188,00 m² AF	1.023	**5,44**	
	Absperrpoller (2St)				
600	**Ausstattung und Kunstwerke**				**100,0**
610	**Allgemeine Ausstattung**	166,00 m² BGF	2.589	**15,60**	100,0
	• Herstellen (Kosten: 100,0%)	166,00 m² BGF	2.589	**15,60**	
	Duschkabine 900x1000mm (1St), Spiegel (2St), Handtuchhaken (2St), WC-Papierrollenhalter (1St), WC-Bürstengarnitur (1St)				

Kostenkennwerte für die Kostengruppen 300 der 2. und 3.Ebene DIN 276 (Übersicht)

KG	Kostengruppe	Menge Einheit	€/Einheit	Kosten €	% an 3+4
300	**Bauwerk – Baukonstruktionen**	**166,00 m² BGF**	**3.130,49**	**519.661,32**	**86,4**
310	**Baugrube / Erdbau**	**–**	**–**	**–**	**–**
311	Herstellung	–	–	–	–
312	Umschließung	–	–	–	–
313	Wasserhaltung	–	–	–	–
314	Vortrieb	–	–	–	–
319	Sonstiges zur KG 310	–	–	–	–
320	**Gründung, Unterbau**	**–**	**–**	**–**	**–**
321	Baugrundverbesserung	–	–	–	–
322	Flachgründungen und Bodenplatten	–	–	–	–
323	Tiefgründungen	–	–	–	–
324	Gründungsbeläge	–	–	–	–
325	Abdichtungen und Bekleidungen	–	–	–	–
326	Dränagen	–	–	–	–
329	Sonstiges zur KG 320	–	–	–	–
330	**Außenwände/Vert. Baukonstrukt., außen**	**128,24 m² AWF**	**576,35**	**73.910,70**	**12,3**
331	Tragende Außenwände	33,62 m²	727,26	24.448,90	4,1
332	Nichttragende Außenwände	22,46 m²	151,78	3.408,71	0,6
333	Außenstützen	–	–	–	–
334	Außenwandöffnungen	25,86 m²	758,56	19.613,45	3,3
335	Außenwandbekleidungen, außen	102,38 m²	175,12	17.928,97	3,0
336	Außenwandbekleidungen, innen	32,34 m²	141,56	4.578,09	0,8
337	Element. Außenwandkonstruktionen	–	–	–	–
338	Lichtschutz zur KG 330	12,96 m²	303,44	3.932,58	0,7
339	Sonstiges zur KG 330	–	–	–	–
340	**Innenwände/Vert. Baukonstrukt., innen**	**181,93 m² IWF**	**323,51**	**58.856,03**	**9,8**
341	Tragende Innenwände	89,74 m²	176,30	15.820,90	2,6
342	Nichttragende Innenwände	78,11 m²	149,34	11.664,80	1,9
343	Innenstützen	–	–	–	–
344	Innenwandöffnungen	14,08 m²	709,92	9.994,91	1,7
345	Innenwandbekleidungen	156,55 m²	136,54	21.375,42	3,6
346	Elementierte Innenwandkonstruktionen	–	–	–	–
347	Lichtschutz zur KG 340	–	–	–	–
349	Sonstiges zur KG 340	–	–	–	–
350	**Decken/Horizontale Baukonstruktionen**	**176,89 m² DEF**	**793,52**	**140.366,19**	**23,3**
351	Deckenkonstruktionen	176,23 m²	335,68	59.157,38	9,8
352	Deckenöffnungen	0,66 m²	2.427,09	1.601,88	0,3
353	Deckenbeläge	117,63 m²	477,86	56.211,11	9,3
354	Deckenbekleidungen	13,00 m²	217,63	2.829,19	0,5
355	Elementierte Deckenkonstruktionen	–	–	–	–
359	Sonstiges zur KG 350	176,89 m² DEF	116,27	20.566,61	3,4
360	**Dächer**	**232,75 m² DAF**	**814,85**	**189.657,15**	**31,5**
361	Dachkonstruktionen	193,62 m²	249,36	48.280,27	8,0
362	Dachöffnungen	8,72 m²	2.363,95	20.608,90	3,4
363	Dachbeläge	224,03 m²	434,08	97.246,74	16,2
364	Dachbekleidungen	121,00 m²	135,22	16.361,31	2,7
365	Elementierte Dachkonstruktionen	–	–	–	–
366	Lichtschutz zur KG 360	4,32 m²	811,87	3.507,28	0,6
369	Sonstiges zur KG 360	232,75 m² DAF	15,69	3.652,66	0,6
370	**Infrastrukturanlagen**	**–**	**–**	**–**	**–**
380	**Baukonstruktive Einbauten**	**166,00 m² BGF**	**4,08**	**677,48**	**0,1**
390	**Sonst. Maßnahmen für Baukonstrukt.**	**166,00 m² BGF**	**338,52**	**56.193,82**	**9,3**

Kostenkennwerte für die Kostengruppen 400 der 2. und 3.Ebene DIN 276 (Übersicht)

KG	Kostengruppe	Menge Einheit	€/Einheit	Kosten €	% an 3+4
400	**Bauwerk – Technische Anlagen**	**166,00 m² BGF**	**493,92**	**81.990,97**	**13,6**
410	**Abwasser-, Wasser-, Gasanlagen**	**166,00 m² BGF**	**183,64**	**30.483,96**	**5,1**
411	Abwasseranlagen	166,00 m² BGF	52,95	8.789,00	1,5
412	Wasseranlagen	166,00 m² BGF	83,05	13.785,79	2,3
413	Gasanlagen	166,00 m² BGF	43,45	7.212,61	1,2
419	Sonstiges zur KG 410	166,00 m² BGF	4,20	696,56	0,1
420	**Wärmeversorgungsanlagen**	**166,00 m² BGF**	**174,64**	**28.990,25**	**4,8**
421	Wärmeerzeugungsanlagen	166,00 m² BGF	44,55	7.395,81	1,2
422	Wärmeverteilnetze	166,00 m² BGF	54,51	9.048,10	1,5
423	Raumheizflächen	166,00 m² BGF	33,74	5.601,63	0,9
424	Verkehrsheizflächen	–	–	–	–
429	Sonstiges zur KG 420	166,00 m² BGF	41,84	6.944,71	1,2
430	**Raumlufttechnische Anlagen**	**166,00 m² BGF**	**6,84**	**1.135,92**	**0,2**
431	Lüftungsanlagen	166,00 m² BGF	6,84	1.135,92	0,2
432	Teilklimaanlagen	–	–	–	–
433	Klimaanlagen	–	–	–	–
434	Kälteanlagen	–	–	–	–
439	Sonstiges zur KG 430	–	–	–	–
440	**Elektrische Anlagen**	**166,00 m² BGF**	**106,32**	**17.649,92**	**2,9**
441	Hoch- und Mittelspannungsanlagen	–	–	–	–
442	Eigenstromversorgungsanlagen	–	–	–	–
443	Niederspannungsschaltanlagen	–	–	–	–
444	Niederspannungsinstallationsanlagen	166,00 m² BGF	69,37	11.515,99	1,9
445	Beleuchtungsanlagen	166,00 m² BGF	32,45	5.386,72	0,9
446	Blitzschutz- und Erdungsanlagen	166,00 m² BGF	4,50	747,23	0,1
447	Fahrleitungssysteme	–	–	–	–
449	Sonstiges zur KG 440	–	–	–	–
450	**Kommunikationstechnische Anlagen**	**166,00 m² BGF**	**22,48**	**3.730,94**	**0,6**
451	Telekommunikationsanlagen	166,00 m² BGF	2,05	339,70	< 0,1
452	Such- und Signalanlagen	166,00 m² BGF	1,71	283,26	< 0,1
453	Zeitdienstanlagen	–	–	–	–
454	Elektroakustische Anlagen	–	–	–	–
455	Audiovisuelle Medien- u. Antennenanl.	166,00 m² BGF	4,17	691,72	0,1
456	Gefahrenmelde- und Alarmanlagen	166,00 m² BGF	9,82	1.630,10	0,3
457	Datenübertragungsnetze	166,00 m² BGF	4,74	786,16	0,1
458	Verkehrsbeeinflussungsanlagen	–	–	–	–
459	Sonstiges zur KG 450	–	–	–	–
460	**Förderanlagen**	**–**	**–**	**–**	**–**
461	Aufzugsanlagen	–	–	–	–
462	Fahrtreppen, Fahrsteige	–	–	–	–
463	Befahranlagen	–	–	–	–
464	Transportanlagen	–	–	–	–
465	Krananlagen	–	–	–	–
466	Hydraulikanlagen	–	–	–	–
469	Sonstiges zur KG 460	–	–	–	–
470	**Nutzungsspez. u. verfahrenstechn. Anl.**	**–**	**–**	**–**	**–**
480	**Gebäude- und Anlagenautomation**	**–**	**–**	**–**	**–**
490	**Sonst. Maßnahmen für techn. Anlagen**	**–**	**–**	**–**	**–**

Kostenkennwerte für Leistungsbereiche nach STLB (Kosten des Bauwerks nach DIN 276)

LB	Leistungsbereiche	Kosten €	€/m² BGF	€/m³ BRI	% an 3+4
000	Sicherheits-, Baustelleneinrichtungen inkl. 001	54.352	327,40	130,70	9,0
002	Erdarbeiten	–	–	–	–
006	Spezialtiefbauarbeiten inkl. 005	–	–	–	–
009	Entwässerungskanalarbeiten inkl. 011	–	–	–	–
010	Drän- und Versickerarbeiten	–	–	–	–
012	Mauerarbeiten	24.496	147,60	58,90	4,1
013	Betonarbeiten	10.670	64,30	25,60	1,8
014	Natur-, Betonwerksteinarbeiten	–	–	–	–
016	Zimmer- und Holzbauarbeiten	106.190	639,70	255,30	17,6
017	Stahlbauarbeiten	9.149	55,10	22,00	1,5
018	Abdichtungsarbeiten	–	–	–	–
019	Kampfmittelräumarbeiten	–	–	–	–
020	Dachdeckungsarbeiten	56.140	338,20	135,00	9,3
021	Dachabdichtungsarbeiten	4.991	30,10	12,00	0,8
022	Klempnerarbeiten	12.286	74,00	29,50	2,0
	Rohbau	**278.273**	**1.676,30**	**668,90**	**46,3**
023	Putz- und Stuckarbeiten, Wärmedämmsysteme	17.679	106,50	42,50	2,9
	Wiederherstellen	259	1,60	0,62	< 0,1
	Herstellen	17.420	104,90	41,90	2,9
024	Fliesen- und Plattenarbeiten	8.985	54,10	21,60	1,5
025	Estricharbeiten	105	0,63	0,25	< 0,1
026	Fenster, Außentüren inkl. 029, 032	39.190	236,10	94,20	6,5
027	Tischlerarbeiten	22.445	135,20	54,00	3,7
028	Parkettarbeiten, Holzpflasterarbeiten	20.652	124,40	49,60	3,4
030	Rollladenarbeiten	7.440	44,80	17,90	1,2
031	Metallbauarbeiten inkl. 035	17.380	104,70	41,80	2,9
034	Maler- und Lackiererarbeiten inkl. 037	9.322	56,20	22,40	1,5
036	Bodenbelagarbeiten	–	–	–	–
038	Vorgehängte hinterlüftete Fassaden	–	–	–	–
039	Trockenbauarbeiten	71.137	428,50	171,00	11,8
	Ausbau	**214.335**	**1.291,20**	**515,20**	**35,6**
	Wiederherstellen	259	1,60	0,62	< 0,1
	Herstellen	214.076	1.289,60	514,60	35,6
040	Wärmeversorgungsanl. - Betriebseinr. inkl. 041	22.957	138,30	55,20	3,8
042	Gas- und Wasserinstallation, Leitungen inkl. 043	11.713	70,60	28,20	1,9
044	Abwasseranlagen - Leitungen	8.615	51,90	20,70	1,4
045	GWE-Einrichtungsgegenstände inkl. 046	10.749	64,80	25,80	1,8
047	Dämmarbeiten an betriebstechnischen Anlagen	410	2,50	0,99	< 0,1
049	Feuerlöschanlagen, Feuerlöschgeräte	–	–	–	–
050	Blitzschutz- und Erdungsanlagen	747	4,50	1,80	0,1
053	Niederspannungsanlagen inkl. 052, 054	12.208	73,50	29,30	2,0
055	Sicherheits- u. Ersatzstromversorgungsanl.	–	–	–	–
057	Gebäudesystemtechnik	–	–	–	–
058	Leuchten und Lampen inkl. 059	5.387	32,50	12,90	0,9
060	Sprechanlagen, elektroakust. Anlagen inkl. 064	283	1,70	0,68	< 0,1
061	Kommunikationsnetze inkl. 063	2.755	16,60	6,60	0,5
069	Aufzüge	–	–	–	–
070	Gebäudeautomation	–	–	–	–
075	Raumlufttechnische Anlagen inkl. 078	1.136	6,80	2,70	0,2
	Gebäudetechnik	**76.959**	**463,60**	**185,00**	**12,8**

6100-1267
Mehrfamilienhaus
(4 WE)
Dachausbau

LB	Leistungsbereiche	Kosten €	€/m² BGF	€/m³ BRI	% an 3+4
084	Abbruch, Rückbau, Schadstoffsanierung	30.908	186,20	74,30	5,1
	Abbrechen	30.908	186,20	74,30	5,1
	Abbrucharbeiten	**30.908**	**186,20**	**74,30**	**5,1**
	Abbrechen	30.908	186,20	74,30	5,1
	Sonstige Leistungsbereiche	**1.177**	**7,10**	**2,80**	**0,2**

Umbau

6100-1368
Einfamilienhaus

Umbau

Objektübersicht

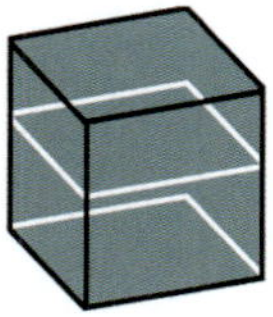
BRI 427 €/m³

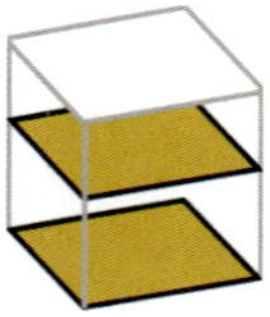
BGF 1.199 €/m²

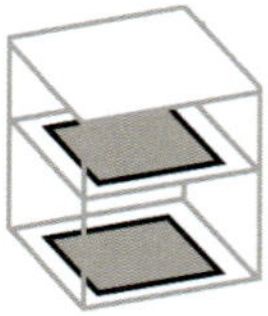
NUF 1.683 €/m²

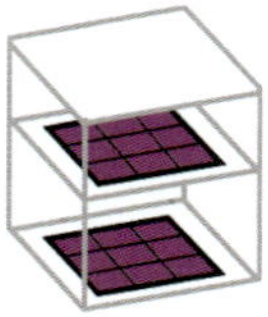
NE 1.568 €/NE

NE: Wohnfläche

Objekt:
Kennwerte: 3.Ebene DIN 276
BRI: 675 m³
BGF: 241 m²
NUF: 171 m²
Bauzeit: 22 Wochen
Bauende: 2016
Standard: Durchschnitt
Bundesland: Rheinland-Pfalz
Kreis: Mainz-Bingen

Architekt*in:
HGA Henning Grahn
Architektur GmbH
An den Dünen 18
55120 Mainz

vorher

nachher

Umbau

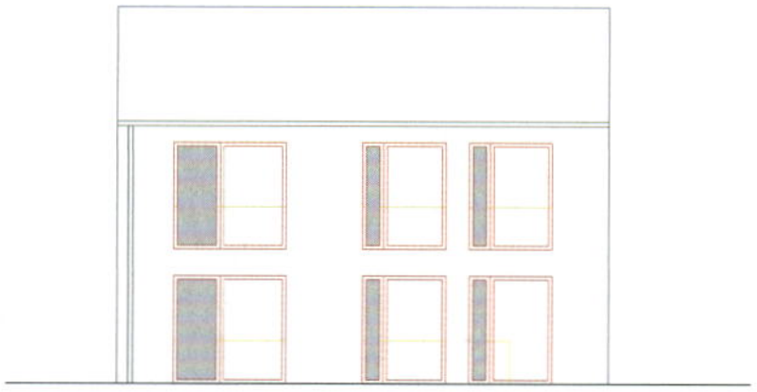

Ansicht Nord

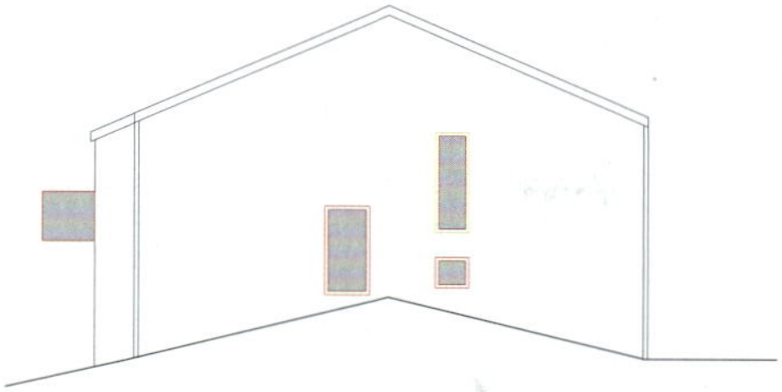

Ansicht Ost

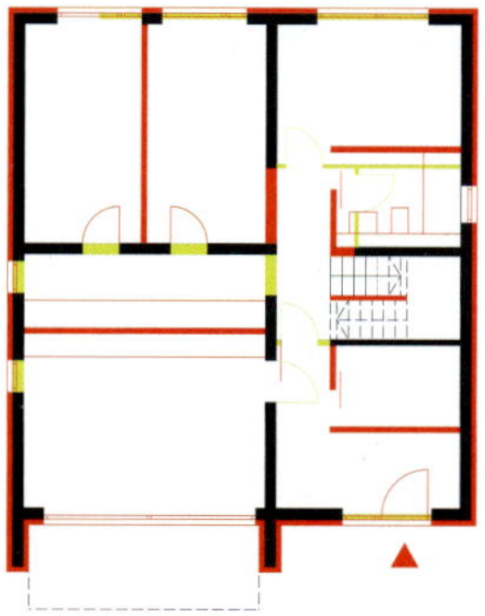

Erdgeschoss

Obergeschoss

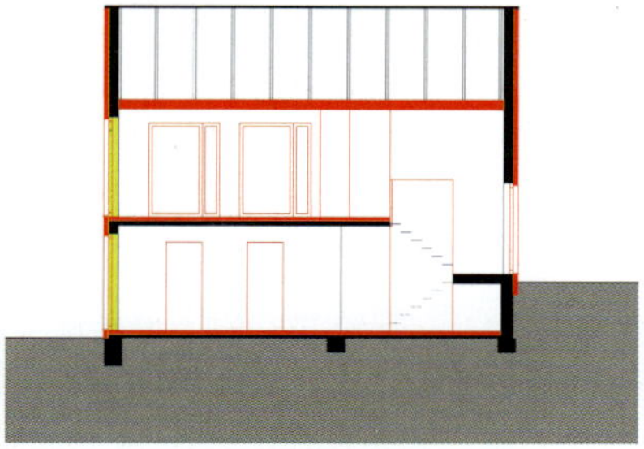

Längsschnitt

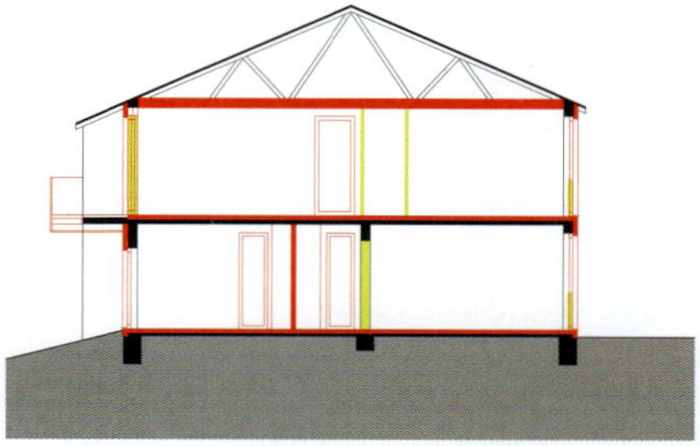

Querschnitt

Ansicht Süd

Ansicht West

Umbau

Objektbeschreibung

Allgemeine Objektinformationen

Das sanierungsbedürftige Einfamilienhaus wurde kostenoptimiert in ein modernes Wohnhaus transformiert. Kleine oder fehlende Fenster, verschachtelte Räume, eine interne Garage und ein umständlicher Zugang über ein Treppenpodest kennzeichneten das Bestandsgebäude aus den 1970er Jahren. Nach den Umbaumaßnahmen kann das neu gedämmte Wohnhaus über einen barrierearmen Eingangsbereich betreten werden. Die ehemalige Garage wird nun als Atelier genutzt. Ein lichtdurchfluteter Wohn- und Essbereich im Obergeschoss verbindet den erweiterten Südbalkon mit Ausblick in den Garten. Neue, raumhohe Fenster und Schiebetüren vermitteln ein großzügiges Wohngefühl.

Nutzung

1 Erdgeschoss
Atelier, Kinderzimmer, Gästezimmer, Eingang

1 Obergeschoss
Wohnen, Kochen, Essen, Schlafen

Nutzeinheiten

Wohneinheiten: 1
Wohnfläche: 184m²

Grundstück

Bauraum: Freier Bauraum
Neigung: Geneigtes Gelände

Markt

Hauptvergabezeit: 2. Quartal 2016
Baubeginn: 2. Quartal 2016
Bauende: 4. Quartal 2016
Konjunkturelle Gesamtlage: über Durchschnitt
Regionaler Baumarkt: Durchschnitt

Baubestand

Baujahr: 1979
Bauzustand: schlecht
Aufwand: hoch
Grundrissänderungen: umfangreiche
Tragwerkseingriffe: wenige
Nutzungsänderung: ja
Nutzung während der Bauzeit: nein

Baukonstruktion

Das bestehende Wohngebäude in Massivbauweise erhielt eine neue Außendämmung. Innenliegende Dämmungen sind entfernt worden. Da die bestehenden Nagelbinder der Dachkonstruktion über die gesamte Haustiefe spannen, konnte der Grundriss im Obergeschoss ohne tragende Wände komplett neu gestaltet werden. Der Dachstuhl wurde als Kaltdach belassen. Zur einheitlichen Fassadengestaltung wurden am Balkon und an den Lüftungselementen der Fenster Metallgitter montiert, die gleichzeitig als Absturzsicherung wie auch als Einbruchschutz dienen.

Technische Anlagen

Das vorhandene Heizungssystem wurde durch eine Gastherme ersetzt. Hierfür musste ein neuer Gasanschluss hergestellt werden. Die Wärmeverteilung im Gebäude erfolgt mit Flachheizkörpern.

Sonstiges

Die Malerarbeiten wurden in Eigenleistung ausgeführt.

Energetische Kennwerte

Gesetzliche Grundlage: EnEV 2013
Gebäudenutzfläche: 197,00m²
Spez. Transmissionswärmeverlust: 0,49W/(m²·K)
Spez. Jahresprimärenergiebedarf: 107,40kWh/(m²·a)
Spez. Jahresendenergiebedarf: 96,30kWh/(m²·a)
CO_2-Emissionen: 24,00kg/(m²·a)

Planungskennwerte für Flächen und Rauminhalte nach DIN 277

Flächen des Grundstücks		Menge Einheit	% an GF
BF	Bebaute Fläche	114,90 m²	27,1
UF	Unbebaute Fläche	309,10 m²	72,9
GF	Grundstücksfläche	424,00 m²	100,0

Grundflächen des Bauwerks		Menge Einheit	% an NUF	% an BGF
NUF	Nutzungsfläche	171,48 m²	100,0	71,3
TF	Technikfläche	–	–	–
VF	Verkehrsfläche	26,51 m²	15,5	11,0
NRF	Netto-Raumfläche	197,99 m²	115,5	82,3
KGF	Konstruktions-Grundfläche	42,58 m²	24,8	17,7
BGF	Brutto-Grundfläche	240,57 m²	140,3	100,0

Brutto-Rauminhalt des Bauwerks		Menge Einheit	BRI/NUF (m)	BRI/BGF (m)
BRI	Brutto-Rauminhalt	675,07 m³	3,94	2,81

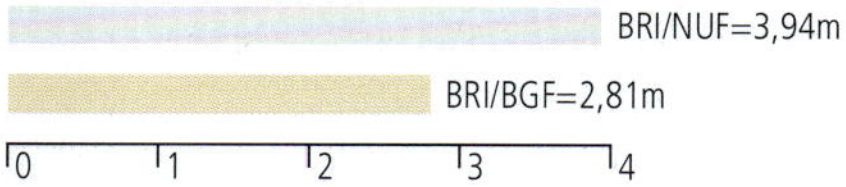

Lufttechnisch behandelte Flächen	Menge Einheit	% an NUF	% an BGF
Entlüftete Fläche	–	–	–
Be- und entlüftete Fläche	–	–	–
Teilklimatisierte Fläche	–	–	–
Klimatisierte Fläche	–	–	–

KG	Kostengruppen (2. Ebene)	Menge Einheit	Menge/NUF	Menge/BGF
310	Baugrube / Erdbau	–	–	–
320	Gründung, Unterbau	51,00 m² GRF	0,30	0,21
330	Außenwände/Vertikale Baukonstruktionen, außen	273,67 m² AWF	1,60	1,14
340	Innenwände/Vertikale Baukonstruktionen, innen	148,65 m² IWF	0,87	0,62
350	Decken/Horizontale Baukonstruktionen	104,00 m² DEF	0,61	0,43
360	Dächer	–	–	–

Umbau

Kostenkennwerte für die Kostengruppen der 1.Ebene DIN 276

KG	Kostengruppen (1.Ebene)	Einheit	Kosten €	€/Einheit	€/m² BGF	€/m³ BRI	% 300+400
100	Grundstück	m² GF	–	–	–	–	–
200	Vorbereitende Maßnahmen	m² GF	–	–	–	–	–
300	Bauwerk – Baukonstruktionen	m² BGF	214.080	889,89	889,89	317,12	74,2
400	Bauwerk – Technische Anlagen	m² BGF	74.479	309,59	309,59	110,33	25,8
	Bauwerk 300+400	**m² BGF**	**288.559**	**1.199,48**	**1.199,48**	**427,45**	**100,0**
500	Außenanlagen und Freiflächen	m² AF	–	–	–	–	–
600	Ausstattung und Kunstwerke	m² BGF	–	–	–	–	–
700	Baunebenkosten	m² BGF	–	–	–	–	–
800	Finanzierung	m² BGF	–	–	–	–	–

KG	Kostengruppe	Menge Einheit	Kosten €	€/Einheit	%
3+4	**Bauwerk**				**100,0**
300	**Bauwerk – Baukonstruktionen**	240,57 m² BGF	214.080	**889,89**	74,2

- Abbrechen (Kosten: 15,0%) — 32.113
  Abbruch von Bodenfliesen, Estrich; Mauerwerk, Fenstern, Rollladenkästen, Garagentoren, Wandfliesen, Vordach; Holz-/Gipskartondecken, Geländern; Entsorgung, Deponiegebühren
- Herstellen (Kosten: 85,0%) — 181.967
  Estrich, Bodenfliesen; Stahlträger, Holzfenster, Haustüre, WDVS, Oberputz, Silikatbeschichtungen, Gipsputz, Wandfliesen; Stahlträger, GK-Wände, KS-Mauerwerk, Holztüren; Vorbaubalkon, Geländer, GK-Decken

KG	Kostengruppe	Menge Einheit	Kosten €	€/Einheit	%
400	**Bauwerk – Technische Anlagen**	240,57 m² BGF	74.479	**309,59**	25,8

- Abbrechen (Kosten: 1,4%) — 1.021
  Abbruch von Sanitärobjekten, Heizkörpern; Entsorgung, Deponiegebühren
- Herstellen (Kosten: 98,6%) — 73.458
  Gebäudeentwässerung, Kalt- und Warmwasserleitungen, Sanitärobjekte; Gas-Brennwerttherme, Heizungsrohre, Heizkörper; Elektroinstallation

Umbau

Kostenkennwerte für die Kostengruppen der 2.Ebene DIN 276

KG	Kostengruppe	Menge Einheit	Kosten €	€/Einheit	%
300	**Bauwerk – Baukonstruktionen**				**100,0**
320	**Gründung, Unterbau**	51,00 m² GRF	8.246	**161,69**	3,9
	• Abbrechen (Kosten: 8,2%) Abbruch von Bodenfliesen (5m²), Estrich (5m²); Entsorgung, Deponiegebühren	10,00 m² GRF	673	**67,26**	
	• Herstellen (Kosten: 91,8%) Zementestrich, d=45mm, Trittschalldämmung, d=20mm (45m²), Estrichschlitze schließen (70m), Bodenfliesen (6m²)	51,00 m² GRF	7.574	**148,51**	
330	**Außenwände/Vert. Baukonstrukt., außen**	273,67 m² AWF	119.055	**435,03**	55,6
	• Abbrechen (Kosten: 9,4%) Abbruch von Mauerwerk, d=24-30cm (33m²) * Fenstern, Rollladenkästen, Garagentoren (psch) * Holzverschalungen (28m²) * Wandfliesen (7m²) * Vordach (psch); Entsorgung, Deponiegebühren	59,58 m² AWF	11.248	**188,78**	
	• Herstellen (Kosten: 90,6%) Stahlträger (9St), Mauerwerksöffnungen schließen (psch) * Holzfenster, Drehkipp, festverglaste Elemente, Alu-Fensterbänke (34m²), Schiebefenster (10m²), Holz-Haustürelement, einflüglig, Festverglasung (4m²) * WDVS, Mineralwolldämmung, d=120mm (210m²), XPS-Sockeldämmung, d=120mm (20m²), Mineral-Scheibenputz (210m²), Zementputz (20m²), Silikatbeschichtung (210m²), Silikonharz-Sockelbeschichtung (20m²) * Gipsputz (20m²), Wandfliesen (7m²)	273,67 m² AWF	107.807	**393,93**	
340	**Innenwände/Vert. Baukonstrukt., innen**	148,65 m² IWF	47.782	**321,44**	22,3
	• Abbrechen (Kosten: 33,0%) Abbruch von Mauerwerk, d=11,5cm (121m²) * Holztüren (18m²) * GK-Trockenputz (310m²), Wandbekleidungen (98m²), Wandfliesen (11m²); Entsorgung, Deponiegebühren	227,50 m² IWF	15.788	**69,40**	
	• Herstellen (Kosten: 67,0%) Stahlträger (6St) * GK-Wände, d=125mm, Mineralwolldämmung (108m²), KS-Mauerwerk, d=17,5cm (7m²) * Holztüren (9m²), Schiebetüren (12m²) * Gipsputz (240m²), Wandfliesen (15m²)	148,65 m² IWF	31.993	**215,23**	
350	**Decken/Horizontale Baukonstruktionen**	104,00 m² DEF	33.054	**317,83**	15,4
	• Abbrechen (Kosten: 13,3%) Abbruch von Deckenvorsprung (psch) * Bodenfliesen (15m²), Estrich (5m²) * Holz-/Gipskartondecken (100m²) * Balkongeländern (psch); Entsorgung, Deponiegebühren	100,00 m² DEF	4.404	**44,04**	
	• Herstellen (Kosten: 86,7%) Vorbaubalkon, U-Stahl-Rahmenkonstruktion, Gitterroste, Stahlgeländer (4m²) * Einschubtreppe (1St) * Bodenfliesen (16m²) * GK-Deckenbekleidung, Mineralwolldämmung, d=240mm (100m²)	104,00 m² DEF	28.650	**275,48**	
390	**Sonst. Maßnahmen für Baukonstrukt.**	240,57 m² BGF	5.943	**24,70**	2,8
	• Herstellen (Kosten: 100,0%) Baustelleneinrichtung (psch) * Fassadengerüst (235m²) * Schutzabdeckungen (psch)	240,57 m² BGF	5.943	**24,70**	

Umbau

KG	Kostengruppe	Menge Einheit	Kosten €	€/Einheit	%
400	**Bauwerk – Technische Anlagen**				**100,0**
410	**Abwasser-, Wasser-, Gasanlagen**	240,57 m² BGF	23.114	**96,08**	31,0
	• Abbrechen (Kosten: 2,2%) Abbruch von Badewannen (2St), WC-Anlagen (2St), Waschtischen (2St), Duschwanne (1St); Entsorgung, Deponiegebühren	240,57 m² BGF	505	**2,10**	
	• Herstellen (Kosten: 97,8%) Kunststoff-Abwasserrohre (psch), Entwässerungsrinne (psch) * Metallverbundrohre (psch), Tiefspül-WCs (2St), Waschtische (2St), Badewanne (1St), Duschanlage, Bodenablauf DN80, Duschabtrennung (1St)	240,57 m² BGF	22.610	**93,98**	
420	**Wärmeversorgungsanlagen**	240,57 m² BGF	30.706	**127,64**	41,2
	• Abbrechen (Kosten: 1,7%) Abbruch von Heizkörpern (10St); Entsorgung, Deponiegebühren	240,57 m² BGF	516	**2,14**	
	• Herstellen (Kosten: 98,3%) Gas-Brennwerttherme, Trinkwasserspeicher 200l, Abgasleitungen (psch) * Mehrschichtverbundrohre (psch) * Flachheizkörper (10St), Badheizkörper (2St)	240,57 m² BGF	30.190	**125,49**	
440	**Elektrische Anlagen**	240,57 m² BGF	20.658	**85,87**	27,7
	• Herstellen (Kosten: 100,0%) Elektroinstallation (psch)	240,57 m² BGF	20.658	**85,87**	

Kostenkennwerte für die Kostengruppen 300 der 2. und 3. Ebene DIN 276 (Übersicht)

KG	Kostengruppe	Menge Einheit	€/Einheit	Kosten €	% an 3+4
300	**Bauwerk – Baukonstruktionen**	**240,57 m² BGF**	**889,89**	**214.079,85**	**74,2**
310	**Baugrube / Erdbau**	**–**	**–**	**–**	**–**
311	Herstellung	–	–	–	–
312	Umschließung	–	–	–	–
313	Wasserhaltung	–	–	–	–
314	Vortrieb	–	–	–	–
319	Sonstiges zur KG 310	–	–	–	–
320	**Gründung, Unterbau**	**51,00 m² GRF**	**161,69**	**8.246,42**	**2,9**
321	Baugrundverbesserung	–	–	–	–
322	Flachgründungen und Bodenplatten	–	–	–	–
323	Tiefgründungen	–	–	–	–
324	Gründungsbeläge	51,00 m²	161,69	8.246,42	2,9
325	Abdichtungen und Bekleidungen	–	–	–	–
326	Dränagen	–	–	–	–
329	Sonstiges zur KG 320	–	–	–	–
330	**Außenwände/Vert. Baukonstrukt., außen**	**273,67 m² AWF**	**435,03**	**119.054,84**	**41,3**
331	Tragende Außenwände	16,44 m²	915,28	15.047,14	5,2
332	Nichttragende Außenwände	–	–	–	–
333	Außenstützen	–	–	–	–
334	Außenwandöffnungen	43,67 m²	1.202,93	52.531,90	18,2
335	Außenwandbekleidungen, außen	230,00 m²	199,25	45.827,95	15,9
336	Außenwandbekleidungen, innen	27,00 m²	201,47	5.439,64	1,9
337	Element. Außenwandkonstruktionen	–	–	–	–
338	Lichtschutz zur KG 330	–	–	–	–
339	Sonstiges zur KG 330	273,67 m² AWF	0,76	208,21	< 0,1
340	**Innenwände/Vert. Baukonstrukt., innen**	**148,65 m² IWF**	**321,44**	**47.781,54**	**16,6**
341	Tragende Innenwände	5,66 m²	1.786,52	10.111,68	3,5
342	Nichttragende Innenwände	115,00 m²	92,43	10.629,12	3,7
343	Innenstützen	–	–	–	–
344	Innenwandöffnungen	21,15 m²	371,05	7.847,68	2,7
345	Innenwandbekleidungen	255,00 m²	75,27	19.193,04	6,7
346	Elementierte Innenwandkonstruktionen	–	–	–	–
347	Lichtschutz zur KG 340	–	–	–	–
349	Sonstiges zur KG 340	–	–	–	–
350	**Decken/Horizontale Baukonstruktionen**	**104,00 m² DEF**	**317,83**	**33.054,05**	**11,5**
351	Deckenkonstruktionen	4,00 m²	2.908,13	11.632,52	4,0
352	Deckenöffnungen	–	–	1.290,07	0,4
353	Deckenbeläge	16,00 m²	216,84	3.469,36	1,2
354	Deckenbekleidungen	100,00 m²	163,04	16.303,62	5,7
355	Elementierte Deckenkonstruktionen	–	–	–	–
359	Sonstiges zur KG 350	104,00 m² DEF	3,45	358,48	0,1
360	**Dächer**	**–**	**–**	**–**	**–**
361	Dachkonstruktionen	–	–	–	–
362	Dachöffnungen	–	–	–	–
363	Dachbeläge	–	–	–	–
364	Dachbekleidungen	–	–	–	–
365	Elementierte Dachkonstruktionen	–	–	–	–
366	Lichtschutz zur KG 360	–	–	–	–
369	Sonstiges zur KG 360	–	–	–	–
370	**Infrastrukturanlagen**	**–**	**–**	**–**	**–**
380	**Baukonstruktive Einbauten**	**–**	**–**	**–**	**–**
390	**Sonst. Maßnahmen für Baukonstrukt.**	**240,57 m² BGF**	**24,70**	**5.943,00**	**2,1**

Kostenkennwerte für die Kostengruppen 400 der 2. und 3. Ebene DIN 276 (Übersicht)

KG	Kostengruppe	Menge Einheit	€/Einheit	Kosten €	% an 3+4
400	**Bauwerk – Technische Anlagen**	**240,57 m²BGF**	**309,59**	**74.478,78**	**25,8**
410	**Abwasser-, Wasser-, Gasanlagen**	**240,57 m²BGF**	**96,08**	**23.114,49**	**8,0**
411	Abwasseranlagen	240,57 m²BGF	11,74	2.824,39	1,0
412	Wasseranlagen	240,57 m²BGF	84,34	20.290,10	7,0
413	Gasanlagen	–	–	–	–
419	Sonstiges zur KG 410	–	–	–	–
420	**Wärmeversorgungsanlagen**	**240,57 m²BGF**	**127,64**	**30.706,22**	**10,6**
421	Wärmeerzeugungsanlagen	240,57 m²BGF	51,55	12.401,98	4,3
422	Wärmeverteilnetze	240,57 m²BGF	32,70	7.866,67	2,7
423	Raumheizflächen	240,57 m²BGF	43,39	10.437,57	3,6
424	Verkehrsheizflächen	–	–	–	–
429	Sonstiges zur KG 420	–	–	–	–
430	**Raumlufttechnische Anlagen**	**–**	**–**	**–**	**–**
431	Lüftungsanlagen	–	–	–	–
432	Teilklimaanlagen	–	–	–	–
433	Klimaanlagen	–	–	–	–
434	Kälteanlagen	–	–	–	–
439	Sonstiges zur KG 430	–	–	–	–
440	**Elektrische Anlagen**	**240,57 m²BGF**	**85,87**	**20.658,08**	**7,2**
441	Hoch- und Mittelspannungsanlagen	–	–	–	–
442	Eigenstromversorgungsanlagen	–	–	–	–
443	Niederspannungsschaltanlagen	–	–	–	–
444	Niederspannungsinstallationsanlagen	240,57 m²BGF	85,87	20.658,08	7,2
445	Beleuchtungsanlagen	–	–	–	–
446	Blitzschutz- und Erdungsanlagen	–	–	–	–
447	Fahrleitungssysteme	–	–	–	–
449	Sonstiges zur KG 440	–	–	–	–
450	**Kommunikationstechnische Anlagen**	**–**	**–**	**–**	**–**
451	Telekommunikationsanlagen	–	–	–	–
452	Such- und Signalanlagen	–	–	–	–
453	Zeitdienstanlagen	–	–	–	–
454	Elektroakustische Anlagen	–	–	–	–
455	Audiovisuelle Medien- u. Antennenanl.	–	–	–	–
456	Gefahrenmelde- und Alarmanlagen	–	–	–	–
457	Datenübertragungsnetze	–	–	–	–
458	Verkehrsbeeinflussungsanlagen	–	–	–	–
459	Sonstiges zur KG 450	–	–	–	–
460	**Förderanlagen**	**–**	**–**	**–**	**–**
461	Aufzugsanlagen	–	–	–	–
462	Fahrtreppen, Fahrsteige	–	–	–	–
463	Befahranlagen	–	–	–	–
464	Transportanlagen	–	–	–	–
465	Krananlagen	–	–	–	–
466	Hydraulikanlagen	–	–	–	–
469	Sonstiges zur KG 460	–	–	–	–
470	**Nutzungsspez. u. verfahrenstechn. Anl.**	**–**	**–**	**–**	**–**
480	**Gebäude- und Anlagenautomation**	**–**	**–**	**–**	**–**
490	**Sonst. Maßnahmen für techn. Anlagen**	**–**	**–**	**–**	**–**

Kostenkennwerte für Leistungsbereiche nach STLB (Kosten des Bauwerks nach DIN 276)

LB	Leistungsbereiche	Kosten €	€/m² BGF	€/m³ BRI	% an 3+4
000	Sicherheits-, Baustelleneinrichtungen inkl. 001	5.943	24,70	8,80	2,1
002	Erdarbeiten	–	–	–	–
006	Spezialtiefbauarbeiten inkl. 005	–	–	–	–
009	Entwässerungskanalarbeiten inkl. 011	507	2,10	0,75	0,2
010	Drän- und Versickerarbeiten	–	–	–	–
012	Mauerarbeiten	1.224	5,10	1,80	0,4
013	Betonarbeiten	–	–	–	–
014	Natur-, Betonwerksteinarbeiten	–	–	–	–
016	Zimmer- und Holzbauarbeiten	–	–	–	–
017	Stahlbauarbeiten	8.247	34,30	12,20	2,9
018	Abdichtungsarbeiten	–	–	–	–
019	Kampfmittelräumarbeiten	–	–	–	–
020	Dachdeckungsarbeiten	–	–	–	–
021	Dachabdichtungsarbeiten	–	–	–	–
022	Klempnerarbeiten	–	–	–	–
	Rohbau	**15.920**	**66,20**	**23,60**	**5,5**
023	Putz- und Stuckarbeiten, Wärmedämmsysteme	44.991	187,00	66,60	15,6
024	Fliesen- und Plattenarbeiten	7.381	30,70	10,90	2,6
025	Estricharbeiten	6.622	27,50	9,80	2,3
026	Fenster, Außentüren inkl. 029, 032	–	–	–	–
027	Tischlerarbeiten	58.280	242,30	86,30	20,2
028	Parkettarbeiten, Holzpflasterarbeiten	–	–	–	–
030	Rollladenarbeiten	–	–	–	–
031	Metallbauarbeiten inkl. 035	11.406	47,40	16,90	4,0
034	Maler- und Lackiererarbeiten inkl. 037	14.784	61,50	21,90	5,1
036	Bodenbelagarbeiten	–	–	–	–
038	Vorgehängte hinterlüftete Fassaden	–	–	–	–
039	Trockenbauarbeiten	23.089	96,00	34,20	8,0
	Ausbau	**166.554**	**692,30**	**246,70**	**57,7**
040	Wärmeversorgungsanl. - Betriebseinr. inkl. 041	30.190	125,50	44,70	10,5
042	Gas- und Wasserinstallation, Leitungen inkl. 043	–	–	–	–
044	Abwasseranlagen - Leitungen	2.317	9,60	3,40	0,8
045	GWE-Einrichtungsgegenstände inkl. 046	19.785	82,20	29,30	6,9
047	Dämmarbeiten an betriebstechnischen Anlagen	–	–	–	–
049	Feuerlöschanlagen, Feuerlöschgeräte	–	–	–	–
050	Blitzschutz- und Erdungsanlagen	–	–	–	–
053	Niederspannungsanlagen inkl. 052, 054	20.658	85,90	30,60	7,2
055	Sicherheits- u. Ersatzstromversorgungsanl.	–	–	–	–
057	Gebäudesystemtechnik	–	–	–	–
058	Leuchten und Lampen inkl. 059	–	–	–	–
060	Sprechanlagen, elektroakust. Anlagen inkl. 064	–	–	–	–
061	Kommunikationsnetze inkl. 063	–	–	–	–
069	Aufzüge	–	–	–	–
070	Gebäudeautomation	–	–	–	–
075	Raumlufttechnische Anlagen inkl. 078	–	–	–	–
	Gebäudetechnik	**72.951**	**303,20**	**108,10**	**25,3**
084	Abbruch, Rückbau, Schadstoffsanierung	33.133	137,70	49,10	11,5
	Abbrechen	33.133	137,70	49,10	11,5
	Abbrucharbeiten	**33.133**	**137,70**	**49,10**	**11,5**
	Sonstige Leistungsbereiche	**–**	**–**	**–**	**–**

Kostenstand: 3.Quartal 2023, Bundesdurchschnitt, **inkl. 19% MwSt.**

6100-1384
Mehrfamilienhaus
(3 WE)

Umbau

Objektübersicht

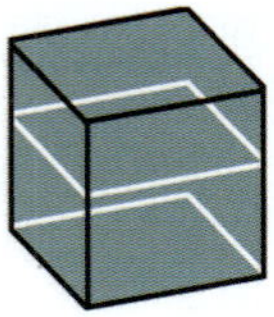

BRI 486 €/m³

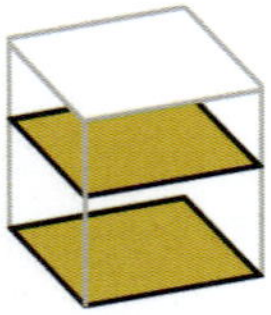

BGF 1.871 €/m²

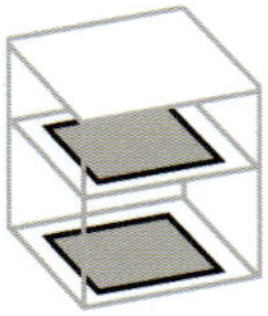

NUF 2.295 €/m²

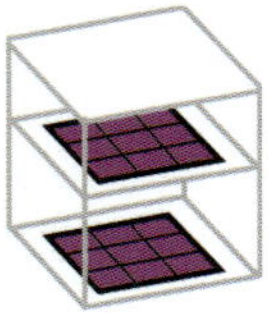

NE 2.249 €/NE
NE: Wohnfläche

Objekt:
Kennwerte: 3.Ebene DIN 276
BRI: 2.364 m³
BGF: 614 m²
NUF: 501 m²
Bauzeit: 96 Wochen
Bauende: 2014
Standard: Durchschnitt
Bundesland: Brandenburg
Kreis: Potsdam-Mittelmark

Architekt*in:
bromsky Architekten
Liebscher Streb
PartGmbH
Elisabethkirchstraße 13
10115 Berlin

© Werner Huthmacher

© Werner Huthmacher

Umbau

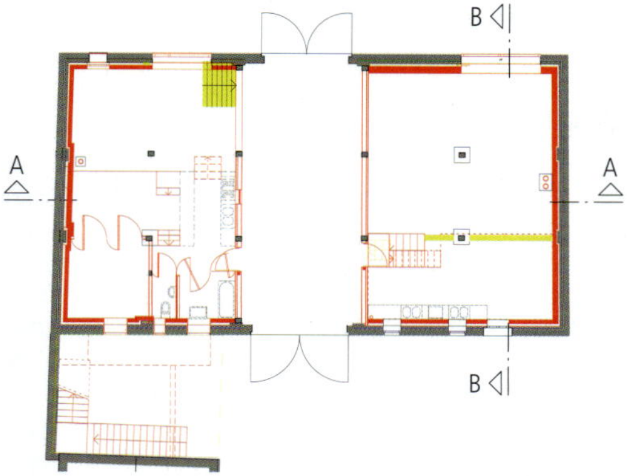

Erdgeschoss

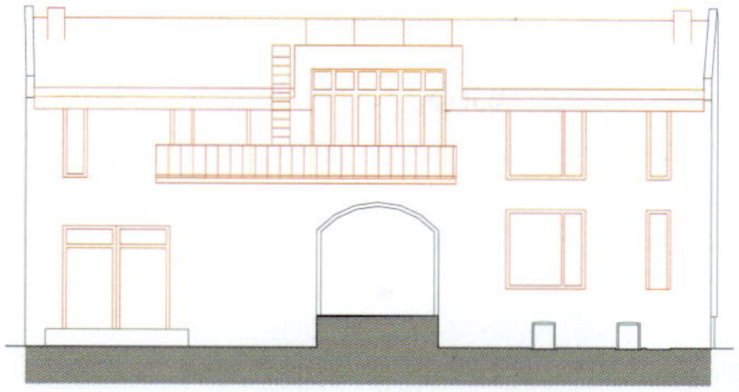

Ansicht Nord-West

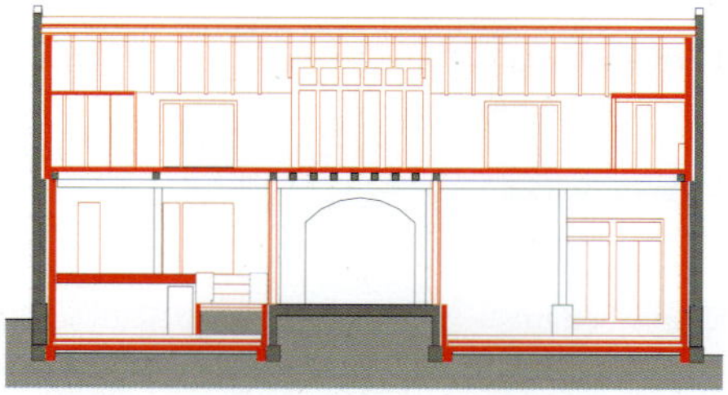

Schnitt A-A

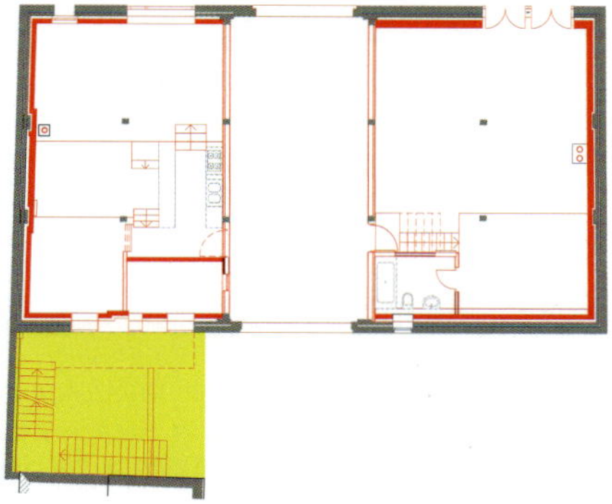

Erdgeschoss Galerie

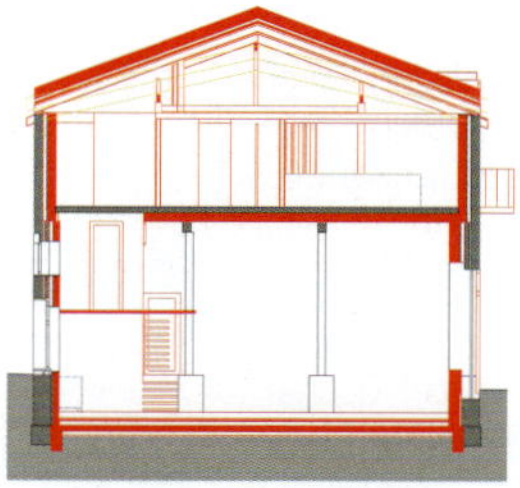

Schnitt B-B

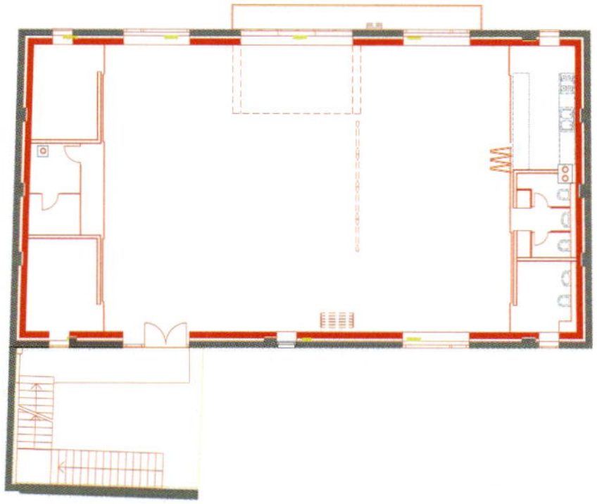

Dachgeschoss

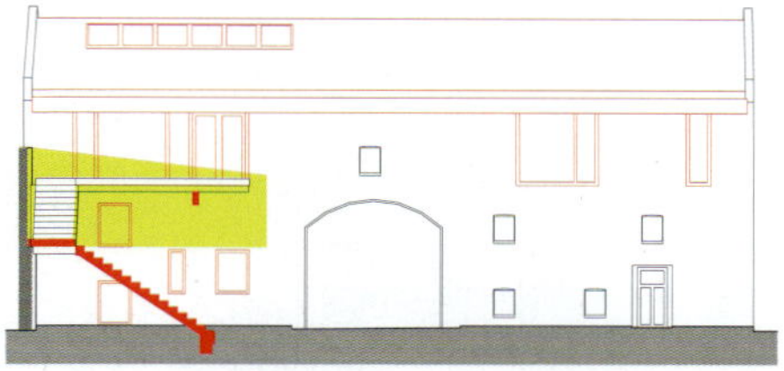

Ansicht Süd-Ost

6100-1384
Mehrfamilienhaus
(3 WE)

Umbau

Objektbeschreibung

Allgemeine Objektinformationen

Aus einem Dreiseithof wurde die Ziegelscheune in eine Wohn- und Ateliernutzungen umgebaut. Von der Tordurchfahrt sind ebenerdig ein Maleratelier mit Wohngalerie und eine Wohnung mit Architekturbüro erschlossen. Eine Außentreppe führt hinauf ins Dachgeschoss, in dem ein Proben- und Konzertraum untergebracht ist. Die ehemalige Tordurchfahrt ist das Herzstück des Hauses. Der Raum dient als Gemeinschaftsraum, dem "Scheunensalon".

Nutzung

1 Untergeschoss
Wohnen

1 Erdgeschoss
Wohnen und Atelier

1 Obergeschoss
Wohnen und Atelier

Nutzeinheiten

Wohneinheiten: 3
Wohnfläche: 511 m^2

Grundstück

Bauraum: Beengter Bauraum
Neigung: Geneigtes Gelände
Bodenklasse: BK 1 bis BK 4

Markt

Hauptvergabezeit: 1. Quartal 2012
Baubeginn: 1. Quartal 2012
Bauende: 1. Quartal 2014
Konjunkturelle Gesamtlage: Durchschnitt
Regionaler Baumarkt: unter Durchschnitt

Baubestand

Baujahr: 1908
Bauzustand: mittel
Aufwand: hoch
Grundrissänderungen: umfangreiche
Tragwerkseingriffe: umfangreiche
Nutzung während der Bauzeit: nein

Baukonstruktion

Neue Bodenplatten tragen das kerngedämmtes Mauerwerk. Ein stützenfreies Binderdachtragwerk liegt auf den alten Ziegelwänden auf. Das zweischalig ausgeführte Bestandsmauerwerk weist die Besonderheit auf, dass die tragende Schale außen liegt. Bestandsziegelwände erhielten eine neue Horizontalsperre im Mauersägeverfahren und eine gedämmte Vertikalabdichtung außen. Zur Vervollständigung der Wannenausbildung wurden WU-Stahlbetonbodenplatten und die Bestandswände abgedichtet. Neue Stahlträger tragen die Holzbalkendecke. Das Auflager der Bestandspfosten wurde durch beidseitige Holzknaggen vergrößert. Die vorgefertigte Dachbinderkonstruktion mit Koppelpfetten liegt auf den Bestandsziegelwänden auf. Eine zweiläufige Stb-Außentreppe erschließt das obere Geschoß. Die Böden wurden mit Parkett und sichtbarem Estrich belegt. Es wurden neue Holzfenster eingebaut.

Technische Anlagen

Zur Gasbrennwerttherme wurde eine solarthermische Anlage zur Warmwasserbereitung und Heizungsunterstützung auf dem Dach installiert. In den unteren Nutzungseinheiten wurde eine Fußbodenheizung eingebaut. Im oberen Geschoss kommen Heizkörper zum Einsatz. Das Atelier im verfügt über einen offenen Kamin.

Sonstiges

Leitmotiv der Architektur ist die Auseinandersetzung mit dem Vorgefundenen. Die Materialien sind roh, Eingriffe und Bezüge ablesbar, die Farbigkeit wird abgeleitet. Die offenen Strukturen geben die Möglichkeit für weitere Ausbaumöglichkeiten.

Energetische Kennwerte

Gesetzliche Grundlage: EnEV 2009
Gebäudenutzfläche: 486,60 m^2
Gebäudevolumen: 2.106,60 m^3
A/Ve-Verhältnis (Kompaktheit): 0,58 m^{-1}
Hüllfläche des beheizten Volumens: 1.211,50 m^2
Spez. Transmissionswärmeverlust: 0,42 $W/(m^2 \cdot K)$
Spez. Jahresendenergiebedarf: 122,80 $kWh/(m^2 \cdot a)$
Spez. Jahresheizwärmebedarf: 103,78 $kWh/(m^2 \cdot a)$
Anlagen-Aufwandszahl: 1,06

Energetische Angaben zu Außenbauteilen

Bodenplatte

U-Wert: 0,23 W/(m²·K)

Gesamtdicke: 21,91 cm	d[cm]	l[W/(m·K)]
Fliesen	0,40	1,000
Mörtel	0,40	0,870
Estrich	6,00	1,400
PA-Folie	0,01	0,500
Dämmung PS	3,00	0,040
Dämmung PS	12,00	0,035
Bitumenbahn	0,10	0,170

Außenwand EG

U-Wert: 0,23 W/(m²·K)

Gesamtdicke: 65,50 cm	d[cm]	l[W/(m·K)]
Innenputz	1,00	0,870
Ziegel	17,50	0,160
Dämmung MW	6,00	0,035
Ziegel	12,00	0,580
Blähsplitt	4,00	0,055
Ziegel	25,00	0,580

Außenwand Durchfahrt

U-Wert: 0,21 W/(m²·K)

Gesamtdicke: 26,45 cm	d[cm]	l[W/(m·K)]
GK-Platte	0,95	0,210
Holzfaserplatte	1,10	0,170
Dämmung Zellulose	5,00	0,045
Holz	5,00	0,130
Holz	1,60	0,130
Dämmung Zellulose	16,00	0,045
Holz	16,00	0,130
Holzfaserplatte	1,80	0,060

Decke gegen Außenluft unten

U-Wert: 0,31 W/(m²·K)

Gesamtdicke: 26,61 cm	d[cm]	l[W/(m·K)]
Estrich	4,50	1,400
PE-Folie	0,01	0,200
Dämmung MW	2,20	0,040
Sand, trocken	3,00	0,700
OSB-Platte	2,50	0,130
Dämmung Zellulose	12,00	0,045
Holz	12,00	0,130
Holz	2,40	0,130

Außenwand DG

U-Wert: 0,22 W/(m²·K)

Gesamtdicke: 60,00 cm	d[cm]	l[W/(m·K)]
Innenputz	1,00	0,870
Ziegel	24,00	0,160
Dämmung MW	10,00	0,040
Ziegel	25,00	0,580

Dach

U-Wert: 0,23 W/(m²·K)

Gesamtdicke: 18,40 cm	d[cm]	l[W/(m·K)]
Holz	2,40	0,130
Dämmung MW	16,00	0,040

6100-1384
Mehrfamilienhaus
(3 WE)

Umbau

Planungskennwerte für Flächen und Rauminhalte nach DIN 277

Flächen des Grundstücks		Menge Einheit	% an GF
BF	Bebaute Fläche	256,85 m²	11,6
UF	Unbebaute Fläche	1.948,75 m²	88,4
GF	Grundstücksfläche	2.205,60 m²	100,0

Grundflächen des Bauwerks		Menge Einheit	% an NUF	% an BGF
NUF	Nutzungsfläche	500,76 m²	100,0	81,5
TF	Technikfläche	2,99 m²	0,6	0,5
VF	Verkehrsfläche	9,46 m²	1,9	1,5
NRF	Netto-Raumfläche	513,21 m²	102,5	83,5
KGF	Konstruktions-Grundfläche	101,07 m²	20,2	16,5
BGF	Brutto-Grundfläche	614,28 m²	122,7	100,0

Brutto-Rauminhalt des Bauwerks		Menge Einheit	BRI/NUF (m)	BRI/BGF (m)
BRI	Brutto-Rauminhalt	2.364,48 m³	4,72	3,85

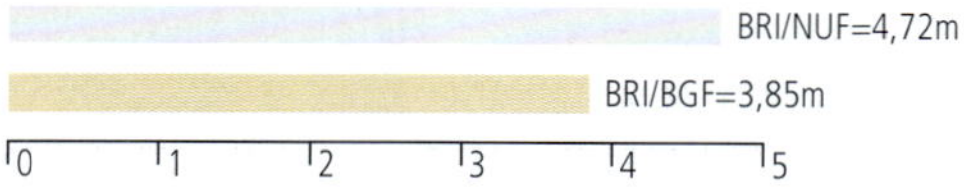

Lufttechnisch behandelte Flächen	Menge Einheit	% an NUF	% an BGF
Entlüftete Fläche	–	–	–
Be- und entlüftete Fläche	–	–	–
Teilklimatisierte Fläche	–	–	–
Klimatisierte Fläche	–	–	–

KG	Kostengruppen (2. Ebene)	Menge Einheit	Menge/NUF	Menge/BGF
310	Baugrube / Erdbau	184,00 m³ BGI	0,37	0,30
320	Gründung, Unterbau	164,39 m² GRF	0,33	0,27
330	Außenwände/Vertikale Baukonstruktionen, außen	500,28 m² AWF	1,00	0,81
340	Innenwände/Vertikale Baukonstruktionen, innen	178,38 m² IWF	0,36	0,29
350	Decken/Horizontale Baukonstruktionen	394,60 m² DEF	0,79	0,64
360	Dächer	280,00 m² DAF	0,56	0,46

Kostenkennwerte für die Kostengruppen der 1. Ebene DIN 276

KG	Kostengruppen (1. Ebene)	Einheit	Kosten €	€/Einheit	€/m² BGF	€/m³ BRI	% 300+400
100	Grundstück	m² GF	–	–	–	–	–
200	Vorbereitende Maßnahmen	m² GF	2.111	0,96	3,44	0,89	0,2
300	Bauwerk – Baukonstruktionen	m² BGF	974.327	1.586,13	1.586,13	412,07	84,8
400	Bauwerk – Technische Anlagen	m² BGF	175.053	284,97	284,97	74,03	15,2
	Bauwerk 300+400	**m² BGF**	**1.149.380**	**1.871,10**	**1.871,10**	**486,10**	**100,0**
500	Außenanlagen und Freiflächen	m² AF	26.346	13,52	42,89	11,14	2,3
600	Ausstattung und Kunstwerke	m² BGF	1.324	2,16	2,16	0,56	0,1
700	Baunebenkosten	m² BGF	–	–	–	–	–
800	Finanzierung	m² BGF	–	–	–	–	–

KG	Kostengruppe	Menge Einheit	Kosten €	€/Einheit	%
200	**Vorbereitende Maßnahmen**	2.205,60 m² GF	2.111	**0,96**	0,2

- Herstellen (Kosten: 100,0%) — 2.111
  Anschlusskosten Gas

KG	Kostengruppe	Menge Einheit	Kosten €	€/Einheit	%
3+4	**Bauwerk**				**100,0**
300	**Bauwerk – Baukonstruktionen**	614,28 m² BGF	974.327	**1.586,13**	84,8

- Abbrechen (Kosten: 1,9%) — 18.418
  Abbruch von Mauerwerk, Taubenstall, Stb-Decke, Dachstuhl, Holzschalung; Entsorgung, Deponiegebühren

- Wiederherstellen (Kosten: 8,4%) — 81.385
  Ziegelmauerwerk reinigen, Fugen entfernen, mit Zementmörtel auffüllen, Horizontalsperren einbauen, Risse mit Beton verfüllen, Beschichtung auftragen, loses Mauerwerk, aufmauern, innenseitig ausbetonieren, Fensterbänke ersetzen

- Herstellen (Kosten: 89,8%) — 874.525
  Erdarbeiten; Bodenplatte, Abdichtung, Estrich; Mauerwerk, Stahlträger, Stürze, Ringanker, Holzfenster, Eingangselemente, Bekleidung Tordurchfahrt, Mauerwerk-Vorsatzschale, Wandfliesen, Stb-Fertigteiltreppe, Stahl-Balkonanlage, Stahl-Terrassenanlage, Steigleiter, Geländer; Holzständerwände, GK-Ständerwände, Holz-Trennwand, Holztüren, mobile Trennwände; Holzbalkendecken, Stahlträger, Holztreppe, Estrich, Parkett, Holzdielen, Bodenfliesen; Dachbinder, Holzfaserbretter, Windrispenbänder, Dachfenster, Blechdeckung, Dachentwässerung; Einbaumöbel

KG	Kostengruppe	Menge Einheit	Kosten €	€/Einheit	%
400	**Bauwerk – Technische Anlagen**	614,28 m² BGF	175.053	**284,97**	15,2

- Herstellen (Kosten: 100,0%) — 175.053
  Gebäudeentwässerung, Hebeanlage, Kalt- und Warmwasserleitungen, Sanitärobjekte; Solarkollektoranlage, Gasbrennwerttherme, Heizungsrohre, Fußbodenheizung, Heizkörper, Schornstein; Elektroinstallation, Beleuchtung, Erdung; Telefonanschluss

KG	Kostengruppe	Menge Einheit	Kosten €	€/Einheit	%
500	**Außenanlagen und Freiflächen**	1.948,75 m² AF	26.346	**13,52**	2,3

- Herstellen (Kosten: 100,0%) — 26.346
  Bodenarbeiten; Fundamente; Pflasterflächen, Holz-Terrassenbelag; Toranlage; Oberflächenentwässerung

6100-1384
Mehrfamilienhaus
(3 WE)

KG	Kostengruppe	Menge Einheit	Kosten €	€/Einheit	%
600	**Ausstattung und Kunstwerke**	614,28 m²BGF	1.324	**2,16**	0,1
	• Herstellen (Kosten: 100,0%) Sanitärverglasungen, Sanitärausstattung		1.324		

Umbau

Kostenkennwerte für die Kostengruppen der 2.Ebene DIN 276

KG	Kostengruppe	Menge Einheit	Kosten €	€/Einheit	%
200	**Vorbereitende Maßnahmen**				**100,0**
220	**Öffentliche Erschließung**	2.205,60 m² GF	2.111	**0,96**	100,0
	• Herstellen (Kosten: 100,0%) Hausanschluss Gas (1St)	2.205,60 m² GF	2.111	**0,96**	
300	**Bauwerk – Baukonstruktionen**				**100,0**
310	**Baugrube / Erdbau**	184,00 m³ BGI	12.189	**66,25**	1,3
	• Herstellen (Kosten: 100,0%) Baugrubenaushub, lösen, entsorgen (144m³), lösen, lagern (40m³)	184,00 m³ BGI	12.189	**66,25**	
320	**Gründung, Unterbau**	164,39 m² GRF	72.284	**439,71**	7,4
	• Herstellen (Kosten: 100,0%) Stb-Fundamentplatte, d=25cm (163m²), PE-Folie (190m²), Stb-Fundament als Treppenauflager (1St) * Bitumenschweißbahn (149m²), Zementestrich (164m²) * Sauberkeitsschicht, d=30cm (163m²)	164,39 m² GRF	72.284	**439,71**	
330	**Außenwände/Vert. Baukonstrukt., außen**	500,28 m² AWF	386.122	**771,81**	39,6
	• Abbrechen (Kosten: 0,5%) Abbruch von Sockelmauerwerk (18m²), Taubenstall (psch); Entsorgung, Deponiegebühren	17,50 m² AWF	1.951	**111,51**	
	• Wiederherstellen (Kosten: 21,1%) Ziegelmauerwerk reinigen, lose Fugen entfernen, mit Zementmörtel auffüllen (130m²), Horizontalsperre in Ziegelmauerwerk, einbauen (62m²), Risse mit Beton verfüllen (24m), Dickbeschichtung auftragen (173m²), loses Mauerwerk aufnehmen, aufmauern, innenseitig ausbetonieren (9m²) * Fensterbänke ersetzen	243,99 m² AWF	81.385	**333,56**	
	• Herstellen (Kosten: 78,4%) Ziegelmauerwerk (32m²), Stahlträger (psch), Mauerwerksöffnungen herstellen (68m²), Stürze (21St), Ringanker (58m), U-Schalen (psch) * Stahlstütze (3m) * Holzfenster (70m²), Eingangselemente (10m²) * Bekleidung Tordurchfahrt, KVH, Dämmung, OSB-Verlegeplatten, Profilbretter (82m²), Mauerwerk reinigen, Risse schließen, Beschichtung, Dämmung (40m²) * Ziegelmauerwerk, d=17,5-36,5cm, als Vorsatzschale (399m²), Dämmung (459m²), Trockenschüttung (5m³), Putz (152m²), OSB-Bekleidung (11m²), GK-Bekleidung (122m²), Wandfliesen (21m²) * Stb-Fertigteiltreppe, b=130cm, Podest (20m²), Stb-Unterzug (1m²), Stahl-Balkonanlage, verzinkt (psch), Stahl-Terrassenanlage (psch), Steigleiter (psch), Gitterroste (20St), Stahlgeländer (13m)	500,28 m² AWF	302.786	**605,23**	
340	**Innenwände/Vert. Baukonstrukt., innen**	178,38 m² IWF	77.997	**437,25**	8,0
	• Abbrechen (Kosten: 1,9%) Abbruch von Mauerwerk (7m²); Entsorgung, Deponiegebühren	7,20 m² IWF	1.446	**200,90**	
	• Herstellen (Kosten: 98,1%) Holzständerwände, d=15cm, KVH, Dämmung (79m²), GK-Ständerwände, d=3-6cm (19m²), Holz-Trennwand (18m²), OSB-Schalung (219m²), Stahlstützen (2St) * Holzfenster (2m²), Holz-Schiebetüren (22m²), Holztüren (15m²), Holz-Falttüre (11m²), Beschläge (psch) * GK-Bekleidung (92m²), Wandfliesen (7m²) * Mobile Trennwände (12m²)	178,38 m² IWF	76.551	**429,14**	

KG	Kostengruppe	Menge Einheit	Kosten €	€/Einheit	%
350	**Decken/Horizontale Baukonstruktionen**	394,60 m² DEF	207.621	**526,16**	21,3
	• Abbrechen (Kosten: 0,7%) Abbruch von Stb-Decke (21m²); Entsorgung, Deponiegebühren	21,00 m² DEF	1.372	**65,32**	
	• Herstellen (Kosten: 99,3%) Holzbalkendecken, OSB-Verlegeplatten (358m²), KVH 60x160mm (69m), Stahlträger (54m), Stb-Decke (33m²), Holztreppe, b=1,00-2,00m, zweiläufig (4m²) * Mineralwolldämmung, d=22mm, Zementestrich, d=50mm, (225m²), Estrichdämmplatten, d=20mm (45m²), Trockenestrichdämmung (36m²), GK-Platten (42m²), OSB-Platten (38m²), Parkett (200m²), Holzdielen (51m²), Bodenfliesen (22m²), Dreischichtplatten (21m²) * Bekleidung Tordurchfahrt, KVH, Dämmung, OSB-Verlegeplatten, Schalung (51m²)	394,60 m² DEF	206.249	**522,68**	
360	**Dächer**	280,00 m² DAF	172.059	**614,50**	17,7
	• Abbrechen (Kosten: 7,9%) Abbruch von Dachstuhl (285m²), von Taubenstall (psch) * Holzschalung, Teerpappe (285m²); Entsorgung, Deponiegebühren	284,56 m² DAF	13.648	**47,96**	
	• Herstellen (Kosten: 92,1%) Dachbinder (10m³), BSH (9m²), Schalung, Faserbretter (280m²), Windrispenbänder (550m) * Dachfenster (1m²), Solarsteuerung (1St) * PUR-Dämmung, d=150mm, Dampfsperre, Lattung, Stahl-Trapezprofilblechdeckung (277m²), Stahlfirstwinkel (21m), Traufkasten (30m²), Zink-Dachrinnen (37m), Fallrohre (30m), Zinkblechabdeckungen (127m), Blechabdeckungen (2St) * Laufrostgitter (25m)	280,00 m² DAF	158.412	**565,76**	
380	**Baukonstruktive Einbauten**	614,28 m² BGF	19.418	**31,61**	2,0
	• Herstellen (Kosten: 100,0%) Küchenzeilen, Unterschränke, Arbeitsplatten, Regalböden, Türen (psch), Sprossenleiter (psch), Büromöbel (psch), Möbelbeschläge	614,28 m² BGF	19.418	**31,61**	
390	**Sonst. Maßnahmen für Baukonstrukt.**	614,28 m² BGF	26.636	**43,36**	2,7
	• Herstellen (Kosten: 100,0%) Baustelleneinrichtung (psch), Baukran (8h) * Fassadengerüst (516m²), Dachfanggerüst (44m), Fahrgerüste (psch) * Müllentsorgung (psch) * Baufolie (100m²), Witterungsschutz, Fenster (12h), Dachstuhl (psch), Abdeckvlies (psch)	614,28 m² BGF	26.636	**43,36**	
400	**Bauwerk – Technische Anlagen**				**100,0**
410	**Abwasser-, Wasser-, Gasanlagen**	614,28 m² BGF	33.570	**54,65**	19,2
	• Herstellen (Kosten: 100,0%) HT-Rohre (53m), KG-Rohre DN100 (40m), PVC-Druckleitung DN50 (psch), Hebeanlage (1St), Duschrinne (1St), Bodenablauf DN50 (1St) * Verbundrohre (202m), Wasserzähler (3St), Waschtische (3St), Tiefspül-WCs (4St), Stützklappgriffe (4St), Badewanne (1St), Brausegarnitur (1St) * Kupferrohre DN22-35 (psch), Gas-Steckdosen (4St), Gaszähler (3St) * Montageelemente (7St)	614,28 m² BGF	33.570	**54,65**	

KG	Kostengruppe	Menge Einheit	Kosten €	€/Einheit	%
420	**Wärmeversorgungsanlagen**	614,28 m² BGF	97.157	**158,16**	55,5
	• Herstellen (Kosten: 100,0%) Solarkollektoranlage, sechs Kollektoren, Regelung, Speicher (1St), Gasbrennwerttherme 32kW (1St), hydraulische Weiche (1St), Zirkulationspumpe (1St), Verrohrung der Heizungsanlage (psch) * Verbundrohre (315m), Zähleranschluss (1St) * PE-Fußbodenheizungsrohre (100m²), Heizkreisverteiler (1St), Wärmemengenzähler (3St), Heizkörper (16St), Badheizkörper (3St) * Schornsteinschacht, h=8,75m, Edelstahlrohre (2St), Schornsteinkopfventilator (1St)	614,28 m² BGF	97.157	**158,16**	
440	**Elektrische Anlagen**	614,28 m² BGF	39.498	**64,30**	22,6
	• Herstellen (Kosten: 100,0%) Mantelleitungen (183m), Installationskabel (45m), Zählerschrank (1St), Unterverteiler (4St), Zähler (4St), Leerrohre DN20 (8m), Kabelrinnen (10m), Raum-Elektroinstallation (22St), Schalter/Taster (160St), Steckdosen (60St), Herdanschlussdosen (3St), Dimmer (2St), Raumthermostat (1St) * Halogenleuchten, Porzellanfassungen (19St), Lichtleisten (9St), Lichtbänder (6St), Feuchtraumleuchten (3St), Gitterleuchte (1St) * Potenzialausgleichsanlage (1St)	614,28 m² BGF	39.498	**64,30**	
450	**Kommunikationstechnische Anlagen**	614,28 m² BGF	2.250	**3,66**	1,3
	• Herstellen (Kosten: 100,0%) Fernmeldeleitungen (65m), Telefon-Anschlussdosen (3St) * Installationskabel J-Y(ST)Y (110m)	614,28 m² BGF	2.250	**3,66**	
490	**Sonst. Maßnahmen für techn. Anlagen**	614,28 m² BGF	2.578	**4,20**	1,5
	• Herstellen (Kosten: 100,0%) Baustelleneinrichtung, Baustrom (1St)	614,28 m² BGF	2.578	**4,20**	
500	**Außenanlagen und Freiflächen**				**100,0**
510	**Erdbau**	42,00 m³ EBR	3.289	**78,30**	12,5
	• Herstellen (Kosten: 100,0%) Rohrgrabenaushub, t=1,25m, lagern, verfüllen, Pflaster aufnehmen, lagern (42m³)	42,00 m³ EBR	3.289	**78,30**	
520	**Gründung, Unterbau**	1.948,75 m² AF	1.412	**0,72**	5,4
	• Herstellen (Kosten: 100,0%) Betonfundamente für Terrasse (psch)	1.948,75 m² AF	1.412	**0,72**	
530	**Oberbau, Deckschichten**	102,09 m² BFF	15.616	**152,96**	59,3
	• Herstellen (Kosten: 100,0%) neu verlegen von vorhandenen Pflastersteinen (51m²), von Ziegelsteinen (28m²), als Entwässerungsrinnen (24m), als Bordsteine (7m) * Terrassendielen (23m²)	102,09 m² BFF	15.616	**152,96**	
540	**Baukonstruktionen**	1.948,75 m² AF	4.144	**2,13**	15,7
	• Herstellen (Kosten: 100,0%) Toranlage, verzinkt (psch)	1.948,75 m² AF	4.144	**2,13**	
550	**Technische Anlagen**	1.948,75 m² AF	1.885	**0,97**	7,2
	• Herstellen (Kosten: 100,0%) PE-Rohre DN40 (40m), KG-Rohre DN150 (14m), Hofablauf (1St)	1.948,75 m² AF	1.885	**0,97**	

KG	Kostengruppe	Menge Einheit	Kosten €	€/Einheit	%
600	**Ausstattung und Kunstwerke**				**100,0**
610	**Allgemeine Ausstattung**	614,28 m² BGF	1.324	**2,16**	100,0
	• Herstellen (Kosten: 100,0%) Sanitärverglasungen (psch), WC-Papierhalter (3St), Bürstengarnituren (3St)	614,28 m² BGF	1.324	**2,16**	

Kostenkennwerte für die Kostengruppen 300 der 2. und 3. Ebene DIN 276 (Übersicht)

KG	Kostengruppe	Menge Einheit	€/Einheit	Kosten €	% an 3+4
300	**Bauwerk – Baukonstruktionen**	**614,28 m² BGF**	**1.586,13**	**974.327,24**	**84,8**
310	**Baugrube / Erdbau**	**184,00 m³ BGI**	**66,25**	**12.189,47**	**1,1**
311	Herstellung	184,00 m³ BGI	66,25	12.189,47	1,1
312	Umschließung	–	–	–	–
313	Wasserhaltung	–	–	–	–
314	Vortrieb	–	–	–	–
319	Sonstiges zur KG 310	–	–	–	–
320	**Gründung, Unterbau**	**164,39 m² GRF**	**439,71**	**72.284,04**	**6,3**
321	Baugrundverbesserung	–	–	–	–
322	Flachgründungen und Bodenplatten	163,00 m²	213,14	34.742,39	3,0
323	Tiefgründungen	–	–	–	–
324	Gründungsbeläge	164,39 m²	135,00	22.192,79	1,9
325	Abdichtungen und Bekleidungen	163,00 m²	94,16	15.348,89	1,3
326	Dränagen	–	–	–	–
329	Sonstiges zur KG 320	–	–	–	–
330	**Außenwände/Vert. Baukonstrukt., außen**	**500,28 m² AWF**	**771,81**	**386.122,12**	**33,6**
331	Tragende Außenwände	344,63 m²	384,56	132.530,70	11,5
332	Nichttragende Außenwände	–	–	–	–
333	Außenstützen	3,35 m	200,53	671,77	< 0,1
334	Außenwandöffnungen	80,42 m²	839,50	67.512,50	5,9
335	Außenwandbekleidungen, außen	121,67 m²	350,03	42.588,51	3,7
336	Außenwandbekleidungen, innen	419,86 m²	206,23	86.589,14	7,5
337	Element. Außenwandkonstruktionen	–	–	–	–
338	Lichtschutz zur KG 330	–	–	–	–
339	Sonstiges zur KG 330	500,28 m² AWF	112,40	56.229,54	4,9
340	**Innenwände/Vert. Baukonstrukt., innen**	**178,38 m² IWF**	**437,25**	**77.997,01**	**6,8**
341	Tragende Innenwände	–	–	1.446,46	0,1
342	Nichttragende Innenwände	116,58 m²	347,73	40.537,91	3,5
343	Innenstützen	–	–	–	–
344	Innenwandöffnungen	50,21 m²	538,48	27.037,04	2,4
345	Innenwandbekleidungen	99,43 m²	85,96	8.546,75	0,7
346	Elementierte Innenwandkonstruktionen	11,59 m²	37,00	428,85	< 0,1
347	Lichtschutz zur KG 340	–	–	–	–
349	Sonstiges zur KG 340	–	–	–	–
350	**Decken/Horizontale Baukonstruktionen**	**394,60 m² DEF**	**526,16**	**207.621,20**	**18,1**
351	Deckenkonstruktionen	394,60 m²	252,56	99.661,39	8,7
352	Deckenöffnungen	–	–	–	–
353	Deckenbeläge	293,77 m²	297,16	87.297,90	7,6
354	Deckenbekleidungen	50,62 m²	408,18	20.661,91	1,8
355	Elementierte Deckenkonstruktionen	–	–	–	–
359	Sonstiges zur KG 350	–	–	–	–
360	**Dächer**	**280,00 m² DAF**	**614,50**	**172.059,39**	**15,0**
361	Dachkonstruktionen	280,00 m²	297,40	83.273,29	7,2
362	Dachöffnungen	0,42 m²	4.673,91	1.963,04	0,2
363	Dachbeläge	277,36 m²	300,43	83.326,10	7,2
364	Dachbekleidungen	–	–	–	–
365	Elementierte Dachkonstruktionen	–	–	–	–
366	Lichtschutz zur KG 360	–	–	–	–
369	Sonstiges zur KG 360	280,00 m² DAF	12,49	3.496,99	0,3
370	**Infrastrukturanlagen**	**–**	**–**	**–**	**–**
380	**Baukonstruktive Einbauten**	**614,28 m² BGF**	**31,61**	**19.417,79**	**1,7**
390	**Sonst. Maßnahmen für Baukonstrukt.**	**614,28 m² BGF**	**43,36**	**26.636,23**	**2,3**

6100-1384
Mehrfamilienhaus
(3 WE)

Umbau

Kostenkennwerte für die Kostengruppen 400 der 2. und 3. Ebene DIN 276 (Übersicht)

KG	Kostengruppe	Menge Einheit	€/Einheit	Kosten €	% an 3+4
400	**Bauwerk – Technische Anlagen**	**614,28 m²BGF**	**284,97**	**175.052,83**	**15,2**
410	**Abwasser-, Wasser-, Gasanlagen**	**614,28 m²BGF**	**54,65**	**33.569,69**	**2,9**
411	Abwasseranlagen	614,28 m²BGF	17,31	10.631,53	0,9
412	Wasseranlagen	614,28 m²BGF	25,47	15.648,12	1,4
413	Gasanlagen	614,28 m²BGF	8,30	5.096,35	0,4
419	Sonstiges zur KG 410	614,28 m²BGF	3,57	2.193,69	0,2
420	**Wärmeversorgungsanlagen**	**614,28 m²BGF**	**158,16**	**97.157,13**	**8,5**
421	Wärmeerzeugungsanlagen	614,28 m²BGF	47,45	29.146,70	2,5
422	Wärmeverteilnetze	614,28 m²BGF	14,54	8.929,22	0,8
423	Raumheizflächen	614,28 m²BGF	36,54	22.448,14	2,0
424	Verkehrsheizflächen	–	–	–	–
429	Sonstiges zur KG 420	614,28 m²BGF	59,64	36.633,10	3,2
430	**Raumlufttechnische Anlagen**	**–**	**–**	**–**	**–**
431	Lüftungsanlagen	–	–	–	–
432	Teilklimaanlagen	–	–	–	–
433	Klimaanlagen	–	–	–	–
434	Kälteanlagen	–	–	–	–
439	Sonstiges zur KG 430	–	–	–	–
440	**Elektrische Anlagen**	**614,28 m²BGF**	**64,30**	**39.497,53**	**3,4**
441	Hoch- und Mittelspannungsanlagen	–	–	–	–
442	Eigenstromversorgungsanlagen	–	–	–	–
443	Niederspannungsschaltanlagen	–	–	–	–
444	Niederspannungsinstallationsanlagen	614,28 m²BGF	56,03	34.420,04	3,0
445	Beleuchtungsanlagen	614,28 m²BGF	7,78	4.776,96	0,4
446	Blitzschutz- und Erdungsanlagen	614,28 m²BGF	0,49	300,53	< 0,1
447	Fahrleitungssysteme	–	–	–	–
449	Sonstiges zur KG 440	–	–	–	–
450	**Kommunikationstechnische Anlagen**	**614,28 m²BGF**	**3,66**	**2.250,23**	**0,2**
451	Telekommunikationsanlagen	614,28 m²BGF	1,77	1.088,87	< 0,1
452	Such- und Signalanlagen	614,28 m²BGF	1,89	1.161,38	0,1
453	Zeitdienstanlagen	–	–	–	–
454	Elektroakustische Anlagen	–	–	–	–
455	Audiovisuelle Medien- u. Antennenanl.	–	–	–	–
456	Gefahrenmelde- und Alarmanlagen	–	–	–	–
457	Datenübertragungsnetze	–	–	–	–
458	Verkehrsbeeinflussungsanlagen	–	–	–	–
459	Sonstiges zur KG 450	–	–	–	–
460	**Förderanlagen**	**–**	**–**	**–**	**–**
461	Aufzugsanlagen	–	–	–	–
462	Fahrtreppen, Fahrsteige	–	–	–	–
463	Befahranlagen	–	–	–	–
464	Transportanlagen	–	–	–	–
465	Krananlagen	–	–	–	–
466	Hydraulikanlagen	–	–	–	–
469	Sonstiges zur KG 460	–	–	–	–
470	**Nutzungsspez. u. verfahrenstechn. Anl.**	**–**	**–**	**–**	**–**
480	**Gebäude- und Anlagenautomation**	**–**	**–**	**–**	**–**
490	**Sonst. Maßnahmen für techn. Anlagen**	**614,28 m²BGF**	**4,20**	**2.578,23**	**0,2**

Kostenkennwerte für Leistungsbereiche nach STLB (Kosten des Bauwerks nach DIN 276)

LB	Leistungsbereiche	Kosten €	€/m² BGF	€/m³ BRI	% an 3+4
000	Sicherheits-, Baustelleneinrichtungen inkl. 001	27.501	44,80	11,60	2,4
002	Erdarbeiten	27.538	44,80	11,60	2,4
006	Spezialtiefbauarbeiten inkl. 005	–	–	–	–
009	Entwässerungskanalarbeiten inkl. 011	–	–	–	–
010	Drän- und Versickerarbeiten	–	–	–	–
012	Mauerarbeiten	127.637	207,80	54,00	11,1
	Wiederherstellen	36.192	58,90	15,30	3,1
	Herstellen	91.445	148,90	38,70	8,0
013	Betonarbeiten	75.946	123,60	32,10	6,6
014	Natur-, Betonwerksteinarbeiten	–	–	–	–
016	Zimmer- und Holzbauarbeiten	278.608	453,60	117,80	24,2
	Wiederherstellen	2.291	3,70	0,97	0,2
	Herstellen	276.317	449,80	116,90	24,0
017	Stahlbauarbeiten	3.219	5,20	1,40	0,3
018	Abdichtungsarbeiten	76.414	124,40	32,30	6,6
	Wiederherstellen	42.901	69,80	18,10	3,7
	Herstellen	33.512	54,60	14,20	2,9
019	Kampfmittelräumarbeiten	–	–	–	–
020	Dachdeckungsarbeiten	31.244	50,90	13,20	2,7
021	Dachabdichtungsarbeiten	32.680	53,20	13,80	2,8
022	Klempnerarbeiten	14.772	24,00	6,20	1,3
	Rohbau	**695.560**	**1.132,30**	**294,20**	**60,5**
	Wiederherstellen	81.385	132,50	34,40	7,1
	Herstellen	614.175	999,80	259,80	53,4
023	Putz- und Stuckarbeiten, Wärmedämmsysteme	9.679	15,80	4,10	0,8
024	Fliesen- und Plattenarbeiten	9.450	15,40	4,00	0,8
025	Estricharbeiten	80.774	131,50	34,20	7,0
026	Fenster, Außentüren inkl. 029, 032	71.866	117,00	30,40	6,3
027	Tischlerarbeiten	12.424	20,20	5,30	1,1
028	Parkettarbeiten, Holzpflasterarbeiten	22.921	37,30	9,70	2,0
030	Rollladenarbeiten	–	–	–	–
031	Metallbauarbeiten inkl. 035	36.101	58,80	15,30	3,1
034	Maler- und Lackiererarbeiten inkl. 037	–	–	–	–
036	Bodenbelagarbeiten	–	–	–	–
038	Vorgehängte hinterlüftete Fassaden	–	–	–	–
039	Trockenbauarbeiten	22.370	36,40	9,50	1,9
	Ausbau	**265.585**	**432,40**	**112,30**	**23,1**
040	Wärmeversorgungsanl. - Betriebseinr. inkl. 041	98.174	159,80	41,50	8,5
042	Gas- und Wasserinstallation, Leitungen inkl. 043	8.674	14,10	3,70	0,8
044	Abwasseranlagen - Leitungen	5.342	8,70	2,30	0,5
045	GWE-Einrichtungsgegenstände inkl. 046	13.735	22,40	5,80	1,2
047	Dämmarbeiten an betriebstechnischen Anlagen	153	0,25	0,06	< 0,1
049	Feuerlöschanlagen, Feuerlöschgeräte	–	–	–	–
050	Blitzschutz- und Erdungsanlagen	301	0,49	0,13	< 0,1
053	Niederspannungsanlagen inkl. 052, 054	34.420	56,00	14,60	3,0
055	Sicherheits- u. Ersatzstromversorgungsanl.	–	–	–	–
057	Gebäudesystemtechnik	–	–	–	–
058	Leuchten und Lampen inkl. 059	4.777	7,80	2,00	0,4
060	Sprechanlagen, elektroakust. Anlagen inkl. 064	1.161	1,90	0,49	0,1
061	Kommunikationsnetze inkl. 063	440	0,72	0,19	< 0,1

LB	Leistungsbereiche	Kosten €	€/m² BGF	€/m³ BRI	% an 3+4
069	Aufzüge	–	–	–	–
070	Gebäudeautomation	–	–	–	–
075	Raumlufttechnische Anlagen inkl. 078	–	–	–	–
	Gebäudetechnik	**167.176**	**272,20**	**70,70**	**14,5**
084	Abbruch, Rückbau, Schadstoffsanierung	18.417	30,00	7,80	1,6
	Abbrechen	18.417	30,00	7,80	1,6
	Abbrucharbeiten	**18.417**	**30,00**	**7,80**	**1,6**
	Abbrechen	18.417	30,00	7,80	1,6
	Sonstige Leistungsbereiche	**2.641**	**4,30**	**1,10**	**0,2**

Umbau

6100-1394
Wohn- und
Geschäftshaus
(21 WE)

Umbau

Objektübersicht

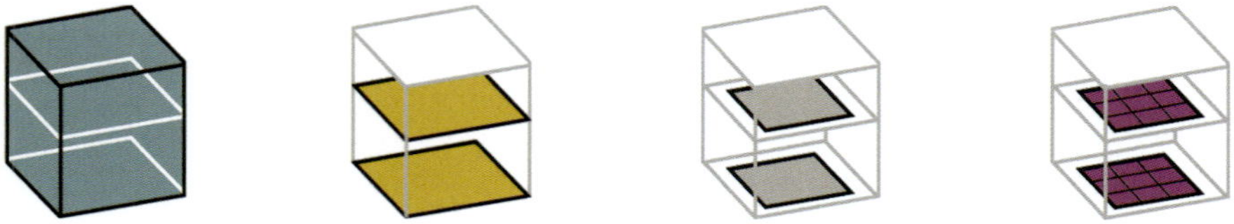

BRI 591 €/m³ | **BGF 2.117 €/m²** | **NUF 4.227 €/m²** | **NE 5.529 €/NE**

NE: Wohnfläche

Objekt:
Kennwerte: 3. Ebene DIN 276
BRI: 10.101 m³
BGF: 2.819 m²
NUF: 1.412 m²
Bauzeit: 113 Wochen
Bauende: 2017
Standard: Durchschnitt
Bundesland: Thüringen
Kreis: Saale-Orla-Kreis

Architekt*in:
AFS - Architekturbüro
Frank Sieber
Pößnecker Straße 30
07389 Ranis

Bauherr*in:
Grundstücks- und Wohnungsgesellschaft Pößneck/Triptis mbH
Turmstraße 52
07381 Pößneck

vorher

nachher

Ansicht Ost

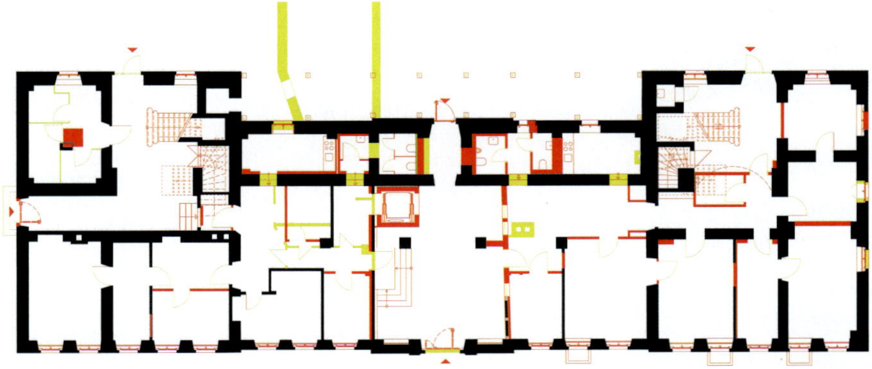

Erdgeschoss

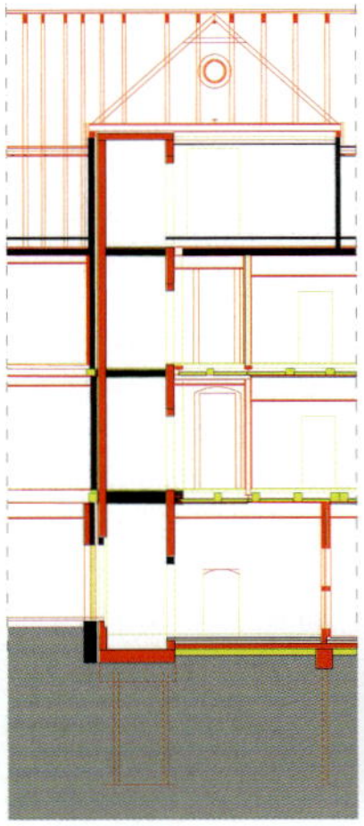

Schnitt A-A

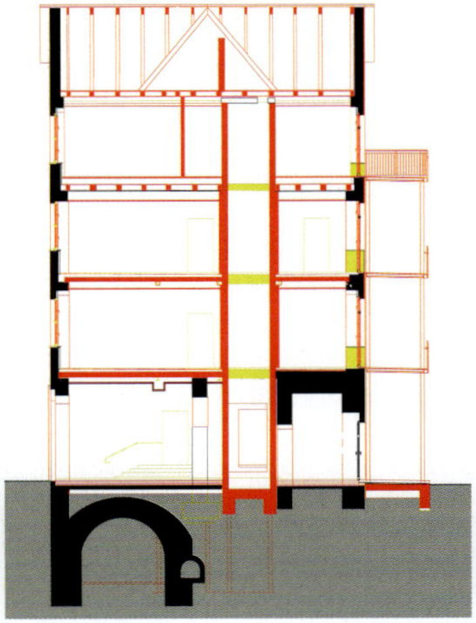

Schnitt B-B

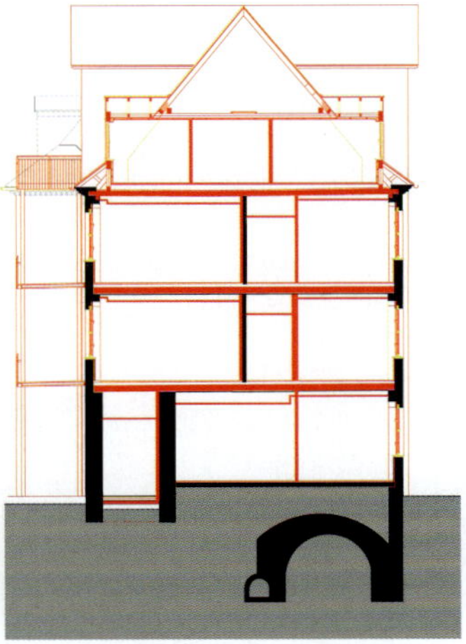

Schnitt C-C

6100-1394
Wohn- und
Geschäftshaus
(21 WE)

Umbau

Objektbeschreibung

Allgemeine Objektinformationen

Das Wohn- und Geschäftshaus wurde 1795 erbaut. Nach langjährigem Leerstand konnte das Gebäude mit Hilfe von Fördermitteln grundlegend modernisiert werden. Das Erdgeschoss dient ausschließlich dem Gewerbe. In den oberen Geschossen befinden sich 21 barrierefreie Wohnungen, die zum Teil durch einen Laubengang zur Stadtmauer hin erschlossen werden. Alle Wohnungen können über einen Aufzug durch das neu gestaltete Foyer oder über die sanierten Treppenhäuser zu beiden Seiten erreicht werden. Um das Wohn- und Geschäftshaus wieder in das städtische Leben einzubinden, wurde ein neues Farbkonzept für die Fassade entwickelt. Die Außenanlage mit Aufenthalts- und Parkflächen ist neu gestaltet worden.

Nutzung

1 Untergeschoss
Abstell-/ Kellerräume

1 Erdgeschoss
Gewerbe

2 Obergeschosse
Wohnungen

1 Dachgeschoss
Wohnungen, Abstellräume

Nutzeinheiten

Arbeitsplätze: 12
Bürofläche: 227 m^2
Wohneinheiten: 21
Wohnfläche: 1.079 m^2

Grundstück

Bauraum: Freier Bauraum
Neigung: Geneigtes Gelände
Bodenklasse: BK 4

Markt

Hauptvergabezeit: 2. Quartal 2015
Baubeginn: 2. Quartal 2015
Bauende: 3. Quartal 2017
Konjunkturelle Gesamtlage: Durchschnitt
Regionaler Baumarkt: Durchschnitt

Baubestand

Baujahr: 1795
Bauzustand: mittel
Aufwand: hoch
Grundrissänderungen: einige
Tragwerkseingriffe: einige
Nutzungsänderung: nein
Nutzung während der Bauzeit: nein

Baukonstruktion

Die massiven Außenwände bestehen aus Bruchstein und Ziegelmauerwerk. Die Innenwände sind bis auf das Erdgeschoss als Fachwerkwände errichtet worden. Sämtliche Deckenlagen sind historische Holzbalkendecken mit Einschüben und Holzdielenbelag. Im Erdgeschoss bilden die oberen Raumabschlüsse jeweils massive Gewölbedecken, die von Holzbalkenlagen überspannt werden. Den Dachstuhl bildet ein Sparrendachstuhl mit zweifach liegendem Stuhl. Das Bauwerk war ursprünglich in zwei Gebäudehälften mit je einem offenen Treppenhaus geteilt. Im Zuge der Neuplanung wurden die beiden Gebäudehälften durch eine Laubengangkonstruktion aus Stahl an der Rückseite baulich miteinander verbunden. Die Geschossdecken wurden ertüchtigt und oberseitig mit Gussasphalt sowie unterseitig mit Brandschutzplatten bekleidet. Alle Außen- und Innenwände sind neu verputzt. Der Innenausbau erfolgte in Trockenbauweise.

Technische Anlagen

Das Gebäude ist mit einer Wärmeerzeugeranlage als Kaskade von zwei Wandbrennwertgaskesseln ausgestattet. Die Wärme wird über Heizkörper im gesamten Gebäude verteilt. Die sanitäre Ausstattung ist barrierefrei und teilweise uneingeschränkt für Rollstuhlfahrer nutzbar.

Sonstiges

Die Bleiglasfenster der Ostfassade wurden restauriert und wieder eingesetzt. Der instandgesetzte schmiedeeiserne Südbalkon ist eines der historischen Hauptaugenmerke des Gebäudes. Fenstergitter mit floraler Ornamentik schmücken das Oberlicht der Haupteingangstür. Die dazugehörige Außenanlage ist als eigenständiges Objekt mit der BKI-Objektnummer 6100-1640 dokumentiert.

Planungskennwerte für Flächen und Rauminhalte nach DIN 277

Flächen des Grundstücks		Menge Einheit	% an GF
BF	Bebaute Fläche	704,00 m²	94,0
UF	Unbebaute Fläche	45,00 m²	6,0
GF	Grundstücksfläche	749,00 m²	100,0

Grundflächen des Bauwerks		Menge Einheit	% an NUF	% an BGF
NUF	Nutzungsfläche	1.411,51 m²	100,0	50,1
TF	Technikfläche	40,48 m²	2,9	1,4
VF	Verkehrsfläche	875,66 m²	62,0	31,1
NRF	Netto-Raumfläche	1.411,51 m²	100,0	50,1
KGF	Konstruktions-Grundfläche	1.407,51 m²	99,7	49,9
BGF	Brutto-Grundfläche	2.819,02 m²	199,7	100,0

Brutto-Rauminhalt des Bauwerks		Menge Einheit	BRI/NUF (m)	BRI/BGF (m)
BRI	Brutto-Rauminhalt	10.100,74 m³	7,16	3,58

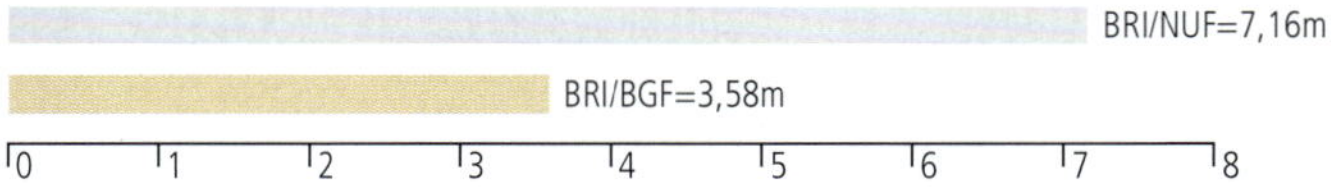

Lufttechnisch behandelte Flächen	Menge Einheit	% an NUF	% an BGF
Entlüftete Fläche	–	–	–
Be- und entlüftete Fläche	–	–	–
Teilklimatisierte Fläche	–	–	–
Klimatisierte Fläche	–	–	–

KG	Kostengruppen (2. Ebene)	Menge Einheit	Menge/NUF	Menge/BGF
310	Baugrube / Erdbau	431,12 m³ BGI	0,31	0,15
320	Gründung, Unterbau	641,18 m² GRF	0,45	0,23
330	Außenwände/Vertikale Baukonstruktionen, außen	2.331,30 m² AWF	1,65	0,83
340	Innenwände/Vertikale Baukonstruktionen, innen	2.224,06 m² IWF	1,58	0,79
350	Decken/Horizontale Baukonstruktionen	2.277,68 m² DEF	1,61	0,81
360	Dächer	1.243,22 m² DAF	0,88	0,44

6100-1394
Wohn- und
Geschäftshaus
(21 WE)

Umbau

Kostenkennwerte für die Kostengruppen der 1. Ebene DIN 276

KG	Kostengruppen (1. Ebene)	Einheit	Kosten €	€/Einheit	€/m² BGF	€/m³ BRI	% 300+400
100	Grundstück	m² GF	–	–	–	–	–
200	Vorbereitende Maßnahmen	m² GF	13.685	18,27	4,85	1,35	0,2
300	Bauwerk – Baukonstruktionen	m² BGF	4.887.568	1.733,78	1.733,78	483,88	81,9
400	Bauwerk – Technische Anlagen	m² BGF	1.079.111	382,80	382,80	106,83	18,1
	Bauwerk 300+400	**m² BGF**	**5.966.679**	**2.116,58**	**2.116,58**	**590,72**	**100,0**
500	Außenanlagen und Freiflächen	m² AF	31.925	709,44	11,32	3,16	0,5
600	Ausstattung und Kunstwerke	m² BGF	15.752	5,59	5,59	1,56	0,3
700	Baunebenkosten	m² BGF	–	–	–	–	–
800	Finanzierung	m² BGF	–	–	–	–	–

KG	Kostengruppe	Menge Einheit	Kosten €	€/Einheit	%
200	**Vorbereitende Maßnahmen**	749,00 m² GF	13.685	**18,27**	0,2

- Abbrechen (Kosten: 25,0%) 3.423
  Abbruch von Hindernissen im Boden; Entsorgung, Deponiegebühren
- Herstellen (Kosten: 75,0%) 10.262
  Suchgräben, Entsorgung von Aushubmaterial; Stromanschluss

KG	Kostengruppe	Menge Einheit	Kosten €	€/Einheit	%
3+4	**Bauwerk**				**100,0**
300	**Bauwerk – Baukonstruktionen**	2.819,02 m² BGF	4.887.568	**1.733,78**	81,9

- Abbrechen (Kosten: 9,5%) 464.518
  Abbruch von Stb-Bodenplatte, Pflaster; Mauerwerk, Fenstern, Türen, schadhaften Fugen; Fachwerkwänden, Putz, Leimfarbbeschichtungen, Tapeten, Wandfliesen, Lattenverschlägen; Gewölbedecken, Holzbalkendecken, Holzdielen, Estrich, Linoleum, Teppich, Bodenfliesen, Parkett; Holzdachtragwerk, Ziegeln, Dachentwässerung; Kücheneinrichtungen; Entsorgung, Deponiegebühren
- Wiederherstellen (Kosten: 12,1%) 590.310
  Betonwerksteinbelag ausbessern, versiegeln; Mauerwerk reinigen, Horizontalsperre einbauen, Schwammsanierung, Druckinjektage, Vierungen, Gesimse erneuern, Bleiglasfensterelemente ergänzen, Zierelemente aufarbeiten, ergänzen; Mauerwerk aufmauern, Holztüren aufarbeiten, Fachwerkwände ertüchtigen; Balkenkopfsanierung, Holz-/Betontreppen aufarbeiten, Putz erneuern, Stuckflächen ergänzen, Vouten ausbessern, Balkon aufarbeiten, Zierelemente ergänzen, Geländer überarbeiten, Ornamente ergänzen; Holzdachkonstruktion, Sparren aufdoppeln, Aufschieblinge erneuern, Kehlbalken, Kopfbänder wechseln, Dachentwässerung anpassen; Wandschranktüren aufarbeiten, ergänzen
- Herstellen (Kosten: 78,4%) 3.832.740
  Stb-Fundamentplatte, Stb-Bodenplatte, Stb-Tiefgründung; Ziegelmauerwerk, Stahlträger, Holzfenster, Haustüren, Putz, Tapete, Beschichtung, Wandfliesen; Holzständerwände, Fachwerkwände, Stb-Ringbalken, Stb-Unterzüge, GK-Wände, Holztüren, GK-Vorsatzschalen, Beschichtung, Lattenverschläge, WC-Trennwand; Stb-Decke, Deckenbalken, Bodenbretter, OSB-Platten, Dämmung, Stahlwangentreppe, Estrich, PVC-Beläge, Holzdielen, Bodenfliesen, Parkett, Kautschukboden, GK-Decken, Kassettendecken, Beschichtung, Laubenganganlage, Polymerbeton-Bodenplatten, Entwässerung, Geländersäulen; Dachbalken, Dachschalung, Streben, Firstbohlen, Balkenunterfütterung, Dämmung, Dachausstiege, Schieferdeckung, Blechabdeckungen, Dachentwässerung

KG	Kostengruppe	Menge Einheit	Kosten €	€/Einheit	%
400	**Bauwerk – Technische Anlagen**	2.819,02 m² BGF	1.079.111	**382,80**	18,1
	• Abbrechen (Kosten: 5,1%) Abbruch von Abwasserleitungen, Sanitärobjekten; Heizöfen, Schornsteinanlage; Elektroinstallation, Beleuchtung, Blitzschutz; Sprechanlage, Sat-Anlage, Antenne; Entsorgung, Deponiegebühren		55.556		
	• Herstellen (Kosten: 94,9%) Gebäudeentwässerung, Hebeanlage, Kalt- und Warmwasserleitungen, Sanitärobjekte; Gas-Brennwertkessel, Heizungsrohre, Heizkörper; Einzelraumlüfter; Elektroinstallation, Beleuchtung, Erdung; Sprechanlagen, Brandmeldeanlage, RWA-Zentrale, Datenverkabelung; Personenaufzug		1.023.555		
500	**Außenanlagen und Freiflächen**	45,00 m² AF	31.925	**709,44**	0,5
	• Abbrechen (Kosten: 0,7%) Abbruch von Betonschacht (1St); Entsorgung, Deponiegebühren		239		
	• Herstellen (Kosten: 99,3%) Bodenarbeiten, Oberflächenentwässerung		31.686		
600	**Ausstattung und Kunstwerke**	2.819,02 m² BGF	15.752	**5,59**	0,3
	• Herstellen (Kosten: 100,0%) Duschabtrennungen, Duschvorhangstangen, Handläufe		15.752		

6100-1394
Wohn- und
Geschäftshaus
(21 WE)

Umbau

Kostenkennwerte für die Kostengruppen der 2. Ebene DIN 276

KG	Kostengruppe	Menge Einheit	Kosten €	€/Einheit	%
200	**Vorbereitende Maßnahmen**				**100,0**
210	**Herrichten**	749,00 m² GF	13.511	**18,04**	98,7
	• Abbrechen (Kosten: 25,3%) Abbruch von Hindernissen im Boden aus Mauerwerk (12m³); Entsorgung, Deponiegebühren	749,00 m² GF	3.423	**4,57**	
	• Herstellen (Kosten: 74,7%) Suchgrabenaushub, t bis 1,25m, entsorgen (12m³), an Fundamenten (7St)	749,00 m² GF	10.088	**13,47**	
220	**Öffentliche Erschließung**	749,00 m² GF	173	**0,23**	1,3
	• Herstellen (Kosten: 100,0%) Stromanschluss (2St)	749,00 m² GF	173	**0,23**	
300	**Bauwerk – Baukonstruktionen**				**100,0**
310	**Baugrube / Erdbau**	431,12 m³ BGI	72.313	**167,73**	1,5
	• Herstellen (Kosten: 100,0%) Fundamentaushub im Gebäude, t bis 1,00m, entsorgen (25m³), außen, t bis 70cm (182m³), Außenwand freilegen, t bis 1,50m, lagern (113m³), verfüllen Lagermaterial (70m³), Liefermaterial (64m³), Bodenaushub im Gebäude, t i.M. 20cm, entsorgen (104m³), t=bis 1,00m (8m³), verfüllen, Liefermaterial (21m³), Lagermaterial entsorgen (317m³)	431,12 m³ BGI	72.313	**167,73**	
320	**Gründung, Unterbau**	641,18 m² GRF	199.458	**311,08**	4,1
	• Abbrechen (Kosten: 14,1%) Abbruch von Stb-Bodenplatte, d=25cm (191m²) * Ziegelpflaster (158m²); Entsorgung, Deponiegebühren	191,13 m² GRF	28.186	**147,47**	
	• Wiederherstellen (Kosten: 13,2%) Betonwerksteinbelag reinigen (123m²), Beschädigungen ausbessern (9m²), Steinversiegelung (14m²)	131,79 m² GRF	26.351	**199,95**	
	• Herstellen (Kosten: 72,7%) Kiesfilterschicht, d=20cm, im Gebäude (317m²), Kiestragschicht, d=30cm, außen (229m²), Sauberkeitsschicht, d=5cm (174m²) * Stb-Streifenfundamente C25/30 (13m³), Frostschürze (10m³), Fundamentplatte, d=25-40cm (87m²), Bodenplatte, d=14-25cm (333m²), oberflächenfertig (89m²) * Bohrpfähle, D=150mm, t=13,00m (169m), Bohranker, Zementverpressung (179m), Pfahlköpfe (11St) * Dränageleitungen DN100 (9m)	509,39 m² GRF	144.920	**284,50**	

KG	Kostengruppe	Menge Einheit	Kosten €	€/Einheit	%
330	**Außenwände/Vert. Baukonstrukt., außen**	2.331,30 m^2 AWF	1.157.345	**496,44**	23,7
	• Abbrechen (Kosten: 8,3%)	2.252,99 m^2 AWF	95.641	**42,45**	
	Abbruch von Ziegelmauerwerk, d=40-80cm (156m^2), Mauerkronen (18m), Gesimsen (18m) * Fenstern (247m^2), Außentüren (47m^2), einer Balkontür (3m^2) * schadhaften Fugen (1.607m^2), Putz (211m^2), Asbestplatten (76m^2), Kunststoffplatten (63m^2) * Beschichtung (1.090m^2), Putz (547m^2), GK-Platten (54m^2) * Gitterstäben (25St), Blockstufen (psch), Einbauteilen (115St); Entsorgung, Deponiegebühren				
	• Wiederherstellen (Kosten: 20,1%)	235,82 m^2 AWF	232.462	**985,76**	
	Naturstein-Mauerwerk reinigen (205m^2), Werkstücke festigen (164m^2), Risse schließen (44m), Mauerwerk ausmauern (12St), Ankerbohrungen (22m), Ankernadeln setzen (123St), Spiralanker einbauen (51m), Schwammsanierung, Bohrlochinjektage (17m^2), Druckinjektage (72St), Vierungen ausarbeiten (99St), Gesimse erneuern (25m), Fundamentmauerwerk ausbessern (6m^3) * Bleiglasfenster, Elemente ergänzen (4St), Fensterbänke verlängern (30St) * Risse schließen (577m) * Fensterlädenbeschläge aufarbeiten (49St) * Fenstergitter aufarbeiten (7St), Konsolen (2St), Zierelemente ergänzen (5St)				
	• Herstellen (Kosten: 71,7%)	2.331,30 m^2 AWF	829.242	**355,70**	
	Mauerwerksöffnungen schließen (45m^2), Mauerwerksgesimse (18m), Stb-Unterzug/Sturz C25/30 (2m^3), Stahlträger (6St), Auflager/Betonpolster (168St) * Holzfenster (328m^2), Haustüren (18m^2), Lüftungsgitter (2m^2) * Kalkputz (1.710m^2), an Gesimsen, Laibungen (1.432m), Zementputz (105m^2), Beschichtung (1.357m^2), an Gesimsen, Laibungen (1.766m), Fugendichtband (652m), Schieferdeckung, Gaubenwände (168m^2), Blechabdeckungen (128m) * Ziegelmauerwerk: Fugen schließen (671m^2), Fehlstellen ausmauern (38m^2), Kalkputz (1.644m^2), GK-Bekleidung (48m^2), Tapete, Beschichtung (1.365m^2), Wandfliesen (6m^2) * Blockstufen (2m), Gitterroste (3m^2), Absturzstangen (6St)				
340	**Innenwände/Vert. Baukonstrukt., innen**	2.224,06 m^2 IWF	999.218	**449,28**	20,4
	• Abbrechen (Kosten: 12,5%)	9,00 m^2 IWF	124.794	**13.866,04**	
	Abbruch von Fachwerkwänden, d=12-18cm (791m^2), Ziegelmauerwerk, d bis 40cm (212m^2) * Ziegelmauerwerk (118m^2), Bretterwänden (113m^2) * Holzstützen (3m), Sandstein-Mauerwerkssäulen (2m^3) * Türen (239m^2), Festverglasungen (15m^2) * Leimfarbbeschichtung (1.608m^2), Tapeten (1.485m^2), Putz (650m^2), Wandfliesen (68m^2), GK-Platten (93m^2) * Holz-Lattenverschlägen (254m^2); Entsorgung, Deponiegebühren				
	• Wiederherstellen (Kosten: 7,6%)	163,43 m^2 IWF	76.288	**466,79**	
	Mauerwerk, Fehlstellen ausbessern (90m^2), Wanddurchbrüche herstellen, schließen (5m^2), Spiralanker einbauen (11m), Fachwerkträger ersetzen (psch) * Holztüren, Zargen aufarbeiten (56m^2), Stahlblechtüren (7m^2), Glas-Oberlichter (7m^2), Beschläge erneuern (20St) * Fachwerkwände aufarbeiten (90m^2), Wandgesimse erneuern (20m)				
	• Herstellen (Kosten: 79,9%)	2.062,15 m^2 IWF	798.136	**387,04**	
	Ziegelmauerwerk (150m^2), Holzständerwände (138m^2), Fachwerkwände ausmauern (130m^2), Stb-Ringbalken (102m), Stb-Unterzüge (1m^3), FT-Stürze (62St) * GK-Wände, d=75-220mm (642m^2), als Doppelständerwände F30, d=145-245mm (501m^2), als Schallschutzwände, d=125mm (84m^2) * Stb-Stütze C25/30 (3m), Mauerwerksstütze (4m) * Holztüren (225m^2), Festverglasungen (9m^2) * GK-Vorsatzschalen, d=115-165mm (873m^2), GK-Verkofferungen (204m^2), Tapete, Beschichtung (2.802m^2), Streichisolierung (149m^2), Zementputz (84m^2), Wandfliesen (294m^2), Holzfachwerkwände, Dämmputz (187m^2), Kunstharzbeschichtung (197m^2) * Lattenverschläge (174m^2), WC-Trennwand (7m^2)				

KG	Kostengruppe	Menge Einheit	Kosten €	€/Einheit	%
350	**Decken/Horizontale Baukonstruktionen**	2.277,68 m^2 DEF	1.393.984	**612,02**	28
	• Abbrechen (Kosten: 11,4%) Abbruch von Naturstein-Gewölbedecke, d=15-40cm (57m^2), Balkenausgleich (361m^2), Holzbalkendecken (56m^2), Holztreppe (4m^2), Deckenbalken (105m), Deckenschalung (68m^2), Schüttung (199m^3) * Holzdielen (1.434m^2), lagern (183m^2), Spanplatten(107m^2), Estrich (42m^2), Linoleum, Teppich (1.381m^2), Stabparkett (35m^2), lagern (62m^2), Bodenfliesen (5m^2) * Schalung, Putz, Beschichtung (571m^2), Zwischendämmung (436m^2), Unterdecken (35m^2), Beschichtung (335m^2), Farbfassungen (161m^2) * Beschichtungen an Holz- und Metallbauteilen (74m^2); Entsorgung, Deponiegebühren	1.483,40 m^2 DEF	159.408	**107,46**	
	• Wiederherstellen (Kosten: 16,8%) Balkenkopfsanierung durch Bohlenkopfverstärkungen (26St), Balkenverstärkungen (214m), Holztreppen aufarbeiten (117m^2), Betontreppen aufarbeiten (137m^2), Risse schließen (10m) * Kalkputz erneuern (98m^2), Deckenputz ausbessern (14m^2), Putzträger entfernen (30m^2), Stuckflächen ergänzen (25m^2), Voutenflächen ausbessern (29m), Kassettendecke aufarbeiten (17m^2), Risse ausbessern (420m) * Balkon demontieren, aufarbeiten, beschichten, Stützkonsolen, Geländerstäbe, Zierelemente ergänzen, Belag erneuern, Terrassendielen, Überdachung, VSG erneuern (15m^2), Balkonentwässerung (37m) * Holz-Geländer aufarbeiten (100m^2), Ornamente ergänzen (14St)	188,95 m^2 DEF	234.536	**1.241,26**	
	• Herstellen (Kosten: 71,7%) Stb-Decke, d=25cm (14m^2), Stahlträger (8t), Magerbeton (15m^3), Deckenbalken (40m^3), Bodenbretter (83m^2), OSB-Platten (803m^2), GK-Platten (293m^2), Dämmung (394m^2), Schüttung (592m^2), Höhenausgleich (1.589m^2), Stahlwangentreppe (2m^2) * Estrich, Dämmung (816m^2), PVC-Beläge (1.488m^2), Gipsfaserplatten, Vlies (357m^2), Holzdielen (367m^2), Bodenfliesen (172m^2), Parkett (70m^2), Kautschukboden (10m^2), Sauberlaufzone (5m^2) * GK-Decken (998m^2), Kassettendecken (113m^2), GK-Verkofferungen (128m^2), Tapete (929m^2), Beschichtung (1.461m^2), Dielenbretter (92m^2), Beschichtung (59m^2) * Laubenganganlage: Stahlprofile, Tragrahmen (320m), Stützen (173m), Geländer (55m), Entwässerungsrinnen (52m), Polymerbeton-Bodenplatten (122m^2) * Holz-Geländersäulen (4St), Handlauf (57m), Stahlpodest (1m^2), Handlauf (4m), Beschichtung (95m^2)	2.229,61 m^2 DEF	1.000.040	**448,53**	
360	**Dächer**	1.243,22 m^2 DAF	682.814	**549,23**	14,
	• Abbrechen (Kosten: 8,0%) Abbruch von Dachschalung (1.184m^2), Holzdachtragwerk (1.492m) * Ausstiegsluken (3m^2) * Bitumendachbahn (1.070m^2), Dachlattung, Beton-Dachpfannen (996m^2), Kehl-/Anschlussblechen (511m), Dachrinnen (138m), Fallrohren DN125 (109m) * Schneefanggittern, Trittrosten (131m), Fahnenstange (1St); Entsorgung, Deponiegebühren	1.187,19 m^2 DAF	54.496	**45,90**	
	• Wiederherstellen (Kosten: 2,7%) Sparrenfuß-Aufdopplung erneuern (14St), Aufschieblinge erneuern (115St), Sicherungslaschen (87St), Fußschwellen abstützen (15m), Kehlbalken wechseln (14St), Kopfbänder wechseln (17St), gusseiserne Säule austauschen (1St) * Dachentwässerung anpassen (psch)	–	18.527	**–**	
	• Herstellen (Kosten: 89,3%) Dachschalung (1.237m^2), Dachbalken (50m^3), Streben (28St), Firstbohlen (136m), Gesimsbalken (6m), Ausgleichskeile Sparren (205m), Unterfütterung Kehlbalken (46St), Mineralwolldämmung (524m^2) * Dachausstiege (14St), RWA-Fenster (2St) * Schieferdeckung (1.188m^2), Fuß-/Firstausbildung (726m), Kehlausbildung (272m), Ortgang (192m), Kehlschalung (159m^2), Blechabdeckungen (898m), Dachrinnen (133m), Fallrohre (114m) * Unterdeckung (1.153m^2), GK-Bekleidung (560m^2), Kehlschalung (348m^2), Hartfaserplatten (75m^2) * Schneefanggitter (131m), Standroste (3St)	1.243,22 m^2 DAF	609.792	**490,49**	

KG	Kostengruppe	Menge Einheit	Kosten €	€/Einheit	%
330	**Baukonstruktive Einbauten**	2.819,02 m²BGF	4.139	**1,47**	< 0,1
	• Abbrechen (Kosten: 48,1%) Abbruch von Elektro-/Gasherden (18St), Kühlschrank (1St); Entsorgung, Deponiegebühren	2.819,02 m²BGF	1.992	**0,71**	
	• Wiederherstellen (Kosten: 51,9%) Wandschranktüren aufarbeiten (3St), Wandschranktüren ergänzen (2St)	2.819,02 m²BGF	2.147	**0,76**	
390	**Sonst. Maßnahmen für Baukonstrukt.**	2.819,02 m²BGF	378.298	**134,19**	7,7
	• Herstellen (Kosten: 100,0%) Baustelleneinrichtung (psch), Bauzaun (193m), Baustrom (4St), Baustellenbeleuchtung (25St), Bauwasser (2St), Sanitärcontainer (3St), Ausstattung für Baubüro (psch), Verkehrsführung ändern (psch) * Fassadengerüst (4.038m²), Gerüstnetze (975m²), Gerüstverbreiterung (365m), Dachfanggerüst (267m), Innengerüst (394m²), Treppenturm (50m), Gerüstturm (3St), Rollgerüst (1St), Schuttabwurfschacht (96m), Mobilkran (1Tag), Steg (10m) * Schwerlaststützen 50 kN (147St), Stahlkonstruktionen zu Lastabtragung (1t), Abstützungen (202m), Holzjochriegel (54m), Bauholz für Stützen-/Bogenkonstruktionen (2m³) * Bauschutt (4t), Hausmüll (68m³), Reifen (19St), Bauschuttcontainer (5St) * Witterungsschutz (1.248m²), Schutzabdeckungen (4.042m²), Folienabdeckung (1.728m²), Bauheizung (psch), Baureinigung (psch) * Arbeitsebene, Absturzsicherungen (37m²)	2.819,02 m²BGF	378.298	**134,19**	
400	**Bauwerk – Technische Anlagen**				**100,0**
410	**Abwasser-, Wasser-, Gasanlagen**	2.819,02 m²BGF	328.939	**116,69**	30,5
	• Abbrechen (Kosten: 1,5%) Abbruch von Abwasserleitungen (584m) * Bleirohren DN32 (65m), Badewannen (6St), WCs, Handwaschbecken (24St); Entsorgung, Deponiegebühren	2.819,02 m²BGF	5.092	**1,81**	
	• Herstellen (Kosten: 98,5%) PE-Rohre DN50-125 (747m), HT-Rohre DN100-125 (100m), Bodenabläufe DN40-70 (18St), Hebeanlage (1St) * PE-Rohre DN16-26 (729m), Edelstahlrohre DN15-42 (397m), Wasserzähler (25St), Waschtische (31St), Tiefspül-WCs (27St), Duschen (21St), Urinale (3St), Spülbecken (2St), Durchlauferhitzer (21St), Warmwasserbereiter (3St), Hygienespüleinrichtungen (30St) * Edelstahlrohre DN42 (60m), Kugelhähne DN20-50 (12St), Strömungswächter (2St) * Montageelemente (68St)	2.819,02 m²BGF	323.847	**114,88**	
420	**Wärmeversorgungsanlagen**	2.819,02 m²BGF	294.090	**104,32**	27,3
	• Abbrechen (Kosten: 14,5%) Abbruch von Einzelöfen, Abgasrohren (4St), Kachelöfen (3St) * Schornsteinmauerwerk, h=19,00m (100m³); Entsorgung, Deponiegebühren	2.819,02 m²BGF	42.606	**15,11**	
	• Herstellen (Kosten: 85,5%) Gas-Brennwertkessel 50-70kW (2St), Regelungen (2St), hydraulische Weiche (1St), Verteiler (1St), Umwälzpumpen (3St), Ausdehnungsgefäß (1St), Neutralisationsanlage (1St) * Stahlrohre DN15-76 (2.817m), Temperaturwächter (6St), Umwälzpumpe (1St), Differenzdruckregler (26St), Kugelhähne (16St) * Flachheizkörper (170St), Röhrenradiatoren (6St), Konvektoren (3St) * Abgasrohr DN110-160 (3m)	2.819,02 m²BGF	251.484	**89,21**	
430	**Raumlufttechnische Anlagen**	2.819,02 m²BGF	31.853	**11,30**	3,0
	• Herstellen (Kosten: 100,0%) Einzelraumlüfter 60-95m³/h (18St), Wickelfalzrohre DN80-400 (205m), Lamellenhaube (1St)	2.819,02 m²BGF	31.853	**11,30**	

KG	Kostengruppe	Menge Einheit	Kosten €	€/Einheit	%
440	**Elektrische Anlagen**	2.819,02 m²BGF	271.986	**96,48**	25,2
	• Abbrechen (Kosten: 2,9%) Abbruch von Unterverteilern (6St), Zählerplatz (1St), Kabeln (2.134m), Schaltern/Steckdosen (465St), Elektroboilern (6St) * Wand-/Deckenleuchten (74St), Fassadenleuchten (2St) * Blitzableitern (75m), Klemmen, Schellen (30St); Entsorgung, Deponiegebühren	2.819,02 m²BGF	7.814	**2,77**	
	• Herstellen (Kosten: 97,1%) Zählerschränke (2St), Verteiler (27St), Schütze (21St), Relais (33St), Mantelleitungen (15.800m), Installationsleitungen (2.656m), SLS-Schalter (24St), FI/LS-Schalter (518St), Schalter (213St), Steckdosen (544St), Herdanschlussdosen (23St), Bewegungsmelder (39St) * Feuchtraumleuchten (39St), LED-Downlights (27St), Kellerleuchten (20St), Decken-/Wandleuchten (72St), Einbauleuchten (40St), Strahler (4St), Hängeleuchten (2St), LED-Rettungszeichenleuchten (28St) * Fundamenterder (102m), Ringerder (58m), Fangstangen (36St), Überspannungsableiter (6St), Potenzialausgleichsschienen (4St)	2.819,02 m²BGF	264.172	**93,71**	
450	**Kommunikationstechnische Anlagen**	2.819,02 m²BGF	71.433	**25,34**	6,3
	• Abbrechen (Kosten: < 0,1%) Abbruch von Klingeltableau (1St) * Sat-Anlage, Verstärker, Antenne (psch); Entsorgung, Deponiegebühren	2.819,02 m²BGF	45	**0,02**	
	• Herstellen (Kosten: 99,9%) TAE-Anschlussdosen (68St) * Sprechanlagen (2St), Klingeltaster (23St), Türsprechstationen (4St) * Brandmeldeanlage (1St), RWA-Zentrale (2St), Installationskabel (1.512m), Rauchmelder (71St), Druckknopfmelder (23St), optische Melder (14St), RWA-Taster (8St) * Datenkabel Cat7 (3.144m), Datenanschlussdosen Cat6 (46St)	2.819,02 m²BGF	71.389	**25,32**	
460	**Förderanlagen**	2.819,02 m²BGF	80.810	**28,67**	7,
	• Herstellen (Kosten: 100,0%) Personenaufzug Traglast 630kg, fünf Haltestellen, Förderhöhe 11,80m, Seilantrieb (1St), Schaltschrank (1St)	2.819,02 m²BGF	80.810	**28,67**	
500	**Außenanlagen und Freiflächen**				**100,0**
510	**Erdbau**	86,01 m³EBR	6.224	**72,36**	19,5
	• Herstellen (Kosten: 100,0%) Rohrgrabenaushub, t bis 1,25m (86m³), entsorgen (41m³), verfüllen (45m³), Liefermaterial (9m³)	86,01 m³EBR	6.224	**72,36**	
550	**Technische Anlagen**	45,00 m²AF	25.701	**571,13**	80,5
	• Abbrechen (Kosten: 0,9%) Abbruch von Betonschacht, D=1,20m (1St); Entsorgung, Deponiegebühren	45,00 m²AF	239	**5,30**	
	• Herstellen (Kosten: 99,1%) KG-Rohre DN100-200 (201m), Kanalanschlüsse (10St), Kontrollschächte DN400-1.000 (3St)	45,00 m²AF	25.463	**565,83**	
600	**Ausstattung und Kunstwerke**				**100,0**
610	**Allgemeine Ausstattung**	2.819,02 m²BGF	15.752	**5,59**	100,0
	• Herstellen (Kosten: 100,0%) Duschabtrennungen 90x90cm (3St), 120x120cm (2St), Duschvorhangstangen (16St), Duschhandläufe (2St)	2.819,02 m²BGF	15.752	**5,59**	

Kostenkennwerte für die Kostengruppen 300 der 2. und 3.Ebene DIN 276 (Übersicht)

KG	Kostengruppe	Menge Einheit	€/Einheit	Kosten €	% an 3+4
300	**Bauwerk – Baukonstruktionen**	**2.819,02 m² BGF**	**1.733,78**	**4.887.567,95**	**81,9**
310	**Baugrube / Erdbau**	**431,12 m³ BGI**	**167,73**	**72.313,08**	**1,2**
311	Herstellung	431,12 m³ BGI	167,73	72.313,08	1,2
312	Umschließung	–	–	–	–
313	Wasserhaltung	–	–	–	–
314	Vortrieb	–	–	–	–
319	Sonstiges zur KG 310	–	–	–	–
320	**Gründung, Unterbau**	**641,18 m² GRF**	**311,08**	**199.457,54**	**3,3**
321	Baugrundverbesserung	546,11 m²	36,63	20.003,43	0,3
322	Flachgründungen und Bodenplatten	509,39 m²	176,13	89.720,69	1,5
323	Tiefgründungen	–	–	55.223,36	0,9
324	Gründungsbeläge	131,79 m²	259,72	34.229,01	0,6
325	Abdichtungen und Bekleidungen	–	–	–	–
326	Dränagen	641,18 m² GRF	0,44	281,04	< 0,1
329	Sonstiges zur KG 320	–	–	–	–
330	**Außenwände/Vert. Baukonstrukt., außen**	**2.331,30 m² AWF**	**496,44**	**1.157.344,76**	**19,4**
331	Tragende Außenwände	280,69 m²	968,89	271.958,15	4,6
332	Nichttragende Außenwände	–	–	–	–
333	Außenstützen	–	–	–	–
334	Außenwandöffnungen	348,50 m²	1.240,85	432.434,72	7,2
335	Außenwandbekleidungen, außen	1.982,80 m²	109,83	217.769,79	3,6
336	Außenwandbekleidungen, innen	1.374,79 m²	157,13	216.025,94	3,6
337	Element. Außenwandkonstruktionen	–	–	–	–
338	Lichtschutz zur KG 330	–	–	1.745,61	< 0,1
339	Sonstiges zur KG 330	2.331,30 m² AWF	7,47	17.410,52	0,3
340	**Innenwände/Vert. Baukonstrukt., innen**	**2.224,06 m² IWF**	**449,28**	**999.217,53**	**16,7**
341	Tragende Innenwände	513,15 m²	429,05	220.165,82	3,7
342	Nichttragende Innenwände	1.226,65 m²	117,12	143.662,41	2,4
343	Innenstützen	6,36 m	682,67	4.341,76	< 0,1
344	Innenwandöffnungen	303,38 m²	792,39	240.394,84	4,0
345	Innenwandbekleidungen	3.383,12 m²	109,05	368.944,80	6,2
346	Elementierte Innenwandkonstruktionen	180,88 m²	120,01	21.707,88	0,4
347	Lichtschutz zur KG 340	–	–	–	–
349	Sonstiges zur KG 340	–	–	–	–
350	**Decken/Horizontale Baukonstruktionen**	**2.277,68 m² DEF**	**612,02**	**1.393.983,82**	**23,4**
351	Deckenkonstruktionen	2.141,27 m²	219,15	469.252,46	7,9
352	Deckenöffnungen	–	–	–	–
353	Deckenbeläge	2.107,70 m²	175,13	369.120,55	6,2
354	Deckenbekleidungen	1.766,47 m²	102,51	181.078,66	3,0
355	Elementierte Deckenkonstruktionen	136,41 m²	2.458,94	335.423,49	5,6
359	Sonstiges zur KG 350	2.277,68 m² DEF	17,17	39.108,67	0,7
360	**Dächer**	**1.243,22 m² DAF**	**549,23**	**682.814,15**	**11,4**
361	Dachkonstruktionen	1.237,45 m²	222,99	275.933,56	4,6
362	Dachöffnungen	–	–	9.846,49	0,2
363	Dachbeläge	1.188,00 m²	266,56	316.667,38	5,3
364	Dachbekleidungen	1.152,95 m²	63,68	73.418,76	1,2
365	Elementierte Dachkonstruktionen	–	–	–	–
366	Lichtschutz zur KG 360	–	–	–	–
369	Sonstiges zur KG 360	1.243,22 m² DAF	5,59	6.947,97	0,1
370	**Infrastrukturanlagen**	**–**	**–**	**–**	**–**
380	**Baukonstruktive Einbauten**	**2.819,02 m² BGF**	**1,47**	**4.139,25**	**< 0,1**
390	**Sonst. Maßnahmen für Baukonstrukt.**	**2.819,02 m² BGF**	**134,19**	**378.297,82**	**6,3**

6100-1394
Wohn- und
Geschäftshaus
(21 WE)

Umbau

Kostenkennwerte für die Kostengruppen 400 der 2. und 3.Ebene DIN 276 (Übersicht)

KG	Kostengruppe	Menge Einheit	€/Einheit	Kosten €	% an 3+4
400	**Bauwerk – Technische Anlagen**	**2.819,02 m²BGF**	**382,80**	**1.079.110,93**	**18,1**
410	**Abwasser-, Wasser-, Gasanlagen**	**2.819,02 m²BGF**	**116,69**	**328.938,68**	**5,5**
411	Abwasseranlagen	2.819,02 m²BGF	34,05	95.992,49	1,6
412	Wasseranlagen	2.819,02 m²BGF	73,10	206.072,36	3,5
413	Gasanlagen	2.819,02 m²BGF	4,01	11.312,94	0,2
419	Sonstiges zur KG 410	2.819,02 m²BGF	5,52	15.560,89	0,3
420	**Wärmeversorgungsanlagen**	**2.819,02 m²BGF**	**104,32**	**294.090,15**	**4,9**
421	Wärmeerzeugungsanlagen	2.819,02 m²BGF	13,46	37.948,71	0,6
422	Wärmeverteilnetze	2.819,02 m²BGF	46,86	132.087,58	2,2
423	Raumheizflächen	2.819,02 m²BGF	28,08	79.157,43	1,3
424	Verkehrsheizflächen	–	–	–	–
429	Sonstiges zur KG 420	2.819,02 m²BGF	15,93	44.896,40	0,8
430	**Raumlufttechnische Anlagen**	**2.819,02 m²BGF**	**11,30**	**31.853,00**	**0,5**
431	Lüftungsanlagen	2.819,02 m²BGF	11,30	31.853,00	0,5
432	Teilklimaanlagen	–	–	–	–
433	Klimaanlagen	–	–	–	–
434	Kälteanlagen	–	–	–	–
439	Sonstiges zur KG 430	–	–	–	–
440	**Elektrische Anlagen**	**2.819,02 m²BGF**	**96,48**	**271.985,78**	**4,6**
441	Hoch- und Mittelspannungsanlagen	–	–	–	–
442	Eigenstromversorgungsanlagen	–	–	–	–
443	Niederspannungsschaltanlagen	–	–	–	–
444	Niederspannungsinstallationsanlagen	2.819,02 m²BGF	71,92	202.744,19	3,4
445	Beleuchtungsanlagen	2.819,02 m²BGF	19,10	53.853,56	0,9
446	Blitzschutz- und Erdungsanlagen	2.819,02 m²BGF	5,46	15.388,03	0,3
447	Fahrleitungssysteme	–	–	–	–
449	Sonstiges zur KG 440	–	–	–	–
450	**Kommunikationstechnische Anlagen**	**2.819,02 m²BGF**	**25,34**	**71.433,39**	**1,2**
451	Telekommunikationsanlagen	2.819,02 m²BGF	0,58	1.633,80	< 0,1
452	Such- und Signalanlagen	2.819,02 m²BGF	5,94	16.744,90	0,3
453	Zeitdienstanlagen	–	–	–	–
454	Elektroakustische Anlagen	–	–	–	–
455	Audiovisuelle Medien- u. Antennenanl.	2.819,02 m²BGF	0,01	36,61	< 0,1
456	Gefahrenmelde- und Alarmanlagen	2.819,02 m²BGF	14,05	39.604,06	0,7
457	Datenübertragungsnetze	2.819,02 m²BGF	4,76	13.414,03	0,2
458	Verkehrsbeeinflussungsanlagen	–	–	–	–
459	Sonstiges zur KG 450	–	–	–	–
460	**Förderanlagen**	**2.819,02 m²BGF**	**28,67**	**80.809,96**	**1,4**
461	Aufzugsanlagen	2.819,02 m²BGF	28,67	80.809,96	1,4
462	Fahrtreppen, Fahrsteige	–	–	–	–
463	Befahranlagen	–	–	–	–
464	Transportanlagen	–	–	–	–
465	Krananlagen	–	–	–	–
466	Hydraulikanlagen	–	–	–	–
469	Sonstiges zur KG 460	–	–	–	–
470	**Nutzungsspez. u. verfahrenstechn. Anl.**	**–**	**–**	**–**	**–**
480	**Gebäude- und Anlagenautomation**	**–**	**–**	**–**	**–**
490	**Sonst. Maßnahmen für techn. Anlagen**	**–**	**–**	**–**	**–**

Kostenkennwerte für Leistungsbereiche nach STLB (Kosten des Bauwerks nach DIN 276)

LB	Leistungsbereiche	Kosten €	€/m² BGF	€/m³ BRI	% an 3+4
000	Sicherheits-, Baustelleneinrichtungen inkl. 001	201.817	71,60	20,00	3,4
002	Erdarbeiten	87.404	31,00	8,70	1,5
006	Spezialtiefbauarbeiten inkl. 005	55.223	19,60	5,50	0,9
009	Entwässerungskanalarbeiten inkl. 011	2.845	1,00	0,28	< 0,1
010	Drän- und Versickerarbeiten	281	0,10	0,03	< 0,1
012	Mauerarbeiten	238.475	84,60	23,60	4,0
	Wiederherstellen	90.060	31,90	8,90	1,5
	Herstellen	148.414	52,60	14,70	2,5
013	Betonarbeiten	141.260	50,10	14,00	2,4
	Wiederherstellen	27.976	9,90	2,80	0,5
	Herstellen	113.284	40,20	11,20	1,9
014	Natur-, Betonwerksteinarbeiten	151.604	53,80	15,00	2,5
	Wiederherstellen	149.714	53,10	14,80	2,5
	Herstellen	1.889	0,67	0,19	< 0,1
016	Zimmer- und Holzbauarbeiten	556.004	197,20	55,00	9,3
	Wiederherstellen	45.139	16,00	4,50	0,8
	Herstellen	510.865	181,20	50,60	8,6
017	Stahlbauarbeiten	258.383	91,70	25,60	4,3
018	Abdichtungsarbeiten	10.082	3,60	1,00	0,2
019	Kampfmittelräumarbeiten	–	–	–	–
020	Dachdeckungsarbeiten	296.960	105,30	29,40	5,0
021	Dachabdichtungsarbeiten	71.721	25,40	7,10	1,2
022	Klempnerarbeiten	11.389	4,00	1,10	0,2
	Wiederherstellen	4.770	1,70	0,47	< 0,1
	Herstellen	6.619	2,30	0,66	0,1
	Rohbau	**2.083.448**	**739,10**	**206,30**	**34,9**
	Wiederherstellen	317.659	112,70	31,40	5,3
	Herstellen	1.765.789	626,40	174,80	29,6
023	Putz- und Stuckarbeiten, Wärmedämmsysteme	425.018	150,80	42,10	7,1
	Wiederherstellen	37.285	13,20	3,70	0,6
	Herstellen	387.733	137,50	38,40	6,5
024	Fliesen- und Plattenarbeiten	71.707	25,40	7,10	1,2
025	Estricharbeiten	20.852	7,40	2,10	0,3
026	Fenster, Außentüren inkl. 029, 032	454.005	161,10	44,90	7,6
	Wiederherstellen	42.501	15,10	4,20	0,7
	Herstellen	411.504	146,00	40,70	6,9
027	Tischlerarbeiten	275.435	97,70	27,30	4,6
	Wiederherstellen	66.362	23,50	6,60	1,1
	Herstellen	209.073	74,20	20,70	3,5
028	Parkettarbeiten, Holzpflasterarbeiten	–	–	–	–
030	Rollladenarbeiten	–	–	–	–
031	Metallbauarbeiten inkl. 035	182.275	64,70	18,00	3,1
	Wiederherstellen	126.502	44,90	12,50	2,1
	Herstellen	55.772	19,80	5,50	0,9
034	Maler- und Lackiererarbeiten inkl. 037	227.476	80,70	22,50	3,8
036	Bodenbelagarbeiten	140.389	49,80	13,90	2,4

6100-1394
Wohn- und
Geschäftshaus
(21 WE)

Umbau

LB	Leistungsbereiche	Kosten €	€/m² BGF	€/m³ BRI	% an 3+4
038	Vorgehängte hinterlüftete Fassaden	–	–	–	–
039	Trockenbauarbeiten	422.060	149,70	41,80	7,1
	Ausbau	**2.219.216**	**787,20**	**219,70**	**37,2**
	Wiederherstellen	272.651	96,70	27,00	4,6
	Herstellen	1.946.564	690,50	192,70	32,6
040	Wärmeversorgungsanl. - Betriebseinr. inkl. 041	234.312	83,10	23,20	3,9
042	Gas- und Wasserinstallation, Leitungen inkl. 043	87.697	31,10	8,70	1,5
044	Abwasseranlagen - Leitungen	90.067	31,90	8,90	1,5
045	GWE-Einrichtungsgegenstände inkl. 046	84.501	30,00	8,40	1,4
047	Dämmarbeiten an betriebstechnischen Anlagen	116.736	41,40	11,60	2,0
049	Feuerlöschanlagen, Feuerlöschgeräte	–	–	–	–
050	Blitzschutz- und Erdungsanlagen	15.160	5,40	1,50	0,3
053	Niederspannungsanlagen inkl. 052, 054	200.446	71,10	19,80	3,4
055	Sicherheits- u. Ersatzstromversorgungsanl.	–	–	–	–
057	Gebäudesystemtechnik	–	–	–	–
058	Leuchten und Lampen inkl. 059	53.145	18,90	5,30	0,9
060	Sprechanlagen, elektroakust. Anlagen inkl. 064	20.225	7,20	2,00	0,3
061	Kommunikationsnetze inkl. 063	47.373	16,80	4,70	0,8
069	Aufzüge	80.973	28,70	8,00	1,4
070	Gebäudeautomation	–	–	–	–
075	Raumlufttechnische Anlagen inkl. 078	20.895	7,40	2,10	0,4
	Gebäudetechnik	**1.051.531**	**373,00**	**104,10**	**17,6**
084	Abbruch, Rückbau, Schadstoffsanierung	520.074	184,50	51,50	8,7
	Abbrechen	520.074	184,50	51,50	8,7
	Abbrucharbeiten	**520.074**	**184,50**	**51,50**	**8,7**
	Abbrechen	520.074	184,50	51,50	8,7
	Sonstige Leistungsbereiche	**92.410**	**32,80**	**9,10**	**1,5**

6100-1434
Gästewohnung

Objektübersicht

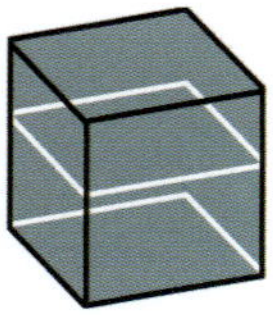

BRI 266 €/m³

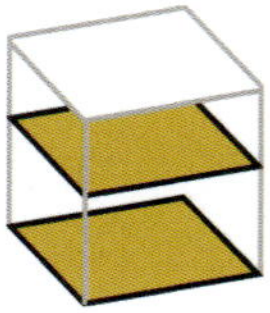

BGF 1.584 €/m²

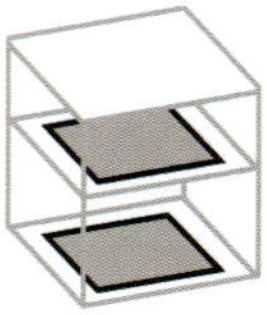

NUF 2.195 €/m²

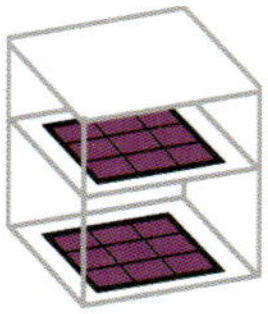

NE 3.722 €/NE
NE: Wohnfläche

Umbau

Objekt:
Kennwerte: 3. Ebene DIN 276
BRI: 599 m³
BGF: 100 m²
NUF: 72 m²
Bauzeit: 57 Wochen
Bauende: 2017
Standard: über Durchschnitt
Bundesland: Rheinland-Pfalz
Kreis: Alzey-Worms

Architekt*in:
PROWALD
ideen - lösungen - architektur
Bahnhofstraße 5
67586 Hillesheim

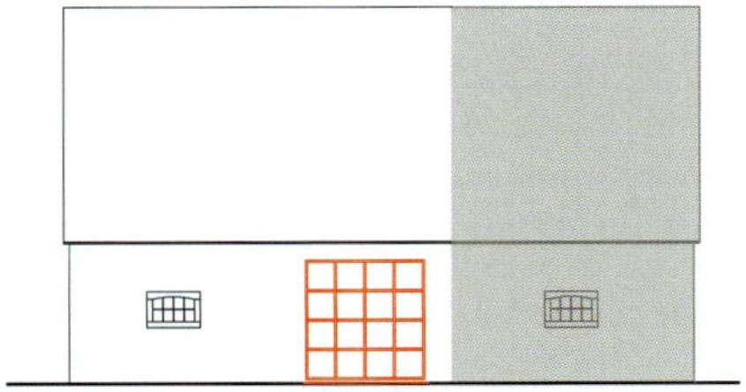

Ansicht Nord

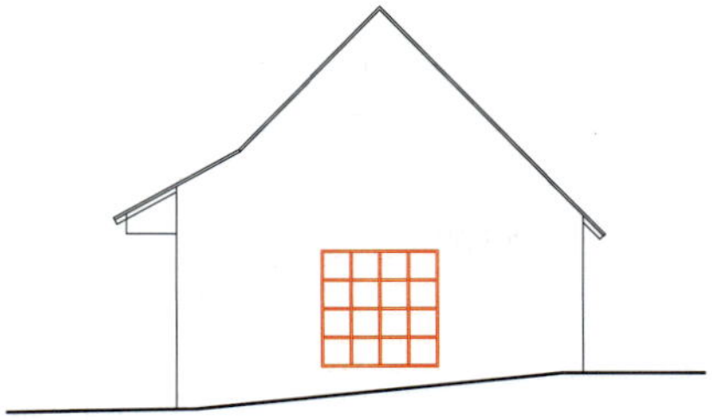

Ansicht Ost

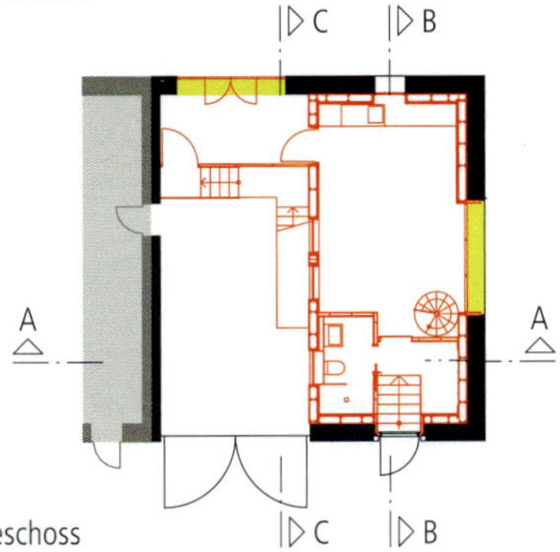

Erdgeschoss

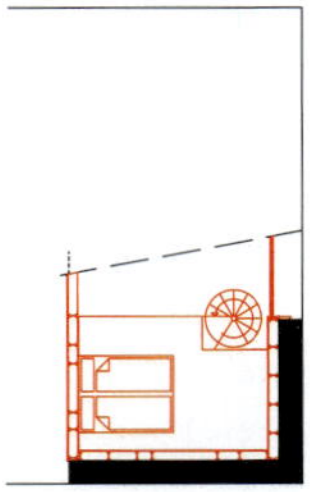

Obergeschoss

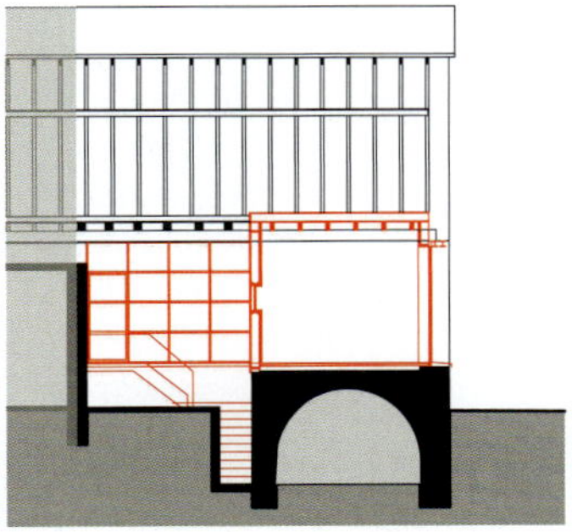

Schnitt A-A

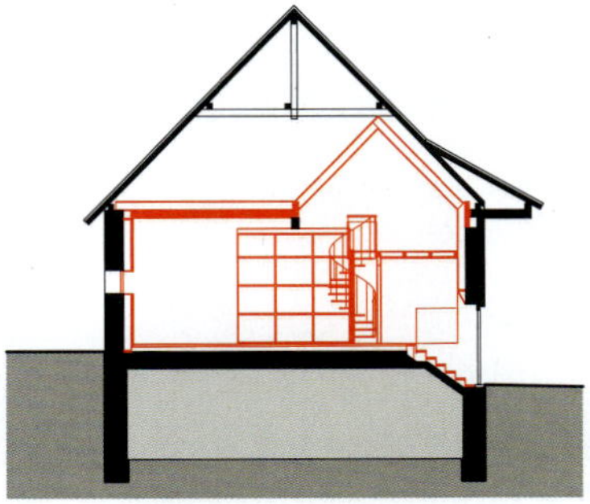

Schnitt B-B

Ansicht Süd

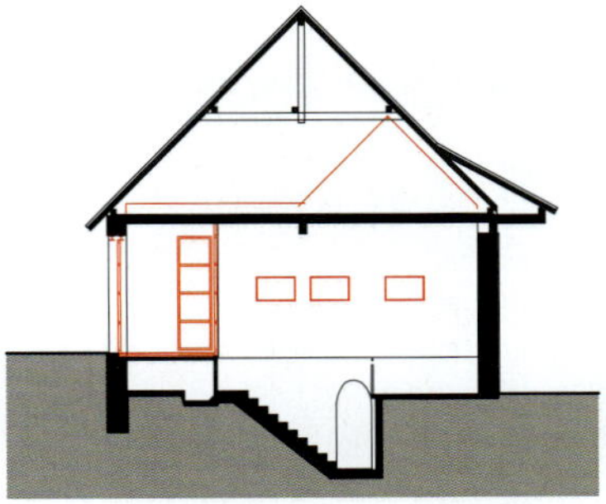

Schnitt C-C

Objektbeschreibung

Allgemeine Objektinformationen

Für die Unterbringung eines Au Pairs wurde erfolgte der Teilausbau einer Scheune zur Wohnfläche. Um die Ansicht der historischen Hofanlage zu erhalten, wurde für den Zugang zur Wohnung der bestehende Kellerzugang abgebrochen und in die Scheune verlegt. Die Wohnung besteht aus einem offenen Wohnraum mit eingestellter Galerieebene und einem Wintergarten.

Nutzung

1 Untergeschoss
Bestand: Gewölbekeller

1 Erdgeschoss
Wohnen/Essen, Bad, Windfang, Wintergarten, Werkstatt
Bestand: Abstellraum

1 Obergeschoss
Schlafgalerie

Nutzeinheiten

Wohneinheiten: 1
Wohnfläche: 43 m^2

Grundstück

Bauraum: Beengter Bauraum
Neigung: Ebenes Gelände

Markt

Hauptvergabezeit: 3. Quartal 2016
Baubeginn: 3. Quartal 2016
Bauende: 3. Quartal 2017
Konjunkturelle Gesamtlage: über Durchschnitt
Regionaler Baumarkt: unter Durchschnitt

Baubestand

Baujahr: 1920
Bauzustand: mittel
Aufwand: mittel
Grundrissänderungen: einige
Tragwerkseingriffe: wenige
Nutzungsänderung: ja
Nutzung während der Bauzeit: nein

Baukonstruktion

Die Gästewohnung wurde als "Haus im Haus"-Konstruktion in Holzbauweise in die bestehende Scheune eingestellt. Die Holzträger der Decken wurden sichtbar belassen. An den hofabgewandten Außenwänden kamen große Fensterelemente mit Dreifachverglasung zum Einsatz. Eine Spindeltreppe aus pulverbeschichtetem Stahl erschließt die Galerie. Decken und Wände sind beschichtet, die Fußböden haben einen Belag aus Echtholzdielen erhalten. Im Wintergarten, im Eingangsbereich und im Bad wurden Bodenfliesen verlegt.

Technische Anlagen

Der Wohnraum wird mit einer elektrischen Strahlungsheizung beheizt. Die Warmwasserbereitung erfolgt ebenfalls elektrisch.

Sonstiges

Die vorhandene Photovoltaikanlage auf dem Scheunendach deckt den Energiebedarf. Die Angaben von Flächen und Rauminhalten in dieser Dokumentation beziehen sich auf die "Raum in Raum"-Konstruktion mit umgebender Hülle.

Energetische Kennwerte

Gesetzliche Grundlage: EnEV 2013
Gebäudenutzfläche: 46,70 m^2
Gebäudevolumen: 220,00 m^3
A/Ve-Verhältnis (Kompaktheit): 1,07 m^{-1}
Hüllfläche des beheizten Volumens: 236,00 m^2
Spez. Transmissionswärmeverlust: 0,23 W/(m^2·K)
Spez. Jahresprimärenergiebedarf: 17,90 kWh/(m^2·a)

Energetische Angaben zu Außenbauteilen

Umbau

Kellerdecke

U-Wert: 0,18 W/(m²·K)

Gesamtdicke: 70,00 cm	d[cm]	l[W/(m·K)]
Estrich	4,00	1,400
Dämmung	10,00	0,029
Dämmung	6,00	0,040
Kalksandstein	50,00	1,400

Außenwand Innendämmung

U-Wert: 0,19 W/(m²·K)

Gesamtdicke: 70,02 cm	d[cm]	l[W/(m·K)]
Dampfbremse	0,02	0,170
Dämmung	20,00	0,040
Holz	20,00	0,130
Kalksandstein	50,00	1,400

Wand gegen unbeheizt

U-Wert: 0,20 W/(m²·K)

Gesamtdicke: 24,00 cm	d[cm]	l[W/(m·K)]
OSB-Platte	2,00	0,130
Dämmung	20,00	0,040
Holz	20,00	0,130
OSB-Platte	2,00	0,130

Dach

U-Wert: 0,15 W/(m²·K)

Gesamtdicke: 28,00 cm	d[cm]	l[W/(m·K)]
OSB-Platte	2,00	0,130
Dämmung	24,00	0,040
OSB-Platte	2,00	0,130

6100-1434
Gästewohnung

Umbau

Planungskennwerte für Flächen und Rauminhalte nach DIN 277

Flächen des Grundstücks		Menge Einheit	% an GF
BF	Bebaute Fläche	–	–
UF	Unbebaute Fläche	–	–
GF	Grundstücksfläche	–	–

Grundflächen des Bauwerks		Menge Einheit	% an NUF	% an BGF
NUF	Nutzungsfläche	72,49 m²	100,0	72,[illegible]
TF	Technikfläche	–	–	–
VF	Verkehrsfläche	11,20 m²	15,5	11,[illegible]
NRF	Netto-Raumfläche	83,69 m²	115,5	83,[illegible]
KGF	Konstruktions-Grundfläche	16,72 m²	23,1	16,[illegible]
BGF	Brutto-Grundfläche	100,41 m²	138,5	100,[illegible]

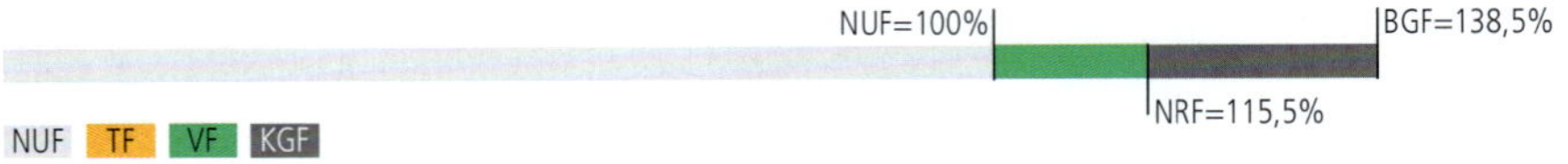

Brutto-Rauminhalt des Bauwerks		Menge Einheit	BRI/NUF (m)	BRI/BGF (m)
BRI	Brutto-Rauminhalt	598,65 m³	8,26	5,9[illegible]

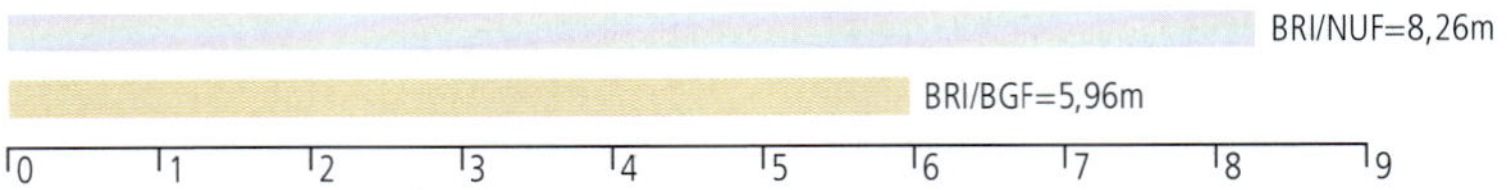

Lufttechnisch behandelte Flächen	Menge Einheit	% an NUF	% an BGF
Entlüftete Fläche	–	–	–
Be- und entlüftete Fläche	–	–	–
Teilklimatisierte Fläche	–	–	–
Klimatisierte Fläche	–	–	–

KG	Kostengruppen (2. Ebene)	Menge Einheit	Menge/NUF	Menge/BGF
310	Baugrube / Erdbau	20,00 m³ BGI	0,28	0,20
320	Gründung, Unterbau	15,84 m² GRF	0,22	0,16
330	Außenwände/Vertikale Baukonstruktionen, außen	72,87 m² AWF	1,01	0,73
340	Innenwände/Vertikale Baukonstruktionen, innen	68,98 m² IWF	0,95	0,69
350	Decken/Horizontale Baukonstruktionen	42,87 m² DEF	0,59	0,43
360	Dächer	56,51 m² DAF	0,78	0,56

Umbau

Kostenkennwerte für die Kostengruppen der 1.Ebene DIN 276

KG	Kostengruppen (1.Ebene)	Einheit	Kosten €	€/Einheit	€/m² BGF	€/m³ BRI	% 300+400
100	Grundstück	m² GF	–	–	–	–	–
200	Vorbereitende Maßnahmen	m² GF	–	–	–	–	–
300	Bauwerk – Baukonstruktionen	m² BGF	128.763	1.282,38	1.282,38	215,09	80,9
400	Bauwerk – Technische Anlagen	m² BGF	30.336	302,12	302,12	50,67	19,1
	Bauwerk 300+400	**m² BGF**	**159.100**	**1.584,50**	**1.584,50**	**265,76**	**100,0**
500	Außenanlagen und Freiflächen	m² AF	218	–	2,17	0,36	0,1
600	Ausstattung und Kunstwerke	m² BGF	1.038	10,34	10,34	1,73	0,7
700	Baunebenkosten	m² BGF	–	–	–	–	–
800	Finanzierung	m² BGF	–	–	–	–	–

KG	Kostengruppe	Menge Einheit	Kosten €	€/Einheit	%
3+4	**Bauwerk**				**100,0**
300	**Bauwerk – Baukonstruktionen**	100,41 m² BGF	128.763	**1.282,38**	80,9

- Herstellen (Kosten: 100,0%) — 128.763

  Betonbodenplatte, Stb-Treppe, Stahltreppe, Bodenfliesen; Holzrahmenwände vor Bestandswand, Fensteröffnungen herstellen, Stb-Wände, Winkelstützmauer, Holzfenster, Holzhaustür, GK-Bekleidung, Beschichtung, Wandfliesen; Holzrahmen-Innenwände, Türöffnung herstellen, GK-Wände, Holz-Glastür, Innenfenster, Schiebetür, Holzbekleidung, Holz-Fensterwand; Holzbalkendecke, Stahltreppen, Holzdielen, Dämmung, Trockenestrich, Stahlgeländer; Holzdachkonstruktion im Dachraum, Dämmung, OSB-Schalung

KG	Kostengruppe	Menge Einheit	Kosten €	€/Einheit	%
400	**Bauwerk – Technische Anlagen**	100,41 m² BGF	30.336	**302,12**	19,1

- Herstellen (Kosten: 100,0%) — 30.336

  Gebäudeentwässerung, Kalt- und Warmwasserleitungen, Sanitärobjekte, Durchlauferhitzer; Infrarot-Heizpaneele; Elektroinstallation, Beleuchtung; Antennen-, Datenkabelverkabelung

KG	Kostengruppe	Menge Einheit	Kosten €	€/Einheit	%
500	**Außenanlagen und Freiflächen**	–	218	**–**	0,1

- Herstellen (Kosten: 100,0%) — 218

  Gebäudeentwässerung

KG	Kostengruppe	Menge Einheit	Kosten €	€/Einheit	%
600	**Ausstattung und Kunstwerke**	100,41 m² BGF	1.038	**10,34**	0,7

- Herstellen (Kosten: 100,0%) — 1.038

  Glasduschwand

Umbau

Kostenkennwerte für die Kostengruppen der 2. Ebene DIN 276

KG	Kostengruppe	Menge Einheit	Kosten €	€/Einheit	%
300	**Bauwerk – Baukonstruktionen**				**100,**
310	**Baugrube / Erdbau**	20,00 m³BGI	1.299	**64,97**	1,
	• Herstellen (Kosten: 100,0%) Baugrubenaushub im Gebäude, abfahren (20m³)	20,00 m³BGI	1.299	**64,97**	
320	**Gründung, Unterbau**	15,84 m²GRF	11.960	**755,07**	9,
	• Herstellen (Kosten: 100,0%) Betonbodenplatte (10m²), Stb-Treppe (4m²), Stahltreppe, Geländer (2m²) * Bodenfliesen (9m²) * Sauberkeitsschicht (10m²) * Stahlgeländer (4m²)	15,84 m²GRF	11.960	**755,07**	
330	**Außenwände/Vert. Baukonstrukt., außen**	72,87 m²AWF	44.828	**615,17**	34,
	• Herstellen (Kosten: 100,0%) Holzrahmenwände, FJI-Träger, Zellulosedämmung, d=200mm, innenseitig vor Bestandswand (63m²), Fensteröffnungen herstellen, Ziegelmauerwerk, d=50cm, Stahlsturzträger (18m²), Stb-Wände, d=25cm (8m²), Winkelstützmauer (5m²) * Holzfenster (18m²), Holzhaustür (2m²) * GK-Bekleidung (52m²), Beschichtung (48m²), Wandfliesen (4m²)	72,87 m²AWF	44.828	**615,17**	
340	**Innenwände/Vert. Baukonstrukt., innen**	68,98 m²IWF	29.434	**426,71**	22,
	• Herstellen (Kosten: 100,0%) Holzrahmenwände, FJI-Träger, Zellulosedämmung, d=200mm, Holzfaserdämmung, d=40mm, OSB-Schalung (34m²), Türöffnung herstellen, Tonnengewölbe abbrechen, Laibungen beimauern (3m²) * GK-Wände (13m²) * Holz-Glastür (3m²), Holzfenster (2m²), Holzschiebetür (2m²) * Holzbekleidung (38m²), GK-Bekleidung (31m²), Beschichtung (39m²), Wandfliesen (18m²) * Holz-Fensterwand, Drehkipptür (13m²)	68,98 m²IWF	29.434	**426,71**	
350	**Decken/Horizontale Baukonstruktionen**	42,87 m²DEF	32.248	**752,24**	25,
	• Herstellen (Kosten: 100,0%) Holzbalkendecke, Mineralwolldämmung, d=140mm, OSB-Schalung (10m²), Stahlwangentreppe (2m²), Abfangträger HEA100 (2m), Stahl-Spindeltreppe, Holzstufen, Austrittspodest (2m²) * Massivholzdielen (10m²), auf UK, Zelluloseeinblasdämmung (24m²), XPS-Dämmung, d=200mm, Trockenestrich, Bodenfliesen (7m²), Bodenfliesen auf Stufen (2m²) * GK-Bekleidung, Beschichtung (8m²), XPS-Dämmung, d=120mm (6m²) * Stahl-Brüstungsgeländer (5m), als Steigungsgeländer (1St)	42,87 m²DEF	32.248	**752,24**	
360	**Dächer**	56,51 m²DAF	8.993	**159,15**	7,
	• Herstellen (Kosten: 100,0%) Holzdachkonstruktion im Dachraum: Holzrahmen-Steildächer, FJI-Träger, Zellulosedämmung, d=200mm, OSB-Schalung (34m²), Holzbalken-Flachdach, ESP-Dämmung, d=200mm, OSB-Schalung (21m²) * GK-Bekleidung, Beschichtung (40m²)	56,51 m²DAF	8.993	**159,15**	
400	**Bauwerk – Technische Anlagen**				**100,**
410	**Abwasser-, Wasser-, Gasanlagen**	100,41 m²BGF	15.863	**157,99**	52,
	• Herstellen (Kosten: 100,0%) HT-Rohre DN100 (psch), Sifon (1St) * Metallverbundrohre DN15-20 (62m), Wasserzähler (1St), Wand-WC (1St), Waschtisch (1St), Duschwanne (1St), Durchlauferhitzer 21/24kW (1St) * Montageelement (1St)	100,41 m²BGF	15.863	**157,99**	

KG	Kostengruppe	Menge Einheit	Kosten €	€/Einheit	%
420	**Wärmeversorgungsanlagen**	100,41 m²BGF	5.949	**59,25**	19,6
	• Herstellen (Kosten: 100,0%) Infrarot-Heizpaneele (3St), Funk-Raumthermostate (2St)	100,41 m²BGF	5.949	**59,25**	
440	**Elektrische Anlagen**	100,41 m²BGF	8.244	**82,10**	27,2
	• Herstellen (Kosten: 100,0%) Kleinverteiler (2St), FI-Schalter (2St), LS-Schalter (1St), Drehstromzähler (1St), Mantelleitungen (301m), Schalter (47St), Steckdosen (41St), Herdanschlussdosen (4St) * LED-Leuchten (31St)	100,41 m²BGF	8.244	**82,10**	
450	**Kommunikationstechnische Anlagen**	100,41 m²BGF	280	**2,79**	0,9
	• Herstellen (Kosten: 100,0%) Koaxialkabel (100m), Antennenanschlussdosen (2St) * Datenkabel (100m), Datenanschlussdosen (2St)	100,41 m²BGF	280	**2,79**	
500	**Außenanlagen und Freiflächen**				**100,0**
550	**Technische Anlagen**	–	218	**–**	100,0
	• Herstellen (Kosten: 100,0%) KG-Rohre DN100 (17m)	–	218	**–**	
600	**Ausstattung und Kunstwerke**				**100,0**
610	**Allgemeine Ausstattung**	100,41 m²BGF	1.038	**10,34**	100,0
	• Herstellen (Kosten: 100,0%) ESG-Duschwand 80x203cm (1St)	100,41 m²BGF	1.038	**10,34**	

Umbau

Kostenkennwerte für die Kostengruppen 300 der 2. und 3.Ebene DIN 276 (Übersicht)

KG	Kostengruppe	Menge Einheit	€/Einheit	Kosten €	% an 3+4
300	**Bauwerk – Baukonstruktionen**	**100,41 m²BGF**	**1.282,38**	**128.763,47**	**80,9**
310	**Baugrube / Erdbau**	**20,00 m³BGI**	**64,97**	**1.299,42**	**0,3**
311	Herstellung	20,00 m³BGI	64,97	1.299,42	0,3
312	Umschließung	–	–	–	–
313	Wasserhaltung	–	–	–	–
314	Vortrieb	–	–	–	–
319	Sonstiges zur KG 310	–	–	–	–
320	**Gründung, Unterbau**	**15,84 m²GRF**	**755,07**	**11.960,35**	**7,5**
321	Baugrundverbesserung	–	–	–	–
322	Flachgründungen und Bodenplatten	15,84 m²	436,07	6.907,38	4,3
323	Tiefgründungen	–	–	–	–
324	Gründungsbeläge	9,32 m²	297,97	2.777,12	1,7
325	Abdichtungen und Bekleidungen	10,00 m²	33,41	334,15	0,2
326	Dränagen	–	–	–	–
329	Sonstiges zur KG 320	15,84 m²GRF	122,58	1.941,72	1,2
330	**Außenwände/Vert. Baukonstrukt., außen**	**72,87 m²AWF**	**615,17**	**44.827,62**	**28,2**
331	Tragende Außenwände	30,53 m²	733,35	22.389,22	14,1
332	Nichttragende Außenwände	–	–	–	–
333	Außenstützen	–	–	–	–
334	Außenwandöffnungen	20,67 m²	1.008,70	20.849,86	13,1
335	Außenwandbekleidungen, außen	–	–	–	–
336	Außenwandbekleidungen, innen	52,20 m²	30,43	1.588,56	1,0
337	Element. Außenwandkonstruktionen	–	–	–	–
338	Lichtschutz zur KG 330	–	–	–	–
339	Sonstiges zur KG 330	–	–	–	–
340	**Innenwände/Vert. Baukonstrukt., innen**	**68,98 m²IWF**	**426,71**	**29.434,20**	**18,5**
341	Tragende Innenwände	36,36 m²	235,04	8.546,16	5,4
342	Nichttragende Innenwände	13,26 m²	48,99	649,58	0,4
343	Innenstützen	–	–	–	–
344	Innenwandöffnungen	6,11 m²	1.092,63	6.675,97	4,2
345	Innenwandbekleidungen	94,79 m²	38,84	3.681,31	2,3
346	Elementierte Innenwandkonstruktionen	13,25 m²	745,75	9.881,20	6,2
347	Lichtschutz zur KG 340	–	–	–	–
349	Sonstiges zur KG 340	–	–	–	–
350	**Decken/Horizontale Baukonstruktionen**	**42,87 m²DEF**	**752,24**	**32.248,45**	**20,3**
351	Deckenkonstruktionen	13,24 m²	949,12	12.566,32	7,9
352	Deckenöffnungen	–	–	–	–
353	Deckenbeläge	42,87 m²	336,46	14.424,25	9,
354	Deckenbekleidungen	14,33 m²	34,25	490,81	0,3
355	Elementierte Deckenkonstruktionen	–	–	–	–
359	Sonstiges zur KG 350	42,87 m²DEF	111,20	4.767,05	3,
360	**Dächer**	**56,51 m²DAF**	**159,15**	**8.993,42**	**5,7**
361	Dachkonstruktionen	56,51 m²	143,67	8.118,91	5,
362	Dachöffnungen	–	–	–	–
363	Dachbeläge	–	–	–	–
364	Dachbekleidungen	40,34 m²	21,68	874,51	0,
365	Elementierte Dachkonstruktionen	–	–	–	–
366	Lichtschutz zur KG 360	–	–	–	–
369	Sonstiges zur KG 360	–	–	–	–
370	**Infrastrukturanlagen**	**–**	**–**	**–**	**–**
380	**Baukonstruktive Einbauten**	**–**	**–**	**–**	**–**
390	**Sonst. Maßnahmen für Baukonstrukt.**	**–**	**–**	**–**	**–**

Kostenkennwerte für die Kostengruppen 400 der 2. und 3.Ebene DIN 276 (Übersicht)

KG	Kostengruppe	Menge Einheit	€/Einheit	Kosten €	% an 3+4
400	**Bauwerk – Technische Anlagen**	**100,41 m²BGF**	**302,12**	**30.336,10**	**19,1**
410	**Abwasser-, Wasser-, Gasanlagen**	**100,41 m²BGF**	**157,99**	**15.863,33**	**10,0**
411	Abwasseranlagen	100,41 m²BGF	14,04	1.410,13	0,9
412	Wasseranlagen	100,41 m²BGF	140,11	14.068,26	8,8
413	Gasanlagen	–	–	–	–
419	Sonstiges zur KG 410	100,41 m²BGF	3,83	384,94	0,2
420	**Wärmeversorgungsanlagen**	**100,41 m²BGF**	**59,25**	**5.949,50**	**3,7**
421	Wärmeerzeugungsanlagen	–	–	–	–
422	Wärmeverteilnetze	–	–	–	–
423	Raumheizflächen	100,41 m²BGF	59,25	5.949,50	3,7
424	Verkehrsheizflächen	–	–	–	–
429	Sonstiges zur KG 420	–	–	–	–
430	**Raumlufttechnische Anlagen**	**–**	**–**	**–**	**–**
431	Lüftungsanlagen	–	–	–	–
432	Teilklimaanlagen	–	–	–	–
433	Klimaanlagen	–	–	–	–
434	Kälteanlagen	–	–	–	–
439	Sonstiges zur KG 430	–	–	–	–
440	**Elektrische Anlagen**	**100,41 m²BGF**	**82,10**	**8.243,59**	**5,2**
441	Hoch- und Mittelspannungsanlagen	–	–	–	–
442	Eigenstromversorgungsanlagen	–	–	–	–
443	Niederspannungsschaltanlagen	–	–	–	–
444	Niederspannungsinstallationsanlagen	100,41 m²BGF	45,36	4.555,01	2,9
445	Beleuchtungsanlagen	100,41 m²BGF	36,74	3.688,57	2,3
446	Blitzschutz- und Erdungsanlagen	–	–	–	–
447	Fahrleitungssysteme	–	–	–	–
449	Sonstiges zur KG 440	–	–	–	–
450	**Kommunikationstechnische Anlagen**	**100,41 m²BGF**	**2,79**	**279,68**	**0,2**
451	Telekommunikationsanlagen	–	–	–	–
452	Such- und Signalanlagen	–	–	–	–
453	Zeitdienstanlagen	–	–	–	–
454	Elektroakustische Anlagen	–	–	–	–
455	Audiovisuelle Medien- u. Antennenanl.	100,41 m²BGF	1,15	115,22	< 0,1
456	Gefahrenmelde- und Alarmanlagen	–	–	–	–
457	Datenübertragungsnetze	100,41 m²BGF	1,64	164,46	0,1
458	Verkehrsbeeinflussungsanlagen	–	–	–	–
459	Sonstiges zur KG 450	–	–	–	–
460	**Förderanlagen**	**–**	**–**	**–**	**–**
461	Aufzugsanlagen	–	–	–	–
462	Fahrtreppen, Fahrsteige	–	–	–	–
463	Befahranlagen	–	–	–	–
464	Transportanlagen	–	–	–	–
465	Krananlagen	–	–	–	–
466	Hydraulikanlagen	–	–	–	–
469	Sonstiges zur KG 460	–	–	–	–
470	**Nutzungsspez. u. verfahrenstechn. Anl.**	**–**	**–**	**–**	**–**
480	**Gebäude- und Anlagenautomation**	**–**	**–**	**–**	**–**
490	**Sonst. Maßnahmen für techn. Anlagen**	**–**	**–**	**–**	**–**

Umbau

Kostenkennwerte für Leistungsbereiche nach STLB (Kosten des Bauwerks nach DIN 276)

LB	Leistungsbereiche	Kosten €	€/m² BGF	€/m³ BRI	% an 3+4
000	Sicherheits-, Baustelleneinrichtungen inkl. 001	17	0,17	0,03	< 0,1
002	Erdarbeiten	1.299	12,90	2,20	0,8
006	Spezialtiefbauarbeiten inkl. 005	–	–	–	–
009	Entwässerungskanalarbeiten inkl. 011	–	–	–	–
010	Drän- und Versickerarbeiten	–	–	–	–
012	Mauerarbeiten	14.740	146,80	24,60	9,3
013	Betonarbeiten	6.222	62,00	10,40	3,9
014	Natur-, Betonwerksteinarbeiten	–	–	–	–
016	Zimmer- und Holzbauarbeiten	23.012	229,20	38,40	14,5
017	Stahlbauarbeiten	–	–	–	–
018	Abdichtungsarbeiten	–	–	–	–
019	Kampfmittelräumarbeiten	–	–	–	–
020	Dachdeckungsarbeiten	–	–	–	–
021	Dachabdichtungsarbeiten	–	–	–	–
022	Klempnerarbeiten	–	–	–	–
	Rohbau	**45.290**	**451,10**	**75,70**	**28,[illegible]**
023	Putz- und Stuckarbeiten, Wärmedämmsysteme	–	–	–	–
024	Fliesen- und Plattenarbeiten	7.621	75,90	12,70	4,[illegible]
025	Estricharbeiten	2.610	26,00	4,40	1,[illegible]
026	Fenster, Außentüren inkl. 029, 032	35.586	354,40	59,40	22,[illegible]
027	Tischlerarbeiten	428	4,30	0,72	0,[illegible]
028	Parkettarbeiten, Holzpflasterarbeiten	9.004	89,70	15,00	5,[illegible]
030	Rollladenarbeiten	–	–	–	–
031	Metallbauarbeiten inkl. 035	22.782	226,90	38,10	14,[illegible]
034	Maler- und Lackiererarbeiten inkl. 037	1.428	14,20	2,40	0,[illegible]
036	Bodenbelagarbeiten	–	–	–	–
038	Vorgehängte hinterlüftete Fassaden	–	–	–	–
039	Trockenbauarbeiten	4.269	42,50	7,10	2,[illegible]
	Ausbau	**83.727**	**833,90**	**139,90**	**52,[illegible]**
040	Wärmeversorgungsanl. - Betriebseinr. inkl. 041	5.712	56,90	9,50	3,[illegible]
042	Gas- und Wasserinstallation, Leitungen inkl. 043	4.081	40,60	6,80	2,[illegible]
044	Abwasseranlagen - Leitungen	1.410	14,00	2,40	0,[illegible]
045	GWE-Einrichtungsgegenstände inkl. 046	9.816	97,80	16,40	6,[illegible]
047	Dämmarbeiten an betriebstechnischen Anlagen	556	5,50	0,93	0,[illegible]
049	Feuerlöschanlagen, Feuerlöschgeräte	–	–	–	–
050	Blitzschutz- und Erdungsanlagen	–	–	–	–
053	Niederspannungsanlagen inkl. 052, 054	4.555	45,40	7,60	2,[illegible]
055	Sicherheits- u. Ersatzstromversorgungsanl.	–	–	–	–
057	Gebäudesystemtechnik	–	–	–	–
058	Leuchten und Lampen inkl. 059	3.671	36,60	6,10	2,[illegible]
060	Sprechanlagen, elektroakust. Anlagen inkl. 064	115	1,10	0,19	< 0,[illegible]
061	Kommunikationsnetze inkl. 063	164	1,60	0,27	0,[illegible]
069	Aufzüge	–	–	–	–
070	Gebäudeautomation	–	–	–	–
075	Raumlufttechnische Anlagen inkl. 078	–	–	–	–
	Gebäudetechnik	**30.082**	**299,60**	**50,20**	**18,[illegible]**
084	Abbruch, Rückbau, Schadstoffsanierung	–	–	–	–
	Abbrucharbeiten	**–**	**–**	**–**	**–**
	Sonstige Leistungsbereiche	**–**	**–**	**–**	**–**

6100-1443
Einfamilienhaus

Objektübersicht

Umbau

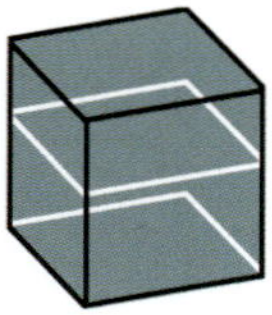
BRI 641 €/m³

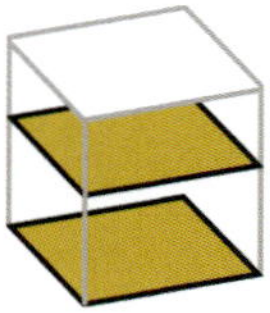
BGF 2.015 €/m²

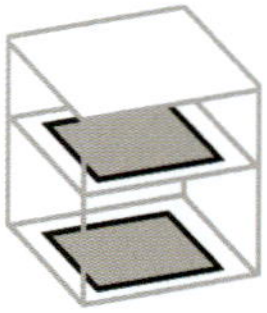
NUF 3.189 €/m²

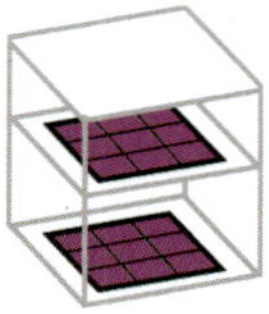
NE 3.334 €/NE
NE: Wohnfläche

Objekt:
Kennwerte: 3. Ebene DIN 276
BRI: 1.186 m³
BGF: 378 m²
NUF: 239 m²
Bauzeit: 52 Wochen
Bauende: 2017
Standard: Durchschnitt
Bundesland: Brandenburg
Kreis: Brandenburg a.d. Havel

Architekt*in:
Märkplan GmbH
Neustädtischer Markt 27
14776 Brandenburg

vorher

nachher

Umbau

Ansicht Nord-West

Ansicht Nord-Ost

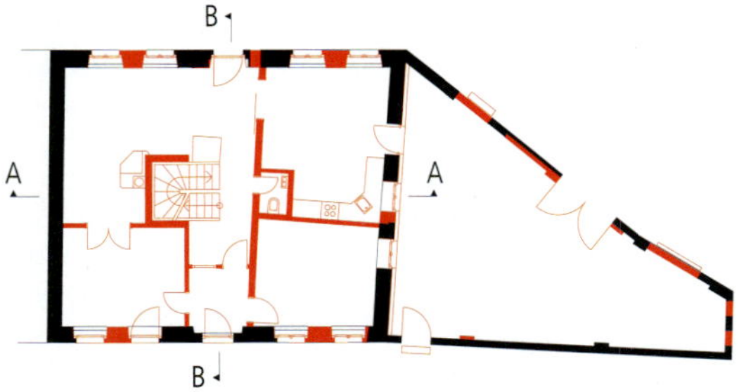

Erdgeschoss

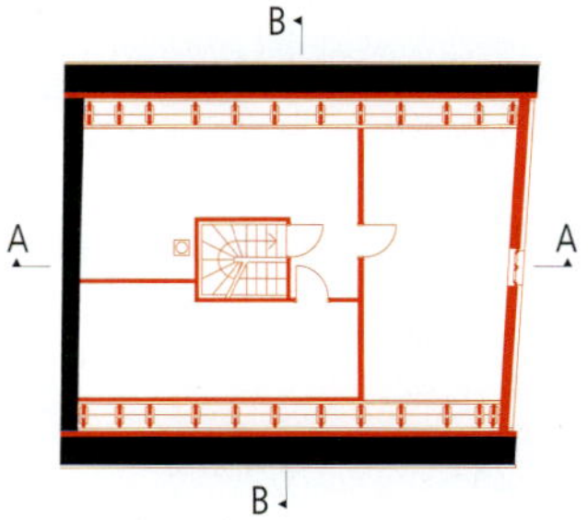

Dachgeschoss

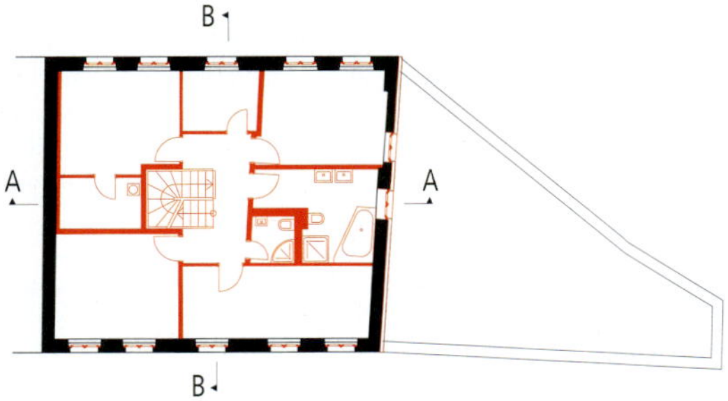

Obergeschoss

Schnitt A-A

Ansicht Süd-Ost

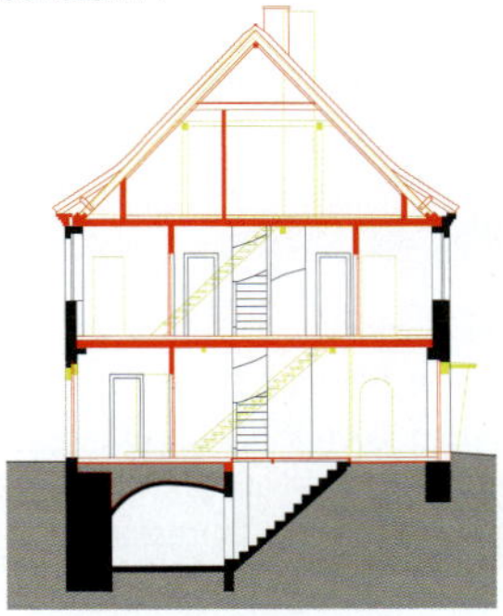

Schnitt B-B

Umbau

Objektbeschreibung

Allgemeine Objektinformationen

Das zweigeschossige Einfamilienhaus mit Satteldach wurde umgebaut und kernsaniert. Es befindet sich im Ortszentrum auf einem Eckgrundstück und liegt im Sanierungsgebiet. Außen wurde die Fassade erneuert, innen ist in allen Geschossen eine neue Raumaufteilung realisiert worden. Die beiden Eingänge an den jeweiligen Straßenseiten blieben erhalten. Eine Giebelseite schließt direkt an das Nachbargebäude an. Das Wohnhaus verfügte über einen Nebenanbau, der abgebrochen wurde. Die Außenmauern des Hofs blieben erhalten und dienen nun als Einfriedung und Sichtschutz. Ehemalige Maueröffnungen des abgebrochenen Nebengebäudes wurden geschlossen und straßen- sowie rückseitig ein neues Hoftor eingebaut.

Nutzung

1 Untergeschoss
Zwei Kellerräume

1 Erdgeschoss
Wohnzimmer, Küche, zwei Arbeitszimmer, WC, Diele

1 Obergeschoss
Schlafzimmer, zwei Kinderzimmer, Badezimmer, Duschbad, Abstellraum

1 Dachgeschoss
Werkstatt/Atelier, Kinderzimmer, Hauswirtschaftsraum

Nutzeinheiten

Wohneinheiten: 1
Wohnfläche: 228m²

Grundstück

Bauraum: Beengter Bauraum
Neigung: Ebenes Gelände
Bodenklasse: BK 1 bis BK 4

Markt

Hauptvergabezeit: 2.Quartal 2016
Baubeginn: 3.Quartal 2016
Bauende: 3.Quartal 2017
Konjunkturelle Gesamtlage: Durchschnitt
Regionaler Baumarkt: Durchschnitt

Baubestand

Baujahr: 1767
Bauzustand: schlecht
Aufwand: mittel
Grundrissänderungen: umfangreiche
Tragwerkseingriffe: umfangreiche
Nutzungsänderung: nein
Nutzung während der Bauzeit: nein

Baukonstruktion

Das Gebäude wurde entkernt. Alle Dach-, Decken- und Innenwandkonstruktionen wurden vollständig abgebrochen und durch neue Stahlbetondecken, tragende Zwischenwände aus Ziegelmauerwerk und Trockenbauwände ersetzt. Die neue Dachkonstruktion entstand in zimmermannsmäßigem Abbund. Neue Sprossenfenster und Kassetteninnentüren aus Holz wurden eingebaut. Giebelseitig entstanden zusätzliche Fenster und Terrassentüren. Innen sind die Wände verputzt und mit einem Anstrich versehen. Die Fußböden in den Wohnbereichen wurden mit Holzdielen und Linoleum belegt im Bad mit Fliesen. Die Sanierung der Fassade umfasste die Aufbringung eines Wärmedämmverbundsystems am Giebel. Die rückwärtigen Fassade wurde neu verputzt. Zur Hauptstraße hin wurde die historische Stuckgliederung der Fassade wieder hergestellt. Die Fassade hat eine neue Beschichtung erhalten. Die Haupteingangstür wurde ebenfalls nach historischen Vorbild aus farbig lackiertem Holz mit Glasoberlicht hergestellt.

Technische Anlagen

Sämtliche Installationen der Abwasser-, Trinkwasser-, Heizungs- und Elektroanlage wurden vollständig erneuert.

Sonstiges

Das Projekt wurde durch die B.B.S.M. gefördert (Städtebauförderung).

Energetische Angaben zu Außenbauteilen

Bodenplatte

U-Wert: 0,23 W/(m²·K)

Gesamtdicke: 21,90 cm	d [cm]	l [W/(m·K)]
Estrich	6,50	1,400
PE-Folie	0,20	0,200
Trittschalldämmung	3,00	0,040
Dämmung PS	12,00	0,035
Bitumenbahn	0,20	0,170

Außenwand Bestand Dämmputz

U-Wert: 0,23 W/(m²·K)

Gesamtdicke: 70,00 cm	d [cm]	l [W/(m·K)]
Innenputz	1,00	0,870
Ziegel	59,00	0,580
Außenputz	1,00	0,870
Dämmputz	9,00	0,028

Außenwand Ziegel

U-Wert: 0,21 W/(m²·K)

Gesamtdicke: 64,00 cm	d [cm]	l [W/(m·K)]
Innenputz	1,50	0,870
Ziegel	48,00	0,580
Außenputz	1,00	0,870
Dämmung MF	12,00	0,033
Außenputz	1,50	0,250

Außenwand Bestand

U-Wert: 1,09 W/(m²·K)

Gesamtdicke: 44,00 cm	d [cm]	l [W/(m·K)]
Innenputz	1,00	0,870
Ziegel	42,00	0,580
Ausgleichsdämmung	1,00	0,870

Dach

U-Wert: 0,23 W/(m²·K)

Gesamtdicke: 21,52 cm	d [cm]	l [W/(m·K)]
GK-Platte	1,50	0,210
PE-Folie	0,02	0,300
Dämmung MW	20,00	0,035
Holz	20,00	0,130

Umbau

Planungskennwerte für Flächen und Rauminhalte nach DIN 277

Flächen des Grundstücks		Menge Einheit	% an GF
BF	Bebaute Fläche	120,40 m²	63,
UF	Unbebaute Fläche	69,28 m²	36,
GF	Grundstücksfläche	189,68 m²	100,

Grundflächen des Bauwerks		Menge Einheit	% an NUF	% an BGF
NUF	Nutzungsfläche	238,59 m²	100,0	63,
TF	Technikfläche	6,62 m²	2,8	1,
VF	Verkehrsfläche	26,80 m²	11,2	7,
NRF	Netto-Raumfläche	272,01 m²	114,0	72,
KGF	Konstruktions-Grundfläche	105,66 m²	44,3	28,
BGF	Brutto-Grundfläche	377,67 m²	158,3	100,

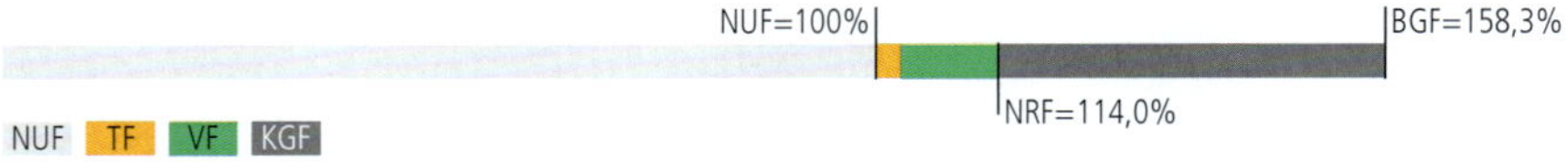

Brutto-Rauminhalt des Bauwerks		Menge Einheit	BRI/NUF (m)	BRI/BGF (m)
BRI	Brutto-Rauminhalt	1.186,18 m³	4,97	3,1

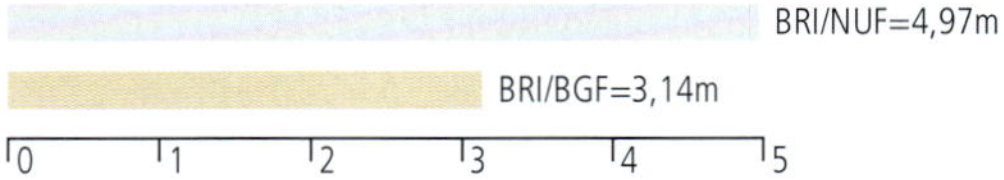

Lufttechnisch behandelte Flächen	Menge Einheit	% an NUF	% an BGF
Entlüftete Fläche	–	–	–
Be- und entlüftete Fläche	–	–	–
Teilklimatisierte Fläche	–	–	–
Klimatisierte Fläche	–	–	–

KG	Kostengruppen (2. Ebene)	Menge Einheit	Menge/NUF	Menge/BGF
310	Baugrube / Erdbau	20,00 m³ BGI	0,08	0,05
320	Gründung, Unterbau	61,60 m² GRF	0,26	0,16
330	Außenwände/Vertikale Baukonstruktionen, außen	304,78 m² AWF	1,28	0,81
340	Innenwände/Vertikale Baukonstruktionen, innen	325,12 m² IWF	1,36	0,86
350	Decken/Horizontale Baukonstruktionen	252,00 m² DEF	1,06	0,67
360	Dächer	177,42 m² DAF	0,74	0,47

Umbau

Kostenkennwerte für die Kostengruppen der 1.Ebene DIN 276

KG	Kostengruppen (1.Ebene)	Einheit	Kosten €	€/Einheit	€/m² BGF	€/m³ BRI	% 300+400
100	Grundstück	m² GF	–	–	–	–	–
200	Vorbereitende Maßnahmen	m² GF	–	–	–	–	–
300	Bauwerk – Baukonstruktionen	m² BGF	668.033	1.768,83	1.768,83	563,18	87,8
400	Bauwerk – Technische Anlagen	m² BGF	92.864	245,89	245,89	78,29	12,2
	Bauwerk 300+400	**m² BGF**	**760.897**	**2.014,71**	**2.014,71**	**641,47**	**100,0**
500	Außenanlagen und Freiflächen	m² AF	30.016	647,32	79,48	25,31	3,9
600	Ausstattung und Kunstwerke	m² BGF	–	–	–	–	–
700	Baunebenkosten	m² BGF	–	–	–	–	–
800	Finanzierung	m² BGF	–	–	–	–	–

KG	Kostengruppe	Menge Einheit	Kosten €	€/Einheit	%
3+4	**Bauwerk**				**100,0**
300	**Bauwerk – Baukonstruktionen**	377,67 m² BGF	668.033	**1.768,83**	87,8

- Abbrechen (Kosten: 15,4%) 102.980
  Abbruch von Betonboden Anbau, Bodenbelägen; Giebelmauerwerk, Mauerwerk, Stahlträgern, Fenstern, Haustüren, Putz; Vorsatzschalen; Erdauffüllung über Gewölbe, Fußbodenaufbauten, Deckenbekleidung; Dach Anbau, Entkernung Wohnhaus: Dach, Dachrinnen, Schornsteine, Holzbalkendecken, Deckenputz, Deckenbeläge, Holzdielung, Innenwänden, Innentüren, Holztreppen, haustechnische Installationen; Entsorgung, Deponiegebühren

- Wiederherstellen (Kosten: 1,5%) 9.907
  Gelöstes Mauerwerk nachmauern, Traufmauerwerk abbrechen mit Profilierung wiederherstellen, Risse im Mauerwerk öffnen, auspressen, verfugen, Vernadelung von Fugen, Vollziegel-Mauerwerk in Kleinflächen sanieren, lose Fugen neu verfugen, Risse öffnen, auspressen, verputzen; Nachbardachfläche über Brandwand: barocke Biberziegel aufnehmen, Rinne ausbilden, Dachlattung einbauen, barocke Biberziegel wieder eindecken

- Herstellen (Kosten: 83,1%) 555.146
  Betonboden, Estrich; Mauerwerk, Holzfenster/-türen, Putz, Fassadenprofile, WDVS; KS-Mauerwerk, Metallständerwände, Holztüren, Innenputz, Beschichtung, Wandfliesen; Stb-Decken, Glasschaumschotter, Betonboden, Blähtonschüttung, Konstruktionshölzer, Dielung, Linoleum, Bodenfliesen, Holztreppen; Holzsatteldach, Kehlbalkenlage mit OSB-Platten, Zwischensparrendämmung, Dachflächenfenster, Ziegeldeckung, Dachentwässerung, GK-Bekleidungen, Beschichtung

KG	Kostengruppe	Menge Einheit	Kosten €	€/Einheit	%
400	**Bauwerk – Technische Anlagen**	377,67 m² BGF	92.864	**245,89**	12,2

- Abbrechen (Kosten: < 0,1%) 52
  Abbruch von Wasserzähler; Entsorgung, Deponiegebühren

- Herstellen (Kosten: 99,9%) 92.812
  Gebäudeentwässerung, Kalt- und Warmwasserleitungen, Sanitärobjekte; Gas-Brennwertkessel, Warmwasserspeicher, Heizungsrohre, Heizkörper, Fußbodenheizung, Schornstein, PP-Abgassystem; Elektroinstallation, Beleuchtung, Telefonanschluss, Antennenanschlüsse

KG	Kostengruppe	Menge Einheit	Kosten €	€/Einheit	%
500	**Außenanlagen und Freiflächen**	46,37 m²AF	30.016	**647,32**	3,[illegible]

- Abbrechen (Kosten: 21,8%) 6.550
  Abbruch von Mauerwerk, Putz, Putzhohlstellen, verglasten Betonwaben, Fenstern, Torrahmen; Entsorgung, Deponiegebühren

- Herstellen (Kosten: 78,2%) 23.467
  Boden abtragen; Dichtschlämme an Sockel, Glattputz, Ausgleichsputz, Armierungsmörtel, Putz, Beschichtung, Holztore, Mauerkopfabdeckungen mit Biberschwanzdeckung, Öffnung in Hofmauer schließen

Kostenkennwerte für die Kostengruppen der 2.Ebene DIN 276

KG	Kostengruppe	Menge Einheit	Kosten €	€/Einheit	%
300	**Bauwerk – Baukonstruktionen**				**100,0**
310	**Baugrube / Erdbau**	20,00 m³ BGI	7.883	**394,14**	1,2
	• Herstellen (Kosten: 100,0%) Erdaushub BK 3-5, schuttdurchsetzt, d=30-35cm, im Gebäude, laden, entsorgen (17m³), Füllsand/-kies verfüllen, Liefermaterial (25m³), Arbeitsraumaushub in Handarbeit, lagern, verdichten, mit Lagermaterial verfüllen (3m³)	20,00 m³ BGI	7.883	**394,14**	
320	**Gründung, Unterbau**	61,60 m² GRF	27.185	**441,32**	4,1
	• Abbrechen (Kosten: 32,3%) Abbruch von Betonboden, Anbau (25m²), Streifenfundamente abstemmen (1m³) * Bodenbelägen (46m²); Entsorgung, Deponiegebühren	71,00 m² GRF	8.768	**123,49**	
	• Herstellen (Kosten: 67,7%) Betonboden, d=10cm (62m²), Stahlbetonhohldielen (psch), Fundamentaushub, Streifenfundamente (1m³), Stb-Einzelfundamente (1m³) * Bitumenschweißbahnen (62m²), Zementestrich, Bodenfliesen (1m²), Konstruktionshölzer, Blähtonschüttung, Dielung (53m²) * Geotextil, Perimeterdämmung, Glasschaumschotter, lastabtragend, d=20cm, Folie (57m²)	61,60 m² GRF	18.417	**298,98**	
330	**Außenwände/Vert. Baukonstrukt., außen**	304,78 m² AWF	282.619	**927,29**	42,3
	• Abbrechen (Kosten: 15,1%) Abbruch von Giebelmauerwerk, Vollziegel, Reichsformat (26m²), wieder verwendbare Vollziegel reinigen, lagern (300St), Mauerwerk, für Öffnungen (19m²), Stahlträgern (12St), Laibungen (14St), Mauerwerk (14m²) * Glasbausteinen (1m²) * Fenstern (30m²), Haustüren (6m²) * Putz (138m²), Putzhohlstellen (3m²) * Putz (300m²) * Kappe an Lichtschacht (psch); Entsorgung, Deponiegebühren	336,19 m² AWF	42.709	**127,04**	
	• Wiederherstellen (Kosten: 3,1%) Gelöstes Mauerwerk, Einzelflächen ausräumen, im Verband nachmauern (6m²), Traufmauerwerk abbrechen, Mauerwerk einbauen, Profilierung wiederherstellen (11m), verankern (23m), Risse im Mauerwerk öffnen, auspressen, verfugen (14m), Vernadelung, Fugen freiräumen, Spiralanker einbetten, Fuge schließen (3m), Mauerwerk in Kleinflächen sanieren, lose Fugen neu verfugen (33m²), Risse öffnen, auspressen, Armierungsgewebe, verputzen (13m)	–	8.635	–	
	• Herstellen (Kosten: 81,8%) Horizontalabdichtung (28m), Mauerwerk, Öffnungen schließen, d=28-65cm (31m²), Wand verstärken (16m²), Auflagertaschen für Decken (6St) * Traufgesims aufmauern (12m), Sohlbänke ausmauern (5St), Fensterbrüstungen abgleichen (25m) * Mauerwerkspfeiler (1m³) * Holzfenster/-türen, in Abstimmung mit Denkmalschutzbehörde (44m²), Holzhaustüren (6m²) * Putz (132m²), Fassadenprofile (68m), Brüstungsgesimse (7St), Brüstungsspiegel (5St), Pilaster (4St), Pfeilervorlagen (28St), Traufgesims (24m), Sanierputz (15m²), WDVS, d=120mm (89m²), Gesimse, verblechen (35m), Silikatbeschichtung (238m²) * Putz (250m²), Beschichtung (248m²), Fliesen (2m²), EPS-Platte (5m²) * Eingangsstufen (2St)	304,78 m² AWF	231.275	**758,83**	

Umbau

KG	Kostengruppe	Menge Einheit	Kosten €	€/Einheit	%
340	**Innenwände/Vert. Baukonstrukt., innen**	325,12 m^2 IWF	86.831	**267,07**	13,[illegible]
	• Abbrechen (Kosten: 2,3%) Abbruch von Vorsatzschalen (76m^2), HWL-Platten (1m^2); Entsorgung, Deponiegebühren	76,64 m^2 IWF	1.972	**25,74**	
	• Herstellen (Kosten: 97,7%) KS-Mauerwerk, d=17,5-24cm (112m^2), Rundbogen ausmauern (5m^2) * GK-Metallständerwände, d=10-15cm (179m^2) * Mauerwerkspfeiler (3m) * Holztüren, Oberfläche Weißlack (28m^2), Oberfläche CPL (2m^2), Festverglasung (2m^2) * Kalkputz (165m^2), Trockenputz (30m^2), Drempel (13m^2), Wandfliesen (25m^2), Beschichtung (475m^2)	325,12 m^2 IWF	84.859	**261,01**	
350	**Decken/Horizontale Baukonstruktionen**	252,00 m^2 DEF	108.724	**431,45**	16,[illegible]
	• Abbrechen (Kosten: 3,1%) Abbruch von Bodenauffüllung, über Gewölbedecke im Gebäude (9m^3) * Fußbodenaufbauten (19m^2) * Deckenbekleidung (25m^2); Entsorgung, Deponiegebühren	24,74 m^2 DEF	3.376	**136,45**	
	• Herstellen (Kosten: 96,9%) Stb-Decken, d=18-20cm (210m^2), Betonaufkantung Traufe (23m), über Gewölbe: Glasschaumschotter (39m^2), Betonboden, d=10cm (41m^2) * Bodenluke Kellerzugang, begehbar, gedämmt, Sicherungsklappe (3m^2) * Bitumenschweißbahnen (42m^2), TSD, Zementestrich (86m^2), Zementheizestrich (13m^2), Konstruktionshölzer, Blähtonschüttung (85m^2), Dielung (105m^2), Linoleum (61m^2), Bodenfliesen (17m^2) * Beschichtung (202m^2) * Holzwangentreppen, einseitig Treppengeländer (10m^2)	264,40 m^2 DEF	105.348	**398,44**	
360	**Dächer**	177,42 m^2 DAF	80.886	**455,90**	12,1
	• Wiederherstellen (Kosten: 1,6%) Nachbardachfläche über Brandwand: barocke Biberziegel entlang Grundstücksgrenze aufnehmen, aufliegende Rinne, Zinkblech, Aufkantung ausbilden, auf Dachlattung befestigen, barocke Biberziegel wieder eindecken, Schneidearbeiten (14m), Ersatzziegel (40St)	5,72 m^2 DAF	1.272	**222,38**	
	• Herstellen (Kosten: 98,4%) Satteldach, Sparren, Kehlbalken (160m^2), Zwischensparrendämmung, Mineralwolle, d=200mm (141m^2), OSB-Platten, auf Kehlbalken (34m^2) * Dachflächenfenster (5m^2), Dachluken (1m^2) * Ziegeldeckung (172m^2), Dachrinnen (24m), Regenfallrohre (18m), Anschluss Nachbardach: aufliegende Rinne, Zinkblech, Hohlraum mit Mörtel füllen (14m), Dachlatten (28m) * GKF-Bekleidung, Beschichtung (129m^2) * Einschubtreppe (1St), Schneefanggitter (12m), Steiggitterroste (4St), Sicherheitsdachhaken (4St)	177,42 m^2 DAF	79.614	**448,73**	

KG	Kostengruppe	Menge Einheit	Kosten €	€/Einheit	%
390	**Sonst. Maßnahmen für Baukonstrukt.**	377,67 m²BGF	73.904	**195,68**	11,1
	• Abbrechen (Kosten: 62,5%) Abbruch, Entkernung von Wohnhaus: Dachkonstruktion, Dachdeckung, Dachrinnen, zwei Schornsteinen, zwei Holzbalkendecken, Lehmwickel, Deckenputz, Deckenbeläge, Holzdielung, Holzwerkstoffplatten, Innenwänden, Innentüren, Holztreppen, haustechnische Installationen (1.103m³), Dach Anbau von Außenwand trennen, Holz-Stahl-Konstruktion, Dachbahnen, Deckenbekleidungen, Dachfenstern (25m²); Entsorgung, Deponiegebühren	377,67 m²BGF	46.154	**122,21**	
	• Herstellen (Kosten: 37,5%) Bauzaun (32m), Baustellen-WC (1St), Bautreppe (1St), Verkehrssicherung (psch) * Fassadengerüst (260m²), Dachfanggerüst (24m), Fußgängertunnel (13m), Schornsteingerüst (1St) * Müll entsorgen (psch) * Schutzfolien für Fenster, Türen (101m²), für Böden (61m²), für Fensterbänke (19St), für Holzteile Dachtragwerk (psch) * Fenster- und Türöffnungen temporär schließen, Spanplatten (12m²), provisorischer Frostschutz für Trinkwasseranschluss (1St)	377,67 m²BGF	27.750	**73,48**	
400	**Bauwerk – Technische Anlagen**				**100,0**
410	**Abwasser-, Wasser-, Gasanlagen**	377,67 m²BGF	26.628	**70,51**	28,7
	• Abbrechen (Kosten: 0,2%) Abbruch von Wasserzähleranlage (1St), Wasserzähler (1St); Entsorgung, Deponiegebühren	377,67 m²BGF	52	**0,14**	
	• Herstellen (Kosten: 99,8%) HT-Rohre (58m) * Mehrschichtverbundrohre (135m), Rückspül-Schutzfilter (1St), Sicherheitscenter (1St), Ventile (3St), Badewanne (1St), Duschwannen (2St), WCs (3St), Waschbecken (2St), Handwaschbecken (2St), Ausgussbecken (1St), Außenarmatur (1St), Trinkwasseranschluss umverlegen: Wasserzähleranlage (1St), Wasserzähler (1St), PE-Rohr (2m) * Montageelemente (9St)	377,67 m²BGF	26.576	**70,37**	
420	**Wärmeversorgungsanlagen**	377,67 m²BGF	50.231	**133,00**	54,1
	• Herstellen (Kosten: 100,0%) Gas-Brennwertkessel 25kW, Warmwasserspeicher 160l (1St), Kondensathebeanlage (1St), Schlammabscheider (1St), Absorptions-Luftabscheider (1St), Pumpe (1St), Gaszähler (1St), Kupferrohre (20m) * Stahlrohre (252m) * Heizkörper (15St), Fußbodenheizung (14m²) * Schornstein, Mantelsteine, Keramikrohr, Anschlüsse Kaminofen (12m), Schornsteinkopf aufmauern (1St), PP-Abgassystem (1St), Schachtabdeckung (1St), doppelwandige Rohre, Kunststoff/Stahl (4m)	377,67 m²BGF	50.231	**133,00**	
440	**Elektrische Anlagen**	377,67 m²BGF	15.366	**40,69**	16,5
	• Herstellen (Kosten: 100,0%) Zählerschrank (1St), Sicherungen (33St), FI-Schutzschalter (3St), Hauptschalter (1St), Kleinverteiler (1St), Mantelleitungen (620m), Schalter (34St), Steckdosen (161St), Raumthermostat (1St), Herd anschließen (1St) * Ovalleuchten (4St) * Potenzialausgleich (1St)	377,67 m²BGF	15.366	**40,69**	
450	**Kommunikationstechnische Anlagen**	377,67 m²BGF	415	**1,10**	0,4
	• Herstellen (Kosten: 100,0%) Fernmeldeleitungen (40m), Telefondose (1St) * Koaxialkabel (53m), Antennendosen (3St)	377,67 m²BGF	415	**1,10**	
490	**Sonst. Maßnahmen für techn. Anlagen**	377,67 m²BGF	225	**0,60**	0,2
	• Herstellen (Kosten: 100,0%) Provisorischer Trinkwasseranschluss, Begleitheizung (1St)	377,67 m²BGF	225	**0,60**	

Umbau

KG	Kostengruppe	Menge Einheit	Kosten €	€/Einheit	%
500	**Außenanlagen und Freiflächen**				**100,0**
510	**Erdbau**	–	3.534	–	11,8
	• Herstellen (Kosten: 100,0%) Boden abtragen (psch)	–	3.534	–	
540	**Baukonstruktionen**	46,37 m²AF	26.483	**571,12**	88,2
	• Abbrechen (Kosten: 24,7%) Abbruch von Mauerwerk (38m²), für Türöffnung (2m²), Putz (46m²), Putzhohlstellen (9m²), verglasten Betonwaben (28St), Fenstern, festverglast, Fenstergittern (1m²), Torrahmen (1St); Entsorgung, Deponiegebühren	46,37 m²AF	6.550	**141,25**	
	• Herstellen (Kosten: 75,3%) Dichtschlämme, Sockel (22m²), Glattputz (21m²), Kalk-Ausgleichsputz (25m²), Armierungsmörtel, Putz, Beschichtung (50m²), Holztor, zweiflüglig, beschichtet (5m²), einflüglig, mit Durchwurfbriefkasten (2m²), Mauerkopfabdeckungen, Biberschwanzdeckung (26m), Öffnung in Hofmauer schließen, Mauerwerk (4m²)	46,37 m²AF	19.933	**429,87**	

Kostenkennwerte für die Kostengruppen 300 der 2. und 3. Ebene DIN 276 (Übersicht)

KG	Kostengruppe	Menge Einheit	€/Einheit	Kosten €	% an 3+4
300	**Bauwerk – Baukonstruktionen**	**377,67 m² BGF**	**1.768,83**	**668.032,71**	**87,8**
310	**Baugrube / Erdbau**	**20,00 m³ BGI**	**394,14**	**7.882,90**	**1,0**
311	Herstellung	20,00 m³ BGI	394,14	7.882,90	1,0
312	Umschließung	–	–	–	–
313	Wasserhaltung	–	–	–	–
314	Vortrieb	–	–	–	–
319	Sonstiges zur KG 310	–	–	–	–
320	**Gründung, Unterbau**	**61,60 m² GRF**	**441,32**	**27.185,29**	**3,6**
321	Baugrundverbesserung	–	–	–	–
322	Flachgründungen und Bodenplatten	61,60 m²	173,92	10.713,63	1,4
323	Tiefgründungen	–	–	–	–
324	Gründungsbeläge	54,19 m²	225,13	12.199,80	1,6
325	Abdichtungen und Bekleidungen	56,55 m²	75,54	4.271,87	0,6
326	Dränagen	–	–	–	–
329	Sonstiges zur KG 320	–	–	–	–
330	**Außenwände/Vert. Baukonstrukt., außen**	**304,78 m² AWF**	**927,29**	**282.618,88**	**37,1**
331	Tragende Außenwände	53,62 m²	1.324,60	71.025,12	9,3
332	Nichttragende Außenwände	–	–	3.734,64	0,5
333	Außenstützen	–	–	1.639,86	0,2
334	Außenwandöffnungen	49,78 m²	1.535,43	76.433,59	10,0
335	Außenwandbekleidungen, außen	237,50 m²	400,24	95.056,99	12,5
336	Außenwandbekleidungen, innen	255,00 m²	132,08	33.679,63	4,4
337	Element. Außenwandkonstruktionen	–	–	–	–
338	Lichtschutz zur KG 330	–	–	–	–
339	Sonstiges zur KG 330	304,78 m² AWF	3,44	1.049,07	0,1
340	**Innenwände/Vert. Baukonstrukt., innen**	**325,12 m² IWF**	**267,07**	**86.831,36**	**11,4**
341	Tragende Innenwände	116,70 m²	172,85	20.172,00	2,7
342	Nichttragende Innenwände	178,74 m²	150,58	26.913,88	3,5
343	Innenstützen	2,86 m	115,83	331,28	< 0,1
344	Innenwandöffnungen	29,68 m²	379,64	11.267,62	1,5
345	Innenwandbekleidungen	482,00 m²	58,40	28.146,55	3,7
346	Elementierte Innenwandkonstruktionen	–	–	–	–
347	Lichtschutz zur KG 340	–	–	–	–
349	Sonstiges zur KG 340	–	–	–	–
350	**Decken/Horizontale Baukonstruktionen**	**252,00 m² DEF**	**431,45**	**108.724,20**	**14,3**
351	Deckenkonstruktionen	252,00 m²	239,84	60.439,55	7,9
352	Deckenöffnungen	3,02 m²	341,21	1.030,46	0,1
353	Deckenbeläge	182,15 m²	157,65	28.715,57	3,8
354	Deckenbekleidungen	202,45 m²	11,49	2.326,92	0,3
355	Elementierte Deckenkonstruktionen	9,38 m²	1.728,33	16.211,69	2,1
359	Sonstiges zur KG 350	–	–	–	–
360	**Dächer**	**177,42 m² DAF**	**455,90**	**80.885,98**	**10,6**
361	Dachkonstruktionen	159,83 m²	147,32	23.546,00	3,1
362	Dachöffnungen	5,11 m²	1.799,30	9.194,44	1,2
363	Dachbeläge	172,31 m²	154,67	26.651,58	3,5
364	Dachbekleidungen	128,96 m²	141,20	18.209,61	2,4
365	Elementierte Dachkonstruktionen	–	–	–	–
366	Lichtschutz zur KG 360	–	–	–	–
369	Sonstiges zur KG 360	177,42 m² DAF	18,51	3.284,35	0,4
370	**Infrastrukturanlagen**	**–**	**–**	**–**	**–**
380	**Baukonstruktive Einbauten**	**–**	**–**	**–**	**–**
390	**Sonst. Maßnahmen für Baukonstrukt.**	**377,67 m² BGF**	**195,68**	**73.904,11**	**9,7**

Kostenkennwerte für die Kostengruppen 400 der 2. und 3.Ebene DIN 276 (Übersicht)

KG	Kostengruppe	Menge Einheit	€/Einheit	Kosten €	% an 3+4
400	**Bauwerk – Technische Anlagen**	**377,67 m² BGF**	**245,89**	**92.864,40**	**12,**
410	**Abwasser-, Wasser-, Gasanlagen**	**377,67 m² BGF**	**70,51**	**26.627,86**	**3,5**
411	Abwasseranlagen	377,67 m² BGF	12,02	4.539,76	0,
412	Wasseranlagen	377,67 m² BGF	51,43	19.425,32	2,
413	Gasanlagen	–	–	–	–
419	Sonstiges zur KG 410	377,67 m² BGF	7,05	2.662,77	0,
420	**Wärmeversorgungsanlagen**	**377,67 m² BGF**	**133,00**	**50.230,88**	**6,0**
421	Wärmeerzeugungsanlagen	377,67 m² BGF	37,89	14.311,19	1,9
422	Wärmeverteilnetze	377,67 m² BGF	33,99	12.836,33	1,
423	Raumheizflächen	377,67 m² BGF	32,84	12.401,89	1,6
424	Verkehrsheizflächen	–	–	–	–
429	Sonstiges zur KG 420	377,67 m² BGF	28,28	10.681,49	1,
430	**Raumlufttechnische Anlagen**	**–**	**–**	**–**	**–**
431	Lüftungsanlagen	–	–	–	–
432	Teilklimaanlagen	–	–	–	–
433	Klimaanlagen	–	–	–	–
434	Kälteanlagen	–	–	–	–
439	Sonstiges zur KG 430	–	–	–	–
440	**Elektrische Anlagen**	**377,67 m² BGF**	**40,69**	**15.365,71**	**2,0**
441	Hoch- und Mittelspannungsanlagen	–	–	–	–
442	Eigenstromversorgungsanlagen	–	–	–	–
443	Niederspannungsschaltanlagen	–	–	–	–
444	Niederspannungsinstallationsanlagen	377,67 m² BGF	39,61	14.960,67	2,0
445	Beleuchtungsanlagen	377,67 m² BGF	0,34	128,99	< 0,1
446	Blitzschutz- und Erdungsanlagen	377,67 m² BGF	0,73	276,08	< 0,1
447	Fahrleitungssysteme	–	–	–	–
449	Sonstiges zur KG 440	–	–	–	–
450	**Kommunikationstechnische Anlagen**	**377,67 m² BGF**	**1,10**	**414,77**	**< 0,1**
451	Telekommunikationsanlagen	377,67 m² BGF	0,35	131,85	< 0,1
452	Such- und Signalanlagen	–	–	–	–
453	Zeitdienstanlagen	–	–	–	–
454	Elektroakustische Anlagen	–	–	–	–
455	Audiovisuelle Medien- u. Antennenanl.	377,67 m² BGF	0,75	282,92	< 0,1
456	Gefahrenmelde- und Alarmanlagen	–	–	–	–
457	Datenübertragungsnetze	–	–	–	–
458	Verkehrsbeeinflussungsanlagen	–	–	–	–
459	Sonstiges zur KG 450	–	–	–	–
460	**Förderanlagen**	**–**	**–**	**–**	**–**
461	Aufzugsanlagen	–	–	–	–
462	Fahrtreppen, Fahrsteige	–	–	–	–
463	Befahranlagen	–	–	–	–
464	Transportanlagen	–	–	–	–
465	Krananlagen	–	–	–	–
466	Hydraulikanlagen	–	–	–	–
469	Sonstiges zur KG 460	–	–	–	–
470	**Nutzungsspez. u. verfahrenstechn. Anl.**	**–**	**–**	**–**	**–**
480	**Gebäude- und Anlagenautomation**	**–**	**–**	**–**	**–**
490	**Sonst. Maßnahmen für techn. Anlagen**	**377,67 m² BGF**	**0,60**	**225,16**	**< 0,1**

Kostenstand: 3.Quartal 2023, Bundesdurchschnitt, **inkl. 19% MwSt.**

Kostenkennwerte für Leistungsbereiche nach STLB (Kosten des Bauwerks nach DIN 276)

LB	Leistungsbereiche	Kosten €	€/m² BGF	€/m³ BRI	% an 3+4
000	Sicherheits-, Baustelleneinrichtungen inkl. 001	24.967	66,10	21,00	3,3
002	Erdarbeiten	7.955	21,10	6,70	1,0
006	Spezialtiefbauarbeiten inkl. 005	–	–	–	–
009	Entwässerungskanalarbeiten inkl. 011	–	–	–	–
010	Drän- und Versickerarbeiten	–	–	–	–
012	Mauerarbeiten	70.423	186,50	59,40	9,3
	Wiederherstellen	4.263	11,30	3,60	0,6
	Herstellen	66.159	175,20	55,80	8,7
013	Betonarbeiten	68.722	182,00	57,90	9,0
	Wiederherstellen	472	1,20	0,40	< 0,1
	Herstellen	68.250	180,70	57,50	9,0
014	Natur-, Betonwerksteinarbeiten	–	–	–	–
016	Zimmer- und Holzbauarbeiten	20.616	54,60	17,40	2,7
017	Stahlbauarbeiten	–	–	–	–
018	Abdichtungsarbeiten	5.660	15,00	4,80	0,7
019	Kampfmittelräumarbeiten	–	–	–	–
020	Dachdeckungsarbeiten	33.059	87,50	27,90	4,3
	Wiederherstellen	1.272	3,40	1,10	0,2
	Herstellen	31.787	84,20	26,80	4,2
021	Dachabdichtungsarbeiten	–	–	–	–
022	Klempnerarbeiten	6.290	16,70	5,30	0,8
	Rohbau	**237.691**	**629,40**	**200,40**	**31,2**
	Wiederherstellen	6.007	15,90	5,10	0,8
	Herstellen	231.684	613,50	195,30	30,4
023	Putz- und Stuckarbeiten, Wärmedämmsysteme	122.846	325,30	103,60	16,1
	Wiederherstellen	3.900	10,30	3,30	0,5
	Herstellen	118.946	314,90	100,30	15,6
024	Fliesen- und Plattenarbeiten	6.471	17,10	5,50	0,9
025	Estricharbeiten	5.849	15,50	4,90	0,8
026	Fenster, Außentüren inkl. 029, 032	72.917	193,10	61,50	9,6
027	Tischlerarbeiten	29.179	77,30	24,60	3,8
028	Parkettarbeiten, Holzpflasterarbeiten	–	–	–	–
030	Rollladenarbeiten	–	–	–	–
031	Metallbauarbeiten inkl. 035	–	–	–	–
034	Maler- und Lackiererarbeiten inkl. 037	16.341	43,30	13,80	2,1
036	Bodenbelagarbeiten	25.233	66,80	21,30	3,3
038	Vorgehängte hinterlüftete Fassaden	–	–	–	–
039	Trockenbauarbeiten	55.552	147,10	46,80	7,3
	Ausbau	**334.388**	**885,40**	**281,90**	**43,9**
	Wiederherstellen	3.900	10,30	3,30	0,5
	Herstellen	330.488	875,10	278,60	43,4
040	Wärmeversorgungsanl. - Betriebseinr. inkl. 041	40.782	108,00	34,40	5,4
042	Gas- und Wasserinstallation, Leitungen inkl. 043	11.291	29,90	9,50	1,5
044	Abwasseranlagen - Leitungen	4.462	11,80	3,80	0,6
045	GWE-Einrichtungsgegenstände inkl. 046	9.827	26,00	8,30	1,3
047	Dämmarbeiten an betriebstechnischen Anlagen	3.313	8,80	2,80	0,4
049	Feuerlöschanlagen, Feuerlöschgeräte	–	–	–	–
050	Blitzschutz- und Erdungsanlagen	276	0,73	0,23	< 0,1
053	Niederspannungsanlagen inkl. 052, 054	14.961	39,60	12,60	2,0
055	Sicherheits- u. Ersatzstromversorgungsanl.	–	–	–	–

LB	Leistungsbereiche	Kosten €	€/m² BGF	€/m³ BRI	% an 3+4
057	Gebäudesystemtechnik	–	–	–	–
058	Leuchten und Lampen inkl. 059	129	0,34	0,11	< 0,
060	Sprechanlagen, elektroakust. Anlagen inkl. 064	–	–	–	–
061	Kommunikationsnetze inkl. 063	415	1,10	0,35	< 0,
069	Aufzüge	–	–	–	–
070	Gebäudeautomation	–	–	–	–
075	Raumlufttechnische Anlagen inkl. 078	–	–	–	–
	Gebäudetechnik	**85.455**	**226,30**	**72,00**	**11,**
084	Abbruch, Rückbau, Schadstoffsanierung	103.032	272,80	86,90	13,
	Abbrechen	103.032	272,80	86,90	13,
	Abbrucharbeiten	**103.032**	**272,80**	**86,90**	**13,**
	Abbrechen	103.032	272,80	86,90	13,
	Sonstige Leistungsbereiche	**331**	**0,88**	**0,28**	**< 0,**

6100-1457
Mehrfamilienhaus
(11 WE)

Umbau

Objektübersicht

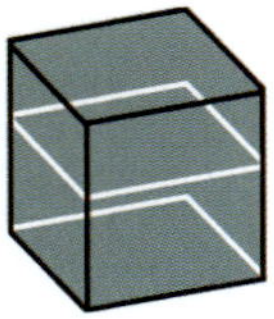

BRI 354 €/m³

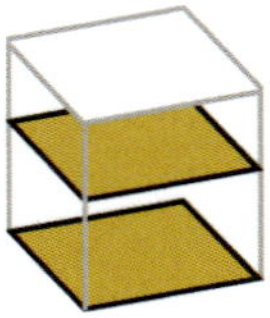

BGF 1.105 €/m²

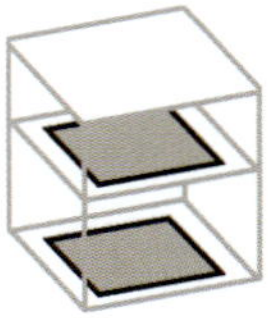

NUF 1.552 €/m²

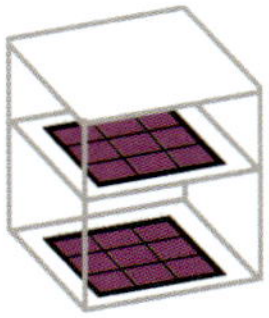

NE 1.936 €/NE

NE: Wohnfläche

Objekt:
Kennwerte: 3. Ebene DIN 276
BRI: 4.425 m³
BGF: 1.418 m²
NUF: 1.010 m²
Bauzeit: 17 Wochen
Bauende: 2017
Standard: Durchschnitt
Bundesland: Brandenburg
Kreis: Brandenburg a.d. Havel

Architekt*in:
Märkplan GmbH
Neustädtischer Markt 27
14776 Brandenburg

vorher

nachher

Ansicht Nord

Ansicht Ost

Erdgeschoss

1.- 3. Obergeschoss

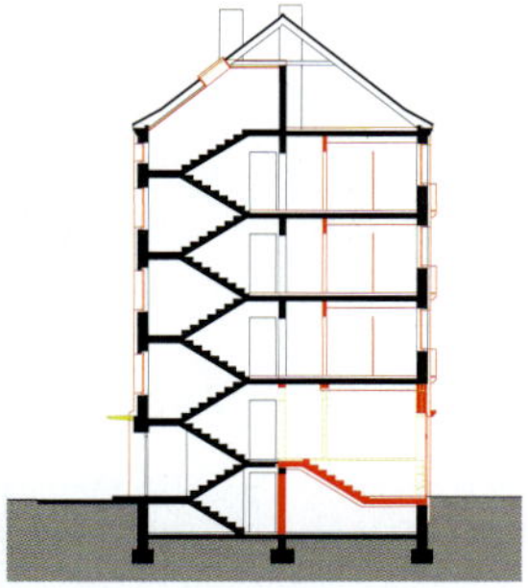

Querschnitt

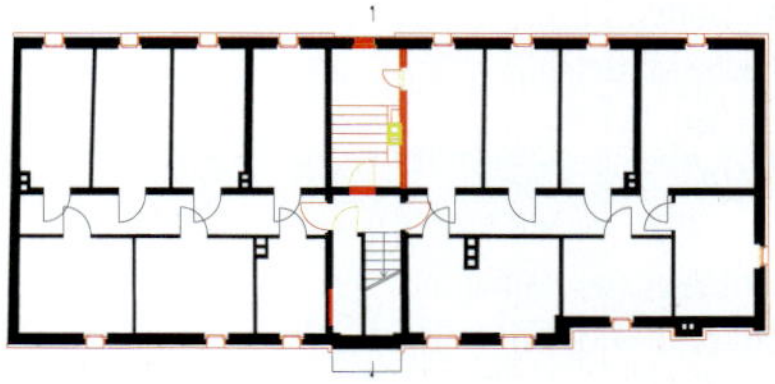

Untergeschoss

Ansicht Süd

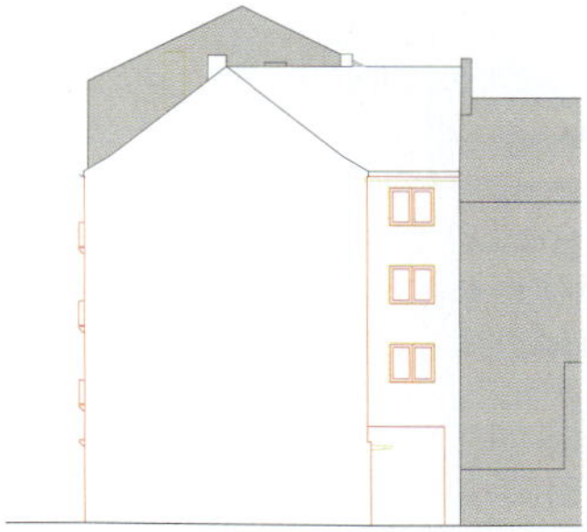

Ansicht West

6100-1457
Mehrfamilienhaus
(11 WE)

Umbau

Objektbeschreibung

Allgemeine Objektinformationen

Das bestehende Mehrfamilienhaus wurde kernsaniert und umgebaut. Das unterkellerte Eckgebäude verfügt über drei Vollgeschosse und ein Dachgeschoss. Durch Grundrissanpassungen konnten aus zwölf Wohnungen mit zwei bis drei Zimmern elf Wohnungen mit zwei bis vier Zimmern geschaffen werden, die unterschiedlichen Nutzerwünschen entsprechen. Gestaltungsmaßnahmen an den Straßenfassaden führten zu einer optischen und funktionalen Aufwertung.

Nutzung

1 Untergeschoss
Kellerräume, Heizungsraum, Hausanschlussraum

1 Erdgeschoss
eine Dreizimmerwohnung, eine Vierzimmerwohnung

3 Obergeschosse
1. - 3. OG: je eine Zweizimmerwohnung, eine Dreizimmerwohnung, eine Vierzimmerwohnung

1 Dachgeschoss
Wäschetrockenplatz, Abstellfläche, Revisionsgänge

Nutzeinheiten

Wohneinheiten: 11
Wohnfläche: 810 m^2

Grundstück

Bauraum: Beengter Bauraum
Neigung: Ebenes Gelände
Bodenklasse: BK 1 bis BK 4

Markt

Hauptvergabezeit: 4. Quartal 2016
Baubeginn: 4. Quartal 2016
Bauende: 1. Quartal 2017
Konjunkturelle Gesamtlage: Durchschnitt
Regionaler Baumarkt: Durchschnitt

Baubestand

Baujahr: 1971
Bauzustand: mittel
Aufwand: mittel
Grundrissänderungen: umfangreiche
Tragwerkseingriffe: einige
Nutzungsänderung: nein
Nutzung während der Bauzeit: nein

Baukonstruktion

Das Wohnhaus wurde komplett entkernt. Das Gebäude erhielt eine Außenwärmedämmung sowie einen Zugang an das bestehende Treppenhaus. Neue Kunststofffenster und französische Balkongitter kamen zum Einsatz. Die Dachfläche wurde ausgebessert. Die obersten und untersten Geschossdecken erhielten eine Deckendämmung. Im Treppenhaus wurde ein Rauchabzugsfenster eingebaut. Die neue Haustüre mit Briefkastenelement ist in Kunststoff ausgeführt. Die Wohnungseingangstüren wurden erneuert, ebenso wurden Feuerschutzabschlusstüren eingebaut. Die Tragende Innenwandkonstruktionen wurden angepasst und neue Gipskartonwände erstellt. Die Bäder erhielten neue Unterdecken sowie neue Fliesenbeläge. Die Küchen und Wohnräume sind mit Linoleum belegt.

Technische Anlagen

Erneuerung sämtlicher Installationen der Abwasser-, Trinkwasser-, Heizungs- und Elektroanlage. Neue Beleuchtung im Treppenhaus.

Sonstiges

Der Innenhof wurde ebenfalls neu gestaltet. Er ist unter der Objektnummer 6100-1655 dokumentiert.

Energetische Kennwerte

Gesetzliche Grundlage: EnEV 2013
Gebäudenutzfläche: 1.013,70 m^2
Gebäudevolumen: 3.167,80 m^3
A/Ve-Verhältnis (Kompaktheit): 0,33 m^{-1}
Hüllfläche des beheizten Volumens: 1.090,30 m^2
Spez. Transmissionswärmeverlust: 0,42 W/(m^2·K)
Spez. Jahresprimärenergiebedarf: 70,20 kWh/(m^2·a)
Spez. Jahresendenergiebedarf: 63,40 kWh/(m^2·a)
CO_2-Emissionen: 15,70 kg/(m^2·a)

Energetische Angaben zu Außenbauteilen

Umbau

Kellerdecke

U-Wert: 0,26 W/(m²·K)

Gesamtdicke: 37,80 cm	d [cm]	l [W/(m·K)]
Estrich	1,00	1,400
HWL-Platte	3,00	0,065
Gummi	1,50	0,200
Schüttung	1,80	0,700
Stahlbeton	19,00	2,100
Putz	1,50	0,870
Dämmung	10,00	0,035

Außenwand

U-Wert: 0,22 W/(m²·K)

Gesamtdicke: 53,00 cm	d [cm]	l [W/(m·K)]
Innenputz	1,50	0,870
Ziegel	36,50	0,580
Putz	1,50	0,870
Dämmung	12,00	0,033
Außenputz	1,50	0,250

Decke Durchfahrt

U-Wert: 0,23 W/(m²·K)

Gesamtdicke: 41,30 cm	d [cm]	l [W/(m·K)]
Estrich	1,00	1,400
HWL-Platte	3,00	0,065
Gummi	1,50	0,200
Schüttung	1,80	0,700
Stahlbeton	19,00	2,100
Putz	1,50	0,870
Dämmung	12,00	0,035
Außenputz	1,50	0,870

Decke gegen kalten Dachraum

U-Wert: 0,23 W/(m²·K)

Gesamtdicke: 42,00 cm	d [cm]	l [W/(m·K)]
Innenputz	1,50	0,870
Stahlbeton	19,00	2,100
Schüttung	3,00	0,700
HWL-Platte	3,00	0,065
Estrich	3,50	1,400
Dämmung	12,00	0,035

6100-1457
Mehrfamilienhaus
(11 WE)

Umbau

Planungskennwerte für Flächen und Rauminhalte nach DIN 277

Flächen des Grundstücks		Menge Einheit	% an GF
BF	Bebaute Fläche	305,50 m²	64,0
UF	Unbebaute Fläche	171,50 m²	36,0
GF	Grundstücksfläche	477,00 m²	100,0

Grundflächen des Bauwerks		Menge Einheit	% an NUF	% an BGF
NUF	Nutzungsfläche	1.010,15 m²	100,0	71,2
TF	Technikfläche	14,74 m²	1,5	1,0
VF	Verkehrsfläche	87,15 m²	8,6	6,1
NRF	Netto-Raumfläche	1.112,04 m²	110,1	78,4
KGF	Konstruktions-Grundfläche	306,15 m²	30,3	21,6
BGF	Brutto-Grundfläche	1.418,19 m²	140,4	100,0

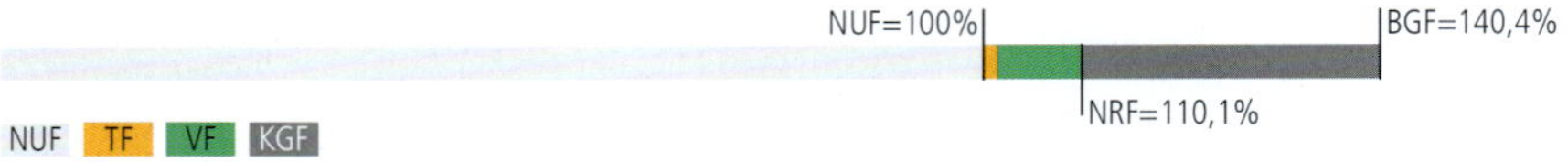

Brutto-Rauminhalt des Bauwerks		Menge Einheit	BRI/NUF (m)	BRI/BGF (m)
BRI	Brutto-Rauminhalt	4.424,92 m³	4,38	3,12

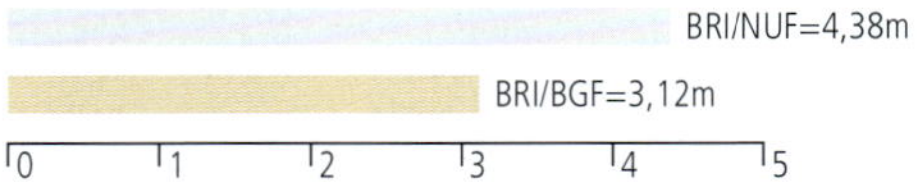

Lufttechnisch behandelte Flächen	Menge Einheit	% an NUF	% an BGF
Entlüftete Fläche	–	–	–
Be- und entlüftete Fläche	–	–	–
Teilklimatisierte Fläche	–	–	–
Klimatisierte Fläche	–	–	–

KG	Kostengruppen (2. Ebene)	Menge Einheit	Menge/NUF	Menge/BGF
310	Baugrube / Erdbau	–	–	–
320	Gründung, Unterbau	–	–	–
330	Außenwände/Vertikale Baukonstruktionen, außen	923,11 m² AWF	0,91	0,65
340	Innenwände/Vertikale Baukonstruktionen, innen	1.455,39 m² IWF	1,44	1,03
350	Decken/Horizontale Baukonstruktionen	945,29 m² DEF	0,94	0,67
360	Dächer	271,09 m² DAF	0,27	0,19

Kostenkennwerte für die Kostengruppen der 1.Ebene DIN 276

KG	Kostengruppen (1.Ebene)	Einheit	Kosten €	€/Einheit	€/m² BGF	€/m³ BRI	% 300+400
100	Grundstück	m² GF	–	–	–	–	–
200	Vorbereitende Maßnahmen	m² GF	–	–	–	–	–
300	Bauwerk – Baukonstruktionen	m² BGF	1.014.583	715,41	715,41	229,29	64,7
400	Bauwerk – Technische Anlagen	m² BGF	553.087	390,00	390,00	124,99	35,3
	Bauwerk 300+400	**m² BGF**	**1.567.671**	**1.105,40**	**1.105,40**	**354,28**	**100,0**
500	Außenanlagen und Freiflächen	m² AF	25.365	147,90	17,89	5,73	1,6
600	Ausstattung und Kunstwerke	m² BGF	29.315	20,67	20,67	6,63	1,9
700	Baunebenkosten	m² BGF	–	–	–	–	–
800	Finanzierung	m² BGF	–	–	–	–	–

KG	Kostengruppe	Menge Einheit	Kosten €	€/Einheit	%
3+4	**Bauwerk**				**100,0**
300	**Bauwerk – Baukonstruktionen**	1.418,19 m² BGF	1.014.583	**715,41**	64,7

- Abbrechen (Kosten: 11,3%) 114.843
  Abbruch von Bodenplatte, Schornsteinfundament; Mauerwerk, Fenstern, Tür, Tapeten, Wandfliesen, Beschichtung, Putz, kreidenden Schichten, alten Putzgrund abschleifen; Holztüren, Wandbekleidungen; Hohlkörperdecke, PVC/Linoleum, Bodenfliesen, Estrich, Regenrohren; Einbauschränken, Briefkastenanlage; Entsorgung, Deponiegebühren

- Wiederherstellen (Kosten: 1,9%) 19.253
  Risse überarbeiten, Altbeschichtungen reinigen, spachteln, beschichten; Treppenhaus: Terrazzobeläge reinigen, imprägnieren, Beton-Türschwellen abschleifen, Treppenhausgeländer demontieren, erhöhen, montieren, Handläufe verspachteln, beschichten; Dachdeckung: Traglattung rückbauen, Dachziegel lagern, nach Abbruch Schornstein, neue Lattung, Dachziegel wieder eindecken, defekten Rinnenstöße abdichten

- Herstellen (Kosten: 86,8%) 880.488
  Fundamente; Fensteranschläge, Stürze austauschen, Kunststoff-Fenster-/Türen, WDVS, Fassadenprofile, Verblechungen für Gesimse , Sockelbeschichtung, Brüstungsgeländer, Fenstergitter; Mauerwerk, GK-Wände, Öffnungen herstellen, Öffnungen schließen, Türanschläge, Holztüren, Stahltüren, Putz, Tapeten, Beschichtung, Wandfliesen; Stb-Decke, Stb-Treppe, Estrich, Linoleum, Bodenfliesen, Dämmung, Belag, GK-Decken, Kellerdeckendämmung, WDVS; DFF, Dämmung, Revisionsgänge, Fallrohre, GK-Bekleidung

KG	Kostengruppe	Menge Einheit	Kosten €	€/Einheit	
400	**Bauwerk – Technische Anlagen**	1.418,19 m²BGF	553.087	**390,00**	35,
	• Abbrechen (Kosten: 2,7%) Abbruch von Abwasserrohren, Kalt- und Warmwasserleitungen, Sanitärobjekten, Gasleitungen; Kachelöfen, Gas-Wandheizgeräten, Gas-Außenwandheizern, Schornstein; Elektroinstallation; Entsorgung, Deponiegebühren		15.047		
	• Wiederherstellen (Kosten: 0,2%) Wangenmauerwerk der Schornsteine öffnen, nach Leitungsinstallation schließen; Schaltschrank, abschleifen, beschichten		1.238		
	• Herstellen (Kosten: 97,1%) Gebäudeentwässerung, Kalt- und Warmwasserleitungen, Sanitärobjekte; Pelletkessel, Frischwasserstationen, Schichtenspeicher, Pelletlager, Saugschneckensystem, Heizungsleitungen, Sockelleistensystem, Heizkörper, Abgasanlage; Einzelraumlüfter; Elektroinstallation, Beleuchtung, Erdung; Fernmeldeleitungen, Gegensprechanlage, Antennenanlage, Datenübertragungsnetz		536.803		
500	**Außenanlagen und Freiflächen**	171,50 m²AF	25.365	**147,90**	1,
	• Abbrechen (Kosten: 22,3%) Freifläche aus Beton aufschneiden		5.646		
	• Wiederherstellen (Kosten: 5,7%) Kamerabefahrung Grundleitungen		1.455		
	• Herstellen (Kosten: 72,0%) Rohrgrabenverfüllung, Auffüllungen austauschen, Erdaushub; KG-Rohre, Kunststoffschächte, Rohrdurchführungen, Anschluss an Mischwasserkanal		18.263		
600	**Ausstattung und Kunstwerke**	1.418,19 m²BGF	29.315	**20,67**	1,
	• Abbrechen (Kosten: 1,1%) Abbruch von Kohle-Kochherden; Entsorgung, Deponiegebühren		329		
	• Herstellen (Kosten: 98,9%) Duschabtrennungen, Vorhangstangen, Duschvorhänge, Spiegel		28.987		

Kostenkennwerte für die Kostengruppen der 2.Ebene DIN 276

KG	Kostengruppe	Menge Einheit	Kosten €	€/Einheit	%
300	**Bauwerk – Baukonstruktionen**				**100,0**
320	**Gründung, Unterbau**	–	5.807	–	0,6
	• Abbrechen (Kosten: 43,7%) Abbruch von Bodenplatte, in Streifen (13m²), Schornsteinfundament (1St); Entsorgung, Deponiegebühren	13,25 m² GRF	2.536	**191,37**	
	• Herstellen (Kosten: 56,3%) Stb-Streifenfundamente (5m³) * Dichtungsschlämme an Fundament (3m²)	–	3.271	–	
330	**Außenwände/Vert. Baukonstrukt., außen**	923,11 m² AWF	364.696	**395,07**	35,9
	• Abbrechen (Kosten: 8,8%) Abbruch von Mauerwerk, d=36,5cm (10m²), für Balkontüren: Brüstungen abbrechen, Laibungsmauerwerk ergänzen (19m²), für Verankerungen (21m), Fensteranschlägen (7St) * Fenstern, Außentür (119m²), Fensterbänken (96m) * Putzhohlstellen (22m²) * Tapeten (541m²), Wandfliesen (17m²), Beschichtungen (19m²), Putz (28m²), kreidenden Schichten (45m²), alten Putzuntergrund abschleifen (psch); Entsorgung, Deponiegebühren	793,78 m² AWF	31.971	**40,28**	
	• Wiederherstellen (Kosten: 0,2%) Risse öffnen, reinigen, auspressen, Rissgewebe einmörteln (5m) * Altbeschichtungen reinigen, Fläche spachteln, Beschichtung (24m²)	23,50 m² AWF	780	**33,19**	
	• Herstellen (Kosten: 91,0%) Fensteranschläge (54m), Ziegelstürze austauschen (5St), HEA-Türsturz (1St) * Kunststoff-Fenster-/Türen (130m²), Hauseingangstür, Seitenteile, Briefkastenanlagen (5m²), Eingangstür (2m²) * WDVS (722m²), Fassadenprofile (53m), Blechabdeckungen für Gesimse (70m), Sockelbeschichtung (59m²) * Raufasertapete (626m²), Beschichtung (764m²), Putz (42m²) * Brüstungsgeländer (15St), Fenstergitter (5St), Brüstungsstäbe (8St), Blechabdeckungen für Vordach (1St), Gitterrost (psch)	918,19 m² AWF	331.944	**361,52**	
340	**Innenwände/Vert. Baukonstrukt., innen**	1.455,39 m² IWF	288.520	**198,24**	28,4
	• Abbrechen (Kosten: 12,2%) Abbruch von Mauerwerk (40m²) * Mauerwerk (120m²) * Holztüren (136m²) * Tapeten (908m²), Wandfliesen (132m²), Wandbekleidungen (55m²), Putz (83m²), kreidenden Schichten (139m²), Beschichtungen (46m²), alten Putzuntergrund abschleifen (psch); Entsorgung, Deponiegebühren	1.004,28 m² IWF	35.172	**35,02**	
	• Wiederherstellen (Kosten: 1,6%) Risse öffnen, reinigen, auspressen, Rissgewebe einmörteln (5m) * Altbeschichtungen reinigen, Fläche spachteln, Beschichtung (223m²)	111,48 m² IWF	4.600	**41,26**	
	• Herstellen (Kosten: 86,2%) Mauerwerk, d=24cm (112m²) * GK-Wände, d=12,5cm (110m²), Türöffnungen herstellen (25m²), Türöffnungen schließen, Mauerwerk (14m²), Türanschläge mauern (26St) * Holztüren (103m²), Wohnungseingangstüren (24m²), Stahltüren (10m²), Lattentüren (21m²) * Tapete, Beschichtung (1.732m²), Überholungsbeschichtung (420m²), Wandfliesen (221m²), Putz (130m²), Fleckspachtelungen (1.255m²)	1.343,91 m² IWF	248.748	**185,09**	

KG	Kostengruppe	Menge Einheit	Kosten €	€/Einheit	%
350	**Decken/Horizontale Baukonstruktionen**	945,29 m²DEF	250.609	**265,11**	24,7
	• Abbrechen (Kosten: 14,7%) Abbruch von Hohlkörperdecke, d=20cm (28m²) * PVC/Linoleum (723m²), Bodenfliesen (87m²), Estrich (164m²) * Tapeten (542m²), Putz, HWL-Platten (22m²), kreidenden Beschichtungen (52m²), alten Putzuntergrund abschleifen (psch); Entsorgung, Deponiegebühren	838,34 m²DEF	36.808	**43,91**	
	• Wiederherstellen (Kosten: 4,9%) Treppenhaus: Terrazzobeläge der Stufen, Podesten und Fußleisten, reinigen, imprägnieren (86m²), Beton-Türschwellen abschleifen (22St) * Treppenhausgeländer demontieren, Geländerpfosten verlängern, Füllstäbe ersetzen, wieder montieren, Handläufe verspachteln, schleifen, Geländer abbeizen, Acryllackbeschichtung (25m)	90,91 m²DEF	12.338	**135,72**	
	• Herstellen (Kosten: 80,4%) Stb-Decke, d=20cm (15m²), Stb-FT-Treppe, Podest (5m²), IPE-Unterzug (3m) * Dämmschüttung, Abdeckplatte, Estrich (156m²), Linoleum (697m²), Bodenfliesen (109m²), Fußabstreifer (1m²), Mineralwolldämmung, d=120mm, UK, Belag (48m²) * GK-Decken, abgehängt (228m²), Raufaser-tapete (594m²), Beschichtung (676m²), Kellerdeckendämmung (182m²), WDVS (22m²), Fleckspachte-lungen (360m²)	879,89 m²DEF	201.463	**228,96**	
360	**Dächer**	271,09 m²DAF	32.442	**119,67**	3,2
	• Abbrechen (Kosten: 6,9%) Demontieren, lagern von Regenfallrohren (22m) * Abbruch von Tapeten (216m²), alten Putzunter-grund abschleifen (psch); Entsorgung, Deponiegebühren	216,00 m²DAF	2.240	**10,37**	
	• Wiederherstellen (Kosten: 4,7%) Dachdeckung, Traglattung rückbauen, Dachziegel lagern, nach Abbruch von Schornstein, neue Lattung, Dachziegel wieder eindecken, ergänzen (11m²), Abdichtung, Flüssigkunststoff für Rinnenstöße (20St)	10,50 m²DAF	1.535	**146,15**	
	• Herstellen (Kosten: 88,4%) Holzwechsel einbauen (1St) * Dachflächenfenster, Rauch-, Wärmeabzug (1m²) * Mineralwoll-dämmung, d=120mm, Vlies (216m²), Revisionsgänge: UK, Belag (49m²), Blechabdeckungen für Traufgesimse (70m), Regenfallrohre (64m), Dachflächen augenscheinlich überprüfen (270m²) * GK-Bekleidung F60, Dämmung (12m²), Raufasertapete, Beschichtung (216m²)	271,09 m²DAF	28.667	**105,75**	
380	**Baukonstruktive Einbauten**	1.418,19 m²BGF	870	**0,61**	< 0,
	• Abbrechen (Kosten: 100,0%) Abbruch von Einbauschränken (17St) * Briefkastenanlage (psch); Entsorgung, Deponiegebühren	1.418,19 m²BGF	870	**0,61**	
390	**Sonst. Maßnahmen für Baukonstrukt.**	1.418,19 m²BGF	71.639	**50,51**	7,
	• Abbrechen (Kosten: 7,3%) Sperrmüll aus den Geschossen räumen (5m³), Entrümpelung (psch); Entsorgung, Deponiegebühren	1.418,19 m²BGF	5.245	**3,70**	
	• Herstellen (Kosten: 92,7%) Baustelleneinrichtungen (5St), Bauzaun (52m), Baustellen-WCs (2St) * Fassadengerüst (788m²), Dachfanggerüst (63m), Staubschutzplanen (536m²) * Bauheizung (1St), Schutzfolien (132m²), Folie, Pappe, Holzplatten (170m²), Witterungsschutz Dachöffnungen (14m²), Baureinigung (psch) * Flex-rohrleitung (50m)	1.418,19 m²BGF	66.394	**46,82**	

KG	Kostengruppe	Menge Einheit	Kosten €	€/Einheit	%
400	**Bauwerk – Technische Anlagen**				**100,0**
410	**Abwasser-, Wasser-, Gasanlagen**	1.418,19 m² BGF	212.912	**150,13**	38,5
	• Abbrechen (Kosten: 1,4%) Abbruch von Abwasserrohren DN40-100 (148m) * Kalt- und Warmwasserleitungen (112m), WCs (12St), Waschtischen (12St), Badewannen (12St), Brausearmaturen (12St), Durchlauf-Wassererwärmer (12St) * Stahlrohren DN20-50 (58m); Entsorgung, Deponiegebühren	1.418,19 m² BGF	2.974	**2,10**	
	• Herstellen (Kosten: 98,6%) Abwasserrohre DN50-100 (316m), Schmutzwasser-Hebeanlage (1St) * Metallverbundrohre DN16-25 (543m), Edelstahlrohre DN18-42 (308m), Stand-WCs (19St), Waschtische (19St), Brausearmaturen (11St), Duschwannen (11St), Badewannen (8St), Ausgussbecken (1St), Durchlauferhitzer (7St) * Montagelemente (19St)	1.418,19 m² BGF	209.938	**148,03**	
420	**Wärmeversorgungsanlagen**	1.418,19 m² BGF	200.579	**141,43**	36,3
	• Abbrechen (Kosten: 4,7%) Abbruch von Kachelöfen (15St), Gas-Wandheizgeräten (24St), Gas-Außenwandheizern (12St) * Schornstein (5m³); Entsorgung, Deponiegebühren	1.418,19 m² BGF	9.513	**6,71**	
	• Wiederherstellen (Kosten: 0,5%) Wangenmauerwerk der Schornsteine öffnen, d=11,5cm, nach Leitungsinstallation wieder schließen, KS-Mauerwerk (37m)	1.418,19 m² BGF	920	**0,65**	
	• Herstellen (Kosten: 94,8%) Pelletkessel 35kW (1St), Pumpengruppe (1St), Frischwasserstationen (2St), Schichtenspeicher 700l (2St), Zirkulationseinheit (1St), Heizungsverteiler (1St), Umwälzpumpe (1St), Druckausdehnungsgefäße (2St), Pelletlager: Befüllkupplungen (2St), Prallmatten (2St), Saugschneckensystem (1St) * Stahlrohre DN18-42 (760m), Heizkörperanschlüsse Sockelleistensystem (57St) * Heizkörper (37St), Röhrenradiatoren (20St) * Abgasanlage (29m), Schornsteinkopfabdeckungen (6St)	1.418,19 m² BGF	190.146	**134,08**	
430	**Raumlufttechnische Anlagen**	1.418,19 m² BGF	13.401	**9,45**	2,4
	• Herstellen (Kosten: 100,0%) Einzelraumlüfter (11St), Wickelfalzrohre DN100-125 (48m), Alu-Flexrohre DN80 (24m), Dachdurchführungen (3St)	1.418,19 m² BGF	13.401	**9,45**	
440	**Elektrische Anlagen**	1.418,19 m² BGF	100.114	**70,59**	18,1
	• Abbrechen (Kosten: 2,6%) Abbruch von gesamter Elektroinstallation (psch), Elektroverteiler (1St); Entsorgung, Deponiegebühren	1.418,19 m² BGF	2.559	**1,80**	
	• Wiederherstellen (Kosten: 0,3%) Schaltschrank, reinigen, schleifen, beschichten (1St)	1.418,19 m² BGF	318	**0,22**	
	• Herstellen (Kosten: 97,1%) Zählerschrank (1St), Kleinverteiler (11St), Lasttrennschalter (12St), Schutzschalter (211St), Fernschalter (12St), Mantelleitungen (4.826m), Erdkabel (12m), Steckdosen (398St), Schalter, Taster (137St), Bewegungsmelder (2St), Herdanschlüsse (11St) * LED-Wand-, Deckenleuchten (18St), Ovalleuchten (19St), Außenleuchten (3St) * Erderdurchführung (1St), Potenzialausgleichsschiene (1St), Mantelleitungen (21m), Erdungskabel (30m)	1.418,19 m² BGF	97.238	**68,56**	

6100-1457
Mehrfamilienhaus
(11 WE)

Umbau

KG	Kostengruppe	Menge Einheit	Kosten €	€/Einheit	%
450	**Kommunikationstechnische Anlagen**	1.418,19 m²BGF	26.080	**18,39**	4
	• Herstellen (Kosten: 100,0%) Fernmeldeleitungen (298m) * Umbau Gegensprechanlage (1St), Freisprechtelefone (11St), Programmierung (1St), Installationskabel (334m) * Multimedia-Kleinverteiler (11St), Koaxialkabel (1.703m) * Cat6a Modul MM-Verteiler (30St), Datenkabel Cat7 (620m), Datenanschlussdosen (30St)	1.418,19 m²BGF	26.080	**18,39**	
500	**Außenanlagen und Freiflächen**				**100**
510	**Erdbau**	102,00 m³EBR	9.861	**96,68**	38
	• Herstellen (Kosten: 100,0%) Rohrgrabenverfüllung, Liefermaterial, Boden (83m³), Auffüllungen austauschen, Liefermaterial (19m³), Erdaushub (14h)	102,00 m³EBR	9.861	**96,68**	
530	**Oberbau, Deckschichten**	–	5.646	–	22
	• Abbrechen (Kosten: 100,0%) Freifläche aus Beton aufschneiden (128m)	–	5.646	–	
550	**Technische Anlagen**	171,50 m²AF	9.858	**57,48**	38
	• Wiederherstellen (Kosten: 14,8%) Kamerabefahrung Grundleitungen (psch)	171,50 m²AF	1.455	**8,49**	
	• Herstellen (Kosten: 85,2%) KG-Rohre DN150 (51m), Kunststoffschächte (2St), Rohrdurchführungen (2St), Anschluss an Mischwasserkanal (1St)	171,50 m²AF	8.402	**48,99**	
600	**Ausstattung und Kunstwerke**				**100,**
610	**Allgemeine Ausstattung**	1.418,19 m²BGF	29.315	**20,67**	100,
	• Abbrechen (Kosten: 1,1%) Abbruch von Kohle-Kochherden (10St); Entsorgung, Deponiegebühren	1.418,19 m²BGF	329	**0,23**	
	• Herstellen (Kosten: 98,9%) Kunststoff-Duschabtrennungen, Schwingtür, Seitenwand (8St), Glas-Duschabtrennungen (3St), Vorhangstangen, Duschvorhänge (11St), Spiegel 70x80cm (19St)	1.418,19 m²BGF	28.987	**20,44**	

Umbau

Kostenkennwerte für die Kostengruppen 300 der 2. und 3. Ebene DIN 276 (Übersicht)

KG	Kostengruppe	Menge Einheit	€/Einheit	Kosten €	% an 3+4
300	**Bauwerk – Baukonstruktionen**	**1.418,19 m² BGF**	**715,41**	**1.014.583,30**	**64,7**
310	**Baugrube / Erdbau**	**–**	**–**	**–**	**–**
311	Herstellung	–	–	–	–
312	Umschließung	–	–	–	–
313	Wasserhaltung	–	–	–	–
314	Vortrieb	–	–	–	–
319	Sonstiges zur KG 310	–	–	–	–
320	**Gründung, Unterbau**	**–**	**–**	**5.806,72**	**0,4**
321	Baugrundverbesserung	–	–	–	–
322	Flachgründungen und Bodenplatten	–	–	5.075,04	0,3
323	Tiefgründungen	–	–	–	–
324	Gründungsbeläge	–	–	–	–
325	Abdichtungen und Bekleidungen	2,96 m²	247,19	731,68	< 0,1
326	Dränagen	–	–	–	–
329	Sonstiges zur KG 320	–	–	–	–
330	**Außenwände/Vert. Baukonstrukt., außen**	**923,11 m² AWF**	**395,07**	**364.695,82**	**23,3**
331	Tragende Außenwände	14,18 m²	2.247,10	31.863,82	2,0
332	Nichttragende Außenwände	–	–	–	–
333	Außenstützen	–	–	–	–
334	Außenwandöffnungen	136,61 m²	680,39	92.948,73	5,9
335	Außenwandbekleidungen, außen	781,58 m²	204,05	159.478,43	10,2
336	Außenwandbekleidungen, innen	786,50 m²	44,82	35.253,55	2,2
337	Element. Außenwandkonstruktionen	–	–	–	–
338	Lichtschutz zur KG 330	–	–	–	–
339	Sonstiges zur KG 330	923,11 m² AWF	48,91	45.151,30	2,9
340	**Innenwände/Vert. Baukonstrukt., innen**	**1.455,39 m² IWF**	**198,24**	**288.520,40**	**18,4**
341	Tragende Innenwände	117,14 m²	256,39	30.033,54	1,9
342	Nichttragende Innenwände	156,10 m²	260,45	40.656,76	2,6
343	Innenstützen	–	–	–	–
344	Innenwandöffnungen	157,63 m²	395,81	62.390,76	4,0
345	Innenwandbekleidungen	2.595,51 m²	59,20	153.649,02	9,8
346	Elementierte Innenwandkonstruktionen	–	–	–	–
347	Lichtschutz zur KG 340	–	–	–	–
349	Sonstiges zur KG 340	1.455,39 m² IWF	1,23	1.790,33	0,1
350	**Decken/Horizontale Baukonstruktionen**	**945,29 m² DEF**	**265,11**	**250.609,46**	**16,0**
351	Deckenkonstruktionen	19,99 m²	1.548,56	30.955,63	2,0
352	Deckenöffnungen	–	–	–	–
353	Deckenbeläge	945,29 m²	157,44	148.828,31	9,5
354	Deckenbekleidungen	879,89 m²	70,23	61.795,03	3,9
355	Elementierte Deckenkonstruktionen	–	–	–	–
359	Sonstiges zur KG 350	945,29 m² DEF	9,55	9.030,49	0,6
360	**Dächer**	**271,09 m² DAF**	**119,67**	**32.441,51**	**2,1**
361	Dachkonstruktionen	1,09 m²	354,85	386,79	< 0,1
362	Dachöffnungen	1,09 m²	3.623,47	3.949,59	0,3
363	Dachbeläge	270,00 m²	81,43	21.987,35	1,4
364	Dachbekleidungen	228,05 m²	26,83	6.117,79	0,4
365	Elementierte Dachkonstruktionen	–	–	–	–
366	Lichtschutz zur KG 360	–	–	–	–
369	Sonstiges zur KG 360	–	–	–	–
370	**Infrastrukturanlagen**	**–**	**–**	**–**	**–**
380	**Baukonstruktive Einbauten**	**1.418,19 m² BGF**	**0,61**	**870,07**	**< 0,1**
390	**Sonst. Maßnahmen für Baukonstrukt.**	**1.418,19 m² BGF**	**50,51**	**71.639,34**	**4,6**

6100-1457
Mehrfamilienhaus
(11 WE)

Umbau

Kostenkennwerte für die Kostengruppen 400 der 2. und 3. Ebene DIN 276 (Übersicht)

KG	Kostengruppe	Menge Einheit	€/Einheit	Kosten €	% an 3+4
400	**Bauwerk – Technische Anlagen**	**1.418,19 m² BGF**	**390,00**	**553.087,27**	**35,3**
410	**Abwasser-, Wasser-, Gasanlagen**	**1.418,19 m² BGF**	**150,13**	**212.912,29**	**13,6**
411	Abwasseranlagen	1.418,19 m² BGF	29,75	42.190,68	2,7
412	Wasseranlagen	1.418,19 m² BGF	117,45	166.570,74	10,6
413	Gasanlagen	1.418,19 m² BGF	0,16	228,78	< 0,1
419	Sonstiges zur KG 410	1.418,19 m² BGF	2,77	3.922,07	0,3
420	**Wärmeversorgungsanlagen**	**1.418,19 m² BGF**	**141,43**	**200.579,08**	**12,8**
421	Wärmeerzeugungsanlagen	1.418,19 m² BGF	50,66	71.847,13	4,6
422	Wärmeverteilnetze	1.418,19 m² BGF	49,02	69.517,30	4,4
423	Raumheizflächen	1.418,19 m² BGF	33,15	47.016,10	3,0
424	Verkehrsheizflächen	–	–	–	–
429	Sonstiges zur KG 420	1.418,19 m² BGF	8,60	12.198,55	0,8
430	**Raumlufttechnische Anlagen**	**1.418,19 m² BGF**	**9,45**	**13.401,37**	**0,9**
431	Lüftungsanlagen	1.418,19 m² BGF	9,45	13.401,37	0,9
432	Teilklimaanlagen	–	–	–	–
433	Klimaanlagen	–	–	–	–
434	Kälteanlagen	–	–	–	–
439	Sonstiges zur KG 430	–	–	–	–
440	**Elektrische Anlagen**	**1.418,19 m² BGF**	**70,59**	**100.114,19**	**6,4**
441	Hoch- und Mittelspannungsanlagen	–	–	–	–
442	Eigenstromversorgungsanlagen	–	–	–	–
443	Niederspannungsschaltanlagen	–	–	–	–
444	Niederspannungsinstallationsanlagen	1.418,19 m² BGF	62,26	88.301,23	5,6
445	Beleuchtungsanlagen	1.418,19 m² BGF	6,85	9.719,89	0,6
446	Blitzschutz- und Erdungsanlagen	1.418,19 m² BGF	1,48	2.093,07	0,1
447	Fahrleitungssysteme	–	–	–	–
449	Sonstiges zur KG 440	–	–	–	–
450	**Kommunikationstechnische Anlagen**	**1.418,19 m² BGF**	**18,39**	**26.080,32**	**1,7**
451	Telekommunikationsanlagen	1.418,19 m² BGF	0,33	463,64	< 0,1
452	Such- und Signalanlagen	1.418,19 m² BGF	2,55	3.620,14	0,2
453	Zeitdienstanlagen	–	–	–	–
454	Elektroakustische Anlagen	–	–	–	–
455	Audiovisuelle Medien- u. Antennenanl.	1.418,19 m² BGF	11,73	16.637,82	1,[illegible]
456	Gefahrenmelde- und Alarmanlagen	–	–	–	–
457	Datenübertragungsnetze	1.418,19 m² BGF	3,78	5.358,74	0,3
458	Verkehrsbeeinflussungsanlagen	–	–	–	–
459	Sonstiges zur KG 450	–	–	–	–
460	**Förderanlagen**	**–**	**–**	**–**	**–**
461	Aufzugsanlagen	–	–	–	–
462	Fahrtreppen, Fahrsteige	–	–	–	–
463	Befahranlagen	–	–	–	–
464	Transportanlagen	–	–	–	–
465	Krananlagen	–	–	–	–
466	Hydraulikanlagen	–	–	–	–
469	Sonstiges zur KG 460	–	–	–	–
470	**Nutzungsspez. u. verfahrenstechn. Anl.**	**–**	**–**	**–**	**–**
480	**Gebäude- und Anlagenautomation**	**–**	**–**	**–**	**–**
490	**Sonst. Maßnahmen für techn. Anlagen**	**–**	**–**	**–**	**–**

Kostenkennwerte für Leistungsbereiche nach STLB (Kosten des Bauwerks nach DIN 276)

LB	Leistungsbereiche	Kosten €	€/m² BGF	€/m³ BRI	% an 3+4
000	Sicherheits-, Baustelleneinrichtungen inkl. 001	57.499	40,50	13,00	3,7
002	Erdarbeiten	–	–	–	–
006	Spezialtiefbauarbeiten inkl. 005	–	–	–	–
009	Entwässerungskanalarbeiten inkl. 011	1.180	0,83	0,27	< 0,1
010	Drän- und Versickerarbeiten	–	–	–	–
012	Mauerarbeiten	57.411	40,50	13,00	3,7
	Wiederherstellen	679	0,48	0,15	< 0,1
	Herstellen	56.732	40,00	12,80	3,6
013	Betonarbeiten	17.239	12,20	3,90	1,1
	Wiederherstellen	1.109	0,78	0,25	< 0,1
	Herstellen	16.131	11,40	3,60	1,0
014	Natur-, Betonwerksteinarbeiten	–	–	–	–
016	Zimmer- und Holzbauarbeiten	18.594	13,10	4,20	1,2
	Wiederherstellen	601	0,42	0,14	< 0,1
	Herstellen	17.993	12,70	4,10	1,1
017	Stahlbauarbeiten	–	–	–	–
018	Abdichtungsarbeiten	732	0,52	0,17	< 0,1
019	Kampfmittelräumarbeiten	–	–	–	–
020	Dachdeckungsarbeiten	750	0,53	0,17	< 0,1
021	Dachabdichtungsarbeiten	–	–	–	–
022	Klempnerarbeiten	17.471	12,30	3,90	1,1
	Wiederherstellen	933	0,66	0,21	< 0,1
	Herstellen	16.538	11,70	3,70	1,1
	Rohbau	**170.877**	**120,50**	**38,60**	**10,9**
	Wiederherstellen	3.323	2,30	0,75	0,2
	Herstellen	167.554	118,10	37,90	10,7
023	Putz- und Stuckarbeiten, Wärmedämmsysteme	202.048	142,50	45,70	12,9
024	Fliesen- und Plattenarbeiten	76.454	53,90	17,30	4,9
025	Estricharbeiten	20.826	14,70	4,70	1,3
026	Fenster, Außentüren inkl. 029, 032	77.915	54,90	17,60	5,0
027	Tischlerarbeiten	57.899	40,80	13,10	3,7
	Wiederherstellen	8.136	5,70	1,80	0,5
	Herstellen	49.762	35,10	11,20	3,2
028	Parkettarbeiten, Holzpflasterarbeiten	–	–	–	–
030	Rollladenarbeiten	–	–	–	–
031	Metallbauarbeiten inkl. 035	55.676	39,30	12,60	3,6
034	Maler- und Lackiererarbeiten inkl. 037	76.370	53,90	17,30	4,9
	Wiederherstellen	8.111	5,70	1,80	0,5
	Herstellen	68.259	48,10	15,40	4,4
036	Bodenbelagarbeiten	67.088	47,30	15,20	4,3
038	Vorgehängte hinterlüftete Fassaden	–	–	–	–
039	Trockenbauarbeiten	85.185	60,10	19,30	5,4
	Ausbau	**719.461**	**507,30**	**162,60**	**45,9**
	Wiederherstellen	16.248	11,50	3,70	1,0
	Herstellen	703.213	495,90	158,90	44,9
040	Wärmeversorgungsanl. - Betriebseinr. inkl. 041	184.740	130,30	41,70	11,8
	Wiederherstellen	920	0,65	0,21	< 0,1
	Herstellen	183.820	129,60	41,50	11,7
042	Gas- und Wasserinstallation, Leitungen inkl. 043	89.387	63,00	20,20	5,7
044	Abwasseranlagen - Leitungen	38.842	27,40	8,80	2,5

6100-1457
Mehrfamilienhaus
(11 WE)

Umbau

LB	Leistungsbereiche	Kosten €	€/m² BGF	€/m³ BRI	% an 3+4
045	GWE-Einrichtungsgegenstände inkl. 046	63.411	44,70	14,30	4,0
047	Dämmarbeiten an betriebstechnischen Anlagen	29.955	21,10	6,80	1,9
049	Feuerlöschanlagen, Feuerlöschgeräte	–	–	–	–
050	Blitzschutz- und Erdungsanlagen	2.093	1,50	0,47	0,1
053	Niederspannungsanlagen inkl. 052, 054	84.188	59,40	19,00	5,4
055	Sicherheits- u. Ersatzstromversorgungsanl.	–	–	–	–
057	Gebäudesystemtechnik	–	–	–	–
058	Leuchten und Lampen inkl. 059	9.720	6,90	2,20	0,5
060	Sprechanlagen, elektroakust. Anlagen inkl. 064	20.258	14,30	4,60	1,3
061	Kommunikationsnetze inkl. 063	5.822	4,10	1,30	0,4
069	Aufzüge	–	–	–	–
070	Gebäudeautomation	–	–	–	–
075	Raumlufttechnische Anlagen inkl. 078	13.401	9,40	3,00	0,9
	Gebäudetechnik	**541.818**	**382,00**	**122,40**	**34,5**
	Wiederherstellen	920	0,65	0,21	< 0,1
	Herstellen	540.899	381,40	122,20	34,5
084	Abbruch, Rückbau, Schadstoffsanierung	129.889	91,60	29,40	8,3
	Abbrechen	129.889	91,60	29,40	8,3
	Abbrucharbeiten	**129.889**	**91,60**	**29,40**	**8,3**
	Abbrechen	129.889	91,60	29,40	8,3
	Sonstige Leistungsbereiche	**5.625**	**4,00**	**1,30**	**0,4**

6200-0074
Wohnunterkunft
(23 WE)

Umbau

Objektübersicht

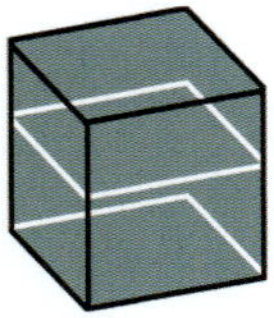

BRI 212€/m³

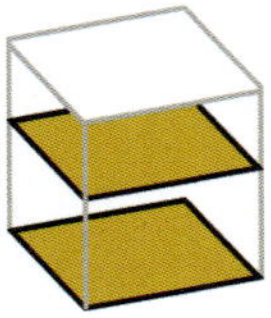

BGF 505€/m²

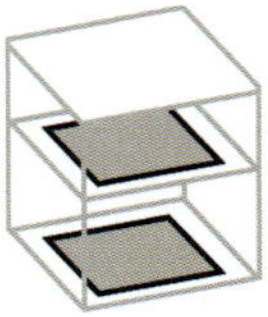

NUF 846€/m²

Objekt:
Kennwerte: 3. Ebene DIN 276
BRI: 10.652 m³
BGF: 4.479 m²
NUF: 2.672 m²
Bauzeit: 61 Wochen
Bauende: 2016
Standard: unter Durchschnitt
Bundesland: Hamburg
Kreis: Hamburg, Stadt

Architekt*in:
Plan-R-Architektenbüro
Joachim Reinig
Helenenstraße 14
22765 Hamburg

Bauherr*in:
f&w fördern und wohnen AöR
Projekt- und Immobilien-
management
Grüner Deich 17
20097 Hamburg

Ansicht Nord

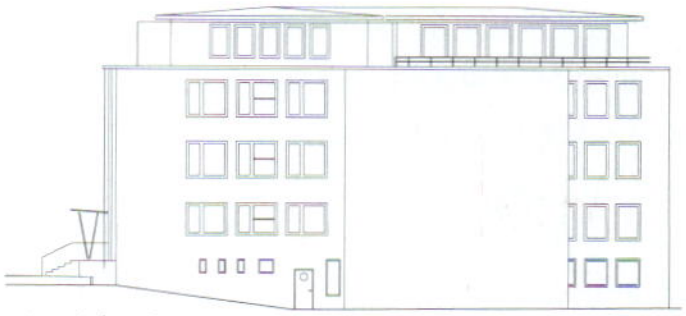

Ansicht Ost

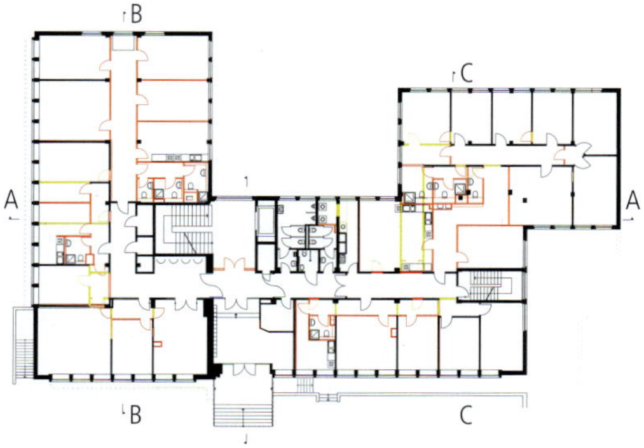

Erdgeschoss

Dachgeschoss

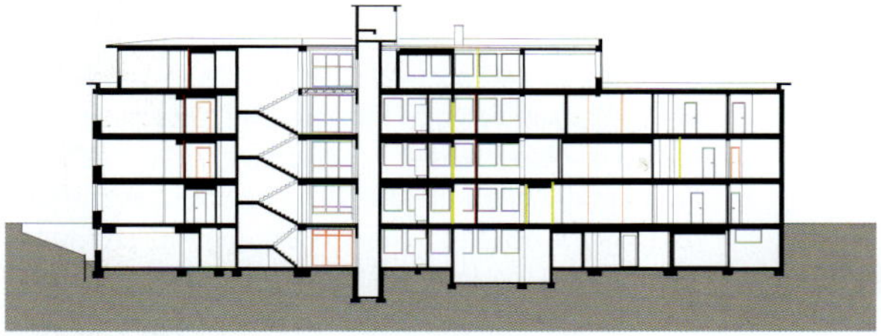

Schnitt A-A

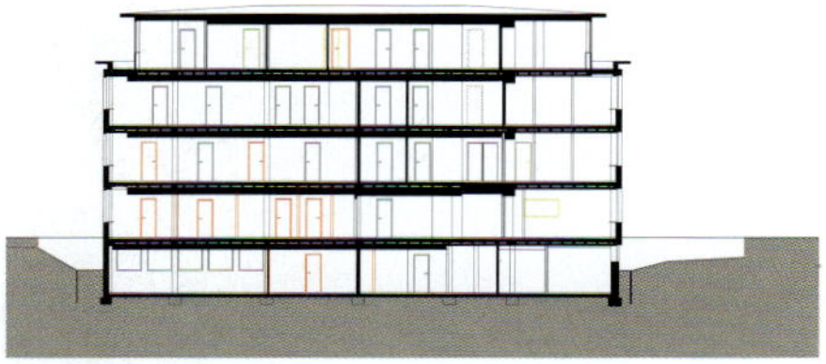

Schnitt B-B

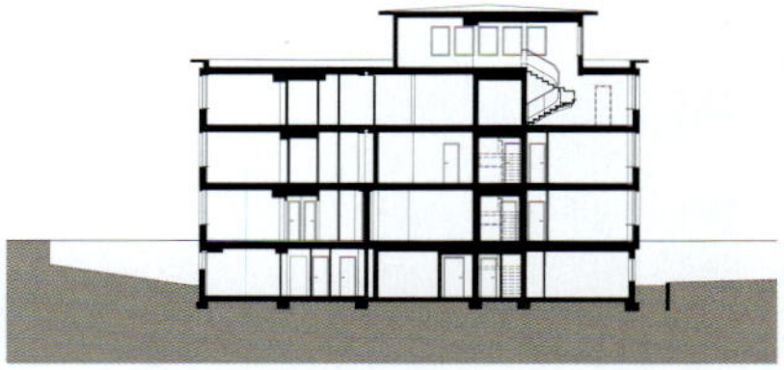

Schnitt C-C

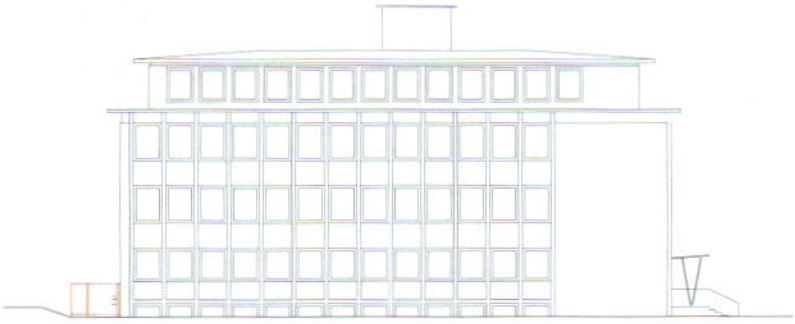

Ansicht Süd

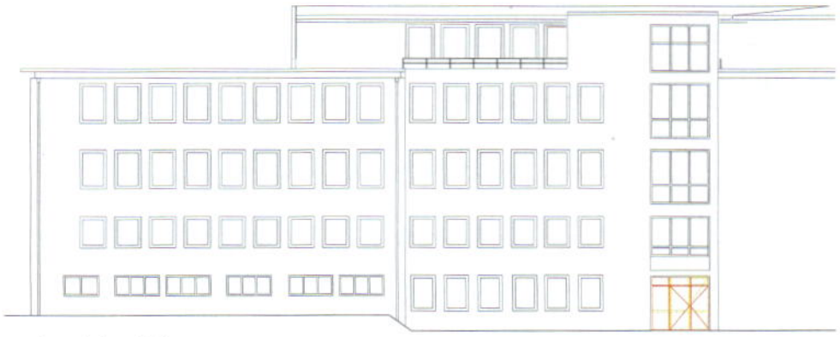

Ansicht West

Objektbeschreibung

Allgemeine Objektinformationen

Das Bestandsgebäude des ehemaligen Kreiswehrersatzamts wurde in ein Wohngebäude zur temporären öffentlich rechtlichen Unterbringung von insgesamt 190 Personen umgenutzt. Hierfür entstanden 23 Wohneinheiten unterschiedlicher Größe. Weiter wurden Räume für die Verwaltung, eine Kinderbetreuung, ein Gemeinschaftsraum und eine Fahrradwerkstatt geschaffen. Der Freibereich ist in Spiel- und Freizeitflächen umgestaltet worden.

Nutzung

1 Untergeschoss
Wohnung, Gemeinschaftsraum, Mitarbeiterräume, Personal- und Sozialräume, Fahrradwerkstatt, Technikräume, Abstellräume, Garage

1 Erdgeschoss
Verwaltung, Wohnungen

2 Obergeschosse
Wohnungen

1 Dachgeschoss
Wohnungen

Besonderer Kosteneinfluss Nutzung
Brandschutz

Nutzeinheiten

Wohneinheiten: 23
Wohnfläche: 2.245 m²

Grundstück

Bauraum: Freier Bauraum
Neigung: Ebenes Gelände

Markt

Hauptvergabezeit: 4. Quartal 2014
Baubeginn: 4. Quartal 2014
Bauende: 1. Quartal 2016
Konjunkturelle Gesamtlage: über Durchschnitt
Regionaler Baumarkt: über Durchschnitt

Baubestand

Baujahr: 1957
Bauzustand: gut
Aufwand: niedrig
Grundrissänderungen: umfangreiche
Tragwerkseingriffe: wenige
Nutzungsänderung: ja
Nutzung während der Bauzeit: nein

Baukonstruktion

Der Betonskelettbau mit Gelbklinkerfassade blieb bestehen. Innerhalb des Gebäudes wurden Grundrissänderungen zur Abgrenzung der Wohneinheiten und Einbauten der Küchen und Bäder vorgenommen. Ins Dachgeschoss führt eine neue Treppe als leichte Stahlkonstruktion. Die neuen Innenwände sind in Leichtbauweise hergestellt und wurden beschichtet. Sämtliche Innentüren haben Stahlzargen erhalten. In den Bädern und in den Wandbereichen der Einbauküchen kamen Fliesen zur Ausführung. Die Böden in den Wohnräumen und Küchen sind mit PVC belegt.

Technische Anlagen

Die Beheizung der Räume erfolgt mittels neuer Wandheizkörper. Die Aufputz verlegten Heizungsrohre blieben bestehen. Küchen und Bäder wurden neu eingebaut. Zur kontrollierten Belüftung der innenliegenden Sanitärbereiche dienen Einzelraumlüfter. In den Treppenhäusern und Zugangsfluren wurde eine Brandmeldeanlage installiert.

Planungskennwerte für Flächen und Rauminhalte nach DIN 277

6200-0074
Wohnunterkunft
(23 WE)

Umbau

Flächen des Grundstücks		Menge Einheit	% an GF
BF	Bebaute Fläche	1.002,47 m²	30,5
UF	Unbebaute Fläche	2.289,65 m²	69,5
GF	Grundstücksfläche	3.292,12 m²	100,0

Grundflächen des Bauwerks		Menge Einheit	% an NUF	% an BGF
NUF	Nutzungsfläche	2.672,46 m²	100,0	59,7
TF	Technikfläche	111,21 m²	4,2	2,5
VF	Verkehrsfläche	958,81 m²	35,9	21,4
NRF	Netto-Raumfläche	3.742,48 m²	140,0	83,6
KGF	Konstruktions-Grundfläche	736,52 m²	27,6	16,4
BGF	Brutto-Grundfläche	4.479,00 m²	167,6	100,0

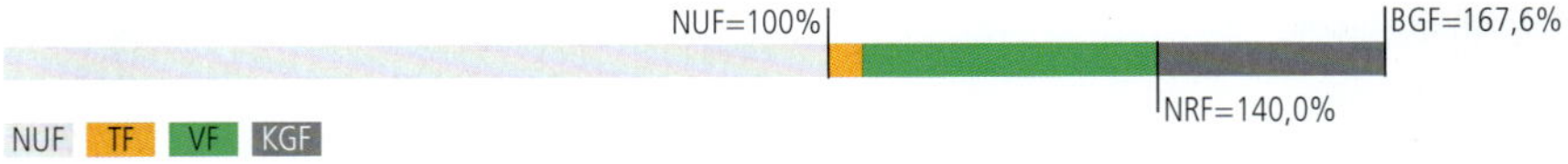

Brutto-Rauminhalt des Bauwerks		Menge Einheit	BRI/NUF (m)	BRI/BGF (m)
BRI	Brutto-Rauminhalt	10.652,00 m³	3,99	2,38

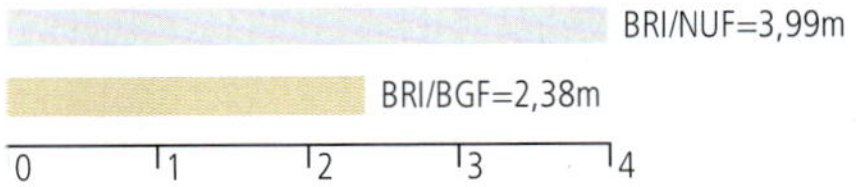

Lufttechnisch behandelte Flächen	Menge Einheit	% an NUF	% an BGF
Entlüftete Fläche	–	–	–
Be- und entlüftete Fläche	–	–	–
Teilklimatisierte Fläche	–	–	–
Klimatisierte Fläche	–	–	–

KG	Kostengruppen (2.Ebene)	Menge Einheit	Menge/NUF	Menge/BGF
310	Baugrube / Erdbau	–	–	–
320	Gründung, Unterbau	508,85 m² GRF	0,19	0,11
330	Außenwände/Vertikale Baukonstruktionen, außen	4.362,66 m² AWF	1,63	0,97
340	Innenwände/Vertikale Baukonstruktionen, innen	3.658,21 m² IWF	1,37	0,82
350	Decken/Horizontale Baukonstruktionen	3.581,30 m² DEF	1,34	0,80
360	Dächer	1.203,95 m² DAF	0,45	0,27

6200-0074
Wohnunterkunft
(23 WE)

Umbau

Kostenkennwerte für die Kostengruppen der 1. Ebene DIN 276

KG	Kostengruppen (1. Ebene)	Einheit	Kosten €	€/Einheit	€/m² BGF	€/m³ BRI	% 300+40
100	Grundstück	m² GF	–	–	–	–	–
200	Vorbereitende Maßnahmen	m² GF	473	0,14	0,11	0,04	< 0
300	Bauwerk – Baukonstruktionen	m² BGF	1.411.105	315,05	315,05	132,47	62,
400	Bauwerk – Technische Anlagen	m² BGF	850.417	189,87	189,87	79,84	37,
	Bauwerk 300+400	**m² BGF**	**2.261.522**	**504,92**	**504,92**	**212,31**	**100,**
500	Außenanlagen und Freiflächen	m² AF	319.637	130,13	71,36	30,01	14,
600	Ausstattung und Kunstwerke	m² BGF	48.289	10,78	10,78	4,53	2,
700	Baunebenkosten	m² BGF	–	–	–	–	–
800	Finanzierung	m² BGF	–	–	–	–	–

KG	Kostengruppe	Menge Einheit	Kosten €	€/Einheit	%
200	**Vorbereitende Maßnahmen**	3.292,12 m² GF	473	**0,14**	< 0,

- Herstellen (Kosten: 100,0%) — 473
  Baumschutz

KG	Kostengruppe	Menge Einheit	Kosten €	€/Einheit	%
3+4	**Bauwerk**				**100,**
300	**Bauwerk – Baukonstruktionen**	4.479,00 m² BGF	1.411.105	**315,05**	62,

- Abbrechen (Kosten: 7,3%) — 102.862
  Abbruch von Estrich, Teppichbelägen; Ziegelmauerwerk, Holzfenstern; Mauerwerkswänden, Innenwänden, Türblättern, Stahlzargen, Stahlglastür, GK-Wänden, GK-Vorsatzschalen, Wandputz, Wandfliesen; GK-Decken mit Einbauleuchten und Lüftungsgittern, Metallpaneeldecken, kontaminiert; Regenrinnen; Küchenzeile, Einbaumöbeln, Beschilderungen; Mineralfasern; Entsorgung, Deponiegebühren

- Wiederherstellen (Kosten: 7,9%) — 111.030
  Estrichrisse schließen; Ziegelmauerwerk erneuern, Holzfenster überarbeiten; Innentüren, Drückergarnituren gangbar machen, Türflügel ausrichten, Dichtungsprofile erneuern, Lichtausschnitte durch VSG austauschen, Überholanstrich Dispersionsbeschichtung, Mobile Trennwand umbauen, Treppenhaus-Stahlgeländer, Beschichtung erneuern; Brandschutzkassettendecken mit Lochblechbekleidung, aufnehmen, wieder verlegen

- Herstellen (Kosten: 84,8%) — 1.197.213
  Estrichrisse schließen, PVC-Bodenbeläge, Bodenfliesen; Ziegelmauerwerk, Holzfenster, Fensterdichtungen, Stahltür; Brandschutzmanschetten, GK-Wände, Holztüren, Stahlzargen, Dispersionsbeschichtung, Wandfliesen, Faltwand; Stahltreppe, Flachstahlgeländer, Brandschutzdeckenverschlüsse, Stahlträger, PVC-Bodenbeläge, Bodenfliesen, Brandschutzkassettendecke, GK-Decke, Flachstahlgeländer; Dachabdichtung, Dachlüfter, Regenrinnen, Absturzsicherungen; Einbauküchen, Elektrogeräte

KG	Kostengruppe	Menge Einheit	Kosten €	€/Einheit	%
400	**Bauwerk – Technische Anlagen**	4.479,00 m² BGF	850.417	**189,87**	37,6
	• Abbrechen (Kosten: 3,5%) Abbruch von Abwasserleitungen, Trinkwasserleitungen, Sanitärobjekten; Heizungsrohren, Heizkörpern; Klimageräten, Kälteleitungen; Elektroinstallation, Leuchten; Einbruchmeldeanlagen, EDV-Verkabelung; Entsorgung, Deponiegebühren		29.576		
	• Wiederherstellen (Kosten: 4,9%) Heizkörper, versetzen; Haupt-/Zählerverteilung, umrüsten (psch), Installation erweitern, Anbauleuchten reinigen, prüfen, montieren, Blitzschutzanlagen, demontieren, montieren; Patchfeldschränke demontieren, Schrank mit vorhandenen Patchfeldern erweitern, neu montieren		41.628		
	• Herstellen (Kosten: 91,6%) Gebäudeentwässerung, Abwasserhebeanlagen, Doppelpumpe, Kalt- und Warmwasserleitungen, Brandschutzmanschetten, Warmwasserbereiter, Sanitärobjekte; Heizungsrohre, Heizkörper; Einzelraumlüfter, Wickelfalzrohre, Brandschutzklappen; Elektroinstallation, Beleuchtung, Erdung; Türsprechanlage, Sat-Antenne, Brandmeldezentrale, Fernmelde-Notruf-Anlage, Datenverkabelung		779.213		
500	**Außenanlagen und Freiflächen**	2.456,24 m² AF	319.637	**130,13**	14,1
	• Abbrechen (Kosten: 3,2%) Abbruch von Betonpflaster, aufnehmen, lagern; Maschendrahtzaun; Bodenablauf; Roden von Sträuchern, Grasnarbe abtragen; Entsorgung, Deponiegebühren		10.163		
	• Wiederherstellen (Kosten: 0,9%) Gehwege reinigen, Plattenbeläge ausbauen, neu verlegen, Betonpflaster aufnehmen, neu verlegen; Bodenablauf ausbauen, wieder einbauen		2.994		
	• Herstellen (Kosten: 95,9%) Bodenarbeiten; Frostschutzschicht, Schottertragschicht, wassergebundene Deckschicht, Betonpflaster, Sickergruben, Einfassungen, Spielsand; Stabgitterzäune, Tor, Sichtschutzelemente, Fahrradrampe; Oberflächenentwässerung, Pumpenschacht, Doppelpumpe, Wasserzapfstelle, Außenleuchten; Fahrradanlehnbügel, Gitterrostsitzbänke, Tisch, Holzspielhaus, Holzspielturm, Rutsche, Wipptiere, Netzschaukel, Hockeytor, Gartenhütte; Oberbodenarbeiten, Bepflanzung		306.481		
600	**Ausstattung und Kunstwerke**	4.479,00 m² BGF	48.289	**10,78**	2,1
	• Abbrechen (Kosten: 4,2%) Abbruch von Vorhangstangen, Vorhängen, Vorhangschienen; Entsorgung, Deponiegebühren		2.028		
	• Herstellen (Kosten: 95,8%) Sanitärausstattung, Vorhangschienen		46.261		

Kostenkennwerte für die Kostengruppen der 2. Ebene DIN 276

KG	Kostengruppe	Menge Einheit	Kosten €	€/Einheit	%
200	**Vorbereitende Maßnahmen**				**100,0**
210	**Herrichten**	3.292,12 m²GF	473	**0,14**	100,0
	• Herstellen (Kosten: 100,0%) Baumschutz (3St)	3.292,12 m²GF	473	**0,14**	
300	**Bauwerk – Baukonstruktionen**				**100,0**
320	**Gründung, Unterbau**	508,85 m²GRF	37.094	**72,90**	2,[illegible]
	• Abbrechen (Kosten: 18,8%) Abbruch von Estrich, d=8cm (36m²), Teppichbelägen (503m²); Entsorgung, Deponiegebühren	503,00 m²GRF	6.979	**13,87**	
	• Wiederherstellen (Kosten: 1,3%) Estrichrisse schließen (30m), Abbruchstellen füllen (3m²)	3,42 m²GRF	490	**143,23**	
	• Herstellen (Kosten: 79,9%) Estrich, spachteln (486m²), PVC-Beläge (496m²), Bodenfliesen (13m²)	508,85 m²GRF	29.625	**58,22**	
330	**Außenwände/Vert. Baukonstrukt., außen**	4.362,66 m²AWF	135.831	**31,13**	9,6
	• Abbrechen (Kosten: 0,7%) Abbruch von Ziegelmauerwerk, d=36,5cm (7m²) * Holzfenstern (9m²); Entsorgung, Deponiegebühren	15,65 m²AWF	901	**57,56**	
	• Wiederherstellen (Kosten: 31,5%) Ziegelmauerwerk, Fugen erneuern (291m²) * Kunstharzbeschichtung auf Stahlzargen (270m), Holzfenster-Beschläge überarbeiten (641m²), Eingangstür lackieren (psch) * Überholungsanstrich Dispersionsbeschichtung (2.670m²)	3.311,01 m²AWF	42.743	**12,91**	
	• Herstellen (Kosten: 67,9%) Ziegelmauerwerk für Öffnungen (6m²) * Holzfenster, Ug=1,1W/m²K, zweiteilig (4m²), als Fenstertür (7m²), Fensterfläche mit Mattfolie bekleben (33m²), Fensterbeschläge austauschen (81St), Fensterdichtungen (162m), Stahltür (2m²) * Ziegelmauerwerk reinigen, beschichten (5m²), Stb-Stützen lackieren (psch) * Dispersionsbeschichtung (1.035m²), Wandfliesen 20x40cm (3m²)	1.051,65 m²AWF	92.188	**87,66**	

KG	Kostengruppe	Menge Einheit	Kosten €	€/Einheit	%
340	**Innenwände/Vert. Baukonstrukt., innen**	3.658,21 m² IWF	529.852	**144,84**	37,5
	• Abbrechen (Kosten: 9,9%) Abbruch von Mauerwerkswänden, d bis 24cm (19m²) * GK-Wänden (204m²), Innenwänden (38m²) * Türblättern und Bändern, lagern (96m²), Stahlzargen (53St), Stahlglastür (4m²) * GK-Montagewänden (449m²), GK-Vorsatzschalen (62m²), Wandputz, d=25mm (23m²), Wandfliesen (21m²); Entsorgung, Deponiegebühren	377,36 m² IWF	52.592	**139,37**	
	• Wiederherstellen (Kosten: 10,0%) Innentüren, Drückergarnituren gangbar machen, Türflügel ausrichten (265m²), Kunstharzbeschichtung auf Stahlzargen (566m), Dichtungsprofile erneuern (555m), Lichtausschnitte durch VSG austauschen (32m²) * Überholungsanstrich Dispersionsbeschichtung (3.988m²) * Mobile Trennwand umbauen (1St) * Treppenhaus-Stahlgeländer, Beschichtung erneuern (76m²)	2.291,02 m² IWF	52.892	**23,09**	
	• Herstellen (Kosten: 80,1%) GK-Wände, d=100-155mm (1.295m²), als Brandwand, d=625mm (74m²), Öffnungen in GK-Wänden schließen (71m²) * Holztüren (176m²), schallgedämmt (22m²), als Rauchschutztüren (6m²), vorhandene Türen einbauen (28m²), Stahlzargen (128St) * GK-Wände, als Vorsatzschalen, d=75mm (407m²), als Wandbekleidung, d=125mm, schallgedämmt (334m²), als Schachtbekleidung, d=625mm (242m²), Dispersionsbeschichtung (1.544m²), Wandfliesen (670m²) * Faltwand, schallgedämmt, als Raumteiler (27m²)	1.695,94 m² IWF	424.368	**250,23**	
350	**Decken/Horizontale Baukonstruktionen**	3.581,30 m² DEF	283.078	**79,04**	20,1
	• Abbrechen (Kosten: 9,0%) Abbruch von Stb-Decke für Öffnungen (8m²); Teppichbelägen (2.121m²) * GK-Decken mit Einbauleuchten und Lüftungsgittern (275m²), Metallpaneeldecken, kontaminiert (41m²); Entsorgung, Deponiegebühren	2.120,98 m² DEF	25.393	**11,97**	
	• Wiederherstellen (Kosten: 3,8%) Estrichrisse schließen (116m) * Brandschutzkassettendecken mit Lochblechbekleidung, abgehängt, aufnehmen, wieder verlegen (361m²)	361,18 m² DEF	10.791	**29,88**	
	• Herstellen (Kosten: 87,2%) Stahltreppe (6m²), Stb-Deckenaussparungen herstellen, wiederverschließen (8m²), Brandschutzmanschetten (72St) * Stb-Deckendurchbruch, Einbau von Stahlträgern (7m²) * Estrich, spachteln (2.028m²), PVC-Beläge (1.934m²), Bodenfliesen (370m²) * Dispersionsbeschichtung (2.717m²), Brandschutzkassettendecken, abgehängt (475m²), GK-Decke F90, abgehängt (21m²), Flachstahlgeländer, Handlauf (7m)	3.212,84 m² DEF	246.894	**76,85**	

KG	Kostengruppe	Menge Einheit	Kosten €	€/Einheit	
360	**Dächer**	1.203,95 m²DAF	189.306	**157,24**	13,
	• Abbrechen (Kosten: 3,1%) Abbruch von Regenrinnen (126m), Wandanschlussblechen, lagern (159m)	–	5.897	–	
	• Wiederherstellen (Kosten: 2,2%) Brandschutzkassettendecke mit Lochblechbekleidung, abgehängt, demontieren, wieder verlegen (156m²)	155,91 m²DAF	4.114	**26,39**	
	• Herstellen (Kosten: 94,7%) Dachdurchbrüche herstellen, wieder verschließen (10m²) * Dachfläche, entfeuchten (1.143m²), Bitumendachbahn (1.204m²), Attikaanschlussschienen, Alu (263m), Dachlüfter (75St), Regenrinnen, Titanzink (126m) * Dispersionsbeschichtung (354m²), GK-Decke F90, abgehängt (7m²) * Flachdach-Absturzsicherungen (2St)	1.203,95 m²DAF	179.294	**148,92**	
380	**Baukonstruktive Einbauten**	4.479,00 m²BGF	65.748	**14,68**	4,
	• Abbrechen (Kosten: 3,7%) Abbruch von Küchenzeile (1St), Einbaumöbeln (psch) * Beschilderungen (psch); Entsorgung, Deponiegebühren	4.479,00 m²BGF	2.457	**0,55**	
	• Herstellen (Kosten: 96,3%) Einbauküchen, Spülen, Elektrogeräten (24St), Schlüsselsafe (1St) * Schriftzüge Stockwerks-nummerierung (8St)	4.479,00 m²BGF	63.291	**14,13**	
390	**Sonst. Maßnahmen für Baukonstrukt.**	4.479,00 m²BGF	170.195	**38,00**	12,
	• Abbrechen (Kosten: 5,1%) Abbruch von Mineralfasern (59m³); Entsorgung, Deponiegebühren	4.479,00 m²BGF	8.643	**1,93**	
	• Herstellen (Kosten: 94,9%) Baustelleneinrichtungen (5St), Bauzaun (210m), Baustrom, Baustromverteiler (psch), Baubeleuchtung (7St), Bauwasser (1St) * Stahlrohr-Rahmengerüste (2.414m²), Dachfanggerüste (275m) * Container (2St) * Schutzabdeckungen (1.738m²), Staubschutzwand (31m²), Bauendreinigung (3.950m²)	4.479,00 m²BGF	161.552	**36,07**	
400	**Bauwerk – Technische Anlagen**				**100,**
410	**Abwasser-, Wasser-, Gasanlagen**	4.479,00 m²BGF	266.204	**59,43**	31,
	• Abbrechen (Kosten: 1,2%) Abbruch von Abwasserleitungen DN50-100 (138m) * Trinkwasserleitungen (116m), Sanitärobjekten (26St); Entsorgung, Deponiegebühren	4.479,00 m²BGF	3.288	**0,73**	
	• Herstellen (Kosten: 98,8%) PP-Rohre DN40-160 (466m), Druckrohre DN40-90 (32m), Abwasserhebeanlagen (2St), Doppel-pumpen für Fäkalien (2St), Brandschutzmanschetten (51St) * Kalt- und Warmwasserleitungen DN12-50 (795m), Verteiler (1St), Strömungsteiler (36St), Brandschutzmanschetten (49St), Warm-wasserbereiter 5l (64St), Durchlauferhitzer (29St), Waschtische (36St), Tiefspül-WCs (36St), Dusch-wannen (29St), Ausgussbecken (1St) * Montageelemente (86St)	4.479,00 m²BGF	262.915	**58,70**	

KG	Kostengruppe	Menge Einheit	Kosten €	€/Einheit	%
420	**Wärmeversorgungsanlagen**	4.479,00 m2 BGF	29.796	**6,65**	3,5
	• Abbrechen (Kosten: 6,2%) Abbruch von Kupferrohren, Armaturen (78m) * Heizkörpern (48St); Entsorgung, Deponiegebühren	4.479,00 m2 BGF	1.860	**0,42**	
	• Wiederherstellen (Kosten: 1,4%) Heizkörper versetzen (2St)	4.479,00 m2 BGF	407	**0,09**	
	• Herstellen (Kosten: 92,4%) Stahlrohre DN15-20 (309m), Brandschutzmanschetten (14St) * Flachheizkörper (36St)	4.479,00 m2 BGF	27.529	**6,15**	
430	**Raumlufttechnische Anlagen**	4.479,00 m2 BGF	35.895	**8,01**	4,2
	• Abbrechen (Kosten: 3,2%) Abbruch von Split-Klimageräten, Kältemittel, Kälteleitungen (2St); Entsorgung, Deponiegebühren	4.479,00 m2 BGF	1.156	**0,26**	
	• Herstellen (Kosten: 96,8%) Einzelraumlüfter (30St), Wickelfalzrohre DN80-160 (136m), Brandschutzklappen (18St)	4.479,00 m2 BGF	34.739	**7,76**	
440	**Elektrische Anlagen**	4.479,00 m2 BGF	373.938	**83,49**	44,0
	• Abbrechen (Kosten: 3,3%) Abbruch von Kabelkanälen (89m), Leitungen, Steckdosen, Schalter/Taster, Leuchten (psch); Entsorgung, Deponiegebühren	4.479,00 m2 BGF	12.210	**2,73**	
	• Wiederherstellen (Kosten: 10,5%) Haupt-/Zählerverteilung, demontieren, umrüsten, prüfen (psch), Halterungen für Kabelrinnen (184St) * Installation erweitern, prüfen (psch) * Anbauleuchten reinigen, prüfen, montieren (102St) * Blitzschutzanlagen, demontieren, lagern, montieren (3St)	4.479,00 m2 BGF	39.288	**8,77**	
	• Herstellen (Kosten: 86,2%) Niederspannungshauptverteilung erweitern: Lasttrennschalter, FI-Schalter, LS-Schalter, Sicherungen (psch) * Unterverteiler (7St), LS-Schalter (56St), Relais (10St), FI-Schalter (5St), Brandschutzmanschetten (71St), Mantelleitungen (22.395m), Schalter/Taster (242St), Steckdosen (225St), CEE-Steckdosen (20St), Herdanschlussdosen (130St), Bewegungsmelder (1St) * Anbauleuchten (46St), LED-Sicherheitsleuchten (44St), LED-Rettungszeichenleuchten (43St), Spiegelleuchten (32St) * Ringerder (18m), Verbindungsleitungen (299m), Überspannungsableiter (16St)	4.479,00 m2 BGF	322.440	**71,99**	
450	**Kommunikationstechnische Anlagen**	4.479,00 m2 BGF	144.585	**32,28**	17,0
	• Abbrechen (Kosten: 7,7%) Abbruch von TK-Leitungsnetz mit Haupt-/Unterverteiler (1St) * Einbruchmeldeanlagen (3St) * EDV-Leitungsnetz mit Verteilern (1St); Entsorgung, Deponiegebühren	4.479,00 m2 BGF	11.062	**2,47**	
	• Wiederherstellen (Kosten: 1,3%) Patchfeldschränke demontieren (4St), Schrank mit vorhandenen Patchfeldern erweitern, prüfen, neu montieren (1St)	4.479,00 m2 BGF	1.933	**0,43**	
	• Herstellen (Kosten: 91,0%) Installationsleitungen (1.957m), Türsprechanlage (1St), Wohnungsstationen (24St), Klingeldrücker (24St), Verteilerkästen (9St) * Sat-Antenne (1St), Koaxialkabel (5.425m), Antennensteckdosen (36St), Multischalter mit Netzteil (13St) * Brandmeldezentrale (1St), Fernmelde-Notruf-Anlage (1St), Brandmeldekabel (3.180m), Feuerwehrzentrale: Bedientableau (1St), Schlüsseldepot (1St), Rauchmelder (249St), Sockelmelder (17St), Handfeuermelder (13St), Wärmemelder (1St), zentrale Türverriegelung (3St), Schlüsseltaster (2St) * Datenkabel Cat7 (1.424m), Datenanschlussdosen (23St)	4.479,00 m2 BGF	131.590	**29,38**	

Umbau

KG	Kostengruppe	Menge Einheit	Kosten €	€/Einheit	%
500	**Außenanlagen und Freiflächen**				**100,**
510	**Erdbau**	1.115,23 m^3 EBR	60.659	**54,39**	19,
	• Herstellen (Kosten: 100,0%) Bodenaushub, d=50cm, entsorgen (592m^3), lagern, Arbeitsraum verfüllen (138m^3), Rohrgraben-aushub, t bis 1,25m, verfüllen (76m^3), Kiessand, liefern, d bis 20cm (103m^3), Planum (66m^2)	1.115,23 m^3 EBR	60.659	**54,39**	
530	**Oberbau, Deckschichten**	805,68 m^2 BFF	46.774	**58,06**	14,
	• Abbrechen (Kosten: 2,4%) Abbruch von Betonpflaster 20x10cm, aufnehmen, säubern, lagern (50m^2), Tragschicht lösen, lagern (25m^3)	50,10 m^2 BFF	1.101	**21,98**	
	• Wiederherstellen (Kosten: 5,9%) Gehwege reinigen (124m^2), Plattenbeläge ausbauen, mit Gefälle neu verlegen (10m^2) * Betonpflaster aufnehmen, lagern, neu verlegen (32m^2)	166,35 m^2 BFF	2.774	**16,68**	
	• Herstellen (Kosten: 91,7%) Frostschutzschicht FSS, d=20cm (81m^2), Schottertragschicht STS, d=25cm (176m^2), wasser-gebundene Deckschicht (95m^2), Betonpflaster (73m^2), Lagermaterial (50m^2) * STS, d=25cm, Beton-pflaster (38m^2) * STS, d=25cm, wassergebundene Deckschicht (174m^2) * Trennvlies, Sand (209m^2), Einfassungen (82m)	639,33 m^2 BFF	42.899	**67,10**	
540	**Baukonstruktionen**	2.456,24 m^2 AF	41.419	**16,86**	13,
	• Abbrechen (Kosten: 0,5%) Abbruch von Maschendrahtzaun, h=1,00m (4m); Entsorgung, Deponiegebühren	2.456,24 m^2 AF	225	**0,09**	
	• Herstellen (Kosten: 99,5%) Stabgitterzäune, Tor (407m^2), Durchlaufschutz, Holzpfosten (25m) * Sichtschutzelemente (45m^2) * Fahrradrampe (1St), Gartenhütte (1St)	2.456,24 m^2 AF	41.194	**16,77**	
550	**Technische Anlagen**	2.456,24 m^2 AF	73.466	**29,91**	23,
	• Abbrechen (Kosten: 0,3%) Bodenablauf ausbauen, Anschluss gegen Verschmutzung sichern (1St); Entsorgung, Deponiegebühren	2.456,24 m^2 AF	233	**0,10**	
	• Wiederherstellen (Kosten: 0,3%) Bodenablauf ausbauen, wieder einbauen (1St)	2.456,24 m^2 AF	220	**0,09**	
	• Herstellen (Kosten: 99,4%) PVC-Rohre DN100-200 (78m), Druckleitung DN100 (22m), Kontrollschächte DN1.000, Abdeckungen (4St), Pumpenschacht DN1.500 (1St), Doppelpumpe (1St), Sickergruben, Geotextil, Kies (3m^2) * Wasserzapfstelle (1psch) * Erdkabel (130m), Pollerleuchten (6St)	2.456,24 m^2 AF	73.013	**29,73**	
560	**Einbauten Außenanlagen u. Freiflächen**	2.456,24 m^2 AF	61.897	**25,20**	19,4
	• Herstellen (Kosten: 100,0%) Fahrradanlehnbügel (10St), Gitterrost-Sitzbänke (4St), Tisch (1St), Sperrpfosten (2St) * Holzspielhaus (1St), Holzspielturm (1St), Rutsche (1St), Wipptiere (3St), Netzschaukel (1St), Hockeytor (1St)	2.456,24 m^2 AF	61.897	**25,20**	

KG	Kostengruppe	Menge Einheit	Kosten €	€/Einheit	%
570	**Vegetationsflächen**	1.341,01 m² PSF	26.062	**19,43**	8,2
	• Abbrechen (Kosten: 33,0%) Roden von Sträuchern, h=3,00m, Schnittgut entsorgen (128m²) * Grasnarbe abtragen (860m²), Grüngut aufnehmen und entsorgen	987,74 m² PSF	8.604	**8,71**	
	• Herstellen (Kosten: 67,0%) Vegetationsfläche fräsen (661m²), Oberboden, auftragen (17m³) * Wurzelvorhang (12m²) * Heckenpflanzen (491St), Sträucher (20St), Kletterpflanzen (10St), Rindenmulch (14m³) * Rasenansaat (499m²), Fertigstellungspflege (299m²)	1.341,01 m² PSF	17.459	**13,02**	
590	**Sonst. Maßnahmen für Außenanlagen u. Freiflächen**	2.456,24 m² AF	9.360	**3,81**	2,9
	• Herstellen (Kosten: 100,0%) Baustelleneinrichtung (psch), Bauzaun (74m), Baustraße (32m²), Verkehrssicherung (2St) * Bauschutt (8m³), Grüngut (8m³); Entsorgung, Deponiegebühren	2.456,24 m² AF	9.360	**3,81**	
600	**Ausstattung und Kunstwerke**				**100,0**
610	**Allgemeine Ausstattung**	4.479,00 m² BGF	48.289	**10,78**	100,0
	• Abbrechen (Kosten: 4,2%) Abbruch von Vorhangstangen mit Vorhängen (29St), Vorhangschienen (28m); Entsorgung, Deponiegebühren	4.479,00 m² BGF	2.028	**0,45**	
	• Herstellen (Kosten: 95,8%) Handtuchhaken (106St), WC-Papierhalter (36St), Bürstengarnituren (36St), Kristallspiegel 60x80cm (36St), Duschvorhänge, Vorhangstangen (29St), Duschabtrennungen (29St), Vorhangschienen (57m)	4.479,00 m² BGF	46.261	**10,33**	

6200-0074
Wohnunterkunft
(23 WE)

Umbau

Kostenkennwerte für die Kostengruppen 300 der 2. und 3. Ebene DIN 276 (Übersicht)

KG	Kostengruppe	Menge Einheit	€/Einheit	Kosten €	% an 3+4
300	**Bauwerk – Baukonstruktionen**	**4.479,00 m² BGF**	**315,05**	**1.411.105,12**	**62,4**
310	**Baugrube / Erdbau**	**–**	**–**	**–**	**–**
311	Herstellung	–	–	–	–
312	Umschließung	–	–	–	–
313	Wasserhaltung	–	–	–	–
314	Vortrieb	–	–	–	–
319	Sonstiges zur KG 310	–	–	–	–
320	**Gründung, Unterbau**	**508,85 m² GRF**	**72,90**	**37.094,35**	**1,6**
321	Baugrundverbesserung	–	–	–	–
322	Flachgründungen und Bodenplatten	–	–	–	–
323	Tiefgründungen	–	–	–	–
324	Gründungsbeläge	508,85 m²	72,90	37.094,35	1,6
325	Abdichtungen und Bekleidungen	–	–	–	–
326	Dränagen	–	–	–	–
329	Sonstiges zur KG 320	–	–	–	–
330	**Außenwände/Vert. Baukonstrukt., außen**	**4.362,66 m² AWF**	**31,13**	**135.831,22**	**6,0**
331	Tragende Außenwände	297,45 m²	81,66	24.289,08	1,1
332	Nichttragende Außenwände	–	–	–	–
333	Außenstützen	–	–	–	–
334	Außenwandöffnungen	654,81 m²	112,02	73.351,26	3,2
335	Außenwandbekleidungen, außen	4,95 m²	546,20	2.703,70	0,1
336	Außenwandbekleidungen, innen	3.707,85 m²	9,57	35.487,18	1,6
337	Element. Außenwandkonstruktionen	–	–	–	–
338	Lichtschutz zur KG 330	–	–	–	–
339	Sonstiges zur KG 330	–	–	–	–
340	**Innenwände/Vert. Baukonstrukt., innen**	**3.658,21 m² IWF**	**144,84**	**529.851,85**	**23,4**
341	Tragende Innenwände	–	–	5.183,21	0,2
342	Nichttragende Innenwände	1.435,43 m²	96,68	138.778,27	6,1
343	Innenstützen	–	–	–	–
344	Innenwandöffnungen	530,15 m²	249,57	132.310,89	5,9
345	Innenwandbekleidungen	6.201,72 m²	36,22	224.606,38	9,9
346	Elementierte Innenwandkonstruktionen	27,20 m²	980,32	26.664,69	1,2
347	Lichtschutz zur KG 340	–	–	–	–
349	Sonstiges zur KG 340	3.658,21 m² IWF	0,63	2.308,39	0,1
350	**Decken/Horizontale Baukonstruktionen**	**3.581,30 m² DEF**	**79,04**	**283.078,13**	**12,5**
351	Deckenkonstruktionen	–	–	34.455,42	1,5
352	Deckenöffnungen	7,28 m²	1.302,07	9.479,05	0,4
353	Deckenbeläge	2.304,63 m²	68,52	157.921,67	7,0
354	Deckenbekleidungen	3.574,02 m²	21,48	76.752,74	3,4
355	Elementierte Deckenkonstruktionen	–	–	–	–
359	Sonstiges zur KG 350	3.581,30 m² DEF	1,25	4.469,25	0,2
360	**Dächer**	**1.203,95 m² DAF**	**157,24**	**189.306,20**	**8,4**
361	Dachkonstruktionen	9,60 m²	1.064,81	10.222,16	0,5
362	Dachöffnungen	–	–	–	–
363	Dachbeläge	1.203,95 m²	137,69	165.767,39	7,3
364	Dachbekleidungen	516,91 m²	21,25	10.982,84	0,5
365	Elementierte Dachkonstruktionen	–	–	–	–
366	Lichtschutz zur KG 360	–	–	–	–
369	Sonstiges zur KG 360	1.203,95 m² DAF	1,94	2.333,82	0,
370	**Infrastrukturanlagen**	**–**	**–**	**–**	**–**
380	**Baukonstruktive Einbauten**	**4.479,00 m² BGF**	**14,68**	**65.748,43**	**2,9**
390	**Sonst. Maßnahmen für Baukonstrukt.**	**4.479,00 m² BGF**	**38,00**	**170.194,94**	**7,5**

Kostenkennwerte für die Kostengruppen 400 der 2. und 3. Ebene DIN 276 (Übersicht)

KG	Kostengruppe	Menge Einheit	€/Einheit	Kosten €	% an 3+4
400	**Bauwerk – Technische Anlagen**	**4.479,00 m² BGF**	**189,87**	**850.417,17**	**37,6**
410	**Abwasser-, Wasser-, Gasanlagen**	**4.479,00 m² BGF**	**59,43**	**266.203,53**	**11,8**
411	Abwasseranlagen	4.479,00 m² BGF	12,34	55.251,96	2,4
412	Wasseranlagen	4.479,00 m² BGF	40,44	181.126,30	8,0
413	Gasanlagen	–	–	–	–
419	Sonstiges zur KG 410	4.479,00 m² BGF	6,66	29.825,25	1,3
420	**Wärmeversorgungsanlagen**	**4.479,00 m² BGF**	**6,65**	**29.796,39**	**1,3**
421	Wärmeerzeugungsanlagen	–	–	–	–
422	Wärmeverteilnetze	4.479,00 m² BGF	4,15	18.567,14	0,8
423	Raumheizflächen	4.479,00 m² BGF	2,51	11.229,25	0,5
424	Verkehrsheizflächen	–	–	–	–
429	Sonstiges zur KG 420	–	–	–	–
430	**Raumlufttechnische Anlagen**	**4.479,00 m² BGF**	**8,01**	**35.894,59**	**1,6**
431	Lüftungsanlagen	4.479,00 m² BGF	8,01	35.894,59	1,6
432	Teilklimaanlagen	–	–	–	–
433	Klimaanlagen	–	–	–	–
434	Kälteanlagen	–	–	–	–
439	Sonstiges zur KG 430	–	–	–	–
440	**Elektrische Anlagen**	**4.479,00 m² BGF**	**83,49**	**373.937,52**	**16,5**
441	Hoch- und Mittelspannungsanlagen	–	–	–	–
442	Eigenstromversorgungsanlagen	–	–	–	–
443	Niederspannungsschaltanlagen	4.479,00 m² BGF	4,62	20.672,04	0,9
444	Niederspannungsinstallationsanlagen	4.479,00 m² BGF	66,13	296.204,08	13,1
445	Beleuchtungsanlagen	4.479,00 m² BGF	9,85	44.121,56	2,0
446	Blitzschutz- und Erdungsanlagen	4.479,00 m² BGF	2,89	12.939,84	0,6
447	Fahrleitungssysteme	–	–	–	–
449	Sonstiges zur KG 440	–	–	–	–
450	**Kommunikationstechnische Anlagen**	**4.479,00 m² BGF**	**32,28**	**144.585,14**	**6,4**
451	Telekommunikationsanlagen	4.479,00 m² BGF	0,40	1.789,68	< 0,1
452	Such- und Signalanlagen	4.479,00 m² BGF	3,02	13.520,14	0,6
453	Zeitdienstanlagen	4.479,00 m² BGF	0,03	129,10	< 0,1
454	Elektroakustische Anlagen	–	–	–	–
455	Audiovisuelle Medien- u. Antennenanl.	4.479,00 m² BGF	7,61	34.067,82	1,5
456	Gefahrenmelde- und Alarmanlagen	4.479,00 m² BGF	18,51	82.914,78	3,7
457	Datenübertragungsnetze	4.479,00 m² BGF	2,72	12.163,64	0,5
458	Verkehrsbeeinflussungsanlagen	–	–	–	–
459	Sonstiges zur KG 450	–	–	–	–
460	**Förderanlagen**	**–**	**–**	**–**	**–**
461	Aufzugsanlagen	–	–	–	–
462	Fahrtreppen, Fahrsteige	–	–	–	–
463	Befahranlagen	–	–	–	–
464	Transportanlagen	–	–	–	–
465	Krananlagen	–	–	–	–
466	Hydraulikanlagen	–	–	–	–
469	Sonstiges zur KG 460	–	–	–	–
470	**Nutzungsspez. u. verfahrenstechn. Anl.**	**–**	**–**	**–**	**–**
480	**Gebäude- und Anlagenautomation**	**–**	**–**	**–**	**–**
490	**Sonst. Maßnahmen für techn. Anlagen**	**–**	**–**	**–**	**–**

6200-0074
Wohnunterkunft
(23 WE)

Umbau

Kostenkennwerte für Leistungsbereiche nach STLB (Kosten des Bauwerks nach DIN 276)

LB	Leistungsbereiche	Kosten €	€/m² BGF	€/m³ BRI	% an 3+4
000	Sicherheits-, Baustelleneinrichtungen inkl. 001	123.835	27,60	11,60	5,[illegible]
002	Erdarbeiten	–	–	–	–
006	Spezialtiefbauarbeiten inkl. 005	–	–	–	–
009	Entwässerungskanalarbeiten inkl. 011	–	–	–	–
010	Drän- und Versickerarbeiten	–	–	–	–
012	Mauerarbeiten	27.021	6,00	2,50	1,[illegible]
	Wiederherstellen	11.689	2,60	1,10	0,[illegible]
	Herstellen	15.332	3,40	1,40	0,[illegible]
013	Betonarbeiten	33.545	7,50	3,10	1,[illegible]
014	Natur-, Betonwerksteinarbeiten	–	–	–	–
016	Zimmer- und Holzbauarbeiten	–	–	–	–
017	Stahlbauarbeiten	–	–	–	–
018	Abdichtungsarbeiten	989	0,22	0,09	< 0,[illegible]
019	Kampfmittelräumarbeiten	–	–	–	–
020	Dachdeckungsarbeiten	20.820	4,60	2,00	0,[illegible]
021	Dachabdichtungsarbeiten	137.347	30,70	12,90	6,[illegible]
022	Klempnerarbeiten	12.542	2,80	1,20	0,[illegible]
	Rohbau	**356.099**	**79,50**	**33,40**	**15,[illegible]**
	Wiederherstellen	11.689	2,60	1,10	0,[illegible]
	Herstellen	344.410	76,90	32,30	15,[illegible]
023	Putz- und Stuckarbeiten, Wärmedämmsysteme	3.089	0,69	0,29	0,[illegible]
024	Fliesen- und Plattenarbeiten	105.807	23,60	9,90	4,[illegible]
025	Estricharbeiten	215	0,05	0,02	< 0,[illegible]
	Wiederherstellen	215	0,05	0,02	< 0,[illegible]
026	Fenster, Außentüren inkl. 029, 032	91.057	20,30	8,50	4,0
	Wiederherstellen	24.724	5,50	2,30	1,[illegible]
	Herstellen	66.333	14,80	6,20	2,[illegible]
027	Tischlerarbeiten	162.601	36,30	15,30	7,[illegible]
	Wiederherstellen	19.119	4,30	1,80	0,[illegible]
	Herstellen	143.482	32,00	13,50	6,[illegible]
028	Parkettarbeiten, Holzpflasterarbeiten	–	–	–	–
030	Rollladenarbeiten	–	–	–	–
031	Metallbauarbeiten inkl. 035	40.167	9,00	3,80	1,[illegible]
034	Maler- und Lackiererarbeiten inkl. 037	128.108	28,60	12,00	5,[illegible]
	Wiederherstellen	40.102	9,00	3,80	1,[illegible]
	Herstellen	88.006	19,60	8,30	3,[illegible]
036	Bodenbelagarbeiten	145.478	32,50	13,70	6,[illegible]
	Wiederherstellen	1.343	0,30	0,13	< 0,1
	Herstellen	144.135	32,20	13,50	6,[illegible]
038	Vorgehängte hinterlüftete Fassaden	–	–	–	–
039	Trockenbauarbeiten	251.639	56,20	23,60	11,1
	Wiederherstellen	13.837	3,10	1,30	0,[illegible]
	Herstellen	237.802	53,10	22,30	10,[illegible]
	Ausbau	**928.161**	**207,20**	**87,10**	**41,0**
	Wiederherstellen	99.341	22,20	9,30	4,4
	Herstellen	828.820	185,00	77,80	36,[illegible]
040	Wärmeversorgungsanl. - Betriebseinr. inkl. 041	26.570	5,90	2,50	1,[illegible]
	Wiederherstellen	407	0,09	0,04	< 0,1
	Herstellen	26.163	5,80	2,50	1,[illegible]
042	Gas- und Wasserinstallation, Leitungen inkl. 043	146.407	32,70	13,70	6,5

LB	Leistungsbereiche	Kosten €	€/m² BGF	€/m³ BRI	% an 3+4
044	Abwasseranlagen - Leitungen	36.027	8,00	3,40	1,6
045	GWE-Einrichtungsgegenstände inkl. 046	65.834	14,70	6,20	2,9
047	Dämmarbeiten an betriebstechnischen Anlagen	17.120	3,80	1,60	0,8
049	Feuerlöschanlagen, Feuerlöschgeräte	–	–	–	–
050	Blitzschutz- und Erdungsanlagen	12.940	2,90	1,20	0,6
	Wiederherstellen	3.169	0,71	0,30	0,1
	Herstellen	9.771	2,20	0,92	0,4
053	Niederspannungsanlagen inkl. 052, 054	319.444	71,30	30,00	14,1
	Wiederherstellen	23.155	5,20	2,20	1,0
	Herstellen	296.289	66,20	27,80	13,1
055	Sicherheits- u. Ersatzstromversorgungsanl.	–	–	–	–
057	Gebäudesystemtechnik	–	–	–	–
058	Leuchten und Lampen inkl. 059	44.122	9,90	4,10	2,0
	Wiederherstellen	12.964	2,90	1,20	0,6
	Herstellen	31.157	7,00	2,90	1,4
060	Sprechanlagen, elektroakust. Anlagen inkl. 064	24.558	5,50	2,30	1,1
061	Kommunikationsnetze inkl. 063	85.806	19,20	8,10	3,8
	Wiederherstellen	1.933	0,43	0,18	< 0,1
	Herstellen	83.873	18,70	7,90	3,7
069	Aufzüge	–	–	–	–
070	Gebäudeautomation	–	–	–	–
075	Raumlufttechnische Anlagen inkl. 078	34.739	7,80	3,30	1,5
	Gebäudetechnik	**813.567**	**181,60**	**76,40**	**36,0**
	Wiederherstellen	41.628	9,30	3,90	1,8
	Herstellen	771.938	172,30	72,50	34,1
084	Abbruch, Rückbau, Schadstoffsanierung	132.438	29,60	12,40	5,9
	Abbrechen	132.438	29,60	12,40	5,9
	Abbrucharbeiten	**132.438**	**29,60**	**12,40**	**5,9**
	Abbrechen	132.438	29,60	12,40	5,9
	Sonstige Leistungsbereiche	**31.258**	**7,00**	**2,90**	**1,4**

6200-0092
Tagespflege
(12 Plätze)

Umbau

Objektübersicht

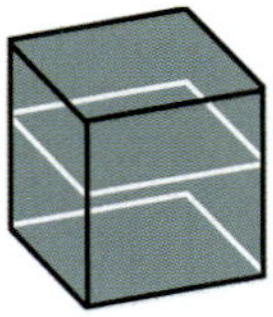

BRI 254 €/m³

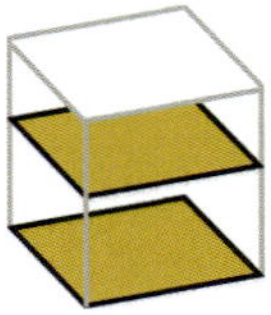

BGF 989 €/m²

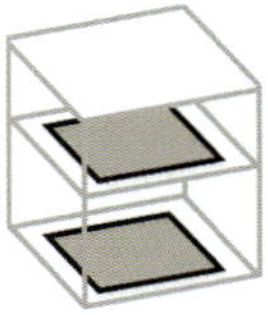

NUF 1.361 €/m²

Objekt:
Kennwerte: 3. Ebene DIN 276
BRI: 1.010 m³
BGF: 259 m²
NUF: 188 m²
Bauzeit: 26 Wochen
Bauende: 2017
Standard: Durchschnitt
Bundesland: Brandenburg
Kreis: Oberspreewald-Lausitz

Architekt*in:
mayerwittig Architekten
und Stadtplaner GbR
Hubertstraße 7
03044 Cottbus

Bauherr*in:
Arbeiterwohlfahrt
Regionalverband
Brandenburg Süd e.V.
Rudolf-Breitscheid-Straße 24
03222 Lübbenau

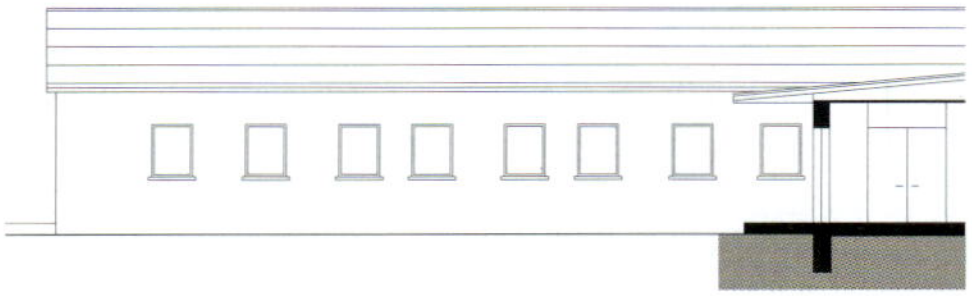

Ansicht Nord

Ansicht Ost

Erdgeschoss

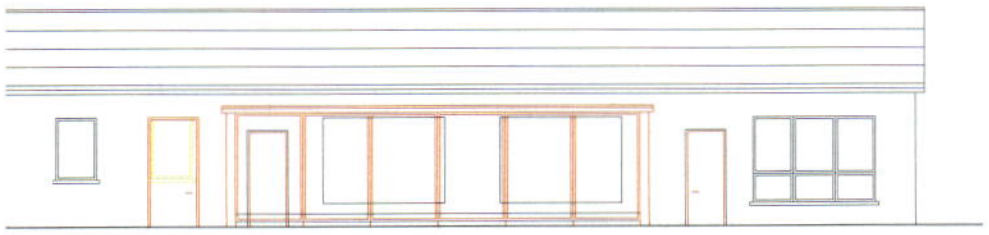

Ansicht Süd

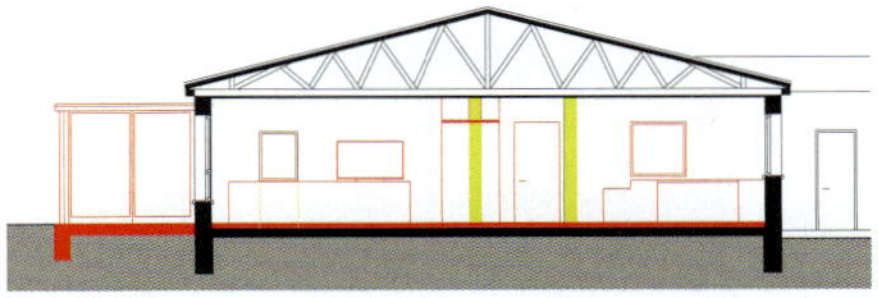

Schnitt

6200-0092
Tagespflege
(12 Plätze)

Umbau

Objektbeschreibung

Allgemeine Objektinformationen

Der ehemalige Kindergarten wurde in den 1980er Jahren mit den damals typischen Raumstrukturen errichtet. Ein Teil des Gebäudes wurde zur Tagespflege umgebaut und umgenutzt. Im Zuge dessen entstand ein neuer großzügiger Aufenthaltsraum mit Küche, Ess- und Wohnbereich sowie dazugehörigen Nebenräumen. Der eingeschossige Baukörper mit Satteldach wurde im Süden um einen verglasten Anbau erweitert und vollständig barrierefrei gestaltet.

Nutzung

1 Erdgeschoss
Tagespflegeeinrichtung mit Küche, Aufenthaltsraum, Wintergarten, Ruheraum, Pflegebad, Personalräume

Nutzeinheiten

Pflegeplätze: 12

Grundstück

Bauraum: Freier Bauraum
Neigung: Ebenes Gelände

Markt

Hauptvergabezeit: 3. Quartal 2016
Baubeginn: 3. Quartal 2016
Bauende: 1. Quartal 2017
Konjunkturelle Gesamtlage: Durchschnitt
Regionaler Baumarkt: Durchschnitt

Baubestand

Baujahr: 1986-1987
Bauzustand: gut
Aufwand: mittel
Grundrissänderungen: umfangreiche
Tragwerkseingriffe: wenige
Nutzungsänderung: ja
Nutzung während der Bauzeit: nein

Baukonstruktion

Das Bestandsgebäude wurde aus Gasbetonsteinen erbaut. Das Satteldach besteht aus einer Flachbinderkonstruktion mit einer Dachdeckung aus Trapezblech. Bautechnische Änderungen wurden im Bereich der Außen- und Innenwände vorgenommen: Die Eingangstür und mehrere Innentüren sind verbreitert worden, wenige Innenwände wurden komplett abgebrochen. Mittels Stahlbetonunterzügen wurden neue Türöffnungen und Durchgänge geschaffen. Die Herstellung neuer Innenwände erfolgte in Trockenbauweise. Wände und Decken haben einen Anstich erhalten. Die Fußböden sind mit Linoleum oder Teppich belegt. Der neue Glasanbau ist vollständig als Pfosten-Riegelkonstruktion in Kunststoff ausgeführt worden. Große Schiebetüren ermöglichen einen barrierefreien Zugang zu Terrasse und Garten.

Technische Anlagen

Die Tagespflege ist an ein konventionelles Verteilernetz für Wasser und Wärme angeschlossen. Die Warmwasserbereitung erfolgt dezentral. Alle Räume werden mittels klassischer Heizkörper beheizt. Innenliegende Bäder wurden mit Einzellüftern ausgestattet. In den allgemein zugänglichen Bereichen kamen LED-Leuchtmittel zum Einsatz.

Planungskennwerte für Flächen und Rauminhalte nach DIN 277

Flächen des Grundstücks		Menge Einheit	% an GF
EF	Bebaute Fläche	–	–
UF	Unbebaute Fläche	–	–
GF	Grundstücksfläche	–	–

Grundflächen des Bauwerks		Menge Einheit	% an NUF	% an BGF
NUF	Nutzungsfläche	188,36 m²	100,0	72,7
TF	Technikfläche	2,70 m²	1,4	1,0
VF	Verkehrsfläche	26,45 m²	14,0	10,2
NRF	Netto-Raumfläche	217,51 m²	115,5	83,9
KGF	Konstruktions-Grundfläche	41,69 m²	22,1	16,1
BGF	Brutto-Grundfläche	259,20 m²	137,6	100,0

Brutto-Rauminhalt des Bauwerks		Menge Einheit	BRI/NUF (m)	BRI/BGF (m)
BRI	Brutto-Rauminhalt	1.010,20 m³	5,36	3,90

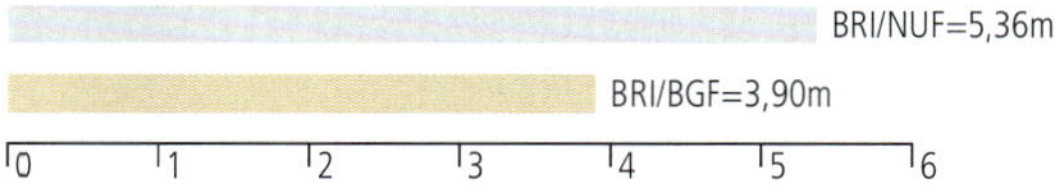

Lufttechnisch behandelte Flächen	Menge Einheit	% an NUF	% an BGF
Entlüftete Fläche	–	–	–
Be- und entlüftete Fläche	–	–	–
Teilklimatisierte Fläche	–	–	–
Klimatisierte Fläche	–	–	–

KG	Kostengruppen (2.Ebene)	Menge Einheit	Menge/NUF	Menge/BGF
310	Baugrube / Erdbau	4,20 m³ BGI	0,02	0,02
320	Gründung, Unterbau	207,60 m² GRF	1,10	0,80
330	Außenwände/Vertikale Baukonstruktionen, außen	379,33 m² AWF	2,01	1,46
340	Innenwände/Vertikale Baukonstruktionen, innen	235,90 m² IWF	1,25	0,91
350	Decken/Horizontale Baukonstruktionen	–	–	–
360	Dächer	203,56 m² DAF	1,08	0,79

6200-0092
Tagespflege
(12 Plätze)

Umbau

Kostenkennwerte für die Kostengruppen der 1. Ebene DIN 276

KG	Kostengruppen (1. Ebene)	Einheit	Kosten €	€/Einheit	€/m² BGF	€/m³ BRI	% 300+400
100	Grundstück	m² GF	–	–	–	–	–
200	Vorbereitende Maßnahmen	m² GF	1.590	–	6,13	1,57	0,5
300	Bauwerk – Baukonstruktionen	m² BGF	194.025	748,55	748,55	192,07	75,7
400	Bauwerk – Technische Anlagen	m² BGF	62.277	240,27	240,27	61,65	24,3
	Bauwerk 300+400	**m² BGF**	**256.302**	**988,82**	**988,82**	**253,71**	**100,0**
500	Außenanlagen und Freiflächen	m² AF	6.967	–	26,88	6,90	2,7
600	Ausstattung und Kunstwerke	m² BGF	2.537	9,79	9,79	2,51	1,0
700	Baunebenkosten	m² BGF	–	–	–	–	–
800	Finanzierung	m² BGF	–	–	–	–	–

KG	Kostengruppe	Menge Einheit	Kosten €	€/Einheit	%
200	**Vorbereitende Maßnahmen**	–	1.590	–	0,5
	• Herstellen (Kosten: 100,0%) Oberbodenarbeiten		1.590		
3+4	**Bauwerk**				**100,0**
300	**Bauwerk – Baukonstruktionen**	259,20 m² BGF	194.025	**748,55**	75,7
	• Abbrechen (Kosten: 9,1%) Abbruch von Beton, Estrich, PVC-Belägen, Terrassenfliesen, Bodenfliesen; Mauerwerk, Kunststofftüren, Fenster, Tapeten; Wandfliesen, WC-Trennwänden, Markisen; Entsorgung, Deponiegebühren		17.590		
	• Wiederherstellen (Kosten: 1,2%) Fenster instandsetzen, Verglasungen ersetzen; VSG-Glasausschnitt		2.421		
	• Herstellen (Kosten: 89,7%) Bodenaushub; Tragschicht, PVC-Beläge, Teppichböden, Bodenfliesen; Alutür, Balkontür, Beschichtung, Wandfliesen, Wintergarten; GK-Wände, Mauerwerk, Holztüren, Kunststofffenster, Tapeten; GK-Decke; Einbauschränke; Schließanlage		174.014		
400	**Bauwerk – Technische Anlagen**	259,20 m² BGF	62.277	**240,27**	24,3
	• Abbrechen (Kosten: 4,5%) Abbruch von Abwasserleitungen, Trinkwasserleitungen, Sanitärobjekten; Heizungsrohren, Heizkörpern; Entsorgung, Deponiegebühren		2.824		
	• Herstellen (Kosten: 95,5%) Gebäudeentwässerung, Kalt- und Warmwasserleitungen, Sanitärobjekte; Heizungsrohre, Heizkörper; Einzelraumlüfter; Elektroinstallation, Beleuchtung, Blitzschutz; Rufanlage, Sat-Parabolspiegel, Datenverkabelung		59.453		
500	**Außenanlagen und Freiflächen**	–	6.967	–	2,7
	• Abbrechen (Kosten: 3,6%) Abbruch von Terrassenfliesen; Entsorgung, Deponiegebühren		251		
	• Herstellen (Kosten: 96,4%) Bodenarbeiten, Pflaster		6.716		

KG	Kostengruppe	Menge Einheit	Kosten €	€/Einheit	%
600	**Ausstattung und Kunstwerke**	259,20 m²BGF	2.537	**9,79**	1,0
	• Herstellen (Kosten: 100,0%) Spiegel, Duschabtrennung, Duschvorhangstange		2.537		

Umbau

Kostenkennwerte für die Kostengruppen der 2. Ebene DIN 276

KG	Kostengruppe	Menge Einheit	Kosten €	€/Einheit	
200	**Vorbereitende Maßnahmen**				**100,**
210	**Herrichten**	–	1.590	–	100,
	• Herstellen (Kosten: 100,0%) Oberboden, laden, entsorgen (8m³)	–	1.590	–	
300	**Bauwerk – Baukonstruktionen**				**100,**
310	**Baugrube / Erdbau**	4,20 m³ BGI	518	**123,41**	0,3
	• Herstellen (Kosten: 100,0%) Bodenaushub, laden, entsorgen (4m³)	4,20 m³ BGI	518	**123,41**	
320	**Gründung, Unterbau**	207,60 m² GRF	41.401	**199,43**	21,3
	• Abbrechen (Kosten: 10,5%) Abbruch von Beton, Estrich (1m²) * PVC-Belägen (314m²), Terrassenfliesen (30m²), Bodenfliesen (18m²); Entsorgung, Deponiegebühren	361,74 m² GRF	4.366	**12,07**	
	• Herstellen (Kosten: 89,5%) Kiestragschicht, d=30cm (27m²), Frostschürze (4m³), Bodenkanal schießen (1m²) * Spachtelung (214m²), PVC-Beläge (120m²), Teppichböden (52m²), Bodenfliesen (32m²), Sauberlaufzone (4m²)	207,60 m² GRF	37.035	**178,40**	
330	**Außenwände/Vert. Baukonstrukt., außen**	379,33 m² AWF	65.103	**171,63**	33,
	• Abbrechen (Kosten: 1,0%) Abbruch von Mauerwerk (1m²) * Kunststofftüren (4m²), Einzelfenster (2m²) * Tapeten (100m²); Entsorgung, Deponiegebühren	105,56 m² AWF	659	**6,24**	
	• Wiederherstellen (Kosten: 3,0%) Fenster instandsetzen, Beschläge einstellen (32St), Verglasungen durch Wärmeschutzverglasungen ersetzen (3m²)	3,01 m² AWF	1.950	**647,95**	
	• Herstellen (Kosten: 96,0%) Alu-Außentür, ESG-Glasausschnitte (3m²), Balkontür (4m²), Fensterfolien (psch) * Dispersionsbeschichtung (341m²) * Spachtelung (100m²), Wandfliesen (20m²), Malervlies, Dispersionsbeschichtung (80m²) * Wintergarten aus stahlverstärken Kunststoffprofilen, Fest-, Schiebe-, Kippverglasungen, Dachverglasung, Entwässerungsrinnen (28m²)	376,32 m² AWF	62.493	**166,06**	
340	**Innenwände/Vert. Baukonstrukt., innen**	235,90 m² IWF	54.344	**230,37**	28,
	• Abbrechen (Kosten: 22,3%) Abbruch von Mauerwerk (4m²) * Mauerwerk (79m²) * Türen (24m²) * Wandfliesen (41m²), Vorsatzschalen (8m²), Tapeten (205m²) * WC-Trennwänden (24m²) * Markisen (68m²); Entsorgung, Deponiegebühren	170,69 m² IWF	12.126	**71,04**	
	• Wiederherstellen (Kosten: 0,9%) Türblatt, VSG-Glasausschnitt (1St)	–	471	–	
	• Herstellen (Kosten: 76,8%) GK-Wände, d=10-15cm (72m²), KS-Mauerwerk, d=11,5cm (5m²), Türöffnungen herstellen (7St) * Holztüren (16m²), Kunststofffenster (2m²) * GK-Vorsatzschalen, d=20cm (27m²), Wandfliesen (62m²), Malervlies, Dispersionsbeschichtung (360m²), Tapeten (13m²) * Rammschutz (7m), Holzhandlauf (6m)	235,90 m² IWF	41.748	**176,97**	

KG	Kostengruppe	Menge Einheit	Kosten €	€/Einheit	%
360	**Dächer**	203,56 m² DAF	6.875	**33,77**	3,5
	• Abbrechen (Kosten: 6,4%) Abbruch von Tapeten (200m²); Entsorgung, Deponiegebühren	200,00 m² DAF	439	**2,20**	
	• Herstellen (Kosten: 93,6%) Malervlies, Dispersionsbeschichtung (204m²), GK-Zwischendecke (7m²), Ausgleichsputz (6m²)	203,56 m² DAF	6.436	**31,61**	
380	**Baukonstruktive Einbauten**	259,20 m² BGF	21.745	**83,89**	11,2
	• Herstellen (Kosten: 100,0%) Einbauschränke deckenhoch, t=60cm, als Raumtrennwand (psch)	259,20 m² BGF	21.745	**83,89**	
390	**Sonst. Maßnahmen für Baukonstrukt.**	259,20 m² BGF	4.039	**15,58**	2,1
	• Herstellen (Kosten: 100,0%) Baustelleneinrichtungen (psch) * lastverteilende Deckenabstützungen (17m) * Schutzabdeckungen (psch) * Schließanlage mit Doppelzylindern (10St), Gruppen- und Generalhauptschlüssel (19St), Schlüsselkasten (1St), Schließplan (psch)	259,20 m² BGF	4.039	**15,58**	
400	**Bauwerk – Technische Anlagen**				**100,0**
410	**Abwasser-, Wasser-, Gasanlagen**	259,20 m² BGF	28.589	**110,30**	45,9
	• Abbrechen (Kosten: 4,9%) Abbruch von Abwasserrohren (psch) * Trinkwasserleitungen (psch), Sanitärobjekten (6St); Entsorgung, Deponiegebühren	259,20 m² BGF	1.401	**5,41**	
	• Herstellen (Kosten: 95,1%) HT-Rohre DN40-100 (51m), Bodenablauf DN50 (1St) * Metallverbundrohre DN16-32 (149m), Wasserzähler (2St), Wand-Tiefspül-WCs (3St), Stützklappgriffe (4St), Waschtische (3St), Duschwanne (1St), Durchlauferhitzer (1St), Armaturen * Gasleitung liefern, montieren (psch) * Montageelemente (6St)	259,20 m² BGF	27.187	**104,89**	
420	**Wärmeversorgungsanlagen**	259,20 m² BGF	16.263	**62,74**	26,1
	• Abbrechen (Kosten: 8,7%) Abbruch von Stahlrohren, Heizkörpern (psch); Entsorgung, Deponiegebühren	259,20 m² BGF	1.422	**5,49**	
	• Herstellen (Kosten: 91,3%) Stahl-Heizungsrohre DN15-35 (150m) * Heizkörper (13St), Badheizkörper (1St)	259,20 m² BGF	14.840	**57,25**	
430	**Raumlufttechnische Anlagen**	259,20 m² BGF	895	**3,45**	1,4
	• Herstellen (Kosten: 100,0%) Einraumlüfter 100m³/h (1St), Wickelfalzrohre DN80-100 (6m), Alu-Wetterschutzgitter (1St)	259,20 m² BGF	895	**3,45**	
440	**Elektrische Anlagen**	259,20 m² BGF	15.418	**59,48**	24,8
	• Herstellen (Kosten: 100,0%) Elektroinstallation (psch), LS-Schalter (21St), FI-Schalter (3St), Hauptsicherungsautomat (1St), Steckdosen (53St), Schalter/Taster (28St), Bewegungsmelder (2St), Herdanschlussdose (1St) * Pendelleuchten (8St), Deckenleuchten (7St), Wandleuchten (7St), Tischleuchten (5St), Standleuchten (4St), Schreibtischleuchten (2St), Kronleuchter (1St) * Potenzialausgleich/Blitzschutz (1St)	259,20 m² BGF	15.418	**59,48**	

KG	Kostengruppe	Menge Einheit	Kosten €	€/Einheit	%
450	**Kommunikationstechnische Anlagen**	259,20 m² BGF	1.113	**4,29**	1,8
	• Herstellen (Kosten: 100,0%) Lichtrufanlage, Ruftaster (2St) * Sat-Parabolspiegel (1St), Antennenanschlussdosen (2St) * Datenanschlussdosen (6St)	259,20 m² BGF	1.113	**4,29**	
500	**Außenanlagen und Freiflächen**				**100,0**
530	**Oberbau, Deckschichten**	–	6.967	–	100,0
	• Abbrechen (Kosten: 3,6%) Abbruch von Terrassenfliesen (10m²); Entsorgung, Deponiegebühren	10,00 m² BFF	251	**25,10**	
	• Herstellen (Kosten: 96,4%) Dynamische Schicht, d=6cm (10m²), Betonpflaster, Lagermaterial (10m²) * Stellplätze, Unterbau, Pflasterung (psch)	–	6.716	–	
600	**Ausstattung und Kunstwerke**				**100,0**
610	**Allgemeine Ausstattung**	259,20 m² BGF	2.537	**9,79**	100,0
	• Herstellen (Kosten: 100,0%) Spiegel (3St), Duschabtrennung 90x90cm (1St), Duschvorhangstange (1St)	259,20 m² BGF	2.537	**9,79**	

Umbau

Kostenkennwerte für die Kostengruppen 300 der 2. und 3. Ebene DIN 276 (Übersicht)

KG	Kostengruppe	Menge Einheit	€/Einheit	Kosten €	% an 3+4
300	**Bauwerk – Baukonstruktionen**	**259,20 m² BGF**	**748,55**	**194.025,39**	**75,7**
310	**Baugrube / Erdbau**	**4,20 m³ BGI**	**123,41**	**518,30**	**0,2**
311	Herstellung	4,20 m³ BGI	123,41	518,30	0,2
312	Umschließung	–	–	–	–
313	Wasserhaltung	–	–	–	–
314	Vortrieb	–	–	–	–
319	Sonstiges zur KG 310	–	–	–	–
320	**Gründung, Unterbau**	**207,60 m² GRF**	**199,43**	**41.401,46**	**16,2**
321	Baugrundverbesserung	–	–	–	–
322	Flachgründungen und Bodenplatten	27,00 m²	575,43	15.536,51	6,1
323	Tiefgründungen	–	–	–	–
324	Gründungsbeläge	207,60 m²	124,59	25.864,95	10,1
325	Abdichtungen und Bekleidungen	–	–	–	–
326	Dränagen	–	–	–	–
329	Sonstiges zur KG 320	–	–	–	–
330	**Außenwände/Vert. Baukonstrukt., außen**	**379,33 m² AWF**	**171,63**	**65.102,65**	**25,4**
331	Tragende Außenwände	–	–	198,70	< 0,1
332	Nichttragende Außenwände	–	–	–	–
333	Außenstützen	–	–	–	–
334	Außenwandöffnungen	9,93 m²	1.077,92	10.703,74	4,2
335	Außenwandbekleidungen, außen	341,32 m²	31,63	10.794,64	4,2
336	Außenwandbekleidungen, innen	100,00 m²	49,87	4.986,82	1,9
337	Element. Außenwandkonstruktionen	28,08 m²	1.368,19	38.418,77	15,0
338	Lichtschutz zur KG 330	–	–	–	–
339	Sonstiges zur KG 330	–	–	–	–
340	**Innenwände/Vert. Baukonstrukt., innen**	**235,90 m² IWF**	**230,37**	**54.344,43**	**21,2**
341	Tragende Innenwände	–	–	3.493,00	1,4
342	Nichttragende Innenwände	76,60 m²	220,58	16.896,32	6,6
343	Innenstützen	–	–	–	–
344	Innenwandöffnungen	18,23 m²	396,91	7.235,63	2,8
345	Innenwandbekleidungen	435,34 m²	55,86	24.316,00	9,5
346	Elementierte Innenwandkonstruktionen	–	–	491,54	0,2
347	Lichtschutz zur KG 340	–	–	564,74	0,2
349	Sonstiges zur KG 340	235,90 m² IWF	5,71	1.347,21	0,5
350	**Decken/Horizontale Baukonstruktionen**	**–**	**–**	**–**	**–**
351	Deckenkonstruktionen	–	–	–	–
352	Deckenöffnungen	–	–	–	–
353	Deckenbeläge	–	–	–	–
354	Deckenbekleidungen	–	–	–	–
355	Elementierte Deckenkonstruktionen	–	–	–	–
359	Sonstiges zur KG 350	–	–	–	–
360	**Dächer**	**203,56 m² DAF**	**33,77**	**6.874,77**	**2,7**
361	Dachkonstruktionen	–	–	–	–
362	Dachöffnungen	–	–	–	–
363	Dachbeläge	–	–	–	–
364	Dachbekleidungen	203,56 m²	33,77	6.874,77	2,7
365	Elementierte Dachkonstruktionen	–	–	–	–
366	Lichtschutz zur KG 360	–	–	–	–
369	Sonstiges zur KG 360	–	–	–	–
370	**Infrastrukturanlagen**	**–**	**–**	**–**	**–**
380	**Baukonstruktive Einbauten**	**259,20 m² BGF**	**83,89**	**21.745,27**	**8,5**
390	**Sonst. Maßnahmen für Baukonstrukt.**	**259,20 m² BGF**	**15,58**	**4.038,53**	**1,6**

6200-0092
Tagespflege
(12 Plätze)

Umbau

Kostenkennwerte für die Kostengruppen 400 der 2. und 3. Ebene DIN 276 (Übersicht)

KG	Kostengruppe	Menge Einheit	€/Einheit	Kosten €	% an 3+4
400	**Bauwerk – Technische Anlagen**	**259,20 m²BGF**	**240,27**	**62.276,83**	**24,3**
410	**Abwasser-, Wasser-, Gasanlagen**	**259,20 m²BGF**	**110,30**	**28.588,53**	**11,2**
411	Abwasseranlagen	259,20 m²BGF	10,94	2.835,43	1,1
412	Wasseranlagen	259,20 m²BGF	84,58	21.922,90	8,6
413	Gasanlagen	259,20 m²BGF	5,53	1.433,78	0,6
419	Sonstiges zur KG 410	259,20 m²BGF	9,25	2.396,42	0,9
420	**Wärmeversorgungsanlagen**	**259,20 m²BGF**	**62,74**	**16.262,77**	**6,3**
421	Wärmeerzeugungsanlagen	–	–	–	–
422	Wärmeverteilnetze	259,20 m²BGF	40,38	10.465,60	4,1
423	Raumheizflächen	259,20 m²BGF	22,37	5.797,19	2,3
424	Verkehrsheizflächen	–	–	–	–
429	Sonstiges zur KG 420	–	–	–	–
430	**Raumlufttechnische Anlagen**	**259,20 m²BGF**	**3,45**	**895,18**	**0,3**
431	Lüftungsanlagen	259,20 m²BGF	3,45	895,18	0,3
432	Teilklimaanlagen	–	–	–	–
433	Klimaanlagen	–	–	–	–
434	Kälteanlagen	–	–	–	–
439	Sonstiges zur KG 430	–	–	–	–
440	**Elektrische Anlagen**	**259,20 m²BGF**	**59,48**	**15.417,80**	**6,0**
441	Hoch- und Mittelspannungsanlagen	–	–	–	–
442	Eigenstromversorgungsanlagen	–	–	–	–
443	Niederspannungsschaltanlagen	–	–	–	–
444	Niederspannungsinstallationsanlagen	259,20 m²BGF	32,17	8.337,65	3,3
445	Beleuchtungsanlagen	259,20 m²BGF	26,60	6.894,00	2,7
446	Blitzschutz- und Erdungsanlagen	259,20 m²BGF	0,72	186,15	< 0,1
447	Fahrleitungssysteme	–	–	–	–
449	Sonstiges zur KG 440	–	–	–	–
450	**Kommunikationstechnische Anlagen**	**259,20 m²BGF**	**4,29**	**1.112,53**	**0,4**
451	Telekommunikationsanlagen	–	–	–	–
452	Such- und Signalanlagen	259,20 m²BGF	3,10	803,19	0,3
453	Zeitdienstanlagen	–	–	–	–
454	Elektroakustische Anlagen	–	–	–	–
455	Audiovisuelle Medien- u. Antennenanl.	259,20 m²BGF	0,58	150,08	< 0,1
456	Gefahrenmelde- und Alarmanlagen	–	–	–	–
457	Datenübertragungsnetze	259,20 m²BGF	0,61	159,27	< 0,1
458	Verkehrsbeeinflussungsanlagen	–	–	–	–
459	Sonstiges zur KG 450	–	–	–	–
460	**Förderanlagen**	**–**	**–**	**–**	**–**
461	Aufzugsanlagen	–	–	–	–
462	Fahrtreppen, Fahrsteige	–	–	–	–
463	Befahranlagen	–	–	–	–
464	Transportanlagen	–	–	–	–
465	Krananlagen	–	–	–	–
466	Hydraulikanlagen	–	–	–	–
469	Sonstiges zur KG 460	–	–	–	–
470	**Nutzungsspez. u. verfahrenstechn. Anl.**	**–**	**–**	**–**	**–**
480	**Gebäude- und Anlagenautomation**	**–**	**–**	**–**	**–**
490	**Sonst. Maßnahmen für techn. Anlagen**	**–**	**–**	**–**	**–**

Kostenkennwerte für Leistungsbereiche nach STLB (Kosten des Bauwerks nach DIN 276)

LB	Leistungsbereiche	Kosten €	€/m² BGF	€/m³ BRI	% an 3+4
000	Sicherheits-, Baustelleneinrichtungen inkl. 001	1.192	4,60	1,20	0,5
002	Erdarbeiten	11.813	45,60	11,70	4,6
006	Spezialtiefbauarbeiten inkl. 005	–	–	–	–
009	Entwässerungskanalarbeiten inkl. 011	–	–	–	–
010	Drän- und Versickerarbeiten	–	–	–	–
012	Mauerarbeiten	1.303	5,00	1,30	0,5
013	Betonarbeiten	3.970	15,30	3,90	1,5
014	Natur-, Betonwerksteinarbeiten	–	–	–	–
016	Zimmer- und Holzbauarbeiten	28.761	111,00	28,50	11,2
	Wiederherstellen	471	1,80	0,47	0,2
	Herstellen	28.290	109,10	28,00	11,0
017	Stahlbauarbeiten	–	–	–	–
018	Abdichtungsarbeiten	–	–	–	–
019	Kampfmittelräumarbeiten	–	–	–	–
020	Dachdeckungsarbeiten	–	–	–	–
021	Dachabdichtungsarbeiten	–	–	–	–
022	Klempnerarbeiten	–	–	–	–
	Rohbau	**47.039**	**181,50**	**46,60**	**18,4**
	Wiederherstellen	471	1,80	0,47	0,2
	Herstellen	46.569	179,70	46,10	18,2
023	Putz- und Stuckarbeiten, Wärmedämmsysteme	10.004	38,60	9,90	3,9
024	Fliesen- und Plattenarbeiten	16.143	62,30	16,00	6,3
025	Estricharbeiten	858	3,30	0,85	0,3
026	Fenster, Außentüren inkl. 029, 032	51.756	199,70	51,20	20,2
	Wiederherstellen	1.950	7,50	1,90	0,8
	Herstellen	49.805	192,10	49,30	19,4
027	Tischlerarbeiten	–	–	–	–
028	Parkettarbeiten, Holzpflasterarbeiten	–	–	–	–
030	Rollladenarbeiten	–	–	–	–
031	Metallbauarbeiten inkl. 035	–	–	–	–
034	Maler- und Lackiererarbeiten inkl. 037	23.311	89,90	23,10	9,1
036	Bodenbelagarbeiten	14.340	55,30	14,20	5,6
038	Vorgehängte hinterlüftete Fassaden	–	–	–	–
039	Trockenbauarbeiten	13.184	50,90	13,10	5,1
	Ausbau	**129.595**	**500,00**	**128,30**	**50,6**
	Wiederherstellen	1.950	7,50	1,90	0,8
	Herstellen	127.645	492,50	126,40	49,8
040	Wärmeversorgungsanl. - Betriebseinr. inkl. 041	14.840	57,30	14,70	5,8
042	Gas- und Wasserinstallation, Leitungen inkl. 043	11.278	43,50	11,20	4,4
044	Abwasseranlagen - Leitungen	2.229	8,60	2,20	0,9
045	GWE-Einrichtungsgegenstände inkl. 046	13.680	52,80	13,50	5,3
047	Dämmarbeiten an betriebstechnischen Anlagen	–	–	–	–
049	Feuerlöschanlagen, Feuerlöschgeräte	–	–	–	–
050	Blitzschutz- und Erdungsanlagen	186	0,72	0,18	< 0,1
053	Niederspannungsanlagen inkl. 052, 054	8.352	32,20	8,30	3,3
055	Sicherheits- u. Ersatzstromversorgungsanl.	–	–	–	–
057	Gebäudesystemtechnik	–	–	–	–
058	Leuchten und Lampen inkl. 059	6.894	26,60	6,80	2,7
060	Sprechanlagen, elektroakust. Anlagen inkl. 064	939	3,60	0,93	0,4
061	Kommunikationsnetze inkl. 063	159	0,61	0,16	< 0,1

6200-0092
Tagespflege
(12 Plätze)

Umbau

LB	Leistungsbereiche	Kosten €	€/m² BGF	€/m³ BRI	% an 3+4
069	Aufzüge	–	–	–	–
070	Gebäudeautomation	–	–	–	–
075	Raumlufttechnische Anlagen inkl. 078	697	2,70	0,69	0,3
	Gebäudetechnik	**59.254**	**228,60**	**58,70**	**23,1**
084	Abbruch, Rückbau, Schadstoffsanierung	20.414	78,80	20,20	8,0
	Abbrechen	20.414	78,80	20,20	8,0
	Abbrucharbeiten	**20.414**	**78,80**	**20,20**	**8,0**
	Abbrechen	20.414	78,80	20,20	8,0
	Sonstige Leistungsbereiche	**–**	**–**	**–**	**–**

6100-1297
Einfamilienhaus

Modernisierung

Objektübersicht

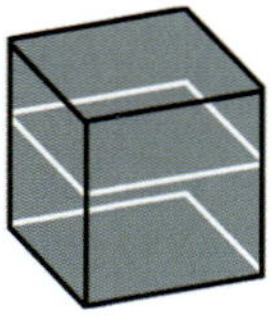

BRI 511 €/m³

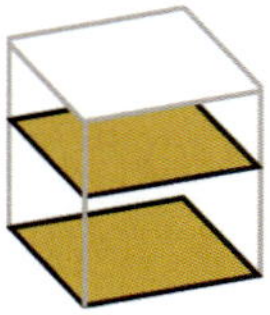

BGF 1.392 €/m²

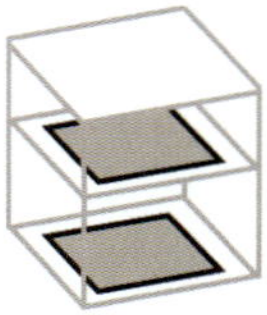

NUF 2.061 €/m²

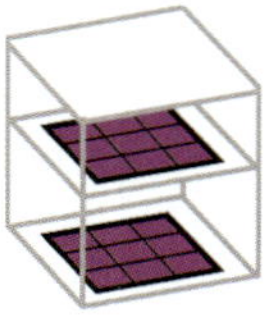

NE 2.783 €/NE

NE: Wohnfläche

Objekt:
Kennwerte: 3. Ebene DIN 276
BRI: 1.159 m³
BGF: 426 m²
NUF: 288 m²
Bauzeit: 43 Wochen
Bauende: 2014
Standard: über Durchschnitt
Bundesland: Hamburg
Kreis: Hamburg, Stadt

Architekt*in:
Holst Becker Architekten
Himmelstraße 2
22299 Hamburg

nachher

vorher

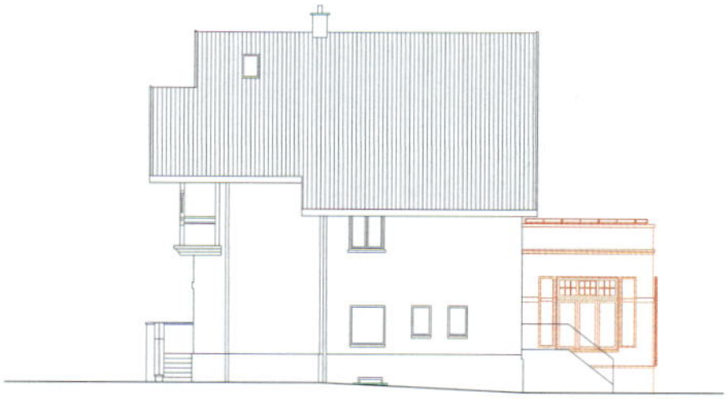

Ansicht Nord

Ansicht Ost

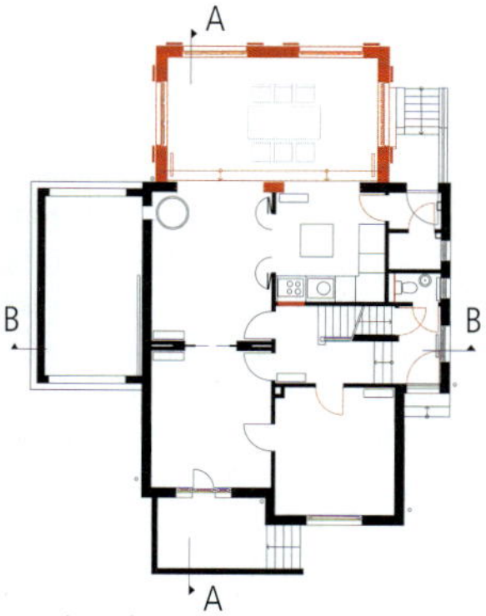

Erdgeschoss

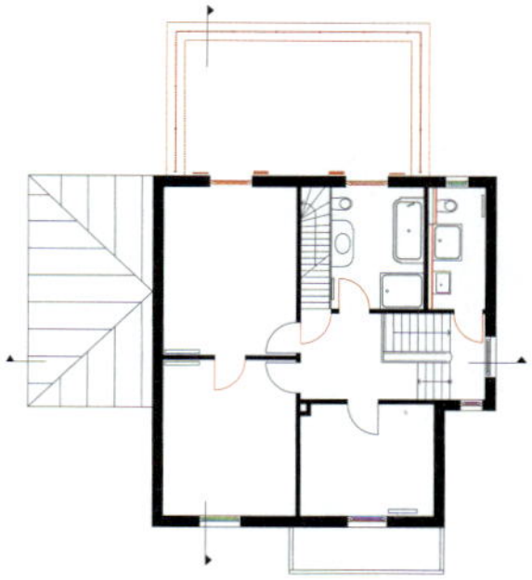

1. Obergeschoss

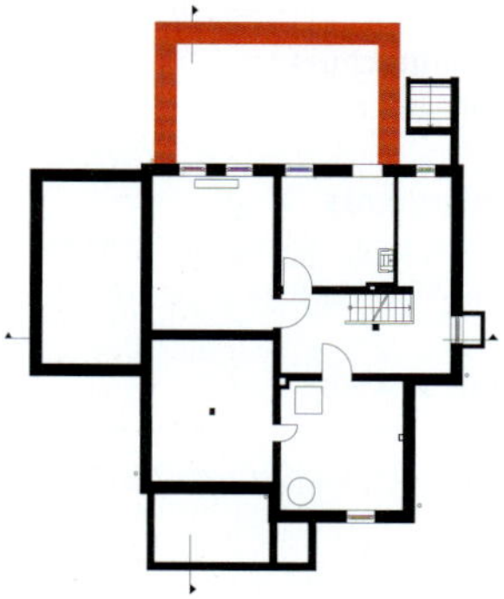

Untergeschoss

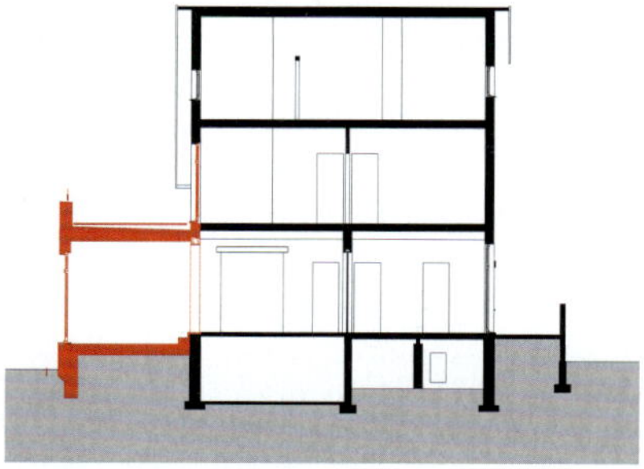

Schnitt A-A

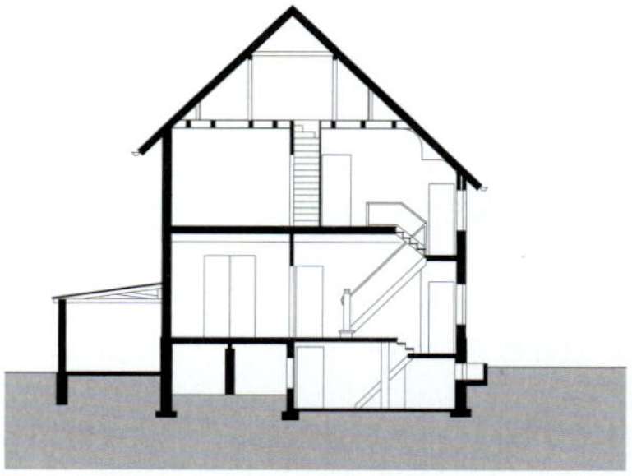

Schnitt B-B

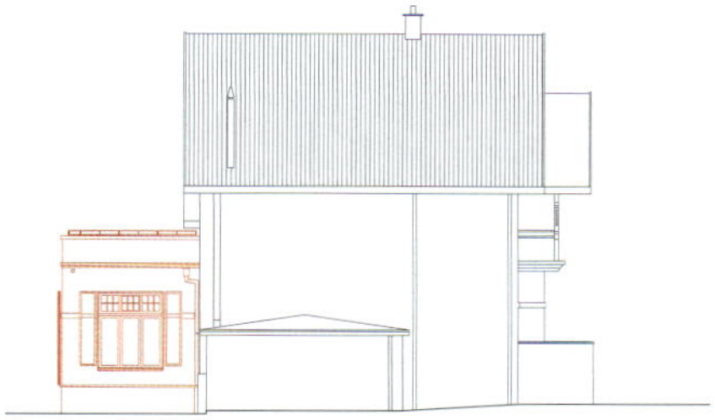

Ansicht Süd

Ansicht West

6100-1297
Einfamilienhaus

Modernisierung

Objektbeschreibung

Allgemeine Objektinformationen

Die zweigeschossige Stadtvilla wurde im Jahr 1911 erbaut. Sie ist unterkellert und verfügt über einen ausgebauten Dachboden, das aufgrund unzureichender thermischer Isolierung nicht zu Wohnzwecken genutzt werden kann. An der Südfassade befindet sich eine nachträglich angebaute Garage aus dem Jahr 1962. Der neue Anbau an der Westseite ergänzt das Bestandsgebäude und erweitert den vorhandenen Küchen- und Wohnbereich.

Nutzung

1 Untergeschoss
Kellerräume, Heizraum

1 Erdgeschoss
Wohnen, Essen, Küche, Musikzimmer, Büro, Flur, Lager, Gäste-WC, Treppenhaus, Garage, Terrasse

1 Obergeschoss
Schlafzimmer, Gästezimmer, Ankleide, Bad/WC, Dusche/WC, Treppenhaus, Dachterrasse, Balkon

1 Dachgeschoss
Dachboden

Nutzeinheiten

Wohneinheiten: 1
Wohnfläche: 213 m²

Grundstück

Bauraum: Freier Bauraum
Neigung: Ebenes Gelände

Markt

Hauptvergabezeit: 4. Quartal 2013
Baubeginn: 4. Quartal 2013
Bauende: 3. Quartal 2014
Konjunkturelle Gesamtlage: über Durchschnitt
Regionaler Baumarkt: über Durchschnitt

Baubestand

Baujahr: 1911
Bauzustand: mittel
Aufwand: hoch
Grundrissänderungen: wenige
Tragwerkseingriffe: einige
Nutzungsänderung: nein
Nutzung während der Bauzeit: nein

Baukonstruktion

Das freistehende Einfamilienhaus in Massivbauweise ist energetisch ertüchtigt worden. In den Hohlraum des zweischaligen Außenmauerwerks wurde Perlitedämmung eingeblasen. Die Kellerdecken erhielten unterseitig eine Dämmung. Holzfenster, Außentüren und Holzklappläden sowie Holz-Innentüren sind instandgesetzt und neu beschichtet. Die Fassader wurden nach einer Reinigung neu verputzt und beschichtet. Der Holzdielenboden wurde geschliffen und versiegelt. Der nicht unterkellerte Anbau mit Dachterrasse hat eine Grundfläche von ca. 30m² und ist in Massivbauweise errichtet. Die Gestaltung orientiert sich gestalterisch am Bestand.

Technische Anlagen

Sämtliche Versorgungseinrichtungen werden weiter genutzt. Die Sanitärleitungen, die Sanitärobjekte und die Armaturen wurden abgebrochen und durch neue ersetzt. Ein moderner Gasbrennwertkessel inklusive Warmwasserspeicher gemäß aktueller EnEV ersetzt das alte Öl-Heizaggregat.

Energetische Kennwerte

Gesetzliche Grundlage: EnEV 2013
Gebäudenutzfläche: 283,00 m²
Gebäudevolumen: 884,30 m³
Hüllfläche des beheizten Volumens: 628,64 m²
Spez. Transmissionswärmeverlust: 0,41 W/(m²·K)
Spez. Jahresprimärenergiebedarf: 92,03 kWh/(m²·a)

Planungskennwerte für Flächen und Rauminhalte nach DIN 277

Flächen des Grundstücks		Menge Einheit	% an GF
BF	Bebaute Fläche	154,50 m^2	18,6
UF	Unbebaute Fläche	675,50 m^2	81,4
GF	Grundstücksfläche	830,00 m^2	100,0

Grundflächen des Bauwerks		Menge Einheit	% an NUF	% an BGF
NUF	Nutzungsfläche	287,50 m^2	100,0	67,5
TF	Technikfläche	13,80 m^2	4,8	3,2
VF	Verkehrsfläche	44,90 m^2	15,6	10,5
NRF	Netto-Raumfläche	346,20 m^2	120,4	81,3
KGF	Konstruktions-Grundfläche	79,60 m^2	27,7	18,7
BGF	Brutto-Grundfläche	425,80 m^2	148,1	100,0

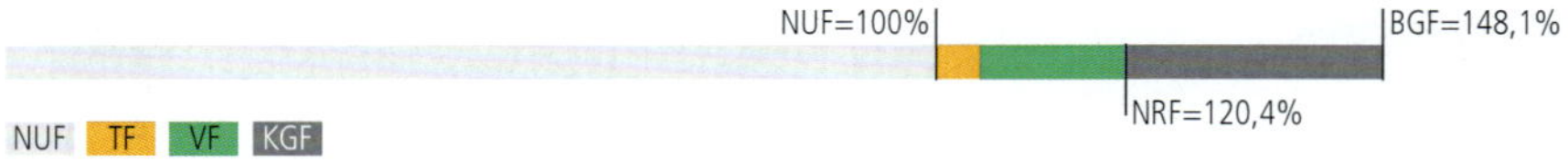

Brutto-Rauminhalt des Bauwerks		Menge Einheit	BRI/NUF (m)	BRI/BGF (m)
BRI	Brutto-Rauminhalt	1.159,16 m^3	4,03	2,72

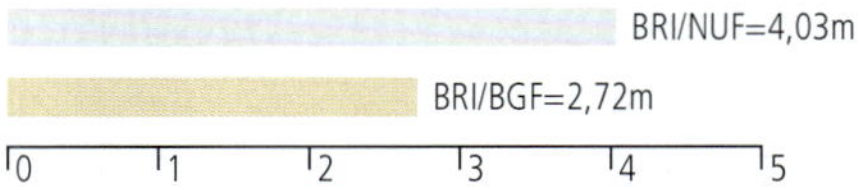

Lufttechnisch behandelte Flächen	Menge Einheit	% an NUF	% an BGF
Entlüftete Fläche	–	–	–
Be- und entlüftete Fläche	–	–	–
Teilklimatisierte Fläche	–	–	–
Klimatisierte Fläche	–	–	–

KG	Kostengruppen (2. Ebene)	Menge Einheit	Menge/NUF	Menge/BGF
310	Baugrube / Erdbau	44,40 m^3 BGI	0,15	0,10
320	Gründung, Unterbau	28,90 m^2 GRF	0,10	0,07
330	Außenwände/Vertikale Baukonstruktionen, außen	442,82 m^2 AWF	1,54	1,04
340	Innenwände/Vertikale Baukonstruktionen, innen	223,67 m^2 IWF	0,78	0,53
350	Decken/Horizontale Baukonstruktionen	214,80 m^2 DEF	0,75	0,50
360	Dächer	211,70 m^2 DAF	0,74	0,50

Modernisierung

Kostenkennwerte für die Kostengruppen der 1.Ebene DIN 276

KG	Kostengruppen (1.Ebene)	Einheit	Kosten €	€/Einheit	€/m² BGF	€/m³ BRI	% 300+400
100	Grundstück	m² GF	–	–	–	–	–
200	Vorbereitende Maßnahmen	m² GF	3.312	3,99	7,78	2,86	0,6
300	Bauwerk – Baukonstruktionen	m² BGF	455.749	1.070,34	1.070,34	393,17	76,9
400	Bauwerk – Technische Anlagen	m² BGF	136.858	321,41	321,41	118,07	23,1
	Bauwerk 300+400	**m² BGF**	**592.607**	**1.391,75**	**1.391,75**	**511,24**	**100,0**
500	Außenanlagen und Freiflächen	m² AF	5.463	–	12,83	4,71	0,9
600	Ausstattung und Kunstwerke	m² BGF	8.710	20,46	20,46	7,51	1,5
700	Baunebenkosten	m² BGF	–	–	–	–	–
800	Finanzierung	m² BGF	–	–	–	–	–

KG	Kostengruppe	Menge Einheit	Kosten €	€/Einheit	%
200	**Vorbereitende Maßnahmen**	830,00 m² GF	3.312	**3,99**	0,6

- Abbrechen (Kosten: 91,0%) — 3.013
  Erdtank stilllegen

- Herstellen (Kosten: 9,0%) — 299
  Oberbodenabtrag

KG	Kostengruppe	Menge Einheit	Kosten €	€/Einheit	%
3+4	**Bauwerk**				**100,0**
300	**Bauwerk – Baukonstruktionen**	425,80 m² BGF	455.749	**1.070,34**	76,9

- Abbrechen (Kosten: 8,8%) — 39.879
  Abbruch von Holzfenstern, Altbeschichtungen, Putz, Wandfliesen, Fensterläden, Vordächern; Mauerwerk; Teppich, TSD, Bodenfliesen, Terrazzo, Bodenbeschichtung, Stuckornamenten; Ortgang-/Windbrettern, Dachentwässerung, Tapeten; Teilabbruch von Terrassen-/Treppenanlagen

- Wiederherstellen (Kosten: 14,6%) — 66.333
  Stahlsturzträger sanieren, statische Risse verpressen, Holzfenster, -Hauseingangstür, Stahltore/-türen, Holzbekleidung, Holzfachwerk überarbeiten, neu beschichten, schadhaften Putz erneuern, Holzklappläden neu beschichten; Holztüren instandsetzen, neu beschichten, Stahltür neu beschichten; Dielenboden und Holztreppen ausbessern, versiegeln; Stuckornamente freilegen, beschichten; Kunstharzbeschichtung an Holzdachteilen erneuern

- Herstellen (Kosten: 76,7%) — 349.537
  Stb-Flachgründung, Abdichtung, Estrich, Holzdielen, Holzstufen; Perlite-Einblasdämmung in Bestandsmauerwerk, Mauerwerk, KS-Pfeiler, Holzfenster, Putz, Silikonharzbeschichtung, WDVS; Öffnungen vergrößern, GK-Wände, Holzrahmen-Falttür, Innenputz, Tapete, Beschichtung, Wandfliesen, Holzpaneele; Bodenfliesen, Holzsockel, Gefälleestrich, Bodenbeschichtung, PUR-Deckendämmung; Stb-Flachdach, Gefälledämmung, Dachabdichtung, Natursteinbelag, Dachentwässerung

KG	Kostengruppe	Menge Einheit	Kosten €	€/Einheit	%
400	**Bauwerk – Technische Anlagen**	425,80 m²BGF	136.858	**321,41**	23,1
	• Abbrechen (Kosten: 4,4%) Abbruch von Sanitärleitungen, Sanitärobjekten, Armaturen; Ölheizung, Heizungsrohren, Heizkörpern, Schornstein; Elektroinstallation; Entsorgung, Deponiegebühren		6.010		
	• Wiederherstellen (Kosten: 1,0%) Rohrdämmungen erneuern, Heizungsrohre und Heizkörper neu beschichten, Thermostatventile erneuern		1.339		
	• Herstellen (Kosten: 94,6%) Gebäudeentwässerung, Kalt- und Warmwasserleitungen, Sanitärobjekte; Gas-Brennwertkessel, Heizungsrohre, Heizkörper, Bad-Fußbodenheizung, Schornstein; Einzelraumlüfter; Elektroinstallation, Beleuchtung, Erdung; Antennenverkabelung, Datenverkabelung		129.509		
500	**Außenanlagen und Freiflächen**	–	5.463	–	0,9
	• Abbrechen (Kosten: 6,1%) Aufnehmen und Lagern von Betonplatten		333		
	• Herstellen (Kosten: 93,9%) Betonplatten, Traufstreifen; Erdkabel; Oberbodenauftrag		5.129		
600	**Ausstattung und Kunstwerke**	425,80 m²BGF	8.710	**20,46**	1,5
	• Herstellen (Kosten: 100,0%) Glasduschwände		8.710		

Modernisierung

Kostenkennwerte für die Kostengruppen der 2. Ebene DIN 276

KG	Kostengruppe	Menge Einheit	Kosten €	€/Einheit	%
200	**Vorbereitende Maßnahmen**				**100**
210	**Herrichten**	830,00 m² GF	3.312	**3,99**	100
	• Abbrechen (Kosten: 91,0%) Erdtank stilllegen, Verfüllen mit Sand (psch)	830,00 m² GF	3.013	**3,63**	
	• Herstellen (Kosten: 9,0%) Oberbodenabtrag, lagern (9m³)	830,00 m² GF	299	**0,36**	
300	**Bauwerk – Baukonstruktionen**				**100**
310	**Baugrube / Erdbau**	44,40 m³ BGI	7.191	**161,95**	1
	• Herstellen (Kosten: 100,0%) Aushub, lagern, verfüllen (24m³), Verfüllen mit Sand (5m³), Grabenaushub, lagern, verfüllen (17m³)	44,40 m³ BGI	7.191	**161,95**	
320	**Gründung, Unterbau**	28,90 m² GRF	27.365	**946,90**	6
	• Herstellen (Kosten: 100,0%) Stb-Streifenfundamente (10m³), Fundamentabtreppungen (2m³), Stb-Bodenplatte, d=15cm (28m²) * Bitumenabdichtung, EPS-Dämmung, d=140mm, Zementestrich (24m²), Massivholzdielen (25m²), Holzstufen (4m²) * Mineralgemisch, d=50cm (12m³), Kiesfilterschicht, d=25cm, Sauberkeitsschicht (31m²)	28,90 m² GRF	27.365	**946,90**	
330	**Außenwände/Vert. Baukonstrukt., außen**	442,82 m² AWF	174.006	**392,95**	38
	• Abbrechen (Kosten: 15,6%) Abbruch von Holzfenstern * Altbeschichtungen (317m²), Putz (25m²) * Wandfliesen (18m²) * Fensterläden (8m²) * Vordächern (2St); Entsorgung, Deponiegebühren	354,40 m² AWF	27.196	**76,74**	
	• Wiederherstellen (Kosten: 11,4%) Stahlsturzträger IPE140 sanieren (2St), statische Risse verpressen (10m) * Holzfenster und -Hauseingangstür überarbeiten, beschichten (23m²), Silikonfugen erneuern (100m), Dichtungen erneuern (90m), Stahltore-/türen neu beschichten (28m²) * Holzbekleidung neu beschichten (28m²), Fugen auffüllen (21m²), schadhaften Putz erneuern (12m²), Putz ergänzen (10m²), dauerelastische Versiegelung erneuern (150m), Jahreszahl überarbeiten (psch) * Holzklappläden überarbeiten, beschichten (8m²)	109,50 m² AWF	19.889	**181,63**	
	• Herstellen (Kosten: 72,9%) Perlite-Einblasdämmung in Bestandsmauerwerk (233m²), KS-Mauerwerk, d=17,5cm (36m²), Öffnungen schließen, Ziegelmauerwerk (5m²), Fensteröffnungen vergrößern (2m²) * KS-Brüstung, d=17,5cm (10m²) * Stb-Stützen (5m), KS-Pfeiler (2m) * Holzfenster (27m²), Oberlichtöffner (4St) * Abdichtung (46m²), Armierungsputz, Silikonharzbeschichtung (284m²), EPS-Dämmung, d=160-190mm (67m²), Armierung, organischer Oberputz, Silikonharzbeschichtung (74m²) * Gipsputz (26m²), Tapete, Beschichtung (255m²)	403,82 m² AWF	126.921	**314,30**	

KG	Kostengruppe	Menge Einheit	Kosten €	€/Einheit	%
340	**Innenwände/Vert. Baukonstrukt., innen**	223,67 m² IWF	64.496	**288,35**	14,2
	• Abbrechen (Kosten: 3,7%) Abbruch von Mauerwerk, d=11,5cm (4m²) * Wandfliesen (36m²), Putz (5m²), Verkofferungen (10m²), GK-Vorsatzschalen (4m²); Entsorgung, Deponiegebühren	46,41 m² IWF	2.359	**50,83**	
	• Wiederherstellen (Kosten: 21,4%) Holz-Kassettentüren mit Glaseinsätzen und Rahmen überarbeiten, beschichten (30m²), Verglasungen austauschen (2St), Türen ausrichten (10St), Holztürfutter erneuern, Bestandstürblatt einpassen (1St), Stahltür neu beschichten (2m²) * Fehlstellen im Putz füllen (40m²), Kalkzementputz überarbeiten (20m²)	61,57 m² IWF	13.816	**224,40**	
	• Herstellen (Kosten: 74,9%) Perlite-Einblasdämmung in Bestandsmauerwerk (12m²), Öffnungen vergrößern, Sturzträger IPE180, IPE220 (14m²), Türöffnung herstellen, Sturzträger IPE180 (5m²), Öffnung schließen, Ziegelmauerwerk, d=12,5cm (2m²) * GK-Wände, d=10-15cm (13m²) * Mauerwerkspfeiler (3m) * Holzrahmen-Falttür (5m²) * Schlitze schließen (160m), Gipsputz (20m²), Tapete, Beschichtung (345m²), Wandfliesen (15m²), Holzpaneele, h=80cm (15m²)	192,10 m² IWF	48.321	**251,54**	
350	**Decken/Horizontale Baukonstruktionen**	214,80 m² DEF	78.908	**367,36**	17,3
	• Abbrechen (Kosten: 4,3%) Abbruch von Teppich, TSD, Verlegeplatten (46m²), Bodenfliesen (35m²), Terrazzo (12m²), Bodenbeschichtung (12m²) * Stuckornamenten (4St); Entsorgung, Deponiegebühren	104,68 m² DEF	3.365	**32,14**	
	• Wiederherstellen (Kosten: 33,7%) Dielenboden ausbessern (3m²), Dielenboden schleifen, versiegeln (123m²), Holz-Sockelleisten überarbeiten, beschichten (65m), lose Tritt-/Setzstufen verschrauben (5St), Tritt-/Setzstufen schleifen, versiegeln (8m²) * Stuckornamente freilegen, überarbeiten, beschichten: Hohlkehlen (56m), Deckenrosetten (4St), Holz-Treppenwangen überarbeiten, beschichten (23m) * Holztreppen-/Absturzgeländer überarbeiten, beschichten (11m²), Holzhandlauf überarbeiten, beschichten (7m)	131,28 m² DEF	26.613	**202,72**	
	• Herstellen (Kosten: 62,0%) Zementleichtestrich, d=70mm, Epoxidharzestrich, d=30mm, TSD (9m²), Bodenfliesen (23m²), Fließestrich, Massivholzdielen (12m²), Holzsockel, Beschichtung (194m), Gefälleestrich, außen, PUR-Bodenbeschichtung, Versiegelung (14m²) * Tapete, Beschichtung (132m²), PUR-Dämmung, d=80-100mm (76m²), Gipsputz (5m²), Stuckornament-Replikate (4St)	214,80 m² DEF	48.930	**227,79**	

Modernisierung

KG	Kostengruppe	Menge Einheit	Kosten €	€/Einheit	%
360	**Dächer**	211,70 m²DAF	60.810	**287,25**	13,[illegible]
	• Abbrechen (Kosten: 3,6%) Abbruch von Ortgang-/Windbrettern (35m), Fallrohren (35m), Dachrinnen, Traufblechen (21m) * Tapeten (100m²); Entsorgung, Deponiegebühren	171,90 m²DAF	2.183	**12,70**	
	• Wiederherstellen (Kosten: 9,9%) Kunstharzbeschichtung erneuern, an sichtbaren Holzdachbalken, innen (30m²), an Dachuntersicht, außen (56m²), an Ortgang-/Windbrettern (68m), an Sparrenköpfen (34St)	85,00 m²DAF	6.015	**70,77**	
	• Herstellen (Kosten: 86,5%) Stb-Flachdach, d=22cm (28m²) * PS-Gefälledämmung, d i.M 180mm, Bitumenabdichtung, Natursteinbelag (24m²), PS-Dämmung, d=140mm, Bitumenabdichtung, vertikal (8m²), Alu-Attikaabdeckungen (16m), Ortgangrinnen (35m), Dachrinnen (21m), Dachablauf (1St), Notüberlauf (1St), Regenfallrohre (28m), Entwässerungsrost (7m) * Gipsputz (24m²), Tapete (127m²), Beschichtung (84m²) * Stahlgeländer, h=17cm (15m)	202,80 m²DAF	52.612	**259,43**	
390	**Sonst. Maßnahmen für Baukonstrukt.**	425,80 m²BGF	42.973	**100,92**	9,[illegible]
	• Abbrechen (Kosten: 11,1%) Teilabbruch von Terrassen-/Treppenanlagen: Stb-Wand, Fundamente (7m²), Stb-Bodenplatte, d=10cm, Unterbau (3m²), Stb-Decke, d=14cm (3m²), Kellerabgang (15m³); Entsorgung, Deponiegebühren	425,80 m²BGF	4.776	**11,22**	
	• Herstellen (Kosten: 88,9%) Baustelleneinrichtung (psch) * Fassadengerüst (419m²), Konsolverbreiterungen (346m²), Dachfanggerüst (18m), Überbrückung (7m) * Abfangungen über zwei Geschosse (3St) * Schutzabdeckungen (297m²), für Stufen (59St), für Treppengeländer (12m), Folienabklebungen (27m²), Öffnungen schließen (13m²), Auffang-/Neutralisationsanlage (psch) * provisorische Fallrohre (5m)	425,80 m²BGF	38.197	**89,71**	
400	**Bauwerk – Technische Anlagen**				**100,[illegible]**
410	**Abwasser-, Wasser-, Gasanlagen**	425,80 m²BGF	57.671	**135,44**	42,[illegible]
	• Abbrechen (Kosten: 1,5%) Abbruch von Sanitärleitungen (40m), Sanitärobjekten (9St), Armaturen (8St); Entsorgung, Deponiegebühren	425,80 m²BGF	864	**2,03**	
	• Herstellen (Kosten: 98,5%) KG-Rohre DN100 (15m), Fallleitungen DN100 (15m), Schmutzwasserleitungen DN50-100 (10m), Wand-/Deckendurchbrüche (2St) * Kalt- und Warmwasserleitungen (100m), Wasserfilter (1St), Tiefspül-WCs (3St), Duschwannen (2St), Brausekopf (1St), Badewanne (1St), Waschtisch mit Unterschrank (1St), Waschbecken (2St), Außenarmatur (1St) * Montageelemente (3St)	425,80 m²BGF	56.808	**133,41**	

KG	Kostengruppe	Menge Einheit	Kosten €	€/Einheit	%
420	**Wärmeversorgungsanlagen**	425,80 m² BGF	43.479	**102,11**	31,8
	• Abbrechen (Kosten: 9,0%) Abbruch von Heizanlage (psch) * Heizungsrohren (psch) * Heizkörpern (8St); Entsorgung, Deponiegebühren, Abnehmen und Lagern von Heizkörpern (3St) * Schornstein (7m); Entsorgung, Deponiegebühren	425,80 m² BGF	3.908	**9,18**	
	• Wiederherstellen (Kosten: 3,1%) Rohrdämmungen erneuern (10m), Heizungsrohre neu beschichten (5m) * Heizkörper neu beschichten (7St), Thermostatventile erneuern (4St)	425,80 m² BGF	1.339	**3,14**	
	• Herstellen (Kosten: 87,9%) Gas-Brennwertkessel (1St), Zirkulationspumpe (1St), Ausdehnungsgefäß (1St), Sicherheitsgruppe (1St), Kappenventil (1St), Verbindungsrohre DN25, Formstücke, Rohrdämmung (25m), Gasleitung DN25 (10m) * Heizungsrohre (140m) * Plattenheizkörper (5St), Flachheizkörper (2St), Handtuchheizkörper (2St), Fußbodenheizung (5m²) * Schornstein (psch), Abgassystem (1St)	425,80 m² BGF	38.232	**89,79**	
430	**Raumlufttechnische Anlagen**	425,80 m² BGF	1.067	**2,51**	0,8
	• Herstellen (Kosten: 100,0%) Einzelraumlüfter, Außenklappe (1St), Wickelfalzrohre DN100 (3m), Kernbohrungen (2St)	425,80 m² BGF	1.067	**2,51**	
440	**Elektrische Anlagen**	425,80 m² BGF	31.140	**73,13**	22,8
	• Abbrechen (Kosten: 4,0%) Abbruch von Schaltern, Steckdosen (130St); Entsorgung, Deponiegebühren	425,80 m² BGF	1.239	**2,91**	
	• Herstellen (Kosten: 96,0%) Unterverteiler (1St), Stromkreiszuleitungen (16St), Leitungsschlitze (psch), Steckdosen (131St), Schalter (34St), Dimmer (2St), Anschluss Heizung, Notschalter (psch) * Einbaustrahler (20St) * Ringerder, Rundstahl (46m), Fundamenterder, Bandstahl (27m), Potenzialausgleiche (4St)	425,80 m² BGF	29.902	**70,22**	
450	**Kommunikationstechnische Anlagen**	425,80 m² BGF	3.501	**8,22**	2,6
	• Herstellen (Kosten: 100,0%) Multimediaverteiler (1St), BK-Verstärker (1St), Multimediazuleitungen, Antennenanschlussdosen (4St) * Patchfeld (1St), Datenleitung, Datenanschlussdose (1St), Telefonanschlussdose (1St)	425,80 m² BGF	3.501	**8,22**	
500	**Außenanlagen und Freiflächen**				**100,0**
530	**Oberbau, Deckschichten**	47,50 m² BFF	4.782	**100,67**	87,5
	• Abbrechen (Kosten: 7,0%) Aufnehmen und Lagern von Betonplatten (30m²)	30,00 m² BFF	333	**11,11**	
	• Herstellen (Kosten: 93,0%) Betonplatten, Lagermaterial (30m²) * Traufstreifen, Rasenkantensteine, Rollkies (35m)	47,50 m² BFF	4.449	**93,66**	
550	**Technische Anlagen**	–	456	–	8,4
	• Herstellen (Kosten: 100,0%) Erdkabel (20m)	–	456	–	
570	**Vegetationsflächen**	60,00 m² PSF	224	**3,74**	4,1
	• Herstellen (Kosten: 100,0%) Oberbodenauftrag, d=15cm, Lagermaterial (60m²)	60,00 m² PSF	224	**3,74**	

KG	Kostengruppe	Menge Einheit	Kosten €	€/Einheit	%
600	**Ausstattung und Kunstwerke**				**100,0**
610	**Allgemeine Ausstattung**	425,80 m²BGF	8.710	**20,46**	100,0
	• Herstellen (Kosten: 100,0%) Glasduschwand, dreiseitig (1St), zweiseitig (1St)	425,80 m²BGF	8.710	**20,46**	

Kostenkennwerte für die Kostengruppen 300 der 2. und 3. Ebene DIN 276 (Übersicht)

KG	Kostengruppe	Menge Einheit	€/Einheit	Kosten €	% an 3+4
300	**Bauwerk – Baukonstruktionen**	**425,80 m² BGF**	**1.070,34**	**455.749,12**	**76,9**
310	**Baugrube / Erdbau**	**44,40 m³ BGI**	**161,95**	**7.190,51**	**1,2**
311	Herstellung	44,40 m³ BGI	161,95	7.190,51	1,2
312	Umschließung	–	–	–	–
313	Wasserhaltung	–	–	–	–
314	Vortrieb	–	–	–	–
319	Sonstiges zur KG 310	–	–	–	–
320	**Gründung, Unterbau**	**28,90 m² GRF**	**946,90**	**27.365,34**	**4,6**
321	Baugrundverbesserung	–	–	–	–
322	Flachgründungen und Bodenplatten	28,00 m²	424,66	11.890,58	2,0
323	Tiefgründungen	–	–	–	–
324	Gründungsbeläge	28,90 m²	452,46	13.076,23	2,2
325	Abdichtungen und Bekleidungen	31,00 m²	77,37	2.398,53	0,4
326	Dränagen	–	–	–	–
329	Sonstiges zur KG 320	–	–	–	–
330	**Außenwände/Vert. Baukonstrukt., außen**	**442,82 m² AWF**	**392,95**	**174.005,70**	**29,4**
331	Tragende Außenwände	275,53 m²	74,86	20.627,24	3,5
332	Nichttragende Außenwände	10,00 m²	280,49	2.804,94	0,5
333	Außenstützen	7,00 m	181,99	1.273,94	0,2
334	Außenwandöffnungen	66,32 m²	694,25	46.042,36	7,8
335	Außenwandbekleidungen, außen	376,50 m²	245,19	92.314,53	15,6
336	Außenwandbekleidungen, innen	255,00 m²	35,29	8.997,90	1,5
337	Element. Außenwandkonstruktionen	–	–	–	–
338	Lichtschutz zur KG 330	8,30 m²	162,40	1.347,94	0,2
339	Sonstiges zur KG 330	442,82 m² AWF	1,35	596,82	0,1
340	**Innenwände/Vert. Baukonstrukt., innen**	**223,67 m² IWF**	**288,35**	**64.496,32**	**10,9**
341	Tragende Innenwände	33,36 m²	211,07	7.041,15	1,2
342	Nichttragende Innenwände	13,00 m²	161,44	2.098,78	0,4
343	Innenstützen	2,60 m	209,20	543,92	< 0,1
344	Innenwandöffnungen	36,07 m²	590,23	21.289,68	3,6
345	Innenwandbekleidungen	375,20 m²	89,35	33.522,79	5,7
346	Elementierte Innenwandkonstruktionen	–	–	–	–
347	Lichtschutz zur KG 340	–	–	–	–
349	Sonstiges zur KG 340	–	–	–	–
350	**Decken/Horizontale Baukonstruktionen**	**214,80 m² DEF**	**367,36**	**78.908,03**	**13,3**
351	Deckenkonstruktionen	–	–	–	–
352	Deckenöffnungen	–	–	–	–
353	Deckenbeläge	180,03 m²	267,85	48.221,17	8,1
354	Deckenbekleidungen	214,80 m²	139,61	29.988,26	5,1
355	Elementierte Deckenkonstruktionen	–	–	–	–
359	Sonstiges zur KG 350	214,80 m² DEF	3,25	698,60	0,1
360	**Dächer**	**211,70 m² DAF**	**287,25**	**60.810,41**	**10,3**
361	Dachkonstruktionen	28,00 m²	283,53	7.938,91	1,3
362	Dachöffnungen	–	–	–	–
363	Dachbeläge	202,80 m²	166,13	33.691,27	5,7
364	Dachbekleidungen	211,70 m²	48,67	10.303,57	1,7
365	Elementierte Dachkonstruktionen	–	–	–	–
366	Lichtschutz zur KG 360	–	–	–	–
369	Sonstiges zur KG 360	211,70 m² DAF	41,93	8.876,66	1,5
370	**Infrastrukturanlagen**	**–**	**–**	**–**	**–**
380	**Baukonstruktive Einbauten**	**–**	**–**	**–**	**–**
390	**Sonst. Maßnahmen für Baukonstrukt.**	**425,80 m² BGF**	**100,92**	**42.972,82**	**7,3**

6100-1297
Einfamilienhaus

Modernisierung

Kostenkennwerte für die Kostengruppen 400 der 2. und 3. Ebene DIN 276 (Übersicht)

KG	Kostengruppe	Menge Einheit	€/Einheit	Kosten €	% an 3+4
400	**Bauwerk – Technische Anlagen**	**425,80 m² BGF**	**321,41**	**136.857,66**	**23,1**
410	**Abwasser-, Wasser-, Gasanlagen**	**425,80 m² BGF**	**135,44**	**57.671,19**	**9,7**
411	Abwasseranlagen	425,80 m² BGF	19,06	8.116,70	1,4
412	Wasseranlagen	425,80 m² BGF	113,63	48.381,73	8,2
413	Gasanlagen	–	–	–	–
419	Sonstiges zur KG 410	425,80 m² BGF	2,75	1.172,78	0,2
420	**Wärmeversorgungsanlagen**	**425,80 m² BGF**	**102,11**	**43.478,77**	**7,3**
421	Wärmeerzeugungsanlagen	425,80 m² BGF	27,80	11.836,80	2,0
422	Wärmeverteilnetze	425,80 m² BGF	18,30	7.792,91	1,3
423	Raumheizflächen	425,80 m² BGF	37,42	15.935,21	2,7
424	Verkehrsheizflächen	–	–	–	–
429	Sonstiges zur KG 420	425,80 m² BGF	18,59	7.913,85	1,3
430	**Raumlufttechnische Anlagen**	**425,80 m² BGF**	**2,51**	**1.066,66**	**0,2**
431	Lüftungsanlagen	425,80 m² BGF	2,51	1.066,66	0,2
432	Teilklimaanlagen	–	–	–	–
433	Klimaanlagen	–	–	–	–
434	Kälteanlagen	–	–	–	–
439	Sonstiges zur KG 430	–	–	–	–
440	**Elektrische Anlagen**	**425,80 m² BGF**	**73,13**	**31.140,20**	**5,3**
441	Hoch- und Mittelspannungsanlagen	–	–	–	–
442	Eigenstromversorgungsanlagen	–	–	–	–
443	Niederspannungsschaltanlagen	–	–	–	–
444	Niederspannungsinstallationsanlagen	425,80 m² BGF	55,62	23.682,37	4,0
445	Beleuchtungsanlagen	425,80 m² BGF	8,07	3.436,99	0,6
446	Blitzschutz- und Erdungsanlagen	425,80 m² BGF	9,44	4.020,84	0,7
447	Fahrleitungssysteme	–	–	–	–
449	Sonstiges zur KG 440	–	–	–	–
450	**Kommunikationstechnische Anlagen**	**425,80 m² BGF**	**8,22**	**3.500,85**	**0,6**
451	Telekommunikationsanlagen	–	–	–	–
452	Such- und Signalanlagen	–	–	–	–
453	Zeitdienstanlagen	–	–	–	–
454	Elektroakustische Anlagen	–	–	–	–
455	Audiovisuelle Medien- u. Antennenanl.	425,80 m² BGF	6,98	2.970,29	0,5
456	Gefahrenmelde- und Alarmanlagen	–	–	–	–
457	Datenübertragungsnetze	425,80 m² BGF	1,25	530,56	< 0,1
458	Verkehrsbeeinflussungsanlagen	–	–	–	–
459	Sonstiges zur KG 450	–	–	–	–
460	**Förderanlagen**	**–**	**–**	**–**	**–**
461	Aufzugsanlagen	–	–	–	–
462	Fahrtreppen, Fahrsteige	–	–	–	–
463	Befahranlagen	–	–	–	–
464	Transportanlagen	–	–	–	–
465	Krananlagen	–	–	–	–
466	Hydraulikanlagen	–	–	–	–
469	Sonstiges zur KG 460	–	–	–	–
470	**Nutzungsspez. u. verfahrenstechn. Anl.**	**–**	**–**	**–**	**–**
480	**Gebäude- und Anlagenautomation**	**–**	**–**	**–**	**–**
490	**Sonst. Maßnahmen für techn. Anlagen**	**–**	**–**	**–**	**–**

Kostenkennwerte für Leistungsbereiche nach STLB (Kosten des Bauwerks nach DIN 276)

LB	Leistungsbereiche	Kosten €	€/m² BGF	€/m³ BRI	% an 3+4
000	Sicherheits-, Baustelleneinrichtungen inkl. 001	30.584	71,80	26,40	5,2
002	Erdarbeiten	8.879	20,90	7,70	1,5
006	Spezialtiefbauarbeiten inkl. 005	–	–	–	–
009	Entwässerungskanalarbeiten inkl. 011	2.241	5,30	1,90	0,4
010	Drän- und Versickerarbeiten	–	–	–	–
012	Mauerarbeiten	33.987	79,80	29,30	5,7
	Wiederherstellen	1.599	3,80	1,40	0,3
	Herstellen	32.387	76,10	27,90	5,5
013	Betonarbeiten	26.844	63,00	23,20	4,5
014	Natur-, Betonwerksteinarbeiten	6.486	15,20	5,60	1,1
016	Zimmer- und Holzbauarbeiten	–	–	–	–
017	Stahlbauarbeiten	–	–	–	–
018	Abdichtungsarbeiten	4.361	10,20	3,80	0,7
019	Kampfmittelräumarbeiten	–	–	–	–
020	Dachdeckungsarbeiten	3.730	8,80	3,20	0,6
021	Dachabdichtungsarbeiten	8.199	19,30	7,10	1,4
022	Klempnerarbeiten	15.690	36,80	13,50	2,6
	Rohbau	**141.000**	**331,10**	**121,60**	**23,8**
	Wiederherstellen	1.599	3,80	1,40	0,3
	Herstellen	139.401	327,40	120,30	23,5
023	Putz- und Stuckarbeiten, Wärmedämmsysteme	65.550	153,90	56,50	11,1
	Wiederherstellen	13.790	32,40	11,90	2,3
	Herstellen	51.760	121,60	44,70	8,7
024	Fliesen- und Plattenarbeiten	21.957	51,60	18,90	3,7
025	Estricharbeiten	7.119	16,70	6,10	1,2
026	Fenster, Außentüren inkl. 029, 032	40.314	94,70	34,80	6,8
	Wiederherstellen	3.575	8,40	3,10	0,6
	Herstellen	36.740	86,30	31,70	6,2
027	Tischlerarbeiten	25.187	59,20	21,70	4,3
	Wiederherstellen	3.009	7,10	2,60	0,5
	Herstellen	22.178	52,10	19,10	3,7
028	Parkettarbeiten, Holzpflasterarbeiten	23.390	54,90	20,20	3,9
	Wiederherstellen	9.095	21,40	7,80	1,5
	Herstellen	14.296	33,60	12,30	2,4
030	Rollladenarbeiten	–	–	–	–
031	Metallbauarbeiten inkl. 035	11.416	26,80	9,80	1,9
034	Maler- und Lackiererarbeiten inkl. 037	77.219	181,40	66,60	13,0
	Wiederherstellen	36.012	84,60	31,10	6,1
	Herstellen	41.207	96,80	35,50	7,0
036	Bodenbelagarbeiten	–	–	–	–
038	Vorgehängte hinterlüftete Fassaden	–	–	–	–
039	Trockenbauarbeiten	12.445	29,20	10,70	2,1
	Ausbau	**284.598**	**668,40**	**245,50**	**48,0**
	Wiederherstellen	65.481	153,80	56,50	11,0
	Herstellen	219.117	514,60	189,00	37,0
040	Wärmeversorgungsanl. - Betriebseinr. inkl. 041	34.319	80,60	29,60	5,8
	Wiederherstellen	222	0,52	0,19	< 0,1
	Herstellen	34.097	80,10	29,40	5,8
042	Gas- und Wasserinstallation, Leitungen inkl. 043	8.489	19,90	7,30	1,4
044	Abwasseranlagen - Leitungen	4.323	10,20	3,70	0,7

LB	Leistungsbereiche	Kosten €	€/m² BGF	€/m³ BRI	% an 3+4
045	GWE-Einrichtungsgegenstände inkl. 046	40.202	94,40	34,70	6,3
047	Dämmarbeiten an betriebstechnischen Anlagen	370	0,87	0,32	< 0,1
	Wiederherstellen	370	0,87	0,32	< 0,1
049	Feuerlöschanlagen, Feuerlöschgeräte	–	–	–	–
050	Blitzschutz- und Erdungsanlagen	1.086	2,60	0,94	0,2
053	Niederspannungsanlagen inkl. 052, 054	20.470	48,10	17,70	3,5
055	Sicherheits- u. Ersatzstromversorgungsanl.	–	–	–	–
057	Gebäudesystemtechnik	–	–	–	–
058	Leuchten und Lampen inkl. 059	3.437	8,10	3,00	0,6
060	Sprechanlagen, elektroakust. Anlagen inkl. 064	2.970	7,00	2,60	0,5
061	Kommunikationsnetze inkl. 063	531	1,20	0,46	< 0,1
069	Aufzüge	–	–	–	–
070	Gebäudeautomation	–	–	–	–
075	Raumlufttechnische Anlagen inkl. 078	789	1,90	0,68	0,1
	Gebäudetechnik	**116.985**	**274,70**	**100,90**	**19,7**
	Wiederherstellen	592	1,40	0,51	< 0,1
	Herstellen	116.394	273,40	100,40	19,6
084	Abbruch, Rückbau, Schadstoffsanierung	45.889	107,80	39,60	7,7
	Abbrechen	45.889	107,80	39,60	7,7
	Abbrucharbeiten	**45.889**	**107,80**	**39,60**	**7,7**
	Abbrechen	45.889	107,80	39,60	7,7
	Sonstige Leistungsbereiche	**4.135**	**9,70**	**3,60**	**0,7**

6100-1305
Einfamilienhaus

Objektübersicht

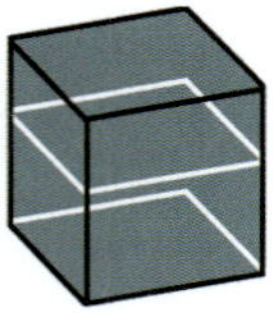

BRI 509€/m³

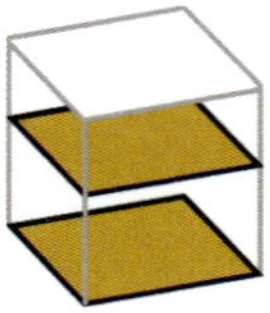

BGF 1.422€/m²

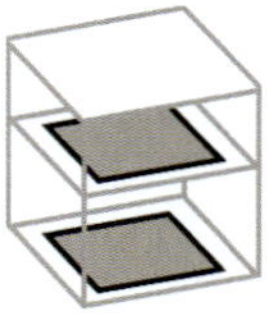

NUF 2.319€/m²

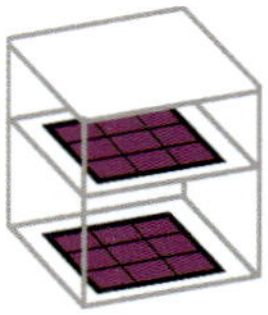

NE 2.223€/NE

NE: Wohnfläche

Modernisierung

Objekt:
Kennwerte: 3.Ebene DIN 276
BRI: 712m³
BGF: 255m²
NUF: 156m²
Bauzeit: 26 Wochen
Bauende: 2013
Standard: Durchschnitt
Bundesland: Hamburg
Kreis: Hamburg, Stadt

Architekt*in:
Mannott + Mannott
Dipl. Ingenieure, Architekten
Sillemstraße 76 a
20257 Hamburg

vorher

nachher

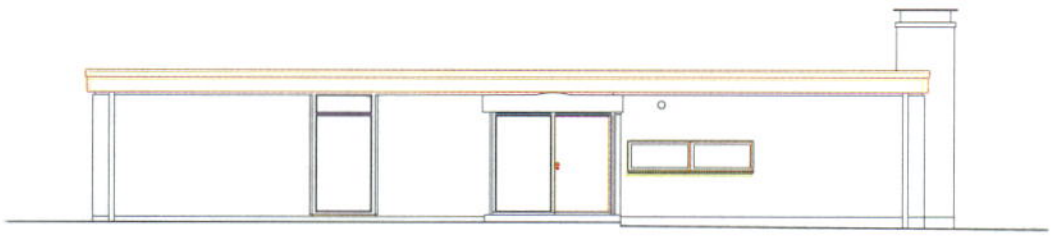

Ansicht Nord

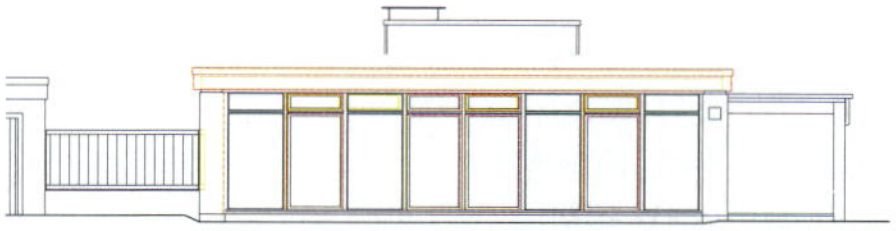

Ansicht Ost

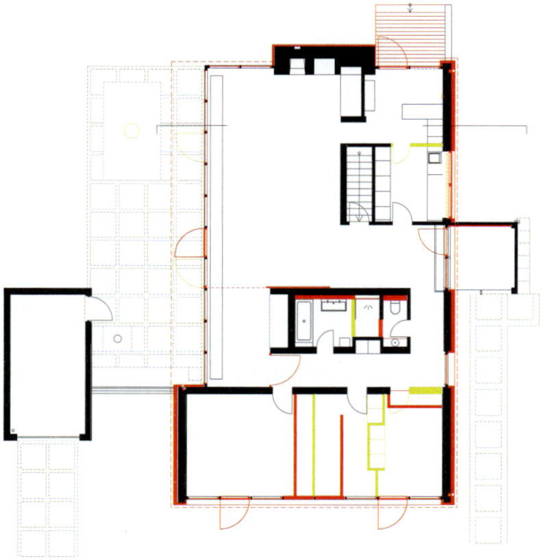

Erdgeschoss

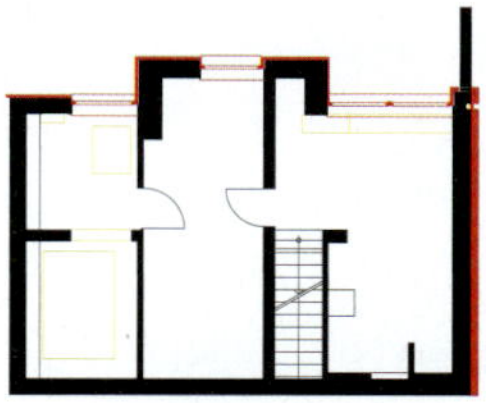

Untergeschoss

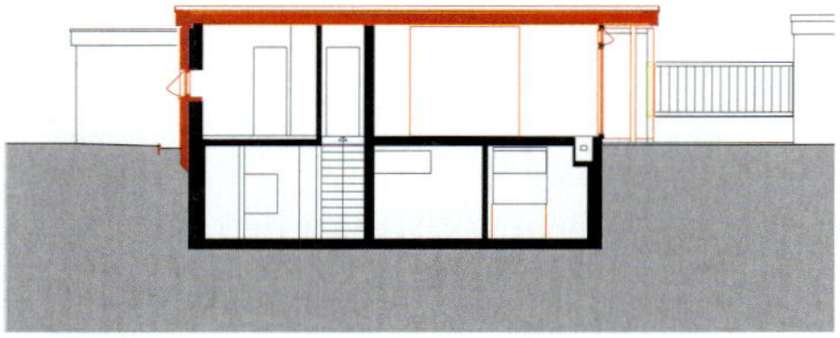

Schnitt

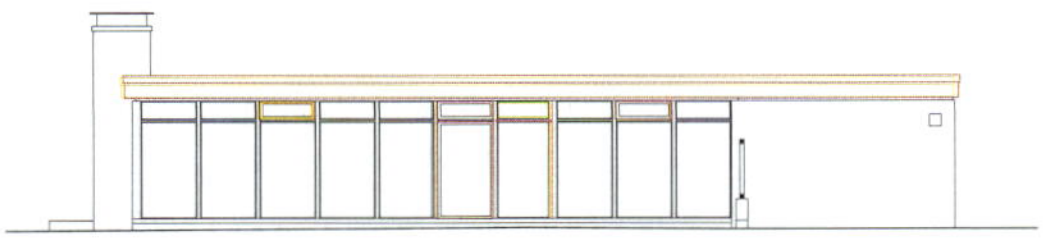

Ansicht Süd

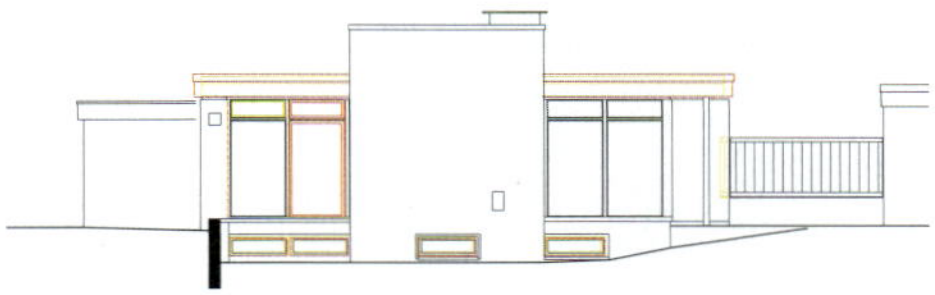

Ansicht West

6100-1305
Einfamilienhaus

Modernisierung

Objektbeschreibung

Allgemeine Objektinformationen

Das freistehende Einfamilienhaus wurde umfassend modernisiert, im Innenbereich ist geringfügig umgebaut worden. Es ist ein für die 60er Jahre typischer Flachdachbungalow mit unverputzten, weiß gestrichenen Außenwänden aus Kalksandstein und umlaufender, holzbekleideter Attika in dunkelbraun. Das Gebäude liegt in einem überwiegend mit Ein- und Zweifamilienhäusern bebauten Wohngebiet.

Nutzung

1 Untergeschoss
Heizung, Hausanschluss

1 Erdgeschoss
Wohnen, Küche, Bad

Nutzeinheiten

Wohneinheiten: 1
Wohnfläche: 163 m^2

Grundstück

Bauraum: Freier Bauraum
Neigung: Ebenes Gelände

Markt

Hauptvergabezeit: 3. Quartal 2012
Baubeginn: 3. Quartal 2012
Bauende: 1. Quartal 2013
Konjunkturelle Gesamtlage: über Durchschnitt
Regionaler Baumarkt: über Durchschnitt

Baubestand

Baujahr: 1962
Bauzustand: mittel
Aufwand: mittel
Grundrissänderungen: einige
Tragwerkseingriffe: wenige
Nutzungsänderung: nein
Nutzung während der Bauzeit: nein

Baukonstruktion

Die Außenwände wurden im Zuge der Sanierung mit einem Wärmedämmverbundsystem isoliert. Dafür mussten auch die Dachränder entsprechend verbreitert werden. Geschlossene Wandflächen wechseln sich mit großflächigen Fensterfassaden ab, die als Pfostenriegelkonstruktion aus Holz ausgeführt sind. Fenster und Türen wurden entweder erneuert oder neu verglast und beschichtet. Einige Elemente sind in die bestehende Fassade neu eingefügt. Das Flachdach wurde mit Zwischen- und Aufsparrendämmung ertüchtigt und neu abgedichtet. Sämtliche Bodenbeläge sind erneuert. An den Wänden sind Malerarbeiten ausgeführt worden. Vor der Küche wurde eine Terrasse angebaut.

Technische Anlagen

Das Gebäude ist mit einer neuen Heizungsanlage mit solarer Warmwasserbereitung und solarer Heizungsunterstützung ausgestattet. Sämtliche Sanitär- und die Elektroinstallationen sind erneuert worden.

Energetische Kennwerte

Gesetzliche Grundlage: EnEV 2009
Gebäudenutzfläche: 172,50 m^2
Gebäudevolumen: 539,05 m^3
A/Ve-Verhältnis (Kompaktheit): 0,95 m^{-1}
Hüllfläche des beheizten Volumens: 509,48 m^2
Jahresprimärenergie: 16.764,00 kWh/a
Spez. Jahresprimärenergiebedarf: 97,18 kWh/($m^2 \cdot a$)
Jahresendenergiebedarf: 14.134,00 kWh/a
CO_2-Emissionen: 21,70 kg/($m^2 \cdot a$)
Anlagen-Aufwandszahl: 1,05

Energetische Angaben zu Außenbauteilen

Kellerdecke

U-Wert: 0,75 W/(m²·K)

Gesamtdicke: 22,00 cm	d[cm]	l[W/(m·K)]
Parkett	1,50	0,130
Kork	0,50	0,045
Estrich	5,00	1,400
Dämmung	3,00	0,045
Stahlbeton	12,00	2,000

Bodenplatte

U-Wert: 0,86 W/(m²·K)

Gesamtdicke: 22,00 cm	d[cm]	l[W/(m·K)]
Parkett	1,50	0,130
Kork	0,50	0,045
Estrich	5,00	1,400
Dämmung	3,00	0,045
Stahlbeton	12,00	2,000

Außenwand

U-Wert: 0,17 W/(m²·K)

Gesamtdicke: 47,50 cm	d[cm]	l[W/(m·K)]
Innenputz	1,50	1,000
Porenbeton	17,50	0,190
Kalksandstein	11,50	0,790
Dämmung	16,00	0,035
Außenputz	1,00	1,000

Dach

U-Wert: 0,14 W/(m²·K)

Gesamtdicke: 35,27 cm	d[cm]	l[W/(m·K)]
GK-Platte	1,25	0,250
Luftschicht ruhend	4,00	0,313
PE-Folie	0,02	0,330
Holz	20,00	0,130
Dämmung	20,00	0,035
Holz	2,50	0,130
Dämmung	6,00	0,035
Bitumenbahn	1,50	0,170

6100-1305
Einfamilienhaus

Planungskennwerte für Flächen und Rauminhalte nach DIN 277

Flächen des Grundstücks		Menge Einheit	% an GF
BF	Bebaute Fläche	–	–
UF	Unbebaute Fläche	–	–
GF	Grundstücksfläche	–	–

Modernisierung

Grundflächen des Bauwerks		Menge Einheit	% an NUF	% an BGF
NUF	Nutzungsfläche	156,22 m²	100,0	61,3
TF	Technikfläche	19,44 m²	12,4	7,6
VF	Verkehrsfläche	28,58 m²	18,3	11,2
NRF	Netto-Raumfläche	204,24 m²	130,7	80,2
KGF	Konstruktions-Grundfläche	50,48 m²	32,3	19,8
BGF	Brutto-Grundfläche	254,72 m²	163,1	100,0

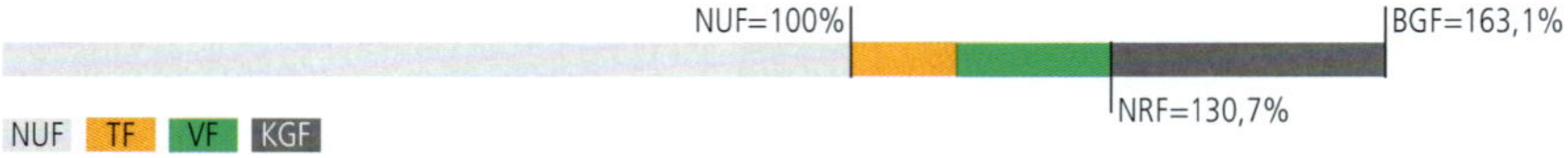

Brutto-Rauminhalt des Bauwerks		Menge Einheit	BRI/NUF (m)	BRI/BGF (m)
BRI	Brutto-Rauminhalt	712,43 m³	4,56	2,80

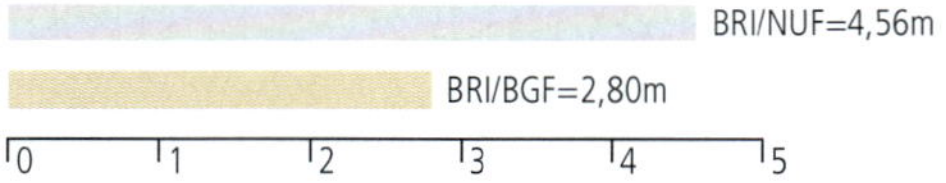

Lufttechnisch behandelte Flächen	Menge Einheit	% an NUF	% an BGF
Entlüftete Fläche	–	–	–
Be- und entlüftete Fläche	–	–	–
Teilklimatisierte Fläche	–	–	–
Klimatisierte Fläche	–	–	–

KG	Kostengruppen (2. Ebene)	Menge Einheit	Menge/NUF	Menge/BGF
310	Baugrube / Erdbau	–	–	–
320	Gründung, Unterbau	86,92 m² GRF	0,56	0,34
330	Außenwände/Vertikale Baukonstruktionen, außen	238,18 m² AWF	1,53	0,94
340	Innenwände/Vertikale Baukonstruktionen, innen	175,08 m² IWF	1,12	0,69
350	Decken/Horizontale Baukonstruktionen	49,93 m² DEF	0,32	0,20
360	Dächer	211,02 m² DAF	1,35	0,83

Kostenkennwerte für die Kostengruppen der 1. Ebene DIN 276

KG	Kostengruppen (1. Ebene)	Einheit	Kosten €	€/Einheit	€/m² BGF	€/m³ BRI	% 300+400
100	Grundstück	m² GF	–	–	–	–	–
200	Vorbereitende Maßnahmen	m² GF	1.570	–	6,16	2,20	0,4
300	Bauwerk – Baukonstruktionen	m² BGF	283.286	1.112,15	1.112,15	397,63	78,2
400	Bauwerk – Technische Anlagen	m² BGF	79.042	310,31	310,31	110,95	21,8
	Bauwerk 300+400	**m² BGF**	**362.328**	**1.422,46**	**1.422,46**	**508,58**	**100,0**
500	Außenanlagen und Freiflächen	m² AF	6.401	–	25,13	8,99	1,8
600	Ausstattung und Kunstwerke	m² BGF	1.495	5,87	5,87	2,10	0,4
700	Baunebenkosten	m² BGF	–	–	–	–	–
800	Finanzierung	m² BGF	–	–	–	–	–

KG	Kostengruppe	Menge Einheit	Kosten €	€/Einheit	%
200	**Vorbereitende Maßnahmen**	–	1.570	–	0,4

• Herstellen (Kosten: 100,0%) 1.570
Gasanschluss

KG	Kostengruppe	Menge Einheit	Kosten €	€/Einheit	%
3+4	**Bauwerk**				**100,0**
300	**Bauwerk – Baukonstruktionen**	254,72 m² BGF	283.286	**1.112,15**	78,2

• Abbrechen (Kosten: 8,6%) 24.457
Abbruch von PVC-Belägen; Holzfenstern, Festverglasungen, Öffnungsflügeln, Füllungen; Mauerwerk mit Putz und Fliesen, Holztüren, Wandfliesen; Teppichbelag, Bodenfliesen; Lichtkuppeln, Kiesschüttung, Dachabdichtung, Attikaabdeckung, Fallrohren, abgehängter Holzdecke; Einbauküche, Einbauschränken, Schreibtischen; Entsorgung, Deponiegebühren

• Wiederherstellen (Kosten: 13,9%) 39.495
Austausch von Isolierglasscheiben in Holzrahmen, Einschneiden von neuen Glasleisten, Überholungsanstrich für Holzfenster, Renovierungsanstrich auf Wänden, auf Putz und Altanstrich, teilweise Sichtmauerwerk; Überholungsanstrich auf Holztüren und Stahlzargen, Türdichtungen erneuern, Türen gang- und schließbar machen; Überholungsanstrich auf Decken, Handlauf lackieren; Risse in Dachabdichtung reparieren; Einbauschrank neu beschichten

• Herstellen (Kosten: 77,4%) 219.334
Estrich, Parkettdielen, Bodenfliesen; Brüstung aufmauern, Holz-Haustürelement, Holz-Alufenster, Holz-Alu-Elemente in vorhandene Pfosten-Riegel-Konstruktion, Kunststofffenster, WDVS, Traufstreifen; Wandöffnung in Mauerwerk herstellen, Sturzträger, GK-Wand, Schiebetür, Holztür, Glasmosaikfliesen, Wandfliesen, Beschichtung; Zwischensparrendämmung, Lichtkuppeln, Wärmedämmung, Dachabdichtung, Dachrandverbreiterung, Dachentwässerung, GK-Unterdecke, Bekleidung Dachüberstände; Duschtrennwand

KG	Kostengruppe	Menge Einheit	Kosten €	€/Einheit	%
400	**Bauwerk – Technische Anlagen**	254,72 m²BGF	79.042	**310,31**	21,8
	• Abbrechen (Kosten: 3,9%) Abbruch von Sanitärobjekten, Gas-Durchlauferhitzern, Boiler; Öltank, Heizkessel, Heizkörpern; Elektroinstallation; Entsorgung, Deponiegebühren		3.073		
	• Wiederherstellen (Kosten: 0,4%) Thermostatventile und -köpfe austauschen		343		
	• Herstellen (Kosten: 95,7%) Gebäudeentwässerung, Kalt- und Warmwasserleitungen, Sanitärobjekte, Gasanschluss Küche; Gas-Brennwerttherme, Solaranlage, Heizungsrohre, Heizkörper, Abgasanlage; Einzelraumlüfter; Elektroinstallation, Beleuchtung; Erdungsanlage; Telefondosen, Antennendosen, Rauchwarnmelder		75.626		
500	**Außenanlagen und Freiflächen**	–	6.401	–	1,8
	• Abbrechen (Kosten: 12,4%) Abbruch von Tor, Demontage von Holzzaun		792		
	• Wiederherstellen (Kosten: 5,7%) Gartenmauer reparieren		368		
	• Herstellen (Kosten: 81,9%) Sickergrube, Kabelgraben; Punktfundamente; Holzterrasse; Erdkabel, Steckdose, Gartenleuchten		5.241		
600	**Ausstattung und Kunstwerke**	254,72 m²BGF	1.495	**5,87**	0,4
	• Abbrechen (Kosten: 9,5%) Abbruch von Sanitärgegenständen; Entsorgung, Deponiegebühren		141		
	• Herstellen (Kosten: 90,5%) Waschtischunterschrank		1.354		

Kostenkennwerte für die Kostengruppen der 2.Ebene DIN 276

KG	Kostengruppe	Menge Einheit	Kosten €	€/Einheit	%
200	**Vorbereitende Maßnahmen**				**100,0**
220	**Öffentliche Erschließung**	–	1.570	–	100,0
	• Herstellen (Kosten: 100,0%) Gasanschluss (1St)	–	1.570	–	
300	**Bauwerk – Baukonstruktionen**				**100,0**
310	**Baugrube / Erdbau**	–	1.523	–	0,5
	• Herstellen (Kosten: 100,0%) Abgraben von Erdreich und Freilegen der Außenwandfläche (85m)	–	1.523	–	
320	**Gründung, Unterbau**	86,92 m² GRF	18.084	**208,05**	6,4
	• Abbrechen (Kosten: 2,0%) Abbruch von PVC-Fliesen, Sockelleisten (34m²); Entsorgung, Deponiegebühren	34,00 m² GRF	353	**10,38**	
	• Herstellen (Kosten: 98,0%) Dämmunterlage, Mehrschicht-Parkettdielen, Eiche, Oberfläche geölt (81m²), Zementestrich, Anarbeiten an Duschablaufrinne (5m²), Bodenfliesen (6m²)	86,92 m² GRF	17.731	**203,99**	
330	**Außenwände/Vert. Baukonstrukt., außen**	238,18 m² AWF	99.134	**416,21**	35,0
	• Abbrechen (Kosten: 3,2%) Abbruch von Holzfenstern (6m²), Festverglasungen (15m²), Öffnungsflügeln (5m²), Oberlichtklappen (3m²), Füllungen (1m²); Entsorgung, Deponiegebühren	28,92 m² AWF	3.179	**109,92**	
	• Wiederherstellen (Kosten: 29,8%) Isolierglasscheiben in Holzrahmen austauschen, Glasfälze säubern (49m²), neue Glasleisten einschneiden (163m), Überholungsanstrich für Holzfenster, innen und außen, Lasur auf Alkydharzbasis (65m²) * Renovierungsanstrich auf Wänden mit Mauerwerksstruktur und intakter Altbeschichtung (4m²) * Überholungsanstrich auf Putz und Altanstrich, teilweise Sichtmauerwerk, stellenweise beispachteln (121m²), Überholungsanstrich mit Oberflächenqualität Q3 (17m²)	203,47 m² AWF	29.520	**145,09**	
	• Herstellen (Kosten: 67,0%) Brüstung von Fensteröffnung aufmauern, h=7,5cm (0,2m²) * Haustürelement, Holz (2m²), Holz-Alufenster (2m²), Holz-Alu-Elemente in vorhandene Pfosten-Riegel-Konstruktion montieren, als Terrassentüren (7m²), als Oberlicht (3m²), Kunststofffenster (3m²), Fensterfüllungen als Sandwichplatte (7m²) * Steinwolldämmung, d=160mm (48m²), d=80mm (4m²), d=40mm (37m³), PS-Sockeldämmung, d=140mm (10m²), d=20mm (5m²), Kratzputz, Silikatbeschichtung (141m²) * GK-Vorsatzschalen, Mineralwolldämmung (6m²) * Traufstreifen (psch)	166,72 m² AWF	66.435	**398,48**	

KG	Kostengruppe	Menge Einheit	Kosten €	€/Einheit	%
340	**Innenwände/Vert. Baukonstrukt., innen**	175,08 m²IWF	37.678	**215,21**	13,-
	• Abbrechen (Kosten: 7,1%)	39,05 m²IWF	2.670	**68,37**	
	Abbruch von Mauerwerk, d=10cm, mit Putz (24m²), d=13,5cm, mit Putz und Fliesen (12m²) * Holztüren, Stahlzargen (3m²) * Wandfliesen (5m²); Entsorgung, Deponiegebühren				
	• Wiederherstellen (Kosten: 15,4%)	107,64 m²IWF	5.813	**54,00**	
	Überholungsanstrich auf Holztüren und Stahlzargen mit Alkydharzlack (6St), Türdichtungen erneuern (6St), Türen kürzen, gang- und schließbar machen (6St) * Überholungsanstrich auf Putz und Altanstrich, teilweise Sichtmauerwerk, stellenweise beispachteln (157m²), Überholungsanstrich mit Oberflächenqualität Q3 (35m²)				
	• Herstellen (Kosten: 77,5%)	67,45 m²IWF	29.196	**432,85**	
	Wandöffnung in Mauerwerk herstellen, d=27cm, Sturzträger einbauen (1St) * GK-Metallständerwand, d=100mm (26m²), Wandöffnung in Mauerwerk schließen, verputzen (1St) * Schiebetürelement, Holzwerkstoffplatte, Lackbeschichtung, Laufschiene (7m²), Holztür, Blockzarge, Lackbeschichtung (3m²), Drückergarnituren für Bestandstüren (6St) * Wandfliesen (7m²), Glasmosaik (7m²), Spiegel (2St), Wandflächen mit Glasmosaik und flächenbündigem Putz: Malervlies, Dispersionsbeschichtung (55m²), GK-Wände spachteln, Malervlies, Dispersionsbeschichtung (43m²), Wandschlitze schließen (33m)				
350	**Decken/Horizontale Baukonstruktionen**	49,93 m²DEF	13.706	**274,50**	4,8
	• Abbrechen (Kosten: 16,9%)	167,38 m²DEF	2.310	**13,80**	
	Abbruch von Teppichbelag (131m²), Bodenfliesen (33m²), PVC-Belag (13St); Entsorgung, Deponiegebühren				
	• Wiederherstellen (Kosten: 14,3%)	49,86 m²DEF	1.961	**39,33**	
	Estrichflächen ausbessern, Trittschallschutz (7m²) * Überholungsanstrich auf Putz und Altanstrich, Grundbeschichtung, Zwischen- und Schlussbeschichtung (50m²) * Handlauf anschleifen, lackieren (4m)				
	• Herstellen (Kosten: 68,8%)	49,93 m²DEF	9.435	**188,96**	
	Dämmunterlage, Mehrschicht-Parkettdielen, Eiche, Oberfläche geölt (50m²)				

KG	Kostengruppe	Menge Einheit	Kosten €	€/Einheit	%
360	**Dächer**	211,02 m²DAF	98.713	**467,79**	34,8
	• Abbrechen (Kosten: 13,9%)	211,20 m²DAF	13.704	**64,88**	
	Abbruch von Lichtkuppeln (3St) * Kiesschüttung, Grünzeug (psch), Folienabdichtung (196m²), Attikaabdeckung, Zinkblech (53m), Dachblende, Holz (62m), Blechabdeckung (8m²), Fallrohren (12m) * abgehängter Holzdecke (131m²), Holzbekleidung an Unterseite Dachüberstand (53m) * Schornsteinkopfabdeckung, Zinkblech (1St), Steigeisen (psch); Entsorgung, Deponiegebühren				
	• Wiederherstellen (Kosten: 1,8%)	30,00 m²DAF	1.783	**59,44**	
	Dachfläche trocknen, Risse mit Schweißbahn abdichten (30m²), Leitung freilegen und säubern (psch)				
	• Herstellen (Kosten: 84,3%)	211,02 m²DAF	83.226	**394,40**	
	Zwischensparrendämmung, d=200mm (170m²) * Lichtkuppel, D=90cm, Motorantrieb (2St), Lichtkuppel 100x100cm (1St) * Wärmedämmung, d=60mm, Bitumenabdichtung (200m²), Dachrandverbreiterung, Abschlussprofil, Alublech (54m), Bitumenabdichtung Vordach (8m²), Holzblende Dachrand (62m), Regenfallrohr (10m) * GK-Unterdecke, Dispersionsbeschichtung (145m²), Bekleidung Dachüberstände, b=130cm, Zementfaserplatten, Dispersionsbeschichtung (23m²), b=12cm, Lärche, Lasur (53m), Innenbekleidungen Lichtkuppeln (2St) * Absturzsicherungen (2St), Schornsteinkopf-Abdeckung (1St)				
380	**Baukonstruktive Einbauten**	254,72 m²BGF	3.224	**12,66**	1,1
	• Abbrechen (Kosten: 69,5%)	254,72 m²BGF	2.242	**8,80**	
	Abbruch von Einbauküche (1St), Einbauschränken (13m), Heizkörperabdeckung (1St), Schreibtischen (2St); Entsorgung, Deponiegebühren				
	• Wiederherstellen (Kosten: 12,9%)	254,72 m²BGF	417	**1,64**	
	Einbauschrank 96x55x260cm, innen und außen reinigen, anschleifen, beschichten (1St)				
	• Herstellen (Kosten: 17,5%)	254,72 m²BGF	565	**2,22**	
	Duschtrennwand 98x206cm, Montage in U-Profil (1St), Schranktüren kürzen (psch)				
390	**Sonst. Maßnahmen für Baukonstrukt.**	254,72 m²BGF	11.224	**44,06**	4,0
	• Herstellen (Kosten: 100,0%)	254,72 m²BGF	11.224	**44,06**	
	Baustelleneinrichtungen (10St), Baustellen-WC (1St), Baustromanschluss (1St) * Bockgerüste als Arbeitsgerüst (psch) * Abtransport und Entsorgung Bauabfall (4m³) * Bauendreinigung (psch), Entfeuchtergerät (1St), Schutzfolien (30m²) * provisorische Regenfallrohre aus Schlauchfolie (12m)				
400	**Bauwerk – Technische Anlagen**				**100,0**
410	**Abwasser-, Wasser-, Gasanlagen**	254,72 m²BGF	16.840	**66,11**	21,3
	• Abbrechen (Kosten: 3,8%)	254,72 m²BGF	638	**2,50**	
	Abbruch von Badewanne (1St), Duschtasse (1St), Waschtischen (2St), WC-Einheiten (2St), Gas-Durchlauferhitzern (2St), WW-Boiler (1St); Entsorgung, Deponiegebühren				
	• Herstellen (Kosten: 96,2%)	254,72 m²BGF	16.203	**63,61**	
	HT-Rohre DN50-100 (25m), Anschlüsse an vorhandene Abwasserleitung (3St), KG-Rohre DN100 (psch) * CU-Rohre DN15-DN22 (68m), Absperrhahn (1St), Waschtisch (1St), Handwaschbecken (1St), Tiefspül-WC (1St), Badewanne (1St), Duschrinne (1St) * Gasanschluss Küche (1St), Gasleitungen (psch), Gassteckdose (1St), Sicherheits-Allgasschlauch (1St) * Montageelemente (2St)				

KG	Kostengruppe	Menge Einheit	Kosten €	€/Einheit	%
420	**Wärmeversorgungsanlagen**	254,72 m²BGF	41.609	**163,35**	52,
	• Abbrechen (Kosten: 5,5%) Abbruch von Öltank 5.000l (1St), Heizkessel mit Pumpen, Ausdehnungsgefäß (1St) * Rippen- und Plattenheizkörpern, Stahl (8St); Entsorgung, Deponiegebühren	254,72 m²BGF	2.285	**8,97**	
	• Wiederherstellen (Kosten: 0,8%) Thermostatventile und -köpfe austauschen (4St)	254,72 m²BGF	343	**1,35**	
	• Herstellen (Kosten: 93,7%) Gas-Brennwerttherme 4,8-15,0kW, Kesselkreisregelung, Solarregelungsmodul (1St), Solaranlage, sechs Flachkollektoren, Pufferspeicher (10m²), Solarleitungen, Edelstahl (15m), CU-Anschlussleitungen (51m), Ausdehnungsgefäß (1St), Zirkulationspumpe (1St) * CU-Heizungsrohre DN12-20, Rohrdämmung (78m) * Ventil-Heizkörper (4St), Bad-Heizkörper (1St) * Abgasanlage (1St)	254,72 m²BGF	38.981	**153,04**	
430	**Raumlufttechnische Anlagen**	254,72 m²BGF	617	**2,42**	0,
	• Herstellen (Kosten: 100,0%) Einzelraumlüfter (2St)	254,72 m²BGF	617	**2,42**	
440	**Elektrische Anlagen**	254,72 m²BGF	19.049	**74,79**	24,
	• Abbrechen (Kosten: 0,8%) Abbruch von Elektroinstallation, komplett (psch); Entsorgung, Deponiegebühren	254,72 m²BGF	151	**0,59**	
	• Herstellen (Kosten: 99,2%) Verteilerkasten (1St), Schalter (34St), Steckdosen (68St), Bewegungsmelder (1St), Steuerungselemente für Fenster-Oberlichter (5St), Mantelleitungen (psch) * Decken-Einbaudownlights (7St), Wandanbauleuchten (2St), Hängeleuchten (2St), Schiffsarmaturen (7St) * Potenzialausgleichsschienen (2St), Erdungsleitungen (4St)	254,72 m²BGF	18.898	**74,19**	
450	**Kommunikationstechnische Anlagen**	254,72 m²BGF	926	**3,64**	1,
	• Herstellen (Kosten: 100,0%) Telefondosen (3St), Anschlusskabel (psch) * Antennendosen (4St), Anschlusskabel (psch) * Rauchwarnmelder (3St)	254,72 m²BGF	926	**3,64**	
500	**Außenanlagen und Freiflächen**				**100,**
510	**Erdbau**	–	1.872	**–**	29,
	• Herstellen (Kosten: 100,0%) Sickergrube (1St), Kabelgraben (1St)	–	1.872	**–**	
520	**Gründung, Unterbau**	–	377	**–**	5,
	• Herstellen (Kosten: 100,0%) Punktfundamente, mit Stützenfuß, Gehwegplatten (1St)	–	377	**–**	
530	**Oberbau, Deckschichten**	7,50 m²BFF	2.703	**360,36**	42,
	• Herstellen (Kosten: 100,0%) Terrassendielen, Bangkirai, Unterkonstruktion (8m²)	7,50 m²BFF	2.703	**360,36**	

KG	Kostengruppe	Menge Einheit	Kosten €	€/Einheit	%
540	**Baukonstruktionen**	–	1.160	–	18,1
	• Abbrechen (Kosten: 68,3%) Abbruch von Tor mit Pfeilern (12m²); Entsorgung, Deponiegebühren, Aufnehmen und Lagern von Holzzaun (1St)	–	792	–	
	• Wiederherstellen (Kosten: 31,7%) Lose Teile von Gartenmauer entfernen, Untergrund reinigen, Kleber auftragen, verschlichten (1St)	–	368	–	
550	**Technische Anlagen**	–	289	–	4,5
	• Herstellen (Kosten: 100,0%) Erdkabel (psch), Steckdose, zweifach (1St), Gartenleuchten (2St)	–	289	–	
600	**Ausstattung und Kunstwerke**				**100,0**
610	**Allgemeine Ausstattung**	254,72 m² BGF	1.495	**5,87**	100,0
	• Abbrechen (Kosten: 9,5%) Abbruch von Ablagen, Handtuchhaltern, Papierrollenhalter, Spiegel, Duschvorhang (psch); Entsorgung, Deponiegebühren	254,72 m² BGF	141	**0,56**	
	• Herstellen (Kosten: 90,5%) Waschtischunterschrank 95x46x45cm (1St)	254,72 m² BGF	1.354	**5,31**	

Kostenkennwerte für die Kostengruppen 300 der 2. und 3. Ebene DIN 276 (Übersicht)

KG	Kostengruppe	Menge Einheit	€/Einheit	Kosten €	% an 3+4
300	**Bauwerk – Baukonstruktionen**	**254,72 m² BGF**	**1.112,15**	**283.285,89**	**78,2**
310	**Baugrube / Erdbau**	**–**	**–**	**1.523,39**	**0,4**
311	Herstellung	–	–	1.523,39	0,4
312	Umschließung	–	–	–	–
313	Wasserhaltung	–	–	–	–
314	Vortrieb	–	–	–	–
319	Sonstiges zur KG 310	–	–	–	–
320	**Gründung, Unterbau**	**86,92 m² GRF**	**208,05**	**18.083,76**	**5,0**
321	Baugrundverbesserung	–	–	–	–
322	Flachgründungen und Bodenplatten	–	–	–	–
323	Tiefgründungen	–	–	–	–
324	Gründungsbeläge	86,92 m²	208,05	18.083,76	5,0
325	Abdichtungen und Bekleidungen	–	–	–	–
326	Dränagen	–	–	–	–
329	Sonstiges zur KG 320	–	–	–	–
330	**Außenwände/Vert. Baukonstrukt., außen**	**238,18 m² AWF**	**416,21**	**99.134,04**	**27,4**
331	Tragende Außenwände	0,50 m²	1.131,94	565,97	0,2
332	Nichttragende Außenwände	–	–	–	–
333	Außenstützen	–	–	–	–
334	Außenwandöffnungen	91,05 m²	710,85	64.722,72	17,9
335	Außenwandbekleidungen, außen	144,74 m²	193,09	27.947,12	7,7
336	Außenwandbekleidungen, innen	147,13 m²	24,70	3.634,34	1,0
337	Element. Außenwandkonstruktionen	–	–	–	–
338	Lichtschutz zur KG 330	–	–	–	–
339	Sonstiges zur KG 330	238,18 m² AWF	9,50	2.263,88	0,6
340	**Innenwände/Vert. Baukonstrukt., innen**	**175,08 m² IWF**	**215,21**	**37.678,49**	**10,4**
341	Tragende Innenwände	5,30 m²	515,07	2.729,86	0,8
342	Nichttragende Innenwände	27,82 m²	237,24	6.600,05	1,8
343	Innenstützen	–	–	–	–
344	Innenwandöffnungen	21,64 m²	503,34	10.892,17	3,0
345	Innenwandbekleidungen	306,89 m²	56,88	17.456,41	4,8
346	Elementierte Innenwandkonstruktionen	–	–	–	–
347	Lichtschutz zur KG 340	–	–	–	–
349	Sonstiges zur KG 340	–	–	–	–
350	**Decken/Horizontale Baukonstruktionen**	**49,93 m² DEF**	**274,50**	**13.705,92**	**3,8**
351	Deckenkonstruktionen	–	–	–	–
352	Deckenöffnungen	–	–	–	–
353	Deckenbeläge	49,93 m²	265,32	13.247,41	3,7
354	Deckenbekleidungen	49,86 m²	8,35	416,27	0,1
355	Elementierte Deckenkonstruktionen	–	–	–	–
359	Sonstiges zur KG 350	49,93 m² DEF	0,85	42,22	< 0,1
360	**Dächer**	**211,02 m² DAF**	**467,79**	**98.712,68**	**27,2**
361	Dachkonstruktionen	170,00 m²	55,30	9.401,54	2,6
362	Dachöffnungen	2,27 m²	2.899,60	6.582,09	1,8
363	Dachbeläge	208,75 m²	240,73	50.252,01	13,9
364	Dachbekleidungen	176,99 m²	172,76	30.576,74	8,4
365	Elementierte Dachkonstruktionen	–	–	–	–
366	Lichtschutz zur KG 360	–	–	–	–
369	Sonstiges zur KG 360	211,02 m² DAF	9,01	1.900,26	0,5
370	**Infrastrukturanlagen**	**–**	**–**	**–**	**–**
380	**Baukonstruktive Einbauten**	**254,72 m² BGF**	**12,66**	**3.223,86**	**0,9**
390	**Sonst. Maßnahmen für Baukonstrukt.**	**254,72 m² BGF**	**44,06**	**11.223,74**	**3,1**

Kostenkennwerte für die Kostengruppen 400 der 2. und 3. Ebene DIN 276 (Übersicht)

KG	Kostengruppe	Menge Einheit	€/Einheit	Kosten €	% an 3+4
400	**Bauwerk – Technische Anlagen**	**254,72 m² BGF**	**310,31**	**79.042,38**	**21,8**
410	**Abwasser-, Wasser-, Gasanlagen**	**254,72 m² BGF**	**66,11**	**16.840,50**	**4,6**
411	Abwasseranlagen	254,72 m² BGF	10,04	2.556,81	0,7
412	Wasseranlagen	254,72 m² BGF	47,86	12.191,28	3,4
413	Gasanlagen	254,72 m² BGF	5,55	1.414,35	0,4
419	Sonstiges zur KG 410	254,72 m² BGF	2,66	678,05	0,2
420	**Wärmeversorgungsanlagen**	**254,72 m² BGF**	**163,35**	**41.609,27**	**11,5**
421	Wärmeerzeugungsanlagen	254,72 m² BGF	107,21	27.308,89	7,5
422	Wärmeverteilnetze	254,72 m² BGF	29,72	7.569,98	2,1
423	Raumheizflächen	254,72 m² BGF	22,46	5.721,82	1,6
424	Verkehrsheizflächen	–	–	–	–
429	Sonstiges zur KG 420	254,72 m² BGF	3,96	1.008,59	0,3
430	**Raumlufttechnische Anlagen**	**254,72 m² BGF**	**2,42**	**616,90**	**0,2**
431	Lüftungsanlagen	254,72 m² BGF	2,42	616,90	0,2
432	Teilklimaanlagen	–	–	–	–
433	Klimaanlagen	–	–	–	–
434	Kälteanlagen	–	–	–	–
439	Sonstiges zur KG 430	–	–	–	–
440	**Elektrische Anlagen**	**254,72 m² BGF**	**74,79**	**19.049,41**	**5,3**
441	Hoch- und Mittelspannungsanlagen	–	–	–	–
442	Eigenstromversorgungsanlagen	–	–	–	–
443	Niederspannungsschaltanlagen	–	–	–	–
444	Niederspannungsinstallationsanlagen	254,72 m² BGF	62,07	15.810,17	4,4
445	Beleuchtungsanlagen	254,72 m² BGF	11,24	2.861,93	0,8
446	Blitzschutz- und Erdungsanlagen	254,72 m² BGF	1,48	377,31	0,1
447	Fahrleitungssysteme	–	–	–	–
449	Sonstiges zur KG 440	–	–	–	–
450	**Kommunikationstechnische Anlagen**	**254,72 m² BGF**	**3,64**	**926,30**	**0,3**
451	Telekommunikationsanlagen	254,72 m² BGF	1,37	349,02	< 0,1
452	Such- und Signalanlagen	–	–	–	–
453	Zeitdienstanlagen	–	–	–	–
454	Elektroakustische Anlagen	–	–	–	–
455	Audiovisuelle Medien- u. Antennenanl.	254,72 m² BGF	1,73	441,47	0,1
456	Gefahrenmelde- und Alarmanlagen	254,72 m² BGF	0,53	135,83	< 0,1
457	Datenübertragungsnetze	–	–	–	–
458	Verkehrsbeeinflussungsanlagen	–	–	–	–
459	Sonstiges zur KG 450	–	–	–	–
460	**Förderanlagen**	**–**	**–**	**–**	**–**
461	Aufzugsanlagen	–	–	–	–
462	Fahrtreppen, Fahrsteige	–	–	–	–
463	Befahranlagen	–	–	–	–
464	Transportanlagen	–	–	–	–
465	Krananlagen	–	–	–	–
466	Hydraulikanlagen	–	–	–	–
469	Sonstiges zur KG 460	–	–	–	–
470	**Nutzungsspez. u. verfahrenstechn. Anl.**	**–**	**–**	**–**	**–**
480	**Gebäude- und Anlagenautomation**	**–**	**–**	**–**	**–**
490	**Sonst. Maßnahmen für techn. Anlagen**	**–**	**–**	**–**	**–**

Kostenkennwerte für Leistungsbereiche nach STLB (Kosten des Bauwerks nach DIN 276)

LB	Leistungsbereiche	Kosten €	€/m² BGF	€/m³ BRI	% an 3+4
000	Sicherheits-, Baustelleneinrichtungen inkl. 001	8.763	34,40	12,30	2,4
002	Erdarbeiten	3.787	14,90	5,30	1,0
006	Spezialtiefbauarbeiten inkl. 005	–	–	–	–
009	Entwässerungskanalarbeiten inkl. 011	166	0,65	0,23	< 0,1
010	Drän- und Versickerarbeiten	–	–	–	–
012	Mauerarbeiten	5.627	22,10	7,90	1,6
013	Betonarbeiten	226	0,89	0,32	< 0,1
014	Natur-, Betonwerksteinarbeiten	–	–	–	–
016	Zimmer- und Holzbauarbeiten	6.721	26,40	9,40	1,9
017	Stahlbauarbeiten	–	–	–	–
018	Abdichtungsarbeiten	–	–	–	–
019	Kampfmittelräumarbeiten	–	–	–	–
020	Dachdeckungsarbeiten	–	–	–	–
021	Dachabdichtungsarbeiten	44.011	172,80	61,80	12,1
	Wiederherstellen	1.783	7,00	2,50	0,5
	Herstellen	42.228	165,80	59,30	11,7
022	Klempnerarbeiten	1.514	5,90	2,10	0,4
	Rohbau	**70.816**	**278,00**	**99,40**	**19,5**
	Wiederherstellen	1.783	7,00	2,50	0,5
	Herstellen	69.033	271,00	96,90	19,1
023	Putz- und Stuckarbeiten, Wärmedämmsysteme	31.202	122,50	43,80	8,6
	Wiederherstellen	356	1,40	0,50	< 0,1
	Herstellen	30.846	121,10	43,30	8,5
024	Fliesen- und Plattenarbeiten	8.468	33,20	11,90	2,3
025	Estricharbeiten	3.719	14,60	5,20	1,0
	Wiederherstellen	1.502	5,90	2,10	0,4
	Herstellen	2.217	8,70	3,10	0,6
026	Fenster, Außentüren inkl. 029, 032	58.803	230,90	82,50	16,2
	Wiederherstellen	23.707	93,10	33,30	6,5
	Herstellen	35.096	137,80	49,30	9,7
027	Tischlerarbeiten	8.195	32,20	11,50	2,3
	Wiederherstellen	741	2,90	1,00	0,2
	Herstellen	7.454	29,30	10,50	2,1
028	Parkettarbeiten, Holzpflasterarbeiten	22.675	89,00	31,80	6,3
030	Rollladenarbeiten	–	–	–	–
031	Metallbauarbeiten inkl. 035	–	–	–	–
034	Maler- und Lackiererarbeiten inkl. 037	22.079	86,70	31,00	6,1
	Wiederherstellen	11.404	44,80	16,00	3,1
	Herstellen	10.675	41,90	15,00	2,9
036	Bodenbelagarbeiten	–	–	–	–
038	Vorgehängte hinterlüftete Fassaden	–	–	–	–
039	Trockenbauarbeiten	31.437	123,40	44,10	8,7
	Ausbau	**186.578**	**732,50**	**261,90**	**51,5**
	Wiederherstellen	37.712	148,10	52,90	10,4
	Herstellen	148.866	584,40	209,00	41,1
040	Wärmeversorgungsanl. - Betriebseinr. inkl. 041	38.212	150,00	53,60	10,5
	Wiederherstellen	343	1,30	0,48	< 0,1
	Herstellen	37.868	148,70	53,20	10,5
042	Gas- und Wasserinstallation, Leitungen inkl. 043	5.227	20,50	7,30	1,4
044	Abwasseranlagen - Leitungen	2.096	8,20	2,90	0,6

LB	Leistungsbereiche	Kosten €	€/m²BGF	€/m³BRI	% an 3+4
045	GWE-Einrichtungsgegenstände inkl. 046	8.419	33,10	11,80	2,3
047	Dämmarbeiten an betriebstechnischen Anlagen	1.113	4,40	1,60	0,3
049	Feuerlöschanlagen, Feuerlöschgeräte	–	–	–	–
050	Blitzschutz- und Erdungsanlagen	377	1,50	0,53	0,1
053	Niederspannungsanlagen inkl. 052, 054	15.707	61,70	22,00	4,3
055	Sicherheits- u. Ersatzstromversorgungsanl.	–	–	–	–
057	Gebäudesystemtechnik	–	–	–	–
058	Leuchten und Lampen inkl. 059	2.815	11,10	4,00	0,8
060	Sprechanlagen, elektroakust. Anlagen inkl. 064	–	–	–	–
061	Kommunikationsnetze inkl. 063	926	3,60	1,30	0,3
069	Aufzüge	–	–	–	–
070	Gebäudeautomation	–	–	–	–
075	Raumlufttechnische Anlagen inkl. 078	617	2,40	0,87	0,2
	Gebäudetechnik	**75.508**	**296,40**	**106,00**	**20,8**
	Wiederherstellen	343	1,30	0,48	< 0,1
	Herstellen	75.165	295,10	105,50	20,7
084	Abbruch, Rückbau, Schadstoffsanierung	27.530	108,10	38,60	7,6
	Abbrechen	27.530	108,10	38,60	7,6
	Abbrucharbeiten	**27.530**	**108,10**	**38,60**	**7,6**
	Abbrechen	27.530	108,10	38,60	7,6
	Sonstige Leistungsbereiche	**1.896**	**7,40**	**2,70**	**0,5**

6100-1378
Einfamilienhaus
Garage

Modernisierung

Objektübersicht

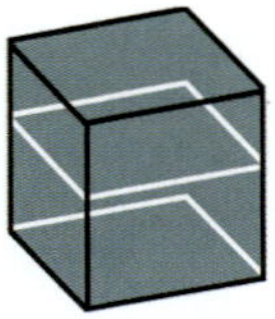

BRI 493 €/m^3

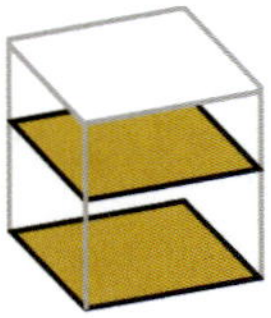

BGF 1.199 €/m^2

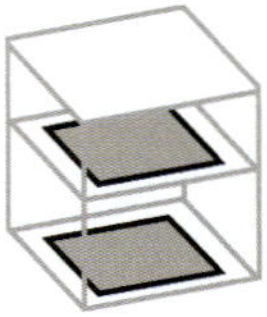

NUF 1.853 €/m^2

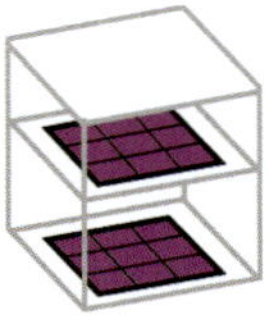

NE 2.973 €/NE

NE: Wohnfläche

Objekt:
Kennwerte: 3. Ebene DIN 276
BRI: 1.146 m^3
BGF: 471 m^2
NUF: 305 m^2
Bauzeit: 22 Wochen
Bauende: 2016
Standard: Durchschnitt
Bundesland: Hamburg
Kreis: Hamburg, Stadt

Architekt*in:
güldenzopf rohrberg
architektur + design
Neuer Wall 10
20354 Hamburg

nachher

vorher

Zeichnungen

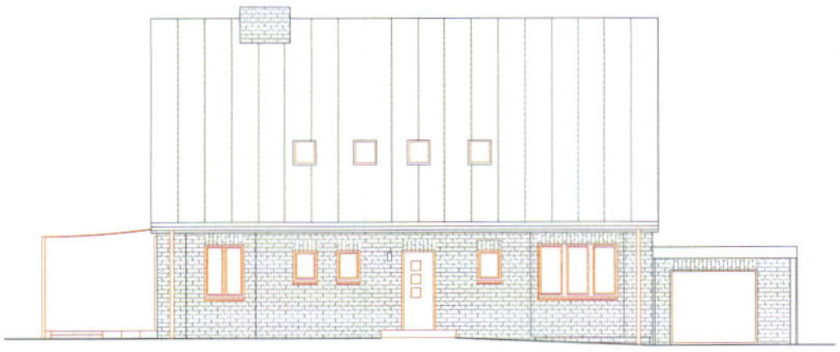
Ansicht Süd-Ost

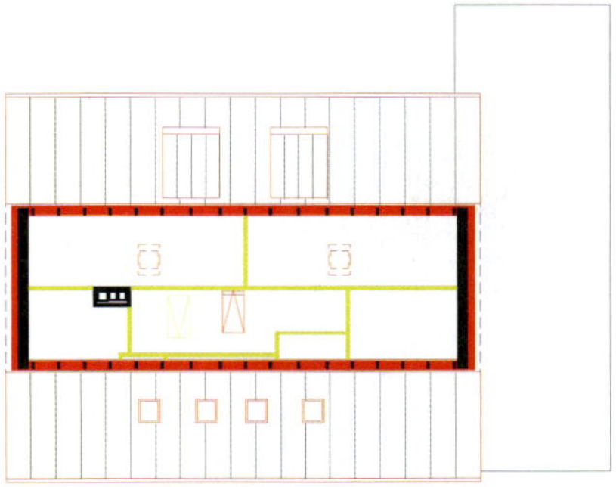
Dachgeschoss

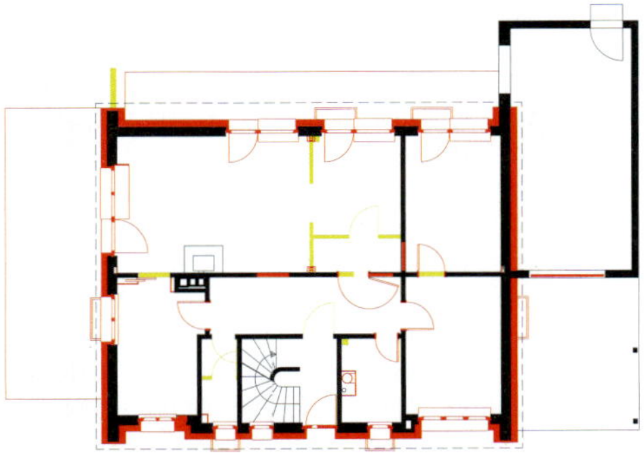
Erdgeschoss

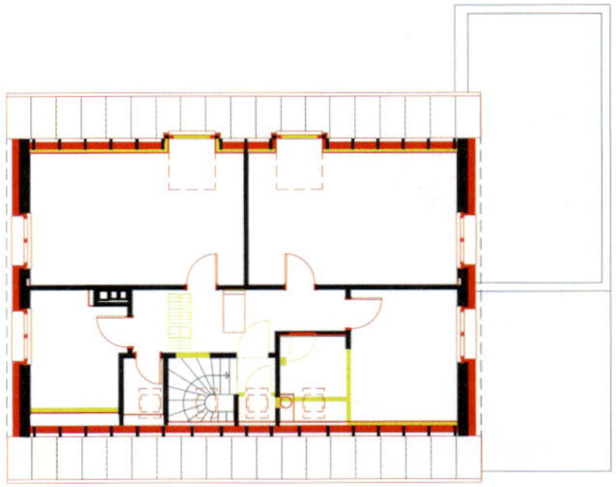
Obergeschoss

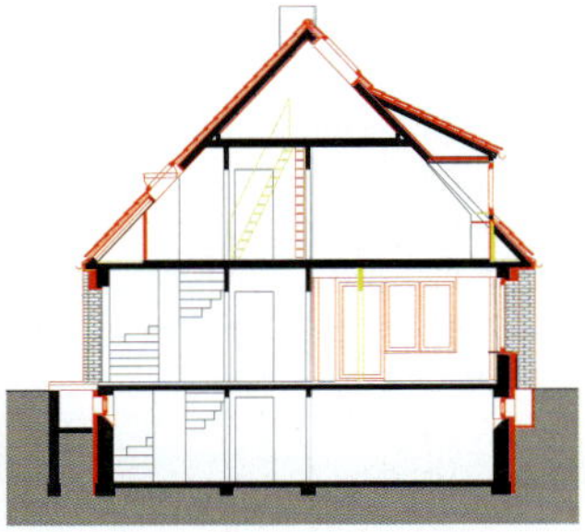
Querschnitt

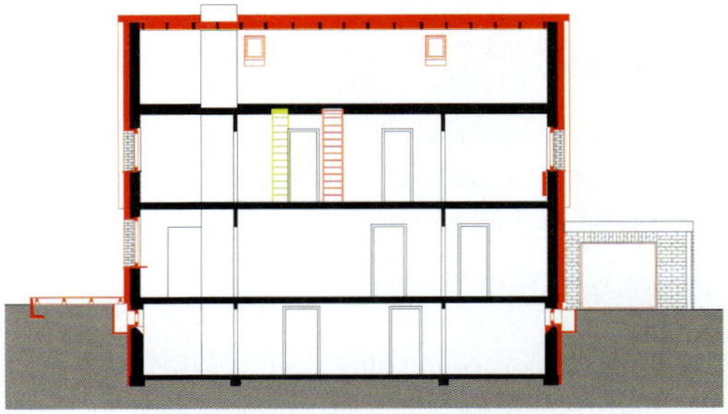
Längsschnitt

Ansicht Süd-West

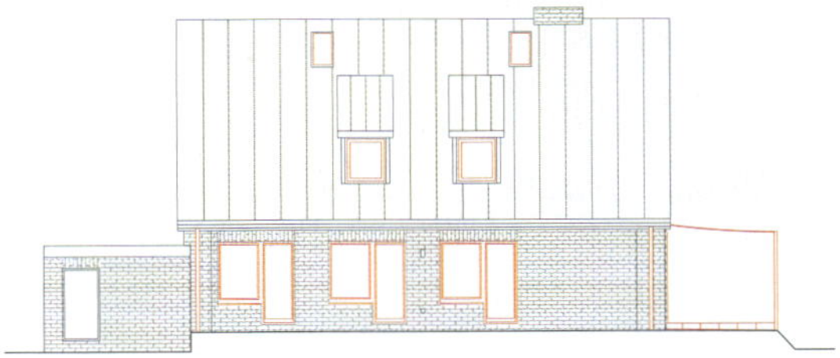
Ansicht Nord-West

6100-1378
Einfamilienhaus
Garage

Modernisierung

Objektbeschreibung

Allgemeine Objektinformationen

Das zweigeschossige Wohngebäude wurde 1964 als Zweifamilienhaus in massiver Bauweise mit Satteldach errichtet. Es ist voll unterkellert und hat ein ausgebautes Dachgeschoss. Nach langem Instandhaltungsstau wurde das Gebäude zu einem Einfamilienhaus umgebaut und komplett modernisiert. In Richtung Südwesten wurde eine neue Terrasse angelegt.

Nutzung

1 Untergeschoss
Abstellräume, Hobbyraum, Hauswirtschaftsraum, Heizungsraum, Hausanschlussraum

1 Erdgeschoss
Küche, Wohnzimmer, Schlafzimmer, Ankleide, Garderobe, Garage

1 Obergeschoss
Kinderzimmer (3St), Bad, WC

1 Dachgeschoss
Abstellflächen

Nutzeinheiten

Wohneinheiten: 1
Wohnfläche: 190 m²

Grundstück

Bauraum: Freier Bauraum
Neigung: Geneigtes Gelände
Bodenklasse: BK 1 bis BK 3

Markt

Hauptvergabezeit: 3. Quartal 2016
Baubeginn: 2. Quartal 2016
Bauende: 4. Quartal 2016
Konjunkturelle Gesamtlage: Durchschnitt
Regionaler Baumarkt: über Durchschnitt

Baubestand

Baujahr: 1964
Bauzustand: mittel
Aufwand: mittel
Grundrissänderungen: wenige
Tragwerkseingriffe: wenige
Nutzungsänderung: nein
Nutzung während der Bauzeit: nein

Baukonstruktion

Im Rahmen der energetischen Modernisierung wurden sämtliche Bauteile der Gebäudehülle überarbeitet. Es wurden Wärmedämmmaßnahmen am Dach und an der Fassade ausgeführt. Das Dach ist neu eingedeckt und die Zwischensparrendämmung wurde innenseitig mit einer neuen Gipskartonbekleidung versehen. Zusätzlich kamen neue Kunststofffenster mit Zweifachwärmeschutzverglasung inklusive neuer Fensterbänke innen und außen zum Einbau. Auch die Hauseingangstür wurde erneuert. Um das Haus in seinem äußeren Charakter zu bewahren, wurde über der alten Ziegelfassade ein Wärmedämmverbundsystem mit ca. 2cm starken Klinkerriemchen angebracht. Im Zuge des Innenumbaus wurde der Grundriss modifiziert und Innentüren erneuert. Die Böden sind mit Parkett, textilem Bodenbelag und Fliesen belegt, die Wandflächen wurden gespachtelt und mit einer Dispersionsbeschichtung versehen.

Technische Anlagen

Das ursprünglich mit Öl beheizte Gebäude bekam einen neuen Gasanschluss und wird nun über eine Gas-Brennwerttherme mit Wärme versorgt. Das Heizverteilnetz wurde neu organisiert. Sämtliche Bad- und Sanitärinstallationen wurden ausgetauscht. Außerdem wurden die vorhandenen Elektroinstallationen erweitert.

Sonstiges

Vor dem Baubeginn wurde ein Schadstoffgutachten erstellt. Der Bodenbelag des Erd- und Obergeschosses war asbesthaltig, so dass dieser unter Beachtung der Technischen Regeln für Gefahrenstoffe abgebrochen werden musste. Weiterhin waren die Luftschichtanker teilweise abgängig. Daher musste die Verblendschale nachträglich verankert werden.

Planungskennwerte für Flächen und Rauminhalte nach DIN 277

Flächen des Grundstücks		Menge Einheit	% an GF
EF	Bebaute Fläche	221,35 m²	21,4
UF	Unbebaute Fläche	811,73 m²	78,6
GF	Grundstücksfläche	1.033,08 m²	100,0

Grundflächen des Bauwerks		Menge Einheit	% an NUF	% an BGF
NUF	Nutzungsfläche	304,70 m²	100,0	64,7
TF	Technikfläche	13,00 m²	4,3	2,8
VF	Verkehrsfläche	50,70 m²	16,6	10,8
NRF	Netto-Raumfläche	368,40 m²	120,9	78,3
KGF	Konstruktions-Grundfläche	102,39 m²	33,6	21,7
BGF	Brutto-Grundfläche	470,79 m²	154,5	100,0

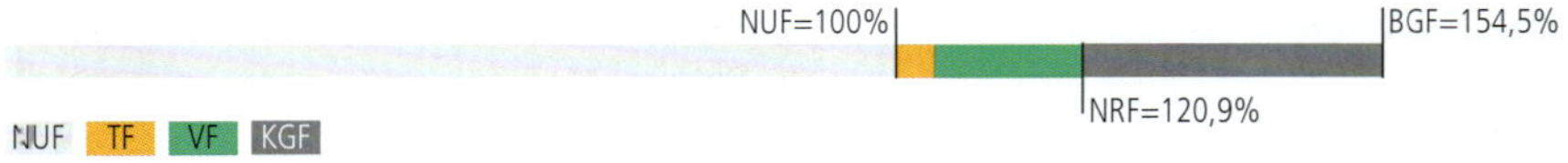

Brutto-Rauminhalt des Bauwerks		Menge Einheit	BRI/NUF (m)	BRI/BGF (m)
BRI	Brutto-Rauminhalt	1.145,60 m³	3,76	2,43

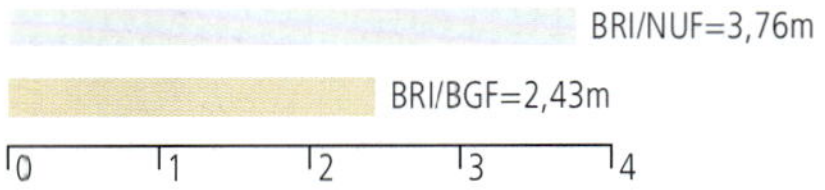

Lufttechnisch behandelte Flächen	Menge Einheit	% an NUF	% an BGF
Entlüftete Fläche	–	–	–
Be- und entlüftete Fläche	–	–	–
Teilklimatisierte Fläche	–	–	–
Klimatisierte Fläche	–	–	–

KG	Kostengruppen (2. Ebene)	Menge Einheit	Menge/NUF	Menge/BGF
310	Baugrube / Erdbau	122,06 m³ BGI	0,40	0,26
320	Gründung, Unterbau	123,76 m² GRF	0,41	0,26
330	Außenwände/Vertikale Baukonstruktionen, außen	328,18 m² AWF	1,08	0,70
340	Innenwände/Vertikale Baukonstruktionen, innen	262,84 m² IWF	0,86	0,56
350	Decken/Horizontale Baukonstruktionen	253,29 m² DEF	0,83	0,54
360	Dächer	259,31 m² DAF	0,85	0,55

6100-1378
Einfamilienhaus
Garage

Modernisierung

Kostenkennwerte für die Kostengruppen der 1. Ebene DIN 276

KG	Kostengruppen (1. Ebene)	Einheit	Kosten €	€/Einheit	€/m² BGF	€/m³ BRI	% 300+400
100	Grundstück	m² GF	–	–	–	–	–
200	Vorbereitende Maßnahmen	m² GF	417	0,40	0,89	0,36	< 0,1
300	Bauwerk – Baukonstruktionen	m² BGF	469.944	998,20	998,20	410,22	83,2
400	Bauwerk – Technische Anlagen	m² BGF	94.694	201,14	201,14	82,66	16,8
	Bauwerk 300+400	**m² BGF**	**564.638**	**1.199,34**	**1.199,34**	**492,88**	**100,0**
500	Außenanlagen und Freiflächen	m² AF	56.226	339,55	119,43	49,08	10,0
600	Ausstattung und Kunstwerke	m² BGF	29.369	62,38	62,38	25,64	5,2
700	Baunebenkosten	m² BGF	–	–	–	–	–
800	Finanzierung	m² BGF	–	–	–	–	–

KG	Kostengruppe	Menge Einheit	Kosten €	€/Einheit	%
200	**Vorbereitende Maßnahmen**	1.033,08 m² GF	417	**0,40**	< 0,1

• Herstellen (Kosten: 100,0%) — 417
Gefahrenerkundung, Luftbild, Auswertung

KG	Kostengruppe	Menge Einheit	Kosten €	€/Einheit	%
3+4	**Bauwerk**				**100,0**
300	**Bauwerk – Baukonstruktionen**	470,79 m² BGF	469.944	**998,20**	83,2

• Abbrechen (Kosten: 9,4%) — 44.372
Abbruch von Mauerwerk, Verblendschale, Fenstern, Haustür, Rollläden, Fensterbänken, Garagentor, Tapeten, Wandfliesen, Beschichtung, Lichtschächten, Glasbausteinen; Drempel, Abstellkammer, Innentüren; Vinyl-Asbest-Platten, textilem Bodenbelag, Laminat, Bodenfliesen; Dachflächenfenstern, Dachsteindeckung, Gaubenbekleidungen, Dachrinnen, Fallrohren, Randstreifen Garagendach, Schilfrohrdecke; Küchenmöbeln; Entsorgung, Deponiegebühren

• Wiederherstellen (Kosten: 4,0%) — 18.762
Vormauerschale sichern, Wandoberflächen instandsetzen; Stahltüren beschichten; Steintreppe überarbeiten, Deckenputz erneuern, Treppengeländer lackieren

• Herstellen (Kosten: 86,6%) — 406.811
Bodenbeschichtung; Öffnung schließen, verkleinern, Mauerwerk, Kunststofffenster, Haustür, Sektionaltor, Perimeterdämmung, WDVS mit Klinkerriemchen, Titanzinkbekleidung, Putz, Beschichtung; Stahlrahmen-Abfangung für Wandöffnung, Mauerwerk, Holztüren, OSB-Bekleidung, Innenputz, Beschichtung, Wandfliesen; Dachbodenzugang, Estrich, Parkett, textiler Bodenbelag, Bodenfliesen, GK-Beplankung, Holzbekleidung außen; Dämmung, Verblendung Stahlträger, DFF, Betondachsteine, Dachentwässerung, Flachdachabdichtung, OSB-Bekleidung, GK-Beplankung, Holzbekleidung; Wäscheabwurfschacht, Einbaumöbel

KG	Kostengruppe	Menge Einheit	Kosten €	€/Einheit	%
400	**Bauwerk – Technische Anlagen**	470,79 m2 BGF	94.694	**201,14**	16,8
	• Abbrechen (Kosten: 6,9%) Abbruch von sichtbaren Abwasserrohren, Regenfallrohr in Garage, Sanitärobjekten, sichtbaren Wasserrohren; Heizkessel, Öltank, Heizkörpern, auf Putz verlegten Heizungsleitungen, Ofen; Entsorgung, Deponiegebühren		6.536		
	• Wiederherstellen (Kosten: 3,4%) Schornsteinkopf instandsetzen, Fehlstellen im Schornsteinzug ausmauern; Rohre freimachen, Kamerabefahrung		3.265		
	• Herstellen (Kosten: 89,6%) Gebäudeentwässerung, Kalt- und Warmwasserleitungen, Sanitärobjekte; Gas-Brennwert-Wärmezentrum, Abgassystem, Heizungsrohre, Heizkörper; Einzelraumlüfter; Elektroinstallation, Beleuchtung, Erdung; Klingel, Antennenanlage, Rauchwarnmelder, EDV-Verkabelung		84.893		
500	**Außenanlagen und Freiflächen**	165,59 m2 AF	56.226	**339,55**	10,0
	• Abbrechen (Kosten: 2,6%) Abbruch von Betonwerksteinplatten, Holzpergola, Mülleinhausung; Entsorgung, Deponiegebühren		1.465		
	• Wiederherstellen (Kosten: 3,1%) Granitpflaster, Betonwerksteinplatten, aufnehmen, säubern, lagern, teilweise wieder verlegen		1.718		
	• Herstellen (Kosten: 94,3%) Schottertragschichten, Kopfsteine als Wegeabschluss, Terrassen WPC-Dielen, Einfassungen, Granitpflaster, Edelstahl-Gitterroste; zweiflüglige Stahl-Toranlage, Eingangspforte, Torpfosten aus Klinkermauerwerk mit Beton-Mauerabdeckung, Sonnensegel, Blockstufe; Gasanschluss, Gasrohre, Erdkabel, Mantelleitungen, Fernmeldekabel; Briefkasten; Oberbodenarbeiten, Sträucher zurückschneiden		53.043		
600	**Ausstattung und Kunstwerke**	470,79 m2 BGF	29.369	**62,38**	5,2
	• Herstellen (Kosten: 100,0%) Einbauküche mit Geräten, Duschabtrennung, Badewannenaufsatz Duschwand		29.369		

Modernisierung

Kostenkennwerte für die Kostengruppen der 2. Ebene DIN 276

KG	Kostengruppe	Menge Einheit	Kosten €	€/Einheit	%
200	**Vorbereitende Maßnahmen**				**100,**
210	**Herrichten**	1.033,08 m²GF	417	**0,40**	100,
	• Herstellen (Kosten: 100,0%) Gefahrenerkundung, Luftbild, Auswertung	1.033,08 m²GF	417	**0,40**	
300	**Bauwerk – Baukonstruktionen**				**100,**
310	**Baugrube / Erdbau**	122,06 m³BGI	13.900	**113,88**	3,
	• Herstellen (Kosten: 100,0%) Arbeitsraum für Abdichtung ausheben, Verfüllmaterial, t bis 2,40m (122m³), Arbeitsraum verfüllen, Lagermaterial (133m²), Liefermaterial (9m³), Boden laden, entsorgen (4m³), Rohrgrabenaushub (1m³) * Verbau für Bodenaushub (8h)	122,06 m³BGI	13.900	**113,88**	
320	**Gründung, Unterbau**	123,76 m²GRF	12.269	**99,14**	2,
	• Herstellen (Kosten: 100,0%) PUR-Bodenbeschichtung (82m²), textiler Bodenbelag (25m²), Ausgleichsspachtelung (10m²), Bodenfliesen (17m²) * Bitumendickbeschichtung, PS-Perimeterdämmung WLG 035, d=120mm, Dränmatte, vertikal an Fundamenten (14m²) * Widerlager für Rohrleitung (1h)	123,76 m²GRF	12.269	**99,14**	
330	**Außenwände/Vert. Baukonstrukt., außen**	328,18 m²AWF	186.143	**567,20**	39,
	• Abbrechen (Kosten: 5,9%) Abbruch von KS-Mauerwerk, Verblendschale, für Fenster (psch), KS-Mauerwerk (3m²) * Mauerwerk (11h) * Fenstern, Haustür, Rollläden, Fensterbänken (psch), vorstehenden Bauteilen (psch), Garagentor (psch) * Tapeten (134m²), Wandfliesen (19m²), Leimfarbe (100m²) * sieben Lichtschächten (psch), Podest (psch), Windschutz, Glasbausteinen, Ziegelmauerwerk (psch); Entsorgung, Deponiegebühren	307,22 m²AWF	11.003	**35,82**	
	• Wiederherstellen (Kosten: 5,7%) Vormauerschale mit Sanierdübeln sichern (84m²), nicht tragfähigen Putz abschlagen, entsorgen, Putz als Flächenausgleich aufbringen, an tragfähigen Putz anarbeiten (30m²)	114,17 m²AWF	10.632	**93,13**	
	• Herstellen (Kosten: 88,4%) Öffnung schließen (1m²), verkleinern (psch) * Porenbetonmauerwerk (6m²), Fenster demontieren, Brüstungen abbrechen, aufmauern (psch), aufmörteln (13m) * Kunststofffenster 1,3W/m²K (20m²), Fenstertür, Fenster (23m²), mit Wechselzarge (3m²), Eingangstür (2m²), Sektionaltor (5m²), Fliegengittertüren (7m²) * Perimeterdämmung, d=120mm (99m²), PS-Dämmung, d=160mm (15m²), Mineralwolldämmung, d=160mm (156m²), Klinkerriemchen (180m²), Beschichtung (12m²), Titanzinkbekleidung (5m²) * Putz (23m²), Laibungen, EPS-Dämmung, Putz (46m), OSB, GK-Beplankung (6m²), Wandfliesen (3m²), Beschichtung (246m²) * Sichtbeton-Podest, Natursteinplatten (2m²), Lichtschächte (7St)	328,18 m²AWF	164.507	**501,27**	

KG	Kostengruppe	Menge Einheit	Kosten €	€/Einheit	%
340	**Innenwände/Vert. Baukonstrukt., innen**	262,84 m² IWF	61.340	**233,37**	13,1
	• Abbrechen (Kosten: 15,0%) Abbruch von Mauerwerk, für Fensteröffnung (1m²) * Drempel (21m²), Mauerwerk (17h), Abstellkammer (psch) * Innentüren (28m²) * Tapeten (250m²), Wandfliesen (35m²), Leimfarbe (186m²), Schlackewand (2h); Entsorgung, Deponiegebühren	264,00 m² IWF	9.199	**34,84**	
	• Wiederherstellen (Kosten: 3,0%) Stahltüren, Beschichtung entfernen, schleifen, grundieren, beschichten (12m²)	11,97 m² IWF	1.850	**154,59**	
	• Herstellen (Kosten: 82,0%) Wandöffnung herstellen, Stahlrahmen-Abfangung einbauen (12m²) * KS-Mauerwerk, Öffnungen schließen, verputzen (8m²), Türlaibungen herstellen, verputzen (4St), KS-Mauerwerk, d=17,5cm (1m²) * Holztüren (18m²), Teleskop-Schiebetürelement (2m²) * GK-Wandtasche (4m²), OSB-Bekleidung (5m²), Putz (33m²), Feinspachtelung (289m²), Beschichtung (417m²), Wandfliesen (35m²), WDVS, Mineralwolldämmung, d=160mm, Klinkerriemchen (11m²)	250,87 m² IWF	50.290	**200,46**	
350	**Decken/Horizontale Baukonstruktionen**	253,29 m² DEF	76.961	**303,85**	16,4
	• Abbrechen (Kosten: 16,1%) Abbruch von Metallteilen aus Betondecke (2h) * asbesthaltigem Klebstoff (94m²), textilem Bodenbelag (69m²), mit Asbestplatten verklebt (34m²), Laminat (56m²), Bodenfliesen (5m²), Estrich (7h), Spachtelboden abfräsen (12m²); Entsorgung, Deponiegebühren	176,08 m² DEF	12.426	**70,57**	
	• Wiederherstellen (Kosten: 8,2%) Treppe reinigen, Fehlstellen mit Steinersatzmasse schließen (7m²) * Hohlliegenden Putz entfernen, Betondecke grundieren, verputzen (61m²) * Treppengeländer abschleifen, grundieren, lackieren (6m)	68,06 m² DEF	6.279	**92,26**	
	• Herstellen (Kosten: 75,7%) Kernbohrungen (2St), Deckendurchbrüche (11St) * Öffnung herstellen, Holzverschalung, Dämmung Balkenlage, Strohputzdecke entfernen, KVH-Riegel einbauen (1St), Klappe Dachbodenzugang (1m²) * TSD, Zementestrich (43m²), Parkett (150m²), textiler Bodenbelag (49m²), Bodenfliesen (23m²), Spitzboden (12m²) * GK-Beplankung (46m²), HPL-Bekleidung (6h), Beschichtung (238m²), Dämmung, Holzbekleidung, außen (27m) * Holzleiter mit Trittbrettern (1St)	245,43 m² DEF	58.256	**237,36**	
360	**Dächer**	259,31 m² DAF	78.381	**302,27**	16,7
	• Abbrechen (Kosten: 11,4%) Abbruch von Dachflächenfenstern (4m²) * Dachsteindeckung, Lattung, Unterspannbahn, Gaubenbekleidungen, Dachrinnen, Fallrohren (195m²), Randstreifen Garagendach (10m) * verputzter Schilfrohrdecke, Holzlattung (51m²); Entsorgung, Deponiegebühren	201,69 m² DAF	8.897	**44,11**	
	• Herstellen (Kosten: 88,6%) Zwischensparrendämmung, d=140mm (84m²), Verblendung Stahlträger, Mineralwolldämmung, d=180mm, Fasebretter (10m) * Dachflächenfenster (3m²), Dachausstiegsfenster (1m²) * Unterdeckplatte (217m²), Unterdeckbahn (100m²), Betondachsteine (207m²), Dachrinnen (31m), Fallrohre (6m), Wasserfangkästen (3St), Garage, Carport: Balken, Gefälledämmung, Dachbahnen (49m²), Verblendung Randbalken (24m) * OSB-Platten (162m²), GK-Beplankung (58m²), Beschichtung (62m²), OSB-Platten, Beschichtung (71m²), Holzbekleidung (5m²) * Sicherheitstritte (5St)	259,31 m² DAF	69.484	**267,96**	

KG	Kostengruppe	Menge Einheit	Kosten €	€/Einheit	%
380	**Baukonstruktive Einbauten**	470,79 m²BGF	11.511	**24,45**	2,4
	• Herstellen (Kosten: 100,0%) Wäscheabwurfschacht, Kunststoff-Schachtrohre DN300, zwei Einwurftüren, Wäscheauffangsack 132l (1St), Badeinbaumöbel, Eiche-Vollholzplatten: Spiegelschrank (1St), Sitzbank, wandhängend (1St), Waschtischunterbauten, wandhängend (3St), Waschtischplatte 1St), Podest Waschmaschine (1St), Arbeitsplatte, zwei Füße (1St)	470,79 m²BGF	11.511	**24,45**	
390	**Sonst. Maßnahmen für Baukonstrukt.**	470,79 m²BGF	29.439	**62,53**	6,3
	• Abbrechen (Kosten: 9,7%) Abbruch von Küchenmöbeln, Mobiliar, Bekleidungen, Boden, entsorgen (psch)	470,79 m²BGF	2.846	**6,05**	
	• Herstellen (Kosten: 90,3%) Baustelleneinrichtung, Hauptgewerk (1St), Nebengewerke (5St), Baustellen-WCs (2St), Baustrom, Bauwasser (psch) * Fassadengerüst (145m²), Dachfanggerüste (42m), Sondergerüstanker (90m²) * Garagendach abfangen (4h) * Entsorgung von Dämmstoffen (psch), Müll (psch) * Witterungsschutz (100m²), Schutzabdeckungen (psch), Bauendreinigung (psch)	470,79 m²BGF	26.593	**56,49**	
400	**Bauwerk – Technische Anlagen**				**100,0**
410	**Abwasser-, Wasser-, Gasanlagen**	470,79 m²BGF	33.003	**70,10**	34,9
	• Abbrechen (Kosten: 6,1%) Abbruch von Abwasserrohren (psch), Regenfallrohre, Öffnungen schließen (psch) * Sanitärobjekten (psch), Wasserrohren (psch); Entsorgung, Deponiegebühren	470,79 m²BGF	2.014	**4,28**	
	• Herstellen (Kosten: 93,9%) Abwasserinstallation, Kunststoffrohre (psch), PP-Rohre (3m), Fallleitungen, Kunststoffrohre (28m), Bodenabläufe (2St), Waschmaschinenanschluss (1St), Wasserablauf verlegen: Kernbohrung, zwei HT-Rohre (1St) * Kupferrohre DN15-28 (108m), Trinkwasserinstallation, Kunststoffverbundrohre (psch), Pumpe (1St), Waschtische (3St), Handwaschbecken (1St), WCs (2St), Badewanne (1St), Duschsystem (1St), Ausgussbecken (1St), Außenarmatur (1St) * Montageelemente (2St)	470,79 m²BGF	30.989	**65,82**	
420	**Wärmeversorgungsanlagen**	470,79 m²BGF	33.923	**72,06**	35,8
	• Abbrechen (Kosten: 13,3%) Abbruch von Heizkessel, Öltank (psch) * Heizkörpern, Heizungsleitungen (psch), Ofen (psch); Entsorgung, Deponiegebühren	470,79 m²BGF	4.522	**9,60**	
	• Wiederherstellen (Kosten: 6,2%) Schornsteinkopf: Fugen ausschneiden, reinigen, neu verfugen, Betonabdeckung abstemmen, Schornsteinkopf einschalen, Abdeckung betonieren, Betonestrich, geglättet (psch), Fehlstellen im Schornsteinzug ausmauern, beiputzen (2h)	470,79 m²BGF	2.110	**4,48**	
	• Herstellen (Kosten: 80,5%) Gas-Brennwert-Wärmezentrum 2,4-20/24kW, mit Trinkwasserspeicher 100l, Pumpe, Ausdehnungsgefäß, Regelung, Schornsteinsystem (psch), Gaszählerstand (psch), Gasleitungen DN15-22 (9m) * Kupferrohre DN15-28 (201m), Heizungsleitungen beschichten (8m), hydraulischer Abgleich (psch) * Heizkörper (20St)	470,79 m²BGF	27.291	**57,97**	
430	**Raumlufttechnische Anlagen**	470,79 m²BGF	702	**1,49**	0,7
	• Herstellen (Kosten: 100,0%) Einzelraumlüfter mit Feuchteautomatik (2St), Wetterschutzgitter (1St)	470,79 m²BGF	702	**1,49**	

KG	Kostengruppe	Menge Einheit	Kosten €	€/Einheit	%
440	**Elektrische Anlagen**	470,79 m²BGF	22.768	**48,36**	24,0
	• Herstellen (Kosten: 100,0%) Zählerschrank (1St), Rangierkanal (1St), E-DATmodule (18St), Mantelleitungen (154m), PVC-Installationskanäle (46m), PVC-Installationsrohre (13m), Leitungskanal (60m), Schalter, Taster (40St), Dimmer (1St), Steckdosen (121St), Bewegungsmelder (4St) * Wannenleuchten (10St), Außenleuchten (6St) * Hauptpotenzialausgleich (1St)	470,79 m²BGF	22.768	**48,36**	
450	**Kommunikationstechnische Anlagen**	470,79 m²BGF	2.972	**6,31**	3,1
	• Herstellen (Kosten: 100,0%) Klingel (1St), Klingelleitungen (45m) * Antennenanschlussdosen, Zuleitungen (6St) * Rauchwarnmelder (8St) * Datenanschlussdosen 2xRJ45, Datenkabel (7St)	470,79 m²BGF	2.972	**6,31**	
490	**Sonst. Maßnahmen für techn. Anlagen**	470,79 m²BGF	1.325	**2,82**	1,4
	• Wiederherstellen (Kosten: 87,1%) Kamerabefahrung, Hochdruck-Spülgerät, TV-Fahrzeug, Dokumentation (psch)	470,79 m²BGF	1.155	**2,45**	
	• Herstellen (Kosten: 12,9%) Verstopfung des Garagenablaufes, Notablauf herstellen (psch)	470,79 m²BGF	170	**0,36**	
500	**Außenanlagen und Freiflächen**				**100,0**
530	**Oberbau, Deckschichten**	104,27 m²BFF	23.729	**227,57**	42,2
	• Abbrechen (Kosten: 1,2%) Abbruch von Betonwerksteinplatten (12m²); Entsorgung, Deponiegebühren	12,00 m²BFF	274	**22,83**	
	• Wiederherstellen (Kosten: 7,2%) Granitpflaster, aufnehmen, säubern, lagern, wieder verlegen (23m²) * Betonwerksteinplatten aufnehmen, säubern, lagern (38m²), wieder verlegen (6m²)	28,77 m²BFF	1.718	**59,71**	
	• Herstellen (Kosten: 91,6%) Schottertragschicht, Sandbett (23m²), Kopfsteine als Wegabschluss (48m) * Trag/Bettungsschicht, Schotter, Sandbett (27m²), Wurzelschutzvlies, Terrassenbelag WPC-Dielen (43m²), Terrasseneinfassung, L-Winkelstützen 60x40cm (13m), Bordbrett (13m), Schottertragschicht, Sandbett, Granitpflaster (32m²), Edelstahl-Gitterroste (5m)	98,27 m²BFF	21.737	**221,19**	
540	**Baukonstruktionen**	165,59 m²AF	28.254	**170,63**	50,3
	• Abbrechen (Kosten: 4,2%) Abbruch von Holzpergola (psch), Mülleinhausung (psch); Entsorgung, Deponiegebühren	165,59 m²AF	1.191	**7,19**	
	• Herstellen (Kosten: 95,8%) Zweiflüglige Stahl-Toranlage 3,20x0,95m (3m²), Stahl-Eingangspforte 1,00x0,95m (1m²), Torpfosten, Klinkermauerwerk mit Beton-Mauerabdeckung (3St) * Sonnensegel, 2,80x6,00m, zwei Pfosten (17m²) * Sichtbeton-Blockstufe (1St)	165,59 m²AF	27.063	**163,43**	
550	**Technische Anlagen**	165,59 m²AF	2.442	**14,74**	4,3
	• Herstellen (Kosten: 100,0%) Gasanschluss (1St), Gasrohre (19m) * Erdkabel (30m), Mantelleitungen (30m), Fernmeldekabel (30m)	165,59 m²AF	2.442	**14,74**	
560	**Einbauten Außenanlagen u. Freiflächen**	165,59 m²AF	415	**2,51**	0,7
	• Herstellen (Kosten: 100,0%) Briefkasten (1St)	165,59 m²AF	415	**2,51**	

KG	Kostengruppe	Menge Einheit	Kosten €	€/Einheit	%
570	**Vegetationsflächen**	61,32 m²PSF	1.387	**22,62**	2,[illegible]
	• Herstellen (Kosten: 100,0%) Oberboden, d=20-30cm, abtragen, lagern, wieder einbauen (48m²), Oberboden ausheben (13m²) * Sträucher zurückschneiden (psch), Schnittgut entsorgen (4m³)	61,32 m²PSF	1.387	**22,62**	
600	**Ausstattung und Kunstwerke**				**100,[illegible]**
610	**Allgemeine Ausstattung**	470,79 m²BGF	29.369	**62,38**	100,[illegible]
	• Herstellen (Kosten: 100,0%) Einbauküche mit Küchengeräten (1St), Duschabtrennung, Drehtür, Falttür, ESG (1St), Badewannenaufsatz 1,50x1,60m, feststehender Teil, angehängter Falttür, ESG (1St)	470,79 m²BGF	29.369	**62,38**	

Modernisierung

Kostenkennwerte für die Kostengruppen 300 der 2. und 3. Ebene DIN 276 (Übersicht)

KG	Kostengruppe	Menge Einheit	€/Einheit	Kosten €	% an 3+4
300	**Bauwerk – Baukonstruktionen**	**470,79 m² BGF**	**998,20**	**469.944,38**	**83,2**
310	**Baugrube / Erdbau**	**122,06 m³ BGI**	**113,88**	**13.899,77**	**2,5**
311	Herstellung	122,06 m³ BGI	108,50	13.243,50	2,3
312	Umschließung	–	–	656,25	0,1
313	Wasserhaltung	–	–	–	–
314	Vortrieb	–	–	–	–
319	Sonstiges zur KG 310	–	–	–	–
320	**Gründung, Unterbau**	**123,76 m² GRF**	**99,14**	**12.269,17**	**2,2**
321	Baugrundverbesserung	–	–	–	–
322	Flachgründungen und Bodenplatten	–	–	–	–
323	Tiefgründungen	–	–	–	–
324	Gründungsbeläge	123,76 m²	80,51	9.963,30	1,8
325	Abdichtungen und Bekleidungen	14,45 m²	155,32	2.244,33	0,4
326	Dränagen	123,76 m² GRF	0,50	61,54	< 0,1
329	Sonstiges zur KG 320	–	–	–	–
330	**Außenwände/Vert. Baukonstrukt., außen**	**328,18 m² AWF**	**567,20**	**186.142,88**	**33,0**
331	Tragende Außenwände	–	–	2.932,13	0,5
332	Nichttragende Außenwände	–	–	3.967,66	0,7
333	Außenstützen	–	–	–	–
334	Außenwandöffnungen	53,94 m²	940,69	50.740,74	9,0
335	Außenwandbekleidungen, außen	274,24 m²	372,40	102.127,32	18,1
336	Außenwandbekleidungen, innen	248,54 m²	49,58	12.323,02	2,2
337	Element. Außenwandkonstruktionen	–	–	–	–
338	Lichtschutz zur KG 330	–	–	–	–
339	Sonstiges zur KG 330	328,18 m² AWF	42,82	14.052,03	2,5
340	**Innenwände/Vert. Baukonstrukt., innen**	**262,84 m² IWF**	**233,37**	**61.339,81**	**10,9**
341	Tragende Innenwände	11,75 m²	545,13	6.405,33	1,1
342	Nichttragende Innenwände	–	–	7.343,06	1,3
343	Innenstützen	–	–	–	–
344	Innenwandöffnungen	31,54 m²	371,52	11.717,80	2,1
345	Innenwandbekleidungen	462,61 m²	77,55	35.873,63	6,4
346	Elementierte Innenwandkonstruktionen	–	–	–	–
347	Lichtschutz zur KG 340	–	–	–	–
349	Sonstiges zur KG 340	–	–	–	–
350	**Decken/Horizontale Baukonstruktionen**	**253,29 m² DEF**	**303,85**	**76.961,36**	**13,6**
351	Deckenkonstruktionen	–	–	3.041,44	0,5
352	Deckenöffnungen	0,70 m²	1.080,12	756,09	0,1
353	Deckenbeläge	233,10 m²	234,18	54.587,57	9,7
354	Deckenbekleidungen	244,73 m²	69,74	17.068,62	3,0
355	Elementierte Deckenkonstruktionen	–	–	–	–
359	Sonstiges zur KG 350	253,29 m² DEF	5,95	1.507,65	0,3
360	**Dächer**	**259,31 m² DAF**	**302,27**	**78.381,20**	**13,9**
361	Dachkonstruktionen	85,88 m²	58,15	4.994,20	0,9
362	Dachöffnungen	3,45 m²	2.135,36	7.366,99	1,3
363	Dachbeläge	255,86 m²	180,83	46.266,86	8,2
364	Dachbekleidungen	167,31 m²	113,82	19.043,25	3,4
365	Elementierte Dachkonstruktionen	–	–	–	–
366	Lichtschutz zur KG 360	–	–	–	–
369	Sonstiges zur KG 360	259,31 m² DAF	2,74	709,91	0,1
370	**Infrastrukturanlagen**	**–**	**–**	**–**	**–**
380	**Baukonstruktive Einbauten**	**470,79 m² BGF**	**24,45**	**11.511,26**	**2,0**
390	**Sonst. Maßnahmen für Baukonstrukt.**	**470,79 m² BGF**	**62,53**	**29.438,92**	**5,2**

Kostenstand: 3. Quartal 2023, Bundesdurchschnitt, **inkl. 19% MwSt.**

Kostenkennwerte für die Kostengruppen 400 der 2. und 3. Ebene DIN 276 (Übersicht)

KG	Kostengruppe	Menge Einheit	€/Einheit	Kosten €	% an 3+[illegible]
400	**Bauwerk – Technische Anlagen**	**470,79 m² BGF**	**201,14**	**94.693,92**	**16,[illegible]**
410	**Abwasser-, Wasser-, Gasanlagen**	**470,79 m² BGF**	**70,10**	**33.002,76**	**5,[illegible]**
411	Abwasseranlagen	470,79 m² BGF	16,54	7.786,16	1,[illegible]
412	Wasseranlagen	470,79 m² BGF	51,96	24.461,24	4,[illegible]
413	Gasanlagen	–	–	–	–
419	Sonstiges zur KG 410	470,79 m² BGF	1,60	755,35	0,[illegible]
420	**Wärmeversorgungsanlagen**	**470,79 m² BGF**	**72,06**	**33.923,12**	**6,0**
421	Wärmeerzeugungsanlagen	470,79 m² BGF	20,36	9.585,56	1,[illegible]
422	Wärmeverteilnetze	470,79 m² BGF	28,22	13.283,69	2,[illegible]
423	Raumheizflächen	470,79 m² BGF	19,00	8.943,86	1,6
424	Verkehrsheizflächen	–	–	–	–
429	Sonstiges zur KG 420	470,79 m² BGF	4,48	2.110,02	0,[illegible]
430	**Raumlufttechnische Anlagen**	**470,79 m² BGF**	**1,49**	**702,18**	**0,[illegible]**
431	Lüftungsanlagen	470,79 m² BGF	1,49	702,18	0,[illegible]
432	Teilklimaanlagen	–	–	–	–
433	Klimaanlagen	–	–	–	–
434	Kälteanlagen	–	–	–	–
439	Sonstiges zur KG 430	–	–	–	–
440	**Elektrische Anlagen**	**470,79 m² BGF**	**48,36**	**22.768,05**	**4,0**
441	Hoch- und Mittelspannungsanlagen	–	–	–	–
442	Eigenstromversorgungsanlagen	–	–	–	–
443	Niederspannungsschaltanlagen	–	–	–	–
444	Niederspannungsinstallationsanlagen	470,79 m² BGF	42,02	19.783,65	3,5
445	Beleuchtungsanlagen	470,79 m² BGF	5,65	2.659,18	0,5
446	Blitzschutz- und Erdungsanlagen	470,79 m² BGF	0,69	325,22	< 0,1
447	Fahrleitungssysteme	–	–	–	–
449	Sonstiges zur KG 440	–	–	–	–
450	**Kommunikationstechnische Anlagen**	**470,79 m² BGF**	**6,31**	**2.972,40**	**0,5**
451	Telekommunikationsanlagen	–	–	–	–
452	Such- und Signalanlagen	470,79 m² BGF	0,77	363,65	< 0,1
453	Zeitdienstanlagen	–	–	–	–
454	Elektroakustische Anlagen	–	–	–	–
455	Audiovisuelle Medien- u. Antennenanl.	470,79 m² BGF	2,08	978,07	0,2
456	Gefahrenmelde- und Alarmanlagen	470,79 m² BGF	1,35	635,97	0,1
457	Datenübertragungsnetze	470,79 m² BGF	2,11	994,69	0,2
458	Verkehrsbeeinflussungsanlagen	–	–	–	–
459	Sonstiges zur KG 450	–	–	–	–
460	**Förderanlagen**	**–**	**–**	**–**	**–**
461	Aufzugsanlagen	–	–	–	–
462	Fahrtreppen, Fahrsteige	–	–	–	–
463	Befahranlagen	–	–	–	–
464	Transportanlagen	–	–	–	–
465	Krananlagen	–	–	–	–
466	Hydraulikanlagen	–	–	–	–
469	Sonstiges zur KG 460	–	–	–	–
470	**Nutzungsspez. u. verfahrenstechn. Anl.**	**–**	**–**	**–**	**–**
480	**Gebäude- und Anlagenautomation**	**–**	**–**	**–**	**–**
490	**Sonst. Maßnahmen für techn. Anlagen**	**470,79 m² BGF**	**2,82**	**1.325,42**	**0,2**

Kostenkennwerte für Leistungsbereiche nach STLB (Kosten des Bauwerks nach DIN 276)

LB	Leistungsbereiche	Kosten €	€/m² BGF	€/m³ BRI	% an 3+4
000	Sicherheits-, Baustelleneinrichtungen inkl. 001	22.349	47,50	19,50	4,0
002	Erdarbeiten	13.244	28,10	11,60	2,3
006	Spezialtiefbauarbeiten inkl. 005	656	1,40	0,57	0,1
009	Entwässerungskanalarbeiten inkl. 011	–	–	–	–
010	Drän- und Versickerarbeiten	–	–	–	–
012	Mauerarbeiten	23.918	50,80	20,90	4,2
	Wiederherstellen	10.905	23,20	9,50	1,9
	Herstellen	13.012	27,60	11,40	2,3
013	Betonarbeiten	17.037	36,20	14,90	3,0
014	Natur-, Betonwerksteinarbeiten	1.384	2,90	1,20	0,2
	Wiederherstellen	1.384	2,90	1,20	0,2
016	Zimmer- und Holzbauarbeiten	10.467	22,20	9,10	1,9
017	Stahlbauarbeiten	–	–	–	–
018	Abdichtungsarbeiten	12.745	27,10	11,10	2,3
019	Kampfmittelräumarbeiten	–	–	–	–
020	Dachdeckungsarbeiten	33.704	71,60	29,40	6,0
021	Dachabdichtungsarbeiten	6.825	14,50	6,00	1,2
022	Klempnerarbeiten	12.760	27,10	11,10	2,3
	Rohbau	**155.087**	**329,40**	**135,40**	**27,5**
	Wiederherstellen	12.289	26,10	10,70	2,2
	Herstellen	142.798	303,30	124,60	25,3
023	Putz- und Stuckarbeiten, Wärmedämmsysteme	85.497	181,60	74,60	15,1
	Wiederherstellen	6.373	13,50	5,60	1,1
	Herstellen	79.123	168,10	69,10	14,0
024	Fliesen- und Plattenarbeiten	22.250	47,30	19,40	3,9
025	Estricharbeiten	5.685	12,10	5,00	1,0
026	Fenster, Außentüren inkl. 029, 032	36.844	78,30	32,20	6,5
	Wiederherstellen	153	0,33	0,13	< 0,1
	Herstellen	36.691	77,90	32,00	6,5
027	Tischlerarbeiten	24.181	51,40	21,10	4,3
	Wiederherstellen	382	0,81	0,33	< 0,1
	Herstellen	23.799	50,60	20,80	4,2
028	Parkettarbeiten, Holzpflasterarbeiten	21.685	46,10	18,90	3,8
030	Rollladenarbeiten	–	–	–	–
031	Metallbauarbeiten inkl. 035	3.977	8,40	3,50	0,7
034	Maler- und Lackiererarbeiten inkl. 037	28.739	61,00	25,10	5,1
	Wiederherstellen	1.674	3,60	1,50	0,3
	Herstellen	27.065	57,50	23,60	4,8
036	Bodenbelagarbeiten	7.029	14,90	6,10	1,2
038	Vorgehängte hinterlüftete Fassaden	–	–	–	–
039	Trockenbauarbeiten	28.486	60,50	24,90	5,0
	Ausbau	**264.373**	**561,60**	**230,80**	**46,8**
	Wiederherstellen	8.583	18,20	7,50	1,5
	Herstellen	255.791	543,30	223,30	45,3
040	Wärmeversorgungsanl. - Betriebseinr. inkl. 041	27.202	57,80	23,70	4,8
042	Gas- und Wasserinstallation, Leitungen inkl. 043	12.249	26,00	10,70	2,2
044	Abwasseranlagen - Leitungen	9.422	20,00	8,20	1,7
	Wiederherstellen	1.155	2,50	1,00	0,2
	Herstellen	8.267	17,60	7,20	1,5
045	GWE-Einrichtungsgegenstände inkl. 046	14.001	29,70	12,20	2,5

LB	Leistungsbereiche	Kosten €	€/m² BGF	€/m³ BRI	% an 3+4
047	Dämmarbeiten an betriebstechnischen Anlagen	–	–	–	–
049	Feuerlöschanlagen, Feuerlöschgeräte	–	–	–	–
050	Blitzschutz- und Erdungsanlagen	325	0,69	0,28	< 0,
053	Niederspannungsanlagen inkl. 052, 054	20.073	42,60	17,50	3,
055	Sicherheits- u. Ersatzstromversorgungsanl.	–	–	–	–
057	Gebäudesystemtechnik	–	–	–	–
058	Leuchten und Lampen inkl. 059	2.659	5,60	2,30	0,
060	Sprechanlagen, elektroakust. Anlagen inkl. 064	1.316	2,80	1,10	0,
061	Kommunikationsnetze inkl. 063	1.631	3,50	1,40	0,
069	Aufzüge	–	–	–	–
070	Gebäudeautomation	–	–	–	–
075	Raumlufttechnische Anlagen inkl. 078	702	1,50	0,61	0,
	Gebäudetechnik	**89.582**	**190,30**	**78,20**	**15,**
	Wiederherstellen	1.155	2,50	1,00	0,
	Herstellen	88.427	187,80	77,20	15,
084	Abbruch, Rückbau, Schadstoffsanierung	50.908	108,10	44,40	9,
	Abbrechen	50.908	108,10	44,40	9,
	Abbrucharbeiten	**50.908**	**108,10**	**44,40**	**9,**
	Abbrechen	50.908	108,10	44,40	9,
	Sonstige Leistungsbereiche	**4.688**	**10,00**	**4,10**	**0,**

6100-1393
Doppelhaushälfte
(1 WE)
Büro (2 AP)

Modernisierung

Objektübersicht

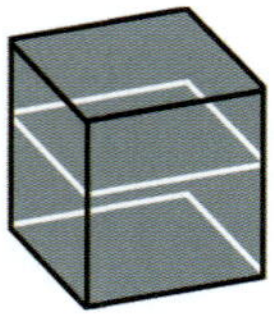

BRI 439 €/m³

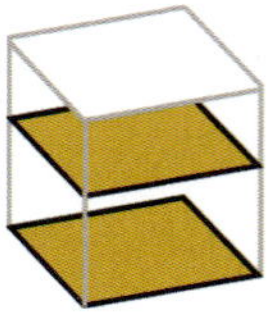

BGF 1.098 €/m²

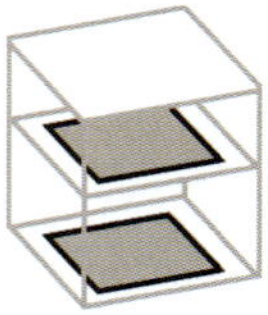

NUF 2.033 €/m²

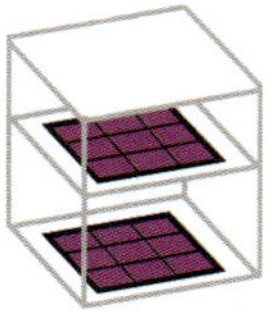

NE 2.995 €/NE

NE: Wohnfläche

Objekt:
Kennwerte: 3. Ebene DIN 276
BRI: 1.018 m³
BGF: 407 m²
NUF: 220 m²
Bauzeit: 157 Wochen
Bauende: 2018
Standard: über Durchschnitt
Bundesland: Baden-Württemberg
Kreis: Esslingen

Architekt*in:
Bialon ADK
Staufenstraße 14
73230 Kirchheim unter Teck

vorher

nachher

Modernisierung

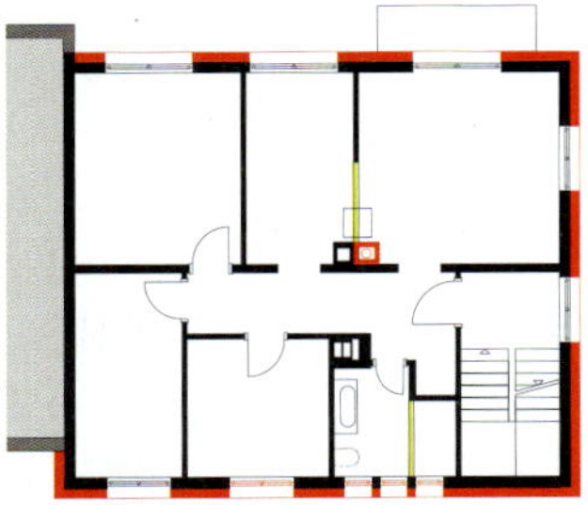

Obergeschoss

Ansicht Nord

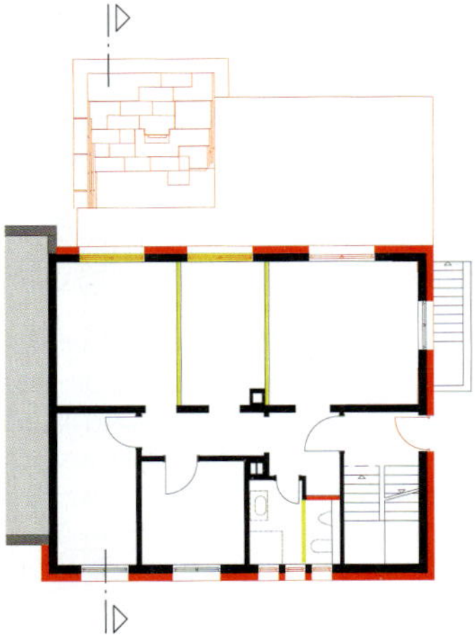

Erdgeschoss

Ansicht West

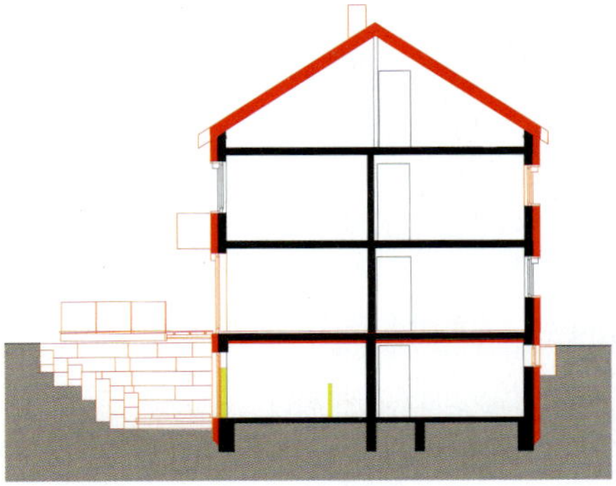

Schnitt

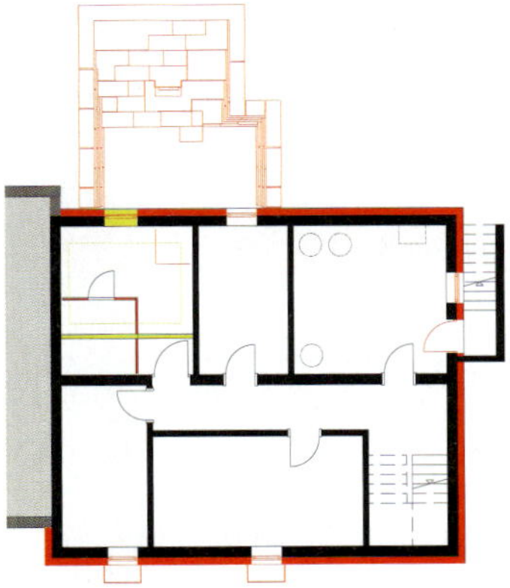

Untergeschoss

Ansicht Süd

6100-1393
Doppelhaushälfte
(1 WE)
Büro (2 AP)

Modernisierung

Objektbeschreibung

Allgemeine Objektinformationen

Das zweigeschossige Einfamilienhaus mit Satteldach wurde vollständig modernisiert. Im Erdgeschoss wurden alle Räume zu einem großen Wohn-Essbereich geöffnet, nur die Küche blieb erhalten. Bad und WC wurden zu einem barrierefreien Duschbad ausgebaut und im Obergeschoss zu einem geräumigen Bad mit Wanne zusammengeführt. Im Dachboden befindet sich ein neues Duschbad. Das geschlossene Treppenhaus blieb erhalten. Der Öltankraum im Untergeschoss wurde in eine Sauna umgebaut.

Nutzung

1 Untergeschoss
Sauna, Werkstattraum, Keller, Technik/Waschraum, Archiv

1 Erdgeschoss
Wohn- und Esszimmer, Küche, Gästezimmer, Bad, Terrasse

1 Obergeschoss
Schlafzimmer, Kinderzimmer (2St), Ankleide, Bibliothek, Bad, Balkon

1 Dachgeschoss
Büros (2St), Bad

Nutzeinheiten

Arbeitsplätze: 2
Bürofläche: 48 m^2
Wohneinheiten: 1
Wohnfläche: 149 m^2

Grundstück

Bauraum: Beengter Bauraum
Neigung: Ebenes Gelände

Markt

Hauptvergabezeit: 1. Quartal 2015
Baubeginn: 1. Quartal 2015
Bauende: 1. Quartal 2018
Konjunkturelle Gesamtlage: über Durchschnitt
Regionaler Baumarkt: Durchschnitt

Baubestand

Baujahr: 1960
Bauzustand: mittel
Aufwand: hoch
Grundrissänderungen: einige
Tragwerkseingriffe: wenige
Nutzungsänderung: ja
Nutzung während der Bauzeit: ja

Baukonstruktion

Die Fassade ist mit einem Wärmedämmverbundsystem bekleidet worden. Im Erdgeschoss wurden Estrich und darunterliegende Dämmung erneuert. Im unbeheizten Untergeschoss erhielt die Decke eine Dämmung. Es kamen großflächige Fenster und Terrassentüren mit Dreifachverglasung zum Einbau. Das Dach wurde statisch verstärkt, gedämmt und neu eingedeckt, sowie innenseitig mit einer Gipskartonbekleidung versehen.

Technische Anlagen

Das Gebäude wird mittels einer geothermischen Wärmepumpe, deren Heizungskonzept eine automatische Temperaturregelung beinhaltet, mit Wärme versorgt. Im Erdgeschoss wurde eine Fußbodenheizung mit der Möglichkeit der passiven Kühlung im Sommer installiert. Sämtliche Sanitär- und Elektroleitungen im Haus wurden erneuert sowie LAN-Zugänge in allen Räumen ermöglicht. Die dezentrale Lüftung auf allen Ebenen mit Wärmerückgewinnung ist modernisiert worden. Auf dem Dach befindet sich eine Photovoltaikanlage mit Speichermöglichkeit. Ein Heizkamin sorgt für zusätzliche Strahlungswärme.

Sonstiges

Folgende Arbeiten wurden vom Bauherren in Eigenleistung erbracht: GK-Bekleidung im Dachgeschoss, Einbau von Wohnraumlüftern, Einbau Ganzglasgeländer an der Terrasse.

Energetische Kennwerte

Gesetzliche Grundlage: EnEV 2013
Gebäudenutzfläche: 215,00 m^2
Spez. Transmissionswärmeverlust: 0,31 W/(m^2·K)
Spez. Jahresprimärenergiebedarf: 17,66 kWh/(m^2·a)
Spez. Jahresendenergiebedarf: 10,00 kWh/(m^2·a)
Spez. Jahresheizwärmebedarf: 36,40 kWh/(m^2·a)
CO_2-Emissionen: 11,00 kg/(m^2·a)

Energetische Angaben zu Außenbauteilen

Außenwand

U-Wert: 0,20 W/(m²·K)

Gesamtdicke: 46,60 cm	d [cm]	l [W/(m·K)]
Innenputz	1,50	0,700
Ziegel	24,00	0,520
Putz	1,50	1,000
Dämmung	12,00	0,035
Holz	12,00	0,130
Dämmung	7,00	0,045
Außenputz	0,30	1,070
Außenputz	0,30	1,070

Dach

U-Wert: 0,15 W/(m²·K)

Gesamtdicke: 29,35 cm	d [cm]	l [W/(m·K)]
GK-Platte	1,25	0,250
Dämmung MW	14,00	0,032
Holz	14,00	0,130
PP-Folie	0,05	0,170
Holzfaserplatte	14,00	0,044
PP-Folie	0,05	0,170

6100-1393
Doppelhaushälfte
(1 WE)
Büro (2 AP)

Modernisierung

Planungskennwerte für Flächen und Rauminhalte nach DIN 277

Flächen des Grundstücks		Menge Einheit	% an GF
BF	Bebaute Fläche	139,00 m²	25,1
UF	Unbebaute Fläche	415,00 m²	74,9
GF	Grundstücksfläche	554,00 m²	100,0

Grundflächen des Bauwerks		Menge Einheit	% an NUF	% an BGF
NUF	Nutzungsfläche	219,75 m²	100,0	54,0
TF	Technikfläche	6,00 m²	2,7	1,5
VF	Verkehrsfläche	71,79 m²	32,7	17,6
NRF	Netto-Raumfläche	297,54 m²	135,4	73,1
KGF	Konstruktions-Grundfläche	109,22 m²	49,7	26,9
BGF	Brutto-Grundfläche	406,76 m²	185,1	100,0

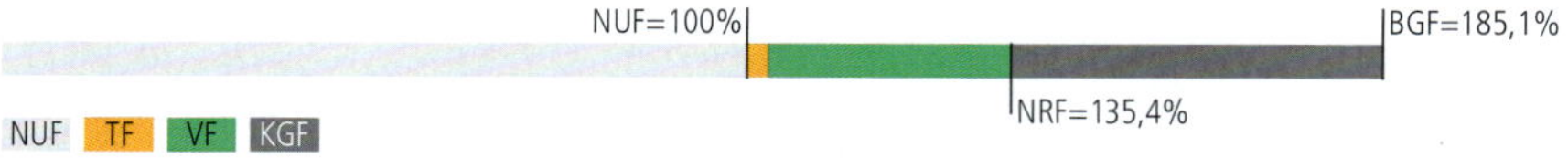

Brutto-Rauminhalt des Bauwerks		Menge Einheit	BRI/NUF (m)	BRI/BGF (m)
BRI	Brutto-Rauminhalt	1.017,77 m³	4,63	2,50

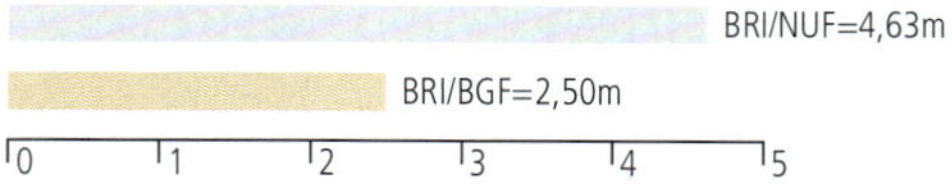

Lufttechnisch behandelte Flächen	Menge Einheit	% an NUF	% an BGF
Entlüftete Fläche	–	–	–
Be- und entlüftete Fläche	–	–	–
Teilklimatisierte Fläche	–	–	–
Klimatisierte Fläche	–	–	–

KG	Kostengruppen (2. Ebene)	Menge Einheit	Menge/NUF	Menge/BGF
310	Baugrube / Erdbau	62,50 m³ BGI	0,28	0,15
320	Gründung, Unterbau	20,44 m² GRF	0,09	0,05
330	Außenwände/Vertikale Baukonstruktionen, außen	234,00 m² AWF	1,07	0,58
340	Innenwände/Vertikale Baukonstruktionen, innen	132,06 m² IWF	0,60	0,33
350	Decken/Horizontale Baukonstruktionen	160,54 m² DEF	0,73	0,40
360	Dächer	138,69 m² DAF	0,63	0,34

Kostenkennwerte für die Kostengruppen der 1.Ebene DIN 276

KG	Kostengruppen (1. Ebene)	Einheit	Kosten €	€/Einheit	€/m² BGF	€/m³ BRI	% 300+400
100	Grundstück	m² GF	–	–	–	–	–
200	Vorbereitende Maßnahmen	m² GF	–	–	–	–	–
300	Bauwerk – Baukonstruktionen	m² BGF	287.172	706,00	706,00	282,16	64,3
400	Bauwerk – Technische Anlagen	m² BGF	159.519	392,17	392,17	156,73	35,7
	Bauwerk 300+400	**m² BGF**	**446.691**	**1.098,17**	**1.098,17**	**438,89**	**100,0**
500	Außenanlagen und Freiflächen	m² AF	111.914	350,08	275,14	109,96	25,1
600	Ausstattung und Kunstwerke	m² BGF	780	1,92	1,92	0,77	0,2
700	Baunebenkosten	m² BGF	–	–	–	–	–
800	Finanzierung	m² BGF	–	–	–	–	–

KG	Kostengruppe	Menge Einheit	Kosten €	€/Einheit	%
3+4	**Bauwerk**				**100,0**
300	**Bauwerk – Baukonstruktionen**	406,76 m² BGF	287.172	**706,00**	64,3

- Abbrechen (Kosten: 4,1%) 11.777
  Abbruch von Mauerwerk, Fensterlaibungen, Wandfliesen, Vordach, Rollläden demontieren, lagern; Bodenfliesen, Bodenbelag; Dachdämmung, Dachflächenfenster, Dachziegel, Dachentwässerung, Ortgang- und Traufgesims; Entsorgung, Deponiegebühren

- Herstellen (Kosten: 95,9%) 275.394
  Fenster, Fenstertüren, Eingangstür, Außenwandabdichtung, Perimeterdämmung, WDVS, Spachtelung Q4, Beschichtung, Putz, Wandfliesen, Rollläden, Vordach, Lichtschächte; Heizestrich, Bodenfliesen, Parkett, Kellerdeckendämmung, GK-Bekleidung; Zwischensparrendämmung, Sparrenaufdopplung, Dachflächenfenster, Aufsparrendämmung, Ziegeldeckung, Dachentwässerung, GK-Bekleidung

KG	Kostengruppe	Menge Einheit	Kosten €	€/Einheit	%
400	**Bauwerk – Technische Anlagen**	406,76 m² BGF	159.519	**392,17**	35,7

- Abbrechen (Kosten: 2,9%) 4.560
  Abbruch Einrichtungsgegenstand; Heizungsanlage, Stahltank, Heizkörper; Entsorgung, Deponiegebühren

- Herstellen (Kosten: 97,1%) 154.959
  Gebäudeentwässerung, Kalt- und Warmwasserleitungen, Sanitärobjekte; Wärmepumpenanlage, Heizungsrohre, Fußbodenheizung, Heizkörper, Edelstahlschornstein; Wohnraumlüfter; Elektroinstallation, Beleuchtung; Telefon, Übertragungsnetze

KG	Kostengruppe	Menge Einheit	Kosten €	€/Einheit	%
500	**Außenanlagen und Freiflächen**	319,68 m² AF	111.914	**350,08**	25,1

- Abbrechen (Kosten: 0,6%) 720
  Rodungsarbeiten, Grünschnittentsorgung

- Herstellen (Kosten: 99,4%) 111.195
  Aushub; Tragschichten, Betonpflaster, Terrassendielen auf Unterkonstruktion, Jurasplitt, Rasenschutzwaben; Gartentor, Gartentür, Ganzglasgeländer, Lichthof Quadersteinmauer, Mülltonneneinhausung; Oberflächenentwässerung, Erdsonden; Pflanzsubstrat, Pflanzen, Rasen

KG	Kostengruppe	Menge Einheit	Kosten €	€/Einheit	%
600	**Ausstattung und Kunstwerke**	406,76 m² BGF	780	**1,92**	0,2

- Herstellen (Kosten: 100,0%) 780
  Vorhangschiene, Duschvorhang

6100-1393
Doppelhaushälfte
(1 WE)
Büro (2 AP)

Modernisierung

Kostenkennwerte für die Kostengruppen der 2. Ebene DIN 276

KG	Kostengruppe	Menge Einheit	Kosten €	€/Einheit	%
300	**Bauwerk – Baukonstruktionen**				**100,0**
310	**Baugrube / Erdbau**	62,50 m³ BGI	3.858	**61,73**	1,3
	• Herstellen (Kosten: 100,0%) Baugrubenaushub (63m³)	62,50 m³ BGI	3.858	**61,73**	
320	**Gründung, Unterbau**	20,44 m² GRF	8.557	**418,62**	3,0
	• Herstellen (Kosten: 100,0%) Bodenfliesen, liefern (1m²) * Spritzbewurf, Ausgleichsputz, zweilagige Bitumendickbeschichtung, eingelegtes Gewebe, Perimeterdämmung, d=180mm (19m²)	20,44 m² GRF	8.557	**418,62**	
330	**Außenwände/Vert. Baukonstrukt., außen**	234,00 m² AWF	125.959	**538,29**	43,9
	• Abbrechen (Kosten: 3,8%) Abbruch von Mauerwerk, d=28cm, für Öffnungserweiterung (1m²) * Mauer (8m²) * Fensterlaibungen (94m) * Wandfliesen (6m²) * demontieren, lagern von Rollläden (28m²), Markise (4m²) * Betonvordach (3m²); Entsorgung, Deponiegebühren	14,17 m² AWF	4.726	**333,54**	
	• Herstellen (Kosten: 96,2%) Kunststoff-Fenstertüren (13m²), Eingangstür (2m²), Kunststofffenster (8m²) * Putz, Abdichtung, Perimeterdämmung, d=180mm (35m²), WDVS, Steinwollgefachdämmung, d=120mm, Holzweichfaserplatten, d=70mm, Putz, Beschichtung (176m²), PUR-Laibungsplatten, d=50mm (81m), HPL-Platten (12m²) * Spachtelung Q4, Beschichtung (100m²), Wandfliesen (11m²), Putz (psch) * Rollläden (13m²), gelagerte montieren (23m²), Jalousie (1St) * Vordach (7m²), Lichtschächte (2St)	234,00 m² AWF	121.233	**518,09**	
340	**Innenwände/Vert. Baukonstrukt., innen**	132,06 m² IWF	31.158	**235,94**	10,3
	• Abbrechen (Kosten: 4,3%) Abbruch von Mauerwerk, d=10,5cm (7m²) * Wandfliesen (27m²); Entsorgung, Deponiegebühren	20,47 m² IWF	1.341	**65,51**	
	• Herstellen (Kosten: 95,7%) Abmauerung, Badewanne, Dusche (1m²) * Spachtelung Q4, Silikat-Dispersionsbeschichtung (230m²), Löcher schließen, Zementputz für Fliesen (psch), Duschbereiche abdichten (psch), Wandfliesen (29m²), Spiegel, fliesenbündig (5m²), Vormauerungen (psch), Revisionstüren (7St)	132,06 m² IWF	29.817	**225,78**	
350	**Decken/Horizontale Baukonstruktionen**	160,54 m² DEF	39.135	**243,77**	13,5
	• Abbrechen (Kosten: 4,9%) Abbruch von Bodenfliesen (3m²), Bodenbelag Dachgeschoss, gelagerte Abbruchmaterialien ausräumen (16h); Entsorgung, Deponiegebühren	71,76 m² DEF	1.925	**26,83**	
	• Herstellen (Kosten: 95,1%) EPS-Faltplatte, d=15-2mm, Zementheizestrich (75m²), Bodenfliesen (85m²), Fliesensockel (63m), Dämmunterlage, Dampfbremse, d=2,2mm (90m²), Parkett (75m²), Holzsockel (59m) * Steinwoll-Kellerdeckendämmung, d=80mm (80m²), GK-Bekleidung (8m²) * HPL-Bekleidung (6m²)	160,54 m² DEF	37.210	**231,78**	

KG	Kostengruppe	Menge Einheit	Kosten €	€/Einheit	%
360	**Dächer**	138,69 m²DAF	66.607	**480,26**	23,2
	• Abbrechen (Kosten: 5,7%)	146,07 m²DAF	3.785	**25,91**	
	Abbruch von Wärmedämmung (57m²), Firstzangen (2h) * Dachflächenfenstern (4m²) * Dachziegeln (142m²), Dachrinnen, Fallrohren, Blechteilen (55m) * Ortgang- und Traufgesimsen (19m²); Entsorgung, Deponiegebühren				
	• Herstellen (Kosten: 94,3%)	138,69 m²DAF	62.822	**452,97**	
	Mineralwoll-Zwischensparrendämmung, d=140mm (129m²), Auswechslungen (3St), Sparrenaufdopplung/Verstärkung (104St), Latten (150m) * Dachflächenfenster (7m²) * Windsperrfolie, Holzfaserdämmung, d=140mm (129m²), Lattung, Dachziegel (132m²), Stirnbrett, Ortgangblech (20m), Dachrinnen (22m), Fallrohre (11m), Standrohre (3St) * GK-Platten, liefern (119m²), Lattung, liefern (100m), Montage Eigenleistung * Rollläden (5m²)				
390	**Sonst. Maßnahmen für Baukonstrukt.**	406,76 m²BGF	11.898	**29,25**	4,1
	• Herstellen (Kosten: 100,0%)	406,76 m²BGF	11.898	**29,25**	
	Baustelleneinrichtungen (3St), Kranwageneinsätze (6h) * Fassadengerüste (426m²), Dachfanggerüst (22m), Belagsverbreiterung, Leitergang innen (psch) * Türelement entsorgen (1St) * Freileitungssicherung (1St) * Schließanlage (1St)				
400	**Bauwerk – Technische Anlagen**				**100,0**
410	**Abwasser-, Wasser-, Gasanlagen**	406,76 m²BGF	18.930	**46,54**	11,9
	• Abbrechen (Kosten: 0,6%)	406,76 m²BGF	115	**0,28**	
	Abbruch Einrichtungsgegenstand (1St); Entsorgung, Deponiegebühren				
	• Herstellen (Kosten: 99,4%)	406,76 m²BGF	18.815	**46,26**	
	PP-Rohre (2m), Bodenabläufe (2St), an Bestand anschließen (3St) * Metallverbundrohre (23m), Waschtisch (1St), Tiefspül-WCs (3St), Urinal (1St), Urinalsteuerung (1St), Badewanne (1St), Viertelkreisdusche (1St), Duschtasse, bodengleich (1St), Brausegarnituren, Brausestangen (2St), Wasserzähler (4St), Anschlüsse an Bestand (3St), Armaturen * Montageelemente (6St)				
420	**Wärmeversorgungsanlagen**	406,76 m²BGF	76.566	**188,23**	48,0
	• Abbrechen (Kosten: 5,8%)	406,76 m²BGF	4.445	**10,93**	
	Abbruch von Heizungsanlage (psch), Stahltank 6.800l (1St), Ölschlamm (1.500l) * Heizkörper (1St); Entsorgung, Deponiegebühren				
	• Herstellen (Kosten: 94,2%)	406,76 m²BGF	72.121	**177,30**	
	Wärmepumpenanlage: Sole/Wasser-Wärmepumpe 9,9kW mit passiver Kühlfunktion 7,8kW, Trinkwasserspeicher 301l, zwei Pufferspeicher 700l, Fernsteuerung (1St), Ausdehnungsgefäß (1St), Pumpen (2St), in bestehendes Heizsystem einbinden (psch) * Kupferrohre (44m), Metallverbundrohre (16m), Verteiler (1St), Anschluss an Bestand * Kaminofen 2-9kW (1St), Fußbodenheizung (75m²), Heizkörper (5St) * Edelstahlschornsteine (11m), Feuerungsanschlüsse (2St), Kaminkopfbekleidung (1St)				
430	**Raumlufttechnische Anlagen**	406,76 m²BGF	7.932	**19,50**	5,0
	• Herstellen (Kosten: 100,0%)	406,76 m²BGF	7.932	**19,50**	
	Wohnraumlüfter 14-54m³/h, Zu-/Abluft-Wechselbetrieb, Wärmerückgewinnung, Fernbedienung, liefern (8St), Kernbohrungen (8St)				

6100-1393
Doppelhaushälfte
(1 WE)
Büro (2 AP)

Modernisierung

KG	Kostengruppe	Menge Einheit	Kosten €	€/Einheit	%
440	**Elektrische Anlagen**	406,76 m² BGF	53.545	**131,64**	[illegible]
	• Herstellen (Kosten: 100,0%)	406,76 m² BGF	53.545	**131,64**	
	Photovoltaikanlage 6,16kWp, 22 Module (1St), Wechselrichter (1St), Einspeisemanagement (1St), Wechselstromzähler (1St), Energiemanager (1St), FI/LS, LS-Schalter (3St), Kompaktschalter (1St), Installationsleitungen (34m) * Zählerschränke (2St), Verteiler (2St), Stromstoßschalter (4St), SLS-Schalter (1St), FI-Schalter (4St), FI/LS, LS-Schalter (30St), Mantelleitungen (680m), RGBW/RGBA-Kabel (76St), Steckdosen (94St), Schalter, Taster (36St) * LED-Einbaustrahler (2St), LED-Schienen (4m)				
450	**Kommunikationstechnische Anlagen**	406,76 m² BGF	633	**1,56**	0,4
	• Herstellen (Kosten: 100,0%)	406,76 m² BGF	633	**1,56**	
	TAE-Steckdosen (3St), Fernmeldeleitungen (23m) * Antennendosen (4St), Verteiler, vierfach (1St), zweifach (1St), Koaxialkabel (84m) * Datendosen (4St), RJ45-Stecker (10St), Datenleitung Cat7 (123m)				
490	**Sonst. Maßnahmen für techn. Anlagen**	406,76 m² BGF	1.914	**4,70**	1,2
	• Herstellen (Kosten: 100,0%)	406,76 m² BGF	1.914	**4,70**	
	Baustelleneinrichtung (1St) * Freileitung isolieren (1St)				
500	**Außenanlagen und Freiflächen**				**100,[illegible]**
510	**Erdbau**	152,94 m³ EBR	22.941	**150,00**	20,[illegible]
	• Herstellen (Kosten: 100,0%)	152,94 m³ EBR	22.941	**150,00**	
	Aushub (147m³), Rohrgraben ausheben, Leitungen einsanden, Aushub wieder verfüllen (6m³), KG-Rohre freilegen, Handaushub (2h)				
520	**Gründung, Unterbau**	319,68 m² AF	1.248	**3,90**	1,[illegible]
	• Herstellen (Kosten: 100,0%)	319,68 m² AF	1.248	**3,90**	
	Betonfundament für Natursteinmauer (9m)				
530	**Oberbau, Deckschichten**	173,68 m² BFF	35.909	**206,75**	32,[illegible]
	• Herstellen (Kosten: 100,0%)	173,68 m² BFF	35.909	**206,75**	
	Schottertragschicht, Betonpflaster, Muschelkalkvorsatz, wasserdurchlässig (80m²) * Schottertragschicht (24m²), Betontiefborde (24m), Rechteckrohre verschraubt, zweiseitig U-Profil als Rinne, Schalung, Abdichtung, Lattung, Terrassendielen (30m²), HPL-Sockelbekleidung (6m²), Jurasplitt, Unterbau Eigenleistung (9m²) * Schottertragschicht, Betonpflaster, Muschelkalkvorsatz, wasserdurchlässig (25m²), Rasenschutzwaben, Befüllung, Rasensaat (30m²)				
540	**Baukonstruktionen**	319,68 m² AF	30.702	**96,04**	27,4
	• Herstellen (Kosten: 100,0%)	319,68 m² AF	30.702	**96,04**	
	Zweiflügliges Gartentor, Quadratrohrrahmen, HPL-Bekleidung (5m²), einflüglig, festes Seitenteil, Schlosskasten, elektrischer Türöffner (3m²) * Ganzglasgeländer, VSG, U-Profil-Handlauf, Montage in Eigenleistung (7m²) * Jura-Quadersteine, gespalten (38t), Winkelstützelement (1m²) * Mülltonneneinhausung, Quadratrohrrahmen, HPL-Bekleidung (1St)				

KG	Kostengruppe	Menge Einheit	Kosten €	€/Einheit	%
550	**Technische Anlagen**	319,68 m² AF	15.859	**49,61**	14,2
	• Herstellen (Kosten: 100,0%) KG-Rohre (15m), Einfachrückstau ohne Einbauschacht (1St), Bodenablauf (1St) * Geothermische Bohrung, D=140mm, Verrohrung Duplex-Erdsonden, Doppel-U-Sondenkopf, Druckprüfung (180m), Bohrgut entsorgen (10t), Verteileranlage in begehbarem PE-Schacht ausführen (1St)	319,68 m² AF	15.859	**49,61**	
570	**Vegetationsflächen**	146,00 m² PSF	4.892	**33,51**	4,4
	• Abbrechen (Kosten: 14,7%) Rodungsarbeiten, Grünschnittentsorgung (6h)	–	720	**–**	
	• Herstellen (Kosten: 85,3%) Pflanzsubstrat, d=20cm, Rindenmulch (6m²) * Bambuspflanzen (10St) * Rasensubstrat, Rasenansaat (140m²)	146,00 m² PSF	4.172	**28,58**	
590	**Sonst. Maßnahmen für Außenanlagen u. Freiflächen**	319,68 m² AF	363	**1,14**	0,3
	• Herstellen (Kosten: 100,0%) Baustelleneinrichtung (psch)	319,68 m² AF	363	**1,14**	
600	**Ausstattung und Kunstwerke**				**100,0**
610	**Allgemeine Ausstattung**	406,76 m² BGF	780	**1,92**	100,0
	• Herstellen (Kosten: 100,0%) Vorhangschiene (1St), Duschvorhang (1St)	406,76 m² BGF	780	**1,92**	

Kostenkennwerte für die Kostengruppen 300 der 2. und 3. Ebene DIN 276 (Übersicht)

KG	Kostengruppe	Menge Einheit	€/Einheit	Kosten €	% an 3–4
300	**Bauwerk – Baukonstruktionen**	**406,76 m² BGF**	**706,00**	**287.171,75**	**64,3**
310	**Baugrube / Erdbau**	**62,50 m³ BGI**	**61,73**	**3.857,96**	**0,9**
311	Herstellung	62,50 m³ BGI	61,73	3.857,96	0,9
312	Umschließung	–	–	–	–
313	Wasserhaltung	–	–	–	–
314	Vortrieb	–	–	–	–
319	Sonstiges zur KG 310	–	–	–	–
320	**Gründung, Unterbau**	**20,44 m² GRF**	**418,62**	**8.556,59**	**1,9**
321	Baugrundverbesserung	–	–	–	–
322	Flachgründungen und Bodenplatten	–	–	–	–
323	Tiefgründungen	–	–	–	–
324	Gründungsbeläge	1,00 m²	54,38	54,38	< 0,1
325	Abdichtungen und Bekleidungen	19,44 m²	437,36	8.502,21	1,9
326	Dränagen	–	–	–	–
329	Sonstiges zur KG 320	–	–	–	–
330	**Außenwände/Vert. Baukonstrukt., außen**	**234,00 m² AWF**	**538,29**	**125.959,34**	**28,2**
331	Tragende Außenwände	–	–	1.043,93	0,2
332	Nichttragende Außenwände	–	–	363,10	< 0,1
333	Außenstützen	–	–	–	–
334	Außenwandöffnungen	23,81 m²	754,34	17.960,90	4,0
335	Außenwandbekleidungen, außen	210,19 m²	400,83	84.249,58	18,9
336	Außenwandbekleidungen, innen	111,15 m²	80,46	8.943,27	2,0
337	Element. Außenwandkonstruktionen	–	–	–	–
338	Lichtschutz zur KG 330	36,90 m²	187,25	6.909,64	1,5
339	Sonstiges zur KG 330	234,00 m² AWF	27,73	6.488,94	1,5
340	**Innenwände/Vert. Baukonstrukt., innen**	**132,06 m² IWF**	**235,94**	**31.158,09**	**7,0**
341	Tragende Innenwände	–	–	–	–
342	Nichttragende Innenwände	1,12 m²	490,46	549,31	0,1
343	Innenstützen	–	–	–	–
344	Innenwandöffnungen	–	–	–	–
345	Innenwandbekleidungen	264,11 m²	115,89	30.608,78	6,9
346	Elementierte Innenwandkonstruktionen	–	–	–	–
347	Lichtschutz zur KG 340	–	–	–	–
349	Sonstiges zur KG 340	–	–	–	–
350	**Decken/Horizontale Baukonstruktionen**	**160,54 m² DEF**	**243,77**	**39.135,30**	**8,8**
351	Deckenkonstruktionen	–	–	–	–
352	Deckenöffnungen	–	–	–	–
353	Deckenbeläge	160,54 m²	212,36	34.093,06	7,6
354	Deckenbekleidungen	87,96 m²	39,02	3.432,43	0,8
355	Elementierte Deckenkonstruktionen	–	–	–	–
359	Sonstiges zur KG 350	160,54 m² DEF	10,03	1.609,79	0,4
360	**Dächer**	**138,69 m² DAF**	**480,26**	**66.606,88**	**14,9**
361	Dachkonstruktionen	129,00 m²	71,56	9.231,74	2,1
362	Dachöffnungen	6,69 m²	1.729,86	11.572,74	2,6
363	Dachbeläge	132,00 m²	293,98	38.805,41	8,7
364	Dachbekleidungen	118,75 m²	19,80	2.351,38	0,5
365	Elementierte Dachkonstruktionen	–	–	–	–
366	Lichtschutz zur KG 360	5,46 m²	850,85	4.645,63	1,0
369	Sonstiges zur KG 360	–	–	–	–
370	**Infrastrukturanlagen**	**–**	**–**	**–**	**–**
380	**Baukonstruktive Einbauten**	**–**	**–**	**–**	**–**
390	**Sonst. Maßnahmen für Baukonstrukt.**	**406,76 m² BGF**	**29,25**	**11.897,61**	**2,7**

Kostenkennwerte für die Kostengruppen 400 der 2. und 3.Ebene DIN 276 (Übersicht)

6100-1393
Doppelhaushälfte
(1 WE)
Büro (2 AP)

Modernisierung

KG	Kostengruppe	Menge Einheit	€/Einheit	Kosten €	% an 3+4
400	**Bauwerk – Technische Anlagen**	**406,76 m² BGF**	**392,17**	**159.519,34**	**35,7**
410	**Abwasser-, Wasser-, Gasanlagen**	**406,76 m² BGF**	**46,54**	**18.929,58**	**4,2**
411	Abwasseranlagen	406,76 m² BGF	7,78	3.162,78	0,7
412	Wasseranlagen	406,76 m² BGF	30,90	12.567,82	2,8
413	Gasanlagen	–	–	–	–
419	Sonstiges zur KG 410	406,76 m² BGF	7,86	3.199,00	0,7
420	**Wärmeversorgungsanlagen**	**406,76 m² BGF**	**188,23**	**76.566,00**	**17,1**
421	Wärmeerzeugungsanlagen	406,76 m² BGF	107,12	43.572,58	9,8
422	Wärmeverteilnetze	406,76 m² BGF	29,08	11.830,45	2,6
423	Raumheizflächen	406,76 m² BGF	32,24	13.114,75	2,9
424	Verkehrsheizflächen	–	–	–	–
429	Sonstiges zur KG 420	406,76 m² BGF	19,79	8.048,25	1,8
430	**Raumlufttechnische Anlagen**	**406,76 m² BGF**	**19,50**	**7.931,97**	**1,8**
431	Lüftungsanlagen	406,76 m² BGF	19,50	7.931,97	1,8
432	Teilklimaanlagen	–	–	–	–
433	Klimaanlagen	–	–	–	–
434	Kälteanlagen	–	–	–	–
439	Sonstiges zur KG 430	–	–	–	–
440	**Elektrische Anlagen**	**406,76 m² BGF**	**131,64**	**53.545,49**	**12,0**
441	Hoch- und Mittelspannungsanlagen	–	–	–	–
442	Eigenstromversorgungsanlagen	406,76 m² BGF	53,97	21.951,54	4,9
443	Niederspannungsschaltanlagen	–	–	–	–
444	Niederspannungsinstallationsanlagen	406,76 m² BGF	76,19	30.992,36	6,9
445	Beleuchtungsanlagen	406,76 m² BGF	1,48	601,61	0,1
446	Blitzschutz- und Erdungsanlagen	–	–	–	–
447	Fahrleitungssysteme	–	–	–	–
449	Sonstiges zur KG 440	–	–	–	–
450	**Kommunikationstechnische Anlagen**	**406,76 m² BGF**	**1,56**	**632,73**	**0,1**
451	Telekommunikationsanlagen	406,76 m² BGF	0,07	27,80	< 0,1
452	Such- und Signalanlagen	–	–	–	–
453	Zeitdienstanlagen	–	–	–	–
454	Elektroakustische Anlagen	–	–	–	–
455	Audiovisuelle Medien- u. Antennenanl.	406,76 m² BGF	0,45	183,82	< 0,1
456	Gefahrenmelde- und Alarmanlagen	–	–	–	–
457	Datenübertragungsnetze	406,76 m² BGF	1,04	421,11	< 0,1
458	Verkehrsbeeinflussungsanlagen	–	–	–	–
459	Sonstiges zur KG 450	–	–	–	–
460	**Förderanlagen**	**–**	**–**	**–**	**–**
461	Aufzugsanlagen	–	–	–	–
462	Fahrtreppen, Fahrsteige	–	–	–	–
463	Befahranlagen	–	–	–	–
464	Transportanlagen	–	–	–	–
465	Krananlagen	–	–	–	–
466	Hydraulikanlagen	–	–	–	–
469	Sonstiges zur KG 460	–	–	–	–
470	**Nutzungsspez. u. verfahrenstechn. Anl.**	**–**	**–**	**–**	**–**
480	**Gebäude- und Anlagenautomation**	**–**	**–**	**–**	**–**
490	**Sonst. Maßnahmen für techn. Anlagen**	**406,76 m² BGF**	**4,70**	**1.913,56**	**0,4**

6100-1393
Doppelhaushälfte
(1 WE)
Büro (2 AP)

Modernisierung

Kostenkennwerte für Leistungsbereiche nach STLB (Kosten des Bauwerks nach DIN 276)

LB	Leistungsbereiche	Kosten €	€/m² BGF	€/m³ BRI	% an 3+4
000	Sicherheits-, Baustelleneinrichtungen inkl. 001	11.609	28,50	11,40	2,6
002	Erdarbeiten	3.858	9,50	3,80	0,9
006	Spezialtiefbauarbeiten inkl. 005	–	–	–	–
009	Entwässerungskanalarbeiten inkl. 011	–	–	–	–
010	Drän- und Versickerarbeiten	–	–	–	–
012	Mauerarbeiten	966	2,40	0,95	0,2
013	Betonarbeiten	2.774	6,80	2,70	0,6
014	Natur-, Betonwerksteinarbeiten	–	–	–	–
016	Zimmer- und Holzbauarbeiten	63.491	156,10	62,40	14,2
017	Stahlbauarbeiten	–	–	–	–
018	Abdichtungsarbeiten	25.476	62,60	25,00	5,7
019	Kampfmittelräumarbeiten	–	–	–	–
020	Dachdeckungsarbeiten	30.769	75,60	30,20	6,9
021	Dachabdichtungsarbeiten	–	–	–	–
022	Klempnerarbeiten	9.104	22,40	8,90	2,0
	Rohbau	**148.046**	**364,00**	**145,50**	**33,1**
023	Putz- und Stuckarbeiten, Wärmedämmsysteme	46.130	113,40	45,30	10,3
024	Fliesen- und Plattenarbeiten	31.127	76,50	30,60	7,0
025	Estricharbeiten	8.805	21,60	8,70	2,0
026	Fenster, Außentüren inkl. 029, 032	17.210	42,30	16,90	3,9
027	Tischlerarbeiten	–	–	–	–
028	Parkettarbeiten, Holzpflasterarbeiten	5.335	13,10	5,20	1,2
030	Rollladenarbeiten	9.988	24,60	9,80	2,2
031	Metallbauarbeiten inkl. 035	5.490	13,50	5,40	1,2
034	Maler- und Lackiererarbeiten inkl. 037	1.375	3,40	1,40	0,3
036	Bodenbelagarbeiten	–	–	–	–
038	Vorgehängte hinterlüftete Fassaden	–	–	–	–
039	Trockenbauarbeiten	5.008	12,30	4,90	1,1
	Ausbau	**130.469**	**320,80**	**128,20**	**29,2**
040	Wärmeversorgungsanl. - Betriebseinr. inkl. 041	67.523	166,00	66,30	15,1
042	Gas- und Wasserinstallation, Leitungen inkl. 043	7.011	17,20	6,90	1,6
044	Abwasseranlagen - Leitungen	3.135	7,70	3,10	0,7
045	GWE-Einrichtungsgegenstände inkl. 046	8.669	21,30	8,50	1,9
047	Dämmarbeiten an betriebstechnischen Anlagen	2.737	6,70	2,70	0,6
049	Feuerlöschanlagen, Feuerlöschgeräte	–	–	–	–
050	Blitzschutz- und Erdungsanlagen	–	–	–	–
053	Niederspannungsanlagen inkl. 052, 054	53.543	131,60	52,60	12,0
055	Sicherheits- u. Ersatzstromversorgungsanl.	–	–	–	–
057	Gebäudesystemtechnik	–	–	–	–
058	Leuchten und Lampen inkl. 059	602	1,50	0,59	0,1
060	Sprechanlagen, elektroakust. Anlagen inkl. 064	184	0,45	0,18	< 0,1
061	Kommunikationsnetze inkl. 063	449	1,10	0,44	0,1
069	Aufzüge	–	–	–	–
070	Gebäudeautomation	–	–	–	–
075	Raumlufttechnische Anlagen inkl. 078	7.932	19,50	7,80	1,8
	Gebäudetechnik	**151.784**	**373,20**	**149,10**	**34,0**
084	Abbruch, Rückbau, Schadstoffsanierung	16.337	40,20	16,10	3,7
	Abbrechen	16.337	40,20	16,10	3,7
	Abbrucharbeiten	**16.337**	**40,20**	**16,10**	**3,7**
	Sonstige Leistungsbereiche	**54**	**0,13**	**0,05**	**< 0,1**

Kostenstand: 3. Quartal 2023, Bundesdurchschnitt, **inkl. 19% MwSt.**

6100-1427
Wohngebäude
Fassadensanierung

Modernisierung

Objektübersicht

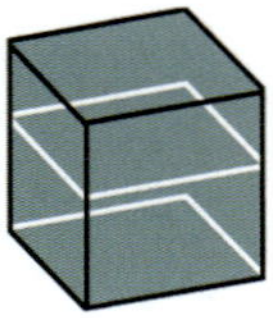

BRI 24€/m³

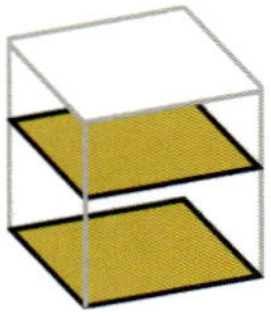

BGF 76€/m²

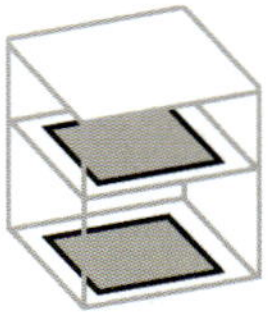

NUF 157€/m²

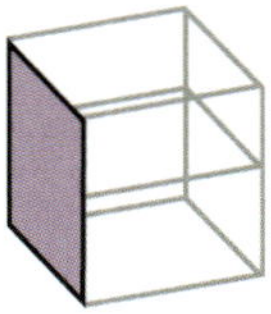

AWF 306€/m²

Objekt:
Kennwerte: 3.Ebene DIN 276
BRI: 11.882m³
BGF: 3.726m²
NUF: 1.811m²
AWF: 928m²
Bauzeit: 26 Wochen
Bauende: 2016
Standard: über Durchschnitt
Bundesland: Hamburg
Kreis: Hamburg, Stadt

Architekt*in:
Holst Becker Architekten
Himmelstraße 2
22299 Hamburg

Bauherr*in:
WEG Palmaille
vertreten durch
Bach & Co.KG.
Margaretenstraße 37
20357 Hamburg

© Peter Fobe

© Peter Fobe

© Peter Fobe

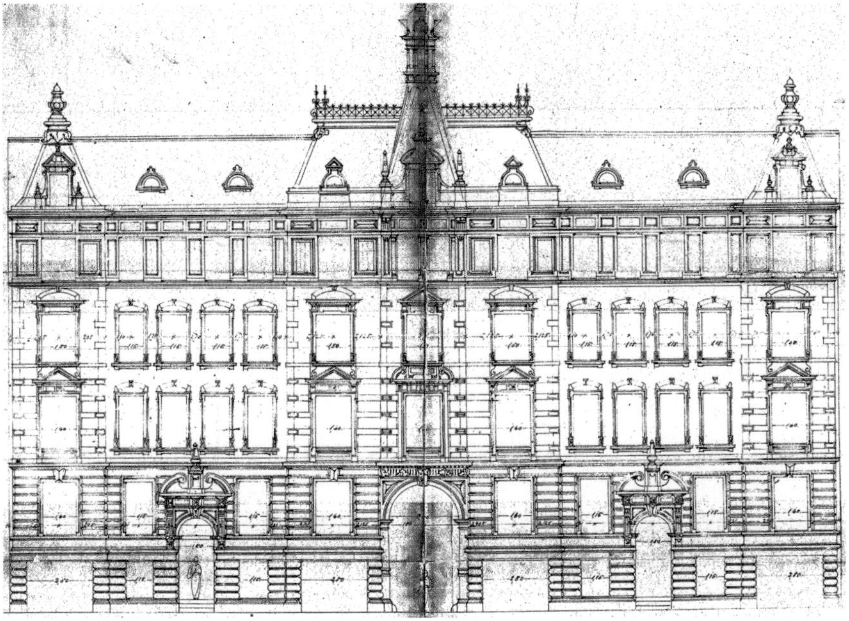

Ansicht Straße

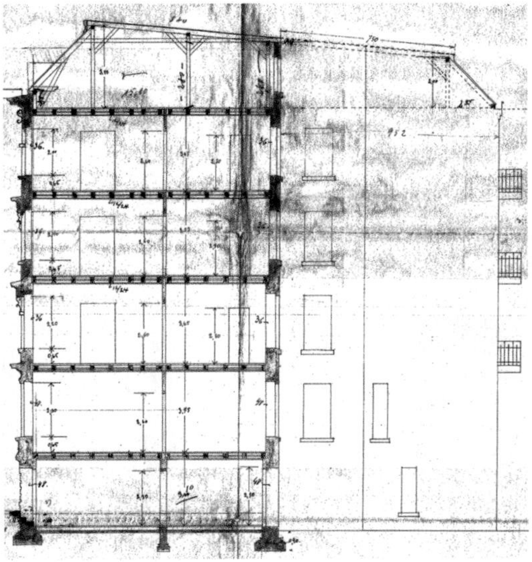

Querschnitt

Modernisierung

Objektbeschreibung

Allgemeine Objektinformationen

Die denkmalgeschützte Fassade eines Stadthauses wurde saniert. Das sechsgeschossige Wohngebäude befindet sich in einem innerstädtischen Quartier und schließt an beiden Stirnseiten an die Nachbarbebauung an.

Nutzung

1 Untergeschoss
Gewerbe

1 Erdgeschoss
Wohnen

3 Obergeschosse
Wohnen

1 Dachgeschoss
Wohnen

Nutzeinheiten

Wohneinheiten: 26

Grundstück

Bauraum: Beengter Bauraum
Neigung: Ebenes Gelände
Bodenklasse: BK 1 bis BK 3

Markt

Hauptvergabezeit: 1. Quartal 2016
Baubeginn: 1. Quartal 2016
Bauende: 3. Quartal 2016
Konjunkturelle Gesamtlage: über Durchschnitt
Regionaler Baumarkt: über Durchschnitt

Baubestand

Baujahr: 1890
Bauzustand: mittel
Aufwand: mittel
Grundrissänderungen: keine
Tragwerkseingriffe: keine
Nutzungsänderung: nein
Nutzung während der Bauzeit: ja

Baukonstruktion

Für die historischen Fenster wurden Schutzmaßnahmen getroffen. Die Sanierungsarbeiten umfassten das Mauerwerk sowie die denkmalgeschützten Stuck- und Putzelemente der Straßenfassade. Die gesamte Fassadenfläche wurde abgebeizt, fluatiert und ausgebessert, alle Putz- und Stuckflächen sind neu beschichtet worden. Sämtliche Holzfenster und -türen haben eine neue Lackierung erhalten. Zudem wurde die dauerelastische Versiegelung an den Fenstern erneuert. Beschädigte Gesimse sind reprofiliert worden, teilweise wurden neue Gesims- und Sohlbankabdeckungen eingebaut. Alle Regenrinnen und -fallrohre wurden von der Fassade entfernt. Letztere wurden neu beschichtet und wieder verwendet.

Technische Anlagen

Es kamen keine Technischen Anlagen zur Ausführung.

Planungskennwerte für Flächen und Rauminhalte nach DIN 277

Flächen des Grundstücks		Menge Einheit	% an GF
BF	Bebaute Fläche	–	–
UF	Unbebaute Fläche	–	–
GF	Grundstücksfläche	–	–

Grundflächen des Bauwerks		Menge Einheit	% an NUF	% an BGF
NUF	Nutzungsfläche	1.811,20 m²	100,0	48,6
TF	Technikfläche	40,00 m²	2,2	1,1
VF	Verkehrsfläche	793,36 m²	43,8	21,3
NRF	Netto-Raumfläche	2.644,56 m²	146,0	71,0
KGF	Konstruktions-Grundfläche	1.081,66 m²	59,7	29,0
BGF	Brutto-Grundfläche	3.726,22 m²	205,7	100,0

Brutto-Rauminhalt des Bauwerks		Menge Einheit	BRI/NUF (m)	BRI/BGF (m)
BRI	Brutto-Rauminhalt	11.881,84 m³	6,56	3,19

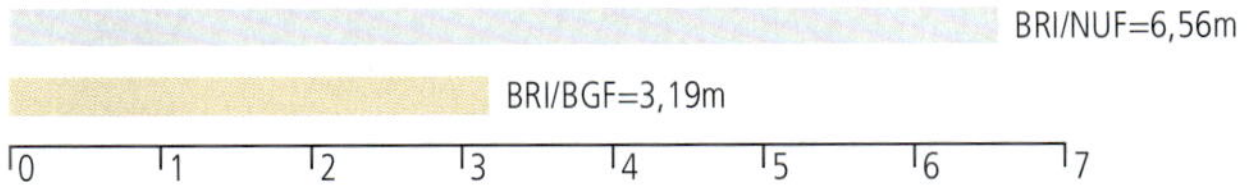

Lufttechnisch behandelte Flächen	Menge Einheit	% an NUF	% an BGF
Entlüftete Fläche	–	–	–
Be- und entlüftete Fläche	–	–	–
Teilklimatisierte Fläche	–	–	–
Klimatisierte Fläche	–	–	–

KG	Kostengruppen (2. Ebene)	Menge Einheit	Menge/NUF	Menge/BGF
310	Baugrube / Erdbau	–	–	–
320	Gründung, Unterbau	–	–	–
330	Außenwände/Vertikale Baukonstruktionen, außen	927,96 m² AWF	0,51	0,25
340	Innenwände/Vertikale Baukonstruktionen, innen	–	–	–
350	Decken/Horizontale Baukonstruktionen	–	–	–
360	Dächer	24,72 m² DAF	0,01	< 0,01

Kostenkennwerte für die Kostengruppen der 1. Ebene DIN 276

KG	Kostengruppen (1. Ebene)	Einheit	Kosten €	€/Einheit	€/m² BGF	€/m³ BRI	% 300+400
100	Grundstück	m² GF	–	–	–	–	–
200	Vorbereitende Maßnahmen	m² GF	–	–	–	–	–
300	Bauwerk – Baukonstruktionen	m² BGF	283.697	76,14	76,14	23,88	100,0
400	Bauwerk – Technische Anlagen	m² BGF	–	–	–	–	–
	Bauwerk 300+400	**m² BGF**	**283.697**	**76,14**	**76,14**	**23,88**	**100,0**
500	Außenanlagen und Freiflächen	m² AF	–	–	–	–	–
600	Ausstattung und Kunstwerke	m² BGF	–	–	–	–	–
700	Baunebenkosten	m² BGF	–	–	–	–	–
800	Finanzierung	m² BGF	–	–	–	–	–

KG	Kostengruppe	Menge Einheit	Kosten €	€/Einheit	%
3+4	**Bauwerk**				**100,0**
300	**Bauwerk – Baukonstruktionen**	3.726,22 m² BGF	283.697	**76,14**	100,0

- Abbrechen (Kosten: < 0,1%) — 173
  Abbruch von Mauerhaken
- Wiederherstellen (Kosten: 39,1%) — 111.016
  Ziegel-Mauerwerk reinigen, Fehlstellen erneuern, Holzfenster, Fehlstellen ausbessern, beschichten, Holz-Eingangstür, Gesimse, Vorsprünge rekonstruieren, Putz erneuern
- Herstellen (Kosten: 60,8%) — 172.509
  Verfugung Mauerwerk, Silikatbeschichtung, gesprengter Giebel rekonstruieren; Dachentwässerung; Schutzabdeckungen

Kostenkennwerte für die Kostengruppen der 2.Ebene DIN 276

KG	Kostengruppe	Menge Einheit	Kosten €	€/Einheit	%
300	**Bauwerk – Baukonstruktionen**				**100,0**
330	**Außenwände/Vert. Baukonstrukt., außen**	927,96 m² AWF	228.557	**246,30**	80,6
	• Abbrechen (Kosten: < 0,1%) Abbruch von Mauerhaken (1St)	–	173	**–**	
	• Wiederherstellen (Kosten: 48,6%) Ziegel-Mauerwerk reinigen (620m²), loses Mauerwerk austauschen (2m²) * Holzfenster, Anstrich entfernen, Fehlstellen ausbessern, beschichten (166m²), Holz-Eingangstür lackieren (10m²) * Gesimse, Vorsprünge rekonstruieren (243m²), losen Putz abschlagen (26m²), erneuern (48m²)	798,21 m² AWF	111.016	**139,08**	
	• Herstellen (Kosten: 51,4%) Verfugung Mauerwerk (130m²) * Gesimsabdeckungen, Zinkblech (214m) * Silikatbeschichtung (424m²), gesprengter Giebel, rekonstruieren, an Fassade anbringen (1St)	424,29 m² AWF	117.369	**276,62**	
360	**Dächer**	24,72 m² DAF	6.072	**245,64**	2,1
	• Herstellen (Kosten: 100,0%) Fallrohre DN100, Titanzink (66m), Beschichtung (25m²)	24,72 m² DAF	6.072	**245,64**	
390	**Sonst. Maßnahmen für Baukonstrukt.**	3.726,22 m² BGF	49.068	**13,17**	17,3
	• Herstellen (Kosten: 100,0%) Baustelleneinrichtung (psch) * Fassadengerüst (682m²), Folienabhängung (881m²), Schwerlastträger für Durchfahrt (2St), Bauaufzug (1St) * Schutzabdeckungen für Türen, Fenster (240m²), Glasflächen reinigen (176m²)	3.726,22 m² BGF	49.068	**13,17**	

Kostenkennwerte für die Kostengruppen 300 der 2. und 3. Ebene DIN 276 (Übersicht)

KG	Kostengruppe	Menge Einheit	€/Einheit	Kosten €	% an 3+4
300	**Bauwerk – Baukonstruktionen**	**3.726,22 m² BGF**	**76,14**	**283.697,35**	**100,0**
310	**Baugrube / Erdbau**	**–**	**–**	**–**	**–**
311	Herstellung	–	–	–	–
312	Umschließung	–	–	–	–
313	Wasserhaltung	–	–	–	–
314	Vortrieb	–	–	–	–
319	Sonstiges zur KG 310	–	–	–	–
320	**Gründung, Unterbau**	**–**	**–**	**–**	**–**
321	Baugrundverbesserung	–	–	–	–
322	Flachgründungen und Bodenplatten	–	–	–	–
323	Tiefgründungen	–	–	–	–
324	Gründungsbeläge	–	–	–	–
325	Abdichtungen und Bekleidungen	–	–	–	–
326	Dränagen	–	–	–	–
329	Sonstiges zur KG 320	–	–	–	–
330	**Außenwände/Vert. Baukonstrukt., außen**	**927,96 m² AWF**	**246,30**	**228.557,25**	**80,6**
331	Tragende Außenwände	751,69 m²	34,18	25.694,71	9,1
332	Nichttragende Außenwände	–	–	–	–
333	Außenstützen	–	–	–	–
334	Außenwandöffnungen	176,27 m²	268,66	47.357,08	16,7
335	Außenwandbekleidungen, außen	714,77 m²	217,56	155.505,49	54,8
336	Außenwandbekleidungen, innen	–	–	–	–
337	Element. Außenwandkonstruktionen	–	–	–	–
338	Lichtschutz zur KG 330	–	–	–	–
339	Sonstiges zur KG 330	–	–	–	–
340	**Innenwände/Vert. Baukonstrukt., innen**	**–**	**–**	**–**	**–**
341	Tragende Innenwände	–	–	–	–
342	Nichttragende Innenwände	–	–	–	–
343	Innenstützen	–	–	–	–
344	Innenwandöffnungen	–	–	–	–
345	Innenwandbekleidungen	–	–	–	–
346	Elementierte Innenwandkonstruktionen	–	–	–	–
347	Lichtschutz zur KG 340	–	–	–	–
349	Sonstiges zur KG 340	–	–	–	–
350	**Decken/Horizontale Baukonstruktionen**	**–**	**–**	**–**	**–**
351	Deckenkonstruktionen	–	–	–	–
352	Deckenöffnungen	–	–	–	–
353	Deckenbeläge	–	–	–	–
354	Deckenbekleidungen	–	–	–	–
355	Elementierte Deckenkonstruktionen	–	–	–	–
359	Sonstiges zur KG 350	–	–	–	–
360	**Dächer**	**24,72 m² DAF**	**245,64**	**6.072,32**	**2,1**
361	Dachkonstruktionen	–	–	–	–
362	Dachöffnungen	–	–	–	–
363	Dachbeläge	24,72 m²	245,64	6.072,32	2,1
364	Dachbekleidungen	–	–	–	–
365	Elementierte Dachkonstruktionen	–	–	–	–
366	Lichtschutz zur KG 360	–	–	–	–
369	Sonstiges zur KG 360	–	–	–	–
370	**Infrastrukturanlagen**	**–**	**–**	**–**	**–**
380	**Baukonstruktive Einbauten**	**–**	**–**	**–**	**–**
390	**Sonst. Maßnahmen für Baukonstrukt.**	**3.726,22 m² BGF**	**13,17**	**49.067,78**	**17,3**

Kostenkennwerte für die Kostengruppen 400 der 2. und 3. Ebene DIN 276 (Übersicht)

KG	Kostengruppe	Menge Einheit	€/Einheit	Kosten €	% an 3+4
400	**Bauwerk – Technische Anlagen**	**–**	**–**	**–**	**–**
410	**Abwasser-, Wasser-, Gasanlagen**	**–**	**–**	**–**	**–**
411	Abwasseranlagen	–	–	–	–
412	Wasseranlagen	–	–	–	–
413	Gasanlagen	–	–	–	–
419	Sonstiges zur KG 410	–	–	–	–
420	**Wärmeversorgungsanlagen**	**–**	**–**	**–**	**–**
421	Wärmeerzeugungsanlagen	–	–	–	–
422	Wärmeverteilnetze	–	–	–	–
423	Raumheizflächen	–	–	–	–
424	Verkehrsheizflächen	–	–	–	–
429	Sonstiges zur KG 420	–	–	–	–
430	**Raumlufttechnische Anlagen**	**–**	**–**	**–**	**–**
431	Lüftungsanlagen	–	–	–	–
432	Teilklimaanlagen	–	–	–	–
433	Klimaanlagen	–	–	–	–
434	Kälteanlagen	–	–	–	–
439	Sonstiges zur KG 430	–	–	–	–
440	**Elektrische Anlagen**	**–**	**–**	**–**	**–**
441	Hoch- und Mittelspannungsanlagen	–	–	–	–
442	Eigenstromversorgungsanlagen	–	–	–	–
443	Niederspannungsschaltanlagen	–	–	–	–
444	Niederspannungsinstallationsanlagen	–	–	–	–
445	Beleuchtungsanlagen	–	–	–	–
446	Blitzschutz- und Erdungsanlagen	–	–	–	–
447	Fahrleitungssysteme	–	–	–	–
449	Sonstiges zur KG 440	–	–	–	–
450	**Kommunikationstechnische Anlagen**	**–**	**–**	**–**	**–**
451	Telekommunikationsanlagen	–	–	–	–
452	Such- und Signalanlagen	–	–	–	–
453	Zeitdienstanlagen	–	–	–	–
454	Elektroakustische Anlagen	–	–	–	–
455	Audiovisuelle Medien- u. Antennenanl.	–	–	–	–
456	Gefahrenmelde- und Alarmanlagen	–	–	–	–
457	Datenübertragungsnetze	–	–	–	–
458	Verkehrsbeeinflussungsanlagen	–	–	–	–
459	Sonstiges zur KG 450	–	–	–	–
460	**Förderanlagen**	**–**	**–**	**–**	**–**
461	Aufzugsanlagen	–	–	–	–
462	Fahrtreppen, Fahrsteige	–	–	–	–
463	Befahranlagen	–	–	–	–
464	Transportanlagen	–	–	–	–
465	Krananlagen	–	–	–	–
466	Hydraulikanlagen	–	–	–	–
469	Sonstiges zur KG 460	–	–	–	–
470	**Nutzungsspez. u. verfahrenstechn. Anl.**	**–**	**–**	**–**	**–**
480	**Gebäude- und Anlagenautomation**	**–**	**–**	**–**	**–**
490	**Sonst. Maßnahmen für techn. Anlagen**	**–**	**–**	**–**	**–**

Modernisierung

Kostenkennwerte für Leistungsbereiche nach STLB (Kosten des Bauwerks nach DIN 276)

LB	Leistungsbereiche	Kosten €	€/m² BGF	€/m³ BRI	% an 3+4
000	Sicherheits-, Baustelleneinrichtungen inkl. 001	41.704	11,20	3,50	14,7
002	Erdarbeiten	–	–	–	–
006	Spezialtiefbauarbeiten inkl. 005	–	–	–	–
009	Entwässerungskanalarbeiten inkl. 011	–	–	–	–
010	Drän- und Versickerarbeiten	–	–	–	–
012	Mauerarbeiten	27.232	7,30	2,30	9,6
	Wiederherstellen	16.390	4,40	1,40	5,8
	Herstellen	10.842	2,90	0,91	3,8
013	Betonarbeiten	–	–	–	–
014	Natur-, Betonwerksteinarbeiten	–	–	–	–
016	Zimmer- und Holzbauarbeiten	–	–	–	–
017	Stahlbauarbeiten	–	–	–	–
018	Abdichtungsarbeiten	–	–	–	–
019	Kampfmittelräumarbeiten	–	–	–	–
020	Dachdeckungsarbeiten	–	–	–	–
021	Dachabdichtungsarbeiten	–	–	–	–
022	Klempnerarbeiten	39.606	10,60	3,30	14,0
	Rohbau	**108.542**	**29,10**	**9,10**	**38,3**
	Wiederherstellen	16.390	4,40	1,40	5,8
	Herstellen	92.152	24,70	7,80	32,5
023	Putz- und Stuckarbeiten, Wärmedämmsysteme	84.657	22,70	7,10	29,8
	Wiederherstellen	79.384	21,30	6,70	28,0
	Herstellen	5.273	1,40	0,44	1,9
024	Fliesen- und Plattenarbeiten	–	–	–	–
025	Estricharbeiten	–	–	–	–
026	Fenster, Außentüren inkl. 029, 032	–	–	–	–
027	Tischlerarbeiten	–	–	–	–
028	Parkettarbeiten, Holzpflasterarbeiten	–	–	–	–
030	Rollladenarbeiten	–	–	–	–
031	Metallbauarbeiten inkl. 035	–	–	–	–
034	Maler- und Lackiererarbeiten inkl. 037	80.747	21,70	6,80	28,5
	Wiederherstellen	15.242	4,10	1,30	5,4
	Herstellen	65.505	17,60	5,50	23,1
036	Bodenbelagarbeiten	–	–	–	–
038	Vorgehängte hinterlüftete Fassaden	–	–	–	–
039	Trockenbauarbeiten	–	–	–	–
	Ausbau	**165.404**	**44,40**	**13,90**	**58,3**
	Wiederherstellen	94.626	25,40	8,00	33,4
	Herstellen	70.778	19,00	6,00	24,9
040	Wärmeversorgungsanl. - Betriebseinr. inkl. 041	–	–	–	–
042	Gas- und Wasserinstallation, Leitungen inkl. 043	–	–	–	–
044	Abwasseranlagen - Leitungen	5.010	1,30	0,42	1,8
045	GWE-Einrichtungsgegenstände inkl. 046	–	–	–	–
047	Dämmarbeiten an betriebstechnischen Anlagen	–	–	–	–
049	Feuerlöschanlagen, Feuerlöschgeräte	–	–	–	–
050	Blitzschutz- und Erdungsanlagen	–	–	–	–
053	Niederspannungsanlagen inkl. 052, 054	–	–	–	–
055	Sicherheits- u. Ersatzstromversorgungsanl.	–	–	–	–
057	Gebäudesystemtechnik	–	–	–	–
058	Leuchten und Lampen inkl. 059	–	–	–	–

LB	Leistungsbereiche	Kosten €	€/m² BGF	€/m³ BRI	% an 3+4
060	Sprechanlagen, elektroakust. Anlagen inkl. 064	–	–	–	–
061	Kommunikationsnetze inkl. 063	–	–	–	–
069	Aufzüge	–	–	–	–
070	Gebäudeautomation	–	–	–	–
075	Raumlufttechnische Anlagen inkl. 078	–	–	–	–
	Gebäudetechnik	**5.010**	**1,30**	**0,42**	**1,8**
084	Abbruch, Rückbau, Schadstoffsanierung	173	0,05	0,01	< 0,1
	Abbrechen	173	0,05	0,01	< 0,1
	Abbrucharbeiten	**173**	**0,05**	**0,01**	**< 0,1**
	Abbrechen	173	0,05	0,01	< 0,1
	Sonstige Leistungsbereiche	**4.568**	**1,20**	**0,38**	**1,6**

6100-1428
Eigentumswohnung

Modernisierung

Objektübersicht

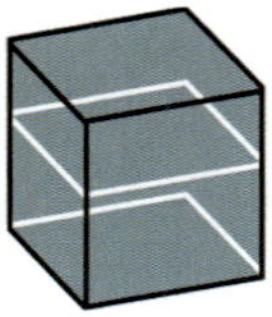

BRI 202 €/m³

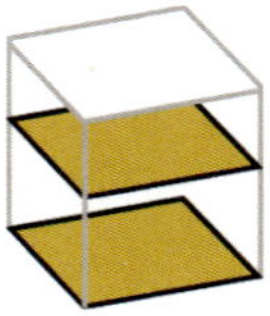

BGF 728 €/m²

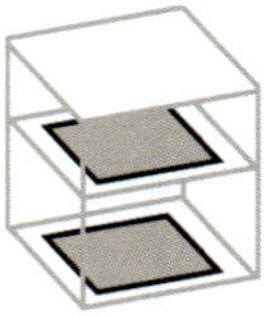

NUF 981 €/m²

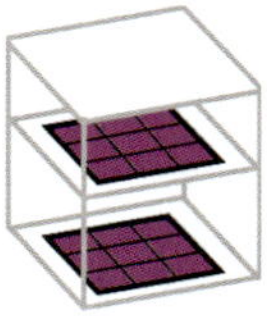

NE 900 €/NE

NE: Wohnfläche

Objekt:
Kennwerte: 3. Ebene DIN 276
BRI: 933 m³
BGF: 259 m²
NUF: 192 m²
Bauzeit: 13 Wochen
Bauende: 2019
Standard: über Durchschnitt
Bundesland: Hamburg
Kreis: Hamburg, Stadt

Architekt*in:
Mannott + Mannott
Dipl. Ingenieure, Architekten
Sillemstraße 76 a
20257 Hamburg

Modernisierung

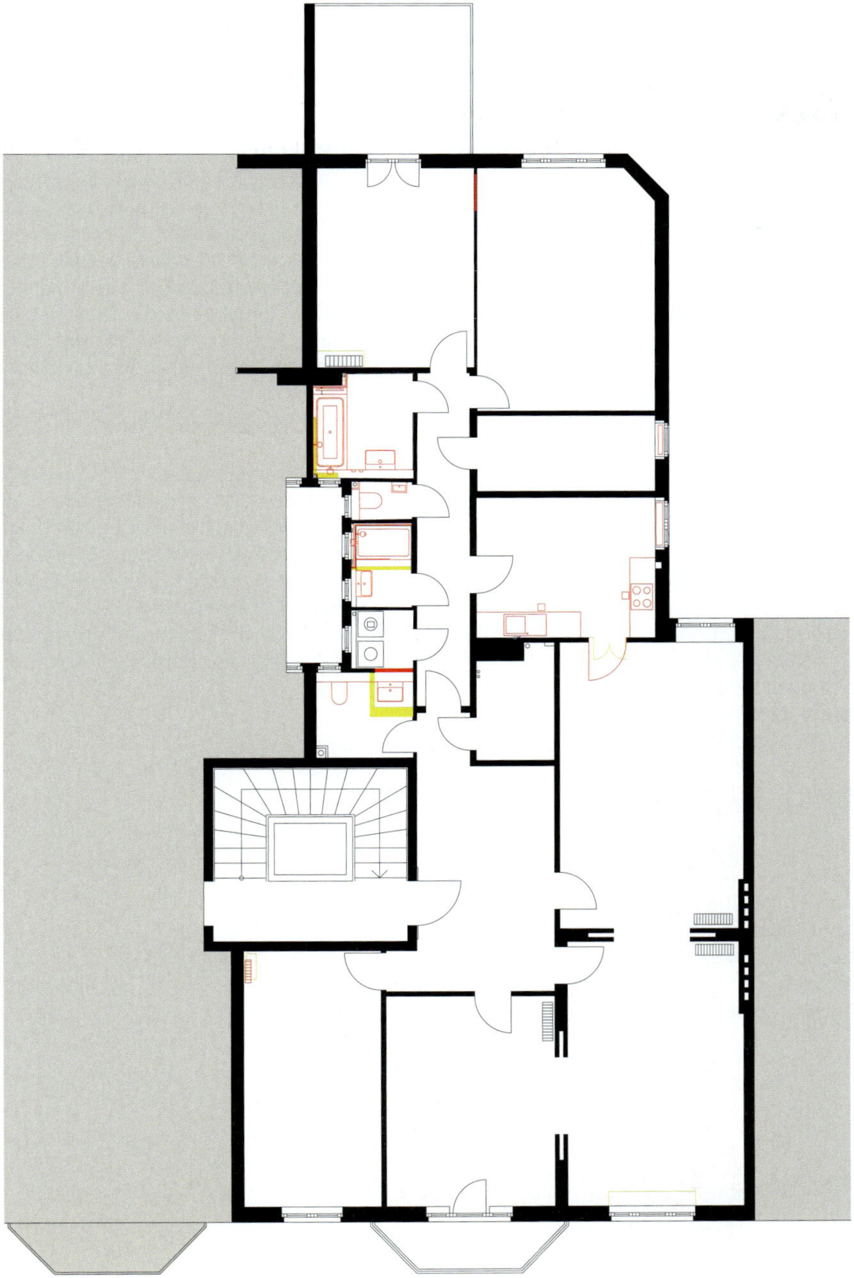

3. Obergeschoss

6100-1428
Eigentumswohnung

Modernisierung

Objektbeschreibung

Allgemeine Objektinformationen

Die Eigentumswohnung befindet sich im 3.Obergeschoss eines Wohngebäudes mit drei Geschossen, Souterrain und ausgebautem Mansarddach. Das Gebäude stammt aus dem Jahr 1905, die Wohnung wurde zuletzt 1964 renoviert.

Nutzung

1 Obergeschoss
Zimmer (6St), Küche, Bad, Dusche, WCs (2St), Abstellräume (2St), Diele, Balkone (2St)

Nutzeinheiten

Wohneinheiten: 1
Wohnfläche: 210 m²

Grundstück

Bauraum: Baulücke
Neigung: Ebenes Gelände

Markt

Hauptvergabezeit: 3.Quartal 2018
Baubeginn: 4.Quartal 2018
Bauende: 1.Quartal 2019
Konjunkturelle Gesamtlage: über Durchschnitt
Regionaler Baumarkt: über Durchschnitt

Baubestand

Baujahr: 1905
Bauzustand: mittel
Aufwand: mittel
Grundrissänderungen: einige
Tragwerkseingriffe: wenige
Nutzungsänderung: nein
Nutzung während der Bauzeit: nein

Baukonstruktion

Die in der Wohnung vorhandenen Teppichböden und PVC-Beläge wurden vollständig entfernt, um die alten Dielen- und Parkettböden freizulegen und aufzuarbeiten. Sämtliche Türen sind von ihren Bekleidungen befreit und überarbeitet worden. Bestehende Tapeten an Wänden und Decken wurden entfernt und die Oberflächen gespachtelt, geschliffen und beschichtet. Der Deckenstuck wurde gereinigt und ausgebessert. Eine Durchreiche zum angrenzenden Wohnzimmer wurde zu einem Türdurchbruch vergrößert, um eine bessere Verbindung zu schaffen. In den beiden vorhandenen Nassräumen konnten die Nutzungen umverteilt werden, um ein zusätzliches Gäste-WC und eine großzügigere Dusche einzurichten. Die Bäder haben Fliesenbeläge in moderner Optik erhalten. Im separaten WC konnten die historischen Fliesen erhalten werden.

Technische Anlagen

Die Elektroinstallation wurde komplett erneuert und als Unterputzinstallation mit neuem Schalterprogramm ausgeführt. Die Unterverteilung befindet sich in der Abseite am Lichtschacht. Die vorhandenen historischen Eisenguss-Heizkörper wurden lackiert und soweit möglich mit neuen Ventilköpfen ausgestattet. Nicht mehr intakte Heizkörper aus den 50er Jahren und jünger sind gegen neue Plattenheizkörper oder Röhrenradiatoren bzw. Badheizkörper ausgetauscht worden.

Planungskennwerte für Flächen und Rauminhalte nach DIN 277

Flächen des Grundstücks		Menge Einheit	% an GF
BF	Bebaute Fläche	–	–
UF	Unbebaute Fläche	–	–
GF	Grundstücksfläche	–	–

Grundflächen des Bauwerks		Menge Einheit	% an NUF	% an BGF
NUF	Nutzungsfläche	192,36 m^2	100,0	74,2
TF	Technikfläche	–	–	–
VF	Verkehrsfläche	29,17 m^2	15,2	11,3
NRF	Netto-Raumfläche	221,53 m^2	115,2	85,5
KGF	Konstruktions-Grundfläche	37,66 m^2	19,6	14,5
BGF	Brutto-Grundfläche	259,19 m^2	134,7	100,0

Brutto-Rauminhalt des Bauwerks		Menge Einheit	BRI/NUF (m)	BRI/BGF (m)
BRI	Brutto-Rauminhalt	933,08 m^3	4,85	3,60

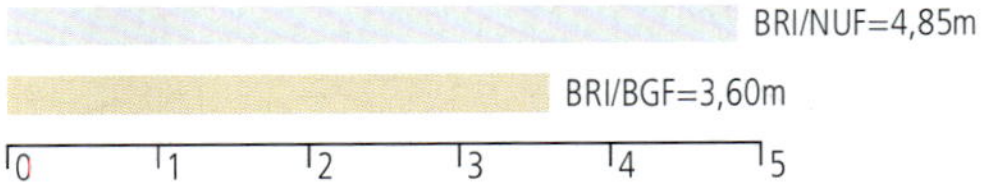

Lufttechnisch behandelte Flächen	Menge Einheit	% an NUF	% an BGF
Entlüftete Fläche	–	–	–
Be- und entlüftete Fläche	–	–	–
Teilklimatisierte Fläche	–	–	–
Klimatisierte Fläche	–	–	–

KG	Kostengruppen (2. Ebene)	Menge Einheit	Menge/NUF	Menge/BGF
310	Baugrube / Erdbau	–	–	–
320	Gründung, Unterbau	–	–	–
330	Außenwände/Vertikale Baukonstruktionen, außen	227,00 m^2 AWF	1,18	0,88
340	Innenwände/Vertikale Baukonstruktionen, innen	269,37 m^2 IWF	1,40	1,04
350	Decken/Horizontale Baukonstruktionen	205,04 m^2 DEF	1,07	0,79
360	Dächer	–	–	–

Kostenkennwerte für die Kostengruppen der 1. Ebene DIN 276

KG	Kostengruppen (1. Ebene)	Einheit	Kosten €	€/Einheit	€/m² BGF	€/m³ BRI	% 300+400
100	Grundstück	m² GF	–	–	–	–	–
200	Vorbereitende Maßnahmen	m² GF	–	–	–	–	–
300	Bauwerk – Baukonstruktionen	m² BGF	136.166	525,35	525,35	145,93	72,2
400	Bauwerk – Technische Anlagen	m² BGF	52.497	202,54	202,54	56,26	27,8
	Bauwerk 300+400	**m² BGF**	**188.663**	**727,89**	**727,89**	**202,19**	**100,0**
500	Außenanlagen und Freiflächen	m² AF	–	–	–	–	–
600	Ausstattung und Kunstwerke	m² BGF	2.078	8,02	8,02	2,23	1,1
700	Baunebenkosten	m² BGF	–	–	–	–	–
800	Finanzierung	m² BGF	–	–	–	–	–

KG	Kostengruppe	Menge Einheit	Kosten €	€/Einheit	%
3+4	**Bauwerk**				**100,0**
300	**Bauwerk – Baukonstruktionen**	259,19 m² BGF	136.166	**525,35**	72,2
	• Abbrechen (Kosten: 4,7%) Abbruch von Fensterbrüstungen, Tapeten; Mauerwerk, Türen, Heizkörperbekleidungen; Bodenbelägen, abgehängter Decke; Einbauschrank; Entsorgung, Deponiegebühren		6.337		
	• Wiederherstellen (Kosten: 33,9%) Fenster instandsetzen, lackieren; Wandschlitze schließen, Fehlstellen verputzen, Türen instandsetzen, lackieren, historische Wandfliesen aufarbeiten; Holzbeläge schleifen, versiegeln, profilierten Deckenstuck, restaurieren		46.200		
	• Herstellen (Kosten: 61,4%) Holzfensterbänke, Malervlies; IPE-Träger, Trockenbauwände, Türelement, Wandfliesen; Estrich, Bodenfliesen, GK-Deckenbekleidung; Einbauküche		83.628		
400	**Bauwerk – Technische Anlagen**	259,19 m² BGF	52.497	**202,54**	27,8
	• Abbrechen (Kosten: 5,5%) Abbruch von Sanitärobjekten; Heizkörpern; Antennenanlage; Entsorgung, Deponiegebühren		2.877		
	• Wiederherstellen (Kosten: 6,5%) Heizungsanlage, wieder in Betrieb nehmen, Heizungsleitungen, lackieren, historische Heizkörper lackieren; vorhandene Leuchten, anschließen, LED-Leuchtmittel		3.394		
	• Herstellen (Kosten: 88,1%) Gebäudeentwässerung, Sanitärobjekte; Heizkörper; Elektroinstallation, Beleuchtung, Erdung; Telefonanschluss, Antennenanschluss, Datenverkabelung		46.226		
600	**Ausstattung und Kunstwerke**	259,19 m² BGF	2.078	**8,02**	1,1
	• Abbrechen (Kosten: 3,3%) Abbruch von Gardinenstangen, Haken, Wandbekleidungen; Entsorgung, Deponiegebühren		69		
	• Herstellen (Kosten: 96,7%) Duschtrennwand, WC-Papierhalter, Reservepapierhalter		2.009		

Kostenkennwerte für die Kostengruppen der 2.Ebene DIN 276

KG	Kostengruppe	Menge Einheit	Kosten €	€/Einheit	%
300	**Bauwerk – Baukonstruktionen**				**100,0**
330	**Außenwände/Vert. Baukonstrukt., außen**	227,00 m² AWF	15.452	**68,07**	11,3
	• Abbrechen (Kosten: 5,5%) Abbruch von Fensterbrüstungen (13St) * Tapeten (170m²); Entsorgung, Deponiegebühren	170,00 m² AWF	848	**4,99**	
	• Wiederherstellen (Kosten: 31,1%) Fenster instandsetzen (25St), lackieren (57m²), historische Fensterfutter ausbessern, lackieren (75m)	57,00 m² AWF	4.809	**84,37**	
	• Herstellen (Kosten: 63,4%) Holzfensterbänke, lackiert (9m) * Malervlies (170m²)	170,00 m² AWF	9.795	**57,62**	
340	**Innenwände/Vert. Baukonstrukt., innen**	269,37 m² IWF	57.917	**215,01**	42,5
	• Abbrechen (Kosten: 5,6%) Abbruch von Mauerwerk (11m²) * Türen (15St) * Tapeten (445m²), Heizkörperbekleidungen (5St); Entsorgung, Deponiegebühren	222,50 m² IWF	3.241	**14,57**	
	• Wiederherstellen (Kosten: 29,3%) Wandschlitze schließen (191m), Fehlstellen verputzen (66m²) * Türen instandsetzen (15St), lackieren (44m²) * historische Wandfliesen aufarbeiten (10h)	88,18 m² IWF	16.969	**192,44**	
	• Herstellen (Kosten: 65,1%) IPE-Träger in Öffnung einbauen (1St), Türöffnungen schließen (2St) * Trockenbauwände (10m²) * Türelement, Glasausschnitte (2m²) * Malervlies (430m²), Wandfliesen (16m²), Vorsatzschalen, raumhoch (6m²)	225,03 m² IWF	37.706	**167,56**	
350	**Decken/Horizontale Baukonstruktionen**	205,04 m² DEF	47.452	**231,43**	34,8
	• Abbrechen (Kosten: 4,7%) Abbruch von Bodenbelägen (123m²), Kunstrasen (psch) * Tapeten (205m²), abgehängter Decke (4m²); Entsorgung, Deponiegebühren	209,00 m² DEF	2.209	**10,57**	
	• Wiederherstellen (Kosten: 51,5%) Holzbeläge schleifen, versiegeln (177m²) * profilierten Deckenstuck, restaurieren, Fehlstellen ergänzen (93m²)	177,04 m² DEF	24.422	**137,95**	
	• Herstellen (Kosten: 43,9%) Dämmplatten, d=30-40mm, Estrich (14m²), Bodenfliesen (28m²) * Malervlies (201m²), GK-Deckenbekleidung, Dämmung (7m²)	201,00 m² DEF	20.821	**103,58**	
380	**Baukonstruktive Einbauten**	259,19 m² BGF	7.464	**28,80**	5,5
	• Abbrechen (Kosten: 0,5%) Abbruch von Einbauschrank (1St); Entsorgung, Deponiegebühren	259,19 m² BGF	38	**0,15**	
	• Herstellen (Kosten: 99,5%) Einbauküche, Korpus Holz, Ober-/Unterschränke (1St), Spüle (1St), Backofen (1St), Kochfeld (1St), Ablufthaube (1St)	259,19 m² BGF	7.426	**28,65**	

Modernisierung

KG	Kostengruppe	Menge Einheit	Kosten €	€/Einheit	%
390	**Sonst. Maßnahmen für Baukonstrukt.**	259,19 m²BGF	7.881	**30,41**	5,8
	• Herstellen (Kosten: 100,0%) Baustelleneinrichtungen (4St), Verkehrssicherung (1St), Baustrom (1St), Bauwasser (1St), Baustellen-WC (1St) * Schutzabdeckungen (75m²), Baureinigung (psch)	259,19 m²BGF	7.881	**30,41**	
400	**Bauwerk – Technische Anlagen**				**100,0**
410	**Abwasser-, Wasser-, Gasanlagen**	259,19 m²BGF	24.350	**93,95**	46,4
	• Abbrechen (Kosten: 9,0%) Abbruch von Sanitärobjekten (psch); Entsorgung, Deponiegebühren	259,19 m²BGF	2.198	**8,48**	
	• Herstellen (Kosten: 91,0%) Abwasserrohre DN50-100 (170m), Sifon (1St) * Kupferrohre DN15-22 (48m), Anschlüsse an Bestand (6St), Zähler (4St), Tiefspül-WCs (2St), Waschtische (3St), Handwaschbecken (1St), Duschwanne (1St), Badewanne (1St), Brausegarnituren (2St) * Montageelemente (4St)	259,19 m²BGF	22.152	**85,46**	
420	**Wärmeversorgungsanlagen**	259,19 m²BGF	9.165	**35,36**	17,5
	• Abbrechen (Kosten: 4,2%) Abbruch von Heizkörpern (7St); Entsorgung, Deponiegebühren	259,19 m²BGF	384	**1,48**	
	• Wiederherstellen (Kosten: 34,4%) Heizungsanlage abstellen, wieder in Betrieb nehmen (1St) * Heizungsleitungen, lackieren (20m) * historische Heizkörper lackieren (5St)	259,19 m²BGF	3.155	**12,17**	
	• Herstellen (Kosten: 61,4%) Kupferrohre DN12-20 (7m), Anschlüsse an Bestand (3St) * Heizkörper (4St), Elektro-Fußbodenheizung, Touchthermostat (1St)	259,19 m²BGF	5.625	**21,70**	
440	**Elektrische Anlagen**	259,19 m²BGF	16.249	**62,69**	31,[illegible]
	• Wiederherstellen (Kosten: 1,5%) vorhandene Leuchten, anschließen, LED-Leuchtmittel (5St)	259,19 m²BGF	239	**0,92**	
	• Herstellen (Kosten: 98,5%) Unterverteiler (1St), Elektroinstallation (psch), Steckdosen (98St), Schalter (23St), Anschlüsse für Sonnenschutzantriebe (4St), für Elektro-Fußbodenheizung (2St), Herdanschluss (1St), Anschluss an Bestand (psch) * LED Einbauleuchten (4St) * Potenzialausgleichsschienen (2St)	259,19 m²BGF	16.010	**61,77**	
450	**Kommunikationstechnische Anlagen**	259,19 m²BGF	2.618	**10,10**	5,0
	• Abbrechen (Kosten: 11,2%) Abbruch von Antennenanlage (1St); Entsorgung, Deponiegebühren	259,19 m²BGF	294	**1,13**	
	• Herstellen (Kosten: 88,8%) Telefonanschlussdose (1St) * Antennenverteiler (1St), Antennendosen (7St), Antennenkabel (psch) * Patchpanel Cat6 (1St), Datenanschlussdosen Cat6 (8St)	259,19 m²BGF	2.324	**8,97**	
490	**Sonst. Maßnahmen für techn. Anlagen**	259,19 m²BGF	115	**0,44**	0,2
	• Herstellen (Kosten: 100,0%) Aufnehmen und Entsorgen von Bauschutt (psch); Entsorgung, Deponiegebühren	259,19 m²BGF	115	**0,44**	

KG	Kostengruppe	Menge Einheit	Kosten €	€/Einheit	%
600	**Ausstattung und Kunstwerke**				**100,0**
610	**Allgemeine Ausstattung**	259,19 m2BGF	2.078	**8,02**	100,0
	• Abbrechen (Kosten: 3,3%) Abbruch von Gardinenstangen, Haken, Wandbekleidungen aus Stoff (psch); Entsorgung, Deponiegebühren	259,19 m2BGF	69	**0,27**	
	• Herstellen (Kosten: 96,7%) Duschtrennwand (1St), WC-Papierhalter (2St), Reservepapierhalter (2St)	259,19 m2BGF	2.009	**7,75**	

Modernisierung

Kostenkennwerte für die Kostengruppen 300 der 2. und 3. Ebene DIN 276 (Übersicht)

KG	Kostengruppe	Menge Einheit	€/Einheit	Kosten €	% an 3–4
300	**Bauwerk – Baukonstruktionen**	**259,19 m² BGF**	**525,35**	**136.165,92**	**72,2**
310	**Baugrube / Erdbau**	**–**	**–**	**–**	**–**
311	Herstellung	–	–	–	–
312	Umschließung	–	–	–	–
313	Wasserhaltung	–	–	–	–
314	Vortrieb	–	–	–	–
319	Sonstiges zur KG 310	–	–	–	–
320	**Gründung, Unterbau**	**–**	**–**	**–**	**–**
321	Baugrundverbesserung	–	–	–	–
322	Flachgründungen und Bodenplatten	–	–	–	–
323	Tiefgründungen	–	–	–	–
324	Gründungsbeläge	–	–	–	–
325	Abdichtungen und Bekleidungen	–	–	–	–
326	Dränagen	–	–	–	–
329	Sonstiges zur KG 320	–	–	–	–
330	**Außenwände/Vert. Baukonstrukt., außen**	**227,00 m² AWF**	**68,07**	**15.452,29**	**8,2**
331	Tragende Außenwände	–	–	–	–
332	Nichttragende Außenwände	–	–	–	–
333	Außenstützen	–	–	–	–
334	Außenwandöffnungen	57,00 m²	110,23	6.283,31	3,3
335	Außenwandbekleidungen, außen	–	–	–	–
336	Außenwandbekleidungen, innen	170,00 m²	53,94	9.168,99	4,9
337	Element. Außenwandkonstruktionen	–	–	–	–
338	Lichtschutz zur KG 330	–	–	–	–
339	Sonstiges zur KG 330	–	–	–	–
340	**Innenwände/Vert. Baukonstrukt., innen**	**269,37 m² IWF**	**215,01**	**57.916,71**	**30,7**
341	Tragende Innenwände	66,01 m²	157,87	10.421,15	5,5
342	Nichttragende Innenwände	10,00 m²	368,91	3.689,10	2,0
343	Innenstützen	–	–	–	–
344	Innenwandöffnungen	46,37 m²	262,88	12.189,96	6,5
345	Innenwandbekleidungen	446,00 m²	70,89	31.616,51	16.8
346	Elementierte Innenwandkonstruktionen	–	–	–	–
347	Lichtschutz zur KG 340	–	–	–	–
349	Sonstiges zur KG 340	–	–	–	–
350	**Decken/Horizontale Baukonstruktionen**	**205,04 m² DEF**	**231,43**	**47.451,97**	**25,2**
351	Deckenkonstruktionen	–	–	–	–
352	Deckenöffnungen	–	–	–	–
353	Deckenbeläge	205,04 m²	115,65	23.713,15	12,6
354	Deckenbekleidungen	201,00 m²	118,10	23.738,82	12,6
355	Elementierte Deckenkonstruktionen	–	–	–	–
359	Sonstiges zur KG 350	–	–	–	–
360	**Dächer**	**–**	**–**	**–**	**–**
361	Dachkonstruktionen	–	–	–	–
362	Dachöffnungen	–	–	–	–
363	Dachbeläge	–	–	–	–
364	Dachbekleidungen	–	–	–	–
365	Elementierte Dachkonstruktionen	–	–	–	–
366	Lichtschutz zur KG 360	–	–	–	–
369	Sonstiges zur KG 360	–	–	–	–
370	**Infrastrukturanlagen**	**–**	**–**	**–**	**–**
380	**Baukonstruktive Einbauten**	**259,19 m² BGF**	**28,80**	**7.464,09**	**4,0**
390	**Sonst. Maßnahmen für Baukonstrukt.**	**259,19 m² BGF**	**30,41**	**7.880,84**	**4,2**

Modernisierung

Kostenkennwerte für die Kostengruppen 400 der 2. und 3. Ebene DIN 276 (Übersicht)

KG	Kostengruppe	Menge Einheit	€/Einheit	Kosten €	% an 3+4
400	**Bauwerk – Technische Anlagen**	**259,19 m² BGF**	**202,54**	**52.497,15**	**27,8**
410	**Abwasser-, Wasser-, Gasanlagen**	**259,19 m² BGF**	**93,95**	**24.349,94**	**12,9**
411	Abwasseranlagen	259,19 m² BGF	3,34	866,89	0,5
412	Wasseranlagen	259,19 m² BGF	84,31	21.852,53	11,6
413	Gasanlagen	–	–	–	–
419	Sonstiges zur KG 410	259,19 m² BGF	6,29	1.630,53	0,9
420	**Wärmeversorgungsanlagen**	**259,19 m² BGF**	**35,36**	**9.164,83**	**4,9**
421	Wärmeerzeugungsanlagen	259,19 m² BGF	8,45	2.190,67	1,2
422	Wärmeverteilnetze	259,19 m² BGF	5,45	1.411,35	0,7
423	Raumheizflächen	259,19 m² BGF	21,46	5.562,82	2,9
424	Verkehrsheizflächen	–	–	–	–
429	Sonstiges zur KG 420	–	–	–	–
430	**Raumlufttechnische Anlagen**	**–**	**–**	**–**	**–**
431	Lüftungsanlagen	–	–	–	–
432	Teilklimaanlagen	–	–	–	–
433	Klimaanlagen	–	–	–	–
434	Kälteanlagen	–	–	–	–
439	Sonstiges zur KG 430	–	–	–	–
440	**Elektrische Anlagen**	**259,19 m² BGF**	**62,69**	**16.249,41**	**8,6**
441	Hoch- und Mittelspannungsanlagen	–	–	–	–
442	Eigenstromversorgungsanlagen	–	–	–	–
443	Niederspannungsschaltanlagen	–	–	–	–
444	Niederspannungsinstallationsanlagen	259,19 m² BGF	59,47	15.413,35	8,2
445	Beleuchtungsanlagen	259,19 m² BGF	2,65	686,00	0,4
446	Blitzschutz- und Erdungsanlagen	259,19 m² BGF	0,58	150,04	< 0,1
447	Fahrleitungssysteme	–	–	–	–
449	Sonstiges zur KG 440	–	–	–	–
450	**Kommunikationstechnische Anlagen**	**259,19 m² BGF**	**10,10**	**2.618,14**	**1,4**
451	Telekommunikationsanlagen	259,19 m² BGF	0,33	85,75	< 0,1
452	Such- und Signalanlagen	–	–	–	–
453	Zeitdienstanlagen	–	–	–	–
454	Elektroakustische Anlagen	–	–	–	–
455	Audiovisuelle Medien- u. Antennenanl.	259,19 m² BGF	5,20	1.348,87	0,7
456	Gefahrenmelde- und Alarmanlagen	–	–	–	–
457	Datenübertragungsnetze	259,19 m² BGF	4,57	1.183,52	0,6
458	Verkehrsbeeinflussungsanlagen	–	–	–	–
459	Sonstiges zur KG 450	–	–	–	–
460	**Förderanlagen**	**–**	**–**	**–**	**–**
461	Aufzugsanlagen	–	–	–	–
462	Fahrtreppen, Fahrsteige	–	–	–	–
463	Befahranlagen	–	–	–	–
464	Transportanlagen	–	–	–	–
465	Krananlagen	–	–	–	–
466	Hydraulikanlagen	–	–	–	–
469	Sonstiges zur KG 460	–	–	–	–
470	**Nutzungsspez. u. verfahrenstechn. Anl.**	**–**	**–**	**–**	**–**
480	**Gebäude- und Anlagenautomation**	**–**	**–**	**–**	**–**
490	**Sonst. Maßnahmen für techn. Anlagen**	**259,19 m² BGF**	**0,44**	**114,83**	**< 0,1**

Modernisierung

Kostenkennwerte für Leistungsbereiche nach STLB (Kosten des Bauwerks nach DIN 276)

LB	Leistungsbereiche	Kosten €	€/m² BGF	€/m³ BRI	% an 3+4
000	Sicherheits-, Baustelleneinrichtungen inkl. 001	5.645	21,80	6,10	3,0
002	Erdarbeiten	–	–	–	–
006	Spezialtiefbauarbeiten inkl. 005	–	–	–	–
009	Entwässerungskanalarbeiten inkl. 011	–	–	–	–
010	Drän- und Versickerarbeiten	–	–	–	–
012	Mauerarbeiten	1.164	4,50	1,20	0,6
013	Betonarbeiten	–	–	–	–
014	Natur-, Betonwerksteinarbeiten	–	–	–	–
016	Zimmer- und Holzbauarbeiten	–	–	–	–
017	Stahlbauarbeiten	–	–	–	–
018	Abdichtungsarbeiten	–	–	–	–
019	Kampfmittelräumarbeiten	–	–	–	–
020	Dachdeckungsarbeiten	–	–	–	–
021	Dachabdichtungsarbeiten	–	–	–	–
022	Klempnerarbeiten	–	–	–	–
	Rohbau	**6.809**	**26,30**	**7,30**	**3,6**
023	Putz- und Stuckarbeiten, Wärmedämmsysteme	19.875	76,70	21,30	10,5
	Wiederherstellen	17.284	66,70	18,50	9,2
	Herstellen	2.591	10,00	2,80	1,4
024	Fliesen- und Plattenarbeiten	11.703	45,20	12,50	6,2
	Wiederherstellen	804	3,10	0,86	0,4
	Herstellen	10.899	42,00	11,70	5,8
025	Estricharbeiten	2.830	10,90	3,00	1,5
026	Fenster, Außentüren inkl. 029, 032	4.078	15,70	4,40	2,2
	Wiederherstellen	3.068	11,80	3,30	1,6
	Herstellen	1.010	3,90	1,10	0,5
027	Tischlerarbeiten	12.071	46,60	12,90	6,4
	Wiederherstellen	1.288	5,00	1,40	0,7
	Herstellen	10.783	41,60	11,60	5,7
028	Parkettarbeiten, Holzpflasterarbeiten	–	–	–	–
030	Rollladenarbeiten	–	–	–	–
031	Metallbauarbeiten inkl. 035	–	–	–	–
034	Maler- und Lackiererarbeiten inkl. 037	53.100	204,90	56,90	28,1
	Wiederherstellen	14.249	55,00	15,30	7,6
	Herstellen	38.852	149,90	41,60	20,6
036	Bodenbelagarbeiten	11.188	43,20	12,00	5,9
	Wiederherstellen	10.473	40,40	11,20	5,6
	Herstellen	715	2,80	0,77	0,4
038	Vorgehängte hinterlüftete Fassaden	–	–	–	–
039	Trockenbauarbeiten	4.918	19,00	5,30	2,6
	Ausbau	**119.762**	**462,10**	**128,40**	**63,5**
	Wiederherstellen	47.165	182,00	50,50	25,0
	Herstellen	72.597	280,10	77,80	38,5
040	Wärmeversorgungsanl. - Betriebseinr. inkl. 041	6.953	26,80	7,50	3,7
	Wiederherstellen	2.191	8,50	2,30	1,2
	Herstellen	4.762	18,40	5,10	2,5
042	Gas- und Wasserinstallation, Leitungen inkl. 043	5.830	22,50	6,20	3,1
044	Abwasseranlagen - Leitungen	867	3,30	0,93	0,5
045	GWE-Einrichtungsgegenstände inkl. 046	16.180	62,40	17,30	8,6
047	Dämmarbeiten an betriebstechnischen Anlagen	1.515	5,80	1,60	0,8

LB	Leistungsbereiche	Kosten €	€/m²BGF	€/m³BRI	% an 3+4
049	Feuerlöschanlagen, Feuerlöschgeräte	–	–	–	–
050	Blitzschutz- und Erdungsanlagen	150	0,58	0,16	< 0,1
053	Niederspannungsanlagen inkl. 052, 054	16.023	61,80	17,20	8,5
055	Sicherheits- u. Ersatzstromversorgungsanl.	–	–	–	–
057	Gebäudesystemtechnik	–	–	–	–
058	Leuchten und Lampen inkl. 059	686	2,60	0,74	0,4
	Wiederherstellen	239	0,92	0,26	0,1
	Herstellen	447	1,70	0,48	0,2
060	Sprechanlagen, elektroakust. Anlagen inkl. 064	1.055	4,10	1,10	0,6
061	Kommunikationsnetze inkl. 063	1.269	4,90	1,40	0,7
069	Aufzüge	–	–	–	–
070	Gebäudeautomation	–	–	–	–
075	Raumlufttechnische Anlagen inkl. 078	–	–	–	–
	Gebäudetechnik	**50.528**	**194,90**	**54,20**	**26,8**
	Wiederherstellen	2.430	9,40	2,60	1,3
	Herstellen	48.098	185,60	51,50	25,5
084	Abbruch, Rückbau, Schadstoffsanierung	9.214	35,50	9,90	4,9
	Abbrechen	9.214	35,50	9,90	4,9
	Abbrucharbeiten	**9.214**	**35,50**	**9,90**	**4,9**
	Abbrechen	9.214	35,50	9,90	4,9
	Sonstige Leistungsbereiche	**2.350**	**9,10**	**2,50**	**1,2**

6100-1465
Dachgeschoss-
wohnung

Modernisierung

Objektübersicht

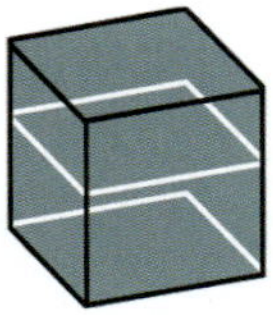

BRI **339 €/m³**

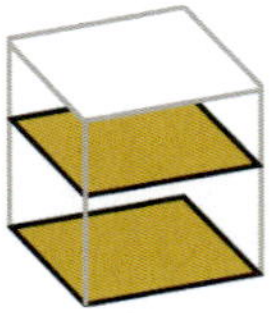

BGF **927 €/m²**

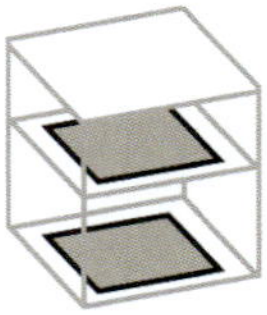

NUF **1.223 €/m²**

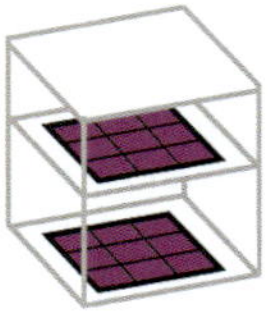

NE **1.289 €/NE**

NE: Wohnfläche

Objekt:
Kennwerte: 3. Ebene DIN 276
BRI: 468 m³
BGF: 171 m²
NUF: 130 m²
Bauzeit: 104 Wochen
Bauende: 2014
Standard: Durchschnitt
Bundesland: Nordrhein-Westfalen
Kreis: Köln, Stadt

Architekt*in:
Dipl.-Ing. Christoph Wieacker
Architekt BDA
Domstraße 56
50668 Köln

© Esma Su Wieacker

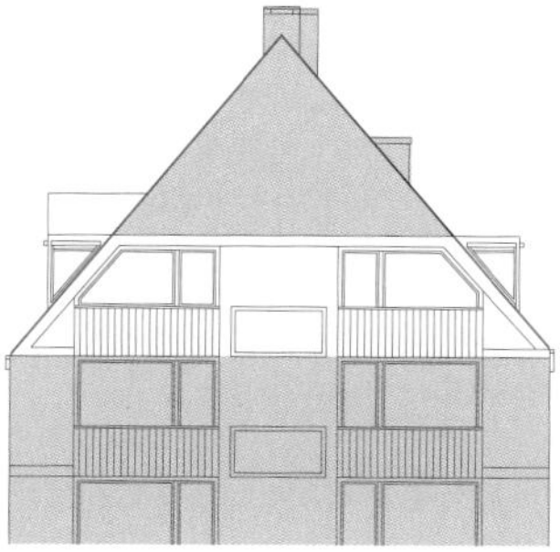
Ansicht Süd

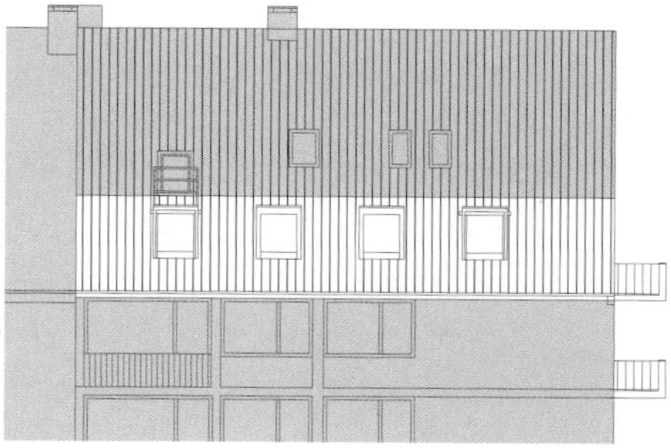
Ansicht West

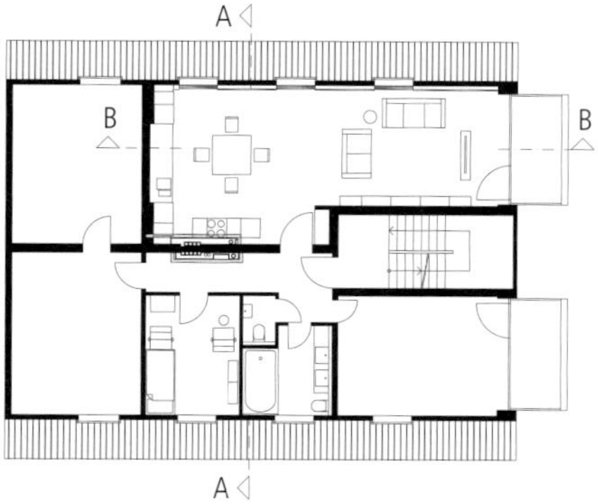

Erdgeschoss

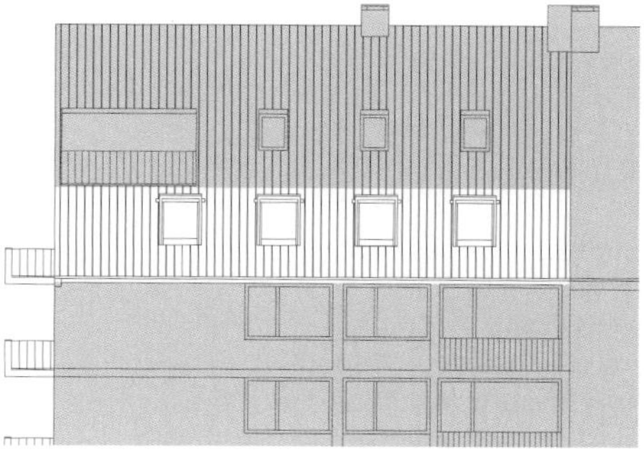
Ansicht Ost

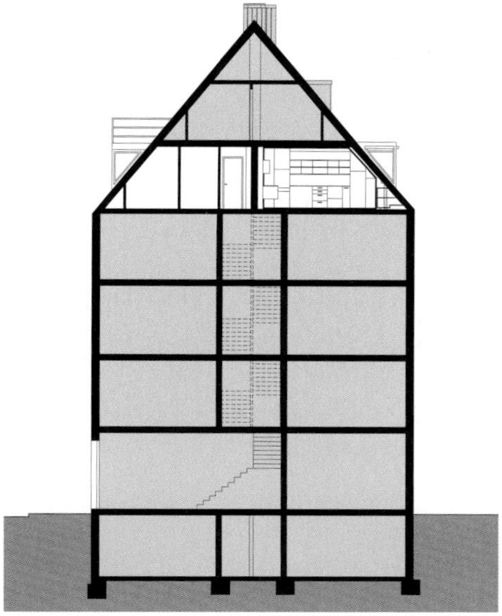
Schnitt A-A

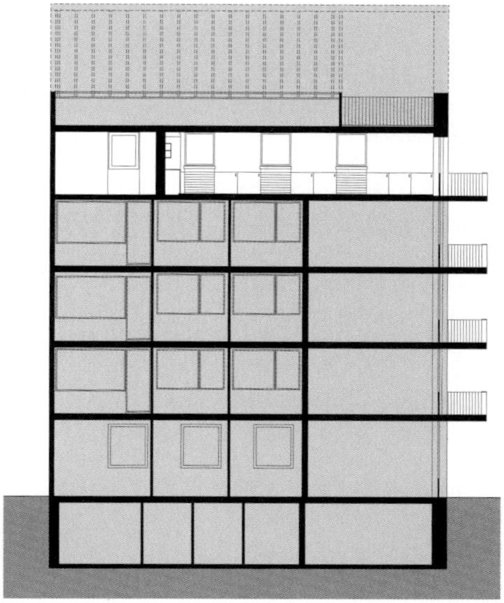
Schnitt B-B

Objektbeschreibung

Allgemeine Objektinformationen

Im Rahmen des Umbaus einer Dachgeschosswohnung wurde die Küche verlegt und in einen großzügigen Wohn- und Essbereich integriert. Zudem wurden die Abmauerungen im Drempel durch Schränke ersetzt, die Stauraum bis in die Winkelspitze des Satteldachs bieten.

Nutzung

1 Dachgeschoss
Wohnküche, Schlafzimmer, Kinderzimmer, Gästezimmer, Arbeitszimmer, Bad, WC

Nutzeinheiten

Wohneinheiten: 1
Wohnfläche: 123 m²

Markt

Hauptvergabezeit: 3. Quartal 2012
Baubeginn: 3. Quartal 2012
Bauende: 3. Quartal 2014
Konjunkturelle Gesamtlage: Durchschnitt
Regionaler Baumarkt: über Durchschnitt

Baubestand

Baujahr: 1960
Bauzustand: gut
Aufwand: mittel
Grundrissänderungen: wenige
Tragwerkseingriffe: keine
Nutzungsänderung: ja
Nutzung während der Bauzeit: nein

Baukonstruktion

Da sich die Dachgeschosswohnung innerhalb einer Wohnungseigentümergemeinschaft befindet, sollte die Umbaumaßnahme ohne Eingriff in die tragende Bausubstanz erfolgen.

Technische Anlagen

Die neue Küche konnte an bestehende Abflussleitungen angeschlossen werden. Für das Trinkwasser musste eine neue Leitung aus dem Keller ins Dachgeschoss geführt werden. Die Elektroinstallation im neu gestaltetem Wohn- und Essbereich wurde weitgehend erneuert und durch Multimediadosen mit passenden Steckmodulen für Fernsehen, Telefon und Computernetzwerk ergänzt. An dieses Netz wurden auch zwei weitere Räume angeschlossen.

Sonstiges

Das Gebäude wurde, bis auf die Dachgeschosswohnung während der Sanierung genutzt.

Planungskennwerte für Flächen und Rauminhalte nach DIN 277

Flächen des Grundstücks		Menge Einheit	% an GF
BF	Bebaute Fläche	–	–
UF	Unbebaute Fläche	–	–
GF	Grundstücksfläche	–	–

Grundflächen des Bauwerks		Menge Einheit	% an NUF	% an BGF
NUF	Nutzungsfläche	129,83 m²	100,0	75,8
TF	Technikfläche	–	–	–
VF	Verkehrsfläche	20,40 m²	15,7	11,9
NRF	Netto-Raumfläche	150,23 m²	115,7	87,7
KGF	Konstruktions-Grundfläche	20,99 m²	16,2	12,3
BGF	Brutto-Grundfläche	171,22 m²	131,9	100,0

Brutto-Rauminhalt des Bauwerks		Menge Einheit	BRI/NUF (m)	BRI/BGF (m)
BRI	Brutto-Rauminhalt	468,49 m³	3,61	2,74

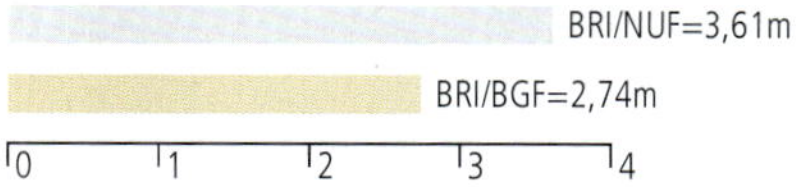

Lufttechnisch behandelte Flächen	Menge Einheit	% an NUF	% an BGF
Entlüftete Fläche	–	–	–
Be- und entlüftete Fläche	–	–	–
Teilklimatisierte Fläche	–	–	–
Klimatisierte Fläche	–	–	–

KG	Kostengruppen (2. Ebene)	Menge Einheit	Menge/NUF	Menge/BGF
310	Baugrube / Erdbau	–	–	–
320	Gründung, Unterbau	–	–	–
330	Außenwände/Vertikale Baukonstruktionen, außen	14,00 m² AWF	0,11	0,08
340	Innenwände/Vertikale Baukonstruktionen, innen	55,63 m² IWF	0,43	0,33
350	Decken/Horizontale Baukonstruktionen	77,00 m² DEF	0,59	0,45
360	Dächer	45,16 m² DAF	0,35	0,26

Modernisierung

Kostenkennwerte für die Kostengruppen der 1. Ebene DIN 276

KG	Kostengruppen (1. Ebene)	Einheit	Kosten €	€/Einheit	€/m² BGF	€/m³ BRI	% 300+400
100	Grundstück	m² GF	–	–	–	–	–
200	Vorbereitende Maßnahmen	m² GF	–	–	–	–	–
300	Bauwerk – Baukonstruktionen	m² BGF	131.405	767,47	767,47	280,49	82,7
400	Bauwerk – Technische Anlagen	m² BGF	27.397	160,01	160,01	58,48	17,3
	Bauwerk 300+400	**m² BGF**	**158.802**	**927,47**	**927,47**	**338,97**	**100,0**
500	Außenanlagen und Freiflächen	m² AF	–	–	–	–	–
600	Ausstattung und Kunstwerke	m² BGF	–	–	–	–	–
700	Baunebenkosten	m² BGF	–	–	–	–	–
800	Finanzierung	m² BGF	–	–	–	–	–

KG	Kostengruppe	Menge Einheit	Kosten €	€/Einheit	%
3+4	**Bauwerk**				**100,0**
300	**Bauwerk – Baukonstruktionen**	171,22 m² BGF	131.405	**767,47**	82,7

- Abbrechen (Kosten: 3,5%) — 4.597
  Abbruch von Drempelwänden, Vorwänden; Bodenfliesen, Deckenbekleidung; Entsorgung, Deponiegebühren
- Wiederherstellen (Kosten: 2,5%) — 3.254
  Fenster instandsetzen, lackieren; Türen anpassen, lackieren; Parkett ausbessern, versiegeln; Deckenputz ausbessern; Dachschrägen verputzen
- Herstellen (Kosten: 94,0%) — 123.554
  Heizkörperbekleidungen; Mauerwerkswände schließen, GK-Wände, Schallschutzwand, Silikatbeschichtung, Beschichtung mit Magnetfarbe, Fertigparkett; Schiebeladen, Einbauküche, Regale

KG	Kostengruppe	Menge Einheit	Kosten €	€/Einheit	%
400	**Bauwerk – Technische Anlagen**	171,22 m² BGF	27.397	**160,01**	17,3

- Herstellen (Kosten: 100,0%) — 27.397
  Gebäudeentwässerung, Warmwasserspeicher; Heizkörper; Elektroinstallation, Beleuchtung; Telefonanschluss, Antennenanschluss, Datenverkabelung

Kostenkennwerte für die Kostengruppen der 2.Ebene DIN 276

KG	Kostengruppe	Menge Einheit	Kosten €	€/Einheit	%
300	**Bauwerk – Baukonstruktionen**				**100,0**
330	**Außenwände/Vert. Baukonstrukt., außen**	14,00 m² AWF	3.311	**236,47**	2,5
	• Wiederherstellen (Kosten: 24,2%) Gaubenfenster ausbauen, Schadstellen ausbessern, lackieren (psch)	–	800	–	
	• Herstellen (Kosten: 75,8%) Silikatbeschichtung (14m²), Lattenbekleidungen für Heizkörper (6St)	14,00 m² AWF	2.511	**179,32**	
340	**Innenwände/Vert. Baukonstrukt., innen**	55,63 m² IWF	17.786	**319,71**	13,5
	• Abbrechen (Kosten: 18,7%) Abbruch von Drempelwänden (7m²) * Vorwänden (13m²); Entsorgung, Deponiegebühren	13,87 m² IWF	3.334	**240,36**	
	• Wiederherstellen (Kosten: 2,8%) Türen anpassen (2St), Schadstellen ausbessern, lackieren (1St)	–	503	–	
	• Herstellen (Kosten: 78,4%) Mauerwerkswände schließen (psch) * GK-Vorwände, d=130mm (14m²), Schallschutzwand, Mineralwolldämmung, d=40-100mm (11m²), Schlitze verputzen (18m), Silikatbeschichtung (111m²), Beschichtung mit Magnetfarbe (1m²)	55,63 m² IWF	13.949	**250,75**	
350	**Decken/Horizontale Baukonstruktionen**	77,00 m² DEF	7.574	**98,36**	5,8
	• Abbrechen (Kosten: 16,7%) Abbruch von Bodenfliesen (12m²) * Kunststoff-Deckenbekleidung (8m²); Entsorgung, Deponiegebühren	20,00 m² DEF	1.263	**63,17**	
	• Wiederherstellen (Kosten: 22,1%) Parkett ausbessern, versiegeln (psch) * Deckenputz, Schadstellen ausbessern (8m²)	8,00 m² DEF	1.673	**209,08**	
	• Herstellen (Kosten: 61,2%) Spachtelung, Fertigparkett (12m²) * Silikatbeschichtung (57m²)	69,00 m² DEF	4.638	**67,21**	
360	**Dächer**	45,16 m² DAF	2.934	**64,98**	2,2
	• Wiederherstellen (Kosten: 9,5%) Dachschrägen verputzen (9m)	–	279	–	
	• Herstellen (Kosten: 90,5%) Silikatbeschichtung (43m²) * Schiebeladen (2m²)	45,16 m² DAF	2.656	**58,81**	
380	**Baukonstruktive Einbauten**	171,22 m² BGF	97.545	**569,71**	74,2
	• Herstellen (Kosten: 100,0%) Einbauküche, Korpus Holz, Hochschränke, Ober-/Unterschränke (1St), Arbeitsplatte (1St), Spülen (2St), Geschirrspüler (1St), Kühlschrank (1St), Gefrierschrank (1St), Ablufthaube (1St), Kochfeld (1St), Backofen (1St), Einbauschränke (4St), Regale (psch)	171,22 m² BGF	97.545	**569,71**	
390	**Sonst. Maßnahmen für Baukonstrukt.**	171,22 m² BGF	2.256	**13,18**	1,7
	• Herstellen (Kosten: 100,0%) Schutzabdeckungen (73m²), Baureinigung (psch)	171,22 m² BGF	2.256	**13,18**	

KG	Kostengruppe	Menge Einheit	Kosten €	€/Einheit	%
400	**Bauwerk – Technische Anlagen**				**100,**
410	**Abwasser-, Wasser-, Gasanlagen**	171,22 m²BGF	2.399	**14,01**	8,
	• Herstellen (Kosten: 100,0%) HT-Rohre DN50 (4m) * Mehrschichtverbundrohre DN16 (16m), Warmwasserspeicher 10l (1St)	171,22 m²BGF	2.399	**14,01**	
420	**Wärmeversorgungsanlagen**	171,22 m²BGF	4.682	**27,34**	17,
	• Herstellen (Kosten: 100,0%) Kupferrohre DN15 (6m) * Heizkörper (1St)	171,22 m²BGF	4.682	**27,34**	
440	**Elektrische Anlagen**	171,22 m²BGF	13.450	**78,55**	49,1
	• Herstellen (Kosten: 100,0%) SL-Schalter (5St), FI-Schalter (1St), Mantelleitungen (164m), Installationsleitungen (12m), Steckdosen (24St), Schalter (3St), Dimmer (1St) * LED-Lichtband (1St), LED-Leuchten (2St)	171,22 m²BGF	13.450	**78,55**	
450	**Kommunikationstechnische Anlagen**	171,22 m²BGF	6.866	**40,10**	25,1
	• Herstellen (Kosten: 100,0%) Fernmeldekabel (10m), Anschlussdosen (3St) * Coaxkabel (28m), Anschlussdose (1St), Einbauradio (1St), Lautsprecher (1St) * Coaxkabel (20m), Antennenanschlussdosen (3St) * Datenkabel Cat5 (128m), Datenanschlussdosen (6St), Splitter (1St)	171,22 m²BGF	6.866	**40,10**	

Kostenkennwerte für die Kostengruppen 300 der 2. und 3.Ebene DIN 276 (Übersicht)

KG	Kostengruppe	Menge Einheit	€/Einheit	Kosten €	% an 3+4
300	**Bauwerk – Baukonstruktionen**	**171,22 m² BGF**	**767,47**	**131.405,44**	**82,7**
310	**Baugrube / Erdbau**	**–**	**–**	**–**	**–**
311	Herstellung	–	–	–	–
312	Umschließung	–	–	–	–
313	Wasserhaltung	–	–	–	–
314	Vortrieb	–	–	–	–
319	Sonstiges zur KG 310	–	–	–	–
320	**Gründung, Unterbau**	**–**	**–**	**–**	**–**
321	Baugrundverbesserung	–	–	–	–
322	Flachgründungen und Bodenplatten	–	–	–	–
323	Tiefgründungen	–	–	–	–
324	Gründungsbeläge	–	–	–	–
325	Abdichtungen und Bekleidungen	–	–	–	–
326	Dränagen	–	–	–	–
329	Sonstiges zur KG 320	–	–	–	–
330	**Außenwände/Vert. Baukonstrukt., außen**	**14,00 m² AWF**	**236,47**	**3.310,57**	**2,1**
331	Tragende Außenwände	–	–	–	–
332	Nichttragende Außenwände	–	–	–	–
333	Außenstützen	–	–	–	–
334	Außenwandöffnungen	–	–	800,04	0,5
335	Außenwandbekleidungen, außen	–	–	–	–
336	Außenwandbekleidungen, innen	14,00 m²	179,32	2.510,52	1,6
337	Element. Außenwandkonstruktionen	–	–	–	–
338	Lichtschutz zur KG 330	–	–	–	–
339	Sonstiges zur KG 330	–	–	–	–
340	**Innenwände/Vert. Baukonstrukt., innen**	**55,63 m² IWF**	**319,71**	**17.785,51**	**11,2**
341	Tragende Innenwände	–	–	1.941,58	1,2
342	Nichttragende Innenwände	–	–	–	–
343	Innenstützen	–	–	–	–
344	Innenwandöffnungen	–	–	502,71	0,3
345	Innenwandbekleidungen	111,25 m²	137,90	15.341,22	9,7
346	Elementierte Innenwandkonstruktionen	–	–	–	–
347	Lichtschutz zur KG 340	–	–	–	–
349	Sonstiges zur KG 340	–	–	–	–
350	**Decken/Horizontale Baukonstruktionen**	**77,00 m² DEF**	**98,36**	**7.573,53**	**4,8**
351	Deckenkonstruktionen	–	–	–	–
352	Deckenöffnungen	–	–	–	–
353	Deckenbeläge	12,00 m²	442,45	5.309,39	3,3
354	Deckenbekleidungen	65,00 m²	34,83	2.264,13	1,4
355	Elementierte Deckenkonstruktionen	–	–	–	–
359	Sonstiges zur KG 350	–	–	–	–
360	**Dächer**	**45,16 m² DAF**	**64,98**	**2.934,48**	**1,8**
361	Dachkonstruktionen	–	–	–	–
362	Dachöffnungen	–	–	–	–
363	Dachbeläge	–	–	–	–
364	Dachbekleidungen	43,00 m²	29,11	1.251,56	0,8
365	Elementierte Dachkonstruktionen	–	–	–	–
366	Lichtschutz zur KG 360	2,16 m²	779,14	1.682,95	1,1
369	Sonstiges zur KG 360	–	–	–	–
370	**Infrastrukturanlagen**	**–**	**–**	**–**	**–**
380	**Baukonstruktive Einbauten**	**171,22 m² BGF**	**569,71**	**97.545,01**	**61,4**
390	**Sonst. Maßnahmen für Baukonstrukt.**	**171,22 m² BGF**	**13,18**	**2.256,36**	**1,4**

6100-1465
Dachgeschoss-
wohnung

Modernisierung

Kostenkennwerte für die Kostengruppen 400 der 2. und 3. Ebene DIN 276 (Übersicht)

KG	Kostengruppe	Menge Einheit	€/Einheit	Kosten €	% an 3+4
400	**Bauwerk – Technische Anlagen**	**171,22 m²BGF**	**160,01**	**27.396,74**	**17,3**
410	**Abwasser-, Wasser-, Gasanlagen**	**171,22 m²BGF**	**14,01**	**2.398,77**	**1,5**
411	Abwasseranlagen	171,22 m²BGF	1,49	255,27	0,2
412	Wasseranlagen	171,22 m²BGF	12,52	2.143,50	1,3
413	Gasanlagen	–	–	–	–
419	Sonstiges zur KG 410	–	–	–	–
420	**Wärmeversorgungsanlagen**	**171,22 m²BGF**	**27,34**	**4.681,85**	**2,9**
421	Wärmeerzeugungsanlagen	–	–	–	–
422	Wärmeverteilnetze	171,22 m²BGF	18,61	3.187,22	2,0
423	Raumheizflächen	171,22 m²BGF	8,73	1.494,63	0,9
424	Verkehrsheizflächen	–	–	–	–
429	Sonstiges zur KG 420	–	–	–	–
430	**Raumlufttechnische Anlagen**	**–**	**–**	**–**	**–**
431	Lüftungsanlagen	–	–	–	–
432	Teilklimaanlagen	–	–	–	–
433	Klimaanlagen	–	–	–	–
434	Kälteanlagen	–	–	–	–
439	Sonstiges zur KG 430	–	–	–	–
440	**Elektrische Anlagen**	**171,22 m²BGF**	**78,55**	**13.449,90**	**8,5**
441	Hoch- und Mittelspannungsanlagen	–	–	–	–
442	Eigenstromversorgungsanlagen	–	–	–	–
443	Niederspannungsschaltanlagen	–	–	–	–
444	Niederspannungsinstallationsanlagen	171,22 m²BGF	45,03	7.709,41	4,9
445	Beleuchtungsanlagen	171,22 m²BGF	33,53	5.740,49	3,6
446	Blitzschutz- und Erdungsanlagen	–	–	–	–
447	Fahrleitungssysteme	–	–	–	–
449	Sonstiges zur KG 440	–	–	–	–
450	**Kommunikationstechnische Anlagen**	**171,22 m²BGF**	**40,10**	**6.866,22**	**4,3**
451	Telekommunikationsanlagen	171,22 m²BGF	0,83	142,95	< 0,1
452	Such- und Signalanlagen	–	–	–	–
453	Zeitdienstanlagen	–	–	–	–
454	Elektroakustische Anlagen	171,22 m²BGF	1,96	335,99	0,2
455	Audiovisuelle Medien- u. Antennenanl.	171,22 m²BGF	1,58	270,36	0,2
456	Gefahrenmelde- und Alarmanlagen	–	–	–	–
457	Datenübertragungsnetze	171,22 m²BGF	35,73	6.116,91	3,9
458	Verkehrsbeeinflussungsanlagen	–	–	–	–
459	Sonstiges zur KG 450	–	–	–	–
460	**Förderanlagen**	**–**	**–**	**–**	**–**
461	Aufzugsanlagen	–	–	–	–
462	Fahrtreppen, Fahrsteige	–	–	–	–
463	Befahranlagen	–	–	–	–
464	Transportanlagen	–	–	–	–
465	Krananlagen	–	–	–	–
466	Hydraulikanlagen	–	–	–	–
469	Sonstiges zur KG 460	–	–	–	–
470	**Nutzungsspez. u. verfahrenstechn. Anl.**	**–**	**–**	**–**	**–**
480	**Gebäude- und Anlagenautomation**	**–**	**–**	**–**	**–**
490	**Sonst. Maßnahmen für techn. Anlagen**	**–**	**–**	**–**	**–**

Kostenkennwerte für Leistungsbereiche nach STLB (Kosten des Bauwerks nach DIN 276)

LB	Leistungsbereiche	Kosten €	€/m² BGF	€/m³ BRI	% an 3+4
000	Sicherheits-, Baustelleneinrichtungen inkl. 001	1.765	10,30	3,80	1,1
002	Erdarbeiten	–	–	–	–
006	Spezialtiefbauarbeiten inkl. 005	–	–	–	–
009	Entwässerungskanalarbeiten inkl. 011	–	–	–	–
010	Drän- und Versickerarbeiten	–	–	–	–
012	Mauerarbeiten	742	4,30	1,60	0,5
013	Betonarbeiten	–	–	–	–
014	Natur-, Betonwerksteinarbeiten	–	–	–	–
016	Zimmer- und Holzbauarbeiten	–	–	–	–
017	Stahlbauarbeiten	–	–	–	–
018	Abdichtungsarbeiten	–	–	–	–
019	Kampfmittelräumarbeiten	–	–	–	–
020	Dachdeckungsarbeiten	–	–	–	–
021	Dachabdichtungsarbeiten	–	–	–	–
022	Klempnerarbeiten	–	–	–	–
	Rohbau	**2.506**	**14,60**	**5,40**	**1,6**
023	Putz- und Stuckarbeiten, Wärmedämmsysteme	1.606	9,40	3,40	1,0
	Wiederherstellen	989	5,80	2,10	0,6
	Herstellen	617	3,60	1,30	0,4
024	Fliesen- und Plattenarbeiten	–	–	–	–
025	Estricharbeiten	–	–	–	–
026	Fenster, Außentüren inkl. 029, 032	–	–	–	–
027	Tischlerarbeiten	101.632	593,60	216,90	64,0
	Wiederherstellen	219	1,30	0,47	0,1
	Herstellen	101.414	592,30	216,50	63,9
028	Parkettarbeiten, Holzpflasterarbeiten	–	–	–	–
030	Rollladenarbeiten	–	–	–	–
031	Metallbauarbeiten inkl. 035	–	–	–	–
034	Maler- und Lackiererarbeiten inkl. 037	8.362	48,80	17,80	5,3
	Wiederherstellen	1.084	6,30	2,30	0,7
	Herstellen	7.278	42,50	15,50	4,6
036	Bodenbelagarbeiten	3.105	18,10	6,60	2,0
	Wiederherstellen	962	5,60	2,10	0,6
	Herstellen	2.143	12,50	4,60	1,3
038	Vorgehängte hinterlüftete Fassaden	–	–	–	–
039	Trockenbauarbeiten	9.596	56,00	20,50	6,0
	Ausbau	**124.302**	**726,00**	**265,30**	**78,3**
	Wiederherstellen	3.254	19,00	6,90	2,0
	Herstellen	121.048	707,00	258,40	76,2
040	Wärmeversorgungsanl. - Betriebseinr. inkl. 041	4.654	27,20	9,90	2,9
042	Gas- und Wasserinstallation, Leitungen inkl. 043	1.431	8,40	3,10	0,9
044	Abwasseranlagen - Leitungen	255	1,50	0,54	0,2
045	GWE-Einrichtungsgegenstände inkl. 046	712	4,20	1,50	0,4
047	Dämmarbeiten an betriebstechnischen Anlagen	28	0,16	0,06	< 0,1
049	Feuerlöschanlagen, Feuerlöschgeräte	–	–	–	–
050	Blitzschutz- und Erdungsanlagen	–	–	–	–
053	Niederspannungsanlagen inkl. 052, 054	7.709	45,00	16,50	4,9
055	Sicherheits- u. Ersatzstromversorgungsanl.	–	–	–	–
057	Gebäudesystemtechnik	–	–	–	–
058	Leuchten und Lampen inkl. 059	5.740	33,50	12,30	3,6

LB	Leistungsbereiche	Kosten €	€/m² BGF	€/m³ BRI	% an 3+4
060	Sprechanlagen, elektroakust. Anlagen inkl. 064	951	5,60	2,00	0,6
061	Kommunikationsnetze inkl. 063	5.915	34,50	12,60	3,7
069	Aufzüge	–	–	–	–
070	Gebäudeautomation	–	–	–	–
075	Raumlufttechnische Anlagen inkl. 078	–	–	–	–
	Gebäudetechnik	**27.397**	**160,00**	**58,50**	**17,3**
084	Abbruch, Rückbau, Schadstoffsanierung	4.597	26,80	9,80	2,9
	Abbrechen	4.597	26,80	9,80	2,9
	Abbrucharbeiten	**4.597**	**26,80**	**9,80**	**2,9**
	Abbrechen	4.597	26,80	9,80	2,9
	Sonstige Leistungsbereiche	**–**	**–**	**–**	**–**

6100-1579
Mehrfamilienhaus
Balkonanlage

Modernisierung

Objektübersicht

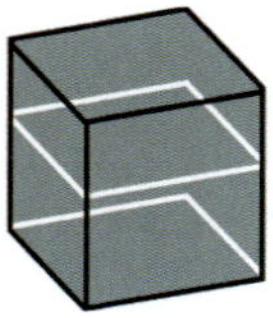

BRI 161 €/m³

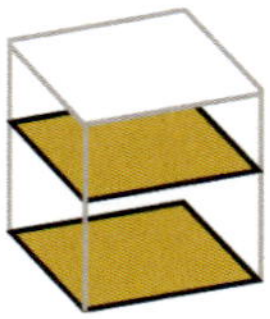

BGF 389 €/m²

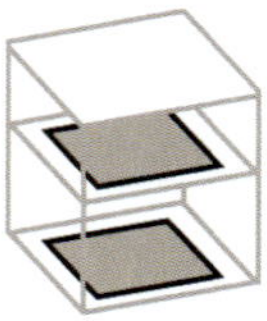

NUF 499 €/m²

Objekt:
Kennwerte: 3. Ebene DIN 276
BRI: 435 m³
BGF: 179 m²
NUF: 140 m²
Bauzeit: 30 Wochen
Bauende: 2015
Standard: Durchschnitt
Bundesland: Hessen
Kreis: Wiesbaden, Stadt

Architekt*in:
BraungeBrandt
Planungsstudio
Dotzheimer Straße 57
65197 Wiesbaden

Bauherr*in:
Hausverwaltung Rother GmbH
Bahnhofstraße 40
65185 Wiesbaden

vorher

nachher

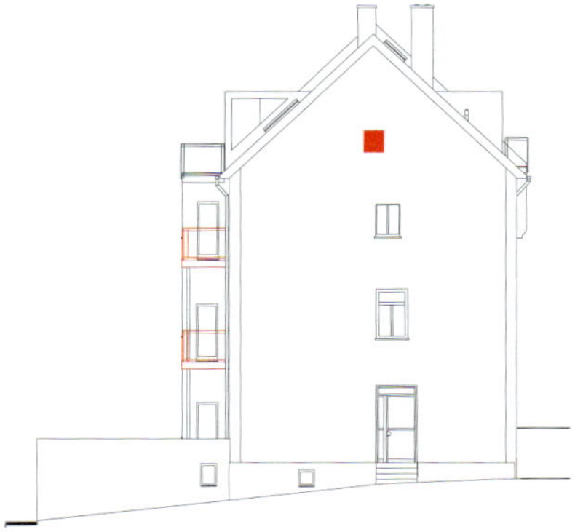

Ansicht Nord-West

Ansicht Süd-West

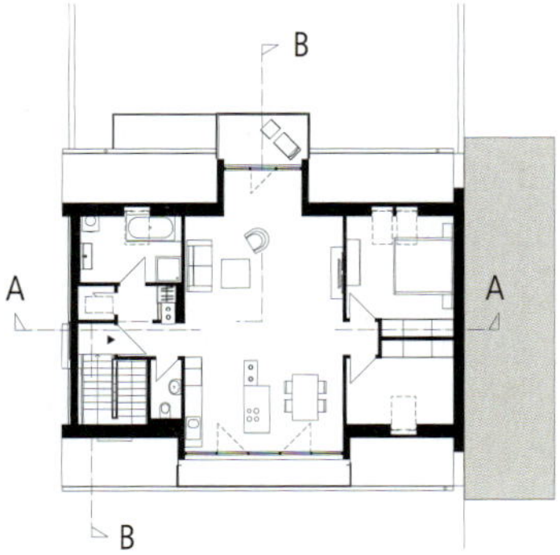

Dachgeschoss

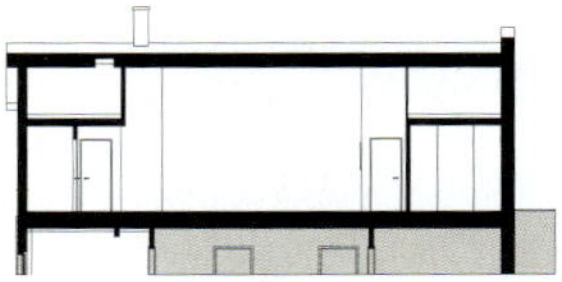

Schnitt A-A

Ansicht Nord-Ost

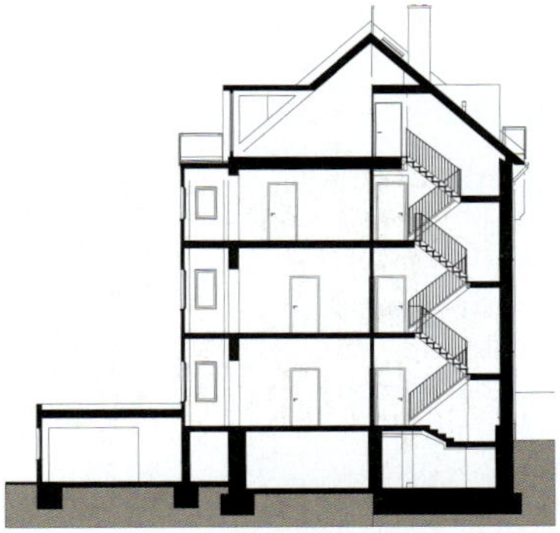

Schnitt B-B

6100-1579
Mehrfamilienhaus
Balkonanlage

Modernisierung

Objektbeschreibung

Allgemeine Objektinformationen

Im Zuge der Erneuerung des Dachstuhls wurde die Fassade des Mehrfamilienhauses modernisiert und zwei Balkone angebracht.

Nutzung

1 Untergeschoss
Bestand: Keller

1 Erdgeschoss
Bestand: Wohnen

2 Obergeschosse
Bestand: Wohnen

1 Dachgeschoss
Bestand: Wohnen

Nutzeinheiten

Wohneinheiten: 4

Grundstück

Bauraum: Beengter Bauraum
Neigung: Ebenes Gelände
Bodenklasse: BK 3

Markt

Hauptvergabezeit: 3. Quartal 2014
Baubeginn: 3. Quartal 2014
Bauende: 2. Quartal 2015
Konjunkturelle Gesamtlage: über Durchschnitt
Regionaler Baumarkt: über Durchschnitt

Baubestand

Baujahr: 1892+1948
Bauzustand: mittel
Aufwand: niedrig
Grundrissänderungen: wenige
Tragwerkseingriffe: keine
Nutzung während der Bauzeit: ja

Baukonstruktion

Eine bestehende Fensteröffnung wurde geschlossen. Die Fassade des Gebäudes ist neu verputzt und gestrichen. Zur Straßenseite sind zwei vorgelagerte Stahlbalkone angebaut worden.

Technische Anlagen

Bei der Maßnahme wurden keine Arbeiten an technischen Anlagen ausgeführt.

Sonstiges

Der Dachausbau ist in einer separaten Dokumentation (Objekt 6100-1267) als eigenständige Maßnahme dokumentiert.

Planungskennwerte für Flächen und Rauminhalte nach DIN 277

Flächen des Grundstücks		Menge Einheit	% an GF
BF	Bebaute Fläche	360,00 m²	65,7
UF	Unbebaute Fläche	188,00 m²	34,3
GF	Grundstücksfläche	548,00 m²	100,0

Grundflächen des Bauwerks		Menge Einheit	% an NUF	% an BGF
NUF	Nutzungsfläche	140,10 m²	100,0	78,1
TF	Technikfläche	3,58 m²	2,6	2,0
VF	Verkehrsfläche	10,26 m²	7,3	5,7
NRF	Netto-Raumfläche	153,94 m²	109,9	85,8
KGF	Konstruktions-Grundfläche	25,47 m²	18,2	14,2
BGF	Brutto-Grundfläche	179,41 m²	128,1	100,0

Brutto-Rauminhalt des Bauwerks		Menge Einheit	BRI/NUF (m)	BRI/BGF (m)
BRI	Brutto-Rauminhalt	434,77 m³	3,10	2,42

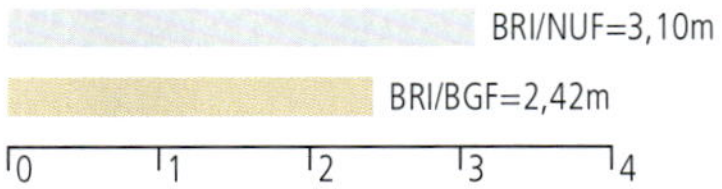

Lufttechnisch behandelte Flächen	Menge Einheit	% an NUF	% an BGF
Entlüftete Fläche	–	–	–
Be- und entlüftete Fläche	–	–	–
Teilklimatisierte Fläche	–	–	–
Klimatisierte Fläche	–	–	–

KG	Kostengruppen (2. Ebene)	Menge Einheit	Menge/NUF	Menge/BGF
310	Baugrube / Erdbau	–	–	–
320	Gründung, Unterbau	–	–	–
330	Außenwände/Vertikale Baukonstruktionen, außen	409,75 m² AWF	2,93	2,28
340	Innenwände/Vertikale Baukonstruktionen, innen	–	–	–
350	Decken/Horizontale Baukonstruktionen	13,68 m² DEF	0,10	0,08
360	Dächer	–	–	–

Kostenkennwerte für die Kostengruppen der 1. Ebene DIN 276

KG	Kostengruppen (1. Ebene)	Einheit	Kosten €	€/Einheit	€/m² BGF	€/m³ BRI	% 300+400
100	Grundstück	m² GF	–	–	–	–	–
200	Vorbereitende Maßnahmen	m² GF	–	–	–	–	–
300	Bauwerk – Baukonstruktionen	m² BGF	69.871	389,45	389,45	160,71	100,0
400	Bauwerk – Technische Anlagen	m² BGF	–	–	–	–	–
	Bauwerk 300+400	**m² BGF**	**69.871**	**389,45**	**389,45**	**160,71**	**100,0**
500	Außenanlagen und Freiflächen	m² AF	–	–	–	–	–
600	Ausstattung und Kunstwerke	m² BGF	–	–	–	–	–
700	Baunebenkosten	m² BGF	–	–	–	–	–
800	Finanzierung	m² BGF	–	–	–	–	–

KG	Kostengruppe	Menge Einheit	Kosten €	€/Einheit	%
3+4	**Bauwerk**				**100,0**
300	**Bauwerk – Baukonstruktionen**	179,41 m² BGF	69.871	**389,45**	100,0

- Abbrechen (Kosten: 1,2%) — 855
  Abbruch von Mauerwerk, Vergrößerung von Fensteröffnungen; Entsorgung, Deponiegebühren
- Wiederherstellen (Kosten: 5,3%) — 3.698
  Außenputz überarbeiten
- Herstellen (Kosten: 93,5%) — 65.318
  Mauerwerksöffnungen schließen, Holzfenstertüren, Oberputz; Stahl-Balkonanlage, zweigeschossig; Balkonentwässerung

Kostenkennwerte für die Kostengruppen der 2.Ebene DIN 276

KG	Kostengruppe	Menge Einheit	Kosten €	€/Einheit	%
300	**Bauwerk – Baukonstruktionen**				**100,0**
330	**Außenwände/Vert. Baukonstrukt., außen**	409,75 m² AWF	25.146	**61,37**	36,0
	• Abbrechen (Kosten: 3,4%) Abbruch von Mauerwerk, Vergrößerung von Fensteröffnungen (2m²); Entsorgung, Deponiegebühren	2,20 m² AWF	855	**388,66**	
	• Wiederherstellen (Kosten: 14,7%) Untergrund prüfen, reinigen (100m²), Ausgleichsputz (87m²)	86,66 m² AWF	3.698	**42,67**	
	• Herstellen (Kosten: 81,9%) Mauerwerksöffnungen schließen (1m²) * Holzfenstertüren (6m²), Holzschwellen (2St) * Oberputz (384m²), Kratzputz (21m²)	409,75 m² AWF	20.593	**50,26**	
350	**Decken/Horizontale Baukonstruktionen**	13,68 m² DEF	30.449	**2.225,84**	43,6
	• Herstellen (Kosten: 100,0%) Stahl-Balkonanlage, zweigeschossig (14m²)	13,68 m² DEF	30.449	**2.225,84**	
360	**Dächer**	–	130	–	0,2
	• Herstellen (Kosten: 100,0%) Balkonentwässerung (2St)	–	130	–	
390	**Sonst. Maßnahmen für Baukonstrukt.**	179,41 m² BGF	14.146	**78,85**	20,2
	• Herstellen (Kosten: 100,0%) Baustelleneinrichtung (1St) * Fassadengerüst (544m²), Lastverteilerplatten (68m²), Treppenturm (11m) * Schutzabdeckungen (113m²)	179,41 m² BGF	14.146	**78,85**	

Kostenkennwerte für die Kostengruppen 300 der 2. und 3.Ebene DIN 276 (Übersicht)

KG	Kostengruppe	Menge Einheit	€/Einheit	Kosten €	% an 3–4
300	**Bauwerk – Baukonstruktionen**	**179,41 m² BGF**	**389,45**	**69.870,72**	**100,0**
310	**Baugrube / Erdbau**	**–**	**–**	**–**	**–**
311	Herstellung	–	–	–	–
312	Umschließung	–	–	–	–
313	Wasserhaltung	–	–	–	–
314	Vortrieb	–	–	–	–
319	Sonstiges zur KG 310	–	–	–	–
320	**Gründung, Unterbau**	**–**	**–**	**–**	**–**
321	Baugrundverbesserung	–	–	–	–
322	Flachgründungen und Bodenplatten	–	–	–	–
323	Tiefgründungen	–	–	–	–
324	Gründungsbeläge	–	–	–	–
325	Abdichtungen und Bekleidungen	–	–	–	–
326	Dränagen	–	–	–	–
329	Sonstiges zur KG 320	–	–	–	–
330	**Außenwände/Vert. Baukonstrukt., außen**	**409,75 m² AWF**	**61,37**	**25.145,77**	**36,0**
331	Tragende Außenwände	1,00 m²	1.138,52	1.138,52	1,6
332	Nichttragende Außenwände	–	–	–	–
333	Außenstützen	–	–	–	–
334	Außenwandöffnungen	5,59 m²	702,05	3.924,45	5,6
335	Außenwandbekleidungen, außen	404,16 m²	49,69	20.082,78	28,7
336	Außenwandbekleidungen, innen	–	–	–	–
337	Element. Außenwandkonstruktionen	–	–	–	–
338	Lichtschutz zur KG 330	–	–	–	–
339	Sonstiges zur KG 330	–	–	–	–
340	**Innenwände/Vert. Baukonstrukt., innen**	**–**	**–**	**–**	**–**
341	Tragende Innenwände	–	–	–	–
342	Nichttragende Innenwände	–	–	–	–
343	Innenstützen	–	–	–	–
344	Innenwandöffnungen	–	–	–	–
345	Innenwandbekleidungen	–	–	–	–
346	Elementierte Innenwandkonstruktionen	–	–	–	–
347	Lichtschutz zur KG 340	–	–	–	–
349	Sonstiges zur KG 340	–	–	–	–
350	**Decken/Horizontale Baukonstruktionen**	**13,68 m² DEF**	**2.225,84**	**30.449,45**	**43,6**
351	Deckenkonstruktionen	–	–	–	–
352	Deckenöffnungen	–	–	–	–
353	Deckenbeläge	–	–	–	–
354	Deckenbekleidungen	–	–	–	–
355	Elementierte Deckenkonstruktionen	13,68 m²	2.225,84	30.449,45	43,6
359	Sonstiges zur KG 350	–	–	–	–
360	**Dächer**	**–**	**–**	**129,55**	**0,2**
361	Dachkonstruktionen	–	–	–	–
362	Dachöffnungen	–	–	–	–
363	Dachbeläge	–	–	129,55	0,2
364	Dachbekleidungen	–	–	–	–
365	Elementierte Dachkonstruktionen	–	–	–	–
366	Lichtschutz zur KG 360	–	–	–	–
369	Sonstiges zur KG 360	–	–	–	–
370	**Infrastrukturanlagen**	**–**	**–**	**–**	**–**
380	**Baukonstruktive Einbauten**	**–**	**–**	**–**	**–**
390	**Sonst. Maßnahmen für Baukonstrukt.**	**179,41 m² BGF**	**78,85**	**14.145,97**	**20,2**

Kostenkennwerte für die Kostengruppen 400 der 2. und 3.Ebene DIN 276 (Übersicht)

KG	Kostengruppe	Menge Einheit	€/Einheit	Kosten €	% an 3+4
400	**Bauwerk – Technische Anlagen**	**–**	**–**	**–**	**–**
410	**Abwasser-, Wasser-, Gasanlagen**	**–**	**–**	**–**	**–**
411	Abwasseranlagen	–	–	–	–
412	Wasseranlagen	–	–	–	–
413	Gasanlagen	–	–	–	–
419	Sonstiges zur KG 410	–	–	–	–
420	**Wärmeversorgungsanlagen**	**–**	**–**	**–**	**–**
421	Wärmeerzeugungsanlagen	–	–	–	–
422	Wärmeverteilnetze	–	–	–	–
423	Raumheizflächen	–	–	–	–
424	Verkehrsheizflächen	–	–	–	–
429	Sonstiges zur KG 420	–	–	–	–
430	**Raumlufttechnische Anlagen**	**–**	**–**	**–**	**–**
431	Lüftungsanlagen	–	–	–	–
432	Teilklimaanlagen	–	–	–	–
433	Klimaanlagen	–	–	–	–
434	Kälteanlagen	–	–	–	–
439	Sonstiges zur KG 430	–	–	–	–
440	**Elektrische Anlagen**	**–**	**–**	**–**	**–**
441	Hoch- und Mittelspannungsanlagen	–	–	–	–
442	Eigenstromversorgungsanlagen	–	–	–	–
443	Niederspannungsschaltanlagen	–	–	–	–
444	Niederspannungsinstallationsanlagen	–	–	–	–
445	Beleuchtungsanlagen	–	–	–	–
446	Blitzschutz- und Erdungsanlagen	–	–	–	–
447	Fahrleitungssysteme	–	–	–	–
449	Sonstiges zur KG 440	–	–	–	–
450	**Kommunikationstechnische Anlagen**	**–**	**–**	**–**	**–**
451	Telekommunikationsanlagen	–	–	–	–
452	Such- und Signalanlagen	–	–	–	–
453	Zeitdienstanlagen	–	–	–	–
454	Elektroakustische Anlagen	–	–	–	–
455	Audiovisuelle Medien- u. Antennenanl.	–	–	–	–
456	Gefahrenmelde- und Alarmanlagen	–	–	–	–
457	Datenübertragungsnetze	–	–	–	–
458	Verkehrsbeeinflussungsanlagen	–	–	–	–
459	Sonstiges zur KG 450	–	–	–	–
460	**Förderanlagen**	**–**	**–**	**–**	**–**
461	Aufzugsanlagen	–	–	–	–
462	Fahrtreppen, Fahrsteige	–	–	–	–
463	Befahranlagen	–	–	–	–
464	Transportanlagen	–	–	–	–
465	Krananlagen	–	–	–	–
466	Hydraulikanlagen	–	–	–	–
469	Sonstiges zur KG 460	–	–	–	–
470	**Nutzungsspez. u. verfahrenstechn. Anl.**	**–**	**–**	**–**	**–**
480	**Gebäude- und Anlagenautomation**	**–**	**–**	**–**	**–**
490	**Sonst. Maßnahmen für techn. Anlagen**	**–**	**–**	**–**	**–**

Kostenkennwerte für Leistungsbereiche nach STLB (Kosten des Bauwerks nach DIN 276)

LB	Leistungsbereiche	Kosten €	€/m² BGF	€/m³ BRI	% an 3+4
000	Sicherheits-, Baustelleneinrichtungen inkl. 001	14.146	78,80	32,50	20,2
002	Erdarbeiten	–	–	–	–
006	Spezialtiefbauarbeiten inkl. 005	–	–	–	–
009	Entwässerungskanalarbeiten inkl. 011	–	–	–	–
010	Drän- und Versickerarbeiten	–	–	–	–
012	Mauerarbeiten	283	1,60	0,65	0,4
013	Betonarbeiten	–	–	–	–
014	Natur-, Betonwerksteinarbeiten	–	–	–	–
016	Zimmer- und Holzbauarbeiten	–	–	–	–
017	Stahlbauarbeiten	30.449	169,70	70,00	43,5
018	Abdichtungsarbeiten	–	–	–	–
019	Kampfmittelräumarbeiten	–	–	–	–
020	Dachdeckungsarbeiten	–	–	–	–
021	Dachabdichtungsarbeiten	–	–	–	–
022	Klempnerarbeiten	130	0,72	0,30	0,2
	Rohbau	**45.008**	**250,90**	**103,50**	**64,4**
023	Putz- und Stuckarbeiten, Wärmedämmsysteme	20.083	111,90	46,20	28,7
	Wiederherstellen	3.698	20,60	8,50	5,3
	Herstellen	16.385	91,30	37,70	23,5
024	Fliesen- und Plattenarbeiten	–	–	–	–
025	Estricharbeiten	–	–	–	–
026	Fenster, Außentüren inkl. 029, 032	3.924	21,90	9,00	5,6
027	Tischlerarbeiten	–	–	–	–
028	Parkettarbeiten, Holzpflasterarbeiten	–	–	–	–
030	Rollladenarbeiten	–	–	–	–
031	Metallbauarbeiten inkl. 035	–	–	–	–
034	Maler- und Lackiererarbeiten inkl. 037	–	–	–	–
036	Bodenbelagarbeiten	–	–	–	–
038	Vorgehängte hinterlüftete Fassaden	–	–	–	–
039	Trockenbauarbeiten	–	–	–	–
	Ausbau	**24.007**	**133,80**	**55,20**	**34,4**
	Wiederherstellen	3.698	20,60	8,50	5,3
	Herstellen	20.310	113,20	46,70	29,1
040	Wärmeversorgungsanl. - Betriebseinr. inkl. 041	–	–	–	–
042	Gas- und Wasserinstallation, Leitungen inkl. 043	–	–	–	–
044	Abwasseranlagen - Leitungen	–	–	–	–
045	GWE-Einrichtungsgegenstände inkl. 046	–	–	–	–
047	Dämmarbeiten an betriebstechnischen Anlagen	–	–	–	–
049	Feuerlöschanlagen, Feuerlöschgeräte	–	–	–	–
050	Blitzschutz- und Erdungsanlagen	–	–	–	–
053	Niederspannungsanlagen inkl. 052, 054	–	–	–	–
055	Sicherheits- u. Ersatzstromversorgungsanl.	–	–	–	–
057	Gebäudesystemtechnik	–	–	–	–
058	Leuchten und Lampen inkl. 059	–	–	–	–
060	Sprechanlagen, elektroakust. Anlagen inkl. 064	–	–	–	–
061	Kommunikationsnetze inkl. 063	–	–	–	–
069	Aufzüge	–	–	–	–
070	Gebäudeautomation	–	–	–	–
075	Raumlufttechnische Anlagen inkl. 078	–	–	–	–
	Gebäudetechnik	**–**	**–**	**–**	**–**

LB	Leistungsbereiche	Kosten €	€/m² BGF	€/m³ BRI	% an 3+4
084	Abbruch, Rückbau, Schadstoffsanierung	855	4,80	2,00	1,2
	Abbrechen	855	4,80	2,00	1,2
	Abbrucharbeiten	**855**	**4,80**	**2,00**	**1,2**
	Abbrechen	855	4,80	2,00	1,2
	Sonstige Leistungsbereiche	–	–	–	–

6200-0098
Studentenwohnheim
(213 WE)

Objektübersicht

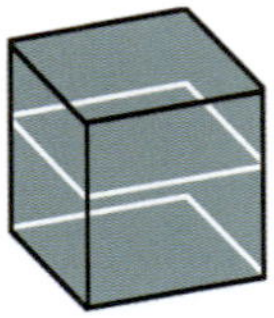

BRI 247 €/m³

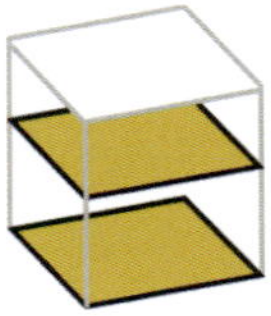

BGF 694 €/m²

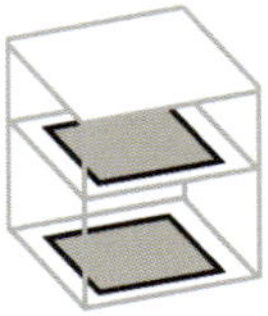

NUF 1.201 €/m²

Modernisierung

Objekt:
Kennwerte: 3. Ebene DIN 276
BRI: 19.018 m³
BGF: 6.761 m²
NUF: 3.905 m²
Bauzeit: 52 Wochen
Bauende: 2017
Standard: über Durchschnitt
Bundesland: Saarland
Kreis: Saarbrücken, Regionalverband

Architekt*in:
Prof. Rollmann + Partner
Architekten PartGmbB
Cappelallee 4
66424 Homburg

Bauherr*in:
Studentenwerk
im Saarland e.V.
Campus, Geb. D4.1
66123 Saarbrücken

© Prof. Rollmann + Partner

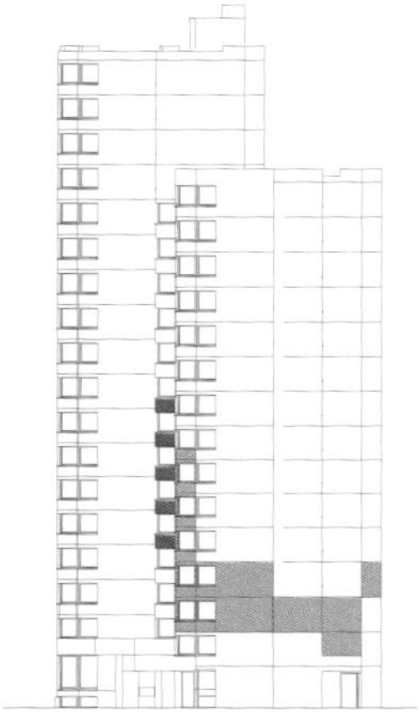

Ansicht Nord

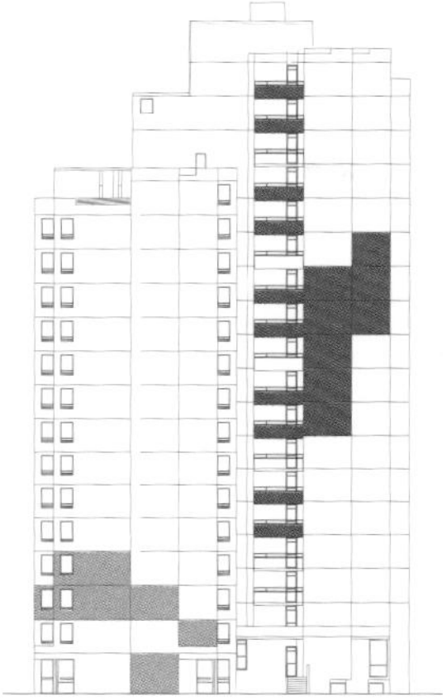

Ansicht West

Ansicht Ost

Erdgeschoss

1. Obergeschoss

2.-13. Obergeschoss

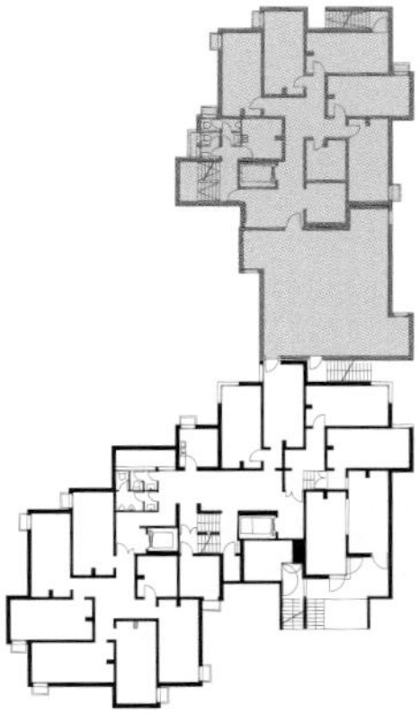

Untergeschoss

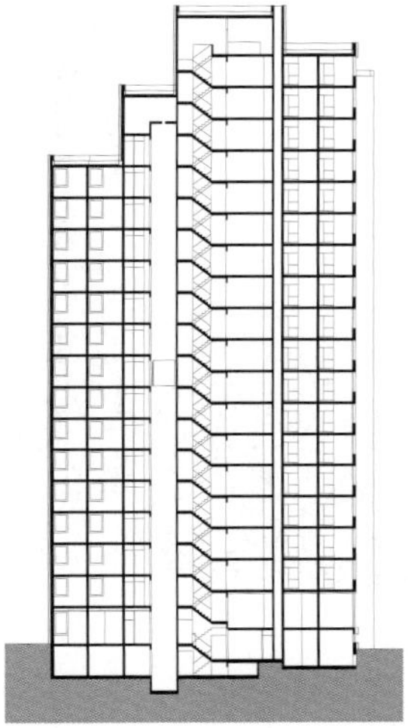

Schnitt

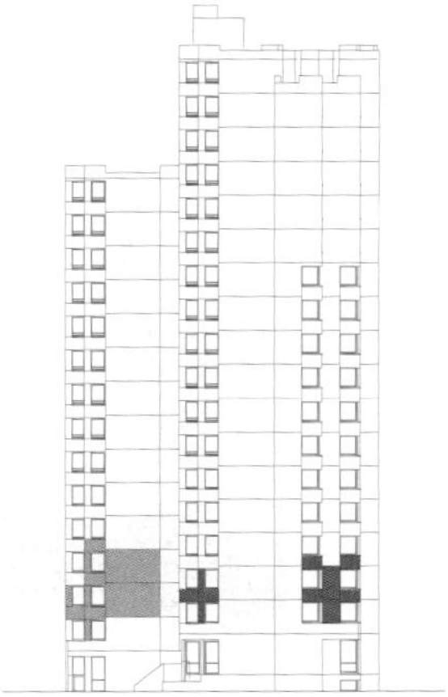

Ansicht Süd

Objektbeschreibung

Allgemeine Objektinformationen

Das Studentenwohnheim 'Roter und Grüner Bau' aus dem Jahr 1975 wurde energetisch saniert. Bei dem 19stöckigen Gebäude mit Unterkellerung ist die gesamte Außenfassade sowie das Flachdach erneuert und an die heutigen Energiestandards angepasst worden. Die Fassadengestaltung erfolgte nach einem neuen Farbkonzept.

Nutzung

1 Untergeschoss
Abstellräume, Waschräume, Technikräume, Fahrradraum, Hausmeister, Treppenhaus, Aufzug

1 Erdgeschoss
Gemeinschaftsräume, Pforte, Hausmeister, Müllraum, Treppenhaus, Aufzug

18 Obergeschosse
Appartements mit Küchen und Nasszellen, Balkone, Terrassen, Technikräume, Treppenhaus, Aufzug

Nutzeinheiten

Wohneinheiten: 213

Grundstück

Bauraum: Freier Bauraum
Neigung: Ebenes Gelände

Markt

Hauptvergabezeit: 3. Quartal 2016
Baubeginn: 3. Quartal 2016
Bauende: 3. Quartal 2017
Konjunkturelle Gesamtlage: Durchschnitt
Regionaler Baumarkt: über Durchschnitt

Baubestand

Baujahr: 1975
Bauzustand: schlecht
Aufwand: mittel
Grundrissänderungen: wenige
Tragwerkseingriffe: wenige
Nutzungsänderung: nein
Nutzung während der Bauzeit: ja

Baukonstruktion

Die gesamte Fassade wurde mit einem Wärmedämmverbundsystem aus nicht brennbarer Mineralfaser ummantelt und mit Silikatfarbe beschichtet. Sämtliche Fenster sind durch neue, dreifachverglaste Holz-Alufenster ersetzt worden. Außerdem wurde das Flachdach saniert und mit Mineralwolle neu gedämmt. Die Balkone haben eine Betonsanierung erhalten.

Technische Anlagen

Neue Rauch- und Wärmeabzugsanlagen wurden installiert. Weiter ist der Blitzableiter des Studentenwohnheims saniert worden.

Sonstiges

Das Anarbeiten der Pflasterflächen an die Außenwände ist Teil der Sanierungsmaßnahmen.

Energetische Kennwerte

Gesetzliche Grundlage: EnEV 2013
Gebäudenutzfläche: 5.438,40 m^2
Gebäudevolumen: 16.995,00 m^3
A/Ve-Verhältnis (Kompaktheit): 0,35 m^{-1}
Hüllfläche des beheizten Volumens: 5.947,00 m^2
Spez. Transmissionswärmeverlust: 0,47 $W/(m^2 \cdot K)$
Spez. Jahresprimärenergiebedarf: 39,80 $kWh/(m^2 \cdot a)$

Energetische Angaben zu Außenbauteilen

Bodenplatte

U-Wert: 1,18 W/(m²·K)

Gesamtdicke: 21,00 cm	d [cm]	l [W/(m·K)]
Estrich	5,00	1,750
Dämmung	2,00	0,035
Stahlbeton	14,00	1,750

Kellerdecke

U-Wert: 0,98 W/(m²·K)

Gesamtdicke: 21,00 cm	d [cm]	l [W/(m·K)]
Estrich	5,00	1,750
Dämmung	2,00	0,035
Stahlbeton	14,00	1,750

Außenwand

U-Wert: 0,19 W/(m²·K)

Gesamtdicke: 49,00 cm	d [cm]	l [W/(m·K)]
Innenputz	1,50	0,580
Leichtbeton	30,00	0,530
Dämmung	16,00	0,035
Außenputz	1,50	0,870

Außenwand

U-Wert: 0,20 W/(m²·K)

Gesamtdicke: 39,00 cm	d [cm]	l [W/(m·K)]
Innenputz	1,50	0,580
Stahlbeton	20,00	2,100
Dämmung	16,00	0,035
Außenputz	1,50	0,870

Dach

U-Wert: 0,17 W/(m²·K)

Gesamtdicke: 34,70 cm	d [cm]	l [W/(m·K)]
Stahlbeton	14,00	1,750
Dampfsperre	0,10	200,000
Dämmung	20,00	0,035
Abdichtung	0,60	0,160

6200-0098
Studentenwohnheim
(213 WE)

Planungskennwerte für Flächen und Rauminhalte nach DIN 277

Flächen des Grundstücks		Menge Einheit	% an GF
BF	Bebaute Fläche	821,08 m²	15,9
UF	Unbebaute Fläche	4.350,92 m²	84,1
GF	Grundstücksfläche	5.172,00 m²	100,0

Modernisierung

Grundflächen des Bauwerks		Menge Einheit	% an NUF	% an BGF
NUF	Nutzungsfläche	3.905,14 m²	100,0	57,8
TF	Technikfläche	75,44 m²	1,9	1,1
VF	Verkehrsfläche	1.282,64 m²	32,8	19,0
NRF	Netto-Raumfläche	5.263,22 m²	134,8	77,8
KGF	Konstruktions-Grundfläche	1.498,27 m²	38,4	22,2
BGF	Brutto-Grundfläche	6.761,49 m²	173,1	100,0

Brutto-Rauminhalt des Bauwerks		Menge Einheit	BRI/NUF (m)	BRI/BGF (m)
BRI	Brutto-Rauminhalt	19.017,95 m³	4,87	2,81

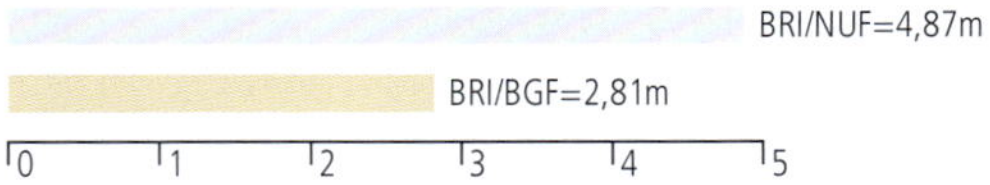

Lufttechnisch behandelte Flächen	Menge Einheit	% an NUF	% an BGF
Entlüftete Fläche	–	–	–
Be- und entlüftete Fläche	–	–	–
Teilklimatisierte Fläche	–	–	–
Klimatisierte Fläche	–	–	–

KG	Kostengruppen (2. Ebene)	Menge Einheit	Menge/NUF	Menge/BGF
310	Baugrube / Erdbau	60,10 m³ BGI	0,02	< 0,01
320	Gründung, Unterbau	–	–	–
330	Außenwände/Vertikale Baukonstruktionen, außen	7.472,48 m² AWF	1,91	1,11
340	Innenwände/Vertikale Baukonstruktionen, innen	–	–	–
350	Decken/Horizontale Baukonstruktionen	455,90 m² DEF	0,12	0,07
360	Dächer	346,58 m² DAF	0,09	0,05

Kostenkennwerte für die Kostengruppen der 1.Ebene DIN 276

KG	Kostengruppen (1.Ebene)	Einheit	Kosten €	€/Einheit	€/m² BGF	€/m³ BRI	% 300+400
100	Grundstück	m² GF	–	–	–	–	–
200	Vorbereitende Maßnahmen	m² GF	4.867	0,94	0,72	0,26	0,1
300	Bauwerk – Baukonstruktionen	m² BGF	4.646.103	687,14	687,14	244,30	99,1
400	Bauwerk – Technische Anlagen	m² BGF	43.268	6,40	6,40	2,28	0,9
	Bauwerk 300+400	**m² BGF**	**4.689.372**	**693,54**	**693,54**	**246,58**	**100,0**
500	Außenanlagen und Freiflächen	m² AF	16.587	3,81	2,45	0,87	0,4
600	Ausstattung und Kunstwerke	m² BGF	–	–	–	–	–
700	Baunebenkosten	m² BGF	–	–	–	–	–
800	Finanzierung	m² BGF	–	–	–	–	–

KG	Kostengruppe	Menge Einheit	Kosten €	€/Einheit	%
200	**Vorbereitende Maßnahmen**	5.172,00 m² GF	4.867	**0,94**	0,1
	• Abbrechen (Kosten: 100,0%) Abräumen von Bewuchs mit Wurzelwerk		4.867		
3+4	**Bauwerk**				**100,0**
300	**Bauwerk – Baukonstruktionen**	6.761,49 m² BGF	4.646.103	**687,14**	99,1
	• Abbrechen (Kosten: 1,8%) Abbruch von Betonbrüstungen, Holzfenster/-türelementen, Gitterrosten; Lichtkuppel, Dachentwässerung; Entsorgung, Deponiegebühren		84.672		
	• Wiederherstellen (Kosten: 3,1%) Treppenhausgeländer reinigen, beschichten; Betontreppen Beschädigungen, abstemmen, ausmörteln, Beläge entfernen, abdichten, beschichten, versiegeln, Balkongeländer, reinigen, beschichten, kürzen; Attikaabdeckungen demontieren, entsorgen, Attika erhöhen, dämmen, abdichten, neue Alu-Attikaabdeckungen montieren		142.819		
	• Herstellen (Kosten: 95,1%) Sockelabdichtung; Alu-Türanlage, Holz-Alufenster, WDVS, Metallabdeckungen, Absturzsicherungen; Beschichtung; Lichtkuppel, Dachentwässerung		4.418.612		
400	**Bauwerk – Technische Anlagen**	6.761,49 m² BGF	43.268	**6,40**	0,9
	• Abbrechen (Kosten: 2,9%) Abbruch von Blitzschutzanlage; Entsorgung, Deponiegebühren		1.238		
	• Wiederherstellen (Kosten: 39,8%) Beleuchtung demontieren, Zuleitungen verlängern, montieren, Leuchten austauschen; Elektroverkabelung, Fernmeldeleitungen, Sprechanlage demontieren, Zuleitung verlängern, montieren		17.228		
	• Herstellen (Kosten: 57,3%) Erdung, Blitzschutzanlage; Verkabelung RWA-Anlage		24.802		
500	**Außenanlagen und Freiflächen**	4.350,92 m² AF	16.587	**3,81**	0,4
	• Abbrechen (Kosten: 20,2%) Aufnehmen und lagern von Betonpflaster		3.343		
	• Herstellen (Kosten: 79,8%) Betonpflaster wieder einbauen		13.244		

6200-0098
Studentenwohnheim
(213 WE)

Modernisierung

Kostenkennwerte für die Kostengruppen der 2. Ebene DIN 276

KG	Kostengruppe	Menge Einheit	Kosten €	€/Einheit	%
200	**Vorbereitende Maßnahmen**				**100,0**
210	**Herrichten**	5.172,00 m² GF	4.867	**0,94**	100,0
	• Abbrechen (Kosten: 100,0%) Abräumen von Bewuchs mit Wurzelwerk, entsorgen (808m²)	5.172,00 m² GF	4.867	**0,94**	
300	**Bauwerk – Baukonstruktionen**				**100,0**
310	**Baugrube / Erdbau**	60,10 m³ BGI	17.181	**285,88**	0,4
	• Herstellen (Kosten: 100,0%) Außenwände freilegen, t bis 80cm, lagern, verfüllen (60m³), Rohrgrabenaushub, t bis 50cm (2m)	60,10 m³ BGI	17.181	**285,88**	
320	**Gründung, Unterbau**	–	786	**–**	<0,1
	• Herstellen (Kosten: 100,0%) Noppenbahn, b=50cm (95m)	–	786	**–**	
330	**Außenwände/Vert. Baukonstrukt., außen**	7.472,48 m² AWF	3.782.375	**506,17**	8[illegible],4
	• Abbrechen (Kosten: 2,2%) Abbruch von Betonbrüstungen (3m²) * Holzfenster/-türelementen (838m²) * Stahlgitterrosten (16m²); Entsorgung, Deponiegebühren	841,27 m² AWF	82.361	**97,90**	
	• Herstellen (Kosten: 97,8%) Alu-Türanlage, zweiflüglig, Antipanik Entriegelung, VSG (1m²), einflüglig, mit RWA (2m²), Holz-Alu-Fensterelemente, ein- bis vierflüglig (825m²), Alufenster (21m²), Türschwellen (20m) * WDVS, Untergrund reinigen, Aero-Dämmung, d=80mm, Gewebearmierung, Kalk-Zement-Oberputz, Silikonharzbeschichtung (6.613m²), Laibungsdämmung, d=30mm (2.204m), Gewebe-Eckwinkel (3.691m), Fugendichtbänder (2.780m), Haftbrücken (2.119m), Attikadämmung, innen, d=40mm (169m²) * Oberputz an Laibungen (1.566m²), Mörtel (1.096m), Blechbekleidungen (206m²) * Absturzsicherungen (157St), Steigleitern (2St), Gitterroste (11St)	7.472,48 m² AWF	3.700.013	**495,15**	
340	**Innenwände/Vert. Baukonstrukt., innen**	–	6.513	**–**	0,1
	• Wiederherstellen (Kosten: 100,0%) Treppenhausgeländer reinigen, entrosten, beschichten (31St)	–	6.513	**–**	
350	**Decken/Horizontale Baukonstruktionen**	455,90 m² DEF	57.789	**126,76**	1,[illegible]
	• Wiederherstellen (Kosten: 82,6%) Beton-Treppenfläche Beschädigungen überprüfen, abstemmen, ausmörteln (26m²) * Treppenbeläge entfernen, abschleifen, spachteln, abdichten, beschichten, versiegeln (26m²) * Balkongeländer demontieren, reinigen, beschichten, montieren (59m), kürzen (31St)	25,71 m² DEF	47.762	**1.857,74**	
	• Herstellen (Kosten: 17,4%) Edelstahlbleche als Übergang (2St), Alublech (1St) * Silikonharzbeschichtung (430m²)	430,19 m² DEF	10.027	**23,31**	

KG	Kostengruppe	Menge Einheit	Kosten €	€/Einheit	%
360	**Dächer**	346,58 m² DAF	233.893	**674,86**	5,0
	• Abbrechen (Kosten: 1,0%) Abbruch von Lichtkuppel (1St) * Regenfallrohren (12m), Dacheinläufen (10St), Strangentlüftern (4St); Entsorgung, Deponiegebühren	–	2.311	–	
	• Wiederherstellen (Kosten: 37,9%) bestehende Alu-Attikaabdeckungen demontieren, entsorgen, Attika erhöhen, Holzbohlen, h=30cm, Dämmung d=50mm, innenseitig PS-Dämmung, d=40mm, außen, d=160mm, abdichten, neue Alu-Attikaabdeckung, d=530mm (272m), Abdeckbleche (180m) * Demontieren, lagern und montieren von Schutzgeländern (19m)	–	88.544	–	
	• Herstellen (Kosten: 61,2%) Lichtkuppel 270x270cm, Aufsatzkranz (7m²) * Dampfsperre (453m²), Abdichtung, Mineralwolldämmung, d= i.M.160mm (339m²), Dachrandabschluss, Wärmedämmung, d=100mm, Verbundblech (285m), Aufstockelemente (8St), Betonplatten (107m²), Speier (36St), Regenfallrohre (12m), Notabläufe (8St), Strangentlüfter (4St), Attikaabläufe (2St)	346,58 m² DAF	143.038	**412,71**	
390	**Sonst. Maßnahmen für Baukonstrukt.**	6.761,49 m² BGF	547.567	**80,98**	11,8
	• Herstellen (Kosten: 100,0%) Baustelleneinrichtungen (3St), Autokran (psch), Bauzaun (161m) * Stahlrahmengerüst, Dämmstofflogistiksystem (5.769m²), Konsolverbreiterungen (291m), Geländer (3.277m), Schutzabdeckungen (1.792m²), Treppentürme (2St), Materialaufzüge (2St) * Container (psch) * Schutzabdeckungen (1.463m²), Baureinigung (psch)	6.761,49 m² BGF	547.567	**80,98**	
400	**Bauwerk – Technische Anlagen**				**100,0**
420	**Wärmeversorgungsanlagen**	6.761,49 m² BGF	8.418	**1,25**	19,5
	• Herstellen (Kosten: 100,0%) Schornsteinkopfbekleidung, Alu (5St), Anschlussprofile für Dämmputz (5St)	6.761,49 m² BGF	8.418	**1,25**	
440	**Elektrische Anlagen**	6.761,49 m² BGF	26.903	**3,98**	62,2
	• Abbrechen (Kosten: 4,6%) Abbruch von Blitzschutzanlage (psch); Entsorgung, Deponiegebühren	6.761,49 m² BGF	1.238	**0,18**	
	• Wiederherstellen (Kosten: 53,2%) bestehende Beleuchtung demontieren, Zuleitungen verlängern, montieren (15St), Austausch von Einbaudownlights (10St), von LED-Strahlern (8St) * Dachleitungen neu ausrichten (150m), vorhandene Fangstangen neu montieren (20St)	6.761,49 m² BGF	14.322	**2,12**	
	• Herstellen (Kosten: 42,2%) Fangleitungen (198m), Fangspitzen (26St), Runddraht (10m), Tiefenerder (5St), Kreuzstücke (51St), Trennstücke (17St)	6.761,49 m² BGF	11.343	**1,68**	
450	**Kommunikationstechnische Anlagen**	6.761,49 m² BGF	4.399	**0,65**	10,2
	• Wiederherstellen (Kosten: 66,1%) Mantelleitungen (25m), Fernmeldeleitungen (12m), bestehende Sprechanlage demontieren, Zuleitung verlängern, montieren (24h)	6.761,49 m² BGF	2.906	**0,43**	
	• Herstellen (Kosten: 33,9%) Installationskabel (7m)	6.761,49 m² BGF	1.492	**0,22**	

6200-0098
Studentenwohnheim
(213 WE)

Modernisierung

KG	Kostengruppe	Menge Einheit	Kosten €	€/Einheit	%
490	**Sonst. Maßnahmen für techn. Anlagen**	6.761,49 m2BGF	3.549	**0,52**	8,[illegible]
	• Herstellen (Kosten: 100,0%) Kran, mieten (1St)	6.761,49 m2BGF	3.549	**0,52**	
500	**Außenanlagen und Freiflächen**				**100,[illegible]**
530	**Oberbau, Deckschichten**	50,46 m2BFF	16.587	**328,71**	100,[illegible]
	• Abbrechen (Kosten: 20,2%) Aufnehmen und lagern von Betonpflaster (95m)	–	3.343	–	
	• Herstellen (Kosten: 79,8%) Betonpflaster, Lagermaterial auf Schottertragschicht, d=35cm, Splitt, d=5cm, wieder einbauen (50m2), Betonbordsteine (59m)	50,46 m2BFF	13.244	**262,46**	

Kostenkennwerte für die Kostengruppen 300 der 2. und 3. Ebene DIN 276 (Übersicht)

KG	Kostengruppe	Menge Einheit	€/Einheit	Kosten €	% an 3+4
300	**Bauwerk – Baukonstruktionen**	**6.761,49 m² BGF**	**687,14**	**4.646.103,26**	**99,1**
310	**Baugrube / Erdbau**	**60,10 m³ BGI**	**285,88**	**17.181,28**	**0,4**
311	Herstellung	60,10 m³ BGI	285,88	17.181,28	0,4
312	Umschließung	–	–	–	–
313	Wasserhaltung	–	–	–	–
314	Vortrieb	–	–	–	–
319	Sonstiges zur KG 310	–	–	–	–
320	**Gründung, Unterbau**	**–**	**–**	**785,58**	**< 0,1**
321	Baugrundverbesserung	–	–	–	–
322	Flachgründungen und Bodenplatten	–	–	–	–
323	Tiefgründungen	–	–	–	–
324	Gründungsbeläge	–	–	–	–
325	Abdichtungen und Bekleidungen	–	–	785,58	< 0,1
326	Dränagen	–	–	–	–
329	Sonstiges zur KG 320	–	–	–	–
330	**Außenwände/Vert. Baukonstrukt., außen**	**7.472,48 m² AWF**	**506,17**	**3.782.374,86**	**80,7**
331	Tragende Außenwände	–	–	7.026,67	0,1
332	Nichttragende Außenwände	–	–	–	–
333	Außenstützen	–	–	–	–
334	Außenwandöffnungen	859,27 m²	1.190,32	1.022.806,42	21,8
335	Außenwandbekleidungen, außen	6.613,21 m²	376,83	2.492.074,51	53,1
336	Außenwandbekleidungen, innen	1.772,40 m²	89,35	158.363,05	3,4
337	Element. Außenwandkonstruktionen	–	–	–	–
338	Lichtschutz zur KG 330	–	–	–	–
339	Sonstiges zur KG 330	7.472,48 m² AWF	13,66	102.104,21	2,2
340	**Innenwände/Vert. Baukonstrukt., innen**	**–**	**–**	**6.512,52**	**0,1**
341	Tragende Innenwände	–	–	–	–
342	Nichttragende Innenwände	–	–	–	–
343	Innenstützen	–	–	–	–
344	Innenwandöffnungen	–	–	–	–
345	Innenwandbekleidungen	–	–	–	–
346	Elementierte Innenwandkonstruktionen	–	–	–	–
347	Lichtschutz zur KG 340	–	–	–	–
349	Sonstiges zur KG 340	–	–	6.512,52	0,1
350	**Decken/Horizontale Baukonstruktionen**	**455,90 m² DEF**	**126,76**	**57.789,08**	**1,2**
351	Deckenkonstruktionen	25,71 m²	142,82	3.671,84	< 0,1
352	Deckenöffnungen	–	–	–	–
353	Deckenbeläge	25,71 m²	647,75	16.653,68	0,4
354	Deckenbekleidungen	430,19 m²	20,41	8.779,25	0,2
355	Elementierte Deckenkonstruktionen	–	–	–	–
359	Sonstiges zur KG 350	455,90 m² DEF	62,92	28.684,30	0,6
360	**Dächer**	**346,58 m² DAF**	**674,86**	**233.893,08**	**5,0**
361	Dachkonstruktionen	–	–	–	–
362	Dachöffnungen	7,29 m²	2.806,90	20.462,30	0,4
363	Dachbeläge	339,29 m²	621,66	210.924,21	4,5
364	Dachbekleidungen	–	–	–	–
365	Elementierte Dachkonstruktionen	–	–	–	–
366	Lichtschutz zur KG 360	–	–	–	–
369	Sonstiges zur KG 360	346,58 m² DAF	7,23	2.506,56	< 0,1
370	**Infrastrukturanlagen**	**–**	**–**	**–**	**–**
380	**Baukonstruktive Einbauten**	**–**	**–**	**–**	**–**
390	**Sonst. Maßnahmen für Baukonstrukt.**	**6.761,49 m² BGF**	**80,98**	**547.566,88**	**11,7**

6200-0098
Studentenwohnheim
(213 WE)

Modernisierung

Kostenkennwerte für die Kostengruppen 400 der 2. und 3. Ebene DIN 276 (Übersicht)

KG	Kostengruppe	Menge Einheit	€/Einheit	Kosten €	% an 3–4
400	**Bauwerk – Technische Anlagen**	**6.761,49 m²BGF**	**6,40**	**43.268,35**	**0,9**
410	**Abwasser-, Wasser-, Gasanlagen**	**–**	**–**	**–**	**–**
411	Abwasseranlagen	–	–	–	–
412	Wasseranlagen	–	–	–	–
413	Gasanlagen	–	–	–	–
419	Sonstiges zur KG 410	–	–	–	–
420	**Wärmeversorgungsanlagen**	**6.761,49 m²BGF**	**1,25**	**8.418,25**	**0,2**
421	Wärmeerzeugungsanlagen	–	–	–	–
422	Wärmeverteilnetze	–	–	–	–
423	Raumheizflächen	–	–	–	–
424	Verkehrsheizflächen	–	–	–	–
429	Sonstiges zur KG 420	6.761,49 m²BGF	1,25	8.418,25	0,2
430	**Raumlufttechnische Anlagen**	**–**	**–**	**–**	**–**
431	Lüftungsanlagen	–	–	–	–
432	Teilklimaanlagen	–	–	–	–
433	Klimaanlagen	–	–	–	–
434	Kälteanlagen	–	–	–	–
439	Sonstiges zur KG 430	–	–	–	–
440	**Elektrische Anlagen**	**6.761,49 m²BGF**	**3,98**	**26.902,65**	**0,6**
441	Hoch- und Mittelspannungsanlagen	–	–	–	–
442	Eigenstromversorgungsanlagen	–	–	–	–
443	Niederspannungsschaltanlagen	–	–	–	–
444	Niederspannungsinstallationsanlagen	–	–	–	–
445	Beleuchtungsanlagen	6.761,49 m²BGF	1,83	12.380,17	0,3
446	Blitzschutz- und Erdungsanlagen	6.761,49 m²BGF	2,15	14.522,46	0,3
447	Fahrleitungssysteme	–	–	–	–
449	Sonstiges zur KG 440	–	–	–	–
450	**Kommunikationstechnische Anlagen**	**6.761,49 m²BGF**	**0,65**	**4.398,72**	**< 0,1**
451	Telekommunikationsanlagen	–	–	–	–
452	Such- und Signalanlagen	6.761,49 m²BGF	0,43	2.906,39	< 0,1
453	Zeitdienstanlagen	–	–	–	–
454	Elektroakustische Anlagen	–	–	–	–
455	Audiovisuelle Medien- u. Antennenanl.	–	–	–	–
456	Gefahrenmelde- und Alarmanlagen	6.761,49 m²BGF	0,22	1.492,33	< 0,1
457	Datenübertragungsnetze	–	–	–	–
458	Verkehrsbeeinflussungsanlagen	–	–	–	–
459	Sonstiges zur KG 450	–	–	–	–
460	**Förderanlagen**	**–**	**–**	**–**	**–**
461	Aufzugsanlagen	–	–	–	–
462	Fahrtreppen, Fahrsteige	–	–	–	–
463	Befahranlagen	–	–	–	–
464	Transportanlagen	–	–	–	–
465	Krananlagen	–	–	–	–
466	Hydraulikanlagen	–	–	–	–
469	Sonstiges zur KG 460	–	–	–	–
470	**Nutzungsspez. u. verfahrenstechn. Anl.**	**–**	**–**	**–**	**–**
480	**Gebäude- und Anlagenautomation**	**–**	**–**	**–**	**–**
490	**Sonst. Maßnahmen für techn. Anlagen**	**6.761,49 m²BGF**	**0,52**	**3.548,72**	**< 0,1**

Kostenstand: 3. Quartal 2023, Bundesdurchschnitt, **inkl. 19% MwSt.**

Kostenkennwerte für Leistungsbereiche nach STLB (Kosten des Bauwerks nach DIN 276)

LB	Leistungsbereiche	Kosten €	€/m² BGF	€/m³ BRI	% an 3+4
000	Sicherheits-, Baustelleneinrichtungen inkl. 001	476.778	70,50	25,10	10,2
002	Erdarbeiten	17.181	2,50	0,90	0,4
006	Spezialtiefbauarbeiten inkl. 005	–	–	–	–
009	Entwässerungskanalarbeiten inkl. 011	–	–	–	–
010	Drän- und Versickerarbeiten	–	–	–	–
012	Mauerarbeiten	8.418	1,20	0,44	0,2
013	Betonarbeiten	42.168	6,20	2,20	0,9
	Wiederherstellen	3.672	0,54	0,19	< 0,1
	Herstellen	38.497	5,70	2,00	0,8
014	Natur-, Betonwerksteinarbeiten	23.007	3,40	1,20	0,5
016	Zimmer- und Holzbauarbeiten	–	–	–	–
017	Stahlbauarbeiten	–	–	–	–
018	Abdichtungsarbeiten	–	–	–	–
019	Kampfmittelräumarbeiten	–	–	–	–
020	Dachdeckungsarbeiten	–	–	–	–
021	Dachabdichtungsarbeiten	132.989	19,70	7,00	2,8
	Wiederherstellen	2.507	0,37	0,13	< 0,1
	Herstellen	130.482	19,30	6,90	2,8
022	Klempnerarbeiten	94.351	14,00	5,00	2,0
	Wiederherstellen	86.037	12,70	4,50	1,8
	Herstellen	8.313	1,20	0,44	0,2
	Rohbau	**794.892**	**117,60**	**41,80**	**17,0**
	Wiederherstellen	92.216	13,60	4,80	2,0
	Herstellen	702.677	103,90	36,90	15,0
023	Putz- und Stuckarbeiten, Wärmedämmsysteme	2.692.632	398,20	141,60	57,4
024	Fliesen- und Plattenarbeiten	–	–	–	–
025	Estricharbeiten	4.274	0,63	0,22	< 0,1
	Wiederherstellen	4.274	0,63	0,22	< 0,1
026	Fenster, Außentüren inkl. 029, 032	932.476	137,90	49,00	19,9
027	Tischlerarbeiten	–	–	–	–
028	Parkettarbeiten, Holzpflasterarbeiten	–	–	–	–
030	Rollladenarbeiten	–	–	–	–
031	Metallbauarbeiten inkl. 035	80.807	12,00	4,20	1,7
	Wiederherstellen	35.197	5,20	1,90	0,8
	Herstellen	45.610	6,70	2,40	1,0
034	Maler- und Lackiererarbeiten inkl. 037	–	–	–	–
036	Bodenbelagarbeiten	11.132	1,60	0,59	0,2
	Wiederherstellen	11.132	1,60	0,59	0,2
038	Vorgehängte hinterlüftete Fassaden	–	–	–	–
039	Trockenbauarbeiten	–	–	–	–
	Ausbau	**3.721.321**	**550,40**	**195,70**	**79,4**
	Wiederherstellen	50.603	7,50	2,70	1,1
	Herstellen	3.670.718	542,90	193,00	78,3
040	Wärmeversorgungsanl. - Betriebseinr. inkl. 041	–	–	–	–
042	Gas- und Wasserinstallation, Leitungen inkl. 043	–	–	–	–
044	Abwasseranlagen - Leitungen	–	–	–	–
045	GWE-Einrichtungsgegenstände inkl. 046	–	–	–	–
047	Dämmarbeiten an betriebstechnischen Anlagen	–	–	–	–
049	Feuerlöschanlagen, Feuerlöschgeräte	–	–	–	–

6200-0098
Studentenwohnheim
(213 WE)

Modernisierung

LB	Leistungsbereiche	Kosten €	€/m² BGF	€/m³ BRI	% an 3+4
050	Blitzschutz- und Erdungsanlagen	13.285	2,00	0,70	0,3
	Wiederherstellen	1.942	0,29	0,10	< 0,1
	Herstellen	11.343	1,70	0,60	0,2
053	Niederspannungsanlagen inkl. 052, 054	1.492	0,22	0,08	< 0,1
055	Sicherheits- u. Ersatzstromversorgungsanl.	–	–	–	–
057	Gebäudesystemtechnik	–	–	–	–
058	Leuchten und Lampen inkl. 059	12.380	1,80	0,65	0,3
	Wiederherstellen	12.380	1,80	0,65	0,3
060	Sprechanlagen, elektroakust. Anlagen inkl. 064	2.906	0,43	0,15	< 0,1
	Wiederherstellen	2.906	0,43	0,15	< 0,1
061	Kommunikationsnetze inkl. 063	–	–	–	–
069	Aufzüge	–	–	–	–
070	Gebäudeautomation	–	–	–	–
075	Raumlufttechnische Anlagen inkl. 078	–	–	–	–
	Gebäudetechnik	**30.064**	**4,40**	**1,60**	**0,6**
	Wiederherstellen	17.228	2,50	0,91	0,4
	Herstellen	12.835	1,90	0,67	0,3
084	Abbruch, Rückbau, Schadstoffsanierung	85.910	12,70	4,50	1,8
	Abbrechen	85.910	12,70	4,50	1,8
	Abbrucharbeiten	**85.910**	**12,70**	**4,50**	**1,8**
	Abbrechen	85.910	12,70	4,50	1,8
	Sonstige Leistungsbereiche	**57.185**	**8,50**	**3,00**	**1,2**

6500-0051
Berufsschule
(2.400 Schüler)
Neubau Caféteria
(100 Sitzplätze)

Modernisierung

Objektübersicht

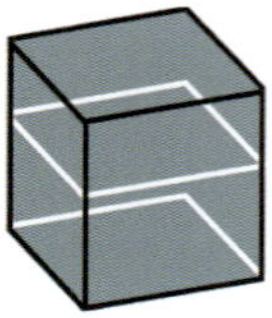

BRI 239 €/m³

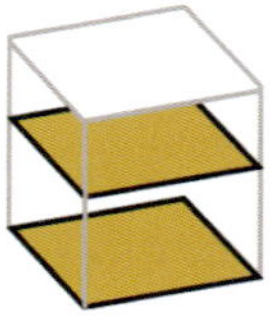

BGF 897 €/m²

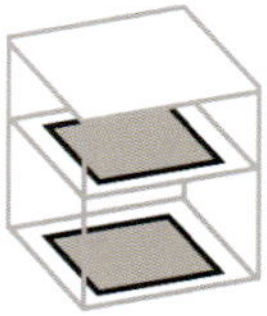

NUF 1.788 €/m²

Objekt:
Kennwerte: 3. Ebene DIN 276
BRI: 16.023 m³
BGF: 4.266 m²
NUF: 2.140 m²
Bauzeit: 48 Wochen
Bauende: 2018
Standard: Durchschnitt
Bundesland: Nordrhein-Westfalen
Kreis: Viersen

Architekt*in:
westform architekten
Joseph-von-Fraunhofer-Straße 3b
52477 Alsdorf

Bauherr*in:
Kreis Viesen
Der Landrat
Rathausmarkt 3
41707 Viesen

vorher

nachher

Zeichnungen

6500-0051
Berufsschule
(2.400 Schüler)
Neubau Caféteria
(100 Sitzplätze)

Modernisierung

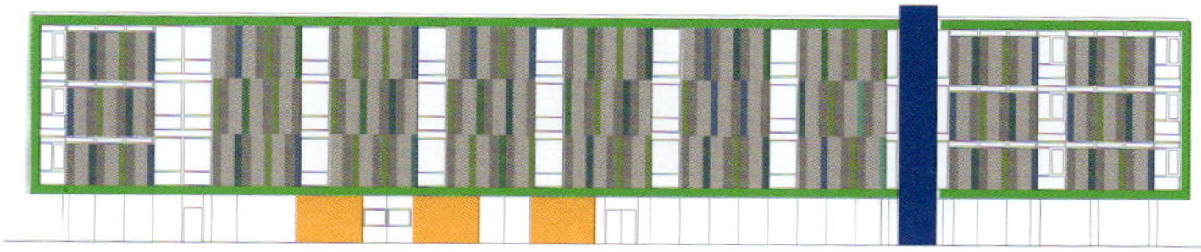

Ansicht Nord

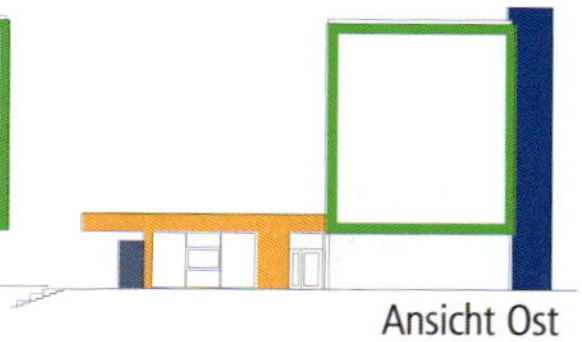

Ansicht Ost

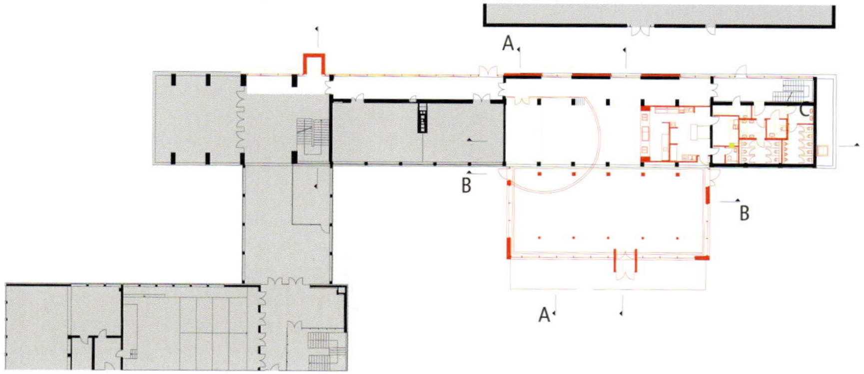

Erdgeschoss

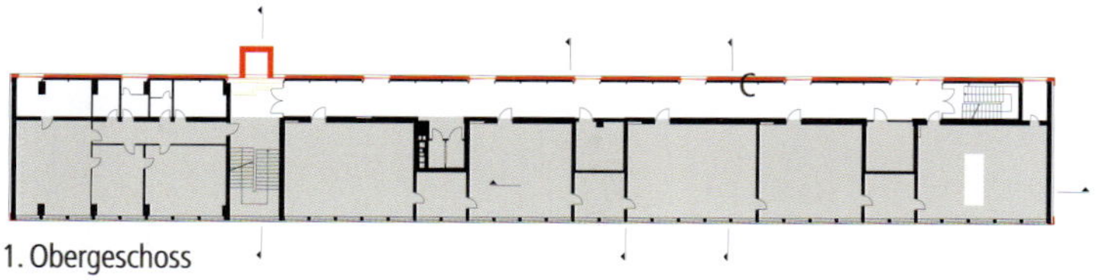

1. Obergeschoss

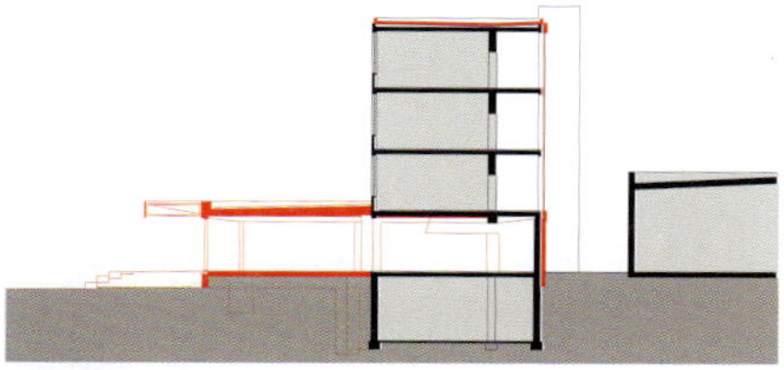

Schnitt A-A

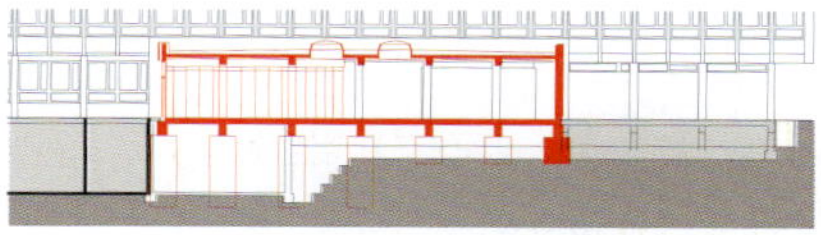

Schnitt B-B

Ansicht Süd

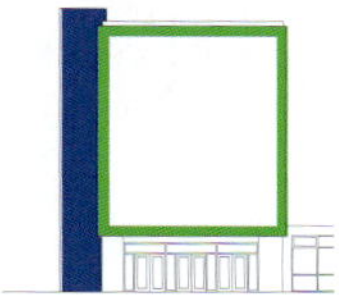

Ansicht West

6500-0051
Berufsschule
(2.400 Schüler)
Neubau Caféteria
(100 Sitzplätze)

Modernisierung

Objektbeschreibung

Allgemeine Objektinformationen

Das in den 1960er Jahren erbaute Berufskolleg wurde erweitert und modernisiert. Die Baumaßnahmen umfassen den Neubau der Caféteria mit 100 Sitzplätzen und Außenterrasse, die Renovierung der Sanitärräume, die Erneuerung der Nordfassade inklusive der Fenster, den Neubau eines Außenaufzugs, die Erneuerung der Dachabdichtung und Wärmedämmung sowie die Installation einer Photovoltaikanlage. Der Neubau der Caféteria entwickelte sich aus der vorhandenen Pausenhalle. In die modernisierte Halle sind im Bereich des Bestandsgebäudes ein separater Aufenthaltsraum und die Ausgabe der Schulverpflegung als Baukörper eingestellt worden.

Nutzung

1 Untergeschoss
Lagerräume, Technik

1 Erdgeschoss
Caféteria, Sanitärräume, Klassenräume, Flure, Treppenhaus

3 Obergeschosse
Klassenräume, Sanitärräume, Flure, Treppenhaus

Nutzeinheiten

Schüler: 2.400
Sitzplätze: 100

Grundstück

Bauraum: Beengter Bauraum
Neigung: Ebenes Gelände
Bodenklasse: BK 4

Markt

Hauptvergabezeit: 1.Quartal 2018
Baubeginn: 1.Quartal 2018
Bauende: 4.Quartal 2018
Konjunkturelle Gesamtlage: Durchschnitt
Regionaler Baumarkt: Durchschnitt

Baubestand

Baujahr: 1964
Bauzustand: mittel
Aufwand: hoch
Grundrissänderungen: umfangreiche
Tragwerkseingriffe: einige
Nutzungsänderung: ja
Nutzung während der Bauzeit: ja

Baukonstruktion

Für den Neubau der Caféteria wurde die Südseite der Pausenhalle geöffnet und die bestehende Stahlbetonkonstruktion in den angrenzenden Schulhof erweitert. Die Gründung erfolgte mit einer Brunnenringgründung mit aufgelagertem Tragrost aus Betonbalken. Die Wand- und Deckenoberflächen der Pausenhalle wurden weitestgehend erhalten, der Neubau ist komplett in Sichtbeton erstellt. Dreiseitig kam eine raumhohe Pfosten-Riegelfassade zum Einbau. Innen haben die gesamte Tragstruktur und die Decken eine weiße Beschichtung erhalten, der eingestellte Kubus bildet einen farbigen Akzent. Akustikdecken und frei hängende Akustikelemente dienen der Verbesserung der Raumakustik. Als Fußbodenbelag wurde PVC gewählt. Über der Terrassenfläche ist ein baulicher Sonnenschutz in Form einer auskragenden Stahlkonstruktion mit Gitterrosten angebracht worden. Die Nordfassade wurde komplett erneuert (ca. 1.122m^2) und erhielt eine vierfarbige, gedämmte Bekleidung aus HPL-Fassadenplatten sowie neue Alufenster. Ein Aufzug wurde an die Nordfassade angebaut. Die bestehende Herren WC-Anlage ist komplett entkernt worden. Es wurden ein barrierefreies WC sowie eine neue Damen- und eine Herren-WC Anlage geschaffen. Im Zuge dessen wurden das Foyer und der angrenzende Flur geöffnet und mit einer Glasfassade versehen. Das Dach des Berufskollegs hat eine neue Dachabdichtung und Wärmedämmung erhalten, insgesamt ca. 800m^2.

Technische Anlagen

Die Haustechnik im Bereich der Caféteria und der WC Anlage wurde vollständig erneuert. Zudem ist eine neue Lüftungsanlage eingebaut worden. Auf dem sanierten Dach wurde eine Photovoltaikanlage (176m^2) installiert, die größtenteils dem Eigenverbrauch der Schule dient.

Sonstiges

Die Freianlagen wurden unter der Objektnummer 4200-0034 dokumentiert.

Energetische Angaben zu Außenbauteilen

Bodenplatte

U-Wert: 0,41 W/(m2·K)

Gesamtdicke: 39,50 cm	d [cm]	l [W/(m·K)]
Estrich	6,50	1,400
Trittschalldämmung	3,00	0,045
Dämmung	5,00	0,035
Stahlbeton	25,00	2,500

Außenwand hinterlüftet Bestand

U-Wert: 0,20 W/(m2·K)

Gesamtdicke: 41,00 cm	d [cm]	l [W/(m·K)]
Innenputz	1,00	0,700
Bestand (Annahme Beton)	24,00	2,500
Dämmung	16,00	0,035

Außenwand hinterlüftet Kalksandstein

U-Wert: 0,20 W/(m2·K)

Gesamtdicke: 41,00 cm	d [cm]	l [W/(m·K)]
Innenputz	1,00	0,700
Kalksandstein	24,00	1,100
Dämmung	16,00	0,035

Dach Bestand

U-Wert: 0,17 W/(m2·K)

Gesamtdicke: 40,00 cm	d [cm]	l [W/(m·K)]
Stahlbeton Bestand	20,00	2,500
Dämmung	20,00	0,035

Dach

U-Wert: 0,17 W/(m2·K)

Gesamtdicke: 40,00 cm	d [cm]	l [W/(m·K)]
Stahlbeton	20,00	2,500
Dämmung	20,00	0,035

6500-0051
Berufsschule
(2.400 Schüler)
Neubau Caféteria
(100 Sitzplätze)

Modernisierung

Planungskennwerte für Flächen und Rauminhalte nach DIN 277

Flächen des Grundstücks		Menge Einheit	% an GF
BF	Bebaute Fläche	4.236,00 m^2	19,8
UF	Unbebaute Fläche	17.178,00 m^2	80,2
GF	Grundstücksfläche	21.414,00 m^2	100,0

Grundflächen des Bauwerks		Menge Einheit	% an NUF	% an BGF
NUF	Nutzungsfläche	2.139,53 m^2	100,0	50,2
TF	Technikfläche	180,57 m^2	8,4	4,2
VF	Verkehrsfläche	1.183,74 m^2	55,3	27,7
NRF	Netto-Raumfläche	3.503,84 m^2	163,8	82,1
KGF	Konstruktions-Grundfläche	762,14 m^2	35,6	17,9
BGF	Brutto-Grundfläche	4.265,98 m^2	199,4	100,0

Brutto-Rauminhalt des Bauwerks		Menge Einheit	BRI/NUF (m)	BRI/BGF (m)
BRI	Brutto-Rauminhalt	16.022,95 m^3	7,49	3,76

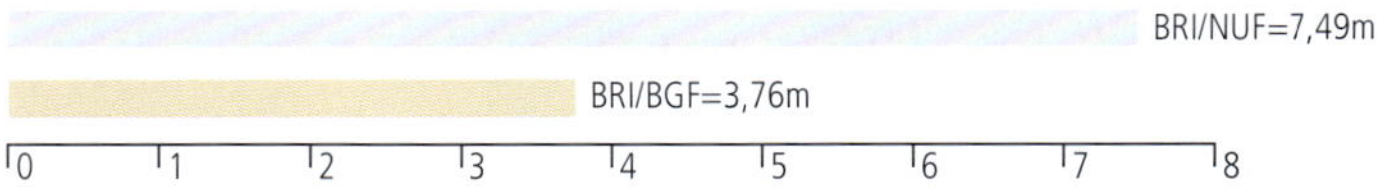

Lufttechnisch behandelte Flächen	Menge Einheit	% an NUF	% an BGF
Entlüftete Fläche	–	–	–
Be- und entlüftete Fläche	–	–	–
Teilklimatisierte Fläche	–	–	–
Klimatisierte Fläche	–	–	–

KG	Kostengruppen (2. Ebene)	Menge Einheit	Menge/NUF	Menge/BGF
310	Baugrube / Erdbau	704,29 m^3 BGI	0,33	0,17
320	Gründung, Unterbau	245,01 m^2 GRF	0,12	0,06
330	Außenwände/Vertikale Baukonstruktionen, außen	1.481,30 m^2 AWF	0,69	0,35
340	Innenwände/Vertikale Baukonstruktionen, innen	431,39 m^2 IWF	0,20	0,10
350	Decken/Horizontale Baukonstruktionen	613,36 m^2 DEF	0,29	0,14
360	Dächer	1.230,02 m^2 DAF	0,58	0,29

Kostenkennwerte für die Kostengruppen der 1.Ebene DIN 276

KG	Kostengruppen (1. Ebene)	Einheit	Kosten €	€/Einheit	€/m² BGF	€/m³ BRI	% 300+400
100	Grundstück	m² GF	–	–	–	–	–
200	Vorbereitende Maßnahmen	m² GF	7.551	0,35	1,77	0,47	0,2
300	Bauwerk – Baukonstruktionen	m² BGF	2.907.254	681,50	681,50	181,44	76,0
400	Bauwerk – Technische Anlagen	m² BGF	917.971	215,18	215,18	57,29	24,0
	Bauwerk 300+400	**m² BGF**	**3.825.225**	**896,68**	**896,68**	**238,73**	**100,0**
500	Außenanlagen und Freiflächen	m² AF	101.102	607,95	23,70	6,31	2,6
600	Ausstattung und Kunstwerke	m² BGF	3.498	0,82	0,82	0,22	< 0,1
700	Baunebenkosten	m² BGF	–	–	–	–	–
800	Finanzierung	m² BGF	–	–	–	–	–

KG	Kostengruppe	Menge Einheit	Kosten €	€/Einheit	%
200	**Vorbereitende Maßnahmen**	21.414,00 m² GF	7.551	**0,35**	0,2

- Abbrechen (Kosten: 93,6%) — 7.065
  Grundstück freimachen, Bäume fällen
- Herstellen (Kosten: 6,4%) — 486
  Sicherungsmaßnahmen, Herrichten der Geländeoberfläche

KG	Kostengruppe	Menge Einheit	Kosten €	€/Einheit	%
3+4	**Bauwerk**				**100,0**
300	**Bauwerk – Baukonstruktionen**	4.265,98 m² BGF	2.907.254	**681,50**	76,0

- Abbrechen (Kosten: 7,3%) — 211.247
  Abbruch von Stb-Fundamenten, Betonpflastersteinen, Fliesenbelägen; Ziegelmauerwerk, Alu-Fenstern, Stahltüren, Faserzement-Fassadenplatten, Trapezblech-Fassadenbekleidung, Alu-Pfosten-Riegelfassade; KS-Wänden, GK-Wänden, Innenfenster mit Rollladen, Innentüren, Fliesen, WC-Trennwänden; Deckenputz, Holzwolle-Leichtbauplatten; Dachausstieg, Lichtkuppel, Dachabdichtung, Dämmung, Attikaabdeckungen, Faserzementformteile, Kiesschüttung; Entsorgung, Deponiegebühren
- Wiederherstellen (Kosten: 0,2%) — 5.044
  Stb-Bodenplatte aufstemmen, Untergrund verfüllen, wieder herstellen
- Herstellen (Kosten: 92,6%) — 2.690.963
  Bodenarbeiten, Baugrubenaushub; Stb-Fundamente, Stb-Bodenplatte, Brunnengründung, Kautschukbeläge; Stb-Außenwand, Alu-Fenster, Alu-Türelemente, HPL-Fassadenplatten, WDVS, Wandfliesen, Alu-Pfosten-Riegelfassade, Stahl-Sonnenschutzkonstruktion, Außenjalousien; GK-Wände, KS-Wände, Stb-Stützen, Vollholztüren, Stahltüren, Dispersionsbeschichtung, Wandfliesen, mobile Glastrennwände, WC-Trennwände; Stb-Deckenplatte, Fliesen, Kautschukbeläge, GK-Akustikdecken, Alu-Akustikabsorber, Rasterdecken; Stb-Flachdach, Lichtkuppeln, Gefälledämmung, Dachabdichtung, Dachentwässerung, extensive Dachbegrünung

KG	Kostengruppe	Menge Einheit	Kosten €	€/Einheit	%
400	**Bauwerk – Technische Anlagen**	4.265,98 m² BGF	917.971	**215,18**	2[illegible],0
	• Abbrechen (Kosten: 4,3%) Abbruch von Entwässerungsschacht, Abwasserleitungen; Wasserleitungen, Sanitärobjekten; Heizleitungen, Heizkörper; Elektroinstallation, Beleuchtung; Entsorgung, Deponiegebühren		39.837		
	• Wiederherstellen (Kosten: 0,4%) Kunstschieferbekleidung, Kaminkopf erneuern; Handmelder versetzen; Brandmelde Loop überbrücken, verlegen, wieder anschließen		3.646		
	• Herstellen (Kosten: 95,3%) Gebäudeentwässerung, Kalt- und Warmwasserleitungen, Sanitärobjekte; Heizleitungen, Heizkörper, Fußbodenheizung; Lüftungsgerät 5.000m³/h, Wärmetauscher, Zuluftgeräte 2.000m³/h, Lüftungskanäle; Photovoltaikanlage, Elektroinstallation, Beleuchtung, Sicherheitsbeleuchtung, Blitzschutz; Einbruchmeldeanlage, Brandmeldeanlage; Personenaufzug; Gebäudeautomation		874.488		
500	**Außenanlagen und Freiflächen**	166,30 m² AF	101.102	**607,95**	2[illegible]5
	• Abbrechen (Kosten: 16,3%) Abbruch von Stb-Fundamenten; Bodenbelägen, Betonblockstufen; Geländeentwässerungsleitungen, Außenleuchten; Entsorgung, Deponiegebühren		16.459		
	• Herstellen (Kosten: 83,7%) Terrasse mit Unterbau, Traufstreifen; Eingangstreppenanlage, Sitzstufen; Grundstücksentwässerung		84.642		
600	**Ausstattung und Kunstwerke**	4.265,98 m² BGF	3.498	**0,82**	< 0,[illegible]
	• Herstellen (Kosten: 100,0%) Sanitärausstattung		3.498		

Kostenkennwerte für die Kostengruppen der 2.Ebene DIN 276

KG	Kostengruppe	Menge Einheit	Kosten €	€/Einheit	%
200	**Vorbereitende Maßnahmen**				**100,0**
210	**Herrichten**	21.414,00 m² GF	7.551	**0,35**	100,0
	• Abbrechen (Kosten: 93,6%) Grundstück freimachen, Aufwuchs entfernen (61m²), Hecken, Wurzelstöcke roden (10m), Bäume fällen (4St), Grasnaben entfernen (217m²); Entsorgung, Deponiegebühren	21.414,00 m² GF	7.065	**0,33**	
	• Herstellen (Kosten: 6,4%) Suchschachtung (4m³)	21.414,00 m² GF	486	**0,02**	
300	**Bauwerk – Baukonstruktionen**				**100,0**
310	**Baugrube / Erdbau**	704,29 m³ BGI	100.072	**142,09**	3,4
	• Herstellen (Kosten: 100,0%) Oberboden abtragen, lagern (57m³), Baugrubenaushub, t=4,50m (104m³), Fundamentaushub, t bis 4,50m lösen, laden, entsorgen (303m³), Grabenaushub mit Verbau, t bis 2,30m (292m³), Kies (309m³), Sand (46m³)	704,29 m³ BGI	100.072	**142,09**	
320	**Gründung, Unterbau**	245,01 m² GRF	199.763	**815,33**	6,9
	• Abbrechen (Kosten: 21,2%) Abbruch von Stb-Fundamenten, abstemmen, aufnehmen (psch), Fundamentvorsprüngen (24m) * Fliesenbeläge, Estrich ausbrechen (37m²); Entsorgung, Deponiegebühren	37,49 m² GRF	42.268	**1.127,45**	
	• Wiederherstellen (Kosten: 2,5%) Stb-Bodenplatte aufstemmen, Betonschutt entsorgen, Untergrund verfüllen, Bewehren, ausgießen (psch)	–	5.044	**–**	
	• Herstellen (Kosten: 76,3%) Stb-Einzelfundamente (psch), Stb-Bodenplatte, d=16cm (238m²), d=30cm (7m²) * Brunnengründung DN1.500mm (14St), Stb-Fundamentbalken (25m³) * PUR-Dämmplatten, d=40mm (200m²), Anhydritestrich (263m²), Kautschukbeläge (210m²), Fliesen (105m²), Sauberlaufmatte (1St) * Sauberkeitsschicht (272m²), Perimeterdämmung (9m²), Beschichtung Sockel (psch), vertikale Dränschicht (50m²)	245,01 m² GRF	152.451	**622,22**	
330	**Außenwände/Vert. Baukonstrukt., außen**	1.481,30 m² AWF	1.490.581	**1.006,27**	51,3
	• Abbrechen (Kosten: 5,7%) Abbruch von Stb-Brüstung (1St), Ziegelmauerwerk (113m²) * Alu-Fenster (331m²), Stahltüre (2m²) * Faserzement-Fassadenplatten, Mineralwolldämmung (555m²), Trapezblech-Fassadenbekleidung (103m²), Abdeckbleche (430m) * Alu-Pfosten-Riegelfassade (37m²) * Stb-Lichtschächten (2St); Entsorgung, Deponiegebühren	1.027,19 m² AWF	85.347	**83,09**	
	• Herstellen (Kosten: 94,3%) Stb-Außenwand, d=25cm, Sichtbeton (140m²), Wanddurchbruch (4m²) * Stb-Attika (33m²), Porenbeton-Aufkantung (9m) * Alu-Fensterelemente, Oberlichter (496m²), Alu-Türelemente (32m²) * HPL-Fassadenplatten (729m²), Alu-Blechkantung (432St), WDVS (117m²), Alubleche, dreifach gekantet (238m), Brandriegel (55m²) * Abdichtung, Wandfliesen (70m²) * Alu-Pfosten-Riegelfassade (112m²) * Alu-Gitterroste (82m²), Außenjalousien (37m²) * Stb-Lichtschacht (1St)	1.481,30 m² AWF	1.405.234	**948,65**	

6500-0051
Berufsschule
(2.400 Schüler)
Neubau Caféteria
(100 Sitzplätze)

Modernisierung

KG	Kostengruppe	Menge Einheit	Kosten €	€/Einheit	%
340	**Innenwände/Vert. Baukonstrukt., innen**	431,39 m2 IWF	255.258	**591,71**	8,8
	• Abbrechen (Kosten: 9,3%) Abbruch von KS-Wänden, d=11,5-24cm, beidseitig Putz, Fliesen (74m2), GK-Wänden, OSB-Beplankung, Dämmung (66m2) * Innenfenster mit Rollladen (1St), Innentüren, Stahlzargen (7m2), Fenster-Verglasung (psch) * Fliesenbelägen (82m2), Verunreinigungen an Wänden entfernen (384m2) * WC-Trennwänden, Kabinen (13St); Entsorgung, Deponiegebühren	301,51 m2 IWF	23.650	**78,44**	
	• Herstellen (Kosten: 90,7%) Stb-Innenwand, d=24cm (4m2), Türdurchbrüche (6m2) * GK-Ständerwände, d=11-22cm (117m2), KS-Innenwänden, d=20cm (14m2) * Stb-Stützen (35m) * Holztüren (14m2), Stahltüren T30RS (13m2) * Dispersionsbeschichtung (384m2), Wandfliesen (196m2), GK-Vorsatzschalen (93m2) * mobile Glastrennwand (15m2), halbkreisförmig (52m2), WC-Trennwände (47m2) * Rollladenbekleidung (psch)	431,39 m2 IWF	231.608	**536,89**	
350	**Decken/Horizontale Baukonstruktionen**	613,36 m2 DEF	182.804	**298,04**	6,3
	• Abbrechen (Kosten: 9,1%) Abbruch von Stb-Deckenrand (3m) * Fliesensockel (67m) * Deckenputz, Holzwolle-Leichtbauplatte (235m2), Blechlamellen (8m2); Entsorgung, Deponiegebühren	243,68 m2 DEF	16.705	**68,55**	
	• Herstellen (Kosten: 90,9%) Stb-Deckenplatte, d=20cm (5m2), Stb-Unterzug (3m), Stahlwechsel (psch), Stb-Deckendurchbrüche (7St) * Kautschukbeläge (200m2), Holzsockel (55m), Estrich auf Kleinflächen (22m2), Fliesen (105m2), Fliesensockel (68m) * GK-Akustikdecken (336m2), GK-Abhangdecken (39m2), Alu-Akustikabsorber (139St), Rasterdecken (45m2), GK-Stahlträgerbekleidung (15m), Beschichtung (568m2)	613,36 m2 DEF	166.099	**270,80**	
360	**Dächer**	1.230,02 m2 DAF	454.395	**369,42**	15,6
	• Abbrechen (Kosten: 9,5%) Abbruch von Dachausstieg (1St), Lichtkuppel (1St) * Foliendachabdichtung, Dämmung, Alu-Vlies (801m2), Randabdichtungen, Zinkblech (206m), Attikaabdeckungen, Alu-Blech (274m), Attikaabdeckungen, Faserzementformteile (77m), Holzlattung (293m), Kiesschüttung (70m3), Entlüftungshauben (13St)	862,08 m2 DAF	43.259	**50,18**	
	• Herstellen (Kosten: 90,5%) Stb-Flachdach, d=16-18cm (235m2) * Lichtkuppeln (5St), Dachausstieg (1St) * PS-Gefälledämmung (266m2), PS-Dämmschicht auf Gefälleestrich (801m2), Kunststoff-Dachabdichtung (1.067m2), auf Attika (189m2), Alu-Attikaabdeckung (304m), Abläufe DN100-125 (18St), Regenfallleitungen (16m), extensive Dachbegrünung (206m2) * Sicherungssysteme (128m)	1.230,02 m2 DAF	411.136	**334,25**	
390	**Sonst. Maßnahmen für Baukonstrukt.**	4.265,98 m2 BGF	224.381	**52,60**	7,7
	• Abbrechen (Kosten: < 0,1%) Abbruch von Schottertragschicht Baustraße (2m3); Entsorgung, Deponiegebühren	4.265,98 m2 BGF	18	**< 0,01**	
	• Herstellen (Kosten: 100,0%) Baustelleneinrichtung (2St), Baustraße (127m2), Bürocontainer (1St), Baustellen-WC (1St), Baustromanschluss (psch), Bauwasser (1St), Bauschild (1St), Bauzaun (361m) * Fassadengerüst (1.558m2), Konsolverbreiterungen (322m), Treppen (2St), Gerüstplane (1.284m2), Schutznetze (30.992m2), Dachfanggerüste (742m) * Stb-Unterfangung Bestandsfundament (9m) * Container (9St) * Schutzabdeckungen für Böden (479m2), für Fenster (308m2)	4.265,98 m2 BGF	224.363	**52,59**	

KG	Kostengruppe	Menge Einheit	Kosten €	€/Einheit	%
400	**Bauwerk – Technische Anlagen**				**100,0**
410	**Abwasser-, Wasser-, Gasanlagen**	4.265,98 m² BGF	185.996	**43,60**	20,3
	• Abbrechen (Kosten: 8,0%) Abbruch von Entwässerungsschacht (1St), Abwasserleitungen (169m), Bodenabläufen (5St) * Wasserleitungen (186m), Sanitärobjekten (40St), Bodenabläufen (5St); Entsorgung, Deponiegebühren	4.265,98 m² BGF	14.864	**3,48**	
	• Herstellen (Kosten: 92,0%) KG-Rohre DN100-200 (208m), PE-Rohre DN50-125 (136m), Bodenabläufe DN50 (5St), PP-Entwässerungsschächte DN400 (5St), DN1.000 (1St), Entwässerungsrinnen (7m), Brandschutzschotts (5St) * Edelstahlrohre DN15-35, (400m), Waschtische (8St), barrierefrei (1St), Tiefspül-WCs (14St), Urinale (4St), Ausgussbecken (3St), Durchlauferhitzer (1St) * Montageelemente (29St)	4.265,98 m² BGF	171.132	**40,12**	
420	**Wärmeversorgungsanlagen**	4.265,98 m² BGF	108.758	**25,49**	11,8
	• Abbrechen (Kosten: 19,9%) Abbruch von Heizleitungen (468m) * Heizkörpern (12St); Entsorgung, Deponiegebühren	4.265,98 m² BGF	21.644	**5,07**	
	• Wiederherstellen (Kosten: 0,4%) Kunstschieferbekleidung, Kaminkopf entfernen, wieder montieren (psch)	4.265,98 m² BGF	469	**0,11**	
	• Herstellen (Kosten: 79,7%) Ultraschall-Wärmezähler (1St), füllen, einregulieren der Heizungsanlage (1St), Hocheffizienzpumpe (1St) * Heizleitungen DN 10-50 (731m), Kugelhähne (21St), Strangregulierventile (16St), Rohrschotts (29St) * Ventilheizkörper (7St), Radiavektoren (6St), Fußbodenheizung, PE-Xa-Rohre (1.280m), Verteiler, 12 Heizkreise, Verteilerschrank (1St)	4.265,98 m² BGF	86.645	**20,31**	
430	**Raumlufttechnische Anlagen**	4.265,98 m² BGF	179.182	**42,00**	19,5
	• Herstellen (Kosten: 100,0%) Lüftungsgerät, 5.000 m³/h, Kreuzstromwärmetauscher (1St), Zuluftgeräte 2.000 m³/h (2St), Außenluftansaugturm 5.000 m³/h (1St), Wärmetauschersteuerung (1St), Wärmepumpen 12,5kW (1St), Volumenstromregler (6St), Kulissenschalldämpfer (8St), Rechteckkanäle (298m²), Wickelfalzrohre (232m), Aluflexrohre DN250-300 (10m), Tellerventile (27St), Drosselklappen (4St), Telefonieschalldämpfer (20St), Brandschutzklappen (6St)	4.265,98 m² BGF	179.182	**42,00**	
440	**Elektrische Anlagen**	4.265,98 m² BGF	274.369	**64,32**	29,9
	• Abbrechen (Kosten: 1,0%) Abbruch von Unterverteiler (psch), Mantelleitungen (657m), Schalter, Taster (36St) * Leuchten (31St); Entsorgung, Deponiegebühren	4.265,98 m² BGF	2.685	**0,63**	
	• Wiederherstellen (Kosten: 0,8%) Überprüfen, freischalten Beleuchtungsstromkreise (14h)	4.265,98 m² BGF	2.099	**0,49**	
	• Herstellen (Kosten: 98,3%) Solarmodule 270Wp, Montagesystem (104St), Wechselrichter (1St) * Fehlerstromschutzschalter (5St), Stromstoßrelais (14St), Hauptschalter (2St), Überspannungsableiter (2St), LS-Schalter (4St), Stromkreise (27St), Mantelleitungen (7.468m), Leerrohre (743m), Steckdosen (137St), Schalter, Taster (75St), Bewegungsmelder (20St) * Anbauleuchten (51St), LED-Sicherheitsleuchten (26St), Rettungszeichenleuchten (10St) * Flachband-Ringerder (127m), Fangleitungen (201m), Fangstangen (14St), Potenzialausgleichserder DN10 (85m)	4.265,98 m² BGF	269.585	**63,19**	

KG	Kostengruppe	Menge Einheit	Kosten €	€/Einheit	%
450	**Kommunikationstechnische Anlagen**	4.265,98 m²BGF	40.892	**9,59**	4,5
	• Abbrechen (Kosten: 1,6%) Abbruch von Fernmeldeleitungen (172m) * Rauchmeldern (8St); Entsorgung, Deponiegebühren	4.265,98 m²BGF	644	**0,15**	
	• Wiederherstellen (Kosten: 0,2%) Versetzen von Handmeldern (1St)	4.265,98 m²BGF	82	**0,02**	
	• Herstellen (Kosten: 98,2%) Lautsprecherkabel (psch) * Einbruchmeldeanlage (psch), Brandmeldekabel J-H(ST) (986m), Multisensormelder (38St), Wärmemelder (4St), Brandmeldesockel (42St), akustischer Alarmgeber (1St), Stromversorgung Signalgeber (1St) * EDV-Schrank (1St), halogenfreies Datenkabel (630m), Patchpanel (1St)	4.265,98 m²BGF	40.166	**9,42**	
460	**Förderanlagen**	4.265,98 m²BGF	73.321	**17,19**	8,0
	• Herstellen (Kosten: 100,0%) Personenaufzug, 630Kg, fünf Haltestellen (1St)	4.265,98 m²BGF	73.321	**17,19**	
480	**Gebäude- und Anlagenautomation**	4.265,98 m²BGF	54.457	**12,77**	5,9
	• Herstellen (Kosten: 100,0%) Automationsstation für RLT-Anlage (1St), für Heizung (1St), Bediendisplay (1St), Fernbedientableau (1St), Druckfühler (6St), Temperaturfühler (13St), Rauchmelder (3St), Luftqualitätsfühler (1St), Wärmeleistungs-Messeinrichtung (1St), Klappenstellantriebe (4St), Frostschutzwächter (1St) * Schaltschrank (1St), Baugruppe zur Spannungsversorgung (3St), für Brandschutzklappen (17St), für Beleuchtung (2St), für Ventilatoren (5St), Pumpenmodul (1St), Hilfsrelais (16St), Sicherungsautomaten (2St), Überspannungs-Ableiter (1St) * Patchkabel, Cat5 (15m)	4.265,98 m²BGF	54.457	**12,77**	
490	**Sonst. Maßnahmen für techn. Anlagen**	4.265,98 m²BGF	996	**0,23**	0,
	• Wiederherstellen (Kosten: 100,0%) Brandmelde-Loop überbrücken, provisorisch verlegen, wieder anschließen (psch)	4.265,98 m²BGF	996	**0,23**	
500	**Außenanlagen und Freiflächen**				**100,**
520	**Gründung, Unterbau**	166,30 m²AF	203	**1,22**	0,
	• Abbrechen (Kosten: 100,0%) Abbruch von Stb-Fundamenten (1m³)	166,30 m²AF	203	**1,22**	
530	**Oberbau, Deckschichten**	166,26 m²BFF	38.336	**230,58**	37,9
	• Abbrechen (Kosten: 35,6%) Abbruch von Betonplatten (248m²), Betonpflaster (65m²), Betonbordsteinen (97m) * Ziegelstein-pflaster (403m²), Betonplatten (52m²); Entsorgung, Deponiegebühren	718,38 m²BFF	13.645	**18,99**	
	• Herstellen (Kosten: 64,4%) Unterbau Terrasse, d=70cm (103m³), Schottertragschicht, Betonplatten (166m²), Betonrandsteine (31m) * Betonrandsteine (40m), Basaltschotter (2m³)	166,26 m²BFF	24.691	**148,51**	
540	**Baukonstruktionen**	166,30 m²AF	33.681	**202,53**	33,3
	• Abbrechen (Kosten: 5,0%) Abbruch von Betonblockstufen (71St); Entsorgung, Deponiegebühren	166,30 m²AF	1.691	**10,17**	
	• Herstellen (Kosten: 95,0%) Frostschutzkies, Stb-Blockstufen (62St), Stb-Sitzstufen (14St)	166,30 m²AF	31.990	**192,37**	

KG	Kostengruppe	Menge Einheit	Kosten €	€/Einheit	%
550	**Technische Anlagen**	166,30 m² AF	28.634	**172,19**	28,3
	• Abbrechen (Kosten: 3,2%) Abbruch von Bodeneinläufen (2St), KG-Rohren DN100-300 (49m) * Mastleuchten (2St); Entsorgung, Deponiegebühren	166,30 m² AF	920	**5,53**	
	• Herstellen (Kosten: 96,8%) KG-Rohre DN100-500 (111m), Kontrollschächte DN600 (2St), Entwässerungsrinnen (6m)	166,30 m² AF	27.714	**166,65**	
560	**Einbauten Außenanlagen u. Freiflächen**	166,30 m² AF	247	**1,48**	0,2
	• Herstellen (Kosten: 100,0%) Hinweisschild aufstellen	166,30 m² AF	247	**1,48**	
600	**Ausstattung und Kunstwerke**				**100,0**
610	**Allgemeine Ausstattung**	4.265,98 m² BGF	3.498	**0,82**	100,0
	• Herstellen (Kosten: 100,0%) Spiegel (8St), Abfallbehälter (8St), Papierrollenhalter (25St), Rückenstütze (1St)	4.265,98 m² BGF	3.498	**0,82**	

6500-0051
Berufsschule
(2.400 Schüler)
Neubau Caféteria
(100 Sitzplätze)

Modernisierung

Kostenkennwerte für die Kostengruppen 300 der 2. und 3. Ebene DIN 276 (Übersicht)

KG	Kostengruppe	Menge Einheit	€/Einheit	Kosten €	% an 3–4
300	**Bauwerk – Baukonstruktionen**	**4.265,98 m² BGF**	**681,50**	**2.907.254,23**	**76,0**
310	**Baugrube / Erdbau**	**704,29 m³ BGI**	**142,09**	**100.072,37**	**2,6**
311	Herstellung	704,29 m³ BGI	142,09	100.072,37	2,6
312	Umschließung	–	–	–	–
313	Wasserhaltung	–	–	–	–
314	Vortrieb	–	–	–	–
319	Sonstiges zur KG 310	–	–	–	–
320	**Gründung, Unterbau**	**245,01 m² GRF**	**815,33**	**199.763,23**	**5,2**
321	Baugrundverbesserung	–	–	–	–
322	Flachgründungen und Bodenplatten	245,01 m²	310,68	76.120,48	2,0
323	Tiefgründungen	62,11 m²	766,64	47.615,93	1,2
324	Gründungsbeläge	237,50 m²	255,99	60.797,58	1,5
325	Abdichtungen und Bekleidungen	322,50 m²	47,22	15.229,25	0,4
326	Dränagen	–	–	–	–
329	Sonstiges zur KG 320	–	–	–	–
330	**Außenwände/Vert. Baukonstrukt., außen**	**1.481,30 m² AWF**	**1.006,27**	**1.490.580,83**	**39,0**
331	Tragende Außenwände	144,01 m²	710,26	102.284,63	2,7
332	Nichttragende Außenwände	35,07 m²	942,75	33.062,36	0,9
333	Außenstützen	–	–	–	–
334	Außenwandöffnungen	527,77 m²	1.072,80	566.189,06	14,3
335	Außenwandbekleidungen, außen	841,96 m²	607,36	511.370,87	13,[illegible]
336	Außenwandbekleidungen, innen	70,00 m²	248,16	17.371,42	0,[illegible]
337	Element. Außenwandkonstruktionen	111,57 m²	1.286,64	143.550,63	3,[illegible]
338	Lichtschutz zur KG 330	118,88 m²	941,54	111.930,17	2,[illegible]
339	Sonstiges zur KG 330	1.481,30 m² AWF	3,26	4.821,70	0,[illegible]
340	**Innenwände/Vert. Baukonstrukt., innen**	**431,39 m² IWF**	**591,71**	**255.257,54**	**6,[illegible]**
341	Tragende Innenwände	10,34 m²	3.214,16	33.234,45	0,[illegible]
342	Nichttragende Innenwände	132,12 m²	291,67	38.535,93	1,0
343	Innenstützen	34,95 m	354,11	12.376,28	0,3
344	Innenwandöffnungen	26,53 m²	1.063,66	28.218,86	0,[illegible]
345	Innenwandbekleidungen	580,24 m²	111,52	64.707,56	1,[illegible]
346	Elementierte Innenwandkonstruktionen	114,74 m²	662,55	76.021,44	2,0
347	Lichtschutz zur KG 340	–	–	2.163,01	< 0,1
349	Sonstiges zur KG 340	–	–	–	–
350	**Decken/Horizontale Baukonstruktionen**	**613,36 m² DEF**	**298,04**	**182.804,40**	**4,8**
351	Deckenkonstruktionen	5,54 m²	4.281,06	23.717,06	0,6
352	Deckenöffnungen	–	–	–	–
353	Deckenbeläge	306,08 m²	216,09	66.141,59	1,7
354	Deckenbekleidungen	613,36 m²	151,54	92.945,75	2,4
355	Elementierte Deckenkonstruktionen	–	–	–	–
359	Sonstiges zur KG 350	–	–	–	–
360	**Dächer**	**1.230,02 m² DAF**	**369,42**	**454.394,94**	**11,9**
361	Dachkonstruktionen	234,22 m²	309,81	72.562,73	1,9
362	Dachöffnungen	9,92 m²	5.456,40	54.127,44	1,4
363	Dachbeläge	1.220,10 m²	256,05	312.411,27	8,2
364	Dachbekleidungen	–	–	–	–
365	Elementierte Dachkonstruktionen	–	–	–	–
366	Lichtschutz zur KG 360	–	–	–	–
369	Sonstiges zur KG 360	1.230,02 m² DAF	12,43	15.293,50	0,4
370	**Infrastrukturanlagen**	**–**	**–**	**–**	**–**
380	**Baukonstruktive Einbauten**	**–**	**–**	**–**	**–**
390	**Sonst. Maßnahmen für Baukonstrukt.**	**4.265,98 m² BGF**	**52,60**	**224.380,94**	**5,9**

Kostenstand: 3. Quartal 2023, Bundesdurchschnitt, **inkl. 19% MwSt.**

Kostenkennwerte für die Kostengruppen 400 der 2. und 3. Ebene DIN 276 (Übersicht)

6500-0051
Berufsschule
(2.400 Schüler)
Neubau Caféteria
(100 Sitzplätze)

Modernisierung

KG	Kostengruppe	Menge Einheit	€/Einheit	Kosten €	% an 3+4
400	**Bauwerk – Technische Anlagen**	**4.265,98 m² BGF**	**215,18**	**917.971,06**	**24,0**
410	**Abwasser-, Wasser-, Gasanlagen**	**4.265,98 m² BGF**	**43,60**	**185.995,70**	**4,9**
411	Abwasseranlagen	4.265,98 m² BGF	19,59	83.588,45	2,2
412	Wasseranlagen	4.265,98 m² BGF	21,89	93.388,29	2,4
413	Gasanlagen	–	–	–	–
419	Sonstiges zur KG 410	4.265,98 m² BGF	2,11	9.018,95	0,2
420	**Wärmeversorgungsanlagen**	**4.265,98 m² BGF**	**25,49**	**108.758,34**	**2,8**
421	Wärmeerzeugungsanlagen	4.265,98 m² BGF	1,62	6.925,44	0,2
422	Wärmeverteilnetze	4.265,98 m² BGF	16,74	71.396,51	1,9
423	Raumheizflächen	4.265,98 m² BGF	7,02	29.966,98	0,8
424	Verkehrsheizflächen	–	–	–	–
429	Sonstiges zur KG 420	4.265,98 m² BGF	0,11	469,42	< 0,1
430	**Raumlufttechnische Anlagen**	**4.265,98 m² BGF**	**42,00**	**179.182,45**	**4,7**
431	Lüftungsanlagen	4.265,98 m² BGF	42,00	179.182,45	4,7
432	Teilklimaanlagen	–	–	–	–
433	Klimaanlagen	–	–	–	–
434	Kälteanlagen	–	–	–	–
439	Sonstiges zur KG 430	–	–	–	–
440	**Elektrische Anlagen**	**4.265,98 m² BGF**	**64,32**	**274.368,74**	**7,2**
441	Hoch- und Mittelspannungsanlagen	–	–	–	–
442	Eigenstromversorgungsanlagen	4.265,98 m² BGF	17,47	74.536,33	1,9
443	Niederspannungsschaltanlagen	–	–	–	–
444	Niederspannungsinstallationsanlagen	4.265,98 m² BGF	34,88	148.814,00	3,9
445	Beleuchtungsanlagen	4.265,98 m² BGF	6,88	29.330,83	0,8
446	Blitzschutz- und Erdungsanlagen	4.265,98 m² BGF	5,08	21.687,61	0,6
447	Fahrleitungssysteme	–	–	–	–
449	Sonstiges zur KG 440	–	–	–	–
450	**Kommunikationstechnische Anlagen**	**4.265,98 m² BGF**	**9,59**	**40.891,88**	**1,1**
451	Telekommunikationsanlagen	4.265,98 m² BGF	0,07	316,64	< 0,1
452	Such- und Signalanlagen	–	–	–	–
453	Zeitdienstanlagen	–	–	–	–
454	Elektroakustische Anlagen	4.265,98 m² BGF	0,38	1.599,94	< 0,1
455	Audiovisuelle Medien- u. Antennenanl.	–	–	–	–
456	Gefahrenmelde- und Alarmanlagen	4.265,98 m² BGF	7,66	32.685,00	0,9
457	Datenübertragungsnetze	4.265,98 m² BGF	1,47	6.290,33	0,2
458	Verkehrsbeeinflussungsanlagen	–	–	–	–
459	Sonstiges zur KG 450	–	–	–	–
460	**Förderanlagen**	**4.265,98 m² BGF**	**17,19**	**73.321,36**	**1,9**
461	Aufzugsanlagen	4.265,98 m² BGF	17,19	73.321,36	1,9
462	Fahrtreppen, Fahrsteige	–	–	–	–
463	Befahranlagen	–	–	–	–
464	Transportanlagen	–	–	–	–
465	Krananlagen	–	–	–	–
466	Hydraulikanlagen	–	–	–	–
469	Sonstiges zur KG 460	–	–	–	–
470	**Nutzungsspez. u. verfahrenstechn. Anl.**	**–**	**–**	**–**	**–**
480	**Gebäude- und Anlagenautomation**	**4.265,98 m² BGF**	**12,77**	**54.456,66**	**1,4**
490	**Sonst. Maßnahmen für techn. Anlagen**	**4.265,98 m² BGF**	**0,23**	**995,90**	**< 0,1**

6500-0051
Berufsschule
(2.400 Schüler)
Neubau Caféteria
(100 Sitzplätze)

Modernisierung

Kostenkennwerte für Leistungsbereiche nach STLB (Kosten des Bauwerks nach DIN 276)

LB	Leistungsbereiche	Kosten €	€/m² BGF	€/m³ BRI	% an 3–4
000	Sicherheits-, Baustelleneinrichtungen inkl. 001	197.690	46,30	12,30	5,2
002	Erdarbeiten	105.572	24,70	6,60	2,8
006	Spezialtiefbauarbeiten inkl. 005	37.941	8,90	2,40	1,0
009	Entwässerungskanalarbeiten inkl. 011	24.445	5,70	1,50	0,6
010	Drän- und Versickerarbeiten	–	–	–	–
012	Mauerarbeiten	20.253	4,70	1,30	0,5
013	Betonarbeiten	311.612	73,00	19,40	8,1
	Wiederherstellen	5.044	1,20	0,31	0,1
	Herstellen	306.568	71,90	19,10	8,0
014	Natur-, Betonwerksteinarbeiten	–	–	–	–
016	Zimmer- und Holzbauarbeiten	11.751	2,80	0,73	0,3
017	Stahlbauarbeiten	7.054	1,70	0,44	0,2
018	Abdichtungsarbeiten	14.716	3,40	0,92	0,4
019	Kampfmittelräumarbeiten	–	–	–	–
020	Dachdeckungsarbeiten	77.044	18,10	4,80	2,0
021	Dachabdichtungsarbeiten	189.706	44,50	11,80	5,0
	Wiederherstellen	469	0,11	0,03	< 0,1
	Herstellen	189.237	44,40	11,80	4,9
022	Klempnerarbeiten	107.392	25,20	6,70	2,8
	Rohbau	**1.105.175**	**259,10**	**69,00**	**28,9**
	Wiederherstellen	5.514	1,30	0,34	0,1
	Herstellen	1.099.661	257,80	68,60	28,7
023	Putz- und Stuckarbeiten, Wärmedämmsysteme	45.861	10,80	2,90	1,2
024	Fliesen- und Plattenarbeiten	89.552	21,00	5,60	2,3
025	Estricharbeiten	33.355	7,80	2,10	0,9
026	Fenster, Außentüren inkl. 029, 032	684.498	160,50	42,70	17,9
027	Tischlerarbeiten	80.363	18,80	5,00	2,1
028	Parkettarbeiten, Holzpflasterarbeiten	–	–	–	–
030	Rollladenarbeiten	95.073	22,30	5,90	2,5
031	Metallbauarbeiten inkl. 035	11.084	2,60	0,69	0,3
034	Maler- und Lackiererarbeiten inkl. 037	21.123	5,00	1,30	0,6
036	Bodenbelagarbeiten	39.011	9,10	2,40	1,0
038	Vorgehängte hinterlüftete Fassaden	435.828	102,20	27,20	11,4
039	Trockenbauarbeiten	100.401	23,50	6,30	2,6
	Ausbau	**1.636.149**	**383,50**	**102,10**	**42,8**
040	Wärmeversorgungsanl. - Betriebseinr. inkl. 041	73.269	17,20	4,60	1,9
042	Gas- und Wasserinstallation, Leitungen inkl. 043	42.412	9,90	2,60	1,1
044	Abwasseranlagen - Leitungen	30.899	7,20	1,90	0,8
045	GWE-Einrichtungsgegenstände inkl. 046	27.224	6,40	1,70	0,7
047	Dämmarbeiten an betriebstechnischen Anlagen	57.909	13,60	3,60	1,5
049	Feuerlöschanlagen, Feuerlöschgeräte	–	–	–	–
050	Blitzschutz- und Erdungsanlagen	21.688	5,10	1,40	0,6
053	Niederspannungsanlagen inkl. 052, 054	228.652	53,60	14,30	6,0
	Wiederherstellen	2.099	0,49	0,13	< 0,1
	Herstellen	226.553	53,10	14,10	5,9
055	Sicherheits- u. Ersatzstromversorgungsanl.	–	–	–	–
057	Gebäudesystemtechnik	–	–	–	–
058	Leuchten und Lampen inkl. 059	26.519	6,20	1,70	0,7
060	Sprechanlagen, elektroakust. Anlagen inkl. 064	–	–	–	–

LB	Leistungsbereiche	Kosten €	€/m² BGF	€/m³ BRI	% an 3+4
061	Kommunikationsnetze inkl. 063	35.020	8,20	2,20	0,9
	Wiederherstellen	1.078	0,25	0,07	< 0,1
	Herstellen	33.942	8,00	2,10	0,9
069	Aufzüge	73.321	17,20	4,60	1,9
070	Gebäudeautomation	54.457	12,80	3,40	1,4
075	Raumlufttechnische Anlagen inkl. 078	160.676	37,70	10,00	4,2
	Gebäudetechnik	**832.046**	**195,00**	**51,90**	**21,8**
	Wiederherstellen	3.176	0,74	0,20	< 0,1
	Herstellen	828.870	194,30	51,70	21,7
084	Abbruch, Rückbau, Schadstoffsanierung	251.084	58,90	15,70	6,6
	Abbrechen	251.084	58,90	15,70	6,6
	Abbrucharbeiten	**251.084**	**58,90**	**15,70**	**6,6**
	Abbrechen	251.084	58,90	15,70	6,6
	Sonstige Leistungsbereiche	**771**	**0,18**	**0,05**	**< 0,1**

6100-1402
Mehrfamilienhaus
(15 WE)

Instandsetzung

Objektübersicht

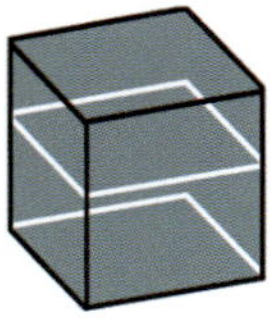

BRI 81 €/m^3

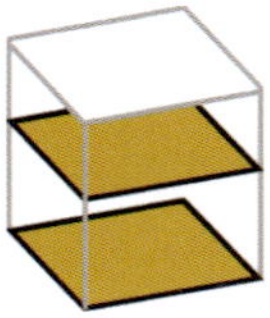

BGF 270 €/m^2

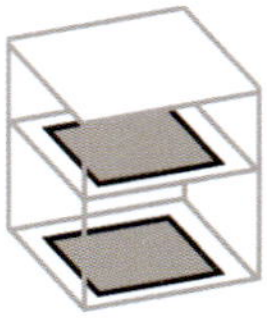

NUF 374 €/m^2

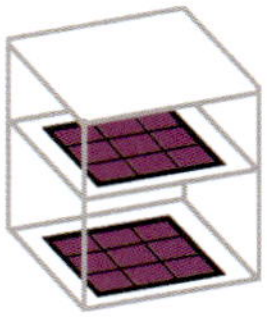

NE 407 €/NE

NE: Wohnfläche

Objekt:
Kennwerte: 3. Ebene DIN 276
BRI: 5.213 m^3
BGF: 1.566 m^2
NUF: 1.129 m^2
Bauzeit: 61 Wochen
Bauende: 2017
Standard: über Durchschnitt
Bundesland: Hamburg
Kreis: Hamburg, Stadt

Architekt*in:
Mannott + Mannott
Dipl. Ingenieure, Architekten
Sillemstraße 76a
20257 Hamburg

Instandsetzung

Vorderfassade

Seitenfassade

6100-1402
Mehrfamilienhaus
(15 WE)

Instandsetzung

Objektbeschreibung

Allgemeine Objektinformationen

Bei dem Objekt handelt es sich um ein denkmalgeschütztes Mehrfamilienhaus aus der Gründerzeit. Es wurde die bauzeitliche, aufwendig gestaltete Vorder- und Seitenfassade einschließlich 12 Balkonen, Stuckornamenten und Fassadenapplikationen saniert. Zusätzlich wurde das Mansarddach neu eingedeckt und die zwei Giebel bekleidet. Ein Giebelfenster wurde erneuert.

Nutzung

1 Untergeschoss
Abstellräume

1 Erdgeschoss
3 Wohneinheiten

4 Obergeschosse
12 Wohneinheiten

1 Dachgeschoss
Abstellräume, Trockenboden

Nutzeinheiten

Wohneinheiten: 15
Wohnfläche: 1.038 m²

Grundstück

Bauraum: Beengter Bauraum
Neigung: Ebenes Gelände
Bodenklasse: BK 4

Markt

Hauptvergabezeit: 2. Quartal 2016
Baubeginn: 3. Quartal 2016
Bauende: 3. Quartal 2017
Konjunkturelle Gesamtlage: über Durchschnitt
Regionaler Baumarkt: über Durchschnitt

Baubestand

Baujahr: 1905
Bauzustand: mittel
Aufwand: mittel
Grundrissänderungen: keine
Tragwerkseingriffe: wenige
Nutzungsänderung: nein
Nutzung während der Bauzeit: ja

Baukonstruktion

Die Putzfassaden einschließlich Stuck und Gesimsbänder wurden abgebeizt und mit einem neuen mineralischen Aufbau versehen. Die glasierten Klinkerfassaden wurden gereinigt, einzelne Klinker erneuert. Die Balkone sind bis auf die Grundkonstruktion freigelegt worden. Die auskragenden Stahlträger wurden saniert oder komplett erneuert. Die Unter- und Stirnseiten sind neu verputzt und beschichtet. Oberseitig ist ein neuer Estrich mit einer Kunststoffbeschichtung eingebaut. Die Konsolen unter den Balkonplatten sind überarbeitet und teilweise erneuert worden. Die Balkongeländer aus Stahlprofilen mit bauzeitlich typischen Verzierungen sind gestrahlt und neu beschichtet worden. Das Mansarddach ist mit Tonpfannen neu eingedeckt worden. Die Regenrinnen sind wieder als aufliegende Kastenrinnen ausgeführt worden. Die Giebelfassaden wurden oberseitig mit neuen Abdeckblechen und rückseitig mit Blechbekleidungen versehen. Die flach geneigte Hauptdachfläche ist mit einer bituminösen Sanierungsbahn überarbeitet worden. Das Giebelfenster im Bereich der Vorderfassade wurde erneuert.

Technische Anlagen

Da es sich um die Sanierung der Außenfassade sowie der Dachflächen handelt, sind die technischen Anlagen nicht kostenrelevant.

Sonstiges

Alle Maßnahmen sind auf Grund des Denkmalschutzes mit der Behörde abgestimmt. Durch die Änderung der Fassadenfarbe war eine restauratorische Befunduntersuchung erforderlich.

Planungskennwerte für Flächen und Rauminhalte nach DIN 277

Flächen des Grundstücks		Menge Einheit	% an GF
BF	Bebaute Fläche	271,76 m²	64,1
UF	Unbebaute Fläche	152,24 m²	35,9
GF	Grundstücksfläche	424,00 m²	100,0

Grundflächen des Bauwerks		Menge Einheit	% an NUF	% an BGF
NUF	Nutzungsfläche	1.128,50 m²	100,0	72,1
TF	Technikfläche	5,70 m²	0,5	0,4
VF	Verkehrsfläche	119,11 m²	10,6	7,6
NRF	Netto-Raumfläche	1.253,31 m²	111,1	80,0
KGF	Konstruktions-Grundfläche	312,89 m²	27,7	20,0
BGF	Brutto-Grundfläche	1.566,20 m²	138,8	100,0

Brutto-Rauminhalt des Bauwerks		Menge Einheit	BRI/NUF (m)	BRI/BGF (m)
BRI	Brutto-Rauminhalt	5.213,46 m³	4,62	3,33

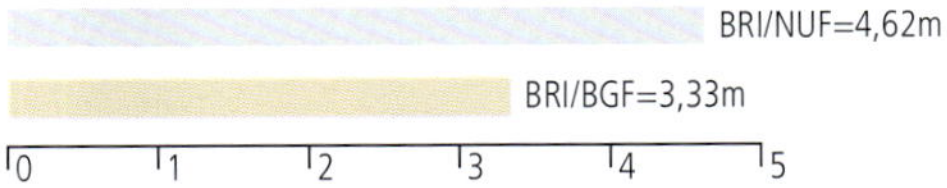

Lufttechnisch behandelte Flächen	Menge Einheit	% an NUF	% an BGF
Entlüftete Fläche	–	–	–
Be- und entlüftete Fläche	–	–	–
Teilklimatisierte Fläche	–	–	–
Klimatisierte Fläche	–	–	–

KG	Kostengruppen (2. Ebene)	Menge Einheit	Menge/NUF	Menge/BGF
310	Baugrube / Erdbau	–	–	–
320	Gründung, Unterbau	–	–	–
330	Außenwände/Vertikale Baukonstruktionen, außen	438,13 m² AWF	0,39	0,28
340	Innenwände/Vertikale Baukonstruktionen, innen	–	–	–
350	Decken/Horizontale Baukonstruktionen	39,12 m² DEF	0,04	0,03
360	Dächer	283,20 m² DAF	0,25	0,18

6100-1402
Mehrfamilienhaus
(15 WE)

Instandsetzung

Kostenkennwerte für die Kostengruppen der 1. Ebene DIN 276

KG	Kostengruppen (1. Ebene)	Einheit	Kosten €	€/Einheit	€/m² BGF	€/m³ BRI	% 300+400
100	Grundstück	m² GF	–	–	–	–	–
200	Vorbereitende Maßnahmen	m² GF	–	–	–	–	–
300	Bauwerk – Baukonstruktionen	m² BGF	421.957	269,41	269,41	80,94	99,9
400	Bauwerk – Technische Anlagen	m² BGF	436	0,28	0,28	0,08	0,1
	Bauwerk 300+400	**m² BGF**	**422.393**	**269,69**	**269,69**	**81,02**	**100,0**
500	Außenanlagen und Freiflächen	m² AF	–	–	–	–	–
600	Ausstattung und Kunstwerke	m² BGF	–	–	–	–	–
700	Baunebenkosten	m² BGF	–	–	–	–	–
800	Finanzierung	m² BGF	–	–	–	–	–

KG	Kostengruppe	Menge Einheit	Kosten €	€/Einheit	%
3+4	**Bauwerk**				**100,0**
300	**Bauwerk – Baukonstruktionen**	1.566,20 m² BGF	421.957	**269,41**	99,9

- Abbrechen (Kosten: 6,6%) — 27.795
  Ausbauen von Dübeln, Schrauben und Nägeln aus der Fassade; Abbruch von Dachfenstern, Ziegeldeckung, Dachlattung, Unterblechen, Dachrinnen, Kehlen, Mauerabdeckungen, Dachrandbekleidungen, Regenfallrohren

- Wiederherstellen (Kosten: 46,7%) — 197.011
  Fassadenfläche reinigen, Fehlstellen freilegen, Fläche überarbeiten, Verbundmörtel und Silikatbeschichtung aufbringen, Stucksanierung, schadhafte Fugen reparieren, Sohlbänke und Gesimsbänder überarbeiten; Stahlträger überarbeiten, Balkonaufbauten inklusive Estrich erneuern, Balkonunterseiten sanieren, Balkongeländer neu beschichten; Gratbohle ausbessern, Wandanschluss wieder herstellen

- Herstellen (Kosten: 46,7%) — 197.152
  Holzfenster mit Rundbogen; Einfassung Treppenhaus-Oberlicht, Bitumenpappe auf flachgeneigte Dachfläche, Muldenfalz-Ziegeldeckung, Giebelkante seitwärts verlängern, Rinne nach außen verlängern, Rundbögen, Zinkblech, Dachentwässerung

KG	Kostengruppe	Menge Einheit	Kosten €	€/Einheit	%
400	**Bauwerk – Technische Anlagen**	1.566,20 m² BGF	436	**0,28**	0,1

- Herstellen (Kosten: 100,0%) — 436
  Regenwasser-Grundleitung im Fußpunkt ändern

Kostenkennwerte für die Kostengruppen der 2.Ebene DIN 276

KG	Kostengruppe	Menge Einheit	Kosten €	€/Einheit	%
300	**Bauwerk – Baukonstruktionen**				**100,0**
330	**Außenwände/Vert. Baukonstrukt., außen**	438,13 m2 AWF	139.711	**318,88**	33,1
	• Abbrechen (Kosten: 0,1%) Ausbauen von Dübeln Schrauben und Nägeln aus der Fassade (psch); Entsorgung, Deponiegebühren	436,52 m2 AWF	197	**0,45**	
	• Wiederherstellen (Kosten: 96,8%) Fassadenfläche reinigen, Farbe entfernen, Schwermetallfällung und Neutralisierung, Fassade untersuchen, Fehlstellen freilegen, Fläche überarbeiten, beschichten mit Verbundmörtel, Silikatbeschichtung aufbringen (437m2), Sanierung von Stuck (304h), schadhafte Fugen in Klinkerfläche reparieren (43h), Randträger ausbauen, neu herstellen (6St), Sohlbänke und Gesimsbänder schleifen, spachteln (148m), Verblendmauerwerk imprägnieren (132m2)	436,52 m2 AWF	135.307	**309,97**	
	• Herstellen (Kosten: 3,0%) Holzfenster, mit Rundbogen, Wärmeschutz-Isolierverglasung, Versiegelung, inkl. Ausbau und Entsorgung altes Fenster (2m2)	1,61 m2 AWF	4.206	**2.612,62**	
350	**Decken/Horizontale Baukonstruktionen**	39,12 m2 DEF	60.477	**1.545,94**	14,3
	• Wiederherstellen (Kosten: 100,0%) Strichträger unterseitig überarbeiten, Rost entfernen (44St) * Balkone: Estrichflächen abstemmen, Estrich neu herstellen, Flächenbeschichtung aufbringen (39m2), Balkonstirnkanten und Wandanschlüsse überarbeiten (55m) * Balkonunterseiten: Putz entfernen, Spritzbewurf aufbringen, Oberfläche egalisieren, Fugen auffüllen, Sanierputz, Feinputz (34m2) * Balkongeländer reinigen, lose Bestandteile entfernen, neu beschichten (54m)	39,12 m2 DEF	60.477	**1.545,94**	
360	**Dächer**	283,20 m2 DAF	165.294	**583,67**	39,2
	• Abbrechen (Kosten: 16,7%) Abbruch von Dachfenstern, vierpfannig (18St) * Ziegeldeckung, Dachlattung (276m2), Unterblechen, Dachrinnen, Kehlen, Windfedern, Mauerabdeckungen, Pfostenabdeckungen, Dachrandbekleidungen (psch), Regenfallrohren (psch); Entsorgung, Deponiegebühren	283,20 m2 DAF	27.598	**97,45**	
	• Wiederherstellen (Kosten: 0,7%) Gratbohle ausbessern (1m), Wandanschluss zum Nachbarn wieder herstellen (psch)	–	1.227	**–**	
	• Herstellen (Kosten: 82,6%) Einfassung Treppenhaus-Oberlicht (1St), Unterrahmen Dachluke (1St) * Abklebung mit Bitumenpappe, flachgeneigte Dachfläche (203m2), Bitumenschweißbahn, Unterspannbahn, Lattung, Muldenfalz-Ziegeldeckung (73m2), Giebelkante seitwärts verlängern (psch), Rinne nach außen verlängern (psch), Rundbögen, Zinkblech (2St), Dachrandübergänge Pappdach / Ziegeldach (2St), Dreiecksbekleidungen, Kehlen (13St), Unterbleche, Traufbohlen, Kastenrinnen, Fallrohre (psch)	283,20 m2 DAF	136.470	**481,89**	
390	**Sonst. Maßnahmen für Baukonstrukt.**	1.566,20 m2 BGF	56.475	**36,06**	13,4
	• Herstellen (Kosten: 100,0%) Baustelleneinrichtungen (2St), Baustellen-WC (35Wo), Halteverbotszone, Einrichtung mit Beschilderung (6Mt) * Fassadengerüst, linke Gebäudeseite, für Dach- und Balkonsanierung (psch), Planenabhängung (psch), Wetterschutzdächer oberhalb Balkone (psch), Arbeitsgerüst für Fassadensanierung (416m2), Folienschutz Gerüstfläche (457m2) * Planen und Abdeckschutz bei Regenschauer (psch)	1.566,20 m2 BGF	56.475	**36,06**	

6100-1402
Mehrfamilienhaus
(15 WE)

Instandsetzung

KG	Kostengruppe	Menge Einheit	Kosten €	€/Einheit	%
400	**Bauwerk – Technische Anlagen**				**100,0**
410	**Abwasser-, Wasser-, Gasanlagen**	1.566,20 m²BGF	436	**0,28**	100,0
	• Herstellen (Kosten: 100,0%) Regenwasser-Grundleitung an Gebäuderückseite im Fußpunkt ändern (psch)	1.566,20 m²BGF	436	**0,28**	

Kostenkennwerte für die Kostengruppen 300 der 2. und 3. Ebene DIN 276 (Übersicht)

KG	Kostengruppe	Menge Einheit	€/Einheit	Kosten €	% an 3+4
300	**Bauwerk – Baukonstruktionen**	**1.566,20 m² BGF**	**269,41**	**421.957,30**	**99,9**
310	**Baugrube / Erdbau**	**–**	**–**	**–**	**–**
311	Herstellung	–	–	–	–
312	Umschließung	–	–	–	–
313	Wasserhaltung	–	–	–	–
314	Vortrieb	–	–	–	–
319	Sonstiges zur KG 310	–	–	–	–
320	**Gründung, Unterbau**	**–**	**–**	**–**	**–**
321	Baugrundverbesserung	–	–	–	–
322	Flachgründungen und Bodenplatten	–	–	–	–
323	Tiefgründungen	–	–	–	–
324	Gründungsbeläge	–	–	–	–
325	Abdichtungen und Bekleidungen	–	–	–	–
326	Dränagen	–	–	–	–
329	Sonstiges zur KG 320	–	–	–	–
330	**Außenwände/Vert. Baukonstrukt., außen**	**438,13 m² AWF**	**318,88**	**139.710,58**	**33,1**
331	Tragende Außenwände	–	–	–	–
332	Nichttragende Außenwände	–	–	–	–
333	Außenstützen	–	–	–	–
334	Außenwandöffnungen	1,61 m²	2.612,62	4.206,32	1,0
335	Außenwandbekleidungen, außen	436,52 m²	310,42	135.504,26	32,1
336	Außenwandbekleidungen, innen	–	–	–	–
337	Element. Außenwandkonstruktionen	–	–	–	–
338	Lichtschutz zur KG 330	–	–	–	–
339	Sonstiges zur KG 330	–	–	–	–
340	**Innenwände/Vert. Baukonstrukt., innen**	**–**	**–**	**–**	**–**
341	Tragende Innenwände	–	–	–	–
342	Nichttragende Innenwände	–	–	–	–
343	Innenstützen	–	–	–	–
344	Innenwandöffnungen	–	–	–	–
345	Innenwandbekleidungen	–	–	–	–
346	Elementierte Innenwandkonstruktionen	–	–	–	–
347	Lichtschutz zur KG 340	–	–	–	–
349	Sonstiges zur KG 340	–	–	–	–
350	**Decken/Horizontale Baukonstruktionen**	**39,12 m² DEF**	**1.545,94**	**60.477,05**	**14,3**
351	Deckenkonstruktionen	–	–	11.220,26	2,7
352	Deckenöffnungen	–	–	–	–
353	Deckenbeläge	39,12 m²	528,64	20.680,48	4,9
354	Deckenbekleidungen	34,48 m²	593,21	20.453,99	4,8
355	Elementierte Deckenkonstruktionen	–	–	–	–
359	Sonstiges zur KG 350	39,12 m² DEF	207,63	8.122,30	1,9
360	**Dächer**	**283,20 m² DAF**	**583,67**	**165.294,36**	**39,1**
361	Dachkonstruktionen	–	–	–	–
362	Dachöffnungen	7,20 m²	871,38	6.273,94	1,5
363	Dachbeläge	276,00 m²	576,16	159.020,42	37,6
364	Dachbekleidungen	–	–	–	–
365	Elementierte Dachkonstruktionen	–	–	–	–
366	Lichtschutz zur KG 360	–	–	–	–
369	Sonstiges zur KG 360	–	–	–	–
370	**Infrastrukturanlagen**	**–**	**–**	**–**	**–**
380	**Baukonstruktive Einbauten**	**–**	**–**	**–**	**–**
390	**Sonst. Maßnahmen für Baukonstrukt.**	**1.566,20 m² BGF**	**36,06**	**56.475,32**	**13,4**

Kostenkennwerte für die Kostengruppen 400 der 2. und 3. Ebene DIN 276 (Übersicht)

KG	Kostengruppe	Menge Einheit	€/Einheit	Kosten €	% an 3+4
400	**Bauwerk – Technische Anlagen**	**1.566,20 m² BGF**	**0,28**	**435,65**	**[illegible],1**
410	**Abwasser-, Wasser-, Gasanlagen**	**1.566,20 m² BGF**	**0,28**	**435,65**	**[illegible],1**
411	Abwasseranlagen	1.566,20 m² BGF	0,28	435,65	[illegible],1
412	Wasseranlagen	–	–	–	–
413	Gasanlagen	–	–	–	–
419	Sonstiges zur KG 410	–	–	–	–
420	**Wärmeversorgungsanlagen**	**–**	**–**	**–**	**–**
421	Wärmeerzeugungsanlagen	–	–	–	–
422	Wärmeverteilnetze	–	–	–	–
423	Raumheizflächen	–	–	–	–
424	Verkehrsheizflächen	–	–	–	–
429	Sonstiges zur KG 420	–	–	–	–
430	**Raumlufttechnische Anlagen**	**–**	**–**	**–**	**–**
431	Lüftungsanlagen	–	–	–	–
432	Teilklimaanlagen	–	–	–	–
433	Klimaanlagen	–	–	–	–
434	Kälteanlagen	–	–	–	–
439	Sonstiges zur KG 430	–	–	–	–
440	**Elektrische Anlagen**	**–**	**–**	**–**	**–**
441	Hoch- und Mittelspannungsanlagen	–	–	–	–
442	Eigenstromversorgungsanlagen	–	–	–	–
443	Niederspannungsschaltanlagen	–	–	–	–
444	Niederspannungsinstallationsanlagen	–	–	–	–
445	Beleuchtungsanlagen	–	–	–	–
446	Blitzschutz- und Erdungsanlagen	–	–	–	–
447	Fahrleitungssysteme	–	–	–	–
449	Sonstiges zur KG 440	–	–	–	–
450	**Kommunikationstechnische Anlagen**	**–**	**–**	**–**	**–**
451	Telekommunikationsanlagen	–	–	–	–
452	Such- und Signalanlagen	–	–	–	–
453	Zeitdienstanlagen	–	–	–	–
454	Elektroakustische Anlagen	–	–	–	–
455	Audiovisuelle Medien- u. Antennenanl.	–	–	–	–
456	Gefahrenmelde- und Alarmanlagen	–	–	–	–
457	Datenübertragungsnetze	–	–	–	–
458	Verkehrsbeeinflussungsanlagen	–	–	–	–
459	Sonstiges zur KG 450	–	–	–	–
460	**Förderanlagen**	**–**	**–**	**–**	**–**
461	Aufzugsanlagen	–	–	–	–
462	Fahrtreppen, Fahrsteige	–	–	–	–
463	Befahranlagen	–	–	–	–
464	Transportanlagen	–	–	–	–
465	Krananlagen	–	–	–	–
466	Hydraulikanlagen	–	–	–	–
469	Sonstiges zur KG 460	–	–	–	–
470	**Nutzungsspez. u. verfahrenstechn. Anl.**	**–**	**–**	**–**	**–**
480	**Gebäude- und Anlagenautomation**	**–**	**–**	**–**	**–**
490	**Sonst. Maßnahmen für techn. Anlagen**	**–**	**–**	**–**	**–**

Kostenkennwerte für Leistungsbereiche nach STLB (Kosten des Bauwerks nach DIN 276)

LB	Leistungsbereiche	Kosten €	€/m² BGF	€/m³ BRI	% an 3+4
000	Sicherheits-, Baustelleneinrichtungen inkl. 001	50.848	32,50	9,80	12,0
002	Erdarbeiten	–	–	–	–
006	Spezialtiefbauarbeiten inkl. 005	–	–	–	–
009	Entwässerungskanalarbeiten inkl. 011	436	0,28	0,08	0,1
010	Drän- und Versickerarbeiten	–	–	–	–
012	Mauerarbeiten	–	–	–	–
013	Betonarbeiten	11.984	7,70	2,30	2,8
	Wiederherstellen	11.984	7,70	2,30	2,8
014	Natur-, Betonwerksteinarbeiten	–	–	–	–
016	Zimmer- und Holzbauarbeiten	–	–	–	–
017	Stahlbauarbeiten	–	–	–	–
018	Abdichtungsarbeiten	–	–	–	–
019	Kampfmittelräumarbeiten	–	–	–	–
020	Dachdeckungsarbeiten	67.391	43,00	12,90	16,0
	Wiederherstellen	1.227	0,78	0,24	0,3
	Herstellen	66.164	42,20	12,70	15,7
021	Dachabdichtungsarbeiten	–	–	–	–
022	Klempnerarbeiten	75.933	48,50	14,60	18,0
	Rohbau	**206.592**	**131,90**	**39,60**	**48,9**
	Wiederherstellen	13.211	8,40	2,50	3,1
	Herstellen	193.381	123,50	37,10	45,8
023	Putz- und Stuckarbeiten, Wärmedämmsysteme	154.997	99,00	29,70	36,7
	Wiederherstellen	154.997	99,00	29,70	36,7
024	Fliesen- und Plattenarbeiten	–	–	–	–
025	Estricharbeiten	20.681	13,20	4,00	4,9
	Wiederherstellen	20.681	13,20	4,00	4,9
026	Fenster, Außentüren inkl. 029, 032	4.206	2,70	0,81	1,0
027	Tischlerarbeiten	–	–	–	–
028	Parkettarbeiten, Holzpflasterarbeiten	–	–	–	–
030	Rollladenarbeiten	–	–	–	–
031	Metallbauarbeiten inkl. 035	2.067	1,30	0,40	0,5
	Wiederherstellen	2.067	1,30	0,40	0,5
034	Maler- und Lackiererarbeiten inkl. 037	6.055	3,90	1,20	1,4
	Wiederherstellen	6.055	3,90	1,20	1,4
036	Bodenbelagarbeiten	–	–	–	–
038	Vorgehängte hinterlüftete Fassaden	–	–	–	–
039	Trockenbauarbeiten	–	–	–	–
	Ausbau	**188.007**	**120,00**	**36,10**	**44,5**
	Wiederherstellen	183.800	117,40	35,30	43,5
	Herstellen	4.206	2,70	0,81	1,0
040	Wärmeversorgungsanl. - Betriebseinr. inkl. 041	–	–	–	–
042	Gas- und Wasserinstallation, Leitungen inkl. 043	–	–	–	–
044	Abwasseranlagen - Leitungen	–	–	–	–
045	GWE-Einrichtungsgegenstände inkl. 046	–	–	–	–
047	Dämmarbeiten an betriebstechnischen Anlagen	–	–	–	–
049	Feuerlöschanlagen, Feuerlöschgeräte	–	–	–	–
050	Blitzschutz- und Erdungsanlagen	–	–	–	–
053	Niederspannungsanlagen inkl. 052, 054	–	–	–	–
055	Sicherheits- u. Ersatzstromversorgungsanl.	–	–	–	–
057	Gebäudesystemtechnik	–	–	–	–

6100-1402
Mehrfamilienhaus
(15 WE)

LB	Leistungsbereiche	Kosten €	€/m² BGF	€/m³ BRI	% an 3+4
058	Leuchten und Lampen inkl. 059	–	–	–	–
060	Sprechanlagen, elektroakust. Anlagen inkl. 064	–	–	–	–
061	Kommunikationsnetze inkl. 063	–	–	–	–
069	Aufzüge	–	–	–	–
070	Gebäudeautomation	–	–	–	–
075	Raumlufttechnische Anlagen inkl. 078	–	–	–	–
	Gebäudetechnik	**–**	**–**	**–**	**–**
084	Abbruch, Rückbau, Schadstoffsanierung	27.795	17,70	5,30	[illegible],6
	Abbrechen	27.795	17,70	5,30	[illegible],6
	Abbrucharbeiten	**27.795**	**17,70**	**5,30**	**[illegible],6**
	Abbrechen	27.795	17,70	5,30	[illegible],6
	Sonstige Leistungsbereiche	**–**	**–**	**–**	**–**

Instandsetzung

6100-1500
Mehrfamilienhaus
(16 WE)

Instandsetzung

Objektübersicht

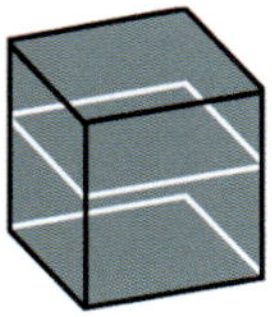

BRI **256 €/m³**

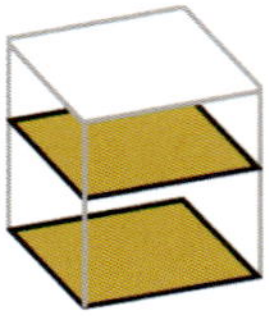

BGF **955 €/m²**

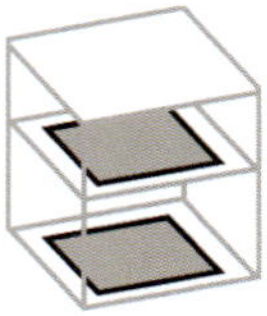

NUF **1.382 €/m²**

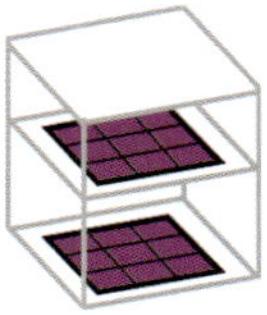

NE **1.394 €/NE**

NE: Wohnfläche

Objekt:
Kennwerte: 3. Ebene DIN 276
BRI: 11.644 m³
BGF: 3.124 m²
NUF: 2.158 m²
Bauzeit: 122 Wochen
Bauende: 2019
Standard: über Durchschnitt
Bundesland: Hamburg
Kreis: Hamburg, Stadt

Architekt*in:
Ostermann Architekten
Lange Reihe 101
20099 Hamburg

vorher

nachher

Ansicht Nord

Ansicht Ost

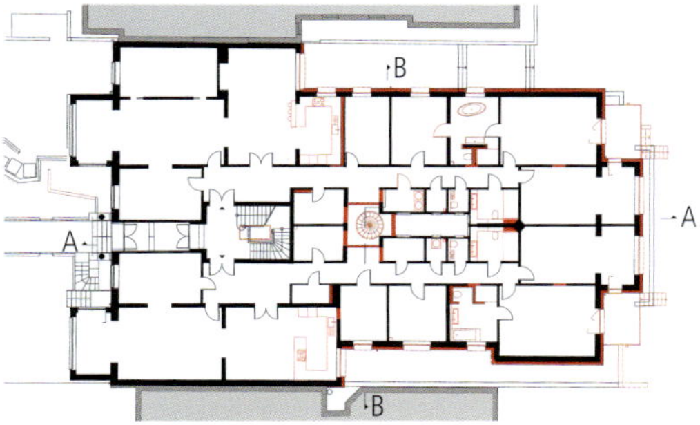

Erdgeschoss

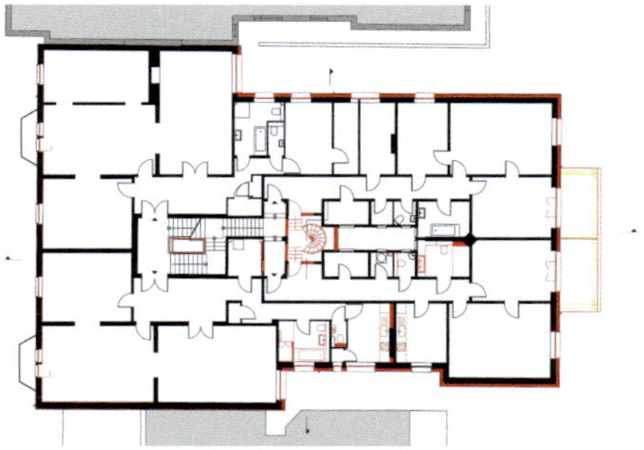

3. Obergeschoss

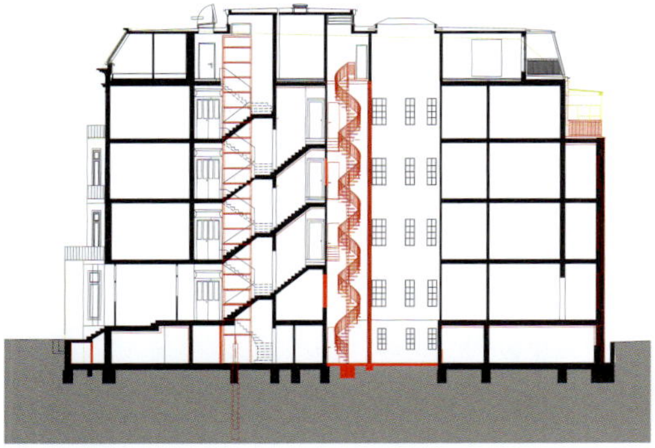

Schnitt A-A

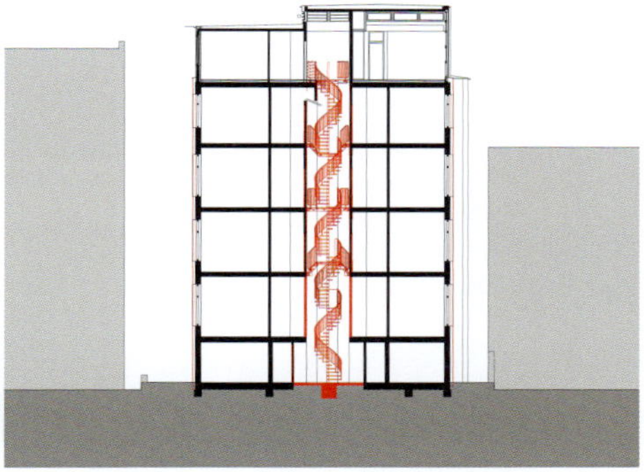

Schnitt B-B

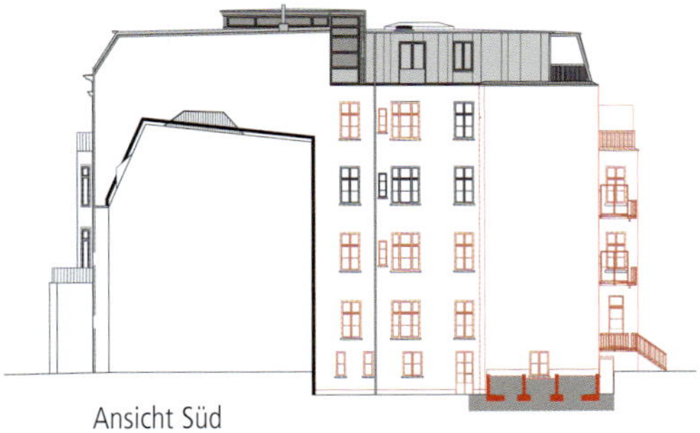

Ansicht Süd

Ansicht West

Objektbeschreibung

Allgemeine Objektinformationen

Das Stadthaus aus dem Jahr 1895 wurde gemäß der städtebaulichen Erhaltungssatzung vollständig saniert. Die ursprüngliche Gestaltung im Stil des Historismus mit typischem Fassadenstuck und orange-roten Ziegelsteinen konnte wiederhergestellt werden. Im Zuge der Arbeiten wurden 16 Wohnungen umfassend saniert, modernisiert und die Gebäudehülle energetisch verbessert.

Nutzung

1 Untergeschoss
Zwei Wohnungen, Fahrradkeller, Garagen, Technik, Keller

1 Erdgeschoss
zwei Wohnungen

3 Obergeschosse
je vier Wohnungen

Besonderer Kosteneinfluss Nutzung
Gestaltungssatzung, Brandschutz

Nutzeinheiten

Wohneinheiten: 16
Wohnfläche: 2.140 m^2

Grundstück

Bauraum: Beengter Bauraum
Neigung: Ebenes Gelände
Bodenklasse: BK 1 bis BK 4

Markt

Hauptvergabezeit: 3.Quartal 2017
Baubeginn: 3.Quartal 2017
Bauende: 4.Quartal 2019
Konjunkturelle Gesamtlage: über Durchschnitt
Regionaler Baumarkt: über Durchschnitt

Baubestand

Baujahr: 1895
Bauzustand: schlecht
Aufwand: hoch
Grundrissänderungen: wenige
Tragwerkseingriffe: wenige
Nutzungsänderung: nein
Nutzung während der Bauzeit: ja

Baukonstruktion

Die Wände des Wohngebäudes bestehen aus Ziegelmauerwerk. Die OG-Decken sind in Holzbauweise errichtet, die Deckenfelder der ursprünglichen Bäder und Küchen sind massiv aus Beton. An der Straßenfassade wurden die Stuckelemente repariert, nachgeformt und ergänzt. Die Farbe auf den Ziegelsteinen wurde abgebeizt, defekte Steine wurden ausgetauscht und neu verfugt. Die vorderen Balkone sind saniert und die Geländer erneuert worden, auf der Hofseite konnten neue Balkone errichtet werden. Die im Lichthof eingefügte Stahl-Spindeltreppe dient als zweiter Rettungsweg. Im Treppenhaus wurden die Wand- und Deckenflächen überarbeitet, die Bodenbeläge aus Marmor und Holz instandgesetzt. Die Fenster wurden ausgetauscht oder instandgesetzt. Es wurde eine Schwammsanierung durchgeführt.

Technische Anlagen

Der Fernwärmeanschluss sowie die Heizungsleitungen und Heiztechnik wurden erneuert. Sämtliche Wasser- und Abwasserleitungen mussten ausgetauscht, die Bäder und WCs renoviert werden. Ein Aufzug konnte im Treppenauge platziert werden.

Sonstiges

Der Umbau des Dachgeschosses in Penthouse-Wohnungen ist unter der BKI-Objektnummer 6100-1501 dokumentiert. Die Kosten der Hausschwammsanierung sind sowohl in dieser als auch in einer separaten Dokumentation (Objektnummer 6100-1502) als eigenständige Maßnahme dokumentiert.

Energetische Kennwerte

Gesetzliche Grundlage: EnEV 2013
Gebäudenutzfläche: 2.772,50 m^2
Spez. Transmissionswärmeverlust: 0,66 $W/(m^2 \cdot K)$
Spez. Jahresendenergiebedarf: 122,10 $kWh/(m^2 \cdot a)$

Energetische Angaben zu Außenbauteilen

Kellerdecke

U-Wert: 0,25 W/(m²·K)

Gesamtdicke: 28,00 cm	d [cm]	l [W/(m·K)]
Holz	2,00	1,300
Lehm	4,00	0,730
Stahlbeton	10,00	1,150
Dämmung	12,00	0,035

Außenwand Garten

U-Wert: 0,19 W/(m²·K)

Gesamtdicke: 52,00 cm	d [cm]	l [W/(m·K)]
Innenputz	1,00	1,000
Ziegel	33,00	0,810
Außenputz	1,00	1,000
Dämmung	16,00	0,035
Außenputz	1,00	1,000

Decke unter Loggia

U-Wert: 0,13 W/(m²·K)

Gesamtdicke: 40,00 cm	d [cm]	l [W/(m·K)]
Innenputz	0,50	0,700
Dämmung	14,00	0,045
Stahlbeton	12,00	1,150
Bitumenbahn	0,50	0,170
Dämmung	12,00	0,028
Bitumenbahn	1,00	0,170

Außenwand DG

U-Wert: 0,19 W/(m²·K)

Gesamtdicke: 52,00 cm	d [cm]	l [W/(m·K)]
Innenputz	1,00	1,000
Ziegel	33,00	0,810
Außenputz	1,00	1,000
Dämmung	16,00	0,035
Außenputz	1,00	1,000

Außenwand DG neu

U-Wert: 0,18 W/(m²·K)

Gesamtdicke: 27,75 cm	d [cm]	l [W/(m·K)]
GK-Platte	1,25	0,250
OSB-Platte	1,50	0,130
Dämmung	6,00	0,035
Holz	6,00	0,130
OSB-Platte	1,50	0,130
Dämmung	16,00	0,035
Holz	16,00	0,130
Holzfaserplatte	1,50	0,070

Dachterrasse

U-Wert: 0,13 W/(m²·K)

Gesamtdicke: 37,02 cm	d [cm]	l [W/(m·K)]
Holz	16,00	0,100
Aluminium	0,02	80,000
Dämmung	20,00	0,035
Bitumenbahn	1,00	0,170

Dach

U-Wert: 0,14 W/(m²·K)

Gesamtdicke: 37,52 cm	d [cm]	l [W/(m·K)]
Bitumenbahn	1,50	0,170
Holz	16,00	0,100
Aluminium	0,02	80,000
Dämmung	10,00	0,040
Dämmung	10,00	0,037

Instandsetzung

Planungskennwerte für Flächen und Rauminhalte nach DIN 277

Flächen des Grundstücks		Menge Einheit	% an GF
BF	Bebaute Fläche	630,00 m²	40,1
UF	Unbebaute Fläche	941,00 m²	59,9
GF	Grundstücksfläche	1.571,00 m²	100,0

Grundflächen des Bauwerks		Menge Einheit	% an NUF	% an BGF
NUF	Nutzungsfläche	2.157,80 m²	100,0	69,1
TF	Technikfläche	24,35 m²	1,1	0,8
VF	Verkehrsfläche	421,87 m²	19,6	13,5
NRF	Netto-Raumfläche	2.604,02 m²	120,7	83,4
KGF	Konstruktions-Grundfläche	519,98 m²	24,1	16,6
BGF	Brutto-Grundfläche	3.124,00 m²	144,8	100,0

Brutto-Rauminhalt des Bauwerks		Menge Einheit	BRI/NUF (m)	BRI/BGF (m)
BRI	Brutto-Rauminhalt	11.643,66 m³	5,40	3,73

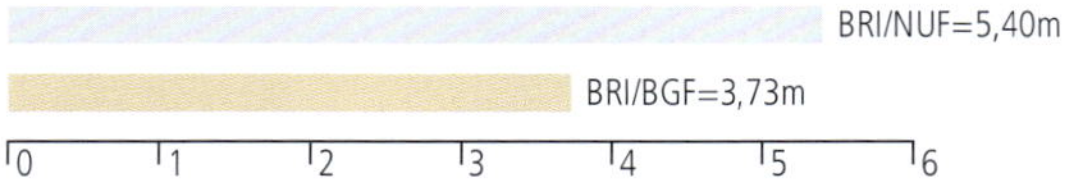

Lufttechnisch behandelte Flächen	Menge Einheit	% an NUF	% an BGF
Entlüftete Fläche	–	–	–
Be- und entlüftete Fläche	–	–	–
Teilklimatisierte Fläche	–	–	–
Klimatisierte Fläche	–	–	–

KG	Kostengruppen (2. Ebene)	Menge Einheit	Menge/NUF	Menge/BGF
310	Baugrube / Erdbau	–	–	–
320	Gründung, Unterbau	212,18 m² GRF	0,10	0,07
330	Außenwände/Vertikale Baukonstruktionen, außen	1.728,17 m² AWF	0,80	0,55
340	Innenwände/Vertikale Baukonstruktionen, innen	1.118,51 m² IWF	0,52	0,36
350	Decken/Horizontale Baukonstruktionen	665,33 m² DEF	0,31	0,21
360	Dächer	73,65 m² DAF	0,03	0,02

Kostenkennwerte für die Kostengruppen der 1.Ebene DIN 276

KG	Kostengruppen (1.Ebene)	Einheit	Kosten €	€/Einheit	€/m² BGF	€/m³ BRI	% 300+400
100	Grundstück	m² GF	–	–	–	–	–
200	Vorbereitende Maßnahmen	m² GF	2.206	1,40	0,71	0,19	< 0,1
300	Bauwerk – Baukonstruktionen	m² BGF	2.073.851	663,84	663,84	178,11	69,5
400	Bauwerk – Technische Anlagen	m² BGF	909.056	290,99	290,99	78,07	30,5
	Bauwerk 300+400	**m² BGF**	**2.982.907**	**954,84**	**954,84**	**256,18**	**100,0**
500	Außenanlagen und Freiflächen	m² AF	79.648	84,64	25,50	6,84	2,7
600	Ausstattung und Kunstwerke	m² BGF	40.436	12,94	12,94	3,47	1,4
700	Baunebenkosten	m² BGF	–	–	–	–	–
800	Finanzierung	m² BGF	–	–	–	–	–

KG	Kostengruppe	Menge Einheit	Kosten €	€/Einheit	%
200	**Vorbereitende Maßnahmen**	1.571,00 m² GF	2.206	**1,40**	< 0,1
	• Herstellen (Kosten: 100,0%) Baumschutz, Oberbodenabtrag		2.206		
3+4	**Bauwerk**				**100,0**
300	**Bauwerk – Baukonstruktionen**	3.124,00 m² BGF	2.073.851	**663,84**	69,5
	• Abbrechen (Kosten: 8,2%) Abbruch von Bodenplatten, Fundamenten, Holzdielenbelag; Mauerwerk, Balkonwänden, Fenstern, Fassadenbeschichtung, Wandputz, Sichtschutzwänden; Innentüren, Innenfenstern, Beschichtung, Wandputz, Wandfliesen, Holzwänden; Holzdecken, Stb-Treppen, Deckenfenster, Teppich, Bodenfliesen, Linoleum, Estrich, Deckenputz, Tapete, Rohrputzdecke, Holztreppen, Geländer; Dachschalung, Bitumenabdichtung, Dachentwässerung; Einbaumöbeln; Entsorgung, Deponiegebühren		170.426		
	• Wiederherstellen (Kosten: 22,1%) Schadhafte Dielen erneuern, Lagerhölzer ergänzen, Estrich ausgleichen, Bodenfliesen ergänzen; Schwammsanierung Mauerwerk, Holzfenster überarbeiten, Holz-Brüstungspaneele, Fensterinnenfutter, Fensterbänke erneuern, Garagentore überarbeiten, Haustürelement instandsetzen, schadhafte Ziegel ersetzen, Verfugung erneuern, Sichtmauerwerk imprägnieren, Stuckfassade instandsetzen, Tympanon in historischem Stil nachbilden, Bossenfugen schneiden, Holz-Laibungsbekleidungen ausbauen, wieder einbauen, Putz ausbessern, Beschichtung erneuern, Außentreppe überarbeiten; Mauerwerk ergänzen, Wohnungseingangstüren überarbeiten, Holztüren neu beschichten, Holzinnenfenster überarbeiten; Schwammsanierung Holzbalkendecke, Stb-Balkone sanieren, Holztreppe ausbessern, lackieren, Steingutbelag überarbeiten, Parkett erneuern, Treppen-/Deckenuntersichten instandsetzen, losen Deckenputz erneuern, historische Stuckprofile erneuern, Geländer überarbeiten; Estrich erneuern		458.566		
	• Herstellen (Kosten: 69,7%) Stb-Streifenfundamente, Stb-Bodenplatten, Gefälleestrich, Epoxidharzbeschichtung, Bodenfliesen; Kunststoff-, Holzfenster, Garagentorantriebe, Perimeterdämmung, WDVS, Beschichtung auf Klinkerfassade, Wärmedämmputz, Markise, Sichtschutzwände; Ziegelmauerwerk, Türöffnungen herstellen, GK-Wand F90, Stahltüren, Innenputz, Spachtelung Q3, Tapete, Beschichtung, Wandfliesen, Kellertrennwände; Holzbalkendecke, Dielen, Sisal-Treppenläufer, Kellerdeckendämmung, GK-Decke, Schilfrohrdecke, Stahltreppen, Balkonanlagen; Dachabdichtung, Dämmung, Beschichtung, Riffelbohlenbelag, Dachentwässerung		1.444.860		

KG	Kostengruppe	Menge Einheit	Kosten €	€/Einheit	%
400	**Bauwerk – Technische Anlagen**	3.124,00 m² BGF	909.056	**290,99**	30,5
	• Abbrechen (Kosten: 2,8%) Abbruch von Abwasserrohren, Bodenabläufen, Trinkwasserleitungen, WC, Gasleitungen; Hausstation, Warmwasserbereiter, Heizungsrohren, Heizkörpern; Zählern, Verteilern, Beleuchtungsanlage; Klingelanlage; Speiseaufzug; Entsorgung, Deponiegebühren		25.202		
	• Wiederherstellen (Kosten: 7,6%) Schlauchlinersanierung, Trinkwasserleitung ändern, Sanitärobjekte ersetzen; Sicherheitsventil erneuern, Thermostatventile austauschen		69.423		
	• Herstellen (Kosten: 89,6%) Gebäudeentwässerung, Rückstauautomaten, Kalt- und Warmwasserleitungen; Fernwärme-Kompaktstation, Speicherladesystem, Heizungsrohre, Heizkörper; Einzelraumlüfter, Wickelfalzrohre; Elektroinstallation, Beleuchtung, Blitzschutzanlage; Video-Sprechanlage; Datenverkabelung; Glas-Personenaufzug, Schachtgerüst		814.431		
500	**Außenanlagen und Freiflächen**	941,00 m² AF	79.648	**84,64**	2,7
	• Abbrechen (Kosten: 9,1%) Abbruch von Betonbodenplatte; Aufnehmen und Lagern von Gartenzaun, Abbruch von Trennwand, Außentreppen; Entsorgung, Deponiegebühren		7.272		
	• Wiederherstellen (Kosten: 1,2%) Wand reinigen, Putz überarbeiten; Rinne und Hofablauf reinigen		974		
	• Herstellen (Kosten: 89,6%) Bodenarbeiten; Mineralschottergemisch als Abstellfläche; Mauerpfeiler, Stb-Stützwände, Beton-Außentreppe, Beton-Winkelstufen; Außenbeleuchtung; digitale Paket- und Briefkastenanlage		71.402		
600	**Ausstattung und Kunstwerke**	3.124,00 m² BGF	40.436	**12,94**	1,4
	• Wiederherstellen (Kosten: 89,2%) Wand- und Deckenmalereien restaurieren: bildhafte Motive retuschieren, Wandflächen ausbessern, Decken-Kassettenfelder ergänzen, Farbfassungen von Stuck- und Deckenrandbereichen überarbeiten		36.076		
	• Herstellen (Kosten: 10,8%) Fahrradständer, Gardinen; Namensschilder		4.360		

Kostenkennwerte für die Kostengruppen der 2. Ebene DIN 276

KG	Kostengruppe	Menge Einheit	Kosten €	€/Einheit	%
200	**Vorbereitende Maßnahmen**				**100,0**
210	**Herrichten**	1.571,00 m²GF	2.206	**1,40**	100,0
	• Herstellen (Kosten: 100,0%) Baumschutz (2St) * Oberboden abtragen, abfahren (7m³)	1.571,00 m²GF	2.206	**1,40**	
300	**Bauwerk – Baukonstruktionen**				**100,0**
310	**Baugrube / Erdbau**	–	25.535	–	1,2
	• Herstellen (Kosten: 100,0%) Baugruben im Gebäude, t bis 80cm (20St), Handschachtung für Ringerder (25m), Kopflöcher für Tiefenerder (2St)	–	25.535	–	
320	**Gründung, Unterbau**	212,18 m²GRF	50.796	**239,40**	2,4
	• Abbrechen (Kosten: 10,1%) Abbruch von Betonbodenplatten (19m²), Fundamenten (2m³) * Holzdielen, Lagerhölzer, Sand/Schutt (51m²); Entsorgung, Deponiegebühren	50,79 m²GRF	5.138	**101,16**	
	• Wiederherstellen (Kosten: 8,3%) Schadhafte Dielen erneuern, Lagerhölzer ergänzen, Hohlräume mit Blähglasgranulat füllen (8m²), Unebenheiten im Estrich ausgleichen (14h), Bodenfliesen ergänzen (psch)	–	4.228	–	
	• Herstellen (Kosten: 81,6%) Stb-Streifenfundamente (2m³), Stb-Bodenplatten, d=20cm (57m²) * XPS-Dämmung, d=60-100mm (54m²), PIR-Dämmung, d=40mm, Gefälleestrich (25m²), Epoxidharzbeschichtung (200m²), Bodenfliesen (2m²), Glasmosaik (2m²)	204,18 m²GRF	41.430	**202,91**	

KG	Kostengruppe	Menge Einheit	Kosten €	€/Einheit	%
330	**Außenwände/Vert. Baukonstrukt., außen**	1.728,17 m^2 AWF	852.429	**493,25**	4,1
	• Abbrechen (Kosten: 7,9%)	781,69 m^2 AWF	67.013	**85,73**	
	Abbruch von Mauerwerk (9h) * Balkonwänden (14m^2), Mauerwerksbrüstung (1m^2) * Kunststofffenstern (234m^2), Holzfenstern (29m^2) * Beschichtung (519m^2), Gesimsen (68m) * Wandputz (138m^2), Holz-Laibungsbekleidungen (12h) * Sichtschutzwänden (12m^2), Stahlkonstruktion auf Loggia (psch), Brüstungsabdeckungen, Spaltklinker (28m); Entsorgung, Deponiegebühren				
	• Wiederherstellen (Kosten: 33,1%)	362,56 m^2 AWF	282.134	**778,17**	
	Horizontalsperren, Bohrlochinjektionen (64m), Schwammsanierung Mauerwerk: Bohrlochtränkung (58m^2), Wandflächen abflammen, fluten (85m^2), Stahlstürze ersetzen (55m), instandsetzen (43m) * Holzfenster überarbeiten (74m^2), warten (52St), Holz-Brüstungspaneele, Fensterinnenfutter erneuern (5St), neu beschichten (26m^2), Garagentore überarbeiten (12m^2), Haustür instandsetzen, Ornamente ergänzen (6m^2) * schadhafte Ziegel ersetzen (830St), Verfugung erneuern, Sichtmauerwerk imprägnieren (101m^2), Stuckfassade instandsetzen (580h), Tympanon in historischem Stil nachbilden (80h), Bossenfugen schneiden (120h), Kellerwände begradigen (25h) * Holz-Laibungsbekleidungen ausbauen, lagern, wieder einbauen (378m), neu beschichten (103h), Unebenheiten in Fensterlaibungen glattziehen (456m), Putz ausbessern (56h), Beschichtung erneuern (32h) * Außentreppe überarbeiten (13m^2)				
	• Herstellen (Kosten: 59,0%)	1.635,92 m^2 AWF	503.282	**307,64**	
	Wandöffnungen schließen (2m^2), Sockelmauerwerk (1m^2) * Kunststofffenster (232m^2), Holzfenster (29m^2), Falzlüfter (79St), Fensterinnenfutter, Brüstungsbekleidung, nach historischem Vorbild (23m), Zierleisten (212m), Holztüren (4m^2), Stahltür (4m^2), Garagentorantriebe (2St) * Bitumendickbeschichtung (32m^2), Perimeterdämmung (12m^2), WDVS, Steinwolldämmung, d=160mm, Silikatbeschichtung (1.068m^2), Beschichtung auf Klinkerfassade (286m^2) * Wärmedämmputz, d=20mm (83m^2), Kalkputz (143m^2), Malervlies (33m^2), Silikatbeschichtung (173m^2) * Markise (7m^2) * Sichtschutzwände (5St), Natursteinbelag, Trittstufen (4St), Setzstufen (5St)				

KG	Kostengruppe	Menge Einheit	Kosten €	€/Einheit	%
340	**Innenwände/Vert. Baukonstrukt., innen**	1.118,51 m²IWF	359.909	**321,78**	17,4
	• Abbrechen (Kosten: 15,6%)	345,74 m²IWF	56.219	**162,60**	
	Abbruch von Mauerwerk (7m³) * Ziegelmauerwerk (38m²), Gasbetonwänden (9m²) * Holztüren (38m²), Stahltüren (4m²), Innenfenstern (11m²) * Beschichtung, Spezialreinigungsverfahren (406m²), Wandputz (144m²), Wandfliesen (24m²), Tapete (13h) * Holzwänden (6m²); Entsorgung, Deponiegebühren				
	• Wiederherstellen (Kosten: 19,8%)	–	71.366	–	
	Ausmauern von Fehlstellen bis 1,00m² (19m²) * Wohnungseingangstüren überarbeiten, Beschläge gangbar machen (76m²), Holztüren neu beschichten (26m²), Stoßgriffe brünieren (9St), Holzinnenfenster überarbeiten (43m²) * Schadstellen spachteln (421m²), Putz ausbessern (256h), Beschichtung erneuern (136h), Wandfliesen erneuern (3m²) * Holzhandlauf neu beschichten, Endstücke ergänzen (37m)				
	• Herstellen (Kosten: 64,6%)	972,99 m²IWF	232.324	**238,77**	
	Ziegelmauerwerk, d=24cm (26m²), Öffnungen schließen (24m²), Türöffnungen herstellen, d=22cm (14m²), d=44cm (2m²), Türöffnungen ändern (12m²) * Ziegelmauerwerk, d=11,5cm (40m²), Öffnungen schließen (43m²), Türöffnungen herstellen, d=11cm (24m²), Türöffnungen ändern (8m²), GK-Wand F90, d=12,5cm (7m²) * Stahltüren (18m²), T30-RS (26m²) * Steinwolldämmung, d=60mm, Armierungsschicht (79m²), Kalkzementputz (338m²), Kalkputz (167m²), Spachtelung Q3, Tapete (100m²), Silikatbeschichtung (1.754m²), Dispersionsbeschichtung (102m²), Wandfliesen (38m²), GK-Vorsatzschalen (114h) * Kellertrennwände, Stahllamellen (49m²), Türen (8St) * Eckschutzschienen, Holz (11St)				

KG	Kostengruppe	Menge Einheit	Kosten €	€/Einheit	%
350	**Decken/Horizontale Baukonstruktionen**	665,33 m²DEF	409.887	**616,06**	1[illegible]8
	• Abbrechen (Kosten: 7,1%)	287,87 m²DEF	29.306	**101,80**	
	Abbruch von Holzdielen, Einschübe, Lehm/Schutt/Sand, Lattung (50m²), Deckenbalken (25m), Decke, Treppenpodest (12m²), Stb-Treppen (5m²) * Deckenfenster (5m²) * Teppich (104m²), Bodenfliesen (91m²), Linoleum (88m²), Estrich (38m²) * Putz (96m²), Beschichtung, Spezialreinigungsverfahren (73m²), Tapete (52m²), Rohrputzdecke, Schalung (19m²) * Holztreppen (2St); Entsorgung, Deponiegebühren * Stahltreppengeländer, lagern (30m)				
	• Wiederherstellen (Kosten: 23,9%)	176,91 m²DEF	97.957	**553,71**	
	Schwammsanierung Holzbalkendecke (55m²), Stahlträger tauschen (18m), Balkonträger entrosten, Korrosionsschutz aufbringen, auffüttern (25m), Stb-Balkone instandsetzen, nicht tragfähige Betonteile abstemmen, Bewehrung entrosten, Korrosionsschutz, Oberfläche spachteln, Stirnkanten (11m), Untersichten (8m²) * Holztreppenstufen ausbessern (62St), Holztreppe schleifen, lackieren (65m²), Steingutbelag ausbessern, imprägnieren (36m²), Parkett erneuern, versiegeln (27m²), Ausbrüche in Betontreppe ausbessern (3m²) * Treppen-/Deckenuntersichten instandsetzen, Fehlstellen spachteln, beschichten (92m²), Treppenwangen überarbeiten, spachteln, beschichten (36m), losen Deckenputz erneuern, Fehlstellen spachteln (76m²), historische Stuckprofile erneuern (7St), als Stäbe (77m) * Stahl-Balkongeländer überarbeiten, Verzierungen aufarbeiten, entrosten, beschichten (23m²), Treppengeländer überarbeiten (22m)				
	• Herstellen (Kosten: 69,0%)	572,93 m²DEF	282.624	**493,29**	
	Deckenbalken 12x24cm (35m), Einschubebene, Lattung, Sand, d=6cm (42m²), Holzdielen (50m²) * Sisal-Treppenläufer (102m²), Treppenläuferstangen (141St), Sauberlaufmatten (9m²), Estrich, Bodenfliesen (8m²), Holzstufen (3St) * Kellerdeckendämmung, d=120mm (251m²), GK-Decke (26m²), Lichtvouten (4m), Schalung, Schilfrohrmatten, Kalkputz (20m²), Spachtelung Q3 (52m²), Malervlies (122m²), Silikatbeschichtung (251m²), auf Treppenuntersichten (92m²) * Stahl-Spindeltreppe, D=180cm, 93 Steigungen, Pressroststufen, vier Austrittspodeste, drei Anschlusslaufstege, zwei Zwischenpodeste, Stahlgeländer (22m²), zwei Balkonanlagen als Turm mit drei Balkonen, Riffelbohlenbelag (46m²), Stahlwangentreppen, Lochblechstufen, Stahlgeländer (4m²)				
360	**Dächer**	73,65 m²DAF	54.808	**744,18**	2,[illegible]
	• Abbrechen (Kosten: 16,9%)	77,43 m²DAF	9.263	**119,63**	
	Abbruch von Schalung (19m²) * Bitumenabdichtung (77m²), Estrich (18m²), Regenfallrohren (64m), Dachrinnen (9m); Entsorgung, Deponiegebühren				
	• Wiederherstellen (Kosten: 3,9%)	15,12 m²DAF	2.140	**141,52**	
	Estrich im Randbereich von Dachterrassen erneuern, b=20cm (15m²), Regenrinne reinigen (4h)				
	• Herstellen (Kosten: 79,2%)	73,65 m²DAF	43.405	**589,35**	
	Kunststoffabdichtung, PMMA-Beschichtung, Versiegelung (39m²), PIR-Gefälledämmung, d=90-150mm, Bitumenabdichtung (23m²), TSF-Gummigranulatmatte, Riffelbohlenbelag (19m²), Glattstrich, Bodenfliesen (15m²), Kastenrinnen (16m), Regenfallrohre (5m), Standrohr (1St), Trittschutzbleche (9m) * WDVS, d=140mm (15m²)				

KG	Kostengruppe	Menge Einheit	Kosten €	€/Einheit	%
380	**Baukonstruktive Einbauten**	3.124,00 m²BGF	14.027	**4,49**	0,7
	• Abbrechen (Kosten: 8,0%)	3.124,00 m²BGF	1.118	**0,36**	
	Abbruch von Einbauküche (3m³), Einbauschrank (1St), Kellerregalen (9h); Entsorgung, Deponiegebühren				
	• Wiederherstellen (Kosten: 5,3%)	3.124,00 m²BGF	740	**0,24**	
	Küchenzeile ausbauen, nach Flaschnerarbeiten anpassen, wieder einbauen (7h), Schrankschiebetüren gangbar machen (2h)				
	• Herstellen (Kosten: 86,8%)	3.124,00 m²BGF	12.169	**3,90**	
	Fahrradhängeparker (14St), Blumenkastenhalterungen (16St) * Fluchtwegschilder (7St)				
390	**Sonst. Maßnahmen für Baukonstrukt.**	3.124,00 m²BGF	306.460	**98,10**	14,8
	• Abbrechen (Kosten: 0,8%)	3.124,00 m²BGF	2.369	**0,76**	
	Abbruch von Balkonplatte, Fliesenbelag, Stützen, Geländer, Treppe (psch); Entsorgung, Deponiegebühren				
	• Herstellen (Kosten: 99,2%)	3.124,00 m²BGF	304.091	**97,34**	
	Baustelleneinrichtungen (5St), Kran (1St), Bauzaun (45m), Bautor (1St), Bauwasser (psch), Baustromverteiler (4St), Schwermetallfällungs-/Neutralisationsanlage (1St), Verkehrssicherung (539d) * Arbeitsgerüst (2.250m²), Konsolverbreiterungen (2.095m²), Planen (1.598m²), Schutznetze (1.560m²), Gitterträger (100m), Dachreiter (psch), Treppenturm (1St) * Deckenabfangungen für Schimmelsanierung (psch), Absicherung Stemmarbeiten: Holzbalken (2St), Drehsteifen (6St) * Entsorgung von Müll, Bauschutt (43m³), Sperrmüll (16m³) * Schutzfolien für Fenster (462m²), Bodenabdeckungen (343m²), Staubwände (49m²), Schutzabdeckungen für Möbel (psch), Möbel umräumen (164h), Bautrocknung (306d), Wärmestrahler (120d) * provisorische Regenfallrohre (5St)				
400	**Bauwerk – Technische Anlagen**				**100,0**
410	**Abwasser-, Wasser-, Gasanlagen**	3.124,00 m²BGF	286.818	**91,81**	31,6
	• Abbrechen (Kosten: 4,7%)	3.124,00 m²BGF	13.497	**4,32**	
	Abbruch von Abwasserrohren bis DN100 (22m), Bodenabläufen (3St) * Trinkwasserleitungen DN32-50 (834m), WC (1St) * Stahlrohren (506m); Entsorgung, Deponiegebühren				
	• Wiederherstellen (Kosten: 20,4%)	3.124,00 m²BGF	58.520	**18,73**	
	Schlauchlinersanierung DN100-150 (97m), Vorabreinigung (11h), Wurzelbeseitigung (15h), Anbindungen an Gerinne (12St), Abzweige öffnen (10St), Kamerabefahrungen (22St) * Trinkwasserleitung ändern (psch), Sanitärobjekte ersetzen: WCs (4St), Spülkästen (2St), Handwaschbecken (2St), Ab-/Überlaufgarnitur (1St), Armatur (1St)				
	• Herstellen (Kosten: 74,9%)	3.124,00 m²BGF	214.801	**68,76**	
	PP-Rohre DN50-100 (290m), KG-Rohre DN100 (8m), Anbindungen (73St), Anschlüsse an Grundleitung (25St), Rückstauautomaten (2St), Bodenabläufe mit Rückstau (6St) * Kupferrohre DN15-54 (1.105m), Anbindungen, l bis 4,50m (18St), Wasserzähler (30St), Ventile (46St), Rückflussverhinderer (1St), Ausgussbecken (3St), Außenzapfstellen (4St), Warmwasserspeicher 5l (1St)				

6100-1500
Mehrfamilienhaus
(16 WE)

Instandsetzung

KG	Kostengruppe	Menge Einheit	Kosten €	€/Einheit	%
420	**Wärmeversorgungsanlagen**	3.124,00 m² BGF	140.808	**45,07**	15,5
	• Abbrechen (Kosten: 4,7%) Abbruch von Hausstation, Heizungspumpe (1St), Warmwasserbereiter 400l, Wärmetauscher (1St), Ausdehnungsgefäßen 350l (4St), Stahlrohren DN25-50 (20m) * Stahlrohren DN15-80 (180m), Steigsträngen DN25 (3St) * Heizkörpern (22St); Entsorgung, Deponiegebühren	3.124,00 m² BGF	6.599	**2,11**	
	• Wiederherstellen (Kosten: 6,5%) Defektes Sicherheitsventil erneuern (1St) * Thermostatventile austauschen (42St)	3.124,00 m² BGF	9.084	**2,91**	
	• Herstellen (Kosten: 88,9%) Fernwärme-Kompaktstation (1St), Speicherladesystem 500l (1St), Ausdehnungsgefäß 800l (1St), Trinkwasser-Temperaturregler (1St), Umwälzpumpen (2St), Stahlrohre DN25-50 (28m) * Kupferrohre DN12-54 (515m), Vorlauf-Entlüftungsleitung (psch), Strangregulierventile DN20-25 (28St), Anschlüsse an Bestand (82St) * Flachheizkörper, Anschluss an Bestand (11St)	3.124,00 m² BGF	125.125	**40,05**	
430	**Raumlufttechnische Anlagen**	3.124,00 m² BGF	30.009	**9,61**	3,3
	• Herstellen (Kosten: 100,0%) Einzelraumlüfter, Schalter (22St), Wickelfalzrohre DN100-160 (138m), Alu-Flexrohre DN80 (20m), Rohrschalldämpfer (20St)	3.124,00 m² BGF	30.009	**9,61**	
440	**Elektrische Anlagen**	3.124,00 m² BGF	107.254	**34,33**	11,8
	• Abbrechen (Kosten: 4,3%) Abbruch von Zählern (21St), Verteilern (18St) * Beleuchtungsanlage (psch); Entsorgung, Deponiegebühren	3.124,00 m² BGF	4.660	**1,49**	
	• Herstellen (Kosten: 95,7%) Zählerschränke (3St), Kleinverteiler (18St), Mantelleitungen NYM (psch), Schalter/Taster (97St), Klingelschalter (14St), Steckdosen (46St), Autoladestationen (2St), Treppenlichtautomat (1St) * LED-Wannenleuchten (36St), Deckenanbauleuchten (14St), LED-Sicherheitsleuchten (9St), LED-Fassadenleuchten (8St), Scheinwerfer (7St) * Fangleitungen (277m), Ringerder (55m), Tiefenerder (18m), Klemmen (89St), Fangstangen (12St), Erdeinführungsstangen (7St), Potenzialausgleichs-schienen (2St)	3.124,00 m² BGF	102.593	**32,84**	
450	**Kommunikationstechnische Anlagen**	3.124,00 m² BGF	36.055	**11,54**	4,0
	• Abbrechen (Kosten: 0,8%) Abbruch von Klingelanlage (psch); Entsorgung, Deponiegebühren	3.124,00 m² BGF	288	**0,09**	
	• Herstellen (Kosten: 99,2%) Sprechanlage, Türstation, CCD-Videokamera (1St), Video-Innenstationen (18St), Bus-Steuergerät (1St), Bus-Video-Verteiler (18St), Installationsleitungen J-Y(ST)Y (185m) * Datenanschlussdosen 2xRJ45, LWL-Kabel (18St)	3.124,00 m² BGF	35.767	**11,45**	
460	**Förderanlagen**	3.124,00 m² BGF	304.854	**97,58**	33,5
	• Abbrechen (Kosten: < 0,1%) Abbruch von Speiseaufzug (1St); Entsorgung, Deponiegebühren	3.124,00 m² BGF	158	**0,05**	
	• Herstellen (Kosten: 99,9%) Glas-Personenaufzug, Tragkraft 375kg, fünf Haltestellen, Hydraulikantrieb (1St), Schachtgerüst, Winkelkonstruktion, Verglasung (psch), Fensterfolien (psch), Natursteinbelag (psch), LED-Lichtdecke (psch), Programmierung TFT-Bildschirm (psch)	3.124,00 m² BGF	304.696	**97,53**	

KG	Kostengruppe	Menge Einheit	Kosten €	€/Einheit	%
490	**Sonst. Maßnahmen für techn. Anlagen**	3.124,00 m² BGF	3.259	**1,04**	0,4
	• Wiederherstellen (Kosten: 55,8%) Beschädigte Rohre reparieren (8St)	3.124,00 m² BGF	1.819	**0,58**	
	• Herstellen (Kosten: 44,2%) Provisorische Inbetriebnahme der Heizung (psch)	3.124,00 m² BGF	1.441	**0,46**	
500	**Außenanlagen und Freiflächen**				**100,0**
510	**Erdbau**	74,51 m³ EBR	8.238	**110,56**	10,3
	• Herstellen (Kosten: 100,0%) Rohrgrabenaushub, t bis 2,40m, lagern, wieder verfüllen (62m³), Bodenaushub, lagern (3m²), Füllboden, Liefermaterial (9m³)	74,51 m³ EBR	8.238	**110,56**	
520	**Gründung, Unterbau**	941,00 m² AF	2.407	**2,56**	3,0
	• Abbrechen (Kosten: 100,0%) Abbruch von Betonbodenplatte (9m²); Entsorgung, Deponiegebühren	941,00 m² AF	2.407	**2,56**	
530	**Oberbau, Deckschichten**	–	1.563	**–**	2,0
	• Herstellen (Kosten: 100,0%) Mineralschottergemisch als Abstellfläche (7m³)	–	1.563	**–**	
540	**Baukonstruktionen**	941,00 m² AF	28.889	**30,70**	36,3
	• Abbrechen (Kosten: 14,3%) Aufnehmen und Lagern von Gartenzaun (10h) * Abbruch von Trennwand 290x110x26cm (3m²) * Außentreppen (38h); Entsorgung, Deponiegebühren	941,00 m² AF	4.123	**4,38**	
	• Wiederherstellen (Kosten: 2,0%) Gartenwand reinigen, Putzrisse aufweiten, mit Reparaturmörtel schließen (7h)	941,00 m² AF	584	**0,62**	
	• Herstellen (Kosten: 83,7%) Pfeilersockel, Mauerpfeiler, Kapitelle, Abdeckplatten (4St) * Stb-Stützwände, d=20cm, Sichtbeton (13m²) * Beton-Außentreppe (49h), Beton-Winkelstufen (7St)	941,00 m² AF	24.182	**25,70**	
550	**Technische Anlagen**	941,00 m² AF	9.801	**10,42**	12,3
	• Wiederherstellen (Kosten: 4,0%) Rinne und Hofablauf reinigen	941,00 m² AF	390	**0,41**	
	• Herstellen (Kosten: 96,0%) Einbauleuchten (6St), Anbauleuchten (5St), Pollerleuchten (4St)	941,00 m² AF	9.411	**10,00**	
560	**Einbauten Außenanlagen u. Freiflächen**	941,00 m² AF	25.498	**27,10**	32,0
	• Herstellen (Kosten: 100,0%) Digitale Paket- und Briefkastenanlage, Briefkasten, sieben Paketkästen, Steuereinheit mit Touchscreen, 18 digitale Namensschilder (psch)	941,00 m² AF	25.498	**27,10**	

KG	Kostengruppe	Menge Einheit	Kosten €	€/Einheit	%
590	**Sonst. Maßnahmen für Außenanlagen u. Freiflächen**	941,00 m²AF	3.252	**3,46**	<1
	• Abbrechen (Kosten: 22,8%) Abbrechen und Lagern von Metallzaun, Büsche ausgraben, Baum schneiden (14h); Entsorgung Grüngut	941,00 m²AF	742	**0,79**	
	• Herstellen (Kosten: 77,2%) Abstützung Gartenwand (psch) * Abbrechen und Lagern von Metallzaun, Büsche ausgraben, Baum schneiden (14h); Entsorgung Grüngut * Entsorgung von Sperrmüll (8m³) * Gartengegenstände umräumen (4h)	941,00 m²AF	2.510	**2,67**	
600	**Ausstattung und Kunstwerke**				**100,0**
610	**Allgemeine Ausstattung**	3.124,00 m²BGF	1.750	**0,56**	4,3
	• Herstellen (Kosten: 100,0%) Fahrradständer (4St), Gardinenstangen, Gardinen, Lagermaterial (16h), WC-Rollenhalter (psch)	3.124,00 m²BGF	1.750	**0,56**	
640	**Künstlerische Ausstattung**	3.124,00 m²BGF	36.076	**11,55**	89,
	• Wiederherstellen (Kosten: 100,0%) Wand- und Deckenmalereien restaurieren: bildhafte Motive freilegen, kitten, retuschieren, Firnis auftragen (10St), obere Rahmen, Wand-, Sockelflächen spachteln, schleifen, beschichten (psch), Decken-Kassettenfelder freilegen, Fehlstellen ergänzen (3St), Farbfassungen von Stuck- und Deckenrandbereichen überarbeiten (psch)	3.124,00 m²BGF	36.076	**11,55**	
690	**Sonstige Ausstattung**	3.124,00 m²BGF	2.610	**0,84**	6,5
	• Herstellen (Kosten: 100,0%) Namensschilder, Messing (19St), Foliennummern (6St)	3.124,00 m²BGF	2.610	**0,84**	

Kostenkennwerte für die Kostengruppen 300 der 2. und 3. Ebene DIN 276 (Übersicht)

KG	Kostengruppe	Menge Einheit	€/Einheit	Kosten €	% an 3+4
300	**Bauwerk – Baukonstruktionen**	**3.124,00 m² BGF**	**663,84**	**2.073.851,17**	**69,5**
310	**Baugrube / Erdbau**	**–**	**–**	**25.535,32**	**0,9**
311	Herstellung	–	–	25.535,32	0,9
312	Umschließung	–	–	–	–
313	Wasserhaltung	–	–	–	–
314	Vortrieb	–	–	–	–
319	Sonstiges zur KG 310	–	–	–	–
320	**Gründung, Unterbau**	**212,18 m² GRF**	**239,40**	**50.795,99**	**1,7**
321	Baugrundverbesserung	–	–	–	–
322	Flachgründungen und Bodenplatten	57,02 m²	406,15	23.158,44	0,8
323	Tiefgründungen	–	–	–	–
324	Gründungsbeläge	212,18 m²	130,25	27.637,55	0,9
325	Abdichtungen und Bekleidungen	–	–	–	–
326	Dränagen	–	–	–	–
329	Sonstiges zur KG 320	–	–	–	–
330	**Außenwände/Vert. Baukonstrukt., außen**	**1.728,17 m² AWF**	**493,25**	**852.428,71**	**28,6**
331	Tragende Außenwände	–	–	58.498,64	2,0
332	Nichttragende Außenwände	–	–	779,29	< 0,1
333	Außenstützen	–	–	–	–
334	Außenwandöffnungen	361,27 m²	706,43	255.216,32	8,6
335	Außenwandbekleidungen, außen	1.467,94 m²	275,24	404.035,34	13,5
336	Außenwandbekleidungen, innen	316,30 m²	322,34	101.958,11	3,4
337	Element. Außenwandkonstruktionen	–	–	–	–
338	Lichtschutz zur KG 330	7,20 m²	679,94	4.895,55	0,2
339	Sonstiges zur KG 330	1.728,17 m² AWF	15,65	27.045,48	0,9
340	**Innenwände/Vert. Baukonstrukt., innen**	**1.118,51 m² IWF**	**321,78**	**359.908,86**	**12,1**
341	Tragende Innenwände	114,59 m²	404,33	46.332,32	1,6
342	Nichttragende Innenwände	120,98 m²	270,03	32.666,31	1,1
343	Innenstützen	–	–	–	–
344	Innenwandöffnungen	193,01 m²	359,82	69.448,85	2,3
345	Innenwandbekleidungen	1.753,86 m²	114,72	201.200,87	6,7
346	Elementierte Innenwandkonstruktionen	48,57 m²	130,91	6.358,09	0,2
347	Lichtschutz zur KG 340	–	–	–	–
349	Sonstiges zur KG 340	1.118,51 m² IWF	3,49	3.902,41	0,1
350	**Decken/Horizontale Baukonstruktionen**	**665,33 m² DEF**	**616,06**	**409.887,39**	**13,7**
351	Deckenkonstruktionen	–	–	50.204,09	1,7
352	Deckenöffnungen	–	–	189,52	< 0,1
353	Deckenbeläge	185,90 m²	328,55	61.077,48	2,0
354	Deckenbekleidungen	593,31 m²	126,29	74.928,11	2,5
355	Elementierte Deckenkonstruktionen	72,02 m²	2.168,28	156.164,03	5,2
359	Sonstiges zur KG 350	665,33 m² DEF	101,19	67.324,17	2,3
360	**Dächer**	**73,65 m² DAF**	**744,18**	**54.807,73**	**1,8**
361	Dachkonstruktionen	–	–	390,07	< 0,1
362	Dachöffnungen	–	–	–	–
363	Dachbeläge	73,65 m²	694,38	51.139,48	1,7
364	Dachbekleidungen	14,97 m²	218,98	3.278,18	0,1
365	Elementierte Dachkonstruktionen	–	–	–	–
366	Lichtschutz zur KG 360	–	–	–	–
369	Sonstiges zur KG 360	–	–	–	–
370	**Infrastrukturanlagen**	**–**	**–**	**–**	**–**
380	**Baukonstruktive Einbauten**	**3.124,00 m² BGF**	**4,49**	**14.026,95**	**0,5**
390	**Sonst. Maßnahmen für Baukonstrukt.**	**3.124,00 m² BGF**	**98,10**	**306.460,24**	**10,3**

6100-1500
Mehrfamilienhaus
(16 WE)

Instandsetzung

Kostenkennwerte für die Kostengruppen 400 der 2. und 3. Ebene DIN 276 (Übersicht)

KG	Kostengruppe	Menge Einheit	€/Einheit	Kosten €	% an 3+4
400	**Bauwerk – Technische Anlagen**	**3.124,00 m² BGF**	**290,99**	**909.055,95**	**30,5**
410	**Abwasser-, Wasser-, Gasanlagen**	**3.124,00 m² BGF**	**91,81**	**286.817,75**	**9,6**
411	Abwasseranlagen	3.124,00 m² BGF	36,02	112.533,14	3,8
412	Wasseranlagen	3.124,00 m² BGF	54,98	171.755,70	5,8
413	Gasanlagen	3.124,00 m² BGF	0,81	2.528,93	<0,1
419	Sonstiges zur KG 410	–	–	–	–
420	**Wärmeversorgungsanlagen**	**3.124,00 m² BGF**	**45,07**	**140.807,62**	**4,7**
421	Wärmeerzeugungsanlagen	3.124,00 m² BGF	14,00	43.747,02	[illegible],5
422	Wärmeverteilnetze	3.124,00 m² BGF	24,96	77.968,13	[illegible],6
423	Raumheizflächen	3.124,00 m² BGF	6,11	19.092,48	0,6
424	Verkehrsheizflächen	–	–	–	–
429	Sonstiges zur KG 420	–	–	–	–
430	**Raumlufttechnische Anlagen**	**3.124,00 m² BGF**	**9,61**	**30.009,14**	**1,0**
431	Lüftungsanlagen	3.124,00 m² BGF	9,61	30.009,14	1,0
432	Teilklimaanlagen	–	–	–	–
433	Klimaanlagen	–	–	–	–
434	Kälteanlagen	–	–	–	–
439	Sonstiges zur KG 430	–	–	–	–
440	**Elektrische Anlagen**	**3.124,00 m² BGF**	**34,33**	**107.253,77**	**3,6**
441	Hoch- und Mittelspannungsanlagen	–	–	–	–
442	Eigenstromversorgungsanlagen	–	–	–	–
443	Niederspannungsschaltanlagen	–	–	–	–
444	Niederspannungsinstallationsanlagen	3.124,00 m² BGF	24,38	76.174,88	2,5
445	Beleuchtungsanlagen	3.124,00 m² BGF	5,57	17.414,28	0,5
446	Blitzschutz- und Erdungsanlagen	3.124,00 m² BGF	4,37	13.664,61	0,5
447	Fahrleitungssysteme	–	–	–	–
449	Sonstiges zur KG 440	–	–	–	–
450	**Kommunikationstechnische Anlagen**	**3.124,00 m² BGF**	**11,54**	**36.054,53**	**1,2**
451	Telekommunikationsanlagen	–	–	–	–
452	Such- und Signalanlagen	3.124,00 m² BGF	9,25	28.885,72	1,0
453	Zeitdienstanlagen	–	–	–	–
454	Elektroakustische Anlagen	–	–	–	–
455	Audiovisuelle Medien- u. Antennenanl.	–	–	–	–
456	Gefahrenmelde- und Alarmanlagen	–	–	–	–
457	Datenübertragungsnetze	3.124,00 m² BGF	2,29	7.168,83	0,2
458	Verkehrsbeeinflussungsanlagen	–	–	–	–
459	Sonstiges zur KG 450	–	–	–	–
460	**Förderanlagen**	**3.124,00 m² BGF**	**97,58**	**304.853,96**	**10,2**
461	Aufzugsanlagen	3.124,00 m² BGF	97,58	304.853,96	10,2
462	Fahrtreppen, Fahrsteige	–	–	–	–
463	Befahranlagen	–	–	–	–
464	Transportanlagen	–	–	–	–
465	Krananlagen	–	–	–	–
466	Hydraulikanlagen	–	–	–	–
469	Sonstiges zur KG 460	–	–	–	–
470	**Nutzungsspez. u. verfahrenstechn. Anl.**	**–**	**–**	**–**	**–**
480	**Gebäude- und Anlagenautomation**	**–**	**–**	**–**	**–**
490	**Sonst. Maßnahmen für techn. Anlagen**	**3.124,00 m² BGF**	**1,04**	**3.259,18**	**0,1**

Kostenkennwerte für Leistungsbereiche nach STLB (Kosten des Bauwerks nach DIN 276)

LB	Leistungsbereiche	Kosten €	€/m² BGF	€/m³ BRI	% an 3+4
000	Sicherheits-, Baustelleneinrichtungen inkl. 001	270.082	86,50	23,20	9,1
002	Erdarbeiten	25.535	8,20	2,20	0,9
006	Spezialtiefbauarbeiten inkl. 005	–	–	–	–
009	Entwässerungskanalarbeiten inkl. 011	45.339	14,50	3,90	1,5
	Wiederherstellen	45.339	14,50	3,90	1,5
010	Drän- und Versickerarbeiten	–	–	–	–
012	Mauerarbeiten	129.771	41,50	11,10	4,4
	Wiederherstellen	52.284	16,70	4,50	1,8
	Herstellen	77.487	24,80	6,70	2,6
013	Betonarbeiten	40.025	12,80	3,40	1,3
	Wiederherstellen	815	0,26	0,07	< 0,1
	Herstellen	39.209	12,60	3,40	1,3
014	Natur-, Betonwerksteinarbeiten	9.981	3,20	0,86	0,3
	Wiederherstellen	3.505	1,10	0,30	0,1
	Herstellen	6.476	2,10	0,56	0,2
016	Zimmer- und Holzbauarbeiten	25.785	8,30	2,20	0,9
	Wiederherstellen	7.242	2,30	0,62	0,2
	Herstellen	18.543	5,90	1,60	0,6
017	Stahlbauarbeiten	46.965	15,00	4,00	1,6
	Wiederherstellen	44.870	14,40	3,90	1,5
	Herstellen	2.095	0,67	0,18	< 0,1
018	Abdichtungsarbeiten	15.729	5,00	1,40	0,5
	Wiederherstellen	7.862	2,50	0,68	0,3
	Herstellen	7.867	2,50	0,68	0,3
019	Kampfmittelräumarbeiten	–	–	–	–
020	Dachdeckungsarbeiten	–	–	–	–
021	Dachabdichtungsarbeiten	25.793	8,30	2,20	0,9
022	Klempnerarbeiten	35.485	11,40	3,00	1,2
	Wiederherstellen	291	0,09	0,03	< 0,1
	Herstellen	35.193	11,30	3,00	1,2
	Rohbau	**670.490**	**214,60**	**57,60**	**22,5**
	Wiederherstellen	162.208	51,90	13,90	5,4
	Herstellen	508.281	162,70	43,70	17,0
023	Putz- und Stuckarbeiten, Wärmedämmsysteme	391.713	125,40	33,60	13,1
	Wiederherstellen	116.177	37,20	10,00	3,9
	Herstellen	275.536	88,20	23,70	9,2
024	Fliesen- und Plattenarbeiten	14.116	4,50	1,20	0,5
	Wiederherstellen	3.456	1,10	0,30	0,1
	Herstellen	10.659	3,40	0,92	0,4
025	Estricharbeiten	14.781	4,70	1,30	0,5
	Wiederherstellen	3.742	1,20	0,32	0,1
	Herstellen	11.040	3,50	0,95	0,4
026	Fenster, Außentüren inkl. 029, 032	231.277	74,00	19,90	7,8
	Wiederherstellen	42.487	13,60	3,60	1,4
	Herstellen	188.789	60,40	16,20	6,3
027	Tischlerarbeiten	63.189	20,20	5,40	2,1
	Wiederherstellen	48.974	15,70	4,20	1,6
	Herstellen	14.214	4,60	1,20	0,5

6100-1500
Mehrfamilienhaus
(16 WE)

Instandsetzung

LB	Leistungsbereiche	Kosten €	€/m² BGF	€/m³ BRI	% an 3+4
028	Parkettarbeiten, Holzpflasterarbeiten	7.050	2,30	0,61	0,2
	Wiederherstellen	5.874	1,90	0,50	0,2
	Herstellen	1.176	0,38	0,10	< 0,1
030	Rollladenarbeiten	4.896	1,60	0,42	0,2
031	Metallbauarbeiten inkl. 035	257.929	82,60	22,20	8,6
	Wiederherstellen	19.935	6,40	1,70	0,7
	Herstellen	237.994	76,20	20,40	8,0
034	Maler- und Lackiererarbeiten inkl. 037	191.747	61,40	16,50	6,4
	Wiederherstellen	99.919	32,00	8,60	3,3
	Herstellen	91.828	29,40	7,90	3,1
036	Bodenbelagarbeiten	33.935	10,90	2,90	1,1
038	Vorgehängte hinterlüftete Fassaden	–	–	–	–
039	Trockenbauarbeiten	50.005	16,00	4,30	1,7
	Wiederherstellen	694	0,22	0,06	< 0,1
	Herstellen	49.312	15,80	4,20	1,7
	Ausbau	**1.260.637**	**403,50**	**108,30**	**42,3**
	Wiederherstellen	341.258	109,20	29,30	11,4
	Herstellen	919.379	294,30	79,00	30,8
040	Wärmeversorgungsanl. - Betriebseinr. inkl. 041	122.396	39,20	10,50	4,1
	Wiederherstellen	10.288	3,30	0,88	0,3
	Herstellen	112.108	35,90	9,60	3,3
042	Gas- und Wasserinstallation, Leitungen inkl. 043	129.263	41,40	11,10	4,3
	Wiederherstellen	2.281	0,73	0,20	< 0,1
	Herstellen	126.981	40,60	10,90	4,3
044	Abwasseranlagen - Leitungen	58.766	18,80	5,00	2,0
	Wiederherstellen	1.397	0,45	0,12	< 0,1
	Herstellen	57.369	18,40	4,90	1,9
045	GWE-Einrichtungsgegenstände inkl. 046	11.528	3,70	0,99	0,4
	Wiederherstellen	10.117	3,20	0,87	0,3
	Herstellen	1.411	0,45	0,12	< 0,1
047	Dämmarbeiten an betriebstechnischen Anlagen	57.174	18,30	4,90	1,9
049	Feuerlöschanlagen, Feuerlöschgeräte	–	–	–	–
050	Blitzschutz- und Erdungsanlagen	13.665	4,40	1,20	0,5
053	Niederspannungsanlagen inkl. 052, 054	61.501	19,70	5,30	2,1
055	Sicherheits- u. Ersatzstromversorgungsanl.	–	–	–	–
057	Gebäudesystemtechnik	–	–	–	–
058	Leuchten und Lampen inkl. 059	16.827	5,40	1,40	0,6
060	Sprechanlagen, elektroakust. Anlagen inkl. 064	28.598	9,20	2,50	1,0
061	Kommunikationsnetze inkl. 063	7.169	2,30	0,62	0,2
069	Aufzüge	302.294	96,80	26,00	10,1
070	Gebäudeautomation	–	–	–	–
075	Raumlufttechnische Anlagen inkl. 078	26.933	8,60	2,30	0,9
	Gebäudetechnik	**836.113**	**267,60**	**71,80**	**28,0**
	Wiederherstellen	24.084	7,70	2,10	0,8
	Herstellen	812.029	259,90	69,70	27,2
084	Abbruch, Rückbau, Schadstoffsanierung	195.628	62,60	16,80	6,6
	Abbrechen	195.628	62,60	16,80	6,6
	Abbrucharbeiten	**195.628**	**62,60**	**16,80**	**6,6**
	Abbrechen	195.628	62,60	16,80	6,6
	Sonstige Leistungsbereiche	**20.040**	**6,40**	**1,70**	**0,7**
	Wiederherstellen	438	0,14	0,04	< 0,1
	Herstellen	19.602	6,30	1,70	0,7

Kostenstand: 3. Quartal 2023, Bundesdurchschnitt, **inkl. 19% MwSt.**

6100-1502
Mehrfamilienhaus
Schwammsanierung

Instandsetzung

Objektübersicht

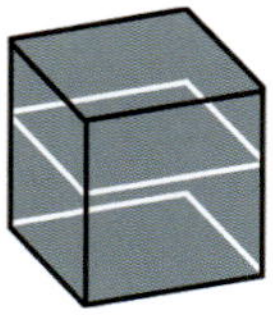

BRI 12 €/m³

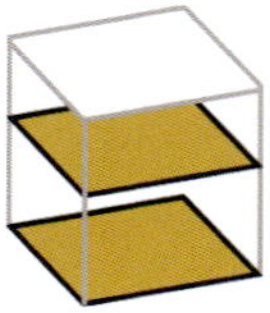

BGF 44 €/m²

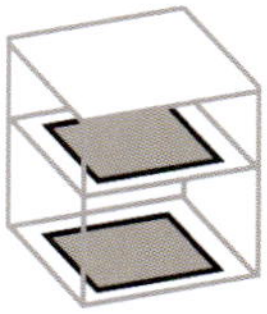

NUF 64 €/m²

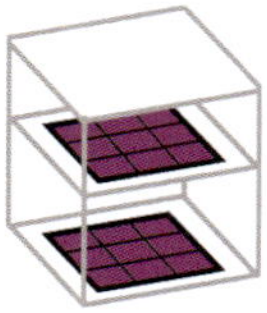

NE 64 €/NE

NE: Wohnfläche

Objekt:
Kennwerte: 3. Ebene DIN 276
BRI: 11.644 m³
BGF: 3.124 m²
NUF: 2.158 m²
Bauzeit: 122 Wochen
Bauende: 2019
Standard: über Durchschnitt
Bundesland: Hamburg
Kreis: Hamburg, Stadt

Architekt*in:
Ostermann Architekten
Lange Reihe 101
20099 Hamburg

vorher

nachher

Zeichnungen

Ansicht Nord

Ansicht Ost

Erdgeschoss

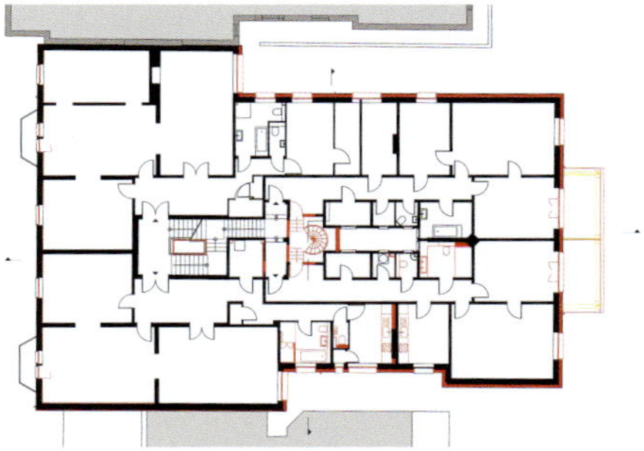

3. Obergeschoss

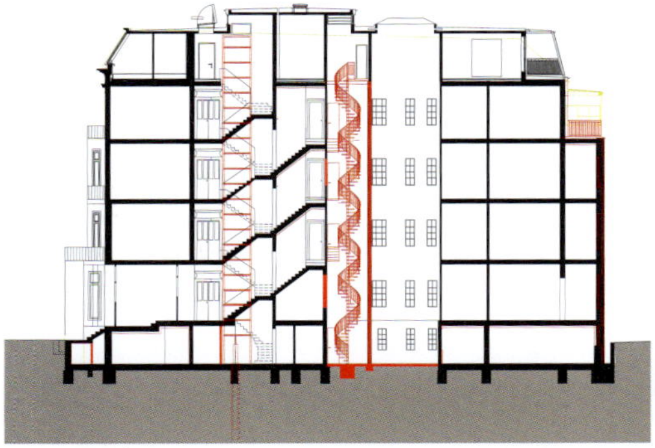

Schnitt A-A

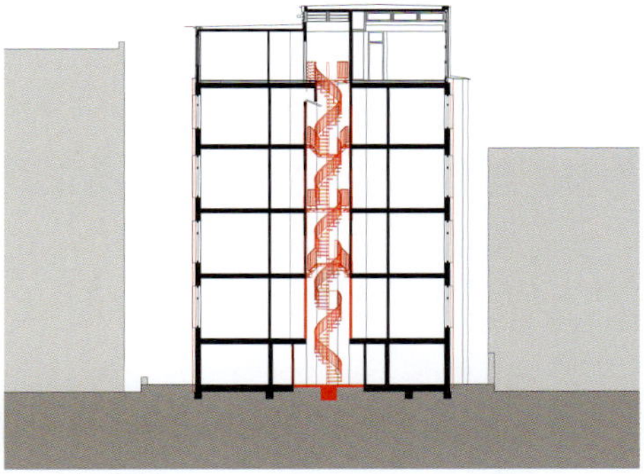

Schnitt B-B

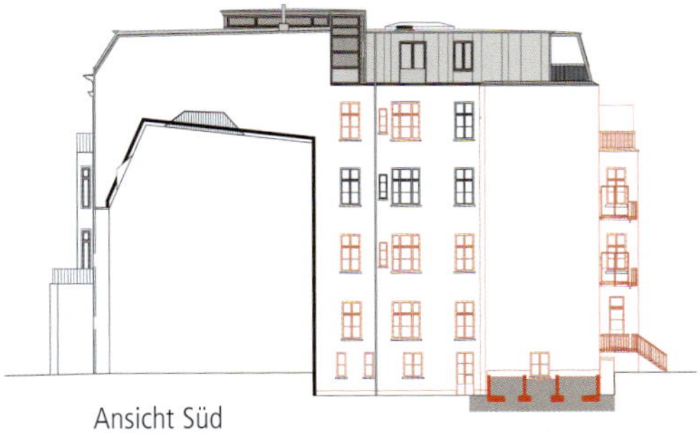

Ansicht Süd

Ansicht West

Objektbeschreibung

Allgemeine Objektinformationen

Das Stadthaus aus dem Jahr 1895 wurde gemäß der städtebaulichen Erhaltungssatzung vollständig saniert. Im Vorfeld wurde eine Hausschwammsanierung durchgeführt, deren Kosten in dieser Dokumentation erfasst sind.

Nutzung

1 Untergeschoss
Zwei Souterrain-Wohnungen, Fahrradkeller, zwei Garagen, Technikräume, Mieterkeller

1 Erdgeschoss
zwei Wohnungen

3 Obergeschosse
je vier Wohnungen

Nutzeinheiten

Wohneinheiten: 16
Wohnfläche: 2.140m²

Grundstück

Bauraum: Beengter Bauraum
Neigung: Ebenes Gelände
Bodenklasse: BK 1 bis BK 4

Markt

Hauptvergabezeit: 3.Quartal 2017
Baubeginn: 3.Quartal 2017
Bauende: 4.Quartal 2019
Konjunkturelle Gesamtlage: über Durchschnitt
Regionaler Baumarkt: über Durchschnitt

Baubestand

Baujahr: 1895
Bauzustand: schlecht
Aufwand: hoch
Grundrissänderungen: wenige
Tragwerkseingriffe: wenige
Nutzungsänderung: nein
Nutzung während der Bauzeit: ja

Baukonstruktion

Das tragende Mauerwerk ist von Durchwachsungen des echten Hausschwamms befreit worden. Dazu wurden Bohrlochinjektionen gesetzt und Schwammbekämpfungsmittel verpresst. Die Oberflächen der betroffenen Mauerwerkswände wurden abgeflammt und geflutet sowie verputzt, tapeziert und beschichtet. An den Holzbalkendecken wurden schadhafte Holzteile ersetzt und eine Bohrlochimprägnierung wurde durchgeführt. Die historischen Stuckprofile wurden wiederhergestellt.

Technische Anlagen

In dieser Dokumentation sind keine technischen Anlagen enthalten.

Sonstiges

Die Kosten der Instandsetzungsarbeiten des Gebäudes einschließlich der hier erfassten Schwammsanierung sind als separate Dokumentation unter der Objektnummer 6100-1500 dokumentiert. Der Ausbau des Dachgeschosses ist unter de Objektnummer 6100-1501 zu finden.

Instandsetzung

Planungskennwerte für Flächen und Rauminhalte nach DIN 277

Flächen des Grundstücks		Menge Einheit	% an GF
BF	Bebaute Fläche	630,00 m^2	40,1
UF	Unbebaute Fläche	941,00 m^2	59,9
GF	Grundstücksfläche	1.571,00 m^2	100,0

Grundflächen des Bauwerks		Menge Einheit	% an NUF	% an BGF
NUF	Nutzungsfläche	2.157,80 m^2	100,0	69,1
TF	Technikfläche	24,35 m^2	1,1	0,8
VF	Verkehrsfläche	421,87 m^2	19,6	13,5
NRF	Netto-Raumfläche	2.604,02 m^2	120,7	83,4
KGF	Konstruktions-Grundfläche	519,98 m^2	24,1	16,6
BGF	Brutto-Grundfläche	3.124,00 m^2	144,8	100,0

Brutto-Rauminhalt des Bauwerks		Menge Einheit	BRI/NUF (m)	BRI/BGF (m)
BRI	Brutto-Rauminhalt	11.643,66 m^3	5,40	3,73

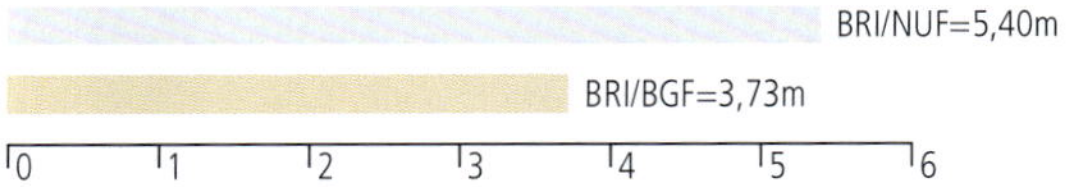

Lufttechnisch behandelte Flächen	Menge Einheit	% an NUF	% an BGF
Entlüftete Fläche	–	–	–
Be- und entlüftete Fläche	–	–	–
Teilklimatisierte Fläche	–	–	–
Klimatisierte Fläche	–	–	–

KG	Kostengruppen (2. Ebene)	Menge Einheit	Menge/NUF	Menge/BGF
310	Baugrube / Erdbau	–	–	–
320	Gründung, Unterbau	–	–	–
330	Außenwände/Vertikale Baukonstruktionen, außen	216,00 m^2 AWF	0,10	0,07
340	Innenwände/Vertikale Baukonstruktionen, innen	91,67 m^2 IWF	0,04	0,03
350	Decken/Horizontale Baukonstruktionen	142,24 m^2 DEF	0,07	0,05
360	Dächer	–	–	–

Instandsetzung

Kostenkennwerte für die Kostengruppen der 1. Ebene DIN 276

KG	Kostengruppen (1. Ebene)	Einheit	Kosten €	€/Einheit	€/m² BGF	€/m³ BRI	% 300+400
100	Grundstück	m² GF	–	–	–	–	–
200	Vorbereitende Maßnahmen	m² GF	–	–	–	–	–
300	Bauwerk – Baukonstruktionen	m² BGF	136.853	43,81	43,81	11,75	99,9
400	Bauwerk – Technische Anlagen	m² BGF	168	0,05	0,05	0,01	0,1
	Bauwerk 300+400	**m² BGF**	**137.021**	**43,86**	**43,86**	**11,77**	**100,0**
500	Außenanlagen und Freiflächen	m² AF	–	–	–	–	–
600	Ausstattung und Kunstwerke	m² BGF	–	–	–	–	–
700	Baunebenkosten	m² BGF	–	–	–	–	–
800	Finanzierung	m² BGF	–	–	–	–	–

KG	Kostengruppe	Menge Einheit	Kosten €	€/Einheit	%
3+4	**Bauwerk**				**100,0**
300	**Bauwerk – Baukonstruktionen**	3.124,00 m² BGF	136.853	**43,81**	99,9

- Abbrechen (Kosten: 8,2%) 11.177
  Abbruch von Fensterlaibungen, Wandputz; Holzdielen, Deckenbalken, Parkett, Malervlies, Rohrputzdecke; Schranktüren; Entsorgung, Deponiegebühren
- Wiederherstellen (Kosten: 43,8%) 59.997
  Schwammsanierung Mauerwerk, Fensterinnenfutter beschichten; Holztüren beschichten; Schwammsanierung Holzbalkendecke, Stahlträger tauschen, Parkett erneuern, losen Deckenputz erneuern, historische Stuckprofile erneuern
- Herstellen (Kosten: 48,0%) 65.678
  Auflager der Holzpfetten untermauern, Wärmedämmputz, Kalkputz; Malervlies, Beschichtung; Holzbalkendecke, Dielen, Schilfrohrdecke

KG	Kostengruppe	Menge Einheit	Kosten €	€/Einheit	%
400	**Bauwerk – Technische Anlagen**	3.124,00 m² BGF	168	**0,05**	0,1

- Abbrechen (Kosten: 100,0%) 168
  Abbruch von Heizungsrohren; Entsorgung, Deponiegebühren

Instandsetzung

Kostenkennwerte für die Kostengruppen der 2.Ebene DIN 276

KG	Kostengruppe	Menge Einheit	Kosten €	€/Einheit	%
300	**Bauwerk – Baukonstruktionen**				**100,0**
330	**Außenwände/Vert. Baukonstrukt., außen**	216,00 m² AWF	44.458	**205,83**	32,5
	• Abbrechen (Kosten: 11,9%) Abbruch von Fensterlaibungen (9h) * losen Putzfugen (1m²) * Wandputz (98m²); Entsorgung, Deponiegebühren	98,31 m² AWF	5.289	**53,80**	
	• Wiederherstellen (Kosten: 42,2%) Schwammsanierung Mauerwerk: Bohrlochtränkung (58m²), Wandflächen abflammen, fluten (85m²), Stahlstürze instandsetzen (4m) * Fensterinnenfutter schleifen, beschichten (26m²), Fensterklötze ausbauen (27St)	25,60 m² AWF	18.745	**732,21**	
	• Herstellen (Kosten: 45,9%) Auflager der Holzpfetten unterfüttern, untermauern (8h) * Wärmedämmputz, d=20mm (83m²), Kalkputz (143m²), Malervlies (33m²), Silikatbeschichtung (47m²)	190,40 m² AWF	20.425	**107,27**	
340	**Innenwände/Vert. Baukonstrukt., innen**	91,67 m² IWF	10.744	**117,21**	7,9
	• Wiederherstellen (Kosten: 34,7%) Holztüren schleifen, beschichten (21m²)	20,86 m² IWF	3.727	**178,65**	
	• Herstellen (Kosten: 65,3%) Malervlies (100m²), Silikatbeschichtung (142m²)	70,81 m² IWF	7.018	**99,11**	
350	**Decken/Horizontale Baukonstruktionen**	142,24 m² DEF	68.132	**479,00**	49,8
	• Abbrechen (Kosten: 8,5%) Abbruch von Holzdielen, Einschüben, Lehm/Schutt/Sand, Lattung (50m²), Deckenbalken (25m) * Parkett (4h) * Malervlies(52m²), Rohrputzdecke, Schalung (19m²); Entsorgung, Deponiegebühren	71,75 m² DEF	5.769	**80,41**	
	• Wiederherstellen (Kosten: 55,1%) Schwammsanierung Holzbalkendecke (55m²), Stahlträger tauschen (18m) * Parkett erneuern, versiegeln (27m²) * losen Deckenputz erneuern, Fehlstellen spachteln (psch), historische Stuckprofile erneuern (6St), als Stäbe (77m)	55,33 m² DEF	37.526	**678,22**	
	• Herstellen (Kosten: 36,5%) Deckenbalken 12x24cm (35m), Zwischenräume dämmen (13m²), Einschubebene, Lattung, Sand, d=6cm (42m²), Holzdielen (50m²) * Holzstufen (1m²) * Schilfrohrmatten, Kalkputz (20m²), Spachtelung Q3 (52m²), Malervlies, Silikatbeschichtung (122m²)	142,24 m² DEF	24.837	**174,61**	
380	**Baukonstruktive Einbauten**	3.124,00 m² BGF	119	**0,04**	< 0,1
	• Abbrechen (Kosten: 100,0%) Abbruch von Schranktüren (2h); Entsorgung, Deponiegebühren	3.124,00 m² BGF	119	**0,04**	
390	**Sonst. Maßnahmen für Baukonstrukt.**	3.124,00 m² BGF	13.399	**4,29**	9,8
	• Herstellen (Kosten: 100,0%) Baustelleneinrichtung (psch), Kran (4h) * Innengerüst (psch) * Deckenabfangungen für Schimmelsanierung (20h) * Entsorgung von Müll, Bauschutt (7m³) * Bodenabdeckungen (239m²), Staubwände (49m²), Schutzabdeckungen für Möbel (psch), Möbel umräumen (psch), Bautrocknung (12h), Baureinigung (4h)	3.124,00 m² BGF	13.399	**4,29**	

KG	Kostengruppe	Menge Einheit	Kosten €	€/Einheit	%
400	**Bauwerk – Technische Anlagen**				**100,0**
420	**Wärmeversorgungsanlagen**	3.124,00 m²BGF	168	**0,05**	100,0
	• Abbrechen (Kosten: 100,0%) Abbruch von Heizungsrohren (2h); Entsorgung, Deponiegebühren	3.124,00 m²BGF	168	**0,05**	

Kostenkennwerte für die Kostengruppen 300 der 2. und 3.Ebene DIN 276 (Übersicht)

KG	Kostengruppe	Menge Einheit	€/Einheit	Kosten €	% an 3+4
300	**Bauwerk – Baukonstruktionen**	**3.124,00 m² BGF**	**43,81**	**136.852,55**	**99,9**
310	**Baugrube / Erdbau**	**–**	**–**	**–**	**–**
311	Herstellung	–	–	–	–
312	Umschließung	–	–	–	–
313	Wasserhaltung	–	–	–	–
314	Vortrieb	–	–	–	–
319	Sonstiges zur KG 310	–	–	–	–
320	**Gründung, Unterbau**	**–**	**–**	**–**	**–**
321	Baugrundverbesserung	–	–	–	–
322	Flachgründungen und Bodenplatten	–	–	–	–
323	Tiefgründungen	–	–	–	–
324	Gründungsbeläge	–	–	–	–
325	Abdichtungen und Bekleidungen	–	–	–	–
326	Dränagen	–	–	–	–
329	Sonstiges zur KG 320	–	–	–	–
330	**Außenwände/Vert. Baukonstrukt., außen**	**216,00 m² AWF**	**205,83**	**44.458,37**	**32,4**
331	Tragende Außenwände	–	–	16.961,31	12,4
332	Nichttragende Außenwände	–	–	–	–
333	Außenstützen	–	–	–	–
334	Außenwandöffnungen	25,60 m²	119,86	3.068,36	2,2
335	Außenwandbekleidungen, außen	–	–	10,87	< 0,1
336	Außenwandbekleidungen, innen	190,40 m²	128,24	24.417,84	17,8
337	Element. Außenwandkonstruktionen	–	–	–	–
338	Lichtschutz zur KG 330	–	–	–	–
339	Sonstiges zur KG 330	–	–	–	–
340	**Innenwände/Vert. Baukonstrukt., innen**	**91,67 m² IWF**	**117,21**	**10.744,20**	**7,8**
341	Tragende Innenwände	–	–	–	–
342	Nichttragende Innenwände	–	–	–	–
343	Innenstützen	–	–	–	–
344	Innenwandöffnungen	20,86 m²	178,65	3.726,56	2,7
345	Innenwandbekleidungen	141,61 m²	49,56	7.017,63	5,1
346	Elementierte Innenwandkonstruktionen	–	–	–	–
347	Lichtschutz zur KG 340	–	–	–	–
349	Sonstiges zur KG 340	–	–	–	–
350	**Decken/Horizontale Baukonstruktionen**	**142,24 m² DEF**	**479,00**	**68.132,43**	**49,7**
351	Deckenkonstruktionen	105,51 m²	316,73	33.418,03	24,4
352	Deckenöffnungen	–	–	–	–
353	Deckenbeläge	27,16 m²	289,73	7.868,95	5,7
354	Deckenbekleidungen	142,24 m²	188,73	26.845,45	19,6
355	Elementierte Deckenkonstruktionen	–	–	–	–
359	Sonstiges zur KG 350	–	–	–	–
360	**Dächer**	**–**	**–**	**–**	**–**
361	Dachkonstruktionen	–	–	–	–
362	Dachöffnungen	–	–	–	–
363	Dachbeläge	–	–	–	–
364	Dachbekleidungen	–	–	–	–
365	Elementierte Dachkonstruktionen	–	–	–	–
366	Lichtschutz zur KG 360	–	–	–	–
369	Sonstiges zur KG 360	–	–	–	–
370	**Infrastrukturanlagen**	**–**	**–**	**–**	**–**
380	**Baukonstruktive Einbauten**	**3.124,00 m² BGF**	**0,04**	**118,56**	**< 0,1**
390	**Sonst. Maßnahmen für Baukonstrukt.**	**3.124,00 m² BGF**	**4,29**	**13.398,99**	**9,8**

Kostenkennwerte für die Kostengruppen 400 der 2. und 3.Ebene DIN 276 (Übersicht)

KG	Kostengruppe	Menge Einheit	€/Einheit	Kosten €	% an 3–4
400	**Bauwerk – Technische Anlagen**	**3.124,00 m²BGF**	**0,05**	**168,04**	**0,1**
410	**Abwasser-, Wasser-, Gasanlagen**	**–**	**–**	**–**	**–**
411	Abwasseranlagen	–	–	–	–
412	Wasseranlagen	–	–	–	–
413	Gasanlagen	–	–	–	–
419	Sonstiges zur KG 410	–	–	–	–
420	**Wärmeversorgungsanlagen**	**3.124,00 m²BGF**	**0,05**	**168,04**	**0,1**
421	Wärmeerzeugungsanlagen	–	–	–	–
422	Wärmeverteilnetze	3.124,00 m²BGF	0,05	168,04	0,1
423	Raumheizflächen	–	–	–	–
424	Verkehrsheizflächen	–	–	–	–
429	Sonstiges zur KG 420	–	–	–	–
430	**Raumlufttechnische Anlagen**	**–**	**–**	**–**	**–**
431	Lüftungsanlagen	–	–	–	–
432	Teilklimaanlagen	–	–	–	–
433	Klimaanlagen	–	–	–	–
434	Kälteanlagen	–	–	–	–
439	Sonstiges zur KG 430	–	–	–	–
440	**Elektrische Anlagen**	**–**	**–**	**–**	**–**
441	Hoch- und Mittelspannungsanlagen	–	–	–	–
442	Eigenstromversorgungsanlagen	–	–	–	–
443	Niederspannungsschaltanlagen	–	–	–	–
444	Niederspannungsinstallationsanlagen	–	–	–	–
445	Beleuchtungsanlagen	–	–	–	–
446	Blitzschutz- und Erdungsanlagen	–	–	–	–
447	Fahrleitungssysteme	–	–	–	–
449	Sonstiges zur KG 440	–	–	–	–
450	**Kommunikationstechnische Anlagen**	**–**	**–**	**–**	**–**
451	Telekommunikationsanlagen	–	–	–	–
452	Such- und Signalanlagen	–	–	–	–
453	Zeitdienstanlagen	–	–	–	–
454	Elektroakustische Anlagen	–	–	–	–
455	Audiovisuelle Medien- u. Antennenanl.	–	–	–	–
456	Gefahrenmelde- und Alarmanlagen	–	–	–	–
457	Datenübertragungsnetze	–	–	–	–
458	Verkehrsbeeinflussungsanlagen	–	–	–	–
459	Sonstiges zur KG 450	–	–	–	–
460	**Förderanlagen**	**–**	**–**	**–**	**–**
461	Aufzugsanlagen	–	–	–	–
462	Fahrtreppen, Fahrsteige	–	–	–	–
463	Befahranlagen	–	–	–	–
464	Transportanlagen	–	–	–	–
465	Krananlagen	–	–	–	–
466	Hydraulikanlagen	–	–	–	–
469	Sonstiges zur KG 460	–	–	–	–
470	**Nutzungsspez. u. verfahrenstechn. Anl.**	**–**	**–**	**–**	**–**
480	**Gebäude- und Anlagenautomation**	**–**	**–**	**–**	**–**
490	**Sonst. Maßnahmen für techn. Anlagen**	**–**	**–**	**–**	**–**

Kostenkennwerte für Leistungsbereiche nach STLB (Kosten des Bauwerks nach DIN 276)

LB	Leistungsbereiche	Kosten €	€/m² BGF	€/m³ BRI	% an 3+4
000	Sicherheits-, Baustelleneinrichtungen inkl. 001	11.078	3,50	0,95	8,1
002	Erdarbeiten	–	–	–	–
006	Spezialtiefbauarbeiten inkl. 005	–	–	–	–
009	Entwässerungskanalarbeiten inkl. 011	–	–	–	–
010	Drän- und Versickerarbeiten	–	–	–	–
012	Mauerarbeiten	13.219	4,20	1,10	9,6
	Wiederherstellen	12.587	4,00	1,10	9,2
	Herstellen	631	0,20	0,05	0,5
013	Betonarbeiten	–	–	–	–
014	Natur-, Betonwerksteinarbeiten	–	–	–	–
016	Zimmer- und Holzbauarbeiten	19.831	6,30	1,70	14,5
	Wiederherstellen	7.204	2,30	0,62	5,3
	Herstellen	12.626	4,00	1,10	9,2
017	Stahlbauarbeiten	9.984	3,20	0,86	7,3
	Wiederherstellen	9.984	3,20	0,86	7,3
018	Abdichtungsarbeiten	–	–	–	–
019	Kampfmittelräumarbeiten	–	–	–	–
020	Dachdeckungsarbeiten	–	–	–	–
021	Dachabdichtungsarbeiten	–	–	–	–
022	Klempnerarbeiten	–	–	–	–
	Rohbau	**54.111**	**17,30**	**4,60**	**39,5**
	Wiederherstellen	29.776	9,50	2,60	21,7
	Herstellen	24.335	7,80	2,10	17,8
023	Putz- und Stuckarbeiten, Wärmedämmsysteme	34.034	10,90	2,90	24,8
	Wiederherstellen	16.580	5,30	1,40	12,1
	Herstellen	17.454	5,60	1,50	12,7
024	Fliesen- und Plattenarbeiten	–	–	–	–
025	Estricharbeiten	–	–	–	–
026	Fenster, Außentüren inkl. 029, 032	1.246	0,40	0,11	0,9
	Wiederherstellen	1.246	0,40	0,11	0,9
027	Tischlerarbeiten	–	–	–	–
028	Parkettarbeiten, Holzpflasterarbeiten	6.494	2,10	0,56	4,7
	Wiederherstellen	5.710	1,80	0,49	4,2
	Herstellen	784	0,25	0,07	0,6
030	Rollladenarbeiten	–	–	–	–
031	Metallbauarbeiten inkl. 035	–	–	–	–
034	Maler- und Lackiererarbeiten inkl. 037	25.503	8,20	2,20	18,6
	Wiederherstellen	6.250	2,00	0,54	4,6
	Herstellen	19.253	6,20	1,70	14,1
036	Bodenbelagarbeiten	–	–	–	–
038	Vorgehängte hinterlüftete Fassaden	–	–	–	–
039	Trockenbauarbeiten	2.507	0,80	0,22	1,8
	Ausbau	**69.784**	**22,30**	**6,00**	**50,9**
	Wiederherstellen	29.786	9,50	2,60	21,7
	Herstellen	39.998	12,80	3,40	29,2
040	Wärmeversorgungsanl. - Betriebseinr. inkl. 041	–	–	–	–
042	Gas- und Wasserinstallation, Leitungen inkl. 043	–	–	–	–
044	Abwasseranlagen - Leitungen	–	–	–	–
045	GWE-Einrichtungsgegenstände inkl. 046	–	–	–	–
047	Dämmarbeiten an betriebstechnischen Anlagen	–	–	–	–

6100-1502
Mehrfamilienhaus
Schwammsanierung

Instandsetzung

LB	Leistungsbereiche	Kosten €	€/m² BGF	€/m³ BRI	% an 3–4
049	Feuerlöschanlagen, Feuerlöschgeräte	–	–	–	–
050	Blitzschutz- und Erdungsanlagen	–	–	–	–
053	Niederspannungsanlagen inkl. 052, 054	–	–	–	–
055	Sicherheits- u. Ersatzstromversorgungsanl.	–	–	–	–
057	Gebäudesystemtechnik	–	–	–	–
058	Leuchten und Lampen inkl. 059	–	–	–	–
060	Sprechanlagen, elektroakust. Anlagen inkl. 064	–	–	–	–
061	Kommunikationsnetze inkl. 063	–	–	–	–
069	Aufzüge	–	–	–	–
070	Gebäudeautomation	–	–	–	–
075	Raumlufttechnische Anlagen inkl. 078	–	–	–	–
	Gebäudetechnik	**–**	**–**	**–**	**–**
084	Abbruch, Rückbau, Schadstoffsanierung	11.345	3,60	0,97	8,3
	Abbrechen	11.345	3,60	0,97	8,3
	Abbrucharbeiten	**11.345**	**3,60**	**0,97**	**8,[illegible]**
	Abbrechen	11.345	3,60	0,97	8,[illegible]
	Sonstige Leistungsbereiche	**1.781**	**0,57**	**0,15**	**1,[illegible]**
	Wiederherstellen	436	0,14	0,04	0,[illegible]
	Herstellen	1.345	0,43	0,12	1,[illegible]

Kostenstand: 3. Quartal 2023, Bundesdurchschnitt, **inkl. 19% MwSt.**

Gewerbegebäude

7

- 7100 Industrielle Produktionsstätten und Labors
- • 7200 Geschäftshäuser, Läden
- • 7300 Betriebs- und Werkstätten
- 7400 Landwirtschaftliche Betriebsgebäude
- 7500 Bank- und Postfilialen, gewerbliche Rechenzentren
- • 7600 Gebäude öffentlicher Bereitschaftsdienste
- • 7700 Lager- und Versandgebäude
- 7800 Hoch- und Tiefgaragen, gewerbl. Fahrzeughallen

7300-0103
Lkw-Werkstatt
(4 AP)

Erweiterung

Objektübersicht

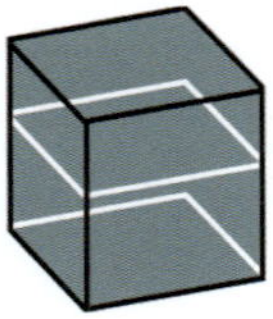

BRI 315 €/m^3

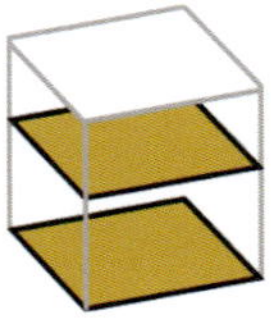

BGF 2.427 €/m^2

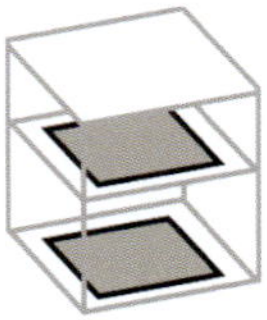

NUF 2.501 €/m^2

Objekt:
Kennwerte: 1.Ebene DIN 276
BRI: 2.163 m^3
BGF: 281 m^2
NUF: 272 m^2
Bauzeit: 65 Wochen
Bauende: 2018
Standard: über Durchschnitt
Bundesland: Bremen
Kreis: Bremen, Stadt

Architekt*in:
planerzirkel consulting
architects GmbH
Ottostraße 33
31137 Hildesheim

Bauherr*in:
Werner Beteiligungs-
Holding GmbH
Seckenhauser Straße 7
28844 Weyhe

© planerzirkel consulting architects GmbH

© planerzirkel consulting architects GmbH

© planerzirkel consulting architects GmbH

© planerzirkel consulting architects GmbH

Erweiterung

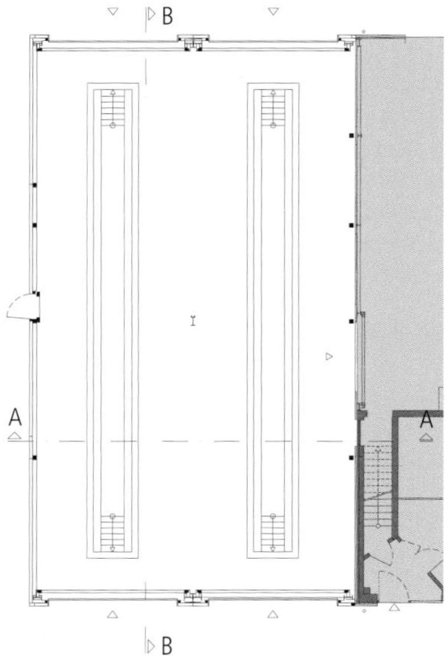

Erdgeschoss

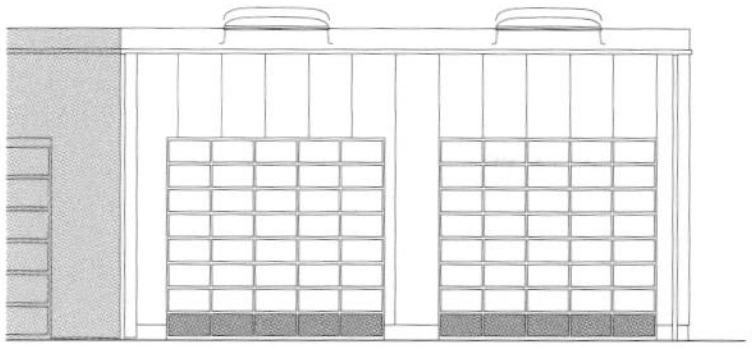

Ansicht Nord

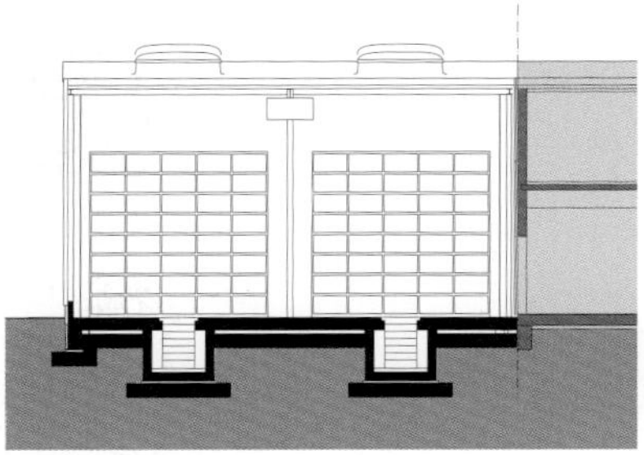

Schnitt A-A

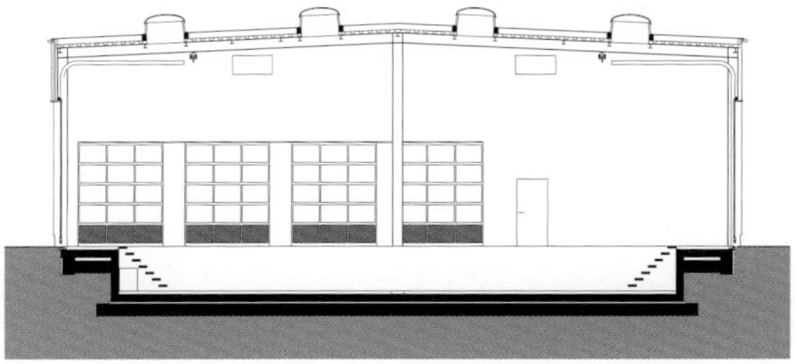

Schnitt B-B

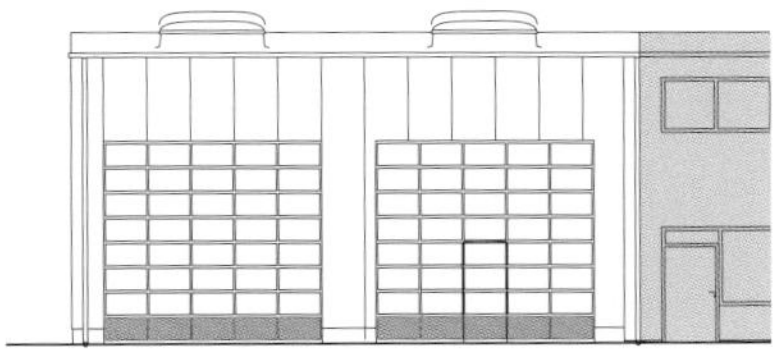

Ansicht Süd

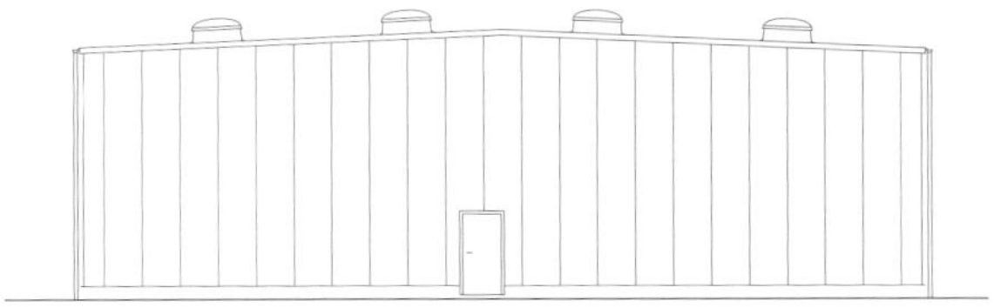

Ansicht West

Erweiterung

Objektbeschreibung

Allgemeine Objektinformationen

Die bestehende Nutzfahrzeuge-Servicewerkstatt wurde um zwei Arbeits- bzw. Wartungsgruben erweitert. Der Anbau wurde westlich an die vorhandene kleine Werkstatt und das Bürogebäude gesetzt. Er passt sich in Gebäudetiefe, Attikahöhe und Außenfassade dem Bestandsbau an. Je zwei Sektionaltore an den beiden Schmalseiten ermöglichen eine Durchfahrt mit den Kunden-Lkws.

Nutzung

1 Erdgeschoss
Lkw-Werkstatt mit zwei Gruben

Nutzeinheiten

Arbeitsplätze: 4

Grundstück

Bauraum: Freier Bauraum
Neigung: Ebenes Gelände
Bodenklasse: BK 1 bis BK 3

Markt

Hauptvergabezeit: 1. Quartal 2017
Baubeginn: 2. Quartal 2017
Bauende: 3. Quartal 2018
Konjunkturelle Gesamtlage: über Durchschnitt
Regionaler Baumarkt: über Durchschnitt

Baubestand

Baujahr: 1990
Bauzustand: mittel
Aufwand: mittel
Grundrissänderungen: keine
Tragwerkseingriffe: keine
Nutzungsänderung: nein

Baukonstruktion

Die Errichtung der wasserdichten Gruben erfolgte in WU-Beton und erforderte während der Bauzeit eine kurzfristige Grundwasserabsenkung. Der Erweiterungsbau gründet auf Stahlbetonfundamenten und einer Stahlbetonbodenplatte. Das Bauwerk ist als Stahlkonstruktion errichtet und erhielt Außenwände aus micro-linierten Sandwichelementen, die auch auf die Fassade des Bestandsgebäudes montiert wurden. Dadurch wird ein einheitliches Erscheinungsbild erreicht. Das Gebäude schließt mit einem mineralisch gedämmten Trapezblechdach ab.

Technische Anlagen

Die Wärmeversorgung des neuen Raumes erfolgt mittels Wärmelüftern und Deckenheizplatten. Die Heizleistung wird durch die vorhandene Gasheizungsanlage übernommen. Die Werkstatt wurde mit Hebeböcken und -zügen sowie Absauganlagen, Öltheke und Altölzwischentanks ausgestattet. Es wurden Sicherheitsanlagen zur Reparatur von gasbetriebenen Lkws eingebaut.

Sonstiges

Der Bestandsbau erhielt durch die neue Fassade eine erheblich höhere Wanddämmung. Im Zuge der gleichen Baumaßnahme wurde auch das Bestandsdach höher gedämmt und mit neuer Dachabdichtung versehen.

Energetische Angaben zu Außenbauteilen

Bodenplatte

U-Wert: 0,40 W/(m²·K)

Gesamtdicke: 30,00 cm	d [cm]	l [W/(m·K)]
Stahlbeton	20,00	2,100
Dämmung	10,00	0,045

Außenwand

U-Wert: 0,18 W/(m²·K)

Gesamtdicke: 12,20 cm	d [cm]	l [W/(m·K)]
Aluminium	0,10	200,000
Dämmung	12,00	0,022
Aluminium	0,10	200,000

Dach

U-Wert: 0,17 W/(m²·K)

Gesamtdicke: 20,93 cm	d [cm]	l [W/(m·K)]
Blech	0,10	1,059
Dampfsperre	0,03	0,200
Dämmung	20,00	0,035
Abdichtung	0,80	0,170

7300-0103
Lkw-Werkstatt
(4 AP)

Planungskennwerte für Flächen und Rauminhalte nach DIN 277

Flächen des Grundstücks		Menge Einheit	% an GF
BF	Bebaute Fläche	1.435,56 m²	27,0
UF	Unbebaute Fläche	3.878,30 m²	73,0
GF	Grundstücksfläche	5.313,86 m²	100,0

Erweiterung

Grundflächen des Bauwerks		Menge Einheit	% an NUF	% an BGF
NUF	Nutzungsfläche	272,35 m²	100,0	97,0
TF	Technikfläche	–	–	–
VF	Verkehrsfläche	–	–	–
NRF	Netto-Raumfläche	272,35 m²	100,0	97,0
KGF	Konstruktions-Grundfläche	8,29 m²	3,0	3,0
BGF	Brutto-Grundfläche	280,64 m²	103,0	100,0

Brutto-Rauminhalt des Bauwerks		Menge Einheit	BRI/NUF (m)	BRI/BGF (m)
BRI	Brutto-Rauminhalt	2.162,72 m³	7,94	7,71

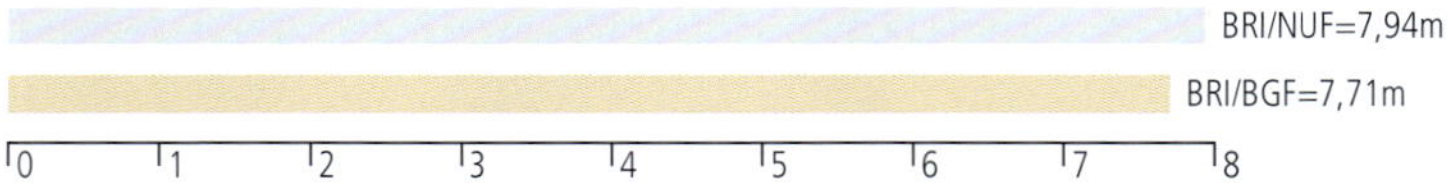

Kostenkennwerte für die Kostengruppen der 1.Ebene DIN 276

KG	Kostengruppen (1.Ebene)	Einheit	Kosten €	€/Einheit	€/m² BGF	€/m³ BRI	% 300+400
100	Grundstück	m² GF	–	–	–	–	–
200	Vorbereitende Maßnahmen	m² GF	–	–	–	–	–
300	Bauwerk – Baukonstruktionen	m² BGF	562.173	2.003,18	2.003,18	259,94	82,5
400	Bauwerk – Technische Anlagen	m² BGF	119.007	424,05	424,05	55,03	17,5
	Bauwerk 300+400	**m² BGF**	**681.180**	**2.427,24**	**2.427,24**	**314,96**	**100,0**
500	Außenanlagen und Freiflächen	m² AF	214.619	63,14	764,75	99,24	31,5
600	Ausstattung und Kunstwerke	m² BGF	–	–	–	–	–
700	Baunebenkosten	m² BGF	–	–	–	–	–
800	Finanzierung	m² BGF	–	–	–	–	–

KG	Kostengruppe	Menge Einheit	Kosten €	€/Einheit	%
3+4	**Bauwerk**				**100,0**
300	**Bauwerk – Baukonstruktionen**	280,64 m² BGF	562.173	**2.003,18**	82,5

- Abbrechen
  Abbruch von Sandwichfassade (382m²); Dämmung, Dachabdichtung (Bestand 1.164m²), Ausbau von Dachkuppeln, Entwässerung; Entsorgung, Deponiegebühren
- Wiederherstellen
  Wiedereinbau von Dachkuppeln
- Herstellen
  Baugrubenaushub, Grundwasserabsenkung während der Erstellung der Gruben; Bodenaustausch zur Baugrundverbesserung, Stb-Fundamente, Stb-Bodenplatte, Gruben in WU-Beton, Rüttelklinker auf Verbundestrich, Abdichtung, Perimeterdämmung; Stahlstützen, vier Sektionaltore, Sandwichelemente (gesamt 590m²); Stahldach, Oberlichter, Stahl-Trapezblech, Dämmung, Abdichtung (auf gesamtem Dach, inkl. Bestand 1.446m²), außenliegende Entwässerung

KG	Kostengruppe	Menge Einheit	Kosten €	€/Einheit	%
400	**Bauwerk – Technische Anlagen**	280,64 m² BGF	119.007	**424,05**	17,5

- Abbrechen
  Abbruch von Heizungsanlage; Entsorgung, Deponiegebühren
- Herstellen
  Anschluss an vorh. Regenwassergrundleitung; Gas-Brennwertheizung für Bestand und Erweiterung, WW-Deckenstrahlplatten; Anschluss an bestehende Elektroanlage, Elektroinstallation, LED-Beleuchtung, Starkstromsteckdosen; Überwachungskameras; Abgasabsauganlage

KG	Kostengruppe	Menge Einheit	Kosten €	€/Einheit	%
500	**Außenanlagen und Freiflächen**	3.399,25 m² AF	214.619	**63,14**	31,5

- Abbrechen
  Aufnehmen von Pflasterbelägen; Entsorgung, Deponiegebühren
- Herstellen
  Bodenarbeiten, Pflasterbelag für Lkws, Regenwassergrundleitung

7600-0078
Flughafenfeuerwehr
(8 Fahrzeuge)

Objektübersicht

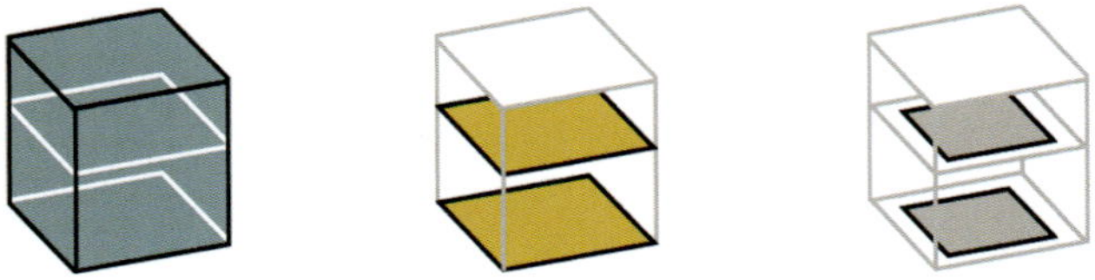

Erweiterung

BRI 363 €/m³ BGF 1.541 €/m² NUF 2.406 €/m²

Objekt:
Kennwerte: 3. Ebene DIN 276
BRI: 18.114 m³
BGF: 4.266 m²
NUF: 2.732 m²
Bauzeit: 104 Wochen
Bauende: 2017
Standard: über Durchschnitt
Bundesland: Hamburg
Kreis: Hamburg, Stadt

Architekt*in:
Gössler Kinz Kerber
Schippmann
Architekten PartG mbB
Brauerknechtgraben 45
20459 Hamburg

Bauherr*in:
Flughafen Hamburg GmbH
22331 Hamburg

© Daniel Sumesgutner

© Daniel Sumesgutner

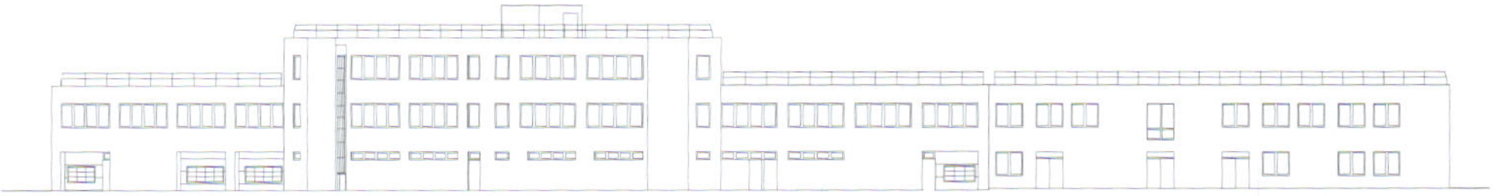

Ansicht Nord

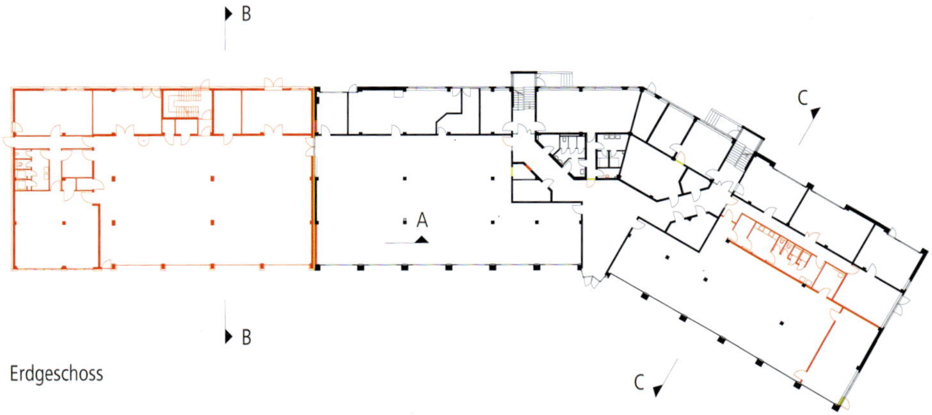

Erdgeschoss

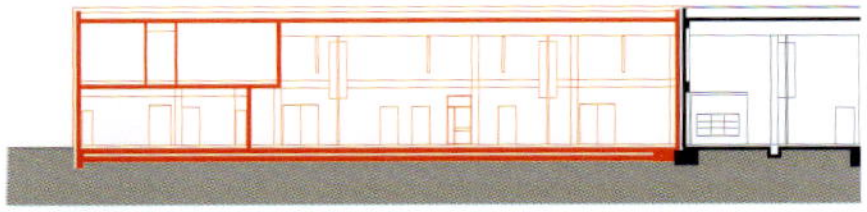

Schnitt A-A

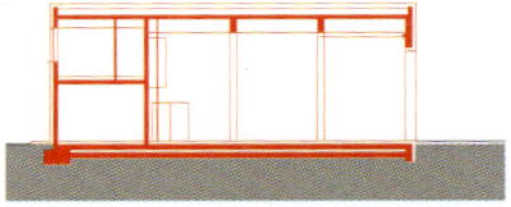

Schnitt B-B

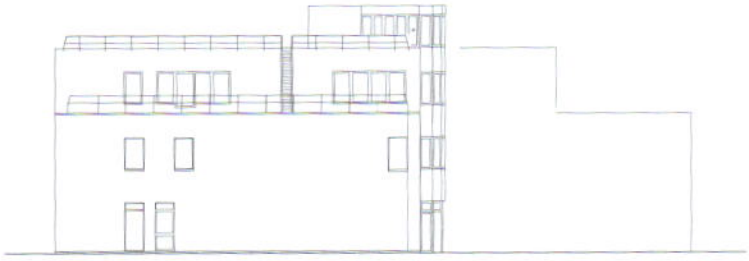

Ansicht West

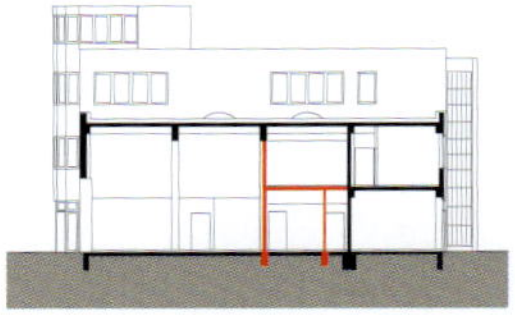

Schnitt C-C

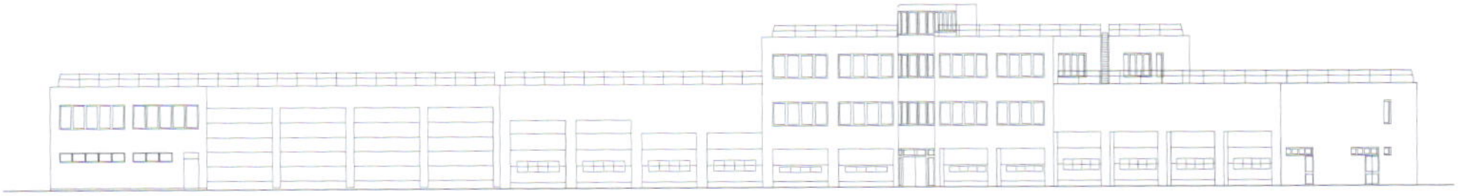

Ansicht Süd

7600-0078
Flughafenfeuerwehr
(8 Fahrzeuge)

Erweiterung

Objektbeschreibung

Allgemeine Objektinformationen

Die bestehende Flughafenfeuerwehr wurde den aktuellen Anforderungen entsprechend erweitert. In einem an das Bestandsgebäude anschließenden Erweiterungsbau wurden vier Stellplätze für große Löschfahrzeuge, eine Sicherheitsleitzentrale sowie weitere Räume für den Feuerwehrbetrieb geschaffen. Eine der bestehenden Fahrzeughallen erhielt eine zweite Ebene. In dieser Halle sind die Stellplätze für Löschfahrzeuge zu Plätzen für Rettungswagen mit verschiedenen Desinfektionseinrichtungen umfunktioniert worden.

Nutzung

1 Erdgeschoss
Fahrzeughallen, Desinfektionsräume, Werkstätten, Sporträume, Umkleiden

2 Obergeschosse
1.OG: Leitstelle, Ruheräume, Umkleideräume, Büros
2.OG: Büros, Küche, Kantine, Besprechungsraum

1 Dachgeschoss
alte Leitstelle

Nutzeinheiten

Fahrzeugstellplätze: 8

Grundstück

Bauraum: Beengter Bauraum
Neigung: Ebenes Gelände
Bodenklasse: BK 3

Besonderer Kosteneinfluss Grundstück
Bauen im Sicherheitsbereich des Flughafens

Markt

Hauptvergabezeit: 2.Quartal 2015
Baubeginn: 4.Quartal 2015
Bauende: 4.Quartal 2017
Konjunkturelle Gesamtlage: über Durchschnitt
Regionaler Baumarkt: über Durchschnitt

Baubestand

Bauzustand: gut
Aufwand: mittel
Grundrissänderungen: einige
Tragwerkseingriffe: einige
Nutzungsänderung: nein
Nutzung während der Bauzeit: ja

Baukonstruktion

Der Erweiterungsbau wurde in Stahlbetonskelettbauweise erstellt. Die Außenwände sind mit einer nichtbrennbaren Wärmedämmung ummantelt und mit einer belüfteten Vorhangfassade aus Faserzementplatten bekleidet. Sämtliche Fenster- und Türelemente aus Isolierverglasung wurden mit Metallprofilen ausgeführt. Je nach funktionaler Erfordernis wurden sie mit Sonnenschutzverglasung versehen und erhielten Aluraffstores als Sonnenschutz. Das Flachdach wurde konventionell mit einer Gefälledämmung und Kunststoffabdichtung erstellt. Nichttragende Innenwände sind im EG aus Mauerwerk errichtet worden, im OG wurden sie in Trockenbauweise erbaut. Die Sanitärräume und Umkleiden wurden raumhoch gefliest. Als Bodenbelag kamen rote Vollklinkerfliesen zum Einbau. Die Fahrzeughalle ist mit Sektionaltoren ausgestattet.

Technische Anlagen

Die Beheizung des Gebäudes erfolgt über Fernwärme. Zu- und Abluftanlagen sorgen für eine angemessene Luftqualität in allen Räumen. In den Fahrzeughallen wurden Dieselabsauganlagen eingebaut. Die Steuerungstechnik für Türen und Tore entspricht besonderen Anforderungen mit aufwendiger Sicherheitstechnik und Zugangskontrollen.

Sonstiges

Das Gebäude befindet sich im Sicherheitsbereich des Flughafens. Der Bau ist durch die Anforderungen der Feuerwehr geprägt: Türbreiten wurden zum Teil vergrößert, um den Durchgang auch in Schutzkleidung mit Helm zu gewährleisten. Aus den Ruheräumen führen Rutschstangen in die Fahrzeughalle.

Energetische Kennwerte

Gesetzliche Grundlage: EnEV 2013
Gebäudenutzfläche: 915,00 m^2
Spez. Jahresprimärenergiebedarf: 168,30 kWh/(m^2·a)
CO_2-Emissionen: 17,40 kg/(m^2·a)

Energetische Angaben zu Außenbauteilen

Bodenplatte

U-Wert: 0,27 W/(m²·K)

Gesamtdicke: 44,00 cm	d [cm]	l [W/(m·K)]
Dämmung	2,00	0,045
Stahlbeton	30,00	2,300
Dämmung	12,00	0,040

Außenwand

U-Wert: 0,23 W/(m²·K)

Gesamtdicke: 38,00 cm	d [cm]	l [W/(m·K)]
Stahlbeton	24,00	2,300
Dämmung	14,00	0,035

Dach

U-Wert: 0,17 W/(m²·K)

Gesamtdicke: 42,00 cm	d [cm]	l [W/(m·K)]
Stahlbeton	22,00	2,300
Dämmung	2,00	0,045
Dämmung	18,00	0,035

7600-0078
Flughafenfeuerwehr
(8 Fahrzeuge)

Erweiterung

Planungskennwerte für Flächen und Rauminhalte nach DIN 277

Flächen des Grundstücks		Menge Einheit	% an GF
BF	Bebaute Fläche	–	–
UF	Unbebaute Fläche	–	–
GF	Grundstücksfläche	–	–

Grundflächen des Bauwerks		Menge Einheit	% an NUF	% an BGF
NUF	Nutzungsfläche	2.732,00 m²	100,0	64,0
TF	Technikfläche	239,00 m²	8,7	5,6
VF	Verkehrsfläche	596,00 m²	21,8	14,0
NRF	Netto-Raumfläche	3.567,00 m²	130,6	83,6
KGF	Konstruktions-Grundfläche	699,00 m²	25,6	16,4
BGF	Brutto-Grundfläche	4.266,00 m²	156,1	100,0

Brutto-Rauminhalt des Bauwerks		Menge Einheit	BRI/NUF (m)	BRI/BGF (m)
BRI	Brutto-Rauminhalt	18.114,00 m³	6,63	4,25

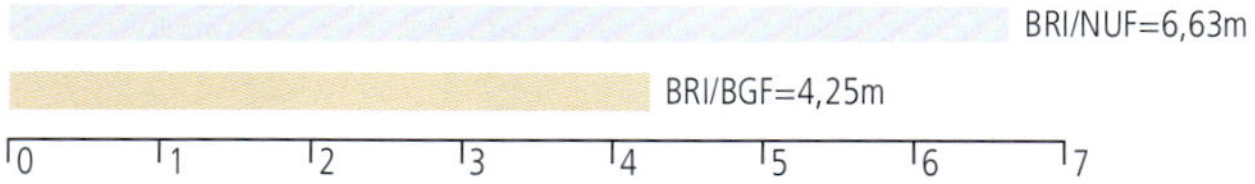

Lufttechnisch behandelte Flächen	Menge Einheit	% an NUF	% an BGF
Entlüftete Fläche	–	–	–
Be- und entlüftete Fläche	–	–	–
Teilklimatisierte Fläche	–	–	–
Klimatisierte Fläche	–	–	–

KG	Kostengruppen (2. Ebene)	Menge Einheit	Menge/NUF	Menge/BGF
310	Baugrube / Erdbau	–	–	–
320	Gründung, Unterbau	1.064,09 m² GRF	0,39	0,25
330	Außenwände/Vertikale Baukonstruktionen, außen	2.176,45 m² AWF	0,80	0,51
340	Innenwände/Vertikale Baukonstruktionen, innen	1.490,50 m² IWF	0,55	0,35
350	Decken/Horizontale Baukonstruktionen	558,56 m² DEF	0,20	0,13
360	Dächer	2.345,71 m² DAF	0,86	0,55

Erweiterung

Kostenkennwerte für die Kostengruppen der 1.Ebene DIN 276

KG	Kostengruppen (1.Ebene)	Einheit	Kosten €	€/Einheit	€/m² BGF	€/m³ BRI	% 300+400
100	Grundstück	m² GF	–	–	–	–	–
200	Vorbereitende Maßnahmen	m² GF	–	–	–	–	–
300	Bauwerk – Baukonstruktionen	m² BGF	3.780.573	886,21	886,21	208,71	57,5
400	Bauwerk – Technische Anlagen	m² BGF	2.793.720	654,88	654,88	154,23	42,5
	Bauwerk 300+400	**m² BGF**	**6.574.293**	**1.541,09**	**1.541,09**	**362,94**	**100,0**
500	Außenanlagen und Freiflächen	m² AF	74.294	–	17,42	4,10	1,1
600	Ausstattung und Kunstwerke	m² BGF	4.442	1,04	1,04	0,25	< 0,1
700	Baunebenkosten	m² BGF	–	–	–	–	–
800	Finanzierung	m² BGF	–	–	–	–	–

KG	Kostengruppe	Menge Einheit	Kosten €	€/Einheit	%
3+4	**Bauwerk**				**100,0**
300	**Bauwerk – Baukonstruktionen**	4.266,00 m² BGF	3.780.573	**886,21**	57,5

- Abbrechen (Kosten: 4,1%) 154.297
  Abbruch von Stb-Bodenplatte, für Schlitze des neuen Streifenfundaments, bewehrtem Betonestrich mit Bodenfliesen; Stb-Brüstungen, Fenstern, Eternit-Fassadenplatten; GK-Wänden, Türen, Zargen, Wandfliesen; PVC-Belägen, Nadelvlies, abgehängten Decken; Oberlichtern, Flachdach-Bitumenabdichtung, Attikabekleidung, Rasterdecken; Rutschstangen; Entsorgung, Deponiegebühren

- Wiederherstellen (Kosten: 0,4%) 14.019
  Fensterbrett neu anfertigen, einbauen, Gardinenbrett anpassen; Fassadenplatten demontieren, nach Montage der Notüberläufe, der Vordächer anpassen; Rammschutz demontieren, lagern, nach beendigter Baumaßnahme wieder montieren; vorhandene Oberlichtklappen mit Isolierverglasung neu verglasen, Beschläge auswechseln, Rasterdecken in Teilen demontieren, nach Beendigung der Installationen wieder montieren.

- Herstellen (Kosten: 95,5%) 3.612.257
  Stb-Bodenplatte, Stb-Streifenfundamente; Abdichtung, Bodenfliesen, Glattstrich, Fußbodenschlitze, Linoleum, Dämmung; Stb-Wände, Alu-Fenster, Alu-Außentüren, Alu-Sektionaltore, hinterlüftete Faserzementbekleidung, Putz, Beschichtung, Raffstores, Verdunklungsrollos; Mauerwerk, Mauerwerk, Ringbalken, GK-Wände, GK-Vorsatzschalen, Stb-Stützen, Stahltüren, Holztüren, Stahlzargen, Putz, Wandfliesen, WC-Trennwände; Stb-Decken, Stb-Unterzüge, Stb-Treppenlauf; Trittschalldämmung, Doppelböden, Estrich, Nadelvlies, Kautschuk, Rasterdecken, Stahl-Geländer; Stb-Dach, Stb-Unterzüge, Stahlvordach, Regenschutzdach, Dämmung, Abdichtung, Attikableche, Dachentwässerung, GK-Decken, Sicherheitsgeländer; Einbaumöbel, Sprungschachttüren

7600-0078
Flughafenfeuerwehr
(8 Fahrzeuge)

Erweiterung

KG	Kostengruppe	Menge Einheit	Kosten €	€/Einheit	%
400	**Bauwerk – Technische Anlagen**	4.266,00 m² BGF	2.793.720	**654,88**	–2,5
	• Abbrechen (Kosten: 1,0%) Abbruch von Entwässerungsrinnen; Rohrleitungen, Sanitärobjekten; Heizleitungen, Armaturen, Pumpen, Heizkörpern, Deckenheizlüftern; Lüftungsleitungen; Kabeltrassen, Leuchten, Fangstangen; Absaugventilatoren, Lüftungsleitungen; Motortechnik, Elektroinstallation; Entsorgung, Deponiegebühren		26.656		
	• Wiederherstellen (Kosten: 0,8%) vorhandene Wasserleitungen stilllegen, umbauen, Strang wieder in Betrieb nehmen; Heizregisteranschluss, Pufferspeicher, Frischwasserstation nach Umbau wieder anschließen; Kältemaschine, Splitgerät vom Dach heben, nach Dachsanierung wieder montieren, Betriebsbereitschaft herstellen, Umluftkühler umsetzen; Umbau der vorhandenen Lichtschranken, Leuchten neu montieren, anschließen		21.105		
	• Herstellen (Kosten: 98,3%) Gebäudeentwässerung, Hebeanlage, Kaltwasserleitungen, Sanitärobjekte; Fernwärmeübergabestation, Heizleitungen, Heizkörper, Deckenstrahlgeräte; Lüftungsgeräte, Lüftungskanäle, Präzisionsklimagerät; Elektroinstallation, Zentralbatteriesystem, Beleuchtung, Blitzschutz; Telefoninstallation, Ruf-, Sprechanlage, ELA-Anlage, Antennenanlage, Rauchmeldeanlage, EDV-Verkabelung; Gebäudeautomation		2.745.959		
500	**Außenanlagen und Freiflächen**	–	74.294	**–**	1
	• Herstellen (Kosten: 100,0%) Sockelpodeste; Oberflächenentwässerung, Doppelpumpstation, Kontrollschacht, Lichtmasten für Hindernisfeuer, Sat-Anlage; Stahlrohr-Poller, Betonfundamente		74.294		
600	**Ausstattung und Kunstwerke**	4.266,00 m² BGF	4.442	**1,04**	< 0,
	• Herstellen (Kosten: 100,0%) Sanitärausstattung, Duschkabine, Wandspiegel		4.442		

Kostenkennwerte für die Kostengruppen der 2.Ebene DIN 276

KG	Kostengruppe	Menge Einheit	Kosten €	€/Einheit	%
300	**Bauwerk – Baukonstruktionen**				**100,0**
320	**Gründung, Unterbau**	1.064,09 m² GRF	563.696	**529,74**	14,9
	• Abbrechen (Kosten: 8,6%) Abbruch von Stb-Bodenplatte, d=20cm, b=40cm schlitzen für neues Streifenfundament (51m) * bewehrtem Betonestrich mit Bodenfliesen, d=11cm (303m²), Bodenfliesen in Handarbeit (9m²), Fliesensockel (42m), Sockelbleche (15m); Entsorgung, Deponiegebühren	312,82 m² GRF	48.405	**154,74**	
	• Herstellen (Kosten: 91,4%) Stb-Bodenplatte, d=20-30cm (751m²), Stb-Streifenfundamente (123m³), Stb-Einzelfundamente (70m³), Aussparungen in Bodenplatte stemmen (53m) * Bitumenabdichtung, Bodenfliesen (880m²), Glattstrich (131m²), Fußbodenschlitze herstellen, d=11cm (24m), Linoleum (53m²) * Sauberkeitsschicht, Beton, d=10cm (776m²), XPS-Perimeterdämmung, d=120mm (918m²)	1.064,09 m² GRF	515.291	**484,26**	
330	**Außenwände/Vert. Baukonstrukt., außen**	2.176,45 m² AWF	754.179	**346,52**	19,9
	• Abbrechen (Kosten: 2,7%) Abbruch von Stb-Brüstung (1St) * Fensterelementen (28m²) * Eternit-Fassadenplatten (37m²), Verunreinigungen auf Altbeschichtungen (1.024m²), an Laibungen, d=24cm (644m), Dispersionslack-Beschichtungen (168m²); Entsorgung, Deponiegebühren	1.374,72 m² AWF	20.152	**14,66**	
	• Wiederherstellen (Kosten: 0,7%) altes Fensterbrett demontieren, neues anfertigen, einbauen (1St), Gardinenbrett demontieren, anpassen, wieder montieren (1St) * Fassadenplatten demontieren, nach Montage der Notüberläufe wieder anbringen (5St), Fassadenplatte nach Montage Vordach anpassen (1St) * Rammschutz demontieren, lagern, nach beendigter Baumaßnahme montieren (1St)	–	5.464	–	
	• Herstellen (Kosten: 96,6%) Stb-Wände, d=20-24cm (92m³), Stütze HEA 200, ausgemauert (7m), Mauerkrägen (23St) * Alu-Fenster (98m²), Alu-Außentüren (27m²), Alu-Sektionaltore 5.01x5,00m, Laufschienen (100m²), Rohrrahmentüre (13m²) * Mineralwolldämmung, d=140mm, Alu-Unterkonstruktion, hinterlüftete Faserzementbekleidung (566m²), Dispersionsbeschichtung (1.192m²), Edelstahlbekleidung (30m²), Alu-Verbundplatten (38m²), Gebäudetrennfuge (149m²) * Kalkzementputz (153m²), Dispersionsbeschichtung (1.202m²) * Raffstores (21m²), Verdunklungsrollos (24m²)	2.176,45 m² AWF	728.563	**334,75**	
340	**Innenwände/Vert. Baukonstrukt., innen**	1.490,50 m² IWF	582.962	**391,12**	15,4
	• Abbrechen (Kosten: 1,0%) Abbruch von GK-Wänden, d=15cm (40m²), Stb-Brüstungen von Hand (10St) * Türen, Zargen (9m²) * Wandfliesen (22m²); Entsorgung, Deponiegebühren	48,05 m² IWF	6.049	**125,89**	
	• Herstellen (Kosten: 99,0%) KS-Mauerwerk, d=17,5-24cm (502m²), Porenbeton-Mauerwerk, d=17,5cm (65m²), Öffnungen herstellen (9m²) * KS-Mauerwerk, d=11,5cm (248m²), GK-Wände, d=12,5cm (478m²), GK-Vorsatzschalen (56m²), Wandöffnungen schließen (21m²), Akustikbekleidung (20m²) * Stb-Stützen 40x40cm (178m) * Herstellen von Wandöffnungen (7m²), Stahltüren, T30, RS (66m²), Holztüren, Stahlzargen, T30 (80m²) * Kalkzementputz (834m²), Wandfliesen (329m²), GK-Vorsatzschalen (20m²), Dispersionsbeschichtung (2.120m²) * WC-Trennwände (20m²)	1.490,50 m² IWF	576.913	**387,06**	

7600-0078
Flughafenfeuerwehr
(8 Fahrzeuge)

Erweiterung

KG	Kostengruppe	Menge Einheit	Kosten €	€/Einheit	%
350	**Decken/Horizontale Baukonstruktionen**	558,56 m² DEF	331.367	**593,25**	8,8
	• Abbrechen (Kosten: 0,5%) Abbruch von PVC-Belägen (24m²), Nadelvlies (130m²) * abgehängter Decke (5m²); Entsorgung, Deponiegebühren	153,94 m² DEF	1.563	**10,15**	
	• Herstellen (Kosten: 99,5%) Stb-Decken, d=22cm (89m³), d=20cm (13m³), Stb-Unterzüge, d=24cm (30m³), Stb-Treppenlauf, b=120cm (7m²), Treppenpodest (8m²), Deckendurchbrüche herstellen (33St) * EPS-Trittschalldämmung, d=40mm (639m²), Doppelböden, h=190mm (198m²), Zementestrich (243m²), Hohlböden (68m²), Nadelvlies (280m²), Linoleum (113m²), Kautschuk (24m²), Bodenfliesen (62m²) * abgehängte Rasterdecken, Mineralwollplatten (116m²), Dispersionsbeschichtung (174m²) * Flachstahl-Geländer (9m)	558,56 m² DEF	329.804	**590,45**	
360	**Dächer**	2.345,71 m² DAF	854.196	**364,15**	2[illegible],6
	• Abbrechen (Kosten: 9,1%) Abbruch von Oberlichtern 1,20x1,80m (20St) * Flachdach-Bitumenabdichtung, einlagig ((2.656m²), Attikabekleidung (193m), EPS-Dämmung, 100-300mm (1.328m²), Sockelaufkantungen (4St), Flachdachabläufen (14St), Anschlussblechen, Perimeterdämmung (40m) * Rasterdecken (87m²); Entsorgung, Deponiegebühren	2.873,49 m² DAF	77.316	**26,91**	
	• Wiederherstellen (Kosten: 1,0%) Vorhandene Oberlichtklappen mit Isolierverglasung neu verglasen, Beschläge auswechseln (1St) * Rasterdecken, Elemente demontieren, lagern, Raster umbauen, nach Installation wieder montieren (100h)	–	8.556	**–**	
	• Herstellen (Kosten: 89,9%) Stb-Dach, d=22cm (153m³), Stb-Unterzüge (24m³), Deckendurchbrüche herstellen (26St), Stahlvordach (1St), Regenschutzdach, Alu-Flachlamellen (74St), Dachöffnungen schließen (4St) * Lichtkuppeln (18St) * Gefälledämmung (1.710m²), Mineralwolldämmung (291m²), EVA-Kunststoffabdichtung (2.312m²), Attikableche (325m), Einlaufkästen (4St), Regenfallrohre (36m), Abläufe (37St), Betonplatten (118m²) * abgehängte Rasterdecken (444m²), GK-Decke (19m²), Schallschutzplatten (52m²), Dispersionsbeschichtung (956m²), Öffnungen in Decken herstellen (106St) * Alu-Sicherheitsgeländer (280m), Absturzsicherungen (22St)	2.345,59 m² DAF	768.324	**327,56**	
380	**Baukonstruktive Einbauten**	4.266,00 m² BGF	203.329	**47,66**	5,[illegible]
	• Abbrechen (Kosten: 0,4%) Abbruch Rutschstangen, h=6,00m (2St); Entsorgung, Deponiegebühren	4.266,00 m² BGF	812	**0,19**	
	• Herstellen (Kosten: 99,6%) Hygiene-Arbeitszeilen (2St), Spinde (10St), Ablagebank (1St) * Sprungschachttüren T30 RS, Motorantrieb (8St), Rutschstangen, D= 89mm, l=6,00m (2St), Rückenschutz (2St), Sprungmatten (2St), Schlagtaster (8St), Medieneinführung über Kragarm, Befestigung an Wand, l=2,00m (4St) * Info-Schilder (20St), Wandtafel (1St)	4.266,00 m² BGF	202.517	**47,47**	

KG	Kostengruppe	Menge Einheit	Kosten €	€/Einheit	%
390	**Sonst. Maßnahmen für Baukonstrukt.**	4.266,00 m² BGF	490.843	**115,06**	13,0
	• Herstellen (Kosten: 100,0%) Baustelleneinrichtungen (10St), Bauzaun (175m), Sanitärcontainer (1St), Baubüro (1St), Tagesunterkunft für 20 Pers. (1St), Bauwasseranschluss (1St), Baustrom (1St), Bauheizung (psch), Bauschilder (psch) * Fassadengerüst (3.129m²), Gerüstverbreiterung (77m), Raumgerüst (761m³), Dachdeckerfangschutz (211m), fahrbare Gerüste (2St), Fangnetze (22St), Scherenbühne (1St) * Unterfangung Bestandsgebäude (318St) * Witterungsschutz (2.665m²)	4.266,00 m² BGF	490.843	**115,06**	
400	**Bauwerk – Technische Anlagen**				**100,0**
410	**Abwasser-, Wasser-, Gasanlagen**	4.266,00 m² BGF	249.371	**58,46**	8,9
	• Abbrechen (Kosten: 0,7%) Abbruch von Entwässerungsrinnen (16m) * Rohrleitungen DN40 (4m), Sanitärobjekten (2St); Entsorgung, Deponiegebühren	4.266,00 m² BGF	1.626	**0,38**	
	• Wiederherstellen (Kosten: 1,1%) vorhandene Kupferleitungen DN50 stilllegen, Abzweige, Absperrarmaturen einbauen, Strang wieder in Betrieb nehmen (psch)	4.266,00 m² BGF	2.818	**0,66**	
	• Herstellen (Kosten: 98,2%) KG-Rohre DN150-200 (84m), PE-HD Rohre DN50-100 (166m), PP-Rohre DN100-125 (125m), PP-Revisionsschacht DN400 (1St), Stb-Entnahmeschacht (1St), Leichtflüssigkeitsabscheider 5.000l (1St), Kleinhebeanlage (1St), Systemtrenner (1St), Bodenabläufe (4St), Entwässerungsrinnen (52m) * Kupferrohre DN12-100 (681m), PE-Druckleitung DN140 (12m), Frischwasserstationen (2St), Wasserzähler (1St), Pufferspeicher 800l (2St), Waschtische (9St), WCs (5St), Urinale (4St), Ausgussbecken (3St), Duschwannen (5St) * Montageelemente (31St)	4.266,00 m² BGF	244.927	**57,41**	
420	**Wärmeversorgungsanlagen**	4.266,00 m² BGF	256.020	**60,01**	9,2
	• Abbrechen (Kosten: 1,6%) Abbruch von Heizleitungen (108m), Armaturen (12St), Stellantrieben, Pumpen, Fühlern (psch) * Heizkörpern (10St), Deckenheizlüftern (5St); Entsorgung, Deponiegebühren	4.266,00 m² BGF	4.148	**0,97**	
	• Wiederherstellen (Kosten: 1,7%) Heizregisteranschluss nach Umbau an bestehende Heizleitungen anschließen (1St), trennen und Umschlussarbeiten von Heizungsleitungen (1St), ausgebauten Pufferspeicher wieder anschließen (1St), eingelagerte Frischwasserstation wieder anschließen (1St)	4.266,00 m² BGF	4.399	**1,03**	
	• Herstellen (Kosten: 96,7%) Fernwärmeübergabestation (1St), Bypassfilter (1St), Kompaktstation (1St), Umwälzpumpen (8St), Heizkreisverteiler (2St), Ausdehnungsgefäß (1St), Lufttöpfe (11St) * Kupfer-Heizleitungen DN12-50 (866m) * Heizkörper (34St), Thermostatventile (40St), Deckenstrahlplatten, l= 20,50m (4St), Blechabdeckung (11m), Komfort-Lufterhitzer (2St)	4.266,00 m² BGF	247.472	**58,01**	

Erweiterung

KG	Kostengruppe	Menge Einheit	Kosten €	€/Einheit	%
430	**Raumlufttechnische Anlagen**	4.266,00 m² BGF	571.952	**134,07**	20,5
	• Abbrechen (Kosten: 0,6%) Abbruch von Lüftungsleitungen DN32 (86m), Pumpen, Stellantriebe (2St), Armaturen (4St), Abluftventilator, Dachsockel, Halteeinrichtung (1St) * Lüftungsleitungen DN65 (30m), Pumpen, Stellantriebe (2St); Entsorgung, Deponiegebühren	4.266,00 m² BGF	3.380	**0,79**	
	• Wiederherstellen (Kosten: 1,0%) Kältemaschine mit Untergestell vom Dach heben, einlagern, nach Dachsanierung wieder montieren, Betriebsbereitschaft herstellen (1St), Splitgerät vom Dach heben, einlagern, nach Dachsanierung wieder montieren, Betriebsbereitschaft herstellen (1St), Umluftkühler umsetzen (1St)	4.266,00 m² BGF	5.689	**1,33**	
	• Herstellen (Kosten: 98,4%) Lüftungsgerät, 2.140 m³/h (1St), Dach-Radialventilatoren, 875m³/h (2St), Schalldämpfsockel (1St), Rechteckkanäle (96m²), Lüftungsleitungen (23m²), Wickelfalzrohre DN100-200 (106m) * Lüftungs-Zentralgerät, 3.630m³/h (1St), Kühlregister 80kW (1St), Stahlfederkompensatoren (12St), Dach-Radialventilator (1St), Gebläsekonvektoren 250-460 m³/h, Rechteckkanäle (176m²), Wickelfalzrohre DN100-200 (420m), Brandschutzklappen (59St) * Präzisionsklimagerät, 7.000 m³/h (1St), Wärmetauscher (1St), Umwälzpumpen (3St), Kupferleitungen DN15-80 (397m)	4.266,00 m² BGF	562.883	**131,95**	
440	**Elektrische Anlagen**	4.266,00 m² BGF	666.046	**156,13**	23,8
	• Abbrechen (Kosten: 1,7%) Abbruch von Kabeltrassen (64m), Elektroleitungen (1.539m), in Isolierstoffrohren (47m) * Leuchten (63St) * Fangstangen (14St), Dachauffangleitung (409m); Entsorgung, Deponiegebühren	4.266,00 m² BGF	11.053	**2,59**	
	• Wiederherstellen (Kosten: 0,3%) Unterverteiler abklemmen, einlagern, neu anschließen (1St), Umbau der vorhandenen Lichtschranken (1St) * Leuchten von Tragschienen demontieren, Leuchten entsorgen, Tragschienen kürzen, neu montieren, anschließen (10St)	4.266,00 m² BGF	2.280	**0,53**	
	• Herstellen (Kosten: 98,0%) Zentralbatteriesystem (1St), USV-Anlage (1St), USV-Komponenten (9St), Zusatzbatterien (42St), Außenverteilerschrank (1St), externer Bypass (2St) * Gebäudehauptverteiler (1St), Verteilerschränke (13St), LS/FI Schutzschalter (294St), SLS-Schalter (12St), Überspannungsableiter (7St), Mantelleitungen (12.219m), Steckdosen/Taster/Schalter (281St), Rettbox-Kupplungen (13St), Kabelrinnen (423m) * Außenleuchten (24St), Feuchtraumleuchten (111St), Hängeleuchten (74St), Downlights (67St), Spiegelleuchten (8St), Sicherheitsleuchten (48St), Rettungszeichen-Leuchten (17St), beleuchtetes Außenschild (2St) * Fundamenterder (392m), Ringerder (348m), Alu-Fangmasten (13St), Rundleiter (155m)	4.266,00 m² BGF	652.712	**153,00**	
450	**Kommunikationstechnische Anlagen**	4.266,00 m² BGF	390.912	**91,63**	14,0
	• Herstellen (Kosten: 100,0%) Verteilerkästen (4St), Spleißboxen (10St), Kabelpigtails (144St), Lichtbogenspleiße (12St), Installationskabel (2.983m), LWL-Universalkabel (552m) * Erweiterungsset Türsprechstelle (2St), Module (3St), Deckenlautsprecher (6St), Außenkabel Cat7 (500m) * Erweiterungsmodul für ELA-Server (1St), Sicherheitsleitstand (1St), Türsprechstelle (1St), Lautsprecher (61St), wetterfeste Tonsäulen (18St) * Coaxkabel (132m), Antennendose (1St) * Terminal-Controller (1St), Buchungsterminals (11St), Blinkleuchte (8St), Rauchmelder (26St) * Datenschränke (6St), Patchfelder (12St), Datenkabel (7.544m), Datenanschlussdosen (92St)	4.266,00 m² BGF	390.912	**91,63**	

KG	Kostengruppe	Menge Einheit	Kosten €	€/Einheit	%
470	**Nutzungsspez. u. verfahrenstechn. Anl.**	4.266,00 m² BGF	345.941	**81,09**	12,4
	• Abbrechen (Kosten: 1,4%) Abbruch von Absaugventilatoren (4St), Lüftungsleitungen (100m), Bauteilen (4St), Laufwagen (1St); Entsorgung, Deponiegebühren	4.266,00 m² BGF	4.727	**1,11**	
	• Wiederherstellen (Kosten: 1,7%) Demontage der alten Standfüße an Absauganlage, Montage neuer Standfüße (9St)	4.266,00 m² BGF	5.918	**1,39**	
	• Herstellen (Kosten: 96,9%) Feuerlöschleitungen, Kupfer DN65-100 (8m) * Schalldämmhauben (3St), Steuerungen (3St), Dachkonsolen (3St), Ausblaseinheiten (3St), Radialventilatoren (3St), Alu-Doppelkanäle, l=14m (4St), Alu-Einzelkanäle, l=6m (8St), Absaugstutzen (4St), Hydraulik-Stoßdämpfer (8St), Schalldämpfer (2St), Doppellaufwägen mit Absaughauben (4St), Führungsstangen (4St), Querträgerabhängungen (58m), Befestigungssäulen, l=3,00m (25St), C-Profil-Schienen (147m), Rollapparate (24St), Wickelfalzrohre DN160-600 (55m), Ölflexleitungen (772m), Mantelleitungen (163m)	4.266,00 m² BGF	335.296	**78,60**	
480	**Gebäude- und Anlagenautomation**	4.266,00 m² BGF	275.077	**64,48**	9,8
	• Abbrechen (Kosten: 0,6%) Abbruch von Motortechnik, Stromleitungen, Bekleidung der Sektionaltore (psch); Entsorgung, Deponiegebühren	4.266,00 m² BGF	1.721	**0,40**	
	• Herstellen (Kosten: 99,4%) Parametrierung der kompletten EIB-KNX-Anlage (psch), Präsenzmelder (48St), Tasterschnittstellen (33St), Schaltaktoren (28St), Binäreingänge (19St), KNX-Jalousieaktoren (6St), KNX-Spannungsversorgung (6St), Koppler (4St), KNX-Wetterstation (1St), Windsensor (1St)	4.266,00 m² BGF	273.356	**64,08**	
490	**Sonst. Maßnahmen für techn. Anlagen**	4.266,00 m² BGF	38.401	**9,00**	1,4
	• Herstellen (Kosten: 100,0%) Baustelleneinrichtung (1St), Baustromverteiler (4St), Baubeleuchtung (20St), Mobilkran (1St), Kraneinsätze (4St) * Fahrbare Hubbühnen (4St) * Schutzabdeckungen (69m²)	4.266,00 m² BGF	38.401	**9,00**	
500	**Außenanlagen und Freiflächen**				**100,0**
520	**Gründung, Unterbau**	–	661	–	0,9
	• Herstellen (Kosten: 100,0%) Sockelpodeste (4St)	–	661	–	
550	**Technische Anlagen**	–	64.603	–	87,0
	• Herstellen (Kosten: 100,0%) PP-Rohre DN100 (37m), Doppelpumpstation (1St), Kontrollschacht DN1.000 (1St), Verlängerungselemente (2St), Schachtabdeckung (1St) * Lichtmast, h=5m (2St), Ständer Hindernisfeuer, Sat-Anlage (3St)	–	64.603	–	
560	**Einbauten Außenanlagen u. Freiflächen**	–	9.030	–	12,2
	• Herstellen (Kosten: 100,0%) Stahlrohr-Poller, Betonfundament (11St)	–	9.030	–	

KG	Kostengruppe	Menge Einheit	Kosten €	€/Einheit	%
600	**Ausstattung und Kunstwerke**				**100,0**
610	**Allgemeine Ausstattung**	4.266,00 m²BGF	4.442	**1,04**	100,0
	• Herstellen (Kosten: 100,0%) Duschvorhänge, Vorhangstangen (4St), Duschkabine, Eckeinstieg (1St), Wandhaartrockner (2St), Wandspiegel 90x80cm (3St), 150x80cm (1St), Einzelhaken (17St)	4.266,00 m²BGF	4.442	**1,04**	

Kostenkennwerte für die Kostengruppen 300 der 2. und 3. Ebene DIN 276 (Übersicht)

KG	Kostengruppe	Menge Einheit	€/Einheit	Kosten €	% an 3+4
300	**Bauwerk – Baukonstruktionen**	**4.266,00 m² BGF**	**886,21**	**3.780.573,25**	**57,5**
310	**Baugrube / Erdbau**	**–**	**–**	**–**	**–**
311	Herstellung	–	–	–	–
312	Umschließung	–	–	–	–
313	Wasserhaltung	–	–	–	–
314	Vortrieb	–	–	–	–
319	Sonstiges zur KG 310	–	–	–	–
320	**Gründung, Unterbau**	**1.064,09 m² GRF**	**529,74**	**563.696,35**	**8,6**
321	Baugrundverbesserung	–	–	–	–
322	Flachgründungen und Bodenplatten	751,01 m²	403,87	303.312,78	4,6
323	Tiefgründungen	–	–	–	–
324	Gründungsbeläge	1.064,09 m²	159,73	169.964,89	2,6
325	Abdichtungen und Bekleidungen	917,61 m²	98,54	90.418,70	1,4
326	Dränagen	–	–	–	–
329	Sonstiges zur KG 320	–	–	–	–
330	**Außenwände/Vert. Baukonstrukt., außen**	**2.176,45 m² AWF**	**346,52**	**754.179,25**	**11,5**
331	Tragende Außenwände	397,35 m²	368,44	146.400,90	2,2
332	Nichttragende Außenwände	–	–	3.556,38	< 0,1
333	Außenstützen	–	–	–	–
334	Außenwandöffnungen	238,85 m²	1.073,22	256.339,44	3,9
335	Außenwandbekleidungen, außen	1.937,60 m²	163,50	316.803,42	4,8
336	Außenwandbekleidungen, innen	1.201,99 m²	15,91	19.124,67	0,3
337	Element. Außenwandkonstruktionen	–	–	–	–
338	Lichtschutz zur KG 330	45,18 m²	242,97	10.977,32	0,2
339	Sonstiges zur KG 330	2.176,45 m² AWF	0,45	977,12	< 0,1
340	**Innenwände/Vert. Baukonstrukt., innen**	**1.490,50 m² IWF**	**391,12**	**582.961,95**	**8,9**
341	Tragende Innenwände	576,01 m²	175,00	100.799,99	1,5
342	Nichttragende Innenwände	747,92 m²	126,75	94.798,58	1,4
343	Innenstützen	178,01 m	374,67	66.694,24	1,0
344	Innenwandöffnungen	146,15 m²	1.471,10	215.001,08	3,3
345	Innenwandbekleidungen	2.448,50 m²	39,26	96.133,03	1,5
346	Elementierte Innenwandkonstruktionen	20,42 m²	466,95	9.535,03	0,1
347	Lichtschutz zur KG 340	–	–	–	–
349	Sonstiges zur KG 340	–	–	–	–
350	**Decken/Horizontale Baukonstruktionen**	**558,56 m² DEF**	**593,25**	**331.367,45**	**5,0**
351	Deckenkonstruktionen	421,09 m²	421,01	177.284,69	2,7
352	Deckenöffnungen	–	–	–	–
353	Deckenbeläge	558,56 m²	249,97	139.623,80	2,1
354	Deckenbekleidungen	115,72 m²	71,93	8.323,49	0,1
355	Elementierte Deckenkonstruktionen	–	–	–	–
359	Sonstiges zur KG 350	558,56 m² DEF	10,98	6.135,48	< 0,1
360	**Dächer**	**2.345,71 m² DAF**	**364,15**	**854.196,03**	**13,0**
361	Dachkonstruktionen	665,25 m²	338,58	225.237,17	3,4
362	Dachöffnungen	33,24 m²	1.063,89	35.363,58	0,5
363	Dachbeläge	2.312,47 m²	193,80	448.167,85	6,8
364	Dachbekleidungen	1.420,03 m²	37,76	53.614,96	0,8
365	Elementierte Dachkonstruktionen	–	–	–	–
366	Lichtschutz zur KG 360	–	–	–	–
369	Sonstiges zur KG 360	2.345,71 m² DAF	39,14	91.812,47	1,4
370	**Infrastrukturanlagen**	**–**	**–**	**–**	**–**
380	**Baukonstruktive Einbauten**	**4.266,00 m² BGF**	**47,66**	**203.328,76**	**3,1**
390	**Sonst. Maßnahmen für Baukonstrukt.**	**4.266,00 m² BGF**	**115,06**	**490.843,45**	**7,5**

Kostenkennwerte für die Kostengruppen 400 der 2. und 3. Ebene DIN 276 (Übersicht)

KG	Kostengruppe	Menge Einheit	€/Einheit	Kosten €	% an 3+4
400	**Bauwerk – Technische Anlagen**	**4.266,00 m² BGF**	**654,88**	**2.793.719,89**	**4[illegible],5**
410	**Abwasser-, Wasser-, Gasanlagen**	**4.266,00 m² BGF**	**58,46**	**249.371,28**	**3,8**
411	Abwasseranlagen	4.266,00 m² BGF	28,45	121.351,61	[illegible],8
412	Wasseranlagen	4.266,00 m² BGF	27,78	118.520,36	[illegible],8
413	Gasanlagen	–	–	–	–
419	Sonstiges zur KG 410	4.266,00 m² BGF	2,23	9.499,31	0,1
420	**Wärmeversorgungsanlagen**	**4.266,00 m² BGF**	**60,01**	**256.019,87**	**[illegible],9**
421	Wärmeerzeugungsanlagen	4.266,00 m² BGF	25,03	106.766,43	[illegible],6
422	Wärmeverteilnetze	4.266,00 m² BGF	20,42	87.130,47	[illegible],3
423	Raumheizflächen	4.266,00 m² BGF	14,56	62.122,96	[illegible],9
424	Verkehrsheizflächen	–	–	–	–
429	Sonstiges zur KG 420	–	–	–	–
430	**Raumlufttechnische Anlagen**	**4.266,00 m² BGF**	**134,07**	**571.952,06**	**[illegible]7**
431	Lüftungsanlagen	4.266,00 m² BGF	6,49	27.701,03	[illegible]4
432	Teilklimaanlagen	4.266,00 m² BGF	91,18	388.978,39	[illegible]9
433	Klimaanlagen	4.266,00 m² BGF	36,40	155.272,64	[illegible]4
434	Kälteanlagen	–	–	–	–
439	Sonstiges zur KG 430	–	–	–	–
440	**Elektrische Anlagen**	**4.266,00 m² BGF**	**156,13**	**666.045,50**	**10,1**
441	Hoch- und Mittelspannungsanlagen	–	–	–	–
442	Eigenstromversorgungsanlagen	4.266,00 m² BGF	19,00	81.038,97	1,2
443	Niederspannungsschaltanlagen	–	–	–	–
444	Niederspannungsinstallationsanlagen	4.266,00 m² BGF	88,63	378.107,33	5,3
445	Beleuchtungsanlagen	4.266,00 m² BGF	38,72	165.193,65	2,5
446	Blitzschutz- und Erdungsanlagen	4.266,00 m² BGF	9,78	41.705,55	0,[illegible]
447	Fahrleitungssysteme	–	–	–	–
449	Sonstiges zur KG 440	–	–	–	–
450	**Kommunikationstechnische Anlagen**	**4.266,00 m² BGF**	**91,63**	**390.912,11**	**5,[illegible]**
451	Telekommunikationsanlagen	4.266,00 m² BGF	13,17	56.167,56	0,[illegible]
452	Such- und Signalanlagen	4.266,00 m² BGF	25,98	110.851,76	1,[illegible]
453	Zeitdienstanlagen	–	–	–	–
454	Elektroakustische Anlagen	4.266,00 m² BGF	29,04	123.895,74	1,[illegible]
455	Audiovisuelle Medien- u. Antennenanl.	4.266,00 m² BGF	0,10	415,18	< 0,1
456	Gefahrenmelde- und Alarmanlagen	4.266,00 m² BGF	10,84	46.260,83	0,7
457	Datenübertragungsnetze	4.266,00 m² BGF	12,50	53.321,04	0,[illegible]
458	Verkehrsbeeinflussungsanlagen	–	–	–	–
459	Sonstiges zur KG 450	–	–	–	–
460	**Förderanlagen**	**–**	**–**	**–**	**–**
461	Aufzugsanlagen	–	–	–	–
462	Fahrtreppen, Fahrsteige	–	–	–	–
463	Befahranlagen	–	–	–	–
464	Transportanlagen	–	–	–	–
465	Krananlagen	–	–	–	–
466	Hydraulikanlagen	–	–	–	–
469	Sonstiges zur KG 460	–	–	–	–
470	**Nutzungsspez. u. verfahrenstechn. Anl.**	**4.266,00 m² BGF**	**81,09**	**345.940,96**	**5,3**
480	**Gebäude- und Anlagenautomation**	**4.266,00 m² BGF**	**64,48**	**275.076,77**	**4,2**
490	**Sonst. Maßnahmen für techn. Anlagen**	**4.266,00 m² BGF**	**9,00**	**38.401,33**	**0,6**

Kostenkennwerte für Leistungsbereiche nach STLB (Kosten des Bauwerks nach DIN 276)

LB	Leistungsbereiche	Kosten €	€/m² BGF	€/m³ BRI	% an 3+4
000	Sicherheits-, Baustelleneinrichtungen inkl. 001	514.752	120,70	28,40	7,8
002	Erdarbeiten	10.141	2,40	0,56	0,2
006	Spezialtiefbauarbeiten inkl. 005	–	–	–	–
009	Entwässerungskanalarbeiten inkl. 011	–	–	–	–
010	Drän- und Versickerarbeiten	–	–	–	–
012	Mauerarbeiten	204.223	47,90	11,30	3,1
013	Betonarbeiten	952.543	223,30	52,60	14,5
014	Natur-, Betonwerksteinarbeiten	–	–	–	–
016	Zimmer- und Holzbauarbeiten	–	–	–	–
017	Stahlbauarbeiten	–	–	–	–
018	Abdichtungsarbeiten	25.961	6,10	1,40	0,4
019	Kampfmittelräumarbeiten	–	–	–	–
020	Dachdeckungsarbeiten	–	–	–	–
021	Dachabdichtungsarbeiten	333.574	78,20	18,40	5,1
022	Klempnerarbeiten	92.683	21,70	5,10	1,4
	Rohbau	**2.133.877**	**500,20**	**117,80**	**32,5**
023	Putz- und Stuckarbeiten, Wärmedämmsysteme	44.849	10,50	2,50	0,7
024	Fliesen- und Plattenarbeiten	128.508	30,10	7,10	2,0
025	Estricharbeiten	39.963	9,40	2,20	0,6
026	Fenster, Außentüren inkl. 029, 032	285.021	66,80	15,70	4,3
	Wiederherstellen	496	0,12	0,03	< 0,1
	Herstellen	284.525	66,70	15,70	4,3
027	Tischlerarbeiten	100.454	23,50	5,50	1,5
	Wiederherstellen	1.650	0,39	0,09	< 0,1
	Herstellen	98.804	23,20	5,50	1,5
028	Parkettarbeiten, Holzpflasterarbeiten	–	–	–	–
030	Rollladenarbeiten	24.034	5,60	1,30	0,4
031	Metallbauarbeiten inkl. 035	374.264	87,70	20,70	5,7
	Wiederherstellen	1.656	0,39	0,09	< 0,1
	Herstellen	372.608	87,30	20,60	5,7
034	Maler- und Lackiererarbeiten inkl. 037	67.136	15,70	3,70	1,0
036	Bodenbelagarbeiten	41.319	9,70	2,30	0,6
038	Vorgehängte hinterlüftete Fassaden	248.991	58,40	13,70	3,8
	Wiederherstellen	2.836	0,66	0,16	< 0,1
	Herstellen	246.154	57,70	13,60	3,7
039	Trockenbauarbeiten	183.942	43,10	10,20	2,8
	Wiederherstellen	7.380	1,70	0,41	0,1
	Herstellen	176.561	41,40	9,70	2,7
	Ausbau	**1.538.481**	**360,60**	**84,90**	**23,4**
	Wiederherstellen	14.019	3,30	0,77	0,2
	Herstellen	1.524.461	357,40	84,20	23,2
040	Wärmeversorgungsanl. - Betriebseinr. inkl. 041	229.294	53,70	12,70	3,5
	Wiederherstellen	4.399	1,00	0,24	< 0,1
	Herstellen	224.895	52,70	12,40	3,4
042	Gas- und Wasserinstallation, Leitungen inkl. 043	100.365	23,50	5,50	1,5
	Wiederherstellen	2.818	0,66	0,16	< 0,1
	Herstellen	97.547	22,90	5,40	1,5
044	Abwasseranlagen - Leitungen	111.716	26,20	6,20	1,7
045	GWE-Einrichtungsgegenstände inkl. 046	21.636	5,10	1,20	0,3
047	Dämmarbeiten an betriebstechnischen Anlagen	116.554	27,30	6,40	1,8

LB	Leistungsbereiche	Kosten €	€/m² BGF	€/m³ BRI	% an 3+4
049	Feuerlöschanlagen, Feuerlöschgeräte	90.929	21,30	5,00	1,4
050	Blitzschutz- und Erdungsanlagen	38.790	9,10	2,10	0,5
053	Niederspannungsanlagen inkl. 052, 054	382.490	89,70	21,10	5,8
	Wiederherstellen	1.225	0,29	0,07	< 0,1
	Herstellen	381.265	89,40	21,00	5,8
055	Sicherheits- u. Ersatzstromversorgungsanl.	68.582	16,10	3,80	1,0
057	Gebäudesystemtechnik	63.143	14,80	3,50	1,0
058	Leuchten und Lampen inkl. 059	163.469	38,30	9,00	2,5
	Wiederherstellen	1.055	0,25	0,06	< 0,1
	Herstellen	162.413	38,10	9,00	2,5
060	Sprechanlagen, elektroakust. Anlagen inkl. 064	146.191	34,30	8,10	2,2
061	Kommunikationsnetze inkl. 063	235.385	55,20	13,00	3,6
069	Aufzüge	–	–	–	–
070	Gebäudeautomation	207.975	48,80	11,50	3,2
075	Raumlufttechnische Anlagen inkl. 078	744.036	174,40	41,10	11,3
	Wiederherstellen	11.607	2,70	0,64	0,2
	Herstellen	732.428	171,70	40,40	11,1
	Gebäudetechnik	**2.720.555**	**637,70**	**150,20**	**41,4**
	Wiederherstellen	21.105	4,90	1,20	0,3
	Herstellen	2.699.450	632,80	149,00	41,1
084	Abbruch, Rückbau, Schadstoffsanierung	180.953	42,40	10,00	2,3
	Abbrechen	180.953	42,40	10,00	2,3
	Abbrucharbeiten	**180.953**	**42,40**	**10,00**	**2,3**
	Abbrechen	180.953	42,40	10,00	2,3
	Sonstige Leistungsbereiche	**427**	**0,10**	**0,02**	**< 0,1**

7600-0091
Feuerwehrgerätehaus

Erweiterung

Objektübersicht

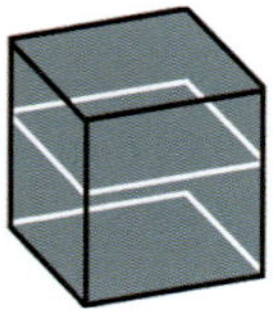

BRI 703 €/m³

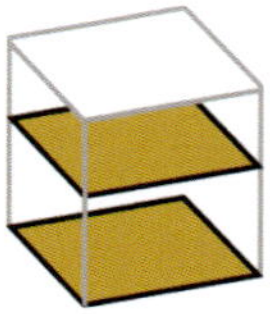

BGF 2.528 €/m²

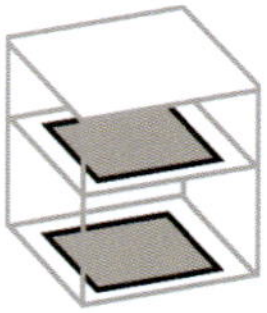

NUF 3.267 €/m²

Objekt:
Kennwerte: 1. Ebene DIN 276
BRI: 607 m³
BGF: 169 m²
NUF: 131 m²
Bauzeit: 48 Wochen
Bauende: 2020
Standard: Durchschnitt
Bundesland: Baden-Württemberg
Kreis: Schwäbisch Hall

Architekt*in:
Stadtverwaltung
Crailsheim
LPH 1-4, 8-9
Architekt
Jan Philipp Hofacker
Marktplatz 1
74564 Crailsheim

und

LPH 5-7
Architekt
Dirk Kohler
Schäferweg 5
97944 Boxberg

Bauherr*in:
Stadtverwaltung
Crailsheim

Erweiterung

Ansicht Nord-West

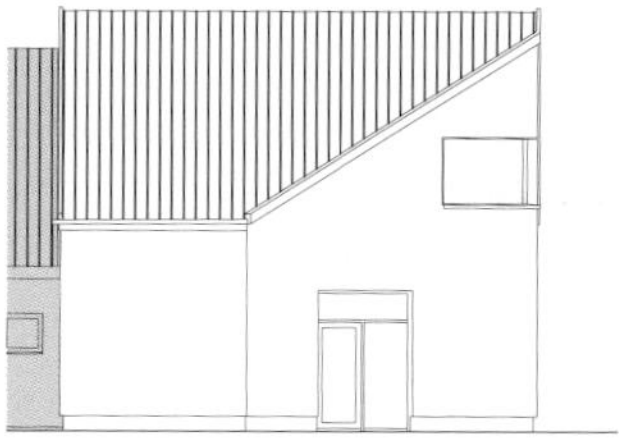
Ansicht Nord-Ost

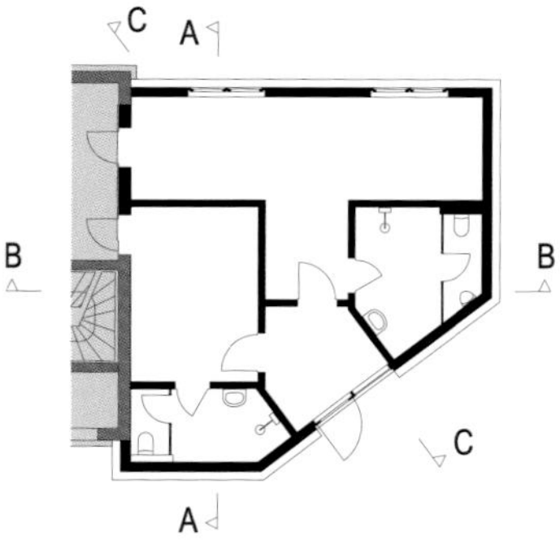

Erdgeschoss

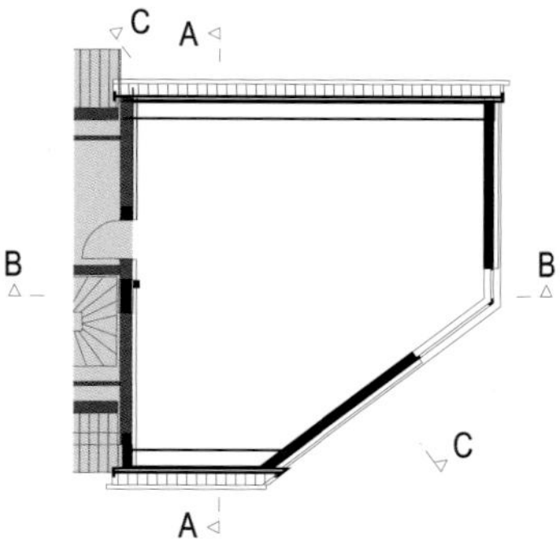

Dachgeschoss

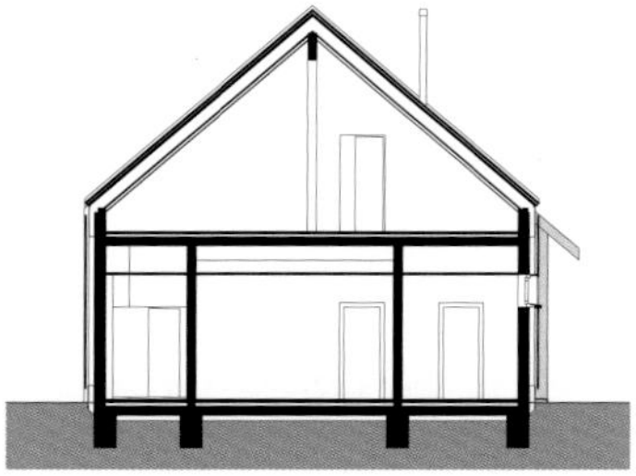
Schnitt A-A

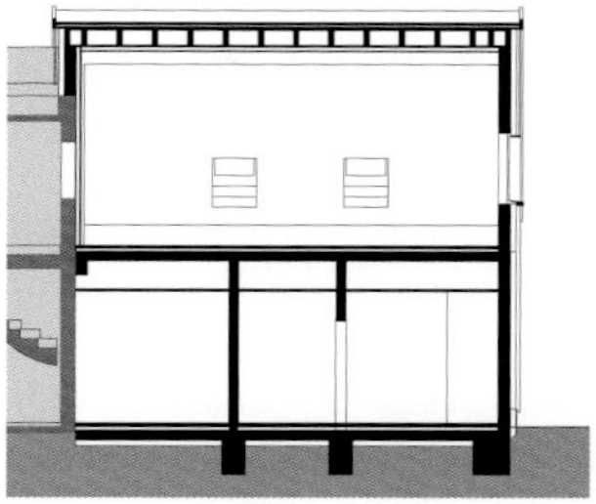
Schnitt B-B

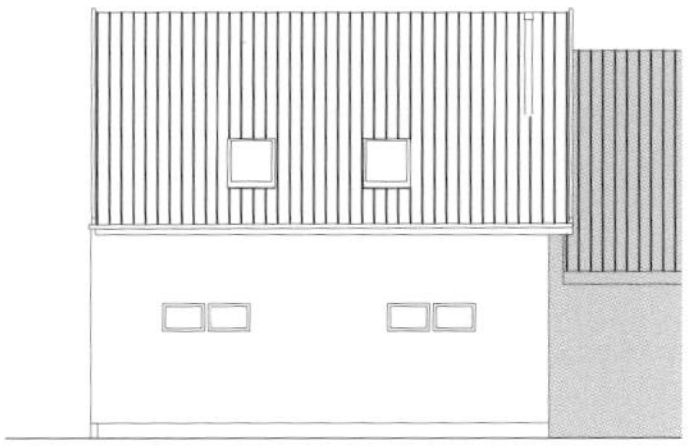
Ansicht Süd-West

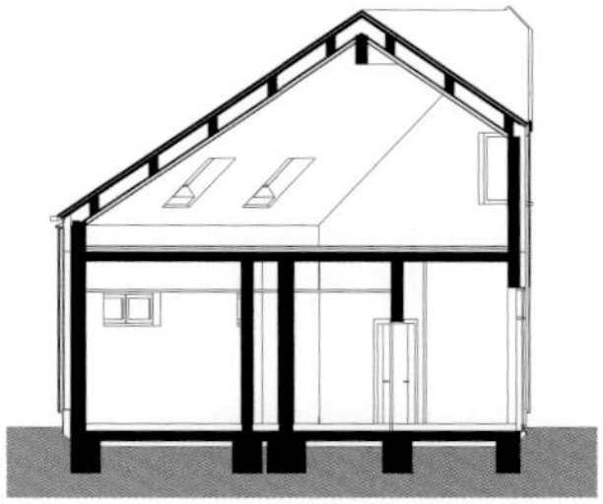
Schnitt C-C

Objektbeschreibung

Allgemeine Objektinformationen

Der Erweiterungsbau des Feuerwehrgerätehauses befindet sich auf einem beengten Stadtgrundstück in prominenter Lage an einer Bundesstraße. Diesen exponierten Standort meistert der Anbau durch seine skulpturale Form eines Schiffsrumpfes und eine betonte Asymmetrie. Neben zwei Umkleidebereichen mit jeweils zugeordneten Sanitärräumen im Erdgeschoss wurde im Dachgeschoss ein neuer Schulungsraum geschaffen. Beide Ebenen haben einen direkten Zugang zum Bestandsgebäude, das nun ausschließlich als Fahrzeughalle genutzt wird.

Nutzung

1 Erdgeschoss
Umkleideräume, Sanitärräume, Eingangsflur

1 Dachgeschoss
Schulungsraum

Nutzeinheiten

Sitzplätze: 55

Grundstück

Bauraum: Beengter Bauraum
Neigung: Ebenes Gelände
Bodenklasse: BK 4 bis BK 5

Markt

Hauptvergabezeit: 1.Quartal 2019
Baubeginn: 3.Quartal 2019
Bauende: 3.Quartal 2020
Konjunkturelle Gesamtlage: über Durchschnitt
Regionaler Baumarkt: Durchschnitt

Baukonstruktion

Die Gründung des Erweiterungsbaus erfolgte auf Streifenfundamenten aus Stahlbeton. Realisiert wurde er als massiver Mauerwerksbau mit einer vorgehängten, mit roten Fassadenbahnen hinterlegten Schalung aus vertikalen Lärchenholzbrettern. Den oberen Gebäudeabschluss bildet eine zimmermannsmäßige Dachkonstruktion aus Pfettendachstuhl mit Zwischensparrendämmung und Ziegeldeckung. Für die Fenster und die Außentür sowie den Sockel kamen anthrazitfarbene Alu-Elemente zum Einbau. Innen sind die Wände mit Putz beschichtet bzw. mit Fliesen belegt. Die Bodenbeläge im Erdgeschoss bestehen aus Steinzeugfliesen, im Dachgeschoss wurde ein Linoleumbelag ausgeführt.

Technische Anlagen

Für die Beheizung des Anbaus wurde dieser an die bestehende Gastherme angebunden. Die Verteilung der Wärme erfolgt im Erdgeschoss über Wandheizkörper und im Dachgeschoss über Konvektoren. Die Warmwasserbereitung in den Sanitärbereichen wird mittels Durchlauferhitzern dezentral geregelt. Innenliegende Räume werden durch Einzelraumlüfter über die Fassade entlüftet.

Planungskennwerte für Flächen und Rauminhalte nach DIN 277

Flächen des Grundstücks		Menge Einheit	% an GF
BF	Bebaute Fläche	193,50 m²	23,4
UF	Unbebaute Fläche	634,50 m²	76,6
GF	Grundstücksfläche	828,00 m²	100,0

Grundflächen des Bauwerks		Menge Einheit	% an NUF	% an BGF
NUF	Nutzungsfläche	130,71 m²	100,0	77,4
TF	Technikfläche	–	–	–
VF	Verkehrsfläche	6,71 m²	5,1	4,0
NRF	Netto-Raumfläche	137,42 m²	105,1	81,3
KGF	Konstruktions-Grundfläche	31,52 m²	24,1	18,7
BGF	Brutto-Grundfläche	168,94 m²	129,2	100,0

Brutto-Rauminhalt des Bauwerks		Menge Einheit	BRI/NUF (m)	BRI/BGF (m)
BRI	Brutto-Rauminhalt	607,06 m³	4,64	3,59

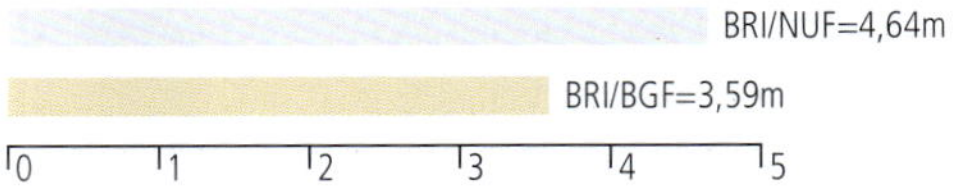

7600-0091
Feuerwehrgerätehaus

Erweiterung

Kostenkennwerte für die Kostengruppen der 1. Ebene DIN 276

KG	Kostengruppen (1. Ebene)	Einheit	Kosten €	€/Einheit	€/m² BGF	€/m³ BRI	% 300+400
100	Grundstück	m² GF	–	–	–	–	–
200	Vorbereitende Maßnahmen	m² GF	5.433	6,56	32,16	8,95	1,3
300	Bauwerk – Baukonstruktionen	m² BGF	345.834	2.047,08	2.047,08	569,69	81,0
400	Bauwerk – Technische Anlagen	m² BGF	81.217	480,74	480,74	133,79	19,0
	Bauwerk 300+400	**m² BGF**	**427.051**	**2.527,83**	**2.527,83**	**703,47**	**100,0**
500	Außenanlagen und Freiflächen	m² AF	–	–	–	–	–
600	Ausstattung und Kunstwerke	m² BGF	–	–	–	–	–
700	Baunebenkosten	m² BGF	–	–	–	–	–
800	Finanzierung	m² BGF	–	–	–	–	–

KG	Kostengruppe	Menge Einheit	Kosten €	€/Einheit	%
200	**Vorbereitende Maßnahmen**	828,00 m² GF	5.433	**6,56**	1,3

- Herstellen
  Anpassen der Hausanschlüsse

KG	Kostengruppe	Menge Einheit	Kosten €	€/Einheit	%
3+4	**Bauwerk**				**100,0**
300	**Bauwerk – Baukonstruktionen**	168,94 m² BGF	345.834	**2.047,08**	81,0

- Herstellen
  Stb-Fundamente, Stb-Bodenplatte, Dämmung, Estrich, Steinzeug-Bodenfliesen, Perimeterdämmung, Sauberkeitsschicht; Stb-Wände, Alufenster, Alu-Außentüre, Außendämmung, Fassadendichtbahn, vorgehängte, hinterlüftete Lärchenholzschalung, Innenputz, Fliesen, Beschichtung; Innenmauerwerk, Innentüren, Putz, Beschichtung, Fliesen; Stb-Decke, Dämmung, Estrich, Linoleumbelag, Deckenputz, Beschichtung; Pfettendachstuhl, Zwischensparrendämmung, Dachflächenfenster, Dachhaut, Ziegeldeckung, GK-Lochplattendecken, Beschichtung, Dachentwässerung

KG	Kostengruppe	Menge Einheit	Kosten €	€/Einheit	%
400	**Bauwerk – Technische Anlagen**	168,94 m² BGF	81.217	**480,74**	19,0

- Herstellen
  Gebäudeentwässerung, Kalt- und Warmwasserleitungen, Sanitärobjekte; Heizleitungen an best. Gastherme, Heizkörper; Elektroinstallation, Beleuchtung

7700-0093
Fahrzeughalle
Lager
(6 STP)

Erweiterung

Objektübersicht

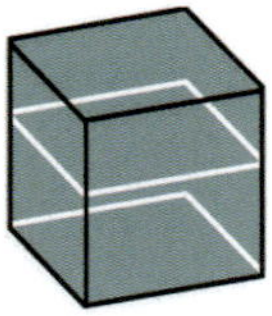

BRI 140 €/m³

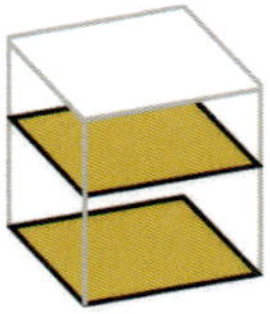

BGF 818 €/m²

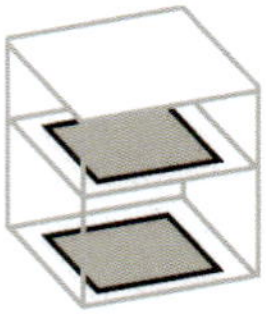

NUF 842 €/m²

Objekt:
Kennwerte: 1.Ebene DIN 276
BRI: 2.341 m³
BGF: 401 m²
NUF: 390 m²
Bauzeit: 17 Wochen
Bauende: 2021
Standard: Durchschnitt
Bundesland: Nordrhein-Westfalen
Kreis: Kleve

Architekt*in:
Christoph Echelmeyer
Mühlenweg 3
47608 Geldern

Bauherr*in:
Geldener Bau
Gesellschaft mbH
Glockengasse 5
47608 Geldern

© Gelderner Bau GmbH

© Gelderner Bau GmbH

© Gelderner Bau GmbH

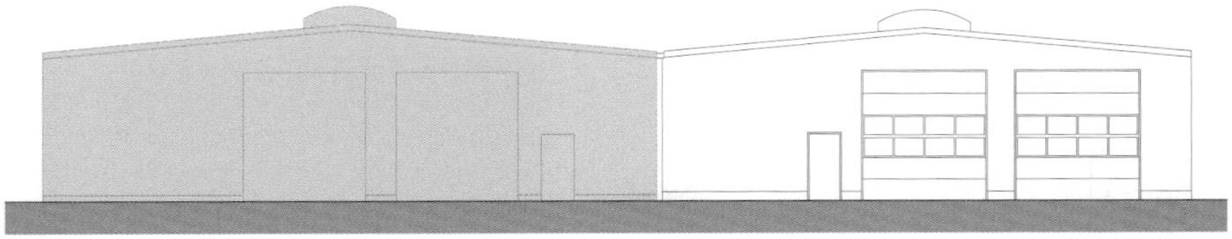

Ansicht Nord

Erdgeschoss

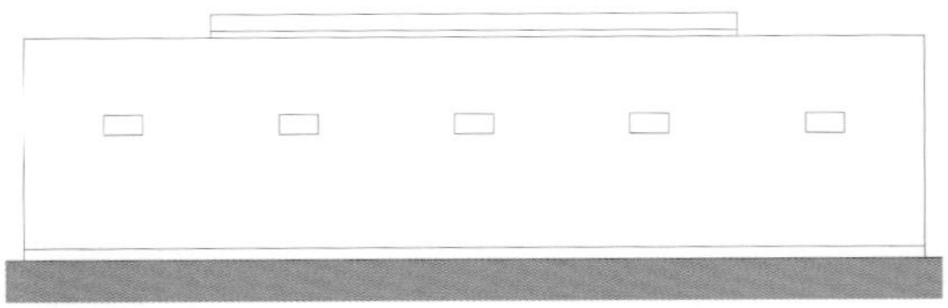

Ansicht West

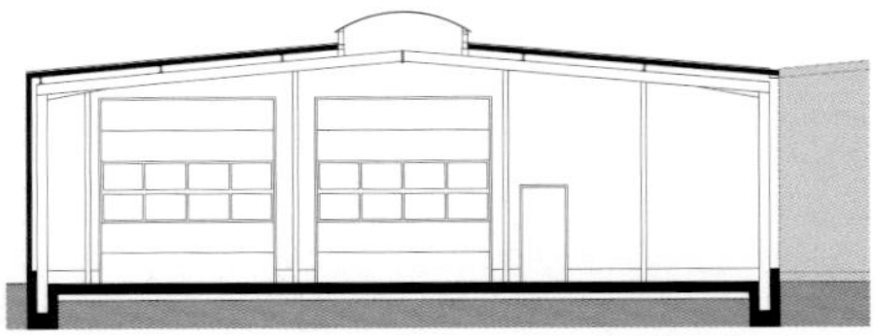

Schnitt A-A

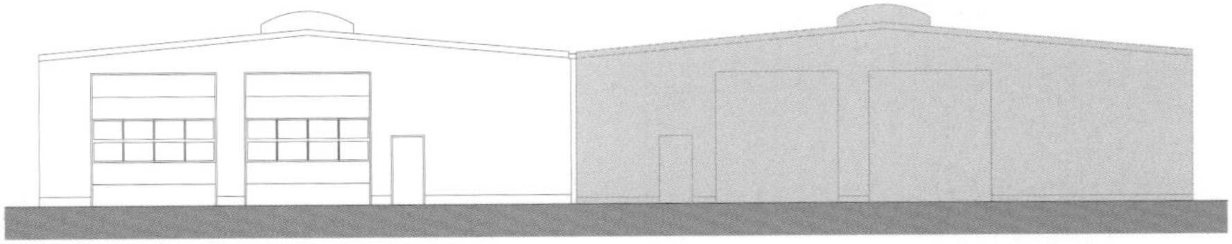

Ansicht Süd

Objektbeschreibung

Allgemeine Objektinformationen

Die Stadtgärtnerei der Stadt Geldern wurde durch den Neubau der KFZ-Halle erweitert und eine Unterstellmöglichkeit für Fahrzeuge und Lagerwaren geschaffen. Durch den direkten Anbau konnte auf einer Längsseite auf eine Außenfassade verzichtet werden und auf die bereits bestehende Infrastruktur zurückgegriffen werden.

Nutzung

1 Erdgeschoss
Lkw-Stellplatz, Lager

Nutzeinheiten

Fahrzeugstellplätze: 6

Grundstück

Bauraum: Freier Bauraum
Neigung: Ebenes Gelände

Markt

Hauptvergabezeit: 2. Quartal 2021
Baubeginn: 3. Quartal 2021
Bauende: 4. Quartal 2021
Konjunkturelle Gesamtlage: über Durchschnitt
Regionaler Baumarkt: unter Durchschnitt

Baubestand

Baujahr: 2014
Bauzustand: gut
Aufwand: niedrig
Grundrissänderungen: wenige
Tragwerkseingriffe: wenige
Nutzungsänderung: nein
Nutzung während der Bauzeit: ja

Baukonstruktion

Die Lagerhalle gründet auf Stahlbeton-Streifenfundamenten und einer oberflächenfertigen Faserbetonbodenplatte. In die Fassade aus Sandwichelementen sind je zwei Sektionaltore mit Lichtbändern gegenüber voneinander eingebaut, das ermöglicht die Durchfahrbarkeit der Halle. Das Stahldach mit Trapezblechdeckung hat eine Dachneigung von fünf Grad. Mittig ist ein großes Dachlichtband montiert, was eine natürliche Belichtung der Halle ermöglicht.

Technische Anlagen

Der Neubau kann an die technischen Anlagen der Bestandshalle angeschlossen werden. Eine LED-Beleuchtung wurde installiert. Die elektrisch steuerbaren Sektionaltore und die Starkstromversorgung wurden an das bestehende Elektronetz angeschlossen.

Sonstiges

Die Kosten der Dokumentation beziehen sich auf die Erweiterung der Halle. Umbauten im Bestandsgebäude wurden nicht in den Kosten erfasst.

Planungskennwerte für Flächen und Rauminhalte nach DIN 277

Flächen des Grundstücks		Menge Einheit	% an GF
BF	Bebaute Fläche	1.817,00 m²	43,5
UF	Unbebaute Fläche	2.356,20 m²	56,5
GF	Grundstücksfläche	4.173,20 m²	100,0

Grundflächen des Bauwerks		Menge Einheit	% an NUF	% an BGF
NUF	Nutzungsfläche	389,85 m²	100,0	97,1
TF	Technikfläche	–	–	–
VF	Verkehrsfläche	–	–	–
NRF	Netto-Raumfläche	389,85 m²	100,0	97,1
KGF	Konstruktions-Grundfläche	11,50 m²	2,9	2,9
BGF	Brutto-Grundfläche	401,35 m²	102,9	100,0

Brutto-Rauminhalt des Bauwerks		Menge Einheit	BRI/NUF (m)	BRI/BGF (m)
BRI	Brutto-Rauminhalt	2.340,71 m³	6,00	5,83

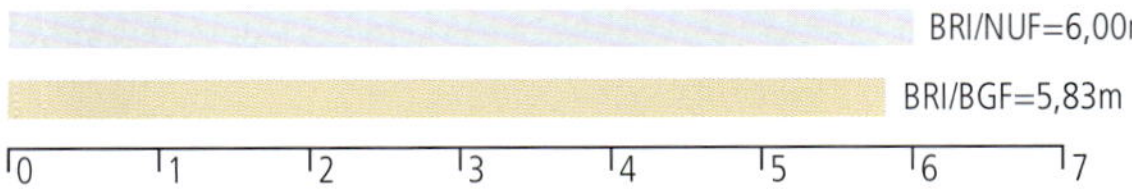

7700-0093
Fahrzeughalle
Lager
(6 STP)

Erweiterung

Kostenkennwerte für die Kostengruppen der 1. Ebene DIN 276

KG	Kostengruppen (1. Ebene)	Einheit	Kosten €	€/Einheit	€/m² BGF	€/m³ BRI	% 300+400
100	Grundstück	m² GF	–	–	–	–	–
200	Vorbereitende Maßnahmen	m² GF	48.298	11,57	120,34	20,63	14,7
300	Bauwerk – Baukonstruktionen	m² BGF	316.928	789,66	789,66	135,40	96,5
400	Bauwerk – Technische Anlagen	m² BGF	11.489	28,63	28,63	4,91	3,5
	Bauwerk 300+400	**m² BGF**	**328.417**	**818,28**	**818,28**	**140,31**	**100,0**
500	Außenanlagen und Freiflächen	m² AF	13.930	–	34,71	5,95	4,2
600	Ausstattung und Kunstwerke	m² BGF	–	–	–	–	–
700	Baunebenkosten	m² BGF	–	–	–	–	–
800	Finanzierung	m² BGF	–	–	–	–	–

KG	Kostengruppe	Menge Einheit	Kosten €	€/Einheit	%
200	**Vorbereitende Maßnahmen**	4.173,20 m² GF	48.298	**11,57**	14,7
	• Herstellen Erdarbeiten, Kanalarbeiten				
3+4	**Bauwerk**				**100,0**
300	**Bauwerk – Baukonstruktionen**	401,35 m² BGF	316.928	**789,66**	96,5
	• Herstellen Bodenarbeiten; Stb-Streifenfundamente, Stahlfaserbetonboden, Industrieestrich, Füllkies, lagenweise verdichtet; Stahltragprofile, Sandwichfassadenelemente, Sektionaltore mit Lichtausschnitten, Stahltür; Stahldachträger, Trapezblechdach, Neigung 5°, Oberlichtband, elektrisch öffenbare Lichtkuppeln, Dachentwässerung				
400	**Bauwerk – Technische Anlagen**	401,35 m² BGF	11.489	**28,63**	3,5
	• Herstellen Gebäudeentwässerung; Elektroinstallation, Starkstromanschluss, LED-Beleuchtung				
500	**Außenanlagen und Freiflächen**	–	13.930	–	4,2
	• Herstellen Anarbeiten Pflasterflächen; Ergänzung Zaunanlage				

7200-0090
Markthalle

Modernisierung

Objektübersicht

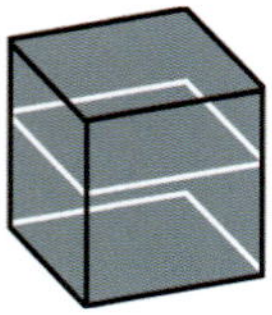

BRI 88€/m³

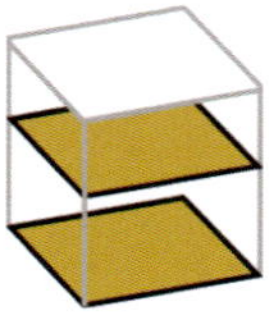

BGF 469€/m²

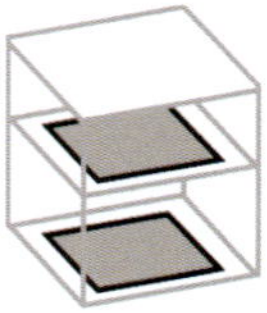

NUF 508€/m²

Objekt:
Kennwerte: 3.Ebene DIN 276
BRI: 174.000m³
BGF: 32.500m²
NUF: 30.000m²
Bauzeit: 113 Wochen
Bauende: 2014
Standard: unter Durchschnitt
Bundesland: Hamburg
Kreis: Hamburg, Stadt

Architekt*in:
LPH 1-4
ABJ. Architekten GmbH
Harkortstraße 79
22765 Hamburg

LPH 5-9
pbr Planungsbüro
Rohling AG
Große Bleichen 19
20354 Hamburg

Bauherr*in:
Sprinkenhof GmbH
Burchardstraße 8
20095 Hamburg

© pbr

© Ulrich Hoppe

© pbr

© Ulrich Hoppe

© pbr

vorher

© Ulrich Hoppe

nachher

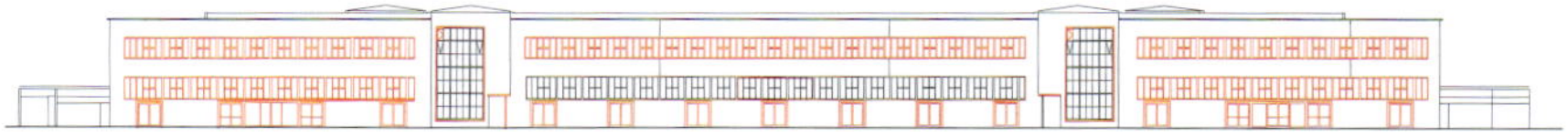
Ansicht Nord

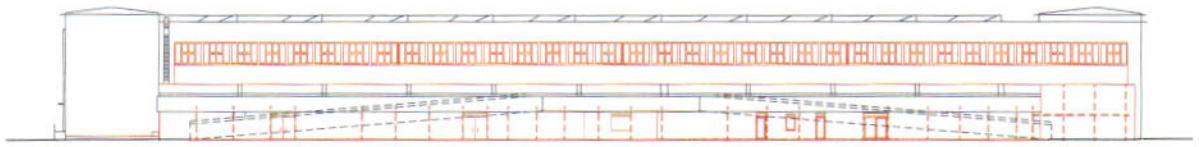
Ansicht Ost

Erdgeschoss

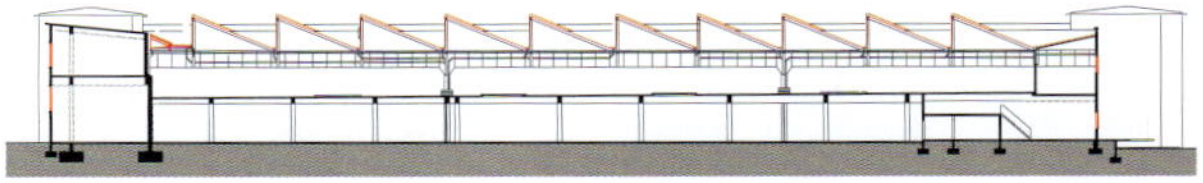
Schnitt A-A

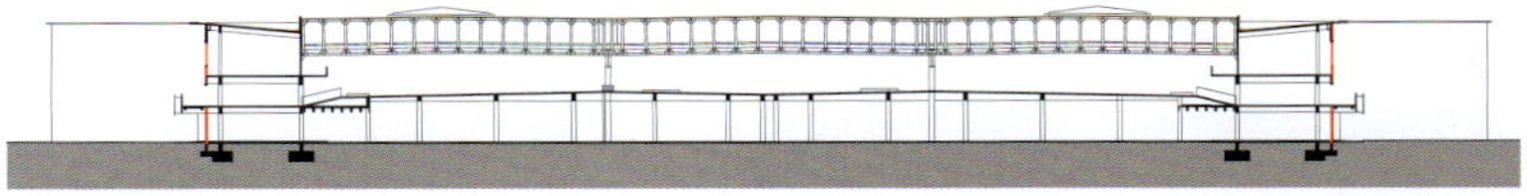
Schnitt B-B

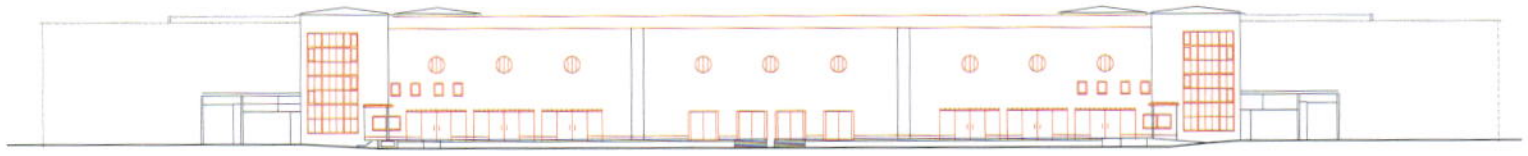
Ansicht Süd

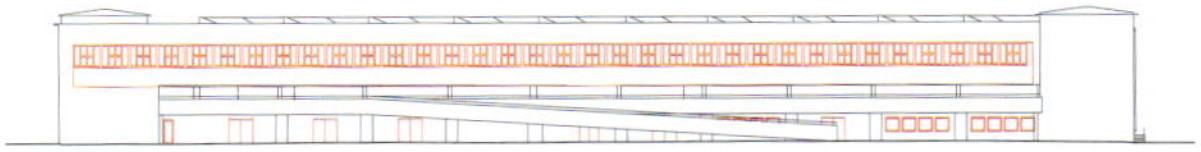
Ansicht West

Objektbeschreibung

Allgemeine Objektinformationen

Die Rindermarkthalle wurde um 1951 als Ersatz für den vollständig zerstörten Vorgängerbau auf den gründerzeitlichen Fundamenten errichtet. Sie gilt als ein bedeutendes Zeugnis für den Wiederaufbau und die Wirtschaftsgeschichte der Nachkriegszeit. Der in die Jahre gekommene Bau wurde unter Berücksichtigung der Denkmalschutzbestimmungen für eine neue Einzelhandelsnutzung modernisiert. Die Nordseite wurde als Schauseite in Anlehnung an den Originalzustand wiederhergestellt, diverse Anbauten und Bekleidungen wurden zurück gebaut. Für den Wiederaufbau des Innen- und Außenmauerwerks wurden nach Möglichkeit alte Verblendsteine wiederverwendet. Die Dacheindeckung und Verglasung wurden ebenfalls zurück gebaut. Die denkmalgeschützte Dachkonstruktion erhielt eine neue Eindeckung und Dachabdichtung.

Nutzung

1 Erdgeschoss
Haupteingang, Gastronomie, Märkte, Shops

2 Obergeschosse
Zwischengeschoss
Büros, Parkdeck
2. OG
Büros, Kreatives, Soziales

Grundstück

Bauraum: Freier Bauraum
Neigung: Ebenes Gelände

Markt

Hauptvergabezeit: 2.Quartal 2013
Baubeginn: 3.Quartal 2012
Bauende: 3.Quartal 2014
Konjunkturelle Gesamtlage: über Durchschnitt
Regionaler Baumarkt: über Durchschnitt

Baubestand

Baujahr: 1951
Bauzustand: schlecht
Aufwand: hoch
Grundrissänderungen: umfangreiche
Tragwerkseingriffe: einige
Nutzungsänderung: nein
Nutzung während der Bauzeit: nein

Baukonstruktion

Der Bestandsbau wurde in Massivbauweise erstellt, die Sheddachkonstruktion wird von Vierendeel-Trägern, aufgelagert auf Vollwandträgern und vier tragenden Stahlstützen, getragen.

Technische Anlagen

Leistungsumfang der Modernisierung beinhaltet die Bereiche Dach und Fassade, somit sind im Bereich der Technischen Gebäudeausrüstung lediglich die Dachentwässerung und der Blitzschutz erneuert. Alle übrigen Leistungen der technischen Gebäudeausrüstung sind nicht Bestandteil dieser Dokumentation.

Planungskennwerte für Flächen und Rauminhalte nach DIN 277

Flächen des Grundstücks		Menge Einheit	% an GF
BF	Bebaute Fläche	–	–
UF	Unbebaute Fläche	–	–
GF	Grundstücksfläche	–	–

Grundflächen des Bauwerks		Menge Einheit	% an NUF	% an BGF
NUF	Nutzungsfläche	30.000,00 m²	100,0	92,3
TF	Technikfläche	–	–	–
VF	Verkehrsfläche	–	–	–
NRF	Netto-Raumfläche	30.000,00 m²	100,0	92,3
KGF	Konstruktions-Grundfläche	2.500,00 m²	8,3	7,7
BGF	Brutto-Grundfläche	32.500,00 m²	108,3	100,0

Brutto-Rauminhalt des Bauwerks		Menge Einheit	BRI/NUF (m)	BRI/BGF (m)
BRI	Brutto-Rauminhalt	174.000,00 m³	5,80	5,35

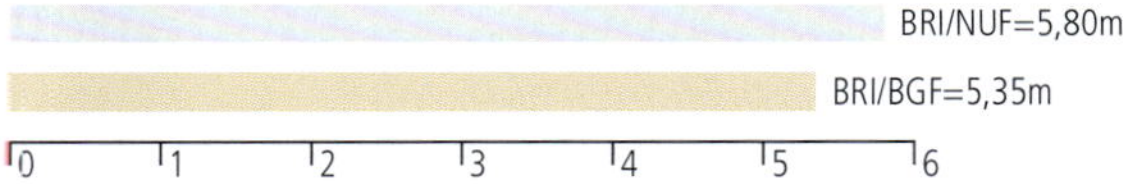

Lufttechnisch behandelte Flächen	Menge Einheit	% an NUF	% an BGF
Entlüftete Fläche	–	–	–
Be- und entlüftete Fläche	–	–	–
Teilklimatisierte Fläche	–	–	–
Klimatisierte Fläche	–	–	–

KG	Kostengruppen (2. Ebene)	Menge Einheit	Menge/NUF	Menge/BGF
310	Baugrube / Erdbau	–	–	–
320	Gründung, Unterbau	362,00 m² GRF	0,01	0,01
330	Außenwände/Vertikale Baukonstruktionen, außen	6.975,18 m² AWF	0,23	0,22
340	Innenwände/Vertikale Baukonstruktionen, innen	548,36 m² IWF	0,02	0,02
350	Decken/Horizontale Baukonstruktionen	898,19 m² DEF	0,03	0,03
360	Dächer	18.033,69 m² DAF	0,60	0,56

Kostenkennwerte für die Kostengruppen der 1. Ebene DIN 276

KG	Kostengruppen (1. Ebene)	Einheit	Kosten €	€/Einheit	€/m² BGF	€/m³ BRI	% 300+400
100	Grundstück	m² GF	–	–	–	–	–
200	Vorbereitende Maßnahmen	m² GF	–	–	–	–	–
300	Bauwerk – Baukonstruktionen	m² BGF	15.002.486	461,61	461,61	86,22	98,4
400	Bauwerk – Technische Anlagen	m² BGF	246.246	7,58	7,58	1,42	1,6
	Bauwerk 300+400	**m² BGF**	**15.248.731**	**469,19**	**469,19**	**87,64**	**100,0**
500	Außenanlagen und Freiflächen	m² AF	5.742	–	0,18	0,03	< 0,1
600	Ausstattung und Kunstwerke	m² BGF	8.840	0,27	0,27	0,05	< 0,1
700	Baunebenkosten	m² BGF	–	–	–	–	–
800	Finanzierung	m² BGF	–	–	–	–	–

KG	Kostengruppe	Menge Einheit	Kosten €	€/Einheit	%
3+4	**Bauwerk**				**100,0**
300	**Bauwerk – Baukonstruktionen**	32.500,00 m² BGF	15.002.486	**461,61**	98,4

- Abbrechen (Kosten: 7,0%) — 1.043.763
  Abbruch von Bodenplatten, Asphaltdeckschicht, Betonwerkstein, Dämmung, Estrich, PVC-Belag, Bodenfliesen; zweischaligem Mauerwerk, KS-Mauerwerk, Stb-Ringbalken, Stahlträgern, Betonattika, Stahltüren, Fenstern, Schiebetüranlagen, Schiebetoren, Rolltoren, Gittertoren, Trapezblech, Blechprofilen, asbesthaltigen Faserzementplatten, Dämmung, Farbschichten, Tapeten, Fensterbändern, Fenstergittern; Mauerwerk, Stahltüren, Holztüren, Zutrittsbeschränkungs-Elementen, Ummauerungen, Trennwand; Stb-Decken, Stahltreppe, Abdeckungen; Bimsbetonhohlplatten, Dach, Trapezblech, Bitumenabdichtung, Shedverglasung, Trapezblech, Abdichtung, Stahlblech, abgehängten Decken, Technikbühne, Stahldach; Stahleinbauten; Entsorgung, Deponiegebühren

- Wiederherstellen (Kosten: 23,8%) — 3.575.554
  Betonwerkstein reinigen, Fliesensockel befestigen; Bewehrung entrosten, Steine austauschen, Stahltür lackieren, Fugen erneuern, Verblendsanieranker, Fassadenfarbe abbeizen, Stahlstützen sandstrahlen, beschichten, Hohlrauminjektionen, Risse verfüllen, Relief abbeizen, bildhauerische Formergänzungen, Vernadelung, Fensterband-Stahlträger ausbessern, Sweepstrahlen, Verstärkungsprofile montieren, beschichten, Austausch von Glasfeldern gegen RWA-Drehflügel; Betonwerksteinplatten reinigen, Stufen überarbeiten, Treppenstufen-Kantenschutz beschichten, Wangenbereich reprofilieren, Geländer beschichten; Zinkbekleidung beschichten, Stahlträger sandstrahlen, beschichten; Umbau von Aussteifungen

- Herstellen (Kosten: 69,2%) — 10.383.169
  Stb-Fundamente, Abdichtung, Foliendämmung, Ausgleichsschicht, Beschichtung, Verbundestrich, Sauberkeitsschicht, Abdichtung, Betonpfeiler; Stb-Ringbalken, KS-Flachstürze, KS-Mauerwerk, Betonwände, Profilstahl-Träger, Sturz, Stahltüren, Schiebetore, Alufenster, Rundfenster, Oberlicht, Fensterbleche, Verblendmauerwerk mit Hinterlüftung, Sturzmauerung, Fensterbankmauerung, Beschichtung, Laibungen, Kalziumsilikatplatten, Alu-Fensterbänder, Pfosten-Riegel-Konstruktionen, RWA-Drehflügel, Schiebetüranlage, ESG-Sicherheitsglas; Alutüren, Stahltüren, Beschichtung; Deckenöffnung ausbetonieren, Randstreifen betonieren, Beschichtung, Kalziumsilikatplatten, Geländer; Stb-FT-Leichtbetonplatten, Shedoberlichter, Bitumenabdichtung

KG	Kostengruppe	Menge Einheit	Kosten €	€/Einheit	%
400	**Bauwerk – Technische Anlagen**	32.500,00 m² BGF	246.246	**7,58**	1,6
	• Abbrechen (Kosten: 6,0%) Abbruch von Abflussrohren, Flachdachabläufen; Fang-, Ableitungen, Dachleitungshaltern, Fangstangen; Satellitenanlagen, analogen Antennenanlage, Verkabelungen; Entsorgung, Deponiegebühren		14.745		
	• Herstellen (Kosten: 94,0%) Gussrohre, flexible Dränrohre, für Freispiegelentwässerung Flachdachabläufe, Notabläufe; Ringerder, Erdeinführungsstangen, Fangleitungen, Ableitungen, Dachleitungshalter, Fangspitzen, Fangstangen		231.501		
500	**Außenanlagen und Freiflächen**	–	5.742	–	< 0,1
	• Abbrechen (Kosten: 14,3%) Abbruch von Stahl-Einfriedung; Entsorgung, Deponiegebühren		820		
	• Herstellen (Kosten: 85,7%) Stahl-Einfriedungen		4.922		
600	**Ausstattung und Kunstwerke**	32.500,00 m² BGF	8.840	**0,27**	< 0,1
	• Wiederherstellen (Kosten: 100,0%) Salzreduzierung im Kompressen-Verfahren an Reliefs, Reliefs untersuchen, partielle Vorfestigung, mit Heißdampf und Mikropartikelstrahl reinigen		8.840		

Modernisierung

Kostenkennwerte für die Kostengruppen der 2. Ebene DIN 276

KG	Kostengruppe	Menge Einheit	Kosten €	€/Einheit	%
300	**Bauwerk – Baukonstruktionen**				**100,0**
320	**Gründung, Unterbau**	362,00 m^2 GRF	191.740	**529,67**	1,3
	• Abbrechen (Kosten: 9,4%) Abbruch von Stb-Bodenplatten, d=20cm (27m^2), unbewehrt (5m^2), Fußpunkten (8St) * Asphaltdeckschicht, d=3-6cm, Tragschicht, d=15cm (149m^2), Betonwerkstein, Estrich, Stb-Bodenplatte (54m^2), Beton, Dämmung (25m^2), Verbundestrich (14m^2), PVC-Belag (7m^2), Bodenfliesen, seitlich lagern (9m^2); Entsorgung, Deponiegebühren	251,06 m^2 GRF	17.969	**71,57**	
	• Wiederherstellen (Kosten: 1,9%) Betonwerkstein reinigen (181m^2), Risse aufweiten, schließen (113m^2), Fuge schließen (2m), losen Fliesensockel befestigen (1m)	294,30 m^2 GRF	3.701	**12,58**	
	• Herstellen (Kosten: 88,7%) Boden BK 3-4, lösen, lagern (99m^3), Stb-Fundamente (59m^3) * Abdichtung, Foliendämmung XPS, WLG 035, Ausgleichsschicht (202m), Beschichtung, rutschhemmend (181m^2), Verbundestrich (13m^2), Fliesensockel (13m) * Boden gelagert, wieder einbauen, verdichten (76m^3), Sauberkeitsschicht (5m^3), Beton, unbewehrt (26m^2), Hohlkehle (171m), Fundamente abdichten (20St), Betonpfeiler (10St)	181,00 m^2 GRF	170.071	**939,62**	
330	**Außenwände/Vert. Baukonstrukt., außen**	6.975,18 m^2 AWF	5.289.999	**758,40**	35,3
	• Abbrechen (Kosten: 4,2%) Abbruch von zweischaligem Mauerwerk (1.270m^2), KS-Mauerwerk, d=24-28cm (350m^2), Stb-Ringbalken (101m), Stahlträgern (32St) * Betonattika (523m^2) * Stahltüren (123m^2), Kunststoff-Alufenstern (105m^2), Schiebetüranlagen (100m^2), Schiebetoren (71m^2), Rolltoren (40m^2), Stahl-Rundfenstern (24m^2), Gittertoren (8m^2) * Trapezblech, UK (1.244m^2), Blechprofilen (490m), Fremdkörpern (1.354St), asbesthaltigen Faserzementplatten (21m^2), Bitumenverschmutzungen (28m^2), Dämmung (12m^2) * Fugenflanken (53m), Farbschichten, Tapeten (131m^2) * Fensterbändern (785m^2) * Fenstergittern (31St), Schutznetz (581m^2); Entsorgung, Deponiegebühren	3.398,66 m^2 AWF	223.585	**65,79**	
	• Wiederherstellen (Kosten: 47,8%) Bewehrung entrosten, beschichten, reprofilieren (522m^2), KS-Steine austauschen, d=11,5cm (74m^2) * Stahltür neu lackieren (12m^2) * Fugen erneuern, Verblendsanieranker (2.860m^2), Übergänge angleichen (1.739m^2), Fassadenfarbe abbeizen (747m^2), Fassade reinigen (3.113m^2), Mauerziegel austauschen, d=10,5cm (486m^2), Stahlstützen sandstrahlen, beschichten (243m^2), Bewegungsfugen schließen (1.476m), Hohlrauminjektionen (16St), Risse verfüllen (22St) * Relief abbeizen (8m^2), bildhauerische Formergänzungen (4St), Vernadelung (15St) * Verglasung ausbauen, wieder einbauen, teils entsorgen, Austausch von Glasfeldern gegen RWA-Drehflügel (172m^2), Fensterband-Stahlträger sandstrahlen, beschichten (363m^2), Stahlstützen erneuern (11St), Glasscheibe erneuern (2m^2)	4.209,00 m^2 AWF	2.526.281	**600,21**	
	• Herstellen (Kosten: 48,0%) Stb-Ringbalken C25/30 (376m), KS-Flachstürze (6m) * KS-Mauerwerk, d=11,5-25cm (1.093m^2), Betonwände (41m^2) * Profilstahl-Träger (583m), Fensterabfangungen IPE 200, 8 Stützen HEA 100 (2St), Sturz, Flachstahl (2St) * Stahltüren (232m^2), Stahl-Schiebetore (57m^2), Alufenster (54m^2), Alu-Rundfenster (24m^2), Oberlicht (3m^2), Stb-Fensterbänke C25/30 (222m), Alu-Fensterbleche (29m) * Verblendmauerwerk mit Hinterlüftung (1.203m^2), Sturzmauerung (58m), Fensterbankmauerung (33m) * Beschichtung (353m^2), Kalziumsilikatplatten (2.027m) * Alu-Fensterbänder (1.018m^2), Pfosten-Riegel-Konstruktionen (152m^2), RWA-Drehflügel (3m^2), Alu-Schiebetüranlage (20m^2)	2.766,18 m^2 AWF	2.540.133	**918,28**	

KG	Kostengruppe	Menge Einheit	Kosten €	€/Einheit	%
340	**Innenwände/Vert. Baukonstrukt., innen**	548,36 m² IWF	230.238	**419,87**	1,5
	• Abbrechen (Kosten: 27,6%) Abbruch von Mauerwerk (300m²) * Mauerwerk, d=12-24cm (71m²) * Stahltüren (18m²), mit Glasfüllung (6m²), Holztüren (12m²), Zutrittsbeschränkungs-Elementen (2St) * Farbschichten, Tapeten (443m²), Stahlstützen-Ummauerungen (30m²), Fugen freilegen (4St) * Alu-Trennwand (5m²); Entsorgung, Deponiegebühren	649,58 m² IWF	63.514	**97,78**	
	• Herstellen (Kosten: 72,4%) Alutüren T30, mit Brandschutzglas F30 (23m²), Stahltüren T30, Stahl-Umfassungszargen (22m²), wärmegedämmtes Türblatt (14m²), T90 (12m²) * Beschichtung (955m²)	548,36 m² IWF	166.725	**304,04**	
350	**Decken/Horizontale Baukonstruktionen**	898,19 m² DEF	132.597	**147,63**	0,9
	• Abbrechen (Kosten: 6,9%) Abbruch von Stb-Decken, d=15-24cm (46m²), Stahltreppe (6m²), Stahlkonstruktion (3t) * Farbschichten, Tapeten (129m²) * Stahlgeländer (25m), Stahlabdeckungen (3St); Entsorgung, Deponiegebühren	180,39 m² DEF	9.092	**50,40**	
	• Wiederherstellen (Kosten: 13,6%) Betonwerksteinplatten reinigen (241m²), Risse aufweiten, schließen (115m²), Stufen überarbeiten (34m²), Treppenstufen-Kantenschutz, L-Stahl, beschichten (114m), Wangenbereich reprofilieren (16St) * Beschichtungen an Stahl-Geländer entfernen, neu beschichten (175m)	389,95 m² DEF	17.990	**46,13**	
	• Herstellen (Kosten: 79,6%) Deckenöffnung ausbetonieren (1St), Randstreifen bewehren, betonieren (78m), Winkel an Decke ausrichten, befestigen (142m) * Beschichtung, rutschhemmend (437m²), Fliesensockel (13m), beschichten (261m) * Beschichtung (508m²), Kalziumsilikatplatten (345m) * Geländer (1St)	508,24 m² DEF	105.516	**207,61**	
360	**Dächer**	18.033,69 m² DAF	5.058.426	**280,50**	33,7
	• Abbrechen (Kosten: 12,7%) Abbruch von Bimsbetonhohlplatten, d=8cm (10.611m²), Plattenfugen aufschneiden (390m), Dach, Trapezblech, Bitumenabdichtung (280m²) * Kunststoff-Shedverglasung (2.805m²), Fensterbänken (1.013m) * Trapezblech (601m²), Abdichtung (11.086m²), abgehängten Alupaneldecken (351m²), Stahlblech (1.487m), Dachrinnen (235m), Fallrohren (14m), Lüftungsgitter (19St) * abgehängter Decke (24m²) * Stahl-Technikbühne (12t), Stahldach (9t); Entsorgung, Deponiegebühren	14.164,79 m² DAF	640.938	**45,25**	
	• Wiederherstellen (Kosten: 20,2%) Bewehrung entrosten, beschichten, spachteln (458m²) * Zinkbekleidung beschichten (171m), Dachrinnen reinigen (171m) * Stahlträger sandstrahlen, beschichten (14.012m²)	14.469,68 m² DAF	1.024.048	**70,77**	
	• Herstellen (Kosten: 67,1%) Stb-FT-Leichtbetonplatten LC25/28, d=8cm (10.879m²) * Shedoberlichter (3.169m²), Alu-Fensterbänke (1.183m), Entwässerungsbleche (125m) * Bitumenabdichtung (14.865m²), Glasvlies-Bitumendachbahnen (4.488m), Traufblech (235m), Gesimsabdeckung (27m), Dachrinnen (230m), Attikaabdeckungen, Beton, unbewehrt (2St)	18.033,69 m² DAF	3.393.440	**188,17**	

Modernisierung

KG	Kostengruppe	Menge Einheit	Kosten €	€/Einheit	%
380	**Baukonstruktive Einbauten**	32.500,00 m²BGF	6.203	**0,19**	< 0,
	• Abbrechen (Kosten: 43,0%)	32.500,00 m²BGF	2.668	**0,08**	
	Abbruch von Gitterstabzaun (136m²), Leitplanken (39m), Stahlfahrspurrinnen (2St), Stahlrohrbügeln für Einkaufswagen (7m), Anprallschutz (14m), Stahlbühne (19m²), Stahlpoller (2St); Entsorgung, Deponiegebühren				
	• Wiederherstellen (Kosten: 57,0%)	32.500,00 m²BGF	3.534	**0,11**	
	Umbau von Aussteifungen (8St)				
390	**Sonst. Maßnahmen für Baukonstrukt.**	32.500,00 m²BGF	4.093.283	**125,95**	27,
	• Abbrechen (Kosten: 2,1%)	32.500,00 m²BGF	85.997	**2,65**	
	Abbruch von Arbeitsebene Technikzentrale (490m²); Entsorgung, Deponiegebühren				
	• Herstellen (Kosten: 97,9%)	32.500,00 m²BGF	4.007.285	**123,30**	
	Baustelleneinrichtung (psch), Turmdrehkräne (3St), Unterdruckgeräte (2St), Büro- (4St), Unterkunfts- (14St), Sanitär- (6St), Waschraumcontainer (1St), Baustrom (psch), Bauwasser (psch), Sicherheitsbeleuchtung (52St), Bauzaun (1.072m), Strahler (7St), Schmutzwasser-Auffangwanne (998m²), Elektro-Bauheizung (1St), Notverglasung (84m²), mobile Schmutzwasserreinigungsanlage (1St), Schleusenanlage (1St) * Fassadengerüst (5.771m²), Überbrückungen (18St), fahrbares Gerüst (1St), Stahlrohrrahmengerüst (4St) * Stahlträger als Drucksteife (17.284kg), Parkdeck abfangen (184m) * Materialcontainer (2St) * Staubschutzwand (1.875m²), Baufolie (869m²), Schutzabdeckungen (225m²), Einhausungen (6St), Heizgeräte (4St), Absauganlage (2St), Kompressor (1St), Wartestunden aufgrund von Witterung (381h), Erstreinigung (psch) * provisorische Ableitung von Dachabläufen (22St) * Entrauchungsbauwerke schließen (1St)				
400	**Bauwerk – Technische Anlagen**				**100,0**
410	**Abwasser-, Wasser-, Gasanlagen**	32.500,00 m²BGF	167.740	**5,16**	68,1
	• Abbrechen (Kosten: 5,0%)	32.500,00 m²BGF	8.345	**0,26**	
	Abbruch von Kunststoff-Abflussrohren DN125-150 (618m), Flachdachabläufen (66St); Entsorgung, Deponiegebühren				
	• Herstellen (Kosten: 95,0%)	32.500,00 m²BGF	159.395	**4,90**	
	Gussrohre DN125-200 (741m), Rohrdämmung (45m), flexible Dränrohre (128m), für Freispiegelentwässerung Flachdachabläufe (60St), Notabläufe (68St)				
440	**Elektrische Anlagen**	32.500,00 m²BGF	78.273	**2,41**	31,8
	• Abbrechen (Kosten: 7,9%)	32.500,00 m²BGF	6.168	**0,19**	
	Abbruch von Fangleitungen (1.000m), Ableitungen (404m), Dachleitungshaltern (900St), Fangstangen (13St); Entsorgung, Deponiegebühren				
	• Herstellen (Kosten: 92,1%)	32.500,00 m²BGF	72.105	**2,22**	
	Ringerder (1.082m), Erdeinführungsstangen (36St), Fangleitungen (2.037m), Ableitungen (439m), Dachleitungshalter (1.711St), Fangspitzen (22St), Fangstangen (4St)				
450	**Kommunikationstechnische Anlagen**	32.500,00 m²BGF	233	**< 0,01**	< 0,1
	• Abbrechen (Kosten: 100,0%)	32.500,00 m²BGF	233	**< 0,01**	
	Abbruch von Satellitenanlagen (4St), analogen Antennenanlage (1St), Verkabelungen; Entsorgung, Deponiegebühren				

KG	Kostengruppe	Menge Einheit	Kosten €	€/Einheit	%
500	**Außenanlagen und Freiflächen**				**100,0**
540	**Baukonstruktionen**	–	5.742	–	100,0
	• Abbrechen (Kosten: 14,3%) Abbruch von Stahl-Einfriedung (7m²); Entsorgung, Deponiegebühren	–	820	–	
	• Herstellen (Kosten: 85,7%) Stahl-Einfriedungen (14m²)	–	4.922	–	
600	**Ausstattung und Kunstwerke**				**100,0**
640	**Künstlerische Ausstattung**	32.500,00 m² BGF	8.840	**0,27**	100,0
	• Wiederherstellen (Kosten: 100,0%) Salzreduzierung im Kompressen-Verfahren an Reliefs (4St), Reliefs untersuchen, partielle Vorfestigung, mit Heißdampf und Mikropartikelstrahl reinigen (2St)	32.500,00 m² BGF	8.840	**0,27**	

Modernisierung

Kostenkennwerte für die Kostengruppen 300 der 2. und 3. Ebene DIN 276 (Übersicht)

KG	Kostengruppe	Menge Einheit	€/Einheit	Kosten €	% an 3+4
300	**Bauwerk – Baukonstruktionen**	**32.500,00 m² BGF**	**461,61**	**15.002.485,5**	**98,4**
310	**Baugrube / Erdbau**	**–**	**–**	**–**	**–**
311	Herstellung	–	–	–	–
312	Umschließung	–	–	–	–
313	Wasserhaltung	–	–	–	–
314	Vortrieb	–	–	–	–
319	Sonstiges zur KG 310	–	–	–	–
320	**Gründung, Unterbau**	**362,00 m² GRF**	**529,67**	**191.740,34**	**1,3**
321	Baugrundverbesserung	–	–	–	–
322	Flachgründungen und Bodenplatten	–	–	52.412,44	0,3
323	Tiefgründungen	–	–	–	–
324	Gründungsbeläge	362,00 m²	195,56	70.792,48	0,5
325	Abdichtungen und Bekleidungen	25,76 m²	2.660,54	68.535,42	0,4
326	Dränagen	–	–	–	–
329	Sonstiges zur KG 320	–	–	–	–
330	**Außenwände/Vert. Baukonstrukt., außen**	**6.975,18 m² AWF**	**758,40**	**5.289.998,81**	**34,7**
331	Tragende Außenwände	646,25 m²	659,99	426.520,83	2,8
332	Nichttragende Außenwände	1.133,26 m²	146,93	166.513,87	1,1
333	Außenstützen	599,78 m	359,42	215.570,46	1,4
334	Außenwandöffnungen	370,81 m²	2.498,61	926.507,81	6,1
335	Außenwandbekleidungen, außen	5.044,58 m²	296,96	1.498.018,49	9,8
336	Außenwandbekleidungen, innen	361,33 m²	377,23	136.304,20	0,9
337	Element. Außenwandkonstruktionen	1.364,83 m²	1.402,88	1.914.691,94	12,6
338	Lichtschutz zur KG 330	–	–	–	–
339	Sonstiges zur KG 330	6.975,18 m² AWF	0,84	5.871,20	< 0,1
340	**Innenwände/Vert. Baukonstrukt., innen**	**548,36 m² IWF**	**419,87**	**230.238,33**	**1,5**
341	Tragende Innenwände	–	–	49.214,23	0,3
342	Nichttragende Innenwände	–	–	3.284,45	< 0,1
343	Innenstützen	–	–	–	–
344	Innenwandöffnungen	71,04 m²	2.222,67	157.898,62	1,0
345	Innenwandbekleidungen	954,64 m²	20,60	19.661,76	0,1
346	Elementierte Innenwandkonstruktionen	–	–	179,29	< 0,1
347	Lichtschutz zur KG 340	–	–	–	–
349	Sonstiges zur KG 340	–	–	–	–
350	**Decken/Horizontale Baukonstruktionen**	**898,19 m² DEF**	**147,63**	**132.596,83**	**0,9**
351	Deckenkonstruktionen	100,00 m²	602,41	60.241,05	0,4
352	Deckenöffnungen	–	–	–	–
353	Deckenbeläge	437,34 m²	89,27	39.040,68	0,3
354	Deckenbekleidungen	508,24 m²	45,85	23.304,21	0,2
355	Elementierte Deckenkonstruktionen	–	–	–	–
359	Sonstiges zur KG 350	898,19 m² DEF	11,15	10.010,91	< 0,1
360	**Dächer**	**18.033,69 m² DAF**	**280,50**	**5.058.426,02**	**33,2**
361	Dachkonstruktionen	10.879,34 m²	221,36	2.408.293,68	15,8
362	Dachöffnungen	3.168,79 m²	155,69	493.349,16	3,2
363	Dachbeläge	14.864,90 m²	80,06	1.190.050,83	7,8
364	Dachbekleidungen	14.011,68 m²	68,40	958.434,92	6,3
365	Elementierte Dachkonstruktionen	–	–	–	–
366	Lichtschutz zur KG 360	–	–	–	–
369	Sonstiges zur KG 360	18.033,69 m² DAF	0,46	8.297,40	< 0,1
370	**Infrastrukturanlagen**	**–**	**–**	**–**	**–**
380	**Baukonstruktive Einbauten**	**32.500,00 m² BGF**	**0,19**	**6.202,66**	**< 0,1**
390	**Sonst. Maßnahmen für Baukonstrukt.**	**32.500,00 m² BGF**	**125,95**	**4.093.282,62**	**26,8**

Kostenkennwerte für die Kostengruppen 400 der 2. und 3. Ebene DIN 276 (Übersicht)

KG	Kostengruppe	Menge Einheit	€/Einheit	Kosten €	% an 3+4
400	**Bauwerk – Technische Anlagen**	**32.500,00 m²BGF**	**7,58**	**246.245,87**	**1,6**
410	**Abwasser-, Wasser-, Gasanlagen**	**32.500,00 m²BGF**	**5,16**	**167.740,00**	**1,1**
411	Abwasseranlagen	32.500,00 m²BGF	5,16	167.740,00	1,1
412	Wasseranlagen	–	–	–	–
413	Gasanlagen	–	–	–	–
419	Sonstiges zur KG 410	–	–	–	–
420	**Wärmeversorgungsanlagen**	**–**	**–**	**–**	**–**
421	Wärmeerzeugungsanlagen	–	–	–	–
422	Wärmeverteilnetze	–	–	–	–
423	Raumheizflächen	–	–	–	–
424	Verkehrsheizflächen	–	–	–	–
429	Sonstiges zur KG 420	–	–	–	–
430	**Raumlufttechnische Anlagen**	**–**	**–**	**–**	**–**
431	Lüftungsanlagen	–	–	–	–
432	Teilklimaanlagen	–	–	–	–
433	Klimaanlagen	–	–	–	–
434	Kälteanlagen	–	–	–	–
439	Sonstiges zur KG 430	–	–	–	–
440	**Elektrische Anlagen**	**32.500,00 m²BGF**	**2,41**	**78.273,36**	**0,5**
441	Hoch- und Mittelspannungsanlagen	–	–	–	–
442	Eigenstromversorgungsanlagen	–	–	–	–
443	Niederspannungsschaltanlagen	–	–	–	–
444	Niederspannungsinstallationsanlagen	–	–	–	–
445	Beleuchtungsanlagen	–	–	–	–
446	Blitzschutz- und Erdungsanlagen	32.500,00 m²BGF	2,41	78.273,36	0,5
447	Fahrleitungssysteme	–	–	–	–
449	Sonstiges zur KG 440	–	–	–	–
450	**Kommunikationstechnische Anlagen**	**32.500,00 m²BGF**	**< 0,01**	**232,51**	**< 0,1**
451	Telekommunikationsanlagen	–	–	–	–
452	Such- und Signalanlagen	–	–	–	–
453	Zeitdienstanlagen	–	–	–	–
454	Elektroakustische Anlagen	–	–	–	–
455	Audiovisuelle Medien- u. Antennenanl.	32.500,00 m²BGF	< 0,01	232,51	< 0,1
456	Gefahrenmelde- und Alarmanlagen	–	–	–	–
457	Datenübertragungsnetze	–	–	–	–
458	Verkehrsbeeinflussungsanlagen	–	–	–	–
459	Sonstiges zur KG 450	–	–	–	–
460	**Förderanlagen**	**–**	**–**	**–**	**–**
461	Aufzugsanlagen	–	–	–	–
462	Fahrtreppen, Fahrsteige	–	–	–	–
463	Befahranlagen	–	–	–	–
464	Transportanlagen	–	–	–	–
465	Krananlagen	–	–	–	–
466	Hydraulikanlagen	–	–	–	–
469	Sonstiges zur KG 460	–	–	–	–
470	**Nutzungsspez. u. verfahrenstechn. Anl.**	**–**	**–**	**–**	**–**
480	**Gebäude- und Anlagenautomation**	**–**	**–**	**–**	**–**
490	**Sonst. Maßnahmen für techn. Anlagen**	**–**	**–**	**–**	**–**

Modernisierung

Kostenkennwerte für Leistungsbereiche nach STLB (Kosten des Bauwerks nach DIN 276)

LB	Leistungsbereiche	Kosten €	€/m² BGF	€/m³ BRI	% an 3+4
000	Sicherheits-, Baustelleneinrichtungen inkl. 001	3.756.310	115,60	21,60	24,6
002	Erdarbeiten	20.954	0,64	0,12	0,1
006	Spezialtiefbauarbeiten inkl. 005	–	–	–	–
009	Entwässerungskanalarbeiten inkl. 011	–	–	–	–
010	Drän- und Versickerarbeiten	–	–	–	–
012	Mauerarbeiten	151.843	4,70	0,87	1,0
	Wiederherstellen	2.707	0,08	0,02	< 0,1
	Herstellen	149.136	4,60	0,86	1,0
013	Betonarbeiten	2.387.433	73,50	13,70	15,7
014	Natur-, Betonwerksteinarbeiten	15.846	0,49	0,09	0,1
	Wiederherstellen	15.846	0,49	0,09	0,1
016	Zimmer- und Holzbauarbeiten	–	–	–	–
017	Stahlbauarbeiten	–	–	–	–
018	Abdichtungsarbeiten	96.353	3,00	0,55	0,6
019	Kampfmittelräumarbeiten	–	–	–	–
020	Dachdeckungsarbeiten	–	–	–	–
021	Dachabdichtungsarbeiten	823.036	25,30	4,70	5,4
022	Klempnerarbeiten	196.019	6,00	1,10	1,3
	Wiederherstellen	9.753	0,30	0,06	< 0,1
	Herstellen	186.266	5,70	1,10	1,2
	Rohbau	**7.447.792**	**229,20**	**42,80**	**48,8**
	Wiederherstellen	28.306	0,87	0,16	0,2
	Herstellen	7.419.486	228,30	42,60	48,7
023	Putz- und Stuckarbeiten, Wärmedämmsysteme	140.008	4,30	0,80	0,9
024	Fliesen- und Plattenarbeiten	24.196	0,74	0,14	0,2
	Wiederherstellen	4.286	0,13	0,02	< 0,1
	Herstellen	19.910	0,61	0,11	0,1
025	Estricharbeiten	1.923	0,06	0,01	< 0,1
026	Fenster, Außentüren inkl. 029, 032	2.519.912	77,50	14,50	16,5
	Wiederherstellen	687.460	21,20	4,00	4,5
	Herstellen	1.832.452	56,40	10,50	12,0
027	Tischlerarbeiten	–	–	–	–
028	Parkettarbeiten, Holzpflasterarbeiten	–	–	–	–
030	Rollladenarbeiten	–	–	–	–
031	Metallbauarbeiten inkl. 035	2.311.483	71,10	13,30	15,2
	Wiederherstellen	1.746.969	53,80	10,00	11,5
	Herstellen	564.514	17,40	3,20	3,7
034	Maler- und Lackiererarbeiten inkl. 037	110.903	3,40	0,64	0,7
	Wiederherstellen	62.304	1,90	0,36	0,4
	Herstellen	48.598	1,50	0,28	0,3
036	Bodenbelagarbeiten	–	–	–	–
038	Vorgehängte hinterlüftete Fassaden	1.395.404	42,90	8,00	9,2
	Wiederherstellen	1.046.229	32,20	6,00	6,9
	Herstellen	349.175	10,70	2,00	2,3
039	Trockenbauarbeiten	–	–	–	–
	Ausbau	**6.503.828**	**200,10**	**37,40**	**42,7**
	Wiederherstellen	3.547.248	109,10	20,40	23,3
	Herstellen	2.956.580	91,00	17,00	19,4
040	Wärmeversorgungsanl. - Betriebseinr. inkl. 041	–	–	–	–
042	Gas- und Wasserinstallation, Leitungen inkl. 043	–	–	–	–

LB	Leistungsbereiche	Kosten €	€/m² BGF	€/m³ BRI	% an 3+4
044	Abwasseranlagen - Leitungen	137.989	4,20	0,79	0,9
045	GWE-Einrichtungsgegenstände inkl. 046	–	–	–	–
047	Dämmarbeiten an betriebstechnischen Anlagen	–	–	–	–
049	Feuerlöschanlagen, Feuerlöschgeräte	–	–	–	–
050	Blitzschutz- und Erdungsanlagen	70.855	2,20	0,41	0,5
053	Niederspannungsanlagen inkl. 052, 054	–	–	–	–
055	Sicherheits- u. Ersatzstromversorgungsanl.	–	–	–	–
057	Gebäudesystemtechnik	–	–	–	–
058	Leuchten und Lampen inkl. 059	–	–	–	–
060	Sprechanlagen, elektroakust. Anlagen inkl. 064	–	–	–	–
061	Kommunikationsnetze inkl. 063	–	–	–	–
069	Aufzüge	–	–	–	–
070	Gebäudeautomation	–	–	–	–
075	Raumlufttechnische Anlagen inkl. 078	–	–	–	–
	Gebäudetechnik	**208.845**	**6,40**	**1,20**	**1,4**
084	Abbruch, Rückbau, Schadstoffsanierung	1.058.508	32,60	6,10	6,9
	Abbrechen	1.058.508	32,60	6,10	6,9
	Abbrucharbeiten	**1.058.508**	**32,60**	**6,10**	**6,9**
	Abbrechen	1.058.508	32,60	6,10	6,9
	Sonstige Leistungsbereiche	**29.759**	**0,92**	**0,17**	**0,2**

Kulturgebäude

9

- 9100 Gebäude für kulturelle und musische Zwecke
- 9200 Empfangsgebäude bei Verkehrsanlagen
- 9300 Gebäude für Tierhaltung
- 9400 Gebäude für Pflanzenhaltung
- 9500 Schutzbauwerke, Schutzbauten
- 9600 Justizvollzugsanstalten
- 9700 Friedhofsanlagen
- 9900 Gebäude sonstiger Art

9100-0167
Mehrgenerationen-
haus

Objektübersicht

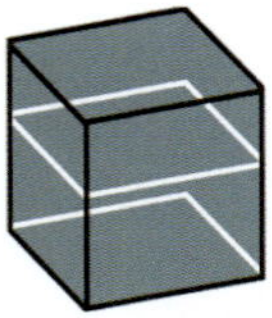
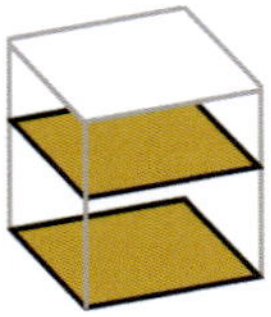
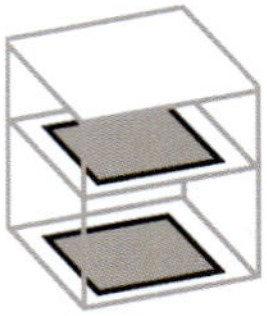

Erweiterung

BRI 374 €/m³ **BGF 976 €/m²** **NUF 1.689 €/m²**

Objekt:
Kennwerte: 3. Ebene DIN 276
BRI: 1.125 m³
BGF: 432 m²
NUF: 249 m²
Bauzeit: 43 Wochen
Bauende: 2018
Standard: Durchschnitt
Bundesland: Niedersachsen
Kreis: Gifhorn

vorher

nachher

nachher

Erweiterung

Ansicht Nord-West

Ansicht Süd-West

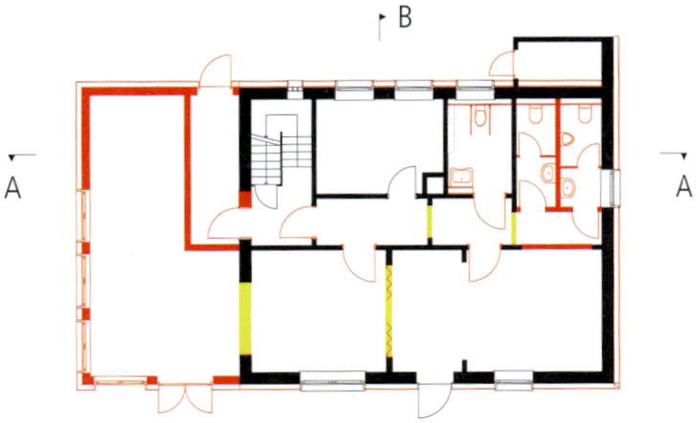

Erdgeschoss

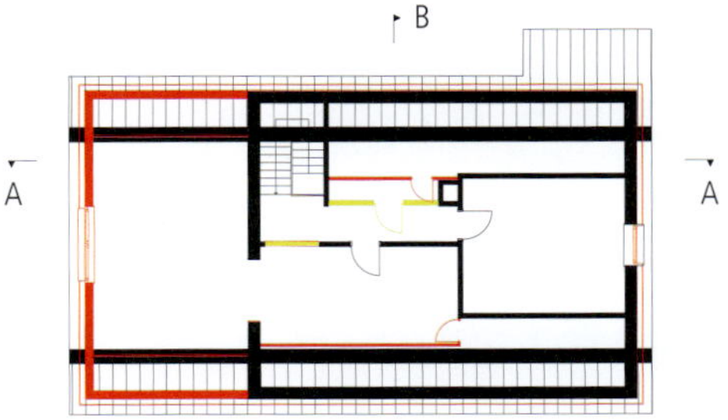

Obergeschoss

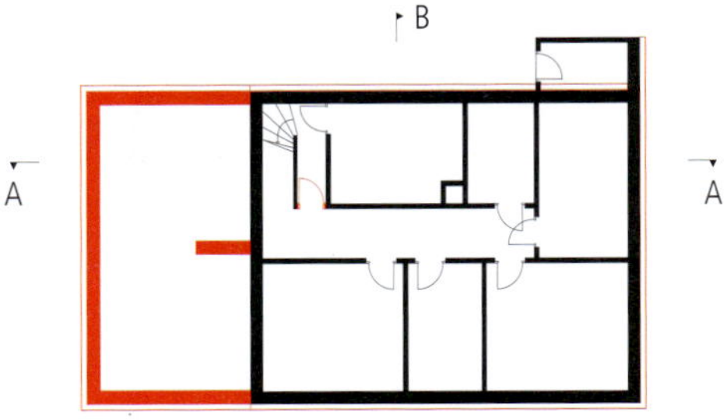

Untergeschoss

Schnitt A-A

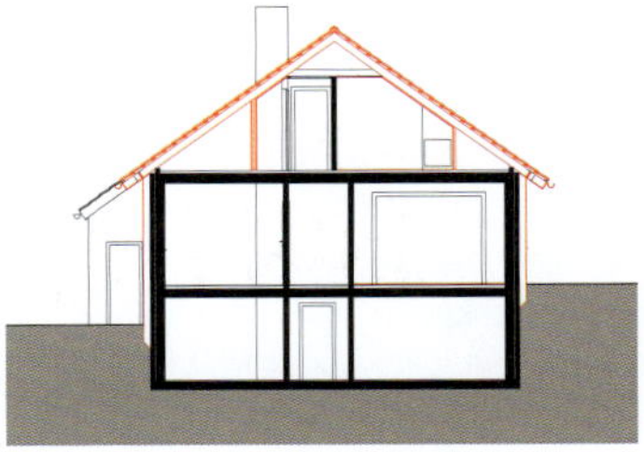

Schnitt B-B

9100-0167
Mehrgenerationen-
haus

Erweiterung

Objektbeschreibung

Allgemeine Objektinformationen

Das Mehrgenerationenhaus hat einen neuen nicht unterkellerten Anbau erhalten und wurde energetisch modernisiert. Das Gebäude beherbergt Nutzungsmöglichkeiten für verschiedene Altersgruppen wie Schüler, Jugendliche, Mütter mit Kindern, Senioren und Vereine bzw. Verbände. Die Räumlichkeiten hierfür wurden erweitert, ein neues Café sowie zwei neue Toiletten wurden geschaffen.

Nutzung

1 Untergeschoss
Archiv, Lager

1 Erdgeschoss
Café, Theke, Küche, Seminarräume, WCs, Flure, Treppenhaus

1 Obergeschoss
Büros, Besprechung, Wartezone, Treppenhaus

Nutzeinheiten

Arbeitsplätze: 4
Sitzplätze: 12

Grundstück

Bauraum: Baulücke
Neigung: Ebenes Gelände
Bodenklasse: BK 1

Markt

Hauptvergabezeit: 2.Quartal 2017
Baubeginn: 2.Quartal 2017
Bauende: 1.Quartal 2018
Konjunkturelle Gesamtlage: Durchschnitt
Regionaler Baumarkt: unter Durchschnitt

Baubestand

Baujahr: in den 50-er Jahren
Bauzustand: mittel
Aufwand: mittel
Grundrissänderungen: wenige
Tragwerkseingriffe: wenige
Nutzungsänderung: nein
Nutzung während der Bauzeit: nein

Baukonstruktion

Das Bestandsgebäude ist aus zweischaligem Ziegelmauerwerk mit dazwischen liegender Luftschicht erbaut. Der Anbau wurde ebenfalls in Massivbauweise hergestellt und die gesamte Fassade mit einem Wärmedämmverbundsystem ummantelt. Sämtliche Fundamente sowie die Kellerdecke bestehen aus Stahlbeton. Im Bestand ist das Erdgeschoss vom Obergeschoss durch eine Holzbalkendecke getrennt, im Neubau wurde eine Stahlbetondecke eingebaut. Es kamen fünf neue bodentiefe Fenster mit Verbundsicherheitsverglasung zur Ausführung. Das bestehende Pfettendach ist vollständig gedämmt und mit neuen Dachziegeln belegt worden. Als Verlängerung des Gebäudes wurde das neue Dach ebenfalls als gedämmtes Satteldach hergestellt. Zu den bereits vorhandenen drei Dachflächenfenstern kam im neuen Büro ein weiteres hinzu.

Technische Anlagen

Wasser und Strom werden über die umliegenden Schulgebäude in das Mehrgenerationenhaus geführt. Beide Anschlüsse waren bereits im Bestandsgebäude vorhanden. Lediglich neue Zähler mussten gesetzt werden, um den Bedarf von Café und Büro zu trennen. Die Heizungsanlage bleibt bestehen, in die neuen Räume werden zusätzlich Heizkörper montiert. Die WCs sind mit Einzelraumlüfter ausgestattet. Die Elektroinstallation sowie die EDV-Verkabelung wurden erneuert. Die Personennotrufanlage wurde überprüft und mit Ruftaste und Läutewerk ausgestattet. Das Beleuchtungskonzept wurde komplett überarbeitet.

Energetische Angaben zu Außenbauteilen

Bodenplatte

U-Wert: 0,28 W/(m²·K)

Gesamtdicke: 17,02 cm	d [cm]	l [W/(m·K)]
Estrich	5,00	1,400
PE-Folie	0,02	0,230
Dämmung	12,00	0,035

Außenwand

U-Wert: 0,23 W/(m²·K)

Gesamtdicke: 39,50 cm	d [cm]	l [W/(m·K)]
Innenputz	1,00	0,700
Kalksandstein	24,00	0,990
Dämmung	14,00	0,035
Außenputz	0,50	1,400

Dach

U-Wert: 0,23 W/(m²·K)

Gesamtdicke: 23,22 cm	d [cm]	l [W/(m·K)]
GK-Platte	1,00	0,240
Luftschicht ruhend	2,20	0,294
PE-Folie	0,02	0,230
Dämmung	20,00	0,035
Holz	20,00	0,130

9100-0167
Mehrgenerationen-
haus

Planungskennwerte für Flächen und Rauminhalte nach DIN 277

Flächen des Grundstücks		Menge Einheit	% an GF
BF	Bebaute Fläche	11.978,00 m²	61,3
UF	Unbebaute Fläche	7.570,00 m²	38,7
GF	Grundstücksfläche	19.548,00 m²	100,0

Erweiterung

Grundflächen des Bauwerks		Menge Einheit	% an NUF	% an BGF
NUF	Nutzungsfläche	249,42 m²	100,0	57,[illegible]
TF	Technikfläche	–	–	–
VF	Verkehrsfläche	49,58 m²	19,9	11,[illegible]
NRF	Netto-Raumfläche	299,00 m²	119,9	69,[illegible]
KGF	Konstruktions-Grundfläche	132,82 m²	53,3	30,8
BGF	Brutto-Grundfläche	431,82 m²	173,1	100,[illegible]

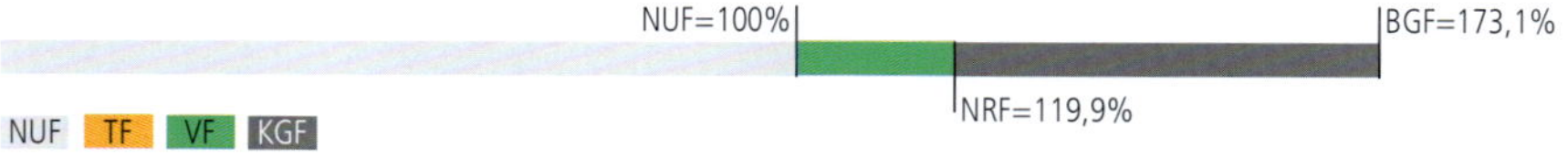

Brutto-Rauminhalt des Bauwerks		Menge Einheit	BRI/NUF (m)	BRI/BGF (m)
BRI	Brutto-Rauminhalt	1.125,40 m³	4,51	2,61

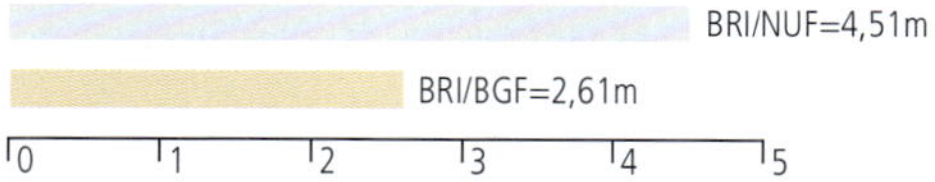

Lufttechnisch behandelte Flächen	Menge Einheit	% an NUF	% an BGF
Entlüftete Fläche	–	–	–
Be- und entlüftete Fläche	–	–	–
Teilklimatisierte Fläche	–	–	–
Klimatisierte Fläche	–	–	–

KG	Kostengruppen (2. Ebene)	Menge Einheit	Menge/NUF	Menge/BGF
310	Baugrube / Erdbau	–	–	–
320	Gründung, Unterbau	44,66 m² GRF	0,18	0,10
330	Außenwände/Vertikale Baukonstruktionen, außen	128,30 m² AWF	0,51	0,30
340	Innenwände/Vertikale Baukonstruktionen, innen	163,30 m² IWF	0,66	0,38
350	Decken/Horizontale Baukonstruktionen	132,19 m² DEF	0,53	0,31
360	Dächer	221,59 m² DAF	0,89	0,51

Kostenkennwerte für die Kostengruppen der 1.Ebene DIN 276

KG	Kostengruppen (1.Ebene)	Einheit	Kosten €	€/Einheit	€/m² BGF	€/m³ BRI	% 300+400
100	Grundstück	m² GF	–	–	–	–	–
200	Vorbereitende Maßnahmen	m² GF	13.345	0,68	30,90	11,86	3,2
300	Bauwerk – Baukonstruktionen	m² BGF	322.853	747,66	747,66	286,88	76,6
400	Bauwerk – Technische Anlagen	m² BGF	98.523	228,16	228,16	87,54	23,4
	Bauwerk 300+400	**m² BGF**	**421.376**	**975,81**	**975,81**	**374,42**	**100,0**
500	Außenanlagen und Freiflächen	m² AF	30.058	3,97	69,61	26,71	7,1
600	Ausstattung und Kunstwerke	m² BGF	4.473	10,36	10,36	3,97	1,1
700	Baunebenkosten	m² BGF	–	–	–	–	–
800	Finanzierung	m² BGF	–	–	–	–	–

KG	Kostengruppe	Menge Einheit	Kosten €	€/Einheit	%
200	**Vorbereitende Maßnahmen**	19.548,00 m² GF	13.345	**0,68**	3,2

- Abbrechen (Kosten: 100,0%) 13.345
  Abbruch von Asphalt, Bäume fällen, Wurzelstöcke roden; Entsorgung, Deponiegebühren

KG	Kostengruppe	Menge Einheit	Kosten €	€/Einheit	%
3+4	**Bauwerk**				**100,0**
300	**Bauwerk – Baukonstruktionen**	431,82 m² BGF	322.853	**747,66**	76,6

- Abbrechen (Kosten: 9,6%) 30.996
  Abbruch von Stb-Fundament; Mauerwerk, Tapeten; Holztüren; PVC-Bodenbelägen, Bodenfliesen; Dachziegeln, Dachrinnen; Entsorgung, Deponiegebühren

- Wiederherstellen (Kosten: 0,9%) 2.768
  Risse im Estrich schließen, Estrich erneuern, schleifen, lackieren von Holzgeländern, von Treppenbekleidungen

- Herstellen (Kosten: 89,5%) 289.089
  Bodenaushub, Stb-Bodenplatte, Fundamente, Abdichtung, Dämmung, Estrich, Linoleum, Bodenfliesen; KS-Mauerwerk, Kunststofffenster, Glastür, WDVS, Beschichtung, Lamellenraffstores, Vordach; GK-Wände, Holztüren, Stahltüren, Putz, Tapeten, Beschichtung, Wandfliesen, WC-Trennwände, Falttrennwand; Stb-Decke, Akustikdeckenelemente; Dachbalkendach, Dachflächenfenster, Betondachsteine, Dachentwässerung

KG	Kostengruppe	Menge Einheit	Kosten €	€/Einheit	%
400	**Bauwerk – Technische Anlagen**	431,82 m² BGF	98.523	**228,16**	23,4

- Abbrechen (Kosten: 0,8%) 837
  Demontage und lagern von Zählerschrank, Zähler, Leitungen, Installationsgeräten; Rettungszeichenleuchte

- Wiederherstellen (Kosten: 2,0%) 1.994
  Abbruch und Neueinbau von Betonkranz; montieren von gelagerten Deckenleuchten; Personenrufanlage prüfen, montieren

- Herstellen (Kosten: 97,1%) 95.692
  Gebäudeentwässerung, Kalt- und Warmwasserleitungen, Sanitärobjekte, Speicher; Heizungsrohre, Enthärtungsanlage, Heizkörper; Einzelraumlüfter; Elektroinstallation, Beleuchtung, Erdung; Fernmeldeleitungen, Antennenanschluss, Datenverkabelung

KG	Kostengruppe	Menge Einheit	Kosten €	€/Einheit	%
500	**Außenanlagen und Freiflächen**	7.570,00 m²AF	30.058	**3,97**	7,
	• Abbrechen (Kosten: 8,6%) Demontieren und lagern von Betonpflaster, Betonbordsteinen; Entsorgung, Deponiegebühren		2.593		
	• Wiederherstellen (Kosten: 0,7%) Holz-Sitzbänke umsetzen		207		
	• Herstellen (Kosten: 90,7%) Schottertragschicht; Pflaster; Entwässerungsrinnen		27.259		
600	**Ausstattung und Kunstwerke**	431,82 m²BGF	4.473	**10,36**	1,
	• Herstellen (Kosten: 100,0%) Holzbank, Holzregal, Sanitärausstattungen		4.473		

Erweiterung

Kostenkennwerte für die Kostengruppen der 2.Ebene DIN 276

KG	Kostengruppe	Menge Einheit	Kosten €	€/Einheit	%
200	**Vorbereitende Maßnahmen**				**100,0**
210	**Herrichten**	19.548,00 m^2 GF	13.345	**0,68**	100,0
	• Abbrechen (Kosten: 100,0%) Abbruch von Asphalt (54m^2), Asphaltbelag trennen (20m) * Bäume fällen, StD=30cm, Wurzelstöcke roden (2St); Entsorgung, Deponiegebühren	19.548,00 m^2 GF	13.345	**0,68**	
300	**Bauwerk – Baukonstruktionen**				**100,0**
320	**Gründung, Unterbau**	44,66 m^2 GRF	37.032	**829,20**	11,5
	• Abbrechen (Kosten: 6,7%) Abbruch von Stb-Fundament (1m^2); Entsorgung, Deponiegebühren	0,82 m^2 GRF	2.474	**3.016,74**	
	• Herstellen (Kosten: 93,3%) Fundamentaushub (85m^3), Füllsand (23m^3), Stb-Bodenplatte, d=18cm (45m^2), Stb-Streifenfundamente (9m^3), Stb-Einzelfundamente (1m^3), Betonwinkelstützen (2St) * Bitumenabdichtung (41m^2), EPS-Wärmedämmung, d=150mm (30m^2), Estrich, d=65mm (31m^2), Linoleum (30m^2), Bodenfliesen (5m^2), Sauberlaufmatte (2m^2) * Sauberkeitsschicht, d=5cm (45m^2), Bitumendickbeschichtung, Noppenbahn (53m)	44,66 m^2 GRF	34.558	**773,81**	
330	**Außenwände/Vert. Baukonstrukt., außen**	128,30 m^2 AWF	89.577	**698,18**	27,7
	• Abbrechen (Kosten: 13,4%) Abbruch von Mauerwerk, d=36,5cm (9m^2), Trennschnitte (33m) * Tapeten (79m^2) * Lichtschacht mit Gitterrost (1m^2); Entsorgung, Deponiegebühren	78,79 m^2 AWF	12.018	**152,53**	
	• Herstellen (Kosten: 86,6%) KS-Mauerwerk, d=24cm (39m^2), Leichtbeton-Wärmdämmelemente, b=24cm (9m), Sturz, d=24cm (5m) * Kunststofffenster (22m^2), Glastür (2m^2) * WDVS (64m^2), Brandriegel (57m), Oberputz, Beschichtung (64m^2), Feuchteschutz (20m) * GK-Vorsatzschalen (28m^2), Gipsputz (106m^2), Tapeten (80m^2), Beschichtung (81m^2), Wandfliesen (23m^2) * Alu-Lamellenraffstores (17m^2) * Vordach (1St), Brüstungsgeländer (5m), Gitterrost (1St)	128,30 m^2 AWF	77.559	**604,51**	
340	**Innenwände/Vert. Baukonstrukt., innen**	163,30 m^2 IWF	64.218	**393,25**	19,9
	• Abbrechen (Kosten: 8,7%) Abbruch von Mauerwerk, d=18cm (8m^2) * Mauerwerk, d=15cm (13m^2) * Holztüren (14m^2) * Tapeten (83m^2); Entsorgung, Deponiegebühren	55,77 m^2 IWF	5.609	**100,57**	
	• Herstellen (Kosten: 91,3%) KS-Mauerwerk, d=11,5-36,5cm (24m^2), Leichtbeton-Wärmdämmelemente, b=11,5cm (6m) * Metallständerwände, d=15cm (34m^2) * Holztüren (16m^2), Stahltüren (3m^2), Schlupftür (1m^2) * GK-Vorsatzschalen (15m^2), Gipsputz (24m^2), Tapeten (214m^2), Beschichtung (235m^2), Wandfliesen (27m^2) * WC-Trennwände (6m^2), Falttrennwand (6m^2)	163,30 m^2 IWF	58.609	**358,90**	

Erweiterung

KG	Kostengruppe	Menge Einheit	Kosten €	€/Einheit	%
350	**Decken/Horizontale Baukonstruktionen**	132,19 m²DEF	51.970	**393,15**	16,
	• Abbrechen (Kosten: 10,2%) Demontieren und lagern von Sockelleisten (15m), Abbruch von PVC-Bodenbelägen (72m²), Bodenfliesen (4m²) * Tapeten (39m²), Deckenleisten (65m); Entsorgung, Deponiegebühren	75,95 m²DEF	5.318	**70,02**	
	• Wiederherstellen (Kosten: 5,3%) Risse im Estrich schließen (13m), Abbruch und Neueinbau von Estrich (2m²) * schleifen, lackieren von Holzgeländern (8m²), von Kellertreppenbekleidung (5m²)	2,01 m²DEF	2.768	**1.377,24**	
	• Herstellen (Kosten: 84,4%) Stb-Decke, d=18cm (46m²), Widerlager für Kehlbalkendach (10m) * EPS-Trittschalldämmung, d=40mm (29m²), EPS-Wärmedämmung, d=150mm (10m²), Estrich, d=60-65mm (39m²), Linoleum (117m²), Bodenfliesen (15m²) * GK-Deckenbekleidung (35m²), Tapeten (33m²), Beschichtung (36m²), Akustikdeckenelemente (32m²), Holz-Deckenleisten (psch)	132,19 m²DEF	43.883	**331,97**	
360	**Dächer**	221,59 m²DAF	63.131	**284,90**	19,€
	• Abbrechen (Kosten: 8,8%) Abbruch von Holzschalung (psch) * Dachziegeln, Traglattung (150m²), Dachrinnen (20m) * Tapeten (50m²); Entsorgung, Deponiegebühren	150,00 m²DAF	5.577	**37,18**	
	• Herstellen (Kosten: 91,2%) Dachbalkendach (2m³), Anschluss an Bestand (185m), Unterspannbahn, Konterlattung (219m²), Traufbohlen (34m) * Dachflächenfenster (1m²), gelagerte Dachflächenfenster einbauen (2m²) * Traglattung, Betondachsteine (219m²), Lüfterfirst (17m), Traufschalung (16m²), Blechabdeckungen (34m), Dachrinnen (34m), Regenfallrohre (4m) * Zwischensparrendämmung (135m²), GK-Dachbekleidung (90m²), Tapeten (72m²), Beschichtung (115m²) * Sonnenschutzrollo (1m²) * Schneefanggitter (34m)	221,59 m²DAF	57.554	**259,73**	
390	**Sonst. Maßnahmen für Baukonstrukt.**	431,82 m²BGF	16.926	**39,20**	5,2
	• Herstellen (Kosten: 100,0%) Bauzaun (88m), Tor (1St), Baustellen-WCs (26Wo) * Arbeitsgerüst (187m²), Konsolenverbreiterung (87m) * Müll, Bauschutt (psch) * Schutzfolien (19m²) * Provisorische Dach-Notabdichtung (200m²); Entsorgung, Deponiegebühren	431,82 m²BGF	16.926	**39,20**	
400	**Bauwerk – Technische Anlagen**				**100,0**
410	**Abwasser-, Wasser-, Gasanlagen**	431,82 m²BGF	12.200	**28,25**	12,4
	• Herstellen (Kosten: 100,0%) HT-Abwasserrohre DN40-100 (36m) * Kupferrohre DN15-22 (38m), Waschtische (2St), Tiefspül-WCs (2St), Urinal (1St), Stützklappgriffe (2St), Warmwasserspeicher 10l (1St) * Montageelemente (5St)	431,82 m²BGF	12.200	**28,25**	
420	**Wärmeversorgungsanlagen**	431,82 m²BGF	40.101	**92,87**	40,7
	• Wiederherstellen (Kosten: 3,5%) Abbruch und Neueinbau von Betonkranz (1St); Entsorgung, Deponiegebühren	431,82 m²BGF	1.418	**3,28**	
	• Herstellen (Kosten: 96,5%) Kupferrohre DN12-22 (140m), Ausdehnungsgefäß (1St), Enthärtungsanlage (1St), Entsalzungspatrone (1St) * Flachheizkörper (8St)	431,82 m²BGF	38.683	**89,58**	

KG	Kostengruppe	Menge Einheit	Kosten €	€/Einheit	%
430	**Raumlufttechnische Anlagen**	431,82 m² BGF	550	**1,27**	0,6
	• Herstellen (Kosten: 100,0%) Einzelraumlüfter (2St)	431,82 m² BGF	550	**1,27**	
440	**Elektrische Anlagen**	431,82 m² BGF	37.298	**86,37**	37,9
	• Abbrechen (Kosten: 2,2%) Demontage und lagern von Zählerschrank (1St), Zähler (1St), Leitungen (460m), Leerrohren (31m), Installationsgeräten (47St), Fußbodentanks (2St) * Rettungszeichenleuchte (1St)	431,82 m² BGF	837	**1,94**	
	• Wiederherstellen (Kosten: 1,4%) Demontage, lagern, wieder montieren von Deckenleuchten (7St)	431,82 m² BGF	507	**1,17**	
	• Herstellen (Kosten: 96,4%) Zählerschrank (1St), Zähler (1St), LS-Schalter (18St), FI-Schalter (7St), Mantelleitungen (1.124m), Installationsleitungen (148m), Steckdosen (40St), Schalter, Taster (26St) * LED-Deckenanbauleuchten (6St), LED-Wandanbauleuchten (4St), LED-Ovalleuchte (1St) * Fundamenterder (27m)	431,82 m² BGF	35.955	**83,26**	
450	**Kommunikationstechnische Anlagen**	431,82 m² BGF	8.372	**19,39**	8,5
	• Wiederherstellen (Kosten: 0,8%) Gelagerte Personenrufanlage prüfen, montieren (1St)	431,82 m² BGF	69	**0,16**	
	• Herstellen (Kosten: 99,2%) Fernmeldeleitungen (164m) * Lautsprecherleitungen (55m), Ruftaste (1St), Läutewerke (2St) * Antennenkabel (10m) * Datenkabel Cat7 (475m), Datenanschlussdosen (9St), Patchpanel Cat6 (1St), 19" Wandschrank (1St), Monitorkabel (10m)	431,82 m² BGF	8.304	**19,23**	
500	**Außenanlagen und Freiflächen**				**100,0**
520	**Gründung, Unterbau**	7.570,00 m² AF	3.961	**0,52**	13,2
	• Herstellen (Kosten: 100,0%) Schottertragschicht, d=20cm (106m²)	7.570,00 m² AF	3.961	**0,52**	
530	**Oberbau, Deckschichten**	145,22 m² BFF	18.130	**124,85**	60,3
	• Abbrechen (Kosten: 14,3%) Demontieren und lagern von Betonpflaster (53m²), Abbruch von Betonpflaster (30m²), Betonbordsteinen (23m); Entsorgung, Deponiegebühren	82,89 m² BFF	2.593	**31,28**	
	• Wiederherstellen (Kosten: 1,1%) Holz-Sitzbänke umsetzen (psch)	–	207	**–**	
	• Herstellen (Kosten: 84,6%) Betonpflaster, Lagermaterial (106m²), Liefermaterial (39m²), Betonbordsteine (15m)	145,22 m² BFF	15.331	**105,57**	
550	**Technische Anlagen**	7.570,00 m² AF	7.967	**1,05**	26,5
	• Herstellen (Kosten: 100,0%) Entwässerungsrinnen (8m), Regenwasserleitungen, Anschluss an Bestandsleitung (15m)	7.570,00 m² AF	7.967	**1,05**	

9100-0167
Mehrgenerationen-
haus

Erweiterung

KG	Kostengruppe	Menge Einheit	Kosten €	€/Einheit	%
600	**Ausstattung und Kunstwerke**				**100,0**
610	**Allgemeine Ausstattung**	431,82 m²BGF	4.473	**10,36**	100,0
	• Herstellen (Kosten: 100,0%) Holzbank (1St), Holzregal (1St), Spiegel (2St), Seifenspender (2St), Handtuchspender (2St), Papiergitterkörbe (2St), WC-Papierhalter (2St), Reservepapierhalter (2St), WC-Bürstengarnituren (2St)	431,82 m²BGF	4.473	**10,36**	

Kostenkennwerte für die Kostengruppen 300 der 2. und 3. Ebene DIN 276 (Übersicht)

KG	Kostengruppe	Menge Einheit	€/Einheit	Kosten €	% an 3+4
300	**Bauwerk – Baukonstruktionen**	**431,82 m² BGF**	**747,66**	**322.853,30**	**76,6**
310	**Baugrube / Erdbau**	**–**	**–**	**–**	**–**
311	Herstellung	–	–	–	–
312	Umschließung	–	–	–	–
313	Wasserhaltung	–	–	–	–
314	Vortrieb	–	–	–	–
319	Sonstiges zur KG 310	–	–	–	–
320	**Gründung, Unterbau**	**44,66 m² GRF**	**829,20**	**37.032,21**	**8,8**
321	Baugrundverbesserung	–	–	–	–
322	Flachgründungen und Bodenplatten	44,66 m²	594,85	26.566,06	6,3
323	Tiefgründungen	–	–	–	–
324	Gründungsbeläge	36,75 m²	182,90	6.721,44	1,6
325	Abdichtungen und Bekleidungen	44,66 m²	83,85	3.744,71	0,9
326	Dränagen	–	–	–	–
329	Sonstiges zur KG 320	–	–	–	–
330	**Außenwände/Vert. Baukonstrukt., außen**	**128,30 m² AWF**	**698,18**	**89.576,85**	**21,3**
331	Tragende Außenwände	39,40 m²	413,50	16.291,79	3,9
332	Nichttragende Außenwände	–	–	–	–
333	Außenstützen	–	–	–	–
334	Außenwandöffnungen	24,57 m²	765,38	18.805,31	4,5
335	Außenwandbekleidungen, außen	64,16 m²	256,84	16.478,66	3,9
336	Außenwandbekleidungen, innen	103,73 m²	200,61	20.808,88	4,9
337	Element. Außenwandkonstruktionen	–	–	–	–
338	Lichtschutz zur KG 330	16,71 m²	378,71	6.328,21	1,5
339	Sonstiges zur KG 330	128,30 m² AWF	84,68	10.864,02	2,6
340	**Innenwände/Vert. Baukonstrukt., innen**	**163,30 m² IWF**	**393,25**	**64.217,61**	**15,2**
341	Tragende Innenwände	23,16 m²	227,13	5.260,35	1,2
342	Nichttragende Innenwände	34,06 m²	184,02	6.267,83	1,5
343	Innenstützen	–	–	–	–
344	Innenwandöffnungen	19,79 m²	877,33	17.362,43	4,1
345	Innenwandbekleidungen	261,79 m²	56,34	14.748,76	3,5
346	Elementierte Innenwandkonstruktionen	12,62 m²	1.630,61	20.578,26	4,9
347	Lichtschutz zur KG 340	–	–	–	–
349	Sonstiges zur KG 340	–	–	–	–
350	**Decken/Horizontale Baukonstruktionen**	**132,19 m² DEF**	**393,15**	**51.969,95**	**12,3**
351	Deckenkonstruktionen	46,08 m²	279,13	12.862,43	3,1
352	Deckenöffnungen	–	–	–	–
353	Deckenbeläge	134,20 m²	198,34	26.617,52	6,3
354	Deckenbekleidungen	67,19 m²	174,84	11.747,33	2,8
355	Elementierte Deckenkonstruktionen	–	–	–	–
359	Sonstiges zur KG 350	132,19 m² DEF	5,62	742,70	0,2
360	**Dächer**	**221,59 m² DAF**	**284,90**	**63.130,56**	**15,0**
361	Dachkonstruktionen	218,60 m²	54,33	11.877,61	2,8
362	Dachöffnungen	2,99 m²	1.414,15	4.228,31	1,0
363	Dachbeläge	218,60 m²	124,46	27.205,89	6,5
364	Dachbekleidungen	114,55 m²	147,17	16.857,92	4,0
365	Elementierte Dachkonstruktionen	–	–	–	–
366	Lichtschutz zur KG 360	1,40 m²	215,59	301,82	< 0,1
369	Sonstiges zur KG 360	221,59 m² DAF	12,00	2.659,01	0,6
370	**Infrastrukturanlagen**	**–**	**–**	**–**	**–**
380	**Baukonstruktive Einbauten**	**–**	**–**	**–**	**–**
390	**Sonst. Maßnahmen für Baukonstrukt.**	**431,82 m² BGF**	**39,20**	**16.926,11**	**4,0**

Kostenkennwerte für die Kostengruppen 400 der 2. und 3.Ebene DIN 276 (Übersicht)

KG	Kostengruppe	Menge Einheit	€/Einheit	Kosten €	% an 3+4
400	**Bauwerk – Technische Anlagen**	**431,82 m2 BGF**	**228,16**	**98.522,56**	**23,4**
410	**Abwasser-, Wasser-, Gasanlagen**	**431,82 m2 BGF**	**28,25**	**12.200,29**	**2,9**
411	Abwasseranlagen	431,82 m2 BGF	6,10	2.634,16	0,6
412	Wasseranlagen	431,82 m2 BGF	18,63	8.042,67	1,9
413	Gasanlagen	–	–	–	–
419	Sonstiges zur KG 410	431,82 m2 BGF	3,53	1.523,47	0,4
420	**Wärmeversorgungsanlagen**	**431,82 m2 BGF**	**92,87**	**40.101,21**	**9,5**
421	Wärmeerzeugungsanlagen	–	–	–	–
422	Wärmeverteilnetze	431,82 m2 BGF	71,59	30.913,61	7,3
423	Raumheizflächen	431,82 m2 BGF	17,99	7.769,61	1,8
424	Verkehrsheizflächen	–	–	–	–
429	Sonstiges zur KG 420	431,82 m2 BGF	3,28	1.417,99	0,3
430	**Raumlufttechnische Anlagen**	**431,82 m2 BGF**	**1,27**	**550,43**	**0,1**
431	Lüftungsanlagen	431,82 m2 BGF	1,27	550,43	0,1
432	Teilklimaanlagen	–	–	–	–
433	Klimaanlagen	–	–	–	–
434	Kälteanlagen	–	–	–	–
439	Sonstiges zur KG 430	–	–	–	–
440	**Elektrische Anlagen**	**431,82 m2 BGF**	**86,37**	**37.298,31**	**8,9**
441	Hoch- und Mittelspannungsanlagen	–	–	–	–
442	Eigenstromversorgungsanlagen	–	–	–	–
443	Niederspannungsschaltanlagen	–	–	–	–
444	Niederspannungsinstallationsanlagen	431,82 m2 BGF	72,63	31.363,78	7,4
445	Beleuchtungsanlagen	431,82 m2 BGF	11,37	4.911,92	1,2
446	Blitzschutz- und Erdungsanlagen	431,82 m2 BGF	2,37	1.022,59	0,2
447	Fahrleitungssysteme	–	–	–	–
449	Sonstiges zur KG 440	–	–	–	–
450	**Kommunikationstechnische Anlagen**	**431,82 m2 BGF**	**19,39**	**8.372,31**	**2,0**
451	Telekommunikationsanlagen	431,82 m2 BGF	1,46	632,59	0,2
452	Such- und Signalanlagen	431,82 m2 BGF	1,93	835,21	0,2
453	Zeitdienstanlagen	–	–	–	–
454	Elektroakustische Anlagen	–	–	–	–
455	Audiovisuelle Medien- u. Antennenanl.	431,82 m2 BGF	0,66	282,91	< 0,1
456	Gefahrenmelde- und Alarmanlagen	–	–	–	–
457	Datenübertragungsnetze	431,82 m2 BGF	15,33	6.621,57	1,6
458	Verkehrsbeeinflussungsanlagen	–	–	–	–
459	Sonstiges zur KG 450	–	–	–	–
460	**Förderanlagen**	**–**	**–**	**–**	**–**
461	Aufzugsanlagen	–	–	–	–
462	Fahrtreppen, Fahrsteige	–	–	–	–
463	Befahranlagen	–	–	–	–
464	Transportanlagen	–	–	–	–
465	Krananlagen	–	–	–	–
466	Hydraulikanlagen	–	–	–	–
469	Sonstiges zur KG 460	–	–	–	–
470	**Nutzungsspez. u. verfahrenstechn. Anl.**	**–**	**–**	**–**	**–**
480	**Gebäude- und Anlagenautomation**	**–**	**–**	**–**	**–**
490	**Sonst. Maßnahmen für techn. Anlagen**	**–**	**–**	**–**	**–**

Kostenkennwerte für Leistungsbereiche nach STLB (Kosten des Bauwerks nach DIN 276)

LB	Leistungsbereiche	Kosten €	€/m² BGF	€/m³ BRI	% an 3+4
000	Sicherheits-, Baustelleneinrichtungen inkl. 001	14.635	33,90	13,00	3,5
002	Erdarbeiten	11.231	26,00	10,00	2,7
006	Spezialtiefbauarbeiten inkl. 005	–	–	–	–
009	Entwässerungskanalarbeiten inkl. 011	–	–	–	–
010	Drän- und Versickerarbeiten	–	–	–	–
012	Mauerarbeiten	18.526	42,90	16,50	4,4
013	Betonarbeiten	31.135	72,10	27,70	7,4
	Wiederherstellen	1.418	3,30	1,30	0,3
	Herstellen	29.717	68,80	26,40	7,1
014	Natur-, Betonwerksteinarbeiten	–	–	–	–
016	Zimmer- und Holzbauarbeiten	15.367	35,60	13,70	3,6
017	Stahlbauarbeiten	–	–	–	–
018	Abdichtungsarbeiten	1.418	3,30	1,30	0,3
019	Kampfmittelräumarbeiten	–	–	–	–
020	Dachdeckungsarbeiten	18.757	43,40	16,70	4,5
021	Dachabdichtungsarbeiten	1.807	4,20	1,60	0,4
022	Klempnerarbeiten	8.786	20,30	7,80	2,1
	Rohbau	**121.661**	**281,70**	**108,10**	**28,9**
	Wiederherstellen	1.418	3,30	1,30	0,3
	Herstellen	120.243	278,50	106,80	28,5
023	Putz- und Stuckarbeiten, Wärmedämmsysteme	26.462	61,30	23,50	6,3
024	Fliesen- und Plattenarbeiten	15.259	35,30	13,60	3,6
025	Estricharbeiten	7.120	16,50	6,30	1,7
	Wiederherstellen	1.887	4,40	1,70	0,4
	Herstellen	5.232	12,10	4,60	1,2
026	Fenster, Außentüren inkl. 029, 032	23.895	55,30	21,20	5,7
027	Tischlerarbeiten	38.852	90,00	34,50	9,2
028	Parkettarbeiten, Holzpflasterarbeiten	–	–	–	–
030	Rollladenarbeiten	302	0,70	0,27	< 0,1
031	Metallbauarbeiten inkl. 035	6.555	15,20	5,80	1,6
034	Maler- und Lackiererarbeiten inkl. 037	17.305	40,10	15,40	4,1
	Wiederherstellen	743	1,70	0,66	0,2
	Herstellen	16.562	38,40	14,70	3,9
036	Bodenbelagarbeiten	13.834	32,00	12,30	3,3
	Wiederherstellen	138	0,32	0,12	< 0,1
	Herstellen	13.696	31,70	12,20	3,3
038	Vorgehängte hinterlüftete Fassaden	–	–	–	–
039	Trockenbauarbeiten	24.523	56,80	21,80	5,8
	Ausbau	**174.106**	**403,20**	**154,70**	**41,3**
	Wiederherstellen	2.768	6,40	2,50	0,7
	Herstellen	171.337	396,80	152,20	40,7
040	Wärmeversorgungsanl. - Betriebseinr. inkl. 041	34.727	80,40	30,90	8,2
042	Gas- und Wasserinstallation, Leitungen inkl. 043	1.046	2,40	0,93	0,2
044	Abwasseranlagen - Leitungen	2.546	5,90	2,30	0,6
045	GWE-Einrichtungsgegenstände inkl. 046	8.336	19,30	7,40	2,0
047	Dämmarbeiten an betriebstechnischen Anlagen	4.461	10,30	4,00	1,1
049	Feuerlöschanlagen, Feuerlöschgeräte	–	–	–	–
050	Blitzschutz- und Erdungsanlagen	1.023	2,40	0,91	0,2
053	Niederspannungsanlagen inkl. 052, 054	27.563	63,80	24,50	6,5
055	Sicherheits- u. Ersatzstromversorgungsanl.	–	–	–	–

9100-0167
Mehrgenerationen-
haus

Erweiterung

LB	Leistungsbereiche	Kosten €	€/m² BGF	€/m³ BRI	% an 3+4
057	Gebäudesystemtechnik	–	–	–	–
058	Leuchten und Lampen inkl. 059	4.900	11,30	4,40	1,2
	Wiederherstellen	507	1,20	0,45	0,1
	Herstellen	4.392	10,20	3,90	1,0
060	Sprechanlagen, elektroakust. Anlagen inkl. 064	548	1,30	0,49	0,1
	Wiederherstellen	69	0,16	0,06	< 0,1
	Herstellen	479	1,10	0,43	0,1
061	Kommunikationsnetze inkl. 063	6.993	16,20	6,20	1,7
069	Aufzüge	–	–	–	–
070	Gebäudeautomation	–	–	–	–
075	Raumlufttechnische Anlagen inkl. 078	550	1,30	0,49	0,1
	Gebäudetechnik	**92.692**	**214,70**	**82,40**	**22,0**
	Wiederherstellen	576	1,30	0,51	0,1
	Herstellen	92.116	213,30	81,90	21,9
084	Abbruch, Rückbau, Schadstoffsanierung	31.832	73,70	28,30	7,6
	Abbrechen	31.832	73,70	28,30	7,6
	Abbrucharbeiten	**31.832**	**73,70**	**28,30**	**7,6**
	Abbrechen	31.832	73,70	28,30	7,6
	Sonstige Leistungsbereiche	**1.085**	**2,50**	**0,96**	**0,3**

Kostenstand: 3. Quartal 2023, Bundesdurchschnitt, **inkl. 19% MwSt.**

9100-0209
Probensaal
Staatskapelle

Erweiterung

Objektübersicht

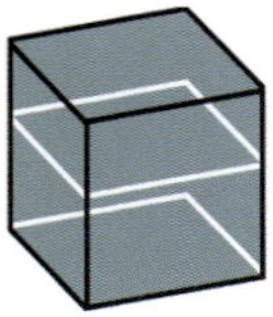

BRI 719€/m³

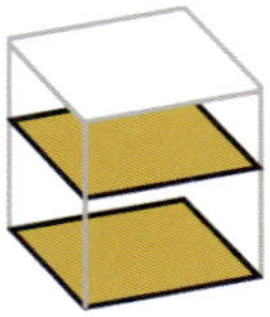

BGF 3.727€/m²

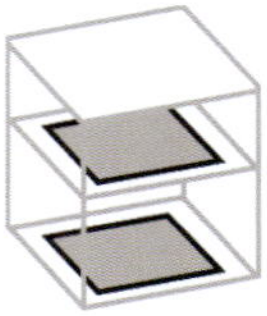

NUF 5.872€/m²

Objekt:
Kennwerte: 1.Ebene DIN 276
BRI: 11.842 m³
BGF: 2.283 m²
NUF: 1.449 m²
Bauzeit: 157 Wochen
Bauende: 2021
Standard: über Durchschnitt
Bundesland: Thüringen
Kreis: Weimar, Stadt

Architekt*in:
pbr Planungsbüro
Rohling AG
Rathenaustraße 11
07745 Jena

Bauherr*in:
Stadtverwaltung Weimar
Amt für Gebäudewirtschaft
Schwanseestraße 17
99423 Weimar

© Michael Moser

© Michael Moser

© Michael Moser

© Michael Moser

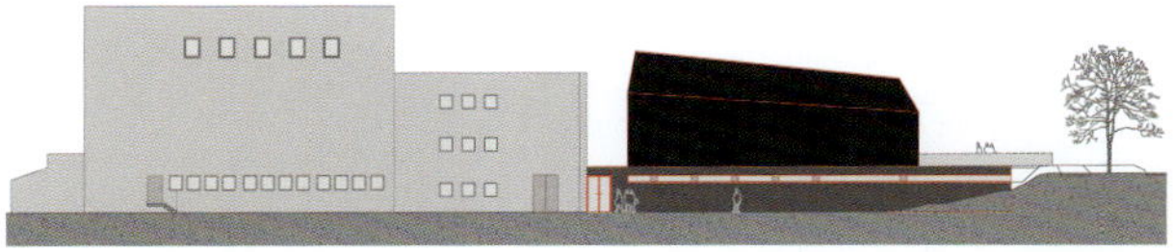

Ansicht Nord

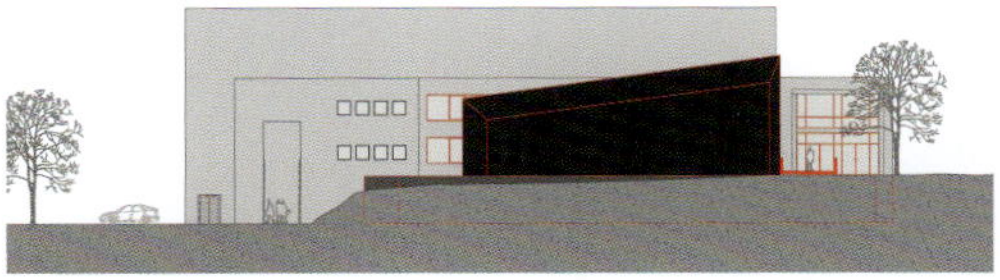

Ansicht Ost

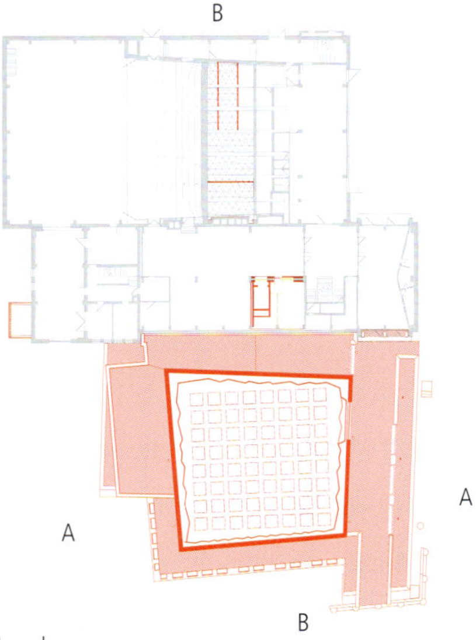

Erdgeschoss

Untergeschoss

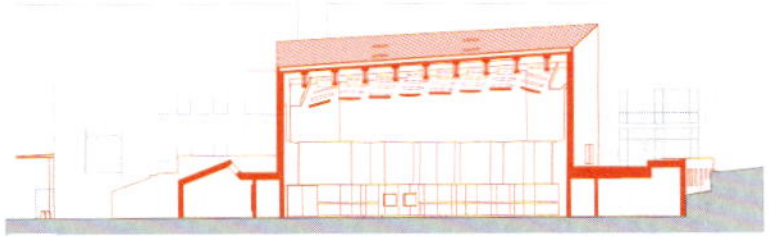

Schnitt A-A

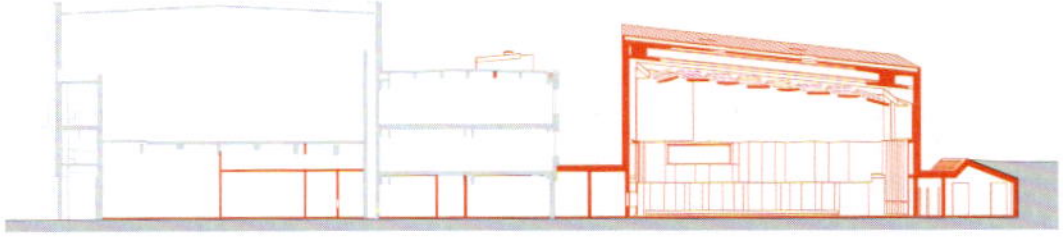

Schnitt B-B

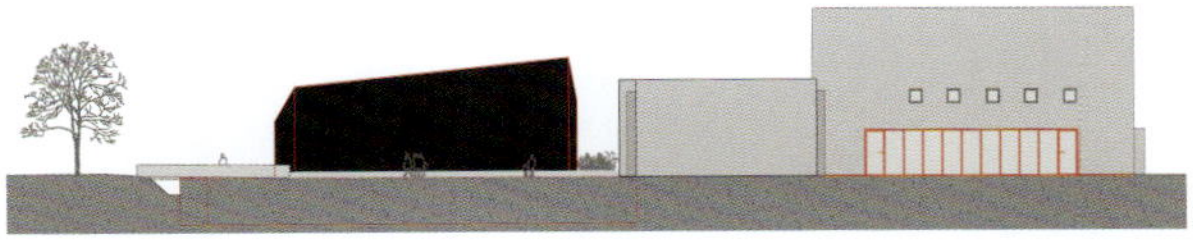

Ansicht Süd

Objektbeschreibung

Allgemeine Objektinformationen

Der Realisierung des massiven Neubaus ist die Modernisierung der bestehenden Redoute vorausgegangen. Die Ergänzung des neuen Probensaals erfolgte an der nordöstlichen Seite des sanierten Bestandsgebäudes mit direkter Anbindung. Der zentrale überhöhte Saalbaukörper wird von den dienenden Räumen (Einspielzimmer, Tonstudio, WCs und Flure) auf Ebene des Untergeschosses umgeben. Diese sind teilweise unterirdisch angeordnet.

Nutzung

1 Untergeschoss
Probensaal, Instrumentenräume, Dirigentenraum, Konzertmeisterraum, Orchesterwarte, Tonstudio, WCs, Garderobenräume, Lagerräume, Lüftungsraum, Heizungsraum, Technikräume

1 Erdgeschoss
Aufenthaltsraum

Grundstück

Bauraum: Beengter Bauraum
Neigung: Hanglage
Bodenklasse: BK 4 bis BK 7

Markt

Hauptvergabezeit: 2.Quartal 2018
Baubeginn: 2.Quartal 2018
Bauende: 2.Quartal 2021
Konjunkturelle Gesamtlage: Durchschnitt
Regionaler Baumarkt: Durchschnitt

Baubestand

Baujahr: 1974
Bauzustand: mittel
Aufwand: niedrig
Grundrissänderungen: wenige
Tragwerkseingriffe: wenige
Nutzungsänderung: nein
Nutzung während der Bauzeit: nein

Baukonstruktion

Der Neubau gründet auf Stb-Fundamenten, die Außenwände sind als monolithische Stahlbetonkonstruktion erstellt. Nichttragende Innenwände sind als doppelt beplankte GK-Metallständerwände mit Dämmeinlage oder als KS-Sichtmauerwerk ausgeführt. Alle Wand- und Deckenkonstruktionen sind aus Schallschutzgründen mehrschalig hergestellt. Die Kunststofffenster haben teilweise ein Schallschutzverglasung erhalten. Die Fassade ist hinterlüftet und mit Faserzementplatten bekleidet. Außerdem wurde in anderen Gebäudeteilen ein WDVS angebracht. Decken und Dach sind aus Stahlbeton, unterseitig teilweise abgehängt. Eine Sheddach-Lichtbandverglasung belichtet von oben. Als zusätzliche Dachhaut wurden Faserzementplatten auf einer Aluminium-Unterkonstruktion der Kunststoffdachabdichtung montiert.

Technische Anlagen

Zur Beheizung des Gebäudes wurden zwei Gas-Brennwertgeräte mit Unterstützung durch eine Gas-Wärmepumpe installiert. Die Heizwärme wird über Flächen- und Konvektionsheizelemente übertragen. Der gesamte Umbaubereich und der Neubau des Probensaals sind mit einer mechanischen Lüftung ausgestattet. Die erforderliche Kälte wird über ein Klima-Splitgerät erzeugt.

Sonstiges

Das Projekt umfasst sowohl den Neubau des Saals als auch die Sanierung des Bestands. Die Sanierungsarbeiten beinhalten eine Anpassung der Innenräume sowie die Ertüchtigung der Erschließungs- und Verkehrswege auch hinsichtlich der Barrierefreiheit sowie die Erneuerung der haustechnischen Anlagen und eine energetische Sanierung.

Energetische Kennwerte

Gesetzliche Grundlage: EnEV 2013
Gebäudenutzfläche: 2.234,00 m^2
Gebäudevolumen: 6.980,00 m^3
Hüllfläche des beheizten Volumens: 3.344,00 m^2
Mittlerer U-Wert (opake Bauteile): 0,19 W/(m^2·K)
Mittlerer U-Wert (transparente Bauteile): 1,10 W/(m^2·K)
Mittlerer U-Wert (Glasdächer, etc.): 0,76 W/(m^2·K)
Spez. Jahresprimärenergiebedarf: 217,00 kWh/(m^2·a)

Energetische Angaben zu Außenbauteilen

Bodenplatte

U-Wert: 0,18 W/(m²·K)

Gesamtdicke: 54,00 cm	d [cm]	l [W/(m·K)]
Estrich	6,00	1,400
Trittschalldämmung	6,00	0,035
Stahlbeton	30,00	2,300
Dämmung XPS	12,00	0,035

Bodenplatte Probensaal

U-Wert: 0,84 W/(m²·K)

Gesamtdicke: 54,60 cm	d [cm]	l [W/(m·K)]
Doppelbodenelement	3,60	0,580
Luftschicht ruhend	14,00	0,636
Estrich	5,00	1,400
Dämmung EPS	2,00	0,035
Stahlbeton	30,00	2,300

Außenwand gegen Erdreich

U-Wert: 0,23 W/(m²·K)

Gesamtdicke: 40,00 cm	d [cm]	l [W/(m·K)]
Stahlbeton	25,00	2,300
Dämmung MW	14,00	0,035
Zementfaserplatte	1,00	0,600

Außenwand

U-Wert: 0,23 W/(m²·K)

Gesamtdicke: 40,00 cm	d [cm]	l [W/(m·K)]
Stahlbeton	25,00	2,300
Dämmung MW	14,00	0,035
Zementfaserplatte	1,00	0,600

Dach

U-Wert: 0,14 W/(m²·K)

Gesamtdicke: 49,45 cm	d [cm]	l [W/(m·K)]
GK-Platte	1,25	0,250
Dämmung MW	4,00	0,040
Stahlbeton	25,00	2,300
Bitumenanstrich	0,10	23,000
Abdichtung	1,00	0,200
Dämmung XPS	18,00	0,030
Bitumenbahn	0,10	0,170

Dach Probensaal

U-Wert: 0,18 W/(m²·K)

Gesamtdicke: 38,70 cm	d [cm]	l [W/(m·K)]
Stahlbeton	18,00	2,300
Bitumenbahn	0,50	0,230
Dämmung	18,00	0,035
Kunststoffbahn	1,00	0,170
Faserzementplatte	1,20	0,580

Planungskennwerte für Flächen und Rauminhalte nach DIN 277

Flächen des Grundstücks		Menge Einheit	% an GF
BF	Bebaute Fläche	5.234,00 m²	66,6
UF	Unbebaute Fläche	2.620,00 m²	33,4
GF	Grundstücksfläche	7.854,00 m²	100,0

Erweiterung

Grundflächen des Bauwerks		Menge Einheit	% an NUF	% an BGF
NUF	Nutzungsfläche	1.449,32 m²	100,0	63,5
TF	Technikfläche	221,12 m²	15,3	9,7
VF	Verkehrsfläche	390,28 m²	26,9	17,1
NRF	Netto-Raumfläche	2.060,72 m²	142,2	90,2
KGF	Konstruktions-Grundfläche	222,67 m²	15,4	9,8
BGF	Brutto-Grundfläche	2.283,39 m²	157,5	100,0

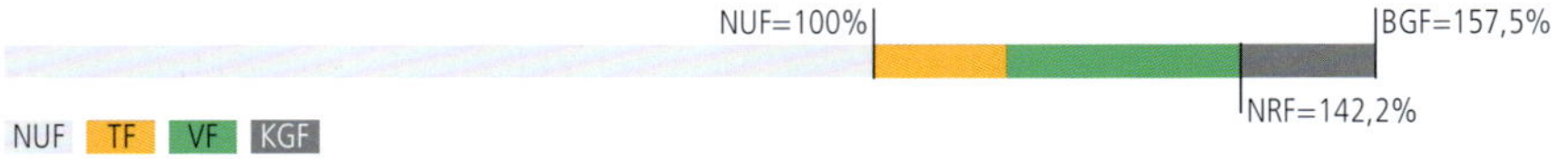

Brutto-Rauminhalt des Bauwerks		Menge Einheit	BRI/NUF (m)	BRI/BGF (m)
BRI	Brutto-Rauminhalt	11.842,43 m³	8,17	5,19

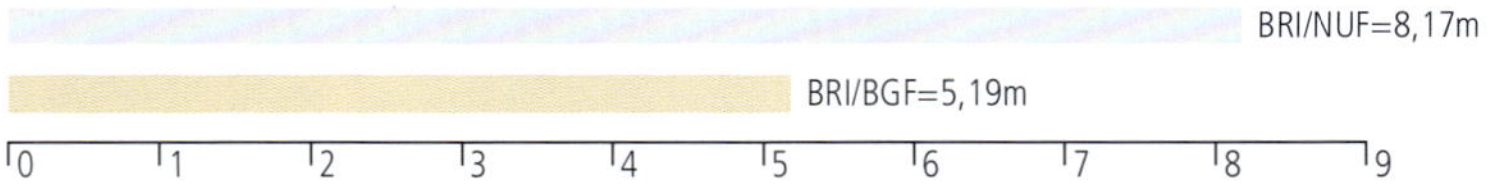

Kostenkennwerte für die Kostengruppen der 1.Ebene DIN 276

KG	Kostengruppen (1. Ebene)	Einheit	Kosten €	€/Einheit	€/m² BGF	€/m³ BRI	% 300+400
100	Grundstück	m² GF	–	–	–	–	–
200	Vorbereitende Maßnahmen	m² GF	–	–	–	–	–
300	Bauwerk – Baukonstruktionen	m² BGF	5.960.099	2.610,20	2.610,20	503,28	70,0
400	Bauwerk – Technische Anlagen	m² BGF	2.550.625	1.117,03	1.117,03	215,38	30,0
	Bauwerk 300+400	**m² BGF**	**8.510.725**	**3.727,23**	**3.727,23**	**718,66**	**100,0**
500	Außenanlagen und Freiflächen	m² AF	–	–	–	–	–
600	Ausstattung und Kunstwerke	m² BGF	171.331	75,03	75,03	14,47	2,0
700	Baunebenkosten	m² BGF	–	–	–	–	–
800	Finanzierung	m² BGF	–	–	–	–	–

KG	Kostengruppe	Menge Einheit	Kosten €	€/Einheit	%
3+4	**Bauwerk**				**100,0**
300	**Bauwerk – Baukonstruktionen**	2.283,39 m² BGF	5.960.099	**2.610,20**	70,0

- Abbrechen
  Abbruch von Grundleitungen; Bodenbelägen, Altbeschichtungen; Bitumenanstrich, Fenstern, Mauerwerk für Türöffnungen und Durchbrüche, Mauerwerkswände, Trockenbauwände, Türen, abgehängte Decken, Unterbeton, Fußboden, Abdichtungen, Betondecken, Dämmfassade
- Wiederherstellen
  Wiedereinbau Bestandstür als neue Ausgangstür
- Herstellen
  Baugrubenaushub, Baugrubenverbau, Wasserhaltung; Bodenaustausch, Unterfangungen, Stb-Fundamentplatte, Stb-Fundamente, Estrich, Doppelboden, Anstrich, Linoleum, Nadelvlies, Bodenfliesen, Parkett, Abdichtung, Sauberkeitsschicht, Kiesfilterschicht, Perimeterdämmung, Dränage; Stb-Wände, Zumauern von Öffnungen, Alutüren, Kunststofffenster, Dreifachverglasung, teilw. Schallschutzverglasung, Stahltor, WDVS, hinterlüftete Faserzementfassade, Gipsfaser-Bekleidung; Innenmauerwerk, Stb-Wände, GK-Wände, Wandfliesen, WC-Trennwände, Akustikpaneele, Absorber; Stb-Decken, abgehängte GK-Decken; Stb-Fertigteildachbinder, Stb-Dach, Oberlichter, Sheddach-Lichtbandverglasung, Dämmung, Abdichtung, Attika, Kies, Schallschutzdecke, Stahl-Eingangsüberdachung, Faserzementplatten auf Aluminium-UK auf PVC-Dachabdichtung

KG	Kostengruppe	Menge Einheit	Kosten €	€/Einheit	%
400	**Bauwerk – Technische Anlagen**	2.283,39 m² BGF	2.550.625	**1.117,03**	30,0

- Abbrechen
  Abbruch von Sanitärobjekten; Heizkörpern; Elektroinstallation; Brandmeldeanlage
- Herstellen
  Gebäudeentwässerung, Kalt- und Warmwasserleitungen, Sanitärobjekte; Gas-Brennwertkessel, Gas-Wärmepumpe, Plattenheizkörper, Konvektoren; Einzelraumlüfter, kontrollierte Be- und Entlüftung mit Wärmerückgewinnung, Abluftanlage, Klimaanlagen, Kälteanlagen, RWA-Anlagen; Elektroinstallation, Beleuchtung, Sicherheitsleuchten, Blitzschutzanlage; elektroakustische Anlagen, Brandmeldeanlage, Rauchmelder, elektronische Zugangskontrolle mit Chipkarten; Personenaufzug, Hubpodest; Feuerlöscher; Überwachungseinrichtungen, Regeleinrichtungen

KG	Kostengruppe	Menge Einheit	Kosten €	€/Einheit	%
600	**Ausstattung und Kunstwerke**	2.283,39 m² BGF	171.331	**75,03**	2,0

- Herstellen
  Schränke, Tische, Rollcontainer, Stühle, Bürostühle, Regale, Lastregale, Sofas, Wandspiegel, Vorhänge, Chorpodest

9100-0168
Schauspielhaus
Zweitspielstätte

Umbau

Objektübersicht

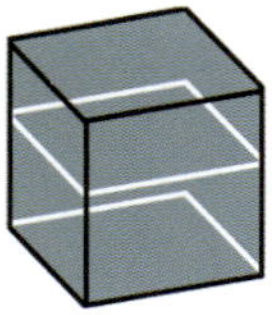

BRI 473€/m³

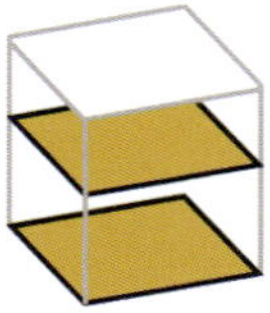

BGF 1.665€/m²

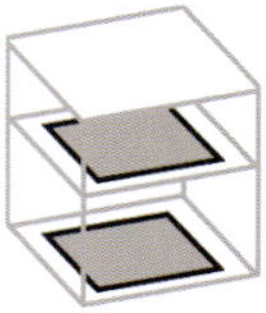

NUF 2.577€/m²

Objekt:
Kennwerte: 3.Ebene DIN 276
BRI: 10.084m³
BGF: 2.865m²
NUF: 1.851m²
Bauzeit: 70 Wochen
Bauende: 2017
Standard: über Durchschnitt
Bundesland: Sachsen
Kreis: Leipzig, Stadt

Architekt*in:
Eßmann | Gärtner | Nieper
Architekten GbR
Gabelsbergerstraße 1a
04317 Leipzig

Bauherr*in:
Schauspiel Leipzig
Eigenbetrieb der Stadt Leipzig
Bosestraße 1
04109 Leipzig

© Steffen Junghans

© Steffen Junghans

Umbau

Erdgeschoss

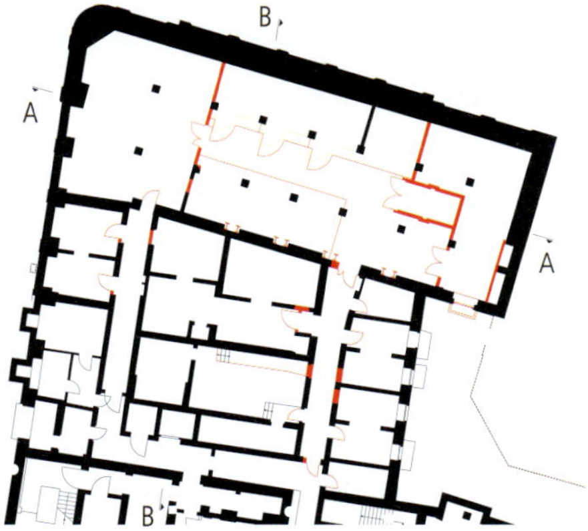

Untergeschoss

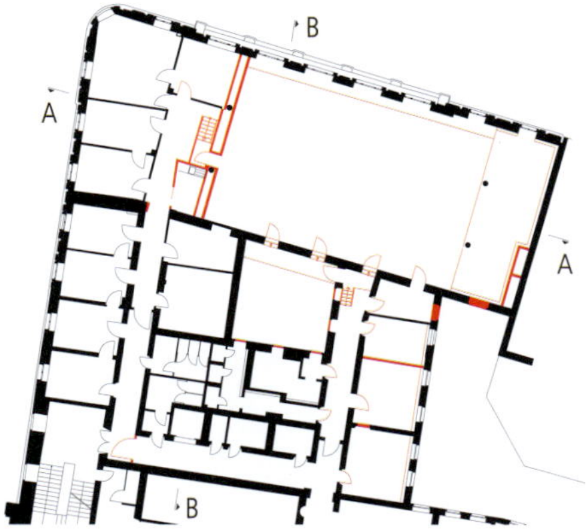

Zwischengeschoss

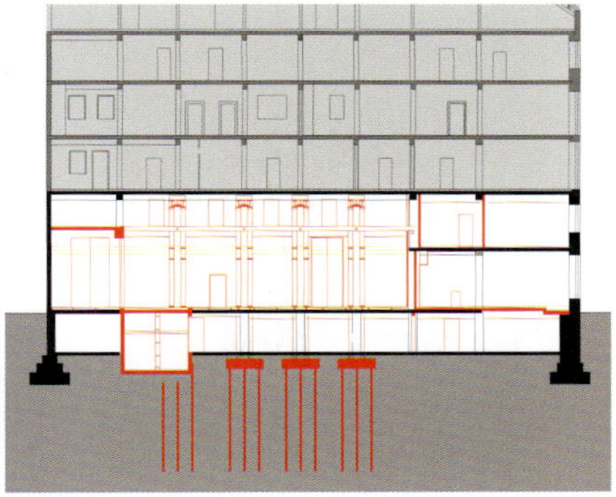

Schnitt A-A

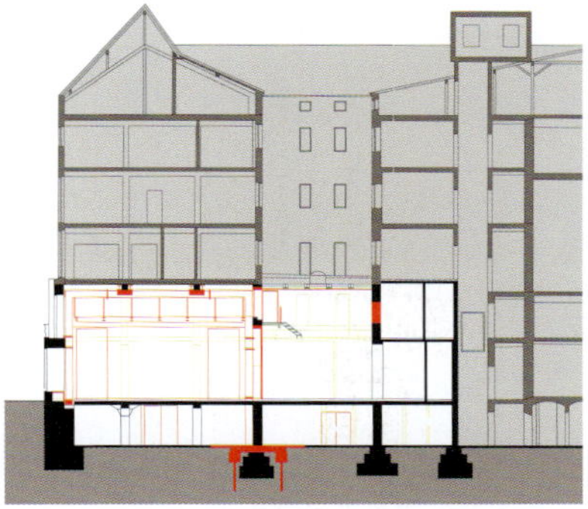

Schnitt B-B

9100-0168
Schauspielhaus
Zweitspielstätte

Umbau

Objektbeschreibung

Allgemeine Objektinformationen

Die ehemalige Diskothek wurde zur Zweitspielstätte des Schauspielhauses um- und ausgebaut. Das Gebäude wurde auf drei Ebenen neugestaltet. Die Spielstätte verfügt über eine flexible Bestuhlung und Szenenfläche. Die baulichen und technischen Bedingungen ermöglichen bis zu 199 Besucherplätze. Die vorhandene Optik mit sichtbarem Rohbau, Betondecken und Ziegelsteinen wurde in der Neugestaltung aufgegriffen und thematisiert. Alle öffentlichen Bereiche inklusive des Eingangs und der WC-Anlage sind barrierefrei zugänglich.

Nutzung

1 Untergeschoss
Technikräume, Lagerräume

1 Erdgeschoss
Szenenfläche, Foyer mit Garderobe, Maske, Sanitärräume

1 Obergeschoss
Technikebene, Büros, Umkleiden

Nutzeinheiten

Zuschauerplätze: 199

Markt

Hauptvergabezeit: 2. Quartal 2016
Baubeginn: 2. Quartal 2016
Bauende: 4. Quartal 2017
Konjunkturelle Gesamtlage: über Durchschnitt
Regionaler Baumarkt: über Durchschnitt

Baubestand

Baujahr: 1902
Bauzustand: gut
Aufwand: hoch
Grundrissänderungen: umfangreiche
Tragwerkseingriffe: umfangreiche
Nutzungsänderung: ja
Nutzung während der Bauzeit: nein

Baukonstruktion

Für die neue Szenenfläche im Erdgeschoss mussten aus der bestehenden Massivbaukonstruktion acht Stahlbetonstützen sowie die Stahlbetondecke abgebrochen werden. Vier Abfangkonstruktionen aus Profilstahlträgern mit neuen Gründungen in Form von Minibohrpfählen wurden eingebracht. Bestehende Innenwände sind größtenteils sichtbar belassen, neue Innenwände entstanden in Trockenbauweise. Zahlreiche Tür- und Fensteröffnungen wurden angepasst und haben Stahlbetonfertigteilstürze und neue Tür- und Fensterelemente erhalten. Die Decken wurden teilweise abgehängt, teilweise verputz und beschichtet oder erhielten nur eine Beschichtung. Als Fußbodenbeläge für die allgemeinen Flächen wurden Vinyl und Linoleum gewählt, im Untergeschoss wurde der Estrich versiegelt. In den Nassräumen sind die Böden mit Fliesen belegt. Die Szenefläche ist mit Dreischichtplatten und farbiger Deckbeschichtung gestaltet.

Technische Anlagen

An die bestehende Heizungsanlage wurden neue Heizkörper angeschlossen. Der neu errichtete Bereich wurde mit einer raumlufttechnischen Anlage mit Wärmerückgewinnung ausgestattet. Im Untergeschoss wurde eine Kälteanlage installiert. Das Schauspielhaus wurde mit einer Gefahrenmelde-/Alarmanlage und Gebäudeautomation ausgerüstet.

Sonstiges

Alle öffentlichen Bereiche sind barrierefrei zugänglich. Auch eine rollstuhlgerechte WC-Anlage ist vorgesehen. Für den Entwurf erzielte das Architekturbüro in einem öffentlichen Verhandlungsverfahren den 1. Platz.

Planungskennwerte für Flächen und Rauminhalte nach DIN 277

Flächen des Grundstücks		Menge Einheit	% an GF
BF	Bebaute Fläche	–	–
UF	Unbebaute Fläche	–	–
GF	Grundstücksfläche	–	–

Grundflächen des Bauwerks		Menge Einheit	% an NUF	% an BGF
NUF	Nutzungsfläche	1.851,44 m²	100,0	64,6
TF	Technikfläche	62,70 m²	3,4	2,2
VF	Verkehrsfläche	261,00 m²	14,1	9,1
NRF	Netto-Raumfläche	2.175,14 m²	117,5	75,9
KGF	Konstruktions-Grundfläche	689,86 m²	37,3	24,1
BGF	Brutto-Grundfläche	2.865,00 m²	154,7	100,0

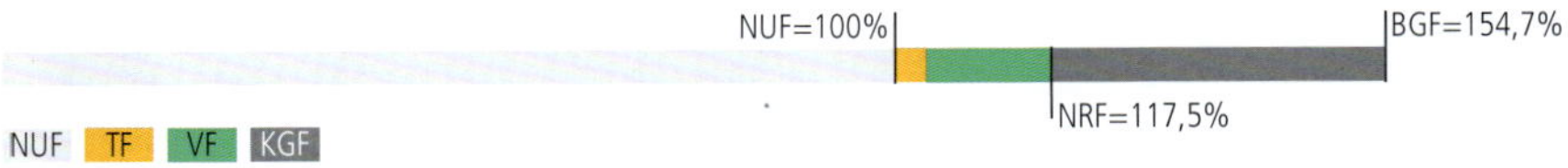

Brutto-Rauminhalt des Bauwerks		Menge Einheit	BRI/NUF (m)	BRI/BGF (m)
BRI	Brutto-Rauminhalt	10.084,20 m³	5,45	3,52

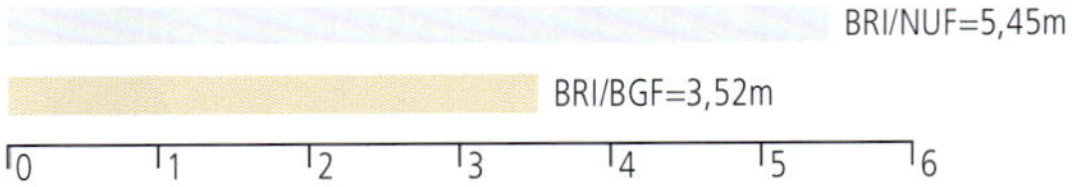

Lufttechnisch behandelte Flächen	Menge Einheit	% an NUF	% an BGF
Entlüftete Fläche	–	–	–
Be- und entlüftete Fläche	–	–	–
Teilklimatisierte Fläche	–	–	–
Klimatisierte Fläche	–	–	–

KG	Kostengruppen (2. Ebene)	Menge Einheit	Menge/NUF	Menge/BGF
310	Baugrube / Erdbau	111,76 m³ BGI	0,06	0,04
320	Gründung, Unterbau	307,08 m² GRF	0,17	0,11
330	Außenwände/Vertikale Baukonstruktionen, außen	763,61 m² AWF	0,41	0,27
340	Innenwände/Vertikale Baukonstruktionen, innen	1.438,65 m² IWF	0,78	0,50
350	Decken/Horizontale Baukonstruktionen	1.868,06 m² DEF	1,01	0,65
360	Dächer	68,93 m² DAF	0,04	0,02

Kostenkennwerte für die Kostengruppen der 1. Ebene DIN 276

KG	Kostengruppen (1. Ebene)	Einheit	Kosten €	€/Einheit	€/m² BGF	€/m³ BRI	% 300+400
100	Grundstück	m² GF	–	–	–	–	–
200	Vorbereitende Maßnahmen	m² GF	–	–	–	–	–
300	Bauwerk – Baukonstruktionen	m² BGF	3.305.785	1.153,85	1.153,85	327,82	69,3
400	Bauwerk – Technische Anlagen	m² BGF	1.465.473	511,51	511,51	145,32	30,7
	Bauwerk 300+400	**m² BGF**	**4.771.258**	**1.665,36**	**1.665,36**	**473,14**	**100,0**
500	Außenanlagen und Freiflächen	m² AF	–	–	–	–	–
600	Ausstattung und Kunstwerke	m² BGF	1.854	0,65	0,65	0,18	< 0,1
700	Baunebenkosten	m² BGF	–	–	–	–	–
800	Finanzierung	m² BGF	–	–	–	–	–

KG	Kostengruppe	Menge Einheit	Kosten €	€/Einheit	%
3+4	**Bauwerk**				**100,0**
300	**Bauwerk – Baukonstruktionen**	2.865,00 m² BGF	3.305.785	**1.153,85**	69,3

- Abbrechen (Kosten: 17,7%) 586.625
  Abbruch von Bodenplatten, Fundament; Mauerwerk, Beton, Ringankern, Außentüren, Fenstern, Holzbauteilen; GK-Wänden, Stb-Stützen, Innentüren, Putz, Beschichtungen, Tapeten, Wandfliesen, bewehrten Gipsschalen; Stb-Decken, Estrich, Stahl-Glas-Element, Holzdielen, Unterzügen, Treppen, OSB-Platten, Abdichtung, Teerpappe, Estrich, PVC, Linoleum, Teppich, Spanplatten, Betonhohldielen, Bodenfliesen, Beschichtungen, GK-Decken; Stb-Dach, Vordach, Stahlkonstruktion, Wellichtplatten, Bitumenabdichtung, Dämmung, Blechen; Entsorgung, Deponiegebühren

- Wiederherstellen (Kosten: 0,7%) 23.407
  Fenster reparieren, Außentür-Dichtring aufarbeiten; Rahmenhölzer neu herstellen, Ornamentverglasung verkitten, fehlendes Ornamentglas ersetzen, Beschichtung anschleifen, beschichten; Risse im Estrich vernadeln, verharzen, schließen, Bewehrung entrosten, Korrosionsschutz, mit Mörtel auffüllen, Decke reprofilieren

- Herstellen (Kosten: 81,5%) 2.695.753
  Pumpensümpfe; Bodenaustausch, Bodenplatte, WU-Beton, Stb-Rampe, Stb-Treppenlaufplatte, Stahlträger, Mikropfähle, Versiegelung; Stb-Wände, Stb-Ringanker, Stahlstützen, Außentüren, Drehtür, Fenster, Putz, Klappläden, Lüftungsschacht; Mauerwerk, Stb-Stürze, GK-Wände, Stahlstützen, Innentüren, Rolltore, Putz, Beschichtung, Wandfliesen, WC-Trennwände, Verdunkelungen; Stb-Decken, Stahltreppe, Stahlträger, Stahlrahmen, Estrich, Imprägnierung, Fertigteilestrich, Bühnenboden, Vinyl, Linoleum, Bodenfliesen, Rippenstreckmetall, Putz, abgehängte Decken, Beschichtungen; Vordach, Dachrinne; Vorhangstangen

KG	Kostengruppe	Menge Einheit	Kosten €	€/Einheit	%
400	**Bauwerk – Technische Anlagen**	2.865,00 m² BGF	1.465.473	**511,51**	30,7

• Abbrechen (Kosten: 6,1%) 88.949
Abbruch von Abwasserrohren, Bodeneinläufen, Kalt- und Warmwasserleitungen; Heizungsrohren, Heizkörpern; Lüftungsanlage, Lüftungskanälen; Zentralbatteriesystem, Fernmeldeleitungen; Brandmeldekabeln, Rauchmelder, Signalgeber, Handmelder; Aufzug; Network-Control-Modulen, Kabeln an Feldgeräten abklemmen, kürzen; Entsorgung, Deponiegebühren

• Wiederherstellen (Kosten: 2,0%) 28.685
Abwasser- und Wasserleitungen umbauen; Heizungsrohre umbauen; Austausch von LS-Schaltern

• Herstellen (Kosten: 92,0%) 1.347.838
Hebeanlage, Abwasserleitungen, Kalt- und Warmwasserleitungen, Sanitärobjekte; Nassläuferpumpen, Kupferrohre, Heizkörper; Zu- und Abluftgerät mit WRG, Kaltwassergerät, Wickelfalzrohre, Deflektorhaube, Kälteanlage, Edelstahlrohre; Zentralbatteriesystem, Verteiler, Elektroinstallation, Beleuchtung, Blitzschutz; Such- und Signalanlage, Antennenanlage, Gefahrenmelde- und Alarmanlage, Datenübertragungsnetze; Gebäudeautomation

KG	Kostengruppe	Menge Einheit	Kosten €	€/Einheit	%
600	**Ausstattung und Kunstwerke**	2.865,00 m² BGF	1.854	**0,65**	< 0,1

• Abbrechen (Kosten: 30,2%) 561
Abbruch von Gardinenleisten, Holzbauteilen; Entsorgung, Deponiegebühren

• Herstellen (Kosten: 69,8%) 1.294
Duschabtrennung, Spiegel

Kostenkennwerte für die Kostengruppen der 2. Ebene DIN 276

KG	Kostengruppe	Menge Einheit	Kosten €	€/Einheit	%
300	**Bauwerk – Baukonstruktionen**				**100,0**
310	**Baugrube / Erdbau**	111,76 m³BGI	37.631	**336,71**	1,1
	• Herstellen (Kosten: 100,0%)	111,76 m³BGI	37.631	**336,71**	
	Boden BK 3-5, lösen, laden, entsorgen, t=1,60m (68m³), Arbeitsraum mit Liefermaterial verfüllen, verdichten (56m³) * Wasserhaltung im Gebäude, Pumpensümpfe, Gesamtförderleistung 16l/s (8St), Gesamtförderleistung 10l/s (4St)				
320	**Gründung, Unterbau**	307,08 m²GRF	215.101	**700,47**	6,5
	• Abbrechen (Kosten: 4,7%)	166,28 m²GRF	10.092	**60,69**	
	Abbruch von Stb-Bodenplatten, d=25cm, teils mit Estrich (129m²), d=10-25cm (8m²), Stb-Fundament ausstemmen (8m²) * Bodenfliesen (21m²); Entsorgung, Deponiegebühren				
	• Herstellen (Kosten: 95,3%)	307,08 m²GRF	205.009	**667,61**	
	Ortbeton als Bodenaustausch, unbewehrter Beton (46m²) * Stb-Einzelfundamente (18m³), Stb-Bodenplatte (150m²), WU-Beton (13m²), Stb-Rampe (45m²), Stb-Treppenlaufplatte (3m²), Auflagerpolster, Ortbeton (1m³), Stahlträger (54m), Fußpunkt-Träger (3.000kg) * Stahlglieder für Mikropfähle (140m), Bohrungen verpressen für Mikropfähle (140m), Pfahlköpfe (20St) * Versiegelung (307m²) * Sauberkeitsschicht (37m²), PE-Folie (230m²)				
330	**Außenwände/Vert. Baukonstrukt., außen**	763,61 m²AWF	422.909	**553,83**	12,8
	• Abbrechen (Kosten: 10,1%)	1.023,18 m²AWF	42.794	**41,82**	
	Abbruch von Mauerwerk (27m²), Grate, Betonspitzen (68m²) * Betonsockeln, Ringankern, Auffüllungen, Aufkantungen (80m²) * Holztüren (12m²), Holzfenstern (11m²) * Kalkzementputz (285m²), Tapeten (113m²), Holzbauteilen (106m²), Beschichtungen (60m²), Salzausblühungen durch Trockenstrahlen mit Strahlmittel (262m²); Entsorgung, Deponiegebühren				
	• Wiederherstellen (Kosten: 1,9%)	18,25 m²AWF	8.051	**441,18**	
	Fenster demontieren, reparieren, wieder montieren (11m²), Außentür-Dichtring aufarbeiten (7m²)				
	• Herstellen (Kosten: 88,0%)	745,36 m²AWF	372.063	**499,17**	
	Stb-Wände (10m²), Stb-Sturz (1m³), Stb-Ringanker (1m³) * Mauerwerk (49m²) * Stahlstützen (112m), Fußpunkte Träger (1.180kg) * Stahltür (11m²), Holztür, Drehtür-Automatikantrieb (7m²), Holzfenster (5m²), Kunststofffenster (1m²), Oberlicht-Kipp-Beschläge, elektrisch (9St), Drehflügel-Beschläge, elektrisch (2St) * Zementputz (41m²), Dichtungsschlämme (29m²), Bitumendickbeschichtung (31m²), Kalkzementputz (19m²) * Kalkzementputz (324m²), Beschichtungen (629m²), Brandschutzbeschichtung (92m²) * Klappläden (31m²) * Kellerlüftungsschacht (1St), Laufstegabdeckung (11m²)				

KG	Kostengruppe	Menge Einheit	Kosten €	€/Einheit	%
340	**Innenwände/Vert. Baukonstrukt., innen**	1.438,65 m² IWF	1.240.276	**862,11**	37,5
	• Abbrechen (Kosten: 20,6%) Abbruch von Mauerwerk (91m²), für Schlitze (18m²), für Auflagertaschen (12m²), Betonbauteilen (7m²) * Mauerwerk (379m²), GK-Trennwänden (342m²) * Stb-Stützen (61m) * Holz-/Metalltüren (218m²) * Kalkzementputz (1.011m²), Beschichtungen (1.877m²), Tapeten (1.092m²), Wandfliesen (258m²), Vorsatzschalen (247m²), Spiegel (60m²), bewehrten Gipsschalen (101m²) * Handlauf (12m); Entsorgung, Deponiegebühren	3.391,14 m² IWF	255.714	**75,41**	
	• Wiederherstellen (Kosten: 0,9%) Rahmenhölzer neu herstellen, Ornamentverglasung verkitten, fehlendes Ornamentglas ersetzen, Beschichtung anschleifen, beschichten (13m²)	13,20 m² IWF	10.921	**827,36**	
	• Herstellen (Kosten: 78,5%) Mauerwerk (76m²), Stb-Stürze F90 (131St) * GK-Trennwände (265m²), F90 (191m²), Mauerwerk (126m²) * Stahlstützen (112m), Fußpunkte Träger (1.180kg) * Holztüren (81m²), Stahltüren (58m²), Metallrahmentüren (20m²), Rolltore, Motorantrieb (18m²), Schiebetür (3m²) * Putz (1.165m²), Beschichtung (2.204m²), Wandfliesen (160m²), Brandschutzbeschichtung (92m²), Vorsatzschalen (90m²), mit Akustikplatten (204m²) * WC-Trennwandanlagen (17m²) * Verdunkelungen: Alu-Sandwichplatten (10m²) * Handläufe (2St), Steigtritte (12St), Haltekonstruktionen (32St)	1.425,45 m² IWF	973.641	**683,04**	
350	**Decken/Horizontale Baukonstruktionen**	1.868,06 m² DEF	1.085.742	**581,21**	32,8
	• Abbrechen (Kosten: 24,9%) Abbruch von Stb-Decken, Estrich, Bodenbelag (276m²), Stahl-Glas-Element, Bodenbelag, Holzdielen (25m²), Stb-Unterzügen (15m³), Stb-Treppen (43m²), Holztreppen (2m²) * OSB-Platten (905m²), Teerpappe (526m²), Estrich (852m²), PVC, Linoleum, Teppich (535m²), Spanplatten (117m²), Betonhohldielen (34m²), Bodenfliesen (16m²) * Beschichtungen (1.265m²), durch Trockenstrahlen mit Strahlmittel (54m²), GK-Decken (133m²), bewehrten Gipsschalen (20m²) * Geländer (31m); Entsorgung, Deponiegebühren	2.516,58 m² DEF	269.982	**107,28**	
	• Wiederherstellen (Kosten: 0,4%) Risse im Estrich vernadeln, verharzen (55m), mit Bindemittel schließen, ausbessern, spachteln (18St) * Bewehrung entrosten, Korrosionsschutz, mit Mörtel auffüllen (31St), Decke reprofilieren (6m²)	5,76 m² DEF	4.434	**769,85**	
	• Herstellen (Kosten: 74,7%) Stb-Decken (116m²), Deckenöffnungen einbetonieren (9m²), Stahltreppe (1m²), Stahlträger als Unterzug (5.642kg), Zugstabsystem (515kg), Stahlrahmen (920kg), Stahlträger (1.090kg) * Estrich (356m²), Imprägnierung (170m²), Fertigteilestrich, Schüttdämmung (250m²), Bühnenboden, Lasur (281m²), Vinyl (244m²), Linoleum (110m²), Bodenfliesen (44m²), Granitplatten (2m²), Eingangsmatte (2m²) * Rippenstreckmetall, Putz als Brandschutzbeschichtung (559m²), abgehängte Akustikdecken (284m²), Zementfaserplatten (156m²), Brandschutzplatten (64m²), Beschichtung (1.310m²), Brandschutzbeschichtung (473m²) * Geländer (11m)	1.868,06 m² DEF	811.326	**434,31**	

KG	Kostengruppe	Menge Einheit	Kosten €	€/Einheit	%
360	**Dächer**	68,93 m² DAF	58.195	**844,26**	1,8
	• Abbrechen (Kosten: 11,7%) Abbruch von Stb-Dach (19m²), Vordach, Stahlkonstruktion, Welllichtplatten (15m²) * Bitumenabdichtung (17m²), Dämmung (670kg), Blechen (36m); Entsorgung, Deponiegebühren	50,75 m² DAF	6.804	**134,08**	
	• Herstellen (Kosten: 88,3%) Vordach: Alu-Rahmen, VSG, Stahlkonstruktion (24m²), Dachrinne (5m) * abgehängte GK-Decke F90, Beschichtung (45m²)	68,93 m² DAF	51.390	**745,55**	
380	**Baukonstruktive Einbauten**	2.865,00 m² BGF	25.568	**8,92**	0,8
	• Abbrechen (Kosten: 4,8%) Heizkörperbekleidungen demontieren, lagern (7St)	2.865,00 m² BGF	1.239	**0,43**	
	• Herstellen (Kosten: 95,2%) Heizkörperbekleidungen: HPL-Platten, Stahlprofile (12St), gelagerte Heizkörperbekleidungen wieder montieren (2St) * Aufhängung für Bühnenvorhänge, Stahlrohre (10St)	2.865,00 m² BGF	24.329	**8,49**	
390	**Sonst. Maßnahmen für Baukonstrukt.**	2.865,00 m² BGF	220.364	**76,92**	6,7
	• Herstellen (Kosten: 100,0%) Schutz von Gehwegen (254m²), Schutzzaun (105m), Verkehrseinrichtungen (12St), Warnleuchten (11St), Baustelleneinrichtungen (3St), Baustrom (psch), Bauzaun (22m), Baustellenbeleuchtung (45St) * Arbeitsgerüst (708m²), Arbeitsbühne (3St) * Lastverteilende Stützen/Träger (7.000kg), Verbundanker (192St), Abstützungen (116m²), Schwerlaststützen (16m²) * Schutzfolie (2.383m²), Schutz von Belägen (350m²), Bauteilen (126m²), Seitenschutz, Geländer (44m), Absturzsicherungen (47m²) * Öffnungen provisorisch abdecken (13St), provisorische Überdachung (1St), Abwasser-Provisorium (psch)	2.865,00 m² BGF	220.364	**76,92**	
400	**Bauwerk – Technische Anlagen**				**100,0**
410	**Abwasser-, Wasser-, Gasanlagen**	2.865,00 m² BGF	159.984	**55,84**	10,9
	• Abbrechen (Kosten: 15,8%) Abbruch von Gusseisen-Rohren (218m), PP-Rohren (60m), KG-Rohren (6St), Bodeneinläufen (8St) * Stahlrohren (481m), Metallrohren (140m), Dämmung (980kg); Entsorgung, Deponiegebühren	2.865,00 m² BGF	25.286	**8,83**	
	• Wiederherstellen (Kosten: 2,5%) Abwasserleitungen umbauen (psch) * Wasserleitungen umbauen (psch)	2.865,00 m² BGF	3.958	**1,38**	
	• Herstellen (Kosten: 81,7%) Hebeanlage (1St), HT-Rohre (298m), SML-Rohre (16m) * Edelstahlrohre (749m), Verbundrohre (189m), Waschtische, Armaturen (10St), Ausgussbecken, Aufputz-Wandarmatur (1St), Duschwanne, Einhebel-Brausemischer, Brause-Set (1St), Tiefspül-WCs (7St), WC-Steuerung (1St), WC-Stützgriff (1St), mit Spülauslösung (2St), Urinale, Urinalsteuerungen (4St), Eckventil-Thermostat Set (1St) * Montageelemente (23St)	2.865,00 m² BGF	130.740	**45,63**	

KG	Kostengruppe	Menge Einheit	Kosten €	€/Einheit	%
420	**Wärmeversorgungsanlagen**	2.865,00 m² BGF	127.236	**44,41**	8,7
	• Abbrechen (Kosten: 9,2%)	2.865,00 m² BGF	11.738	**4,10**	
	Abbruch von Kupferrohren (225m), Metallrohren (75m), Stahlrohren (36m) * Heizkörpern (25St); Entsorgung, Deponiegebühren				
	• Wiederherstellen (Kosten: 0,6%)	2.865,00 m² BGF	748	**0,26**	
	Heizungsrohre umbauen (psch)				
	• Herstellen (Kosten: 90,2%)	2.865,00 m² BGF	114.749	**40,05**	
	Nassläuferpumpen (2St) * Flansch-Absperrventile (2St), Rückschlagklappen (2St), Schmutzfänger (2St), Lufttöpfe (2St), Zeigerthermometer (1St), Manometer (1St), Kupferrohre (642m), Strangabsperrventile (18St) * Plan-Ventilheizkörper (13St), Konvektoren (7St), Röhrenheizkörper (2St), Thermostate (15St), Bodengitter (23St)				
430	**Raumlufttechnische Anlagen**	2.865,00 m² BGF	390.616	**136,34**	26,7
	• Abbrechen (Kosten: 1,2%)	2.865,00 m² BGF	4.507	**1,57**	
	Abbruch von Lüftungsanlage (psch), Haltern, Wandwinkeln (psch), Lüftungskanälen (psch); Entsorgung, Deponiegebühren				
	• Herstellen (Kosten: 98,8%)	2.865,00 m² BGF	386.109	**134,77**	
	Zu- und Abluftgerät 11.320m³/h mit WRG (1St), Kaltwassergerät (1St), Rechteckkanäle (344m²), Wickelfalzrohre (227m), Flexrohre (22m), Deflektorhaube (1St), Quellluftgitter (4St), Quellluftauslässe (8St), Lüftungsgitter (2St) * Kältepumpe 11,98m³/h (1St), Frequenzumrichter (1St), Kühlwasserverteiler (1St), Edelstahlrohre (335m), Blechmantel (93m), Zeigerthermometer (4St)				
440	**Elektrische Anlagen**	2.865,00 m² BGF	482.187	**168,30**	32,9
	• Abbrechen (Kosten: 5,4%)	2.865,00 m² BGF	26.047	**9,09**	
	Abbruch von Zentralbatteriesystem (1St) * Leitungen (7.639m), Fernmeldeleitungen (2.677m), Installationsrohren (729m), LF-Kanälen (634m), Brüstungskanälen (419m), Leerrohren (205m); Entsorgung, Deponiegebühren				
	• Wiederherstellen (Kosten: 5,0%)	2.865,00 m² BGF	23.979	**8,37**	
	2polige 10A LS-Schalter austauschen gegen 2polige 2A LS-Schalter für Si-Beleuchtungsstromkreise (117St)				
	• Herstellen (Kosten: 89,6%)	2.865,00 m² BGF	432.161	**150,84**	
	Zentralbatteriesystem (1St) * Standverteiler (3St), Unterverteilung (1St) * LS-Schalter (282St), FI-Schutzschalter (21St), Lasttrennschalter (55St), Dämmerungsschalter (1St), Treppenlicht-Zeitschalter (1St), Installationsleitungen (11.848m), Niederspannungskabel (525m), Steckdosen (326St), Schalter/Taster (88St), CEE-Steckdosen (3St) * Leuchten (180St), Downlights (23St), LED-Deckeneinbaustrahler (4St), LED-Sicherheitsleuchten (58St), Rettungszeichenleuchten (26St), Rasterhängeleuchten (14St), Pendelleuchten (2St) * Installationsleitungen (679m), Potenzialausgleichsleitungen (68m)				

KG	Kostengruppe	Menge Einheit	Kosten €	€/Einheit	%
450	**Kommunikationstechnische Anlagen**	2.865,00 m²BGF	99.817	**34,84**	6,8
	• Abbrechen (Kosten: 6,3%) Abbruch von Brandmeldekabeln (620m), Rauchmelder (60St), Signalgeber (25St), Handmelder (20St); Entsorgung, Deponiegebühren	2.865,00 m²BGF	6.247	**2,18**	
	• Herstellen (Kosten: 93,7%) Rufkompaktset (1St), Zugtaster (3St), Ruftaster (1St) * Koaxialleitungen (324m), Antennensteckdosen (7St) * Einbruchmeldezentrale (1St), IK-Leser mit Tastatur (3St), Passiv-Infrarot-Bewegungsmelder (12St), optischer Alarmgeber (5St), Rauchmelder (2St), Multisensormelder (85St), Warntongeber (48St), Handmelder (13St), Brandmeldekabel (142m) * Datenkabel Cat7 (3.124m), Installationskabel (3.101m), EIB-Busleitungen (200m), 19" Spleisboxen (2St), Anschlussdosen (45St), Daten-Anschlussboxen (2St)	2.865,00 m²BGF	93.570	**32,66**	
460	**Förderanlagen**	2.865,00 m²BGF	13.624	**4,76**	0,9
	• Abbrechen (Kosten: 100,0%) Abbruch von Aufzug (1St), Entsorgung, Deponiegebühren	2.865,00 m²BGF	13.624	**4,76**	
480	**Gebäude- und Anlagenautomation**	2.865,00 m²BGF	192.010	**67,02**	13,1
	• Abbrechen (Kosten: 0,8%) Abbruch von Network-Control-Modulen (2St), Entsorgung, Deponiegebühren * Kabeln an Feldgeräten abklemmen, kürzen, auf Verteilerdose legen, mit Klemmen sichern, Kabelreste entsorgen (14St)	2.865,00 m²BGF	1.500	**0,52**	
	• Herstellen (Kosten: 99,2%) Anwenderprogramme konvertieren, anpassen (2St), Network Automation-Engine (2St), KNX-Controlpanel (1St), DMX-Gateways (2St), DMX-GW-Konfiguratoren (2St), DALI-Gateway (1St), IP-Router (2St), Prozessrechner, Bedienstation (1St) * Standschrank (1St), Haupteinspeisung (1St) * DDC-US: Spannungsversorgungsbaugruppe, Zentraleinheit (1St), DDC-Schaltschrank (1St), Dienstleistungen Datenpunkte (170St), Industrial-Ethernet-Switch (1St) * Installationsleitungen (4.918m), Datenübertragungskabel Cat7 (89m)	2.865,00 m²BGF	190.510	**66,50**	
600	**Ausstattung und Kunstwerke**				**100,0**
610	**Allgemeine Ausstattung**	2.865,00 m²BGF	1.854	**0,65**	100,0
	• Abbrechen (Kosten: 30,2%) Abbruch von Gardinenleisten, Sichtblende, Holz (32m), Holzbauteilen (25m); Entsorgung, Deponiegebühren	2.865,00 m²BGF	561	**0,20**	
	• Herstellen (Kosten: 69,8%) Duschabtrennung, Eckeinstieg, zweiteilig, mit Gleittüren, Duschbecken 90x90cm, h=2,00m, zwei Festfelder, Kunststoffglas (1St), Spiegel (4St)	2.865,00 m²BGF	1.294	**0,45**	

Kostenkennwerte für die Kostengruppen 300 der 2. und 3. Ebene DIN 276 (Übersicht)

KG	Kostengruppe	Menge Einheit	€/Einheit	Kosten €	% an 3+4
300	**Bauwerk – Baukonstruktionen**	**2.865,00 m² BGF**	**1.153,85**	**3.305.784,94**	**69,3**
310	**Baugrube / Erdbau**	**111,76 m³ BGI**	**336,71**	**37.631,05**	**0,8**
311	Herstellung	111,76 m³ BGI	284,71	31.818,82	0,7
312	Umschließung	–	–	–	–
313	Wasserhaltung	–	–	5.812,23	0,1
314	Vortrieb	–	–	–	–
319	Sonstiges zur KG 310	–	–	–	–
320	**Gründung, Unterbau**	**307,08 m² GRF**	**700,47**	**215.100,84**	**4,5**
321	Baugrundverbesserung	46,00 m²	87,81	4.039,25	< 0,1
322	Flachgründungen und Bodenplatten	210,30 m²	490,60	103.173,09	2,2
323	Tiefgründungen	–	–	74.421,77	1,6
324	Gründungsbeläge	307,08 m²	100,96	31.003,99	0,6
325	Abdichtungen und Bekleidungen	229,73 m²	10,72	2.462,75	< 0,1
326	Dränagen	–	–	–	–
329	Sonstiges zur KG 320	–	–	–	–
330	**Außenwände/Vert. Baukonstrukt., außen**	**763,61 m² AWF**	**553,83**	**422.908,81**	**8,9**
331	Tragende Außenwände	10,04 m²	2.633,80	26.443,32	0,6
332	Nichttragende Außenwände	49,04 m²	216,46	10.615,20	0,2
333	Außenstützen	112,00 m	1.841,66	206.266,39	4,3
334	Außenwandöffnungen	42,01 m²	2.238,70	94.047,77	2,0
335	Außenwandbekleidungen, außen	49,94 m²	207,41	10.358,28	0,2
336	Außenwandbekleidungen, innen	721,60 m²	78,79	56.851,79	1,2
337	Element. Außenwandkonstruktionen	–	–	–	–
338	Lichtschutz zur KG 330	30,68 m²	482,02	14.788,45	0,3
339	Sonstiges zur KG 330	763,61 m² AWF	4,63	3.537,59	< 0,1
340	**Innenwände/Vert. Baukonstrukt., innen**	**1.438,65 m² IWF**	**862,11**	**1.240.275,51**	**26,0**
341	Tragende Innenwände	75,30 m²	958,85	72.201,34	1,5
342	Nichttragende Innenwände	581,09 m²	352,15	204.628,38	4,3
343	Innenstützen	112,00 m	1.914,66	214.442,25	4,5
344	Innenwandöffnungen	193,32 m²	1.866,50	360.831,21	7,6
345	Innenwandbekleidungen	2.455,78 m²	144,14	353.983,46	7,4
346	Elementierte Innenwandkonstruktionen	17,44 m²	184,28	3.213,93	< 0,1
347	Lichtschutz zur KG 340	9,69 m²	1.437,85	13.932,74	0,3
349	Sonstiges zur KG 340	1.438,65 m² IWF	11,85	17.042,19	0,4
350	**Decken/Horizontale Baukonstruktionen**	**1.868,06 m² DEF**	**581,21**	**1.085.742,14**	**22,8**
351	Deckenkonstruktionen	117,12 m²	3.383,73	396.302,02	8,3
352	Deckenöffnungen	–	–	–	–
353	Deckenbeläge	682,12 m²	655,61	447.202,92	9,4
354	Deckenbekleidungen	1.868,06 m²	126,39	236.104,97	4,9
355	Elementierte Deckenkonstruktionen	–	–	–	–
359	Sonstiges zur KG 350	1.868,06 m² DEF	3,28	6.132,23	0,1
360	**Dächer**	**68,93 m² DAF**	**844,26**	**58.194,96**	**1,2**
361	Dachkonstruktionen	23,60 m²	2.072,68	48.915,36	1,0
362	Dachöffnungen	–	–	–	–
363	Dachbeläge	–	–	4.699,49	< 0,1
364	Dachbekleidungen	45,33 m²	101,04	4.580,10	< 0,1
365	Elementierte Dachkonstruktionen	–	–	–	–
366	Lichtschutz zur KG 360	–	–	–	–
369	Sonstiges zur KG 360	–	–	–	–
370	**Infrastrukturanlagen**	**–**	**–**	**–**	**–**
380	**Baukonstruktive Einbauten**	**2.865,00 m² BGF**	**8,92**	**25.567,52**	**0,5**
390	**Sonst. Maßnahmen für Baukonstrukt.**	**2.865,00 m² BGF**	**76,92**	**220.364,10**	**4,6**

Kostenkennwerte für die Kostengruppen 400 der 2. und 3.Ebene DIN 276 (Übersicht)

KG	Kostengruppe	Menge Einheit	€/Einheit	Kosten €	% an 3+4
400	**Bauwerk – Technische Anlagen**	**2.865,00 m² BGF**	**511,51**	**1.465.473,23**	**30,7**
410	**Abwasser-, Wasser-, Gasanlagen**	**2.865,00 m² BGF**	**55,84**	**159.984,21**	**3,4**
411	Abwasseranlagen	2.865,00 m² BGF	16,53	47.367,92	1,0
412	Wasseranlagen	2.865,00 m² BGF	36,97	105.926,50	2,2
413	Gasanlagen	–	–	–	–
419	Sonstiges zur KG 410	2.865,00 m² BGF	2,34	6.689,80	0,1
420	**Wärmeversorgungsanlagen**	**2.865,00 m² BGF**	**44,41**	**127.235,57**	**2,7**
421	Wärmeerzeugungsanlagen	2.865,00 m² BGF	0,97	2.765,75	< 0,1
422	Wärmeverteilnetze	2.865,00 m² BGF	27,25	78.071,29	1,6
423	Raumheizflächen	2.865,00 m² BGF	16,19	46.398,53	1,0
424	Verkehrsheizflächen	–	–	–	–
429	Sonstiges zur KG 420	–	–	–	–
430	**Raumlufttechnische Anlagen**	**2.865,00 m² BGF**	**136,34**	**390.616,16**	**8,2**
431	Lüftungsanlagen	2.865,00 m² BGF	99,52	285.118,93	6,0
432	Teilklimaanlagen	–	–	–	–
433	Klimaanlagen	–	–	–	–
434	Kälteanlagen	2.865,00 m² BGF	36,82	105.497,23	2,2
439	Sonstiges zur KG 430	–	–	–	–
440	**Elektrische Anlagen**	**2.865,00 m² BGF**	**168,30**	**482.186,61**	**10,1**
441	Hoch- und Mittelspannungsanlagen	–	–	–	–
442	Eigenstromversorgungsanlagen	2.865,00 m² BGF	21,06	60.348,27	1,3
443	Niederspannungsschaltanlagen	2.865,00 m² BGF	7,78	22.296,90	0,5
444	Niederspannungsinstallationsanlagen	2.865,00 m² BGF	107,79	308.828,90	6,5
445	Beleuchtungsanlagen	2.865,00 m² BGF	29,10	83.377,04	1,7
446	Blitzschutz- und Erdungsanlagen	2.865,00 m² BGF	2,56	7.335,53	0,2
447	Fahrleitungssysteme	–	–	–	–
449	Sonstiges zur KG 440	–	–	–	–
450	**Kommunikationstechnische Anlagen**	**2.865,00 m² BGF**	**34,84**	**99.816,63**	**2,1**
451	Telekommunikationsanlagen	–	–	–	–
452	Such- und Signalanlagen	2.865,00 m² BGF	0,42	1.211,07	< 0,1
453	Zeitdienstanlagen	–	–	–	–
454	Elektroakustische Anlagen	–	–	–	–
455	Audiovisuelle Medien- u. Antennenanl.	2.865,00 m² BGF	0,73	2.105,48	< 0,1
456	Gefahrenmelde- und Alarmanlagen	2.865,00 m² BGF	23,72	67.959,57	1,4
457	Datenübertragungsnetze	2.865,00 m² BGF	9,96	28.540,51	0,6
458	Verkehrsbeeinflussungsanlagen	–	–	–	–
459	Sonstiges zur KG 450	–	–	–	–
460	**Förderanlagen**	**2.865,00 m² BGF**	**4,76**	**13.624,07**	**0,3**
461	Aufzugsanlagen	2.865,00 m² BGF	4,76	13.624,07	0,3
462	Fahrtreppen, Fahrsteige	–	–	–	–
463	Befahranlagen	–	–	–	–
464	Transportanlagen	–	–	–	–
465	Krananlagen	–	–	–	–
466	Hydraulikanlagen	–	–	–	–
469	Sonstiges zur KG 460	–	–	–	–
470	**Nutzungsspez. u. verfahrenstechn. Anl.**	**–**	**–**	**–**	**–**
480	**Gebäude- und Anlagenautomation**	**2.865,00 m² BGF**	**67,02**	**192.009,96**	**4,0**
490	**Sonst. Maßnahmen für techn. Anlagen**	**–**	**–**	**–**	**–**

Kostenkennwerte für Leistungsbereiche nach STLB (Kosten des Bauwerks nach DIN 276)

LB	Leistungsbereiche	Kosten €	€/m² BGF	€/m³ BRI	% an 3+4
000	Sicherheits-, Baustelleneinrichtungen inkl. 001	192.789	67,30	19,10	4,0
002	Erdarbeiten	31.819	11,10	3,20	0,7
006	Spezialtiefbauarbeiten inkl. 005	70.324	24,50	7,00	1,5
009	Entwässerungskanalarbeiten inkl. 011	–	–	–	–
010	Drän- und Versickerarbeiten	–	–	–	–
012	Mauerarbeiten	74.267	25,90	7,40	1,6
013	Betonarbeiten	340.177	118,70	33,70	7,1
014	Natur-, Betonwerksteinarbeiten	–	–	–	–
016	Zimmer- und Holzbauarbeiten	–	–	–	–
017	Stahlbauarbeiten	542.587	189,40	53,80	11,4
018	Abdichtungsarbeiten	9.241	3,20	0,92	0,2
019	Kampfmittelräumarbeiten	–	–	–	–
020	Dachdeckungsarbeiten	–	–	–	–
021	Dachabdichtungsarbeiten	–	–	–	–
022	Klempnerarbeiten	–	–	–	–
	Rohbau	**1.261.203**	**440,20**	**125,10**	**26,4**
023	Putz- und Stuckarbeiten, Wärmedämmsysteme	209.591	73,20	20,80	4,4
	Wiederherstellen	1.628	0,57	0,16	< 0,1
	Herstellen	207.963	72,60	20,60	4,4
024	Fliesen- und Plattenarbeiten	40.262	14,10	4,00	0,8
025	Estricharbeiten	94.959	33,10	9,40	2,0
	Wiederherstellen	1.466	0,51	0,15	< 0,1
	Herstellen	93.493	32,60	9,30	2,0
026	Fenster, Außentüren inkl. 029, 032	53.623	18,70	5,30	1,1
	Wiederherstellen	8.051	2,80	0,80	0,2
	Herstellen	45.571	15,90	4,50	1,0
027	Tischlerarbeiten	312.022	108,90	30,90	6,5
	Wiederherstellen	10.921	3,80	1,10	0,2
	Herstellen	301.100	105,10	29,90	6,3
028	Parkettarbeiten, Holzpflasterarbeiten	149.933	52,30	14,90	3,1
030	Rollladenarbeiten	14.788	5,20	1,50	0,3
031	Metallbauarbeiten inkl. 035	184.746	64,50	18,30	3,9
034	Maler- und Lackiererarbeiten inkl. 037	133.510	46,60	13,20	2,8
036	Bodenbelagarbeiten	31.782	11,10	3,20	0,7
038	Vorgehängte hinterlüftete Fassaden	–	–	–	–
039	Trockenbauarbeiten	265.475	92,70	26,30	5,6
	Wiederherstellen	172	0,06	0,02	< 0,1
	Herstellen	265.302	92,60	26,30	5,6
	Ausbau	**1.490.691**	**520,30**	**147,80**	**31,2**
	Wiederherstellen	22.239	7,80	2,20	0,5
	Herstellen	1.468.451	512,50	145,60	30,8
040	Wärmeversorgungsanl. - Betriebseinr. inkl. 041	97.778	34,10	9,70	2,0
	Wiederherstellen	748	0,26	0,07	< 0,1
	Herstellen	97.030	33,90	9,60	2,0
042	Gas- und Wasserinstallation, Leitungen inkl. 043	55.559	19,40	5,50	1,2
	Wiederherstellen	2.240	0,78	0,22	< 0,1
	Herstellen	53.319	18,60	5,30	1,1
044	Abwasseranlagen - Leitungen	33.903	11,80	3,40	0,7
	Wiederherstellen	1.718	0,60	0,17	< 0,1
	Herstellen	32.186	11,20	3,20	0,7

9100-0168
Schauspielhaus
Zweitspielstätte

Umbau

LB	Leistungsbereiche	Kosten €	€/m² BGF	€/m³ BRI	% an 3+4
045	GWE-Einrichtungsgegenstände inkl. 046	27.781	9,70	2,80	0,6
047	Dämmarbeiten an betriebstechnischen Anlagen	62.055	21,70	6,20	1,3
049	Feuerlöschanlagen, Feuerlöschgeräte	–	–	–	–
050	Blitzschutz- und Erdungsanlagen	7.336	2,60	0,73	0,2
053	Niederspannungsanlagen inkl. 052, 054	287.060	100,20	28,50	6,0
	Wiederherstellen	23.979	8,40	2,40	0,5
	Herstellen	263.081	91,80	26,10	5,5
055	Sicherheits- u. Ersatzstromversorgungsanl.	57.482	20,10	5,70	1,2
057	Gebäudesystemtechnik	–	–	–	–
058	Leuchten und Lampen inkl. 059	83.377	29,10	8,30	1,7
060	Sprechanlagen, elektroakust. Anlagen inkl. 064	3.093	1,10	0,31	< 0,1
061	Kommunikationsnetze inkl. 063	90.477	31,60	9,00	1,9
069	Aufzüge	–	–	–	–
070	Gebäudeautomation	190.510	66,50	18,90	4,0
075	Raumlufttechnische Anlagen inkl. 078	340.400	118,80	33,80	7,1
	Gebäudetechnik	**1.336.810**	**466,60**	**132,60**	**28,[illegible]**
	Wiederherstellen	28.685	10,00	2,80	0,6
	Herstellen	1.308.125	456,60	129,70	27,4
084	Abbruch, Rückbau, Schadstoffsanierung	675.574	235,80	67,00	14,2
	Abbrechen	675.574	235,80	67,00	14,2
	Abbrucharbeiten	**675.574**	**235,80**	**67,00**	**14,2**
	Abbrechen	675.574	235,80	67,00	14,2
	Sonstige Leistungsbereiche	**6.980**	**2,40**	**0,69**	**0,1**
	Wiederherstellen	1.168	0,41	0,12	< 0,1
	Herstellen	5.812	2,00	0,58	0,1

9100-0200
Gemeindehaus
(748 Sitzplätze)

Umbau

Objektübersicht

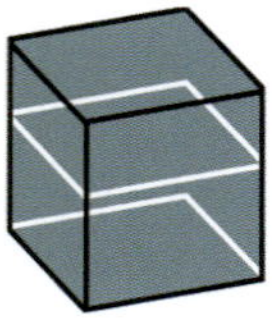

BRI 383 €/m³

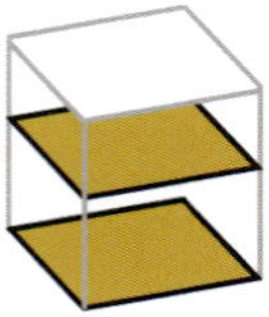

BGF 1.228 €/m²

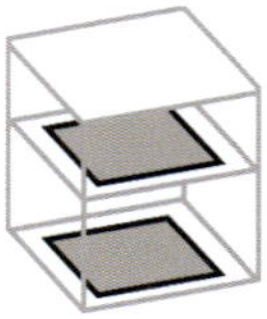

NUF 2.975 €/m²

Objekt:
Kennwerte: 3.Ebene DIN 276
BRI: 9.719 m³
BGF: 3.033 m²
NUF: 1.252 m²
Bauzeit: 209 Wochen
Bauende: 2015
Standard: über Durchschnitt
Bundesland: Hamburg
Kreis: Hamburg, Stadt

Architekt*in:
Plan-R-Architektenbüro
Joachim Reinig
Helenenstraße 14
22765 Hamburg

Bauherr*in:
Hauptkirche St. Michaelis
Englische Planke 1
20459 Hamburg

Ansicht Nord

Ansicht Ost

Erdgeschoss

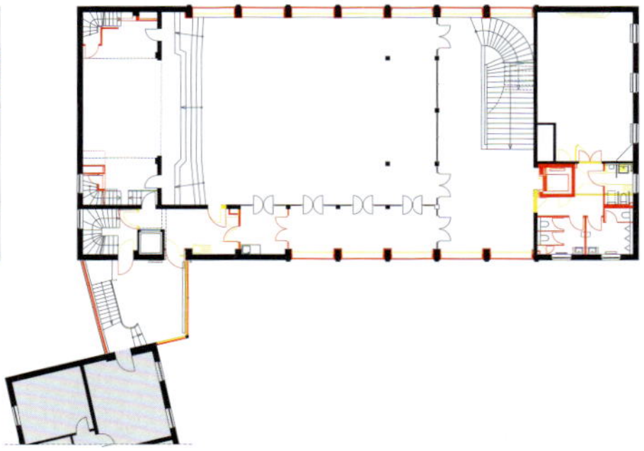

1. Obergeschoss

Schnitt

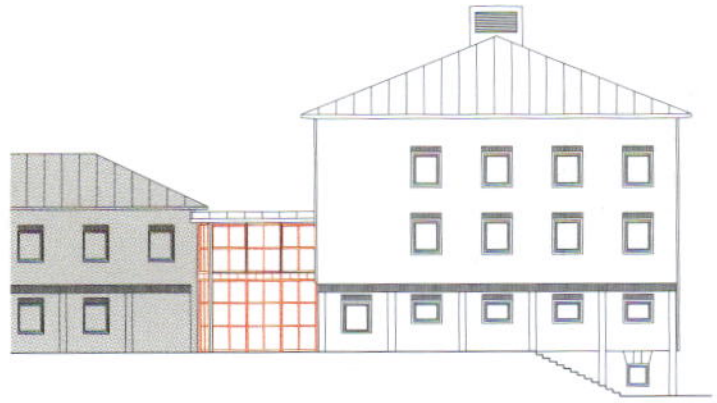

Ansicht Süd

Ansicht West

Objektbeschreibung

Allgemeine Objektinformationen

Das Gemeindehaus aus den 1950er Jahren wurde an heutige Bedürfnisse angepasst und energetisch saniert. Da das Gebäude nur in den Sommerferien frei von Nutzung war, wurden die Sanierungsarbeiten über einen Zeitraum von fünf Jahren in mehreren Bauabschnitten geplant und ausgeführt.

Nutzung

1 Untergeschoss
Abstellräume, Lagerräume, Küche, Personalräume, Haustechnik

1 Erdgeschoss
Foyer, zwei Veranstaltungsräume, Toiletten, Hausmeisterlounge

2 Obergeschosse
Gemeindesaal mit Bühne, Nebenräume, drei Versammlungsräume, Toiletten

1 Dachgeschoss
Lüftungsanlage

Nutzeinheiten

Sitzplätze: 748

Grundstück

Bauraum: Freier Bauraum
Neigung: Ebenes Gelände

Markt

Hauptvergabezeit: 3. Quartal 2011
Baubeginn: 3. Quartal 2011
Bauende: 3. Quartal 2015
Konjunkturelle Gesamtlage: über Durchschnitt
Regionaler Baumarkt: über Durchschnitt

Baubestand

Baujahr: 1957
Bauzustand: schlecht
Aufwand: hoch
Grundrissänderungen: einige
Tragwerkseingriffe: umfangreiche
Nutzungsänderung: nein
Nutzung während der Bauzeit: ja

Baukonstruktion

Bei dem Bestandsgebäude handelt es sich um einen Massivbau mit einer Verblendmauerwerkfassade und einem Walmdach mit Kupfereindeckung. Die Fassaden nach Westen und Osten sind mit raumhohen Fensterelementen gestaltet. In den ersten zwei Bauabschnitten wurden die großen einfachverglasten Fenster in der Ost- und Westfassade gegen dreifachverglaste Fensterelemente mit thermisch getrennten Stahlprofilen ausgetauscht. In den folgenden Bauabschnitten wurden die Grundrisse teilweise neu organisiert, um u.a. eine Zentralküche für das Catering bei Veranstaltungen sowie einen Aufenthaltsraum für Personal zu schaffen. Im letzten Bauabschnitt wurde das Verbindungstreppenhaus, ein Glasbau zwischen dem Gemeindehaus und dem benachbarten Gemeindegebäude, saniert.

Technische Anlagen

Der Gemeindesaal und zwei Versammlungsräume erhielten eine Lüftungsanlage. Die extrem dünnen Decken bedurften eines großen statischen Aufwands um die Durchbrüche für die Lüftungsleitungen realisieren zu können. Über den neuen Aufzug sind nun alle Ebenen barrierefrei erreichbar. Die sanitären Anlagen wurden komplett erneuert. Die Elektroinstallation wurde an die Anforderungen der modernen Kommunikation angepasst. Alle Heizkörper wurden modernisiert. Im Rahmen der energetischen Sanierung wurde die Beleuchtung auf LED umgerüstet.

Sonstiges

Die historische Deckenbemalung im Gemeindesaal wurde gereinigt und teilweise restauriert.

Planungskennwerte für Flächen und Rauminhalte nach DIN 277

Flächen des Grundstücks		Menge Einheit	% an GF
BF	Bebaute Fläche	645,77 m^2	5,2
UF	Unbebaute Fläche	11.868,63 m^2	94,8
GF	Grundstücksfläche	12.514,40 m^2	100,0

Grundflächen des Bauwerks		Menge Einheit	% an NUF	% an BGF
NUF	Nutzungsfläche	1.252,29 m^2	100,0	41,3
TF	Technikfläche	694,66 m^2	55,5	22,9
VF	Verkehrsfläche	720,35 m^2	57,5	23,7
NRF	Netto-Raumfläche	2.667,30 m^2	213,0	87,9
KGF	Konstruktions-Grundfläche	365,94 m^2	29,2	12,1
BGF	Brutto-Grundfläche	3.033,24 m^2	242,2	100,0

Brutto-Rauminhalt des Bauwerks		Menge Einheit	BRI/NUF (m)	BRI/BGF (m)
BRI	Brutto-Rauminhalt	9.719,21 m^3	7,76	3,20

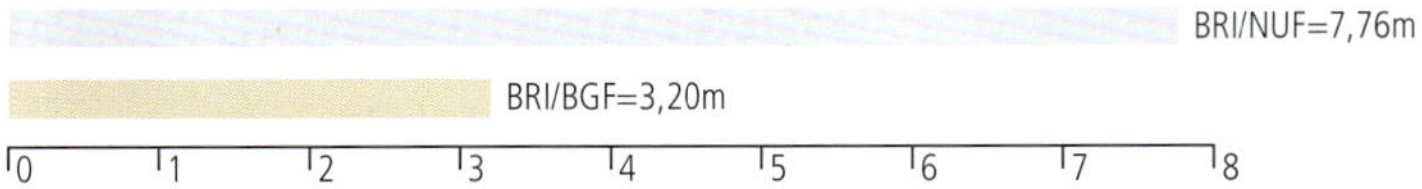

Lufttechnisch behandelte Flächen	Menge Einheit	% an NUF	% an BGF
Entlüftete Fläche	–	–	–
Be- und entlüftete Fläche	–	–	–
Teilklimatisierte Fläche	–	–	–
Klimatisierte Fläche	–	–	–

KG	Kostengruppen (2. Ebene)	Menge Einheit	Menge/NUF	Menge/BGF
310	Baugrube / Erdbau	14,00 m^3 BGI	0,01	< 0,01
320	Gründung, Unterbau	226,08 m^2 GRF	0,18	0,08
330	Außenwände/Vertikale Baukonstruktionen, außen	1.576,46 m^2 AWF	1,26	0,52
340	Innenwände/Vertikale Baukonstruktionen, innen	1.714,72 m^2 IWF	1,37	0,57
350	Decken/Horizontale Baukonstruktionen	1.406,01 m^2 DEF	1,12	0,46
360	Dächer	100,99 m^2 DAF	0,08	0,03

9100-0200
Gemeindehaus
(748 Sitzplätze)

Umbau

Kostenkennwerte für die Kostengruppen der 1. Ebene DIN 276

KG	Kostengruppen (1. Ebene)	Einheit	Kosten €	€/Einheit	€/m² BGF	€/m³ BRI	% 300+400
100	Grundstück	m² GF	–	–	–	–	–
200	Vorbereitende Maßnahmen	m² GF	–	–	–	–	–
300	Bauwerk – Baukonstruktionen	m² BGF	2.751.288	907,05	907,05	283,08	73,9
400	Bauwerk – Technische Anlagen	m² BGF	973.944	321,09	321,09	100,21	26,1
	Bauwerk 300+400	**m² BGF**	**3.725.232**	**1.228,14**	**1.228,14**	**383,29**	**100,0**
500	Außenanlagen und Freiflächen	m² AF	108.891	428,70	35,90	11,20	2,9
600	Ausstattung und Kunstwerke	m² BGF	1.915	0,63	0,63	0,20	< 0,1
700	Baunebenkosten	m² BGF	–	–	–	–	–
800	Finanzierung	m² BGF	–	–	–	–	–

KG	Kostengruppe	Menge Einheit	Kosten €	€/Einheit	%
3+4	**Bauwerk**				**100,0**
300	**Bauwerk – Baukonstruktionen**	3.033,24 m² BGF	2.751.288	**907,05**	73,9

- Abbrechen (Kosten: 15,1%) 416.715
  Abbruch von Bodenplatte, Gussasphaltestrich, Zementestrich, Bodenfliesen; Holzfenstern, Wandfliesen, Tapeten, Mauerwerk, Sanitärtrennwände, Stahl-Fensteranlagen, Glastürelementen, Türen, Wandfliesen, Laufsteg-Stahlkonstruktion, Geländer, Rundrohrstützen; Linoleum, Teppich, PVC, abgehängten GK-Decken, Rasterdecken; Entsorgung, Deponiegebühren, Abbauen und Lagern von Einbauschränken

- Wiederherstellen (Kosten: 8,3%) 227.171
  Glasmalereifenster reinigen, Bleistege reparieren, Glastürelement versetzen, Türschlösser ertüchtigen, Fehlstellen in Natursteingesims instandsetzen, beschädigte Natursteinfensterbänke, ersetzen, Wandflächen reinigen, spachteln, Rollladenkästen aufarbeiten; Stützpfeiler sanieren, Türflügel ertüchtigen, Türfutter aufpolstern, Stahl-Glas-Türelemente reinigen, spachteln, neu lackieren, Holzinnentüren reinigen, lackieren, Altanstriche reinigen, Beschädigungen spachteln; farbig Deckenflächen reinigen, Beschädigungen spachteln, Restaurierung Deckenbilder, Geländer schleifen, lackieren; Rückbau Antennenanlage, Reparatur Kupferdachdeckung

- Herstellen (Kosten: 76,6%) 2.107.402
  Stb-Aufzugsunterfahrt, Stb-Rampenanlage, Einzelfundamente, Verbundestriche, Bodenfliesen; Stahl-Fensterelemente, Drehtüranlage, Eingangstürelemente, Kalziumsilikatbekleidungen, Stahl-Pfosten-Riegel-Fassade; Stb-Aufzugschacht, Porenbetonmauerwerk, GK-Wände, Stahltüren, Holztüren, Stahl-Glas-Türelement, Beschichtung, Wandfliesen, Tapeten, Dispersionsbeschichtung, WC-Trennwände; Stb-Decke, Stb-Unterzüge, Teppichbeläge, Parkett, GK-Plattendecke; Dachflächenfenster

KG	Kostengruppe	Menge Einheit	Kosten €	€/Einheit	%
400	**Bauwerk – Technische Anlagen**	3.033,24 m² BGF	973.944	**321,09**	26,1
	• Abbrechen (Kosten: 1,5%) Abbruch von Gussleitungen, KG-Rohren, Sanitärobjekten, Warmwasserspeicher, Heizungsrohren, Heizkörpern; Elektroinstallation, Beleuchtung; Entsorgung, Deponiegebühren		14.803		
	• Wiederherstellen (Kosten: 1,9%) Sicherung der Sielleitung, Rohrdämmung erneuern, Lüftungskanäle instandsetzen, Elektroinstallation, erneuern		18.536		
	• Herstellen (Kosten: 96,6%) Gebäudeentwässerung, Kalt- und Warmwasserleitungen, Sanitärobjekte; Warmwasserspeicher, Heizungsrohre, Flächenheizkörper; Lüftungsgerät, Lüftungskänale; Elektroinstallation, Beleuchtung; Rauchmelder, Datenverkabelung, Personenaufzug		940.605		
500	**Außenanlagen und Freiflächen**	254,00 m² AF	108.891	**428,70**	2,9
	• Abbrechen (Kosten: 8,7%) Abbruch von Betonplatten, Treppenanlage, Pflanztrog; Entsorgung Deponiegebühren		9.519		
	• Wiederherstellen (Kosten: 5,3%) Betonplattenweg wiederherstellen, Rasenkantensteine neu verlegen		5.773		
	• Herstellen (Kosten: 86,0%) Bodenaushub für Sickermulde; Stb-Einzelfundamente; Betonplatten, Traufstreifen; Winkelstützwände, Stahlstütze mit Verblendmauerwerk, Stb-Rampenanlage; Oberflächenentwässerung; Oberbodenarbeiten		93.598		
600	**Ausstattung und Kunstwerke**	3.033,24 m² BGF	1.915	**0,63**	< 0,1
	• Herstellen (Kosten: 100,0%) Sanitärausstattung		1.915		

Umbau

Kostenkennwerte für die Kostengruppen der 2. Ebene DIN 276

KG	Kostengruppe	Menge Einheit	Kosten €	€/Einheit	%
300	**Bauwerk – Baukonstruktionen**				**100,0**
310	**Baugrube / Erdbau**	14,00 m³ BGI	6.630	**473,55**	0,2
	• Herstellen (Kosten: 100,0%) Leitungsgräben ausheben, wieder verfüllen (28m)	14,00 m³ BGI	6.630	**473,55**	
320	**Gründung, Unterbau**	226,08 m² GRF	173.538	**767,59**	6,3
	• Abbrechen (Kosten: 28,7%) Abbruch von Bodenplatte, d=17cm, Öffnungen ausschneiden, für Aufzugsunterfahrt (5m²), für Stützenfundamente (3m²), für Leitungsgräben (52m) * Gussasphaltestrich (113m²), Zementestrich, d=12cm (81m²), Bodenfliesen (43m²); Entsorgung, Deponiegebühren	235,94 m² GRF	49.740	**210,82**	
	• Wiederherstellen (Kosten: 4,0%) Holzdielenbelag ausbauen, Zementtrockenestrich verlegen, Holzverbundplatten einbauen (11m²)	11,09 m² GRF	6.954	**627,07**	
	• Herstellen (Kosten: 67,3%) Stb-Aufzugsunterfahrt, WU, d=20cm (4m²), Stb-Verschluss der Leitungsgräben (32m), Bewehrungsstähle einkleben (181St), Stb-Fundamente (4m²) * Verbundestrich (113m²), Reaktionsharzestrich, d=6-8mm (80m²), Dämmung, d=40mm, Schnellestrich, d=4-6cm (10m²), Stb-Küchensockel (11m²), Bodenfliesen (34m²), Betonwerksteinplatten (25St), Edelstahlkantenschutz (28St), Mattenrahmen mit Rost (2St) * Dränagestreifen (psch)	214,99 m² GRF	116.843	**543,48**	
330	**Außenwände/Vert. Baukonstrukt., außen**	1.576,46 m² AWF	902.458	**572,46**	32,8
	• Abbrechen (Kosten: 1,9%) Abbruch von Mauerwerk, d=41cm, beidseitig verputzt (2m²), von Stahl-Fassaden-Elementen (50m²), von Holzfenstern (14m²), Fensterbänken, Konsolen (7St) * Fassadenplatten (2m²) * Tapeten (18m²), Wandfliesen (7m²) * Fenstergitter (1St), Lüftungsgitter (1St); Entsorgung, Deponiegebühren	88,17 m² AWF	16.754	**190,02**	
	• Wiederherstellen (Kosten: 2,1%) Glasmalereifenster reinigen, Bleistege reparieren (1St), Glastürelement ausbauen, Verglasung erneuern, wieder einbauen (7m²), Türschlösser ertüchtigen (2St) * Fehlstellen im Natursteinesims instandsetzen (psch), beschädigte Natursteinfensterbänke abnehmen, d=6mm, ersetzen (2St) * Wandflächen, reinigen, spachteln, grundieren (123m²)	130,28 m² AWF	19.388	**148,81**	
	• Herstellen (Kosten: 96,0%) Wandnischen zumauern, verputzen (15m²) * Stahl-Fensterelemente, achtteilig, zwei Drehkipp-Oberlichter (446m²), Riegel-, Sturzverblechungen (70St), Fenster (106m²), Drehtüranlage (3m²), Eingangstürelement (7m²), Stahl-Kelleraußentür (4m²), Laibungsbekleidungen, Naturstein (16m) * Bitumendickbeschichtung (34m²), Natursteine (10m), Sockeldämmung (28m²), Stehfalzblenden an Lisenen, h=2,78m (7St) * Kalziumsilikatbekleidungen (187m²), Wandfliesen (99m²), Beschichtung (722m²), Alu-Eckschutzschienen (224m²) * Stahl-Pfosten-Riegel-Fassade (151m²)	1.446,18 m² AWF	866.316	**599,04**	

KG	Kostengruppe	Menge Einheit	Kosten €	€/Einheit	%
340	**Innenwände/Vert. Baukonstrukt., innen**	1.714,72 m² IWF	695.082	**405,36**	25,3
	• Abbrechen (Kosten: 15,8%)	263,50 m² IWF	109.578	**415,85**	
	Abbruch von Mauerwerk, d bis 40cm, beidseitig verputzt (31m²) * d=15-17cm (119m²), für Türöffnungen (10m²) * Stahl-Fensteranlage (30m²), Glastürelement (2m²), Türelemente (11m²) * Tapeten (271m²), Wandfliesen (96m²) * Kellertrennwand, Holz (10m²), Sanitärtrennwandsystem (19m²); Entsorgung, Deponiegebühren				
	• Wiederherstellen (Kosten: 9,2%)	552,46 m² IWF	63.883	**115,63**	
	Wandöffnungen, d=11,5cm, mit KS-Mauerwerk schließen, beidseitig verputzen (7m²) * Türflügel ertüchtigen, Sicherheitstechnik einarbeiten, Bodendichtungen einbauen (4m²), Türfutter aufpolstern (2m²), Schlösser austauschen (21h), Türen nachhobeln, spachteln (2St), Stahl-Glas-Türelemente reinigen, schleifen, spachteln, lackieren (140m²), Holzinnentüren schleifen, lackieren (58m²) * Rollladenkästen aufarbeiten (10St), Wandflächen reinigen, Beschädigungen spachteln, grundieren (600m²), Stützen reinigen, Altanstriche entfernen, grundieren (67m²), Buchstaben demontieren, reinigen, wiedereinbauen (psch), Putzfehlstellen ausbessern (19St), Paneelbretter austauschen (psch), Wandflächen egalisieren (26h)				
	• Herstellen (Kosten: 75,0%)	1.162,26 m² IWF	521.621	**448,80**	
	Stb-Aufzugschacht, d=20cm (95m²), Kernbohrungen (70St) * Porenbetonmauerwerk, d bis 15cm, beidseitig verputzt (164m²), GK-Wände, d=75mm (63m²), KS-Mauerwerk, d=25cm, in Nischen, einseitig verputzt (9m²) * Stb-Stütze (9m) * Stahltüren T30 RS (38m²), Kellertüren T30 (14m²), Holztüren (6m²), Stahl-Glas-Türelement (8m²) * Dispersionsbeschichtung (1.907m²), Kalkzementputz (206m²), Kalziumsilikatbekleidung, verklebt (187m²), GK-Vorsatzschalen (173m²), Wandfliesen (211m²), Tapeten (337m²), Latexbeschichtung (83m²) * WC-Trennwände (66m²)				
350	**Decken/Horizontale Baukonstruktionen**	1.406,01 m² DEF	601.462	**427,78**	21,9
	• Abbrechen (Kosten: 38,7%)	384,43 m² DEF	232.956	**605,98**	
	Abbruch von Laufsteg-Stahlkonstruktion, vier Rundrohrstützen, Geländer (18m²), Stb-Decken für Aufzug (15m²), für Bodenluke (1m²), für Lüftungskanäle (7m²), Verankerung der Bewehrung (504St) * Zementestrich (323m²), Linoleum, Teppich, PVC (60m²) * abgehängten GK-Decken (69m²), Rasterdecken (14m²); Entsorgung, Deponiegebühren				
	• Wiederherstellen (Kosten: 11,9%)	760,31 m² DEF	71.493	**94,03**	
	Betonsanierung Deckenrandstreifen (20m) * Unterböden vorbereiten, abschleifen (28m²), Fußleisten aufarbeiten, lackieren (428m) * farbig gefasste Deckenflächen reinigen (380m²), Altanstriche reinigen, Beschädigungen spachteln (350m²), Restaurierung Deckenbilder (105h), abgehängten Decke ausbauen, Unterkonstruktion verstärken, Wiedereinbau (31m²), Deckenflächen instandsetzen, streichen (44h), Lochplattendecke ergänzen (psch) * Brüstungsgeländer schleifen, lackieren (24m), Emporengeländer kürzen (6m), Sicherheitsscheiben einbauen (2St), Treppengeländer streichen (21m), Metallgeländer lackieren (28m)				
	• Herstellen (Kosten: 49,4%)	645,70 m² DEF	297.014	**459,99**	
	Stb-Decke (67m²), Stb-Unterzüge (psch) * F90-Einschubtreppe (1St) * Ausgleichsestrich (87m²), Verbundestrich (30m²), Teppichbeläge (81m²), Nadelfilz (28m²), Parkett, geölt (psch), Bodenfliesen (50m²) * GK-Plattendecke (399m²), GK-Bekleidung Lüftungskanäle (67m²), Dispersionsbeschichtung (513m²), Kalziumsilikatbekleidung (90m²) * Geländer streichen, PVC-Handlauf anbringen (34m)				

Umbau

KG	Kostengruppe	Menge Einheit	Kosten €	€/Einheit	%
360	**Dächer**	100,99 m2 DAF	120.725	**1.195,41**	4,4
	• Wiederherstellen (Kosten: 52,9%) Dachflächenfenster ausbauen, Größe anpassen, neues RWA-Dachflächenfenster einbauen (1m2) * Rückbau Antennenanlage (74h): Kupferdeckung reparieren, Kehlbalkenlage kürzen (6St), Holzverbundplatten eingepassen (10St), Kupferblech 0,7mm, patiniert, aus Altbestand einarbeiten (12m2), Kupferblechbekleidung Lüftungsschacht, Lüftungsgitter (20m2), Dachrinne anpassen (2St)	33,94 m2 DAF	63.804	**1.879,90**	
	• Herstellen (Kosten: 47,1%) Dachflächenfenster (1m2) * Standrohr DN125, Kupfer (1St), Gussrohr DN125 (4m) * WDVS Dachvorsprung, Mineralwolldämmung, verklebt, verdübelt, Armierputz, Silikatputz, Beschichtung (99m2), Ausbildung Dachrand (104m) * Konstruktion Lüftungsgerät, KVH, Mehrschichtplatten, Trennlage, Kupferbekleidung fünfseitig (1St), Seilsicherungssystem V2A (23m), Sekuranten (4St)	99,75 m2 DAF	56.921	**570,64**	
380	**Baukonstruktive Einbauten**	3.033,24 m2 BGF	13.359	**4,40**	0,5
	• Abbrechen (Kosten: 57,5%) Abbau und Lagern von Einbauschränken (3St); Abbruch von Schallkabine (psch); Entsorgung, Deponiegebühren	3.033,24 m2 BGF	7.687	**2,53**	
	• Wiederherstellen (Kosten: 12,4%) Einbauschrankfläche schleifen, lackieren (22m2), Heizkörperbekleidung reparieren (4h), Schrank umbauen (5h)	3.033,24 m2 BGF	1.650	**0,54**	
	• Herstellen (Kosten: 30,1%) Küchenschrank montieren (1St), Arbeitsplatte (5m), Küche einbauen (14h), Schrank einpassen (1St)	3.033,24 m2 BGF	4.023	**1,33**	
390	**Sonst. Maßnahmen für Baukonstrukt.**	3.033,24 m2 BGF	238.033	**78,47**	8,7
	• Herstellen (Kosten: 100,0%) Baustelleneinrichtung, Hauptgewerk (1St), Nebengewerke (10St), Bauzaun (94m) * Fassadengerüst, LK3 (837m2), Gerüst Treppenhaus (psch), Arbeitsplattform, h=6,30m (181m2), Rollgerüste, h=6,50m (2St), Schachteinrüstung (1St), Innengerüste (13St), Schutzdach (psch) * Abfangungen, Ortbeton (29m2), Notabfangungen (16m) * Schuttcontainer (29St) * Staubschutzwände (508m2), Schutzabdeckungen (1.992m2), Baureinigung (201h) * Schornsteinbekleidung (2St)	3.033,24 m2 BGF	238.033	**78,47**	
400	**Bauwerk – Technische Anlagen**				**100,0**
410	**Abwasser-, Wasser-, Gasanlagen**	3.033,24 m2 BGF	165.401	**54,53**	17,0
	• Abbrechen (Kosten: 1,3%) Abbruch von Gussleitungen ab DN100 (psch), KG-Leitungen DN65-125 (6m), von Sanitärobjekten (14St), Warmwasserspeicher (1St); Entsorgung, Deponiegebühren	3.033,24 m2 BGF	2.083	**0,69**	
	• Wiederherstellen (Kosten: 2,0%) Sicherung der Sielleitung, Ummantelung mit Sand (2St)	3.033,24 m2 BGF	3.300	**1,09**	
	• Herstellen (Kosten: 96,7%) PP-Rohre DN50-100 (180m), HT-Rohre DN50-100 (61m), Bodenabläufe (4St), Entwässerungsrinnen DN100 (7m), Duschrinnen (2St) * Kalt-und Warmwasserleitungen, Kupfer DN18-35 (821m), Heizband (40m), Waschtische (7St), WCs (11St), Urinale (7St), Ausgussbecken (2St), 5l-Speicher (1St) * Montageelemente (34St)	3.033,24 m2 BGF	160.018	**52,75**	

KG	Kostengruppe	Menge Einheit	Kosten €	€/Einheit	%
420	**Wärmeversorgungsanlagen**	3.033,24 m²BGF	111.794	**36,86**	11,5
	• Abbrechen (Kosten: 7,7%) Abbruch von Heizleitungen bis DN25 (31m) * Heizkörpern (26St); Entsorgung, Deponiegebühren; Abbauen und Lagern von Heizkörpern (2St)	3.033,24 m²BGF	8.579	**2,83**	
	• Wiederherstellen (Kosten: 4,7%) Demontage Rohrdämmung, Dämmungen erneuern (psch)	3.033,24 m²BGF	5.251	**1,73**	
	• Herstellen (Kosten: 87,6%) Warmwasserspeicher 120l (1St), Pumpe (1St), Entlüftungsstation (2St), Verteiler, Regelventil DN15-25 (1St), Kugelhahnen (4St) * Heizungsrohre DN22-54 (98m), Heizband (50m) * Flachheizkörper (19m²), Themostatventilköpfe (27St), Röhrenheizkörper (8St)	3.033,24 m²BGF	97.963	**32,30**	
430	**Raumlufttechnische Anlagen**	3.033,24 m²BGF	415.923	**137,12**	42,7
	• Wiederherstellen (Kosten: 1,9%) Brandschottung, Isolierung demontieren, Blechkanäle anpassen, Dämmung wieder anbringen (7St)	3.033,24 m²BGF	7.861	**2,59**	
	• Herstellen (Kosten: 98,1%) Lüftungsgerät 13.000m³/h, Stahlunterkonstruktion (1St), Zu- und Abluftgerät, WRG (1St), Wickelfalzrohre DN315-400 (17m), Lüftungskänale (354m²), DDC-Regelung (1St), Kulissenschalldämpfer (9St), Control Dumper (7St), Abluftventilator (1St), Brandschutzklappen (45St), Lüftungsgitter (9St), Schaltschrankgehäuse (1St), Wetterschutzgitter (6St)	3.033,24 m²BGF	408.063	**134,53**	
440	**Elektrische Anlagen**	3.033,24 m²BGF	120.306	**39,66**	12,4
	• Abbrechen (Kosten: 3,4%) Abbruch von Elektroinstallation (psch) * Leuchten (107St); Entsorgung, Deponiegebühren	3.033,24 m²BGF	4.141	**1,37**	
	• Wiederherstellen (Kosten: 1,8%) Leitungen lokalisieren, erneuern (20St) * Deckenleuchten reinigen, lackieren (5h)	3.033,24 m²BGF	2.124	**0,70**	
	• Herstellen (Kosten: 94,8%) Elektroanschluss an Verbindungshaus (psch), Mantelleitungen NYM (2.460m), Leerrohre (75m), Zuleitungen verlegen (79St), Schalter/Taster (108St) * Einbauleuchten (90St), Stromschiene (3m)	3.033,24 m²BGF	114.040	**37,60**	
450	**Kommunikationstechnische Anlagen**	3.033,24 m²BGF	13.611	**4,49**	1,4
	• Herstellen (Kosten: 100,0%) Rauchmelder (3St), Wind- und Regenmelder (1St), Steuerung Rauchabzug (1St) * Daten-Mantelleitungen J-2Y (813m), Netzwerkkabel Cat5 (299m), Datenanschlussdosen Cat5 (9St)	3.033,24 m²BGF	13.611	**4,49**	
460	**Förderanlagen**	3.033,24 m²BGF	131.745	**43,43**	13,5
	• Herstellen (Kosten: 100,0%) Personenaufzug, hydraulisch, Traglast 630kg (1St), Glastüren E90 (4St), Rauchabzugsanlage (1St)	3.033,24 m²BGF	131.745	**43,43**	
490	**Sonst. Maßnahmen für techn. Anlagen**	3.033,24 m²BGF	15.165	**5,00**	1,6
	• Herstellen (Kosten: 100,0%) Baustelleneinrichtung (psch) * Montagebühne (psch) * Schuttbeseitigung (7St) * staubdichte Einhausung, h= 2,75 m (7St)	3.033,24 m²BGF	15.165	**5,00**	

KG	Kostengruppe	Menge Einheit	Kosten €	€/Einheit	%
500	**Außenanlagen und Freiflächen**				**100,0**
510	**Erdbau**	59,00 m³ EBR	21.714	**368,04**	19,9
	• Abbrechen (Kosten: 4,7%) Oberboden ausbauen, seitlich lagern (5m³)	5,00 m³ EBR	1.024	**204,71**	
	• Herstellen (Kosten: 95,3%) Bodenaushub für Sickermulde, laden, abfahren (59m³)	59,00 m³ EBR	20.691	**350,69**	
520	**Gründung, Unterbau**	254,00 m² AF	5.306	**20,89**	4,9
	• Abbrechen (Kosten: 4,6%) Fundament abstemmen (1St); Entsorgung, Deponiegebühren	254,00 m² AF	243	**0,96**	
	• Herstellen (Kosten: 95,4%) Fundamentaushub, Stb-Einzelfundamente (1m³)	254,00 m² AF	5.063	**19,93**	
530	**Oberbau, Deckschichten**	56,00 m² BFF	15.983	**285,41**	14,7
	• Abbrechen (Kosten: 14,0%) Natursteine aufnehmen (9m) * Abbruch von Betonplatten, seitlich lagern (21m²)	25,00 m² BFF	2.238	**89,54**	
	• Wiederherstellen (Kosten: 33,3%) Betonplatten aufnehmen, seitlich lagern, planieren, wiedereinbauen (39m²), Rasenkantensteine aufnehmen, neu verlegen (2m)	38,50 m² BFF	5.330	**138,43**	
	• Herstellen (Kosten: 52,6%) Betonplatten (12m), Gehwegplatten, Muschelkalk (10St) * Traufstreifen, Kies (31m)	17,50 m² BFF	8.415	**480,86**	
540	**Baukonstruktionen**	254,00 m² AF	38.023	**149,70**	34,9
	• Abbrechen (Kosten: 11,1%) Abbruch von Treppenanlage (psch); Entsorgung, Deponiegebühren	254,00 m² AF	4.215	**16,59**	
	• Herstellen (Kosten: 88,9%) Winkelstützwände, h=30cm (16m) * Stahlstütze IPE160 (1St), mit Verblendmauerwerk bekleiden (10m²) * Stb-Rampenanlage, Neigung 6% (6m²), Rampenbelag (9m²)	254,00 m² AF	33.808	**133,10**	
550	**Technische Anlagen**	254,00 m² AF	11.286	**44,43**	10,4
	• Wiederherstellen (Kosten: 3,9%) Bodeneinlauf austauschen (1St)	254,00 m² AF	444	**1,75**	
	• Herstellen (Kosten: 96,1%) Sickermulde, Rigole erstellen (psch), Kontrollschächte, Schachtabdeckungen (2St)	254,00 m² AF	10.843	**42,69**	
560	**Einbauten Außenanlagen u. Freiflächen**	254,00 m² AF	1.800	**7,09**	1,7
	• Abbrechen (Kosten: 100,0%) Abbruch von Pflanztrog (6m); Entsorgung, Deponiegebühren	254,00 m² AF	1.800	**7,09**	
570	**Vegetationsflächen**	51,60 m² PSF	3.390	**65,69**	3,1
	• Herstellen (Kosten: 100,0%) Oberboden einbauen, d=25cm, Lagermaterial (47m²), d=50cm (5m²), Liefermaterial (7t)	51,60 m² PSF	3.390	**65,69**	

KG	Kostengruppe	Menge Einheit	Kosten €	€/Einheit	%
590	**Sonst. Maßnahmen für Außenanlagen u. Freiflächen**	254,00 m²AF	11.389	**44,84**	10,5
	• Herstellen (Kosten: 100,0%) Bodenaushub für Unterfangung, Handschachtung (4m³), Stb-Fundamentunterfangung (1m³)	254,00 m²AF	11.389	**44,84**	
600	**Ausstattung und Kunstwerke**				**100,0**
610	**Allgemeine Ausstattung**	3.033,24 m²BGF	1.915	**0,63**	100,0
	• Herstellen (Kosten: 100,0%) Glasablagen (2St), Spiegel (2St), WC-Bürstengarnituren (2St), Papierhalter (2St), Handtrockner (6St)	3.033,24 m²BGF	1.915	**0,63**	

Umbau

Kostenkennwerte für die Kostengruppen 300 der 2. und 3. Ebene DIN 276 (Übersicht)

KG	Kostengruppe	Menge Einheit	€/Einheit	Kosten €	% an 3+4
300	**Bauwerk – Baukonstruktionen**	**3.033,24 m² BGF**	**907,05**	**2.751.287,95**	**73,9**
310	**Baugrube / Erdbau**	**14,00 m³ BGI**	**473,55**	**6.629,76**	**0,2**
311	Herstellung	14,00 m³ BGI	473,55	6.629,76	0,2
312	Umschließung	–	–	–	–
313	Wasserhaltung	–	–	–	–
314	Vortrieb	–	–	–	–
319	Sonstiges zur KG 310	–	–	–	–
320	**Gründung, Unterbau**	**226,08 m² GRF**	**767,59**	**173.537,73**	**4,7**
321	Baugrundverbesserung	–	–	–	–
322	Flachgründungen und Bodenplatten	23,61 m²	3.196,58	75.471,37	2,0
323	Tiefgründungen	–	–	–	–
324	Gründungsbeläge	226,08 m²	432,05	97.678,07	2,6
325	Abdichtungen und Bekleidungen	–	–	–	–
326	Dränagen	226,08 m² GRF	1,72	388,31	< 0,1
329	Sonstiges zur KG 320	–	–	–	–
330	**Außenwände/Vert. Baukonstrukt., außen**	**1.576,46 m² AWF**	**572,46**	**902.458,19**	**24,2**
331	Tragende Außenwände	–	–	5.467,69	0,1
332	Nichttragende Außenwände	14,85 m²	518,45	7.699,02	0,2
333	Außenstützen	–	–	–	–
334	Außenwandöffnungen	563,31 m²	1.148,35	646.878,02	17,4
335	Außenwandbekleidungen, außen	74,06 m²	728,21	53.931,26	1,4
336	Außenwandbekleidungen, innen	862,47 m²	69,64	60.063,09	1,6
337	Element. Außenwandkonstruktionen	150,68 m²	850,17	128.103,52	3,4
338	Lichtschutz zur KG 330	–	–	–	–
339	Sonstiges zur KG 330	1.576,46 m² AWF	0,20	315,59	< 0,1
340	**Innenwände/Vert. Baukonstrukt., innen**	**1.714,72 m² IWF**	**405,36**	**695.082,10**	**18,7**
341	Tragende Innenwände	95,00 m²	1.308,55	124.312,65	3,3
342	Nichttragende Innenwände	251,13 m²	355,02	89.155,05	2,4
343	Innenstützen	8,80 m	992,22	8.731,56	0,2
344	Innenwandöffnungen	307,32 m²	691,19	212.415,11	5,7
345	Innenwandbekleidungen	2.683,12 m²	85,67	229.868,31	6,2
346	Elementierte Innenwandkonstruktionen	65,84 m²	464,75	30.599,43	0,8
347	Lichtschutz zur KG 340	–	–	–	–
349	Sonstiges zur KG 340	–	–	–	–
350	**Decken/Horizontale Baukonstruktionen**	**1.406,01 m² DEF**	**427,78**	**601.462,43**	**16,1**
351	Deckenkonstruktionen	73,26 m²	3.158,15	231.365,88	6,2
352	Deckenöffnungen	1,12 m²	8.507,18	9.528,05	0,3
353	Deckenbeläge	208,44 m²	381,65	79.551,93	2,1
354	Deckenbekleidungen	1.404,89 m²	191,14	268.524,79	7,2
355	Elementierte Deckenkonstruktionen	–	–	–	–
359	Sonstiges zur KG 350	1.406,01 m² DEF	8,88	12.491,80	0,3
360	**Dächer**	**100,99 m² DAF**	**1.195,41**	**120.724,86**	**3,2**
361	Dachkonstruktionen	–	–	–	–
362	Dachöffnungen	2,00 m²	12.087,42	24.174,84	0,6
363	Dachbeläge	32,60 m²	1.471,68	47.976,75	1,3
364	Dachbekleidungen	98,99 m²	243,96	24.149,39	0,6
365	Elementierte Dachkonstruktionen	–	–	–	–
366	Lichtschutz zur KG 360	–	–	–	–
369	Sonstiges zur KG 360	100,99 m² DAF	241,84	24.423,88	0,7
370	**Infrastrukturanlagen**	**–**	**–**	**–**	**–**
380	**Baukonstruktive Einbauten**	**3.033,24 m² BGF**	**4,40**	**13.359,42**	**0,4**
390	**Sonst. Maßnahmen für Baukonstrukt.**	**3.033,24 m² BGF**	**78,47**	**238.033,45**	**6,4**

Kostenkennwerte für die Kostengruppen 400 der 2. und 3. Ebene DIN 276 (Übersicht)

KG	Kostengruppe	Menge Einheit	€/Einheit	Kosten €	% an 3+4
400	**Bauwerk – Technische Anlagen**	**3.033,24 m²BGF**	**321,09**	**973.944,47**	**26,1**
410	**Abwasser-, Wasser-, Gasanlagen**	**3.033,24 m²BGF**	**54,53**	**165.401,16**	**4,4**
411	Abwasseranlagen	3.033,24 m²BGF	11,64	35.311,08	0,9
412	Wasseranlagen	3.033,24 m²BGF	36,85	111.771,28	3,0
413	Gasanlagen	–	–	–	–
419	Sonstiges zur KG 410	3.033,24 m²BGF	6,04	18.318,80	0,5
420	**Wärmeversorgungsanlagen**	**3.033,24 m²BGF**	**36,86**	**111.793,53**	**3,0**
421	Wärmeerzeugungsanlagen	3.033,24 m²BGF	1,59	4.824,73	0,1
422	Wärmeverteilnetze	3.033,24 m²BGF	9,71	29.453,52	0,8
423	Raumheizflächen	3.033,24 m²BGF	25,56	77.515,26	2,1
424	Verkehrsheizflächen	–	–	–	–
429	Sonstiges zur KG 420	–	–	–	–
430	**Raumlufttechnische Anlagen**	**3.033,24 m²BGF**	**137,12**	**415.923,05**	**11,2**
431	Lüftungsanlagen	3.033,24 m²BGF	137,12	415.923,05	11,2
432	Teilklimaanlagen	–	–	–	–
433	Klimaanlagen	–	–	–	–
434	Kälteanlagen	–	–	–	–
439	Sonstiges zur KG 430	–	–	–	–
440	**Elektrische Anlagen**	**3.033,24 m²BGF**	**39,66**	**120.305,76**	**3,2**
441	Hoch- und Mittelspannungsanlagen	–	–	–	–
442	Eigenstromversorgungsanlagen	–	–	–	–
443	Niederspannungsschaltanlagen	–	–	–	–
444	Niederspannungsinstallationsanlagen	3.033,24 m²BGF	27,75	84.175,46	2,3
445	Beleuchtungsanlagen	3.033,24 m²BGF	11,91	36.130,30	1,0
446	Blitzschutz- und Erdungsanlagen	–	–	–	–
447	Fahrleitungssysteme	–	–	–	–
449	Sonstiges zur KG 440	–	–	–	–
450	**Kommunikationstechnische Anlagen**	**3.033,24 m²BGF**	**4,49**	**13.611,23**	**0,4**
451	Telekommunikationsanlagen	–	–	–	–
452	Such- und Signalanlagen	–	–	–	–
453	Zeitdienstanlagen	–	–	–	–
454	Elektroakustische Anlagen	–	–	–	–
455	Audiovisuelle Medien- u. Antennenanl.	–	–	–	–
456	Gefahrenmelde- und Alarmanlagen	3.033,24 m²BGF	2,52	7.629,85	0,2
457	Datenübertragungsnetze	3.033,24 m²BGF	1,97	5.981,38	0,2
458	Verkehrsbeeinflussungsanlagen	–	–	–	–
459	Sonstiges zur KG 450	–	–	–	–
460	**Förderanlagen**	**3.033,24 m²BGF**	**43,43**	**131.744,59**	**3,5**
461	Aufzugsanlagen	3.033,24 m²BGF	43,43	131.744,59	3,5
462	Fahrtreppen, Fahrsteige	–	–	–	–
463	Befahranlagen	–	–	–	–
464	Transportanlagen	–	–	–	–
465	Krananlagen	–	–	–	–
466	Hydraulikanlagen	–	–	–	–
469	Sonstiges zur KG 460	–	–	–	–
470	**Nutzungsspez. u. verfahrenstechn. Anl.**	**–**	**–**	**–**	**–**
480	**Gebäude- und Anlagenautomation**	**–**	**–**	**–**	**–**
490	**Sonst. Maßnahmen für techn. Anlagen**	**3.033,24 m²BGF**	**5,00**	**15.165,16**	**0,4**

9100-0200
Gemeindehaus
(748 Sitzplätze)

Umbau

Kostenkennwerte für Leistungsbereiche nach STLB (Kosten des Bauwerks nach DIN 276)

LB	Leistungsbereiche	Kosten €	€/m² BGF	€/m³ BRI	% an 3+4
000	Sicherheits-, Baustelleneinrichtungen inkl. 001	153.651	50,70	15,80	4,1
002	Erdarbeiten	13.828	4,60	1,40	0,4
006	Spezialtiefbauarbeiten inkl. 005	–	–	–	–
009	Entwässerungskanalarbeiten inkl. 011	3.300	1,10	0,34	< 0,1
	Wiederherstellen	3.300	1,10	0,34	< 0,1
010	Drän- und Versickerarbeiten	388	0,13	0,04	< 0,1
012	Mauerarbeiten	100.821	33,20	10,40	2,7
	Wiederherstellen	3.097	1,00	0,32	< 0,1
	Herstellen	97.724	32,20	10,10	2,6
013	Betonarbeiten	199.292	65,70	20,50	5,3
	Wiederherstellen	19.905	6,60	2,00	0,5
	Herstellen	179.387	59,10	18,50	4,8
014	Natur-, Betonwerksteinarbeiten	32.916	10,90	3,40	0,9
	Wiederherstellen	7.919	2,60	0,81	0,2
	Herstellen	24.997	8,20	2,60	0,7
016	Zimmer- und Holzbauarbeiten	50.155	16,50	5,20	1,3
	Wiederherstellen	11.884	3,90	1,20	0,3
	Herstellen	38.271	12,60	3,90	1,0
017	Stahlbauarbeiten	2.031	0,67	0,21	< 0,1
018	Abdichtungsarbeiten	13.465	4,40	1,40	0,4
019	Kampfmittelräumarbeiten	–	–	–	–
020	Dachdeckungsarbeiten	–	–	–	–
021	Dachabdichtungsarbeiten	–	–	–	–
022	Klempnerarbeiten	130.411	43,00	13,40	3,5
	Wiederherstellen	51.919	17,10	5,30	1,4
	Herstellen	78.492	25,90	8,10	2,1
	Rohbau	**700.259**	**230,90**	**72,00**	**18,8**
	Wiederherstellen	98.025	32,30	10,10	2,6
	Herstellen	602.234	198,50	62,00	16,2
023	Putz- und Stuckarbeiten, Wärmedämmsysteme	80.225	26,40	8,30	2,2
	Wiederherstellen	5.688	1,90	0,59	0,2
	Herstellen	74.537	24,60	7,70	2,0
024	Fliesen- und Plattenarbeiten	96.050	31,70	9,90	2,6
	Wiederherstellen	5.736	1,90	0,59	0,2
	Herstellen	90.314	29,80	9,30	2,4
025	Estricharbeiten	18.623	6,10	1,90	0,5
026	Fenster, Außentüren inkl. 029, 032	711.490	234,60	73,20	19,1
	Wiederherstellen	12.064	4,00	1,20	0,3
	Herstellen	699.426	230,60	72,00	18,8
027	Tischlerarbeiten	129.394	42,70	13,30	3,5
	Wiederherstellen	17.492	5,80	1,80	0,5
	Herstellen	111.902	36,90	11,50	3,0
028	Parkettarbeiten, Holzpflasterarbeiten	3.877	1,30	0,40	0,1
	Wiederherstellen	841	0,28	0,09	< 0,1
	Herstellen	3.036	1,00	0,31	< 0,1
030	Rollladenarbeiten	–	–	–	–
031	Metallbauarbeiten inkl. 035	30.601	10,10	3,10	0,8
	Wiederherstellen	4.770	1,60	0,49	0,1
	Herstellen	25.831	8,50	2,70	0,7

LB	Leistungsbereiche	Kosten €	€/m² BGF	€/m³ BRI	% an 3+4
034	Maler- und Lackiererarbeiten inkl. 037	280.224	92,40	28,80	7,5
	Wiederherstellen	67.543	22,30	6,90	1,8
	Herstellen	212.681	70,10	21,90	5,7
036	Bodenbelagarbeiten	17.013	5,60	1,80	0,5
	Wiederherstellen	38	0,01	< 0,01	< 0,1
	Herstellen	16.975	5,60	1,70	0,5
038	Vorgehängte hinterlüftete Fassaden	–	–	–	–
039	Trockenbauarbeiten	225.970	74,50	23,20	6,1
	Wiederherstellen	17.864	5,90	1,80	0,5
	Herstellen	208.105	68,60	21,40	5,6
	Ausbau	**1.593.468**	**525,30**	**164,00**	**42,8**
	Wiederherstellen	132.036	43,50	13,60	3,5
	Herstellen	1.461.431	481,80	150,40	39,2
040	Wärmeversorgungsanl. - Betriebseinr. inkl. 041	69.763	23,00	7,20	1,9
	Wiederherstellen	3.510	1,20	0,36	< 0,1
	Herstellen	66.253	21,80	6,80	1,8
042	Gas- und Wasserinstallation, Leitungen inkl. 043	80.972	26,70	8,30	2,2
044	Abwasseranlagen - Leitungen	20.468	6,70	2,10	0,5
045	GWE-Einrichtungsgegenstände inkl. 046	48.387	16,00	5,00	1,3
047	Dämmarbeiten an betriebstechnischen Anlagen	74.885	24,70	7,70	2,0
049	Feuerlöschanlagen, Feuerlöschgeräte	–	–	–	–
050	Blitzschutz- und Erdungsanlagen	–	–	–	–
053	Niederspannungsanlagen inkl. 052, 054	90.032	29,70	9,30	2,4
	Wiederherstellen	1.711	0,56	0,18	< 0,1
	Herstellen	88.321	29,10	9,10	2,4
055	Sicherheits- u. Ersatzstromversorgungsanl.	–	–	–	–
057	Gebäudesystemtechnik	–	–	–	–
058	Leuchten und Lampen inkl. 059	32.228	10,60	3,30	0,9
060	Sprechanlagen, elektroakust. Anlagen inkl. 064	–	–	–	–
061	Kommunikationsnetze inkl. 063	1.297	0,43	0,13	< 0,1
069	Aufzüge	131.745	43,40	13,60	3,5
070	Gebäudeautomation	–	–	–	–
075	Raumlufttechnische Anlagen inkl. 078	392.570	129,40	40,40	10,5
	Wiederherstellen	9.602	3,20	0,99	0,3
	Herstellen	382.968	126,30	39,40	10,3
	Gebäudetechnik	**942.347**	**310,70**	**97,00**	**25,3**
	Wiederherstellen	14.823	4,90	1,50	0,4
	Herstellen	927.525	305,80	95,40	24,9
084	Abbruch, Rückbau, Schadstoffsanierung	431.518	142,30	44,40	11,6
	Abbrechen	431.518	142,30	44,40	11,6
	Abbrucharbeiten	**431.518**	**142,30**	**44,40**	**11,6**
	Abbrechen	431.518	142,30	44,40	11,6
	Sonstige Leistungsbereiche	**57.642**	**19,00**	**5,90**	**1,5**
	Wiederherstellen	824	0,27	0,08	< 0,1
	Herstellen	56.818	18,70	5,80	1,5

9100-0157
Bibliothek
Möblierung

Modernisierung

Objektübersicht

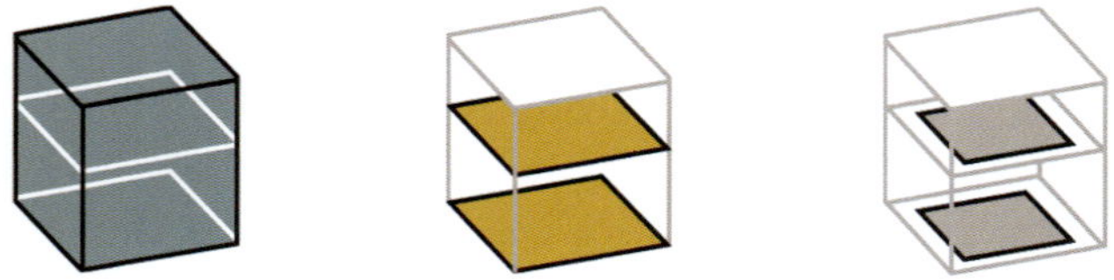

BRI 53€/m³ BGF 208€/m² NUF 239€/m²

Objekt:
Kennwerte: 3.Ebene DIN 276
BRI: 1.602m³
BGF: 409m²
NUF: 356m²
Bauzeit: 8 Wochen
Bauende: 2017
Standard: Durchschnitt
Bundesland: Nordrhein-Westfalen
Kreis: Düren

Architekt*in:
FRANKE
Architektur I Innenarchitektur
Oberstraße 135
52349 Düren

Bauherr*in:
Stadt Düren
Düren Kultur
Stefan-Schwer-Straße 4-6
52349 Düren

vorher

nachher

nachher

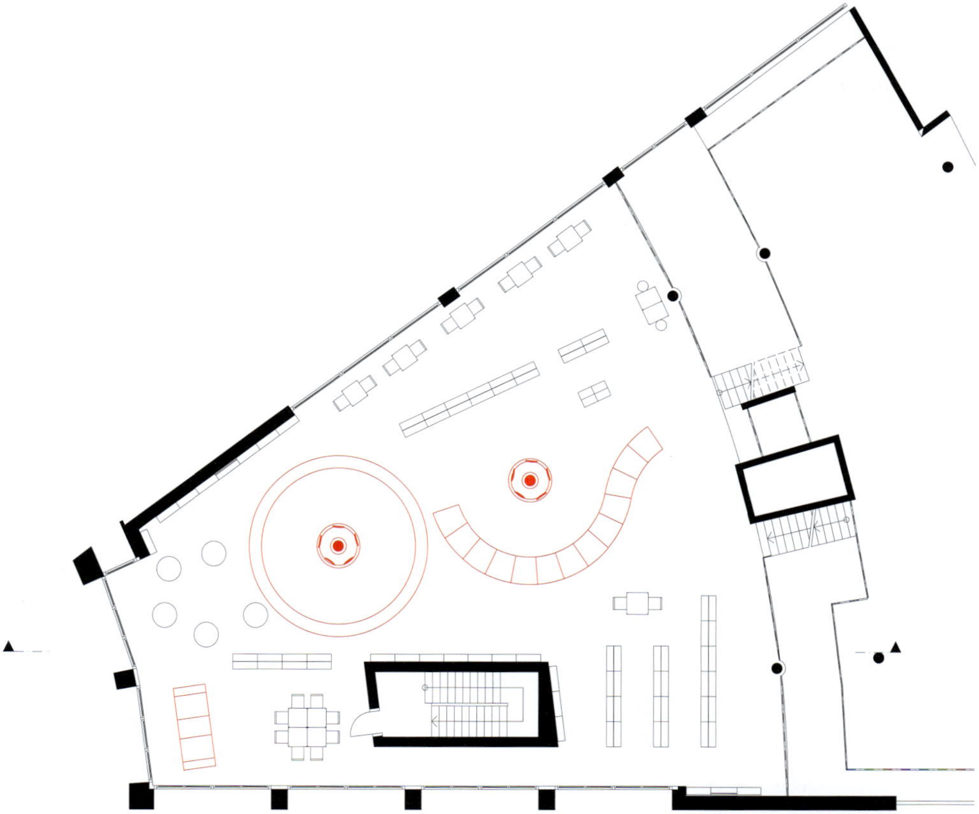

Grundriss

Schnitt

Modernisierung

Objektbeschreibung

Allgemeine Objektinformationen

Die Stadtbücherei wurde zu einer Q-Thek umgestaltet, in der neben Büchern auch Kommunikation und Multimedia eine wichtige Rolle spielen. Es wurde ein Gesamtkonzept entwickelt für einen Ort, der zum Chillen, Lernen, Relaxen, Treffen und natürlich auch zum Lesen dient. Entsprechend war es wichtig, den Raum mit einer besonderen Aufenthaltsqualität zu versehen.

Nutzung

1 Obergeschoss
Bibliothek

Markt

Hauptvergabezeit: 1.Quartal 2017
Baubeginn: 1.Quartal 2017
Bauende: 1.Quartal 2017
Konjunkturelle Gesamtlage: Durchschnitt
Regionaler Baumarkt: Durchschnitt

Baubestand

Baujahr: 1987
Bauzustand: gut
Aufwand: niedrig
Grundrissänderungen: wenige
Tragwerkseingriffe: keine
Nutzungsänderung: nein
Nutzung während der Bauzeit: ja

Baukonstruktion

Die Raumstruktur wurde belassen, vorhandene Regalelemente wiederverwendet und neu positioniert. Dadurch entstanden freie Flächen für eine raumbildende, in Einzelteile zerlegbare Sitzschlange. Inseln zur Auslage von Medien und Büchern wurden neu hergestellt. Ein weiteres raumbildendes Element stellt der Leuchtpilz dar, der für alle Q-Theken ein Wiedererkennungsmerkmal ist. Sitzsäcke prägen den Raum. Im Weiteren wurde eine Soundbox installiert, in der man sich beschallen lassen kann, während man liest oder relaxed.

Technische Anlagen

Es wurden nur geringfügige Änderungen an der Elektroinstallation und der Beleuchtung vorgenommen.

Planungskennwerte für Flächen und Rauminhalte nach DIN 277

Flächen des Grundstücks		Menge Einheit	% an GF
BF	Bebaute Fläche	–	–
UF	Unbebaute Fläche	–	–
GF	Grundstücksfläche	–	–

Grundflächen des Bauwerks		Menge Einheit	% an NUF	% an BGF
NUF	Nutzungsfläche	356,04 m²	100,0	87,1
TF	Technikfläche	–	–	–
VF	Verkehrsfläche	–	–	–
NRF	Netto-Raumfläche	356,04 m²	100,0	87,1
KGF	Konstruktions-Grundfläche	52,56 m²	14,8	12,9
BGF	Brutto-Grundfläche	408,60 m²	114,8	100,0

Brutto-Rauminhalt des Bauwerks		Menge Einheit	BRI/NUF (m)	BRI/BGF (m)
BRI	Brutto-Rauminhalt	1.602,18 m³	4,50	3,92

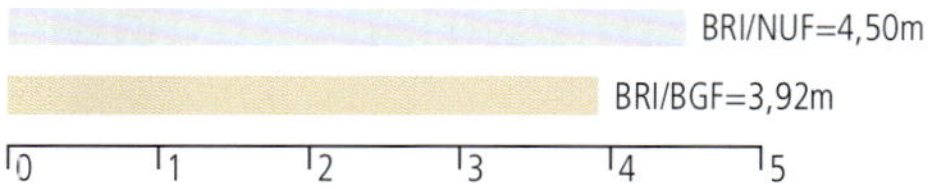

Lufttechnisch behandelte Flächen	Menge Einheit	% an NUF	% an BGF
Entlüftete Fläche	–	–	–
Be- und entlüftete Fläche	–	–	–
Teilklimatisierte Fläche	–	–	–
Klimatisierte Fläche	–	–	–

KG	Kostengruppen (2. Ebene)	Menge Einheit	Menge/NUF	Menge/BGF
310	Baugrube / Erdbau	–	–	–
320	Gründung, Unterbau	–	–	–
330	Außenwände/Vertikale Baukonstruktionen, außen	–	–	–
340	Innenwände/Vertikale Baukonstruktionen, innen	–	–	–
350	Decken/Horizontale Baukonstruktionen	–	–	–
360	Dächer	–	–	–

Modernisierung

Kostenkennwerte für die Kostengruppen der 1. Ebene DIN 276

KG	Kostengruppen (1. Ebene)	Einheit	Kosten €	€/Einheit	€/m² BGF	€/m³ BRI	% 300+400
100	Grundstück	m² GF	–	–	–	–	–
200	Vorbereitende Maßnahmen	m² GF	–	–	–	–	–
300	Bauwerk – Baukonstruktionen	m² BGF	74.908	183,33	183,33	46,75	88,0
400	Bauwerk – Technische Anlagen	m² BGF	10.207	24,98	24,98	6,37	12,0
	Bauwerk 300+400	**m² BGF**	**85.115**	**208,31**	**208,31**	**53,12**	**100,0**
500	Außenanlagen und Freiflächen	m² AF	–	–	–	–	–
600	Ausstattung und Kunstwerke	m² BGF	47.362	115,91	115,91	29,56	55,6
700	Baunebenkosten	m² BGF	–	–	–	–	–
800	Finanzierung	m² BGF	–	–	–	–	–

KG	Kostengruppe	Menge Einheit	Kosten €	€/Einheit	%
3+4	**Bauwerk**				**100,0**
300	**Bauwerk – Baukonstruktionen**	408,60 m² BGF	74.908	**183,33**	88,0
	• Herstellen (Kosten: 100,0%) Holz-Einbausitzbank/-Sitzblöcke, Holzstehpulte, Leuchtpilz, LED-Ringbeleuchtung, Ausstellungsinseln, abgehängter Holzbuchstabe		74.908		
400	**Bauwerk – Technische Anlagen**	408,60 m² BGF	10.207	**24,98**	12,0
	• Herstellen (Kosten: 100,0%) LED-Lichttechnik		10.207		
600	**Ausstattung und Kunstwerke**	408,60 m² BGF	47.362	**115,91**	55,6
	• Wiederherstellen (Kosten: 5,0%) Holztischplatten für vorhandene Stahlrohr-Tischgestelle		2.382		
	• Herstellen (Kosten: 95,0%) Soundbox, Präsentationstürme, Sitzsäcke, Tisch, Stühle, Barhocker		44.981		

Kostenkennwerte für die Kostengruppen der 2.Ebene DIN 276

KG	Kostengruppe	Menge Einheit	Kosten €	€/Einheit	%
300	**Bauwerk – Baukonstruktionen**				**100,0**
380	**Baukonstruktive Einbauten**	408,60 m² BGF	74.908	**183,33**	100,0
	• Herstellen (Kosten: 100,0%)	408,60 m² BGF	74.908	**183,33**	
	Holz-Einbausitzbank, HPL, Sitzpolster (1St), Holz-Sitzblöcke (7St), Holzstehpulte (2St) * Leuchtpilz, transluzentes, schallabsorbierendes Gewebe (1St), Deckenring für LED-Beleuchtung (21m), Ausstellungsinseln (2St), Metall-Prospektstützen (10St), abgehängter Holzbuchstabe (1St)				
400	**Bauwerk – Technische Anlagen**				**100,0**
440	**Elektrische Anlagen**	408,60 m² BGF	10.207	**24,98**	100,0
	• Herstellen (Kosten: 100,0%)	408,60 m² BGF	10.207	**24,98**	
	LED-Lichttechnik, Funk-Fernbedienung (2St)				
600	**Ausstattung und Kunstwerke**				**100,0**
610	**Allgemeine Ausstattung**	408,60 m² BGF	47.362	**115,91**	100,0
	• Wiederherstellen (Kosten: 5,0%)	408,60 m² BGF	2.382	**5,83**	
	Holztischplatten 70x70cm für vorhandene Stahlrohr-Tischgestelle (9St)				
	• Herstellen (Kosten: 95,0%)	408,60 m² BGF	44.981	**110,08**	
	Soundbox 305x200x120cm, bestückt mit Abspielgeräten, Verstärker, Einbaustrahler, Sitzkissen, fahrbar (1St), Präsentationstürme 198x58x58cm, fahrbar (4St), Sitzsäcke (7St), Holztischplatte 80x80cm, Stahlrohr-Tischgestell (1St), Stühle (2St), Barhocker (2St)				

9100-0157
Bibliothek
Möblierung

Modernisierung

Kostenkennwerte für die Kostengruppen 300 der 2. und 3. Ebene DIN 276 (Übersicht)

KG	Kostengruppe	Menge Einheit	€/Einheit	Kosten €	% an 3+4
300	**Bauwerk – Baukonstruktionen**	**408,60 m² BGF**	**183,33**	**74.908,46**	**88,0**
310	**Baugrube / Erdbau**	**–**	**–**	**–**	**–**
311	Herstellung	–	–	–	–
312	Umschließung	–	–	–	–
313	Wasserhaltung	–	–	–	–
314	Vortrieb	–	–	–	–
319	Sonstiges zur KG 310	–	–	–	–
320	**Gründung, Unterbau**	**–**	**–**	**–**	**–**
321	Baugrundverbesserung	–	–	–	–
322	Flachgründungen und Bodenplatten	–	–	–	–
323	Tiefgründungen	–	–	–	–
324	Gründungsbeläge	–	–	–	–
325	Abdichtungen und Bekleidungen	–	–	–	–
326	Dränagen	–	–	–	–
329	Sonstiges zur KG 320	–	–	–	–
330	**Außenwände/Vert. Baukonstrukt., außen**	**–**	**–**	**–**	**–**
331	Tragende Außenwände	–	–	–	–
332	Nichttragende Außenwände	–	–	–	–
333	Außenstützen	–	–	–	–
334	Außenwandöffnungen	–	–	–	–
335	Außenwandbekleidungen, außen	–	–	–	–
336	Außenwandbekleidungen, innen	–	–	–	–
337	Element. Außenwandkonstruktionen	–	–	–	–
338	Lichtschutz zur KG 330	–	–	–	–
339	Sonstiges zur KG 330	–	–	–	–
340	**Innenwände/Vert. Baukonstrukt., innen**	**–**	**–**	**–**	**–**
341	Tragende Innenwände	–	–	–	–
342	Nichttragende Innenwände	–	–	–	–
343	Innenstützen	–	–	–	–
344	Innenwandöffnungen	–	–	–	–
345	Innenwandbekleidungen	–	–	–	–
346	Elementierte Innenwandkonstruktionen	–	–	–	–
347	Lichtschutz zur KG 340	–	–	–	–
349	Sonstiges zur KG 340	–	–	–	–
350	**Decken/Horizontale Baukonstruktionen**	**–**	**–**	**–**	**–**
351	Deckenkonstruktionen	–	–	–	–
352	Deckenöffnungen	–	–	–	–
353	Deckenbeläge	–	–	–	–
354	Deckenbekleidungen	–	–	–	–
355	Elementierte Deckenkonstruktionen	–	–	–	–
359	Sonstiges zur KG 350	–	–	–	–
360	**Dächer**	**–**	**–**	**–**	**–**
361	Dachkonstruktionen	–	–	–	–
362	Dachöffnungen	–	–	–	–
363	Dachbeläge	–	–	–	–
364	Dachbekleidungen	–	–	–	–
365	Elementierte Dachkonstruktionen	–	–	–	–
366	Lichtschutz zur KG 360	–	–	–	–
369	Sonstiges zur KG 360	–	–	–	–
370	**Infrastrukturanlagen**	**–**	**–**	**–**	**–**
380	**Baukonstruktive Einbauten**	**408,60 m² BGF**	**183,33**	**74.908,46**	**88,0**
390	**Sonst. Maßnahmen für Baukonstrukt.**	**–**	**–**	**–**	**–**

Kostenkennwerte für die Kostengruppen 400 der 2. und 3. Ebene DIN 276 (Übersicht)

KG	Kostengruppe	Menge Einheit	€/Einheit	Kosten €	% an 3+4
400	**Bauwerk – Technische Anlagen**	**408,60 m²BGF**	**24,98**	**10.206,91**	**12,0**
410	**Abwasser-, Wasser-, Gasanlagen**	**–**	**–**	**–**	**–**
411	Abwasseranlagen	–	–	–	–
412	Wasseranlagen	–	–	–	–
413	Gasanlagen	–	–	–	–
419	Sonstiges zur KG 410	–	–	–	–
420	**Wärmeversorgungsanlagen**	**–**	**–**	**–**	**–**
421	Wärmeerzeugungsanlagen	–	–	–	–
422	Wärmeverteilnetze	–	–	–	–
423	Raumheizflächen	–	–	–	–
424	Verkehrsheizflächen	–	–	–	–
429	Sonstiges zur KG 420	–	–	–	–
430	**Raumlufttechnische Anlagen**	**–**	**–**	**–**	**–**
431	Lüftungsanlagen	–	–	–	–
432	Teilklimaanlagen	–	–	–	–
433	Klimaanlagen	–	–	–	–
434	Kälteanlagen	–	–	–	–
439	Sonstiges zur KG 430	–	–	–	–
440	**Elektrische Anlagen**	**408,60 m²BGF**	**24,98**	**10.206,91**	**12,0**
441	Hoch- und Mittelspannungsanlagen	–	–	–	–
442	Eigenstromversorgungsanlagen	–	–	–	–
443	Niederspannungsschaltanlagen	–	–	–	–
444	Niederspannungsinstallationsanlagen	–	–	–	–
445	Beleuchtungsanlagen	408,60 m²BGF	24,98	10.206,91	12,0
446	Blitzschutz- und Erdungsanlagen	–	–	–	–
447	Fahrleitungssysteme	–	–	–	–
449	Sonstiges zur KG 440	–	–	–	–
450	**Kommunikationstechnische Anlagen**	**–**	**–**	**–**	**–**
451	Telekommunikationsanlagen	–	–	–	–
452	Such- und Signalanlagen	–	–	–	–
453	Zeitdienstanlagen	–	–	–	–
454	Elektroakustische Anlagen	–	–	–	–
455	Audiovisuelle Medien- u. Antennenanl.	–	–	–	–
456	Gefahrenmelde- und Alarmanlagen	–	–	–	–
457	Datenübertragungsnetze	–	–	–	–
458	Verkehrsbeeinflussungsanlagen	–	–	–	–
459	Sonstiges zur KG 450	–	–	–	–
460	**Förderanlagen**	**–**	**–**	**–**	**–**
461	Aufzugsanlagen	–	–	–	–
462	Fahrtreppen, Fahrsteige	–	–	–	–
463	Befahranlagen	–	–	–	–
464	Transportanlagen	–	–	–	–
465	Krananlagen	–	–	–	–
466	Hydraulikanlagen	–	–	–	–
469	Sonstiges zur KG 460	–	–	–	–
470	**Nutzungsspez. u. verfahrenstechn. Anl.**	**–**	**–**	**–**	**–**
480	**Gebäude- und Anlagenautomation**	**–**	**–**	**–**	**–**
490	**Sonst. Maßnahmen für techn. Anlagen**	**–**	**–**	**–**	**–**

Kostenkennwerte für Leistungsbereiche nach STLB (Kosten des Bauwerks nach DIN 276)

LB	Leistungsbereiche	Kosten €	€/m² BGF	€/m³ BRI	% an 3+4
000	Sicherheits-, Baustelleneinrichtungen inkl. 001	–	–	–	–
002	Erdarbeiten	–	–	–	–
006	Spezialtiefbauarbeiten inkl. 005	–	–	–	–
009	Entwässerungskanalarbeiten inkl. 011	–	–	–	–
010	Drän- und Versickerarbeiten	–	–	–	–
012	Mauerarbeiten	–	–	–	–
013	Betonarbeiten	–	–	–	–
014	Natur-, Betonwerksteinarbeiten	–	–	–	–
016	Zimmer- und Holzbauarbeiten	–	–	–	–
017	Stahlbauarbeiten	–	–	–	–
018	Abdichtungsarbeiten	–	–	–	–
019	Kampfmittelräumarbeiten	–	–	–	–
020	Dachdeckungsarbeiten	–	–	–	–
021	Dachabdichtungsarbeiten	–	–	–	–
022	Klempnerarbeiten	–	–	–	–
	Rohbau	**–**	**–**	**–**	**–**
023	Putz- und Stuckarbeiten, Wärmedämmsysteme	–	–	–	–
024	Fliesen- und Plattenarbeiten	–	–	–	–
025	Estricharbeiten	–	–	–	–
026	Fenster, Außentüren inkl. 029, 032	–	–	–	–
027	Tischlerarbeiten	74.908	183,30	46,80	88,0
028	Parkettarbeiten, Holzpflasterarbeiten	–	–	–	–
030	Rollladenarbeiten	–	–	–	–
031	Metallbauarbeiten inkl. 035	–	–	–	–
034	Maler- und Lackiererarbeiten inkl. 037	–	–	–	–
036	Bodenbelagarbeiten	–	–	–	–
038	Vorgehängte hinterlüftete Fassaden	–	–	–	–
039	Trockenbauarbeiten	–	–	–	–
	Ausbau	**74.908**	**183,30**	**46,80**	**88,0**
040	Wärmeversorgungsanl. - Betriebseinr. inkl. 041	–	–	–	–
042	Gas- und Wasserinstallation, Leitungen inkl. 043	–	–	–	–
044	Abwasseranlagen - Leitungen	–	–	–	–
045	GWE-Einrichtungsgegenstände inkl. 046	–	–	–	–
047	Dämmarbeiten an betriebstechnischen Anlagen	–	–	–	–
049	Feuerlöschanlagen, Feuerlöschgeräte	–	–	–	–
050	Blitzschutz- und Erdungsanlagen	–	–	–	–
053	Niederspannungsanlagen inkl. 052, 054	–	–	–	–
055	Sicherheits- u. Ersatzstromversorgungsanl.	–	–	–	–
057	Gebäudesystemtechnik	–	–	–	–
058	Leuchten und Lampen inkl. 059	10.207	25,00	6,40	12,0
060	Sprechanlagen, elektroakust. Anlagen inkl. 064	–	–	–	–
061	Kommunikationsnetze inkl. 063	–	–	–	–
069	Aufzüge	–	–	–	–
070	Gebäudeautomation	–	–	–	–
075	Raumlufttechnische Anlagen inkl. 078	–	–	–	–
	Gebäudetechnik	**10.207**	**25,00**	**6,40**	**12,0**
084	Abbruch, Rückbau, Schadstoffsanierung	–	–	–	–
	Abbrucharbeiten	**–**	**–**	**–**	**–**
	Sonstige Leistungsbereiche	**–**	**–**	**–**	**–**

Kostenstand: 3. Quartal 2023, Bundesdurchschnitt, **inkl. 19% MwSt.**

9100-0158
Bibliothek

Objektübersicht

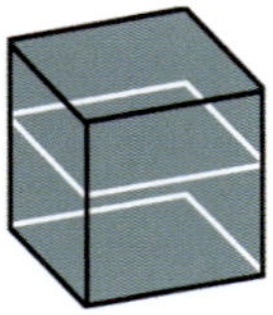
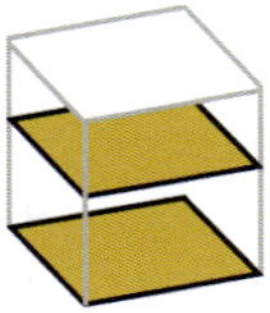
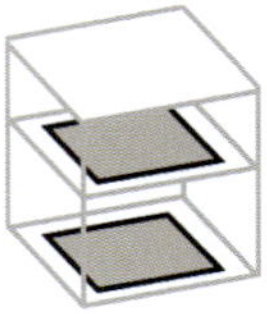

Modernisierung

BRI 241 €/m³ BGF 802 €/m² NUF 1.072 €/m²

Objekt:
Kennwerte: 3. Ebene DIN 276
BRI: 1.093 m³
BGF: 329 m²
NUF: 246 m²
Bauzeit: 22 Wochen
Bauende: 2016
Standard: Durchschnitt
Bundesland: Nordrhein-Westfalen
Kreis: Köln, Stadt

Architekt*in:
FRANKE
Architektur I Innenarchitektur
Oberstraße 135
52349 Düren

Bauherr*in:
Stadt Köln
Gebäudewirtschaft

nachher

vorher

Modernisierung

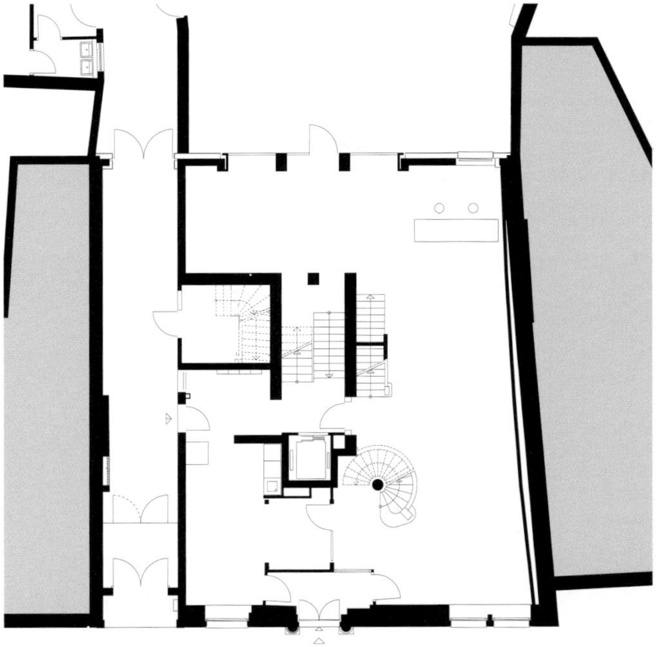

Erdgeschoss

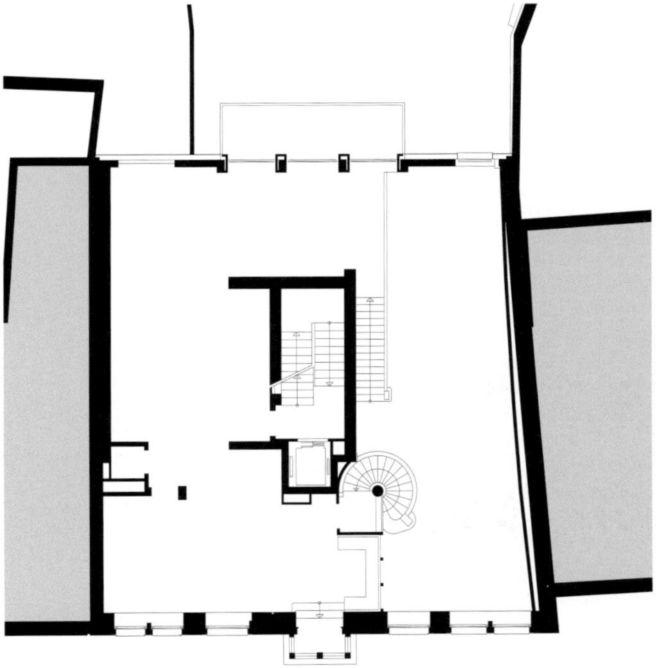

Zwischengeschoss

Modernisierung

Objektbeschreibung

Allgemeine Objektinformationen

Die sanierte Stadtteilbibliothek befindet sich im Erd- und Galeriegeschoss eines denkmalgeschützten Gebäudes in der Altstadt. Das aus dem Mittelalter stammende und später barock umgebaute Bürgerhaus wurde im 2. Weltkrieg fast völlig zerstört und ist bis auf seine markante Fassade eine Rekonstruktion. Ursprünglich diente der heutige Bibliotheksbereich als Brauhaus und Gaststätte. Neben Büchern findet man hier heute Bereiche zum Arbeiten, Relaxen, sich Treffen, Kommunizieren, Erzählen und Spielen.

Nutzung

1 Erdgeschoss
Bibliothek

1 Obergeschoss
Bibliothek

Markt

Hauptvergabezeit: 2.Quartal 2017
Baubeginn: 3.Quartal 2016
Bauende: 4.Quartal 2016
Konjunkturelle Gesamtlage: Durchschnitt
Regionaler Baumarkt: über Durchschnitt

Baubestand

Baujahr: 1890
Bauzustand: mittel
Aufwand: mittel
Grundrissänderungen: wenige
Tragwerkseingriffe: keine
Nutzungsänderung: nein
Nutzung während der Bauzeit: ja

Baukonstruktion

Die Raumaufteilung blieb erhalten, es erfolgte eine Neustrukturierung der Bereiche. Historische Bauteile wurden überarbeitet und restauriert. Alle Fenster, auch die mit Sprossenverglasung, sind mit Isolierglas bestmöglich ertüchtigt worden. Sämtliche Oberflächen wurden behandelt, neu beschichtet, lackiert oder offenporig geölt. Die Bodenbeläge wurden vollständig erneuert. Auch bestehendes Mobiliar kam wieder zum Einsatz.

Technische Anlagen

Die EDV-Technik wurde vollständig erneuert. Elektroinstallationen sind angepasst, ertüchtigt und ergänzt worden. Ebenso fanden diverse Brandschutzertüchtigungen statt. Die Heizkörper wurden überprüft, instandgesetzt und teilweise erneuert. In allen Räumen kam ein neues Lichtkonzept zur Ausführung, um adäquate Atmosphäre variieren und schaffen zu können.

Planungskennwerte für Flächen und Rauminhalte nach DIN 277

Flächen des Grundstücks		Menge Einheit	% an GF
BF	Bebaute Fläche	–	–
UF	Unbebaute Fläche	–	–
GF	Grundstücksfläche	–	–

Grundflächen des Bauwerks		Menge Einheit	% an NUF	% an BGF
NUF	Nutzungsfläche	245,83 m^2	100,0	74,8
TF	Technikfläche	–	–	–
VF	Verkehrsfläche	15,61 m^2	6,3	4,7
NRF	Netto-Raumfläche	261,44 m^2	106,3	79,5
KGF	Konstruktions-Grundfläche	67,26 m^2	27,4	20,5
BGF	Brutto-Grundfläche	328,70 m^2	133,7	100,0

Brutto-Rauminhalt des Bauwerks		Menge Einheit	BRI/NUF (m)	BRI/BGF (m)
BRI	Brutto-Rauminhalt	1.093,46 m^3	4,45	3,33

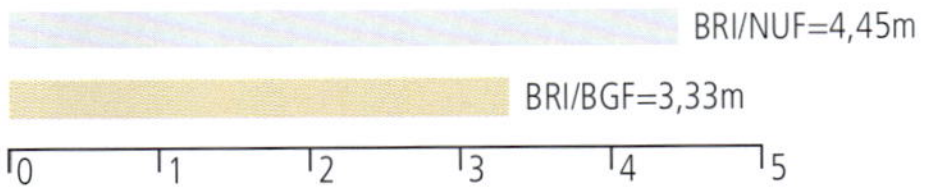

Lufttechnisch behandelte Flächen	Menge Einheit	% an NUF	% an BGF
Entlüftete Fläche	–	–	–
Be- und entlüftete Fläche	–	–	–
Teilklimatisierte Fläche	–	–	–
Klimatisierte Fläche	–	–	–

KG	Kostengruppen (2. Ebene)	Menge Einheit	Menge/NUF	Menge/BGF
310	Baugrube / Erdbau	–	–	–
320	Gründung, Unterbau	–	–	–
330	Außenwände/Vertikale Baukonstruktionen, außen	211,52 m^2 AWF	0,86	0,64
340	Innenwände/Vertikale Baukonstruktionen, innen	201,31 m^2 IWF	0,82	0,61
350	Decken/Horizontale Baukonstruktionen	284,44 m^2 DEF	1,16	0,87
360	Dächer	–	–	–

Kostenkennwerte für die Kostengruppen der 1. Ebene DIN 276

KG	Kostengruppen (1. Ebene)	Einheit	Kosten €	€/Einheit	€/m² BGF	€/m³ BRI	% 300+400
100	Grundstück	m² GF	–	–	–	–	–
200	Vorbereitende Maßnahmen	m² GF	–	–	–	–	–
300	Bauwerk – Baukonstruktionen	m² BGF	184.617	561,66	561,66	168,84	70,0
400	Bauwerk – Technische Anlagen	m² BGF	78.965	240,23	240,23	72,22	30,0
	Bauwerk 300+400	**m² BGF**	**263.582**	**801,89**	**801,89**	**241,05**	**100,0**
500	Außenanlagen und Freiflächen	m² AF	–	–	–	–	–
600	Ausstattung und Kunstwerke	m² BGF	–	–	–	–	–
700	Baunebenkosten	m² BGF	–	–	–	–	–
800	Finanzierung	m² BGF	–	–	–	–	–

KG	Kostengruppe	Menge Einheit	Kosten €	€/Einheit	%
3+4	**Bauwerk**				**100,0**
300	**Bauwerk – Baukonstruktionen**	328,70 m² BGF	184.617	**561,66**	70,0

- Abbrechen (Kosten: 3,9%) — 7.256
  Abbruch von Holz-Wandbekleidungen; Bodenbelägen, Deckenbekleidungen; Holzsitzbank; Entsorgung, Deponiegebühren
- Wiederherstellen (Kosten: 29,1%) — 53.665
  Holzfenster/-türen schleifen, beschichten, Verglasungen erneuern, Holzbekleidungen schleifen, lackieren, Holz-Fensterläden schleifen, ausbessern, lackieren; Verglasungen erneuern; Holzstufen/-podest, schleifen, ausbessern, lackieren, Stuckdecke Beschichtung erneuern, Holztreppengeländer ausbessern, lackieren
- Herstellen (Kosten: 67,0%) — 123.696
  Glastüranlage; Beschichtung; Geländer, Verglasungen; Treppenpodest, Estrich, Linoleum; Holzsitzbank

KG	Kostengruppe	Menge Einheit	Kosten €	€/Einheit	%
400	**Bauwerk – Technische Anlagen**	328,70 m² BGF	78.965	**240,23**	30,0

- Wiederherstellen (Kosten: 13,0%) — 10.255
  Heizkörper abschleifen, lackieren, Heizkörper austauschen, versetzten; Leuchtmittel durch LED-Leuchtmittel austauschen
- Herstellen (Kosten: 87,0%) — 68.710
  Elektroinstallation, Beleuchtung; EDV-Verkabelung

Kostenkennwerte für die Kostengruppen der 2.Ebene DIN 276

KG	Kostengruppe	Menge Einheit	Kosten €	€/Einheit	%
300	**Bauwerk – Baukonstruktionen**				**100,0**
330	**Außenwände/Vert. Baukonstrukt., außen**	211,52 m² AWF	36.488	**172,50**	19,8
	• Abbrechen (Kosten: 0,4%) Abbruch von Einbaulüfter (1St); Entsorgung, Deponiegebühren	–	132	–	
	• Wiederherstellen (Kosten: 54,8%) Holzfenster schleifen, beschichten (21m²), Verglasungen erneuern (21m²), Holztüren schleifen, lackieren (6m²) * Holzbekleidungen schleifen, lackieren (2m²) * Holz-Fensterläden schleifen, Beschädigungen ausbessern, lackieren (5m²)	28,64 m² AWF	19.987	**697,87**	
	• Herstellen (Kosten: 44,9%) Steine in Verblendmauerwerk ersetzen (psch) * Glastüranlage (6m²) * Malervlies, Dispersionsbeschichtung (177m²)	182,88 m² AWF	16.369	**89,51**	
340	**Innenwände/Vert. Baukonstrukt., innen**	201,31 m² IWF	55.060	**273,51**	29,8
	• Abbrechen (Kosten: 1,7%) Abbruch von Ziernägeln in Holzbekleidungen (psch) * Abbruch von Holz-Wandbekleidungen (18m²); Entsorgung, Deponiegebühren	9,05 m² IWF	942	**104,12**	
	• Wiederherstellen (Kosten: 38,2%) Austausch von Verglasungen (9m²), in Windfangelementen (3St), Holztüren schleifen, lackieren (6m²), Stahltüren (2St) * Holzbekleidungen, ausbessern, lackieren (41m²)	35,29 m² IWF	21.042	**596,26**	
	• Herstellen (Kosten: 60,1%) Malervlies, Dispersionsbeschichtung (332m²), Putz (25m²), GK-Bekleidung, zweilagig (9m²) * Stahlgeländer (16m²), VSG Verglasungen (12m²)	166,02 m² IWF	33.076	**199,23**	
350	**Decken/Horizontale Baukonstruktionen**	284,44 m² DEF	80.254	**282,15**	43,5
	• Abbrechen (Kosten: 6,8%) Abbruch von Parkett (120m²), PVC-Bodenbeläge (134m²), Fliesen (12m²) * Holzdeckenbekleidung (25m²); Entsorgung, Deponiegebühren	265,57 m² DEF	5.424	**20,43**	
	• Wiederherstellen (Kosten: 15,7%) Holzstufen schleifen, ausbessern, lackieren (16St) * Holzpodest schleifen, lackieren (3m²) * Stuckdecke Leimfarbenbeschichtung abwaschen, reversible Mineralfarbe auftragen (160m²) * Holz-Treppengeländer schleifen, ausbessern, lackieren (10m), Handlauf (9m)	160,42 m² DEF	12.636	**78,77**	
	• Herstellen (Kosten: 77,5%) Treppenpodest (2m²) * Estrich, Linoleum (276m²), Sauberlaufmatte (3m²) * GK-Decken, Malervlies, Dispersionsbeschichtung (214m²)	280,52 m² DEF	62.193	**221,71**	
380	**Baukonstruktive Einbauten**	328,70 m² BGF	9.128	**27,77**	4,9
	• Abbrechen (Kosten: 8,3%) Abbruch von Holzsitzbank (1St); Entsorgung, Deponiegebühren	328,70 m² BGF	758	**2,31**	
	• Herstellen (Kosten: 91,7%) Holzsitzbank, lackiert (1St)	328,70 m² BGF	8.371	**25,47**	

Modernisierung

KG	Kostengruppe	Menge Einheit	Kosten €	€/Einheit	%
390	**Sonst. Maßnahmen für Baukonstrukt.**	328,70 m2 BGF	3.687	**11,22**	2,C
	• Herstellen (Kosten: 100,0%) Fahrgerüst (1St) * Vlies (303m2), Schutzabdeckungen für historische Wendeltreppe (psch)	328,70 m2 BGF	3.687	**11,22**	
400	**Bauwerk – Technische Anlagen**				**100,C**
420	**Wärmeversorgungsanlagen**	328,70 m2 BGF	10.192	**31,01**	12,S
	• Wiederherstellen (Kosten: 100,0%) Heizkörper abschleifen, lackieren (8St), Heizkörper austauschen (1St), Heizkörper versetzt (1St)	328,70 m2 BGF	10.192	**31,01**	
440	**Elektrische Anlagen**	328,70 m2 BGF	63.562	**193,37**	80,Ξ
	• Wiederherstellen (Kosten: < 0,1%) Leuchtmittel durch LED-Leuchtmittel austauschen (1St)	328,70 m2 BGF	63	**0,19**	
	• Herstellen (Kosten: 99,9%) Verteilerschrank (1St), Mantelleitungen (36m), Installationsleitungen (20m), Steckdose, zweifach (1St) * LED-Leuchten (59St), LED-Sicherheitsleuchten (8St), Stehleuchten (2St)	328,70 m2 BGF	63.499	**193,18**	
450	**Kommunikationstechnische Anlagen**	328,70 m2 BGF	5.211	**15,85**	6,6
	• Herstellen (Kosten: 100,0%) Verteilerschrank (1St), Datenkabel Cat7 (540m), Datenanschlussdosen (24St)	328,70 m2 BGF	5.211	**15,85**	

Modernisierung

Kostenkennwerte für die Kostengruppen 300 der 2. und 3. Ebene DIN 276 (Übersicht)

KG	Kostengruppe	Menge Einheit	€/Einheit	Kosten €	% an 3+4
300	**Bauwerk – Baukonstruktionen**	**328,70 m² BGF**	**561,66**	**184.617,34**	**70,0**
310	**Baugrube / Erdbau**	**–**	**–**	**–**	**–**
311	Herstellung	–	–	–	–
312	Umschließung	–	–	–	–
313	Wasserhaltung	–	–	–	–
314	Vortrieb	–	–	–	–
319	Sonstiges zur KG 310	–	–	–	–
320	**Gründung, Unterbau**	**–**	**–**	**–**	**–**
321	Baugrundverbesserung	–	–	–	–
322	Flachgründungen und Bodenplatten	–	–	–	–
323	Tiefgründungen	–	–	–	–
324	Gründungsbeläge	–	–	–	–
325	Abdichtungen und Bekleidungen	–	–	–	–
326	Dränagen	–	–	–	–
329	Sonstiges zur KG 320	–	–	–	–
330	**Außenwände/Vert. Baukonstrukt., außen**	**211,52 m² AWF**	**172,50**	**36.488,01**	**13,8**
331	Tragende Außenwände	–	–	380,75	0,1
332	Nichttragende Außenwände	–	–	–	–
333	Außenstützen	–	–	–	–
334	Außenwandöffnungen	33,11 m²	845,84	28.005,77	10,6
335	Außenwandbekleidungen, außen	–	–	–	–
336	Außenwandbekleidungen, innen	178,41 m²	42,94	7.661,14	2,9
337	Element. Außenwandkonstruktionen	–	–	–	–
338	Lichtschutz zur KG 330	5,48 m²	80,36	440,37	0,2
339	Sonstiges zur KG 330	–	–	–	–
340	**Innenwände/Vert. Baukonstrukt., innen**	**201,31 m² IWF**	**273,51**	**55.060,25**	**20,9**
341	Tragende Innenwände	–	–	–	–
342	Nichttragende Innenwände	–	–	–	–
343	Innenstützen	–	–	–	–
344	Innenwandöffnungen	14,58 m²	1.202,67	17.534,86	6,7
345	Innenwandbekleidungen	373,45 m²	90,03	33.622,21	12,8
346	Elementierte Innenwandkonstruktionen	–	–	–	–
347	Lichtschutz zur KG 340	–	–	–	–
349	Sonstiges zur KG 340	201,31 m² IWF	19,39	3.903,18	1,5
350	**Decken/Horizontale Baukonstruktionen**	**284,44 m² DEF**	**282,15**	**80.253,72**	**30,4**
351	Deckenkonstruktionen	5,94 m²	1.004,34	5.965,76	2,3
352	Deckenöffnungen	–	–	–	–
353	Deckenbeläge	281,80 m²	196,60	55.402,34	21,0
354	Deckenbekleidungen	374,16 m²	45,33	16.961,58	6,4
355	Elementierte Deckenkonstruktionen	–	–	–	–
359	Sonstiges zur KG 350	284,44 m² DEF	6,76	1.924,03	0,7
360	**Dächer**	**–**	**–**	**–**	**–**
361	Dachkonstruktionen	–	–	–	–
362	Dachöffnungen	–	–	–	–
363	Dachbeläge	–	–	–	–
364	Dachbekleidungen	–	–	–	–
365	Elementierte Dachkonstruktionen	–	–	–	–
366	Lichtschutz zur KG 360	–	–	–	–
369	Sonstiges zur KG 360	–	–	–	–
370	**Infrastrukturanlagen**	**–**	**–**	**–**	**–**
380	**Baukonstruktive Einbauten**	**328,70 m² BGF**	**27,77**	**9.128,47**	**3,5**
390	**Sonst. Maßnahmen für Baukonstrukt.**	**328,70 m² BGF**	**11,22**	**3.686,90**	**1,4**

Modernisierung

Kostenkennwerte für die Kostengruppen 400 der 2. und 3.Ebene DIN 276 (Übersicht)

KG	Kostengruppe	Menge Einheit	€/Einheit	Kosten €	% an 3+4
400	**Bauwerk – Technische Anlagen**	**328,70 m²BGF**	**240,23**	**78.964,72**	**30,0**
410	**Abwasser-, Wasser-, Gasanlagen**	**–**	**–**	**–**	**–**
411	Abwasseranlagen	–	–	–	–
412	Wasseranlagen	–	–	–	–
413	Gasanlagen	–	–	–	–
419	Sonstiges zur KG 410	–	–	–	–
420	**Wärmeversorgungsanlagen**	**328,70 m²BGF**	**31,01**	**10.192,00**	**3,9**
421	Wärmeerzeugungsanlagen	–	–	–	–
422	Wärmeverteilnetze	–	–	–	–
423	Raumheizflächen	328,70 m²BGF	31,01	10.192,00	3,9
424	Verkehrsheizflächen	–	–	–	–
429	Sonstiges zur KG 420	–	–	–	–
430	**Raumlufttechnische Anlagen**	**–**	**–**	**–**	**–**
431	Lüftungsanlagen	–	–	–	–
432	Teilklimaanlagen	–	–	–	–
433	Klimaanlagen	–	–	–	–
434	Kälteanlagen	–	–	–	–
439	Sonstiges zur KG 430	–	–	–	–
440	**Elektrische Anlagen**	**328,70 m²BGF**	**193,37**	**63.561,77**	**24,1**
441	Hoch- und Mittelspannungsanlagen	–	–	–	–
442	Eigenstromversorgungsanlagen	–	–	–	–
443	Niederspannungsschaltanlagen	–	–	–	–
444	Niederspannungsinstallationsanlagen	328,70 m²BGF	10,73	3.527,06	1,3
445	Beleuchtungsanlagen	328,70 m²BGF	182,64	60.034,71	22,8
446	Blitzschutz- und Erdungsanlagen	–	–	–	–
447	Fahrleitungssysteme	–	–	–	–
449	Sonstiges zur KG 440	–	–	–	–
450	**Kommunikationstechnische Anlagen**	**328,70 m²BGF**	**15,85**	**5.210,94**	**2,0**
451	Telekommunikationsanlagen	–	–	–	–
452	Such- und Signalanlagen	–	–	–	–
453	Zeitdienstanlagen	–	–	–	–
454	Elektroakustische Anlagen	–	–	–	–
455	Audiovisuelle Medien- u. Antennenanl.	–	–	–	–
456	Gefahrenmelde- und Alarmanlagen	–	–	–	–
457	Datenübertragungsnetze	328,70 m²BGF	15,85	5.210,94	2,0
458	Verkehrsbeeinflussungsanlagen	–	–	–	–
459	Sonstiges zur KG 450	–	–	–	–
460	**Förderanlagen**	**–**	**–**	**–**	**–**
461	Aufzugsanlagen	–	–	–	–
462	Fahrtreppen, Fahrsteige	–	–	–	–
463	Befahranlagen	–	–	–	–
464	Transportanlagen	–	–	–	–
465	Krananlagen	–	–	–	–
466	Hydraulikanlagen	–	–	–	–
469	Sonstiges zur KG 460	–	–	–	–
470	**Nutzungsspez. u. verfahrenstechn. Anl.**	**–**	**–**	**–**	**–**
480	**Gebäude- und Anlagenautomation**	**–**	**–**	**–**	**–**
490	**Sonst. Maßnahmen für techn. Anlagen**	**–**	**–**	**–**	**–**

Kostenkennwerte für Leistungsbereiche nach STLB (Kosten des Bauwerks nach DIN 276)

LB	Leistungsbereiche	Kosten €	€/m² BGF	€/m³ BRI	% an 3+4
000	Sicherheits-, Baustelleneinrichtungen inkl. 001	3.687	11,20	3,40	1,4
002	Erdarbeiten	–	–	–	–
006	Spezialtiefbauarbeiten inkl. 005	–	–	–	–
009	Entwässerungskanalarbeiten inkl. 011	–	–	–	–
010	Drän- und Versickerarbeiten	–	–	–	–
012	Mauerarbeiten	249	0,76	0,23	< 0,1
013	Betonarbeiten	–	–	–	–
014	Natur-, Betonwerksteinarbeiten	–	–	–	–
016	Zimmer- und Holzbauarbeiten	–	–	–	–
017	Stahlbauarbeiten	–	–	–	–
018	Abdichtungsarbeiten	–	–	–	–
019	Kampfmittelräumarbeiten	–	–	–	–
020	Dachdeckungsarbeiten	–	–	–	–
021	Dachabdichtungsarbeiten	–	–	–	–
022	Klempnerarbeiten	–	–	–	–
	Rohbau	**3.936**	**12,00**	**3,60**	**1,5**
023	Putz- und Stuckarbeiten, Wärmedämmsysteme	9.355	28,50	8,60	3,5
024	Fliesen- und Plattenarbeiten	–	–	–	–
025	Estricharbeiten	18.778	57,10	17,20	7,1
026	Fenster, Außentüren inkl. 029, 032	38.353	116,70	35,10	14,6
	Wiederherstellen	26.911	81,90	24,60	10,2
	Herstellen	11.442	34,80	10,50	4,3
027	Tischlerarbeiten	17.696	53,80	16,20	6,7
	Wiederherstellen	7.374	22,40	6,70	2,8
	Herstellen	10.322	31,40	9,40	3,9
028	Parkettarbeiten, Holzpflasterarbeiten	–	–	–	–
030	Rollladenarbeiten	–	–	–	–
031	Metallbauarbeiten inkl. 035	–	–	–	–
034	Maler- und Lackiererarbeiten inkl. 037	49.928	151,90	45,70	18,9
	Wiederherstellen	21.217	64,50	19,40	8,0
	Herstellen	28.711	87,30	26,30	10,9
036	Bodenbelagarbeiten	31.033	94,40	28,40	11,8
038	Vorgehängte hinterlüftete Fassaden	–	–	–	–
039	Trockenbauarbeiten	10.119	30,80	9,30	3,8
	Ausbau	**175.262**	**533,20**	**160,30**	**66,5**
	Wiederherstellen	55.502	168,90	50,80	21,1
	Herstellen	119.761	364,30	109,50	45,4
040	Wärmeversorgungsanl. - Betriebseinr. inkl. 041	8.355	25,40	7,60	3,2
	Wiederherstellen	8.355	25,40	7,60	3,2
042	Gas- und Wasserinstallation, Leitungen inkl. 043	–	–	–	–
044	Abwasseranlagen - Leitungen	–	–	–	–
045	GWE-Einrichtungsgegenstände inkl. 046	–	–	–	–
047	Dämmarbeiten an betriebstechnischen Anlagen	388	1,20	0,35	0,1
049	Feuerlöschanlagen, Feuerlöschgeräte	–	–	–	–
050	Blitzschutz- und Erdungsanlagen	–	–	–	–
053	Niederspannungsanlagen inkl. 052, 054	3.527	10,70	3,20	1,3
055	Sicherheits- u. Ersatzstromversorgungsanl.	–	–	–	–
057	Gebäudesystemtechnik	–	–	–	–

LB	Leistungsbereiche	Kosten €	€/m² BGF	€/m³ BRI	% an 3+4
058	Leuchten und Lampen inkl. 059	60.035	182,60	54,90	22,8
	Wiederherstellen	63	0,19	0,06	< 0,1
	Herstellen	59.972	182,50	54,80	22,8
060	Sprechanlagen, elektroakust. Anlagen inkl. 064	–	–	–	–
061	Kommunikationsnetze inkl. 063	4.823	14,70	4,40	1,8
069	Aufzüge	–	–	–	–
070	Gebäudeautomation	–	–	–	–
075	Raumlufttechnische Anlagen inkl. 078	–	–	–	–
	Gebäudetechnik	**77.128**	**234,60**	**70,50**	**29,3**
	Wiederherstellen	8.418	25,60	7,70	3,2
	Herstellen	68.710	209,00	62,80	26,1
084	Abbruch, Rückbau, Schadstoffsanierung	7.256	22,10	6,60	2,8
	Abbrechen	7.256	22,10	6,60	2,8
	Abbrucharbeiten	**7.256**	**22,10**	**6,60**	**2,8**
	Abbrechen	7.256	22,10	6,60	2,8
	Sonstige Leistungsbereiche	**–**	**–**	**–**	**–**

9100-0169
Klosteranlage
Wissenschafts- und
Studierzentrum

Modernisierung

Objektübersicht

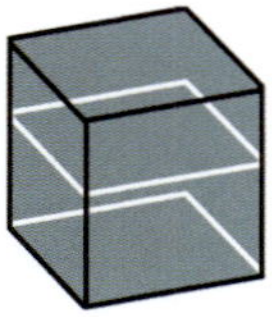

BRI 540€/m³

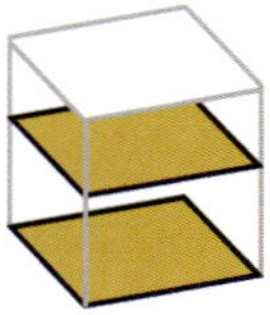

BGF 2.456€/m²

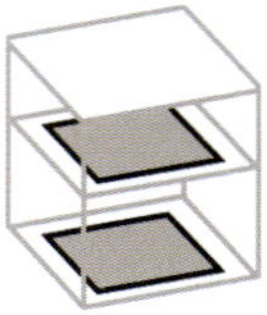

NUF 5.102€/m²

Objekt:
Kennwerte: 3.Ebene DIN 276
BRI: 25.377m³
BGF: 5.583m²
NUF: 2.687m²
Bauzeit: 122 Wochen
Bauende: 2016
Standard: über Durchschnitt
Bundesland: Bayern
Kreis: Altötting

Architekt*in:
IPROconsult GmbH
Schnorrstraße 70
01069 Dresden

Bauherr*in:
Stadt Burghausen
Stadtplatz 112
84489 Burghausen

nachher

vorher

Ansicht Ost

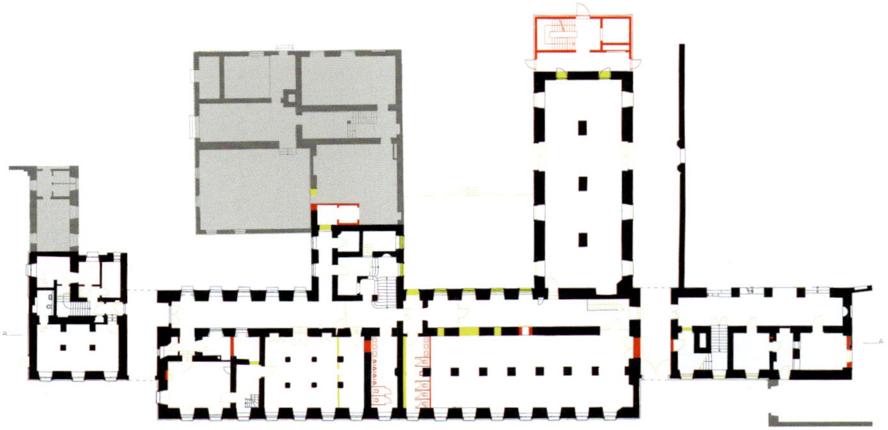

Erdgeschoss

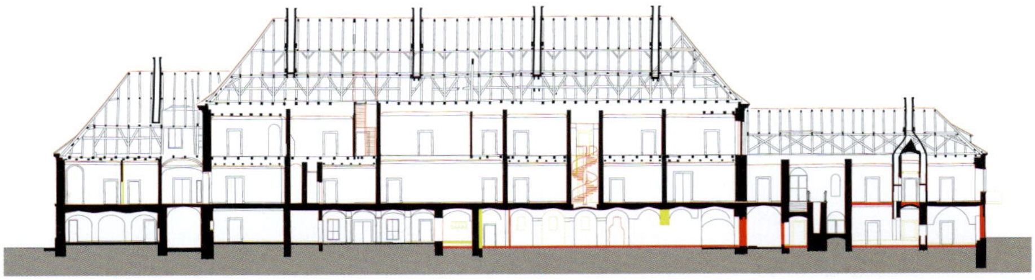

Schnitt

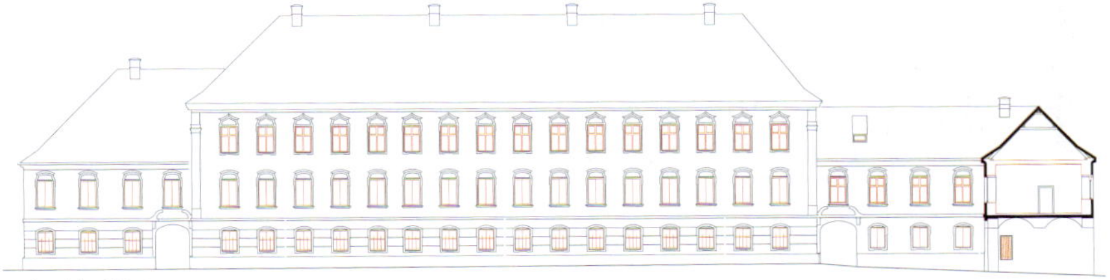

Ansicht West

9100-0169
Klosteranlage
Wissenschafts- und
Studierzentrum

Modernisierung

Objektbeschreibung

Allgemeine Objektinformationen

Nach 200 Jahren in Privatbesitz wurde die ehemalige Klosteranlage von der Stadt ersteigert. Der Prälatenstock mit seinem nördlichen und südlichen Flügel, der Verbindungsflügel zur ehemaligen Brauerei und der Saalflügel mit dem neu geplanten Treppenhausanbau wurden revitalisiert und zu einem Wissenschafts- und Studierzentrum umgenutzt. Die spätbarocken Gebäude waren weitgehend in ihrem ursprünglichen Zustand erhalten.

Nutzung

1 Untergeschoss
Garderoben, Vorräume mit WCs, Catering, Haustechnik

1 Erdgeschoss
Lager/Abstellräume, Vorräume mit WCs/Dusche/Umkleide Personal, Haustechnik, Caféteria inkl. Küche/Lager/ Funktionsraum, Teeküche

2 Obergeschosse
1.OG: Saal, Vorräume mit WCs, Besprechungs-, Seminar-, Funktionsräume, Lager, Flure, Kapelle (museal), Abtkapelle (museal)
2.OG: Seminarräume, Lager, Abstellräume, Teeküche, Getränkelager, Papstzimmer (museal)

1 Dachgeschoss
Technik

Grundstück

Bauraum: Beengter Bauraum
Neigung: Ebenes Gelände
Bodenklasse: BK 1 bis BK 4

Markt

Hauptvergabezeit: 3.Quartal 2014
Baubeginn: 3.Quartal 2014
Bauende: 4.Quartal 2016
Konjunkturelle Gesamtlage: über Durchschnitt
Regionaler Baumarkt: Durchschnitt

Baubestand

Baujahr: 1734
Bauzustand: schlecht
Aufwand: hoch
Grundrissänderungen: umfangreiche
Tragwerkseingriffe: umfangreiche
Nutzungsänderung: ja
Nutzung während der Bauzeit: nein

Baukonstruktion

Der ursprüngliche Zustand der Baukonstruktionen wurde bewahrt und in Teilen wiederhergestellt. Die Fundamente und erdberührten Wände erhielten eine mineralische Abdichtung. Die meisten erdberührten Fußbodenaufbauten mussten abgebrochen werden. Die neu errichteten Stahlbetonbodenplatten sind mit geschliffenem Estrich, Bodenfliesen, Naturstein und in den Gängen wieder mit dem historischen Marmor belegt. Änderungen an der Fassade ergaben sich durch das Wiederherstellen ursprünglicher Fensteröffnungen und Fenstergrößen. Sämtliche Außentüren und Fenster wurden saniert, neue nach historischem Vorbild hergestellt. Der Innenputz sowie die Beschichtungen wurden restauriert. Teilweise wurden zwischen den Gewölben und dem Fußboden Zuganker eingebaut. Die Geschossdecken aus zwei unabhängigen Balkenlagen sind statisch ertüchtigt und gegen den kalten Dachraum gedämmt. Die Holzdielenbeläge wurden aufgearbeitet. Das Tonnengewölbe des unterbauten Hofs ist abgebrochen und durch ein Stahlbetonflachdach ersetzt. Der neue Treppenhausanbau wurde massiv in Stahlbeton und mit einem Sparrendach ausgeführt. Er dient auch der Stabilisierung der dünnen Wand zum Saal.

Technische Anlagen

Die Abwasser- und Trinkwasserleitungen, die Elektroinstallation, die Beleuchtung sowie die Blitzschutzanlage wurden erneuert. Die neuen Heizkörper und Fußbodenheizungen sind über Nahwärmeleitungen an die Heizzentrale angeschlossen. Durchlauferhitzer erwärmen das Trinkwasser. Die historischen Kachelöfen wurden restauriert. Eine Klimaanlage und eine Rauchansauganlage sind installiert. Das Gebäude wurde mit einer Sprechanlage, einer Brandmeldeanlage, einer elektronischen Schließanlage, einem Datennetzwerk und moderner Gebäudeautomation ausgestattet. Zwei Aufzüge dienen der Personen- und Lastenbeförderung.

Objektbeschreibung

Sonstiges

Die Restaurierung des Klosters wurde mit dem Bayerischen Denkmalpflegepreis in Gold ausgezeichnet. Die Sanierung erfolgte unter Verwendung der originalen Materialien und der ursprünglichen Be- und Verarbeitungstechnologien. Wand- und Deckenfresken sowie bemalte Holzdielenböden und Kachelöfen wurden restauriert.

Energetische Kennwerte

Gesetzliche Grundlage: EnEV 2009
Gebäudenutzfläche: 193,00 m^2
Gebäudevolumen: 1.187,00 m^3
A/Ve-Verhältnis (Kompaktheit): 0,48 m^{-1}
Hüllfläche des beheizten Volumens: 569,40 m^2
Spez. Transmissionswärmeverlust: 0,57 W/(m^2·K)
Mittlerer U-Wert (opake Bauteile): 0,22 W/(m^2·K)
Mittlerer U-Wert (transparente Bauteile): 1,10 W/(m^2·K)
Mittlerer U-Wert (Glasdächer, etc.): 1,10 W/(m^2·K)
Jahresprimärenergie: 24.612,00 kWh/a
Spez. Jahresprimärenergiebedarf: 128,00 kWh/(m^2·a)
Jahresendenergiebedarf: 18.688,00 kWh/a

Planungskennwerte für Flächen und Rauminhalte nach DIN 277

Flächen des Grundstücks		Menge Einheit	% an GF
BF	Bebaute Fläche	–	–
UF	Unbebaute Fläche	–	–
GF	Grundstücksfläche	2.200,00 m²	100,0

Grundflächen des Bauwerks		Menge Einheit	% an NUF	% an BGF
NUF	Nutzungsfläche	2.687,48 m²	100,0	48,1
TF	Technikfläche	269,33 m²	10,0	4,8
VF	Verkehrsfläche	1.149,63 m²	42,8	20,6
NRF	Netto-Raumfläche	4.106,44 m²	152,8	73,6
KGF	Konstruktions-Grundfläche	1.476,47 m²	54,9	26,4
BGF	Brutto-Grundfläche	5.582,91 m²	207,7	100,0

Brutto-Rauminhalt des Bauwerks		Menge Einheit	BRI/NUF (m)	BRI/BGF (m)
BRI	Brutto-Rauminhalt	25.377,00 m³	9,44	4,55

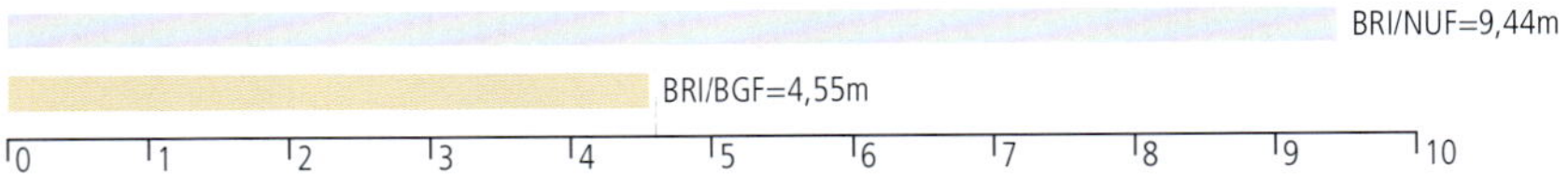

Lufttechnisch behandelte Flächen	Menge Einheit	% an NUF	% an BGF
Entlüftete Fläche	–	–	–
Be- und entlüftete Fläche	–	–	–
Teilklimatisierte Fläche	–	–	–
Klimatisierte Fläche	–	–	–

KG	Kostengruppen (2. Ebene)	Menge Einheit	Menge/NUF	Menge/BGF
310	Baugrube / Erdbau	1.837,46 m³ BGI	0,68	0,33
320	Gründung, Unterbau	953,70 m² GRF	0,36	0,17
330	Außenwände/Vertikale Baukonstruktionen, außen	3.526,87 m² AWF	1,31	0,63
340	Innenwände/Vertikale Baukonstruktionen, innen	2.678,07 m² IWF	1,00	0,48
350	Decken/Horizontale Baukonstruktionen	2.504,91 m² DEF	0,93	0,45
360	Dächer	–	–	–

Kostenkennwerte für die Kostengruppen der 1.Ebene DIN 276

KG	Kostengruppen (1.Ebene)	Einheit	Kosten €	€/Einheit	€/m² BGF	€/m³ BRI	% 300+400
100	Grundstück	m² GF	–	–	–	–	–
200	Vorbereitende Maßnahmen	m² GF	182.561	82,98	32,70	7,19	1,3
300	Bauwerk – Baukonstruktionen	m² BGF	10.328.779	1.850,07	1.850,07	407,01	75,3
400	Bauwerk – Technische Anlagen	m² BGF	3.382.451	605,86	605,86	133,29	24,7
	Bauwerk 300+400	**m² BGF**	**13.711.230**	**2.455,93**	**2.455,93**	**540,30**	**100,0**
500	Außenanlagen und Freiflächen	m² AF	727.633	–	130,33	28,67	5,3
600	Ausstattung und Kunstwerke	m² BGF	1.081.835	193,78	193,78	42,63	7,9
700	Baunebenkosten	m² BGF	–	–	–	–	–
800	Finanzierung	m² BGF	–	–	–	–	–

KG	Kostengruppe	Menge Einheit	Kosten €	€/Einheit	%
200	**Vorbereitende Maßnahmen**	2.200,00 m² GF	182.561	**82,98**	1,3

- Abbrechen (Kosten: 35,8%) 65.381
  Abbruch von Hindernissen im Boden, Bodenkanälen, Mauerwerk, Hang-, Fassaden- und Dachflächen freischneiden; Entsorgung, Deponiegebühren

- Herstellen (Kosten: 64,2%) 117.180
  Suchschachtungen, Suchschlitze, Sicherung von Grundleitungen, Kabeln, Entsorgung von kontaminiertem Aushub; Trinkwasser-, Strom-, Netzanschluss

KG	Kostengruppe	Menge Einheit	Kosten €	€/Einheit	%
3+4	**Bauwerk**				**100,0**
300	**Bauwerk – Baukonstruktionen**	5.582,91 m² BGF	10.328.779	**1.850,07**	75,3

- Abbrechen (Kosten: 7,2%) 747.892
  Abbruch von Betonfundamenten, Betonbodenplatte, Mauerwerkstreppe, Fußbodenaufbau, Ausbauen und Lagern von Dielenböden; historischen Holzfenstern, Holztürelement, Abbruch von Holzfenstern, Putz, Dämmung, Tapeten, Natursteinbelag; Stahlträgern, Mauerwerk, Leichtbauwänden, Innentüren, Ausbauen und Lagern von Holztüren, Abbruch von Gewölbeauffüllungen, Holzbalkendecke, Stb-Decken, Aufnehmen und Lagern von Schüttungen, Fehlböden, Dielenböden, Abbruch von Fußbodenaufbauten, Tonnengewölbe, Bitumenabdichtungen, Faserzementdeckung, Ziegeldeckung, Dachentwässerung; Entsorgung, Deponiegebühren

- Wiederherstellen (Kosten: 31,3%) 3.235.113
  Mauerwerksfundamente verfestigen, Marmorbelag instandsetzen; gemauerte Dränagekanäle instandsetzen; Mauerwerk sanieren, historische Holzfenster restaurieren, Holztüren/-tore instandsetzen, Außenputz ausbessern, Beschichtung überarbeiten, erneuern, Pilaster restaurieren, Innenfaltläden restaurieren, Fenstergitter aufarbeiten; Mauerwerk ertüchtigen, Mauerwerkspfeiler sanieren, historische Holztüren restaurieren, Holzsupraporte restaurieren, Holzfenster instandsetzen, Innenputz überarbeiten, Beschichtungen erneuern, historische Tapeten nachleimen, Handläufe reparieren; Zuganker einbauen, Gewölbefüllungen und Schüttungen aus-/einbauen, Holzbalkendecken ertüchtigen, Holzbohlen erneuern, Dielenbelag instandsetzen, Holztreppen überarbeiten, Kuppel wiederherstellen, Holzgeländer instandsetzen; Spantenkuppel instandsetzen, Holzdachstuhl ertüchtigen, Ziegeldeckung instandsetzen, Dachentwässerung erneuern; historische Wandschränke aufarbeiten

- Herstellen (Kosten: 61,4%) 6.345.774
  Bodenvernagelung; Stb-Flachgründungen, teilweise im Gebäude, Estrich, Sichtestrich, Bodenfliesen, Bodenversiegelung, Parkett, Differenzstufen; Stb-Wände, Mauerwerk, Stb-Stützen, Außentüren/-fenster, Holzfenster nach historischem Vorbild, WDVS, Außenputz, Beschichtung, Stahl-Glasfassaden, Sonnenschutz; Leichtbauwände, Holzrahmenwände, Innentüren/-fenster, Holzrahmentüren nach historischem Vorbild, Dämmung, Innenputz, Beschichtung, Wandfliesen, WC-Trennwände; Einblasdämmung, Holzbalkendecken, Stb-Decken, Stb-Treppen, Stahlträgerdecken, begehbare Verglasung, Betonwerkstein, Holzdielen, Linoleum, GK-Deckensegel, GK-Decken, Stahltreppen; Dämmung in Dachkonstruktion, Stb-Flachdach, Holz-Steildach, Dachabdichtung, Gussasphalt, Ziegeldeckung, Dachentwässerung, Stahl-Lichtdächer; Beschilderung; Bauzustandssicherung

KG	Kostengruppe	Menge Einheit	Kosten €	€/Einheit	%
400	**Bauwerk – Technische Anlagen**	5.582,91 m²BGF	3.382.451	**605,86**	24,7

- Abbrechen (Kosten: 0,4%) 13.575
  Abbruch von Abwasserrohren, Wasserleitungen, Badewanne, Spülkasten; Fußbodenheizung, Heizkörpern, Gusseisenofen, Ofenrohren; Entsorgung, Deponiegebühren, Abbauen und Lagern von Kachelöfen; Elektroinstallation, Wand-/Deckenleuchten; Entsorgung, Deponiegebühren

- Wiederherstellen (Kosten: 2,7%) 90.091
  Gemauerte Entwässerungskanäle ersetzen; Rohrdurchführungen brandschutztechnisch ertüchtigen, Heizkörper neu beschichten, historische Kachelöfen restaurieren

- Herstellen (Kosten: 96,9%) 3.278.784
  Gebäudeentwässerung, Kaltwasserleitungen, Sanitärobjekte, Durchlauferhitzer; Anschluss an Nahwärme, Enthärtungsstation, Heizungsrohre, Heizkörper, Fußbodenheizung, Wandheizung, Schornsteine; Rauchansaugsysteme, Klimaanlage; Zentralbatterieanlage, Elektroinstallation, Beleuchtung, Blitzschutzanlage; Notrufset, Sprechanlage, Audioverkabelung, elektronische Schließanlage, Brandmeldeanlage, RWA-Anlage, Datenübertragungsnetz; Personen-/Lastenaufzüge; Feuerlöschanlage, Gebäudeautomation

KG	Kostengruppe	Menge Einheit	Kosten €	€/Einheit	%
500	**Außenanlagen und Freiflächen**	–	727.633	**–**	5,3

- Abbrechen (Kosten: 3,3%) 23.738
  Abbruch von Pflaster, Asphaltdecken, Holzbelag, Aufnehmen und Lagern von Pflaster, Kiestraufe; Abbruch von Holztreppe; Trafostation, Mittelspannungskabel, Straßenbeleuchtung; Entsorgung, Deponiegebühren

- Wiederherstellen (Kosten: 0,2%) 1.519
  Abwasserrohre reinigen, spülen

- Herstellen (Kosten: 96,5%) 702.376
  Erdarbeiten; Asphaltdecke, mineralische Abdichtung, Kiestraufe; Gebäudeentwässerung, Trinkwasserleitungen, Hydranten, Nahwärme-Mediumrohre, Trafostation, Straßenbeleuchtung

KG	Kostengruppe	Menge Einheit	Kosten €	€/Einheit	%
600	**Ausstattung und Kunstwerke**	5.582,91 m²BGF	1.081.835	**193,78**	7,9

- Abbrechen (Kosten: 0,2%) 2.382
  Abnehmen und Lagern von historischen Textilvorhängen; historischem Brunnen

- Wiederherstellen (Kosten: 49,7%) 537.544
  Historisches Klavier aufarbeiten, historischen Hammerflügel restaurieren; Rokokoaltar restaurieren, dekorative Marmor-Wandbrunnen aufarbeiten, Skulpturen reinigen, Wand-/Deckenmalereien restaurieren, Dielenböden mit ornamentaler und monochromer Bemalung restaurieren, sechs historische Kachelöfen aufarbeiten, Sonnenuhr und Blindfenster überarbeiten

- Herstellen (Kosten: 50,1%) 541.909
  Stühle, Tische, Sonnenschirme, Sanitärausstattung; Flügel, Klavierhocker, Transportausstattung; Befestigung Leinwandgemälde, Beton-Standfüße für Wandbrunnen, Gerüste, Klimamonitoring

Kostenkennwerte für die Kostengruppen der 2. Ebene DIN 276

KG	Kostengruppe	Menge Einheit	Kosten €	€/Einheit	%
200	**Vorbereitende Maßnahmen**				**100,0**
210	**Herrichten**	2.200,00 m² GF	158.788	**72,18**	87,0
	• Abbrechen (Kosten: 41,2%) Abbruch von Hindernissen im Boden aus Mauerwerk, Naturstein, Fels (156m³), Bodenkanälen, Mauerwerk (29m³) * Hang-, Fassaden- und Dachflächen freischneiden (psch); Entsorgung, Deponiegebühren	2.200,00 m² GF	65.381	**29,72**	
	• Herstellen (Kosten: 58,8%) Suchschachtungen, von Hand, Dokumentation (29m³), Suchschlitze, von Hand, Dokumentation (25St), Sicherung von Grundleitungen (psch), von Kabeln (psch) * Entsorgung von Boden, Steinen, LAGA DK1 (157t), teerhaltigem Aushubmaterial (63t); Deponiegebühren	2.200,00 m² GF	93.406	**42,46**	
220	**Öffentliche Erschließung**	2.200,00 m² GF	23.773	**10,81**	13,0
	• Herstellen (Kosten: 100,0%) Trinkwasseranschluss (psch) * Stromanschluss (psch) * Netzanschluss (psch)	2.200,00 m² GF	23.773	**10,81**	
300	**Bauwerk – Baukonstruktionen**				**100,0**
310	**Baugrube / Erdbau**	1.837,46 m³ BGI	261.969	**142,57**	2,5
	• Herstellen (Kosten: 100,0%) Baugrubenaushub, lagern (1.658m³), im Gebäude (85m³), Grabenaushub, von Hand, im Gebäude, lagern, verfüllen (94m³), Aushub abfahren (1.029m³), Hinterfüllungen mit Lagermaterial (635m³), mit Liefermaterial (608m³), Planum (482m²) * Bodenvernagelung, Spritzbetonschale (328m²), Selbstbohranker (45St) * offene Wasserhaltung (14Wo), Rohrleitungen DN100 (53m), Pumpensumpf (1St), Wasserhaltungen einrichten (5St), vorhalten (29d), betreiben (391h)	1.837,46 m³ BGI	261.969	**142,57**	
320	**Gründung, Unterbau**	953,70 m² GRF	996.672	**1.045,06**	9,6
	• Abbrechen (Kosten: 22,3%) Abbruch von Betonfundamenten, Handarbeit (193m³), Betonbodenplatte (17m²), Mauerwerkstreppe (6m²) * Bestandsfußboden aus Ziegelmaterial, Estrich, Schüttungen, h bis 154cm (528m²), Klinkerbelag (37m²); Entsorgung, Deponiegebühren, Ausbauen und Lagern von Dielenböden (123m²)	640,61 m² GRF	222.639	**347,54**	
	• Wiederherstellen (Kosten: 6,3%) Mauerwerksfundamente verfestigen, Betonschalen anbetonieren (19m²) * Marmorbelag aufnehmen, lagern, ausbessern, auf neuen Estrich wieder verlegen, Versiegelung (90m²), Inlays (19St), Holz-Differenztreppe schleifen, wachsen (3m²), Tritt-/Setzstufen erneuern (3St) * gemauerte Dränagekanäle in Teilstücken freilegen, instandsetzen, abdichten, seitlich Kiesfilterschicht einbringen, mit Füllbeton abdecken (14St)	94,62 m² GRF	62.745	**663,13**	
	• Herstellen (Kosten: 71,4%) Stb-Bodenplatten, im Gebäude (890m²), Stb-Fundamentplatten, WU, Anbau (59m²), Stb-Treppe (5m²), Stb-Streifenfundamente (33m³), Stb-Unterfangungen (18m³) * Abdichtungen, EPS-Dämmung (754m²), EPS-TSD (743m²), Zementestrich (540m²), als Sichtestrich (355m²), Bodenfliesen (174m²), Holzdielen (123m²), Bodenversiegelung (96m²), Parkett (63m²), Linoleum (14m²), Betonwerk-/Naturstein auf Stufen (9m²), Differenzstufen (10m²) * Schottertragschicht, im Gebäude (382m³), Füllbeton (14m³), XPS-Perimeterdämmung (64m²), vertikal (8m²), mineralische Abdichtung, d=20-25cm, vertikal an Bestandsfundamenten (369m²) * gemauerter Dränagekanal, im Gebäude (7m), Sickerringe DN1.000 (2St), Dränrohre DN160 (39m), KG-Rohre DN150 (6m) * Stahlgeländer (5m)	953,70 m² GRF	711.288	**745,82**	

KG	Kostengruppe	Menge Einheit	Kosten €	€/Einheit	%
330	**Außenwände/Vert. Baukonstrukt., außen**	3.526,87 m² AWF	2.349.933	**666,29**	22,8
	• Abbrechen (Kosten: 3,6%)	840,46 m² AWF	84.082	**100,04**	
	Abbruch von Ausmauerungen (22m²), Fensterbrüstungen (9m²) * Ausbauen und Lagern von historischen Fensterflügeln (31m²), Holzfenstern (6m²), Holztürelement (3m²), Abbruch von Holzfenstern (35m²) * Putz (280m²), Betonabschlüssen (56h) * Putz (957m²), PS-Dämmung (27m²), Tapeten (10m²), Heizkörperbekleidungen, Holz (5m²) * Abbruch von Natursteinbelag, Betonschwelle (psch), Lichtschacht (1St); Entsorgung, Deponiegebühren, Ausbauen und Lagern von Fenstergitter (1St)				
	• Wiederherstellen (Kosten: 28,9%)	2.113,29 m² AWF	678.017	**320,83**	
	Tuffsteinmauerwerk ausbessern (263m²), Fenstergewände ergänzen (59m²), Mauerwerk instandsetzen (43m²) * Holzfensterflügel ausbauen, ausbessern, wieder einbauen (94m²), Holz-Kreuzstockfenster ausbessern, schadhafte Elemente erneuern, Kreuzstockversteifungen anbringen (36m²), Holzfensterflügel ersetzen (33m²), Beschläge restaurieren (320St), Beschläge erneuern (274St), Holztüren/-tore instandsetzen (33m²), Stahltor ausbessern, pulverbeschichten (14m²) * Putz ausbessern, ergänzen (423m²), Beschichtung überarbeiten (497h), Beschichtung erneuern (62m²) * Putz ergänzen, festigen (805h), Putz ausbessern (226m²), Fehlstellen schlämmen (271m²), Beschichtungen erneuern (1.436m²), historische Tapeten nachleimen (57m²), marmorierte Pilaster restaurieren (16St) * Innenfaltläden restaurieren (7m²) * schmiedeeiserne Fenstergitterkörbe aufarbeiten (9St)				
	• Herstellen (Kosten: 67,6%)	1.693,17 m² AWF	1.587.834	**937,79**	
	Stb-Wände (220m²), WU (76m²), Mauerwerk (1.195m²) * Nischen schließen, Mauerwerk(37m²) * Stb-Stützen (48m) * Stahl-Glastürelemente (65m²), Festverglasungen, Fluchttür (20m²), Holz-Kreuzstockfenster, nach historischem Vorbild (42m²), Stahl-Bassgeigenfenster (19m²), Holz-Blockrahmentüren (13m²) * mineralische Abdichtung, d=20-25cm (211m²), Perimeterdämmung (128m²), WDVS (300m²), Putz (429m²), Beschichtung (48m²) * Dämmung (118m²), Vormauerungen F90(53m²), Innenputz (1.167m²), Beschichtung (560m²), Wandfliesen (58m²) * Stahl-Glasfassaden (37m²), Stahl-Portalrahmen (1St), Stahl-Pfosten-Riegel-Fassade (13m²) * Verschattungsrollos (114m²), Alu-Faltschiebeläden (39m²), Folienbehang (23m²) * Natursteinstufen (14m²), Marmorstufen (13m), Fenstergitterstäbe (31St), Handläufe (11m), Stahlgeländer (2St)				

KG	Kostengruppe	Menge Einheit	Kosten €	€/Einheit	%
340	**Innenwände/Vert. Baukonstrukt., innen**	2.678,07 m² IWF	2.000.621	**747,04**	19,4

- Abbrechen (Kosten: 3,8%) — 415,82 m² IWF — 76.639 — **184,31**
  Abbruch von Porenbetonwänden (35m²), Stahlträgern (6St), Betonbalken (1m³) * Mauerwerk, d=24cm (129m²), Leichtbauwänden (27m²), Ausmauerungen in Bestandsöffnungen (16m²) * Stahltüren (52m²), Holztüren (39m²), Ausbauen und Lagern von Holztüren (4m²) * Abbruch von Putz (177m²), Tapeten (32m²); Entsorgung, Deponiegebühren

- Wiederherstellen (Kosten: 32,6%) — 1.546,38 m² IWF — 653.137 — **422,37**
  Mauerwerk ertüchtigen (36m²), Gewölbetürsturz mit hydraulischen Pressen instandsetzen (5m²), Fehlstellen im Mauerwerk ergänzen (87m²) * Mauerwerkspfeiler mit hydraulischen Pressen instandsetzen (2m) * Holzrahmentüren sanieren (157m²), Türblätter erneuern (7St), Türblätter verlängern (25St), Holzsupraporte restaurieren (18St), Vergoldungen konservieren (9St), historische Beschläge überarbeiten (318St), Beschläge reparieren, rekonstruieren, ergänzen (psch), Holzfenster instandsetzen (7m²), schmiedeeiserne Tür entrosten (5m²) * Putz ergänzen (289h), Putz ausbessern (427m²), Fehlstellen schlämmen (490m²), Beschichtungen erneuern (2.602m²), historische Tapeten nachleimen (96m²), marmorierte Pilaster restaurieren (8St) * schmiedeeiserne Handläufe reparieren (19m)

- Herstellen (Kosten: 63,5%) — 1.193,60 m² IWF — 1.270.845 — **1.064,72**
  Stb-Wände (259m²), Mauerwerk, d=24-85cm (315m²), Türöffnungen herstellen (67m²) * Leichtbauwände (103m²), GK-Schachtwände F90 (44m²), Mauerwerk (78m²), Holzrahmenwände (33m²) * Stb-Stützen (16m) * Glastüren (83m²), Stahltüren T30 RS (28m²), Stahl-Glastüren T30 RS (17m²), Revisionstüren F90 (15m²), Holzrahmentüren nach historischem Vorbild (23m²), Holztüren (28m²), T30 RS (16m²), Holz-Vorsatzfenster F30 (8m²) * Zwischenwanddämmung (95m²), Dämmung, d=120mm (118m²), Vormauerung F90 (26m²), Innenputz (1.266m²), Beschichtung (1.545m²), Wandfliesen (115m²) * WC-Trennwände (82m²) * Holzhandläufe (11m)

KG	Kostengruppe	Menge Einheit	Kosten €	€/Einheit	%
350	**Decken/Horizontale Baukonstruktionen**	2.504,91 m² DEF	3.133.307	**1.250,87**	30,3
	• Abbrechen (Kosten: 9,5%)	1.049,30 m² DEF	298.688	**284,65**	

Abbruch von Gewölbeauffüllungen (231m²), Holz-Nebenbalken (47m²), Holzbalkendecke (15m²), Stb-Decken (82m²), Aufnehmen und Lagern von Schüttungen, Fehlböden (144m²) * Abbruch von Bestandsfußboden aus Ziegelmaterial, Estrich, Schüttungen, Holzbalken, h=50-150cm (306m²), Parkett (216m²), Bodenbelägen (101m²), Dielenboden (27m²), Ausbauen und Lagern von Dielenböden (399m²) * Abbruch von Putz auf Tonnengewölbe (205m²), Unterdecken (39m²), Tapete (12m²); Entsorgung, Deponiegebühren

	• Wiederherstellen (Kosten: 57,5%)	2.086,38 m² DEF	1.802.438	**863,91**	

Zuganker einbauen (17St), Gewölbefüllungen aufnehmen, wieder einbauen (25m³), Schüttungen, Fehlböden aufnehmen, wieder einbauen (241m²), Deckenbalken verstärken (13St), Deckenbalken zugverankern (41St), Stahlunterzüge einbauen (3St), Balkenköpfe reparieren (22St), Holzbohlen erneuern (120m²) * Marmorbelag aufnehmen, ausbessern, auf neuen Estrich wieder verlegen, Versiegelung (503m²), Dielenbelag aufnehmen, Höhe ausgleichen, wieder verlegen (633m²), mit historischer Farbfassung (103m²), Dielung reinigen (786m²), Risse verleimen (198m), Fehlstellen ergänzen (1.821St), gelöste Teile nachleimen (547St), Holztreppen schleifen, wachsen (84m²), Holzpodest mit historischer Bemalung überarbeiten (3m²) * Putzhohlräume hinterfüllen (376m²), Putzrisse kitten (341m²), Fehlstellen schlämmen (133m²), Putz ausbessern (73m²), Deckenputz mit Schilfrohrmatten erneuern (19m²), Beschichtungen erneuern (2.074m²), Stahlträger entrosten, F90-beschichten (12m²), Kuppel wiederherstellen (159h) * Holzbaluster/-handläufe/-geländer instandsetzen (94m)

	• Herstellen (Kosten: 32,9%)	2.016,11 m² DEF	1.032.181	**511,97**	

Einblasdämmung (1.144m²), Holzbalkendecken, Zwischendämmung (144m²), Schüttungen, Fehlböden, Lagermaterial (144m²), Schalung, unterseitig Dämmung (83m²), Stb-Decken (152m²), Stb-Treppen/-Podeste (26m²), Ausgleichsschüttungen (86m³), Stb-Decken, im Gebäude (297m²), Stahlträgerdecken (15m²) * begehbare Verglasung (12m²) * Schüttung (189m²), Dämmung (106m²), EPS-Dämmung (691m²), EPS-TSD (367m²), Zementestrich (508m²), als Sichtestrich (204m²), Betonwerkstein (115m²), auf Stufen (17m²), Massivholzdielen (73m²), Bodenversiegelung (57m²), Linoleum (27m²), historische Keramikziegel, Lagermaterial (10m²) * Putz (121m²), GK-Deckensegel (112m²), GK-Decken (139m²), Beschichtung (297m²) * Stahl-Spindeltreppe, Geländer (11m²), Stahltreppen, Geländer (11m²) * GK-Treppenbrüstung (34m²)

KG	Kostengruppe	Menge Einheit	Kosten €	€/Einheit	%
360	**Dächer**	–	598.198	–	5,8
	• Abbrechen (Kosten: 11,0%) Abbruch von Tonnengewölbe mit Aufschüttung, d=30-120cm (133m2) * Bitumenabdichtungen (139m2), Faserzementdeckung, Lattung (66m2), Ziegeldeckung, Lattung (26m2), Schalung (7m2), Dachrinnen (12m), Fallrohre (6m); Entsorgung, Deponiegebühren	230,45 m2 DAF	65.844	**285,72**	
	• Wiederherstellen (Kosten: 5,9%) Spantenkuppel instandsetzen (61h), Sparren ersetzen (4St), Sparrenköpfe sanieren (4St), Binderstiele erneuern (psch), Streichbalken ergänzen (psch), Spanngurte einbauen (6St), Dachstuhl mit Zangen verstärken (9m) * Dachrinnen säubern (8h), Biberschwanzziegel aufnehmen, lagern, Lattung erneuern, eindecken (3m2), Ziegeldeckung instandsetzen (psch, Fallrohre erneuern (11m), Dachrinne ersetzen (8m), Kupferdeckung ändern (psch) * Beschichtung erneuern (77m2)	–	35.010	–	
	• Herstellen (Kosten: 83,1%) Dämmung, in Dachkonstruktion (296m2), Unterspannbahn, in Dachkonstruktion (385m2), Stb-Flachdach (171m2), Steildach, Holzsparren (105m), Kehlbalken (30m), Stahlsparren (17m), Schalung (94m2), Zwischensparrendämmung (78m2), Holzrahmenelement (17m2) * Dachflächenfenster (1St) * Bitumenabdichtung, Gussasphalt (132m2), Bitumendachbahn (66m2), Biberschwanzdeckung, Lagermaterial (94m2), Liefermaterial (78m2), Dachrinnen (35m), Fallrohre (34m) * Bitumenemulsion, Dämmung, Putz (152m2), GK-Bekleidung, Beschichtung (66m2) * Stahl-Lichtdächer (18m2), Alupaneele (8m2) * Laufstege aus Baufurniersperrholz (91m2), aus Bauholz (17m3), Bodenluke (1St), Sicherheitsdachhaken (14St)	693,02 m2 DAF	497.344	**717,65**	
380	**Baukonstruktive Einbauten**	5.582,91 m2 BGF	96.984	**17,37**	0,9
	• Wiederherstellen (Kosten: 3,9%) Historische Wandschränke schleifen, Löcher/Risse kitten, retuschieren, Öllasur auftragen (8St), Wandschrank ergänzen (1St)	5.582,91 m2 BGF	3.766	**0,67**	
	• Herstellen (Kosten: 96,1%) Einbauschrank (1St), Wischleisten Küche (11m) * Beschilderungsstelen (33St), Wandschilder (31St), Schriftplatte (1St)	5.582,91 m2 BGF	93.218	**16,70**	
390	**Sonst. Maßnahmen für Baukonstrukt.**	5.582,91 m2 BGF	891.095	**159,61**	8,6
	• Herstellen (Kosten: 100,0%) Baustelleneinrichtungen (10St), Kräne (2St) * Fassadengerüste (2.585m2), Arbeitsbühnen (10St), Fahrgerüste (7St), Kamingerüste (3St) * Zugsicherung, Zuganker (8St), horizontale Spreizung, Holzkonstruktion (5m3), Betonunterfangungen (17m3), Abfangung Gewölbeschub (psch), Holzaussteifungen (5m3), Notsicherung Deckengewölbe (10m2), Bauzustandssicherung mit Stahlrahmen (2St) * Entsorgen von Sperrmüll (143m3), Sondermüll (3m2), Bauschutt, Altholz (psch), Steindepot leerräumen, lagern (15m3) * Schutzabdeckungen (6.267m2), Folienschutz für Wand-/Deckenbemalungen (258m2), für Türen, Einbauten (113St), Witterungsschutz (80m2), Schließen von Öffnungen (216m2), Staubschutzebene (226m2), Staubschutzwände (65m2)), Baureinigung (psch), Bautrocknung (psch), Elektroheizungen (27St) * temporärer Kriechgang im Deckenzwischenraum (155m), provisorische Holzgaube (1St)	5.582,91 m2 BGF	891.095	**159,61**	

KG	Kostengruppe	Menge Einheit	Kosten €	€/Einheit	%
400	**Bauwerk – Technische Anlagen**				**100,0**
410	**Abwasser-, Wasser-, Gasanlagen**	5.582,91 m²BGF	345.808	**61,94**	10,2
	• Abbrechen (Kosten: 0,6%) Abbruch von Abwasserrohren (219m) * Wasserleitungen (19m), Badewanne (1St), Spülkasten (1St); Entsorgung, Deponiegebühren	5.582,91 m²BGF	2.047	**0,37**	
	• Wiederherstellen (Kosten: 0,2%) Gemauerte Entwässerungskanäle im Fundamentbereich abbrechen, durch Steinzeugrohre DN150 ersetzen (3St)	5.582,91 m²BGF	538	**0,10**	
	• Herstellen (Kosten: 99,3%) KG-Rohre DN100-300 (47m), PE-HD-Rohre DN50-100 (157m), SML-Rohre DN50-100 (109m), Rückstauautomat (1St), Schmutzwasserpumpe (1St), Edelstahlrinne (1St) * Edelstahlrohre DN12-40 (544m), PE-Rohre DN32-40 (89m), PE-Druckrohre (50m), Begleitheizung (70m), Enthärtungsanlage (1St), Druckerhöhungsanlage (1St), Tiefspül-WCs (18St), Urinale (8St), Doppelwaschtische (6St), Waschtische (2St), Duschwannen (2St), Ausgussbecken (2St), Durchlauferhitzer (17St) * Montageelemente (34St)	5.582,91 m²BGF	343.223	**61,48**	
420	**Wärmeversorgungsanlagen**	5.582,91 m²BGF	618.969	**110,87**	18,3
	• Abbrechen (Kosten: 1,2%) Abbruch von Fußbodenheizung (psch), Heizkörpern (9St) * Gusseisenofen (1St), Ofenrohren (16m); Entsorgung, Deponiegebühren, Abbauen und Lagern von Kachelöfen, Dokumentation (5St)	5.582,91 m²BGF	7.150	**1,28**	
	• Wiederherstellen (Kosten: 13,9%) Rohrdurchführungen brandschutztechnisch ertüchtigen (7St) * Heizkörper neu beschichten (17m²) * Kaminzug-Vorräume säubern (9St), historische Kachelöfen restaurieren, Bruchstellen und Glasurabplatzungen reparieren, Fehlstellen ergänzen, Farbfassungen retuschieren, schadhafte Fugen erneuern, Bekrönungsvase neu befestigen (8St), Metallgitter entrosten, wachsen (3St), Metalluntergestelle entrosten, wachsen (2St)	5.582,91 m²BGF	86.183	**15,44**	
	• Herstellen (Kosten: 84,9%) Vakuum-Sprührohrentgasung (1St), Druckausdehnungsgefäße (2St), Enthärtungsstation (1St), Verteiler (2St) * Stahlrohre DN12-80 (1.910m), Umwälzpumpen (5St) * Heizkörper, Blenden (74St), Fußbodenheizung, EPS-Platten (1.528m²), Verbundrohre (2.040m), Heizkreisverteiler (12St), Kompensatoren (8St), Elektro-Fußbodenheizung (12m²), Wandheizung (6m²), Verbundrohre (200m) * Schornsteinschlote (4St), Schornsteinverwahrungen (4St)	5.582,91 m²BGF	525.635	**94,15**	
430	**Raumlufttechnische Anlagen**	5.582,91 m²BGF	276.053	**49,45**	8,2
	• Herstellen (Kosten: 100,0%) Rauchansaugsysteme (9St), Koppler (16St), Gateways (4St), Brandrauchrohre (632m), Ansaugrauchmelder (11St), Lüftungskanalmelder (2St), PVC-Kapillarrohr-Sets (51St) * Zu-/Abluftanlage mit WRG, Klimagerät (1St), Wickelfalzrohre DN100-250 (236m), Rechteckkanäle (30m²), Alu-Flexrohre DN100-125 (57m), Schalldämpfer (8St), Brandschutzklappen (11St), Luftdurchlässe (48St)	5.582,91 m²BGF	276.053	**49,45**	

KG	Kostengruppe	Menge Einheit	Kosten €	€/Einheit	%
440	**Elektrische Anlagen**	5.582,91 m²BGF	1.253.975	**224,61**	37,[illegible]
	• Abbrechen (Kosten: 0,3%)	5.582,91 m²BGF	4.378	**0,78**	
	Abbruch von Elektro-Aufputzinstallationen, Leitungen, Installationsgeräten (728m), Unterverteilern (150St) * Wand-/Deckenleuchten (psch); Entsorgung, Deponiegebühren				
	• Herstellen (Kosten: 99,7%)	5.582,91 m²BGF	1.249.597	**223,83**	
	Zentralbatterieanlage für Sicherheitsbeleuchtung (1St), Überwachungsmodule (7St), Überwachungsbausteine (77St) * Zähler, Schränke (9St), Verteiler (27St), Mantelleitungen (17.996m), Starkstromkabel (3.821m), Installationskabel (1.461m), Brandmeldekabel (5.958m), Steckdosen (562St), Herdanschlussdosen (13St), Schalter/Taster (47St), Bewegungs-/Präsenzmelder (26St) * Leuchten (301St), Spots (101St), Strahler (113St), Gewölbefluter (12St), Scheinwerfer (4St), Rettungszeichenleuchten (53St), Bereitschaftsstrahler (47St) * Ringerder (402m), Fundamenterder (33m), Ableitungen (973m), Fangstangen (16St), Erdeinführungsstangen (28St)				
450	**Kommunikationstechnische Anlagen**	5.582,91 m²BGF	261.448	**46,83**	7,7
	• Herstellen (Kosten: 100,0%)	5.582,91 m²BGF	261.448	**46,83**	
	Notrufset (1St), Außensprechanlagen (2St), Kommunikationsstele (1St) * Audiokabel (247m), Audio-Anschlussdosen (48St) * elektronische Schließanlage (1St), Brandmeldeanlage (1St), Feuerwehrbediensystem (1St), Feuerwehrlaufkarten (105St), Melder (118St), Sirenen (34St), RWA-Steuerzentralen (2St), RWA-Bedienstellen (5St) * Netzwerkschränke (3St), Patchpanels (12St), Rangierpanels (12St), Datenkabel (4.141m), LWL-Kabel (290m), Datendoppeldosen (86St)				
460	**Förderanlagen**	5.582,91 m²BGF	242.624	**43,46**	7,2
	• Herstellen (Kosten: 100,0%)	5.582,91 m²BGF	242.624	**43,46**	
	Personen-/Lastenaufzug, Tragkraft 1.600kg (1St), Laibungsbekleidungen, Stahlportale (4St), Personenaufzug, Tragkraft 630kg (1St)				
470	**Nutzungsspez. u. verfahrenstechn. Anl.**	5.582,91 m²BGF	12.855	**2,30**	0,4
	• Herstellen (Kosten: 100,0%)	5.582,91 m²BGF	12.855	**2,30**	
	Löschwasser-Einspeisearmatur (1St), Wandhydrant (1St), Stahlrohr DN50-80, Formstücke (19m), Be-/Entlüftungsventil (1St), Brandschotts (4St)				
480	**Gebäude- und Anlagenautomation**	5.582,91 m²BGF	324.744	**58,17**	9,6
	• Herstellen (Kosten: 100,0%)	5.582,91 m²BGF	324.744	**58,17**	
	KNX-Server (1St), KNX-Gateways (2St), KNX-Schnittstellen (23St), KNX-Linienkoppler (7St), KNX-Eingänge (22St), KNX-Feldgeräte (379St), Automationseinrichtung (psch), Ein-/Ausgabefunktionen (153St), Verarbeitungsfunktionen (137St), Feldgeräte (38St) * Schaltschrankfelder (2St), Messgerät (1St), Bediengerät (1St), Überspannungsschutzgeräte (3St), Baugruppen (110St), Sicherheitssteuerungen (2St) * Mantelleitungen (874m), Fernmeldekabel (660m), Motoranschlussleitungen (313m) * KNX-Busleitungen (4.158m), MSR-Verkabelung (psch)				

KG	Kostengruppe	Menge Einheit	Kosten €	€/Einheit	%
490	**Sonst. Maßnahmen für techn. Anlagen**	5.582,91 m2 BGF	45.975	**8,24**	1,4
	• Wiederherstellen (Kosten: 7,3%) Beschädigte Heizungsrohre erneuern (37h)	5.582,91 m2 BGF	3.370	**0,60**	
	• Herstellen (Kosten: 92,7%) Baustelleneinrichtungen (5St) * Lkw-Teleskop-Hebebühne (1St), Fahrhebebühne (1St), Montagebühnen in Aufzugsschächten (psch), Fahrgerüste (6St) * Baureinigung von Sanitärobjekten, Schaltern (psch), Heizkörpern (75St), Aufzugskabinen (2St), Schutzabdeckung von Bodenkonvektoren (psch)	5.582,91 m2 BGF	42.605	**7,63**	
500	**Außenanlagen und Freiflächen**				**100,0**
510	**Erdbau**	–	251.263	–	34,5
	• Herstellen (Kosten: 100,0%) Rohrgrabenaushub, lagern, verfüllen (609m), Kabelgrabenaushub (106m3), Handaushub (40m3), Verfüllungen mit Kies (299m3), mit Riesel (37m3), Aushub abfahren (363m3), Erdarbeiten Trafostation (psch)	–	251.263	–	
530	**Oberbau, Deckschichten**	376,30 m2 BFF	33.478	**88,97**	4,6
	• Abbrechen (Kosten: 36,8%) Abbruch von Pflaster (68m2), Asphaltdecken (64m2), Pflasterzeilen (21m) * Holzbelag (609m2); Entsorgung, Deponiegebühren, Aufnehmen und Lagern von Pflaster (215m2) * Kiestraufe (492m2)	1.447,31 m2 BFF	12.309	**8,50**	
	• Herstellen (Kosten: 63,2%) Asphaltdecke, Kleinflächen (60m2), Einzeiler (6m) * mineralische Abdichtung, d=20-25cm, horizontal (105m2), Kiestraufe, Lagermaterial (316m2)	376,30 m2 BFF	21.169	**56,26**	
540	**Baukonstruktionen**	–	103	–	< 0,1
	• Abbrechen (Kosten: 100,0%) Abbruch von Holztreppe (2m2); Entsorgung, Deponiegebühren	–	103	–	
550	**Technische Anlagen**	–	395.243	–	54,3
	• Abbrechen (Kosten: 2,9%) Abbruch von Trafostation (1St), Mittelspannungskabel (1St), Straßenbeleuchtung (1St); Entsorgung, Deponiegebühren	–	11.326	–	
	• Wiederherstellen (Kosten: 0,4%) Abwasserrohre reinigen, spülen (10h)	–	1.519	–	
	• Herstellen (Kosten: 96,8%) KG-Rohre DN100-300 (1.091m), Anschlüsse an Bestand (49St), Revisionsschächte DN1.000-1.200 (14St), Schachtabdeckungen DN600 (16St) * PE-Rohre DN20-25 (77m), Edelstahlrohre DN22 (25m), Einzelhydranten (4St) * Nahwärme-Mediumrohre DN63-75, einfach (99m), DN32-50, doppelt (56m) * Trafostation (1St), Nieder-/Mittelspannungskabel (psch), PVC-Kabelschutzrohre (232m), Kabelzugschächte (4St), Straßenbeleuchtung (1St)	–	382.398	–	
590	**Sonst. Maßnahmen für Außenanlagen u. Freiflächen**	–	47.546	–	6,5
	• Herstellen (Kosten: 100,0%) Baustelleneinrichtung (1St), Baustellenumzüge (6St)	–	47.546	–	

KG	Kostengruppe	Menge Einheit	Kosten €	€/Einheit	%
600	**Ausstattung und Kunstwerke**				**100,0**
610	**Allgemeine Ausstattung**	5.582,91 m²BGF	442.713	**79,30**	40,9
	• Abbrechen (Kosten: 0,2%) Abnehmen und Lagern von historischen Textilvorhängen 1,50x3,10m (5St)	5.582,91 m²BGF	899	**0,16**	
	• Herstellen (Kosten: 99,8%) Klappstühle (480St), Seminarstühle (190St), Stahl-Lounge-/Barstühle (40St), Sitzbänke 200x50cm (29St), Stühle, Sitzauflagen (28St), Hocker (4St), Tische 200x90cm (14St), Stahltische, rund (7St), Loungetisch 100x50cm (1St), Sonnenschirme 4,00x4,00m (3St), Bürstengarnituren (18St), Papierrollenhalter (17St), Abfallbehälter (17St), Seifenspender (15St), Handtuchspender (15St), Spiegel (9St), Papierkörbe (8St), Duschfaltwand (1St)	5.582,91 m²BGF	441.814	**79,14**	
620	**Besondere Ausstattung**	5.582,91 m²BGF	86.725	**15,53**	8,0
	• Wiederherstellen (Kosten: 22,7%) Historisches Klavier aufarbeiten, Innenleben erneuern (1St), historischen Hammerflügel warten, restaurieren (54h)	5.582,91 m²BGF	19.678	**3,52**	
	• Herstellen (Kosten: 77,3%) Flügel, gebraucht, gewartet, gestimmt (1St), Klavierhocker (3St), Flügelschutzhülle (1St), Flügeltransportteile (psch), Transportschlitten (1St), Transportwagen (1St)	5.582,91 m²BGF	67.048	**12,01**	
640	**Künstlerische Ausstattung**	5.582,91 m²BGF	552.397	**98,94**	51,1
	• Abbrechen (Kosten: 0,3%) Aufnehmen und Lagern von historischem Brunnen (14h)	5.582,91 m²BGF	1.483	**0,27**	
	• Wiederherstellen (Kosten: 93,7%) Rokokoaltar restaurieren, konservieren (303h), Schädlingsbefall bekämpfen (psch), dekorative Marmor-Wandbrunnen reinigen, Schutzwachs auftragen (2St), Skulpturen reinigen (20h) * Wand-/Deckenmalereien restaurieren: Putz ausbessern, Risse kitten, alte Kittungen und Übermalungen abnehmen, Malschichtablösungen festigen, retuschieren (3.497h), Dielenböden mit ornamentaler und monochromer Bemalung restaurieren: alte Wachspolitur abnehmen, Alkydharzlack und Leinölfirnis auftragen, Holzsockel reinigen, Fehlstellen retuschieren, beschichten (1.510h), sechs historische Kachelöfen aufarbeiten, Putzfehlstellen und Risse kitten, Malschichtfehlstellen festigen, retuschieren (189h), Sonnenuhr und Blindfenster überarbeiten (87h)	5.582,91 m²BGF	517.866	**92,76**	
	• Herstellen (Kosten: 6,0%) Befestigung Leinwandgemälde (49h), Beton-Standfüße für Wandbrunnen (8h) * Raumgerüste für Restaurierung der Deckengemälde (5St), Klimamonitoring (psch), Schutzabdeckungen (423m²)	5.582,91 m²BGF	33.047	**5,92**	

Kostenkennwerte für die Kostengruppen 300 der 2. und 3. Ebene DIN 276 (Übersicht)

KG	Kostengruppe	Menge Einheit	€/Einheit	Kosten €	% an 3+4
300	**Bauwerk – Baukonstruktionen**	**5.582,91 m² BGF**	**1.850,07**	**10.328.779,1**	**75,3**
310	**Baugrube / Erdbau**	**1.837,46 m³ BGI**	**142,57**	**261.968,84**	**1,9**
311	Herstellung	1.837,46 m³ BGI	98,46	180.910,10	1,3
312	Umschließung	327,52 m²	169,19	55.412,31	0,4
313	Wasserhaltung	1.658,45 m³	15,46	25.646,46	0,2
314	Vortrieb	–	–	–	–
319	Sonstiges zur KG 310	–	–	–	–
320	**Gründung, Unterbau**	**953,70 m² GRF**	**1.045,06**	**996.672,37**	**7,3**
321	Baugrundverbesserung	–	–	–	–
322	Flachgründungen und Bodenplatten	953,70 m²	437,90	417.620,72	3,0
323	Tiefgründungen	–	–	–	–
324	Gründungsbeläge	905,59 m²	461,86	418.260,04	3,1
325	Abdichtungen und Bekleidungen	1.343,76 m²	105,28	141.464,43	1,0
326	Dränagen	953,70 m² GRF	16,80	16.020,77	0,1
329	Sonstiges zur KG 320	953,70 m² GRF	3,47	3.306,41	< 0,1
330	**Außenwände/Vert. Baukonstrukt., außen**	**3.526,87 m² AWF**	**666,29**	**2.349.933,13**	**17,1**
331	Tragende Außenwände	879,09 m²	334,71	294.243,50	2,1
332	Nichttragende Außenwände	36,82 m²	561,21	20.663,81	0,2
333	Außenstützen	47,92 m	166,83	7.994,68	< 0,1
334	Außenwandöffnungen	369,65 m²	2.233,79	825.721,35	6,0
335	Außenwandbekleidungen, außen	3.005,54 m²	116,32	349.596,59	2,5
336	Außenwandbekleidungen, innen	3.107,77 m²	152,14	472.825,66	3,4
337	Element. Außenwandkonstruktionen	49,45 m²	3.266,13	161.510,04	1,2
338	Lichtschutz zur KG 330	176,44 m²	671,51	118.481,53	0,9
339	Sonstiges zur KG 330	3.526,87 m² AWF	28,04	98.896,00	0,7
340	**Innenwände/Vert. Baukonstrukt., innen**	**2.678,07 m² IWF**	**747,04**	**2.000.620,80**	**14,6**
341	Tragende Innenwände	768,67 m²	458,26	352.250,62	2,6
342	Nichttragende Innenwände	250,78 m²	507,92	127.376,08	0,9
343	Innenstützen	17,85 m	682,18	12.176,89	< 0,1
344	Innenwandöffnungen	389,08 m²	2.365,79	920.481,82	6,7
345	Innenwandbekleidungen	4.414,33 m²	123,57	545.469,44	4,0
346	Elementierte Innenwandkonstruktionen	81,82 m²	437,23	35.774,35	0,3
347	Lichtschutz zur KG 340	–	–	–	–
349	Sonstiges zur KG 340	2.678,07 m² IWF	2,65	7.091,59	< 0,1
350	**Decken/Horizontale Baukonstruktionen**	**2.504,91 m² DEF**	**1.250,87**	**3.133.307,02**	**22,9**
351	Deckenkonstruktionen	2.004,31 m²	798,32	1.600.080,67	11,7
352	Deckenöffnungen	11,80 m²	3.876,94	45.747,86	0,3
353	Deckenbeläge	1.788,89 m²	590,92	1.057.084,95	7,7
354	Deckenbekleidungen	2.470,88 m²	120,50	297.745,10	2,2
355	Elementierte Deckenkonstruktionen	22,23 m²	4.065,31	90.371,79	0,7
359	Sonstiges zur KG 350	2.504,91 m² DEF	16,88	42.276,63	0,3
360	**Dächer**	**–**	**–**	**598.197,88**	**4,4**
361	Dachkonstruktionen	–	–	305.579,09	2,2
362	Dachöffnungen	0,88 m²	9.279,08	8.165,59	< 0,1
363	Dachbeläge	–	–	125.658,19	0,9
364	Dachbekleidungen	224,97 m²	170,13	38.273,13	0,3
365	Elementierte Dachkonstruktionen	25,48 m²	1.713,60	43.662,59	0,3
366	Lichtschutz zur KG 360	–	–	–	–
369	Sonstiges zur KG 360	–	–	76.859,33	0,6
370	**Infrastrukturanlagen**	**–**	**–**	**–**	**–**
380	**Baukonstruktive Einbauten**	**5.582,91 m² BGF**	**17,37**	**96.984,17**	**0,7**
390	**Sonst. Maßnahmen für Baukonstrukt.**	**5.582,91 m² BGF**	**159,61**	**891.094,89**	**6,5**

Kostenkennwerte für die Kostengruppen 400 der 2. und 3. Ebene DIN 276 (Übersicht)

KG	Kostengruppe	Menge Einheit	€/Einheit	Kosten €	% an 3+4
400	**Bauwerk – Technische Anlagen**	**5.582,91 m² BGF**	**605,86**	**3.382.450,60**	**24,7**
410	**Abwasser-, Wasser-, Gasanlagen**	**5.582,91 m² BGF**	**61,94**	**345.808,20**	**2,5**
411	Abwasseranlagen	5.582,91 m² BGF	15,28	85.302,47	0,6
412	Wasseranlagen	5.582,91 m² BGF	43,79	244.457,91	1,8
413	Gasanlagen	–	–	–	–
419	Sonstiges zur KG 410	5.582,91 m² BGF	2,87	16.047,82	0,1
420	**Wärmeversorgungsanlagen**	**5.582,91 m² BGF**	**110,87**	**618.968,62**	**4,5**
421	Wärmeerzeugungsanlagen	5.582,91 m² BGF	3,20	17.851,42	0,1
422	Wärmeverteilnetze	5.582,91 m² BGF	43,89	245.028,19	1,8
423	Raumheizflächen	5.582,91 m² BGF	42,24	235.836,32	1,7
424	Verkehrsheizflächen	–	–	–	–
429	Sonstiges zur KG 420	5.582,91 m² BGF	21,54	120.252,70	0,9
430	**Raumlufttechnische Anlagen**	**5.582,91 m² BGF**	**49,45**	**276.052,85**	**2,0**
431	Lüftungsanlagen	5.582,91 m² BGF	20,26	113.090,38	0,8
432	Teilklimaanlagen	–	–	–	–
433	Klimaanlagen	–	–	–	–
434	Kälteanlagen	5.582,91 m² BGF	29,19	162.962,47	1,2
439	Sonstiges zur KG 430	–	–	–	–
440	**Elektrische Anlagen**	**5.582,91 m² BGF**	**224,61**	**1.253.975,11**	**9,1**
441	Hoch- und Mittelspannungsanlagen	–	–	–	–
442	Eigenstromversorgungsanlagen	5.582,91 m² BGF	6,33	35.359,83	0,3
443	Niederspannungsschaltanlagen	–	–	–	–
444	Niederspannungsinstallationsanlagen	5.582,91 m² BGF	125,93	703.052,36	5,1
445	Beleuchtungsanlagen	5.582,91 m² BGF	81,82	456.765,98	3,3
446	Blitzschutz- und Erdungsanlagen	5.582,91 m² BGF	10,53	58.796,93	0,4
447	Fahrleitungssysteme	–	–	–	–
449	Sonstiges zur KG 440	–	–	–	–
450	**Kommunikationstechnische Anlagen**	**5.582,91 m² BGF**	**46,83**	**261.448,45**	**1,9**
451	Telekommunikationsanlagen	–	–	–	–
452	Such- und Signalanlagen	5.582,91 m² BGF	7,78	43.454,33	0,3
453	Zeitdienstanlagen	–	–	–	–
454	Elektroakustische Anlagen	–	–	–	–
455	Audiovisuelle Medien- u. Antennenanl.	5.582,91 m² BGF	0,91	5.095,82	< 0,1
456	Gefahrenmelde- und Alarmanlagen	5.582,91 m² BGF	30,82	172.058,80	1,3
457	Datenübertragungsnetze	5.582,91 m² BGF	7,32	40.839,50	0,3
458	Verkehrsbeeinflussungsanlagen	–	–	–	–
459	Sonstiges zur KG 450	–	–	–	–
460	**Förderanlagen**	**5.582,91 m² BGF**	**43,46**	**242.623,79**	**1,8**
461	Aufzugsanlagen	5.582,91 m² BGF	43,46	242.623,79	1,8
462	Fahrtreppen, Fahrsteige	–	–	–	–
463	Befahranlagen	–	–	–	–
464	Transportanlagen	–	–	–	–
465	Krananlagen	–	–	–	–
466	Hydraulikanlagen	–	–	–	–
469	Sonstiges zur KG 460	–	–	–	–
470	**Nutzungsspez. u. verfahrenstechn. Anl.**	**5.582,91 m² BGF**	**2,30**	**12.854,54**	**< 0,1**
480	**Gebäude- und Anlagenautomation**	**5.582,91 m² BGF**	**58,17**	**324.743,59**	**2,4**
490	**Sonst. Maßnahmen für techn. Anlagen**	**5.582,91 m² BGF**	**8,24**	**45.975,43**	**0,3**

Kostenkennwerte für Leistungsbereiche nach STLB (Kosten des Bauwerks nach DIN 276)

LB	Leistungsbereiche	Kosten €	€/m² BGF	€/m³ BRI	% an 3+4
000	Sicherheits-, Baustelleneinrichtungen inkl. 001	708.765	127,00	27,90	5,2
002	Erdarbeiten	230.223	41,20	9,10	1,7
006	Spezialtiefbauarbeiten inkl. 005	55.412	9,90	2,20	0,4
009	Entwässerungskanalarbeiten inkl. 011	6.230	1,10	0,25	< 0,1
	Wiederherstellen	538	0,10	0,02	< 0,1
	Herstellen	5.692	1,00	0,22	< 0,1
010	Drän- und Versickerarbeiten	10.395	1,90	0,41	< 0,1
012	Mauerarbeiten	834.966	149,60	32,90	6,1
	Wiederherstellen	328.594	58,90	12,90	2,4
	Herstellen	506.372	90,70	20,00	3,7
013	Betonarbeiten	934.988	167,50	36,80	6,8
	Wiederherstellen	202.323	36,20	8,00	1,5
	Herstellen	732.665	131,20	28,90	5,3
014	Natur-, Betonwerksteinarbeiten	278.333	49,90	11,00	2,0
	Wiederherstellen	143.670	25,70	5,70	1,0
	Herstellen	134.664	24,10	5,30	1,0
016	Zimmer- und Holzbauarbeiten	1.014.678	181,70	40,00	7,4
	Wiederherstellen	434.897	77,90	17,10	3,2
	Herstellen	579.781	103,80	22,80	4,2
017	Stahlbauarbeiten	492.266	88,20	19,40	3,6
	Wiederherstellen	362.198	64,90	14,30	2,6
	Herstellen	130.068	23,30	5,10	0,9
018	Abdichtungsarbeiten	215.613	38,60	8,50	1,6
019	Kampfmittelräumarbeiten	–	–	–	–
020	Dachdeckungsarbeiten	68.023	12,20	2,70	0,5
	Wiederherstellen	6.653	1,20	0,26	< 0,1
	Herstellen	61.369	11,00	2,40	0,4
021	Dachabdichtungsarbeiten	1.686	0,30	0,07	< 0,1
022	Klempnerarbeiten	57.019	10,20	2,20	0,4
	Wiederherstellen	6.622	1,20	0,26	< 0,1
	Herstellen	50.398	9,00	2,00	0,4
	Rohbau	**4.908.598**	**879,20**	**193,40**	**35,8**
	Wiederherstellen	1.485.494	266,10	58,50	10,8
	Herstellen	3.423.103	613,10	134,90	25,0
023	Putz- und Stuckarbeiten, Wärmedämmsysteme	832.947	149,20	32,80	6,1
	Wiederherstellen	265.470	47,60	10,50	1,9
	Herstellen	567.478	101,60	22,40	4,1
024	Fliesen- und Plattenarbeiten	148.657	26,60	5,90	1,1
	Wiederherstellen	75.447	13,50	3,00	0,6
	Herstellen	73.210	13,10	2,90	0,5
025	Estricharbeiten	279.808	50,10	11,00	2,0
026	Fenster, Außentüren inkl. 029, 032	763.056	136,70	30,10	5,6
	Wiederherstellen	280.088	50,20	11,00	2,0
	Herstellen	482.968	86,50	19,00	3,5
027	Tischlerarbeiten	394.279	70,60	15,50	2,9
	Wiederherstellen	250.820	44,90	9,90	1,8
	Herstellen	143.459	25,70	5,70	1,0
028	Parkettarbeiten, Holzpflasterarbeiten	486.376	87,10	19,20	3,5
	Wiederherstellen	376.230	67,40	14,80	2,7
	Herstellen	110.147	19,70	4,30	0,8

9100-0169
Klosteranlage
Wissenschafts- und
Studierzentrum

Modernisierung

LB	Leistungsbereiche	Kosten €	€/m2 BGF	€/m3 BRI	% an 3+4
030	Rollladenarbeiten	113.157	20,30	4,50	0,8
	Wiederherstellen	9.870	1,80	0,39	< 0,1
	Herstellen	103.287	18,50	4,10	0,8
031	Metallbauarbeiten inkl. 035	1.038.554	186,00	40,90	7,6
	Wiederherstellen	48.471	8,70	1,90	0,4
	Herstellen	990.083	177,30	39,00	7,2
034	Maler- und Lackiererarbeiten inkl. 037	635.095	113,80	25,00	4,6
	Wiederherstellen	520.069	93,20	20,50	3,8
	Herstellen	115.026	20,60	4,50	0,8
036	Bodenbelagarbeiten	5.241	0,94	0,21	< 0,1
038	Vorgehängte hinterlüftete Fassaden	–	–	–	–
039	Trockenbauarbeiten	186.960	33,50	7,40	1,4
	Ausbau	**4.884.131**	**874,80**	**192,50**	**35,6**
	Wiederherstellen	1.826.465	327,20	72,00	13,3
	Herstellen	3.057.665	547,70	120,50	22,3
040	Wärmeversorgungsanl. - Betriebseinr. inkl. 041	445.927	79,90	17,60	3,3
	Wiederherstellen	3.910	0,70	0,15	< 0,1
	Herstellen	442.018	79,20	17,40	3,2
042	Gas- und Wasserinstallation, Leitungen inkl. 043	67.303	12,10	2,70	0,5
044	Abwasseranlagen - Leitungen	53.664	9,60	2,10	0,4
045	GWE-Einrichtungsgegenstände inkl. 046	179.893	32,20	7,10	1,3
047	Dämmarbeiten an betriebstechnischen Anlagen	91.421	16,40	3,60	0,7
	Wiederherstellen	9.335	1,70	0,37	< 0,1
	Herstellen	82.086	14,70	3,20	0,6
049	Feuerlöschanlagen, Feuerlöschgeräte	12.855	2,30	0,51	< 0,1
050	Blitzschutz- und Erdungsanlagen	58.797	10,50	2,30	0,4
053	Niederspannungsanlagen inkl. 052, 054	653.730	117,10	25,80	4,8
055	Sicherheits- u. Ersatzstromversorgungsanl.	34.163	6,10	1,30	0,2
057	Gebäudesystemtechnik	–	–	–	–
058	Leuchten und Lampen inkl. 059	457.708	82,00	18,00	3,3
060	Sprechanlagen, elektroakust. Anlagen inkl. 064	132.268	23,70	5,20	1,0
061	Kommunikationsnetze inkl. 063	242.271	43,40	9,50	1,8
069	Aufzüge	232.687	41,70	9,20	1,7
070	Gebäudeautomation	324.744	58,20	12,80	2,4
075	Raumlufttechnische Anlagen inkl. 078	108.496	19,40	4,30	0,8
	Gebäudetechnik	**3.095.927**	**554,50**	**122,00**	**22,6**
	Wiederherstellen	13.245	2,40	0,52	< 0,1
	Herstellen	3.082.682	552,20	121,50	22,5
084	Abbruch, Rückbau, Schadstoffsanierung	761.468	136,40	30,00	5,6
	Abbrechen	761.468	136,40	30,00	5,6
	Abbrucharbeiten	**761.468**	**136,40**	**30,00**	**5,6**
	Abbrechen	761.468	136,40	30,00	5,6
	Sonstige Leistungsbereiche	**61.107**	**10,90**	**2,40**	**0,4**

9100-0170
Kirche

Modernisierung

Objektübersicht

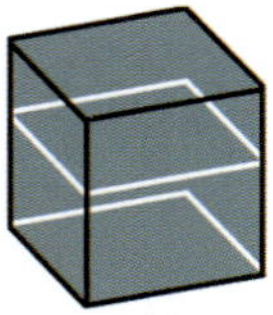

BRI 222 €/m³

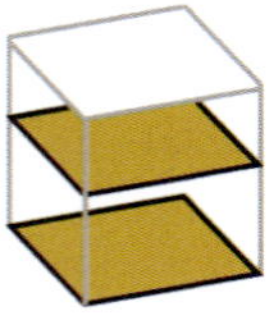

BGF 2.169 €/m²

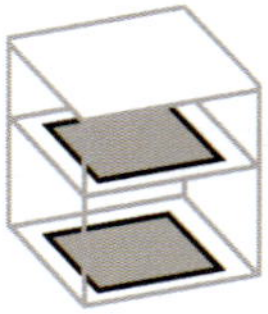

NUF 3.099 €/m²

Objekt:
Kennwerte: 3.Ebene DIN 276
BRI: 3.172 m³
BGF: 325 m²
NUF: 227 m²
Bauzeit: 109 Wochen
Bauende: 2016
Standard: Durchschnitt
Bundesland: Hessen
Kreis: Kassel

Architekt*in:
Architekturbüro
Müntinga und Puy
Mannelstraße 9
34454 Bad Arolsen

Bauherr*in:
Ev. Kirchengemeinde
Großenritte

vorher

nachher

Modernisierung

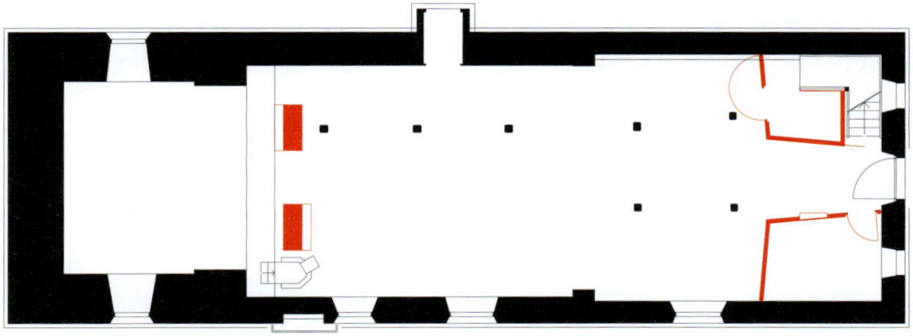

Erdgeschoss

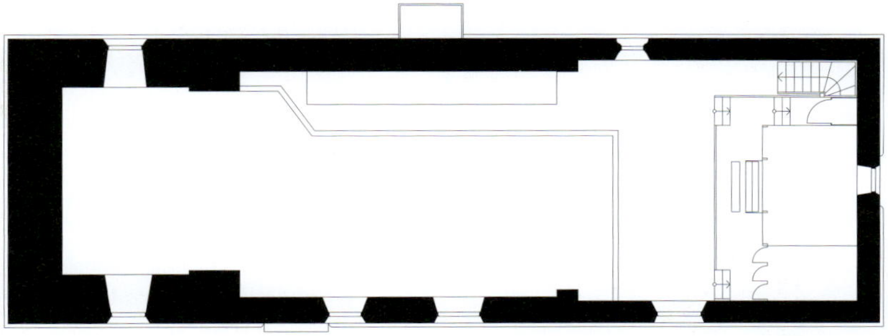

Obergeschoss

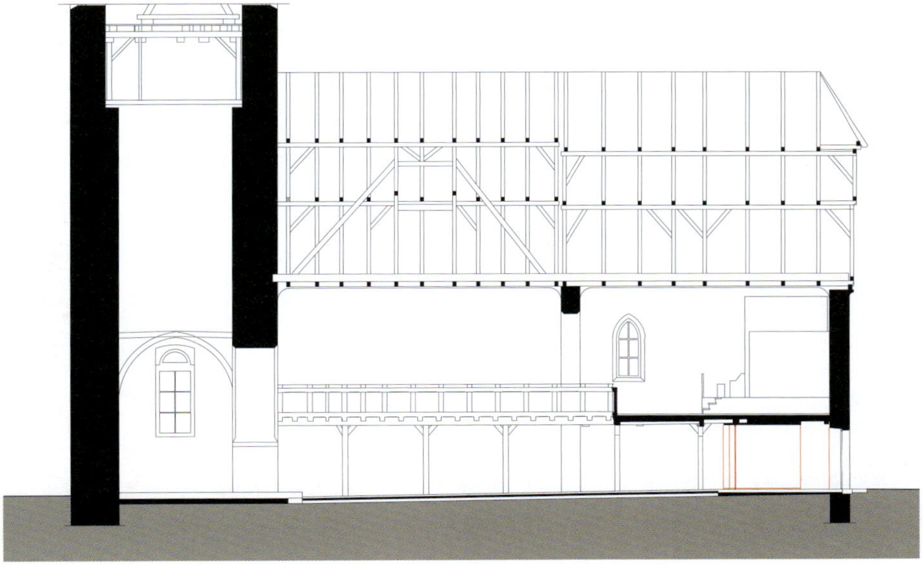

Schnitt

Objektbeschreibung

Allgemeine Objektinformationen

Der Innenraum der aus dem Jahr 16. Jahrhundert stammenden Kirche wurde renoviert sowie funktional und gestalterisch neu geordnet. Das Sanierungs- und Gestaltungskonzept für das Kirchengebäude umfasst die Neuordnung des Eingangs- und des Altarbereichs, die Sanierung der Innenraumschale, die Verbesserung der Möblierung und die Erneuerung der Haustechnik. Zudem wurden barrierefreie Zugänge geschaffen. Eine neue Möblierung ermöglicht vielfältige flexible Nutzungsoptionen. Das Farbkonzept für den gesamten Raum ist neu erarbeitet worden.

Nutzung

1 Erdgeschoss
Chor, Kirchenraum, Eingang, Foyer, Sakristei, Abstellraum

1 Obergeschoss
Empore

Nutzeinheiten

Sitzplätze: 120

Grundstück

Bauraum: Freier Bauraum
Neigung: Ebenes Gelände
Bodenklasse: BK 4

Markt

Hauptvergabezeit: 3.Quartal 2014
Baubeginn: 4.Quartal 2014
Bauende: 4.Quartal 2016
Konjunkturelle Gesamtlage: Durchschnitt
Regionaler Baumarkt: unter Durchschnitt

Baubestand

Baujahr: 1512/1705
Bauzustand: mittel
Aufwand: mittel
Grundrissänderungen: einige
Tragwerkseingriffe: wenige
Nutzungsänderung: nein
Nutzung während der Bauzeit: nein

Baukonstruktion

Am Nordeingang wurde die Schwelle beseitigt. Eine Rampe schafft einen barrierefreien Zugang. Die historische Kirchentür am Haupteingang blieb erhalten. Durch den Einbau von Sakristei und Stuhllager aus Birkensperrholz wurde der Eingangsbereich neu geordnet. Die Einbauten nehmen die neue Emporentreppe auf und bilden ein Entree. Die bestehenden Bänke im Kirchenschiff wurden vollständig ausgebaut und durch eine Möblierung mit Bänken und Stühlen aus Birkensperrholz ersetzt. Im weiteren wurde der bestehende Altar samt Stufe zum Altarbereich ausgebaut. Der neue mobile Altar und der historische Kanzelkorb haben einen neuen Standort gefunden. Auf alle Wand- und Deckenflächen wurde weiße Silikatfarbe aufgetragen. Das bestehende Holzwerk der Empore, alle Balken sowie der hölzerne Dielenbelag sind neu gefasst worden. Die Prinzipalstücke Orgel und Kanzel sind weiß gestaltet. Die Kanzel erhielt einen neuen Sockel, ein Stahlgeländer sowie eine neue Buchablage. Der neue Sandsteinfußboden wurde in Bahnen verlegt.

Technische Anlagen

Die Beheizung der Kirche erfolgt über eine neu installierte Gas-Brennwerttherme, die sich auf der Empore befindet. Sie versorgt zwei Wärmestationen sowie die Fußbodenheizung. Um Fallwinde und Zugerscheinungen zu vermeiden sind alle Fenster mit Elektro-Fensterheizungen ausgestattet. In der hölzernen Chorraumbestuhlung gibt es die Möglichkeit, Elektroheizungen nachzurüsten. Die Kirche hat eine neue Beleuchtung erhalten, die aus verschiedenen Bausteinen besteht: schlichte Deckenleuchten, Wandleuchten für indirektes Licht und Spotbeleuchtung für Akzentuierungen. Sämtliche Leuchten sind speziell für die Kirche gestaltet und mit energiesparenden LED Leuchtmitteln ausgestattet worden.

Planungskennwerte für Flächen und Rauminhalte nach DIN 277

Flächen des Grundstücks		Menge Einheit	% an GF
BF	Bebaute Fläche	223,92 m²	12,6
UF	Unbebaute Fläche	1.555,08 m²	87,4
GF	Grundstücksfläche	1.779,00 m²	100,0

Grundflächen des Bauwerks		Menge Einheit	% an NUF	% an BGF
NUF	Nutzungsfläche	227,28 m²	100,0	70,0
TF	Technikfläche	–	–	–
VF	Verkehrsfläche	–	–	–
NRF	Netto-Raumfläche	227,28 m²	100,0	70,0
KGF	Konstruktions-Grundfläche	97,36 m²	42,8	30,0
BGF	Brutto-Grundfläche	324,64 m²	142,8	100,0

Brutto-Rauminhalt des Bauwerks		Menge Einheit	BRI/NUF (m)	BRI/BGF (m)
BRI	Brutto-Rauminhalt	3.171,94 m³	13,96	9,77

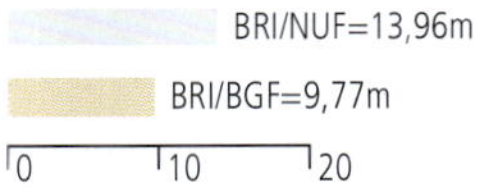

Lufttechnisch behandelte Flächen	Menge Einheit	% an NUF	% an BGF
Entlüftete Fläche	–	–	–
Be- und entlüftete Fläche	–	–	–
Teilklimatisierte Fläche	–	–	–
Klimatisierte Fläche	–	–	–

KG	Kostengruppen (2. Ebene)	Menge Einheit	Menge/NUF	Menge/BGF
310	Baugrube / Erdbau	20,53 m³ BGI	0,09	0,06
320	Gründung, Unterbau	158,31 m² GRF	0,70	0,49
330	Außenwände/Vertikale Baukonstruktionen, außen	404,20 m² AWF	1,78	1,25
340	Innenwände/Vertikale Baukonstruktionen, innen	29,11 m² IWF	0,13	0,09
350	Decken/Horizontale Baukonstruktionen	91,86 m² DEF	0,40	0,28
360	Dächer	165,25 m² DAF	0,73	0,51

Kostenkennwerte für die Kostengruppen der 1. Ebene DIN 276

KG	Kostengruppen (1. Ebene)	Einheit	Kosten €	€/Einheit	€/m² BGF	€/m³ BRI	% 300+400
100	Grundstück	m² GF	–	–	–	–	–
200	Vorbereitende Maßnahmen	m² GF	7.336	4,12	22,60	2,31	1,0
300	Bauwerk – Baukonstruktionen	m² BGF	429.510	1.323,03	1.323,03	135,41	61,0
400	Bauwerk – Technische Anlagen	m² BGF	274.746	846,31	846,31	86,62	39,0
	Bauwerk 300+400	**m² BGF**	**704.256**	**2.169,35**	**2.169,35**	**222,03**	**100,0**
500	Außenanlagen und Freiflächen	m² AF	–	–	–	–	–
600	Ausstattung und Kunstwerke	m² BGF	68.895	212,22	212,22	21,72	9,8
700	Baunebenkosten	m² BGF	–	–	–	–	–
800	Finanzierung	m² BGF	–	–	–	–	–

KG	Kostengruppe	Menge Einheit	Kosten €	€/Einheit	%
200	**Vorbereitende Maßnahmen**	1.779,00 m² GF	7.336	**4,12**	1,0
	• Herstellen (Kosten: 100,0%) Hausanschluss Gas		7.336		
3+4	**Bauwerk**				**100,0**
300	**Bauwerk – Baukonstruktionen**	324,64 m² BGF	429.510	**1.323,03**	61,0
	• Abbrechen (Kosten: 6,2%) Abbruch von Stb-Bodenplatte, Sandstein-Bodenplatten, Sandstein-Treppenanlage, Estrich, Abdichtungen, Fundamente freilegen; Fensterklappen in Bleiverglasungen, schadhaftem Putz, Beschichtungen, Eingangspodest; Stuckdeckenbeschichtungen; Altar, Taufbecken		26.670		
	• Wiederherstellen (Kosten: 7,9%) Betonplatten aufnehmen, schadhafte austauschen, Basaltpflaster aufnehmen, neu verlegen; Bleiverglasungen aufarbeiten, Fensterklappen umrüsten, Haupteingang, Holzrahmen erneuern, Holztür beidseitig aufarbeiten; Empore abstützen, Holzsäulen kürzen, unterklotzen; Holztreppe/-boden ausbessern, beschichten, Brüstungsgeländer, Schlitze verschließen, Holzflächen ablaugen, beschichten; Dachluke Instandsetzen; Kirchenbänke, Seitenflächen der Orgel, ablaugen, beschichten, aufstellen		33.911		
	• Herstellen (Kosten: 85,9%) Stb-Bodenplatte, Dämmung, Estrich, Sandstein Bodenplatten, Blockstufen; Windfang, Fensterklappen in Bleiverglasungen, Oberputz, Beschichtung, Vordach, Rampe; Dielenboden, Geländer; Stühle, Bänke, Sitzreihen, Sakristei-Einhausung, Stuhllager-Einhausung, Schrankanlage, Einbauschrank, Altartisch, Kanzelfuß, Kanzeltreppe		368.928		
400	**Bauwerk – Technische Anlagen**	324,64 m² BGF	274.746	**846,31**	39,0
	• Herstellen (Kosten: 100,0%) Gasbrennwertkessel, Heizungsrohre, Unterflur-Wärmestationen, Fußbodenheizung, Fensterheizkörper, Edelstahl-Abgasanlage; Elektroinstallation, Beleuchtung; Elektroakustische Anlage		274.746		
600	**Ausstattung und Kunstwerke**	324,64 m² BGF	68.895	**212,22**	9,8
	• Wiederherstellen (Kosten: 95,7%) Sicherungs- und Sanierungsmaßnahmen des Orgelwerkes, Wiederaufbau		65.937		
	• Herstellen (Kosten: 4,3%) Mobiler Gesangbuchschrank, Bilderschienen		2.958		

Kostenkennwerte für die Kostengruppen der 2.Ebene DIN 276

KG	Kostengruppe	Menge Einheit	Kosten €	€/Einheit	%
200	**Vorbereitende Maßnahmen**				**100,0**
220	**Öffentliche Erschließung**	1.779,00 m² GF	7.336	**4,12**	100,0
	• Herstellen (Kosten: 100,0%) Hausanschluss Gas (1St)	1.779,00 m² GF	7.336	**4,12**	
300	**Bauwerk – Baukonstruktionen**				**100,0**
310	**Baugrube / Erdbau**	20,53 m³ BGI	10.369	**505,05**	2,4
	• Herstellen (Kosten: 100,0%) Aushub von Füllmaterial, entsorgen (12m³), Fundamentaushub (6m³), Rohrgrabenaushub (3m³), kapillarbrechende Kiesschicht (5m³)	20,53 m³ BGI	10.369	**505,05**	
320	**Gründung, Unterbau**	158,31 m² GRF	88.105	**556,54**	20,5
	• Abbrechen (Kosten: 13,4%) Abbruch von Stb-Bodenplatte, d=8-10cm (45m²) * Sandstein-Bodenplatten, lagern (41m²), Sandstein-Treppenanlage, lagern (10m), Zementestrich (40m²) * Bitumenabdichtungen, Fundamente freilegen (psch); Entsorgung, Deponiegebühren	44,59 m² GRF	11.817	**265,01**	
	• Wiederherstellen (Kosten: 1,8%) Betonplatten aufnehmen, schadhafte austauschen (2m²), Basaltpflaster aufnehmen, neu verlegen (1m²)	2,53 m² GRF	1.588	**627,53**	
	• Herstellen (Kosten: 84,8%) Stb-Bodenplatte, d=13cm (33m²) * XPS-Dämmung, d=30mm (135m²), Heizestrich, d=55mm, Sandstein Bodenplatten (155m²), Sandstein Blockstufen (10m) * Betondränsteine (5m²)	155,78 m² GRF	74.701	**479,53**	
330	**Außenwände/Vert. Baukonstrukt., außen**	404,20 m² AWF	82.874	**205,03**	19,3
	• Abbrechen (Kosten: 11,0%) Abbruch von Fensterklappen in Bleiverglasungen (3St), entfernen von schadhaftem Laibungsputz (6St) * schadhaftem Kalkzementputz (71m²), Dispersionsbeschichtung abbeizen (336m²) * Eingangspodest (psch); Entsorgung, Deponiegebühren	407,47 m² AWF	9.085	**22,30**	
	• Wiederherstellen (Kosten: 6,4%) Bleiverglasungen aufarbeiten (51m), Fensterklappe umrüsten, Motorantrieb (1St), Haupteingang, Holzrahmen erneuern, Holztür beidseitig aufarbeiten, beschichten (3m²)	–	5.325	**–**	
	• Herstellen (Kosten: 82,6%) Windfang, Alu-Türelemente (6m²), Fensterklappen in Bleiverglasungen, Motorantrieb (3St) * Oberputz (71m²), Emulsionsbeschichtung (404m²) * Vordach, Flachstahlkonstruktion, Beschichtung, Gitterrost (psch), Rampe (1m²)	404,20 m² AWF	68.464	**169,38**	

Modernisierung

KG	Kostengruppe	Menge Einheit	Kosten €	€/Einheit	%
340	**Innenwände/Vert. Baukonstrukt., innen**	29,11 m² IWF	7.461	**256,32**	1,7
	• Abbrechen (Kosten: 14,8%) Abbruch von schadhaftem Kalkzementputz (12m²), Dispersionsbeschichtung abbeizen (40m²); Entsorgung, Deponiegebühren	25,91 m² IWF	1.102	**42,53**	
	• Wiederherstellen (Kosten: 19,1%) Empore abstützen, Holzsäulen kürzen, unterklotzen (psch)	–	1.424	–	
	• Herstellen (Kosten: 66,1%) Oberputz (12m²), Emulsionsbeschichtung (58m²)	29,11 m² IWF	4.936	**169,55**	
350	**Decken/Horizontale Baukonstruktionen**	91,86 m² DEF	53.687	**584,45**	12,5
	• Abbrechen (Kosten: 3,0%) Abbruch von Stuckdeckenbeschichtung (127m²); Entsorgung, Deponiegebühren	126,75 m² DEF	1.588	**12,52**	
	• Wiederherstellen (Kosten: 35,7%) Holztreppe Empore, ausbessern (6h) * Boden ausbessern, beschichten (79m²) * Brüstungsgeländer Empore, Schlitze verschließen (40h), Holzflächen ablaugen, beschichten (131m²)	79,46 m² DEF	19.180	**241,38**	
	• Herstellen (Kosten: 61,3%) Holzdielenboden (4m²) * Emulsionsbeschichtung (60m²), Silikatbeschichtung (32m²) * Brüstungsgeländer, h=1,00m, Flachstahlrahmen, Füllstäbe Birkenholz (17St)	91,86 m² DEF	32.920	**358,37**	
360	**Dächer**	165,25 m² DAF	7.460	**45,14**	1,7
	• Wiederherstellen (Kosten: 1,4%) Dachluke Instandsetzen (1St)	–	101	–	
	• Herstellen (Kosten: 98,6%) Emulsionsbeschichtung (165m²)	165,25 m² DAF	7.358	**44,53**	
380	**Baukonstruktive Einbauten**	324,64 m² BGF	152.836	**470,79**	35,6
	• Abbrechen (Kosten: 2,0%) Abbruch von Altar, Taufbecken, transportieren, lagern (psch)	324,64 m² BGF	3.079	**9,48**	
	• Wiederherstellen (Kosten: 4,1%) Kirchenbänke, ablaugen, beschichten, aufstellen (35m²) * Seitenflächen der Orgel, ablaugen, beschichten (34m²)	324,64 m² BGF	6.293	**19,39**	
	• Herstellen (Kosten: 93,9%) Holzstühle (100St), Holzbänke (30St), Sitzreihen (2St), Sakristei-Einhausung, Holzrahmenkonstruktion, Dämmung, Holzbalkendecke, Türe (psch), Stuhllager-Einhausung, Schiebetüre (psch), Schrankanlage (psch), Einbauschrank (1St), Liederhalter (3St) * Altartisch (psch), Kanzelfuß (psch), Kanzeltreppe (psch), Flachstahl-Handlauf (psch), Buchablage (psch)	324,64 m² BGF	143.464	**441,92**	
390	**Sonst. Maßnahmen für Baukonstrukt.**	324,64 m² BGF	26.717	**82,30**	6,2
	• Herstellen (Kosten: 100,0%) Baustelleneinrichtung (psch), Baustellen-WC (2St) * Innen-Modulgerüst (psch), Fahrgerüst (1St) * Schutzabdeckungen (353m²), Folienabdeckungen (24m²)	324,64 m² BGF	26.717	**82,30**	

Modernisierung

KG	Kostengruppe	Menge Einheit	Kosten €	€/Einheit	%
400	**Bauwerk – Technische Anlagen**				**100,0**
410	**Abwasser-, Wasser-, Gasanlagen**	324,64 m² BGF	1.908	**5,88**	0,7
	• Herstellen (Kosten: 100,0%)	324,64 m² BGF	1.908	**5,88**	
	Stahlrohre DN25-40 (18m), Gaszähler (1St)				
420	**Wärmeversorgungsanlagen**	324,64 m² BGF	148.548	**457,58**	54,1
	• Herstellen (Kosten: 100,0%)	324,64 m² BGF	148.548	**457,58**	
	Gasbrennwertkessel 80kW (1St), Neutralisationseinrichtung (1St), Wasseraufbereitung (1St) * Stahlrohre DN12-54 (130m), Verbundrohre DN16-32 (72m), Verteiler (1St), Ausdehnungsgefäße (2St), Thermometer (10St) * Unterflur-Wärmestationen 19,6kW (2St), Verteiler (1St), Edelstahlrohre DN20 (80m), Fußbodenheizung, EPS-Dämmung, d=11mm (160m²), PE-X Rohre (1.600m), XPS-Dämmung, d=40mm (165m²), Heizkreisverteiler (4St), Fensterheizkörper, elektrisch (8St) * Edelstahl-Abgasanlage (11m)				
440	**Elektrische Anlagen**	324,64 m² BGF	108.073	**332,90**	39,3
	• Herstellen (Kosten: 100,0%)	324,64 m² BGF	108.073	**332,90**	
	Hauptverteiler (1St), Unterverteiler (1St), Schutzschalter (44St) * Mantelleitungen (1.320m), Erdkabel (130m), Schalter/Taster/Steckdosen (86St), Herdanschlussdosen (10St) * LED-Pendelleuchten (18St), LED-Leuchten (19St), Feuchtraum-Wannenleuchte (1St), LED-Lichtbänder (10m)				
450	**Kommunikationstechnische Anlagen**	324,64 m² BGF	16.017	**49,34**	5,8
	• Herstellen (Kosten: 100,0%)	324,64 m² BGF	16.017	**49,34**	
	Elektroakustische Anlage, Mikrofon, Verstärker, digitaler Mischer/Lautsprecher (1St), Mikrofonkabel (100m) * Installationskabel (50m), Datenkabel Cat6 (36m)				
470	**Nutzungsspez. u. verfahrenstechn. Anl.**	324,64 m² BGF	201	**0,62**	< 0,1
	• Herstellen (Kosten: 100,0%)	324,64 m² BGF	201	**0,62**	
	Feuerlöscher (1St)				
600	**Ausstattung und Kunstwerke**				**100,0**
610	**Allgemeine Ausstattung**	324,64 m² BGF	2.958	**9,11**	4,3
	• Herstellen (Kosten: 100,0%)	324,64 m² BGF	2.958	**9,11**	
	Mobiler Gesangbuchschrank (1St), Bilderschienen (12m)				
620	**Besondere Ausstattung**	324,64 m² BGF	65.937	**203,11**	95,7
	• Wiederherstellen (Kosten: 100,0%)	324,64 m² BGF	65.937	**203,11**	
	Sicherungs- und Sanierungsmaßnahmen des Orgelwerkes, Wiederaufbau (psch)				

Kostenkennwerte für die Kostengruppen 300 der 2. und 3.Ebene DIN 276 (Übersicht)

KG	Kostengruppe	Menge Einheit	€/Einheit	Kosten €	% an 3+4
300	**Bauwerk – Baukonstruktionen**	**324,64 m² BGF**	**1.323,03**	**429.509,85**	**61,0**
310	**Baugrube / Erdbau**	**20,53 m³ BGI**	**505,05**	**10.368,69**	**1,5**
311	Herstellung	20,53 m³ BGI	505,05	10.368,69	1,5
312	Umschließung	–	–	–	–
313	Wasserhaltung	–	–	–	–
314	Vortrieb	–	–	–	–
319	Sonstiges zur KG 310	–	–	–	–
320	**Gründung, Unterbau**	**158,31 m² GRF**	**556,54**	**88.105,47**	**12,5**
321	Baugrundverbesserung	–	–	–	–
322	Flachgründungen und Bodenplatten	33,46 m²	208,97	6.992,11	1,0
323	Tiefgründungen	–	–	–	–
324	Gründungsbeläge	158,31 m²	504,21	79.821,29	11,3
325	Abdichtungen und Bekleidungen	4,62 m²	279,67	1.292,06	0,2
326	Dränagen	–	–	–	–
329	Sonstiges zur KG 320	–	–	–	–
330	**Außenwände/Vert. Baukonstrukt., außen**	**404,20 m² AWF**	**205,03**	**82.873,94**	**11,8**
331	Tragende Außenwände	–	–	–	–
332	Nichttragende Außenwände	–	–	–	–
333	Außenstützen	–	–	–	–
334	Außenwandöffnungen	–	–	35.853,35	5,1
335	Außenwandbekleidungen, außen	–	–	–	–
336	Außenwandbekleidungen, innen	404,20 m²	99,08	40.046,27	5,7
337	Element. Außenwandkonstruktionen	–	–	–	–
338	Lichtschutz zur KG 330	–	–	–	–
339	Sonstiges zur KG 330	404,20 m² AWF	17,25	6.974,29	1,0
340	**Innenwände/Vert. Baukonstrukt., innen**	**29,11 m² IWF**	**256,32**	**7.461,45**	**1,1**
341	Tragende Innenwände	–	–	–	–
342	Nichttragende Innenwände	–	–	–	–
343	Innenstützen	–	–	1.423,98	0,2
344	Innenwandöffnungen	–	–	–	–
345	Innenwandbekleidungen	58,21 m²	103,72	6.037,47	0,9
346	Elementierte Innenwandkonstruktionen	–	–	–	–
347	Lichtschutz zur KG 340	–	–	–	–
349	Sonstiges zur KG 340	–	–	–	–
350	**Decken/Horizontale Baukonstruktionen**	**91,86 m² DEF**	**584,45**	**53.687,27**	**7,6**
351	Deckenkonstruktionen	–	–	485,56	< 0,1
352	Deckenöffnungen	–	–	–	–
353	Deckenbeläge	83,11 m²	48,39	4.022,08	0,6
354	Deckenbekleidungen	91,86 m²	145,98	13.409,77	1,9
355	Elementierte Deckenkonstruktionen	–	–	–	–
359	Sonstiges zur KG 350	91,86 m² DEF	389,40	35.769,85	5,1
360	**Dächer**	**165,25 m² DAF**	**45,14**	**7.459,51**	**1,1**
361	Dachkonstruktionen	–	–	–	–
362	Dachöffnungen	–	–	101,18	< 0,1
363	Dachbeläge	–	–	–	–
364	Dachbekleidungen	165,25 m²	44,53	7.358,35	1,0
365	Elementierte Dachkonstruktionen	–	–	–	–
366	Lichtschutz zur KG 360	–	–	–	–
369	Sonstiges zur KG 360	–	–	–	–
370	**Infrastrukturanlagen**	**–**	**–**	**–**	**–**
380	**Baukonstruktive Einbauten**	**324,64 m² BGF**	**470,79**	**152.836,49**	**21,7**
390	**Sonst. Maßnahmen für Baukonstrukt.**	**324,64 m² BGF**	**82,30**	**26.717,05**	**3,8**

Kostenkennwerte für die Kostengruppen 400 der 2. und 3.Ebene DIN 276 (Übersicht)

KG	Kostengruppe	Menge Einheit	€/Einheit	Kosten €	% an 3+4
400	**Bauwerk – Technische Anlagen**	**324,64 m² BGF**	**846,31**	**274.746,49**	**39,0**
410	**Abwasser-, Wasser-, Gasanlagen**	**324,64 m² BGF**	**5,88**	**1.908,41**	**0,3**
411	Abwasseranlagen	–	–	–	–
412	Wasseranlagen	–	–	–	–
413	Gasanlagen	324,64 m² BGF	5,88	1.908,41	0,3
419	Sonstiges zur KG 410	–	–	–	–
420	**Wärmeversorgungsanlagen**	**324,64 m² BGF**	**457,58**	**148.547,66**	**21,1**
421	Wärmeerzeugungsanlagen	324,64 m² BGF	56,76	18.427,78	2,6
422	Wärmeverteilnetze	324,64 m² BGF	153,59	49.861,34	7,1
423	Raumheizflächen	324,64 m² BGF	235,06	76.309,04	10,8
424	Verkehrsheizflächen	–	–	–	–
429	Sonstiges zur KG 420	324,64 m² BGF	12,17	3.949,48	0,6
430	**Raumlufttechnische Anlagen**	**–**	**–**	**–**	**–**
431	Lüftungsanlagen	–	–	–	–
432	Teilklimaanlagen	–	–	–	–
433	Klimaanlagen	–	–	–	–
434	Kälteanlagen	–	–	–	–
439	Sonstiges zur KG 430	–	–	–	–
440	**Elektrische Anlagen**	**324,64 m² BGF**	**332,90**	**108.072,65**	**15,3**
441	Hoch- und Mittelspannungsanlagen	–	–	–	–
442	Eigenstromversorgungsanlagen	–	–	–	–
443	Niederspannungsschaltanlagen	324,64 m² BGF	44,27	14.371,52	2,0
444	Niederspannungsinstallationsanlagen	324,64 m² BGF	185,30	60.155,58	8,5
445	Beleuchtungsanlagen	324,64 m² BGF	103,33	33.545,55	4,8
446	Blitzschutz- und Erdungsanlagen	–	–	–	–
447	Fahrleitungssysteme	–	–	–	–
449	Sonstiges zur KG 440	–	–	–	–
450	**Kommunikationstechnische Anlagen**	**324,64 m² BGF**	**49,34**	**16.017,06**	**2,3**
451	Telekommunikationsanlagen	–	–	–	–
452	Such- und Signalanlagen	–	–	–	–
453	Zeitdienstanlagen	–	–	–	–
454	Elektroakustische Anlagen	324,64 m² BGF	47,95	15.568,09	2,2
455	Audiovisuelle Medien- u. Antennenanl.	–	–	–	–
456	Gefahrenmelde- und Alarmanlagen	–	–	–	–
457	Datenübertragungsnetze	324,64 m² BGF	1,38	448,95	< 0,1
458	Verkehrsbeeinflussungsanlagen	–	–	–	–
459	Sonstiges zur KG 450	–	–	–	–
460	**Förderanlagen**	**–**	**–**	**–**	**–**
461	Aufzugsanlagen	–	–	–	–
462	Fahrtreppen, Fahrsteige	–	–	–	–
463	Befahranlagen	–	–	–	–
464	Transportanlagen	–	–	–	–
465	Krananlagen	–	–	–	–
466	Hydraulikanlagen	–	–	–	–
469	Sonstiges zur KG 460	–	–	–	–
470	**Nutzungsspez. u. verfahrenstechn. Anl.**	**324,64 m² BGF**	**0,62**	**200,72**	**< 0,1**
480	**Gebäude- und Anlagenautomation**	**–**	**–**	**–**	**–**
490	**Sonst. Maßnahmen für techn. Anlagen**	**–**	**–**	**–**	**–**

Kostenkennwerte für Leistungsbereiche nach STLB (Kosten des Bauwerks nach DIN 276)

LB	Leistungsbereiche	Kosten €	€/m² BGF	€/m³ BRI	% an 3+4
000	Sicherheits-, Baustelleneinrichtungen inkl. 001	22.892	70,50	7,20	3,3
002	Erdarbeiten	11.244	34,60	3,50	1,6
006	Spezialtiefbauarbeiten inkl. 005	–	–	–	–
009	Entwässerungskanalarbeiten inkl. 011	–	–	–	–
010	Drän- und Versickerarbeiten	–	–	–	–
012	Mauerarbeiten	5.063	15,60	1,60	0,7
013	Betonarbeiten	3.890	12,00	1,20	0,6
014	Natur-, Betonwerksteinarbeiten	1.588	4,90	0,50	0,2
	Wiederherstellen	1.588	4,90	0,50	0,2
016	Zimmer- und Holzbauarbeiten	106.114	326,90	33,50	15,1
	Wiederherstellen	9.142	28,20	2,90	1,3
	Herstellen	96.972	298,70	30,60	13,8
017	Stahlbauarbeiten	5.333	16,40	1,70	0,8
018	Abdichtungsarbeiten	82	0,25	0,03	< 0,1
019	Kampfmittelräumarbeiten	–	–	–	–
020	Dachdeckungsarbeiten	–	–	–	–
021	Dachabdichtungsarbeiten	–	–	–	–
022	Klempnerarbeiten	4.087	12,60	1,30	0,6
	Rohbau	**160.292**	**493,80**	**50,50**	**22,8**
	Wiederherstellen	10.730	33,10	3,40	1,5
	Herstellen	149.562	460,70	47,20	21,2
023	Putz- und Stuckarbeiten, Wärmedämmsysteme	24.956	76,90	7,90	3,5
024	Fliesen- und Plattenarbeiten	56.892	175,20	17,90	8,1
025	Estricharbeiten	10.218	31,50	3,20	1,5
026	Fenster, Außentüren inkl. 029, 032	13.309	41,00	4,20	1,9
	Wiederherstellen	2.636	8,10	0,83	0,4
	Herstellen	10.673	32,90	3,40	1,5
027	Tischlerarbeiten	87.865	270,70	27,70	12,5
028	Parkettarbeiten, Holzpflasterarbeiten	–	–	–	–
030	Rollladenarbeiten	–	–	–	–
031	Metallbauarbeiten inkl. 035	592	1,80	0,19	< 0,1
034	Maler- und Lackiererarbeiten inkl. 037	47.901	147,60	15,10	6,8
	Wiederherstellen	20.545	63,30	6,50	2,9
	Herstellen	27.356	84,30	8,60	3,9
036	Bodenbelagarbeiten	–	–	–	–
038	Vorgehängte hinterlüftete Fassaden	–	–	–	–
039	Trockenbauarbeiten	–	–	–	–
	Ausbau	**241.733**	**744,60**	**76,20**	**34,3**
	Wiederherstellen	23.181	71,40	7,30	3,3
	Herstellen	218.552	673,20	68,90	31,0
040	Wärmeversorgungsanl. - Betriebseinr. inkl. 041	142.338	438,40	44,90	20,2
042	Gas- und Wasserinstallation, Leitungen inkl. 043	1.908	5,90	0,60	0,3
044	Abwasseranlagen - Leitungen	–	–	–	–
045	GWE-Einrichtungsgegenstände inkl. 046	–	–	–	–
047	Dämmarbeiten an betriebstechnischen Anlagen	2.940	9,10	0,93	0,4
049	Feuerlöschanlagen, Feuerlöschgeräte	201	0,62	0,06	< 0,1
050	Blitzschutz- und Erdungsanlagen	–	–	–	–
053	Niederspannungsanlagen inkl. 052, 054	74.768	230,30	23,60	10,6
055	Sicherheits- u. Ersatzstromversorgungsanl.	–	–	–	–
057	Gebäudesystemtechnik	–	–	–	–

LB	Leistungsbereiche	Kosten €	€/m² BGF	€/m³ BRI	% an 3+4
058	Leuchten und Lampen inkl. 059	33.546	103,30	10,60	4,8
060	Sprechanlagen, elektroakust. Anlagen inkl. 064	14.894	45,90	4,70	2,1
061	Kommunikationsnetze inkl. 063	883	2,70	0,28	0,1
069	Aufzüge	–	–	–	–
070	Gebäudeautomation	–	–	–	–
075	Raumlufttechnische Anlagen inkl. 078	–	–	–	–
	Gebäudetechnik	**271.476**	**836,20**	**85,60**	**38,5**
084	Abbruch, Rückbau, Schadstoffsanierung	26.670	82,20	8,40	3,8
	Abbrechen	26.670	82,20	8,40	3,8
	Abbrucharbeiten	**26.670**	**82,20**	**8,40**	**3,8**
	Abbrechen	26.670	82,20	8,40	3,8
	Sonstige Leistungsbereiche	**4.085**	**12,60**	**1,30**	**0,6**

9100-0189
Veranstaltungssaal
(110 Sitzplätze)

Modernisierung

Objektübersicht

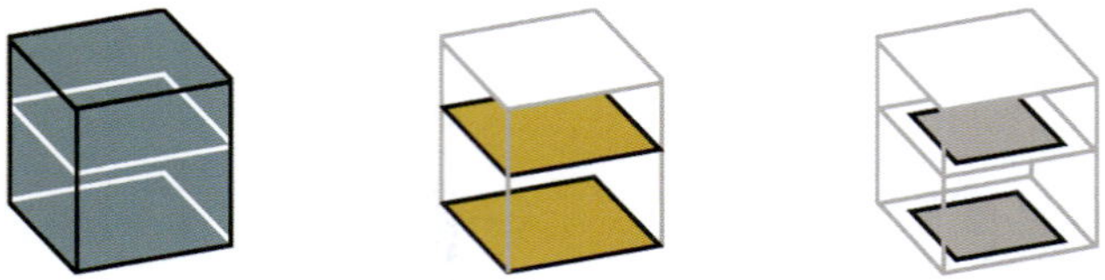

BRI 1.190 €/m³ **BGF** 9.315 €/m² **NUF** 12.142 €/m²

Objekt:
Kennwerte: 1.Ebene DIN 276
BRI: 1.686 m³
BGF: 2[illegible]5 m²
NUF: 165 m²
Bauzeit: 39 Wochen
Bauende: 2019
Standard: über Durchschnitt
Bundesland: Schleswig-Holstein
Kreis: Lübeck, Stadt

Architekt*in:
Heske Hochgürtel Lohse
Architekten PartGmbB
Fünfhausen 1
23552 Lübeck

Bauherr*in:
Hansestadt Lübeck
23552 Lübeck

Planung Sonstiges:
Planung Akustik:
Müller-BBM GmbH
Helmut-A.-Müller-Str. 1-5
82152 Planegg/München

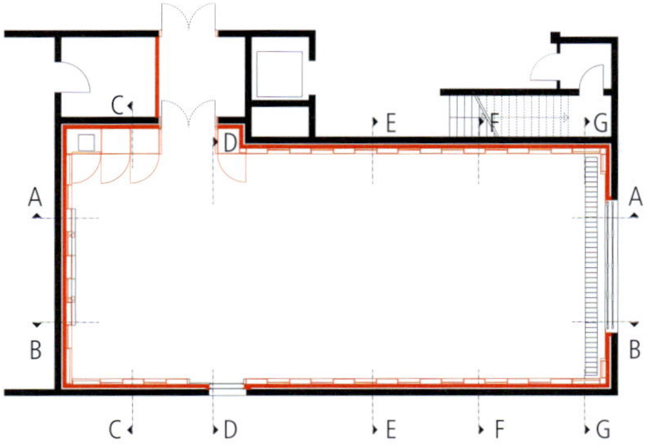

Grundriss

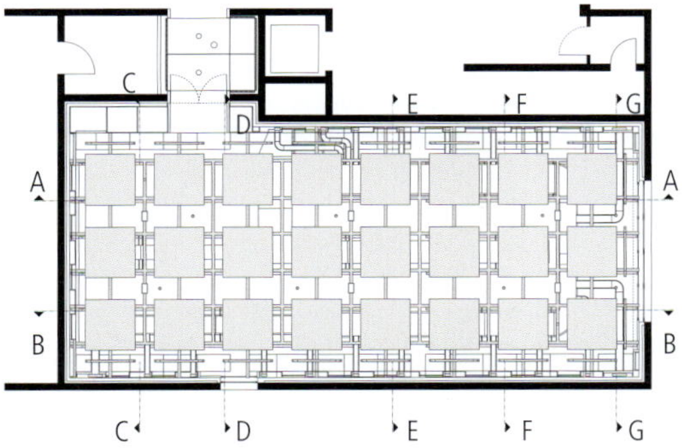

Deckenspiegel

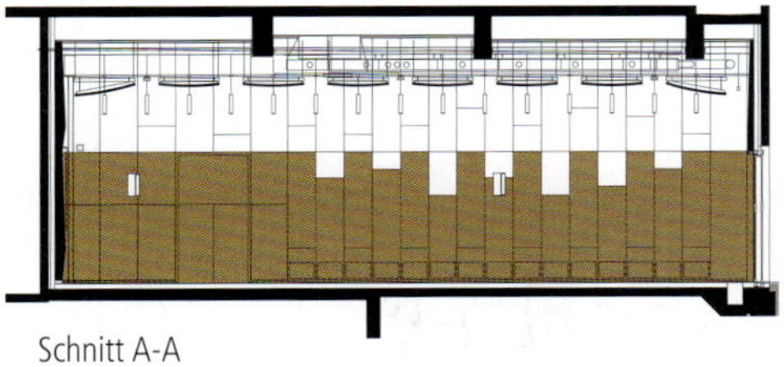
Schnitt A-A

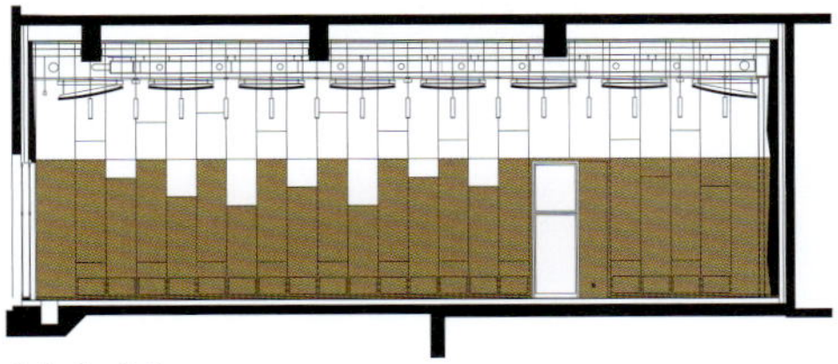
Schnitt B-B

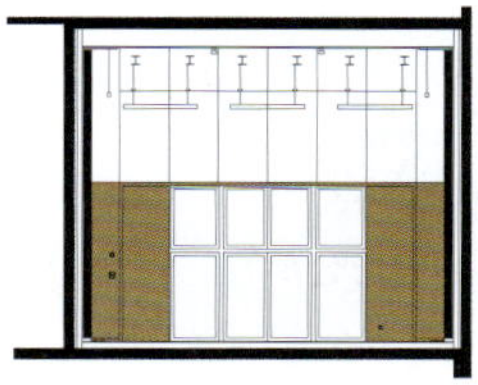
Schnitt C-C

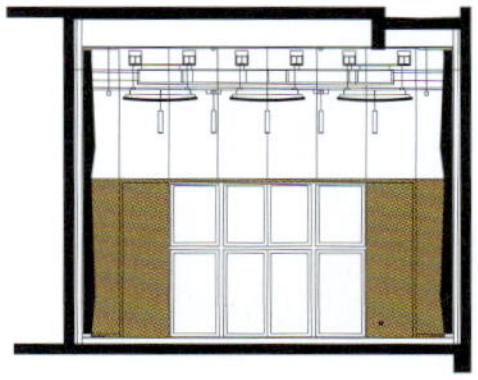
Schnitt D-D

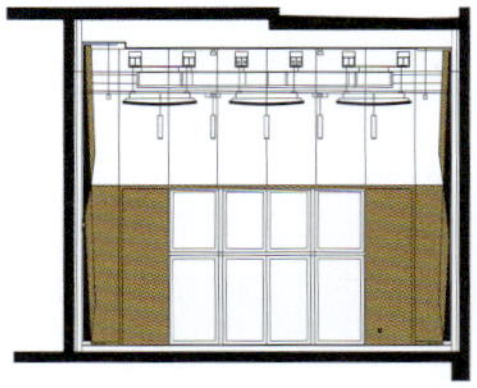
Schnitt E-E

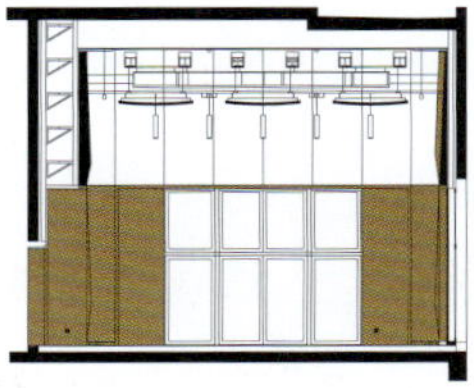
Schnitt F-F

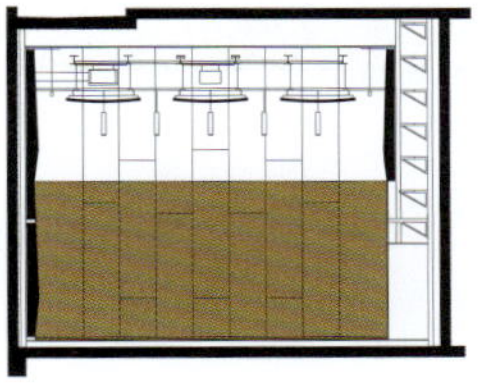
Schnitt G-G

Modernisierung

Objektbeschreibung

Allgemeine Objektinformationen

In der 1992-94 errichteten Musik- und Kongresshalle befindet sich der Orchesterprobensaal, der dem Philharmonischen Orchester bisher als Probenraum diente. Die vollständige Erneuerung der technischen Ausstattung sowie seiner außergewöhnlichen Innenraumgestaltung ließ ihn zum Kleinen Saal aufsteigen. Der gestalterisch und funktional in zwei Ebenen geteilte Raum gewährleistet mittels der geneigten, diffus schallreflektierenden Holzelemente im unteren Bereich und der resonanzabsorbierenden Wandbekleidung im oberen Raumteil eine perfekt abgestimmte Schallentwicklung für die Musiker.

Nutzung

1 Erdgeschoss
Orchesterproben- und Veranstaltungssaal, Vorraum

Nutzeinheiten

Sitzplätze: 110

Grundstück

Bauraum: Freier Bauraum

Markt

Hauptvergabezeit: 4.Quartal 2018
Baubeginn: 4.Quartal 2018
Bauende: 3.Quartal 2019
Konjunkturelle Gesamtlage: über Durchschnitt
Regionaler Baumarkt: über Durchschnitt

Baubestand

Baujahr: 1994
Bauzustand: mittel
Aufwand: hoch
Grundrissänderungen: keine
Tragwerkseingriffe: keine
Nutzungsänderung: nein
Nutzung während der Bauzeit: nein

Baukonstruktion

Der bestehende Probenraum wurde zunächst vollständig entkernt. Das bestehende Raum-in-Raum Prinzip mit vor den Beton gemauerter Kalksandstein-Vorsatzschale wurde erhalten. Im Bereich der Akustik erhielt er eine offene Decke zur Vergrößerung des Raumvolumens. Akustikelemente in Form von rasterförmig angeordneten Deckensegeln wurden in Trockenbauweise eingebaut. Zudem haben die Fenster Akustikvorhänge und -rollos erhalten. Die neuen Wandelemente sind in präziser Handwerkskunst in Holzbauweise hergestellt worden. Um die Anforderungen der Versammlungsstättenverordnung zu erfüllen, erfolgten Eingriffe in die Fassade. Die Fluchttüren wurden in Aluminium ausgeführt. Der Fußboden ist mit Stäbchenparkett belegt.

Technische Anlagen

Der bestehende Heizkreisverteiler wurde komplett zur Kühlung des Raumes umgerüstet. Die Beheizung erfolgt ausschließlich über die Lüftungsanlage. Ergänzend zur akustischen Funktionalität der Wandelemente sind diese ein wesentlicher Bestandteil des neuen Kühlungs- und Lüftungskonzeptes. Sie beherbergen sowohl die von der Decke hinabgeführten Lüftungskanäle als auch eine rückseitige Kälteaktivierung mittels Kapillarkühlmatten. Für die Beleuchtung des Raumes wurden Langfeld- und Pendelleuchten gewählt. Lüftung und Beleuchtung sind digital steuerbar. Im Zuge der Renovierungsarbeiten wurde der Raum mit einer neuen Sicherheitstechnik ausgestattet.

Planungskennwerte für Flächen und Rauminhalte nach DIN 277

Flächen des Grundstücks		Menge Einheit	% an GF
BF	Bebaute Fläche	–	–
UF	Unbebaute Fläche	–	–
GF	Grundstücksfläche	–	–

Grundflächen des Bauwerks		Menge Einheit	% an NUF	% an BGF
NUF	Nutzungsfläche	165,30 m²	100,0	76,7
TF	Technikfläche	–	–	–
VF	Verkehrsfläche	9,80 m²	5,9	4,5
NRF	Netto-Raumfläche	175,10 m²	105,9	81,3
KGF	Konstruktions-Grundfläche	40,37 m²	24,4	18,7
BGF	Brutto-Grundfläche	215,47 m²	130,4	100,0

Brutto-Rauminhalt des Bauwerks		Menge Einheit	BRI/NUF (m)	BRI/BGF (m)
BRI	Brutto-Rauminhalt	1.686,14 m³	10,20	7,83

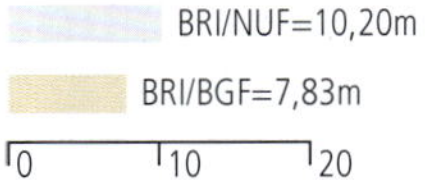

9100-0189
Veranstaltungssaal
(110 Sitzplätze)

Modernisierung

Kostenkennwerte für die Kostengruppen der 1. Ebene DIN 276

KG	Kostengruppen (1. Ebene)	Einheit	Kosten €	€/Einheit	€/m² BGF	€/m³ BRI	% 300+400
100	Grundstück	m² GF	–	–	–	–	–
200	Vorbereitende Maßnahmen	m² GF	–	–	–	–	–
300	Bauwerk – Baukonstruktionen	m² BGF	973.328	4.517,23	4.517,23	577,25	48,5
400	Bauwerk – Technische Anlagen	m² BGF	1.033.774	4.797,76	4.797,76	613,10	51,5
	Bauwerk 300+400	**m² BGF**	**2.007.102**	**9.315,00**	**9.315,00**	**1.190,35**	**100,0**
500	Außenanlagen und Freiflächen	m² AF	–	–	–	–	–
600	Ausstattung und Kunstwerke	m² BGF	–	–	–	–	–
700	Baunebenkosten	m² BGF	–	–	–	–	–
800	Finanzierung	m² BGF	–	–	–	–	–

KG	Kostengruppe	Menge Einheit	Kosten €	€/Einheit	%
3+4	**Bauwerk**				**100,0**
300	**Bauwerk – Baukonstruktionen**	215,47 m² BGF	973.328	**4.517,23**	48,5

- Abbrechen
  Abbruch von Bodenbelägen, Estrich; Wandbekleidung; abgehängten Decken; Einbauschränken; Entsorgung, Deponiegebühren

- Herstellen
  Estrich, Stäbchen-Parkett; akustische Wandbekleidung mit raumhohen Holzelementen, Alu-Fluchttüranlage, Akustikvorhänge und -rollos; Akustik-Deckensegel in Trockenbauweise mit Stahl-Unterkonstruktion; Einbauschränke

KG	Kostengruppe	Menge Einheit	Kosten €	€/Einheit	%
400	**Bauwerk – Technische Anlagen**	215,47 m² BGF	1.033.774	**4.797,76**	51,5

- Abbrechen
  Abbruch von Heizkörpern; Lüftungskanälen; Elektroinstallation, Beleuchtung; Entsorgung, Deponiegebühren

- Wiederherstellen
  Anschluss an die Bestandsleitung unter Verwendung der alten Heizkreisverteiler für die Kühlung

- Herstellen
  Lüftungs- und Kühlungsanlage integriert in Wandbekleidung; Lüftungsanlage im Deckenbereich mit digitaler Steuerung; Elektroinstallation, Beleuchtung mit Langfeld- und Pendelleuchten mit digitaler Steuerung; Beschallungsanlage

9100-0147
Schloss

Instandsetzung

Objektübersicht

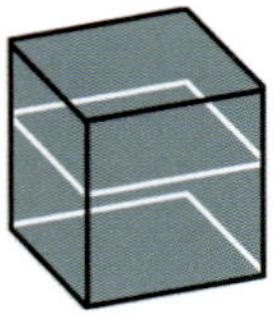
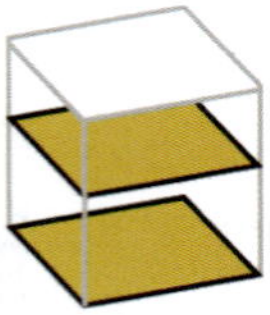
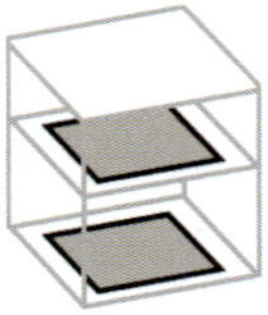

BRI 579 €/m³ | BGF 2.396 €/m² | NUF 3.960 €/m²

Objekt:
Kennwerte: 3.Ebene DIN 276
BRI: 4.647 m³
BGF: 1.122 m²
NUF: 679 m²
Bauzeit: 135 Wochen
Bauende: 2014
Standard: über Durchschnitt
Bundesland: Niedersachsen
Kreis: Verden

Architekt*in:
pmp Projekt GmbH
Max-Brauer-Allee 79
22765 Hamburg

Bauherr*in:
Samtgemeinde
Thedinghausen

vorher

nachher

Schnitt A-A

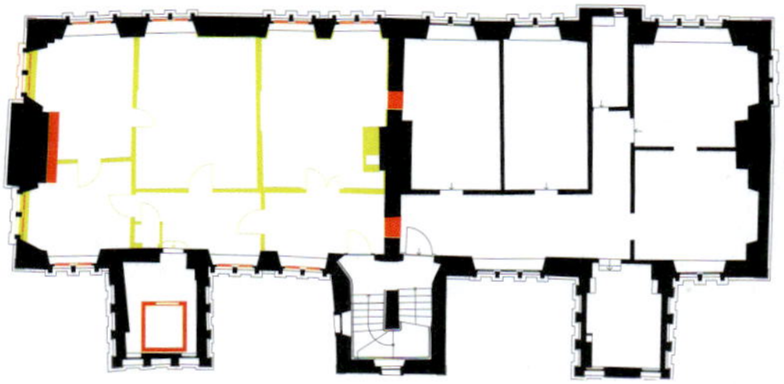

Obergeschoss

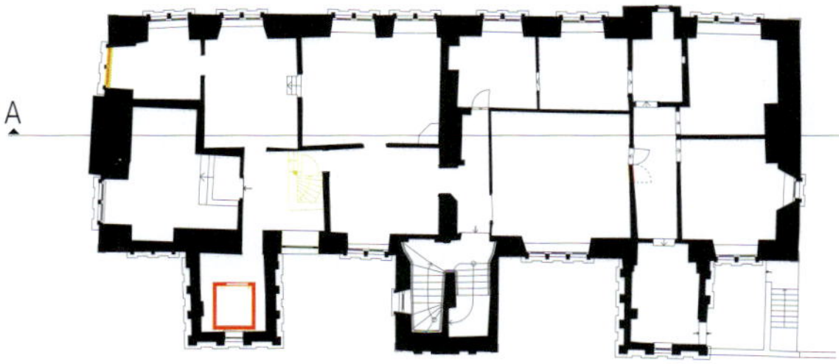

Erdgeschoss

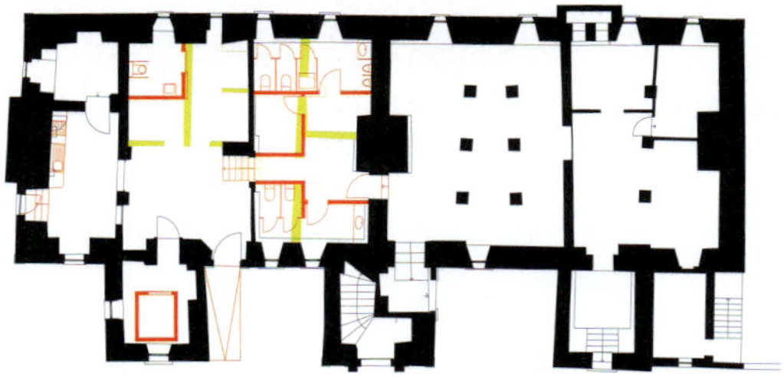

Untergeschoss

Objektbeschreibung

Allgemeine Objektinformationen

Das Schloss gehört zu einer Reihe bedeutender zwischen 1520 und 1640 entstandener Bauten der Weserrenaissance. Ein durch spätere Umbauten verborgener Festsaal im Obergeschoss wurde wiederhergestellt und wird heute für Veranstaltungen genutzt. Garderobe, Empfang und Sanitärräume befinden sich im Kellergeschoss.

Nutzung

1 Untergeschoss
Empfang/Garderobe, Touristinformation, Küche, WCs, Keller

1 Erdgeschoss
Empfang/Garderobe, Behördenzimmer, Wohnung

1 Obergeschoss
Festsaal, Wohnung

1 Dachgeschoss
Dachraum

Nutzeinheiten

Arbeitsplätze: 3
Bürofläche: 61 m²
Sitzplätze: 100
Versammlungsraumfläche: 120 m²
Wohneinheiten: 2
Wohnfläche: 247 m²

Grundstück

Bauraum: Freier Bauraum
Neigung: Ebenes Gelände
Bodenklasse: BK 2 bis BK 4

Markt

Hauptvergabezeit: 4. Quartal 2011
Baubeginn: 1. Quartal 2012
Bauende: 3. Quartal 2014
Konjunkturelle Gesamtlage: Durchschnitt
Regionaler Baumarkt: unter Durchschnitt

Baubestand

Baujahr: 1620
Bauzustand: schlecht
Aufwand: hoch
Grundrissänderungen: einige
Tragwerkseingriffe: umfangreiche
Nutzungsänderung: ja
Nutzung während der Bauzeit: ja

Baukonstruktion

Der zweigeschossige historische Bau aus roten Ziegelsteinen mit weißer Kalkmörtelfuge ist unterkellert. Aufwendige Reparaturen der bauzeitlichen Dachkonstruktion sowie der hölzernen Deckenkonstruktionen waren erforderlich. Das Dach erhielt eine neue Schiefereindeckung. Im Festsaal wurden die Malereien auf Deckenbalken und Wänden freigelegt und retuschiert. Die geschnitzten Fensterstöcke und der Fliesenboden wurden nach bauhistorischen Befunden rekonstruiert. Die Decke über dem Obergeschoss wurde als Holzbetonverbunddecke ertüchtigt. Mehrere zugesetzte bauzeitliche Fenster wurden wieder geöffnet. Außerdem ist die Innentreppe zum Kellergeschoss ausgebaut worden. Es wurden umfangreiche Tragwerkseingriffe im Kellergeschoss durchgeführt.

Technische Anlagen

Das Gebäude wurde mit einer Gas-Brennwerttherme mit Warmwasserspeicher ausgestattet. Die Beheizung des Festsaals erfolgt über eine Fußbodenheizung, alle anderen Bereichen werden mit Heizkörpern versorgt. Im Kellergeschoss und im Festsaal ist zusätzlich die Elektroinstallation erneuert worden. Der östliche Standerker erhielt einen Brandfallaufzug mit Rauchverdrängungsanlage.

Sonstiges

Die Arbeiten am Sichtmauerwerk waren geringfügig, da die Fassaden früher bereits gründlich saniert wurden. Das Dach wurde komplett saniert, in den Stockwerken jedoch nur eine Haushälfte.

Planungskennwerte für Flächen und Rauminhalte nach DIN 277

Flächen des Grundstücks		Menge Einheit	% an GF
BF	Bebaute Fläche	–	–
UF	Unbebaute Fläche	–	–
GF	Grundstücksfläche	–	–

Grundflächen des Bauwerks		Menge Einheit	% an NUF	% an BGF
NUF	Nutzungsfläche	678,79 m²	100,0	60,5
TF	Technikfläche	9,72 m²	1,4	0,9
VF	Verkehrsfläche	78,42 m²	11,6	7,0
NRF	Netto-Raumfläche	766,93 m²	113,0	68,4
KGF	Konstruktions-Grundfläche	355,07 m²	52,3	31,6
BGF	Brutto-Grundfläche	1.122,00 m²	165,3	100,0

Brutto-Rauminhalt des Bauwerks		Menge Einheit	BRI/NUF (m)	BRI/BGF (m)
BRI	Brutto-Rauminhalt	4.646,63 m³	6,85	4,14

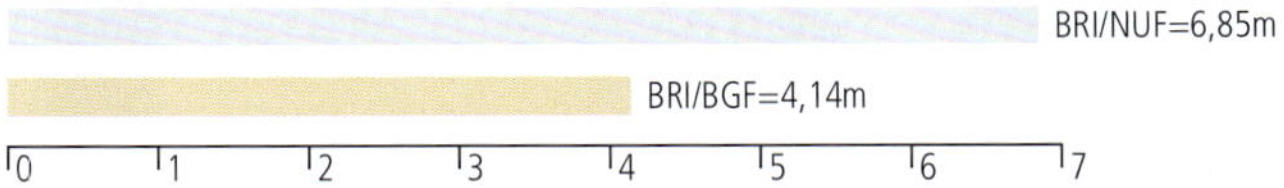

Lufttechnisch behandelte Flächen	Menge Einheit	% an NUF	% an BGF
Entlüftete Fläche	–	–	–
Be- und entlüftete Fläche	–	–	–
Teilklimatisierte Fläche	–	–	–
Klimatisierte Fläche	–	–	–

KG	Kostengruppen (2. Ebene)	Menge Einheit	Menge/NUF	Menge/BGF
310	Baugrube / Erdbau	198,44 m³ BGI	0,29	0,18
320	Gründung, Unterbau	123,76 m² GRF	0,18	0,11
330	Außenwände/Vertikale Baukonstruktionen, außen	964,90 m² AWF	1,42	0,86
340	Innenwände/Vertikale Baukonstruktionen, innen	292,98 m² IWF	0,43	0,26
350	Decken/Horizontale Baukonstruktionen	462,79 m² DEF	0,68	0,41
360	Dächer	618,62 m² DAF	0,91	0,55

Instandsetzung

Kostenkennwerte für die Kostengruppen der 1. Ebene DIN 276

KG	Kostengruppen (1. Ebene)	Einheit	Kosten €	€/Einheit	€/m² BGF	€/m³ BRI	% 300+400
100	Grundstück	m² GF	–	–	–	–	–
200	Vorbereitende Maßnahmen	m² GF	–	–	–	–	–
300	Bauwerk – Baukonstruktionen	m² BGF	2.187.159	1.949,34	1.949,34	470,70	81,4
400	Bauwerk – Technische Anlagen	m² BGF	500.984	446,51	446,51	107,82	18,6
	Bauwerk 300+400	**m² BGF**	**2.688.143**	**2.395,85**	**2.395,85**	**578,51**	**100,0**
500	Außenanlagen und Freiflächen	m² AF	2.311	–	2,06	0,50	< 0,1
600	Ausstattung und Kunstwerke	m² BGF	270.245	240,86	240,86	58,16	10,1
700	Baunebenkosten	m² BGF	–	–	–	–	–
800	Finanzierung	m² BGF	–	–	–	–	–

KG	Kostengruppe	Menge Einheit	Kosten €	€/Einheit	%
3+4	**Bauwerk**				**100,0**
300	**Bauwerk – Baukonstruktionen**	1.122,00 m² BGF	2.187.159	**1.949,34**	81,4

- Abbrechen (Kosten: 7,2%) 157.525
  Abbruch von Betontreppe, Estrich, Bodenfliesen, Ziegelboden; Mauerwerk, Deckenbalkenauflagern, Fensterstürzen, Sturzbogen, Holzhoftür, Holzfenstern, Putz, Tapete, Wandfliesen, Holzbekleidungen; Fachwerkswänden, Holzständerwänden, Holzstützen, Türen, Holzverschlag; Holztreppe, Deckenbalken, Lehmstaken, Lehmdecken, Holzdielen, Linoleum, Teppich, abgehängten Decken; Balkenaufdopplungen, Ziegeldeckung, Dachentwässerung; Holzregal; Entsorgung, Deponiegebühren

- Wiederherstellen (Kosten: 11,3%) 246.870
  Mauerwerk instandsetzen, Traufgesimssteine versetzen, Bleiglasfenster austauschen, Haupteingangstür verlängern, Kellereingang umbauen, Bestandsputz sichern, ausbessern, Malereifassungen sichern, ergänzen, Wandpaneele reinigen; Deckenbalken reparieren, Deckenbalkenmalereien sichern, festigen und retuschieren; Traufbretter erneuern

- Herstellen (Kosten: 81,5%) 1.782.764
  Stb-Bodenplatte, Abdichtung, Estrich, Bodenfliesen; Renaissancefenster, Holzfenster, Putz, Dispersionsbeschichtung; Sturzträger, GK-Wände, Mauerwerk, Holztüren, Wandfliesen, WC-Trennwände; Holz-Beton-Verbunddecke, Holzbalkendecke, Holztreppe, Dämmung, historische Bodenfliesen, Nadelvlies, GK-Decken, Kreide-Leimfarbbeschichtung; Holzdachstuhl, Sparren-Aufschieblinge, Dachschalung, Schieferdeckung, Dachentwässerung; Küchenblock

KG	Kostengruppe	Menge Einheit	Kosten €	€/Einheit	%
400	**Bauwerk – Technische Anlagen**	1.122,00 m² BGF	500.984	**446,51**	18,6

- Abbrechen (Kosten: 1,8%) 9.136
  Abbruch von Sanitärobjekten; Heizungsrohren, Heizkörpern, Schornstein-Mauerwerk; Elektroinstallationen; Entsorgung, Deponiegebühren

- Wiederherstellen (Kosten: 0,4%) 1.761
  Leuchten reinigen, montieren

- Herstellen (Kosten: 97,8%) 490.087
  Gebäudeentwässerung, Hebeanlage, Kalt- und Warmwasserleitungen, Sanitärobjekte; Gas-Brennwerttherme, Heizungsrohre, Fußbodenheizung, Heizkörper; Rauchverdrängungsanlage; Elektroinstallation, Beleuchtung, Rettungszeichenleuchten, Blitzschutzanlage; Telefonanschluss, Datenverkabelung; Aufzug

KG	Kostengruppe	Menge Einheit	Kosten €	€/Einheit	%
500	**Außenanlagen und Freiflächen**	–	2.311	–	< 0,1
	• Abbrechen (Kosten: 100,0%) Abbruch von Natursteinplatten; Entsorgung, Deponiegebühren		2.311		
600	**Ausstattung und Kunstwerke**	1.122,00 m²BGF	270.245	**240,86**	10,1
	• Wiederherstellen (Kosten: 10,7%) Sandsteinkamin instandsetzen, konservieren, Beschädigungen rekonstruieren		28.944		
	• Herstellen (Kosten: 89,3%) Sanitärausstattung; Rekonstruktion nach bauzeitlichen Vorlagen von Fensterstöcken, Abhänglingen, Ölvergoldung, Sattelhölzern, Sandstein-Kaminkonsolen, Sandstein-Fensterstöcken; Raumschilder		241.301		

Instandsetzung

Kostenkennwerte für die Kostengruppen der 2.Ebene DIN 276

KG	Kostengruppe	Menge Einheit	Kosten €	€/Einheit	%
300	**Bauwerk – Baukonstruktionen**				**100,C**
310	**Baugrube / Erdbau**	198,44 m³BGI	72.637	**366,04**	3,3
	• Herstellen (Kosten: 100,0%) Bodenaushub im Gebäude, Handaushub, entsorgen (184m³), verfüllen, Liefermaterial (1m³), Rohrgrabenaushub (14m³), Transport Findlinge (9St)	198,44 m³BGI	72.637	**366,04**	
320	**Gründung, Unterbau**	123,76 m²GRF	82.338	**665,30**	3,8
	• Abbrechen (Kosten: 8,9%) Abbruch von Betontreppe (1m²) * Zementestrich, Wärmedämmschicht, Bodenfliesen (129m²), Ziegelboden (79m²); Entsorgung, Deponiegebühren	206,77 m²GRF	7.287	**35,24**	
	• Herstellen (Kosten: 91,1%) Kiesfilterschicht, d=10cm (128m²), Sauberkeitssicht, d=5cm (118m²), Stb-Bodenplatte, d=20cm, WU-Beton (107m²), Aufzugsfundament (15m²), Fundamentmauerwerk, Kanalklinker (3m³) * Bitumenabdichtung, XPS-Wärmedämmung, d=50mm (113m²), Zementestrich, d=45mm, Trittschalldämmung, d=50mm (107m²), Bodenfliesen (123m²)	123,76 m²GRF	75.051	**606,42**	
330	**Außenwände/Vert. Baukonstrukt., außen**	964,90 m²AWF	411.753	**426,73**	18,8
	• Abbrechen (Kosten: 6,9%) Abbruch von Ziegelmauerwerk (107m²), Deckenbalkenauflagern (52St), Stahl-Fensterstürzen (3St), Ausbauen und Lagern von Sturzbogen (1St), von Holzhoftür mit Blendrahmen (2m²) * Holzfenstern (30m²) * Kalkputz (244m²), Tapete (180m²), Wandfliesen (48m²); Entsorgung, Deponiegebühren, Ausbauen und Lagern von barocken Holzbekleidungen (21m²)	523,36 m²AWF	28.472	**54,40**	
	• Wiederherstellen (Kosten: 15,9%) Mauerwerk reinigen, Fugen erneuern (23m²), Risse schließen (58m), Mauerwerk auffräsen, Spiralanker einbauen (2m), Maueranker freilegen, instandsetzen (psch) * Traufgesimssteine versetzen, verankern (6m), Bleiglasfenster austauschen (8m²), Haupteingangstür verlängern, lackieren (2m²), Sandstein-Türschwelle tiefer setzen (1m²), Kellereingang umbauen (1St) * Bestandsputz sichern, Fehlstellen verschließen (51m²), Malereifassungen freilegen, festigen, ergänzen (16m²), Eichenholz-Wandpaneele reinigen (1m²)	79,14 m²AWF	65.631	**829,31**	
	• Herstellen (Kosten: 77,1%) Mauerwerksöffnungen schließen (93m²), Wandverankerungen für Stahlprofile (53St) * Renaissancefenster, rekonstruiert (39m²), Holzfenster (8m²), Kellertür (1St) * Mineraldämmung, d=100-120mm (86m²), Lehmputz (257m²), Kalkputz (342m²), Streichputz (37m²), Oberputz (74m²), Silikat-Dispersionsbeschichtung (602m²), Kalkanstrich (153m²), Lehmfarbe (84m²)	885,76 m²AWF	317.650	**358,62**	

KG	Kostengruppe	Menge Einheit	Kosten €	€/Einheit	%
340	**Innenwände/Vert. Baukonstrukt., innen**	292,98 m² IWF	208.344	**711,12**	9,5
	• Abbrechen (Kosten: 13,9%) Abbruch von Ziegelmauerwerk (131m²) * Fachwerkswänden (122m²), Holzständerwänden (15m²) * Holzstützen (6m) * Türen mit Futter (12m²), Ausbauen und Lagern von Türen mit Futter (21m²) * Tapete (111m²), Kalkputz (101m²), Eisennägeln (207St), Holzbretterverschläge (71m²); Entsorgung, Deponiegebühren	360,99 m² IWF	29.010	**80,36**	
	• Herstellen (Kosten: 86,1%) Mauerwerksöffnungen schließen (6m²), Sturzträger HEB120 (13m²) * GK-Metallständerwände, d=150mm, Mineralwolldämmung (71m²), Lehmstein-Mauerwerk (10m²) * Holztüren (29m²) * Kalkputz (121m²), Streichputz (111m²), Silikat-Dispersionsbeschichtung (250m²), Kalkanstrich (97m²), Wandfliesen (150m²), Wandspiegel (1m²) * WC-Trennwände (15m²)	292,99 m² IWF	179.333	**612,08**	
350	**Decken/Horizontale Baukonstruktionen**	462,79 m² DEF	815.922	**1.763,05**	37,3
	• Abbrechen (Kosten: 7,8%) Abbruch von Holz-Wangentreppe, Zwischenpodest, Geländer (15m²), Sattelhölzern (9m²), Deckenbalken (77m), Holzträgern (15m), Lehmstaken (141m²), Lehmdecke (12m²), Eisennägeln (745St) * Holzdielen, entsorgen (349m²), lagern (65m²), Spanplatten (12m²), Linoleum (38m²), Teppich (12m²) * Holzbalkendecken, abgehängt (163m²), GK-Decken, abgehängt, Putz (12m²); Entsorgung, Deponiegebühren	175,40 m² DEF	63.267	**360,70**	
	• Wiederherstellen (Kosten: 16,3%) Deckenbalken reinigen, Risse, Löcher schließen (33m²), Balkenkopfsanierung, fräsen, schlitzen, GFK-Profile einsetzen (37m) * Deckenbalkenmalereien reinigen, Übermalungen abnehmen, retuschieren, ergänzen (170m²), mit Japanpapier sichern (94m²)	169,90 m² DEF	132.857	**781,97**	
	• Herstellen (Kosten: 76,0%) Holz-Beton-Verbunddecke, OSB-Platten, d=25mm, Stb-Decke, d=8cm (133m²), Holzbalkendecke mit Dielen, Unterseite sichtbar (160m²), Holzbalkendecke (25m²), Sturzträger HEB100-160 (36m), Holz-Wangentreppe (1m²) * Steinwolldämmung, d=140mm, Dielen (268m²), Zementheizestrich (143m²), historische Bodenfliesen (134m²), Nadelvlies (15m²), Sauberlaufmatte (4m²) * GK-Decken (115m²), abgehängt (44m²), Silikat-Dispersionsbeschichtung (187m²), Kreide-Leimfarbbeschichtung (93m²), Holzlasur (14m²)	420,93 m² DEF	619.798	**1.472,45**	
360	**Dächer**	618,62 m² DAF	341.371	**551,83**	15,6
	• Abbrechen (Kosten: 8,6%) Abbruch von Balkenaufdopplungen (88m²), Stahl- und Eisen-Verbindungen (205St) * Ziegeldeckung (605m²), Dachrinnen (135m), Regenfallrohren (68m); Entsorgung, Deponiegebühren	604,71 m² DAF	29.419	**48,65**	
	• Wiederherstellen (Kosten: 14,2%) Holzdachstuhl: beschädigte Kanthölzer tauschen (8m³), Sparren-Aufschieblinge anarbeiten (35St), Sparrenfüße (21St), Traufbretter erneuern (10m²), Windrispen lagern, wieder einbauen (40m)	10,20 m² DAF	48.381	**4.743,25**	
	• Herstellen (Kosten: 77,2%) Dachschalung (619m²), Zugbänder (171m), Holznägel (84St), Holzzapfen (20St), Kehlbalkenauflager (20St), Giebelanker (6St) * Unterspannbahn, Schieferdeckung (605m²), als Kehl-/Trauf-/Firstdeckung (215m), Anschlussbleche (64m), Dachrinnen (67m), Regenfallrohre (62m), Standrohre (6St) * Sicherheitsdachhaken (75St), Schneefanggitter (9m)	618,62 m² DAF	263.571	**426,06**	

Instandsetzung

KG	Kostengruppe	Menge Einheit	Kosten €	€/Einheit	%
380	**Baukonstruktive Einbauten**	1.122,00 m^2 BGF	4.432	**3,95**	0,2
	• Abbrechen (Kosten: 1,6%) Abbruch von Holzregal (1St); Entsorgung, Deponiegebühren	1.122,00 m^2 BGF	70	**0,06**	
	• Herstellen (Kosten: 98,4%) Küchenblock (1St)	1.122,00 m^2 BGF	4.361	**3,89**	
390	**Sonst. Maßnahmen für Baukonstrukt.**	1.122,00 m^2 BGF	250.363	**223,14**	11,4
	• Herstellen (Kosten: 100,0%) Baustelleneinrichtung (psch), Baustraße (562m^2), Bauzaun (81m) * Fassadengerüste (1.438m^2), Treppenturm (1St), Dachfanggerüst (77m), Gerüstplane (1.772m^2), Wetterschutzdach (436m^2), Raumgerüste (158m^3), Rollgerüste (11St) * Stahlrohrstützen für Deckenabstützung (25St), Lehrbogen (1St) * Staubschutz für Decken-/Wandmalereien (psch), Bauschutzwand (5m^2), Witterungsschutz (18m^2), Schutzabdeckungen (168m^2) * provisorischer Dielenbodenbelag (117m^2), Arbeitsboden (47m^2)	1.122,00 m^2 BGF	250.363	**223,14**	
400	**Bauwerk – Technische Anlagen**				**100,0**
410	**Abwasser-, Wasser-, Gasanlagen**	1.122,00 m^2 BGF	91.569	**81,61**	18,3
	• Abbrechen (Kosten: 0,7%) Abbruch von Sanitärobjekten (9St); Entsorgung, Deponiegebühren	1.122,00 m^2 BGF	605	**0,54**	
	• Herstellen (Kosten: 99,3%) KG-Rohre DN100-300 (139m), HT-Rohre DN40-100 (50m), Abwasserhebeanlage (1St), Druckrohre DN100 (6m), Entlüftungsrohre DN100 (2St), Kontrollschächte DN400 (2St), Ablaufrinnen (psch) * Kupferrohre DN15-28 (229m), Waschtische (6St), Wand-Tiefspül-WCs (5St), Urinale (2St), Stützklappgriffe (2St) * Montageelemente (11St)	1.122,00 m^2 BGF	90.964	**81,07**	
420	**Wärmeversorgungsanlagen**	1.122,00 m^2 BGF	117.087	**104,36**	23,4
	• Abbrechen (Kosten: 5,3%) Abbruch von Heizungsrohren (242m) * von Heizkörpern (12St) * von Schornstein-Mauerwerk (7m^3); Entsorgung, Deponiegebühren	1.122,00 m^2 BGF	6.246	**5,57**	
	• Herstellen (Kosten: 94,7%) Gas-Brennwerttherme 90kW (1St), Verteiler (1St), Pumpen (6St), Ausdehnungsgefäße (2St), Warmwasserspeicher 240l (1St) * Kupferrohre DN15-28 (446m), Strangregulierventile (10St) * Fußbodenheizung, Trittschalldämmung, d=20mm, Systemrohre (120m^2), Stellantriebe (30St), Verteiler (2St), Thermostate (2St), Raumfühler, Bedienmodule (2St), Heizkörper (psch) * PP-Abgasrohre DN160-200 (23m), Kaminkopfabdeckungen (3St)	1.122,00 m^2 BGF	110.841	**98,79**	
430	**Raumlufttechnische Anlagen**	1.122,00 m^2 BGF	44.241	**39,43**	8,8
	• Herstellen (Kosten: 100,0%) Rauchverdrängungsanlage, 10.000m^3/h (1St), Rechteckkanäle (11m^2), Schaltschrank (1St), Rauchmelder (2St), Signalgeber (1St), Wind-/Regensensor (1St)	1.122,00 m^2 BGF	44.241	**39,43**	

KG	Kostengruppe	Menge Einheit	Kosten €	€/Einheit	%
440	**Elektrische Anlagen**	1.122,00 m²BGF	125.990	**112,29**	25,1
	• Abbrechen (Kosten: 1,8%) Abbruch von Elektroinstallationen, Leitungen, Schaltern, Steckdosen (26h); Entsorgung, Deponiegebühren	1.122,00 m²BGF	2.285	**2,04**	
	• Wiederherstellen (Kosten: 1,4%) Aufputz-Installation der Sicherheitsbeleuchtung lösen, Leitungsschlitze herstellen, Unterputz neu verlegen (psch) * Leuchten reinigen, wieder montieren (psch)	1.122,00 m²BGF	1.761	**1,57**	
	• Herstellen (Kosten: 96,8%) Verteiler (1St), LS-Schalter (27St), FI-Schalter (4St), Mantelleitungen (3.699m), Steckdosen (47St), CEE-Steckdosen (2St), Schalter/Taster (22St), Bewegungsmelder (2St), Bodentank (1St) * Stahl-Kronleuchter, 18 LED-Einbaustrahler, Stahlseilabhängungen (3St), Anbauleuchten (19St), Rettungszeichenleuchten (19St), Außenleuchten (2St) * Blitzschutz-/Erdungsanlage (psch)	1.122,00 m²BGF	121.944	**108,68**	
450	**Kommunikationstechnische Anlagen**	1.122,00 m²BGF	4.836	**4,31**	1,0
	• Herstellen (Kosten: 100,0%) Fernmeldeverteilerkästen (2St), Telefonanschlussdosen (3St) * Ruf-Kompaktset (1St) * Koaxialkabel (204m) * Datenkabel (348m), Datenanschlussdosen (6St)	1.122,00 m²BGF	4.836	**4,31**	
460	**Förderanlagen**	1.122,00 m²BGF	117.261	**104,51**	23,4
	• Herstellen (Kosten: 100,0%) Aufzug-Schacht, Stahlprofile, Grubenkranz (1St), Personenaufzug, Tragkraft 630kg, acht Personen, drei Haltestellen (1St), Zinkblechbekleidung (40m²)	1.122,00 m²BGF	117.261	**104,51**	
500	**Außenanlagen und Freiflächen**				**100,0**
530	**Oberbau, Deckschichten**	–	2.311	–	100,0
	• Abbrechen (Kosten: 100,0%) Abbruch von Natursteinplatten, lagern (76m²); Entsorgung, Deponiegebühren	75,70 m²BFF	2.311	**30,53**	
600	**Ausstattung und Kunstwerke**				**100,0**
610	**Allgemeine Ausstattung**	1.122,00 m²BGF	4.190	**3,73**	1,6
	• Herstellen (Kosten: 100,0%) WC-Bürstengarnituren (5St), Flüssigseifenspender (4St), Handtuchhaken (4St), WC-Papierhalter (4St), Reservepapierhalter (4St), Papierhandtuchspender (3St), Abfallkörbe (3St), Wandspiegel (1St)	1.122,00 m²BGF	4.190	**3,73**	
640	**Künstlerische Ausstattung**	1.122,00 m²BGF	265.832	**236,93**	98,4
	• Wiederherstellen (Kosten: 10,9%) Sandsteinkamin instandsetzen, reinigen, poröse Stellen festigen, konservieren, Beschädigungen mit Steinersatzmasse rekonstruieren (1St)	1.122,00 m²BGF	28.944	**25,80**	
	• Herstellen (Kosten: 89,1%) Rekonstruktion nach bauzeitlichen Vorlagen von Fensterstöcken (55m), geschnitzte Abhänglingen, Ölvergoldung (48St), geschnitzten Sattelhölzern (24St), Sandstein-Kaminkonsolen (6St), Sandstein-Fensterstöcken (3St)	1.122,00 m²BGF	236.888	**211,13**	
690	**Sonstige Ausstattung**	1.122,00 m²BGF	222	**0,20**	< 0,1
	• Herstellen (Kosten: 100,0%) Raumschilder (3St)	1.122,00 m²BGF	222	**0,20**	

Kostenkennwerte für die Kostengruppen 300 der 2. und 3. Ebene DIN 276 (Übersicht)

KG	Kostengruppe	Menge Einheit	€/Einheit	Kosten €	% an 3+4
300	**Bauwerk – Baukonstruktionen**	**1.122,00 m² BGF**	**1.949,34**	**2.187.159,09**	**81,4**
310	**Baugrube / Erdbau**	**198,44 m³ BGI**	**366,04**	**72.636,58**	**2,7**
311	Herstellung	198,44 m³ BGI	366,04	72.636,58	2,7
312	Umschließung	–	–	–	–
313	Wasserhaltung	–	–	–	–
314	Vortrieb	–	–	–	–
319	Sonstiges zur KG 310	–	–	–	–
320	**Gründung, Unterbau**	**123,76 m² GRF**	**665,30**	**82.338,14**	**3,1**
321	Baugrundverbesserung	–	–	–	–
322	Flachgründungen und Bodenplatten	117,50 m²	295,21	34.686,98	1,3
323	Tiefgründungen	–	–	–	–
324	Gründungsbeläge	123,76 m²	385,03	47.651,15	1,8
325	Abdichtungen und Bekleidungen	–	–	–	–
326	Dränagen	–	–	–	–
329	Sonstiges zur KG 320	–	–	–	–
330	**Außenwände/Vert. Baukonstrukt., außen**	**964,90 m² AWF**	**426,73**	**411.752,90**	**15,3**
331	Tragende Außenwände	115,21 m²	935,98	107.834,44	4,0
332	Nichttragende Außenwände	–	–	–	–
333	Außenstützen	–	–	–	–
334	Außenwandöffnungen	58,37 m²	2.956,62	172.577,85	6,4
335	Außenwandbekleidungen, außen	–	–	–	–
336	Außenwandbekleidungen, innen	906,53 m²	144,88	131.340,61	4,9
337	Element. Außenwandkonstruktionen	–	–	–	–
338	Lichtschutz zur KG 330	–	–	–	–
339	Sonstiges zur KG 330	–	–	–	–
340	**Innenwände/Vert. Baukonstrukt., innen**	**292,98 m² IWF**	**711,12**	**208.343,70**	**7,8**
341	Tragende Innenwände	18,82 m²	1.208,83	22.750,16	0,8
342	Nichttragende Innenwände	80,67 m²	301,52	24.323,80	0,9
343	Innenstützen	–	–	151,61	< 0,1
344	Innenwandöffnungen	28,47 m²	3.608,67	102.738,98	3,8
345	Innenwandbekleidungen	498,13 m²	98,87	49.248,77	1,8
346	Elementierte Innenwandkonstruktionen	15,45 m²	590,96	9.130,41	0,3
347	Lichtschutz zur KG 340	–	–	–	–
349	Sonstiges zur KG 340	–	–	–	–
350	**Decken/Horizontale Baukonstruktionen**	**462,79 m² DEF**	**1.763,05**	**815.922,06**	**30,4**
351	Deckenkonstruktionen	351,69 m²	1.060,86	373.093,01	13,9
352	Deckenöffnungen	–	–	–	–
353	Deckenbeläge	420,93 m²	656,51	276.343,42	10,3
354	Deckenbekleidungen	462,79 m²	359,74	166.485,63	6,2
355	Elementierte Deckenkonstruktionen	–	–	–	–
359	Sonstiges zur KG 350	–	–	–	–
360	**Dächer**	**618,62 m² DAF**	**551,83**	**341.371,35**	**12,7**
361	Dachkonstruktionen	628,82 m²	194,75	122.459,87	4,6
362	Dachöffnungen	–	–	–	–
363	Dachbeläge	604,71 m²	351,66	212.650,45	7,9
364	Dachbekleidungen	–	–	–	–
365	Elementierte Dachkonstruktionen	–	–	–	–
366	Lichtschutz zur KG 360	–	–	–	–
369	Sonstiges zur KG 360	618,62 m² DAF	10,12	6.261,03	0,2
370	**Infrastrukturanlagen**	**–**	**–**	**–**	**–**
380	**Baukonstruktive Einbauten**	**1.122,00 m² BGF**	**3,95**	**4.431,84**	**0,2**
390	**Sonst. Maßnahmen für Baukonstrukt.**	**1.122,00 m² BGF**	**223,14**	**250.362,55**	**9,3**

Kostenstand: 3. Quartal 2023, Bundesdurchschnitt, **inkl. 19% MwSt.**

Kostenkennwerte für die Kostengruppen 400 der 2. und 3.Ebene DIN 276 (Übersicht)

KG	Kostengruppe	Menge Einheit	€/Einheit	Kosten €	% an 3+4
400	**Bauwerk – Technische Anlagen**	**1.122,00 m²BGF**	**446,51**	**500.984,41**	**18,6**
410	**Abwasser-, Wasser-, Gasanlagen**	**1.122,00 m²BGF**	**81,61**	**91.569,24**	**3,4**
411	Abwasseranlagen	1.122,00 m²BGF	42,57	47.763,53	1,8
412	Wasseranlagen	1.122,00 m²BGF	32,14	36.064,09	1,3
413	Gasanlagen	–	–	–	–
419	Sonstiges zur KG 410	1.122,00 m²BGF	6,90	7.741,64	0,3
420	**Wärmeversorgungsanlagen**	**1.122,00 m²BGF**	**104,36**	**117.087,09**	**4,4**
421	Wärmeerzeugungsanlagen	1.122,00 m²BGF	27,43	30.774,12	1,1
422	Wärmeverteilnetze	1.122,00 m²BGF	28,38	31.839,90	1,2
423	Raumheizflächen	1.122,00 m²BGF	38,87	43.617,68	1,6
424	Verkehrsheizflächen	–	–	–	–
429	Sonstiges zur KG 420	1.122,00 m²BGF	9,68	10.855,36	0,4
430	**Raumlufttechnische Anlagen**	**1.122,00 m²BGF**	**39,43**	**44.241,20**	**1,6**
431	Lüftungsanlagen	1.122,00 m²BGF	39,43	44.241,20	1,6
432	Teilklimaanlagen	–	–	–	–
433	Klimaanlagen	–	–	–	–
434	Kälteanlagen	–	–	–	–
439	Sonstiges zur KG 430	–	–	–	–
440	**Elektrische Anlagen**	**1.122,00 m²BGF**	**112,29**	**125.990,39**	**4,7**
441	Hoch- und Mittelspannungsanlagen	–	–	–	–
442	Eigenstromversorgungsanlagen	–	–	–	–
443	Niederspannungsschaltanlagen	–	–	–	–
444	Niederspannungsinstallationsanlagen	1.122,00 m²BGF	57,79	64.837,72	2,4
445	Beleuchtungsanlagen	1.122,00 m²BGF	40,01	44.889,38	1,7
446	Blitzschutz- und Erdungsanlagen	1.122,00 m²BGF	14,49	16.263,29	0,6
447	Fahrleitungssysteme	–	–	–	–
449	Sonstiges zur KG 440	–	–	–	–
450	**Kommunikationstechnische Anlagen**	**1.122,00 m²BGF**	**4,31**	**4.835,63**	**0,2**
451	Telekommunikationsanlagen	1.122,00 m²BGF	0,39	437,01	< 0,1
452	Such- und Signalanlagen	1.122,00 m²BGF	0,90	1.014,05	< 0,1
453	Zeitdienstanlagen	–	–	–	–
454	Elektroakustische Anlagen	–	–	–	–
455	Audiovisuelle Medien- u. Antennenanl.	1.122,00 m²BGF	0,85	949,98	< 0,1
456	Gefahrenmelde- und Alarmanlagen	–	–	–	–
457	Datenübertragungsnetze	1.122,00 m²BGF	2,17	2.434,60	< 0,1
458	Verkehrsbeeinflussungsanlagen	–	–	–	–
459	Sonstiges zur KG 450	–	–	–	–
460	**Förderanlagen**	**1.122,00 m²BGF**	**104,51**	**117.260,84**	**4,4**
461	Aufzugsanlagen	1.122,00 m²BGF	104,51	117.260,84	4,4
462	Fahrtreppen, Fahrsteige	–	–	–	–
463	Befahranlagen	–	–	–	–
464	Transportanlagen	–	–	–	–
465	Krananlagen	–	–	–	–
466	Hydraulikanlagen	–	–	–	–
469	Sonstiges zur KG 460	–	–	–	–
470	**Nutzungsspez. u. verfahrenstechn. Anl.**	**–**	**–**	**–**	**–**
480	**Gebäude- und Anlagenautomation**	**–**	**–**	**–**	**–**
490	**Sonst. Maßnahmen für techn. Anlagen**	**–**	**–**	**–**	**–**

Kostenkennwerte für Leistungsbereiche nach STLB (Kosten des Bauwerks nach DIN 276)

LB	Leistungsbereiche	Kosten €	€/m² BGF	€/m³ BRI	% an 3+4
000	Sicherheits-, Baustelleneinrichtungen inkl. 001	247.515	220,60	53,30	9,2
002	Erdarbeiten	72.406	64,50	15,60	2,7
006	Spezialtiefbauarbeiten inkl. 005	–	–	–	–
009	Entwässerungskanalarbeiten inkl. 011	29.780	26,50	6,40	1,1
010	Drän- und Versickerarbeiten	–	–	–	–
012	Mauerarbeiten	102.993	91,80	22,20	3,8
	Wiederherstellen	9.077	8,10	2,00	0,3
	Herstellen	93.916	83,70	20,20	3,5
013	Betonarbeiten	66.772	59,50	14,40	2,5
014	Natur-, Betonwerksteinarbeiten	6.622	5,90	1,40	0,2
	Wiederherstellen	6.622	5,90	1,40	0,2
016	Zimmer- und Holzbauarbeiten	385.258	343,40	82,90	14,3
	Wiederherstellen	81.629	72,80	17,60	3,0
	Herstellen	303.630	270,60	65,30	11,3
017	Stahlbauarbeiten	43.944	39,20	9,50	1,6
018	Abdichtungsarbeiten	20.710	18,50	4,50	0,8
019	Kampfmittelräumarbeiten	–	–	–	–
020	Dachdeckungsarbeiten	153.337	136,70	33,00	5,7
021	Dachabdichtungsarbeiten	–	–	–	–
022	Klempnerarbeiten	42.482	37,90	9,10	1,6
	Rohbau	**1.171.819**	**1.044,40**	**252,20**	**43,6**
	Wiederherstellen	97.327	86,70	20,90	3,6
	Herstellen	1.074.492	957,70	231,20	40,0
023	Putz- und Stuckarbeiten, Wärmedämmsysteme	83.400	74,30	17,90	3,1
	Wiederherstellen	5.118	4,60	1,10	0,2
	Herstellen	78.282	69,80	16,80	2,9
024	Fliesen- und Plattenarbeiten	241.701	215,40	52,00	9,0
025	Estricharbeiten	11.002	9,80	2,40	0,4
026	Fenster, Außentüren inkl. 029, 032	165.633	147,60	35,60	6,2
	Wiederherstellen	24.365	21,70	5,20	0,9
	Herstellen	141.268	125,90	30,40	5,3
027	Tischlerarbeiten	98.602	87,90	21,20	3,7
028	Parkettarbeiten, Holzpflasterarbeiten	–	–	–	–
030	Rollladenarbeiten	–	–	–	–
031	Metallbauarbeiten inkl. 035	–	–	–	–
034	Maler- und Lackiererarbeiten inkl. 037	209.366	186,60	45,10	7,8
	Wiederherstellen	120.060	107,00	25,80	4,5
	Herstellen	89.307	79,60	19,20	3,3
036	Bodenbelagarbeiten	5.066	4,50	1,10	0,2
038	Vorgehängte hinterlüftete Fassaden	–	–	–	–
039	Trockenbauarbeiten	69.696	62,10	15,00	2,6
	Ausbau	**884.466**	**788,30**	**190,30**	**32,9**
	Wiederherstellen	149.543	133,30	32,20	5,6
	Herstellen	734.923	655,00	158,20	27,3
040	Wärmeversorgungsanl. - Betriebseinr. inkl. 041	106.643	95,00	23,00	4,0
	Abbrechen	179	0,16	0,04	< 0,1
	Herstellen	106.463	94,90	22,90	4,0
042	Gas- und Wasserinstallation, Leitungen inkl. 043	17.685	15,80	3,80	0,7
044	Abwasseranlagen - Leitungen	12.400	11,10	2,70	0,5
045	GWE-Einrichtungsgegenstände inkl. 046	26.722	23,80	5,80	1,0

LB	Leistungsbereiche	Kosten €	€/m² BGF	€/m³ BRI	% an 3+4
047	Dämmarbeiten an betriebstechnischen Anlagen	9.761	8,70	2,10	0,4
049	Feuerlöschanlagen, Feuerlöschgeräte	–	–	–	–
050	Blitzschutz- und Erdungsanlagen	16.263	14,50	3,50	0,6
053	Niederspannungsanlagen inkl. 052, 054	65.051	58,00	14,00	2,4
	Wiederherstellen	1.711	1,50	0,37	< 0,1
	Herstellen	63.340	56,50	13,60	2,4
055	Sicherheits- u. Ersatzstromversorgungsanl.	–	–	–	–
057	Gebäudesystemtechnik	–	–	–	–
058	Leuchten und Lampen inkl. 059	44.889	40,00	9,70	1,7
	Wiederherstellen	51	0,05	0,01	< 0,1
	Herstellen	44.839	40,00	9,60	1,7
060	Sprechanlagen, elektroakust. Anlagen inkl. 064	1.964	1,80	0,42	< 0,1
061	Kommunikationsnetze inkl. 063	43.891	39,10	9,40	1,6
069	Aufzüge	117.261	104,50	25,20	4,4
070	Gebäudeautomation	–	–	–	–
075	Raumlufttechnische Anlagen inkl. 078	–	–	–	–
	Gebäudetechnik	**462.529**	**412,20**	**99,50**	**17,2**
	Abbrechen	179	0,16	0,04	< 0,1
	Wiederherstellen	1.761	1,60	0,38	< 0,1
	Herstellen	460.589	410,50	99,10	17,1
084	Abbruch, Rückbau, Schadstoffsanierung	165.984	147,90	35,70	6,2
	Abbrechen	165.984	147,90	35,70	6,2
	Abbrucharbeiten	**165.984**	**147,90**	**35,70**	**6,2**
	Abbrechen	165.984	147,90	35,70	6,2
	Sonstige Leistungsbereiche	**3.345**	**3,00**	**0,72**	**0,1**
	Abbrechen	498	0,44	0,11	< 0,1
	Herstellen	2.847	2,50	0,61	0,1

9100-0188
Kirche

Objektübersicht

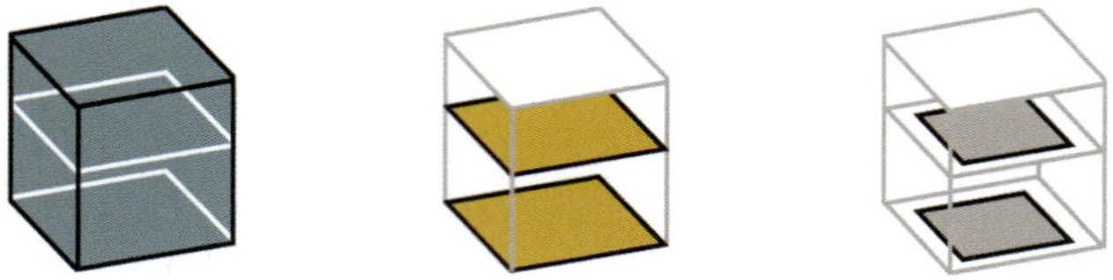

Instandsetzung

BRI 309 €/m³ BGF 1.430 €/m² NUF 2.346 €/m²

Objekt:
Kennwerte: 1. Ebene DIN 276
BRI: 6.433 m³
BGF: 1.388 m²
NUF: 846 m²
Bauzeit: 56 Wochen
Bauende: 2018
Standard: Durchschnitt
Bundesland: Baden-Württemberg
Kreis: Ostalbkreis

Architekt*in:
Klaiber + Oettle
Architekten und Ingenieure
Kornhausstraße 14
73525 Schwäbisch Gmünd

Bauherr*in:
Evang. Kirchengemeinde Oberkochen
Bürgermeister-Bosch-Str. 11
73447 Oberkochen

© Klaiber + Oettle

© Klaiber + Oettle

© Klaiber + Oettle

© Klaiber + Oettle

  Kostenstand: 3. Quartal 2023, Bundesdurchschnitt, **inkl. 19% MwSt.**

Instandsetzung

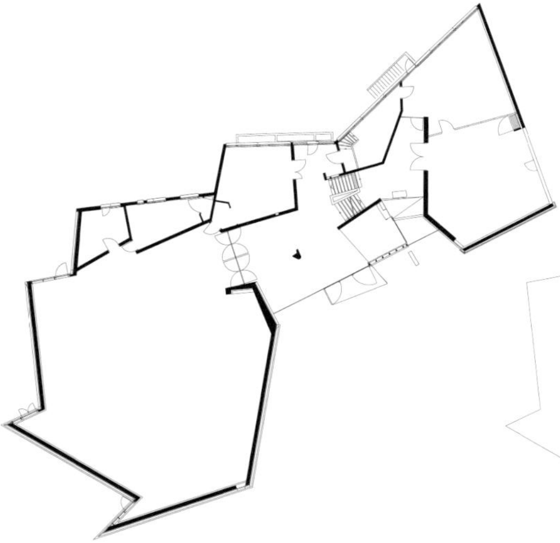

Erdgeschoss und Obergeschoss

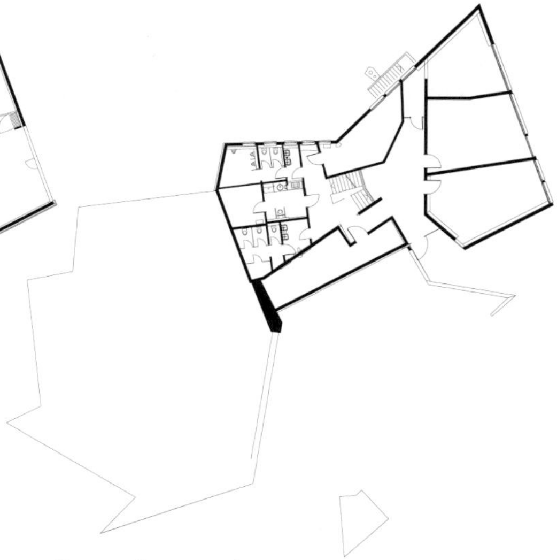

Untergeschoss -1 und -2

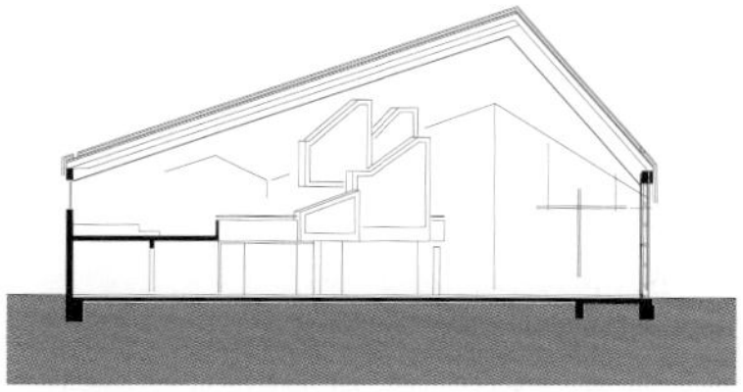

Schnitt durch Empore

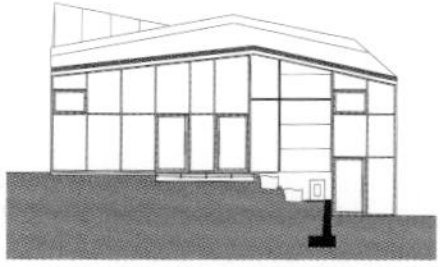

Schnitt entlang Glasfassade

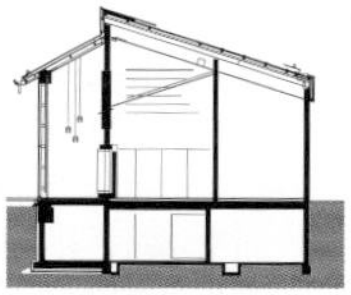

Schnitt

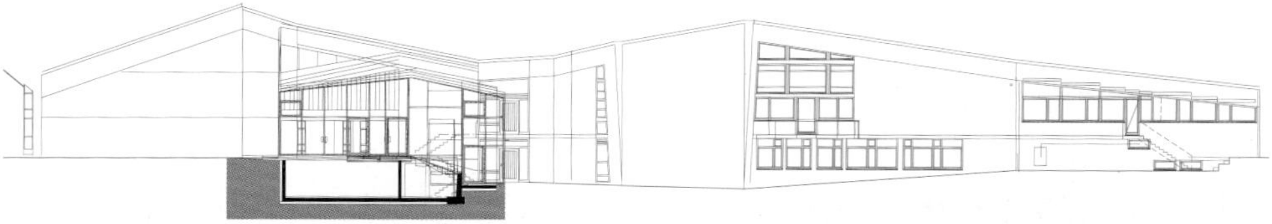

Wandabwicklung 1

Wandabwicklung 2

Objektbeschreibung

Allgemeine Objektinformationen

Nach 50 Jahren wurde es notwendig die Dachhaut der Kirche umfassend zu sanieren. Entworfen und gebaut von Heinz Bauer ist die Kirche ein herausragendes Kirchengebäude seiner Zeit, realisiert in einer ausdrucksstarken Betonarchitektur. Der baualtersbedingte Dämmstandard sollte auf heutige Bedürfnisse angepasst, die sanitären Anlagen und die Heizzentrale umfassend saniert und die Barrierefreiheit hergestellt werden. Im Rahmen der Baumaßnahme wurde das Foyer als verbindende Mitte zwischen Kirchenraum und Gemeinderäumen vergrößert.

Nutzung

2 Untergeschosse
Staffelgeschoss 1: Technikraum, Jugendräume
Staffelgeschoss 2: Sanitärräume Lager

1 Erdgeschoss
Kirche, Sakristei, Mesner, Foyer, Stuhllager

1 Obergeschoss
Teeküche, Gemeindesaal, Jugendraum, Foyer

Grundstück

Bauraum: Beengter Bauraum
Neigung: Geneigtes Gelände
Bodenklasse: BK 1 bis BK 5

Markt

Hauptvergabezeit: 1. Quartal 2017
Baubeginn: 4. Quartal 2017
Bauende: 4. Quartal 2018
Konjunkturelle Gesamtlage: Durchschnitt
Regionaler Baumarkt: Durchschnitt

Baubestand

Baujahr: 1967
Bauzustand: mittel
Aufwand: hoch
Grundrissänderungen: wenige
Tragwerkseingriffe: wenige
Nutzungsänderung: nein
Nutzung während der Bauzeit: nein

Baukonstruktion

Für die Erweiterung wurden ein Balkon, der Kamin und die Eingangstreppe abgebrochen. Im Bestand sind die Fenster durch neue Holz-Alufenster ersetzt. Die Gebäudehülle hat eine zusätzliche Wärmedämmung erhalten. Die Decke im Kirchraum wurde abgenommen und durch eine Holzdecke mit Akustikelementen ersetzt. Die Böden wurden mit Schieferbelag und Fliesen belegt. Die Dachkonstruktion konnte erhalten bleiben, schadhafte Stellen wurden überarbeitet und das Dach mit einer Wärmedämmung und einer Edelstahldeckung versehen. Die Dachentwässerung ist als innenliegende Rinne ausgeführt. Für die Erweiterung des Foyers sind die tragenden Bauteile aus Stahlbeton hergestellt. Zum Platz hin ist eine transparente Fassade in leichter Stahl-Glaskonstruktion realisiert. Die Materialität des neuen Foyers orientiert sich am vorhandenen Gebäude.

Technische Anlagen

Die Beheizung erfolgt über eine neue Gas-Brennwerttherme mit Pufferspeicher. Verteilt wird die Wärme über Flachheizkörper. Die gesamte Sanitärinstallation und alle Sanitärobjekte wurden ausgetauscht. Ein barrierefreies WC steht nun zur Verfügung. Außerdem fand eine umfassende Grundleitungssanierung statt. Im Untergeschoss wurde eine Entlüftungsanlage eingebaut. Eine RWA-Anlage wurde nachgerüstet. Die bestehende Elektroinstallation wurde ertüchtigt, die Beleuchtung erweitert. Das gesamte Gebäude erhielt eine Netzwerkverkabelung. Für die Barrierefreiheit sorgt ein neuer Plattformlift.

Sonstiges

Ursprünglich entworfen und gebaut von Heinz Bauer ist die Kirche ein herausragendes Kirchengebäude seiner Zeit, realisiert in einer ausdrucksstarken Betonarchitektur.

Planungskennwerte für Flächen und Rauminhalte nach DIN 277

Flächen des Grundstücks		Menge Einheit	% an GF
BF	Bebaute Fläche	768,86 m²	31,3
UF	Unbebaute Fläche	1.691,14 m²	68,7
GF	Grundstücksfläche	2.460,00 m²	100,0

Grundflächen des Bauwerks		Menge Einheit	% an NUF	% an BGF
NUF	Nutzungsfläche	846,00 m²	100,0	61,0
TF	Technikfläche	27,22 m²	3,2	2,0
VF	Verkehrsfläche	172,32 m²	20,4	12,4
NRF	Netto-Raumfläche	1.045,54 m²	123,6	75,3
KGF	Konstruktions-Grundfläche	342,08 m²	40,4	24,7
BGF	Brutto-Grundfläche	1.387,62 m²	164,0	100,0

Brutto-Rauminhalt des Bauwerks		Menge Einheit	BRI/NUF (m)	BRI/BGF (m)
BRI	Brutto-Rauminhalt	6.432,75 m³	7,60	4,64

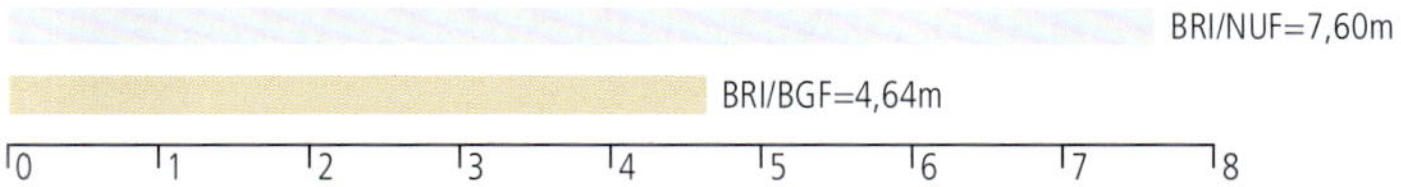

Instandsetzung

Kostenkennwerte für die Kostengruppen der 1. Ebene DIN 276

KG	Kostengruppen (1. Ebene)	Einheit	Kosten €	€/Einheit	€/m² BGF	€/m³ BRI	% 300+400
100	Grundstück	m² GF	–	–	–	–	–
200	Vorbereitende Maßnahmen	m² GF	–	–	–	–	–
300	Bauwerk – Baukonstruktionen	m² BGF	1.561.334	1.125,19	1.125,19	242,72	78,7
400	Bauwerk – Technische Anlagen	m² BGF	423.438	305,15	305,15	65,83	21,3
	Bauwerk 300+400	**m² BGF**	**1.984.771**	**1.430,34**	**1.430,34**	**308,54**	**100,0**
500	Außenanlagen und Freiflächen	m² AF	112.669	197,67	81,20	17,51	5,7
600	Ausstattung und Kunstwerke	m² BGF	75.234	54,22	54,22	11,70	3,8
700	Baunebenkosten	m² BGF	–	–	–	–	–
800	Finanzierung	m² BGF	–	–	–	–	–

KG	Kostengruppe	Menge Einheit	Kosten €	€/Einheit	%
3+4	**Bauwerk**				**100,0**
300	**Bauwerk – Baukonstruktionen**	1.387,62 m² BGF	1.561.334	**1.125,19**	78,7

- Abbrechen
  Abbruch von Betonpflasterbelag; Bepflanzung; Entsorgung, Deponiegebühren
- Wiederherstellen
  Bodenarbeiten; Betonpflaster; Betonstufen; Fluchtwege instandsetzen
- Herstellen
  Natursteinpflaster, Betonpflaster; Betonstufen, Rampe; Treppengeländer, Handläufe, Sichtbetonmauer; Oberflächenentwässerung, Außenbeleuchtung; Betonsitzsteine; Bepflanzung

KG	Kostengruppe	Menge Einheit	Kosten €	€/Einheit	%
400	**Bauwerk – Technische Anlagen**	1.387,62 m² BGF	423.438	**305,15**	21,3

- Abbrechen
  Abbruch von Kalt- und Warmwasserleitungen, Sanitärobjekten; Heizungsanlage; Entsorgung, Deponiegebühren
- Wiederherstellen
  Grundleitungen; Heizungsleitungen; Elektroinstallation; instandsetzen
- Herstellen
  Rückstauklappen, Kalt- und Warmwasserleitungen, Sanitärobjekte, barrierefreies WC; Gastherme, Flachheizkörper; Entlüftungsanlage UG; Elektroinstallation, Beleuchtung, Netzwerkverkabelung; RWA-Anlage; Aufzug

KG	Kostengruppe	Menge Einheit	Kosten €	€/Einheit	%
500	**Außenanlagen und Freiflächen**	570,00 m² AF	112.669	**197,67**	5,7

- Abbrechen
  Abbruch von Betonpflasterbelag; Bepflanzung; Entsorgung, Deponiegebühren
- Wiederherstellen
  Bodenarbeiten; Betonpflaster; Betonstufen; Fluchtwege; instandsetzen
- Herstellen
  Natursteinpflaster, Betonpflaster; Betonstufen, Rampe; Treppengeländer, Handläufe, Sichtbetonmauer; Oberflächenentwässerung, Außenbeleuchtung; Betonsitzsteine; Bepflanzung

KG	Kostengruppe	Menge Einheit	Kosten €	€/Einheit	%
600	**Ausstattung und Kunstwerke**	1.387,62 m²BGF	75.234	**54,22**	3,8

- Wiederherstellen
  Orgel abbauen, instandsetzen, wieder einbauen

ANHANG

Verzeichnis der Architektur- und Planungsbüros

Verzeichnis der Architektur- und Planungsbüros	Obj.-Nr.
ABJ. Architekten GmbH; Hamburg (LPH 1-4)	7200-0090
AFS - Architekturbüro, Frank Sieber; Ranis	6100-1394
Architekten Contor Voigt; Itzehoe	5200-0012
Architekten_FSB; Bremen	4100-0173
architekturbüro bielke und struve partgmbb; Eutin	6600-0032
Architekturbüro Müntinga und Puy; Bad Arolsen	9100-0170
ARGE R.B.Z. AB Raum und Bau GmbH + AGZ Zimmermann GmbH; Dresden	5100-0129
Bartels, Kirstin, Architektin und Schulbauberaterin; Hamburg (Entwurf)	4100-0210
BAUatelier Deutscher; Dresden	6100-1379
bharchitektengesellschaft mbH; München	4100-0226
Bialon ADK; Kirchheim unter Teck	6100-1393
Bosse Westphal Schäffer Architekten; Winsen/Luhe	4100-0194, 6500-0048
BraungeBrandt Planungsstudio; Wiesbaden	6100-1267, 6100-1579
bromsky Architekten Liebscher Streb PartGmbH; Berlin	6100-1384
Bünemann & Collegen GmbH; Hannover	6500-0054
Büro Legiehn Architektur GmbH; Potsdam	3300-0016
Claudius Markworth Architektur; Berlin	3100-0023
Echelmeyer, Christoph; Geldern	7700-0093
ELZ Architekten BDA; Potsdam	4100-0234
Eßmann I Gärtner I Nieper Architekten GbR; Leipzig	2200-0053, 9100-0168
FRANKE Architektur I Innenarchitektur; Düren	1200-0001, 1200-0002, 9100-0157, 9100-0158
Gelderner Bau Gesellschaft mbH; Geldern	4100-0236
GösslerKinz Kerber Schippmann Architekten PartG mbB; Hamburg	7600-0078
güldenzopf rohrberg architektur + design; Hamburg	6100-1378
Heske Hochgürtel Lohse Architekten PartGmbB; Lübeck	9100-0189
HHS Planer + Architekten AG; Kassel	4100-0228
HGA Henning Grahn Architektur GmbH; Mainz	6100-1368
Holst Becker Architekten; Hamburg	1300-0250, 6100-1297, 6100-1427
IPROconsult GmbH; Dresden	3200-0033, 9100-0169
KAPALAARCHITEKTUR, Carsten Kapala; Herne	3100-0026, 3100-0030
Kim Nalleweg Architekten; Berlin	1300-0297
KISSERARCHITEKTUR, Gordon Kisser; Isernhagen	1300-0247
Klaiber + Oettle Architekten und Ingenieure; Schwäbisch Gmünd	9100-0188
KM architekten bda; Kassel	5100-0122
Kohler, Dirk, Architekt; Boxberg (LPH 5-7)	7600-0091
Mannott + Mannott Dipl. Ingenieure, Architekten; Hamburg	6100-1305, 6100-1402, 6100-1428
mayerwittig Architekten und Stadtplaner GbR; Cottbus	6200-0092
Märkplan GmbH; Brandenburg	6100-1443, 6100-1457
Ostermann Architekten; Hamburg	6100-1431, 6100-1500, 6100-1501, 6100-1502
Pahl + Weber-Pahl Architekten BDA; Darmstadt	5100-0122
pbr Planungsbüro Rohling AG; Hamburg (LPH 5-9)	7200-0090
pbr Planungsbüro Rohling AG; Jena	9100-0209
planerzirkel consulting architects GmbH; Hildesheim	7300-0103
Plan-R-Architektenbüro, Joachim reinig; Hamburg	6200-0074, 9100-0200
pmp Projekt GmbH; Hamburg	9100-0147
Prof. Rollmann + Partner Architekten PartGmbB; Homburg	6200-0098
PROWALD ideen - lösungen - architektur; Hillesheim	6100-1434
reichardt + partner architekten; Hamburg	3400-0025
schmitt roggel architekten PartGmbB; Fulda	4100-0232
SCHNEIDER + SENDELBACH ARCHITEKTENGES. mbH; Braunschweig (Planung+Ausführung)	4100-0210
sehw architektur GmbH; Berlin	4400-0315

Verzeichnis der Architektur- und Planungsbüros	Obj.-Nr.
Stadtverwaltung Crailsheim, Arch. Jan Philipp Hofacker; Crailsheim (LPH 1-4, 8-9)	7600-0091
Steinke + Zils Architekten und Partner mbB; Marl	1300-0290
TSSB architekten.ingenieure; Berlin	5100-0132, 5100-0138, 5100-0139
westform architekten; Alsdorf	6500-0051
Wieacker, Christoph, Dipl.-Ing. Architekt BDA; Köln	6100-1465
Zaeske Architekten BDA Planungsgesellschaft mbB; Wiesbaden	4100-0214

Der Herausgeber dankt den genannten Büros für die zur Verfügung gestellten Objektdaten.

Nutzen Sie die Vorteile Ihrer Projekt-Veröffentlichung in den BKI-Produkten:
- Dokumentierte Kosten Ihres Projektes nach DIN 276
- Ausbau und Erweiterung Ihrer bürointernen Baukostendaten für Folgeprojekte
- Dokumentationsunterlagen als Referenz für Ihre Projekt-Akquise
- Aufwandsentschädigung von bis zu 700,- €
- Aufnahme Ihrer Bürodaten in die Liste der BKI Architekt*innen und Planer*innen
- Kostenloses Fachbuch

Weitere Informationen unter www.bki.de/bki-verguetung.html

ANHANG

Regionalfaktoren

Regionalfaktoren Deutschland

Diese Faktoren geben Aufschluss darüber, inwieweit die Baukosten in einer bestimmten Region Deutschlands teurer oder günstiger liegen als im Bundesdurchschnitt. Sie können dazu verwendet werden, die BKI Baukosten an das besondere Baupreisniveau einer Region anzupassen.
Hinweis: Alle Angaben wurden durch Untersuchungen des BKI weitgehend verifiziert. Dennoch können Abweichungen zu den angegebenen Werten entstehen. In Grenznähe zu einem Land-/Stadtkreis mit anderen Baupreisfaktoren sollte dessen Baupreisniveau mit berücksichtigt werden, da die Übergänge zwischen den Land-/Stadtkreisen fließend sind. Die Besonderheiten des Einzelfalls können ebenfalls zu Abweichungen führen.
Für die größeren Inseln Deutschlands wurden separate Regionalfaktoren ermittelt. Dazu wurde der zugehörige Landkreis in Festland und Inseln unterteilt. Alle Inseln eines Landkreises erhalten durch dieses Verfahren den gleichen Regionalfaktor. Der Regionalfaktor des Festlandes erhält keine Inseln mehr und ist daher gegenüber früheren Ausgaben verringert.

Land- / Stadtkreis / Insel	Bundeskorrekturfaktor
Aachen, Städteregion	0,945
Ahrweiler	1,001
Aichach-Friedberg	1,089
Alb-Donau-Kreis	1,013
Altenburger Land	0,887
Altenkirchen (Westerwald)	0,990
Altmarkkreis Salzwedel	0,892
Altötting	0,987
Alzey-Worms	0,970
Amberg, Stadt	1,090
Amberg-Sulzbach	1,059
Ammerland	0,848
Amrum, Insel	1,280
Anhalt-Bitterfeld	0,835
Ansbach	1,038
Ansbach, Stadt	1,072
Aschaffenburg	1,086
Aschaffenburg, Stadt	1,072
Augsburg	1,099
Augsburg, Stadt	1,231
Aurich, Festlandanteil	0,733
Aurich, Inselanteil	1,200
Bad Dürkheim	1,053
Bad Kissingen	1,040
Bad Kreuznach	0,953
Bad Tölz-Wolfratshausen	1,169
Baden-Baden, Stadtkreis	1,014
Baltrum, Insel	1,200
Bamberg	1,089
Bamberg, Stadt	1,217
Barnim	0,878
Bautzen	0,911
Bayreuth	1,134
Bayreuth, Stadt	1,033
Berchtesgadener Land	1,138
Bergstraße	1,027
Berlin, Stadt	1,120
Bernkastel-Wittlich	1,055
Biberach	1,023
Bielefeld, Stadt	0,868
Birkenfeld	1,046
Bochum, Stadt	0,891
Bodenseekreis	0,973
Bonn, Stadt	0,918
Borken	0,917
Borkum, Insel	1,115
Bottrop, Stadt	0,856
Brandenburg an der Havel, Stadt	0,985
Braunschweig, Stadt	0,783
Breisgau-Hochschwarzwald	1,101
Bremen, Stadt	0,976
Bremerhaven, Stadt	0,946
Burgenlandkreis	0,869
Böblingen	1,107
Börde	0,895
Calw	1,072
Celle	0,838
Cham	0,905
Chemnitz, Stadt	0,848
Cloppenburg	0,756
Coburg	1,010
Coburg, Stadt	1,140
Cochem-Zell	0,991
Coesfeld	0,933
Cottbus, Stadt	0,877
Cuxhaven	0,788
Dachau	1,174
Dahme-Spreewald	0,953
Darmstadt, Stadt	1,046

Darmstadt-Dieburg	1,002
Deggendorf	0,975
Delmenhorst, Stadt	0,794
Dessau-Roßlau, Stadt	0,898
Diepholz	0,820
Dillingen a.d.Donau	1,092
Dingolfing-Landau	0,986
Dithmarschen	1,024
Donau-Ries	1,047
Donnersbergkreis	0,967
Dortmund, Stadt	0,792
Dresden, Stadt	0,905
Duisburg, Stadt	0,923
Düren	0,977
Düsseldorf, Stadt	0,990
Ebersberg	1,294
Eichsfeld	0,907
Eichstätt	1,046
Eifelkreis Bitburg-Prüm	1,009
Elbe-Elster	0,876
Emden, Stadt	0,704
Emmendingen	1,102
Emsland	0,820
Ennepe-Ruhr-Kreis	0,891
Enzkreis	1,043
Erding	1,163
Erfurt, Stadt	0,901
Erlangen, Stadt	1,143
Erlangen-Höchstadt	1,046
Erzgebirgskreis	0,891
Essen, Stadt	0,888
Esslingen	1,028
Euskirchen	0,931
Fehmarn, Insel	1,170
Flensburg, Stadt	0,792
Forchheim	1,099
Frankenthal (Pfalz), Stadt	0,943
Frankfurt (Oder), Stadt	0,825
Frankfurt am Main, Stadt	1,028
Freiburg im Breisgau, Stadtkreis	1,171
Freising	1,112
Freudenstadt	1,050
Freyung-Grafenau	0,990
Friesland, Festlandanteil	0,818
Friesland, Inselanteil	1,399
Fulda	1,000
Föhr, Insel	1,280
Fürstenfeldbruck	1,281
Fürth	1,077
Fürth, Stadt	1,017
Garmisch-Partenkirchen	1,163
Gelsenkirchen, Stadt	0,898
Gera, Stadt	0,917
Germersheim	1,020
Gießen	0,999
Gifhorn	0,861
Goslar	0,837
Gotha	0,880
Grafschaft Bentheim	0,852
Greiz	0,945
Groß-Gerau	0,975
Göppingen	1,033
Görlitz	0,887
Göttingen	0,865
Günzburg	1,091
Gütersloh	0,901
Hagen, Stadt	0,874
Halle (Saale), Stadt	0,823
Hamburg, Freie und Hansestadt	1,153
Hameln-Pyrmont	0,834
Hamm, Stadt	0,873
Hannover, Region	0,934
Harburg	0,980
Harz	0,845
Havelland	0,985
Haßberge	1,088
Heidekreis	0,896
Heidelberg, Stadtkreis	1,087
Heidenheim	0,986
Heilbronn	1,012
Heilbronn, Stadtkreis	1,036
Heinsberg	0,950
Helgoland, Insel	1,392
Helmstedt	0,820
Herford	0,851
Herne, Stadt	0,934
Hersfeld-Rotenburg	0,987
Herzogtum Lauenburg	0,931
Hiddensee, Insel	1,101
Hildburghausen	0,895
Hildesheim	0,840
Hochsauerlandkreis	0,920
Hochtaunuskreis	1,018
Hof	1,130
Hof, Stadt	1,165
Hohenlohekreis	1,052
Holzminden	0,787
Höxter	0,925
Ilm-Kreis	0,860
Ingolstadt, Stadt	1,128

Jena, Stadt 1,000
Jerichower Land 0,849
Juist, Insel 1,200

Kaiserslautern 0,975
Kaiserslautern, Stadt 0,984
Karlsruhe 1,006
Karlsruhe, Stadtkreis 1,116
Kassel 0,994
Kassel, Stadt 0,983
Kaufbeuren 1,073
Kelheim 0,983
Kempten (Allgäu) 1,067
Kiel, Stadt 1,136
Kitzingen 1,065
Kleve 0,911
Koblenz, Stadt 0,906
Konstanz 1,052
Krefeld, Stadt 0,844
Kronach 1,135
Kulmbach 1,038
Kusel 0,961
Kyffhäuserkreis 0,901
Köln, Stadt 0,962

Lahn-Dill-Kreis 1,010
Landau in der Pfalz, Stadt 0,956
Landsberg am Lech 1,158
Landshut 0,994
Landshut, Stadt 1,110
Langeoog, Insel 1,076
Leer, Festlandanteil 0,721
Leer, Inselanteil 1,115
Leipzig 0,957
Leipzig, Stadt 0,812
Leverkusen, Stadt 0,894
Lichtenfels 1,023
Limburg-Weilburg 0,972
Lindau (Bodensee) 1,120
Lippe 0,925
Ludwigsburg 1,041
Ludwigshafen am Rhein, Stadt 0,962
Ludwigslust-Parchim 0,901
Lörrach 1,028
Lübeck, Hansestadt 0,961
Lüchow-Dannenberg 0,873
Lüneburg 0,940

Magdeburg, Stadt 0,845
Main-Kinzig-Kreis 1,016
Main-Spessart 1,065
Main-Tauber-Kreis 1,044
Main-Taunus-Kreis 1,030
Mainz, Stadt 1,022
Mainz-Bingen 1,036
Mannheim, Stadtkreis 1,024
Mansfeld-Südharz 0,897
Marburg-Biedenkopf 0,999
Mayen-Koblenz 1,001
Mecklenburgische Seenplatte 0,900
Meißen 0,919
Memmingen 1,073
Merzig-Wadern 0,955
Mettmann 0,903
Miesbach 1,274
Miltenberg 1,095
Minden-Lübbecke 0,866
Mittelsachsen 0,928
Märkisch-Oderland 0,930
Märkischer Kreis 0,921
Mönchengladbach, Stadt 0,906
Mühldorf a.Inn 1,044
Mülheim an der Ruhr, Stadt 0,875
München 1,288
München, Stadt 1,549
Münster, Stadt 0,878

Neckar-Odenwald-Kreis 1,063
Neu-Ulm 1,075
Neuburg-Schrobenhausen 1,007
Neumarkt i.d.OPf. 0,978
Neumünster, Stadt 0,842
Neunkirchen 0,944
Neustadt a.d.Aisch-Bad Windsheim 1,133
Neustadt a.d.Waldnaab 1,062
Neustadt an der Weinstraße, Stadt 0,986
Neuwied 0,940
Nienburg (Weser) 0,758
Norderney, Insel 1,200
Nordfriesland, Festlandanteil 1,116
Nordfriesland, Inselanteil 1,280
Nordhausen 0,872
Nordsachsen 0,961
Nordwest-Mecklenburg, Inselanteil 1,221
Nordwestmecklenburg, Festlandanteil 0,955
Northeim 0,878
Nürnberg, Stadt 1,033
Nürnberger Land 1,140

Oberallgäu 1,096
Oberbergischer Kreis 0,903
Oberhausen, Stadt 0,898
Oberhavel 0,970
Oberspreewald-Lausitz 0,888
Odenwaldkreis 0,980
Oder-Spree 0,936

Offenbach	0,980
Offenbach am Main, Stadt	1,008
Oldenburg	0,898
Oldenburg (Oldb), Stadt	0,823
Olpe	0,988
Ortenaukreis	1,005
Osnabrück	0,836
Osnabrück, Stadt	0,839
Ostalbkreis	1,067
Ostallgäu	1,043
Osterholz	0,830
Ostholstein, Festlandanteil	0,927
Ostholstein, Inselanteil	1,170
Ostprignitz-Ruppin	0,952
Paderborn	0,936
Passau	0,916
Passau, Stadt	1,103
Peine	0,818
Pellworm, Insel	1,280
Pfaffenhofen a.d.Ilm	1,030
Pforzheim, Stadtkreis	1,024
Pinneberg, Festlandanteil	1,018
Pinneberg, Inselanteil	1,392
Pirmasens, Stadt	0,971
Plön	1,005
Poel, Insel	1,221
Potsdam, Stadt	1,022
Potsdam-Mittelmark	0,957
Prignitz	0,819
Rastatt	1,024
Ravensburg	1,053
Recklinghausen	0,891
Regen	0,935
Regensburg	1,057
Regensburg, Stadt	1,076
Rems-Murr-Kreis	1,036
Remscheid, Stadt	0,900
Rendsburg-Eckernförde	0,939
Reutlingen	1,032
Rhein-Erft-Kreis	0,926
Rhein-Hunsrück-Kreis	1,008
Rhein-Kreis Neuss	0,906
Rhein-Lahn-Kreis	1,012
Rhein-Neckar-Kreis	1,045
Rhein-Pfalz-Kreis	0,975
Rhein-Sieg-Kreis	0,944
Rheingau-Taunus-Kreis	1,037
Rheinisch-Bergischer Kreis	0,948
Rhön-Grabfeld	1,071
Rosenheim	1,261
Rosenheim, Stadt	1,176
Rostock	0,939
Rostock, Stadt	0,986
Rotenburg (Wümme)	0,753
Roth	1,070
Rottal-Inn	0,989
Rottweil	0,978
Rügen, Insel	1,101
Saale-Holzland-Kreis	0,845
Saale-Orla-Kreis	0,879
Saalekreis	0,908
Saalfeld-Rudolstadt	0,913
Saarbrücken, Regionalverband	0,921
Saarlouis	0,964
Saarpfalz-Kreis	0,938
Salzgitter, Stadt	0,811
Salzlandkreis	0,864
Schaumburg	0,817
Schleswig-Flensburg	0,910
Schmalkalden-Meiningen	0,952
Schwabach, Stadt	1,128
Schwalm-Eder-Kreis	0,959
Schwandorf	1,018
Schwarzwald-Baar-Kreis	0,972
Schweinfurt	1,093
Schweinfurt, Stadt	1,042
Schwerin, Stadt	1,062
Schwäbisch Hall	0,979
Segeberg	0,965
Siegen-Wittgenstein	0,956
Sigmaringen	1,040
Soest	0,900
Solingen, Stadt	0,880
Sonneberg	0,952
Speyer, Stadt	1,086
Spiekeroog, Insel	1,076
Spree-Neiße	0,748
St. Wendel	1,009
Stade	0,856
Starnberg	1,294
Steinburg	0,949
Steinfurt	0,869
Stendal	0,729
Stormarn	0,918
Straubing, Stadt	1,233
Straubing-Bogen	1,023
Stuttgart, Stadtkreis	1,131
Suhl, Stadt	0,940
Sylt, Insel	1,280
Sächsische Schweiz-Osterzgebirge	0,974
Sömmerda	0,886
Südliche Weinstraße	1,032
Südwestpfalz	1,019

Teltow-Fläming	0,978
Tirschenreuth	1,038
Traunstein	1,115
Trier, Stadt	1,076
Trier-Saarburg	1,085
Tuttlingen	1,050
Tübingen	1,078

Uckermark	0,889
Uelzen	0,887
Ulm, Stadtkreis	1,008
Unna	0,881
Unstrut-Hainich-Kreis	0,873
Unterallgäu	1,031
Usedom, Insel	1,050

Vechta	0,836
Verden	0,836
Viersen	0,945
Vogelsbergkreis	0,949
Vogtlandkreis	0,948
Vorpommern-Greifswald, Festlandanteil	0,994
Vorpommern-Greifswald, Inselanteil	1,050
Vorpommern-Rügen, Festlandanteil	0,856
Vorpommern-Rügen, Inselanteil	1,101
Vulkaneifel	1,010

Waldeck-Frankenberg	1,007
Waldshut	1,027
Wangerooge, Insel	1,399
Warendorf	0,926
Wartburgkreis	0,910
Weiden i.d.OPf., Stadt	1,056
Weilheim-Schongau	1,148
Weimar, Stadt	1,008
Weimarer Land	0,914
Weißenburg-Gunzenhausen	1,019
Werra-Meißner-Kreis	0,974
Wesel	0,941
Wesermarsch	0,814
Westerwaldkreis	0,994
Wetteraukreis	0,957
Wiesbaden, Stadt	0,947
Wilhelmshaven, Stadt	0,878
Wittenberg	0,789
Wittmund, Festlandanteil	0,756
Wittmund, Inselanteil	1,076
Wolfenbüttel	0,899
Wolfsburg, Stadt	0,860
Worms, Stadt	1,017
Wunsiedel i.Fichtelgebirge	1,092
Wuppertal, Stadt	0,846
Würzburg	1,110
Würzburg, Stadt	1,2[illegible]4

Zingst, Insel	1,1[illegible]
Zollernalbkreis	1,04[illegible]
Zweibrücken, Stadt	1,02[illegible]
Zwickau	0,91[illegible]

Regionalfaktoren Österreich

Bundesland	**Korrekturfakto[r]**
Burgenland	0,99[illegible]
Kärnten	1,119
Niederösterreich	0,995
Oberösterreich	1,114
Salzburg	1,140
Steiermark	1,095
Tirol	1,143
Vorarlberg	1,163
Wien	1,193